U0174416

关键基础零部件原创技术策源地系列图书

大型锻件FGS锻造

FGS Forging for Large Forgings

王宝忠　等著

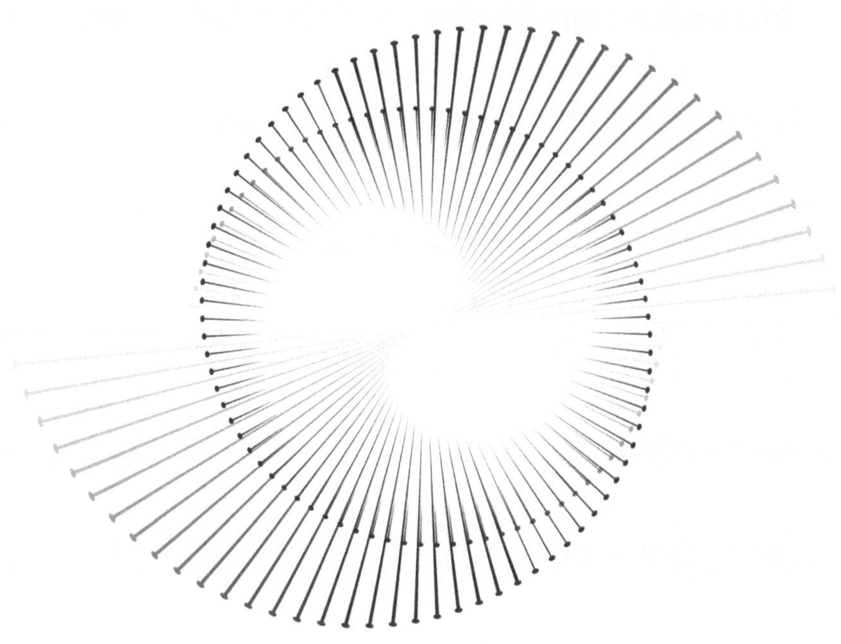

本书是中国一重“重型高端复杂锻件制造技术变革性创新研究团队”心血的结晶与智慧的总结。书中通过大量翔实的试验数据和理论分析，全面阐述了在大型锻件FGS锻造原创性技术路线指引下，在轴类件镦挤成形、各类异形锻件的模锻成形、轻量化易拆装的大型组合模具研制、锻件组织演变及可视化模拟与验证等方面的一系列变革性创新内容与工程应用成果。本书指明了大型锻件塑性成形的发展方向，对系统解决大型锻件塑性成形所存在的材料利用率低、混晶以及因拉应力导致的锻造裂纹等世界性难题，推动大型锻件原创技术策源地建设及装备制造业高质量发展具有重要的指引和参考价值。

本书可供大型锻件制造行业的研发、技术、生产人员使用，也可供高等院校相关方向的研究生和教师参考。

图书在版编目（CIP）数据

大型锻件FGS锻造/王宝忠等著. —北京：机械工业出版社，2023.3
（关键基础零部件原创技术策源地系列图书）
ISBN 978-7-111-72568-8

Ⅰ.①大…　Ⅱ.①王…　Ⅲ.①大型锻件-锻造　Ⅳ.①TG316

中国国家版本馆CIP数据核字（2023）第010896号

机械工业出版社（北京市百万庄大街22号　邮政编码100037）
策划编辑：孔　劲　　　责任编辑：孔　劲　王春雨
责任校对：陈　越　张　征　　封面设计：鞠　杨
责任印制：刘　媛
北京中科印刷有限公司印刷
2023年5月第1版第1次印刷
184mm×260mm · 31.75印张 · 3插页 · 786千字
标准书号：ISBN 978-7-111-72568-8
定价：259.00元

电话服务　　　　　　　　　网络服务
客服电话：010-88361066　　机　工　官　网：www.cmpbook.com
　　　　　010-88379833　　机　工　官　博：weibo.com/cmp1952
　　　　　010-68326294　　金　书　网：www.golden-book.com
封底无防伪标均为盗版　　机工教育服务网：www.cmpedu.com

序 一

关键基础零部件的正常服役是保障重大装备高质量运行的基石。从我国第一只1150mm初轧机支承辊的问世，到300~600MW汽轮机转子的国产化，再到大型先进压水堆核电一体化锻件的自主可控，我国大型锻件研究取得了举世瞩目的辉煌成就。大型锻件作为量大面广的关键基础零部件，其研发走出了一条具有中国特色的自主创新发展之路。

大型锻件研究融入了我国几代热加工人的心血与智慧，摸索出了一套行之有效的研制方法和流程，培养造就了一支高水平、高素质的研制队伍。我国后续强基工程、制造业高质量发展、制造业核心竞争力提升、关键基础零部件原创技术策源地建设等重大工程的立项与实施，对重型高端复杂锻件的研制提出了更高要求。为了让年轻一代热加工人在全面掌握现有技术的基础上，更有效地开展新型锻件的研发，亟须对已有技术成果及工程经验进行系统归纳、分析与总结。“关键基础零部件原创技术策源地系列图书”正是在这一背景下由我国锻压行业近年来有突出贡献的科学家王宝忠担任主要作者，由来自中央企业优秀科技创新团队的十余位专家和学者参与撰写完成。他们在多年的刻苦工作中积累了丰富的实践经验，取得了一系列技术突破，为该系列图书的撰写积累了宝贵的素材。

该系列图书共包括3部专著，其中《大型锻件的增材制坯》主要原创性地提出了大型锻件的增材制坯的技术路线，开展了基材制备、液-固复合、固-固复合、界面愈合及坯料的均匀化、双超圆坯半连铸机等一系列相关设备研制及变革性创新研究工作；《大型锻件FGS锻造》主要原创性地提出了大型锻件FGS锻造的技术路线，开展了轴类锻件镦挤成形，“头上长角”的封头类锻件、“身上长刺”的筒（管）类锻件、“空心”及其他难变形材料锻件的模锻成形，轻量化易拆装的大型组合模具研制、组织演变及“可视化”模拟与验证；《超大型多功能液压机》系统解决了自由锻造液压机吨位较小、模锻液压机空间尺寸不足的问题，为增材制坯的界面愈合及FGS锻造的实施提供了保障。“关键基础零部件原创技术策源地系列图书”是我国乃至世界第一套大型锻件制造技术领域的原创性技术图书。书中系统深入地介绍了大型锻件研制所涉及的基础性问题和产品实现方法，具有突出的工程实用性、技术先进性及方向引导性，它的出版将对我国关键基础零部件的创新发展以及后续重大装备的高端化起到强有力的保障与促进作用。

中国工程院院士

陈蕴博

序 二

关键基础零部件是装备制造业的基础，决定着重大装备的性能、水平、质量和可靠性，是实现我国装备制造业由大到强转变的关键要素，其核心是大型锻件制造技术。为了实现建设制造强国的战略目标，国家陆续出台了强基工程、推动制造业高质量发展、打造原创技术策源地等政策措施，为大型锻件制造技术发展提供了新机遇，同时也提出了更高的要求。

“关键基础零部件原创技术策源地系列图书”就是在上述背景下编撰完成的，其内容丰富，技术深厚，凝聚了我国大型锻件基础研究、技术研发和工程实践领域专家学者的集体智慧和辛勤汗水。

主要作者王宝忠教授，长期从事大型锻件的基础理论研究、制造技术创新以及装备自主化水平提升等工作，是我国大型锻件制造技术创新发展的主要推动者之一。他带领的由国内的领军企业、高校、院所组成的研发团队专业与技术领域全面，技术实力雄厚，代表了我国大型锻件制造领域的先进水平。

系列图书的核心内容取材于中央企业优秀科技创新团队已经成功实施的“重型高端复杂锻件制造技术变革性创新”工程项目，涉及大型铸锭（坯）的偏析、夹杂、有害相消除，大型锻件塑性成形过程中的材料利用率提高、晶粒细化、裂纹抑制等，涵盖镍基转子锻件的镦挤成形、不锈钢泵壳的模锻成形等 8 个典型锻件产品的实现过程，一体化接管段、核电不锈钢乏燃料罐、抽水蓄能机组大型不锈钢冲击转轮等 12 个典型锻件产品的研制方案，以及弥补自由锻造液压机吨位较小、模锻液压机空间尺寸较小及挤压机功能单一等不足的超大型多功能液压机的技术论述。

该系列图书是一套大型锻件原创技术系列图书，全面系统地总结了我国大型锻件在原材料制备、塑性成形工艺与装备方面的技术研发与工程应用成果，并以工程实例的形式展现了重型高端复杂锻件的设计与研制方法，具有突出的工程实用性和学术导引性。相信该系列图书会成为国内外大型锻件制造领域的宝贵技术文献，并对促进我国大型锻件的创新发展和相关技术领域的人才培养起到重要作用。

中国工程院院士

李德群

前言

高质量发展是创新驱动的发展，且是今后一个发展阶段的主题。作为关键基础零部件（大型铸锻件）原创技术策源地的中国一重集团有限公司（简称：中国一重），在维护国家安全和国民经济命脉方面发挥着至关重要的作用。习近平总书记2018年9月26日第二次到中国一重视察时，在具有国际领先水平的超大型核电锻件展示区前发表了重要讲话：中国一重在共和国历史上是立过功的，中国一重是中国制造业的第一重地。制造业，特别是装备制造业高质量发展是我国经济高质量发展的重中之重，是一个现代化大国必不可少的。希望中国一重肩负起历史重任，制定好发展路线图。

为落实好习近平总书记的重要讲话精神，中国一重于2019年1月成立了“重型高端复杂锻件制造技术变革性创新能力建设”项目工作领导小组，并组建了“重型高端复杂锻件制造技术变革性创新研究团队”。该团队分别入选了“中央企业优秀科技创新团队”和黑龙江省“头雁”团队，开展了一系列变革性创新研究工作。

大型锻件作为量大面广的关键基础零部件，是装备制造业发展的基础，决定着重大装备和主机产品的性能、水平、质量和可靠性，是我国装备制造业由大到强转变、实现高质量发展的关键。我国大型锻件制造技术的发展经历了20世纪六七十年代的全国照搬苏联、八九十年代的引进和消化日本JSW以及21世纪以来的自主创新。通过蹒跚学步、跟跑到并跑，不仅成为制造大国，而且部分绿色制造技术已达到国际领先水平，但未解决传统钢锭中存在的偏析、夹杂及有害相等缺陷，大型锻件塑性成形中存在材料利用率低、混晶、锻造裂纹等共性世界难题。这些难题依靠传统的制造方式是难以破解的，需要开发变革性创新技术，依靠创新驱动来推动大型锻件的高质量发展。

马克思主义的认知论强调，新理论产生于新实践，新实践需要新理论指导。中国一重在“重型高端复杂锻件制造技术变革性创新”实践活动中，归纳出了增材制坯、FGS锻造等新的理论，用于指导关键基础零部件（大型铸锻件）原创技术策源地建设的实践活动。此外，为了实现大型锻件的高质量发展，还需要解决自由锻造液压机吨位较小、模锻液压机空间尺寸较小，以及挤压机功能单一等问题。

“关键基础零部件原创技术策源地系列图书”由《大型锻件的增材制坯》《大型锻件FGS锻造》和《超大型多功能液压机》组成，三者关系类似于制作美味佳肴的食材、厨艺和厨具。增材制坯是制备“形神兼备”的大型锻件的“有机食材”，FGS锻造是制作关键基础零部件的“精湛厨艺”，超大型多功能液压机是实现增材制坯和FGS锻造的“完美厨具”。

《大型锻件FGS锻造》用典型案例归纳了大型锻件塑性成形过程中存在的材料利用率低、混晶、锻造裂纹等共性技术难题，从大型锻件塑性成形技术的发展实践中提出了FGS锻造的新理论。通过一系列变革性的实践，丰富了FGS锻造技术路线，为采用增材制坯制备优质锻坯，借助超大型多功能液压机等设备和工装，制作各类关键基础零部件（大型铸锻件）指明了发展方向。

FGS锻造是一种同时将成形、晶粒与应力有机结合，让锻坯在多向压应力下近净成形，使锻件获得均匀细小晶粒的原创性锻造技术。FGS由成形（Forming）、晶粒（Grain）和应力（Stress）组成，故FGS锻造又称为形粒力锻造。大型锻件FGS锻造技术将有助于大型锻件变革性制造技术的传承与发展，可助力我国关键基础零部件制造技术更好、更快地发展，从而为我国关键基础零部件制造技术从跟随向引领的方向转变奠定坚实的技术基础。

在大型锻件的传统自由锻造过程中，存在材料利用率低、混晶及因拉应力导致锻造裂纹等世界性难题。中国一重通过超大型核电锻件绿色制造技术研发及工程实践，将大型锻件的成形方式从自由锻造提升为仿形锻造及胎模锻造，取得了阶段性成果，但仍然存在没有全面提高材料利用率以及未能系统解决不锈钢和高温合金等难变形材料的混晶及锻造裂纹等问题。大型锻件塑性成形的发展过程是一个逐步解决问题的过程，只有系统解决成形、晶粒及应力的问题，才能获得“形神兼备”的大型锻件，但国内外至今仍未见有系统解决问题的相关报道。

为了系统解决大型锻件制造过程中存在的上述世界性难题，全球的科技工作者们一直在进行着不懈的努力。中国一重“重型高端复杂锻件制造技术变革性创新研究团队”带头人原创出了大型锻件FGS锻造的技术路线，并带领团队成员开展了轴类锻件镦挤成形，“头上长角”的封头类锻件、“身上长刺”的筒（管）类锻件、“空心”及其他难变形材料锻件的模锻成形，轻量化易拆装的大型组合模具研制、组织演变及“可视化”模拟与验证等一系列变革性创新研究工作，取得了可喜的成果。

本书详细介绍了冷轧工作辊、镍基转子和细晶棒料等难变形轴类锻件的镦挤成形，阐述了不锈钢泵壳铸件改锻件、S90曲柄锻件模锻成形等工程实践成果，对一体化接管段、主管道等重型高端复杂锻件的FGS锻造研制方案进行了详细描述，对1600MN超大型多功能液压机、除鳞机等特种设备及工装进行了简介。

本书共分8章。第1章用工程案例归纳了大型锻件塑性成形过程中存在的材料利用率低、混晶、锻造裂纹等共性技术难题；第2章对大型锻件成形方式进行了简介，提出并诠释了指导大型锻件发展方向的原创性FGS锻造技术；第3章选择3个具有代表性的锻件，详细介绍了FGS锻造在轴类锻件上的工程应用；第4章选择3个具有代表性的锻件，详细介绍了FGS锻造在空心锻件上的工程应用；第5章选择2个具有代表性的锻件，详细介绍了FGS锻造在异形锻件上的工程应用；第6章选择12个重型高端复杂锻件，依据FGS锻造原创性技术思路，制定了详细的实施方案；第7章对与大型锻件FGS锻造密切相关的轻量化易拆装的大型组合模具研制、组织演变及“可视化”模拟与验证进行了阐述；第8章对超大型多功能液压机、除鳞机、补温炉及模架等特种设备及工装的研究设计进行了简介。

本书是FGS锻造理论与实践的总结与提炼，含有镍基转子等锻件的镦挤成形、不锈钢泵壳等锻件的模锻成形的数值模拟、1∶1解剖检测等大量珍贵的技术资料，希望能成为大型锻件从业者的技术工作指南。此外，由于本书涉及的内容突破了传统理论，亦可供高等院校及研究院所从事大型锻件理论学习和研究的人员参考。

本书由中国一重“重型高端复杂锻件制造技术变革性创新研究团队”带头人王宝忠执笔并统稿，刘颖、周岩、刘凯泉、聂义宏、殷文齐等团队成员，以及牛广斌、白亚冠、温瑞洁、刘春海等人参与了部分研究与编写等工作。

在大型锻件FGS锻造创新技术研究与工程实践中，得到了中国一重、河北宏润核装备科技股份有限公司等单位的大力支持，在此一并表示感谢！

由于我们的水平有限，书中难免存在不足之处，敬请读者批评指正！

作　者

目 录

第5章 FGS锻造在异形锻件上的工程应用 …… 240

第6章 FGS锻造的推广应用展望 …… 308

第1章 大型锻件塑性成形共性技术问题

在大型锻件的传统塑性成形过程中，存在着材料利用率低、混晶及因拉应力导致锻造裂纹等世界性难题。中国一重集团有限公司（简称：中国一重）通过超大型核电锻件绿色制造技术的开发及工程实践，将大型锻件的成形方式从自由锻造提升为胎模锻造及仿形锻造，取得了阶段性成果[1]，但仍然未能根治材料利用率低、不锈钢和高温合金等难变形材料的混晶及锻造裂纹等顽疾[2]。只有系统解决大型锻件塑性成形的共性技术问题，才能实现大型锻件“德才兼备”的目标。

1.1 材料利用率低

大型核电装备中有多个带超长非向心和非对称接管的超大异形锻件，若采用传统的接管“覆盖式”自由锻造成形方式，不仅材料利用率非常低（蒸发器水室封头从钢锭到成品锻件的利用率不足 25%；成品质量为 17t 的 CAP1400 主管道热段 A 需要用 140t 电渣钢锭制造），而且加工成形的接管因锻造流线不连续而导致韧性较差。

1.1.1 核电水室封头

蒸汽发生器（Steam Generator，SG）下封头又称为水室封头。水室封头锻件位于 SG 最下端，是 SG 中承担压差最大的部件，起到密封和隔离一、二回路冷却剂的作用，同时也是 SG 一回路侧冷却剂流过管束前或后的汇集腔室，包含了冷却剂入口管孔（将主回路热管段的冷却剂疏导至 SG 入口腔室）、冷却剂出口管孔（将 SG 出口腔室内冷却剂疏导至主回路的冷管段）、两个人孔（用于监视运行状况及维修堵管等）。

迄今为止，压水堆百万千瓦核电 SG 水室封头主要有两种类型：一种是以 CPR1000 为代表的带有向心管嘴和支撑凸台的水室封头，另一种是以 AP1000/CAP1400 为代表的既带有向心管嘴又带有超长非向心管嘴的水室封头。CPR1000 和 CAP1400 的 SG 水室封头零件设计图如图 1-1 所示，立体图如图 1-2 所示。

1.1.1.1 自由锻造

在核电锻件研制初期，受工艺技术水平、制造能力与研制周期的制约，为保证核岛大型

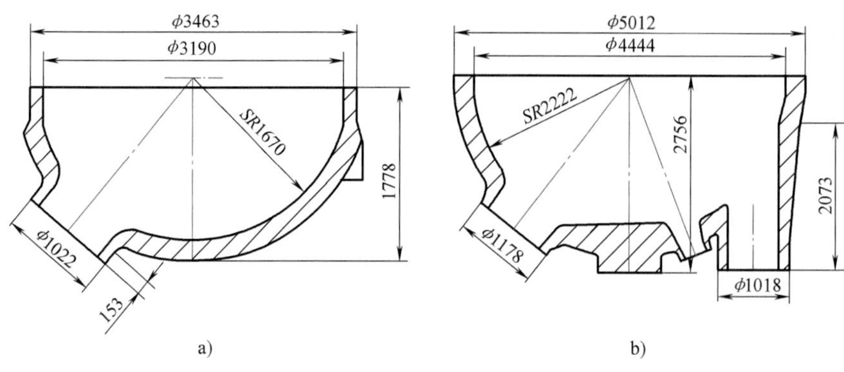

图 1-1　压水堆百万千瓦核电两种堆型 SG 水室封头零件设计图

a）CPR1000 SG 水室封头　b）CAP1400 SG 水室封头

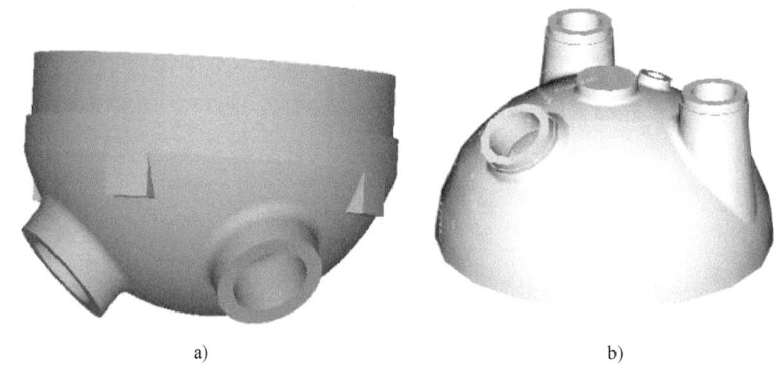

图 1-2　压水堆百万千瓦核电两种堆型 SG 水室封头零件立体图

a）CPR1000 SG 水室封头　b）CAP1400 SG 水室封头

锻件按时交付使用，AP1000 核电三门 1 号机组 SG 水室封头采用了分体结构设计（见图 1-3），总高 2470.2mm 的水室封头被分为上下两部分，高 914.8mm 的上部被称为“水室封头环”，零件设计净重 22.895t，高 1555.4mm 的下部被称为“分体水室封头”，零件设计净重 36.47t。材质为 SA508 Gr.3 Cl.2。

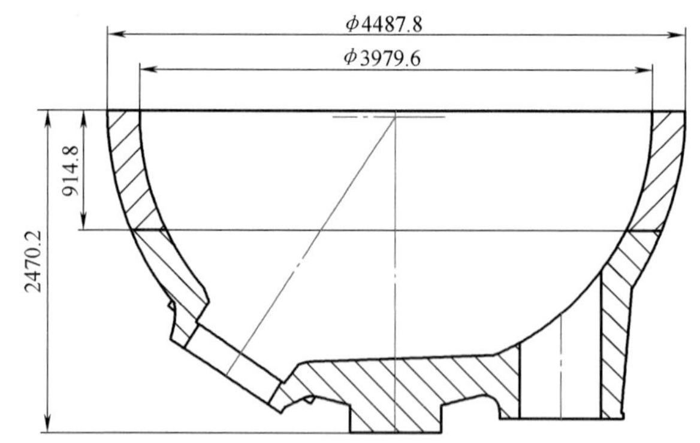

图 1-3　AP1000 SG 分体水室封头结构示意图

上述分体结构的 SG 水室封头环与 SG 分体水室封头的制造成形方法基本采用了“覆盖式”常规工艺，材料利用率较低，制造周期较长，而且水室封头锻件内部质量一般。

1. 分体水室封头

AP1000 SG 分体水室封头零件主要尺寸如图 1-4 所示。

韩国斗山集团（DOOSAN）从中国一重采购的上述水室封头（用于三门 1 号和海阳 1 号项目）执行 ASME 标准，按照锻件采购技术规范的要求，调质前的粗加工余量为单边

19mm，取样位置分别放在大端开口处、进口管嘴端部以及出口管嘴端部的延长段上，力学性能检测项目主要有拉伸、冲击以及落锤试验，根据这一规定，AP1000 SG 分体水室封头的粗加工及取样图主要尺寸如图 1-5 所示。

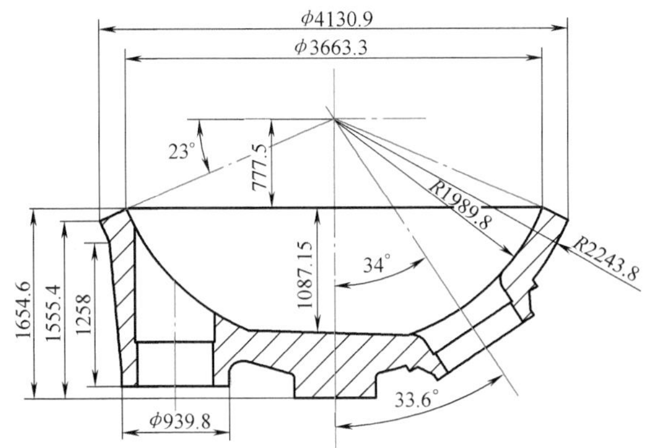

图 1-4　AP1000 SG 分体水室封头零件主要尺寸

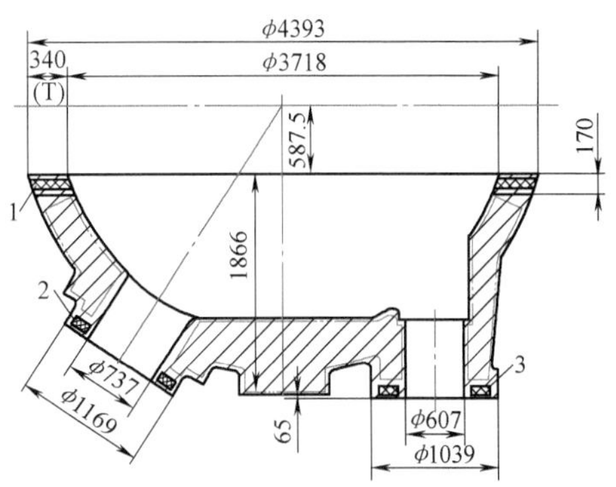

图 1-5　AP1000 SG 分体水室封头粗加工及取样示意图

1—水口端试料　2—进口管嘴试料　3—出口管嘴试料

AP1000 SG 分体水室封头锻件的主要尺寸如下：总高 2050mm，大端开口外径 4400mm，内径 3345mm，内腔中心深度 1060mm。

AP1000 SG 分体水室封头的主要制造流程：冶炼、铸锭→锻造→锻后热处理→半粗加工→超声检测（Ultrasonic Testing，UT）→粗加工→性能热处理→取样→力学性能检验→精加工→无损检测→完工报告审查→包装发运。

由于受当时研究手段与研究方法的制约，分体水室封头锻件采用“覆盖式”工艺方法生产，锻件外形比较简单，呈圆台形，内腔为球缺形状（见图 1-6）。

a)

b)

c)

图 1-6　AP1000 SG 水室封头（分体）锻件制造过程

a）开始锻造　b）锻造过程中　c）锻件毛坯

采用“覆盖式”方法生产的分体水室封头锻件加工余量非常大（见图 1-7），不仅材料利用率过低（锻件净重与钢锭重之比<15%），而且加工成形的超长管嘴性能较差。若采用气割减少加工余量（见图 1-8），需要避免出现裂纹并合理留有加工余量。

a)　　b)

c)　　d)

图 1-7　采用“覆盖式”方法生产的分体水室封头锻件加工

a）镗管嘴孔　b）加工外表面　c）加工内表面　d）成品锻件

a)　　b)

图 1-8　采用“覆盖式”方法生产的分体水室封头锻件加工

a）气割后状态　b）气割后加工

2. AP1000 SG 水室封头环

AP1000 SG 水室封头环零件形状及主要尺寸如图 1-9 所示，设计净重 22. 895t，其粗加工与取样图形状及主要尺寸如图 1-10 所示，粗加工后质量为 35t。

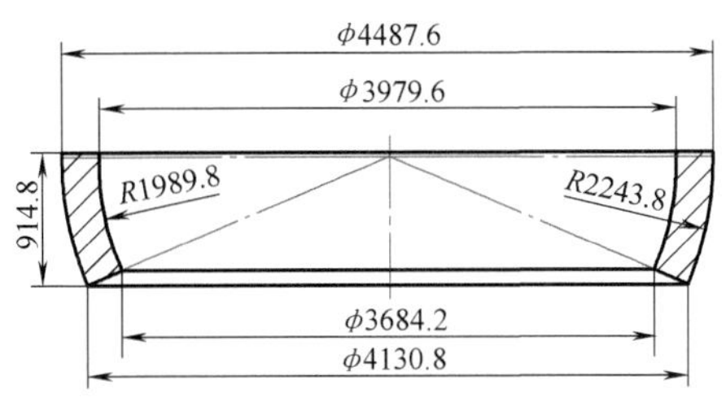

图 1-9 AP1000 SG 水室封头环零件形状及主要尺寸

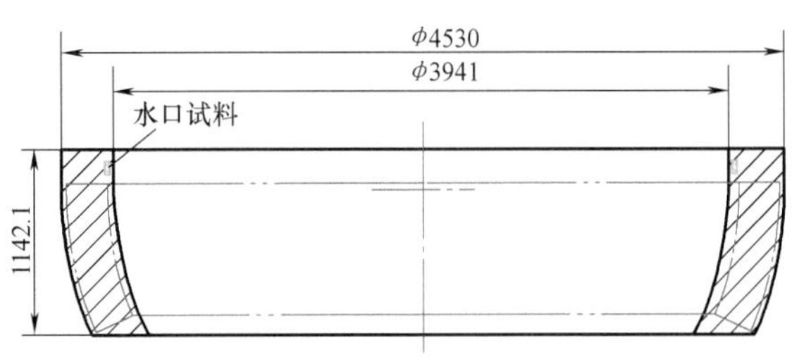

图 1-10 AP1000 SG 水室封头环粗加工与取样图形状及主要尺寸

AP1000 SG 水室封头环锻件采用“覆盖式”常规成形工艺，锻件形状为等壁厚圆筒，锻件质量为 71.8t（见图 1-11）。

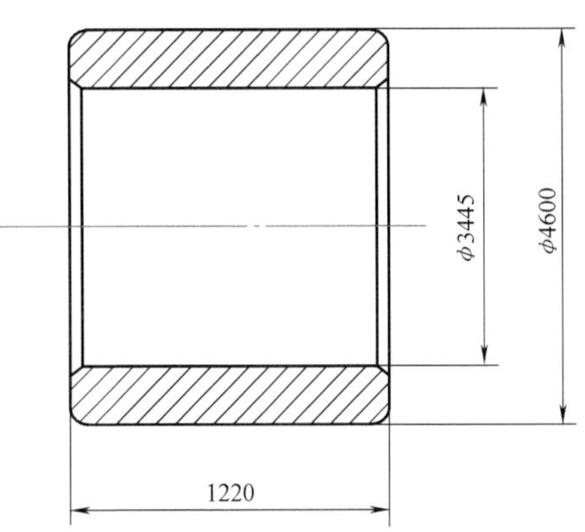

图 1-11 AP1000 SG 水室封头环锻件图

AP1000 SG 水室封头环的主要制造流程与 AP1000 SG 分体水室封头相同。

1.1.1.2 胎模锻造

在制造 AP1000 SG 分体水室封头的同时，世界各国就已经开始进行 SG 整体水室封头（见图 1-1b）成形技术的研究。通过分析 SG 整体水室封头零件设计图样，可以看出 SG 整体水室封头锻件主体形状为半球形封头，外表面附带 3 个直径较大的整体管嘴，其中 2 个偏心垂直管嘴是反应堆冷却剂出口管嘴，分别与核电站主泵泵壳相连，另外一个向心斜管嘴是反应堆冷却剂进口管嘴，与核电站主管道热段相连，此外，还有 2 个人孔与 1 个非能动余热导出管嘴；内表面为圆滑的球腔，底部是一个 2°的斜面，斜面直径约 ϕ1250mm，厚度 640mm。从 SG 整体水室封头设计图形特点可知其锻造成形的主要难点有：

1）形状复杂、尺寸规格大、重量大、底部较厚，不易锻透压实。

2）垂直管嘴高度超长，与球体的相贯面落差大，成形时金属流动阻力大，不易充满。

3）外表面各个管嘴非对称分布，成形时所需要的坯料体积不匀称，制坯困难。

4）内腔深度大，成形时金属反向挤压，变形阻力大且容易将上锤头抱住。

5）如果采用自由锻成形，则锻件形状简单，但锻件各处变形不均匀，管嘴处的变形很小，对其内部质量不利。

6）如果采用胎模成形，则锻件变形比较均匀且充分，特别是管嘴处的变形比较好，对其内部质量有利，但是由于锻件属于超大型级别，胎模成形所需设备吨位很大，万吨液压机根本不能满足一次成形要求，需要采用创新的工艺与模具才能在现有设备上实现“小马拉大车”的目标。

正是由于存在上述困难，所以在 AP1000 SG 整体水室封头成形工艺研究之初，首先被采用的是半胎模锻造工艺，这是一个相对容易实现的工艺，该工艺成形方法与分体水室封头类似，外表面是上大下小的圆台形状，将外表面所有管嘴包罗其中，内腔为光滑球台。目前，国内外绝大部分锻件供应商仍然采用这种工艺方法制造 AP1000 SG（见图 1-12）与 CAP1400 SG 整体水室封头锻件。

图 1-12　采用半胎模锻制造的 AP1000 SG 整体水室封头锻件

半胎模锻造工艺基本上还是属于自由锻造，在最终成形时锻件受力状态不理想，而且由于锻件尺寸规格与重量都超大，设备能力不足，所以有些时候只能采用局部变形，这就造成锻件各部位变形不均匀，局部变形不充分，尤其是管嘴部位，不仅变形量很小，而且其主变形方向为周向，管嘴加工后纤维流线不连续，存在断头纤维，对内部质量十分不利。半胎模锻造水室封头锻件加工如图 1-13 所示。

a)

b)

图 1-13　半胎模锻造水室封头锻件加工

a）加工管嘴　b）加工球面

某锻件供应商为了缩短加工时间，对半胎模锻造的水室封头锻件管嘴周边多余部位进行气割，由于气割过程中出现裂纹，只好采用机械加工的办法去除余量（见图 1-14）。

SG 整体水室封头半胎模锻造工艺是在设备能力不足的情况下采用的一种相对进步的工艺，变形条件并不理想，锻件内部质量、材料利用率及制造周期都还存在许多不尽如人意之处，工艺技术水平也有很大的提升空间，为此，中国一重研究开发了胎模成形工艺。

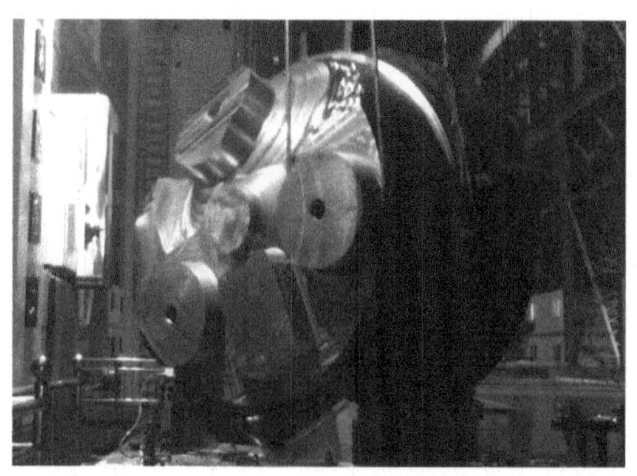

图 1-14　半胎模锻造的水室封头锻件机械加工

AP1000 SG 整体水室封头胎模成形工艺锻件形状及尺寸如图 1-15 所示，锻件质量为 200t。国内研制的整体水室封头胎模锻锻件如图 1-16 所示。国外某锻件供应商采用仿形锻造研制的整体水室封头锻件如图 1-17 所示。

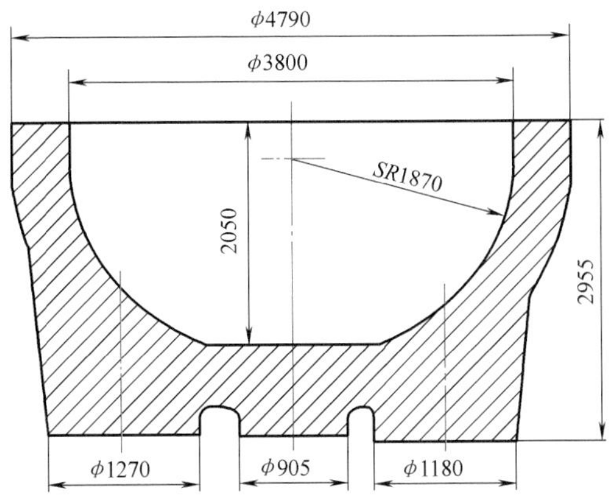

图 1-15 AP1000 SG 整体水室封头胎模锻锻件图

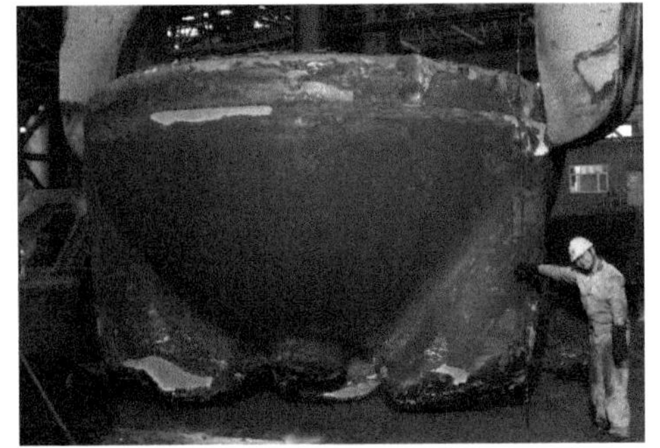

图 1-16 国内研制的整体水室封头胎模锻锻件

图 1-17 国外研制的整体水室封头锻件[3]

1.1.2 核电主管道

CAP1400 主管道热段 A 是目前单件质量最大、形状最复杂的不锈钢管类锻件（见图 1-18），其管坯粗加工长度接近 8500mm，如图 1-19 所示。

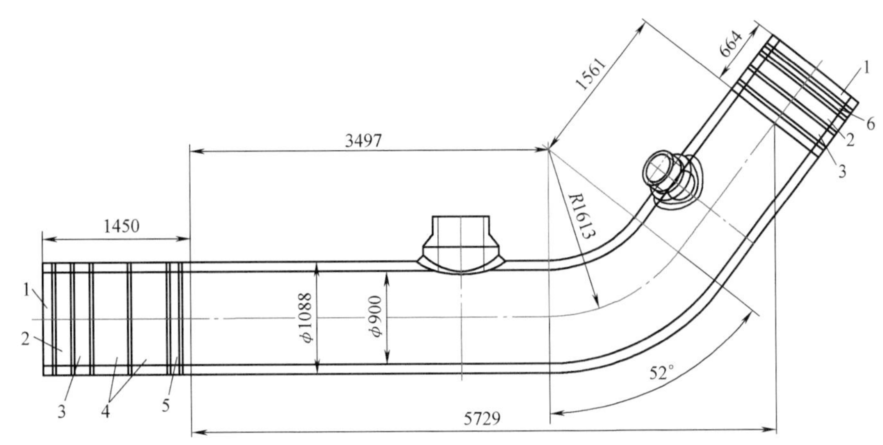

图 1-18 CAP1400 主管道热段 A 零件（评定）图

1—本体隔热料兼低倍试片 2—性能试环 3—监管部门备查料 4—焊接见证材料 5—存档材料及留样材料 6—压扁试环

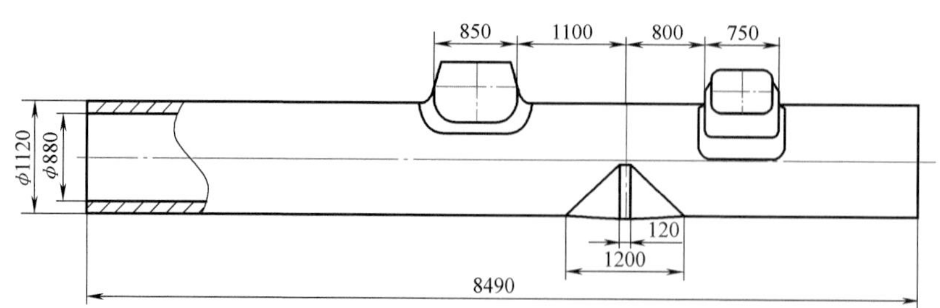

图 1-19　CAP1400 主管道热段 A 管坯粗加工尺寸

1.1.2.1　实心锻件

对于成品质量只有 17t 的 CAP1400 主管道热段 A 锻件，几个参与研制实心零件的供应商所用的 ESR 钢锭却重达 124~139t。锻件（见图 1-20）加工余量之大可想而知。除了正常余量、各类试料影响外，锻件余量超大最主要的原因是实心锻件的内孔去除量多达 30t。

1.1.2.2　空心锻件

中国一重采用“保温锻造”“差温锻造”及“管嘴局部挤压”等创新技术锻造近净成形的空心主管道锻件（见图 1-21），不仅可以大幅度提高钢锭利用率，而且还可以获得均匀细小的晶粒度[4]。

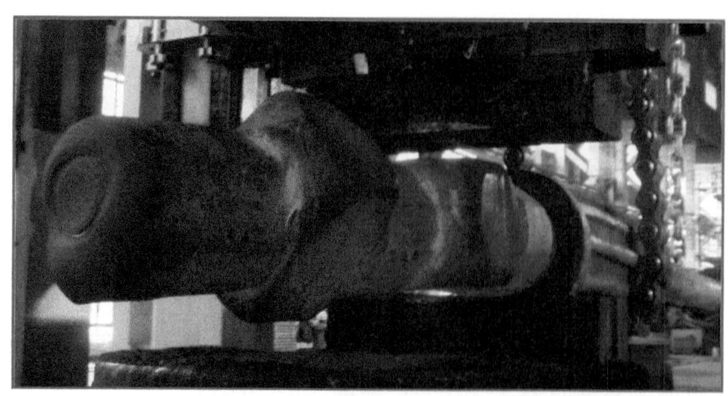

图 1-20　CAP1400 主管道热段 A 实心锻件图

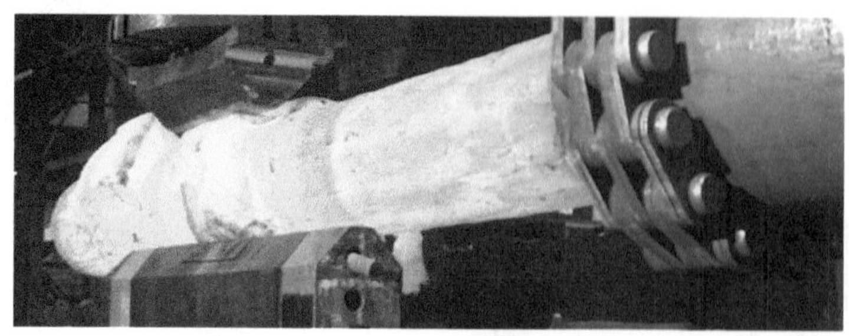

图 1-21　CAP1400 主管道热段 A 空心锻件图

重型复杂锻件材料利用率低的原因除了钢锭水冒口切除量大、采用接管“覆盖式”自由锻造以外，还与封头类锻件旋转锻造内腔折叠严重导致余量被迫加大（见图 1-22、图 1-23）、不锈钢主管道锻造多火次间冷状态下清除裂纹（见图 1-24）等因素有关。

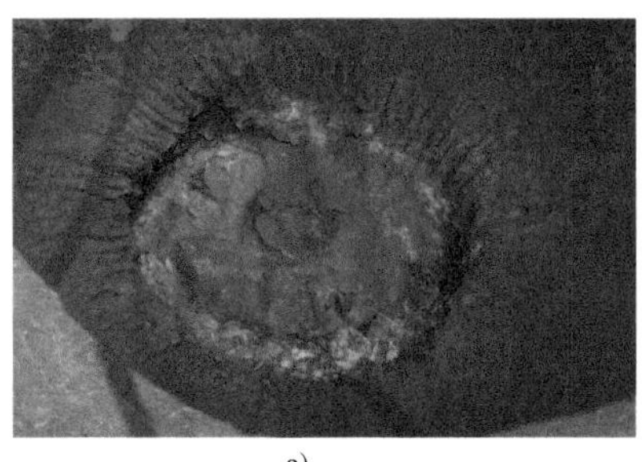
a)

b)

图 1-22　水室封头锻件内腔底部折伤

a）局部　b）全貌

图 1-23　一体化顶盖锻件内腔底部折伤

a)

b)

图 1-24　不锈钢主管道锻造多火次间冷状态下清除裂纹

a）机械加工清除裂纹　b）手工清除裂纹

对于不锈钢锻件，尽可能采用机械加工方法清理每一火次产生的裂纹。如果采用气刨方式清理裂纹，气刨后必须将热影响区打磨干净（见图 1-25）。

a)

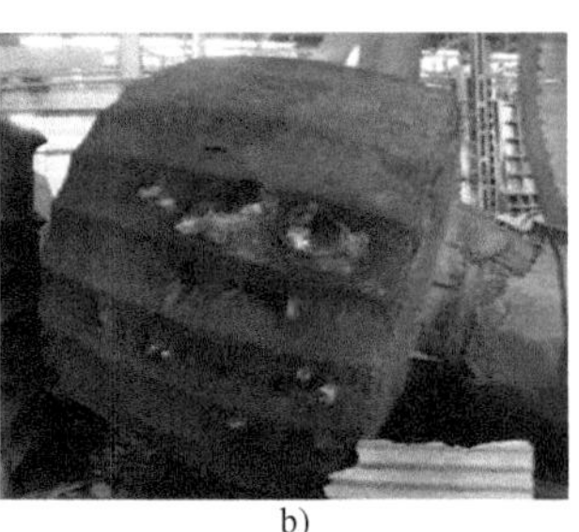
b)

c)

图 1-25　气刨后打磨

a）钢锭镦粗后气刨　b）气刨结束后状态　c）坯料内孔气刨后打磨

1.2 混晶

对于大型锻件的晶粒而言，首先追求的是均匀，然后是细小。因为大型锻件在自由锻造过程中，即使是同一火次锻造，在不同部位仍然存在着温度、变形量等差异，难以获得均匀的晶粒度。此外，受锻造设备能力、锻造工艺参数等限制，大型锻件获得细小晶粒也是一项世界性难题[5]。

大型锻件的混晶现象一般出现在有相变的非本质细晶粒钢和无相变的不锈钢、高温合金等难变形材料中。

1.2.1 合金钢锻件

对于合金钢锻件而言，由于其具有重结晶的特点，一般不容易出现混晶现象，但如果钢锭或坯料均匀性较差加之锻造和热处理不当，则很容易出现混晶现象。

1.2.1.1 转子锻件

某锻件供应商在研制30Cr2Ni4MoV材料大型汽轮机低压转子时，出现因晶粒度不均匀而无法满足UT检测要求的现象。

该锻件供应商与国内某研究所对转子锻件晶粒度进行了深入研究。选取经过14%、32%和45%压缩变形后的三种圆柱试样，编号分别为试样1、试样2、试样3。试样1中平均晶粒尺寸为442μm的粗大晶粒占比98%、平均晶粒尺寸为64μm的细晶占比2%；试样2中平均晶粒尺寸为159μm的粗大晶粒占比40%、平均晶粒尺寸为45.5μm的细晶占比60%；试样3中全部为51μm的细晶。图1-26所示为上述3个试样在不同温度下保温10h后的晶粒长大情况，可以看出无论初始晶粒度如何，当超过1150℃时材料均会发生晶粒异常长大。

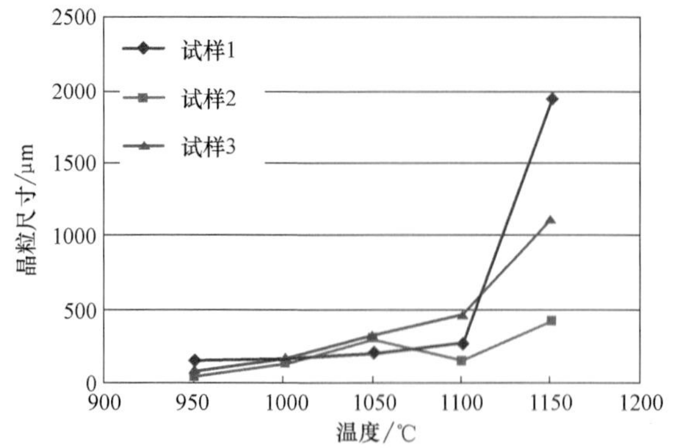

图1-26 不同初始晶粒尺寸在不同温度下保持10h后晶粒尺寸变化情况

经过深入研究发现，大型锻件在每一火次锻造结束后心部温度仍然较高，坯料直接返回高温炉加热时，心部得不到充分转变。心部长期处于高温状态是大型转子锻件混晶的主要原因。

为了解决上述问题，改变了传统的锻造加热方式。大型转子坯料锻造后应避免直接返回高温炉加热，以防止锻件心部温度超过1150℃。可以采取坯料在温度较低的炉中待料，待心部发生组织转变后再加热到锻造温度的方式。通过工艺数值模拟和参数优化获得了满足此条件的各成形火次的合理工艺参数。图1-27所示为优化后的1000MW低压转子成形不同火次锻件各部位温度随时间的变化曲线。根据上述试验和数值模拟结果，确定了保证锻件心部不出现晶粒异常长大的1000MW低压转子成形不同火次的工艺参数，表1-1列出了最终参数优化的结果。

1.2.1.2 齿轮锻件

某高速齿轮厂在给某设备制造商协作生产2250mm热连轧机减速机时，出现了齿轮渗碳后因淬火开裂而批量报废的情况。

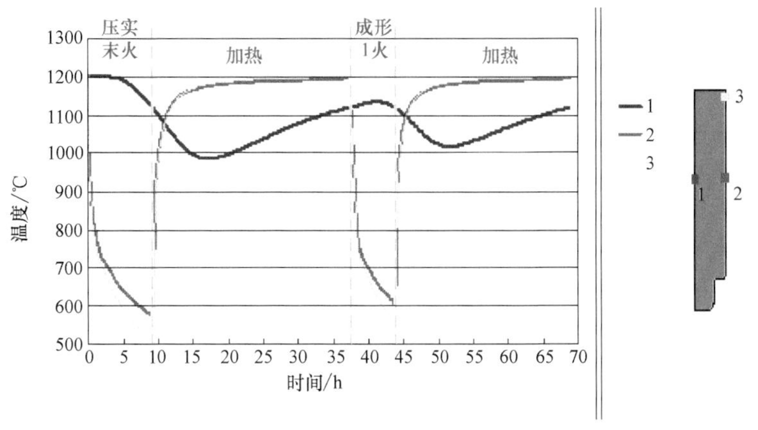

图 1-27　优化后的 1000MW 低压转子成形不同火次锻件各部位温度随时间的变化曲线

表 1-1　避免 1000MW 低压转子锻件心部晶粒异常长大的成形火次锻造工艺建议

工序	成形火次	操作	参数	效果
Ⅵ	最后一次压实火次	炉内加热	1250℃,锻件均温	心部 1200℃表面 1200℃
		锻造	大约 3h	心部 1180℃表面 680℃
		空冷	6h20min	心部 1120℃,表面 570℃
Ⅶ	第一道成形火次	回炉加热	炉温 1200℃,保温时间 28h	心部 1125℃,表面 1200℃
		锻造	3h	心部 1130℃,表面 690℃
		空冷	3h30min	心部 1120℃, 表面 600℃
Ⅷ	第二道成形火次	回炉加热	25h	心部 1120℃,表面 1200℃
		锻造	2h	心部 1130℃,表面 660℃
		空冷		

1. 原因分析

批量渗碳淬火开裂的齿轮是由生产 2250mm 热连轧机的制造商提供的。经对淬火开裂齿轮进行解剖检测发现，晶粒度仅为 4 级左右，没有达到≥7 级的技术要求。通过对该批齿轮制造工艺进行分析，齿轮的化学成分及酸溶铝均满足要求，而锻造加热温度均为 1250℃，最后一火次的锻造过程是镦粗、冲孔、平端面出成品。因此可以得出结论，较高的终锻温度是导致齿轮晶粒粗大的根本原因。

2. 防治措施

以细化晶粒为目标，依据锻件最后一火次的成形方式推导出开始锻造的加热温度。该锻件供应商由此制定了锻件“亚高温锻造”的新规定，取得了既提高质量又节省能源的效果。

关于锻件执行亚高温锻造的暂行规定如下。

1）目的：降本增效，提高锻件内部质量。

2）适用范围：火次锻造比最小值（锻件在一火次变形前后不同截面积之比的最小值，火次锻造比应大于 1）小于 1.6 的普通材质锻件；火次锻造比最小值小于 1.7 的不锈钢锻件；镦粗或镦粗冲孔出成品的部分普通材质锻件。

3）具体规定：对于普通材质锻件，火次锻造比最小值小于 1.6 但大于 1.3 者，料温应加热至 1050℃，炉温可比料温高 30～50℃；火次锻造比最小值小于 1.3 者，料温应加热至 950℃，炉温可比料温高 30～50℃；镦粗或镦粗冲孔出成品的锻件，料温应加热至 1150℃，炉温可比料温高 30~50℃。对于不锈钢材质锻件，火次锻造比最小值小于 1.7 者，料温应加热至 1100℃，炉温可比料温高 30~50℃。

1.2.2 不锈钢锻件

实践证明，对于无相变、成形温度区间窄的不锈钢锻件而言，如果塑性成形处理不当，极易出现混晶现象。众所周知，奥氏体不锈钢具有熔点低、再结晶温度高的特点，导致其锻造温度范围窄、变形抗力大；锻造温度与变形量对晶粒度的影响非常大。因此，大型不锈钢轴类锻件不同部位的锻造温度及变形量不一致是导致混晶的根本原因。

1.2.2.1 12%Cr 转子

某锻件供应商在各类大型不锈钢锻件获得均匀细小晶粒方面取得了一系列成果。通过高温大变形细化晶粒抑制裂纹扩展技术[6] 使晶粒度为 2 级的 12%Cr 转子坯料细化到 4 级（见图 1-28）。其中，图 1-28a 所示为高温大变形锻造；图 1-28b 所示为多火次高温小变形锻造后的晶粒度，由 4 张图片组成；图 1-28c 所示为图 1-28b 的锻件经过高温大变形锻造后的晶粒度。

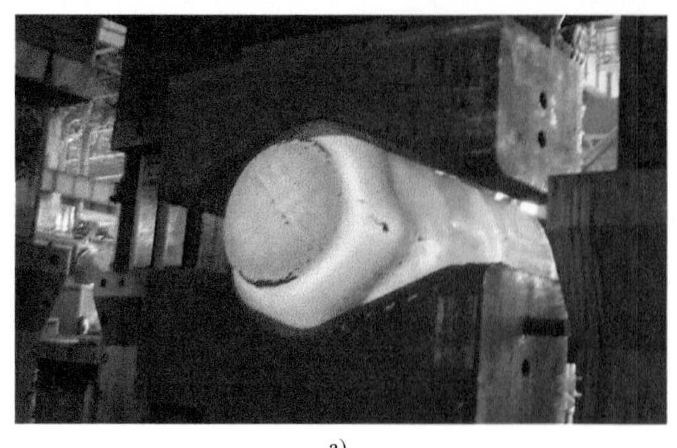

a)

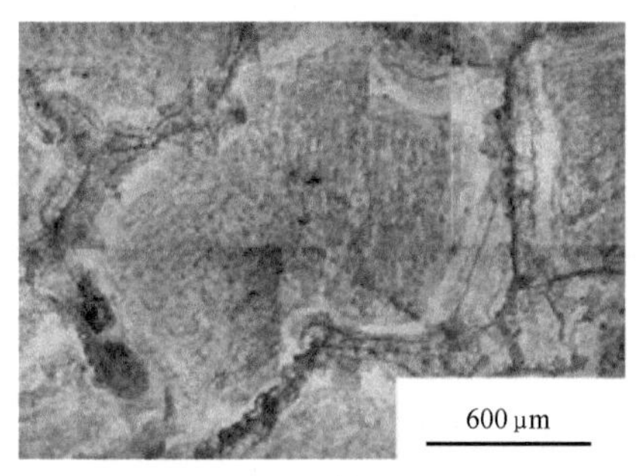

b)

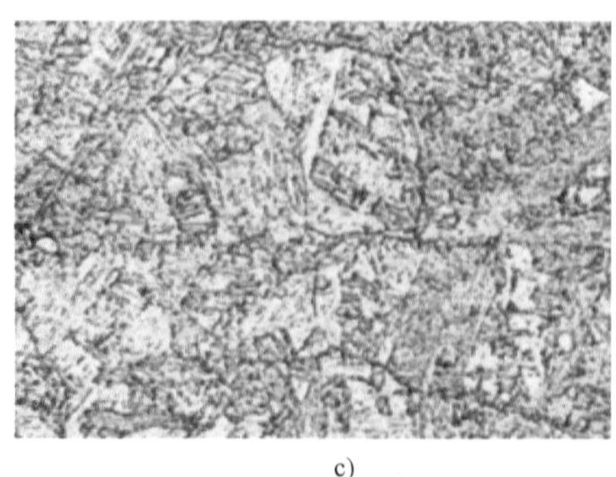

c)

图 1-28 12%Cr 转子细化晶粒

a）高温大变形锻造 b）粗大晶粒 c）细小晶粒

1.2.2.2 主管道

大多数锻件供应商在研制大型奥氏体不锈钢主管道实心锻件的过程中都遇到了成品锻件（见图 1-29）混晶的情况。

中国一重发明了空心主管道锻造技术，研制出了晶粒度 4~5 级的 CAP1400 主管道热段 A（见图 1-30），解决了大型不锈钢主管道无法达到 4 级晶粒度的世界性难题；晶粒细化还可以提高主管道锻件的高温强度（见图 1-31），中国广核集团有限公司（简称：中广核）华龙一号的

图 1-29　主管道实心锻件

主管道锻件在氮（N）的质量分数不高的情况下，就是通过细化晶粒满足了高温屈服强度的要求。这一实践结果也验证了细化晶粒是同时增高强度而又不损伤韧性的有效强化手段[7]。

图 1-30　CAP1400 主管道热段 A（锻件长度 8800mm）

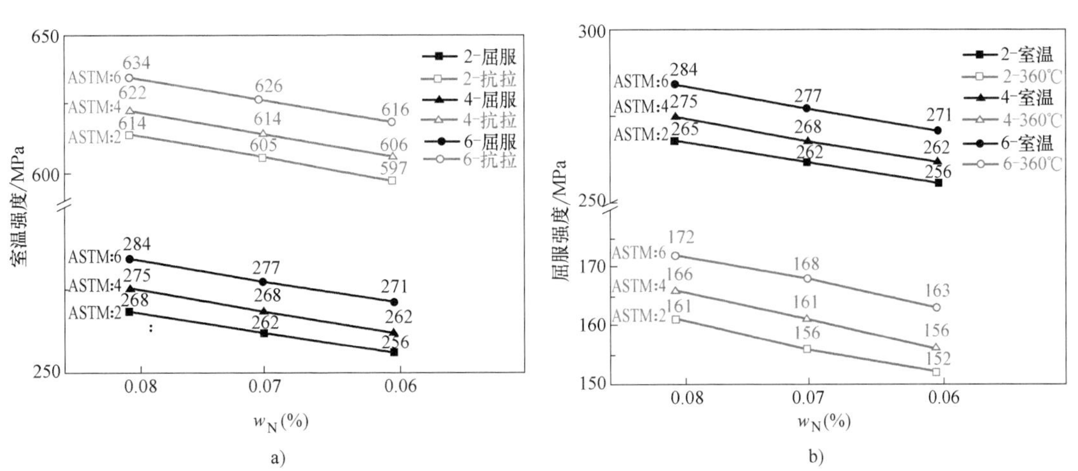

图 1-31　氮的质量分数和晶粒度对 316 不锈钢强度的影响

a）室温强度　b）360℃时的屈服强度

1.2.2.3　CENTER 整体封头

某锻件供应商在研制 CENTER 项目整体封头时出现了因混晶而导致晶粒度无法满足采购技术条件的情况。

CENTER 整体封头设计锻造方案如下：

1）材质 06Cr18Ni11Ti；钢锭质量为 93t。

2）工艺设计为五火次锻造成形。锻造流程见图 1-32。图 1-32a 所示为压钳口、拔长坯料图；图 1-32b 所示为镦粗坯料图；图 1-32c 所示为 KD 法拔长、上平下 V 砧光外圆、气割下料坯料图；图 1-32d 所示为二次镦粗、旋转锻造坯料图；图 1-32e 所示为底垫镦粗和旋转锻造、开冒口端至成品锻件尺寸图。

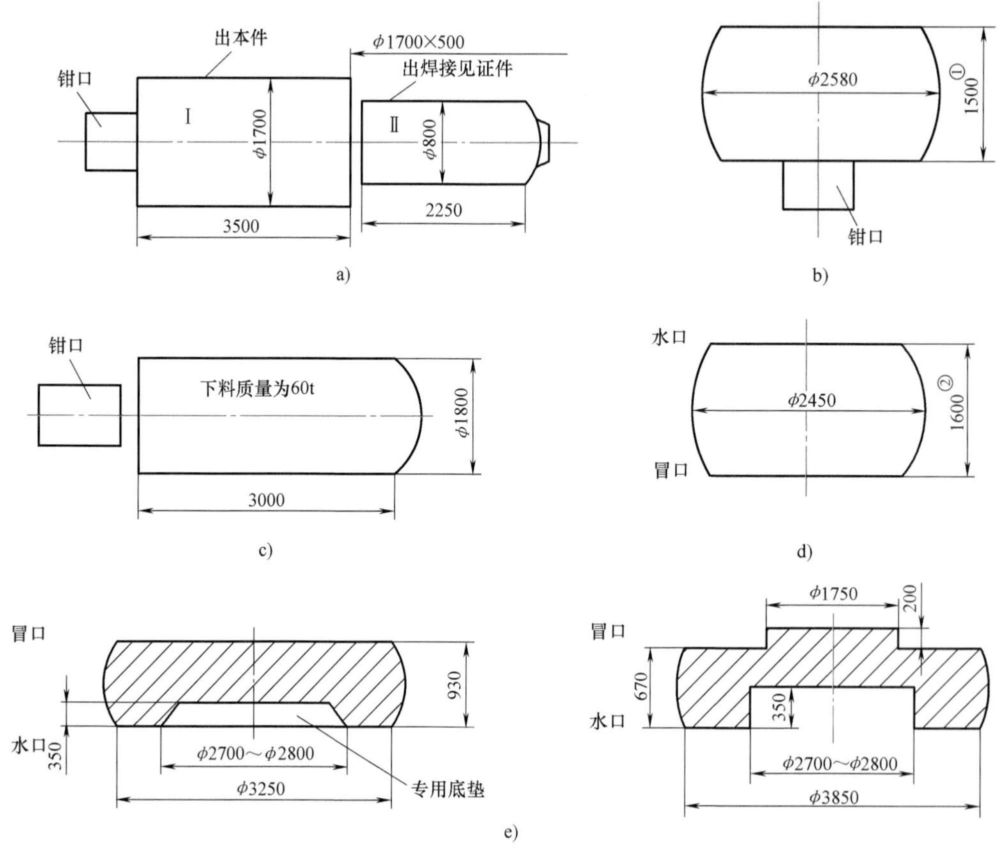

图 1-32　整体封头锻造流程

a）压钳口、拔长　b）镦粗　c）KD 法拔长　d）二次镦粗　e）出成品

注：图中①、②均为 H。

由于 CENTER 整体封头材料为奥氏体不锈钢，再加上钢锭较大，锻件实际锻造是十火次成形。第一火次（第 1 天）：拔长下料，出炉时间 13：30，终锻时间 14：40，始锻温度 1200℃，终锻温度 853℃，拔长至 ϕ1700mm×3500mm，水口端下料；第二火次（第 5 天）：镦粗至 $H=1500$mm，出炉时间 19：50，终锻时间 20：10，始锻温度 1200℃，终锻温度 927℃；第三火次（第 8 天）：KD 法拔长至 ϕ1800mm×3000mm 下料，出炉时间 1：20，终锻时间 2：20，始锻温度 1200℃，终锻温度 900℃；第四火次（第 11 天）：镦粗，出炉时间 6：00，终锻时间 6：30，始锻温度 1200℃，终锻温度 847℃，镦粗至 $H=1600$mm；第五火次（第 13 天）：镦粗，出炉时间 19：10，终锻时间 20：10，表面温度 900℃，镦粗至 $H=$ 980mm，在 1200℃保温时间 20h30min；第六火次（第 15 天）：水口向下，底垫镦粗至 $H=$

850mm，出炉时间 19：50，终锻时间 21：00，始锻温度 1200℃，终锻温度 889℃；第七火次（第 19 天）：水口向下，底垫镦粗至$H=790$mm，出炉时间 14：10，终锻时间 15：00，终锻温度 900℃，1200℃保温，保温时间 21h；第八火次（第 21 天）：ϕ1200mm 锤头旋转锻造，深 250mm，出炉时间 14：40，终锻时间 16：00，始锻温度 1200℃，终锻温度 851℃；第九火次（第 23 天）：ϕ1200mm 圆锤头开窝，深 330mm，出炉时间 24：30，终锻时间 1：30，始锻温度 1050℃，终锻温度 853℃；第十火次（第 25 天）：坯料翻转 180°后锤头旋转锻造出成品锻件，出炉时间 7：00，终锻时间 7：50，始锻温度 1050℃，终锻温度 857℃。

实际锻造过程如图 1-33 所示。图 1-33a～图 1-33d 所示分别为第一火次锻造～第四火次锻造；图 1-33e 所示为第六火次锻造；图 1-33f～图 1-33h 所示分别为第八火次锻造～第十火次锻造；图 1-33i 所示为成品锻件。

经研究分析，CENTER 整体封头混晶的原因如下：

1）锻件结构较为复杂，板坯锻造时各部位壁厚不同、锻造比不同，其结构特点决定了锻造难度大，锻造过程中兼顾各部位晶粒度难度很大。

2）特殊形状的板坯一火次不能实现锻造成形，需要多火次锻造，所以锻件板坯在最后几火次锻造中属于局部变形，未变形的部分就没有得到细化晶粒；变形的部分锻造比小、变形量小，细化晶粒的效果也不好。

3）实际锻造中，板坯下料后，在高温 1200℃阶段共进行了三次镦粗，除第一次镦粗时的锻造比较大（2.7）外，其余两次镦粗锻造比均较小（分别为 1.12、1.15）。后两次镦粗过程中，在 1200℃高温下长大的晶粒度没有被细化。

4）在开窝和锻凸台火次，虽然降低了始锻温度（1050℃），但受温度、锻造辅具、设备压力限制，出现多火次锻造（要求一火次，实际三火次）；且锻造比较小（要求 2.1，实际为 1.07、1.3、1.32）。

5）胎模成形时板坯再次经历高温，但成形过程中锻件各部位等效应变很小，晶粒没有进一步细化。

6）锻件晶粒粗大导致超声检测结果不满足技术条件要求。

为了解决 CENTER 整体封头混晶的问题，采取了如下措施：

1）优化锻造工艺，取消水口端凹槽部分（见图 1-34），实现每火次整体锻造比相同，避免混晶情况的发生。

2）第一火次（钢锭压钳口），加热和锻造仍按原工艺进行，注意控制保温时间，在锻造工艺中给出最长和最短保温时间。

3）第二火次（镦粗），加热和锻造仍按原工艺进行，注意控制保温时间，在锻造工艺中给出最长和最短保温时间。

4）第三火次（KD 法拔长、下料），加热和锻造仍按原工艺进行，注意控制保温时间，在锻造工艺中给出最长和最短保温时间。

5）第四火次（镦粗到$H=1600$mm，旋转锻造，开水口端至$H=1100$mm），加热和锻造仍按原工艺进行，注意控制保温时间，在锻造工艺中给出最长和最短保温时间。

6）第五火次至最后出成品火次，加热温度下降至 1050℃，保温时间按 100mm/h 计算，以保证前序细化的晶粒没有长大。

锻件经过完善上述措施并采取保温成形（见图 1-35），晶粒度满足了采购技术条件的要求。

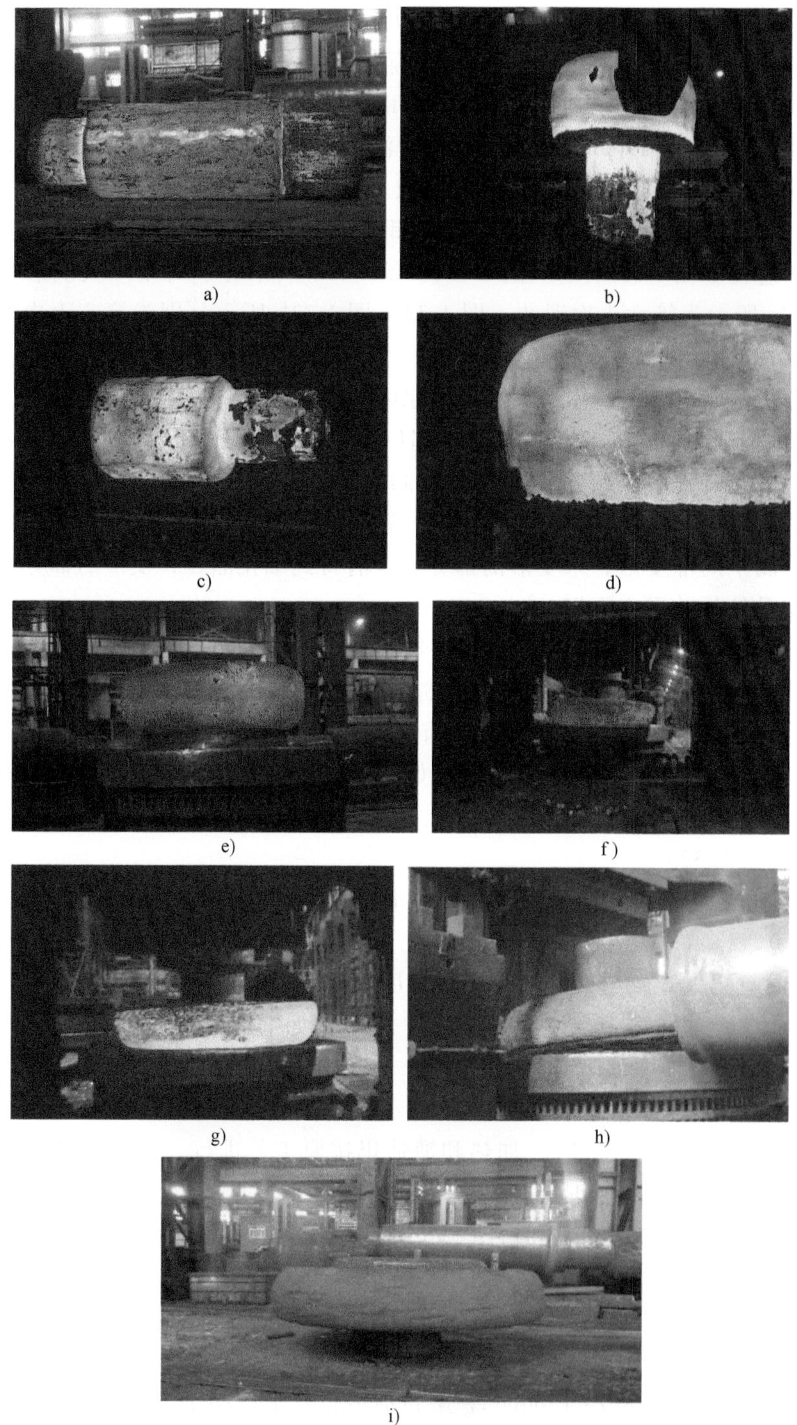

a)

b)

c)

d)

e)

f)

g)

h)

i)

图 1-33　CENTER 整体封头实际锻造过程

a）第一火次锻造　b）第二火次锻造　c）第三火次锻造　d）第四火次锻造　e）第六火次锻造
f）第八火次锻造　g）第九火次锻造　h）第十火次锻造　i）成品锻件

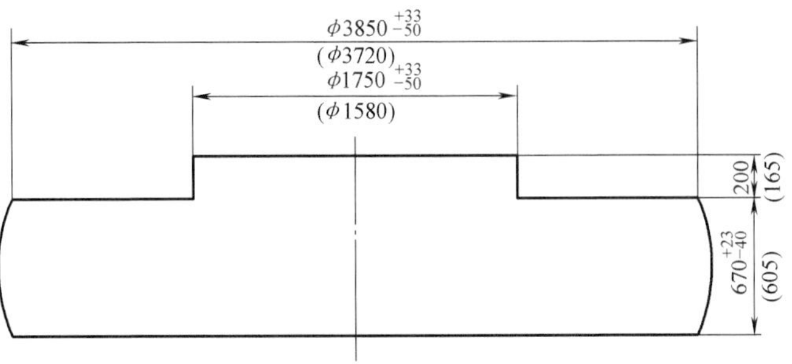

图 1-34　CENTER 整体封头改进后锻件尺寸

a)

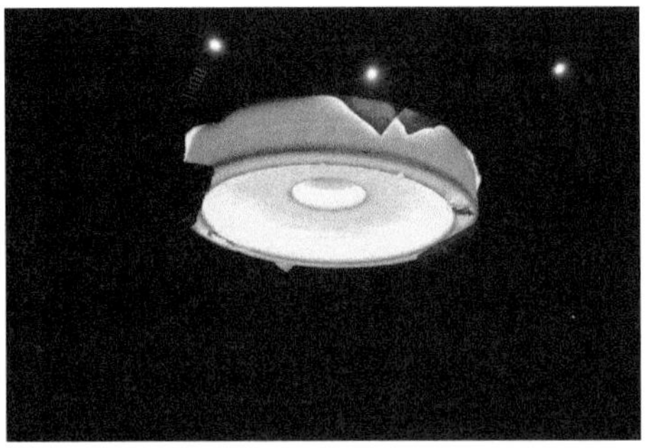

b)

c)

d)

e)

图 1-35　CENTER 整体封头保温成形

a）模具准备　b）坯料出炉转运　c）镦粗开始　d）镦粗结束　e）成品锻件

1.2.3 高温合金锻件

高温合金与不锈钢均属于无相变材料，而且高温合金的变形抗力比不锈钢的还要大，出现混晶现象的概率更高。

1.2.3.1 镍基转子

某锻件供应商在研制改进型 IN617 合金转子锻件过程中，从 1 吨级铸锭锻造开始研究锻造成形工艺与参数，经过 5 吨级铸锭的中间试验，最后用 7 吨级铸锭锻造出了所需的 ϕ850mm 样件（见图 1-36）。在成形方式选择、晶粒度细化、混晶控制等方面积累了宝贵的数据与经验，将在 3.2 节中进行专题介绍。

图 1-36 ϕ850mm 镍基转子锻件

1.2.3.2 细晶棒料

材料为 GH4169 的细晶棒料的混晶现象主要出现在大截面锻件的成形中。目前国内 GH4169 冶炼、铸锭和锻造的供应商配备的液压机以千吨级的快速锻造液压机和径锻机为主，虽然可以解决坯料表面开裂等问题，但由于工艺与设备的限制，难以使直径大于 200mm 的棒料获得表里如一的晶粒，导致大量依赖进口供货。某锻件供应商采用镦挤成形方式，研制出了 ϕ310mm 棒料（见图 1-37），为大直径（或大规格）细晶棒料的制造开辟了一条新路，将在 3.3 节进行专题介绍。

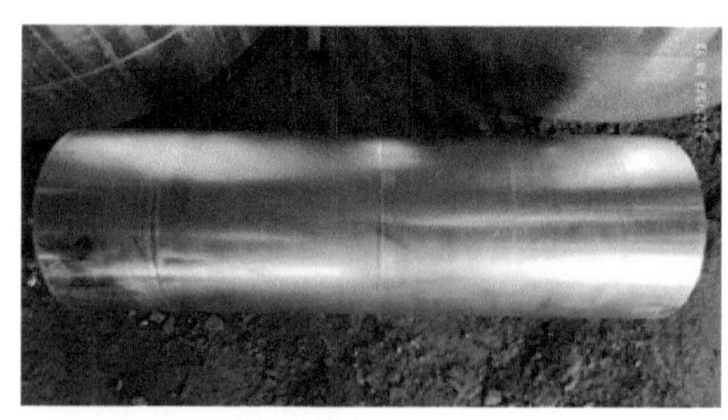

图 1-37 镦挤成形的细晶棒料

1.3 拉应力

以往，大型锻件受自由锻造的限制，仅在减少锻件余量、尽可能满足晶粒度等方面重点研究，对应力的关注较少。从参考文献[2]得知，大型锻件的裂纹大多数都是拉应力引起的。因此，“形神兼备”的大型锻件不仅需要近净成形锻造和获得均匀细小晶粒，而且还应满足压应力成形。

1.3.1 外部拉应力

除了变形不均匀、不充分外，坯料表面温降也是产生外部拉应力的主要因素。在钢锭镦粗过程中，为了达到所需的压下量，在液压机能力有限的情况下，往往需要较长的镦粗时间，处于拉应力区的坯料在低温下镦粗极易出现裂纹。

1.3.1.1 主管道

某锻件供应商用316LN奥氏体不锈钢110t电渣重熔（electroslag remelting，ESR）钢锭研制AP1000主管道热段A，在采用万吨液压机镦粗过程中，钢锭表面出现了多条裂纹，钢锭被迫冷却清理裂纹（见图1-38）。

图1-38 110t不锈钢ESR钢锭镦粗后清理裂纹

为了避免晶粒粗大选择了较低的锻造加热温度，但由于316LN奥氏体不锈钢ESR钢锭变形抗力大，用万吨液压机一火次完成100余吨ESR钢锭的镦粗会导致终锻温度过低。ESR钢锭中的有害相（高温铁素体）没有完全消除，以及低温锻造的拉应力叠加是导致钢锭镦粗开裂的根本原因。

如果采用高温大变形量镦粗，既可以有效消除高温铁素体的影响，又可以实现一火次镦粗，同时又能获得较细小的晶粒[8]。晶粒细化是防止裂纹扩展的有效途径。

主管道所采用的不锈钢钢锭，除了ESR镦粗过程中因外部拉应力而产生裂纹外，双真空钢锭（变形抗力相对较小）镦粗时，若参数选择不当，也会因外部拉应力而产生裂纹。某锻件供应商采用119t的316LN奥氏体不锈钢双真空钢锭研制AP1000主管道热段A，在采用万吨液压机镦粗过程中，个别钢锭表面也出现了多条裂纹（见图1-39）。

尽管316LN奥氏体不锈钢变形抗力大，但双真空钢锭的致密性较ESR钢锭差，119t双真空钢锭在高温下镦粗时间短、终锻温度较高，钢锭表面的拉应力较小，采用万吨液压机镦粗正常情况下钢锭表面不应该出现裂纹（见图1-40）。经对比图1-39及图1-40所对应的两个相同锭形钢锭的锻造加热温度及保温时间等参数，镦粗表面开裂钢锭的保温时间较短，疑是有害相（高温铁素体）形态未完全改变。

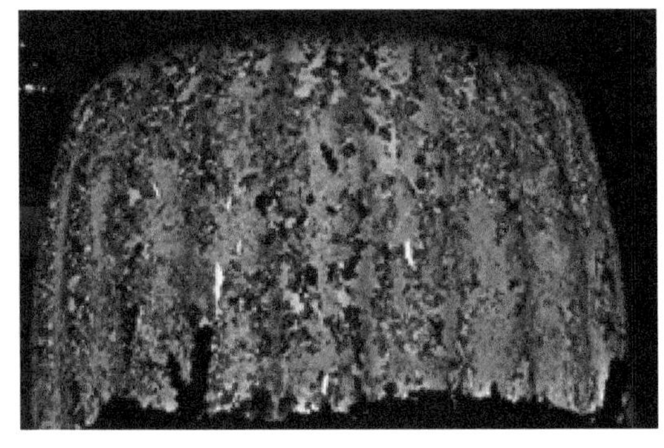

图1-39 119t的316LN双真空钢锭Ⅰ镦粗

图1-40 119t的316LN双真空钢锭Ⅱ镦粗

1.3.1.2 不锈钢泵壳

某锻件供应商在研制专项产品不锈钢泵壳过程中，双真空钢锭在镦粗阶段出现了裂纹，对裂纹清理后继续拔长坯料，发现其表面裂纹非常严重（见图 1-41）。

a)

b)

图 1-41 不锈钢泵壳坯料锻造裂纹

a）镦粗后状态 b）拔长后状态

1.3.2 内部拉应力

某锻件供应商制造的某一型号支承辊锻件在锻后热处理结束后，在冒口侧的辊身上发生了横向脆性断裂（见图 1-42）。

图 1-42 支承辊锻件横向脆性断裂

经宏观检测发现在偏离心部附近有一处较大缺陷。裂纹以此缺陷为起裂源，向外横向扩展，最后发生横向断裂。

经扫描电镜观察断口发现沿晶断裂的现象，并且晶粒界面相对圆滑，呈自由面形态（见图 1-43 ~ 图 1-45）。说明此区域晶粒的界面已经严重弱化，出现这种现象的可能原因：①在钢液结晶后期，晶粒间的界面没有相互闭合；②在锻造加热前，此处由于工件内应力的作用已经存在沿晶裂纹，在锻造加热时使晶粒界面变得圆滑；③锻造加热时晶界发生熔化。同时断口中还存在分布较广的自由面（见图 1-46），说明有较多显微空隙的存在。

取另一较小碎块观察，在放大 7 倍时已经明显看出其沿晶断裂形态，晶粒尺寸很大。说明该区域加热温度过高或保温时间过长，导致晶粒粗大（见图 1-47 与图 1-48）。在一些区域

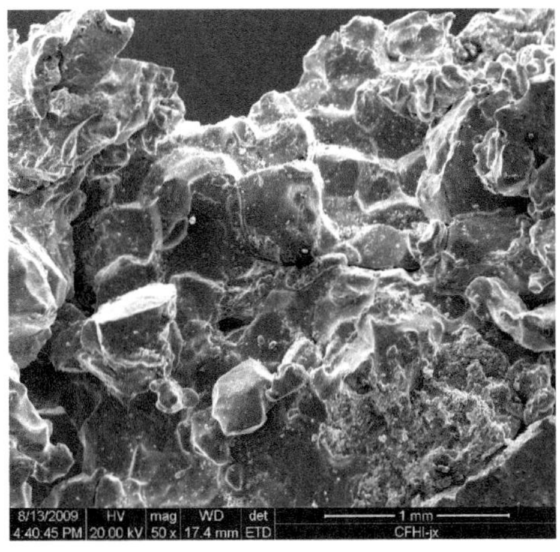

图 1-43 电镜图片Ⅰ

图 1-44 电镜图片Ⅱ

图 1-45 电镜图片Ⅲ

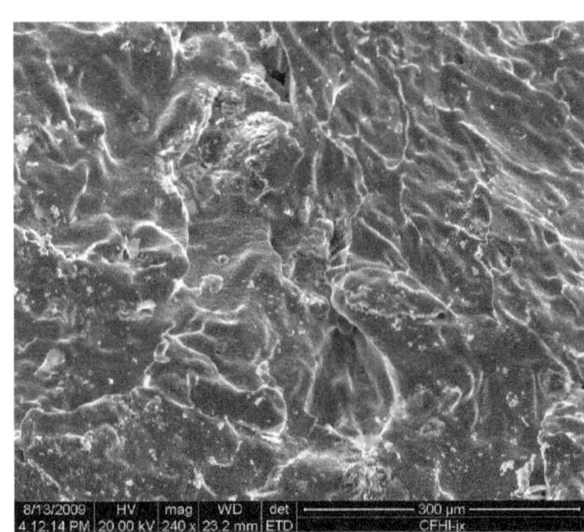

图 1-46 电镜图片Ⅳ

晶界发现有白亮线（见图 1-49），经能谱分析（见图 1-50），碳含量较高，可能导致晶界发生弱化，造成沿晶开裂，而非晶界区域碳含量较低（见图 1-51 与图 1-52）。

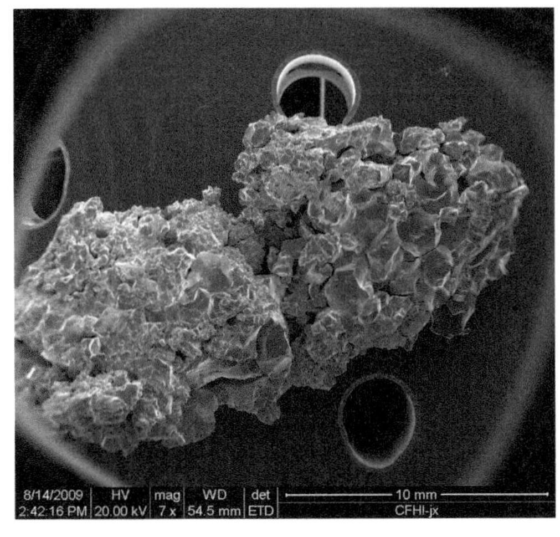

图 1-47 电镜图片Ⅴ

图 1-48 电镜图片Ⅵ

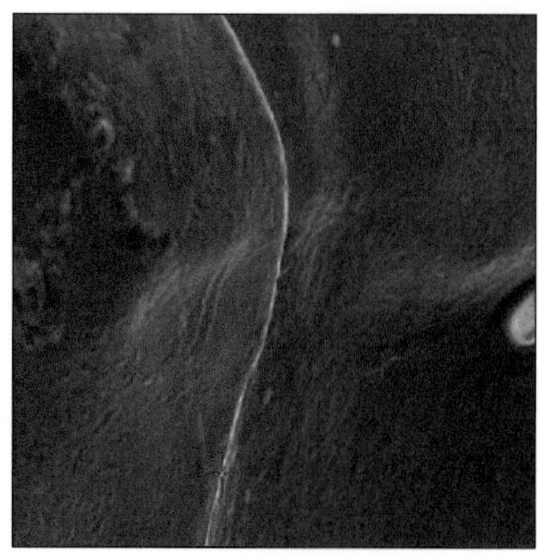

图 1-49　晶界上的白亮线

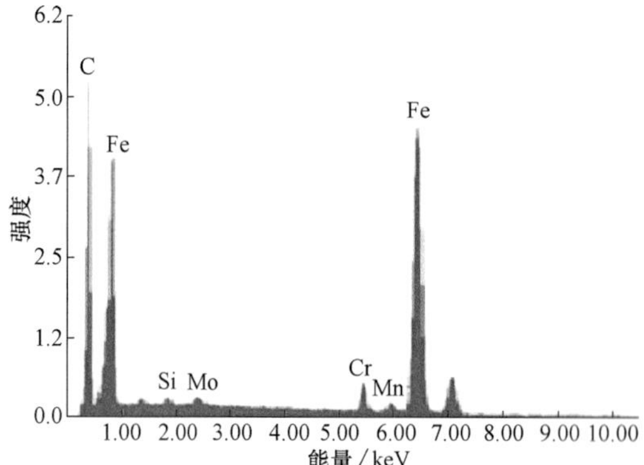

元素	质量分数(%)	原子百分数(%)
C	13.04	41.00
Si	0.68	0.91
Mo	1.76	0.69
Cr	4.32	3.14
Mn	1.39	0.96
Fe	78.81	53.30

图 1-50　晶界上高碳部位（图 1-49 中红色十字标记处）能谱分析结果

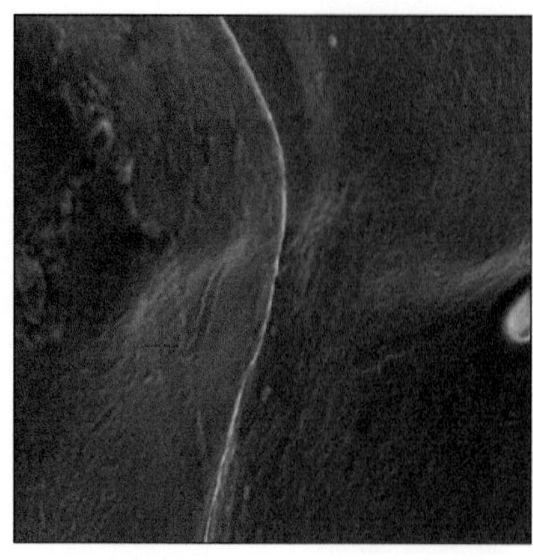

图 1-51　非晶界区域能谱分析位置标记

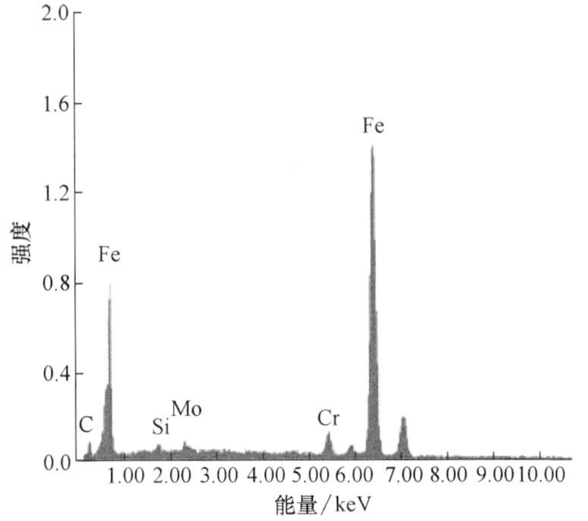

元素	质量分数(%)	原子百分数(%)
C	0.99	4.45
Si	0.91	1.75
Mo	2.23	1.25
Cr	3.50	3.62
Fe	92.37	88.94

图 1-52　非晶界处低碳部位（图 1-51 中红色十字标记处）能谱分析结果

在断口上还发现有严重的自由面存在，说明此区域补缩严重不足，在后期锻压过程中也未锻合。其对应于低倍缺陷为疏松，在电镜下的断口形貌如图 1-53 所示。

a)

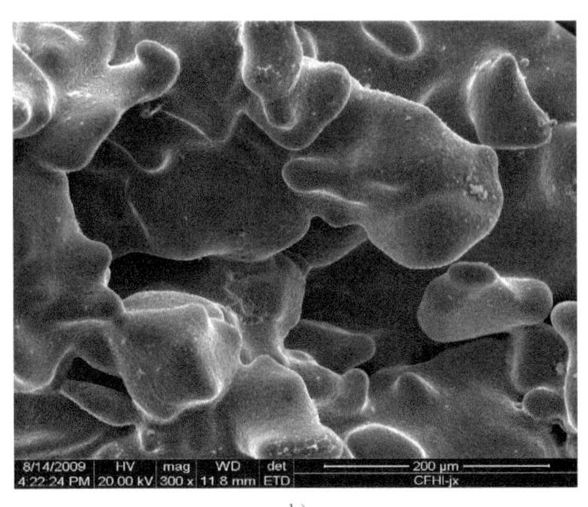

b)

图 1-53　断口上的自由面

a）100μm　b）200μm

断裂坯料的宏观检测如图 1-54 所示。图 1-54a 所示为支承辊断裂部位纵剖面；图 1-54b 所示为纵剖面的中心区域。

究其原因，缺陷部位（钢锭的二次缩孔区）的晶界碳含量较高，加热温度较高或保温时间较长导致晶粒较为粗大，晶界结合力减弱，在支承辊中心缺陷部位容易产生锻造拉应力。这种内部拉应力在随后的锻后热处理加热时的热应力叠加下产生沿晶断裂。

1.3.3　端部拉应力

1.3.3.1　支承辊

某锻件供应商在大量生产支承辊的过程中，经常出现钳口缩孔（见图 1-55），缩孔严重的会导致锻件经 UT 检测不合格而报废。

a)

b)

图 1-54　断裂坯料的宏观断口

a）纵剖面　b）中心区域

图 1-55　支承辊锻件钳口缩孔

究其原因，支承辊材料属于过共析钢，变形抗力大。用于制造大型支承辊的钢锭越大，冒口端的碳含量越高。传统的自由锻造方式又是从冒口端压钳口，而且压钳口大多数是一火次锻造完成，终锻温度较低。上述所有特征都是导致钳口心部缩孔的直接原因。

1.3.3.2　转子

国内某锻件供应商在制造 12%Cr 汽轮机高中压转子锻件时，锻件曾在性能热处理后于轴端中心出现裂纹（见图 1-56）。国外某锻件供应商也出现过类似的情况，不同的是由于裂纹扩展而造成锻件报废（见图 1-57）。

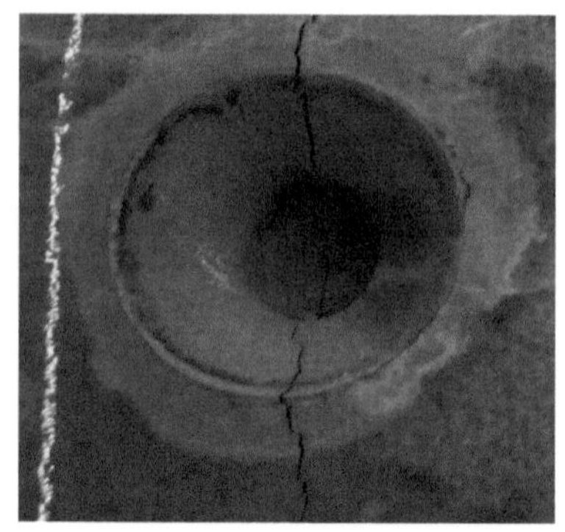

图 1-56　国内某锻件供应商 12%Cr 转子轴端心部裂纹

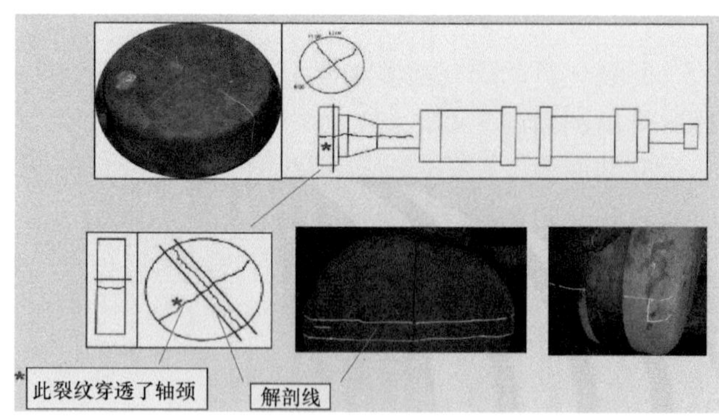

图 1-57　国外某锻件供应商 12%Cr 转子轴端心部裂纹

究其原因，由于裂纹是在性能热处理后发现的，所以最初原因分析的重点放在了热处理环节。但如果是淬火裂纹的话，为什么不出现在端部边缘而出现在心部？又为什么只是一端开裂（见图 1-57）？在没有找到确切原因的情况下，将根本原因分析扩大到了锻造工序。对锻造全过程进行深入分析后发现，转子锻件出现裂纹的法兰端是在低温小变形量条件下成形的，因此推断是锻造形成的拉应力与热处理过程中产生的热应力和组织应力叠加导致裂纹的产生。

图 1-58　转子锻件性能热处理后及时清理心部裂纹

通过控制锻造参数或利用弃料加长轴径，减少和消除性能热处理前转子轴端的拉应力。此外，还可以在性能热处理后及时清理心部裂纹（见图 1-58），避免因裂纹扩展而导致的锻件报废。端部拉应力最好的解决办法是采用第 4 章中介绍的 FGS 锻造中的锻挤成形。

1.3.3.3　主管道

某锻件供应商在研制 316LN 奥氏体不锈钢空心主管道初期，在拔长自由端时发生锻件端部严重开裂现象（见图 1-59）。

图 1-59　空心锻件端部裂纹

众所周知，锻造空心锻件一般需要芯棒。从锻件坯料出炉、转运、穿上芯棒到开始锻造，空心锻件降温幅度较大，尤其是最后锻造的自由端更是处于低温锻造。变形抗力大的不锈钢锻件端部在锻造过程中又处于拉应力状态。低温锻造与拉应力的叠加是不锈钢空心锻件端部产生锻造裂纹的根本原因。

采取坯料端部包覆保温材料的措施（见图 1-60），避免低温锻造。创造条件使端部处于压应力锻造。

图 1-60　坯料端部包覆保温材料

1.3.3.4 水室封头

某项目水室封头锻件在调质前的粗加工过程中发现开口端出现贯穿性裂纹，从锻件外部观察裂纹沿轴向延展，长度约700mm，锻件裂纹位置示意图及实物图片如图1-61所示。

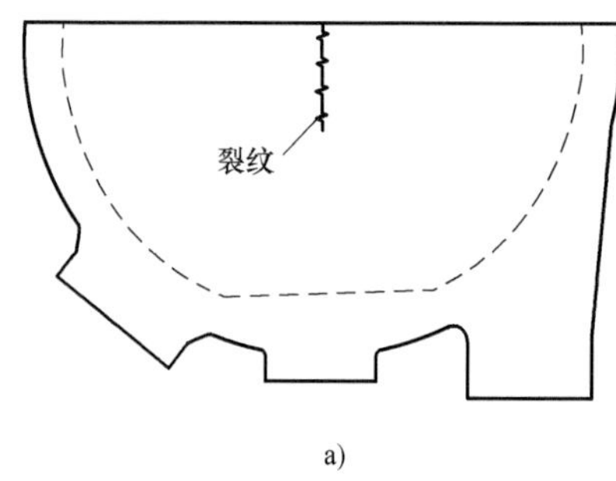

a)

b)

图1-61 水室封头锻件裂纹位置示意图及实物图片

a）裂纹位置示意 b）实物图片

事件发生后，立即在裂纹区及其附近进行取样，寻找并确定裂纹源，分析裂纹性质，推断裂纹形成时机，找出裂纹成因。

在裂纹区气割（见图1-62）取下三块试料，其中两块为裂纹附近的试料，另一块为包含裂纹的试料。裂纹附近两块试料的分解如图1-63所示，排钻加工及气割宽度均≤50mm。

图1-62 水室封头锻件裂纹区气割实物图片

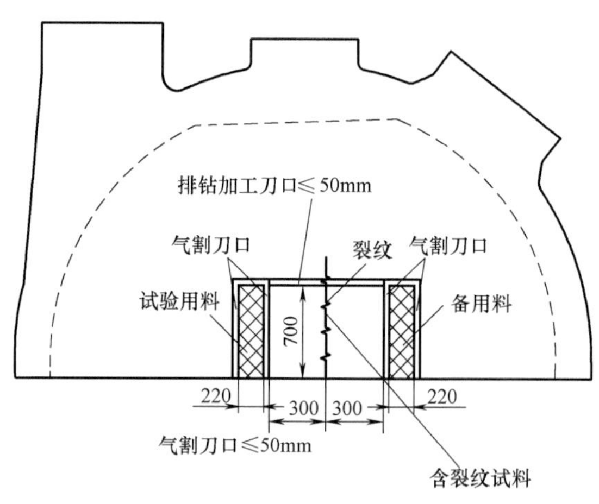

图1-63 裂纹附近两块试料的分解

包含裂纹的试料被分离后的状态如图1-64所示。裂纹被打开后，通过观察可见裂纹自内表面往外扩展，外圆表面呈明显的撕裂状（见图1-65）；裂纹面可见明显的裂纹扩展痕迹，在整个700mm高的试块上，未发现裂纹源，同时未见明显的冶金或锻造缺陷导致开裂的痕迹（见图1-66及图1-67）。由图1-67可见，整个裂纹扩展区域，除了气割热影响区存在氧化外，其余区域均呈现明显的金属光泽。因此可以确定，水室封头裂纹是执行完锻后热处理后的冷态裂纹，裂纹源未包含在该区域内。

图1-64 包含裂纹的试料被分离后的状态

端面
撕裂区
内表面
扩展区
外表面
气割热影响区

图 1-65　裂纹打开后情况

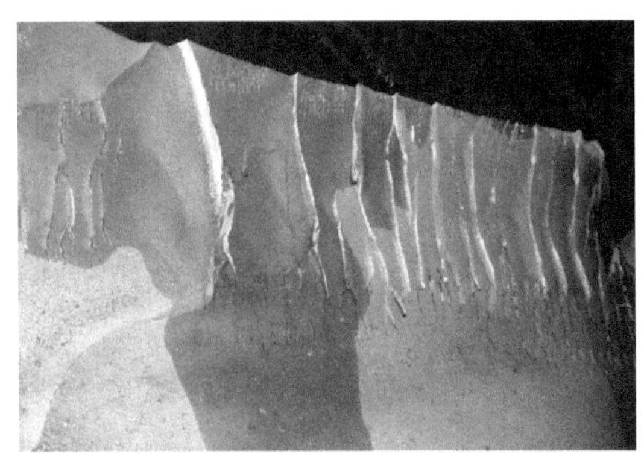

图 1-66　裂纹扩展区和撕裂区形貌

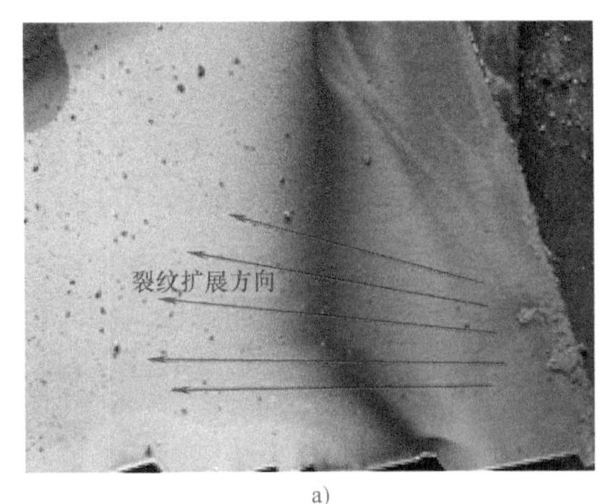

a)

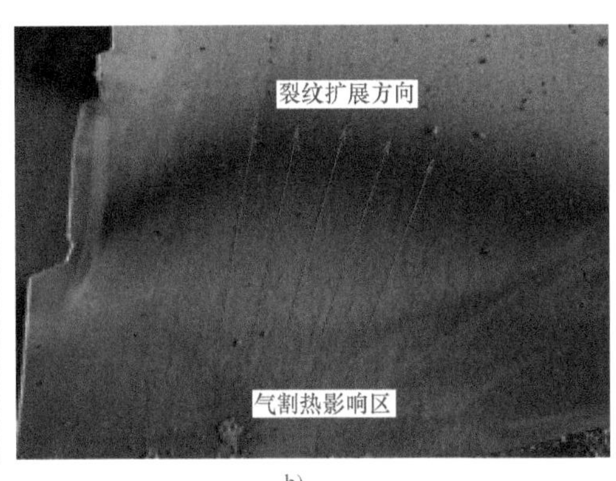

b)

图 1-67　裂纹扩展方向图片

a）1 号试块　b）2 号试块

为了找出裂纹源的位置，将气割后的水室封头锻件沿裂纹方向打磨，通过超声检测确定裂纹源的位置。补充无损检测区域如图 1-68 所示。无损检测结果表明，在图 1-68 所示的区域，即应力最大且结构复杂的管嘴与球顶交汇区域存在裂纹。

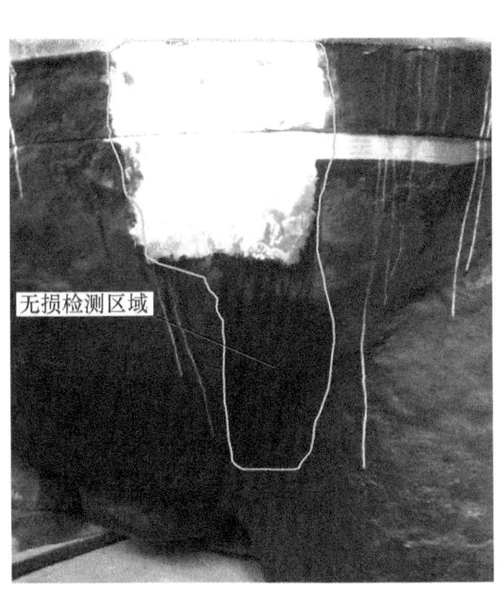

图 1-68　裂纹区气割取料后确定补充无损检测区域

运用计算机数值模拟技术，对水室封头锻造成形过程及冷却过程的应力及其分布状态进行分析，模拟结果表明：管嘴与球顶交汇区域为应力最大的区域，该区域壁厚最大，形状复杂。超声检测结果表明该区域存在裂纹，且裂纹的扩展是在完成锻后热处理的冷态下发生的。

通过对水室封头锻造后正回火状态的性能及断裂面扫描分析的结果可知：水室封头全截面强度比较均匀但低于性能热处理状态；冲击吸收能量比较均匀但整体偏低，韧性差；上、下平台冲击吸收能量偏高；组织和晶粒度均匀；未发现明显的冶金质量问题和其他缺陷，断面成分未发现偏析现象。

通过锻造过程数值模拟以及对裂纹的实际观察和超声检测结果，可确定在应力最大且结构复杂的管嘴与球顶的交汇位置存在裂纹，且裂纹的扩展是在完成锻后热处理的冷态下发生的。

水室封头锻造后正回火状态下的韧性很差，下平台温度达到 20℃。锻件毛坯正回火后处于较冷的环境温度下（-20～0℃）且停放时间较长，锻件残余应力在内部缺陷处释放并形成应力集中，产生内部微裂纹，内部裂纹缓慢扩展导致锻件开裂。

某锻件供应商在研制 AP1000 SG 整体水室封头仿形锻造过程中，除了大端因拉应力而导致的锻件开裂外，还出现了管嘴填充不满的现象（见图 1-69），导致粗加工后无法满足取样图的要求（见图 1-70）。

AP1000 SG 整体水室封头旋转锻造下模内腔的拔模斜度是按照小型模锻件模具设计原则设计的，选用了较大的拔模斜度（见图 1-71）。由于胎模锻不是闭式模锻，不产生飞边，而且由于成形力不足，锻件充满程度不是很高，大的拔模斜度不利于各个管嘴的填充。因此，下模较大的拔模斜度是导致管嘴填充不饱满的根本原因。

下模设计时不考虑或仅考虑很小的拔模斜度，这样既减少锻件重量又利于型腔填充，优化后的下模如图 1-72 所示。采用优化下模锻造的水室封头锻件管嘴填充饱满（见图 1-73）。

a)

b)

c)

图 1-69 AP1000 SG 整体水室封头管嘴未填充饱满

a）管嘴朝下 b）管嘴朝上 c）管嘴在模具内

a)

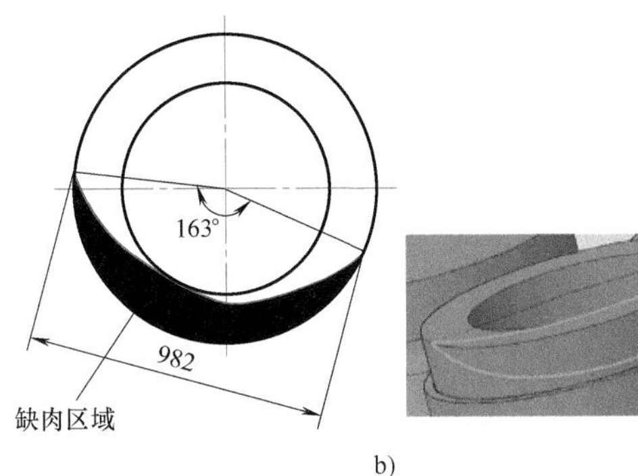

b)

图 1-70　AP1000 SG 整体水室封头管嘴未满足粗加工要求

a）整体外形图　b）局部放大图

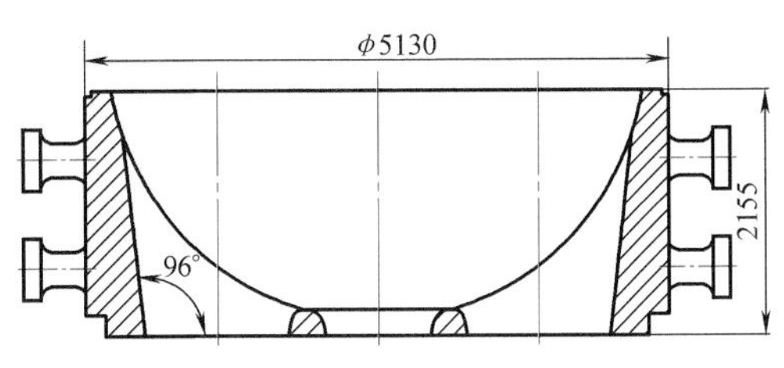

图 1-71　较大拔模斜度的下模

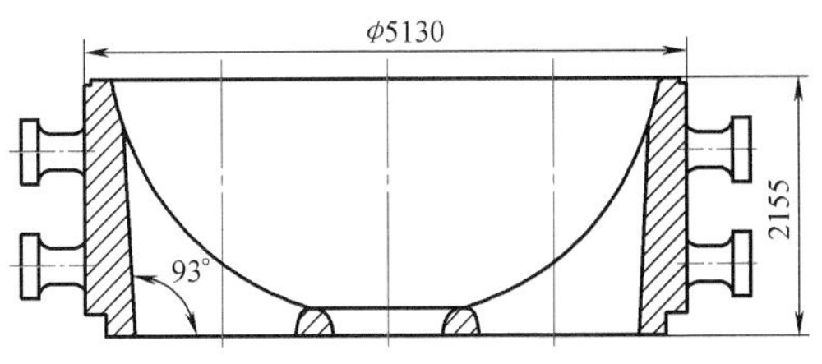

图 1-72　优化后的下模

a)

b)

图 1-73　管嘴填充饱满的水室封头锻件

a）毛坯锻件　b）粗加工锻件

在大型锻件的传统塑性成形过程中，存在着材料利用率低、混晶及因拉应力导致锻造裂纹等世界性难题。材料利用率低主要体现在“头上长角”的封头类锻件和“身上长刺”的筒/管类等重型、复杂锻件，它们难以实现近净成形；混晶存在于各类锻件中，主要体现在非本质细晶粒钢和无相变的不锈钢、高温合金等锻件中；拉应力主要体现在变形抗力大的轧辊、不锈钢及高温合金等材料的锻件中。这些世界性难题需要变革性技术加以解决，因此，学界呼唤着原创性技术的诞生。

第2章

FGS锻造的提出及内涵

在大型锻件的传统自由锻造中，锻造的主要目的是成形和心部压实。随着不锈钢、超级合金以及其他难变形材料的大量应用，人们不得不重视大型锻件的晶粒度。而晶粒度的均匀性又与钢锭/坯料质量（如偏析、有害相）、锻造参数（如温度、变形量）以及热处理参数（如加热温度、冷却均匀性）等有关。在以往的锻造工艺中，由于对难变形材料在成形过程中的应力状态重视不够，因此导致锻件产生表面裂纹和性能的各向异性。为了系统解决第1章所述的大型锻件塑性成形共性技术难题，笔者根据几十年的经验，首创了FGS锻造理念并制定出了原创性技术路线。

2.1 大型锻件成形方式的演变

2.1.1 自由锻造

大型锻件的自由锻造是利用压力使坯料在上下砧面间各个方向自由变形，不受任何限制而获得所需形状及尺寸的锻造方法。其特点是不需要任何辅助工具、模具，锻件的余量及精度取决于操作者的水平和设备的自动化程度。自由锻造既能创作出艺术品（见图2-1），也可能生产出低质量锻件（见图2-2）。

始于1961年召开的国际自由锻会议，又称国际锻造师会议（International Forgemasters Meeting，IFM），是当今世界上大型锻件制造领域最高水平的技术交流会，会议交流内容涵盖除铸造技术以外的诸多热加工领域，包括冶炼、铸锭、锻造、热处理、无损检测、数值模拟、设备与工装等，在全球锻造行业具有相当大的影响力。各国企业决策者议定每3年举办一次大会，笔者近十几年连续参加了该会议，受益颇多。在向国际同行虚心学习的同时，在大会上宣读和发表了7篇论文，向世人展现了中国大型锻件行业所发生的变化。从各国的发展趋势看，自由锻造正在向仿形锻造、胎模锻造等近净成形方向发展。

2.1.2 仿形锻造

仿形锻造是适合复杂锻件成形的锻造方法。仿形锻造可以借助一些简单的模具锻造成形，

图 2-1　自由锻造艺术作品[9]

a)

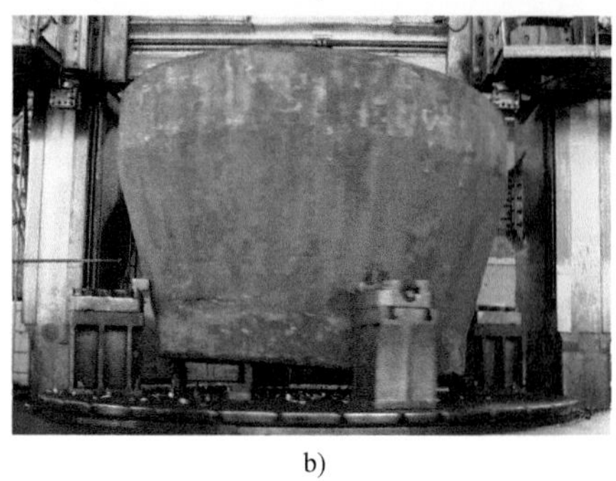

b)

图 2-2　锥形筒体锻件质量对比及对加工的影响
a）锻件质量对比　b）低质量锻件对加工的影响

适合小批量生产。

2.1.2.1　锥形筒体

核电 SG 锥形筒体是连接上、下筒体的过渡段，由圆锥段和上、下两个直段组成（见图 2-3）。锥形筒体锻件的锻造方法因制造水平的不同而分为覆盖式锻造和仿形锻造，下面分别加以介绍。

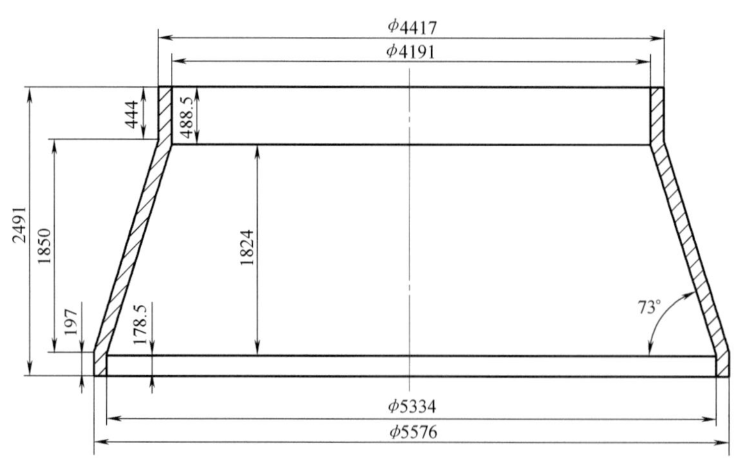

图 2-3　AP1000 SG 锥形筒体

核电 SG 锥形筒体锻件“覆盖式”锻造如图 2-4 所示。过程是先锻造出厚壁圆锥筒体，然后加工出两个直段。国外某锻件供应商制造 AP1000 SG 锥形筒体时，就是先采用“覆盖式”方法锻造出锥体锻件（见图 2-5），然后再加工出两个直段的。AP1000 SG 锥形筒体

“覆盖式”锻造生产的锻件及加工实例如图 2-6 所示。图 2-6a 所示为锻件毛坯加工前画线；图 2-6b 所示为毛坯上半段加工后待 180°翻转。“覆盖式”锻造成形方法虽然简单，但锻件余量大，而且直段尺寸越长锻件余量越大。若用“覆盖式”锻造方法制造图 2-7 所示的带有超长直段的锥形筒体，锻件余量将难以想象。

图 2-4　锥形筒体“覆盖式”锻造

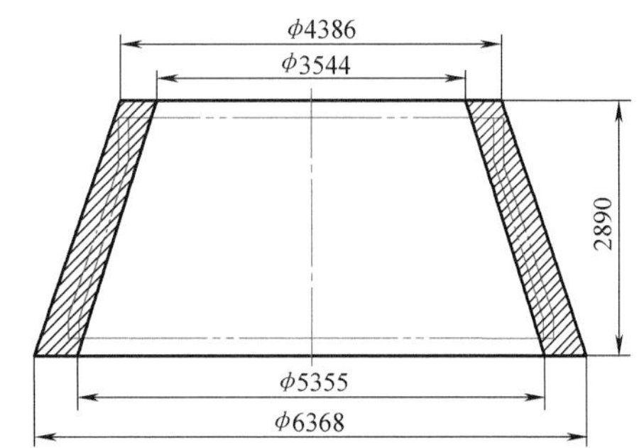

图 2-5　AP1000 SG 锥形筒体“覆盖式”锻造锻件图

a)

b)

图 2-6　AP1000 SG 锥形筒体“覆盖式”锻造生产的锻件及加工实例

a）毛坯加工前画线　b）上半段加工后待 180°翻转

为了获得近净成形的锥形筒体锻件，中国一重发明了双端不对称变截面筒体同步变形技术，研制出多种辅具，开展了仿形锻造研究工作。

1. 辅具研制

(1) 高度在线可调的活动马架　高度在线可调的活动马架在工作中能够根据需要随时实现高度调整，以满足成形工艺方案中坯料大小端直径同时开始变形并同时结束变形的条件，从而实现坯料大小端直径同时达到锻件尺寸的目标。

图 2-7　带超长直段的锥形筒体锻件

(2) 拔长预制锥形坯料的成形辅具　拔长预制锥形坯料的成形辅具可以使扩孔前的坯料具备一定的形状，经过专用成形辅具扩孔后，能够扩大成形并获得所需要的形状与尺寸，同时还要注意保证锻件内部质量，使其调质后的各项性能指标满足技术条件要求，最后还要考虑不同类型产品所需辅具的通用性。

（3）组合辅具之间的定位与固定　为降低单件辅具重量、提高辅具的通用性，有些辅具应设计成组合式，这样就必须研究这些组合辅具之间的定位与固定方式，既要保证安装方便，又要保证装配精度，使其在使用过程中不发生窜动。由于成形辅具在锻造成形过程中始终与高温坯料接触，所以要保证在长时间高温环境下，辅具组合结构耐用、牢固、不变形。根据工程实践经验，成形辅具组合方式不宜采用焊接形式，而适宜采用螺栓连接方式。

图 2-8　锥形筒体近净成形用不等宽上锤头

（4）整体扩孔专用不等宽上锤头　整体扩孔专用不等宽上锤头（见图 2-8）可使坯料大小端变形同步，而且变形更均匀。

（5）成形辅具稳定性定位装置　锻造过程中由于锥形筒体斜段产生水平分力，使成形辅具位置发生移动或倾斜，不利于锻件成形，严重时会导致锻件报废，所以应该研究控制成形辅具在工作中的稳定性。AP1000 SG 锥形筒体锻件的锻造采用了定位装置来保证锻件锥度。

2. *产品制造*

（1）设计锻件图　AP1000 SG 锥形筒体锻件尺寸如图 2-9 所示。

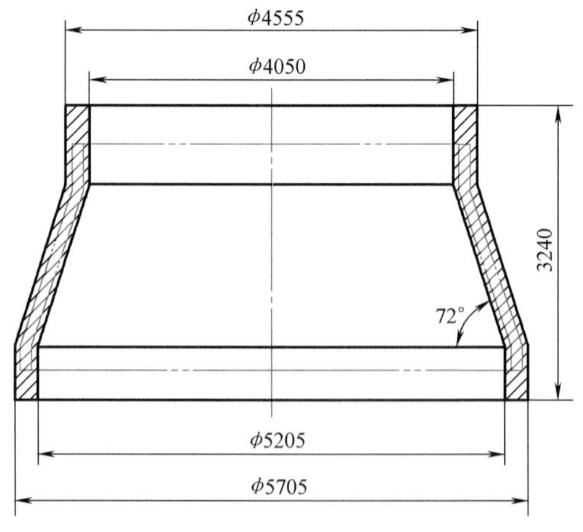

图 2-9　AP1000 SG 锥形筒体近净成形锻件图

（2）锻造成形　锻造成形工艺过程：气割钢锭水口、冒口→镦粗、冲孔→芯棒拔长→马杠扩孔→专用芯棒预制锥形坯料→专用锤头与马杠整体同步扩孔出成品。

专用芯棒预制锥形坯料实际锻造过程如图 2-10 所示。图 2-10a 所示为从小头端开始锻造；图 2-10b 所示为锻造大头端；图 2-10c 所示为最后一道次锻造；图 2-10d 所示为制坯结束后返回加热炉吊运。

专用锤头与马杠整体同步扩孔出成品的实际锻造过程如图 2-11 所示。图 2-11a 所示为锻造开始位置；图 2-11b 所示为锻造结束位置；图 2-11c 所示为锻造过程的全貌。

2.1.2.2　接管段

为了实现反应堆压力容器（Reactor Pressure Vessel，RPV）接管段的绿色制造，中国一重在借鉴锥形筒体仿形锻造经验的基础上，采用双端不对称变截面筒体同步变形技术，研制出仿形锻造的 CAP1400（国和一号）反应堆压力容器接管段。

图 2-10 专用芯棒预制锥形坯料

a）锻造小头端 b）锻造大头端 c）最后一道次 d）锥形坯料返炉

图 2-11 专用锤头与马杠整体同步扩孔出成品

a）锻造开始位置 b）锻造结束位置 c）锻造过程全貌

1. 辅具研制

RPV 接管段的仿形锻造辅具较多，其中较重要的有不等径外圆成形砧子（见图 2-12）及接管段锻件内部的不等径内套筒（见图 2-13）。

图 2-12　接管段仿形锻造不等径外圆成形砧子

图 2-13　接管段仿形锻造不等径内套筒

2. 产品制造

RPV 接管段锻件的锻造流程如图 2-14 所示，锻件同步变形如图 2-15 所示。

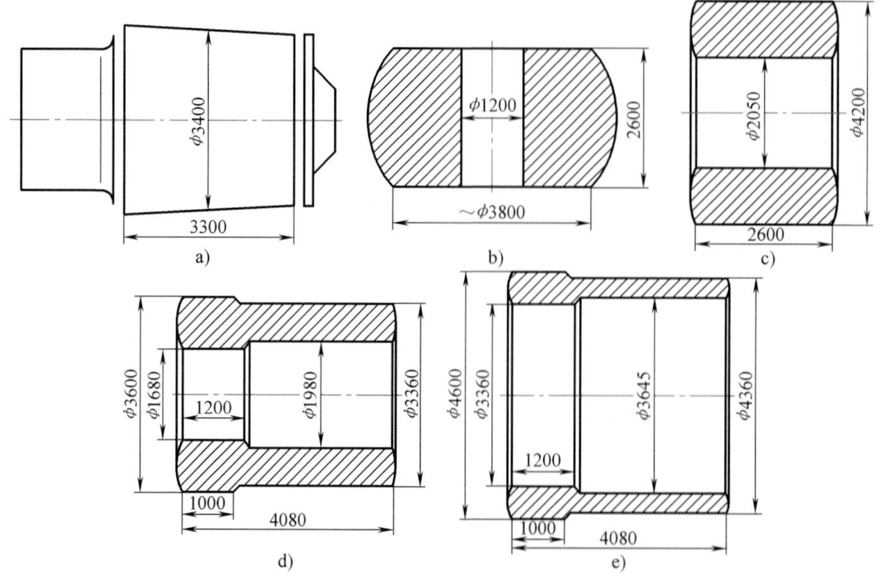

图 2-14　仿形锻造 RPV 接管段锻件锻造流程

a）气割钢锭水冒口　b）镦粗冲孔　c）扩孔　d）拔长　e）扩孔出成品

CAP1400 RPV 接管段锻件的精心锻造如图 2-16 所示。图 2-16a 所示为法兰端轴向限位，限制轴向窜动；图 2-16b 所示为调整马杠角度；图 2-16c 所示为法兰端与筒体过渡区（台阶非常齐）；图 2-16d 所示为监控尺寸限位。

CAP1400 RPV 接管段锻件锻造过程中尺寸的精心测量如图 2-17 所示。图 2-17a 所示为某一道次扩孔前壁厚尺寸测量；图 2-17b 所示为某一道次扩孔后壁厚尺寸测量；图 2-17c 所示为法兰端直径尺寸测量；图 2-17d 所示为堆芯端筒体直径尺寸测量。

图 2-15　接管段锻件坯料外圆同步变形

图 2-16　CAP1400 RPV 接管段锻件的精心锻造

a）法兰端轴向限位　b）调整马杠角度　c）过渡区平齐　d）监控尺寸限位

图 2-17　CAP1400 RPV 接管段锻件锻造过程中尺寸的精心测量

a）扩孔前壁厚测量　b）扩孔后壁厚测量　c）法兰端直径测量　d）筒体直径测量

2.1.2.3 华龙一号泵壳

华龙一号泵壳（见图 2-18）不仅形状较为复杂，而且要求进行轴向、周向及径向三个方向的力学性能检测，对锻件的各向均质性要求较高。这就要求锻件不仅需要有完整的锻造流线，而且需要三个方向具有比较均匀的变形。同时，主泵泵壳具有很复杂的结构，壁厚差异较大，对锻造成形也提出了更高的要求。为此，通过数值模拟逐步优化成形辅具和成形工艺，确定最优化的仿形锻造方案，获得完整的锻造流线，并实现锻造成形过程中金属受多向应力作用，实现多向变形。同时，锻件外形锻造成正八方形，可以减少余量、节约材料、降低成本。

华龙一号泵壳正八方形锻造过程数值模拟如图 2-19 所示。

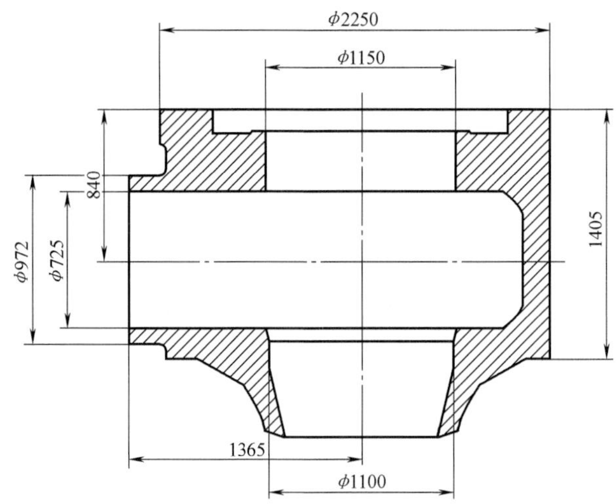

图 2-18 华龙一号堆型泵壳精加工图

图 2-19 华龙一号泵壳正八方形锻造过程数值模拟

具有完全自主知识产权的华龙一号核电泵壳改变了 M310 堆型采用不锈钢铸造成形的制造方法，优化为采用 Mn-Mo-Ni 钢锻造、内壁堆焊不锈钢的复合制造方法。按设计部门要求，需要参照 RCC-M 标准的相关规定对泵壳锻件进行评定。为了积累大数据，中国一重对华龙一号泵壳进行了 1∶1 解剖评定。经国内外设计方批准的锻件 1∶1 解剖取样图如图 2-20 所示。

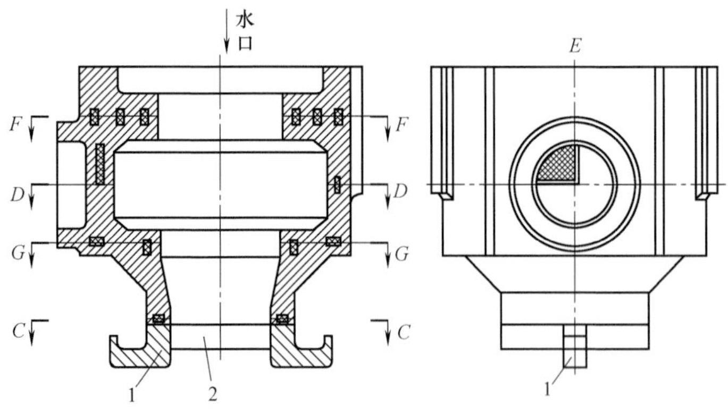

图 2-20 泵壳锻件 1∶1 解剖取样图

1—焊接吊耳 2—热缓冲环

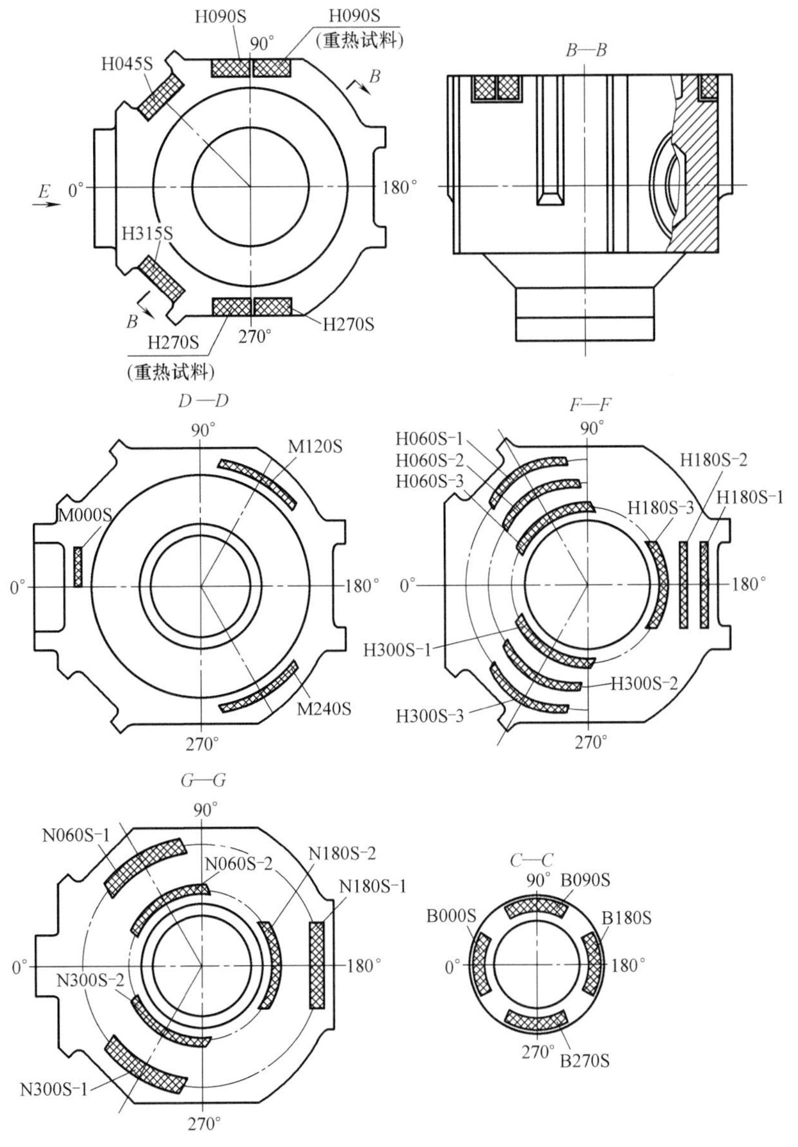

图 2-20　泵壳锻件 1∶1 解剖取样图（续）

华龙一号泵壳 1∶1 评定锻件性能热处理后先按产品锻件要求取样（见图 2-21）检测性能，待性能结果满足要求后解剖取样（见图 2-22）。图 2-22a 所示为解剖后的泵壳上部（锻件水口端）；图 2-22b 所示为解剖后的泵壳中部；图 2-22c 所示为解剖后的泵壳下部（冒口端）。解剖泵壳评定件法兰中心全截面拉伸试验、室温和高温的模拟态（SPWHT）及调质态（Q&T）全截面性能均满足技术条件要求。

2.1.3　胎模锻造

这里的胎模锻造是指采用形状简单的锻造坯料，利用形状简单的上模，在形状较为复杂的下模内成形的一种方法，分为半胎模和胎模锻造，适合于重型复杂锻件的小批量生产。

2.1.3.1 封头

AP1000 SG 水室封头的半胎模和胎模锻造参见 1.1.1.2 小节。本部分对 AP1000 稳压器（PRZ）上下封头及紧凑型小堆连体封头胎模锻造成形进行介绍。

1. AP1000 PRZ 下封头

AP1000 PRZ 下封头（见图 2-23）设置了五组（一个控制、四个后备）电加热器。通常电加热器与其套管之间采用机械密封，便于拆装并可实现电加热器元件的单件更换。

图 2-21 华龙一号锻造泵壳 1∶1 评定锻件取样

针对此结构特点，通过采用胎模锻技术锻造出与精加工形状相近的锻件（采用胎模锻造的近净成形锻造技术），这样不仅降低了钢锭的重量，减少了机械加工工时，而且对保证锻件的纤维流向和高强韧性要求（$R_{eL} \geqslant 450$MPa，$R_m = 620 \sim 795$MPa，参考无延性转变温度≤-21℃）具有十分重要的意义。

a)

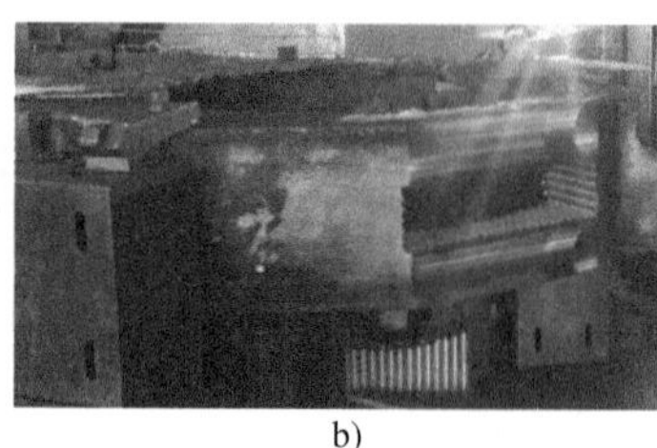

b)

c)

图 2-22 华龙一号锻造泵壳 1∶1 评定锻件解剖取样

a）解剖后的泵壳上部（锻件水口端） b）解剖后的泵壳中部 c）解剖后的泵壳下部（冒口端）

坯料在下模内镦粗如图 2-24 所示。图 2-24a 所示为辅具准备；图 2-24b 所示为坯料装入下模；图 2-24c 所示为镦粗过程中。坯料在下模内旋转锻造压凹档如图 2-25 所示。图 2-25a 所示为辅具准备；图 2-25b 所示为旋转锻造。

锻件冲盲孔如图 2-26 所示。图 2-26a 所示为辅具准备；图 2-26b 所示为冲孔过程中；图 2-26c 所示为冲孔结束位置。胎模锻造锻件毛坯如图 2-27 所示。

图 2-23 AP1000 PRZ 下封头

AP1000 PRZ 在三代核电设备引进谈判中因制造技术相对简单而被确定为 B 类设备（首台自主化）。但在 AP1000 三门 1 号 PRZ 下封头的研制过程中却出现了两家国内锻件供应商提供的锻件均未满足采购技术条件要求的情况。设备采购部门一方面要求中国一重抓紧研制，另一方面又联系从国外进口 PRZ 下封头锻件，

a)

b)

c)

图 2-24 坯料在下模内镦粗
a）辅具准备 b）坯料装入下模 c）镦粗过程中

a)
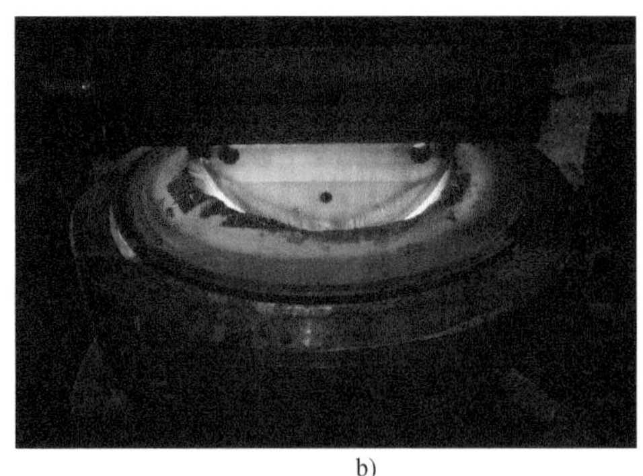
b)

图 2-25 坯料在下模内旋转锻造压凹档
a）辅具准备 b）旋转锻造

a)
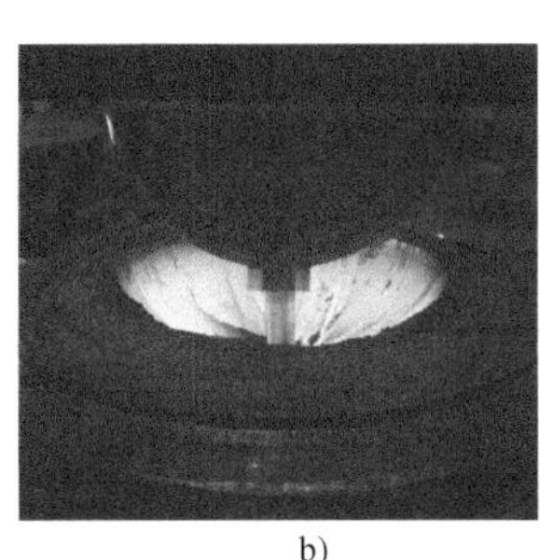
b)
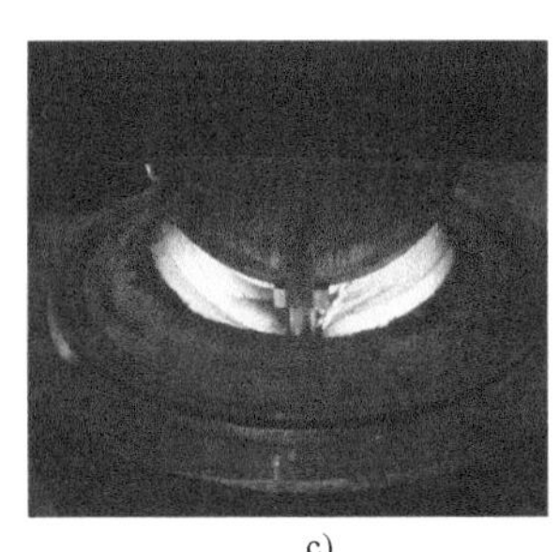
c)

图 2-26 锻件冲盲孔
a）辅具准备 b）冲孔过程中 c）冲孔结束位置

并决定从意大利空运回国。

为了能使自主化设备全部采用国产锻件，中国一重在核电锻件制造技术尚未完全成熟的情况下，采取现有锻件改制胎模锻造模具、局部挤压管嘴、气割支撑台周边余量、精加工与打磨联合作业等特殊措施，仅用 137 天就成功研制出了三门 1 号 PRZ 下封头锻件。

由于中国一重一次性成功研制出三门 1 号 PRZ 下封头锻件，替代了进口锻件，确保了自主化设备锻件全部国产化，国家能源管理和核安全监管部门领导及用户代表等亲临中国一重锻件制造基地为三门 1 号 PRZ 下封头锻件简短的发运仪式剪彩，并表示祝贺（见图 2-28）。

图 2-27　AP1000 PRZ 下封头锻件毛坯

图 2-28　PRZ 下封头锻件发运仪式

中国一重一次性成功研制出的三门 1 号 PRZ 下封头锻件及时运到了上海核电装备制造基地，确保了全球首台 AP1000 PRZ 的顺利出厂（见图 2-29）。

a)

b)

图 2-29　AP1000 PRZ 下封头锻件发运及应用

a）锻件发运　b）锻件应用

2. AP1000 PRZ 上封头

此外，采用胎模锻造成形技术锻造出与精加工形状相近的 AP1000 PRZ 上封头锻件，锻件加工前后图片如图 2-30 及图 2-31 所示。

图 2-30　AP1000 PRZ 上封头锻件

图 2-31　AP1000 PRZ 上封头精加工

3. 紧凑型小堆连体封头

由国内某研究设计院开发的海洋核动力紧凑式直连结构小堆是以 AP1000 核电技术以及由秦山以来核电工程建设经验为借鉴，同时基于 CAP1400 重大专项工程研发成果发展而来，它的设计特点有：①接管段与接管采用一体化结构，省去接管插入焊，减少了相关焊缝的在役检查工作；②省去了主管道，RPV 进出口接管与 SG 水室封头接管直连。其中，连体封头（也称为小堆水室封头）锻件一体化程度高，形状复杂，成形难度极大，产品外形尺寸如图 2-32 所示，锻件精加工质量为 38.8t。

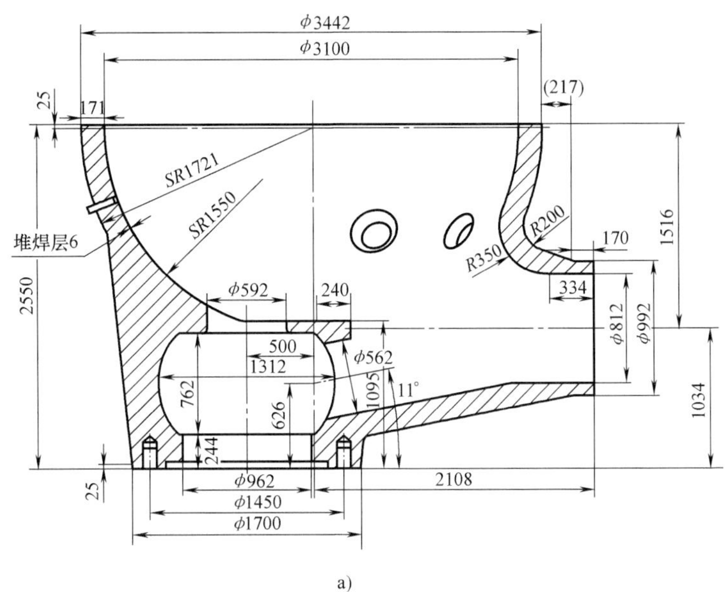

a)

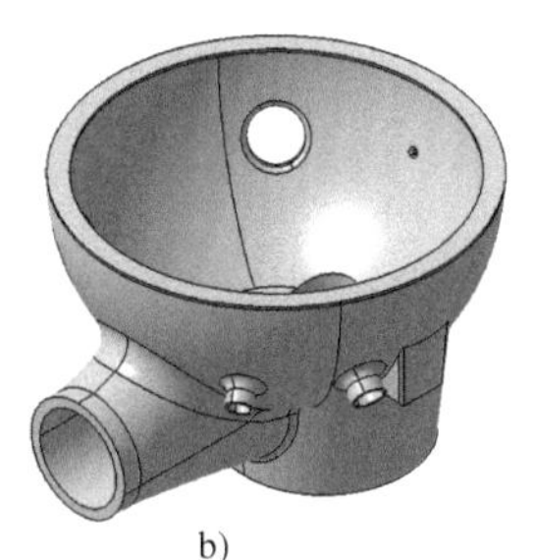
b)

图 2-32　连体封头设计外形

a）尺寸图　b）立体图

2019 年 9 月，作为课题责任单位的中国科学院金属研究所，联合中国一重、鞍山股份有限公司、山东伊莱特能源装备股份有限公司与上海核工程研究设计院等单位，申报的大型先进压水堆及高温气冷堆核电站国家重大科技专项关键技术研究任务之一的“核电设备用大尺寸材料无痕构筑技术研究”获批立项，课题编号为 2019ZX06004010，中国一重承担子课题 3“水室封头整体模锻成形技术研究”的研制任务。为对比构筑制坯与传统双真空钢锭制坯对整体模锻的小堆水室封头锻件的质量影响情况，在课题原有研究内容基础上，增加双真空钢锭制造小堆水室封头整体模锻成形的研制内容。

由于新增课题科研任务是与构筑式小堆水室封头整体模锻成形后锻件质量的对比，所以除制坯工艺外，模锻成形工艺、锻后及性能热处理工艺、粗加工取样、解剖方案、全部检验与检测项目等均保持一致，详细情况见《大型锻件的增材制坯》一书的相关内容。为了保证双真空钢锭制造的小堆水室封头制造质量满足锻件采购要求，采用了二镦二拔的制坯工艺，锻件形状与尺寸如图 2-33 所示。

小堆水室封头锻件质量为 110t。采用 199t 双真空钢锭（LVCD+LB3）锻造，模锻前毛坯为锻态，尺寸为 ϕ2500mm×3200mm。模锻成形工艺流程为：专用平锤头模内整体镦粗→条形锤头旋转锻造凹槽→整形锤头压水平管嘴。

（1）专用平锤头模内整体镦粗　按照图 2-34 所示变形过程，将 ϕ2500mm×3200mm 圆柱形坯料在下模内镦粗。由于模内整体镦粗成形力比较大，所以允许在多火次（工艺给定三

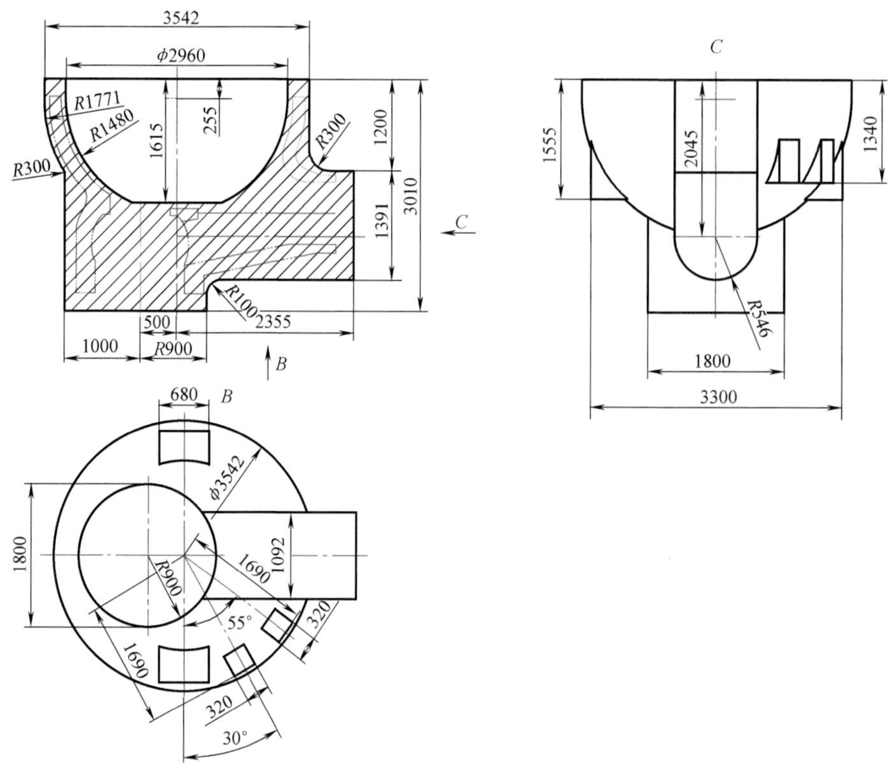

图 2-33　双真空钢锭制造连体封头锻件图

火次）内完成 2278mm 的总压下量。

由图 2-34 可知，首次模内整体镦粗时，坯料放入下模后高出下模端面约 1878mm，因此

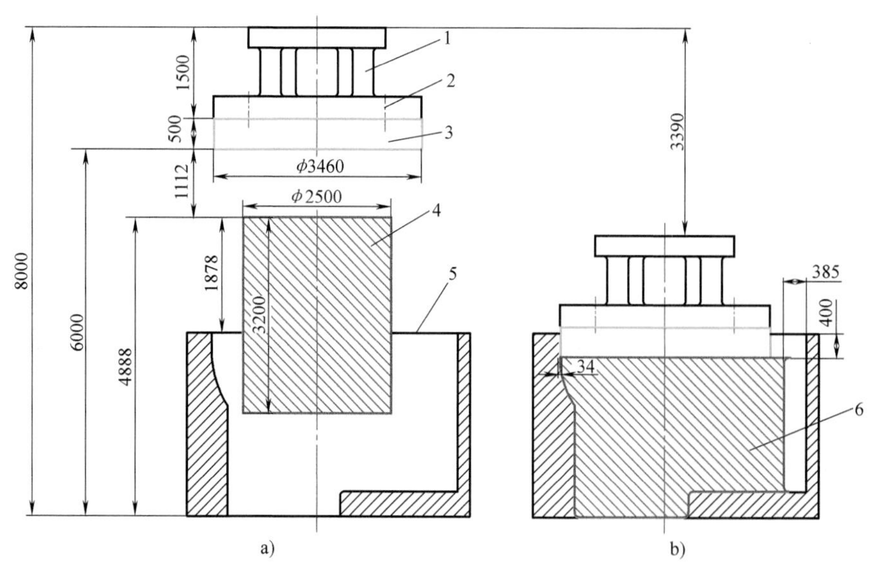

图 2-34　专用平锤头模内整体镦粗变形过程示意图

a）镦粗变形前　b）镦粗变形后

1—冲头连接架　2—连接螺栓　3—专用平锤头　4—镦粗前坯料　5—下模　6—镦粗后坯料

第一次上料操作没有难度，属于正常操作，只要保证坯料中心线与下模球心线对齐且放平放稳即可，不再赘述。

首次镦粗后坯料高度变小，放入下模后与下模端面的距离比较小，不能满足吊钳起吊要求，而且经过模内镦粗变形后，坯料具备了一定的形状，属于异形坯料，为了保证异形坯料上料后与下模型腔可以很好地贴合，首次镦粗后，再次上料时需要使用图 2-35 所示的上料垫进行辅助，以便按图 2-36 所示操作方法实现快速准确上料。图 2-36 所示为坯料第一次使用条形锤头压凹槽（即坯料最薄）前的上料高度为 600mm，此时坯料重心与下模球心线距离为 162mm。

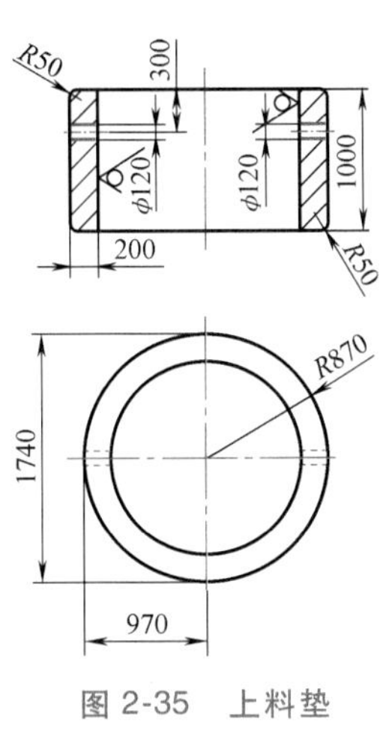

图 2-35 上料垫

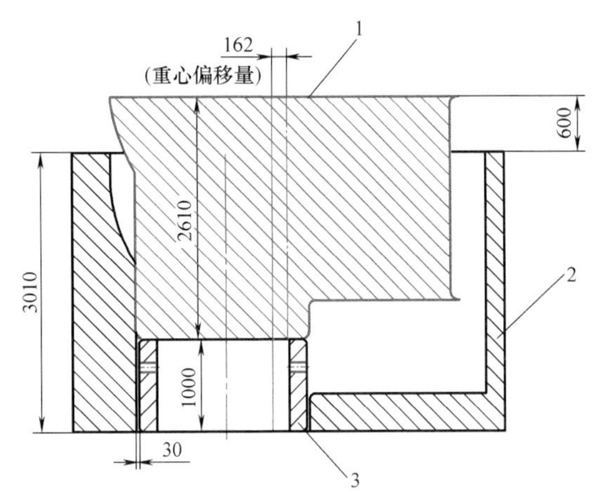

图 2-36 条形锤头压凹槽前的上料图（坯料最薄时）

1—变形后的坯料 2—下模 3—上料垫

模具内镦粗时应注意以下事项：因下模型腔的非对称性，镦粗时坯料易发生倾斜，应注意观察并及时纠正；镦粗时坯料不能溢出下模型腔；首次上料时坯料中心线与下模球心线对齐，否则坯料端面不水平；由于坯料为锻造毛坯态，形状不规则，所以当坯料对中与端面水平不能同时保证时，优先保证端面水平；以后火次上料时按已成形的垂直管嘴及水平管嘴对中；整体镦粗行程全部完成后，镦粗板与下模内壁的理论间隙为 34mm，因此每次镦粗前，应保证镦粗板与下模对中，否则易出现镦粗板被下模内壁卡住不能压下的风险；由于坯料实际重量与理论下料重量存在差异，多火次整体镦粗后，即条形锤头压凹槽前，至少应测量并记录锻件总高、最大长度、水平管嘴最小长度、垂直管嘴最小高度等几个实际尺寸数据；使用前，应检查下模与镦粗板工作面光滑且没有裂纹及异物；建议整体镦粗前对下模内壁进行润滑。

（2）条形锤头旋转压凹槽 按照图 2-37 所示变形过程，利用条形锤头，将已经过模内整体镦粗的异形坯料压出球形凹槽，同时使得坯料总体高度以及两个管嘴长度上涨。由于模内压凹槽成形力比较大，所以允许在多火次内完成 1215mm 的总理论压下量。

条形锤头压凹槽的上料方式与整体镦粗一样，不再赘述。图 2-38 所示为最后火次锻件的上料高度 1000mm，此时坯料重心与下模球心线距离为 141mm。

条形锤头理论压下量为 1215mm，可以在五火次或更多火次内完成。在液压机能力允许时，最大压下量不超过 200mm；由于坯料实际重量与理论下料重量存在差异，压凹槽操作结束标准为：锻件最小高度为3010mm，实际操作时可参照下模高度（3010mm）确认锻件高度。

条形锤头压凹槽时旋转角度应均匀一致，为保证不漏锤，锤头最大旋转角度为15°，如图2-39所示，尺寸440mm为锤头工作面宽度，47mm为旋转角度15°时相邻两锤搭接量。

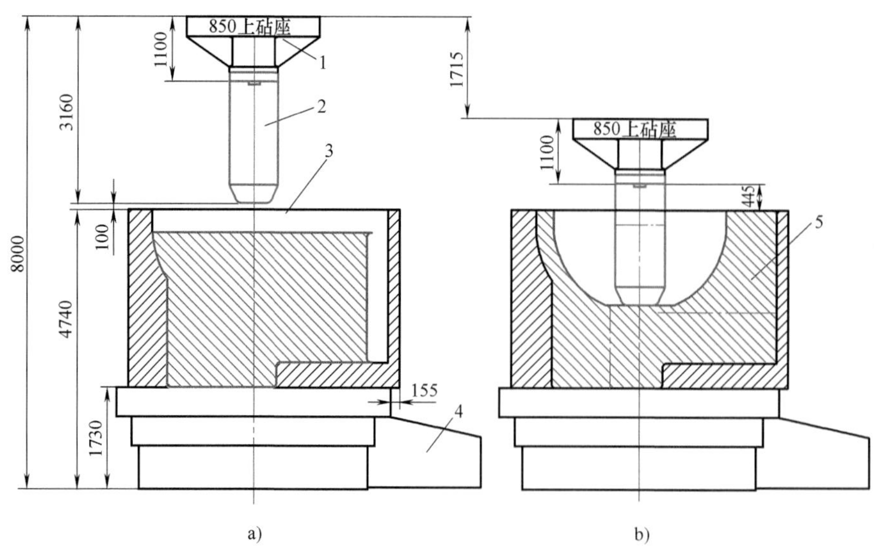

图2-37 条形锤头压凹槽变形过程示意图

a）变形前 b）变形后

1—锤座 2—条形锤头 3—下模 4—回转台 5—成形后锻件

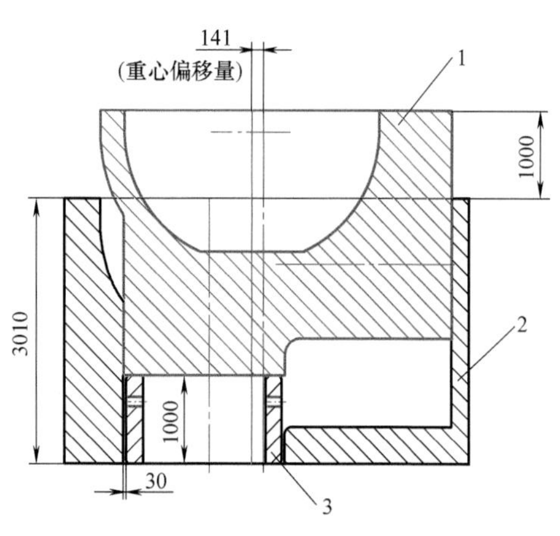

图2-38 最后火次上料图

1—锻件 2—下模 3—上料垫

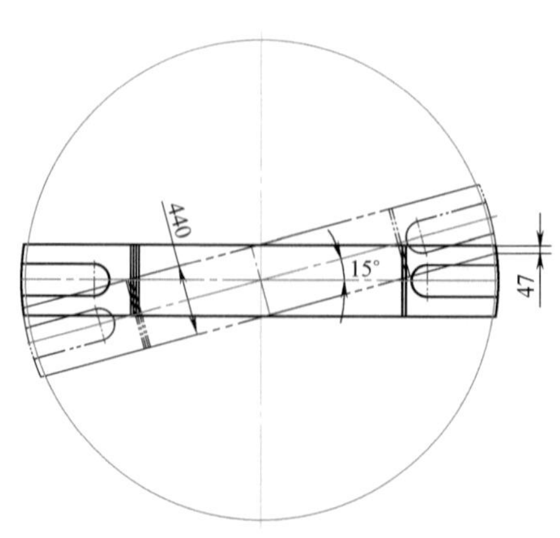

图2-39 条形锤头最大旋转角度

上料时按已成形的垂直管嘴及水平管嘴对中；每次安装模具时，均应保证锤头与下模对中；由于坯料实际重量与理论下料重量存在差异，压凹槽结束后，至少应测量并记录锻件总高、凹槽深度、端面壁厚、最大长度、水平管嘴最小长度、垂直管嘴最小高度等几个实际尺寸数据；使用前，应检查下模与条形锤头工作面光滑且没有裂纹及异物；建议整体镦粗前对下模内壁进行润滑。

（3）水平管嘴整形　按照图 2-40 所示变形过程，利用整形锤头压水平管嘴，以增加管嘴长度，使水平管嘴满足锻件尺寸要求，或至少满足粗加工尺寸要求。水平管嘴整形压下量约为 1345mm。

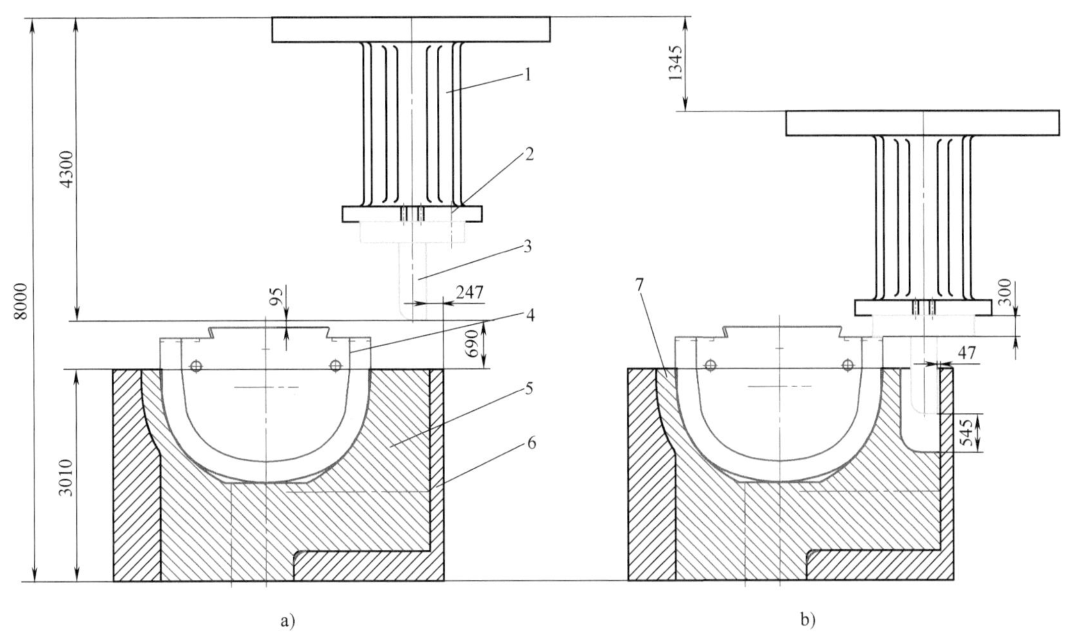

图 2-40　水平管嘴整形过程示意图

a）整形前　b）整形后

1—连接架　2—连接螺栓　3—整形锤头　4—条形锤头　5—整形前锻件　6—下模　7—整形后锻件

水平管嘴整形火次的上料方式与条形锤头压凹槽时一样，不再赘述。整形锤头总的理论压下量为 1200mm，在一火次内完成。但因本火次锻造目的是增加水平管嘴长度，所以当水平管嘴长度满足锻件尺寸后即可停止本火次的锻造操作，但须注意水平管嘴端面应平齐，避免因斜面而导致水平管嘴长度局部不够加工。

水平管嘴整形时，为了防止锤头压下时造成已成形的临近球形封头高度变小及内凹槽变成椭圆，在液压机加载运动精度允许的情况下，整形锤头应尽量靠近下模水平管嘴内壁，即远离球形封头表面压下，图 2-40 中给出整形锤头距离下模水平管嘴内壁距离为 47mm。为了防止整形水平管嘴时封头凹槽变成椭圆，上料后将压凹槽用的条形锤头放入封头内，注意条形锤头摆放方向应能起到支撑作用（具体摆放位置见图 2-40a），如果库存辅具中有半径 $R=1400\sim1500$mm 的整体球形冲头，最好使用该整体球形冲头替代条形锤头放入坯料凹槽中，因为整体球形冲头的支撑作用更好。

上料时按已成形的垂直管嘴及水平管嘴对中；安装模具时，均应保证整形锤头与下模水平管嘴型腔对中及 47～60mm 间隙（见图 2-40b）；使用前应检查下模与条形锤头工作面光滑且没有裂纹及异物。

整形锻造结束后按图 2-33 所示检查并记录锻件尺寸。

2020 年 4 月 13 日，199t 双真空钢锭投产，经过十二火次锻造；2020 年 5 月 30 日，完成小堆水室封头整体模锻成形。小堆水室封头实际锻造成形情况如图 2-41 所示。

图 2-41　小堆水室封头实际锻造成形情况

a）压钳口　b）第一次镦粗拔长后　c）第二次镦粗拔长后　d）模内镦粗后　e）压凹槽　f）最终锻件

2.1.3.2　管板

到目前为止，只有中国一重采用胎模锻造方法生产超大型的管板锻件（见图 2-42）。图 2-42a 所示为胎模锻造管板上表面内凹档；图 2-42b 所示为在底垫上成形的管板下部。采用胎模锻造方法生产的超大型管板锻件与国外某锻件供应商采用自由锻造方法生产的同一产品相比（见图 2-43），不仅锻件更加致密，还可以节约材料 30% 以上。图 2-43a 所示为胎模锻造成形的管板锻件；图 2-43b 所示为自由锻造成形的管板锻件。因此，中国一重采用胎模锻造方法生产的超大型管板锻件具有国际领先水平。

a)

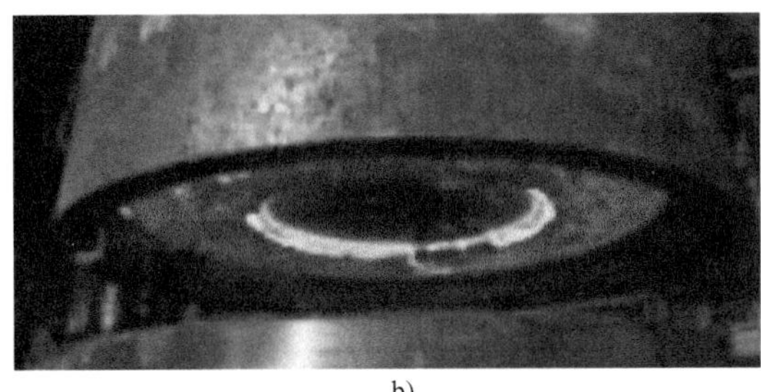

b)

图 2-42　AP1000 SG 管板锻件胎模锻造

a）胎模锻造管板上部　b）胎模锻造管板下部

a)

b)

图 2-43　AP1000 SG 管板锻件对比

a）中国一重胎模锻造成形的管板锻件　b）国外某供应商自由锻造成形的管板锻件

2.1.3.3　铰链梁

铰链梁是金刚石六面顶压机的主要部件，其中六个完全相同的铰链梁系统构成主机部分，除此之外还有工作缸、连接销、活塞与大垫块共同构成铰链梁系统。内部是硬质合金顶锤系统。六面顶压机合成金刚石的周期一般为 10~30min，此循环状态铰链梁、工作缸、顶锤经历加压、保压、卸压三阶段，六面顶压机关键零部件长期承受交变循环载荷，易导致疲劳累积并造成疲劳开裂。人工合成金刚石用六面顶压机在研制初期，由于复杂零件的自由锻造加工余量较大，铰链梁选择了铸造形式，其材质为 ZG35Cr1Mo，随着近年来锻造设备吨位逐渐增大，不少企业开始尝试进行锻造铰链梁的制造，目前工艺已趋于成熟，材料利用率逐渐提高，锻件制造成本也在逐渐降低。目前，国内的主要锻造厂结合自身液压机特点均采用胎模成形的制造方式，首先预制十字坯料，然后模内成形，成形过程如图 2-44 所示。

a)

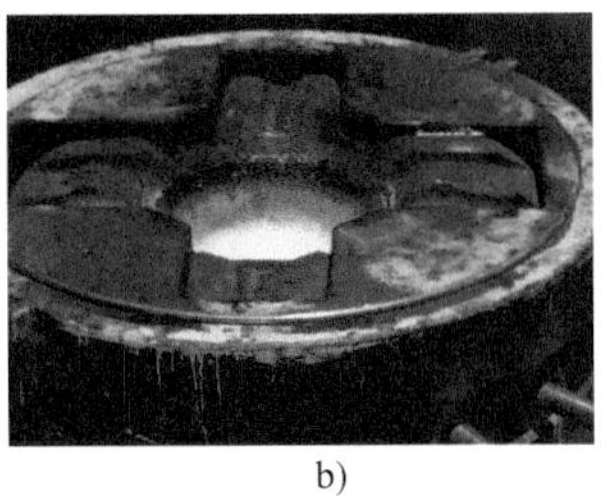

b)

c)

图 2-44　铰链梁成形过程

a）预制十字坯料　b）胎模锻造　c）脱模后状态

2.1.4 模锻成形

本小节以主泵泵壳和船用曲柄为例，介绍针对复杂异形锻件模锻成形所开展的探索性工作。

2.1.4.1 泵壳

AP1000 主泵泵壳因为形状复杂，最初的设计采用铸造方式成形。由于不锈钢材料的熔点较低、钢液的流动性较差，故不锈钢铸造泵壳的质量较差。为了验证主泵泵壳模锻的可行性，国内某企业进行了 1∶10 比例试验（见图 2-45），在此基础上用碳素钢开展了 AP1000 主泵泵壳 1∶1 模锻相关试验工作。组合模具如图 2-46 所示；碳素钢试验件模锻成形过程如图 2-47 所示；碳素钢试验件如图 2-48 所示。

a)

b)

c)

图 2-45 泵壳比例试验件

a）脱开组合模具 b）脱模后状态 c）打磨后状态

a)

b)

c)

图 2-46 AP1000 主泵泵壳模锻辅具

a）外模 b）组合内模 c）冲杆

2.1.4.2 船用曲柄

目前国内外锻件供应商锻造曲柄锻件的方式基本相同，大多数都是先自由锻造制坯，然后用辅具弯锻成形（见图 2-49）。这种成形方法注定了曲柄锻件的庞大体积。国内供应商生产成本高的原因一是锻造操作不精心，锻件形状不规则（见图 2-50），二是锻件余量气割（减少加工余量）方法不先进。

某锻件供应商为了实现曲柄锻件模锻，用铅做了比例试验。

图 2-47 AP1000 主泵泵壳碳素钢 1∶1 模锻成形

a）坯料出炉 b）坯料入模 c）冲杆对中 d）成形开始 e）成形结束 f）脱模后状态

图 2-48 AP1000 主泵泵壳碳素钢 1∶1 试验件

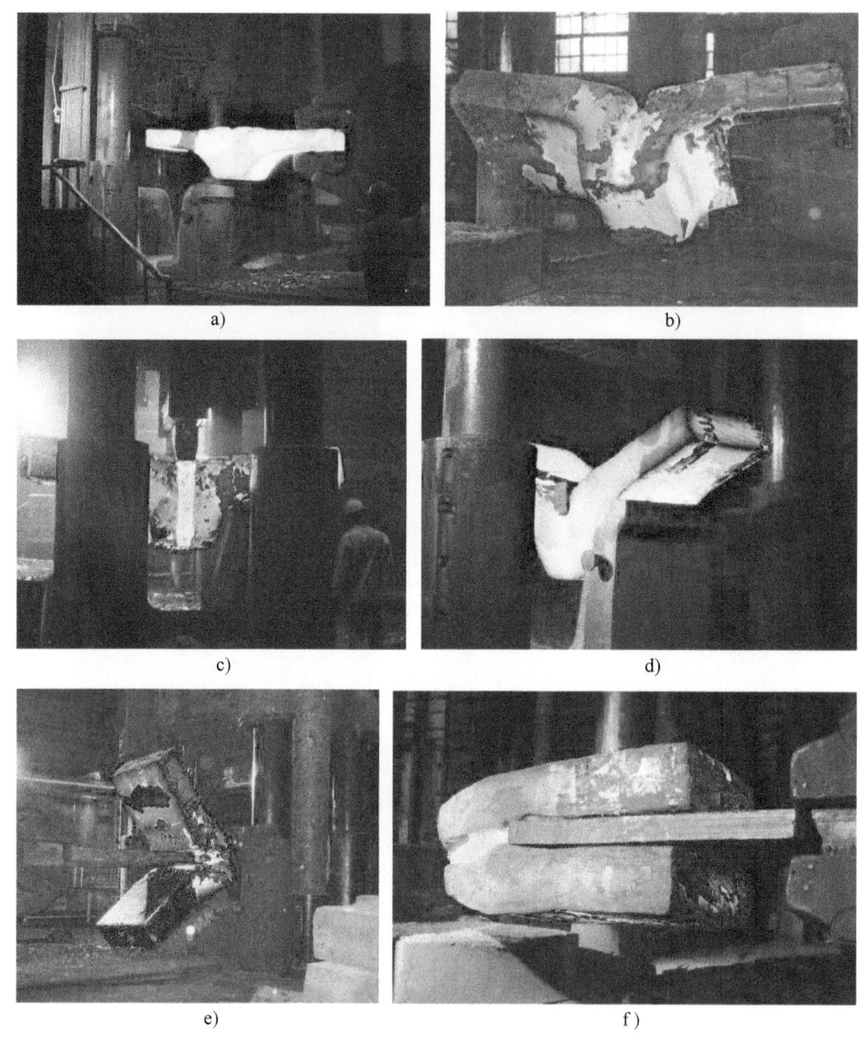

图 2-49　曲柄锻件锻造流程

a）制坯　b）第一次弯制　c）弯制过程中　d）第二次弯制　e）第三次弯制　f）弯制结束

图 2-50　某锻件供应商生产的曲柄锻件

a）毛坯锻件　b）粗加工锻件

1. 试验准备

首先把成形模板1和成形模板2用螺栓连接在一起，组成成形下模（见图2-51）。铅制坯料、板冲头、压实锤头、底部压块、导向模具等其他试验辅具及材料如图2-52所示。

2. 试验过程

采用100t液压机，设置零点。将加工好的铅制坯料放入到模具型腔中，压实锤头向下压下40mm，压下速度1mm/s。压完后在模具最下端放入底部压块，底部压块压入3.5mm左右（底部压块完全压入模具）。在此过程中保证压实锤头与模具的相对位置。将板冲头与连接板连接好后，测量板冲头与坯料的相对位置，保证板冲头在坯料的中心。将板冲头压入坯料，压下70mm，压下速度为0.5mm/s。

图2-51 成形下模

1—成形模板1 2—成形模板2

3. 试验结果

铅制坯料成形后各主要尺寸检测结果如图2-53所示。从图2-53所示的各部位尺寸检测结

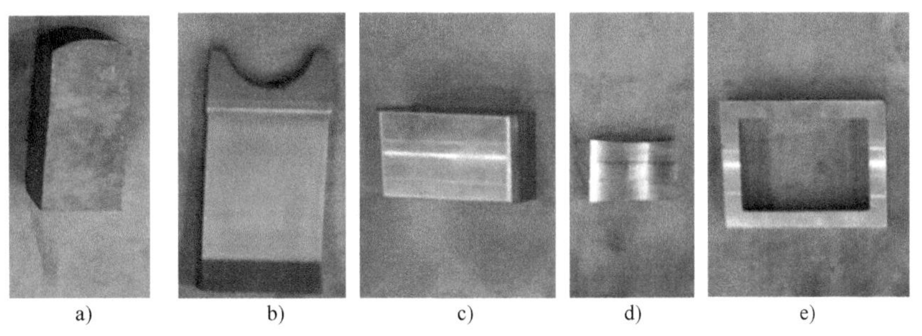
图2-52 铅质曲柄比例试验坯料及其他试验辅具

a）铅制坯料 b）板冲头 c）压实锤头 d）底部压块 e）导向模具

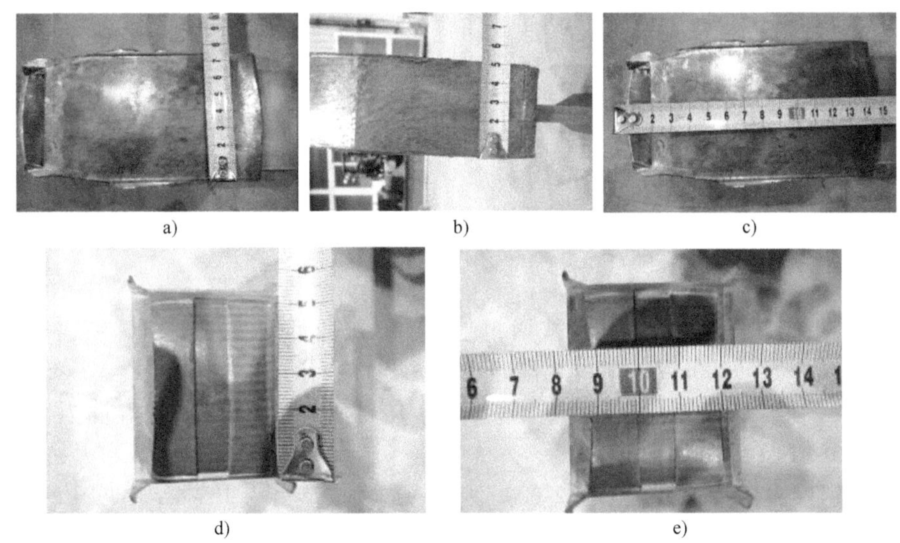
图2-53 曲柄模锻比例试验件各主要尺寸检测结果

a）宽度 b）厚度 c）长度 d）凹槽宽度 e）凹槽厚度

果与比例试验曲柄锻件精加工尺寸（见图2-54）进行对比可见，此种模锻成形方法不仅可以大幅度减少加工余量，而且可以满足锻件加工尺寸要求。

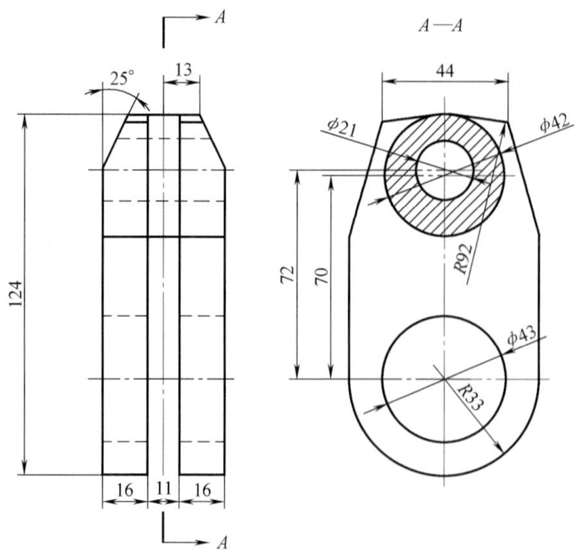

图2-54　比例试验曲柄锻件精加工尺寸

非常幸运的是，由河北宏润核装备科技股份有限公司（简称：河北宏润）、上海电气上重铸锻有限公司及上海电机学院联合研制的大型曲柄1∶1模锻件已经问世（见图2-55），为大型曲柄锻件重新自主供货创造了条件。

美中不足的是大型曲柄1∶1模锻件的坯料采用自由锻造工艺，单边余量接近70mm（见图2-56），还有进一步减少余量的空间。

图2-55　大型曲柄1∶1模锻件

图2-56　自由锻造的曲柄1∶1模锻件坯料

某锻件供应商拟采用外购圆坯闭式镦粗制造S90级曲柄（见图2-57）所需坯料。外购圆坯规格为ϕ900mm×9200mm，坯料制备模拟如图2-58所示。

挤压制坯尺寸为2685mm×1860mm×1170mm，坯料质量为40t，模拟温度为1200℃，最大成形力为168MN（见图2-59）。

S90级曲柄模内挤压成形（见图2-60）所需的最大成形力为139MN（见图2-61）。

国内某企业与高校联合开展了大型船用柴油机S90级曲柄的模锻成形研制工作。组合模具如图2-62所示，其中，图2-62a所示为外模，图2-62b所示为冲压成形舌板，图2-62c所示为组合内模；模锻成形过程如图2-63所示；S90级曲柄1∶1锻件如图2-64所示。

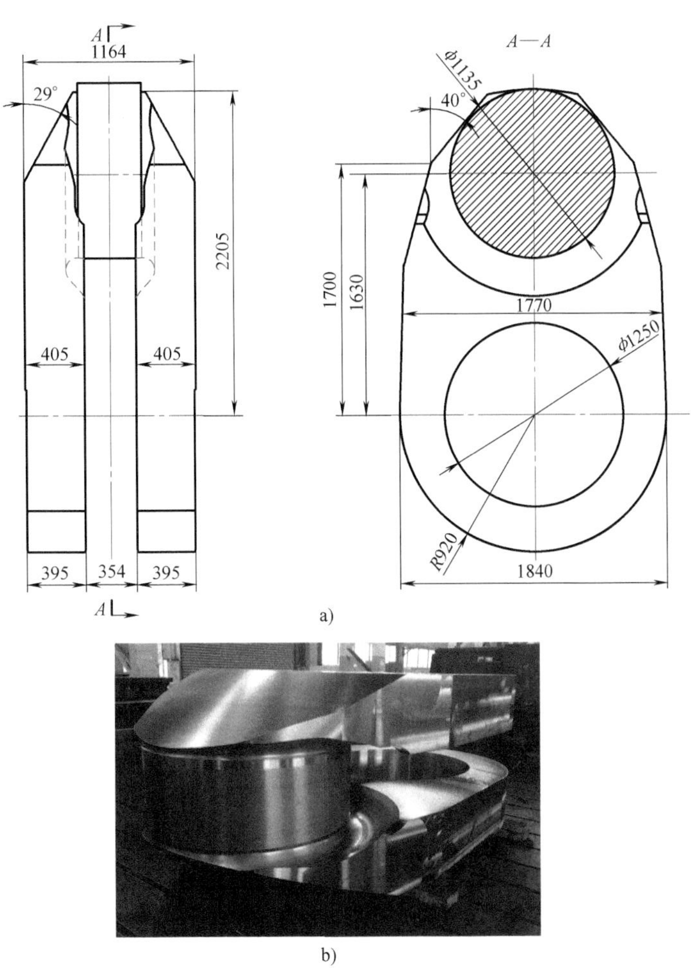

图 2-57　S90 级曲柄锻件交货图

a）设计图样　b）实物

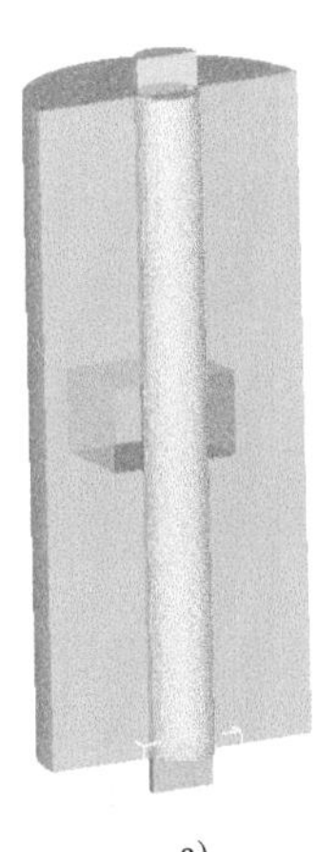

a)　　　b)

图 2-58　S90 级曲柄坯料制备模拟

a）挤压前　b）挤压中

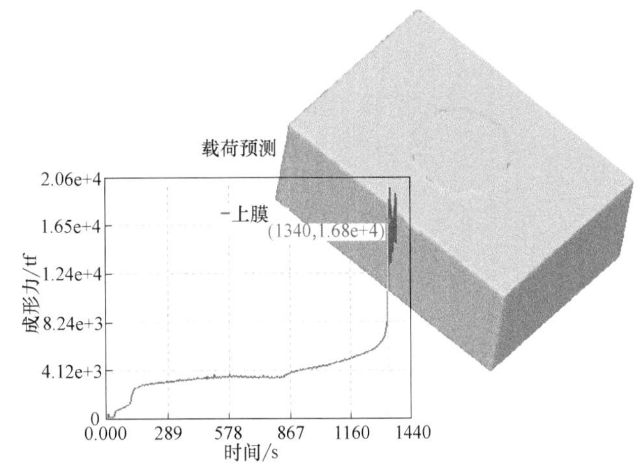

图 2-59　S90 曲柄坯料及挤压制坯成形力

注：1tf = 10000N，本书涉及的工程实践中 g 取 $10m/s^2$。

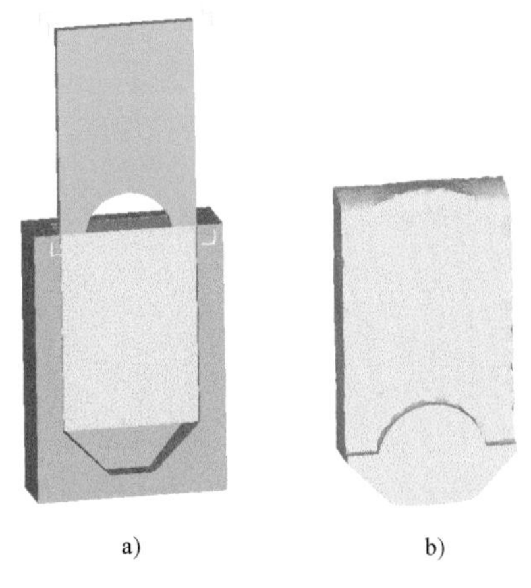

a)　　b)

图 2-60　曲柄模内挤压成形过程

a）挤压前　b）挤压后

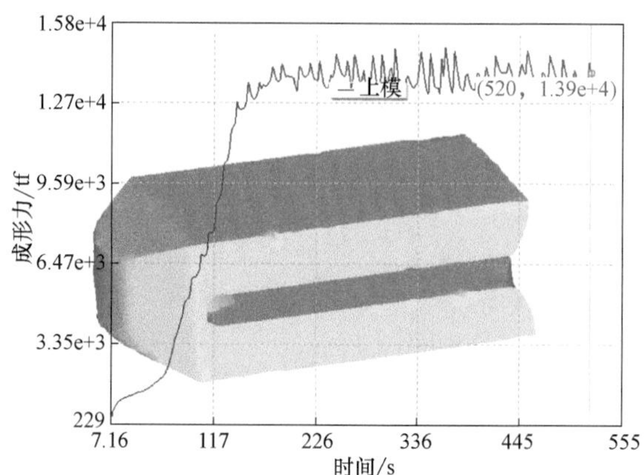

图 2-61　S90 级曲柄挤压成形力

a)　　b)

c)

图 2-62　曲柄模锻用组合模具

a）外模　b）舌板　c）组合内模

2.1.5　挤压成形

本小节介绍的是轴类锻件和“身上长刺”的管类锻件用挤压方式成形的相关试验研究工作。

2.1.5.1　轴类锻件

对于轴类锻件，最常用的成形方式是自由锻造，尤其是采用液压机与操作机联动可以锻

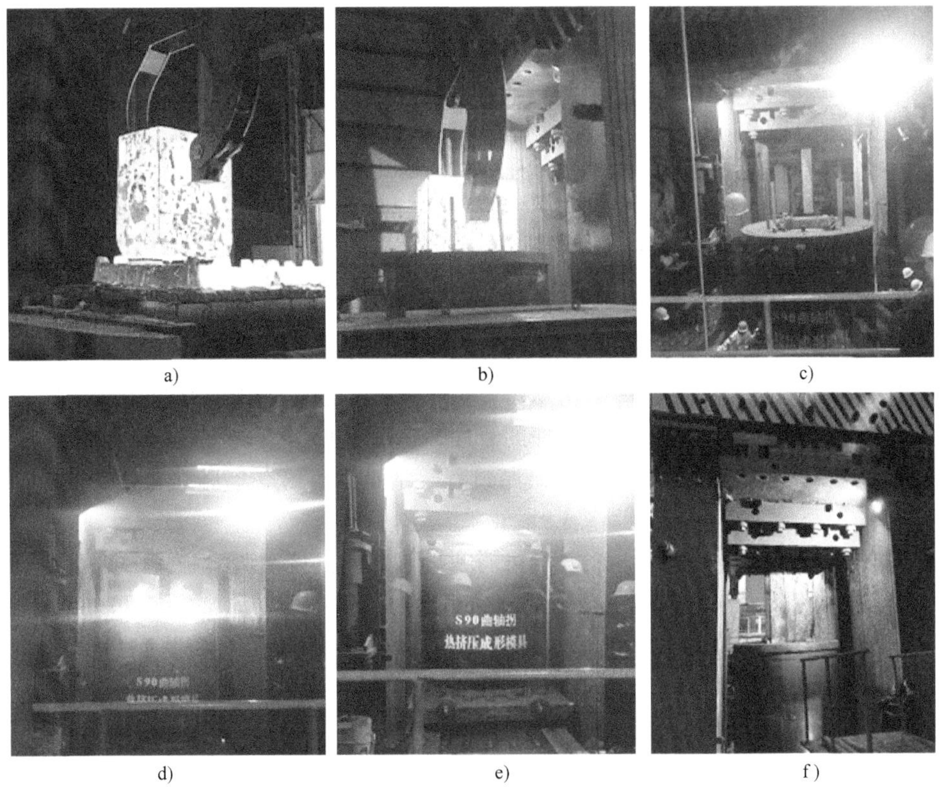

a) b) c) d) e) f)

图 2-63 S90 级曲柄模锻成形过程

a）坯料出炉 b）坯料入模 c）舌板对中 d）舌板冲压成形 e）成形结束 f）脱模

造出优质锻件。但对于难变形材料的大型轴类锻件，采用自由锻造成形方式，不仅会导致因温度变化而产生混晶，而且在两端的中心会形成拉应力。为此，我们开展了不锈钢棒料、支承环坯料、冷轧工作辊、镍基转子锻件、细晶棒料等轴类锻件镦挤成形研发工作，取得了非常好的效果。

图 2-64 S90 级曲柄 1∶1 锻件

2.1.5.2 主管道

由河北宏润牵头，承担了国家重大专项主管道的研制。

河北宏润结合国家重大专项的研制，挤压成形的 AP1000 主管道热段 A1∶3 试验件如图 2-65 所示，冷段 1∶3 试验件如图 2-66 所示。

2.1.6 复合成形

对于某些重型复杂锻件，受设备能力等限制，无法实施一次近净成形，故需要进行复合成形。

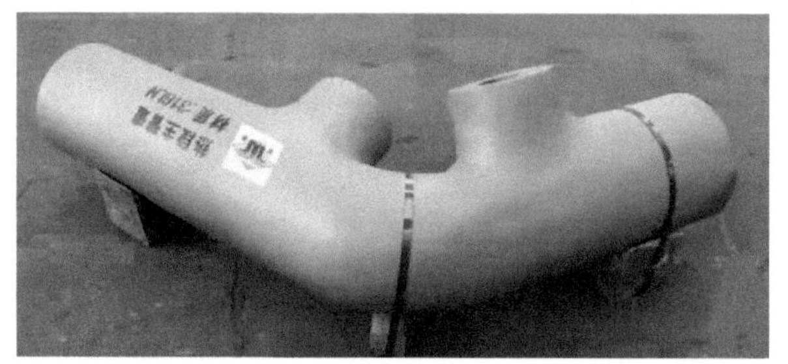

图 2-65　AP1000 主管道热段 A1∶3 试验件

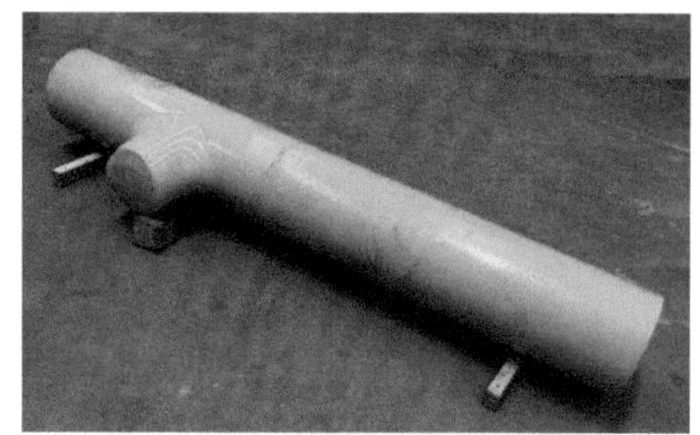

图 2-66　AP1000 主管道冷段 1∶3 试验件

2.1.6.1　支承环

某锻件供应商在试验快堆锻焊结构支承环锻件的制造中，采用的是自由锻造的方式。为了实现示范项目快堆锻焊结构支承环锻件的近净成形，利用国内现有设备，制定了圆坯镦挤成形+压菱形+压齿形的复合成形方式。研制过程及结果将在第 5 章详细介绍。

2.1.6.2　弯刀

某锻件供应商与某院所合作，开展了风洞项目弯刀的比例试验，采用的是在无痕构筑锻板上局部感应加热镦锻出转轴部+侧面弯制的复合成形方式。局部镦粗可行性试验件如图 2-67 所示；局部镦粗如图 2-68 所示；局部镦粗后的整形、加工等如图 2-69 所示；弯制如图 2-70 所示；风洞弯刀 2∶1 试验样件如图 2-71 所示。

图 2-67　局部镦粗可行性试验件

a)

b)

图 2-68　局部镦粗

a）局部镦粗过程中　b）温度控制

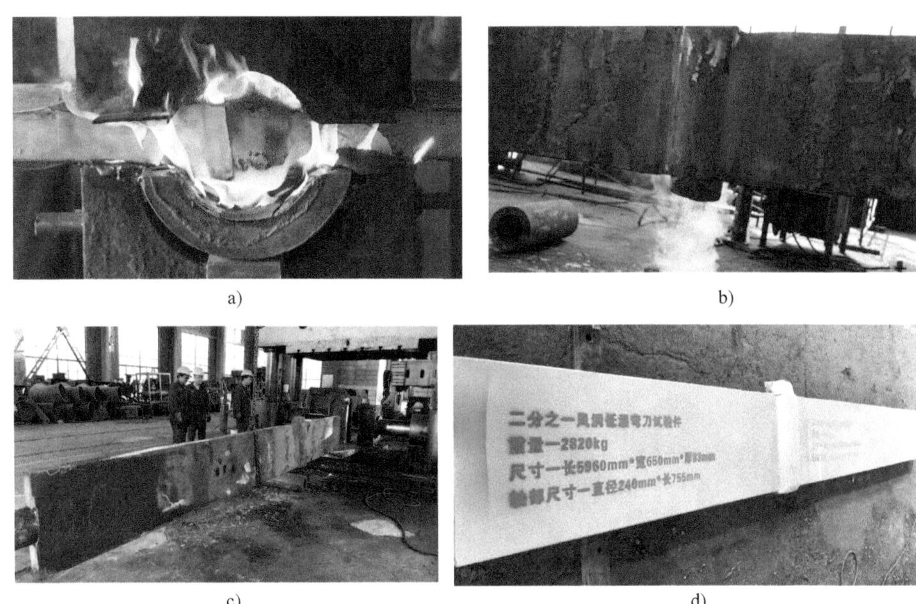

a)　b)　c)　d)

图 2-69　局部镦粗后整形、加工等

a）镦粗轴归圆　b）归圆后状态　c）冷却后状态　d）加工后状态

a)　b)　c)

图 2-70　风洞弯刀 2∶1 样件弯制

a）弯制过程正视图　b）弯制过程俯视图　c）弯制结束

图 2-71　风洞弯刀 2∶1 试验样件

2.2 FGS 锻造的内涵

从第 1 章的大量案例可以看出，重型复杂锻件的近净成形、难变形材料锻件的混晶以及拉应力导致的锻造裂纹一直是困扰大型锻件质量的世界性难题；再从 2.1 节可以看出，大型锻件塑性成形的发展过程是一个逐步解决问题的过程。只有系统解决成形、晶粒及应力的问题，才能获得“形神兼备”的大型锻件，但国内外至今仍未见有系统解决问题的相关报道。

FGS 锻造是一种同时将成形、晶粒与应力有机结合，让锻坯在多向压应力下近净成形，使锻件获得均匀细小晶粒的原创性锻造技术。其目标是在同一个火次内使坯料的各个方向均在压应力下近净成形，从而使锻件获得均匀细小晶粒。压应力包括液压机的压力和模具的阻力；锻坯各个方向的全压应力可以分步实施；晶粒以均匀为主，在均匀的前提下追求细小。

FGS 是成形（Forming）、晶粒（Grain）和应力（Stress）的缩写，故 FGS 锻造又称为形粒力锻造。

2.2.1　FGS 锻造技术路线

为了制造各种“形神兼备”的大型锻件，笔者根据几十年的工程经验，将锻件分类并对成形、模具等的研发途径和研制目标进行规划，制定了原创性的 FGS 锻造技术路线。

FGS 锻造技术路线如图 2-72 及表 2-1 所示。

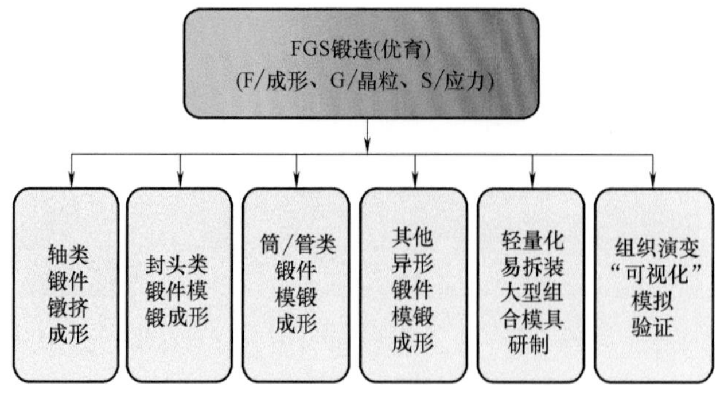

图 2-72　大型锻件 FGS 锻造技术路线图解

表 2-1　FGS 锻造技术路线

研究内容	轴类锻件镦挤成形	“头上长角”的封头类锻件模锻成形	“身上长刺”的筒/管类锻件模锻成形	“空心”及其他异形锻件的模锻成形	轻量化易拆装的大型组合模具研制	锻件组织演变及“可视化”模拟与验证
研发途径	数值模拟、比例试验、产业化	数值模拟、比例试验、产业化	数值模拟、比例试验、产业化	数值模拟、比例试验、产业化	数值模拟、中间试验、产业化	数值模拟、解剖验证、软件开发
研制目标	复合材料工作辊、支承辊；水机轴、船用轴等锻件全压应力成形	带超长向心/非向心管嘴的各类容器的上、下封头锻件等	核反应堆压力容器一体化接管段、主管道热段 A 等	不锈钢泵壳锻件；不锈钢支承环锻件；船用曲柄锻件；乏燃料罐；风机轴；冲击转轮等	组合模具、通用外模、易于拆装、批量生产	开发出可用于指导工艺编制的软件，为智能化制造奠定基础

2.2.2　轴类锻件镦挤成形

常见轴类锻件的传统成形方式是自由锻造，本节对轴类锻件镦挤成形的变革性技术进行简介。

轴类锻件镦挤成形的研制目标是对复合材料工作辊、支承辊、风机轴、转子、水机轴、船用轴等锻件实施全压应力成形。支承辊、风机轴将在第 6 章做详细介绍。本部分对不锈钢棒料挤压进行介绍；对 12%Cr 转子成形方式进行规划。

某企业选用材料为 TP304L，晶粒度等级 0 级，直径为 940~980mm，质量为 8.88t 的钢锭进行镦挤试验。挤压毛坯直径为 446mm、挤压成品直径为 424mm。数值模拟如图 2-73 所

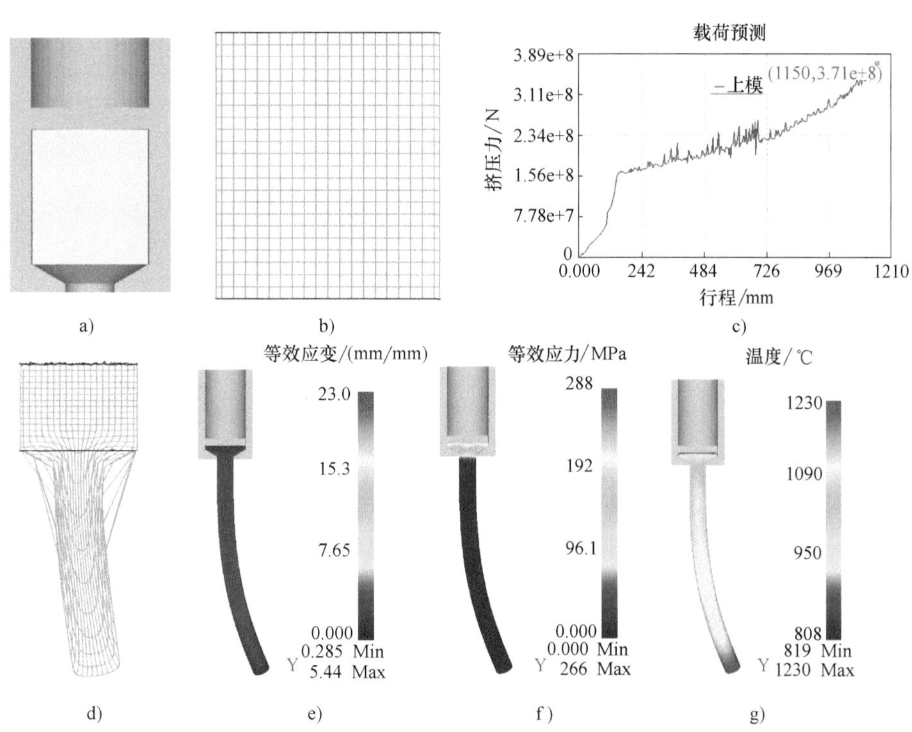

图 2-73　用钢锭挤压不锈钢棒料数值模拟

a）挤压前状态　b）挤压前截面流线　c）挤压力　d）挤压后截面流线　e）等效应变　f）等效应力　g）挤压后温度场

示；挤压成形如图 2-74 所示；挤压后的晶粒度全截面分布如图 2-75 所示。由图 2-75 可见，挤压成形的棒料晶粒度 4 级以上，均匀性在 1.5 以内。

a)

b)

c)

图 2-74　用钢锭挤压成形不锈钢棒料

a）喷玻璃粉后的坯料　b）坯料入挤压筒之前　c）挤压后的棒料

为了解决如 1.3.3.2 小节所述的 12%Cr 转子端部自由锻造拉应力容易导致锻件报废的世界性难题，可以采用坯料镦粗+挤压成形+法兰端镦粗成形的锻造方式。

2.2.3　“头上长角”的封头类锻件模锻成形

“头上长角”的封头类锻件是带超长向心/非向心管嘴的各类容器的上、下封头锻件的统称。这类锻件非常适合用超大型压力机模锻成形。具有代表性的此类锻件如图 2-76

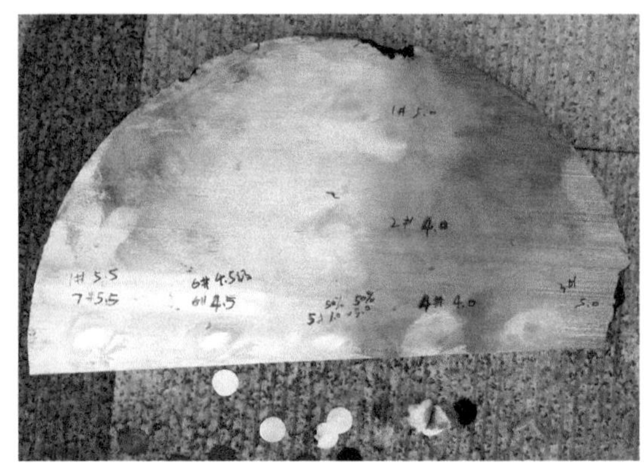

图 2-75　挤压后的晶粒度全截面分布

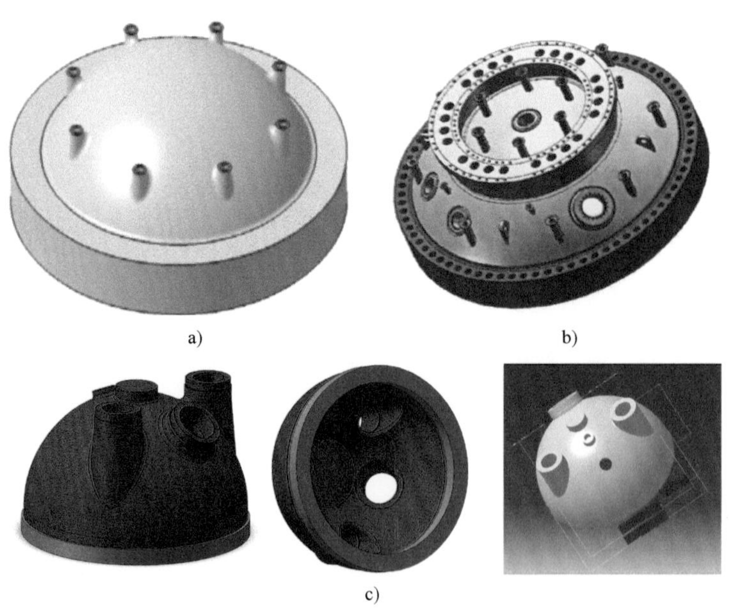

图 2-76　具有代表性的“头上长角”的封头类锻件

a）国和一号整体顶盖　b）高温气冷堆上封头　c）国和一号水室封头

所示。其中，图 2-76a 所示为 CAP1400（国和一号）压力容器一体化顶盖；图 2-76b 所示为高温气冷堆压力容器上封头；图 2-76c 所示为 CAP1400（国和一号）蒸汽发生器下封头（水室封头）。

国和一号一体化顶盖和一体化下封头的模锻成形将在第 6 章做详细介绍。本部分对高温气冷堆压力容器上封头的模锻成形进行介绍。

高温气冷堆压力容器上封头（见图 2-77）的结构非常复杂。某核电装备制造企业在示范工程项目上封头的研制过程中，攻克接管焊接形位公差控制等诸多难题（见图 2-78）。如能按图 2-79 所示的尺寸模锻成形，则可以提高产品质量并大幅度地减少制造周期。模锻成形数值模拟如图 2-80 所示。

图 2-77 高温气冷堆压力容器上封头

a)

b)

图 2-78 高温气冷堆压力容器上封头接管焊接

a）焊接工艺评定 b）产品焊接

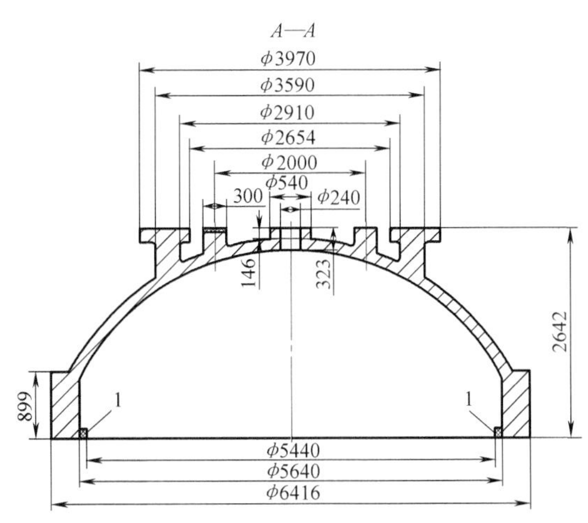

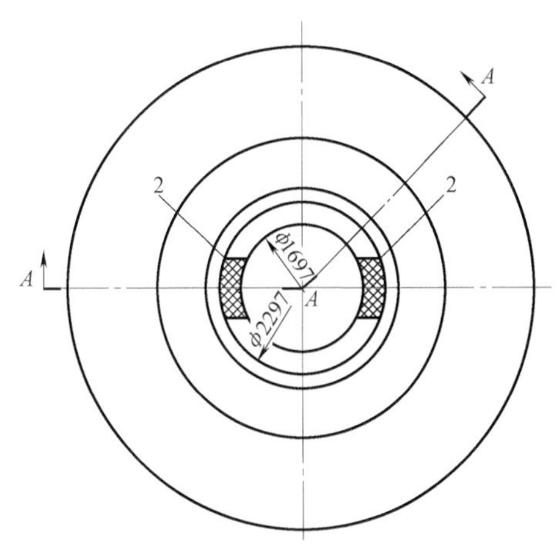

图 2-79 高温气冷堆压力容器上封头整体成形取样图

1—开口法兰端试料 2—顶部接管试料

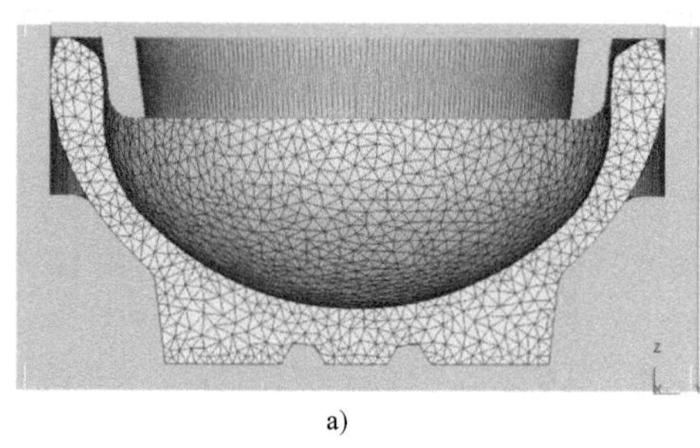
a)

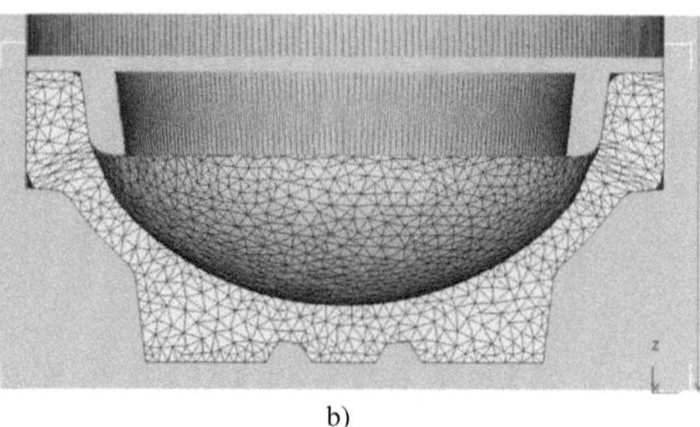
b)

图 2-80 高温气冷堆压力容器上封头整体模锻成形数值模拟
a）端部整形前 b）端部整形后

2.2.4 “身上长刺”的筒/管类锻件模锻成形

图 2-81 国和一号压力容器一体化接管段

“身上长刺”的筒/管类锻件是指带进口、出口、安注接管的一体化接管段（见图 2-81）和带超长、非对称管嘴的主管道（见图 2-82）等重型高端复杂锻件。这类锻件的模锻成形非常复杂。

研发途径：模锻成形数值模拟；通用外模设计与制造；个性化分瓣内模设计与制造；1∶1 试验；产业化。

研制目标：采用通用外模和个性化内模，实现带超长管嘴的一体化接管段和主管道锻件的模锻成形。

国和一号一体化接管段及主管道热段 A 的模锻成形将在第 6 章做详细介绍。

图 2-82 国和一号主管道热段 A

2.2.5 “空心”及其他难变形锻件的模锻成形

在重型高端复杂锻件中，除了上述 3 类锻件以外均归类于“空心”及其他难变形锻件，具有代表性的锻件有不锈钢泵壳（空心、难变形）、裤型三通（空心、难变形）、不锈钢乏燃料罐（盲孔、难变形）、不锈钢冲击转轮（难变形）等，分别如图 2-83~图 2-86 所示。其中，图 2-83 所示为 AP1000 不锈钢锻造泵壳；图 2-84 所示为快堆压力管中的不锈钢裤型三通；图 2-85 所示为核电不锈钢乏燃料运输罐；图 2-86 所示为大型抽水蓄能水电机组冲击转轮。

上述锻件的模锻成形研究方案各有千秋，实现 FGS 锻造的难度是很大的。不锈钢锻造泵壳采用 FGS 锻造技术成形后，各个部位均处在压应力状态，如图 2-87 所示。

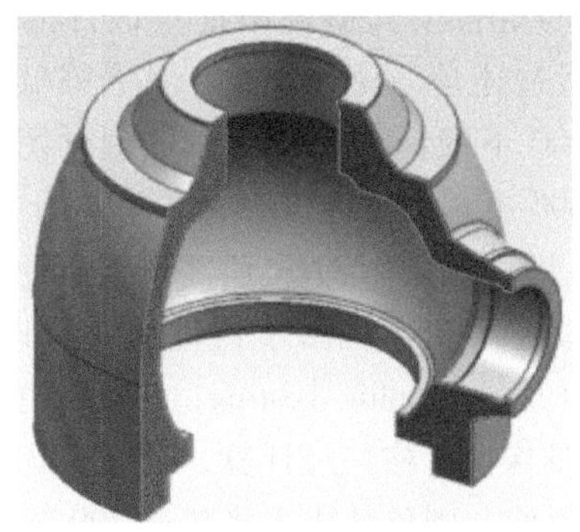

图 2-83　AP1000 不锈钢泵壳

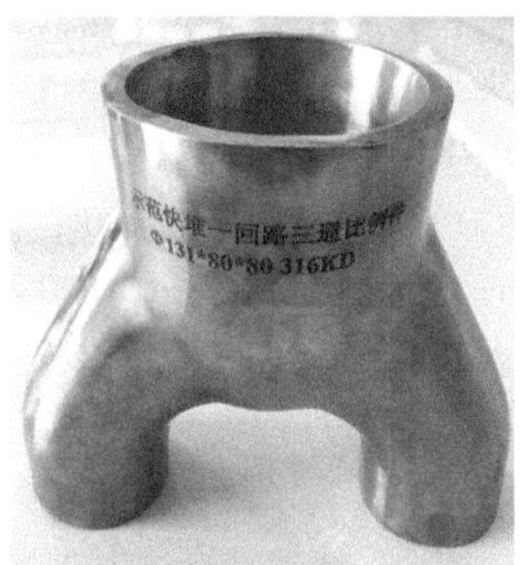

图 2-84　快堆不锈钢裤型三通

图 2-85　核电不锈钢乏燃料运输罐

图 2-86　大型抽水蓄能水电机组冲击转轮

a)

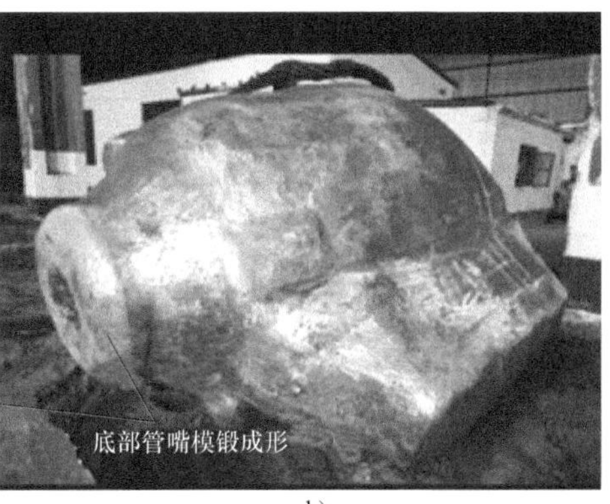

b)

图 2-87　AP1000 不锈钢锻造泵壳 FGS 锻造后的状态

a）脱模后　b）打磨后

不锈钢锻造泵壳及不锈钢裤型三通的研制过程及结果将在第 4 章进行阐述；不锈钢乏燃料罐和不锈钢冲击转轮的研制方案将在第 6 章加以介绍。

2.2.6　轻量化易拆装的大型组合模具研制

重型高端复杂锻件的模具制造难度之大、成本之高让很多锻件供应商望而却步，他们宁可选择自由锻造或仿形锻造，也不愿进行模锻尝试。

实践证明，从综合成本考虑，采用轻量化易拆装的组合模具适合小批量锻件的模锻成形。只要大型锻件能够实现近净成形，无论是与自由锻造还是与铸造相比，都会降低制造成本。以 AP1000 不锈钢泵壳为例，图 2-88 所示为 AP1000 不锈钢泵壳自由锻造锻件图，锻件质量为 75t，所需钢锭质量为 120t；图 2-89 所示为 AP1000 不锈钢铸造泵壳，质量约为 30t，所需钢液 43t；图 2-90 所示为 AP1000 不锈钢泵壳模锻件，锻件质量为 37t，所需钢锭质量为 70t。

对比可以看出，铸件的材料收得率最高，所用钢液量最少，但由于铸件质量难以保证，后续须用大量焊材进行焊补，且须进行多次射线检测（Radiographic Testing，RT），更重要的是即使进行焊补返修，由于焊材与基体熔合性差，也很难保证合格。经计算，若不考虑后续的返修成本，铸造泵壳单件成本为 515 万元；若考虑后续返修，则单件成本将超过 700 万元。

若采用自由锻工艺，后续机械加工余量为 58t；若采用模锻成形，则机械加工余量为 20t。不锈钢钢锭冶炼成本按 3 万元/t 计算，模锻成形与自由锻相比可节约材料成本 150 万元，节约机械加工工时约 1500h，节约机械加工成本 100 万元，总计可节约制造成本 250 万元。采用模块式组合模具设计思路，在借用通用辅具的前提下，仅新投包含泵壳模腔的组合下模以及成形泵壳内腔盲孔的冲头即可，模具总成本仅为 168 万元，按生产批量为 10 件进行模具成本均摊，则采用模锻成形的单件成本为 460 万元左右。

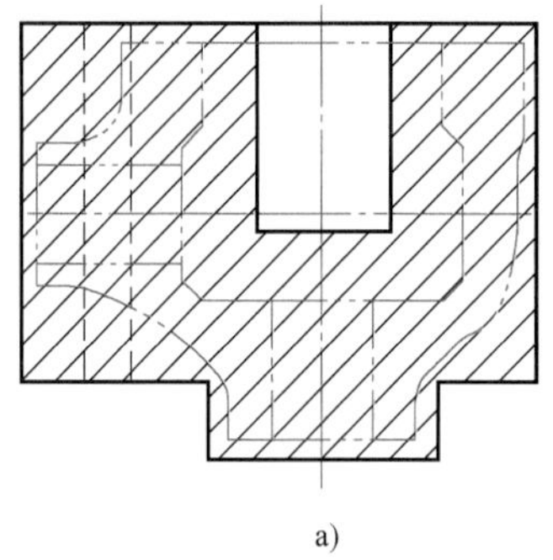

a)

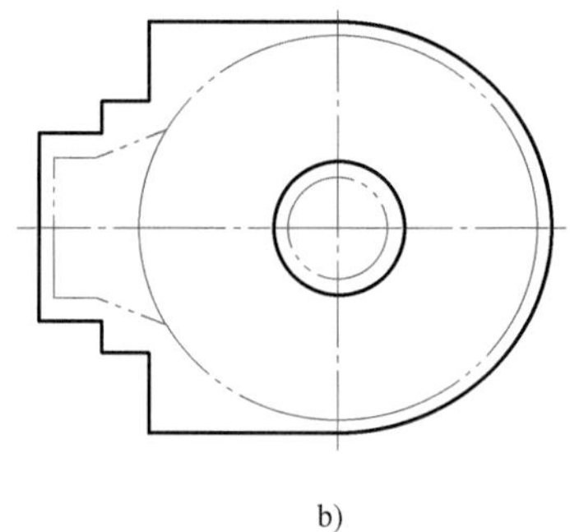

b)

图 2-88　AP1000 不锈钢泵壳自由锻造锻件图

a）主视图　b）俯视图

图 2-89　AP1000 不锈钢铸造泵壳

图 2-90　AP1000 不锈钢泵壳模锻件

若使节约的材料费用大于模锻所分摊的模具费用，就必须对轻量化易拆装的大型组合模具进行深入研究。

2.2.7 锻件组织演变及“可视化”模拟与验证

这里所介绍的“可视化”包括两种方式，一种是坯料在 FGS 锻造成形过程中的外形变化，另一种是 FGS 锻造成形过程中的内部组织演变。

对于第一种“可视化”，国内某研究所已开展了大量的基础研究，并在模锻和自由锻工程中得到应用。目前拟与该研究所合作，将此项成果推广至 FGS 锻造成形过程中的可视化。

对于第二种“可视化”，已与相关高校协商联合开发 FGS 锻造成形过程中的内部组织演变的可视化。

研发途径：数值模拟、解剖验证、软件开发。

研制目标：开发出可用于指导工艺编制的软件，为智能化制造奠定基础。

第3章 FGS锻造在轴类锻件上的工程应用

为了对大型锻件的FGS锻造技术进行验证和工程应用，按照现有装备能力，选择了轴类件的冷轧工作辊、Ni基转子、细晶棒料作为研究对象，对镦挤成形进行了深入研究。

3.1 冷轧工作辊

冷轧工作辊属于高碳合金工具钢锻件，其形状是细长带台阶轴类锻件，用于冷轧工作时与轧件接触轧制板材和带材，需要较高的表面硬度及耐磨性，属于工业消耗品，在钢铁行业中的市场需求巨大。区别于传统轴类锻件的自由锻造拔长出成品的方式，本章采用FGS锻造成形方式，同时选用内部质量相对较差的连铸坯作为锻件的原材料，研究新成形方式的受力状态对原始坯料内部质量的改善情况，从而获得内部质量较好的冷轧工作辊锻件。

3.1.1 坯料选择

区别于传统冷轧工作辊采用内部致密度较好、成分相对均匀的电渣重熔钢锭，此次试验冷轧工作辊模锻镦挤用的连铸坯材料牌号为MC5，规格为ϕ600mm圆坯，冶炼方法为碱性电炉冶炼（EAF）+钢包精炼（LF）+真空脱气（VD）+连铸（CC），退火状态。连铸坯熔炼化学成分见表3-1。

表3-1 MC5连铸坯熔炼化学成分（质量分数） （%）

C	Si	Mn	P	S	Cr	Ni	Mo	V	$H/10^{-6}$	$O/10^{-6}$	$N/10^{-6}$
0.86	0.69	0.39	0.013	0.003	5.01	0.32	0.22	0.13	0.6	3.9	40.5

从连铸坯锯切一段，在横截面试片上进行解剖，观察其化学成分分布情况。从试片中心向外表面沿径向每隔约30mm处取化学试样。共取9个试样，序号1代表中心成分，按顺序到序号9为外表面成分，各序号区域成分见表3-2，各序号区域元素（除氢、氧、氮）波动情况如图3-1所示。从表3-2及图3-1中可以看出，连铸坯料合金成分中铬偏析严重，其他成分较均匀，气体成分氢、氧、氮含量低，氧含量在中心半径100mm区域内最高，中间区域（100~200mm半径）相对较低，接近外表面100mm区域内氧含量上升。氧含量的多少与非金属夹杂物分布有相关性。

表 3-2 截面中心到外表面化学成分（质量分数） （%）

序号	C	Si	Mn	P	S	Cr	Mo	V	H /10^{-6}	O /10^{-6}	N /10^{-6}
参考	0.86	0.69	0.39	0.013	0.003	5.01	0.22	0.13	0.6	3.9	40.5
1	0.87	0.63	0.36	0.011	0.002	4.97	0.22	0.14	0.5	30	64
2	0.88	0.64	0.36	0.01	0.002	4.91	0.21	0.13	0.5	29	66
3	0.86	0.64	0.37	0.012	0.002	4.98	0.22	0.13	0.5	25	66
4	0.83	0.64	0.36	0.01	0.002	4.92	0.22	0.13	0.5	19	61
5	0.89	0.64	0.36	0.016	0.002	4.94	0.22	0.14	0.5	18	70
6	0.88	0.64	0.37	0.011	0.002	5.02	0.23	0.14	0.5	18	68
7	0.87	0.64	0.37	0.011	0.002	4.98	0.22	0.14	0.5	23	68
8	0.88	0.64	0.36	0.013	0.002	4.9	0.22	0.14	0.5	22	67
9	0.88	0.64	0.37	0.016	0.002	5.01	0.22	0.14	0.5	23	65

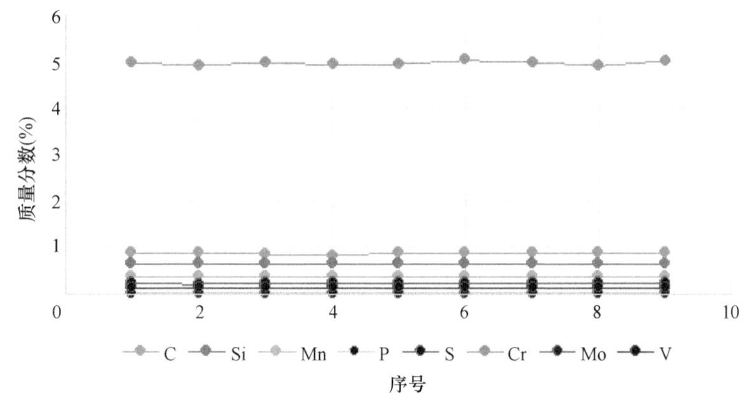

图 3-1 各区域不同元素波动图

图 3-2 所示为相关资料介绍的连铸坯凝固组织，其由表层细晶粒区、中间柱状晶粒区、中心等轴晶粒区组成，相较模铸钢锭具有表层细晶区宽、晶粒细小均匀，中间柱状晶区细密，中心等轴晶粒区晶粒均等、分布均匀的特点。但是连铸坯在凝固过程中，在液相区凝固末端，铸坯中心凝固速度和表面凝固速度相比有很大差异，由此会引起中心收缩和表面收缩的差异，一般表现为中心的收缩速度快。凝固末端液相区狭窄且钢液的黏性较大，若中心收缩造成的体积空隙不能得到及时补充，就会在铸坯中心形成中心缩孔。所以连铸圆坯内部缺陷主要有中心疏松、枝晶间的裂纹和中心缩孔等。通常认为，枝晶间的裂纹是由于不均匀的二次冷却和热应力而形成的。连铸坯内部缺陷示意图如图 3-3 所示，根据 YB/T 4149—2018 标准附录 A 评级图对采购连铸圆坯心部缺陷进行评价。

图 3-4 所示为解剖的冷轧工作辊镦挤用连铸坯中心裂纹、中间裂纹尺寸图，中心裂纹长约 70mm，连铸坯直径为 600mm，中心裂纹长度为直径的 11.7%；中间裂纹两条，单个中间裂纹长约 35mm，单个中间裂纹长度为直径的 5.8%。根据 YB/T 4149—2018 标准附录 A 中评价图（见图 3-5），可知采购连铸坯中心裂纹 2 级，中间裂纹 1 级。

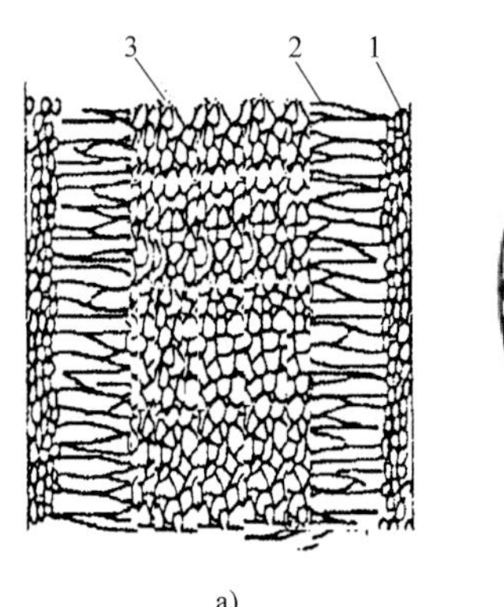

a)

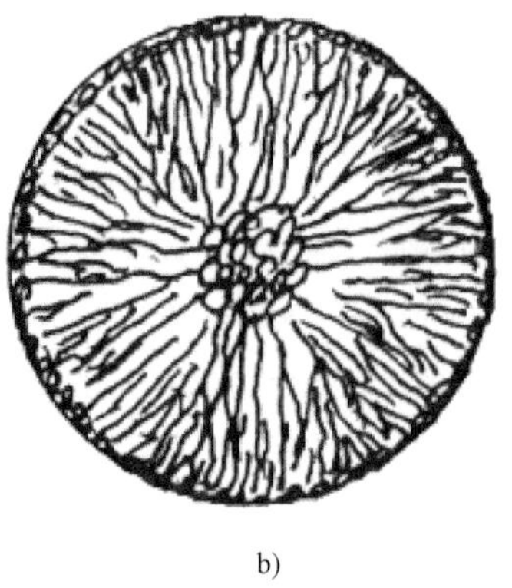
b)

图 3-2 连铸坯晶粒分布图

a）纵剖面 b）横剖面

1—表层细晶粒区 2—中间柱状晶粒区 3—中心等轴晶粒区

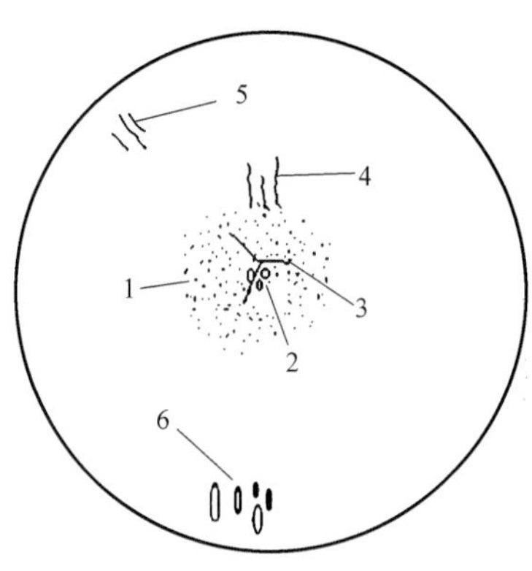

图 3-3 连铸坯内部缺陷示意图

1—中心疏松 2—中心缩孔 3—中心裂纹

4—中间裂纹 5—皮下裂纹 6—皮下气泡

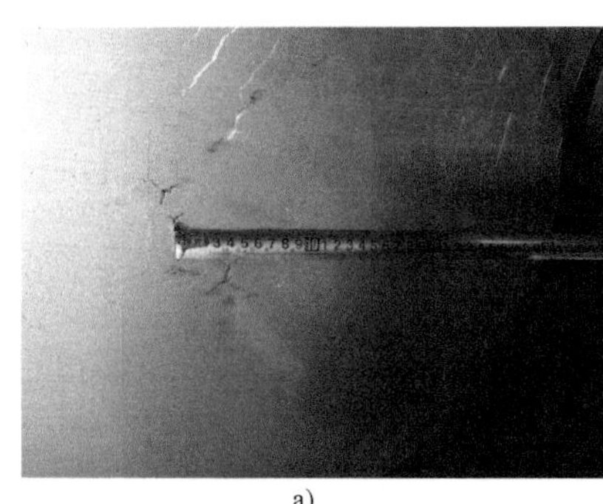
a)

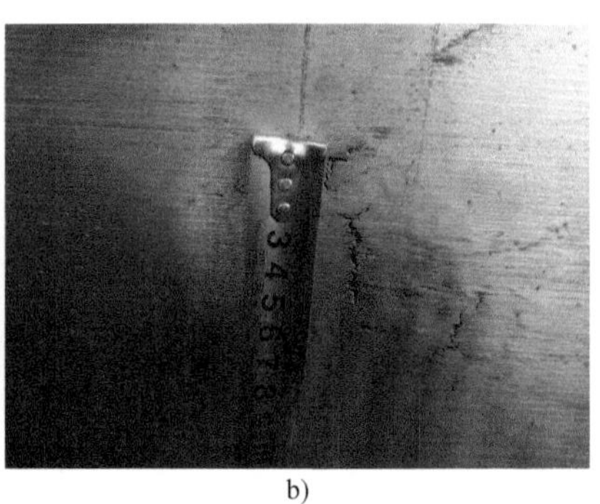
b)

图 3-4 冷轧工作辊镦挤用连铸坯裂纹尺寸图

a）中心裂纹 b）中间裂纹

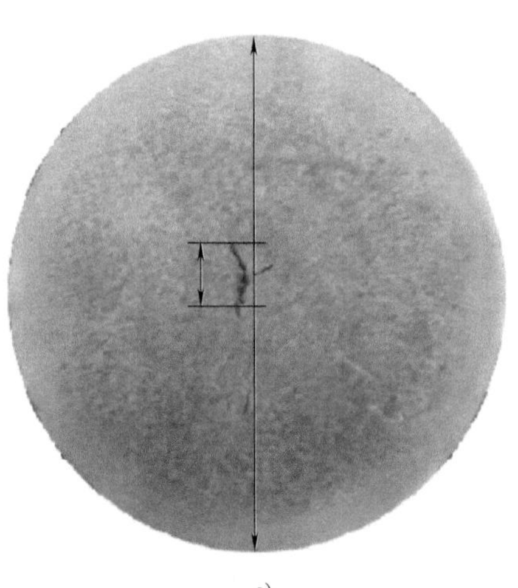
a)

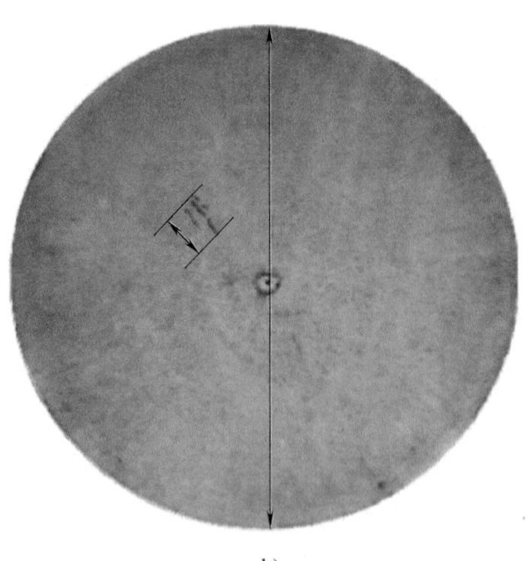
b)

图 3-5 中心裂纹 2 级及中间裂纹 1 级判定标准

a）中心裂纹 2 级：0.8/6.5=12.3% b）中间裂纹 1 级：0.59/6.6=8.9%

按照 GB/T 226 和 GB/T 4236 标准将试片进行酸洗硫印检查，无白点、翻皮等缺陷。经检验，硫印点状偏析 0.5 级。试片中心存在疏松性裂纹，如图 3-6 所示；对图 3-6 所示试片中心疏松进行电镜观察，可以看出其为典型疏松缩孔伴随裂纹形貌（见图 3-7）。

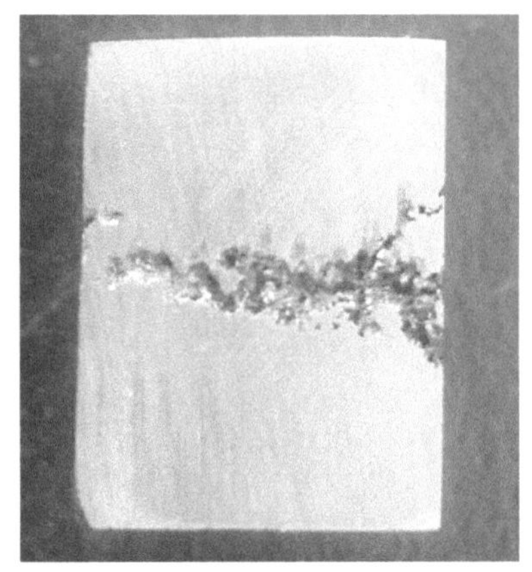

图 3-6　试片中心疏松性裂纹宏观图

此外，从试片截面中心向外表面每隔约 30mm 顺序取金相试样 9 个，序号 1 代表心部，序号 2~9 依次向外表面分布，序号 9 代表截面最外端。观察各区域夹杂物分布，夹杂物形貌见表 3-3。

由表 3-3 可以看出，夹杂物在整个连铸坯截面均有分布，对表 3-3 内各图中黑色网状区域进行分析，认为是共晶莱氏体脱落后的网状或点状空洞，或者是碳化物分布。序号 2、3、4 和 7 为点状空洞，其余网状居多。从夹杂物评级上看，连铸坯的夹杂物在整个截面均有分布，评级较低，主要是氧化铝、硅酸盐类及球状氧化物。

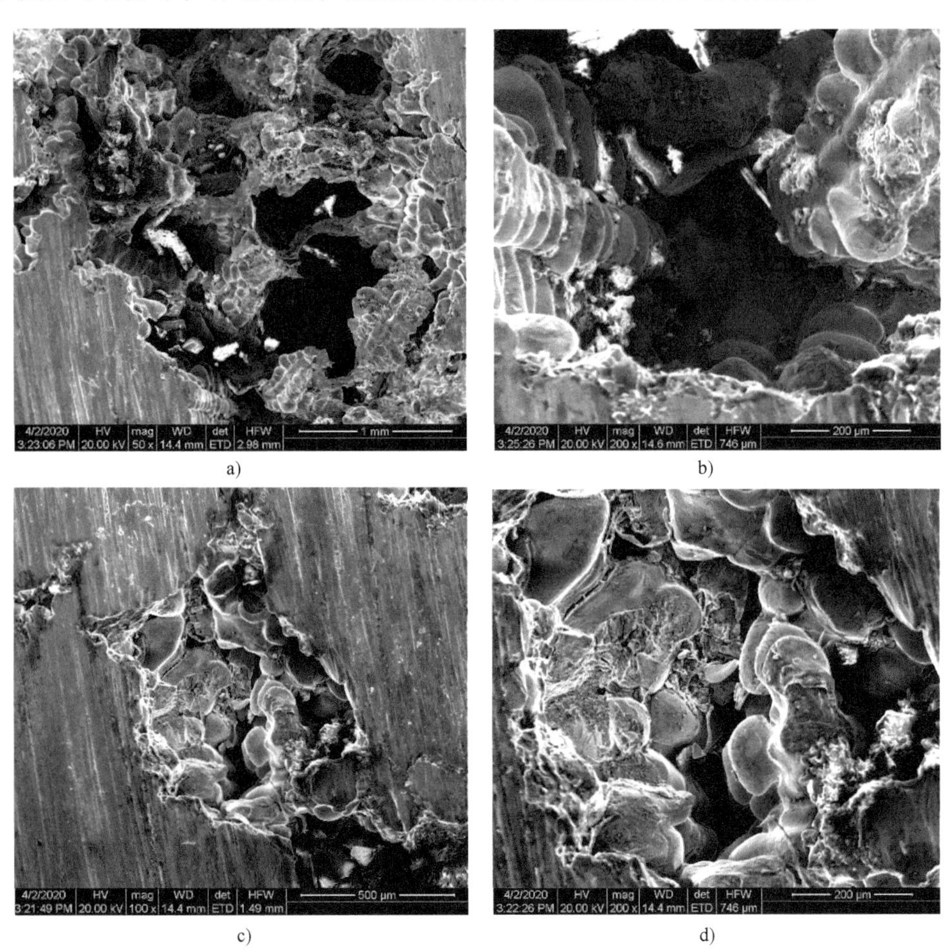

a)　b)　c)　d)

图 3-7　试片中心疏松电镜图

a）50×（整体）　b）200×（位置一）　c）100×（位置二）　d）200×（位置二）

表 3-3　截面中心向外表面夹杂物形貌图

序号	夹杂物形貌
1	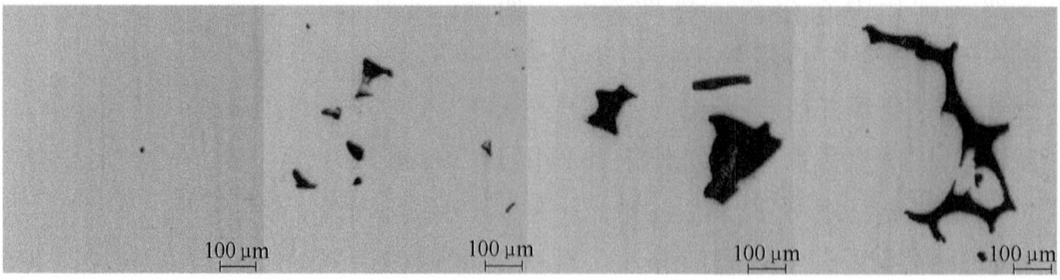 100 μm　100 μm　100 μm　100 μm
2	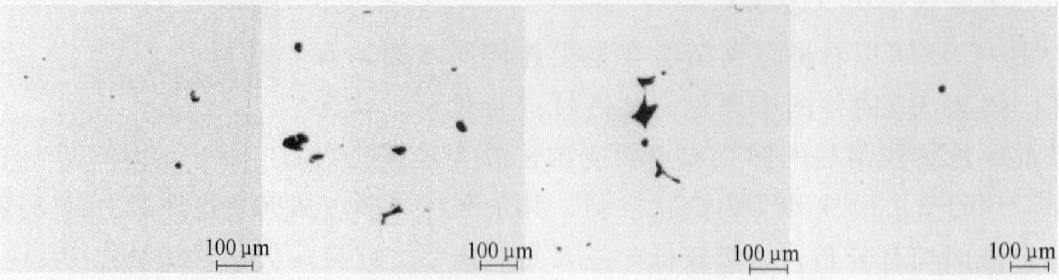 100 μm　100 μm　100 μm　100 μm
3	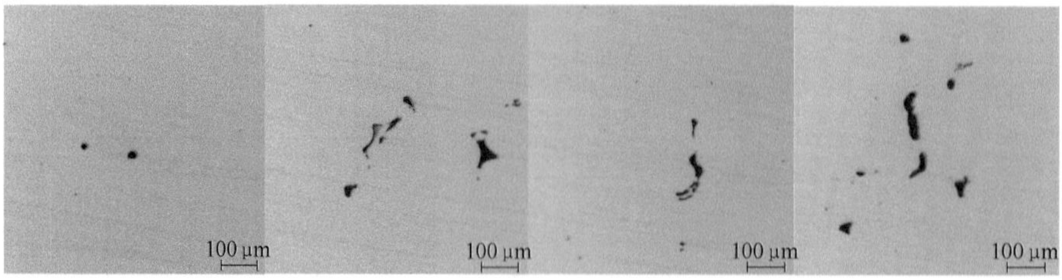 100 μm　100 μm　100 μm　100 μm
4	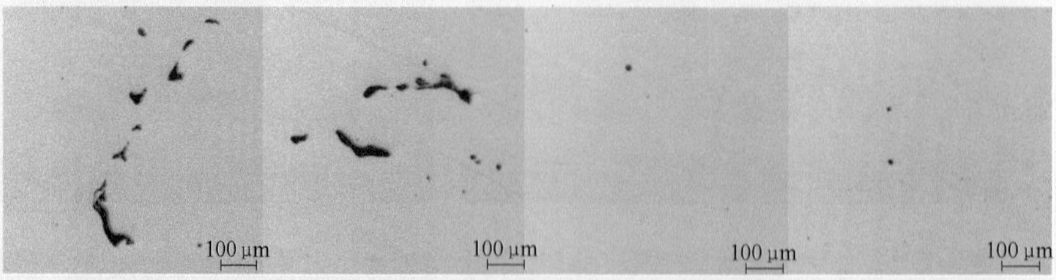 100 μm　100 μm　100 μm　100 μm
5	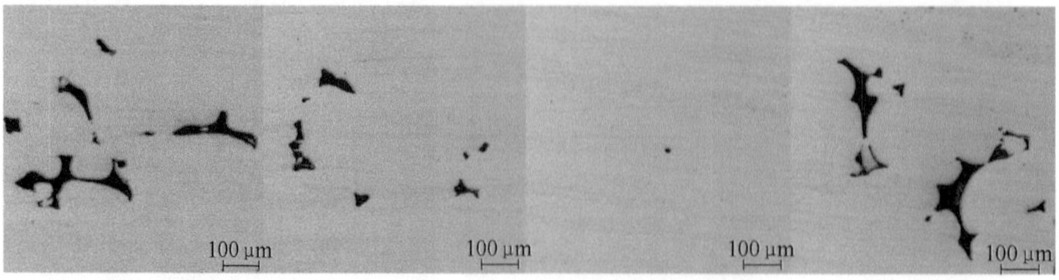 100 μm　100 μm　100 μm　100 μm
6	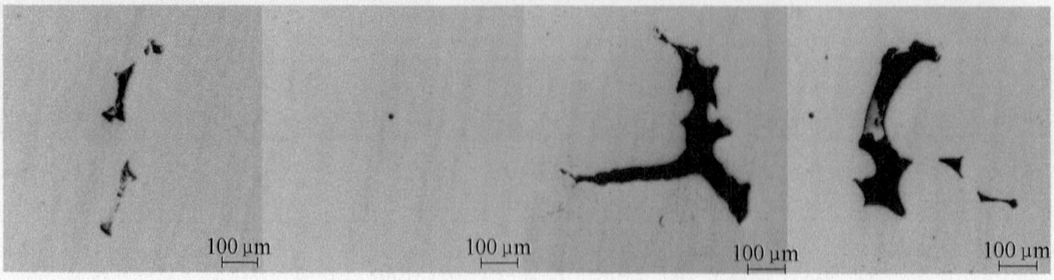 100 μm　100 μm　100 μm　100 μm

（续）

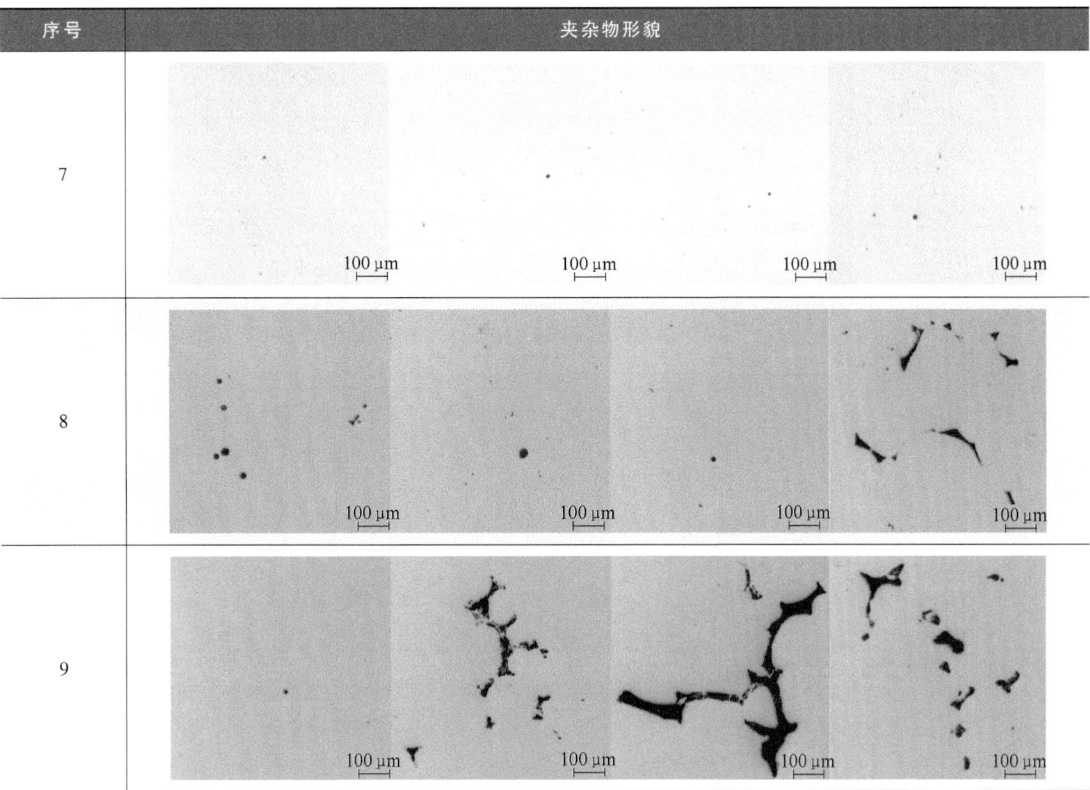

序号	夹杂物形貌
7	
8	
9	

序号 1~9 试样的金相组织均为珠光体+少量共晶莱氏体。序号 2、3、4 和 7 为点状，其余网状分布，与夹杂物的金相结果对应。金相组织见表 3-4。

表 3-4　截面中心向外表面金相组织图

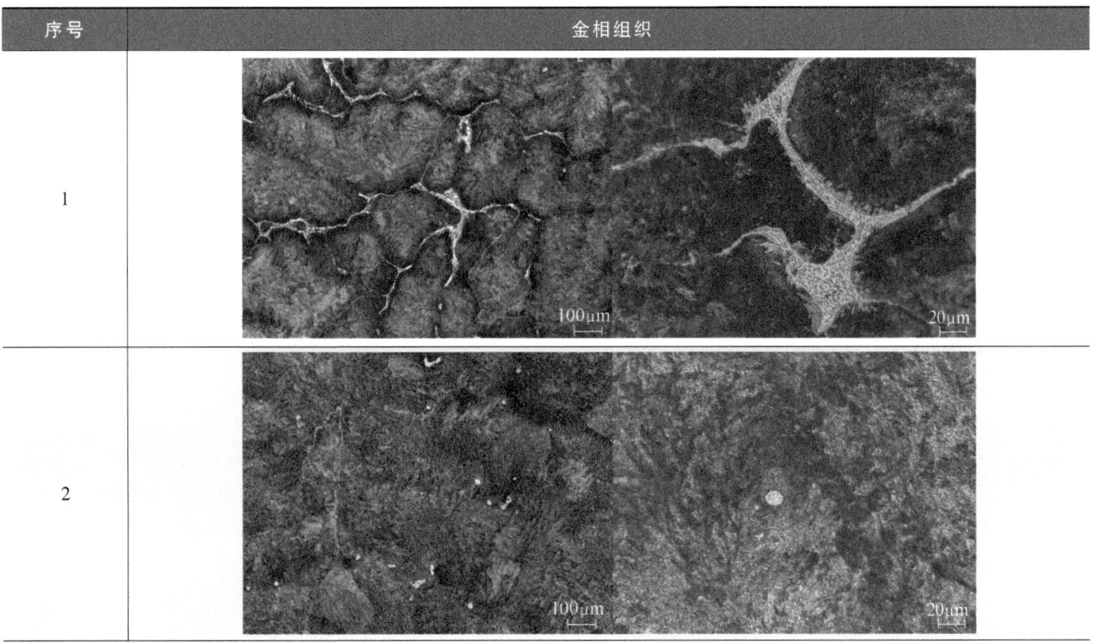

序号	金相组织
1	
2	

（续）

序号	金相组织
3	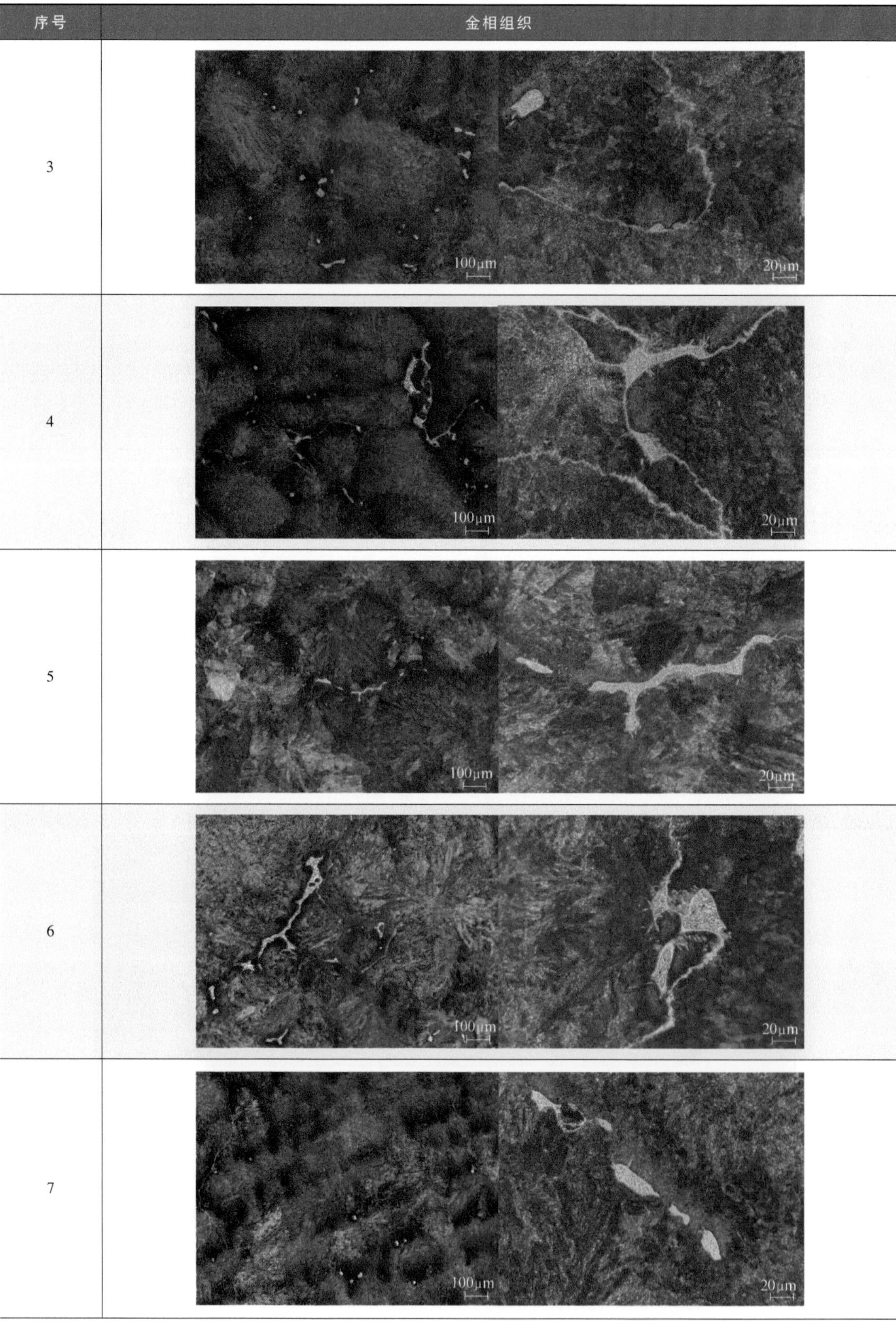
4	
5	
6	
7	

（续）

序号	金相组织
8	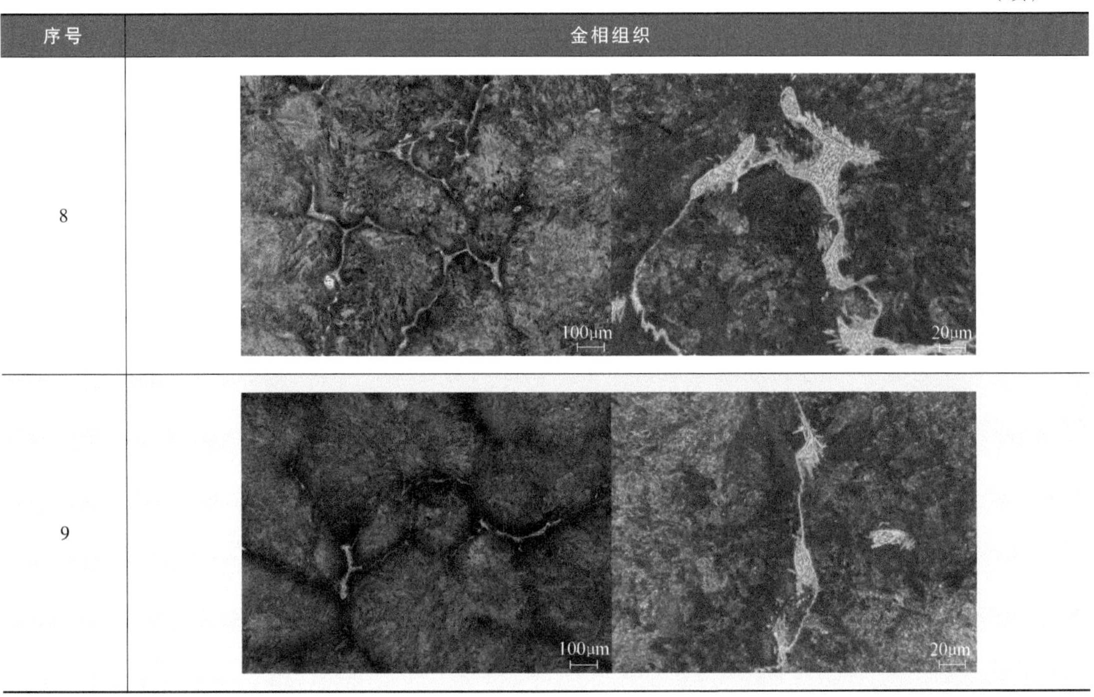
9	

通过检测不同区域试样密度，评价整体致密度。图 3-8 所示为各区域试样密度分布，从图 3-8 可以看出，中心区域密度最低，与此处存在中心裂纹及中心疏松缩孔相对应。在近 $R/2$ 处即试样 5 与试样 6 的密度分别为 7.69g/cm^3 及 7.70g/cm^3，低于其他部位，此处致密度较低，有疑似疏松存在。

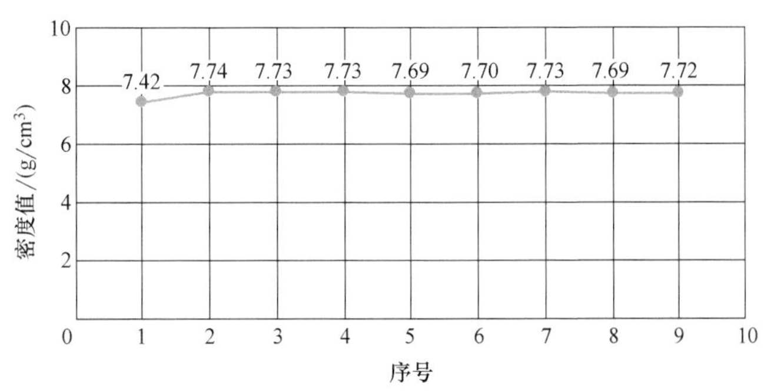

图 3-8 各区域试样密度分布

对连铸坯料表面打磨两条母线进行超声检测，超声检测结果显示打磨区域发现 F（缺陷回波幅度）>50%，B1（缺陷处一次底波幅度）= 0 的严重缺陷，位于 ϕ（200~300）mm 的环状区域，其缺陷端面可见。超声检测结果与截面可视的中心裂纹对应。分别采用了不同频率（0.5MHz、1MHz、2MHz）探头检验，均无法反射。由此可知，整个坯料的中间区域均存在中心裂纹及疏松，由于其凝固方式的特殊性，心部存在的裂纹及疏松在轴向分布不是贯通的，只在各自截面形成，未形成贯通一致性的轴向裂纹，这样在加热过程中不至于在中心区域产生二次氧化，所以可以通过采用三向锻造的压应力方式将其截面的裂纹焊合。

根据化学成分检测、低倍检测、金相检测、密度测定对高合金钢 MC5 连铸坯进行评价总结如下：

1）高合金钢 MC5 连铸坯合金成分中铬偏析严重，其他成分较均匀，气体成分氢、氧、氮含量较低，氧含量呈现中心半径 100mm 区域最高，中间区域（即 100~200mm 半径）相对较低，接近外表面 100mm 区域内氧含量上升。氧含量的多少与非金属夹杂物分布有相关性。

2）高合金钢 MC5 连铸坯内部缺陷主要有中心疏松、枝晶间的裂纹和中心缩孔，心部质量差，致密度较差；利用连铸坯制造空心锻件无质量影响，若制造实心锻件则须根据制造工艺对采购的连铸坯心部质量提出相应要求。

3）高合金钢 MC5 连铸坯的夹杂物在整个截面均有分布，评级较低；网状碳化物在晶界分布明显，符合该类材料的特点。

3.1.2 制造方案

利用连铸坯进行冷轧工作辊镦挤成形的技术路线如图 3-9 所示，本制造方案的目的主要是评价连铸坯镦挤变形后的效果，不涉及挤压成形具体尺寸，所以制定两种试验方案，一种是挤压两端辊颈，辊身只进行模内镦粗；观察两端辊颈挤压的内部质量变化情况，以及辊身未做挤压的内部质量变化情况。第二种方案是一端挤压辊颈，同时挤压辊身；观察辊身进行挤压后的内部变化情况。

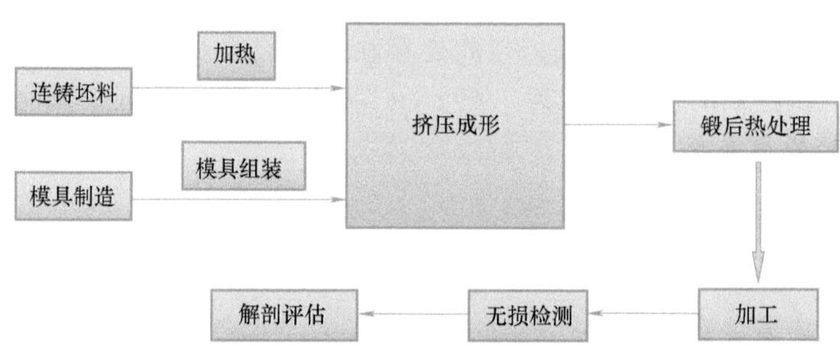

图 3-9 冷轧工作辊镦挤成形技术路线

3.1.3 成形模拟

MC5 冷轧工作辊镦挤试验采用垂直连铸机生产的原始坯料，直径为 600mm；长度根据 MC5 冷轧工作辊总体重量及镦挤方案进行设计，满足最终锻件成品尺寸要求。对镦挤成形的锻件图进行设计，相对于传统自由锻锻件图编制，镦挤成形锻件余量较小。在图 3-10 所示的粗加工图基础上，挤压成形锻件辊身直径余量为 10mm。

根据试验方案，冷轧工作辊镦挤成形的数值模拟分别如图 3-11 与图 3-12 所示。其中图 3-11 所示为镦挤两端辊颈成形数值模拟；图 3-12 所示为镦挤辊身及一端辊颈数值模拟。模拟设置：坯料材料为 MC5 的实测材料模型，坯料温度为 1250℃，模具材料为 H13，挤压速度为 10mm/s，摩擦系数为 0.3，热传导系数为 5，模具材料选择刚体不变形。坯料尺寸为 ϕ600mm×1250mm。

方案一镦挤成形数值模拟如图 3-11 所示，模拟结果表明在前期主要是坯料的模内镦粗，

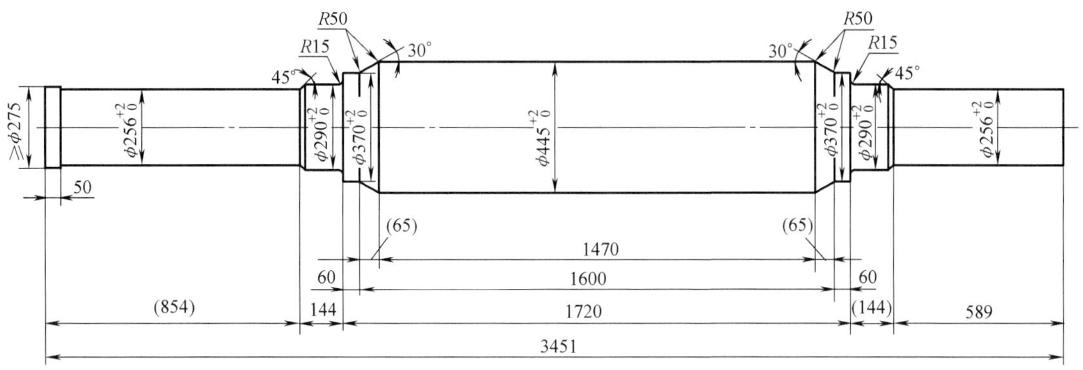

图 3-10　MC5 冷轧工作辊粗加工图

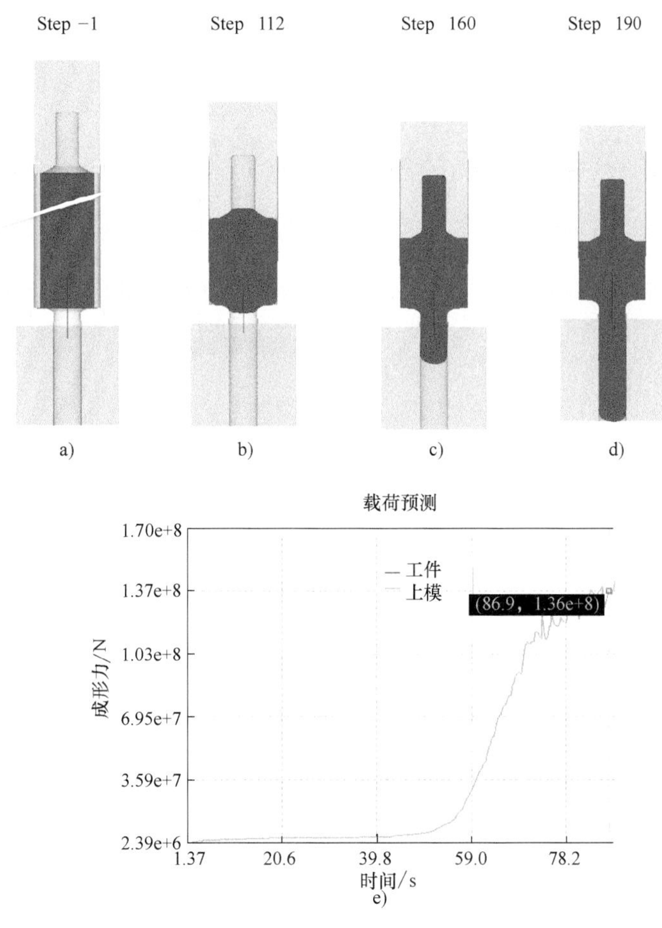

a)　b)　c)　d)

e)

图 3-11　方案一模拟结果

a）变形开始　b）变形至 112 步　c）变形至 160 步　d）变形结束　e）成形力

镦粗力相对较小，当坯料与挤压筒侧壁接触后镦粗力开始增大，在模拟步数（Step）112 时，可以明显看出坯料接触侧壁不均匀，此时基本完成充满挤压筒过程；端头坯料破壳，坯料两端开始进入挤压状态，挤压力迅速增大，模拟步数 160 时，上端辊颈首先完成成形，继续挤压，先完成反挤压，然后下端辊颈成形，最终在模拟步数 190 时，热成形结束，最大挤压力为 136MN 左右。模拟步数 190 的坯料形状即为挤压完成后的坯料形状。很明显与方案设计的要求一致，即辊身进行模内镦粗，坯料直径由 600mm 变为 750mm，镦粗比为 1.56；辊颈直径由 750mm 变为 280mm，挤压比为 7。

方案二将下模具进行更换，下模具成形尺寸由 ϕ280mm 改为 ϕ455mm，即辊身挤压比为 2.7，上模具维持不变，成形尺寸仍然为 ϕ280mm，上端辊颈挤压比为 7。镦挤成形数值模拟如图 3-12 所示。由图 3-12 可以看出，在前期的模内镦粗阶段与方案一相同，主要是坯料的模内镦粗，镦粗力相对较小，当坯料与挤压筒侧壁接触后，镦粗力开始增大，基本完成充满挤压筒过程所需压力为 30MN 左右；端头坯料破壳，坯料两端开始进入挤压状态，挤压力迅速增大，同样上端辊颈首先完成充型，继续挤压，先完成反挤压，然后下端辊身进行挤压，

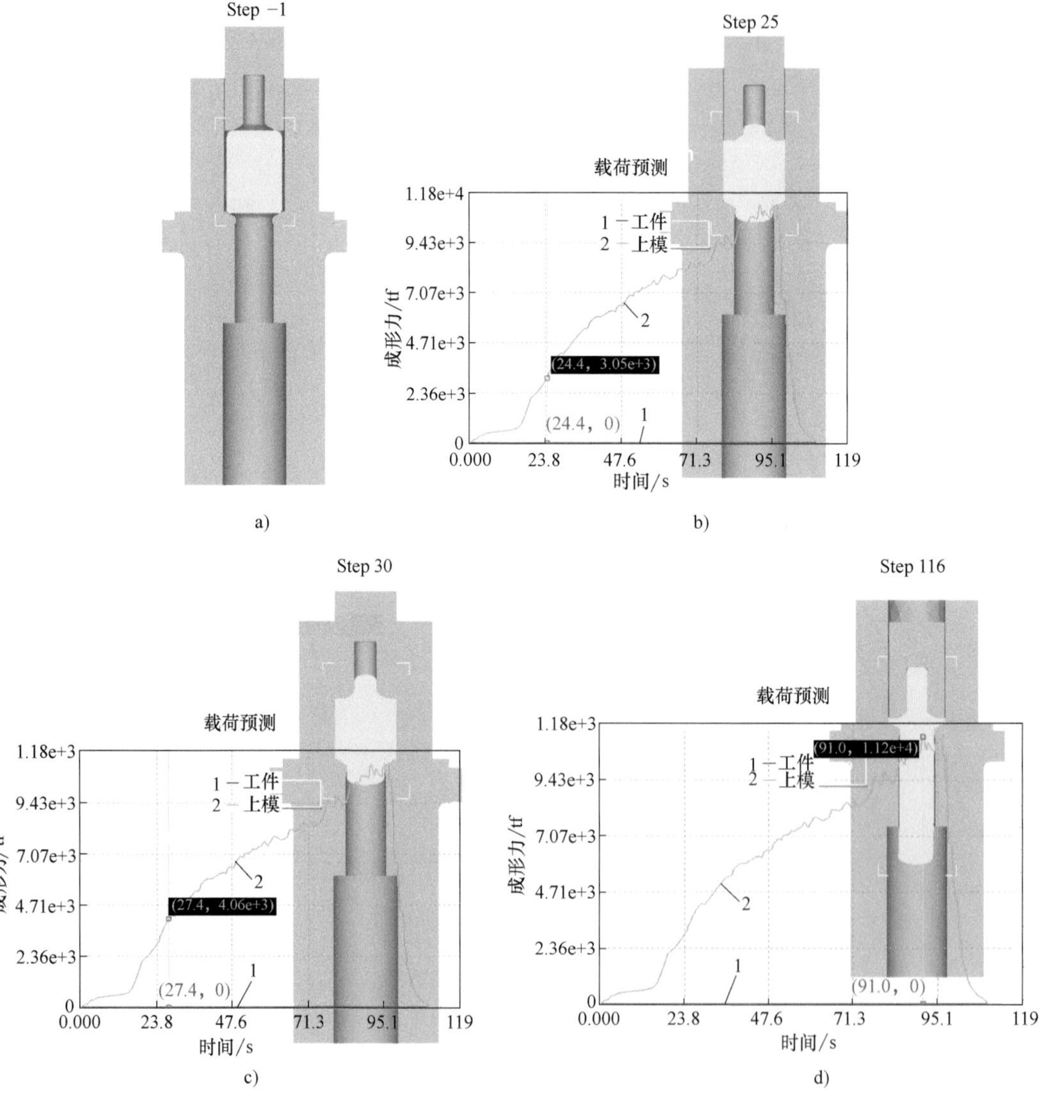

a) b) c) d)

图 3-12 方案二镦挤成形数值模拟

a）变形开始 b）变形至 25 步 c）变形至 30 步 d）变形结束

最终在模拟步数116时，热挤压成形结束时的最大挤压力为112MN左右。模拟步数116时的坯料形状即为挤压完成后的坯料形状。

3.1.4 模具设计

依据上述数值模拟，对两种方案所需的不同模具进行了设计与制造。挤压模具主要分为：挤压上模、挤压筒（挤压筒内筒、挤压筒外筒）、挤压下模、挤压下模套五个模具。其中挤压筒内筒材料为H13，外筒材料为5CrMnMo；挤压下模材料为H13，挤压下模套材料为5CrMnMo。挤压筒内筒与外筒通过锥面配合，可以对易损坏的挤压筒内筒进行更换，同理，挤压下模与挤压下模套也是锥面配合，便于拆卸与更换。挤压模具尺寸主要围绕挤压冷轧工作辊尺寸进行设计；同时考虑辊身及辊颈的有效挤压比，确保对心部中心裂纹的焊合效果，尤其是工作模尺寸与挤压目标是对应设计的。另外挤压下模是主要成形模具，为避免坯料与挤压模抱死，将挤压下模进行分瓣设计处理，可以进行坯料与模具快速分模。挤压上模采用一定拔模斜度进行分模。模具示意图分别如图3-13~图3-16所示。其中图3-13所示为挤压下模套模具；图3-14所示为辊颈ϕ280mm分瓣挤压下模模具；图3-15所示为挤压成形上辊颈模具，图3-16所示为组合挤压筒模具。

图3-13 挤压下模套模具

a)

b)

图3-14 辊颈挤压下模

a）俯视图 b）主视图

3.1.5 工程实践

利用150MN水压机及其配套的加热设备等辅助设备及模具，按照上述试验方案进行冷轧工作辊的镦挤成形试验。

图 3-15　挤压上模

图 3-16　组合挤压筒模具

在试验中除了模具设计的合理性对镦挤成形效果的影响外，润滑条件、坯料温度及设备的压力状况也都对挤压成形产生影响。采用石墨+二硫化钼+玻璃粉进行润滑。下面分别对三种润滑剂的优缺点进行阐述。

石墨具有的优点如下：

1）使用方便，容易喷涂或涂敷、环保、无毒、无味、无烟雾。

2）润滑成膜性好，工件保护膜附着性高，防锈性及稳定性强。

3）当坯料表面具有氧化皮的情况下，其润滑效果比玻璃润滑剂好。

石墨具有的缺点如下：

1）使用温度低，不高于 1000℃，800℃以上润滑性能较差。

2）导热系数较大，隔热差，工模具温升大，磨损快，挤压长度大的产品困难。

3）容易引起产品增碳，挤压不锈钢时容易产生晶间腐蚀。

4）对环境造成粉尘污染。

二硫化钼具有的优点如下：

1）润滑效果较好，产品表面质量高。

2）防潮、防水、防碱，防酸。

二硫化钼具有的缺点如下：

1）价格昂贵。

2）产品有表面增硫的危险。

3）二硫化钼遇热后产生有害的 SO_2 气体，影响人身健康。

玻璃粉具有的优点如下：

1）使用温度高，最高可在 2210℃时使用。

2）导热系数小，能防止坯料表面过快冷却。

3）具有良好的润滑性能（摩擦系数为 0.02～0.05），可采用大的挤压比（最大可达 200）和较高的挤压速度（出口速度可达 20m/s）。

4）化学稳定性好，不会引起产品组织缺陷。

5）可方便地改变配比，获得不同的物理性能，以适应挤压不同材质产品的需要。

6）玻璃粉可以同一些黏结剂混合起来，做成各种不同的形状，如玻璃垫、玻璃饼。

7）不同黏度的玻璃粉可以混合使用。

8）对环境无污染。

玻璃粉具有的缺点如下：

1）成本较高。

2）挤压产品表面玻璃膜去除较困难。

3）热坯表面不允许有氧化皮，否则润滑效果明显变差。

4）玻璃粉末的沉积使挤压机滑动部件磨损加快。

5）玻璃粉的粒度对热挤压的润滑效果有一定的影响，玻璃粉的粒度必须和热挤压速度配合使用。

根据以上三种润滑剂的优缺点，首先在挤压模具的表面涂敷混有石墨的二硫化钼乳液，然后将玻璃粉末撒在乳液表面，玻璃粉末黏附在上面，如图 3-17 所示。

图 3-17　挤压模涂敷润滑剂

由于现场条件限制，坯料从加热炉取出到放入挤压筒内时间较长，为了保证坯料表面温度降低较少，控制坯料表面冷却，同时减少在运输过程中的坯料表面氧化。采用坯料入炉前包裹石棉，保证低温段坯料缓慢升温，避免坯料本身心部裂纹在内外温差热应力作用下开裂；在 700~750℃ 保温一段时间后，升温到 1250℃ 保温 16h，然后出炉，在放入挤压筒前将石棉去除进行挤压，减少温降。

挤压试验过程如下：

1）挤压前模具装配良好，画线确定各模具位置及对中。

2）各挤压模具内涂敷润滑剂并预热到 300℃ 以上。

3）从加热炉中取料，去除石棉包套，坯料立料后放入挤压筒。

4）上模压下开始挤压，完成各方案挤压。

5）坯料与挤压筒脱模。

6）坯料取出，进行后续热处理。

图 3-18 及图 3-19 所示为两种方案挤压试验的实施情况。两种试验方案在实际执行过程中，坯料从炉内取出到放入挤压筒内开始挤压用时 10min 左右，第一种方案挤压用时 2min，最大压力达到 145MN 左右；第二种方案挤压用时 1min30s，最大压力为 120MN。相对于模拟结果，试验所用压力偏大，但是基本符合模拟结果数值。这与坯料温度下降及润滑条件有很大关系。

3.1.6　检测结果

两种试验方案的详细检测结果如下。

a)　b)　c)　d)　e)　f)

图 3-18　方案一挤压两端辊颈试验

a）出炉取料　b）坯料放入挤压筒中　c）挤压筒与上模对中

d）开始挤压　e）完成挤压　f）坯料脱模

图 3-19　方案二挤压辊身及一端辊颈试验

a）冷包套　b）坯料放入挤压筒中　c）上模对中

d）开始挤压　e）完成挤压　f）坯料脱模

1. 试验方案一检测结果

对方案一中的 MC5 挤压辊颈模锻试验件进行锻后热处理、粗加工、超声检测，对辊身及辊颈锯切解剖，分别进行渗透检测（Penetrant Testing，PT）及金相晶粒度评定，观察内部质量变化情况。

方案一镦挤试验件加工图如图 3-20 所示。

图 3-20　方案一镦挤试验件加工图

对试验件进行粗加工及超声检测，按照 GB/T 13314—2008 冷轧工作辊标准执行，标准中规定 ϕ2mm 灵敏度要求，结果如图 3-21 所示。在 A 部端部心部发现 ϕ2 ~ ϕ4mm 密集缺陷，C 部端部心部发现 ϕ2 ~ ϕ3mm 密集缺陷，根据标准辊颈探伤规定允许存在不大于 ϕ3mm 的密集缺陷，C 部满足探伤要求，A 部为不符合项；图中 B 部为辊身部位，只完成镦粗过程未完成挤压，变形不充分；靠近 A 部区域无超声检测缺陷，靠近 C 部区域超声检测缺陷明显，但是相对于原始连铸坯料的裂纹已有很大改善。

质保-11-061

中国一重 CFHI

超声检测检验报告

REPORT OF ULTRASONIC TEST

委托编号: Commission No.	———	试验编号: Test No.	———
委托单位: Commission Dept	10K	工令号: Order No.	KY20KJ00902
零件名称: Part Name	挤压材料	一重图号: CFHI drawing No.	KY20KJ00902000002
合作图号: Original Drawing No.	———	材料牌号: Material	MC5
炉　号: Heat No.	1900179	卡　号/顺序号: Forging No./Serial No.	2002690
检验时机: Test Stage	机加后		

检验条件 Test Condition			
设备型号: Equipment Model: HS511	探头规格 Type Of Probe		
表面状态: Surface Condition Ra3.2	型　号 Type	晶片尺寸 Crystal Size	频　率 Frequency
耦合剂: Couplant ●机油 machine oil ○甘油 glycerin ○浆糊 starch	B2SE	Φ24	2MHz
	———	———	———
灵敏度: Sensitivity Φ2 B1=100%	———	———	———
	———	———	———
表面补偿: Surface Compensation ———	———	———	———
	———	———	———
验收标准: Acceptance standard ———	方法标准: Method standard ———		

检验记录: Testing Record

A　B　C

A 部距其端部轴向 0~260mm 范围内发现Φ2~Φ4 密集缺陷，深度：100~151mm；
B 部发现Φ8~Φ10 密集缺陷（无底波），深度：310~333mm（疑是裂纹）；
C 部距端部轴向 0~200范围内发现Φ2~Φ3 密集缺陷，深度：92~140mm。

结果: Result: ○合　格 Acceptable ●不合格 Reject

检验日期: Test Date 2020.5.20	检验: Tester	UT级 UT Level	批准: Approved by

图 3-21　试验件超声检测结果

试验件按照图 3-22 进行锯切，锯切辊身试片 2 片（标记 2、3），辊颈试片 3 片（标记 1、4、5），对各试片进行渗透检测，按照 JB/T 8466—2014 标准执行。试片 1、4、5（辊颈试片）渗透检测结果如图 3-23 所示，试片 1 及试片 4 未见缺陷，试片 5 发现三处 ϕ1mm 点状缺陷。渗透检测报告如图 3-24 所示，辊颈试片按照渗透检测最严标准 I 级均合格。锯切辊身试片 2 和试片 3 过程中，即在辊身中心发现肉眼可见宏观裂纹，如图 3-25 所示，裂纹长度约 30mm，距辊身中心 $R/10$ 左右，与连铸坯料疏松、中心裂纹最严重位置一致，裂纹宽度较连铸坯料窄，但未完全闭合；与渗透检测结果吻合。图 3-26 所示为试片 2 及试片 3 进行渗透检测后的显示结果，其缺陷分布区域基本相同，缺陷定性为裂纹。

对以上试片进行晶粒度检测，根据检验报告，辊颈、辊身所有区域金相试样均达到 8 级，晶粒度如图 3-27 所示。

图 3-27a 所示的辊颈中心区域发现晶粒显示有黑色条带，该处晶粒更加细密，需要进一步对条带定性。图 3-27c 所示的辊身中心区域发现皲裂的条纹，直观显示为裂纹，待进行扫描电子显微镜（SEM）扫描定性、X 射线能量色散谱（Energy Dispersive X-ray Spectrometer, EDS）分析。

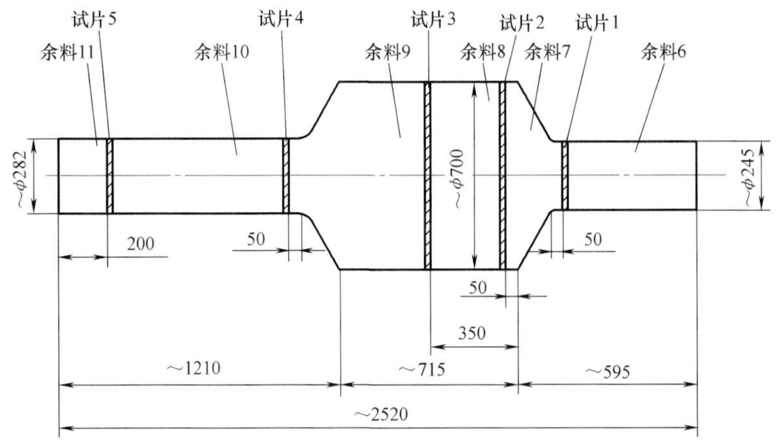

图 3-22 试验件试片位置示意图

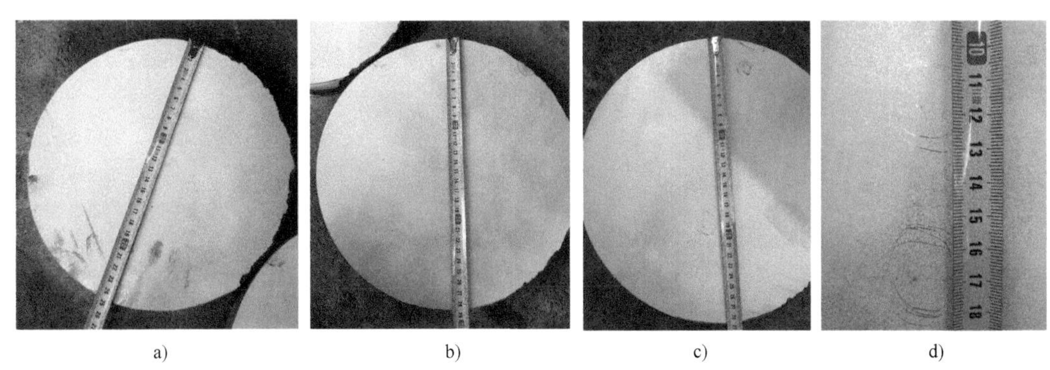

a) b) c) d)

图 3-23 3 片辊颈试片（标记 1、4、5）PT 检测结果

a）试片 1 b）试片 4 c）试片 5 d）试片 5 点状缺陷放大图

辊颈中心区域的 SEM 检测结果如图 3-28 所示，对条状黑带进行放大，最后发现其为断续的聚集岛状形貌；对其进行能谱成分分析，图 3-29 所示为基体区域能谱图及成分百分数，基体以 C、Cr、Fe 元素为主；在条状黑带附近的基体存在碳化物。从图 3-30 所示的岛状较大亮白区域能谱图及成分百分数可知，其以氧化硅类夹杂物为主并含有各种合金元素，由图 3-31 所示的岛状较小亮白区域能谱图及成分百分数可知，其以氧化硅类夹杂物为主并含有小部分氧化铝；由图 3-32 所示的岛状黑色区域能谱图及成分百分数可知，其以氧化硅类夹杂物为主；故条状黑带定性为氧化硅类夹杂物，并且其尺寸已经超过夹杂物判定的要求级别。

图 3-33 所示为辊身中心区域扫描放大照片，由于可以看到其微观裂纹为疏松，对其进行能谱成分分析，图 3-34 所示为疏松附近基体区域能谱图及成分百分数，

中国一重 CFHI　　质保-11-060

渗透检测检验报告

REPORT OF LIQUID PENETRATION TEST

委托编号：Commission No.	02J21M062	试验编号：Test No.	02T21M0105
委托单位：Commission Dept	ZK	工令号：Order No.	KY20KJ00902
零件名称：Part Name	试片5	一重图号：CFHI Drawing No.	KY20KJ00902000003
合作图号：Original Drawing No		材料牌号：Material	MC5
检验时机：Test Stage	打磨后	表面状态：Surface Condition	Ra≤6.3
炉号：Heat No.	M1900179	锻号/顺序号：Forging No./Serial No.	2002900-A2

铸件○ Casting　锻件● Forging　焊缝○ Weld　其它○ Other

检验条件 Test Condition			
渗透材料（型号）：Penetrating Material (Type)	清洗剂 Remover	渗透剂 Penetrate	显像剂 Developer
	DPT-5	DPT-5	DPT-5
渗透时间：Penetrating Time	30 分 min	显示时间：Developing Time	15-30 分 min
试片：Test Piece	B型	工作表面温度：Surface Temperature	10℃
验收标准：Acceptance standard	JB/T 8466 I 级	方法标准：Method standard	JB/T 8466

检验记录：

试片 5 发现三处 φ1 点状缺陷显示，多处 φ1 以下点状缺陷，按照 JB/T8466 标准 I 级评定，三处点状缺陷为记录性缺陷显示。

结果：○合格 Acceptable
Result：●不合格 Reject

检验日期：Test Date 2020.06.04	检验：Tester	PT 级别 PT Level	批准：Approved by

图 3-24 辊颈试片渗透检测报告

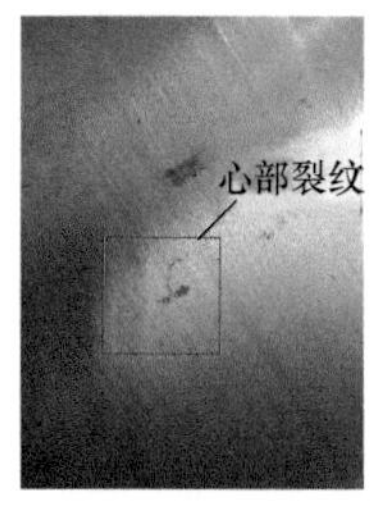

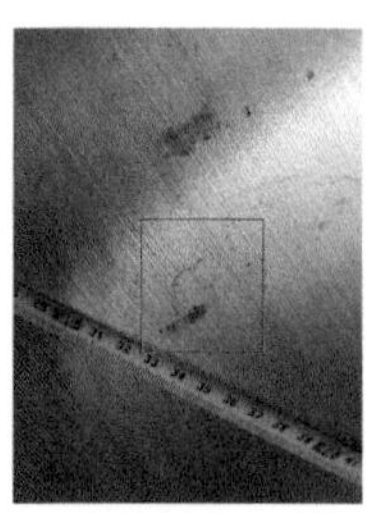
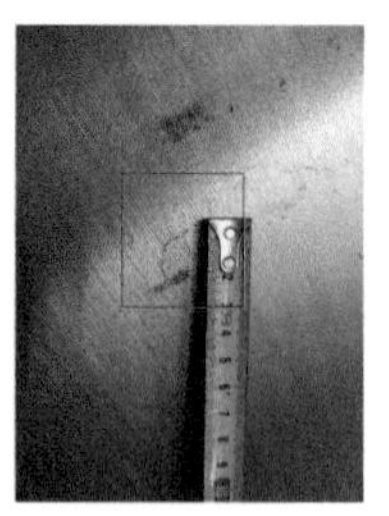

a) b)

图 3-25 辊身试片心部裂纹

a）辊身试片心部裂纹位置 b）辊身试片心部裂纹尺寸

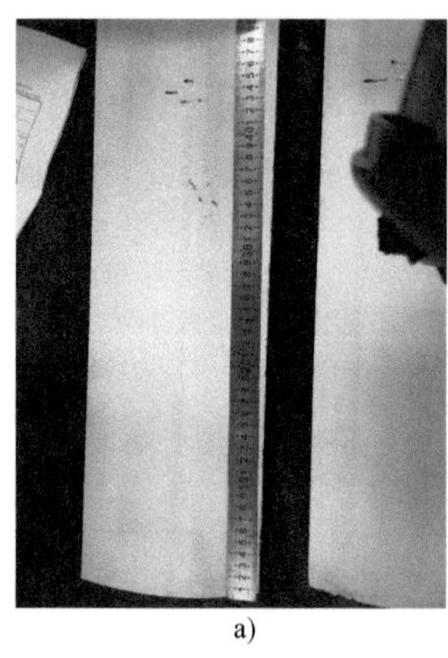
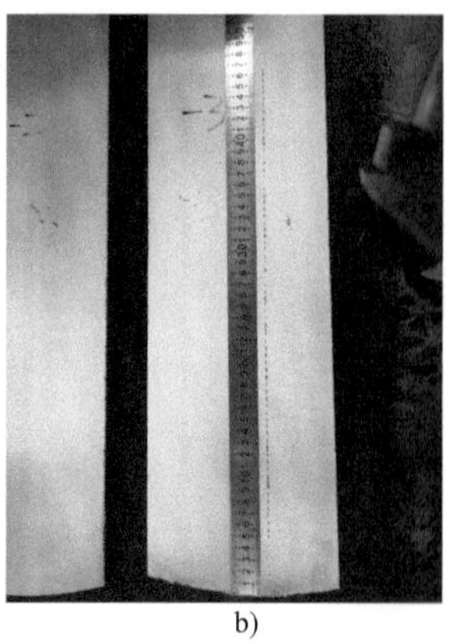

a) b)

图 3-26 辊身试片渗透检测结果

a）试片 2 b）试片 3

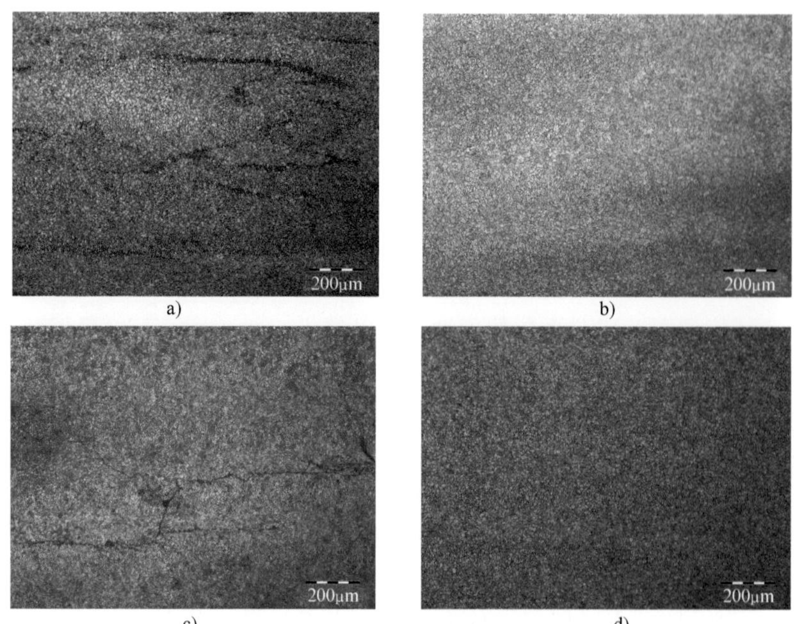

a) b) c) d)

图 3-27 各试片典型晶粒度照片

a）辊颈中心区域 b）辊颈外圆区域 c）辊身中心区域 d）辊身外圆区域

基体以C、Cr、Fe元素为主；在疏松附近的基体存在碳化物。从图3-35所示的疏松开口区域1能谱图及成分百分数可知，其为氧化硅类夹杂物为主并含有小部分氧化铝，由图3-36所示的疏松开口区域2能谱图及成分百分数可知，其碳化物高度聚集，同时含有氧化硅类为主的夹杂物；故疏松类缺陷处存在氧化硅类为主的夹杂物并伴有高碳化物。

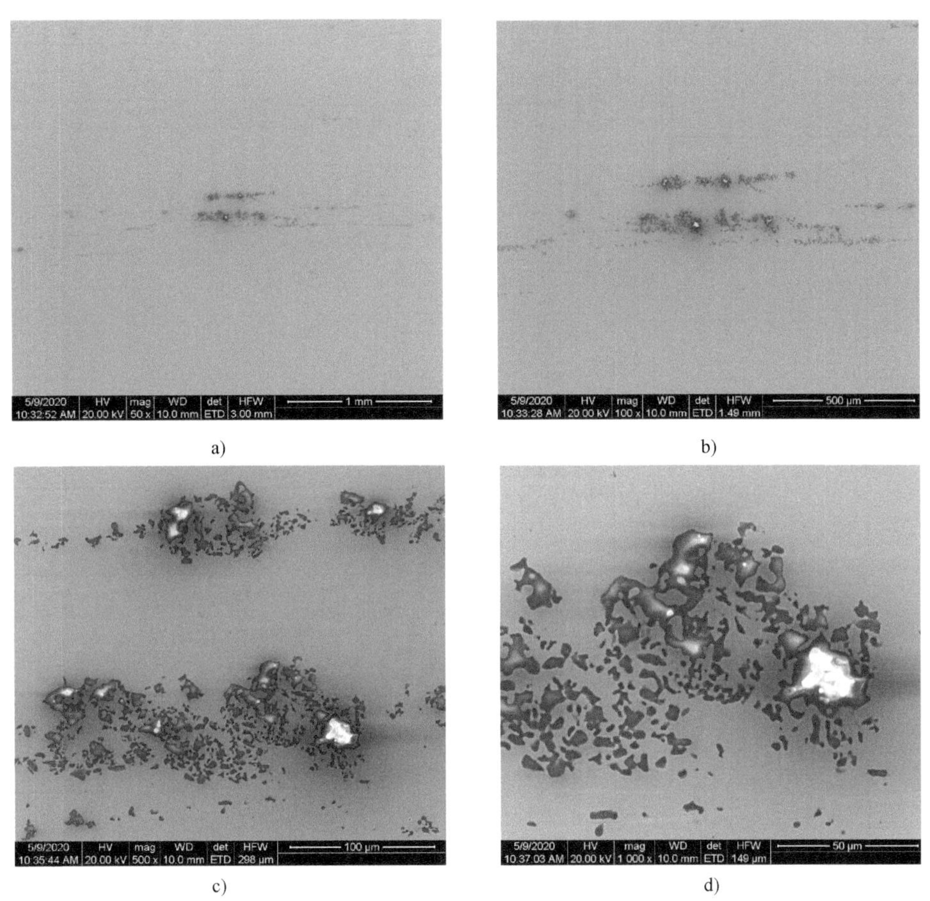

图3-28 辊颈中心区域试样0101条状黑带扫描放大图

a）50× b）100× c）500× d）1000×

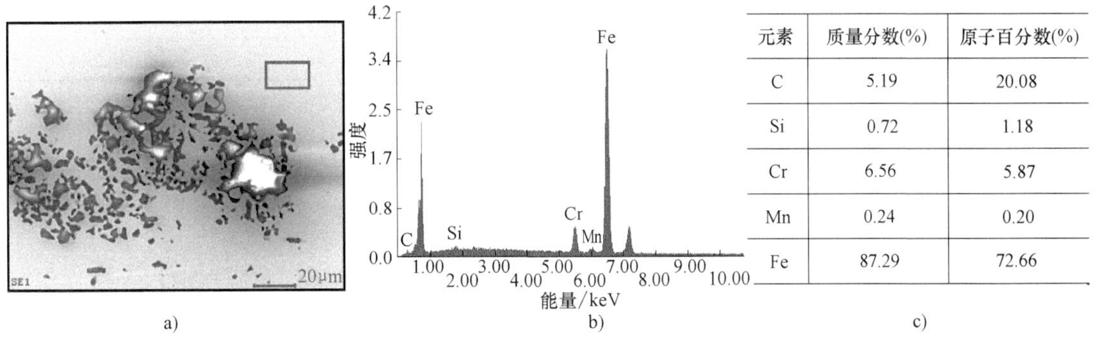

元素	质量分数(%)	原子百分数(%)
C	5.19	20.08
Si	0.72	1.18
Cr	6.56	5.87
Mn	0.24	0.20
Fe	87.29	72.66

图3-29 辊颈中心基体区域能谱分析

a）能谱分析位置标记 b）能谱图 c）分析结果

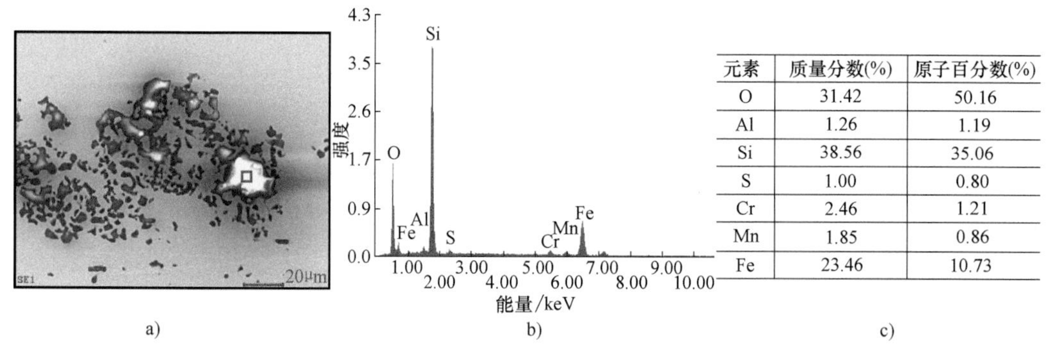

元素	质量分数(%)	原子百分数(%)
O	31.42	50.16
Al	1.26	1.19
Si	38.56	35.06
S	1.00	0.80
Cr	2.46	1.21
Mn	1.85	0.86
Fe	23.46	10.73

图 3-30 辊颈中心岛状较大亮白区域能谱分析

a）能谱分析位置标记 b）能谱图 c）分析结果

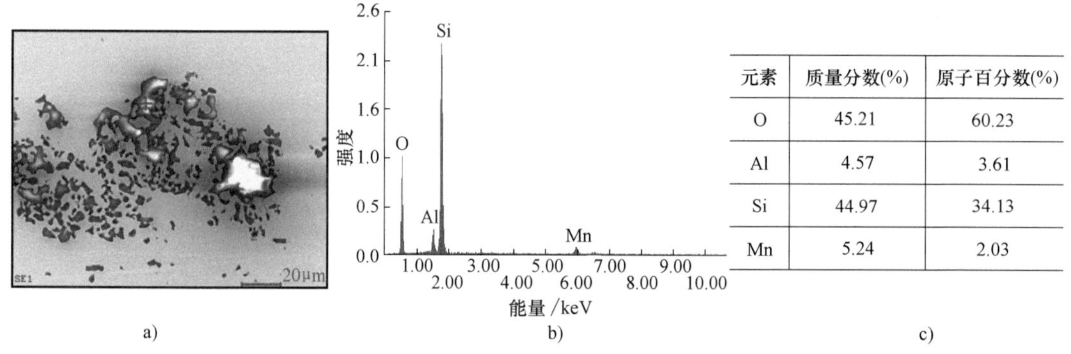

元素	质量分数(%)	原子百分数(%)
O	45.21	60.23
Al	4.57	3.61
Si	44.97	34.13
Mn	5.24	2.03

图 3-31 辊颈中心岛状较小亮白区域能谱分析

a）能谱分析位置标记 b）能谱图 c）分析结果

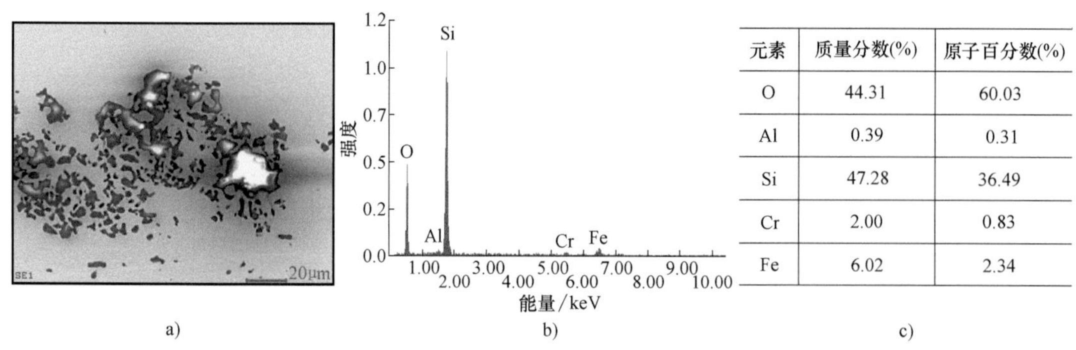

元素	质量分数(%)	原子百分数(%)
O	44.31	60.03
Al	0.39	0.31
Si	47.28	36.49
Cr	2.00	0.83
Fe	6.02	2.34

图 3-32 辊颈中心岛状黑色区域能谱分析

a）能谱分析位置标记 b）能谱图 c）分析结果

晶粒度检验后进行密度检验，在试片 1 上从中心到边缘沿半径均布四点取样，试样编号为 0101~0104；在试片 2 上从中心到边缘沿半径均布十点取样，试样编号为 0201~0210；在试片 4 上从中心到边缘沿半径均布五点取样，试样编号为 0401~0405，共计 19 个密度试样，密度检测结果见表 3-5。从表 3-5 可以看出，辊颈各区域取样密度均匀一致，辊颈在挤压过

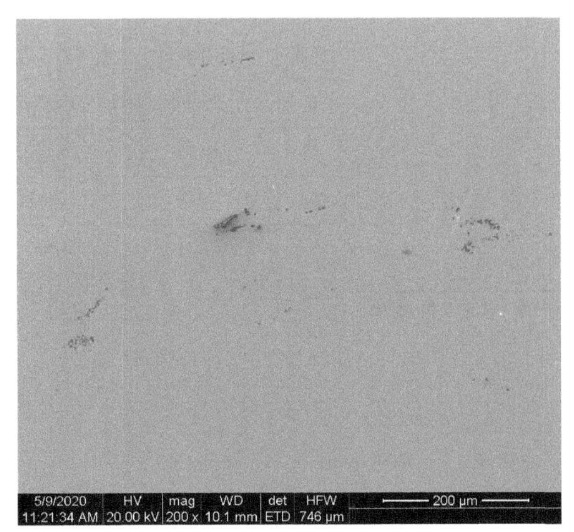

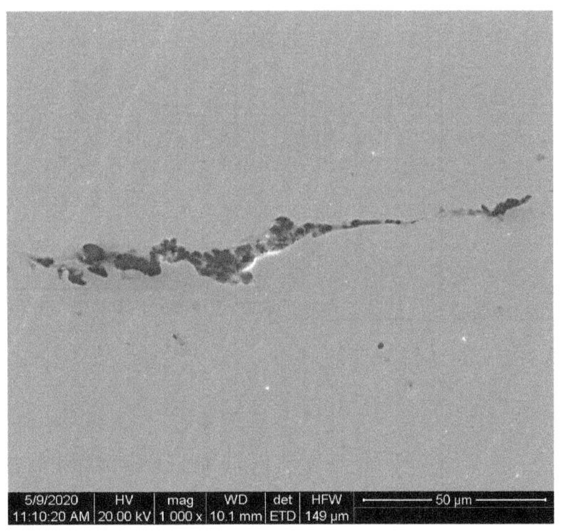

图 3-33　辊身中心区域试样 0201 扫描放大照片

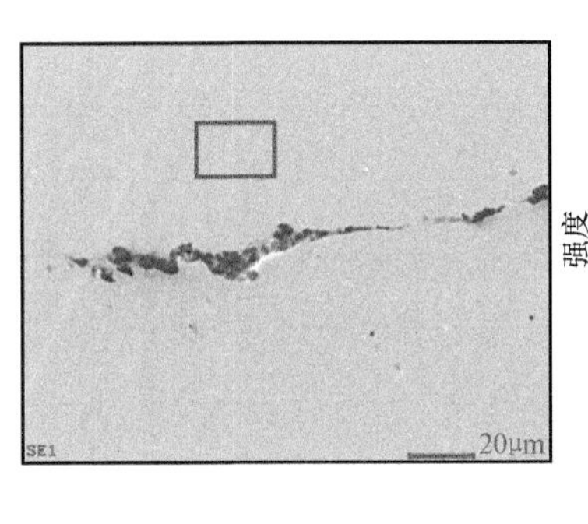

a)

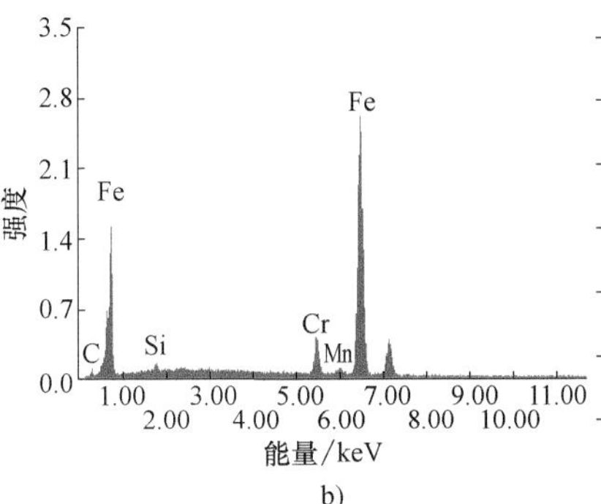

b)

元素	质量分数(%)	原子百分数(%)
C	5.93	22.39
Si	0.91	1.48
Cr	7.03	6.14
Mn	0.44	0.37
Fe	85.69	69.63

c)

图 3-34　辊身中心疏松基体区域能谱分析

a）能谱分析位置标记　b）能谱图　c）分析结果

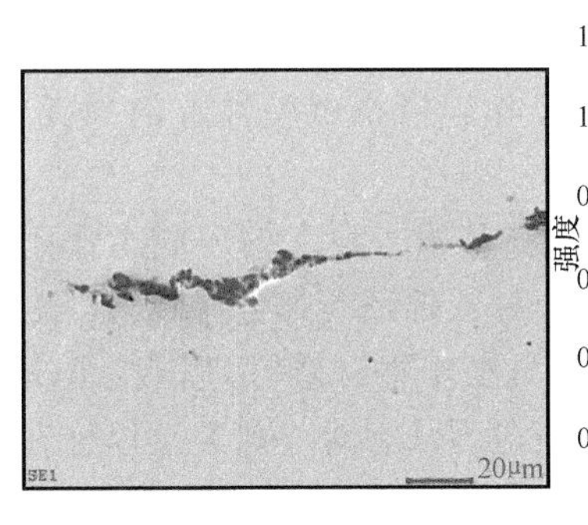

a)

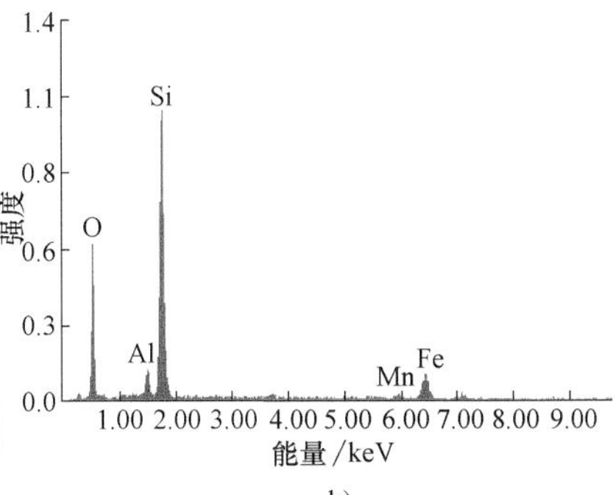

b)

元素	质量分数(%)	原子百分数(%)
O	39.80	57.04
Al	3.96	3.36
Si	40.63	33.17
Mn	1.73	0.72
Fe	13.88	5.70

c)

图 3-35　辊身中心疏松开口区域 1 能谱分析

a）能谱分析位置标记　b）能谱图　c）分析结果

程中完全挤出，整个试验件辊颈致密度均达到 7.75g/cm^3。辊身试片只完成镦粗过程，受三向压应力作用，但是未完成最终的挤压过程，故试片 5 心部 $R/10$ 处密度相较其他位置的 7.75g/cm^3 小，只达到 7.71g/cm^3，但相较于挤压前的 7.43g/cm^3 有大幅度提高。

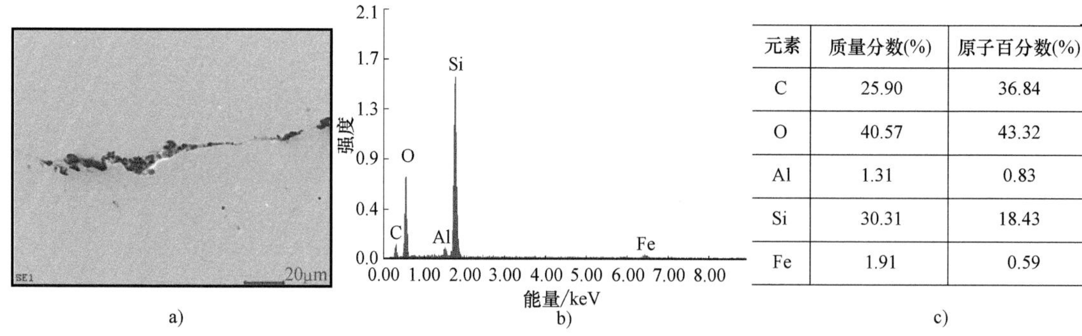

元素	质量分数(%)	原子百分数(%)
C	25.90	36.84
O	40.57	43.32
Al	1.31	0.83
Si	30.31	18.43
Fe	1.91	0.59

a)　　b)　　c)

图 3-36　辊身中心疏松开口区域 2 能谱分析

a）能谱分析位置标记　b）能谱图　c）分析结果

表 3-5　各试片不同区域密度检测结果

试样编号	密度/(g/cm^3)	试样编号	密度/(g/cm^3)
0101	7.75	0207	7.75
0102	7.75	0208	7.75
0103	7.76	0209	7.75
0104	7.75	0210	7.76
0201	7.71	0401	7.75
0202	7.76	0402	7.75
0203	7.75	0403	7.75
0204	7.75	0404	7.75
0205	7.75	0405	7.75
0206	7.75	—	—

根据 UT、PT，金相检测和密度测定结果完成方案一冷轧工作辊镦挤试验件解剖分析，结果如下：

1）在连铸坯料心部存在裂纹及疏松严重的情况下，利用镦挤技术，在三向压应力作用下对心部缺陷进行有效锻合，成形后的辊颈心部无损检测结果较好，辊颈大部分无缺陷，出现 ϕ2 ~ ϕ4mm 密集缺陷超标区域，主要集中在端部；同时需要与工作辊订货方进行技术交流，后续如需订货双方协商判定。辊身只进行镦粗变形，三向压应力状态对心部裂纹焊合有一定效果，但是未进行挤压成形，故 UT 及 PT 存在裂纹缺陷，在解剖后宏观目视也能发现。密度检验结果表明试验件辊颈密度均达到 7.75g/cm^3。辊身心部 R/10 处密度相较其他位置的 7.75g/cm^3 小，只达到 7.71g/cm^3，但相较于挤压前的 7.43g/cm^3 有大幅度提高，辊身中心有部分疏松、裂纹未焊合，与 PT 的结果一致。

2）试验件辊身及辊颈的全部区域晶粒度均达到 8 级；采用该方式使晶粒得到有效细化。

3）在试验件辊颈中心区域存在严重的夹杂物条状显示，夹杂物以氧化硅为主。

2. 试验方案二检测结果

按照 GB/T 13314—2008 中 A 类要求对成形辊坯进行超声检测，超声检测灵敏度 ϕ2mm，超声检测结果如图 3-37 所示；左侧端部 380mm 长存在深度 101～147mm 裂纹，右侧端部 265mm 长存在中心 ϕ70mm 裂纹，其余各部未发现超过 ϕ2 以上单个或者密集缺陷。

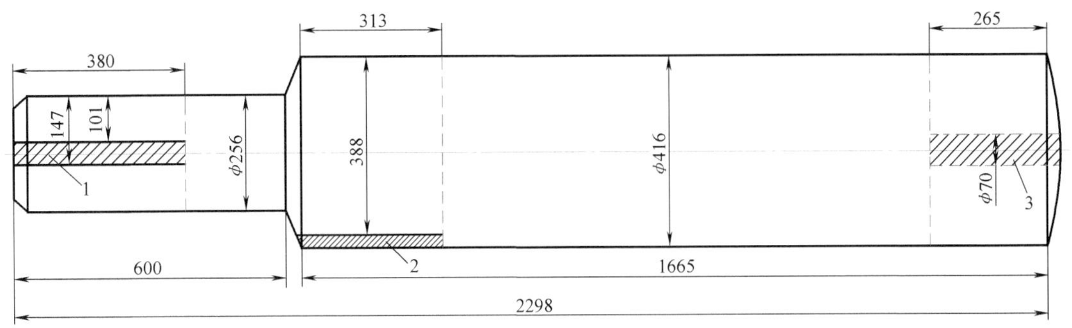

图 3-37　方案二镦挤试验件超声检测结果

1—辊颈裂纹　2—辊身折伤　3—辊身裂纹

选取图 3-37 中辊身超声检测合格部位（见图 3-38）做更为严格的表面波检测（见图 3-39），结果未发现超标缺陷。

图 3-38　辊身尺寸检测

图 3-39　辊身表面波检测

对方案二镦挤成形的 MC5 冷轧工作辊试验件开展一系列解剖分析试验，试验件尺寸及试片位置示意图如图 3-40 所示。

按图 3-40 锯切 5 个试片 A1～A5，试片 A1～A5 厚度均为 20mm，加工至表面粗糙度 $Ra \leq 6.3\mu m$ 后，按 JB/T 8468—2014 标准进行 PT 检测，发现试片 A1、A5 心部有线性显示，试片 A3 近表面有裂纹显示（见图 3-41），试片 A2、A4 无缺陷显示。从图 3-41a 的标尺部位发现 2～10mm 线性显示；从图 3-41b 可以发现裂纹；从图 3-41c 的标尺部位发现多条 3～60mm 裂纹显示。

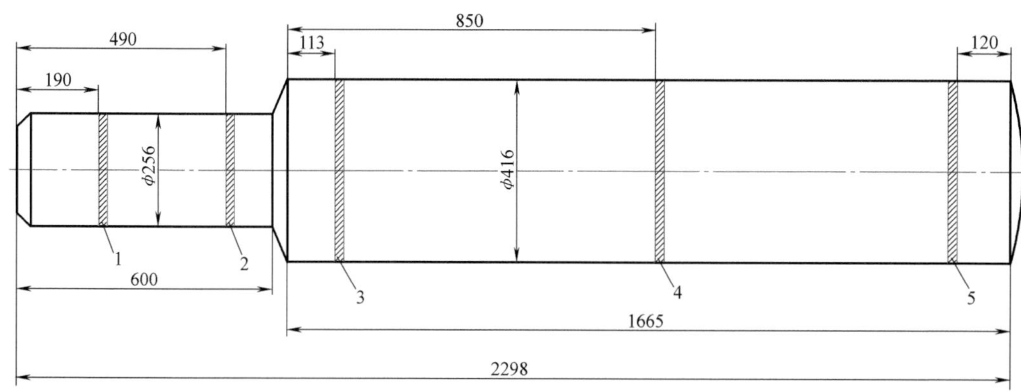

图 3-40　方案二镦挤试验件尺寸与试片位置

1—试片 A1　2—试片 A2　3—试片 A3　4—试片 A4　5—试片 A5

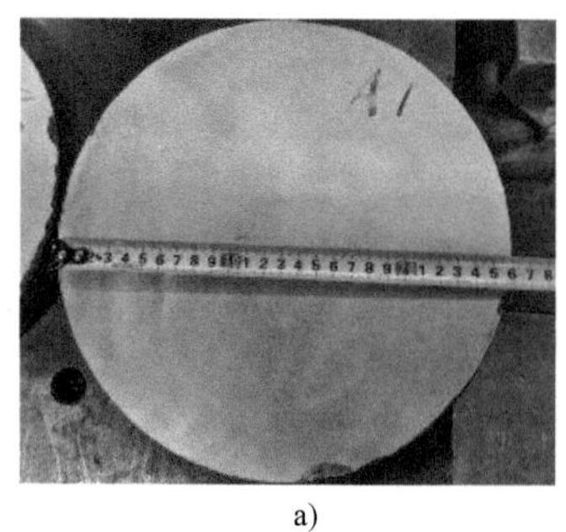

a)

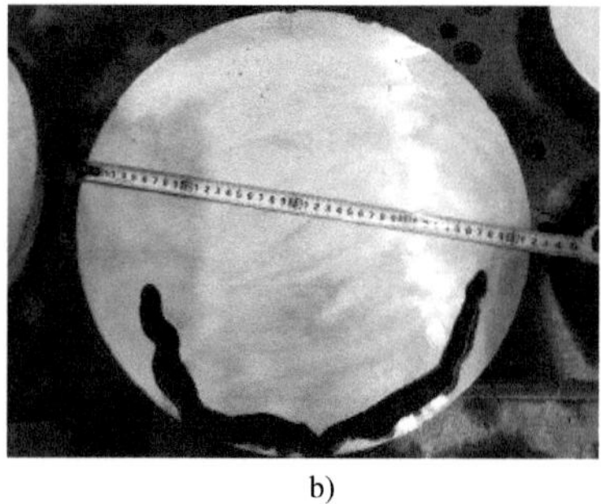

b)

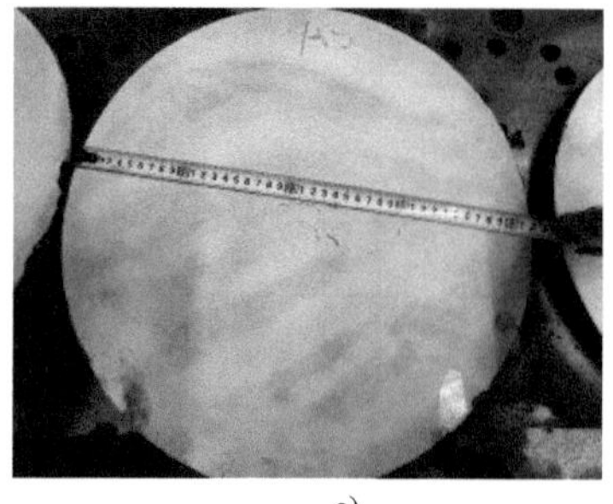

c)

图 3-41　PT 有缺陷的试片显示

a）试片 A1　b）试片 A3　c）试片 A5

退火后出现粒状珠光体+少量碳化物+少量莱氏体的金相组织。各试块典型金相组织及晶粒度见表 3-6 及图 3-42。从图 3-42a 可以看出，坯料原始状态的网状碳化物在镦挤成形后得到充分破碎，只在晶界上留有少量碳化物。

表 3-6　各试块晶粒度及金相组织

取样标号	晶粒度	夹杂物评定	组织评定
A1-1(心部)	9.0	D0.5e,DS1.5	粒状珠光体+少量碳化物(部分晶界上)
A1-2(外圆)	9.5	D0.5,DS1.5	粒状珠光体
A2-1(心部)	9.0	D0.5,D0.5e,DS1.5	粒状珠光体+少量碳化物(部分晶界上)
A2-2(外圆)	9.5	A0.5,B1,D0.5,D0.5e	粒状珠光体+少量碳化物(部分晶界上)
A3-1(心部)	9.0	B0.5,B1s,C0.5,D0.5,D0.5e,DS1	粒状珠光体+少量碳化物(部分晶界上)
A3-2(*R*/2 处)	9.5	A0.5,C0.5,C0.5e,D0.5,D0.5e	粒状珠光体+少量碳化物(部分晶界上)
A3-3(外圆)	9.5	B0.5,C0.5,C0.5e,D0.5,DS1	粒状珠光体+少量碳化物(部分晶界上)
A4-1(心部)	8.5,10.0	B0.5,C0.5,D0.5e,DS1.5	粒状珠光体+少量莱氏体+少量碳化物(部分晶界上)

（续）

取样标号	晶粒度	夹杂物评定	组织评定
A4-2(*R*/2 处)	8.5,10.0	D0.5,D0.5e,DS0.5	粒状珠光体+少量碳化物(部分晶界上)
A4-3(外圆)	9.5	D0.5,D0.5e,DS1.5	粒状珠光体+少量碳化物(部分晶界上)
A5-1(心部)	9.0	C0.5,D0.5e,DS1	粒状珠光体+少量莱氏体+少量碳化物(部分晶界上,网状)
A5-2(*R*/2 处)	9.0	D0.5,D0.5e,DS1.5	粒状珠光体+少量碳化物(部分晶界上)
A5-3(外圆)	9.5	D0.5,D0.5e	粒状珠光体+少量碳化物(部分晶界上)

注：夹杂物评定中，A—硫化物类，B—氧化铝类，C—硅酸盐类，D—球状氧化物类，DS—单颗粒球状类，e—粗系夹杂物。

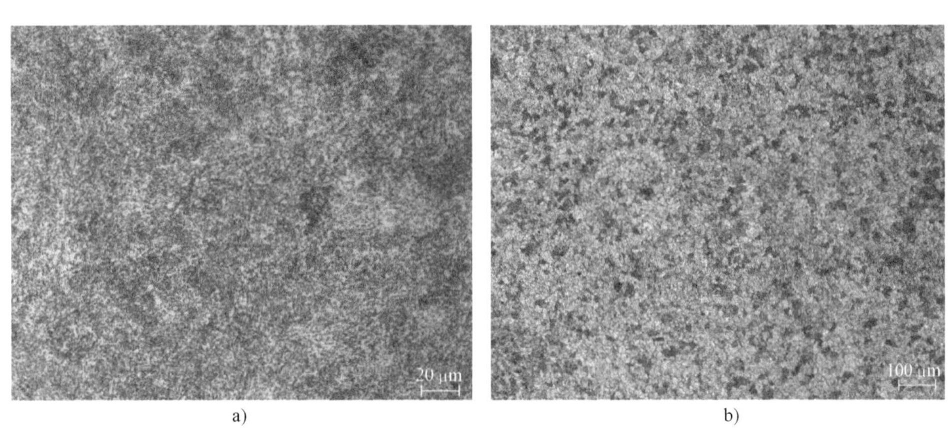

a)　　　　b)

图 3-42　各试块典型金相组织及晶粒度照片

a）金相组织　b）晶粒度

试块 A1、A5 取自两端带中心裂纹缺陷的试片，对其裂纹附近进行 SEM 扫描及 EDS 分析，观察其裂纹附近形貌及其化学成分基本相同，故选取典型形貌及化学成分（见图 3-43）。图 3-43a 中黑色质点主要成分为氧、硅、铁、铬，其附近基体含有碳、硅、氧、铁、铬、锰、钒等元素与该材料化学成分相近，部分元素存在偏析；连铸坯料心部偏析及夹杂物不在本小节中讨论。

黑色质点形貌及化学成分显示为典型的高温氧化产物，该氧化产物较为细小，呈颗粒状分布，与连铸坯浇注凝固过程中形成的氧化物明显不同，不属于冶炼浇注过程产生的产物，应该是坯料挤压前在高温加热过程中发生的氧化现象。发生氧化的原因是因为连铸坯料端部存在裂纹，空气通过裂纹进入连铸坯料心部，在高温作用下与硅结合形成氧化硅产物，而由于坯料中心裂纹分布并不是单一连续的，不同截面的裂纹相交有所不同，所以进入坯料的氧化深度有限。而在挤压初期坯料刚刚进入两端挤压带的过程中，初始阶段属于两向压应力一向拉应力，裂纹无法焊合。

3.1.7　推广应用

镦挤技术在中小锻件中的应用较多，在航空、航天锻件及有色金属领域已得到广泛应

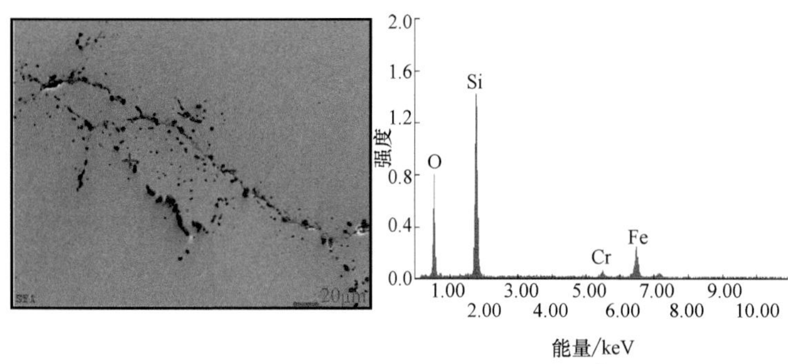

元素	质量分数(%)	原子百分数(%)
O	36.68	55.60
Si	39.19	33.83
Cr	2.77	1.29
Fe	21.36	9.27

a)

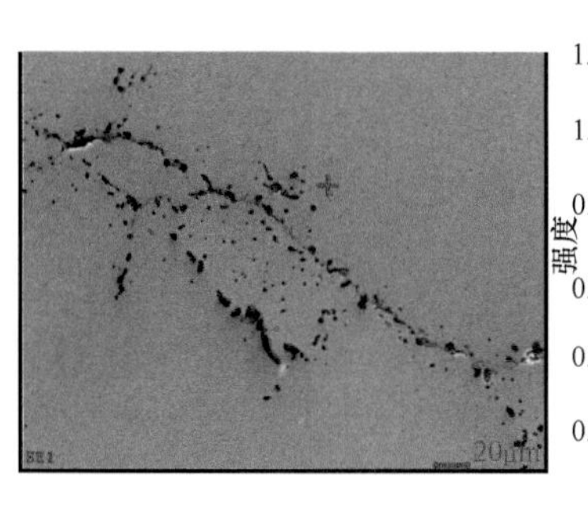

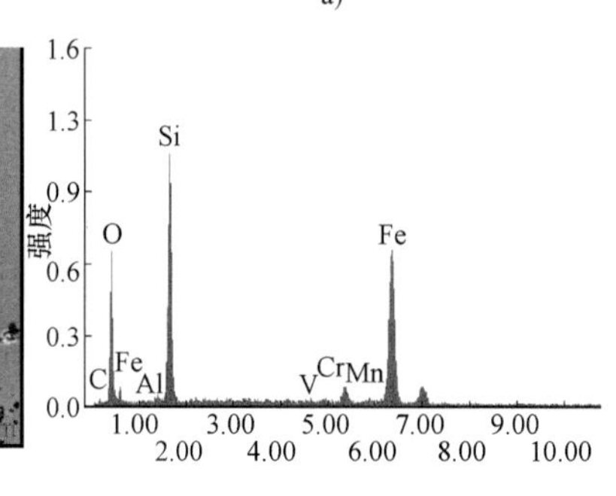

元素	质量分数(%)	原子百分数(%)
C	4.62	11.08
O	21.58	38.89
Al	0.46	0.49
Si	22.62	23.21
V	0.61	0.35
Cr	2.99	1.66
Mn	0.26	0.14
Fe	46.86	24.19

b)

图 3-43 两端试片 A1 及 A5 中心裂纹形貌及能谱分析位置标记与结果

a）黑色质点能谱分析位置标记与结果 b）基本能谱分析位置标记与结果

用；大型轴类锻件及饼类锻件的镦挤技术尚未有应用。连铸坯料采用液压机锻造的方式已经在国内中小锻件开展，而受铸坯直径限制尚未在大型锻件中应用。未来锻造技术向大型化、精细化发展，对设备的自动化程度、极限能力及工艺先进性将提出更高的要求。需要在未来超大型液压机项目及大直径连铸坯料制造的背景下进行工艺创新。

利用 MC5 连铸坯料在 150MN 液压机上进行中试生产，验证技术方案的可行性及产品质量评价。由于冷轧工作辊为高合金钢锻件，为保证其锻件质量，原始坯料通常采用电渣锭进行锻造生产，通过自由锻方式多次镦粗拔长完成锻件的制造生产。创新性体现在采用连铸坯作为坯料，利用镦挤方式进行生产制造，其具有显著的技术优势及经济优势。改变传统大型锻件自由锻成形技术，使锻件三向受力均匀，改善了心部的成形状态，减少了密集类缺陷，充分打碎了网状碳化物，提高了产品质量；实现了近净成形。同时减少了锻造火次，降低了原材料的重量及选材成本，减少了加工成本及生产制造周期。该项变革性技术的应用必将推动行业的发展。

3.2 Ni 基转子试验件

3.2.1 项目背景

我国是能源需求和消费大国，其中煤为最主要的能源来源。国家能源局领导在全国煤电

"三改联动"典型案例和技术推介会上提到，我国以煤为主的资源禀赋，决定了煤电在相当长时期内仍将承担保障我国能源电力安全的重要作用，煤电以不足50%的装机占比，生产了全国60%的电量，承担了70%的顶峰任务，发挥了保障电力安全稳定供应的"顶梁柱"和"压舱石"作用[10]。在未来十年，火力发电仍在国内占比超过50%，是核电、水电、风电等其他能源无法替代的，要实现国家节能减排的战略目标，对现有火电设备改造升级，发展新型先进清洁高效的发电机组意义十分重大，市场应用前景广泛，进而极大地促进了机组关键部件——汽轮机转子锻件的发展。同时，由于传统大型转子锻件的热加工成形火次多、待料加热时间长，特别是由于表面开裂等问题易出现大量清理折伤和反复重新加热的情况，导致大量的能源消耗和二氧化碳等污染环境的有害气体排放，且制造周期长。因此，开发新型清洁、高效、均质的镍基合金转子锻件的绿色制造技术尤为迫切。该技术不仅可显著提升锻件品质，而且可大幅提高材料利用率，降低能源消耗和二氧化碳排放。

中国一重于2015年获批国家能源应用技术研究及工程示范项目，牵头开展相关材料及试制件的研究工作。

受限于制造能力，650℃及以上超超临界汽轮机转子采用焊接结构，其中镍基合金部分要求直径在800mm以上，质量为10t左右。

3.2.2 试验方案

高温合金锻件的制造流程一般为冶炼—均匀化处理—开坯—成形—机械加工—热处理—机械加工，其中冶炼由特钢厂完成。根据其制造流程，镍基合金转子锻件验证试验的主要内容如下：

1）均匀化处理工艺研究：主要研究其铸态组织、析出相等，以及碳化物的钝化与微观偏析的消除等。

2）锻造工艺研究：主要研究其锻造塑性、晶粒长大规律、再结晶、热加工图绘制等。

3）热处理工艺研究：主要研究其固溶处理、时效处理以及固溶处理后冷却速率对组织与性能的影响。

4）开展试制。

5）对试制结果进行综合评价，获得制造结果，为后续产品锻件的制造提供支撑。

3.2.3 实验室研究

3.2.3.1 均匀化工艺研究

镍基合金具有合金元素种类多、含量高等特点，在冶炼过程中会存在较严重的微观偏析、较多的一次碳化物甚至低熔点相等，会对后续的锻造和热处理造成严重的影响，为了后续制造的顺利开展，需要对铸锭进行均匀化处理，以最大化地减轻微观偏析和消除低熔点相对后续锻造和热处理的影响。中国一重首先研究了小钢锭的均匀化处理工艺，并在这一基础上开展了大钢锭的均匀化处理工艺研究，最终制定了相应的工艺并开展均匀化热处理。

1. 铸锭研究

为了初步探索研究合金的均匀化处理工艺，采用真空感应熔炼（VIM）+电渣重熔（ESR）的双联工艺冶炼了150kg（ϕ230mm）的小钢锭，并从冒口部位切取盘片，研究其铸态组织、偏析元素及偏析程度等，在此基础上研究了微观偏析及碳化物在高温长时均匀化处理过程中的消除规律。

（1）平衡凝固相图　利用热力学计算软件 Thermo-Calc 及相应的镍基数据库，输入改型 Inconel617 合金（后简称“Inconel617mod 合金”）的化学成分，得到该合金的平衡状态下凝固时的相图[11]，如图 3-44 所示。

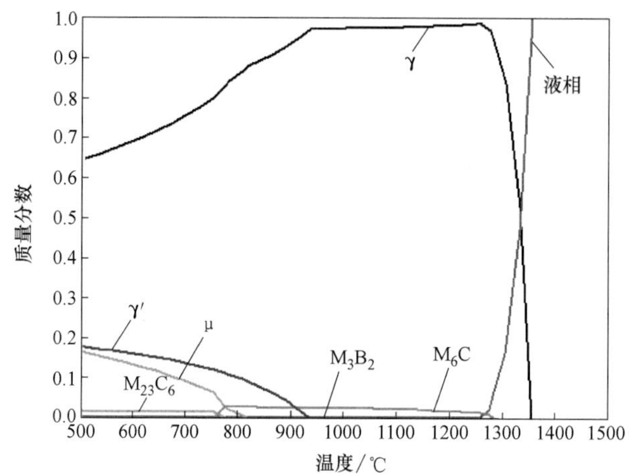

图 3-44　Inconel617mod 合金平衡凝固相图

从图 3-44 中可以看到，平衡凝固时，Inconel617mod 合金除奥氏体基体 γ 外，其余析出相为一次碳化物 M_6C、硼化物 M_3B_2、强化相 γ′、拓扑密堆相 μ 和二次碳化物 $M_{23}C_6$。一次碳化物 M_6C 直接从液相中析出，通常形成大块状，会严重影响合金的热加工性能。此外 μ 相在高温合金中一般是要加以控制的有害相。

对于实际工业上高温合金的冶炼，其凝固过程并不能达到平衡凝固的条件，所以 Inconel617mod 合金实际铸态组织中可能还存在一些亚稳定相或其他析出相，一些在平衡相图中存在的平衡析出相并不一定能被观察到。

（2）Inconel617mod 合金电渣锭微观组织特征　选取 Inconel617mod 合金电渣锭冒口中心和边缘部分，分别考察其微观组织，并用金相法测出其二次枝晶间距，利用能谱仪测枝晶间和枝晶干的成分。

图 3-45 所示为 Inconel617mod 合金电渣锭冒口部分的金相组织，其中，图 3-45a、b 为中心，图 3-45c、d 为边缘。可以看出枝晶形貌非常明显，低倍下白色部分为枝晶干、褐色部分为枝晶间，高倍下还能观察到枝晶间有形状不规则的析出相。

表 3-7 为金相法测得的 Inconel617mod 合金电渣锭冒口中心和边缘部分的二次枝晶间距平均值，该数据对于制定均匀化制度有很重要的意义，因为微观偏析就是指在二次枝晶间距尺度范围内的成分不均匀性，消除该尺度范围内的成分不均匀性，即完成了合金的均匀化。可以看出中心处的枝晶间距大于边缘处，这是因为边缘部分与冷凝器接触，过冷度更大，合金快速冷却，枝晶细小，而中心处冷却速度慢，枝晶粗大。

表 3-7　Inconel617mod 合金电渣锭冒口中心和边缘部分的二次枝晶间距平均值

位置	中心	边缘
二次枝晶间距平均值/μm	71.4	48.7

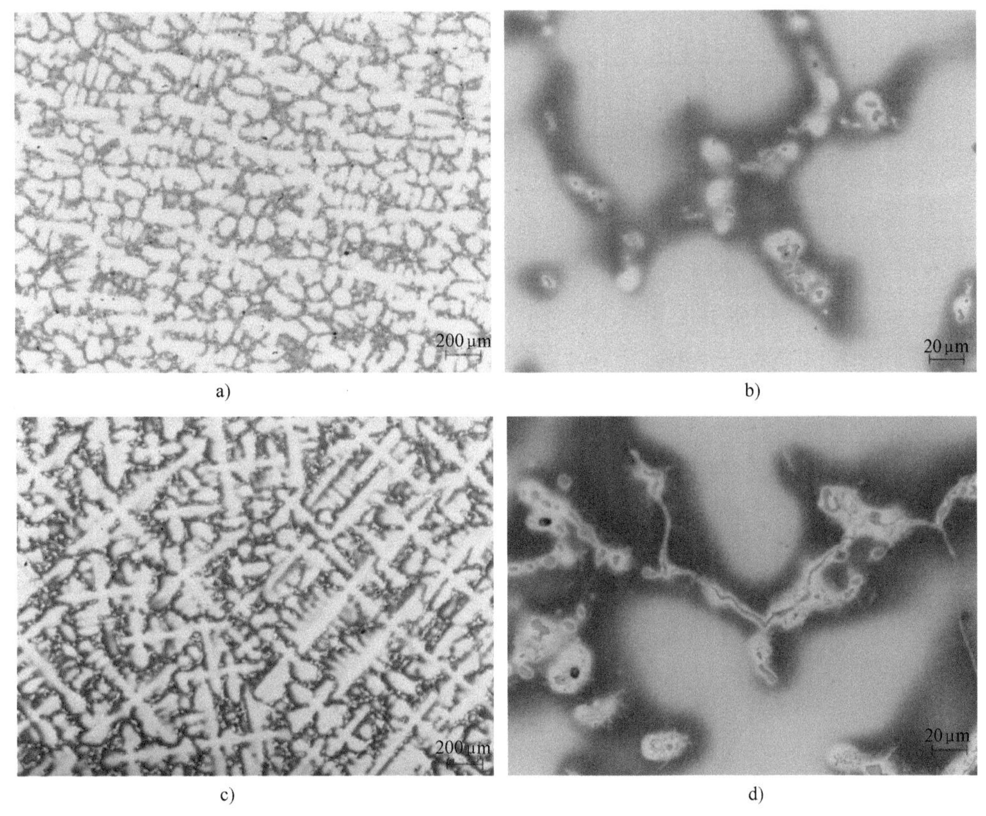

图 3-45 Inconel617mod 合金电渣锭金相组织

a）中心低倍 b）中心高倍 c）边缘低倍 d）边缘高倍

利用扫描电镜能谱仪分析了枝晶干和枝晶间成分，如图 3-46 所示，分别多次测量枝晶干和枝晶间成分，取各自平均值，并计算各元素的枝晶间与枝晶干含量平均值比值，得到偏析系数 K[12]，反映出各元素的偏析程度，结果见表 3-8。从表 3-8 中可以看出，偏析最明显的元素为 Mo 和 Ti，都为正偏析元素，即偏聚于枝晶间。鉴于心部二次枝晶间距最大，偏析最严重，且主要偏析元素为 Mo、Ti，故主要研究心部的 Mo、Ti 元素的微观偏析消除情况。

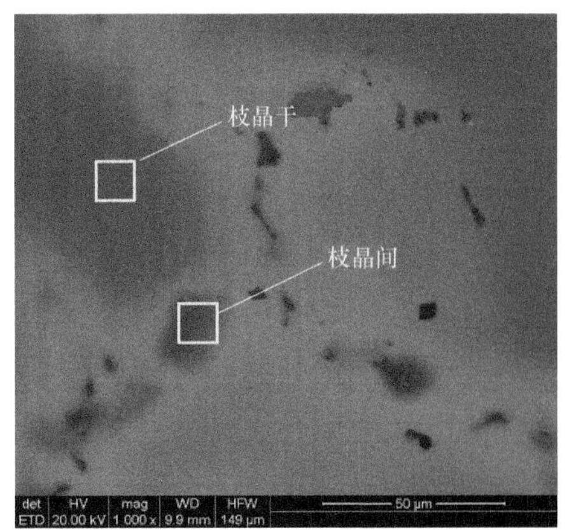

图 3-46 枝晶干枝晶间成分分析示意图

利用扫描电镜得到 Inconel617mod 合金更微观的二次电子像，如图 3-47 所示。图 3-47a 所示为枝晶形貌和析出相在枝晶间的分布情况，图 3-47b、c、d 分别为晶内和晶界析出相。

利用能谱仪可以测量各析出相的成分，表 3-9 列出了图 3-47 中一些析出相的成分测量结果，晶内相和晶界大块相成分很相近，都是碳化物，所含金属元素有 Nb、Mo 和 Ti。此外在晶界上还有连续膜状的碳化物，几乎包裹着整个晶界，其成分中没有 Nb，含有一定量的

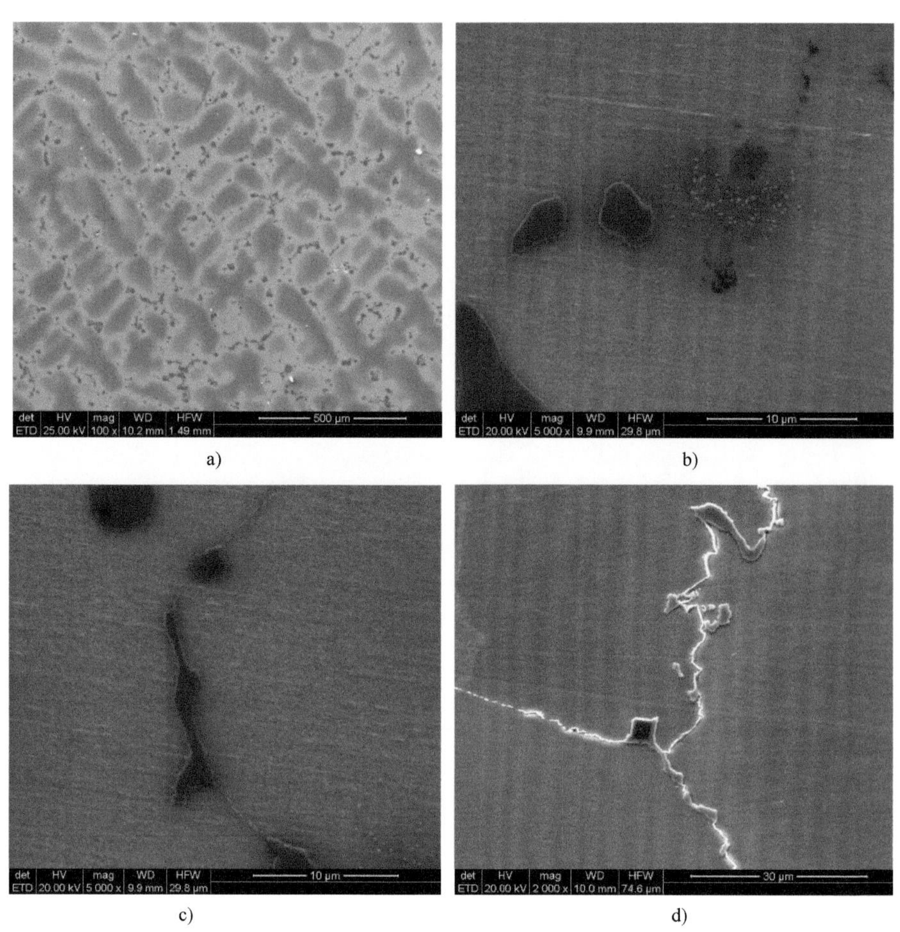

a) b) c) d)

图 3-47 Inconel617mod 合金电渣锭中心部位扫描电镜二次电子像

a）枝晶形貌和析出相在枝晶间的分布情况 b）晶内析出相 c）晶界析出相 1 d）晶界析出相 2

Mo 和 Ti。这种连续膜状的碳化物分布于晶界会弱化碳化物对晶界的钉扎作用，进而导致材料持久强度、蠕变强度降低，使材料变脆。

表 3-8 Inconel617mod 合金铸态偏析系数计算

元素	Mo	Ti	Cr	Fe	Co	Ni
K	1.27	1.53	1.00	0.99	0.92	0.96

表 3-9 Inconel617mod 合金铸态析出相成分（质量分数） （%）

位置	C	Al	Si	Nb	Mo	Ti	Cr	Co	Ni	Ta
晶内相	23.28	—	3.6	18.98	21.54	28.71	1.52	—	2.37	—
晶界相 1	25.41	—	2.38	15.8	21.01	21.29	2.47	1.01	4.02	6.59
晶界相 2	29.36	0.63	0.66	—	13.94	4.57	11.92	7.01	31.19	—

以上扫描电镜的分析结果显示，在 Inconel617mod 合金的铸态组织中，偏析造成了在枝晶间存在大量碳化物，并且一些易偏析元素（Nb、Mo 和 Ti）在枝晶间和晶界上都形成了大

块状的碳化物。在晶界上还包裹着连续膜状的碳化物，需要引起注意。

图 3-48 所示为 Inconel617mod 合金电渣锭中心位置经均匀化后的金相组织，以低倍为主，主要关注枝晶是否完全消除。与铸态组织相比，经过均匀化后的金相组织枝晶明显淡化。温度越高、时间越长，枝晶的消除越明显。从图 3-48 中还能看出，在枝晶间存在的析出相也随着均匀化温度的升高和时间延长而逐渐回熔，可以对比 1160℃×8h 和 1200℃×24h 的金相组织（见图 3-48a、i），可知后者的析出相数量明显少于前者，尺寸也明显减小。

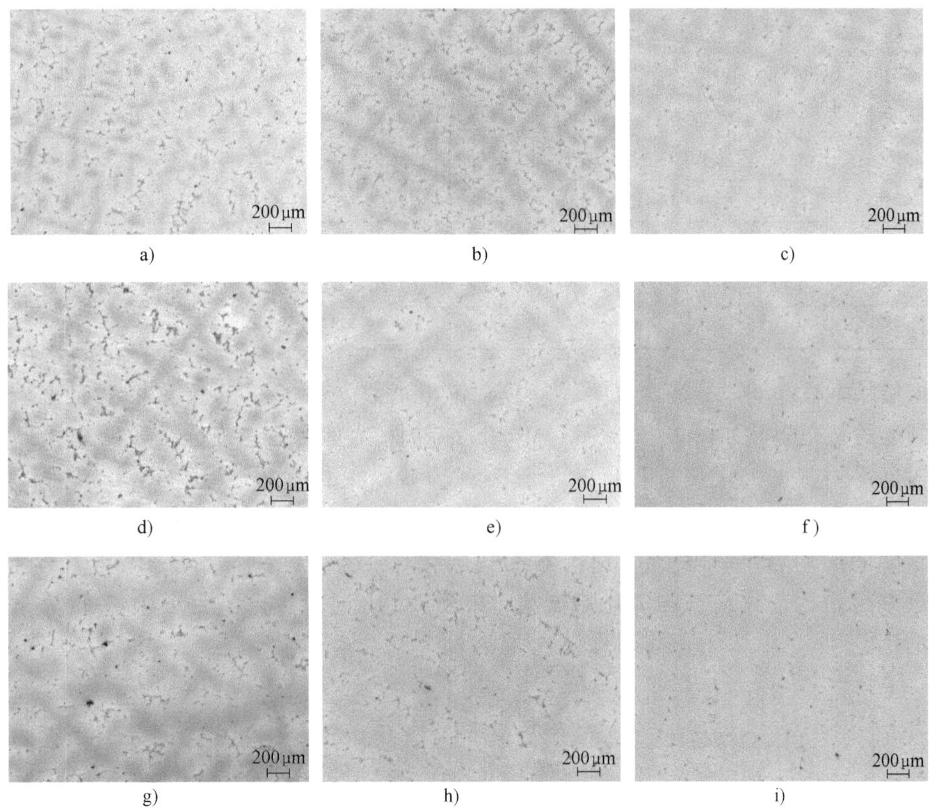

图 3-48　Inconel617mod 合金电渣锭中心位置均匀化后金相组织

a）1160℃×8h　b）1180℃×8h　c）1200℃×8h　d）1160℃×16h　e）1180℃×16h　f）1200℃×16h　g）1160℃×24h　h）1180℃×24h　i）1200℃×24h

利用扫描电镜能谱仪测量各试样枝晶干、枝晶间成分若干，取平均值，并计算偏析系数 K。均匀化后的部分试样还残留有枝晶，所以在扫描电镜中能区分枝晶干和枝晶间；部分试样的扫描电镜像已经不能完全区分枝晶干和枝晶间，因此测定成分时，以靠近碳化物的地方作为枝晶间，远离碳化物的地方作为枝晶干，这也符合分析铸态组织显微偏析的特征，但也不排除存在一定的误差。表 3-10 为中心位置在不同均匀化制度下各元素的偏析系数。

从表 3-10 中各元素的偏析系数来看，Co、Cr 和 Ni 在基体中分布最均匀，即使是 1160℃/8h 均匀化后，其偏析系数也非常接近于“1”，并且在不同的均匀化处理制度下，其偏析系数都能保持非常稳定的值。C 在基体中的含量明显高于合金实际成分值，这可能是由于所使用设备分析小原子半径元素的能力有所欠缺，所以 C 的含量参考价值较低。Si 和 Fe 的含量本来就很少，造成在不同均匀化制度下偏析系数波动较大，考虑到其含量较低的因素，对合金的热加工影响较小，后续将不再关注。由前述研究结果可知，此合金中 Mo、Ti 为主要偏析元素，因此主要关注此两种元素的变化情况。由表 3-10 可知，Mo、Ti 的偏析系数随均匀化处理温度与时间的变化显示出了一定的规律性。

表 3-10　中心位置不同均匀化制度试验后枝晶干枝晶间各元素偏析系数

均匀化制度	C	Al	Si	Mo	Ti	Cr	Fe	Co	Ni
1160℃×8h	0.82	0.90	1.03	1.18	1.30	0.99	0.91	0.96	1.00
1160℃×16h	0.93	0.97	1.78	1.06	1.11	0.99	1.06	0.97	1.00
1160℃×24h	0.80	1.10	1.32	1.07	0.96	0.98	1.04	0.99	1.01
1180℃×8h	0.80	0.93	1.00	1.13	1.14	1.01	0.94	0.98	1.00
1180℃×16h	0.95	1.00	1.26	1.05	0.97	1.02	0.89	0.99	0.99
1180℃×24h	0.92	0.94	0.98	1.08	1.12	0.99	1.13	0.94	1.00
1200℃×8h	0.99	1.09	1.44	1.14	1.13	0.98	0.95	0.98	0.98
1200℃×16h	0.98	1.06	0.85	1.08	1.01	0.99	1.21	0.98	0.99
1200℃×24h	1.00	0.83	0.96	1.04	0.98	0.98	1.20	1.02	1.00

根据枝晶干枝晶间成分测定结果计算残余偏析指数 δ，Mo 和 Ti 元素的残余偏析指数随均匀化制度的变化规律如图 3-49 所示。Mo 和 Ti 的曲线变化基本符合一般的规律，即随着均匀化时间的增加，元素偏析程度减小，表现为残余偏析指数减小。图 3-49 中的点为实验值，而实线为根据实验数据和残余偏析指数公式拟合得到的实验曲线。从图 3-49 可以看出，在相同的均匀化制度下，Mo 元素的均匀化比 Ti 元素的均匀化更困难。参考 Mo 元素的残余偏析指数变化，当均匀化制度为 1200℃×24h 时，可以满足 $\delta<0.2$ 的工业均匀化处理标准[13]。

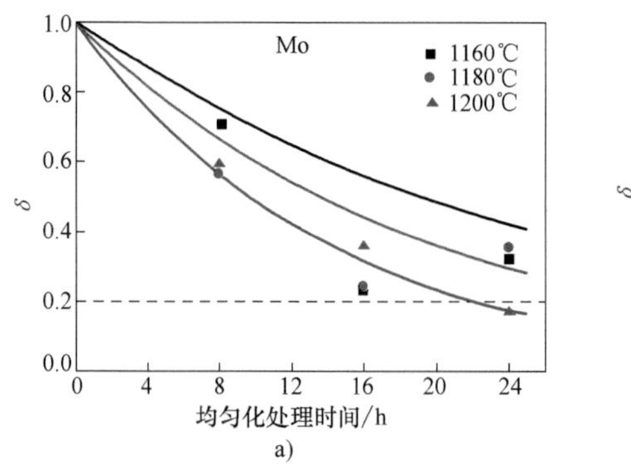

a)

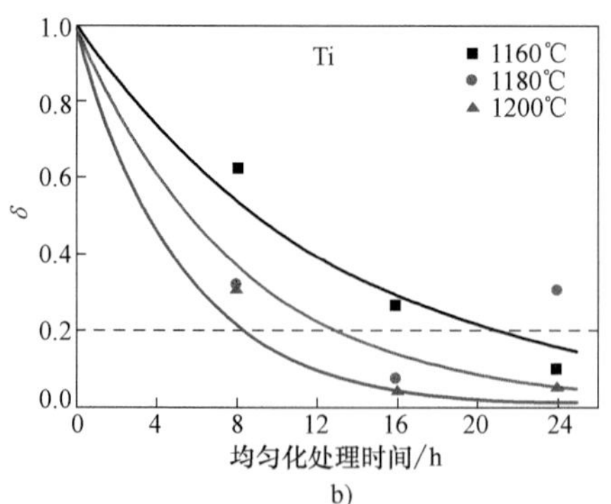

b)

图 3-49　Inconel617mod 合金元素残余偏析指数随均匀化制度的变化规律

a）Mo 元素　b）Ti 元素

通过实验室小钢锭的研究，可以初步获得 Inconel617mod 合金铸锭中的主要偏析元素、偏析程度及偏析消除规律，可在此基础上进行试制锻件用铸锭的均匀化处理工艺研究与制定。

2. 试制铸锭均匀化处理[14]

基于小钢锭研究结果，从试制钢锭冒口料上取料进行验证研究。试制铸锭采用真空感应熔炼+电渣重熔+真空自耗重熔的三联工艺冶炼，质量为 8t。图 3-50 所示为 8 吨级 Inconel617mod 合金自耗试制铸锭心部和 $R/2$ 的金相组织，试制铸锭的偏析程度较低，枝晶形貌明显减弱，枝晶间均存在明显的析出相。真空自耗重熔的关键是控制熔速，采用稳定的短弧控制和提高冷却强度及凝固速率，以此减轻钢锭中的枝晶偏析，减轻电弧对熔池糊状区的冲击，弱化糊状区枝晶间富 Mo、Ti 液体的流动，减轻偏析，防止黑斑和白斑的产生[15]。表 3-11 列出了自耗锭不同位置的二次枝晶间距：心部>$R/2$，这主要是由于在凝固过程中，心部冷却速度较小造成，与小钢锭结果相同。

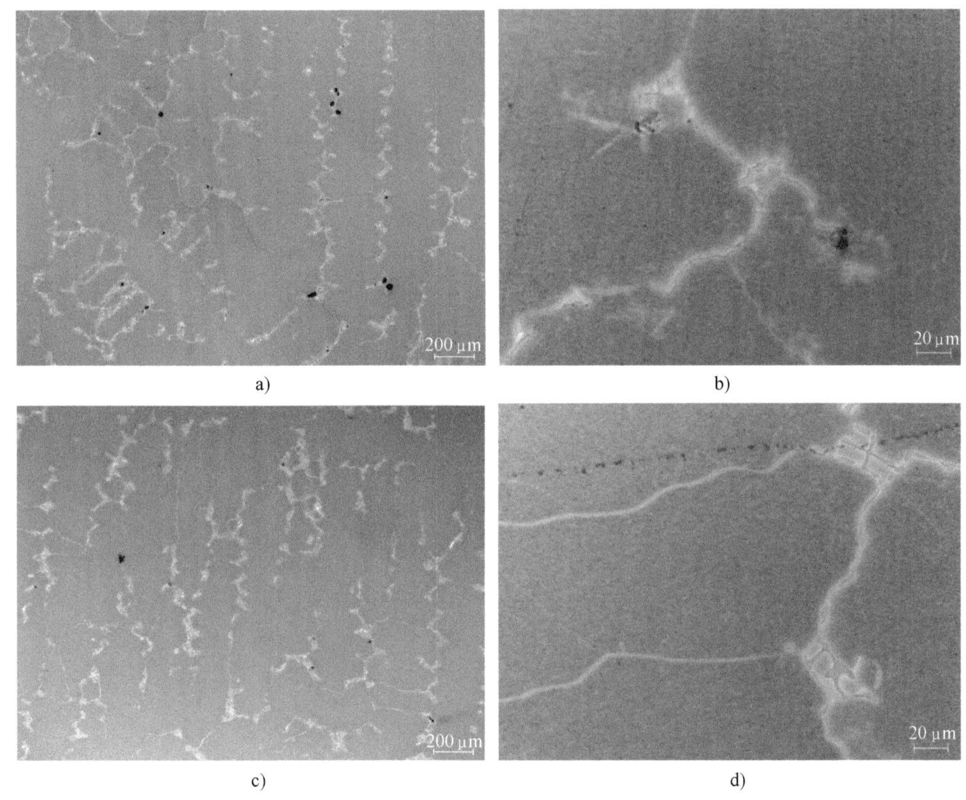

a) b) c) d)

图 3-50 8 吨级自耗锭不同位置的组织

a）中心低倍 b）中心高倍 c）$R/2$ 低倍 d）$R/2$ 高倍

表 3-11 8 吨级 Inconel617mod 合金铸锭不同位置二次枝晶间距

位置	心部	1/2 半径
二次枝晶间距/μm	131	119

Inconel617mod 合金的析出相放大形貌及分析结果如图 3-51 所示。图 3-51a、b 分别为合金铸态组织中典型的析出相，图 3-51c、d 所示的能谱分析结果显示，析出相所含主要元素为 Mo、Nb、Ti，此析出相为富含 Mo、Nb、Ti 的一次 MC 型碳化物。这些碳化物呈不规则状或长条状，在枝晶间大量分布，且棱角比较尖锐，容易在锻造变形时造成应力集中而开裂，需要在均匀化处理中钝化。

合金在凝固过程中的溶质再分配是产生偏析的根本原因。利用能谱仪测量了铸态组织中枝晶干和枝晶间各元素含量，根据测量结果进行统计分析并计算了偏析系数 K，结果见

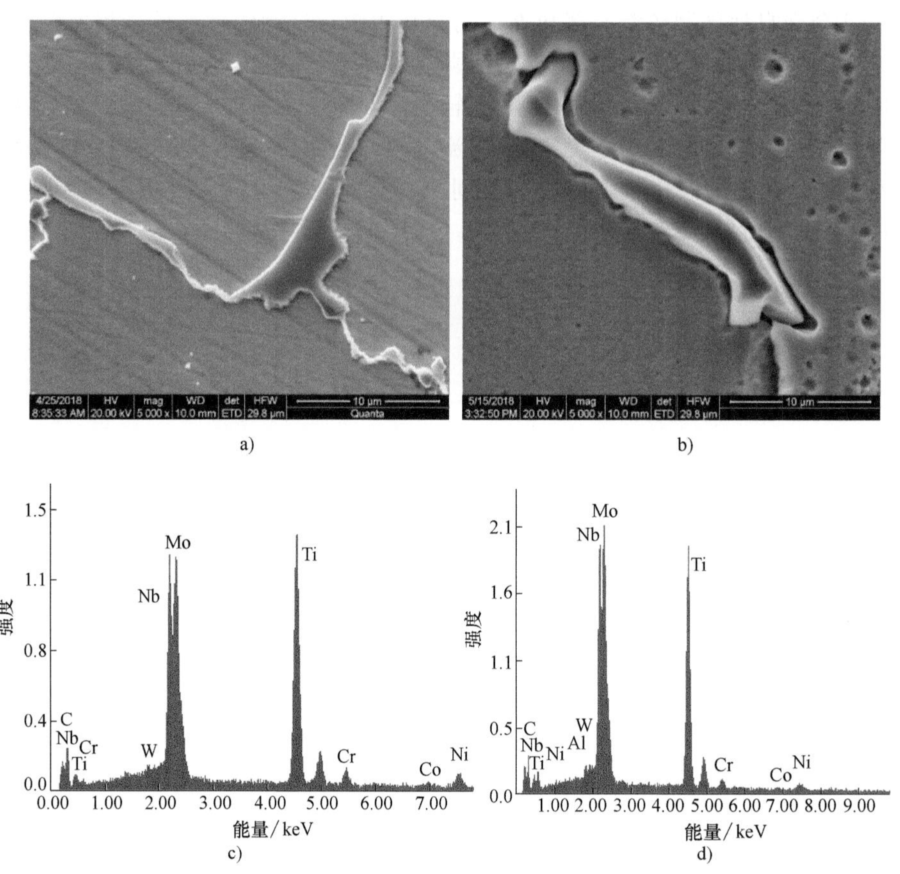

a)　　b)

c)　　d)

图 3-51　自耗锭冒口部位析出相形貌

a）不规则形状析出相　b）长条状析出相　c）不规则形状析出相成分　d）长条状析出相成分

表 3-12，该系数定义为 K=枝晶间元素含量/枝晶干元素含量[12]。Inconel617mod 合金小钢锭中主要偏析元素为 Mo 和 Ti。由表 3-12 可知，对于采用三联工艺冶炼的 8 吨级 Inconel617mod 合金锭，Mo 和 Ti 元素偏析系数接近于 1，偏析程度很小。因此在研究 Inconel617mod 合金自耗锭中，重点关注的是枝晶的消除以及碳化物的回熔与钝化。

表 3-12　Inconel617mod 合金铸锭各元素偏析系数

位置	Al	Mo	Ti	Cr	Ni
中心	1.02	0.99	0.95	0.99	1.00
$R/2$	0.99	0.99	0.97	0.99	1.01

Inconel617mod 合金自耗锭经过不同制度均匀化热处理后的显微组织如图 3-52 所示。由图 3-52 可知，与原始铸态组织相比，随着均匀化温度的升高和保温时间的增长，枝晶形貌变得越来越不明显。当均匀化热处理制度为 1160℃×48h 和 1180℃×48h 时，仍然存在枝晶痕迹，即元素偏析没有完全消除。1200℃保温 48h 后，枝晶明显淡化（见图 3-52d），经更长时间或更高温度处理后，枝晶变化并不十分明显。而且由于温度较高，合金表面容易出现部分氧化凹坑，沿晶界或析出相易造成开裂，在均匀化后需要进行较深的剥皮处理，造成材

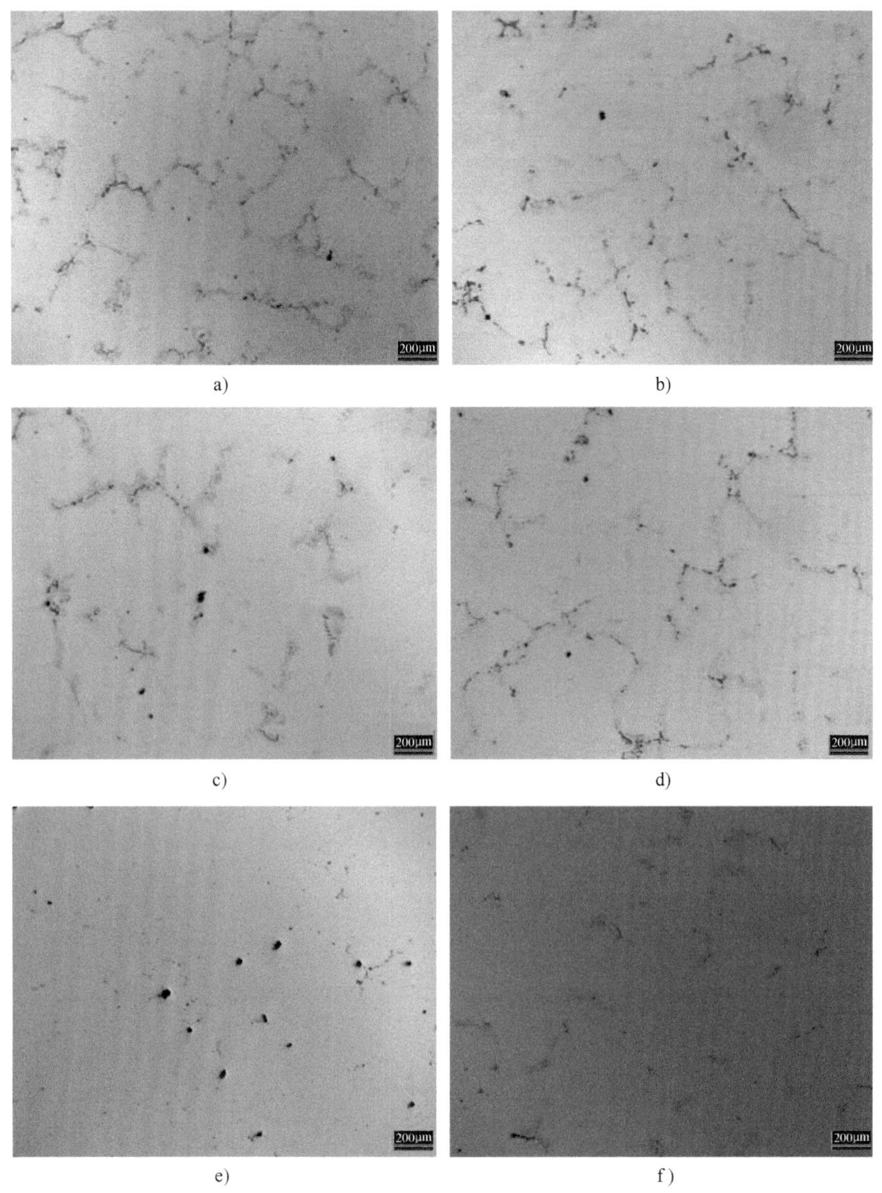

图 3-52　Inconel617mod 合金均匀化热处理组织

a）1160℃×48h　b）1180℃×48h　c）1200℃×32h　d）1200℃×48h　e）1200℃×64h　f）1220℃×32h

料浪费。并且有研究表明，高温均匀化会使合金初始晶粒尺寸过大，塑性降低，不利于开坯。均匀化热处理后 Mo 和 Ti 元素的偏析系数曲线如图 3-53 所示，因铸态偏析系数已基本接近于 1，均匀化处理后偏析系数变化不大，即在 1 上下浮动。碳化物在均匀化处理过程中的形状变化如图 3-54a～d 所示。均匀化热处理之后，随均匀化温度的升高、保温时间的增长，原铸态中存在的不规则形状及长条状尖锐碳化物碎化，棱角变钝；碳化物为含 Nb、Mo、Ti 的 MC 型碳化物，如图 3-54e 所示。

综上所述，当均匀化处理制度为 1200℃×48h 时，金相组织中枝晶基本消失且随着温度的升高或时间的加长变化不明显，碳化物碎化，棱角钝化，可认为均匀化处理完成；因此，

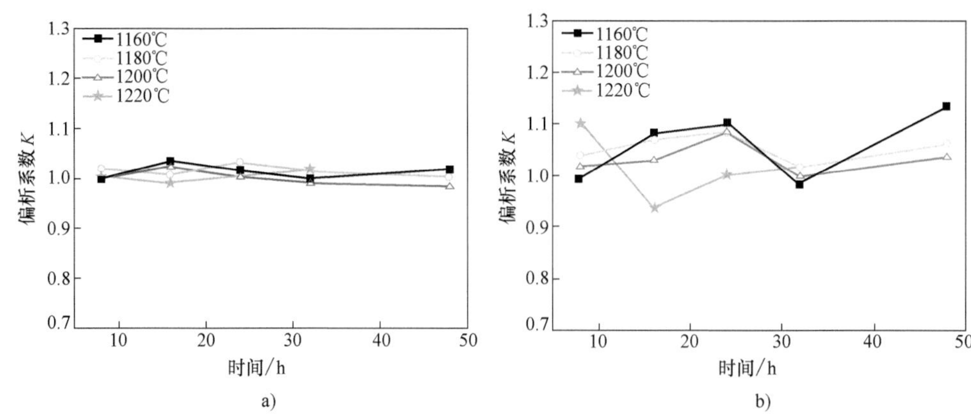

图 3-53　元素偏析系数随均匀化热处理工艺的变化

a）Mo 元素　b）Ti 元素

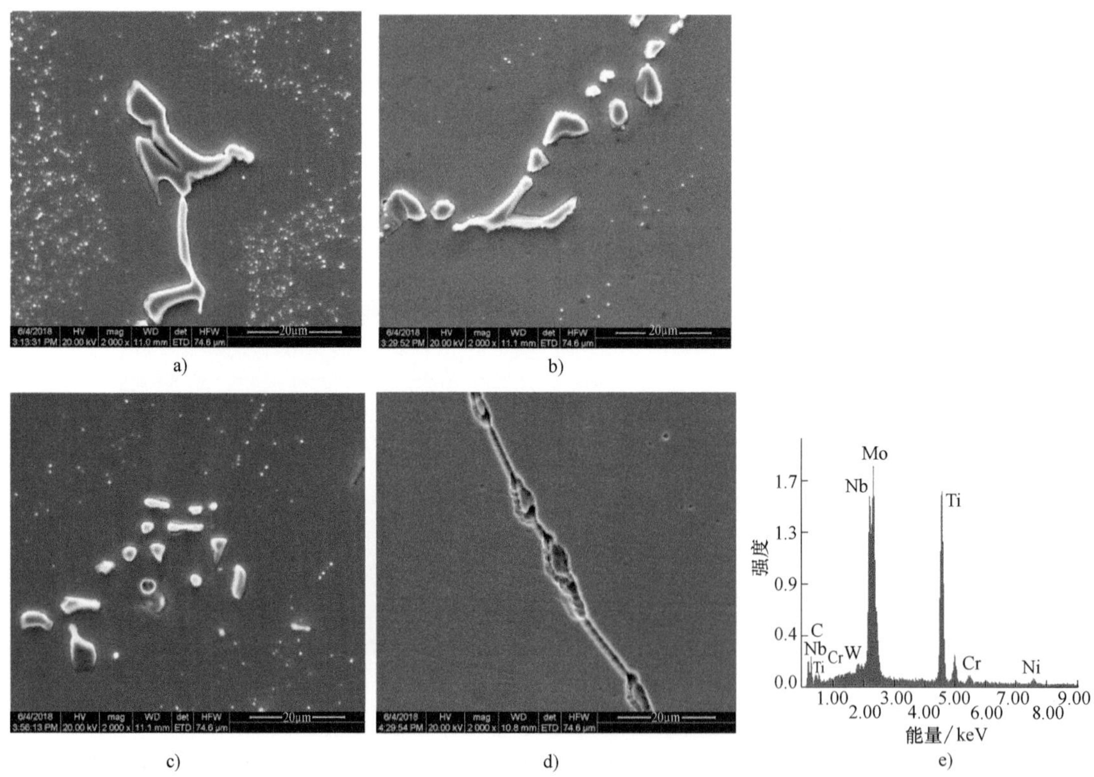

图 3-54　均匀化热处理后析出相及能谱分析

a）1160℃×8h　b）1800℃×48h　c）1200℃×48h　d）1220℃×32h　e）碳化物成分

可选择 1200℃保温 48h 作为均匀化热处理的基本工艺。工业生产中，可结合现场工况，综合考虑诸如炉体、加热方式、工件尺寸（铸锭内部温度场分布）和成本等因素，合金的最终均匀化热处理工艺在 1200 ℃保温 48h 的基础上进行优化。

3.2.3.2　锻造工艺研究

1. 锻造塑性

镍基合金由于成分复杂，合金内部可能会存在低熔点相等成分，在锻造时选择温度过高易造成低熔点相初熔而导致锻造开裂，而温度过低则会进入低塑性区，同样易导致锻造开裂，因此对 Inconel617mod 合金进行了高温拉伸试验，测定合金的伸长率与断面收缩率，绘制锻造塑性图，如图 3-55 所示。

由图 3-55 可以看出，变形温度较低的情况下伸长率与断面收缩率均较低，随着变形温度的升高，断面收缩率和伸长率这两项塑性指标也随之升高并在 1100～1200℃ 逐渐趋于稳定，但变形温度继续升高到 1200℃ 以上的高温区域时，材料的高温塑性急剧下降，当变形温度达到 1250℃ 时断面收缩率与伸长率均突降至接近零值，呈脆断状态。因此，始锻温度不能超过 1200℃，而从锻造塑性的角度考虑其终锻温度不能低于 900℃[16]。

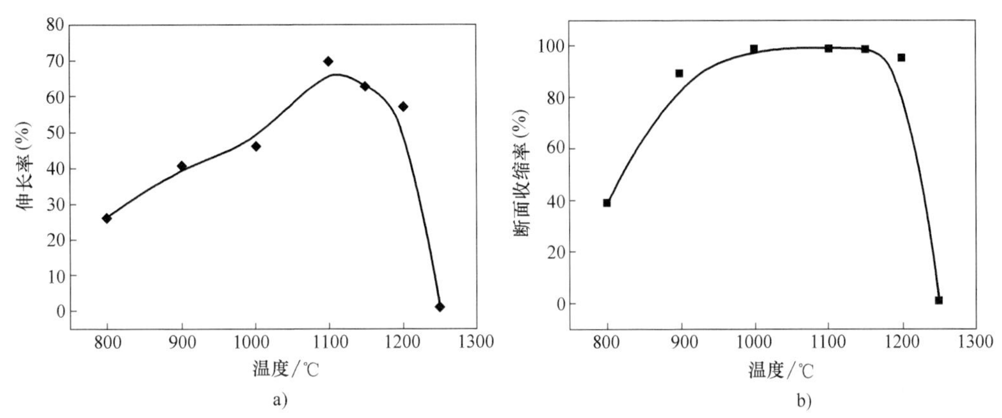

图 3-55 不同温度下的伸长率和断面收缩率

a）伸长率 b）断面收缩率

2. 晶粒长大趋势

镍基合金为单一奥氏体组织，无法通过相变来细化晶粒，因此只能通过锻造来实现晶粒度控制，而镍基合金的晶粒度对于温度极为敏感，因此需要研究晶粒度与温度的相关关系，为选择锻造加热温度和热处理过程中的固溶温度提供依据。

图 3-56 所示为加热温度对晶粒尺寸的影响规律曲线。由图 3-56 可知，在 1140℃ 及以下温度保温时，晶粒尺寸长大不明显，当固溶温度高于 1140℃ 时，晶粒尺寸发生明显长大。在 1140℃ 及以下温度保温时，晶界存在较多的颗粒状和片状 M_6C，可起到钉扎晶界的作用，抑制晶粒的长大；当固溶温度超过 1140℃ 时，晶界 M_6C 回溶，钉扎作用减弱。因此当保温时间高于 1140℃ 时晶粒发生快速长大，在晶粒尺寸随固溶处理温度变化的曲线图上出现了一个明显的拐点。由晶粒长大规律结果可知，为了控制锻件最终的晶粒度，最后火次的加热温度不宜超过 1140℃[17]。

3. 热变形试验研究[18-20]

采用小钢锭锻造成小棒料，并取料开展变形工艺研究。主要研究其流变应力曲线、变形抗力、开裂倾向、再结晶规律等。

（1）本构方程的建立　首先对试料进行 1180℃ 保温 3h 的粗化处理，而后在 800～1200℃ 范围内进行压缩试验，应变速率为 $0.001s^{-1}$、$0.01s^{-1}$、$0.1s^{-1}$、$1s^{-1}$，压缩变形量为 50%。典型的压缩应力-应变曲线如图 3-57 所示。由图 3-57 可知，变形初期，随着变形量的

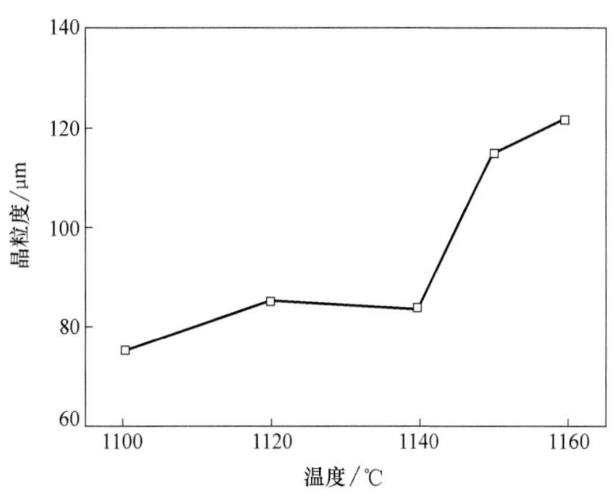

图 3-56　晶粒尺寸随固溶处理温度的变化规律

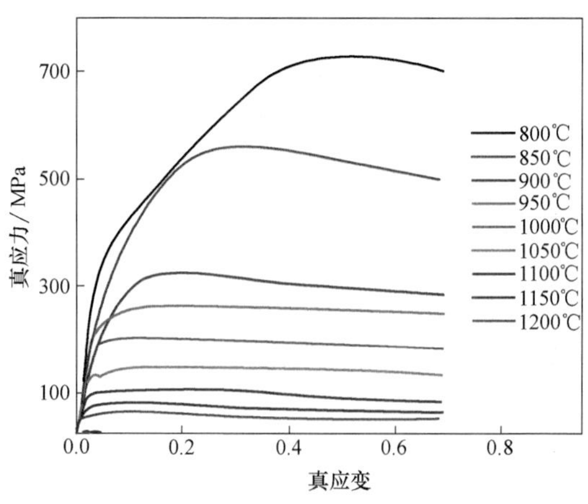

图 3-57　典型压缩应力-应变曲线

（应变速率 $0.01s^{-1}$）

增加，合金的变形抗力随之增加，呈现出明显的加工硬化趋势。随着变形温度的升高，到达峰值应力所需的应变越来越小，且超过峰值应力后呈稳态流变。

图 3-58 和图 3-59 所示为合金在不同应变速率下的应力-应变曲线和应力-温度曲线。由图 3-58 和图 3-59 可以看出，在不同的应变速率下，随着变形温度的升高，峰值应力显著下降，峰值应变减小。

图 3-60 和图 3-61 所示为不同变形温度条件下的典型压缩应力-应变曲线。由图 3-60 和

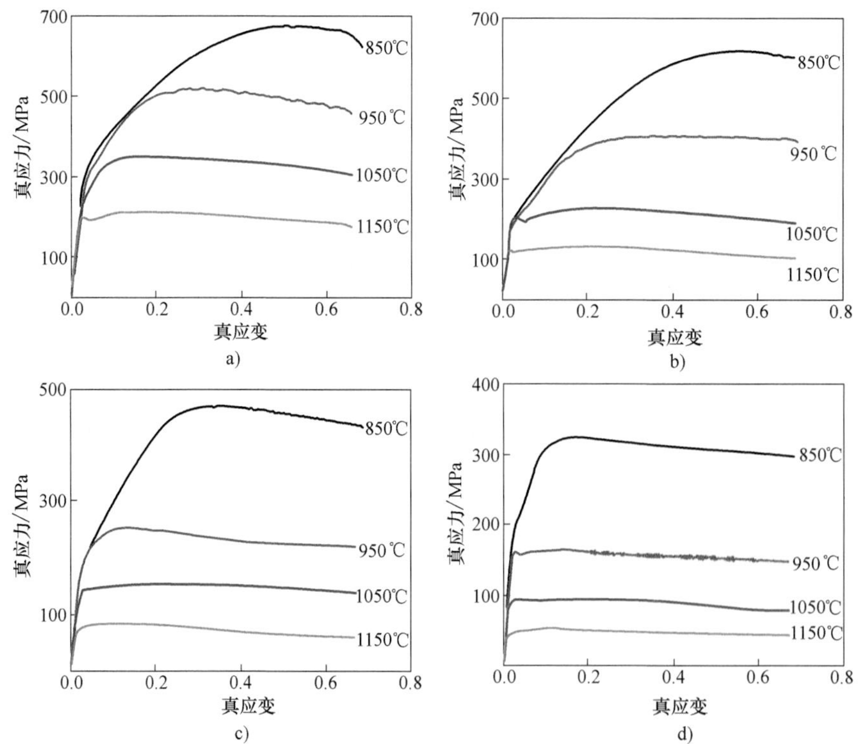

图 3-58　不同应变速率条件下的典型压缩应力-应变曲线

a）$1s^{-1}$　b）$0.1s^{-1}$　c）$0.01s^{-1}$　d）$0.001s^{-1}$

图 3-61 可知，随着应变速率降低，峰值应力降低，且更容易进入稳态流变阶段。

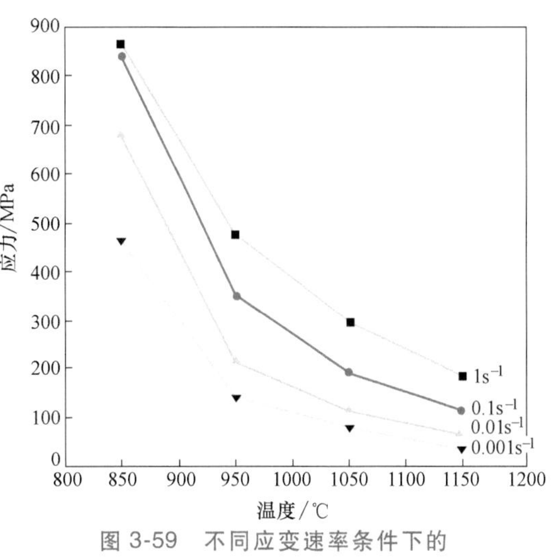

图 3-59 不同应变速率条件下的合金热变形应力-温度曲线

本构方程反映了材料本构行为的规律，是计算求解塑性成形问题的基本方程，也是合金热加工工艺参数制定及加工设备吨位选择的重要依据。根据经典本构方程理论，对试验数据进行整理计算可得应力优化因子 β 的平均值为 0.02682，加工硬化指数 m 的平均值为 6.298，进而确定应力因子 $\alpha=0.00426\text{MPa}^{-1}$，具体公式见式（3-1）~式（3-6），式中 $\dot{\varepsilon}$ 为应变速率（s^{-1}），A 为常数，σ_p 为峰值应力（MPa），n 为应变速率指数，Q 为应变激活能（kJ/mol），R 为气体常数［取 8.314J/(mol·K)］，T 为变形温度（K），B_1，B_2 为常数系数。对式（3-5）进行处理得到式（3-7）和式（3-8），经过计算（见图 3-62），可得应变速率指数 $n=4.29$，激活能 $Q=414.1\text{kJ/mol}$。

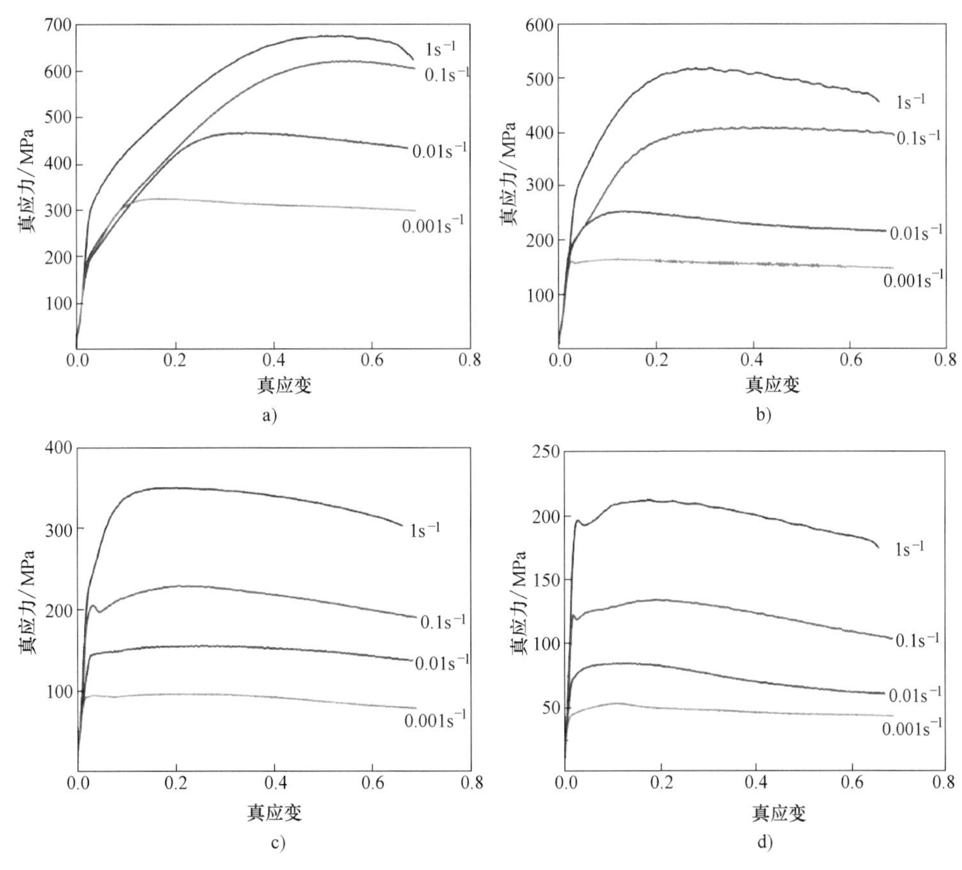

图 3-60 不同变形温度条件下的典型压缩应力-应变曲线

a）850℃　b）950℃　c）1050℃　d）1150℃

$$\dot{\varepsilon}=A[\sinh(\alpha\sigma_p)]^n\exp\left(-\frac{Q}{RT}\right) \quad (3\text{-}1)$$

$$\dot{\varepsilon}=B_1\sigma_p^m \quad (3\text{-}2)$$

$$\dot{\varepsilon}=B_2\exp(\beta\sigma_p) \quad (3\text{-}3)$$

$$\alpha=\frac{\beta}{m} \quad (3\text{-}4)$$

$$\frac{1}{n}=\frac{\partial\ln\sinh(\alpha\sigma_p)}{\partial\ln\dot{\varepsilon}}\Big|_T \quad (3\text{-}5)$$

$$\frac{Q}{nR}=\left[\frac{\partial[\sinh(\alpha\sigma_p)]}{\partial(1/T)}\right]\Big|_{\dot{\varepsilon}} \quad (3\text{-}6)$$

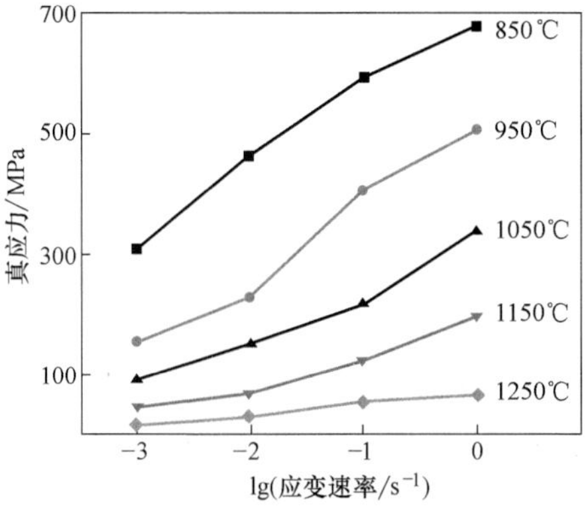

图 3-61　不同变形温度条件下的合金热变形应力-应变速率曲线

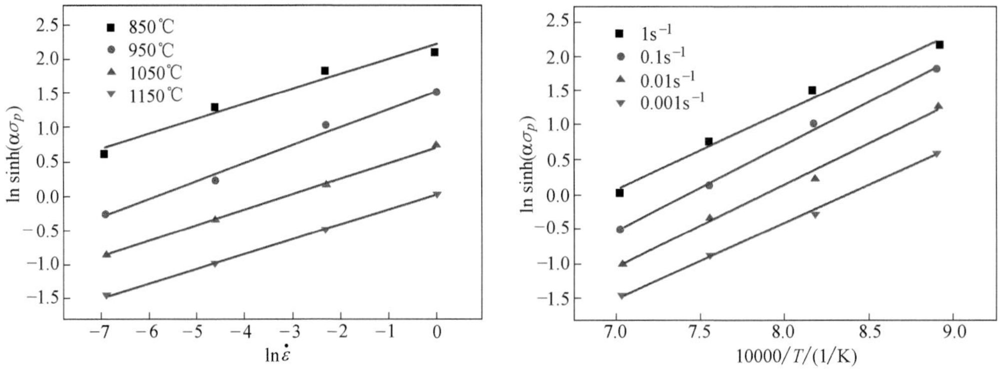

图 3-62　n与Q的计算

Zener-Hollomon 参数（简称：Z 参数）为温度补偿应变速率因子，其表达式为：

$$Z=\dot{\varepsilon}\exp\left(\frac{Q}{RT}\right)$$

对 Z 参数进行计算得到式（3-7）。

$$Z=1.971\times10^{15}[\sinh(0.00426\sigma_p)]^{4.29} \quad (3\text{-}7)$$

进而得到 Inconel617mod 合金应变速率与变形温度、峰值应力之间的本构关系方程为

$$\dot{\varepsilon}=1.971\times10^{15}[\sinh(0.00426\sigma_p)]^{4.29}\exp\left(-\frac{49807}{T}\right) \quad (3\text{-}8)$$

（2）热加工图绘制　动态材料模型将变形体看作一个功率耗散体，外界输入变形体并使其产生塑性变形的能量主要转化为以下两方面：①由塑性变形转化的热量，用 G 表示；②变形过程中微观组织变化而耗散的能量，用 J 表示。这一能量转化可表达为

$$P=\sigma\dot{\varepsilon}=G+J=\int_0^{\dot{\varepsilon}}\sigma\mathrm{d}\dot{\varepsilon}+\int_0^{\dot{\sigma}}\varepsilon\mathrm{d}\dot{\sigma} \quad (3\text{-}9)$$

式中　P——变形过程中外界输入变形体并使其产生塑性变形的能量。

在一定温度和应变下，应力和应变速率存在如下关系。

$$\sigma=K\dot{\varepsilon}^m_{T,M} \quad (3\text{-}10)$$

式中　K——$\varepsilon=1$ 时的流变应力；

m——应变速率敏感因子。m 可表示为

$$m=\frac{\partial(\ln\sigma)}{\partial(\ln\dot{\varepsilon})} \tag{3-11}$$

定义 $J/J_{\max}$ 为能量耗散因子，表示为 η，计算公式如下。

$$\eta=\frac{J}{J_{\max}}=\frac{P-G}{\sigma\frac{\dot{\varepsilon}}{2}}=2\left(1-\frac{\int_0^{\dot{\varepsilon}}\sigma\mathrm{d}\dot{\varepsilon}}{\sigma\dot{\varepsilon}}\right)=\frac{2m}{m+1} \tag{3-12}$$

η 是一个与应变、温度和应变速率相关的三元变量，当应变为一定值时，就 η 与温度和应变速率的关系作图，即得到功率耗散图。

根据图 3-59 所示不同应变速率条件下的合金热变形应力-温度曲线和图 3-61 所示不同变形温度条件下的合金高温压缩应力-应变速率曲线，分别采集不同变形条件下应变量为 0.2、0.4 和 0.6 时的流变应力值，根据式（3-9）~式（3-12），采用 Matlab 语言编程，计算得到合金热变形的功率耗散图（见图 3-63）。由图 3-63 可以看出，不同应变量下合金的功率耗散峰值位置及分布趋势大体相同。在应变量为 0.6 时，功率耗散值变化范围较大（0.067~0.412）。最大值出现在高温低应变速率的区域（1200~1250℃，$0.001\mathrm{s}^{-1}$），最小值在低温高应变速率的区域（850~875℃，$1\mathrm{s}^{-1}$）。当温度在 850~1000℃、应变速率在 $0.1\sim1\mathrm{s}^{-1}$ 时，随着温度的升高，功率耗散表现出明显上升趋势；当温度在 1150~1250℃、应变速率在 $0.05\sim1\mathrm{s}^{-1}$ 时，随着温度的升高，功率耗散表现出快速下降的趋势；当应变速率小于 $0.01\mathrm{s}^{-1}$ 时，随着应变速率的减慢，功率耗散呈缓慢下降的趋势。总体来看，变形温度为 950~1250℃、应变速率为 $0.02\sim0.1\mathrm{s}^{-1}$ 的区域功率耗散值较大，基本都大于 0.3；而变形温度 1200~1250℃、应变速率小于 $0.02\mathrm{s}^{-1}$ 的区域功率耗散值更大，局部达到 0.4 以上。

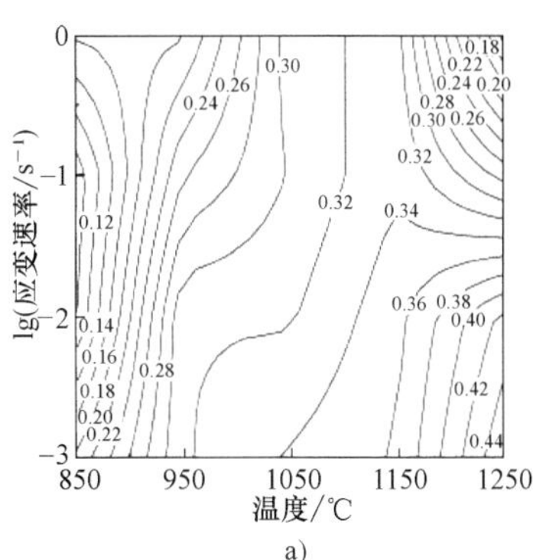

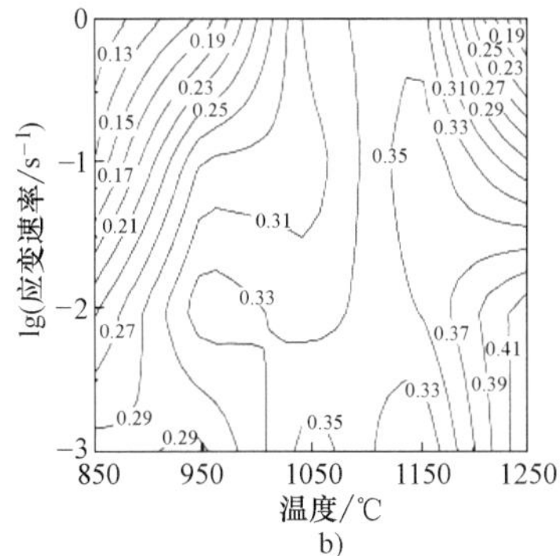

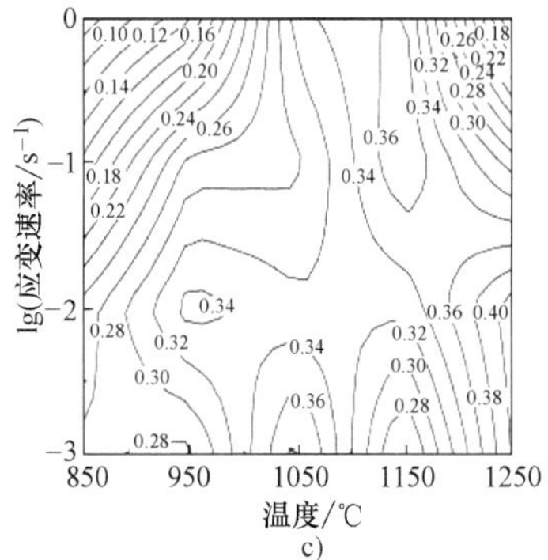

图 3-63 合金的功率耗散图

a）$\varepsilon=0.2$ b）$\varepsilon=0.4$ c）$\varepsilon=0.6$

但是并不是功率耗散值越大，材料的可加工性能就越好，由于在加工失稳区也有可能出现功率耗散较大的情况，所以有必要先根据 Ziegler 判据计算出材料的加工失稳区。定义参数 ξ 为材料变形失稳系数，当 $\xi<0$ 时材料发生流变失稳。

$$\xi(\dot{\varepsilon})=\frac{\partial\ln\left(\frac{m}{m+1}\right)}{\partial\ln\dot{\varepsilon}}+m<0 \tag{3-13}$$

在温度-应变速率的二维图上标出 $\xi<0$ 的区域就得到加工失稳图。将加工失稳图与功率耗散图叠加就得到了材料的热加工图（见图 3-64）。热加工图中的空白区为热加工安全区域，η 值越高，对应的动态再结晶越有利于热变形，材料的塑性越好，且加工后还会得到较好的组织。图 3-64 中深色区域为变形失稳区，加工中应该避免在空洞区、晶界裂纹区及局部变形区加工。

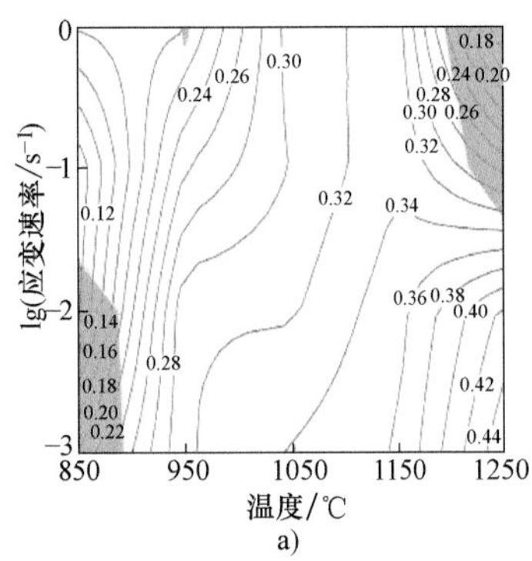

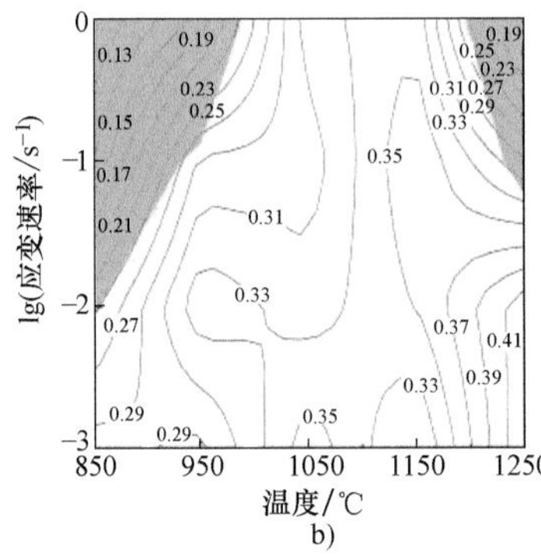

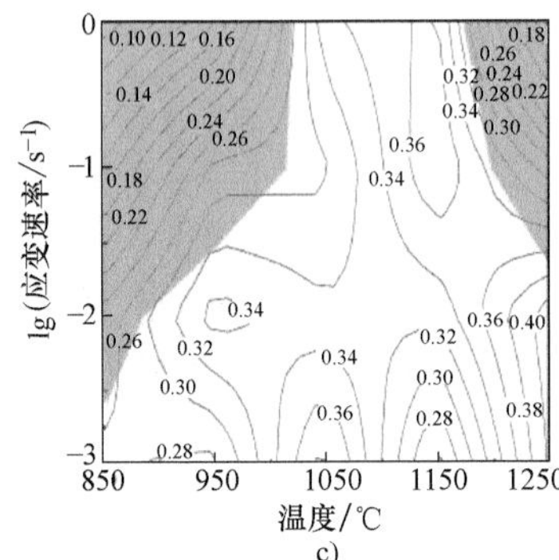

图 3-64　合金的热加工图

a）$\varepsilon=0.2$　b）$\varepsilon=0.4$　c）$\varepsilon=0.6$

功率耗散值与材料热加工过程中微观组织的变化有关，可以利用 η 在一定变形条件下的典型值对这些微观组织的演变机制进行解释，并通过金相观察得到验证，从而在热加工图中可以确定与单个微观成形机制相关的特征区域的大致范围。

为了验证该热加工图的分析，选取图 3-64c 中不同区域的压缩试样，将压缩试样纵向剖开，制备金相试样，在光学显微镜下观察试样变形后的显微组织，如图 3-65 所示。

在 850℃、1s^{-1} 的变形条件下，即热加工图中区域对应的功率耗散值为 0.08～0.1。该变形条件下功率耗散值较低，大部分塑性变形功转化为热能，晶粒开始被压扁拉长，但仍存在大量的孪晶组织和位错（见图 3-65a）。当应变速率较大时，合金的动态再结晶不能充分进行，所得到的位错密度和形变储能较高，为再结晶形核提供驱动力。

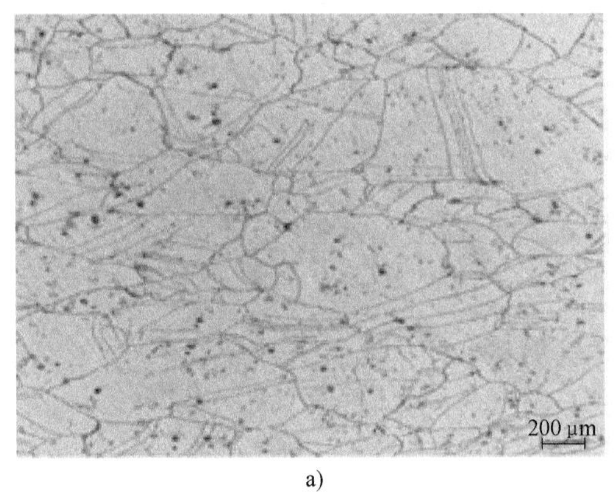

a)

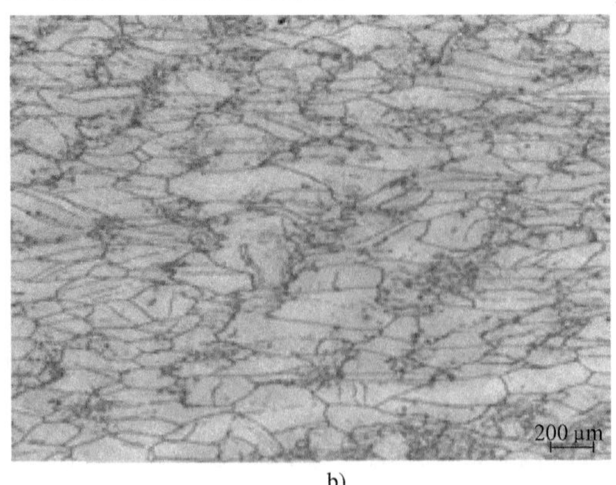

b)

图 3-65　合金变形后的显微组织

a）850℃、1s^{-1}　b）950℃、0.001s^{-1}

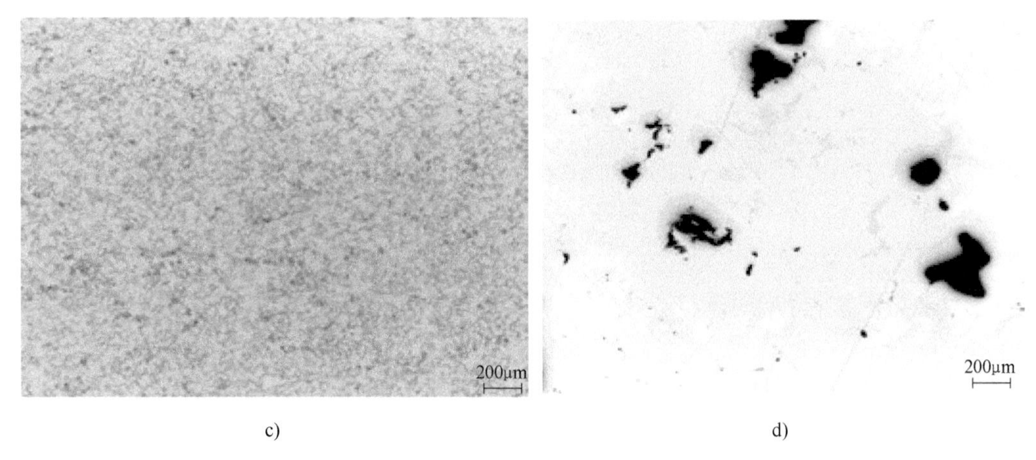

图 3-65　合金变形后的显微组织（续）

c）1150℃、$0.001s^{-1}$　d）1250℃、$0.01s^{-1}$

在 950℃、$0.001s^{-1}$ 的变形条件下，即热加工图中区域对应的功率耗散值为 0.28～0.3。合金变形后被压碎的奥氏体晶界上出现了较为细小的再结晶晶粒，但混晶组织也非常明显（见图 3-65b）。

在 1150℃、$0.001s^{-1}$ 的变形条件下对应的功率耗散值为 0.34～0.36。从图 3-65c 可以看出，变形后的晶粒为等轴晶组织，晶粒细小且分布均匀，表明此时已形成稳定的再结晶组织。等轴晶组织的塑性和热稳定性最好，成形质量较高。在热加工图理论中，功率耗散因子越高，该区域内材料的组织性能越好，微观组织的演变也验证了热加工图的合理性。

但在 1250℃、$0.01s^{-1}$ 的变形条件下对应的功率耗散达到峰值（0.38～0.4）。虽然此时功率耗散值较高，但从金相照片中可以观察到孔洞及裂纹（见图 3-65d）。这是由于此时变形温度较高，低熔点的初熔相熔化，产生的空洞及裂纹在变形过程中不断长大，降低了该合金的高温成形性能。

（3）变形参数对动态再结晶组织的影响　图 3-66 所示为不同温度下压缩变形后试样的再结晶情况（应变速率 $0.01s^{-1}$，压缩变形量 50%），由图 3-66 可以看出，在低温段压缩时，再结晶很难发生，当在 1000℃变形时，可观察到明显的动态再结晶发生，在 1150℃压缩变形可获得完全的动态再结晶组织。

图 3-67 所示为应变速率对再结晶的影响规律（变形温度 1150℃，变形量 50%）。由图 3-67 可以看出，应变速率的降低有利于再结晶的发生，且可获得完全再结晶组织。

图 3-68 所示为变形量对再结晶的影响规律（1150℃，$0.01s^{-1}$）。由图 3-68 可知，当变形量较小时，并不能给予合金足够的能量发生动态再结晶，应变达到 0.3 的时候才能看到明显的动态再结晶发生，达到 0.7 时可发生完全的动态再结晶，也反应出镍基合金的动态再结晶比一般钢铁材料更难。据以上研究，绘制了 Inconel617mod 合金的动态再结晶图，如图 3-69 所示。

综上所述，制定热加工的变形工艺参数时，应当尽量选择功率耗散值较高、动态再结晶完全的区域，同时避免在失稳区进行热加工。研究表明，Inconel617mod 合金适宜热加工的区域为：T=1050～1150℃，应变速率为 0.005～$0.1s^{-1}$。

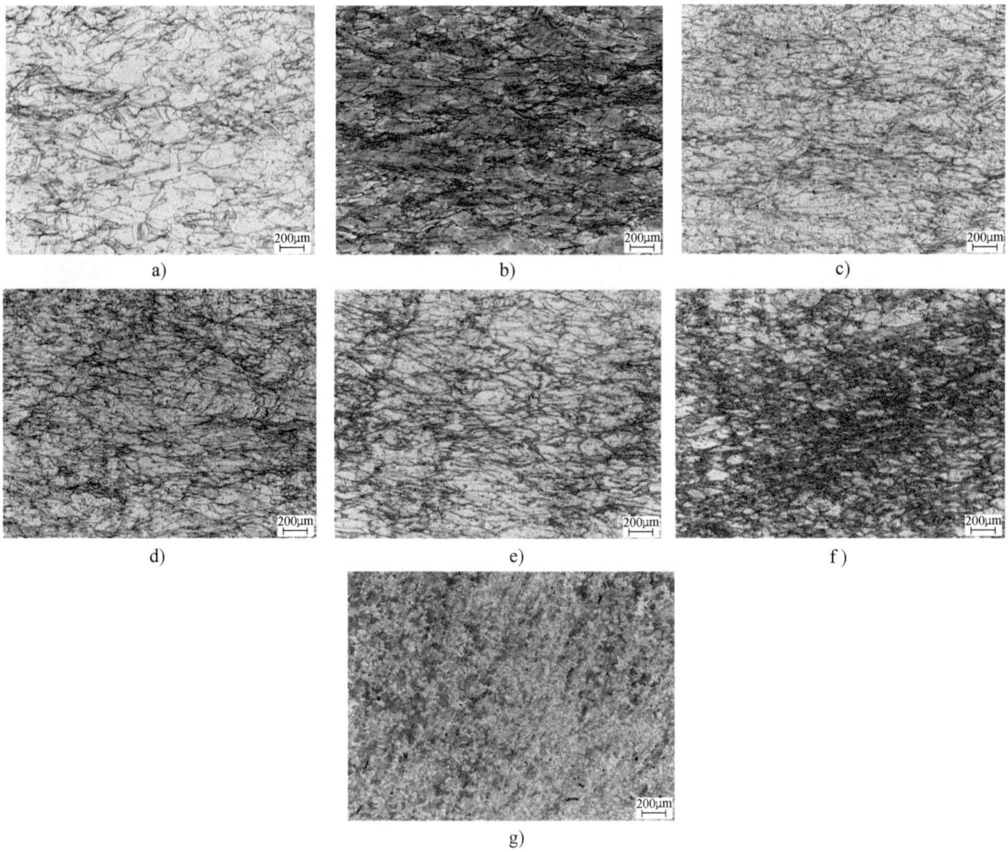

a) b) c) d) e) f) g)

图 3-66 变形温度对再结晶的影响

a）800℃ b）850℃ c）900℃ d）950℃ e）1000℃ f）1050℃ g）1150℃

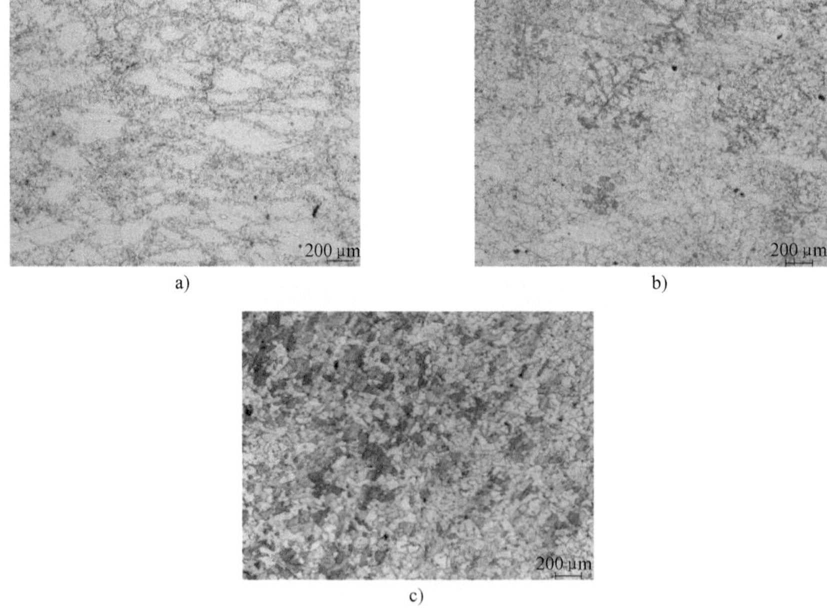

图 3-67 应变速率对再结晶的影响规律

a）$1s^{-1}$ b）$0.1s^{-1}$ c）$0.01s^{-1}$

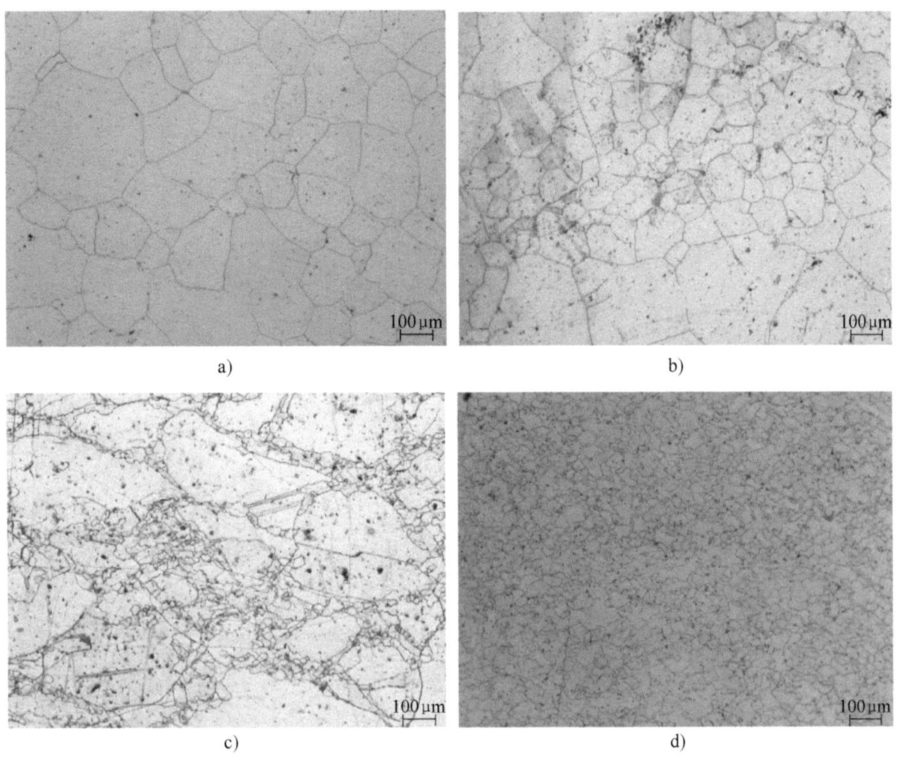

图 3-68 变形量对再结晶的影响规律

a）$\varepsilon=0$ b）$\varepsilon=0.1$ 动态回复 c）$\varepsilon=0.3$ 部分动态再结晶 d）$\varepsilon=0.7$ 完全动态再结晶

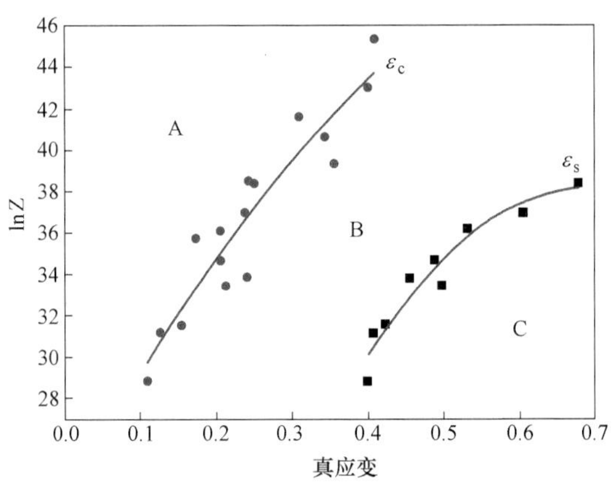

图 3-69 合金动态再结晶图

注：图中“Z”为 Zener-Hollomon 参数；“A”为未发生动态再结晶区域；“B”为发生部分动态再结晶区域；“C”为发生完全动态再结晶区域；“ε_c”为临界变形量，即发生动态再结晶所需的最小应变值；“ε_s”为稳态应变，即稳态应力对应的最小应变值，超过它可判定发生了完全动态再结晶。

3.2.3.3 镦挤成形工艺研究

为了开发新型清洁高效均质镍基合金转子锻件的绿色制造技术，研究人员变革性提出了大截面镍基合金转子锻件闭式镦粗+挤压成形方法，采用此方法不仅可显著提升锻件品质，而且可大幅提高材料利用率，降低能源消耗和二氧化碳排放。

针对闭式镦粗和挤压过程进行了数值模拟研究工作。图 3-70 所示为闭式镦粗过程有限元分析几何模型。图 3-71 所示为闭式镦粗过程中的等效应变分布图，由图 3-71 可知，在闭式镦粗过程中，贴模前的应变分布特征为中心部位最大，上下接触锤头部位存在较大的变形死区，但贴模后，由于模具的限制变形作用，在心部应变继续增大的同时，锻件剖面四个角的应变快速增加，并超过中心部位应变，应变较大区呈“X”形，并使得变形死区明显减少，整体变形更加均匀。图 3-72 所示为闭式镦粗过程中的液压机载荷变化，由图 3-72 可知在贴模后由于模具对变形的限制，液压机载荷有一个明显的增加，后随着锻件表面贴模面积的增大，变形限制作用更强，液压机载荷呈增加趋势，完全贴模后载荷急速增加，变形几乎停止。图 3-73 所示为挤压过程中的等效应变分布图，由图 3-73 可知，在挤压后，锻件主要部位等效应变均大于 0.5，均达到了实现完全动态再结晶的条件，由此可推知，在挤压后锻件内部均可得到完全的动态再结晶组织。图 3-74 所示为挤压过程中的液压机载荷变化，在挤压初期，随着挤压的进行，液压机载荷快速增加，在破壳后液压机载荷会有一个明显的下降趋势，随着挤压过程的进行，在坯料温度下降等的共同作用下，挤压力又上升。

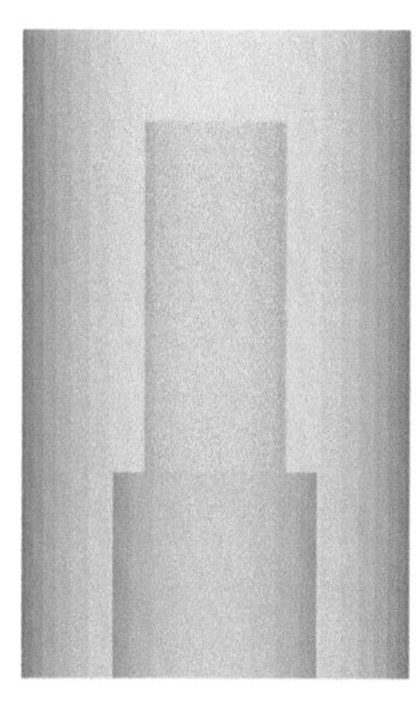

图 3-70　闭式镦粗有限元分析几何模型

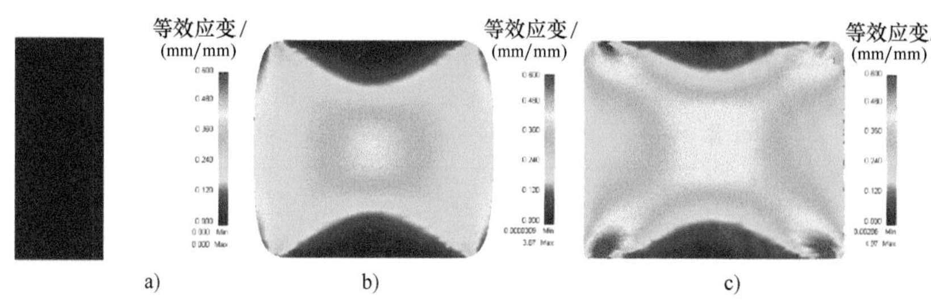

图 3-71　闭式镦粗过程中的等效应变分布图

a）开始前　b）贴模　c）镦粗结束

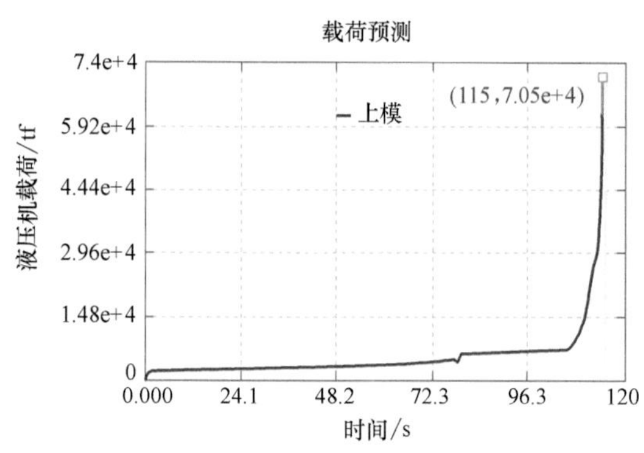

图 3-72　闭式镦粗过程中的液压机载荷变化

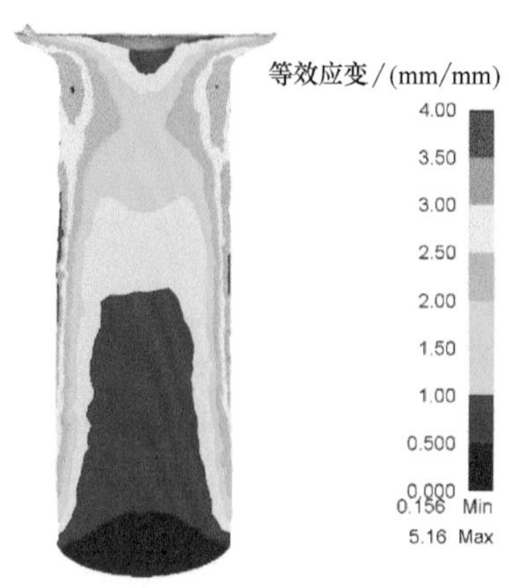

图 3-73　挤压过程中等效应变分布图

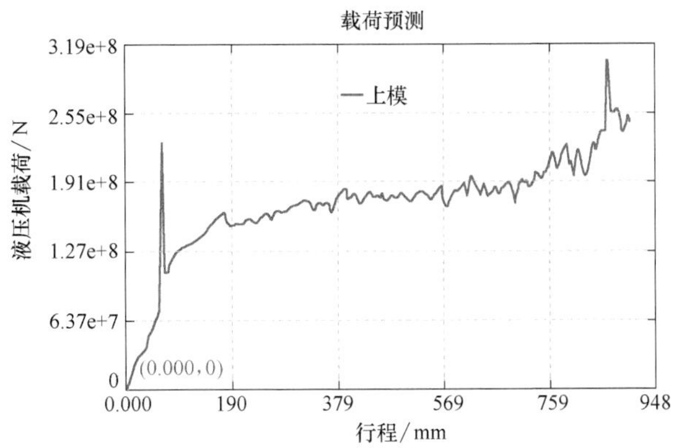

图 3-74 挤压过程中的液压机载荷变化

3.2.3.4 热处理工艺研究

(1) 固溶处理研究[17] 固溶处理主要目的是使各种析出相回熔到基体中，同时调整锻件的晶粒度，使晶粒度在 1~3 级，且均匀。

图 3-75 所示为实验合金的锻态显微组织。由图 3-75a 可见锻态组织中存在严重的混晶现象，在细晶区的晶界处存在大量的颗粒状碳化物（见图 3-75b），这是由于碳化物在锻造和再结晶过程中可以起到钉扎晶界的作用，抑制了晶粒的长大，得到较细的晶粒。结合 EDS 分析结果可得知，碳化物主要有三种：MC，尺寸在三种碳化物中最大，为富含 Nb、Ti、Mo 的一次碳化物；M_6C，颗粒较大，电镜下发白，主要富含 Mo；$M_{23}C_6$，颗粒较小，电镜下发白，主要元素为 Cr。

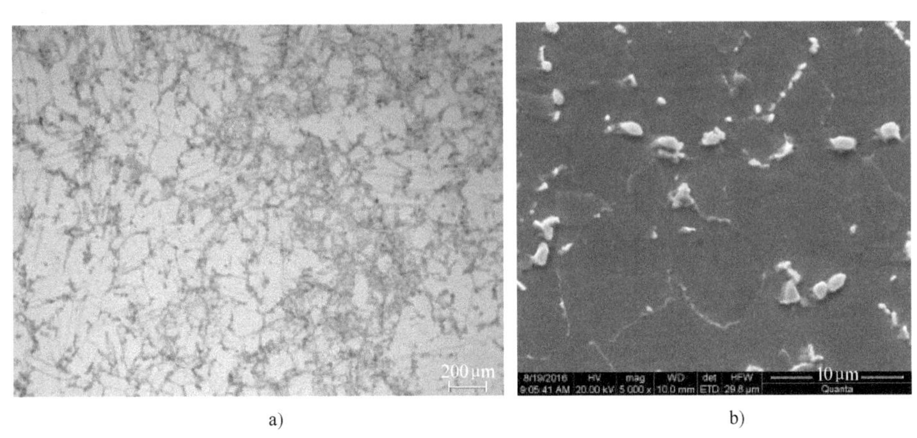

a) b)

图 3-75 Inconel617mod 合金锻态显微组织
a) 光镜 b) SEM

图 3-76 所示为合金经过不同温度固溶处理后的金相显微组织。由图 3-76 可以明显看出，随着固溶温度的升高，组织变得“干净”，碳化物数量明显减少，晶粒尺寸呈长大趋势，且锻态时的混晶情况在经过固溶处理后得到明显改善，在较高温度的固溶处理后，混晶现象消失。

为了研究不同温度固溶处理过程中的碳化物回熔规律，进行了更高倍数的研究（见

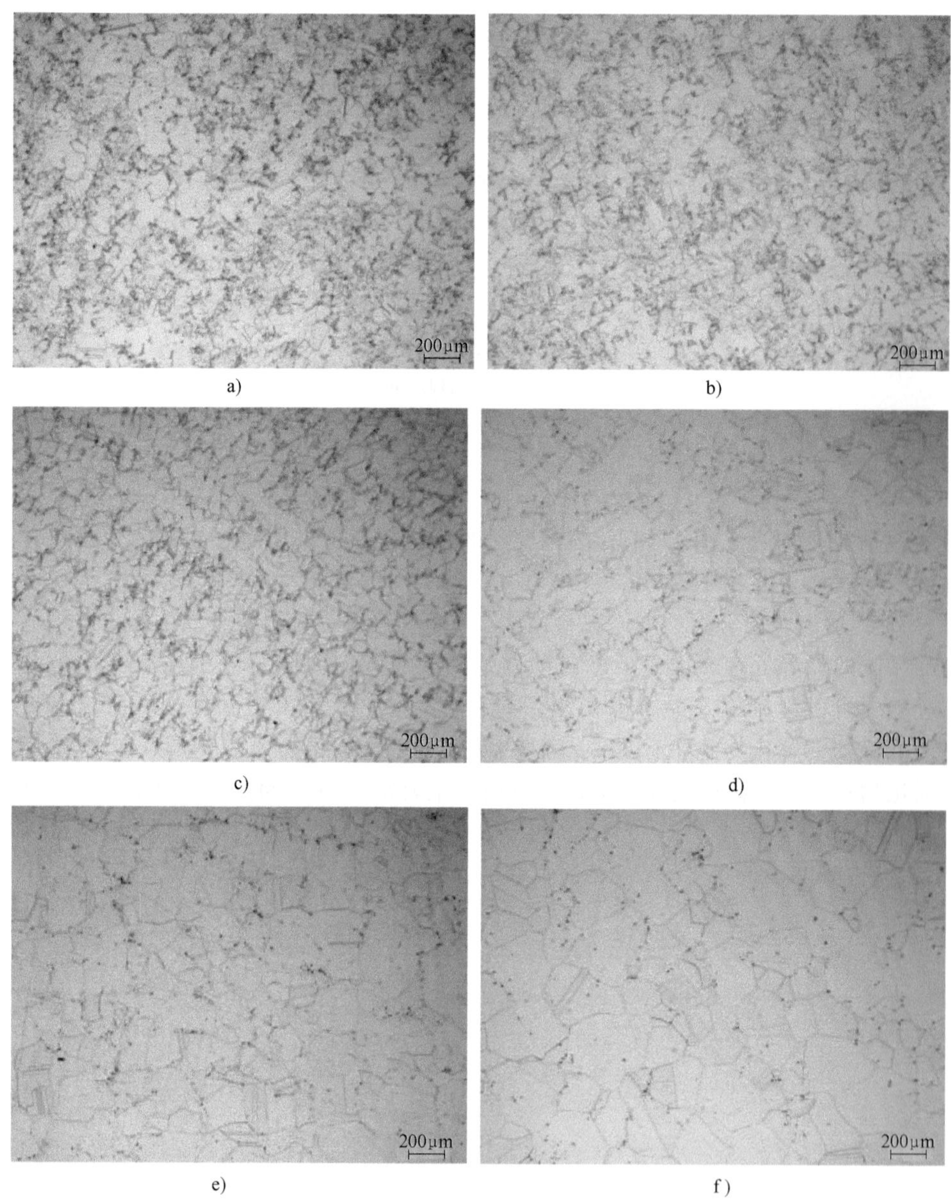

a) b) c) d) e) f)

图 3-76 不同温度固溶处理后（空冷）的金相显微组织

a）1100℃ b）1120℃ c）1140℃ d）1160℃ e）1180℃ f）1200℃

图 3-77）。由图 3-77 可以明显看出，随着固溶温度的升高，碳化物数量明显减少，晶界和晶内的碳化物均发生了回熔。由图 3-77a 可知，经过 1100℃ 保温 2h 后，碳化物数量很多，但分布不均匀，碳化物较多的区域晶粒尺寸较小，存在三种尺寸的碳化物，大的约为 5μm（MC），中等大小的约 2μm（M_6C），最小的小于 1μm（MC），同锻态组织对比可知，$M_{23}C_6$ 已经完全回熔到基体中，MC 和 M_6C 没有明显的回熔。固溶温度升高至 1120℃ 后，碳化物数量继续减少，晶界 M_6C 由块状转为片状，结合尺寸和数量的对比可知在此温度下保温，M_6C 在 1120℃ 保温过程中可回熔；经 1140℃ 保温后，晶界片状 M_6C 尺寸更小，进一步回

熔；随着固溶温度的进一步升高，晶界片状 M_6C 消失，只在局部存在少量的大块状和细小颗粒状未回熔的 MC，到 1200℃时，细小的颗粒状 MC 也发现明显回熔迹象，由此可以得知，在 1180℃及以下温度保温时，一次碳化物 MC 比较稳定，不会发生回熔现象，而在高于

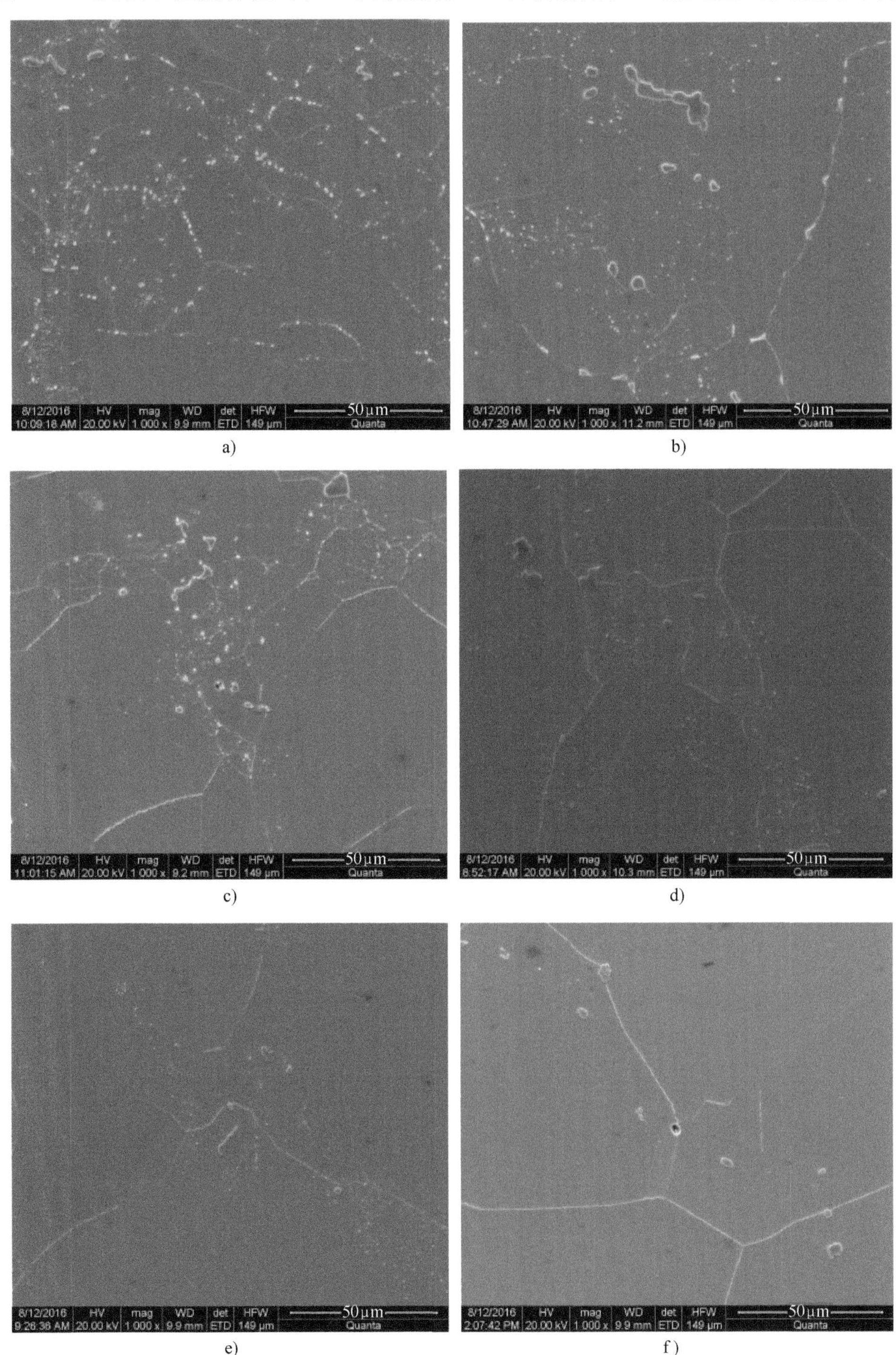

图 3-77　不同温度固溶处理后（空冷）的碳化物回熔情况

a）1100℃　b）1120℃　c）1140℃　d）1160℃　e）1180℃　f）1200℃

1180℃的温度保温，细小的 MC 开始回熔，而 M_6C 在 1120℃及以上温度保温即可回熔，在 1160℃保温 2h 后 M_6C 已完全回熔。

在大锻件的热处理过程中，存在截面效应，且高温合金导热系数较钢铁要低，因此，截面效应更加明显，为了贴合实际生产过程，选择 1180℃保温 2h 后，直接空冷和 4K/min 冷却至 700℃后空冷两种冷却方式来研究冷却方式对显微组织的影响。图 3-78 所示为两种冷却方式下的显微组织。由图 3-78a、c 对比可知，二者晶粒度基本一致，但经过缓冷处理后碳化物的量明显增多；高倍放大后对比（见图 3-78b、d）可知，空冷处理后晶内存在两种尺寸的碳化物，均为 MC，晶界析出相尺寸非常小，经过更慢冷却速率处理后，晶界析出相的数量明显增多，尺寸增大，呈连续分布，经 EDS 测定，主要为富 Cr 的 $M_{23}C_6$，局部存在 M_6C。由此可知，在缓冷过程中，Cr、Mo 等容易向晶界等 $M_{23}C_6$、M_6C 的形核点扩散，从而使得碳化物析出并长大。据参考文献[21]，$M_{23}C_6$在晶界析出，晶界强度降低，在外力作用下，裂纹易沿晶界产生，冲击吸收能量和断后伸长率明显降低。缓冷会使得 $M_{23}C_6$ 型碳化物在晶界上连续聚集长大，促使冲击吸收能量和断后伸长率进一步降低，同时晶界 $M_{23}C_6$ 和 M_6C 的析出会使得基体中 Mo、Cr 等元素浓度降低，从而减弱固溶强化和防氧化作用。因此，在固溶处理后应以较快的速率进行冷却以避免晶界碳化物的连续析出与长大。

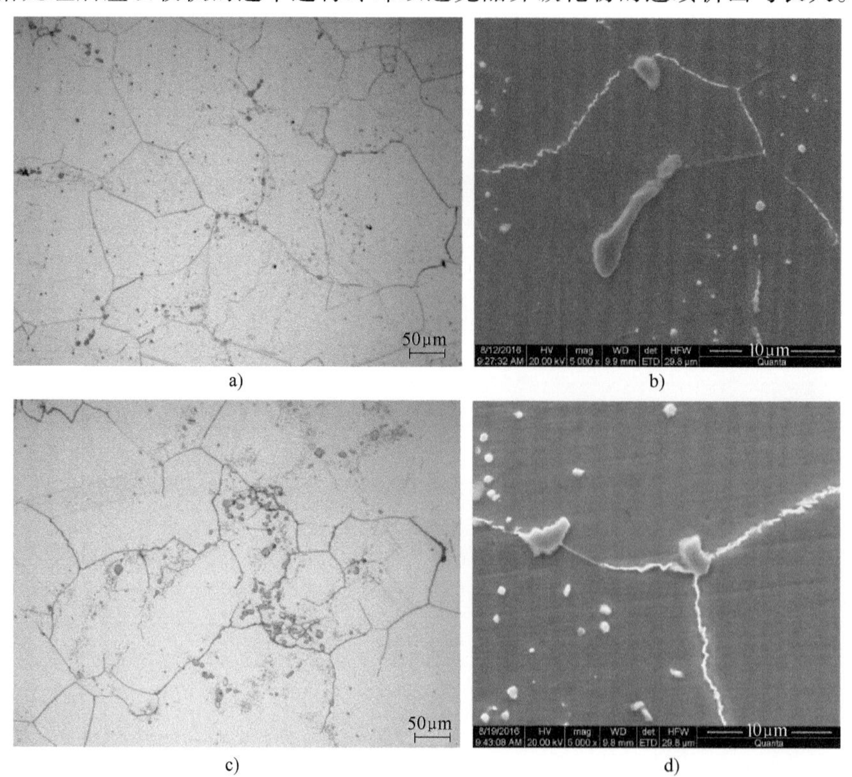

a) b)

c) d)

图 3-78　1180℃保温 2h 后采取不同冷却方式冷却后的显微组织

a）直接空冷低倍　b）直接空冷高倍　c）4K/min 冷却至 700℃后空冷低倍

d）4K/min 冷却至 700℃后空冷高倍

（2）时效温度对析出相与性能影响[22]　经过固溶处理后，锻件内部除晶内和晶界存在少量的块状析出相外，晶界无其他析出相，如图 3-79 所示。

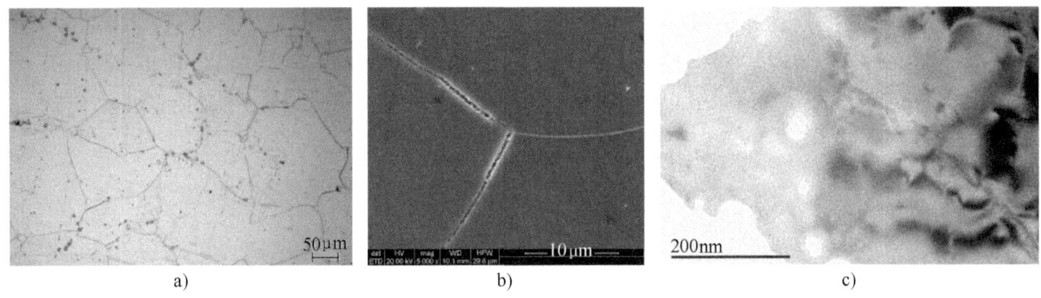

a)　　b)　　c)

图 3-79　Inconel617mod 合金固溶处理显微组织

a）OM　b）SEM　c）TEM

对经过固溶处理的试样开展时效处理，时效处理温度分别为 650℃、700℃、750℃、800℃、850℃、900℃、950℃，时间为 2h 的短时时效处理，研究时效温度对合金显微组织及拉伸与冲击性能的影响规律。

图 3-80 所示为 Inconel617mod 合金经过不同温度的时效处理后的低倍显微组织特征。由图 3-81 可知，在 650~950℃范围内进行时效处理对合金的晶粒度无明显影响。在光学显微镜下观察时可发现 800℃时效处理晶界明显粗化，晶粒显现得更加清晰完整，且随着时效处理温度的升高，此现象更加明显，在 950℃进行时效处理时晶内析出相数量明显增多。

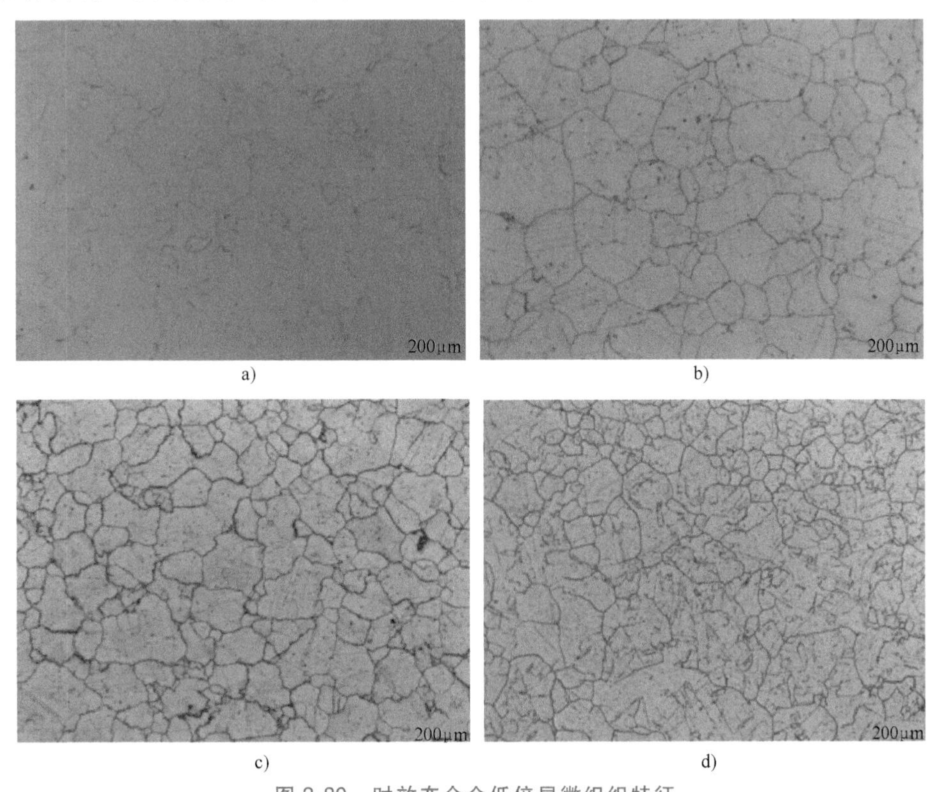

a)　　b)　　c)　　d)

图 3-80　时效态合金低倍显微组织特征

a）750℃　b）800℃　c）850℃　d）950℃

通过扫描电镜观察发现，在 700℃及以下温度时效处理时，晶界除个别固溶处理时未回熔的块状一次碳化物外无析出相（见图 3-81a、b）；在 750℃时效处理时晶界开始析出少量细小的颗粒状析出相（见图 3-81c）；随着时效处理温度的继续升高，晶界析出相数量增加，尺寸长大，晶界附近和原先的块状一次碳化物附近均析出了大量的细小析出相（见图 3-81d、e）；时效温度为 950℃时，晶内和晶界出现明显的拉链状（zip-like）碳化物（见图 3-81f）。

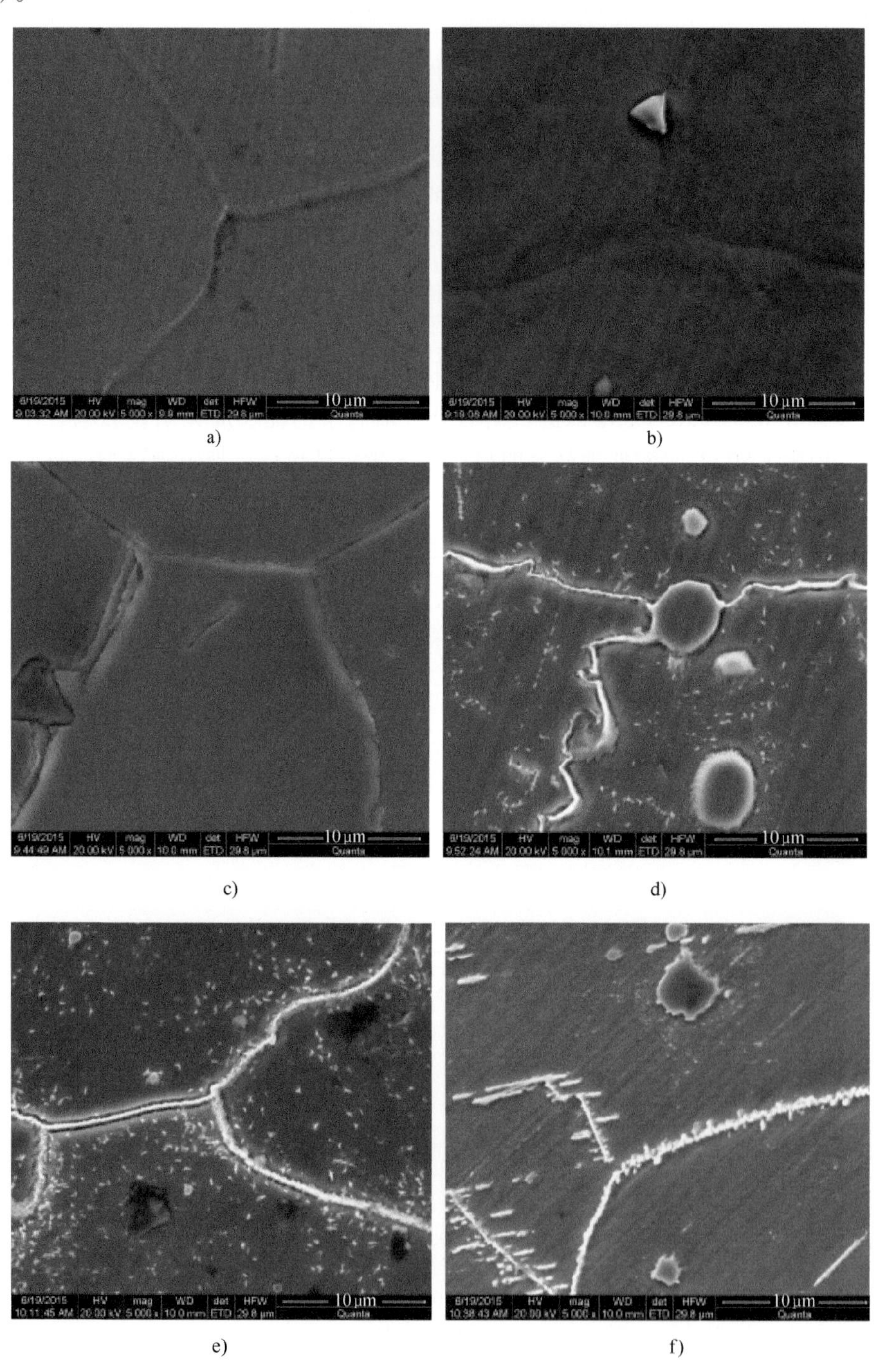

图 3-81 时效态合金高倍显微组织特征

a）650℃ b）700℃ c）750℃ d）800℃ e）850℃ f）950℃

为了研究各个时效处理温度下的析出相种类，进行了透射电子显微镜（TEM）观察，并对析出相进行了 EDS 分析和选区衍射花样（SAD）标定。图 3-82 所示为经过 700℃时效 2h 后的微观组织，由图 3-82 可以看出，晶内干净无析出，只存在少量的块状碳化物，尺寸为 200~300nm，EDS 结果显示其为富含 Mo、Nb、Ti 的碳化物，经标定为 MC 型碳化物，结合衍射花样标定可知其为固溶处理过程中未完全回熔的（MoNbTi）C。图 3-83 所示为经过 750℃时效 2h 后的微观组织。结合图 3-81c 和图 3-83a 可以看出，在 750℃时效时，部分晶界析出了颗粒状碳化物，大部分尺寸小于 100nm，经 EDS 检测和衍射花样标定确认为富含 Cr 的 $M_{23}C_6$ 型碳化物，未发现其他类型的析出；当时效温度升高至 800℃时，晶界析出变得连续，且析出相尺寸明显增大，但仍为颗粒状，经过 EDS 检测结合衍射花样标定发现，大部分为 $M_{23}C_6$ 型碳化物，局部发现富含 Mo 的 M_6C 型碳化物，且其与基体存在位向关系：[-110] M_6C//[-10-1] γ，(11-1) M_6C//(11-1) γ。同时，在局部晶界发现了拉链状碳化物的存在，主要为 $M_{23}C_6$ 型碳化物（见图 3-84）。相关参考文献［23］中亦提到在 700℃长时时效过程中可形成的拉链状析出相为 δ-Ni_3Mo 相。

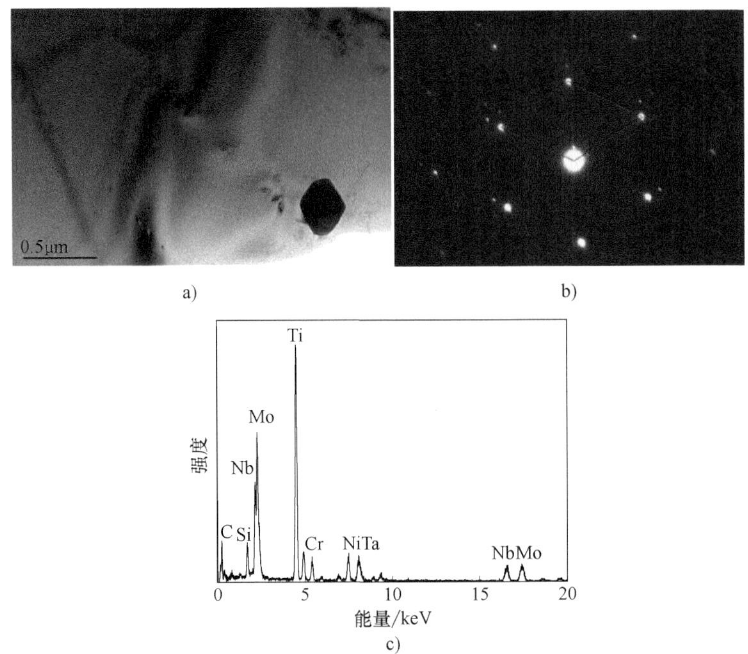

图 3-82 700℃时效态透射显微组织

a）明场像 b）选区衍射 c）能谱分析

图 3-85 所示为合金经过 850℃、900℃、950℃时效处理后的显微组织。由图 3-85 可知，随着时效温度升高至 950℃，晶界碳化物长大且形成膜状，并且 $M_{23}C_6$ 碳化物数量明显减少，同时拉链状碳化物数量增多，尺寸变大，仍主要以 $M_{23}C_6$ 碳化物为主，M_6C 型碳化物增多。这与参考文献［24］中规律类似，$M_{23}C_6$ 在时效过程中析出较快，当时效温度升高时，M_6C 开始析出，且当时效温度足够高时，M_6C 析出占主导地位而 $M_{23}C_6$ 数量明显减少。晶界及大块状一次碳化物附近析出了大量的细小碳化物，经测定为富含 Mo、Ti 的 MC 型碳化物（见图 3-86），这是由于一次碳化物在固溶过程中存在回熔，Mo、Ti 等元素回熔到基体当中并在一次碳化物附近富集，在后续时效处理过程中又重新析出。

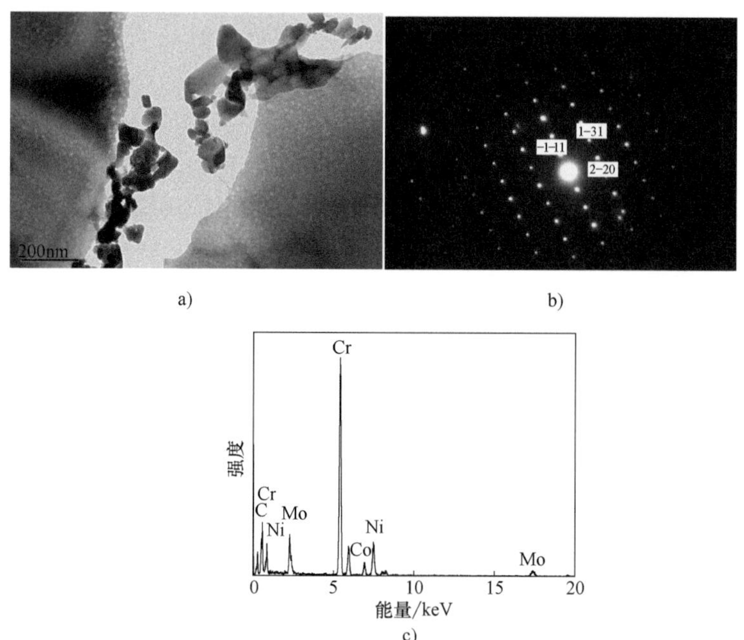

图 3-83　750℃时效态透射显微组织
a）明场像　b）选区衍射　c）能谱分析

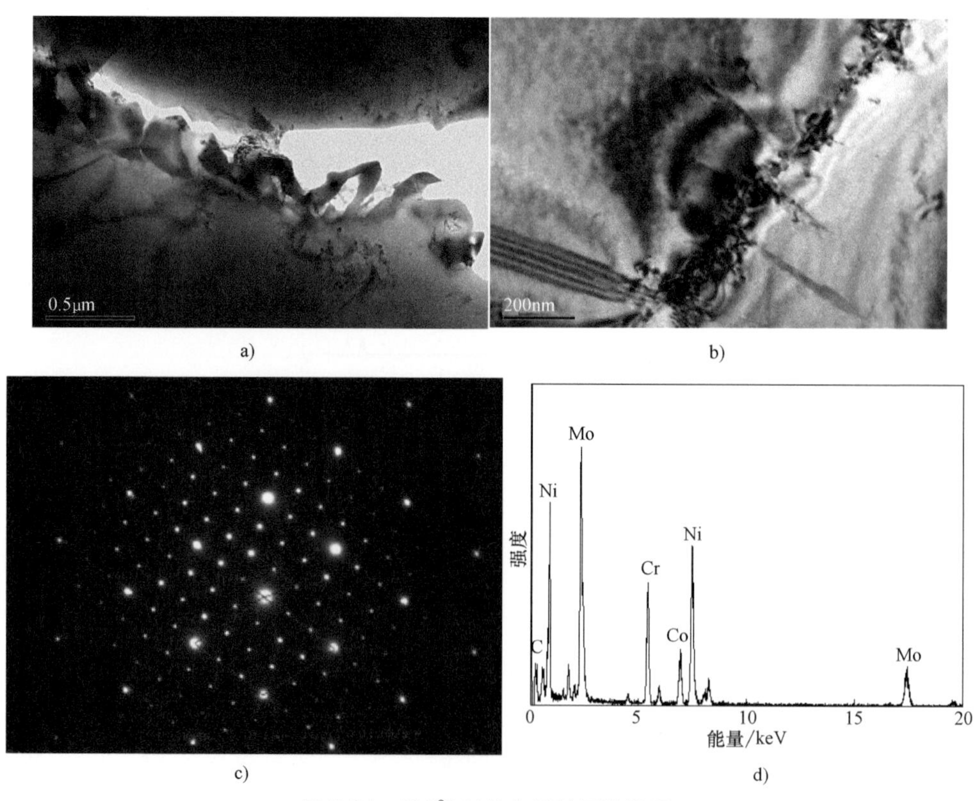

图 3-84　800℃时效态透射显微组织
a）明场像一　b）明场像二　c）选区衍射　d）能谱分析

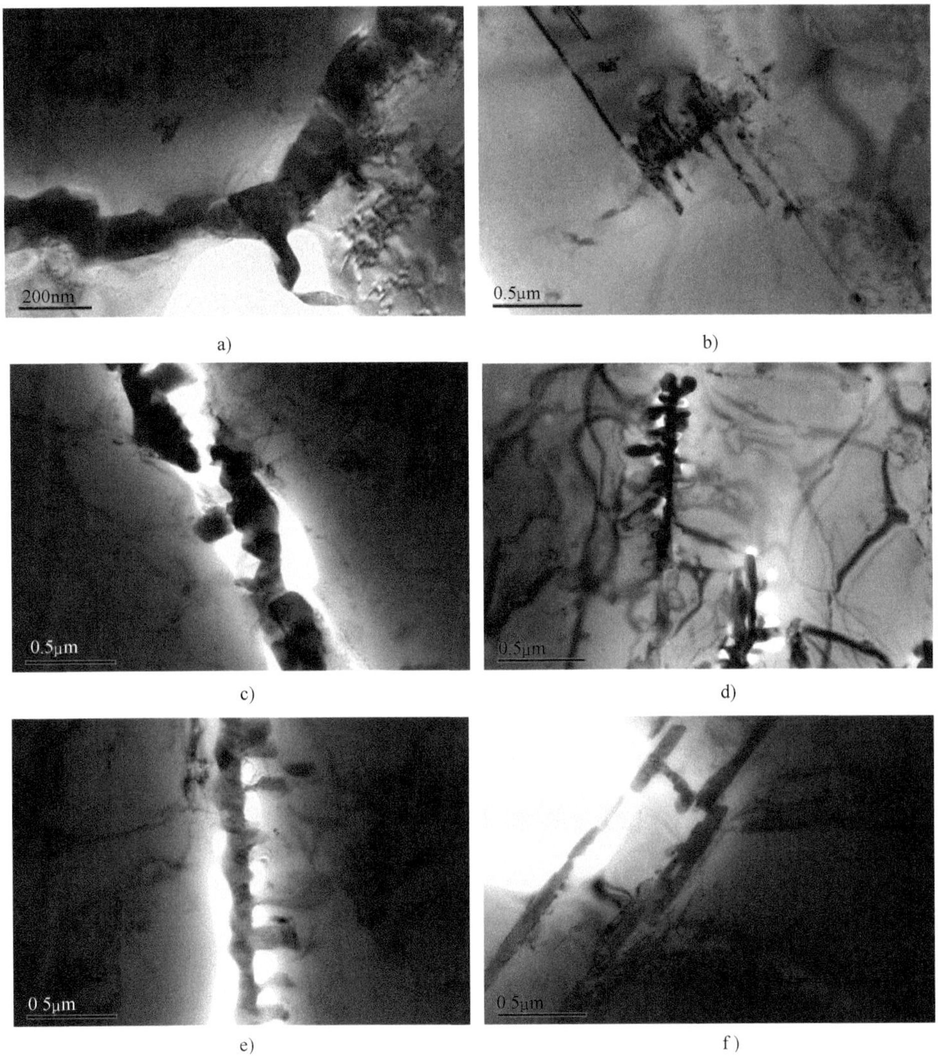

a) b)

c) d)

e) f)

图 3-85 不同温度时效态透射显微组织

a)、b) 850℃ c)、d) 900℃ e)、f) 950℃

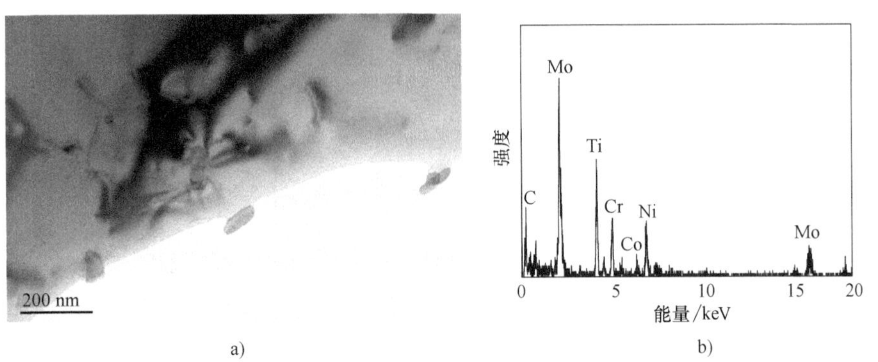

a) b)

图 3-86 晶界及大块状碳化物附近析出的细小碳化物

a) 明场像 b) 能谱分析

图 3-87 所示为不同温度时效处理后晶内 γ′相的析出情况。在 700℃时效处理时开始有 γ′相析出，但尺寸非常细小，小于 5nm，无法进行精确测量，这是由于时效处理温度较低时，γ′相形核率高，但长大驱动力较小。随着时效处理温度的升高，γ′相尺寸明显增大，数量减少，当时效温度达到 950℃时，已无 γ′相析出，超出了 γ′相的析出温度范围。参考文献

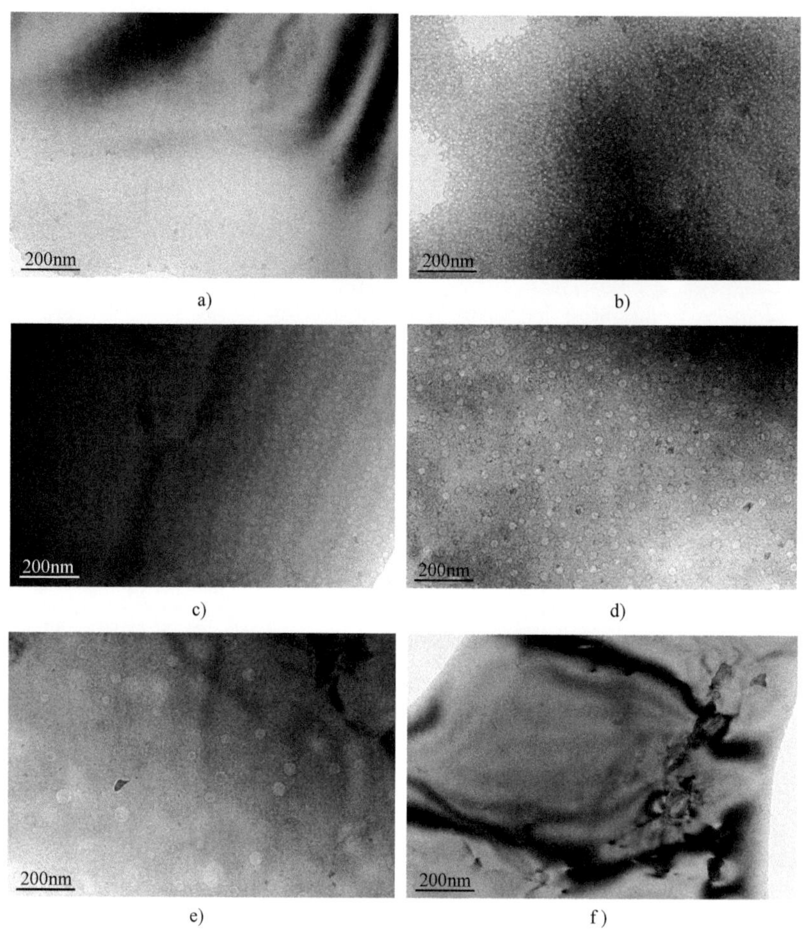

a) b) c) d) e) f)

图 3-87 不同温度时效处理下的 γ′相情况
a) 700℃ b) 750℃ c) 800℃ d) 850℃ e) 900℃ f) 950℃

[25] 表明，传统 Inconel617 合金的 γ′相的回熔温度位于 760 ~ 816℃，某种改进型 Inconel617 合金（617B）的 γ′相的回熔温度为 857℃，而笔者在研究过程中发现，在 900℃短时时效仍可析出 γ′相，证实通过本节的成分改进，将合金的 γ′相回熔温度提高到了 900℃以上。同时，在 750℃时效处理时，γ′相尺寸小于文献中给出的 720℃时效处理的尺寸，由此可见，γ′相的稳定性得到了明显提高。图 3-88 所示为 γ′相直径与时效处理温度的关系，基本呈线性关系。由于研究时效时间较短，因此观察到的 γ′

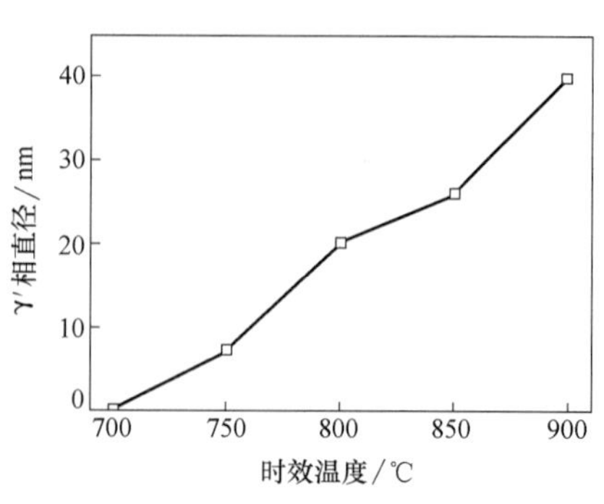

图 3-88 γ′相直径与时效温度的关系

相均为球状且尺寸较小（纳米尺寸），据参考文献［26］，在时效温度较高、时间较长时，γ′相会由球状转为方形、尺寸发生长大，800℃时效后可超过200nm，析出相的稳定性下降，强化效果减弱，Inconel617mod合金在长时时效处理过程中的组织稳定性有待进一步研究。

图3-89所示为时效处理温度对合金拉伸与冲击性能的影响规律。由图3-89a可以看出，合金的抗拉强度和屈服强度随着时效温度的升高先升高后下降。抗拉强度在750℃出现第一个拐点，800℃到达顶点，超过970MPa，过了850℃后出现明显下降，最高值比最低值高约26%。屈服强度在800℃及以下呈线性增长关系，超过800℃呈线性下降关系，最高值超过560MPa，超过最低值200MPa以上，增长幅度达58%。合金的塑性在900℃以前基本与时效温度呈线性下降关系，时效温度超过850℃时，塑性指标下降趋势明显减缓，在750~800℃范围时效处理时，伸长率可保持在30%以上，断面收缩率可保持在40%以上。由图3-89b可知，在650~750℃范围内，随着时效处理温度的升高，冲击吸收能量缓慢下降，当时效处理温度升高至800℃时，冲击吸收能量下降幅度超过50%，但仍超过60J，随着时效温度升高至950℃，冲击吸收能量又有一个明显的升高，超过100J。

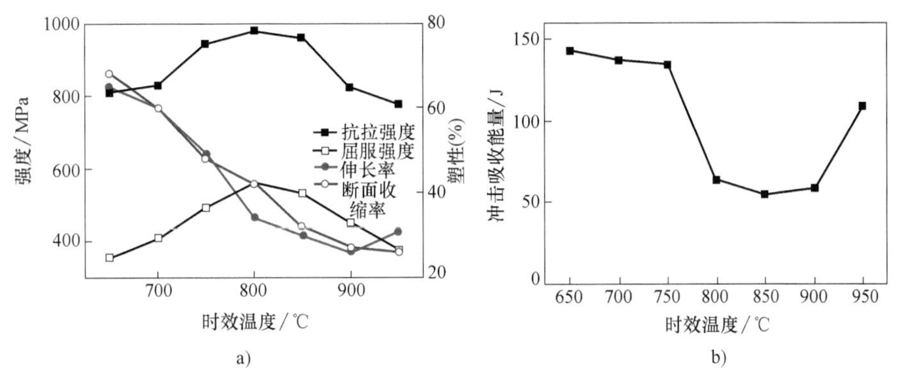

图3-89　时效处理温度对合金拉伸与冲击性能的影响规律

a）拉伸性能　b）冲击吸收能量

图3-90所示为合金经过不同温度时效处理后的拉伸断口形貌，由图3-90可知，时效温度为700℃时，断口形貌主要为韧窝，为穿晶断裂特征；时效温度上升至750℃时，呈穿晶和沿晶双重特征，沿晶部分同样存在韧窝形貌；时效温度超过800℃时，基本为沿晶断裂特征。

图3-91所示为冲击断口形貌特征。图3-91a中断口形貌以穿晶断裂为主，沿晶断裂为辅；时效处理温度升高至800℃时，断口形貌以沿晶断裂为主，晶界光滑（见图3-91b），对应的冲击吸收能量明显下降；当时效温度继续升高至950℃时，又出现少量的韧性断裂特征，对应图3-91b中冲击吸收能量提高（见图3-91c）。

对于Inconel617mod合金，其强化机制以析出强化为主，固溶强化为辅，析出相主要有γ′相、$M_{23}C_6$、M_6C和MC（包括一次和二次），析出相的尺寸、数量、形态、析出位置均对合金的拉伸和冲击性能有影响。在650℃时效处理时，合金内部几乎无析出，而在700℃时效处理时，晶内开始析出大量细小的γ′相，而碳化物等无明显变化，表现为强度略有升高，塑性下降。

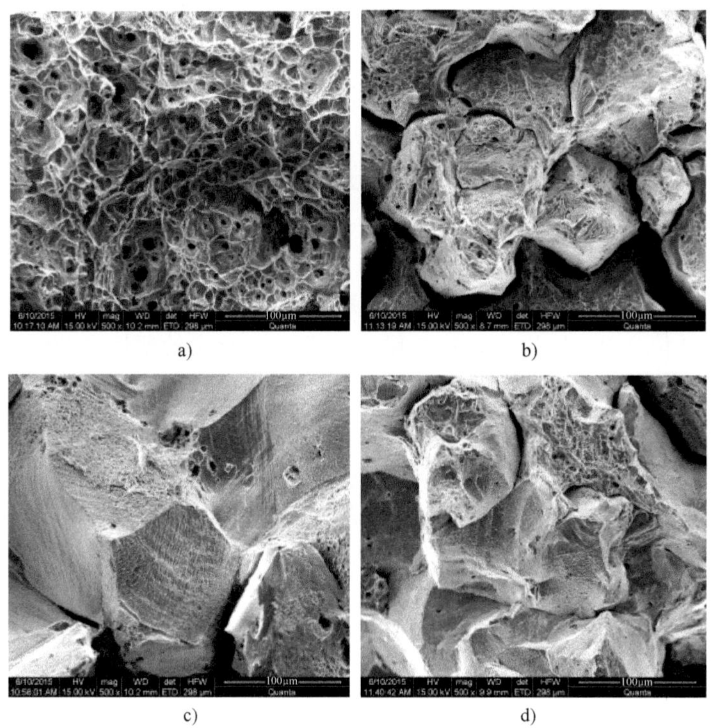

图 3-90 典型拉伸断口形貌

a）700℃ b）750℃ c）800℃ d）950℃

图 3-91 典型冲击断口形貌

a）700℃ b）800℃ c）950℃

随着时效温度升高至 750℃，晶内 γ′相大量析出，尺寸约为 7nm，晶内强度提高，晶界开始析出少量颗粒状 $M_{23}C_6$ 型碳化物，在晶界可起到阻碍晶界滑移、提高合金强度和降低晶界结合强度、引起冲击吸收能量和塑性降低的双重作用，但由于只有个别晶界析出少量 $M_{23}C_6$ 型碳化物，因此，其强度的提升主要由晶内 γ′相引起，造成拉伸断裂由 700℃时的穿晶断裂转向了穿晶和沿晶混合断裂特征，同时塑性明显下降。而当时效温度达到 800℃时，晶内 γ′相尺寸明显长大，强化作用更加显著，而晶界为连续析出的颗粒状碳化物，主要以 $M_{23}C_6$ 型碳化物为主，辅以少量 M_6C 型碳化物，合金强度得到进一步提升并达到峰值的同时，严重损害了晶界结合强度，造成合金塑性和冲击吸收能量的明显下降。尽管韧性明显下降，但仍可保持在50J以上，这是由于B元素在合金中能够起到提高韧性的作用。

时效温度继续升高，晶内γ′相尺寸进一步增大，但数量减少，尤其是在900℃时效处理时，γ′相数量明显减少，强化作用减弱。而在950℃时效处理时，未发现γ′相的析出，晶内强度进一步下降，而晶界碳化物则由颗粒状变成了膜状，且尺寸变大，大量消耗Mo、Co、Cr等固溶强化元素的同时，已起不到阻碍晶界滑移的作用，进一步降低了合金的晶界结合强度，损害合金的塑性和韧性，使得材料的强度和塑性均下降，但由于B元素的添加，合金塑性仍保持在较高的状态；在冲击过程中，晶内强度的下降使得优先在晶内开裂，反而造成冲击吸收能量的增加。

整体来讲，力学性能随时效温度的变化规律类似于传统的Inconel617，但由于Inconel617mod合金中γ′相形成元素增加，其数量明显增加，使得γ′相对强度的贡献加大，其力学性能变化幅度更大，且力学性能最优的温度也发生了变化，同时也发现强度等指标较传统Inconel617有着明显的提升。

由上述分析可知，γ′相主要对合金的强度影响显著，而晶内和晶界碳化物的类型、形态、析出量不仅对强度有影响，也对塑性和冲击吸收能量有重要影响。同时，据参考文献[27]，镍基合金的蠕变强度与合金中的γ′相析出物数量相关，γ′相的数量越多，蠕变强度越大。综合各个温度时效处理后的组织与性能，在750℃进行时效处理可获得γ′相均匀细小弥散分布于晶内、少量颗粒状$M_{23}C_6$型碳化物分布晶界的组织和强度、塑性、韧性良好匹配的性能，为最佳的时效处理温度，可作为大型Inconel617mod合金锻件生产时的最佳时效处理温度选择依据。

3.2.3.5 持久试验

Inconel617mod合金试验锻件的单个试样持久试验最长已超过70000h，如图3-92所示。从图3-92可以推断，Inconel617mod合金试验锻件持久试验时间达到10^5h时的持久强度完全可以满足技术条件的要求。试验还将继续进行，为工程材料自主化积累大数据。

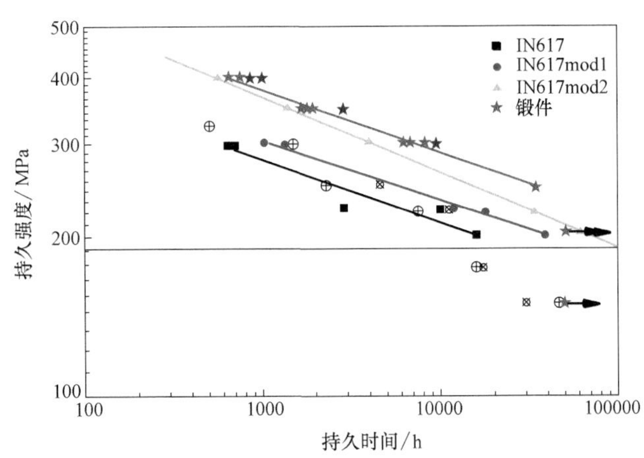

图3-92 Inconel617mod合金试验锻件的单个试样持久试验曲线

注：带箭头的数据点表示试验进行中；空心点为引用曼内斯曼公司617B数据。

3.2.4 试制过程

在实验室研究结果的基础上，研发团队共进行了两个试制件的制造。一个采用自由锻造方式进行（后文称为 TF1），一个采用闭式镦挤的方式进行（后文称为 TF2）。

TF1 铸锭经均匀化处理后在 60MN 液压机上进行多次镦拔开坯，锻造温度区间为 900～1200℃，锻后进行粗加工及无损检测，再进行性能热处理，表面经加工后进行无损检测，最终获得锻件直径为 ϕ600mm。锻件生产流程为冶炼—均匀化处理—锻造—机械加工—无损检测—热处理—机械加工—无损检测—组织与性能检测[28]。TF1 的主要锻造过程如图 3-93 所示。

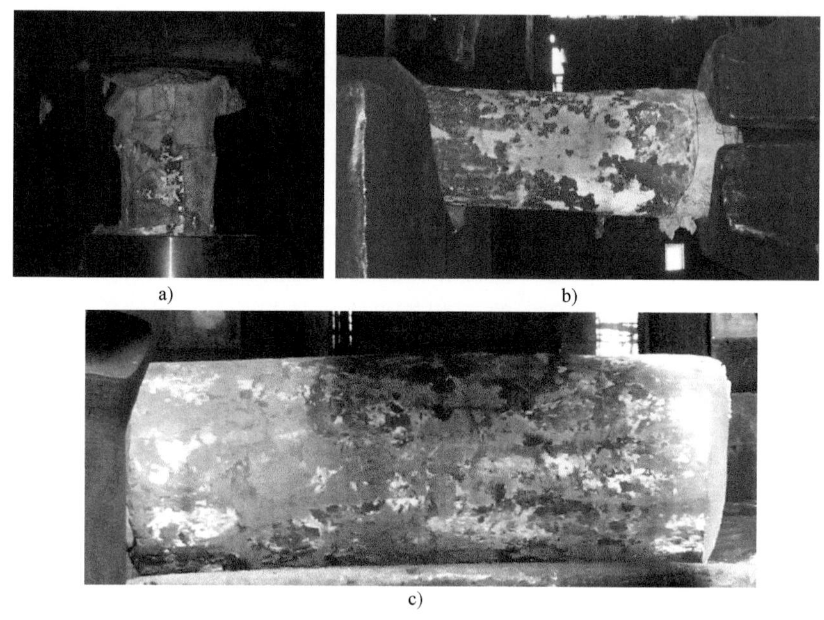

图 3-93 TF1 试制锻件主要锻造过程

a）镦粗 b）拔长 c）成品锻件

TF2 铸锭经均匀化处理后在 160MN 制坯机上进行闭式镦粗，在 500MN 垂直挤压机挤压，锻造温度区间为 900～1200℃，锻后进行粗加工及无损检测，再进行性能热处理，表面经加工后进行无损检测，最终获得锻件直径为 840mm。TF2 的主要塑性成形过程如图 3-94 所示；挤压后的锻件如图 3-95 所示。

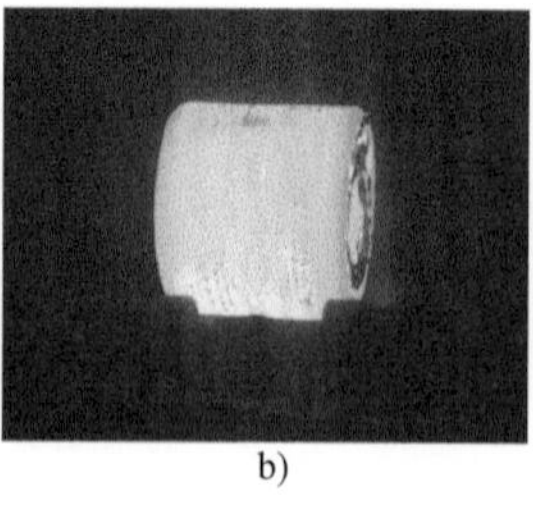

a) b) c)

图 3-94 TF2 的主要塑性成形过程

a）闭式镦粗前状态 b）除鳞 c）挤压

图 3-95　TF2 挤压后的锻件

3.2.5　检测结果

3.2.5.1　晶粒度

从试制的两个锻件上分别切取盘片进行晶粒度的测定。图 3-96 所示为 TF1 试制锻件的晶粒度测定结果，图 3-97 所示为 TF1 试制锻件的锻态显微组织。由图 3-96 和图 3-97 可以看出，经多次镦拔锻造，锻件各部位均为完全再结晶组织，说明通过锻造已将铸态组织完全打碎。锻件截面晶粒度可控制在 4~6 级，晶粒尺寸整体呈心部>$R/2$>边缘的规律，其中心部和 $R/2$ 处晶粒尺寸相差不大，边缘由于锻造时变形量大、温度适中且锻后冷却较快，晶粒较细。

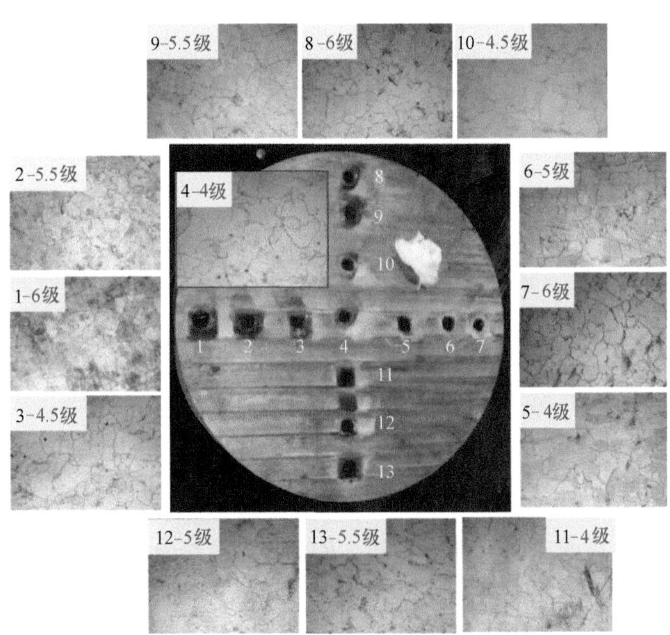

图 3-96　TF1 试制锻件截面晶粒度

图 3-97　TF1 试制锻件锻态显微组织

a）心部　b）$R/2$　c）边缘

图 3-98 所示为 TF2 试制锻件的晶粒度测定结果，图 3-99 所示为 TF2 试制锻件的锻态显微组织。虽然只经过了一次镦拔，火次和总锻造比明显少于 TF1 试制锻件，但 TF2 试制锻件各部位均为完全再结晶组织，说明已将铸态组织完全打碎。其截面增大到 ϕ850mm，TF2 试制锻件截面晶粒度仍然控制在了 4~6 级，晶粒尺寸整体呈 $R/2$>心部>边缘的规律，其中心部相比于 $R/2$ 处晶粒尺寸较小，与常规的多次镦拔后结果不同，与挤压变形过程中等效应变与挤压温升综合作用效果相关。

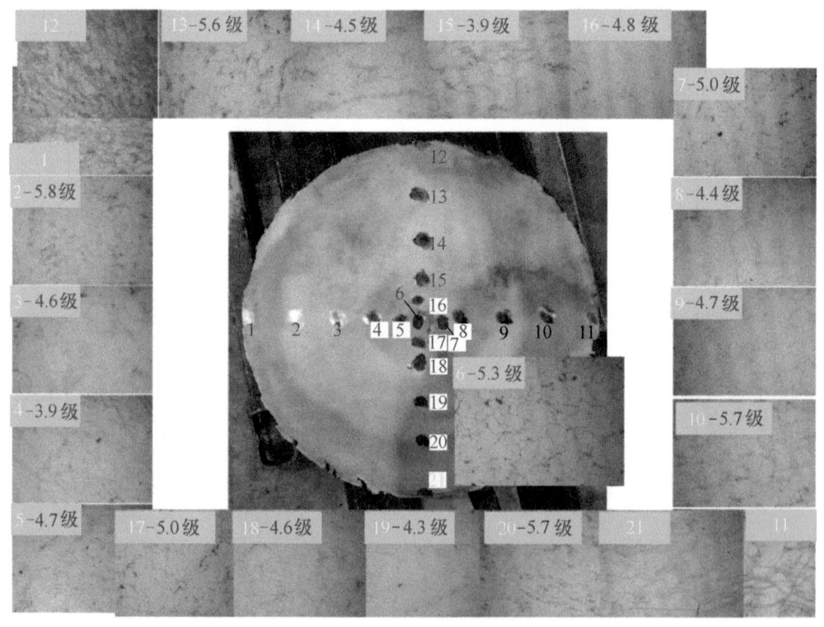

图 3-98　TF2 试制锻件截面晶粒度

注：图中 1、11、12、21 点位于锻件最边缘处，存在项链晶、混晶等问题，无法评级。

3.2.5.2　拉伸与冲击

从经过性能热处理后的试制锻件的心部、$R/2$ 和边缘处分别取拉伸和冲击试样，研究锻件不同位置的轴向力学性能均匀性，从边缘处沿轴向、径向和切向分别切取拉伸试样（径向和切向分别取两组试样，同方向两组试样与盘片圆心连线呈 90°）进行拉伸性能的测试，研究其各向性能差异。

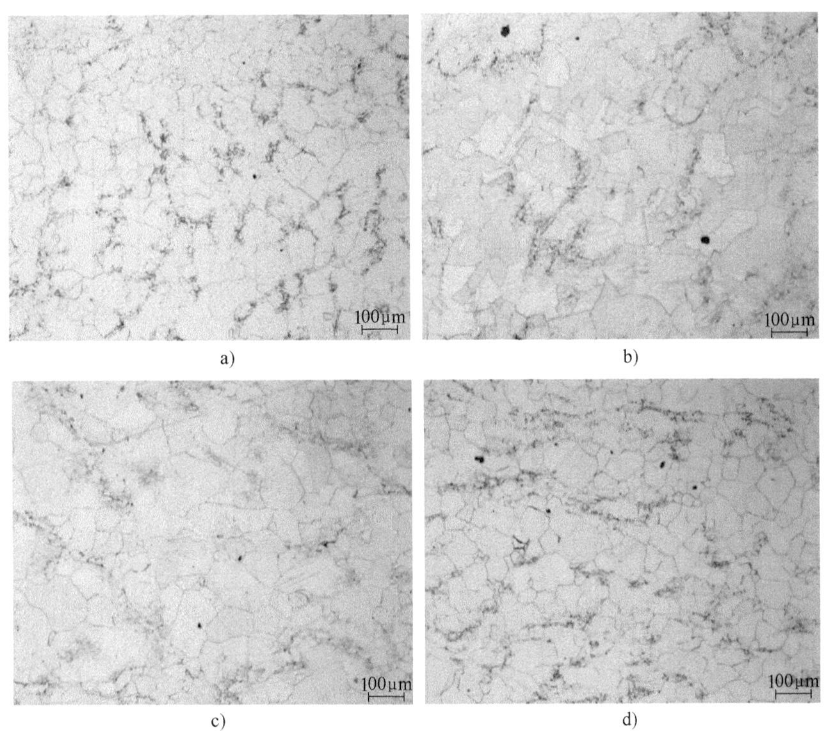

图 3-99　TF2 试制锻件锻态显微组织

a）心部（-67.7μm-4.8）　b）$R/4$（-101.4μm-3.7）c）$R/2$（-78.0μm-4.4）　d）（3/4）R（-61.6μm-5.1）

图 3-100 所示为 TF1 试制锻件截面不同位置轴向力学性能，由图 3-100a 可知，经过性能热处理后，TF1 试制锻件心部和 $R/2$ 处的室温强度、塑性相当，边缘的强度、塑性和冲击韧性较高，整体抗拉强度>1000MPa，屈服强度>600MPa，伸长率>25%，断面伸缩率>20%，冲击吸收能量>45J。其边缘部位冲击吸收能量明显较高，这是由于边缘部位晶界处碳化物尺寸较小，其晶界结合强度整体较高导致。由图 3-100b 可知，700℃温度下的力学性能规律同室温，整体均匀，整体抗拉强度>800MPa，屈服强度>500MPa，伸长率和断面伸缩率>25%。

图 3-101 所示为 TF1 试制锻件不同方向力学性能。由图 3-101a、c 可知，三个方向的室温拉伸性能水平波动较小，抗拉强度的最大值与最小值之间的差值不超过 100MPa，屈服强度的最大值与最小值之间的差值不超过 60MPa，波动幅度在 10%以内；其伸长率和断面收缩率均可保持在 25%以上。而对于其高温拉伸性能（见图 3-101b、d），强度的变化幅度均在 60MPa 以内，而伸长率和断面收缩率均可保持在 20%以上。

综上所述，ϕ600mmTF1 试制锻件截面不同部位的组织与性能较均匀，不同方向性能波动较小，无明显各向异性现象。

TF2 试制锻件的性能如图 3-102 和图 3-103 所示。图 3-102 所示为 TF2 试制锻件截面不同位置轴向力学性能，由图 3-102a 可知，经过性能热处理后，TF2 试制件整体性能均匀，抗拉强度>950MPa，屈服强度>600MPa，伸长率和断面收缩率>30%，冲击吸收能量>70J。由图 3-102b 可知，700℃温度下的力学性能规律同室温，整体均匀，整体抗拉强度>

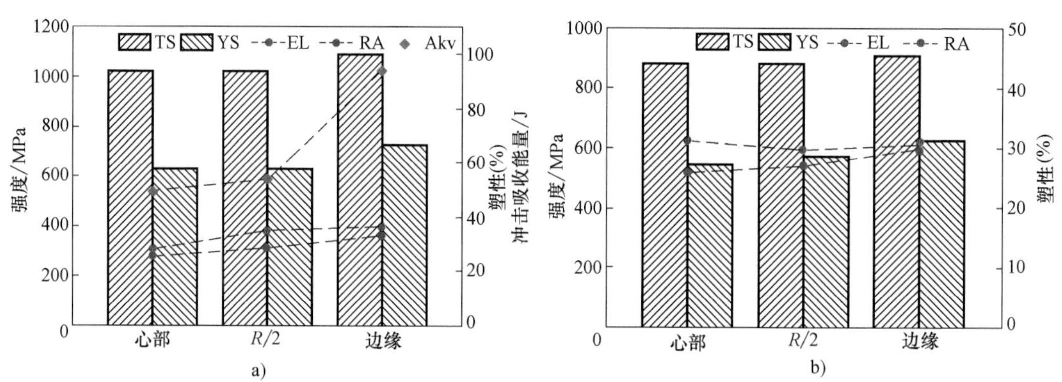

图 3-100　TF1 试制锻件截面不同位置轴向力学性能

a）室温　b）700℃

注：TS—抗拉强度，YS—屈服强度，EL—伸长率，RA—断面收缩率，Akv—冲击吸收能量。

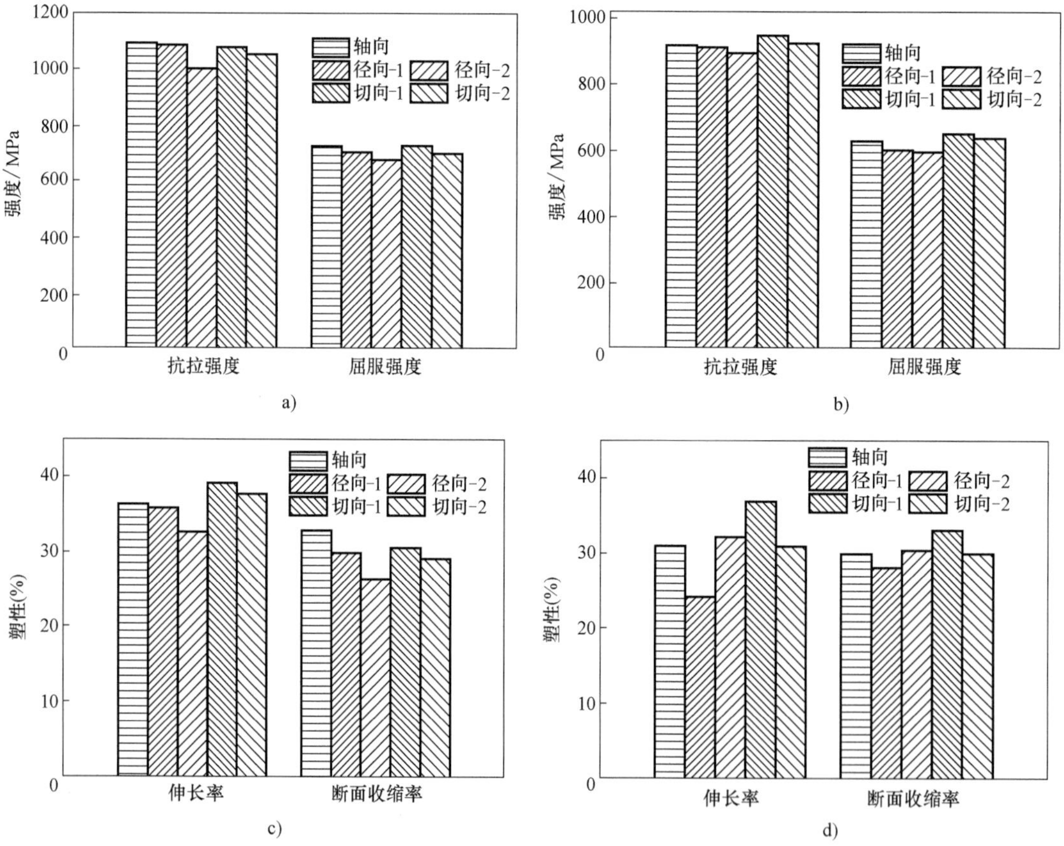

图 3-101　TF1 试制锻件不同方向力学性能

a）室温强度　b）高温强度　c）室温塑性　d）高温塑性

750MPa，屈服强度>500MPa，伸长率和断面收缩率>30%。

图 3-103 所示为 TF2 试制锻件不同方向力学性能。由图 3-103a、c 可知，三个方向的室温拉伸性能水平波动较小，抗拉强度的最大值与最小值之间的差值不超过 30MPa，屈服强度

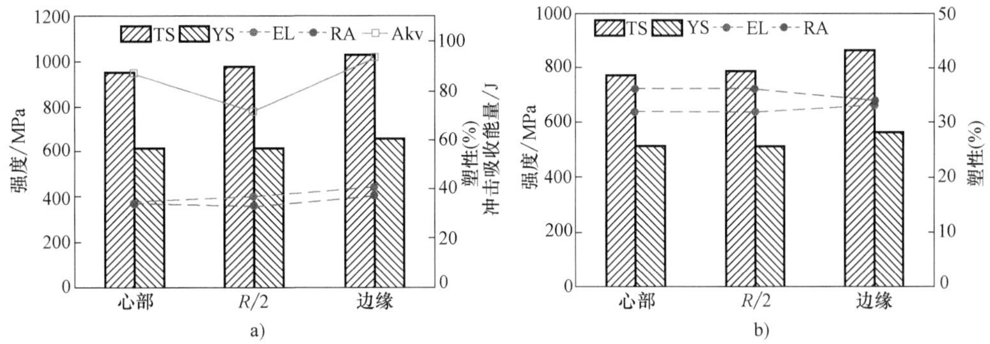

图 3-102　TF2 试制锻件截面不同位置轴向力学性能

a）室温　b）700℃

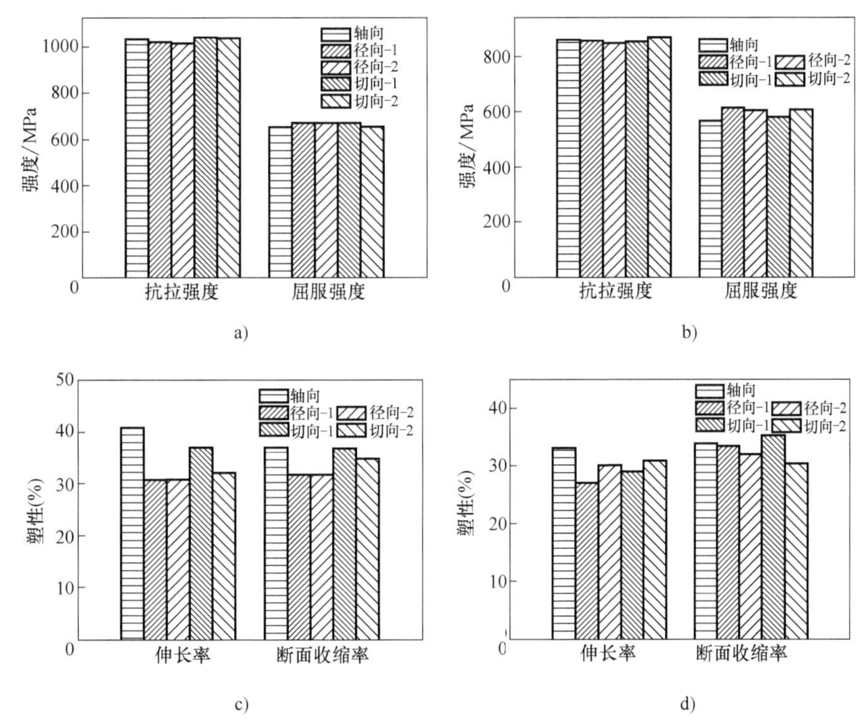

图 3-103　TF2 试制锻件同一位置不同方向力学性能

a）室温强度　b）高温强度　c）室温塑性　d）高温塑性

的最大值与最小值之间的差值不超过 20MPa；其伸长率和断面收缩率均可保持在 25%以上。而对于其高温拉伸性能（见图 3-103b、d），强度的变化幅度均在 50MPa 以内，而伸长率和断面收缩率均可保持在 25%以上。

综上所述，试制的 ϕ850mmTF2 试制锻件截面不同部位的组织与性能较均匀，不同方向性能波动较小，不存在各向异性现象。与 TF1 试制锻件相比，TF2 试制锻件整体强度较低，但塑性与冲击性能较好，与两个铸锭的成分、热处理工艺有关系，但 TF2 试制锻件的性能均匀性更好，这与其制造工艺路线有直接关系，镦挤成形方式制造过程的一致性与均匀性要优于自由锻造。

由于两个锻件采用的热处理工艺和成分略有差异，为了尽可能减少干扰因素，将两个锻件的时效处理时间统一化处理后进行性能的对比，如图 3-104 和图 3-105 所示。由图 3-104 可知，两个不同截面、不同制造工艺路线的锻件，其最终的拉伸性能基本相当。由图 3-105 可知，TF1 与 TF2 试制锻件冲击性能在心部与 *R*/2 处相当，TF2 略低，但边缘处 TF2 的冲击性能较 TF1 高出许多。

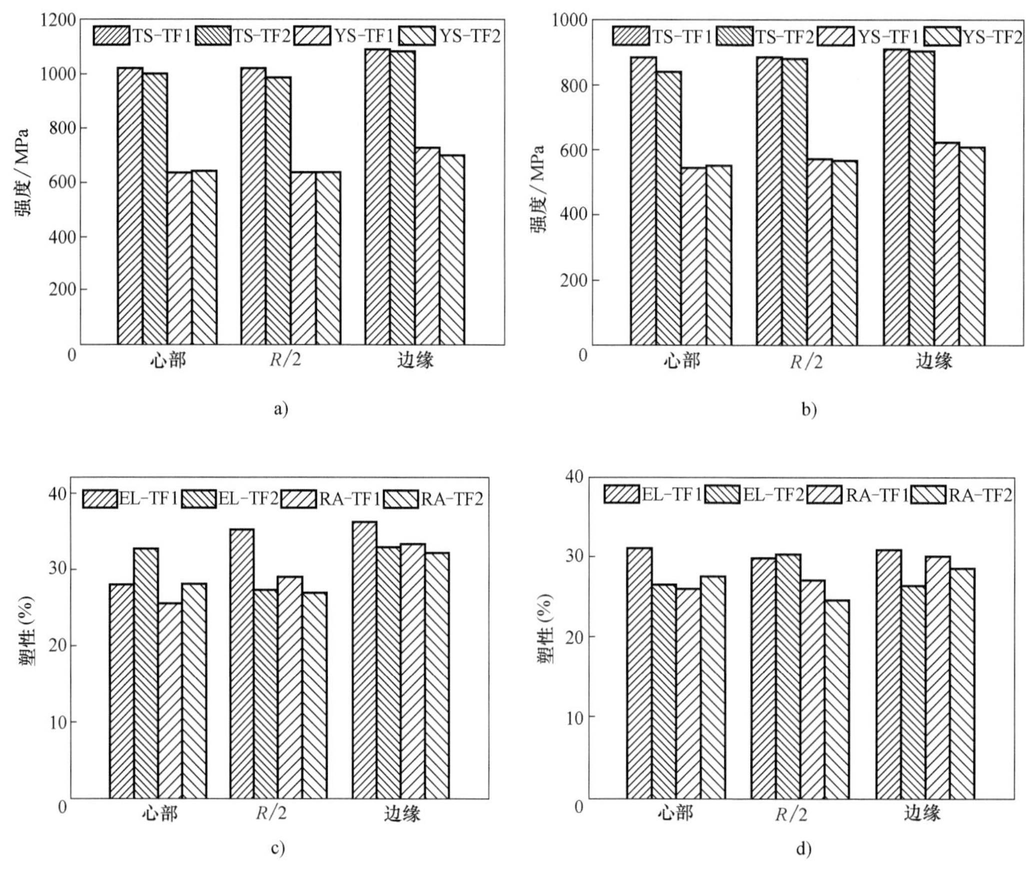

图 3-104 TF1 与 TF2 试制锻件拉伸性能对比

a）室温强度 b）700℃强度 c）室温塑性 d）700℃塑性

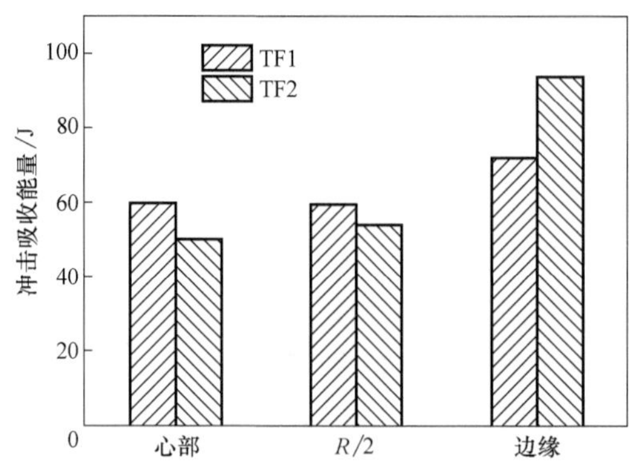

图 3-105 TF1 与 TF2 试制锻件冲击性能对比

3.2.5.3 持久性能

两个试制锻件的短时持久性能见表 3-13。由表 3-13 可知，TF1 试制锻件的短时持久性能略高于 TF2，一方面与二者的成分设计有一定的关系，另一方面与热处理工艺有关系，TF1 试制锻件的时效处理时间更长，其析出相强化效果更好，且晶粒度较大，因此持久时间较长，但会影响冲击性能、塑性等。

表 3-13　短时持久试验结果

试验条件	TF1	TF2
700℃,400MPa	1159h	1068h
	1187h	956h

3.2.6　项目验收

受国家能源局科技司委托，中国机械工业联合会于 2021 年 10 月 20 日在北京组织召开了项目结题验收评审会，该项目通过了项目结题验收。

3.2.7　成果评价

2021 年 11 月 29 日，黑龙江省机械工程学会组织专家在哈尔滨召开了由中国第一重型机械股份公司完成的“先进超超临界机组超大截面镍基合金转子锻件绿色成形制造技术及应用”项目科技成果评价会。评价委员会专家一致认为该项目拥有完全自主知识产权，经济效益和社会效益显著，应用前景广阔。该项目整体技术指标达到国际先进水平，在大截面镍基合金转子锻件挤压成形技术方面处于国际领先水平。

目前共申报相关发明专利 6 项，已有 5 项获得授权。

3.2.8　推广应用

通过以上探索研究可以发现，采用挤压方式制造大规格的镍基合金棒料可以很好地实现截面晶粒度的均匀性控制和细晶控制，材料利用率相对于自由锻造明显提高，制造流程与周期短，相对制造成本降低，且由于挤压为三向压应力变形，可以充分发挥材料的塑性，对于锻造塑性较差的镍基合金非常适用，同时挤压过程相对简单，人为干扰因素较小，可以提高生产的一致性。鉴于以上优点，结合前期调研结果，认为此技术可应用于 GH4169 合金等棒料的制造，在细晶控制、组织均匀性、制造一致性等方面具有非常大的优势，因此进行相关技术探索并进行了试制。

3.3　GH4169 合金细晶棒料

3.3.1　项目背景

近年来，无论是民用大飞机还是军用飞机的研制，中国均取得了令人瞩目的成就，但航空发动机作为飞机上天的唯一动力装置，一直是我们国家航空工业的短板。为了解决航空动力的“卡脖子”问题，国家于 2016 年成立第十二个大型军工央企——中国航空发动机集团有限公司，将航空发动机的研制放在了一个重要的位置，同时，正式启动了“两机专项”，预计将投入上千亿进行航空发动机和重型燃气轮机的研制。

镍基变形高温合金具有优异的综合力学性能，良好的抗氧化、耐蚀性，国内外广泛用于制造各种先进军、民用航空发动机[29]。其中，GH4169 合金广泛应用于盘类件和机匣环锻件等。目前，GH4169 合金已经成为我国现役和在研的各型号航空发动机中用量最大、用途最广、产品种类和规格最全的难变形高温合金材料。例如，太行发动机中应用 GH4169 合金的零件号达 261 个，零件总重量占核心机重量的 60%，占发动机重量的 30%以上。毋庸置疑，GH4169 合金制造的最重要的零件就是航空发动机用涡轮盘。在太行发动机中，仅盘类件就多达 11 种。自 20 世纪 80 年代以来，结合航空发动机涡轮盘的研制，国内对 GH4169 合金开展了大量的研究工作，特别是结合我国的国情和生产装备状况，有特色与创造性地研究和掌握了有关工序的工艺，使国内生产的 GH4169 合金质量不断提高，满足了我国航空发动机对 GH4169 合金的需要[30]。但我们国家在冶金质量、杂质元素控制等方面与发达国家仍存在较大差距，尤其是在大尺寸棒料方面存在组织均匀性差、晶粒尺寸超标等现象，且力学性能裕度低、性能一致性差，如美国进口大尺寸棒料的晶粒度为 6~7 级，而我国目前相同规格大尺寸棒料的晶粒度为 5~6 级。此外，进口棒料的晶粒组织比较均匀，棒料中心、*R*/2 和边缘的晶粒尺寸大小差别不大，而我国大尺寸棒料中心和 *R*/2 处的晶粒较细小，但边缘较大区域存在未再结晶的扁长大晶粒[29-31]。

为了解决大直径 GH4169 棒料晶粒度细晶、均质化控制等难题，课题组在镍基转子挤压试制的基础上，提出了采用挤压制造方式解决大直径 GH4169 细晶棒料的均匀化、一致化生产难题，并进行了探索。

中国一重于 2018 年获得某省市级科技支撑计划重点项目支持，开展大直径 GH4169 合金棒料的研制工作。

3.3.2 试验方案

高温合金细晶棒料的制造流程一般为冶炼—均匀化处理—开坯—成形—机械加工，根据其制造流程，高温合金细晶棒料锻件验证试验的主要内容如下：

1）均匀化处理工艺研究。主要研究其铸态组织、析出相等，以及低熔点相的回熔与微观偏析的消除等。

2）锻造工艺研究。主要研究其晶粒长大规律、再结晶等。

3）开展试制，对试制结果进行综合评价。

3.3.3 1∶1 试验

1. 均匀化工艺研究

（1）铸态组织[32]　从真空感应熔炼（VIM）+真空自耗电弧熔炼（VAR）双联工艺冶炼的 ϕ508mm 铸锭上冒口部位切取盘片，再从盘片的心部、*R*/2 和边缘部位分别切取金相试样进行铸态组织的研究，并测量其枝晶间距等。图 3-106 所示为 GH4169 自耗锭不同位置枝晶形貌图。观察 GH4169 合金的金相形貌可知，从试样的中心到边缘位置都有明显的枝晶，浅色区域为枝晶间，深色区域为枝晶干，在枝晶间的区域分布有大量的块状析出相，见图 3-107。EDS 分析结果表明这些块状析出相均为 laves 相，钢锭心部的析出相为密实块状，半径和边缘的析出相为鱼骨状，边缘由于冷却快、偏析程度低，laves 相数量相对较少。

（2）元素偏析情况　利用能谱仪测量铸态组织中枝晶间和枝晶干的成分，同时计算枝

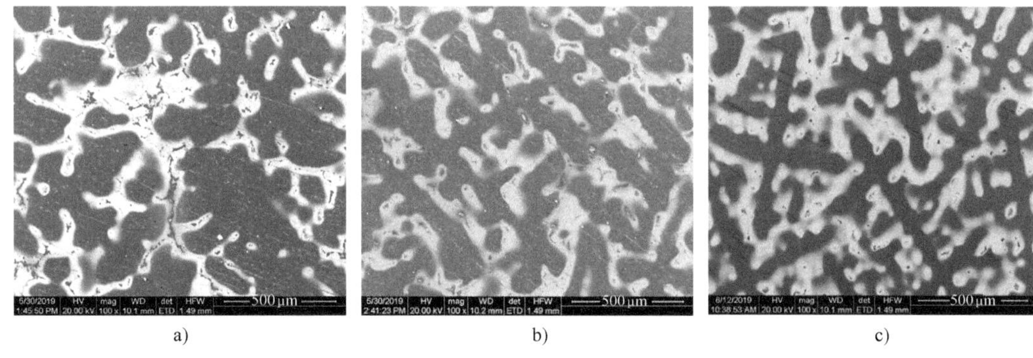

a) b) c)

图 3-106 GH4169 自耗锭不同位置枝晶形貌图

a）中心 b）$R/2$ c）边缘

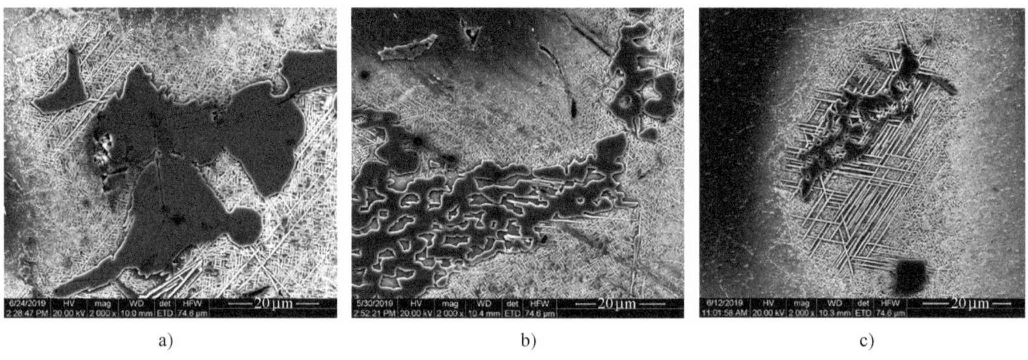

a) b) c)

图 3-107 GH4169 自耗锭不同位置析出相形貌图

a）中心 b）$R/2$ c）边缘

晶间和枝晶干平均成分的比值——偏析系数 K（见表 3-14），Nb、Mo、Ti 在不同位置均表现为明显的正偏析，均偏析于枝晶间，三种元素的偏析程度比较结果为 Nb>Ti>Mo，且偏析程度从中心到边缘依次递减。

表 3-14 不同位置主要偏析元素的偏析系数

偏析元素	心部	0.5R	边缘
Nb	2.57	2.01	1.98
Mo	1.23	1.18	1.16
Ti	1.59	1.37	1.29

（3）均匀化处理工艺参数研究 由于 GH4169 合金中存在大量的 Laves 相，其对后续的锻造等均有不利的影响，且其为低熔点相，因此需要采取两阶段的均匀化处理工艺，第一阶段主要目的是使 Laves 相以及共晶相等回熔到基体中，第二阶段目的是使微观偏析减少或消除，并尽可能使一次碳化物回熔或钝化。

在研究第一阶段均匀化处理时，首先要确定 Laves 相的初熔温度，如图 3-108 所示。在 1170℃保温 1h 后，合金内部产生了 γ+Laves 共晶相，1160℃试样中未发现此类相，证明 Laves 相的初熔温度为 1160~1170℃之间。因此可以将第一阶段的均匀化处理温度定为 1160℃。

将铸态试样在 1160℃保温不同时间后观察其枝晶形态与析出相，如图 3-109 和图 3-110

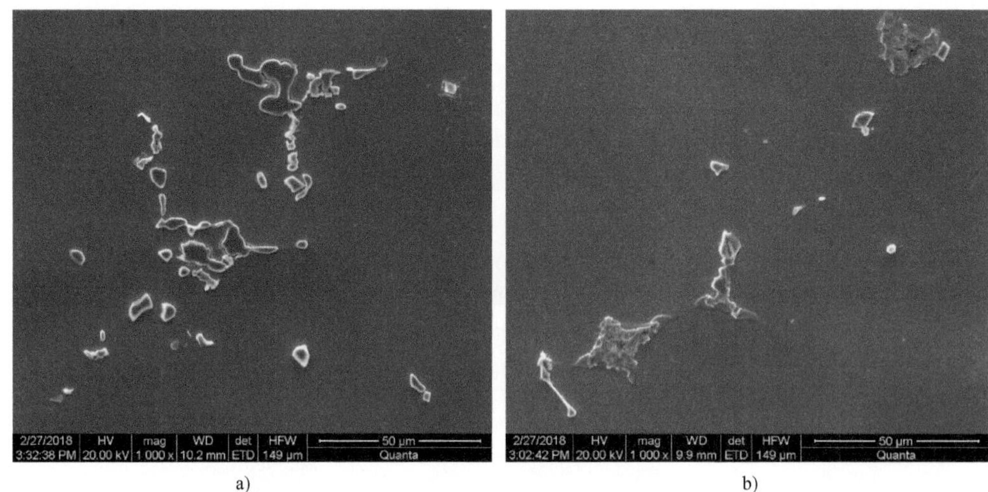

图 3-108 Laves 初熔相的确定

a）1160℃×1h b）1170℃×1h

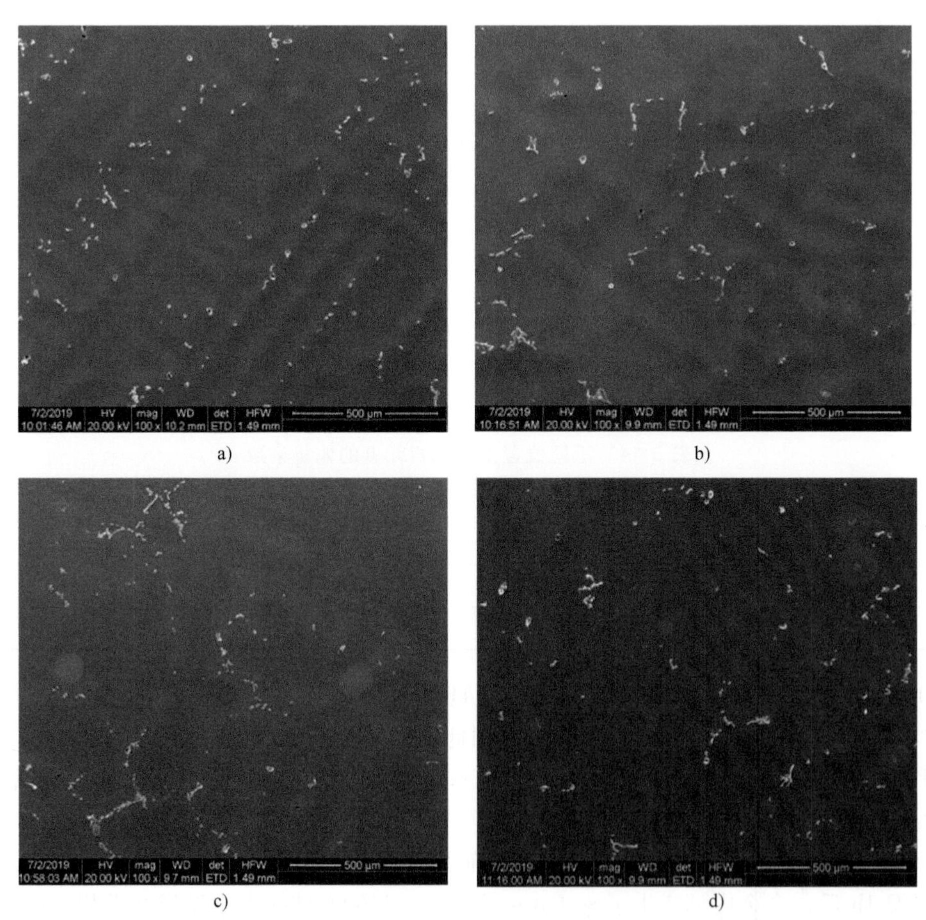

图 3-109 1160℃保温不同时间后的枝晶形态

a）16h b）20h c）24h d）28h

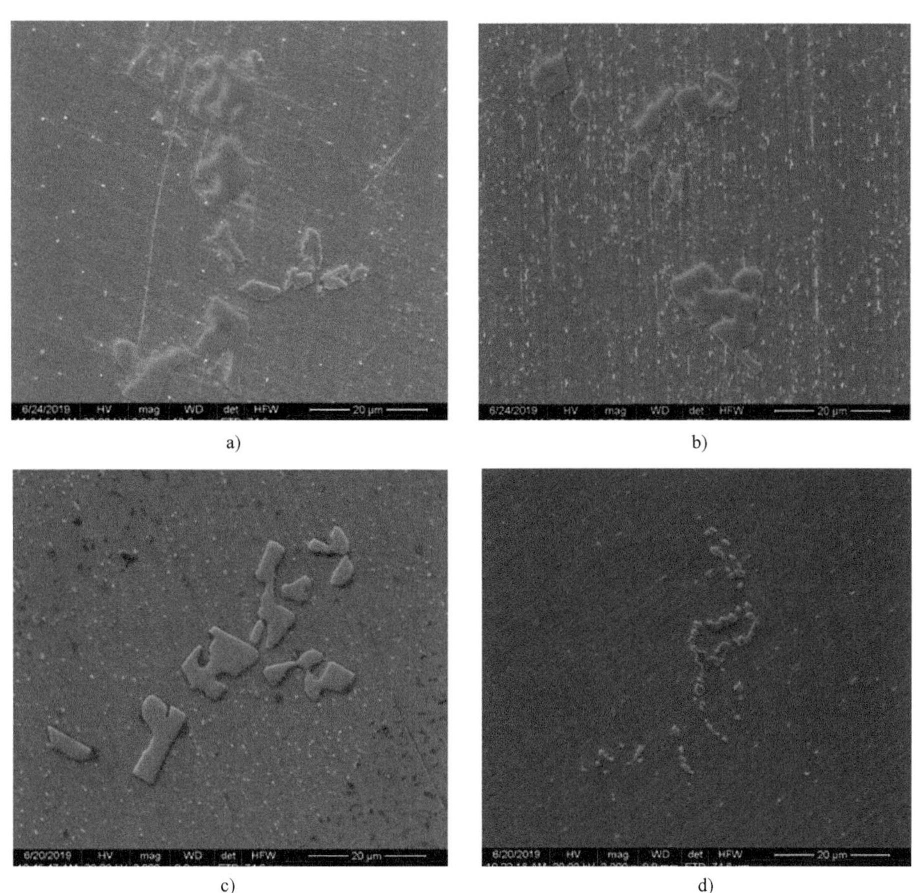

图 3-110 1160℃保温不同时间后的析出相

a）16h b）20h c）24h d）28h

所示。随着保温时间的增加，枝晶组织逐渐消失。在保温 24h 后的样品中已经无法区分枝晶干和枝晶间区域。高倍金相照片显示，保温 16h 后 laves 相已全部消除，只剩下块状的 NbC。因此，笔者确定第一阶段均匀化处理的工艺制度应为：1160℃保温 20h 以上。

在第一阶段均匀化热处理的基础上，又进行了 1180℃、1200℃保温不同时间的第二阶段均匀化热处理工艺研究。图 3-111 所示为第二阶段均匀化处理后枝晶形貌图；图 3-112 所示为第二阶段均匀化处理后 Nb、Mo、Ti 元素的残余偏析指数 δ。从图 3-111 和图 3-112 可见，经过第二阶段均匀化处理，GH4169 合金中的枝晶已彻底消除，只剩一些难以回熔到基体中的块状一次 NbC。Nb、Mo、Ti 元素的残余偏析指数在 1180℃保温 48h 以上之后全部降到 0.2 以下。

综上所述，本项目研究过程中采用了经典的“1160℃×24h+1200℃×72h”两阶段均匀化热处理工艺[33]，可以满足本试制铸锭的均匀化处理需求，在实际试制过程中将以此均匀化处理工艺为基准执行工艺，为后续的锻造奠定良好的基础。

2. 锻造工艺研究

镍基合金为单一奥氏体组织，其晶粒度只能依靠锻造来控制，因此在锻造过程中需要重点关注其晶粒细化与均质化控制。由于镍基合金再结晶激活能高、变形抗力大、锻造温度区

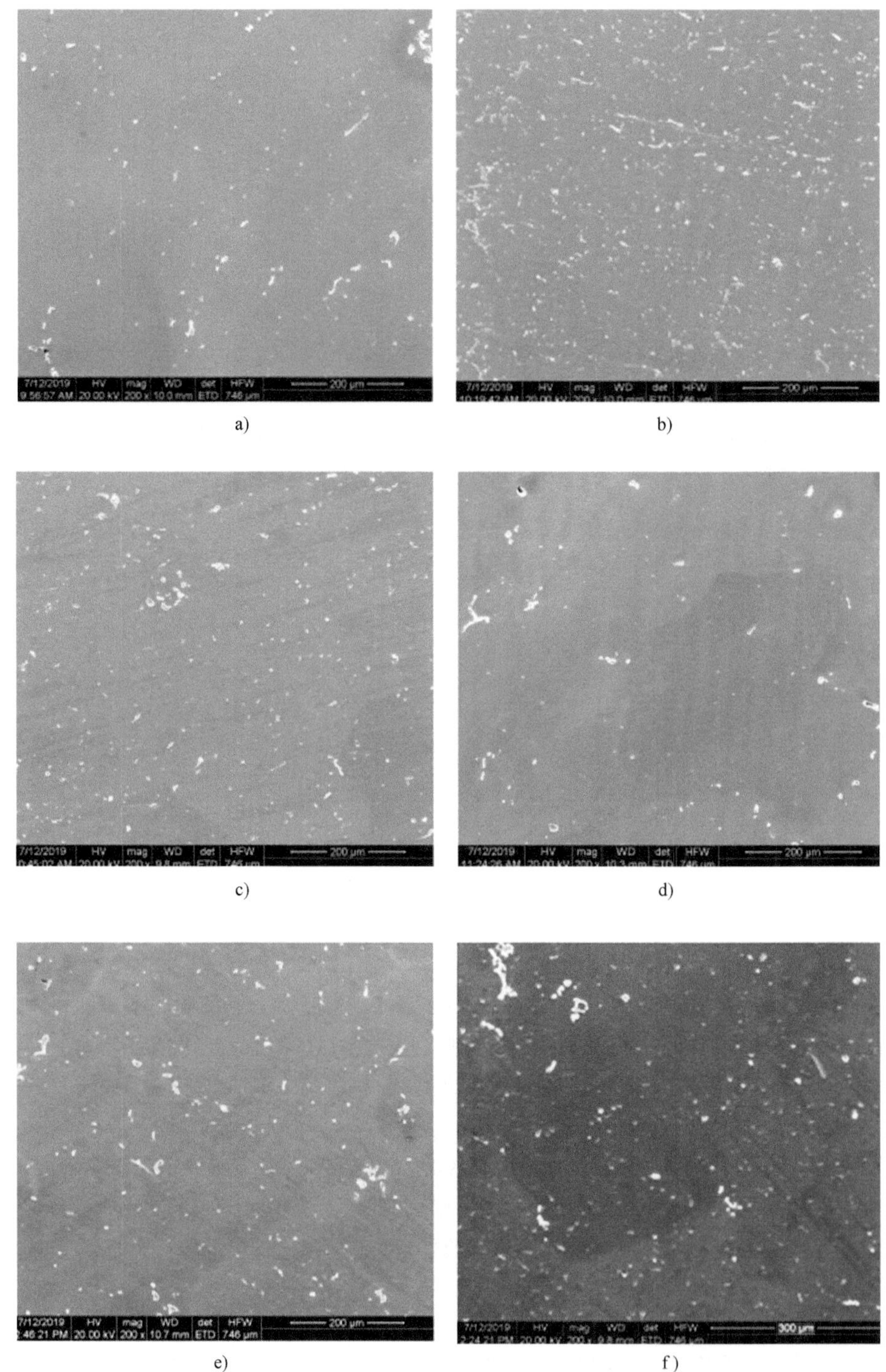

图 3-111　第二阶段均匀化处理后枝晶形貌图

a）1180℃×24h　b）1180℃×48h　c）1180℃×72h　d）1180℃×80h

e）1200℃×24h　f）1200℃×48h

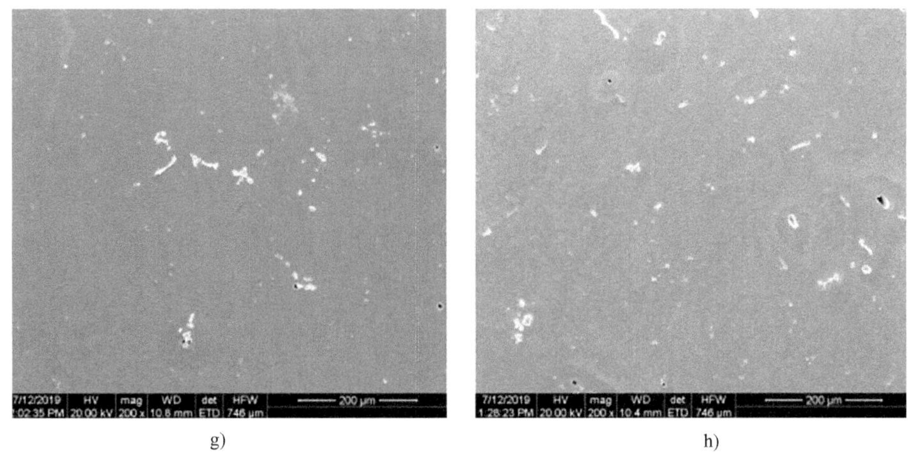

g)　　h)

图 3-111　第二阶段均匀化处理后枝晶形貌图（续）

g）1200℃×72h　h）1200℃×80h

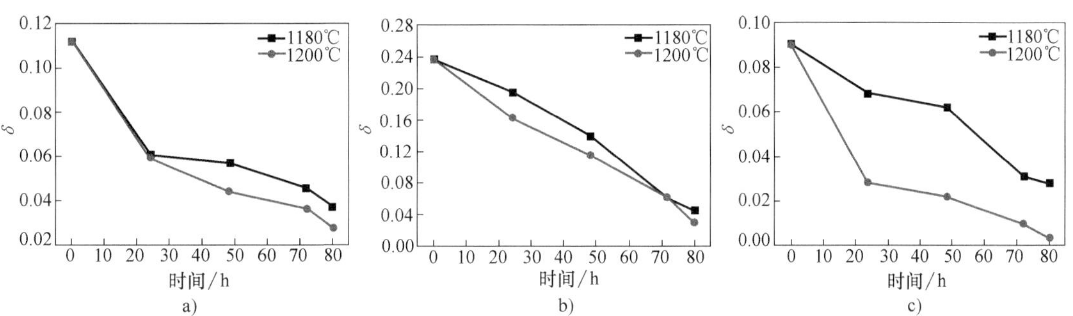

图 3-112　第二阶段均匀化处理后 Nb、Mo、Ti 元素的残余偏析指数

a）Nb　b）Mo　c）Ti

间窄等原因，需要对其开裂、再结晶行为等开展细致深入的研究，因此首先冶炼了 150kg 的小钢锭并锻造成小棒料来开展其锻造工艺的研究工作。

（1）锻造塑性　高温合金中较多的合金元素造成其析出相、晶界行为复杂，在变形过程中会造成开裂等，因此在制定锻造工艺前，必须对其锻造塑性进行测试研究，图 3-113 所

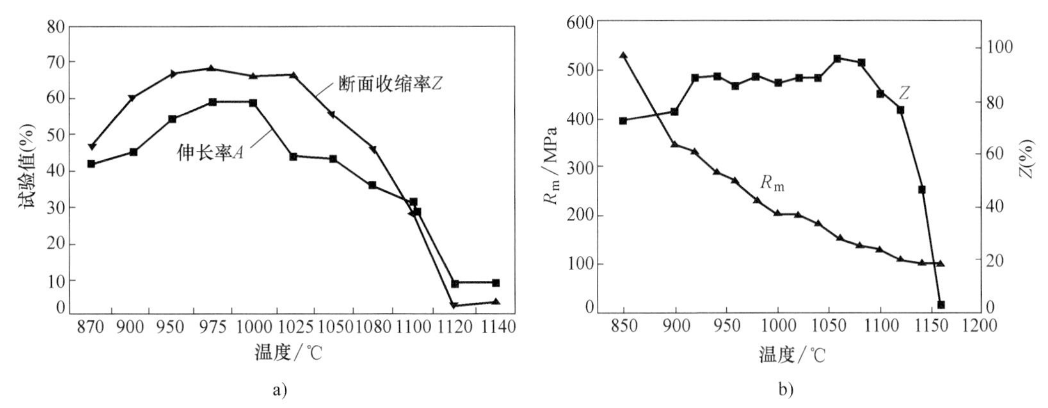

图 3-113　GH4169 合金锻造塑性图[34,35]

a）GH4169 合金不同温度下的 GLEEBLE 试验　b）GH4169 合金的热模拟拉伸试验结果

示为不同文献中给出的锻造塑性图，从图 3-113 可以看出，900℃以上锻造时，其塑性良好，但过了 1120℃，其塑性呈断崖式下降，因此，GH4169 合金的加热温度不能超过 1120℃。

(2) 晶粒长大趋势[36] 试验合金经过 960~1150℃和 0.5~3h 的不同温度和时间保温处理后，制作成金相试样，并采用截点法测量晶粒尺寸，最后绘成曲线图（见图 3-114）。由图 3-114 可知，在加热温度不高于 1020℃时，随着温度的升高，晶粒长大有限，当加热温度高于 1020℃后，晶粒快速长大，并很快长大到晶粒度 4 级以上。1020℃为晶粒随温度长大的一个明显拐点温度。在同一保温温度下，随着保温时间的增加，晶粒迅速长大，但长大程度有限。温度的影响程度要大于时间，为主要影响因素。

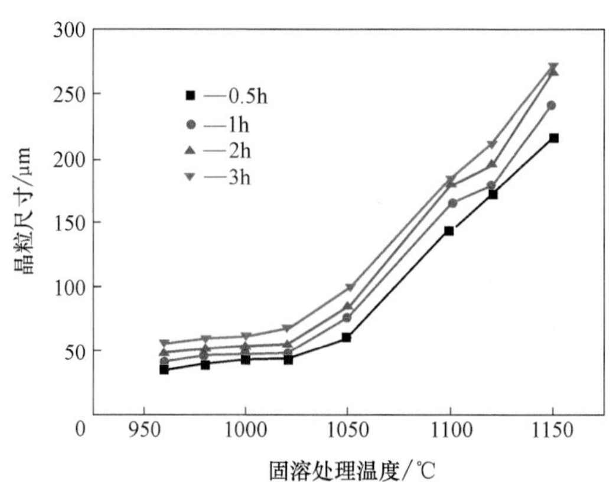

图 3-114 加热温度、保温时间对晶粒度的影响规律

图 3-115 所示为试验合金在不同温度保温处理后的显微组织。由图 3-115a 可知，经过 960℃的保温处理后，相比于锻态组织，晶粒发生了一定程度的长大，存在不均匀分布的析出相，析出相较多处晶粒偏小，整体呈混晶状态。随着保温温度升高至 980℃和 1000℃（见图 3-115b、c），晶粒继续长大，且局部不均匀分布的析出相减少，但整体仍为混晶状态，且可观察到明显的孪晶。当保温温度升高至 1020℃时（见图 3-115d），晶粒进一步长大，在光镜观察分析时，原先不均匀分布的析出相基本消失，除个别部位存在的大晶粒外整体均匀。随着加热温度的继续升高（见图 3-115e、f），晶粒尺寸明显增大，混晶现象消失，孪晶更加明显。由图 3-115 观察对比分析可知，晶粒的长大除了与温度有关外，还与析出相有关，结合图 3-114 的结果，1020℃成为晶粒度随加热温度变化的拐点温度很有可能与析出相有关。

图 3-116 所示为试验合金在 1020℃保温处理不同时间后的显微组织。由图 3-116 可知，试验合金在 1020℃保温 0.5h 后，很多晶粒的晶界呈弯曲形态，随着保温时间的增加，此类晶界数量减少，且晶粒尺寸有一定的增大。

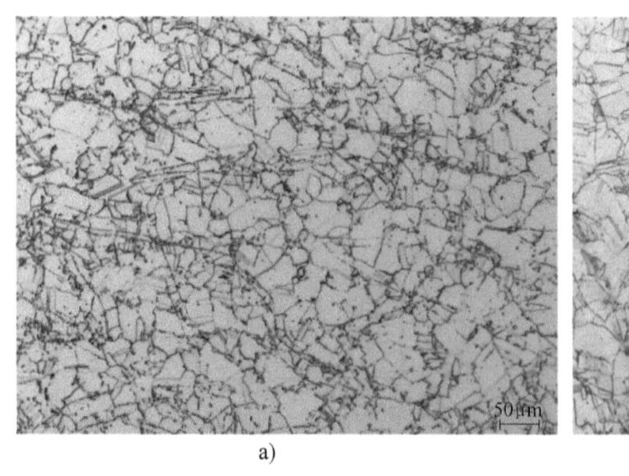

a)

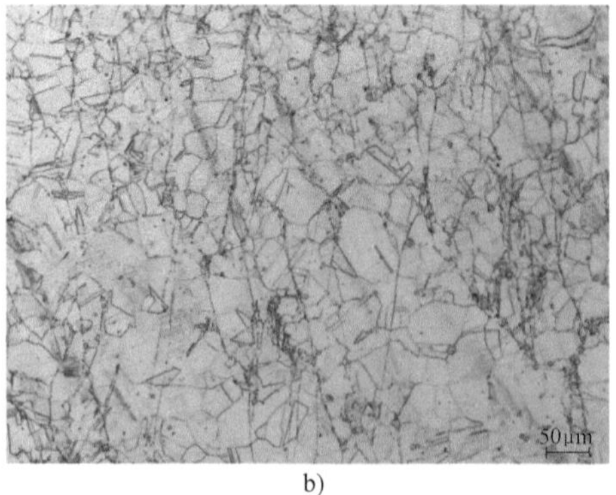

b)

图 3-115 不同温度保温处理后的显微组织（保温时间为 1h）

a）960℃ b）980℃

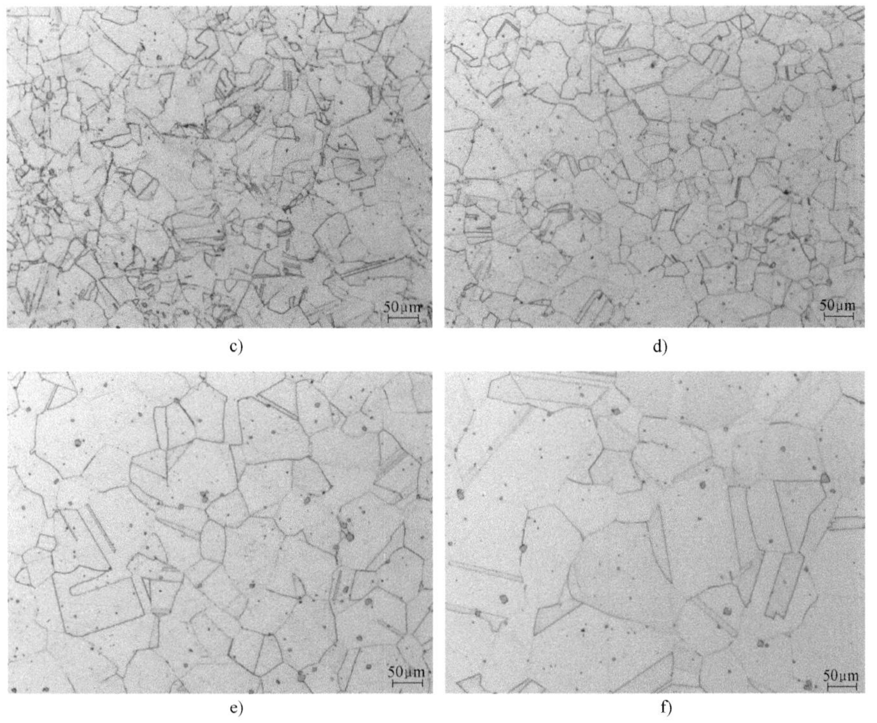

图 3-115 不同温度保温处理后的显微组织（保温时间为 1h）（续）
c）1000℃ d）1020℃ e）1050℃ f）1100℃

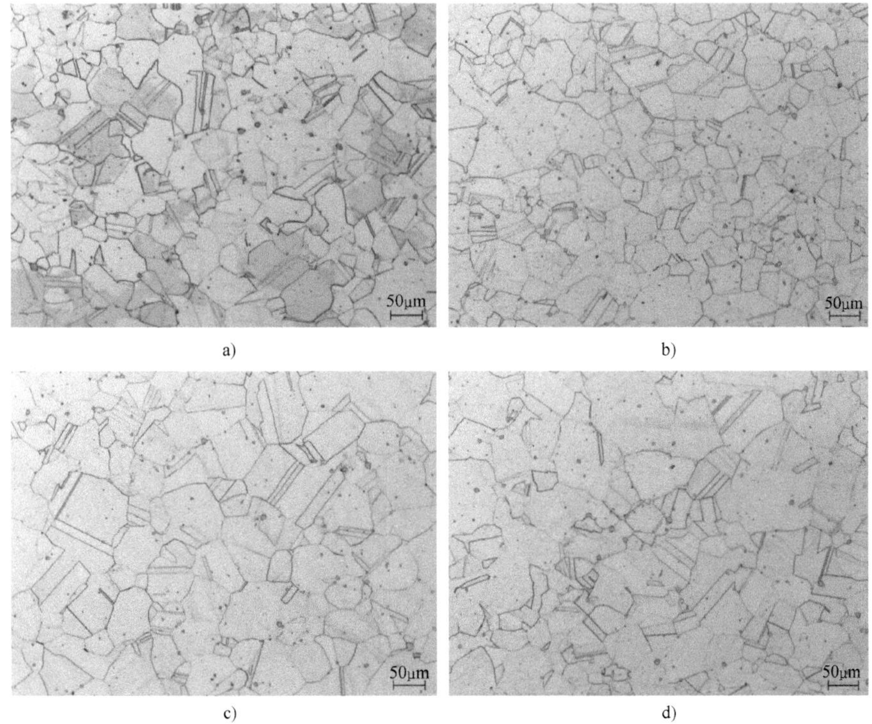

图 3-116 保温时间对晶粒度的影响规律
a）0.5h b）1h c）2h d）3h

由以上金相显微组织观察与分析可推知，晶粒尺寸的增大与混晶的存在与不均匀分布的析出相有关，为了更加深入的研究晶粒度与加热温度的内在关系，对不同温度保温后的试样进行了更加细致的组织观察与分析，如图 3-117~图 3-119 所示。

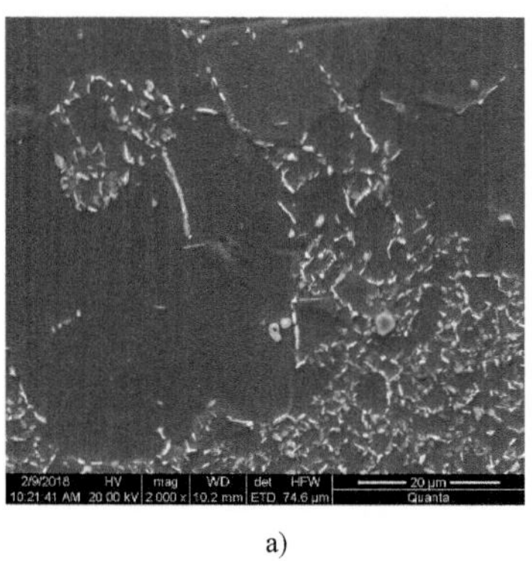

a)

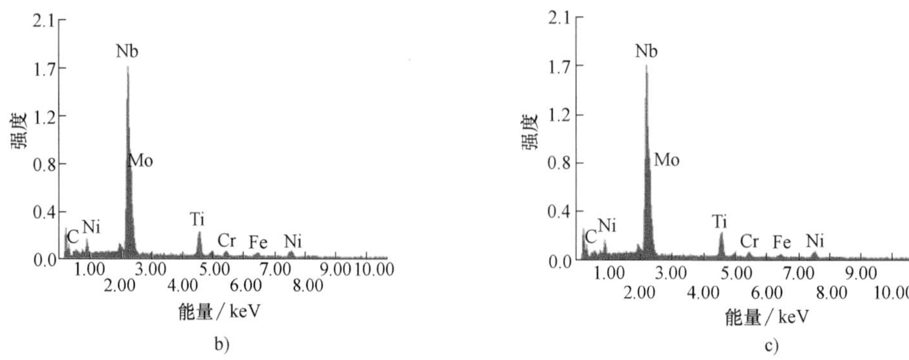

b) c)

图 3-117 试验合金经 960℃保温 0.5h 后的组织照片及析出相能谱分析结果

a）组织照片 b）MC 型碳化物能谱分析结果 c）晶界 δ 相能谱分析结果

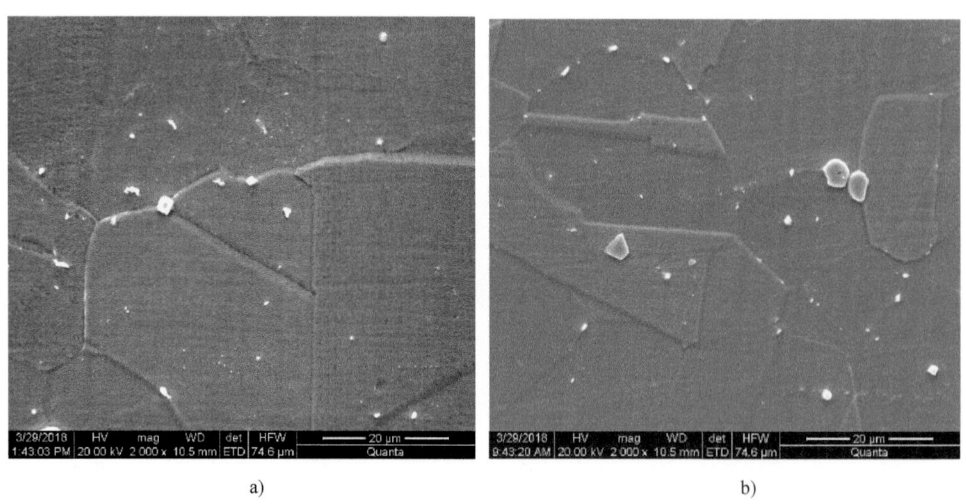

a) b)

图 3-118 试验合金经 1020℃保温处理后的 SEM 图像

a）0.5h b）3h

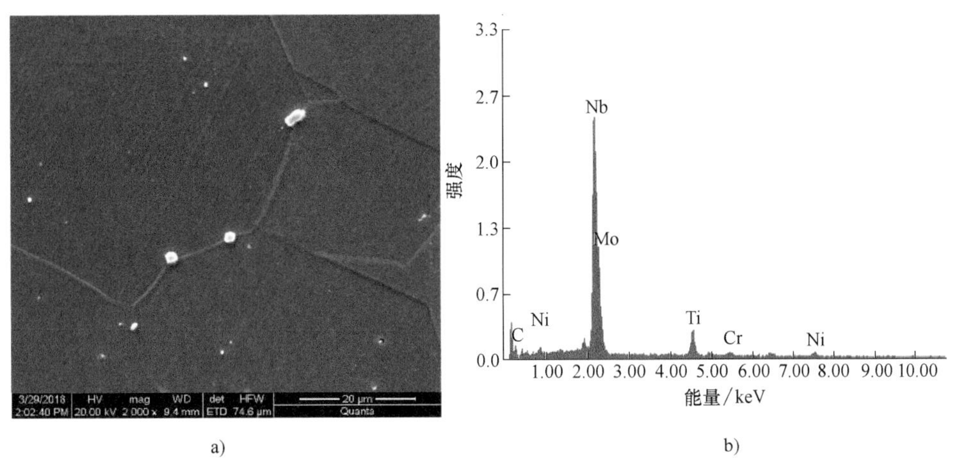

a) b)

图 3-119 试验合金经 1050℃保温 0.5h 处理后的组织照片及晶界块状析出相能谱分析结果

a）组织照片 b）能谱分析

将图 3-115a 中析出相较多区域（晶粒较小区域）放大后观察发现（见图 3-117a），在此部位存在较多的析出相，有颗粒状、短棒状，局部还有针状，对析出相进行能谱分析发现，晶内较大尺寸的块状析出相与锻态组织中的块状析出相相同，为富 Nb、Ti 的 MC 型碳化物，而小颗粒状和短棒状析出相主要组成元素为 Ni、Nb、Ti，据参考文献［37］与［38］，为 δ-Ni_3（Nb，Ti）相，主要分布于晶界，可起到钉扎晶界的作用，因此在 δ 相富集的部位晶粒尺寸较小。与锻态组织对比可知，δ 相为 960℃保温处理过程中析出，与 δ 相的析出温度范围一致[39]，其分布不均匀可能与锻前均匀化处理过程没能充分消除 Nb、Ti 等元素的微观偏析有关。当保温温度升高至 1020℃时（见图 3-118），晶界只可观察到少量的颗粒状 δ 相，不存在短棒状和针状 δ 相，且随着保温时间的加长，δ 相尺寸变小，其钉扎晶界作用减弱，晶粒尺寸可继续增大。随着保温温度升高至 1050℃（见图 3-119），未观察到 δ 相的存在，钉扎晶界作用完全消失，因此晶粒尺寸可快速增大。综上，当保温温度较低时，试验合金内部可析出颗粒状、短棒状和针状的 δ 相，起到钉扎晶界的作用，抑制晶粒的长大。随着保温温度的升高，δ 相析出量减少，钉扎晶界作用减弱，晶粒发生长大。当保温温度高于 1020℃后，δ 相完全消失，无析出相钉扎晶界，晶粒尺寸快速增大。

（3）锻造模拟试验[40] 一般情况下，高温合金在变形时存在一个临界变形量，只有当实际变形量大于临界变形量时才能起到细化晶粒的效果。图 3-120 所示为 GH4169 合金在 1050℃/0.01s^{-1} 时不同变形量 ε 的显微组织结构。当变形量小于 20%时（见图 3-120a、b），晶内存在大量孪晶，多处产生晶界弓出，个别晶界处出现再结晶晶核。当变形量为 21%时，孪晶受挤压开始产生变形，大量再结晶新晶粒在变形晶界处产生，如图 3-120c 所示。而当变形量达到 50%时（见图 3-120d），孪晶消失，原有大晶粒完全被再结晶晶粒取代，晶粒细化非常明显，说明此时晶粒发生完全动态再结晶。

通过不同变形量压缩试样金相照片，统计并计算出晶粒平均尺寸，绘制变形量对晶粒尺寸的影响规律曲线，如图 3-121 所示。分析可知 GH4169 合金存在明显的临界变形区，变形量 20%以上可视为开始发生动态再结晶，并且变形量越大晶粒越细，主要是变形程度增大时，晶内存储的能量增多，再结晶的驱动力随之增大，这与国内其他研究者的成果相似。朱

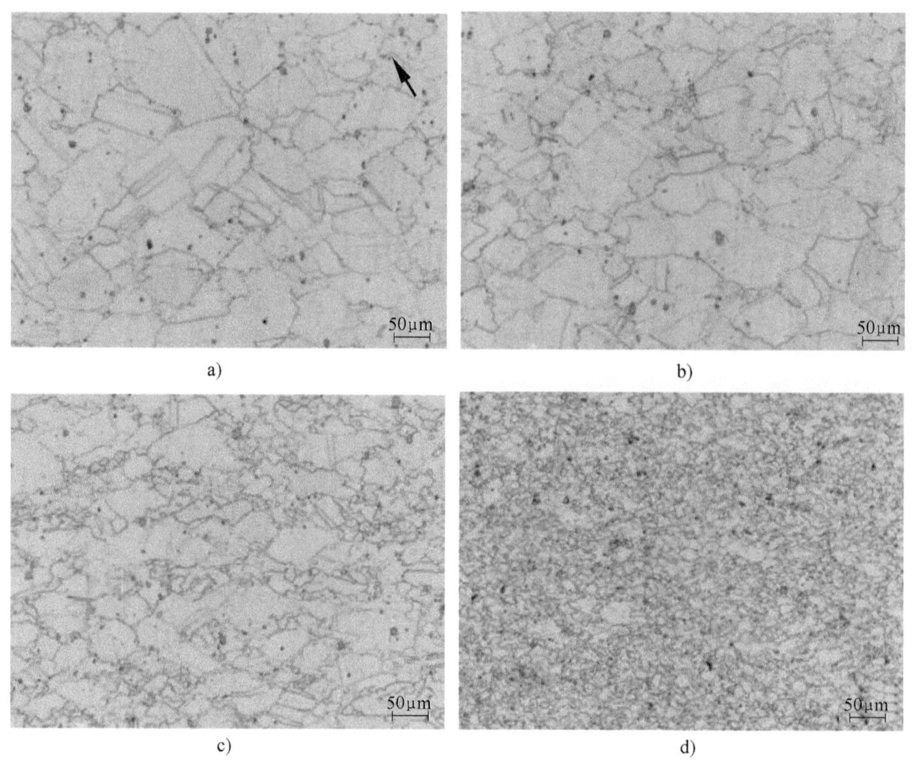

a) b) c) d)

图 3-120 不同变形量下的再结晶组织

a) ε=9% b) ε=18% c) ε=21% d) ε=50%

怀沈等人[41]通过实验的方法得到了镍基 617 合金的再结晶图，真应变为 0.3 时只发生了部分动态再结晶；当真应变达到 0.7 时则发生了完全动态再结晶。

因此在 GH4169 合金棒料的锻造过程中必须保证每火次的变形量，大变形有助于动态再结晶的发生，从而细化晶粒组织。而 20%以下的变形区内晶粒尺寸较大，为了使高温合金锻件获得均匀的晶粒组织，在热加工过程中应予以避开，以免形成局部粗晶或混晶组织。

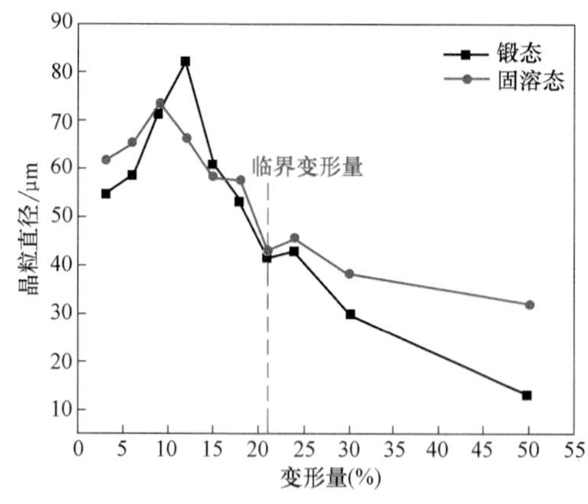

图 3-121 变形量对晶粒尺寸的影响规律

对经过不同变形量压缩后的试样进行了 960℃/1h 的固溶处理，图 3-122 所示为不同变形量压缩并固溶处理后的显微组织。经过固溶处理后，变形晶粒的锯齿晶界由于晶界弓出而变得圆润。从图 3-122 可以看出，当变形量小于 9%以及大于 18%时，经固溶处理后，晶粒直径有所增大；而当变形量为 12%和 15%时，固溶处理后的晶粒尺寸略有减小，这是因为变形量较小没有形核或超过临界变形量而发生动态再结晶，经固溶处理加热后只发生晶粒长大，而变形量在 9%~18%时，变形晶粒局部形核，后续的加热保温过程中小晶粒逐步吞噬大晶粒，使再结晶充分进行。960℃×1h 的固溶处理对临界变形量的影响不大。

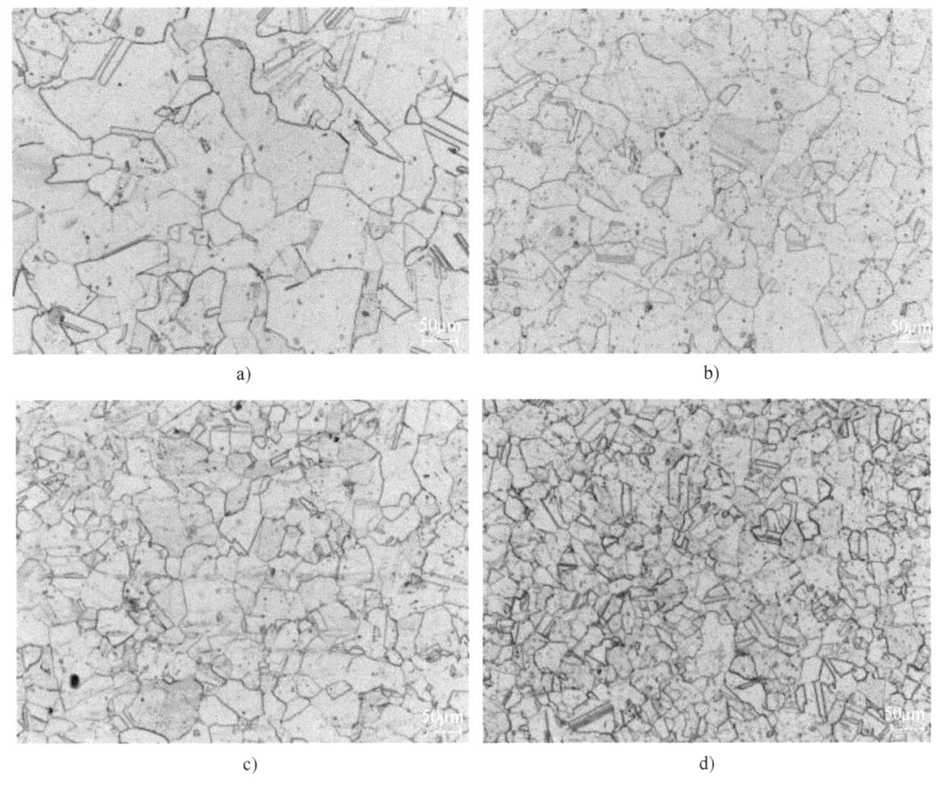

图 3-122 不同变形量压缩并固溶处理后的显微组织

a) ε=9% b) ε=18% c) ε=21% d) ε=50%

在实际生产中，由于 GH4169 合金的锻造温度范围窄、变形抗力大，一般锻造需要多火次，每火次变形量的不同及回炉加热保温都会对锻造后的晶粒尺寸产生很大影响，上文研究结果是很难直接用于指导现场制造工艺制定的。

由于镍基高温合金导热系数小，在锻造过程中心部和边缘处于完全不同的温度。为了更加贴近实际生产，笔者设计了相关实验分别模拟心部和边缘的变形过程，并研究道次变形量对再结晶的影响，为实际生产提供指导。

为了模拟锻造过程中锻件心部的变形过程，设计了等温双道次变形实验，如图 3-123~图 3-125 所示。图 3-123 所示为双道次变形量先小后大压缩及保温后的显微组织，压缩及保温温度均为 1050℃，应变速率为 $0.01s^{-1}$。第一道次压缩量为 15%时，由于未达到临界变形量，晶粒较粗大，未发现动态再结晶痕迹（见图 3-123a），但在随后的保温过程中发生了明显的静态再结晶（见图 3-123b），此处与上文结果不一样的地方在于上文为 960℃固溶处理，此处为在压缩温度 1050℃直接保温。由此可知，小变形量后高温保温仍可获得完全再结晶组织；第二道次大变形后，获得了完全动态再结晶组织，随后的保温过程中，晶粒发生长大，但晶粒度可保持在 5.9 级，且晶粒细小均匀（见图 3-123d）。

对比图 3-122a、图 3-123a 和图 3-124a 可知，随着第一道次变形量的增加，开始发生再结晶，大晶粒的晶界处产生再结晶小晶粒。之后在变形温度下保温 1min，动态再结晶小晶粒经过保温后逐渐合并长大（见图 3-124a、b），而小变形晶粒也会发生再结晶而使晶粒尺

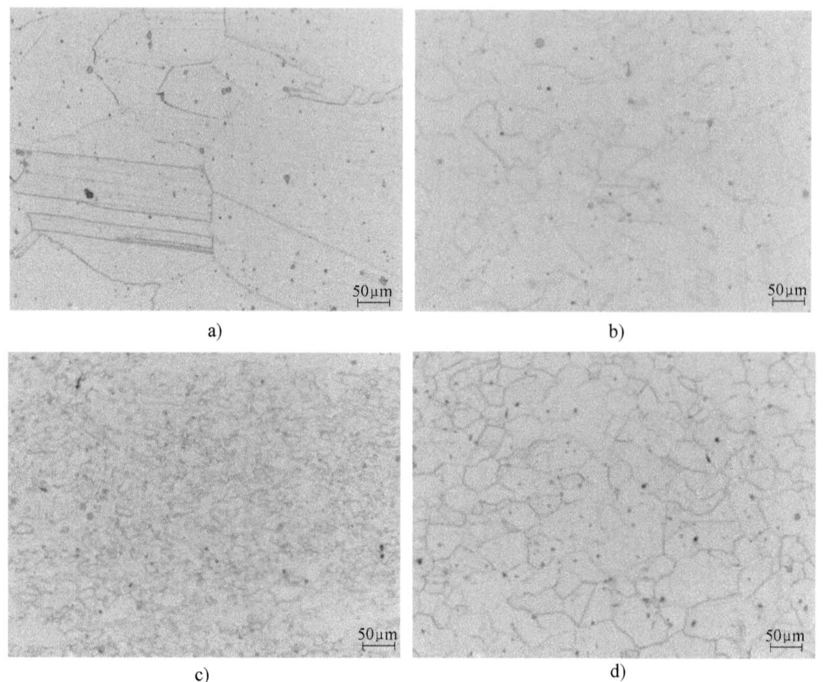

a) b) c) d)

图 3-123 双道次变形量先小后大压缩及保温后的显微组织

a) 1050℃，ε=15% b) a+(1050℃×1min) c) b+(ε=35%) d) c+(1050℃×3min)

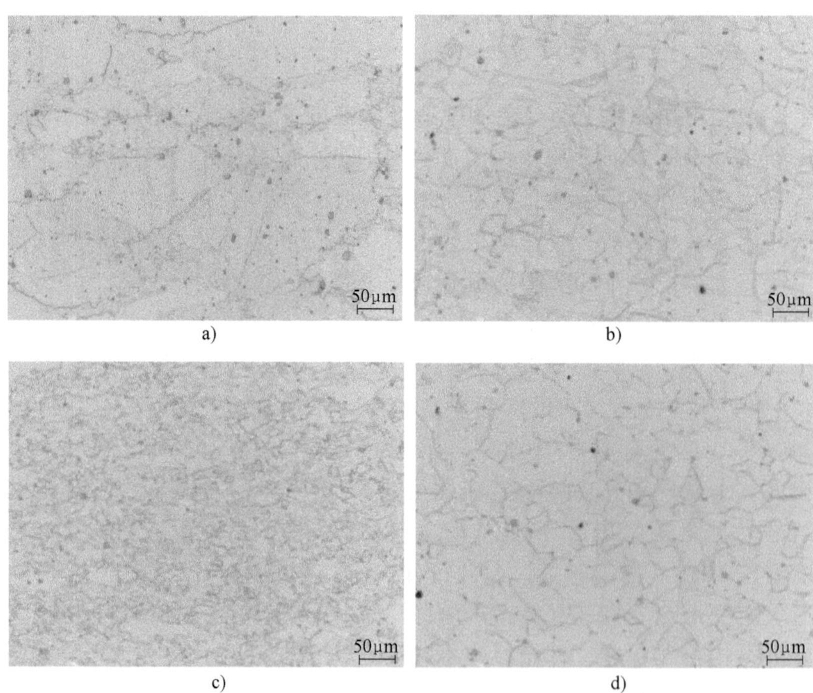

a) b) c) d)

图 3-124 双道次相同变形量压缩及保温后的显微组织

a) 1050℃，ε=25% b) a+(1050℃×1min) c) b+(ε=25%) d) c+(1050℃×3min)

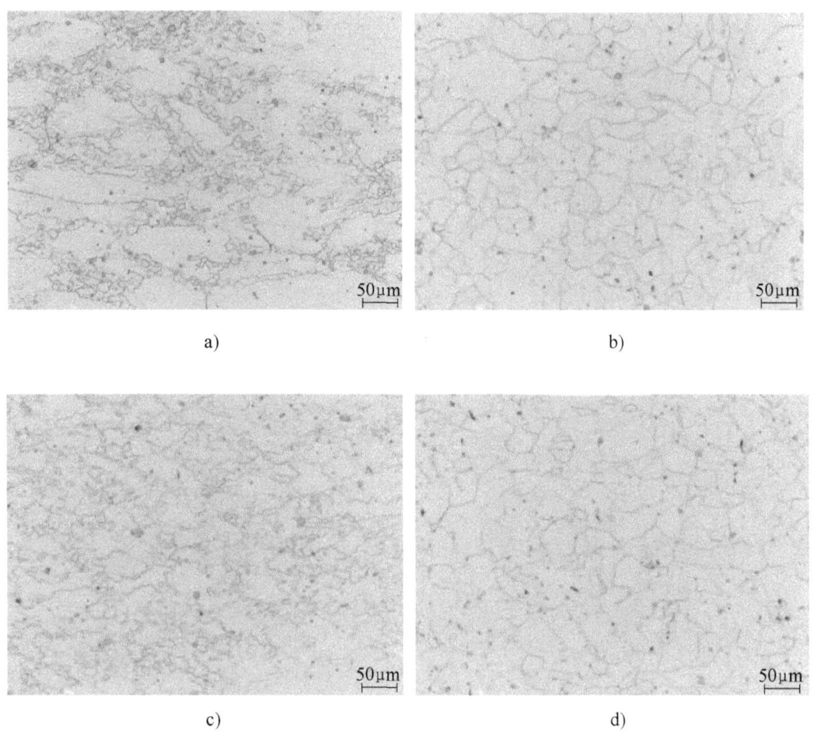

a) b)

c) d)

图 3-125 双道次变形量先大后小压缩及保温后的显微组织

a) 1050℃，ε=35% b) a+(1050℃×1min) c) b+(ε=15%) d) c+(1050℃×3min)

寸减小。相关研究表明，固溶态 GH4169 合金为原始晶界弓出迁移的非连续动态再结晶机制[42]。连续动态再结晶的形核是通过亚晶转动，从而使小角度晶界发展成大角度晶界，而原始晶界不需要弓出迁移。

从图 3-125c 可以看出，经过 35%的压缩变形后，第二道次的变形量即使只有 15%也能发生再结晶，但对比图 3-123c、图 3-124c 和图 3-125c 可知，第二道次的变形量越小，混晶现象越明显。而经两道次压缩总变形量达到相同的 50%后再继续保温 3min，晶粒发生完全再结晶，消除了混晶组织。粗化的晶粒经过第一道次 35%大变形量变形并充分再结晶后，第二道次只需要 15%的小变形量即可发生再结晶，在 1050℃保温晶粒长大后，晶粒度仍可达到 6.5 级（见图 3-125d）。结合图 3-123d 和图 3-125d 可知，在总变形量相同的条件下，先进行大压缩量变形之后再进行一定程度的少量变形，可使经过完全再结晶后的晶粒相对更加细小，即实际锻造后锻件心部短时的高温状态可使再结晶充分进行，最终获得细小的再结晶组织。

在大直径棒料的拔长过程中，完成锻压变形后，通常需要经过滚圆工序，但棒料边缘的金属由于和辅具及空气的热传递，温度有所降低，再进行低温小变形，对表面晶粒度的控制将产生不利影响。为了模拟锻造过程中锻件边缘的变形过程，设计了降温双道次变形实验，图 3-126～图 3-128 所示为经过第一道次 1050℃不同变形量压缩后，经 5min 匀速降温至 950℃，进行第二道次相同变形量压缩并保温的金相组织。如前所述，随着第一道次变形量的增加，经过充分再结晶的晶粒尺寸逐渐减小，见图 3-126b、图 3-127b 和图 3-128b。从

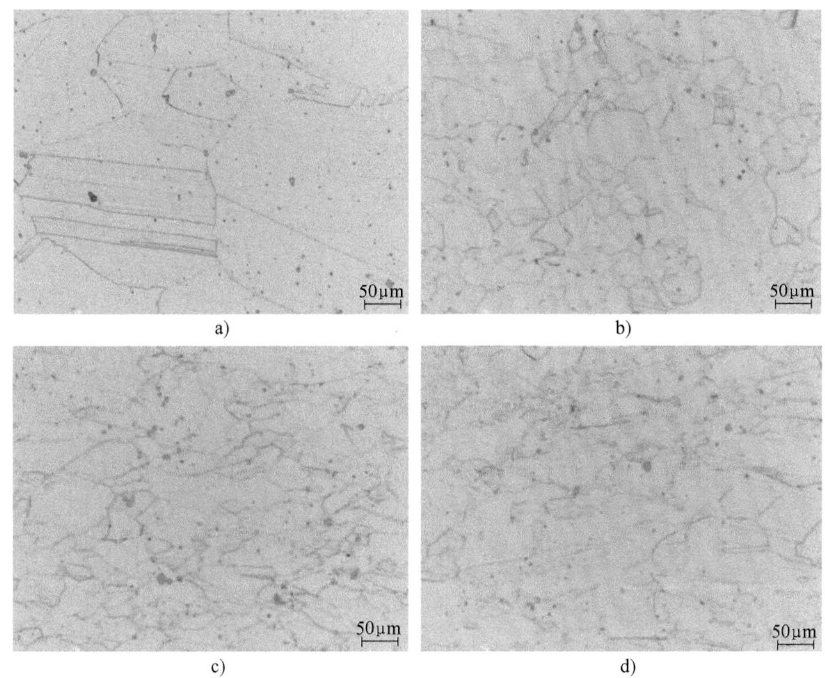

图 3-126 双道次总变形量 30%降温压缩并保温后的显微组织

a）1050℃，$\varepsilon=15\%$ b）a+（5min 降至 950℃） c）b+（$\varepsilon=15\%$） d）c+（950℃×1min）

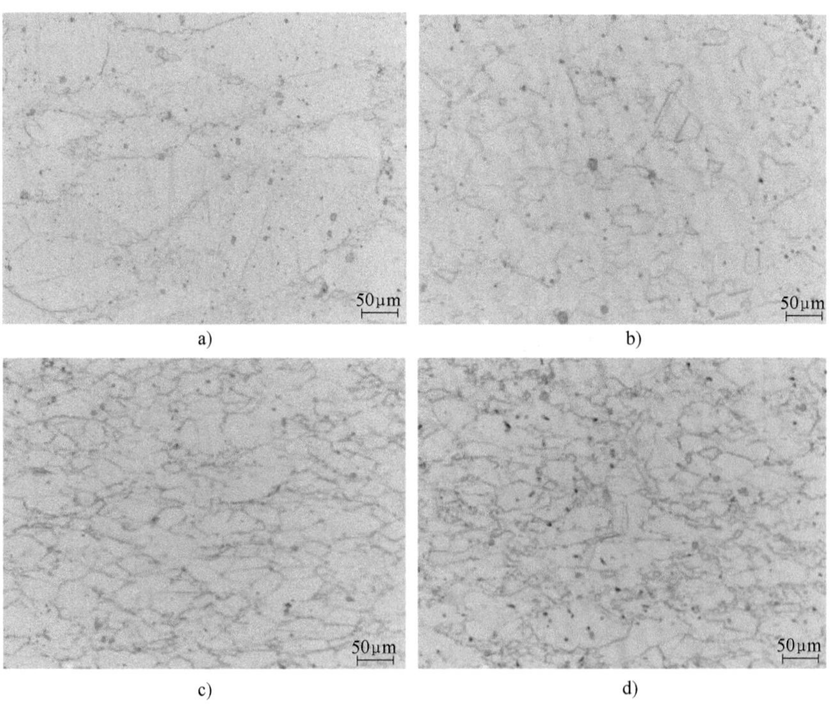

图 3-127 双道次总变形量 40%降温压缩并保温后的显微组织

a）1050℃，$\varepsilon=25\%$ b）a+（5min 降至 950℃） c）b+（$\varepsilon=15\%$） d）c+（950℃×1min）

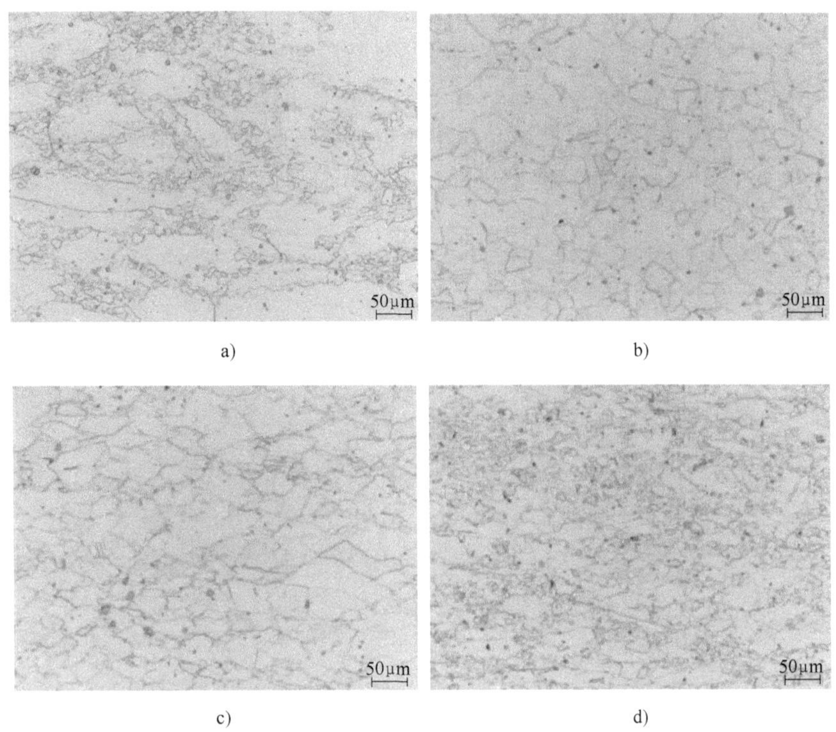

图 3-128　双道次总变形量 50%降温压缩并保温后的显微组织

a）1050℃，$\varepsilon=35\%$　b）a+（5min 降至 950℃）　c）b+（$\varepsilon=15\%$）　d）c+（950℃×1min）

图 3-127a、d 可以看出，经过两道次降温小变形量压缩后的再结晶组织仍较粗大，说明即使总变形量达到了临界变形量，每道次的变形量不足时，也不能使边缘的晶粒细化。而即使第一道次的变形量超过了临界变形量，经两道次变形后的静态再结晶组织仍为混晶，如图 3-127d 和图 3-128d 所示。这在大直径锻态棒料横截面低倍腐蚀观察时表现为边缘呈黑色，即使经过固溶处理仍不能完全消除混晶，这是自由锻方法生产高温合金细晶棒料不可避免的结果。同时常红英等人[43] 的研究指出，在去应力退火过程中，由于沉淀相的析出导致合金发生明显的加工硬化现象，为后续的机械加工增加了难度。

选取初始晶粒度分别为 1.5 级和 4.5 级的两种合金试料在 1050℃进行 70%的压缩变形，并在压缩温度分别保温 20s、3min、10min、30min，图 3-129 和图 3-130 所示为变形及保温后的再结晶组织，图 3-131 所示为经过统计得到的不同再结晶时间下的晶粒度等级曲线。对比图 3-129a 和图 3-130a 可知，动态再结晶的量随初始晶粒尺寸的减小而增加，因为初始晶粒尺寸小时单位面积的晶界较长，晶界处的畸变能较高，有利于动态再结晶在此形核；总晶界也就越长，提供的再结晶形核点就越多，再结晶的量就越大。初始晶粒度为 1.5 级的试样在热压缩后发生了部分动态再结晶，然后随着保温时间增加逐渐开始进行静态再结晶形核及长大，保温时间达到 3min 时静态再结晶完成，接着晶粒开始长大，但长大的速度较缓慢。而初始晶粒度为 4.5 级的试样在变形后即为均匀细小的再结晶晶粒，之后随保温时间增长晶粒快速长大，保温 10min 时的晶粒尺寸已经超过了初始晶粒度 1.5 级的再结晶晶粒尺寸。变形后保温 3min 之内可以认为是静态再结晶过程，且原始晶粒越小，静态再结晶晶粒的尺寸也越小。赵立华等人[44]统计了初始晶粒度不同的材料在变形后保温 1min 以内的静态再结晶体积分数，发现 GH4169 高温合金的静态再结晶分数随初始晶粒度的减小而增加，但增加的程度不大，分析认为初始晶粒度的大小不是影响静态再结晶体积分数的主要因素。保温 10min 后静态再结晶已经结束，但原始晶粒小的组织变形时储存的能量没有完全释放，在接下来的晶粒长大过程中，晶内储存能量全部释放，从而加速了晶粒的长大。

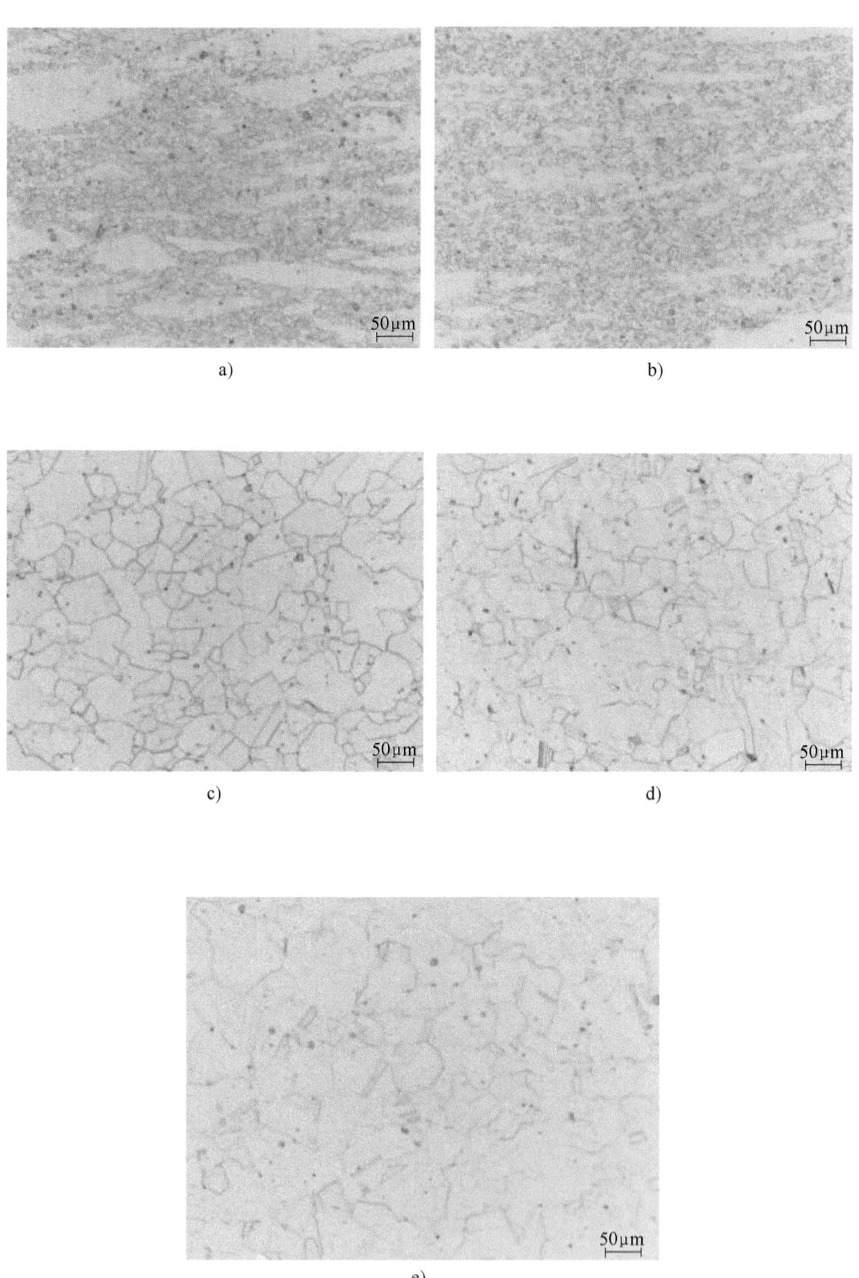

图 3-129　初始晶粒度 1.5 级合金试料压缩并保温后的显微组织

a) 0s　b) 20s　c) 3min　d) 10min　e) 30min

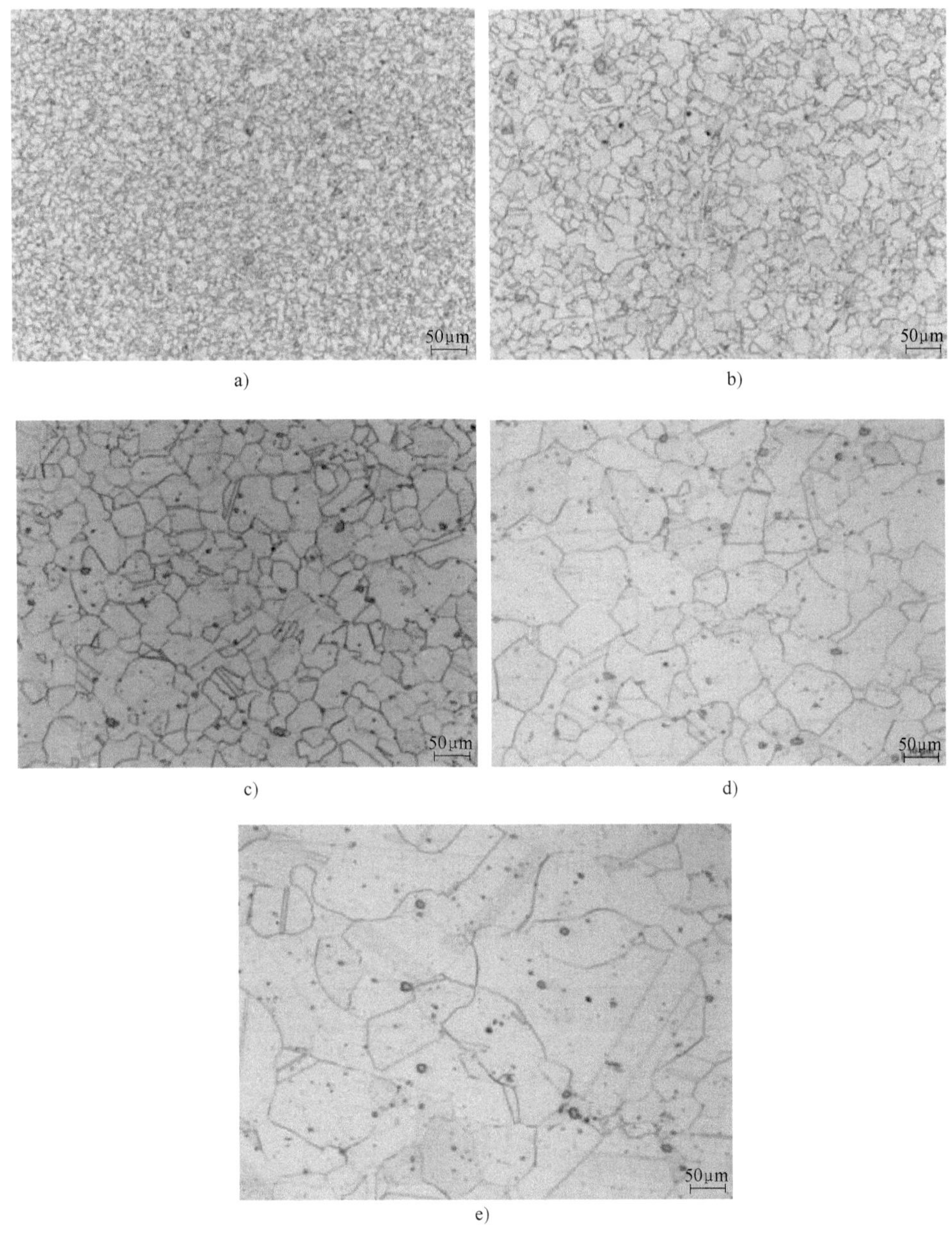

a) b) c) d) e)

图 3-130　初始晶粒度 4.5 级合金试料压缩并保温后的显微组织

a）0s　b）20s　c）3min　d）10min　e）30min

（4）数值模拟[45]　近来随着计算机技术和有限元理论的日益完善，有限元模拟方法已经在材料的热加工工艺研究中得到广泛应用。利用有限元模拟技术来实现挤压成形过程的验证，可充分了解挤压成形过程各个阶段和局部的变形情况，大大减少模具设计和试错成本，改善锻件质量，提高工具寿命。

GH4169 合金的材料模型利用北京科技大学王珏通过等温压缩实验及计算得到的本构关系方程如下。

$$\dot{\varepsilon}=4.51\times10^{16}[\sinh(0.0024\sigma)]^{5.05}e^{-413118/RT}$$

式中 $\dot{\varepsilon}$——应变速率；

σ——峰值应力；

R——气体常数；

T——变形温度。

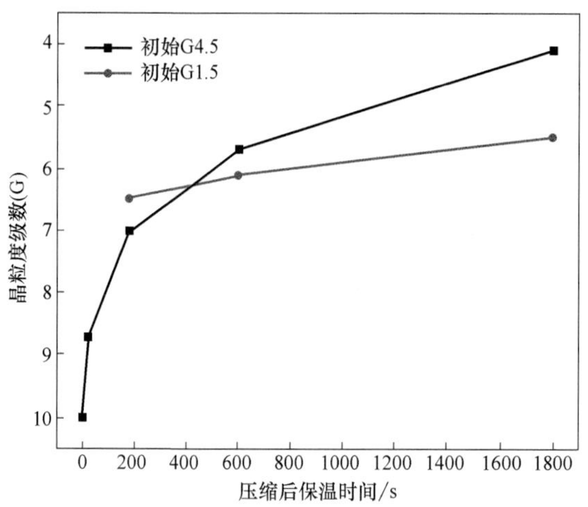

图 3-131 不同初始晶粒度对再结晶晶粒度的影响

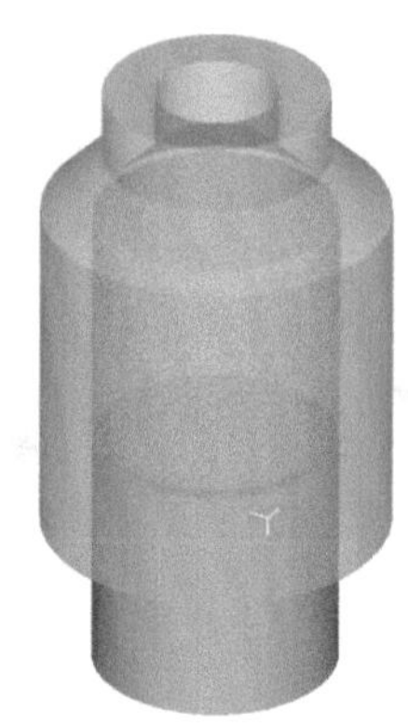

图 3-132 热挤压有限元分析几何模型

利用三维建模软件建立挤压坯料和模具的几何模型，导入有限元模拟软件（见图 3-132）。之后输入材料本构方程模型，列出了 GH4169 合金材料的物理参数（见表 3-15）和模拟设置的其他固定参数（见表 3-16）。

表 3-15 GH4169 合金材料的物理参数

参数	数值①
弹性模量	202706Pa
泊松比	0.37
线膨胀系数	1.86×10^{-5}/℃
导热系数	26N/s/℃
热容	5.7N/mm²/℃
辐射率	0.7

① 数值单位为模拟软件 DEFORM 自带材料库中的单位。

表 3-16 模拟设置主要参数

参数	数值①
坯料网格尺寸	1～5mm
环境温度	20℃
模具材料	AISI-H-13
模具温度	300℃
与环境传热系数	0.02 N/s/mm/℃

① 数值单位为模拟软件 DEFORM 自带材料库中的单位。

GH4169 细晶棒料挤压模拟的工艺参数如下，坯料加热温度分别为 980℃、1020℃、1050℃，挤压速度分别为 10mm/s、15mm/s、20mm/s，摩擦系数分别为 0.09、0.15、0.5，坯料与模具间的传热系数分别为 1N/s/mm/℃、2N/s/mm/℃、5N/s/mm/℃，挤压比分别为 4、5、6，模具锥角分别为 30°、45°、60°。

不同挤压工艺参数下的挤压载荷-行程曲线基本一致，以其中一组参数为例说明（见图 3-133）。挤压载荷-行程曲线可分为三个阶段[46]：挤压填充阶段，坯料在压力作用下填充挤压筒，由于高温合金变形抗力较大，挤压力迅速升高，在挤压杆行进第 14min 时，挤压力达到最大值，在工程上称为“破壳力”，可以根据安全系数选择合适的设备吨位；接下来随着挤压过程的进行，挤压力下降并趋于动态平稳，进入挤压稳定阶段，随着坯料长度的减少，摩擦力下降，同时由于温升导致变形区材料的变形抗力减小，挤压力有缓慢下降的趋势；挤压终了阶段金属呈紊流状态，死区金属也开始参与到变形过程中，这部分金属由于温度较低、变形抗力较大，导致挤压力有小幅上升。

分析挤压各工艺参数对挤压力的影响（见图 3-134）。从图 3-134 可以看出，坯料的加热温度、挤压速度、摩擦系数、挤压比及模角对挤压力均有显著的影响。坯料加热温度对挤压力影响最明显，较高的温度会显著降低挤压力；挤压比越大即单位体积的变形量越大，可使得挤压力明显增大；模角增大，会使变形区局部金属的变形更加剧烈而引起挤压力的升高；摩擦系数增大也会增加挤压力；挤压速度对挤压力的影响最小。分析结果表明，各种因素对挤压力的影响程度由高到低为：坯料加热温度>摩擦系数>挤压比>模角>挤压速度。在实际生产中，考虑到晶粒度的控制问题，需要综合考虑坯料加热温度、挤压比和挤压速度等的选择，确定好这些关键工艺参数后，在实际操作过程中还需要做好润滑和保温。在坯料表面涂刷防氧化涂料，不仅可以减少出炉后的除磷步骤，节约转运时间，还可在转运过程中起到一定的保温作用，有效减小挤压时工件表面热量的散失。玻璃润滑剂的使用必须与金属类型和温度相匹配。

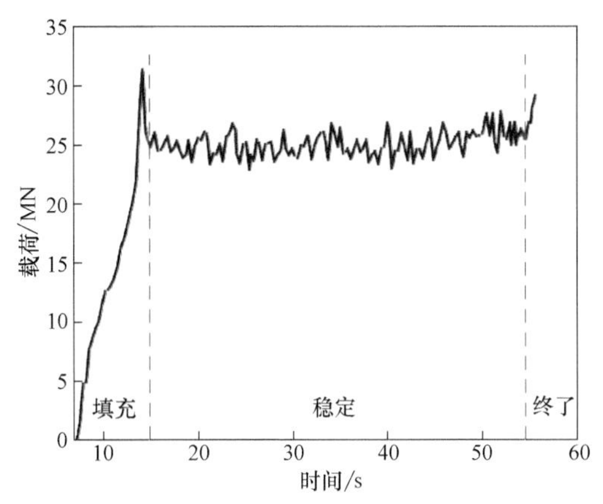

图 3-133 挤压过程中载荷变化曲线

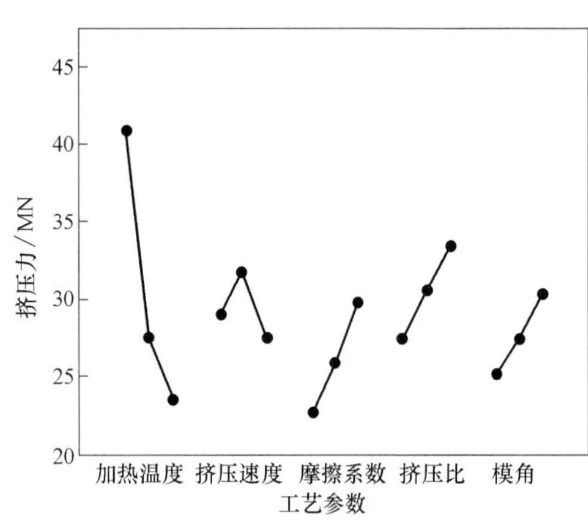

图 3-134 各工艺参数对挤压力的影响

分析坯料加热温度和模角对挤压后棒料等效应变的影响规律（见图 3-135 和图 3-136）。由图 3-135 可知，坯料初始温度越高，最大等效应变越小，除头部小变形区，整个棒料的等效应变在 2~3，因此加热温度的变化对棒材挤压后等效应变的影响不大。张明等人[47] 对 FGH98 镍基粉末高温合金的热挤压过程进行了模拟，同样发现挤压棒材的应变大小和分布不受坯料初始温度的影响，说明无法通过改变坯料初始温度来调节挤压棒材的应变。挤压后期坯料由于表面温度的升高而软化，表面应变增大，但变形不能传递到心部，棒料心部等效应变减小。由图 3-135 可知，随着模角的增大，棒材整体的等效应变呈增大趋势，模角为 30°时，边缘的应变为 3，而心部的应变只有 2，变形多发生在表面。模角增大会增加棒料长度方向上的应变分布的不均匀性。另外在实际挤压中，由于坯料对中、润滑等因素影响会导致截面上金属流动不均匀，从而使挤压件产生弯曲现象，必须通过后续的校直工序修正。

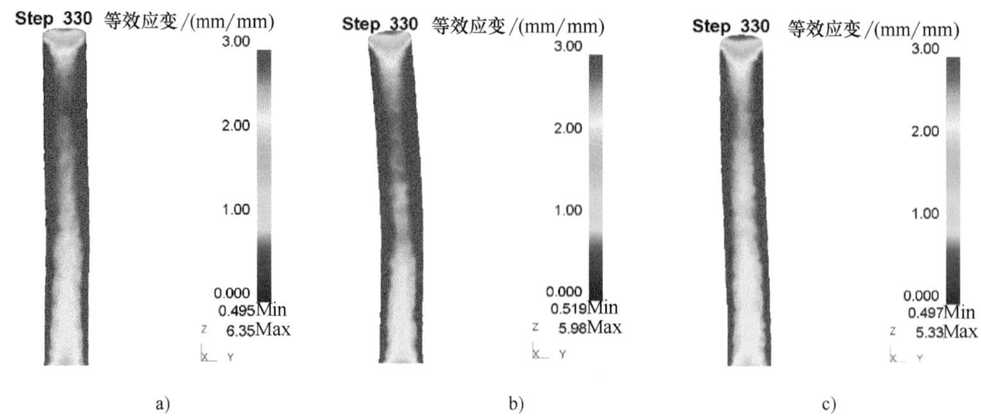

图 3-135 坯料加热温度对棒料等效应变的影响

a）980℃ b）1020℃ c）1050℃

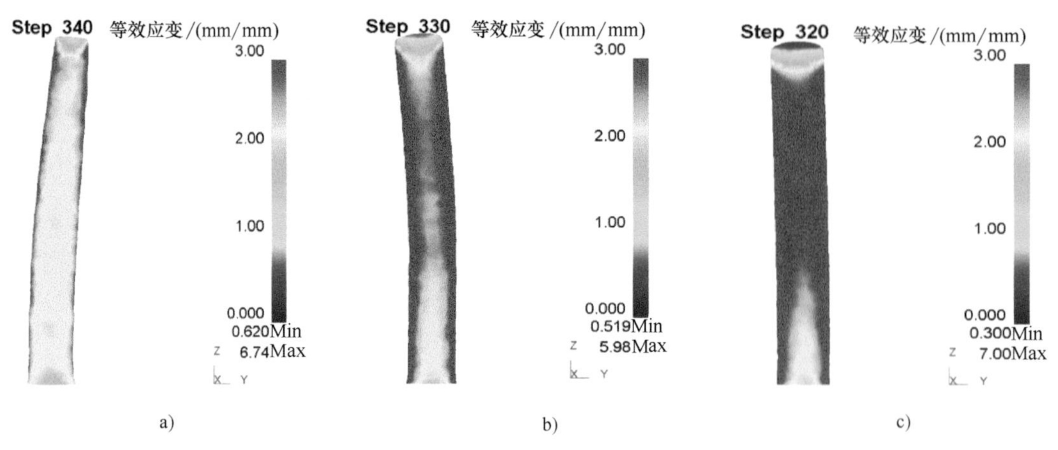

图 3-136 模角对棒料等效应变的影响

a）30° b）45° c）60°

在实际挤压过程中，由于塑性变形过程的塑性功大量转化为热能会导致坯料温度上升，且由于镍基合金导热系数小，会使得棒料心部处于较高温度，并影响棒料的晶粒度，同时由于坯料表面和温度较低的模具接触散失热量，会使得棒料截面温度梯度增大，加快棒料心部温度的下降速度，对心部晶粒度产生影响，因此研究了挤压速度和坯料与模具间传热系数对棒料温升的影响（见图 3-137 和图 3-138）。由图 3-137 可以看出，挤压速度越大，挤压后棒料的温度越高。主要原因是挤压速度较大时，单位时间内的塑性功转换的热量较多，并且热量不能在短时间内散失掉，挤压速度从 10mm/s 增大到 20mm/s，挤压后棒料的整体温度从 1060℃增加到约 1100℃。与高温合金管材的挤压不同，管材由于管壁较薄，散热快，而棒料的挤压速度不可太大，防止温升过高导致晶粒长大。对于相同的初始挤压温度，随着传热系数的增大，棒料表面的热量散失加快，温升明显减小，但棒料表面和心部温差增大（见图 3-138），挤压件表面温度降低，不利于表面部分再结晶的发生。

挤压后脱模需要一定时间，所以棒料心部在一定时间内仍然处于较高的温度下，这会对再结晶以及晶粒的长大产生影响，因此设计了在不同温度下经过 70% 大变形压缩并保温不

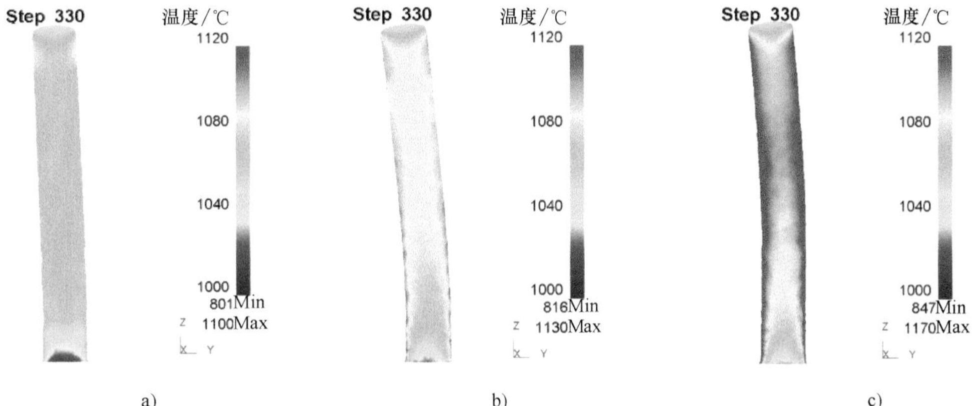

a) b) c)

图 3-137 挤压速度对棒料温升的影响

a）10mm/s b）15mm/s c）20mm/s

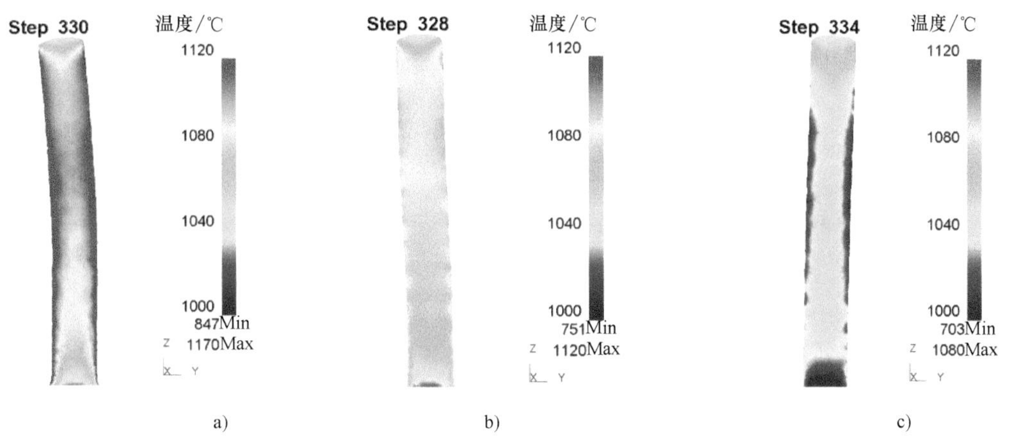

a) b) c)

图 3-138 坯料与模具间传热系数对棒料温升的影响

a）1N/s/mm/℃ b）2N/s/mm/℃ c）5N/s/mm/℃

同时间的热压缩物理实验，得到的显微组织（见图 3-139～图 3-142）。通过截点法统计 1020～1080℃压缩后不同保温时间的再结晶晶粒度（见图 3-143）。经过大变形量变形后，合金内部均发生了再结晶，且随变形温度的升高动态再结晶的比例升高。在随后的保温过程

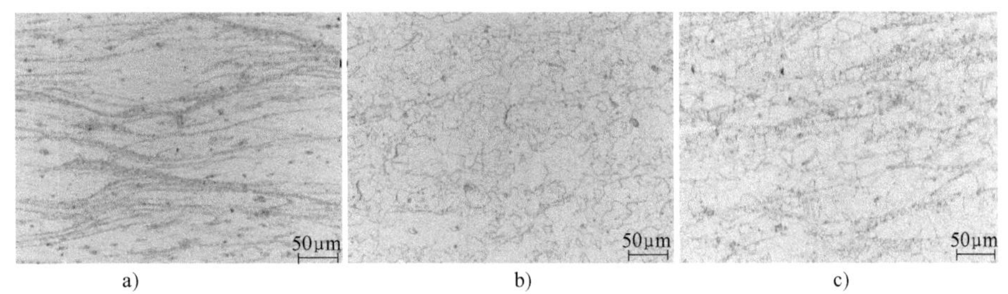

a) b) c)

图 3-139 980℃压缩并保温后的显微组织

a）0min b）3min c）30min

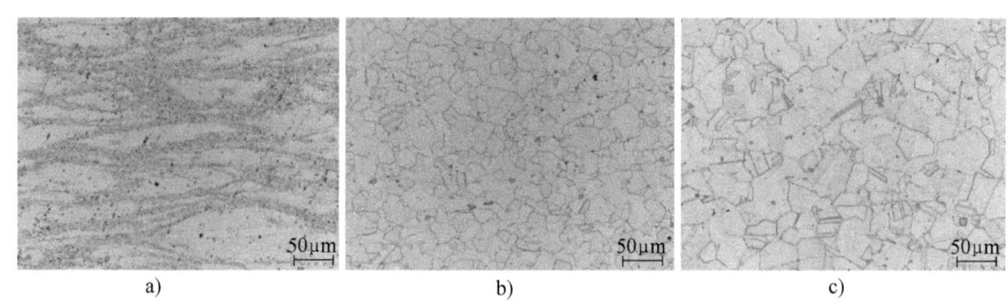

图 3-140　1020℃压缩并保温后的显微组织

a）0min　b）3min　c）30min

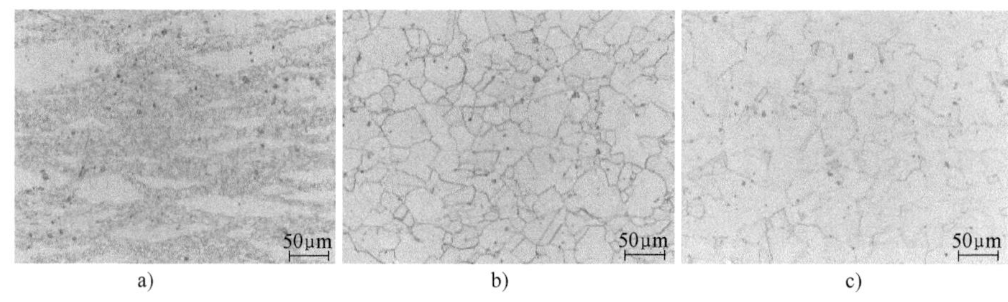

图 3-141　1050℃压缩并保温后的显微组织

a）0min　b）3min　c）30min

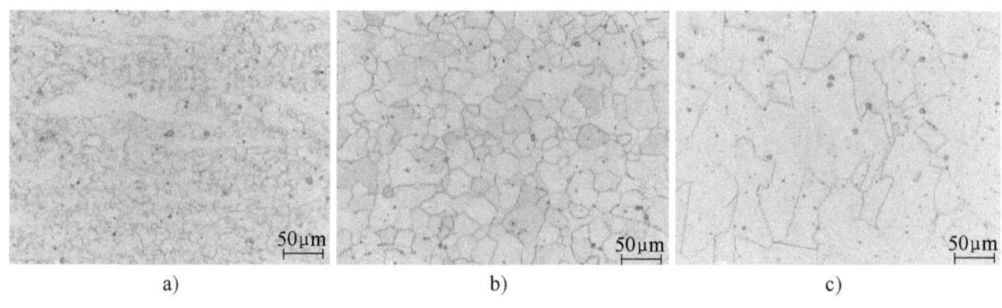

图 3-142　1080℃压缩并保温后的显微组织

a）0min　b）3min　c）30min

中，发生了静态再结晶和晶粒的长大。在980℃变形保温 3min 后再结晶基本完成，只存在个别较大晶粒，随保温时间的延长，晶粒逐渐长大并伴有少量 δ 相析出[48]，δ 相能起到钉扎晶界的作用，由于 δ 相分布不均，δ 相析出的区域晶粒长大较慢，无 δ 相的区域晶粒正常长大，导致保温 30min 后晶粒不均匀。而在高于 δ 相析出温度[49]压缩后，随着保温的进行晶粒发生静态再结晶，且再结晶晶粒逐渐长大，大晶粒消失，整体晶粒变得均匀，温度越高达到完全再结晶所需要的时间越短。在 1080℃保

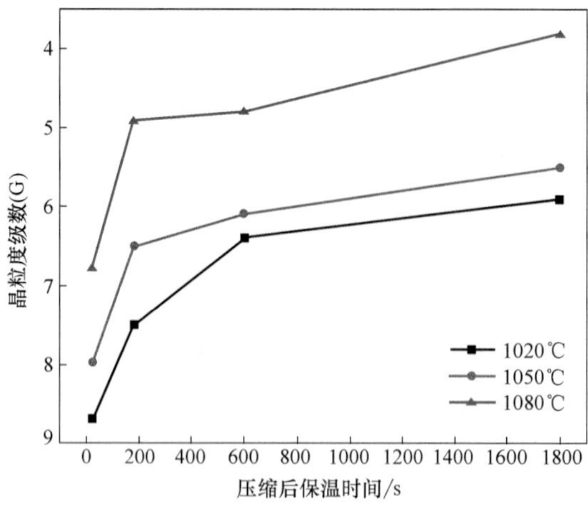

图 3-143　变形温度和保温时间对再结晶晶粒度的影响

温 20s 即可获得完全再结晶晶粒，此后随保温时间的延长则晶粒快速长大。因此在 GH4169 合金棒料挤压结束后可使用风冷或水淬的冷却方式，使棒料心部的温度尽快降低来控制晶粒度，防止再结晶晶粒由于加工余热而长大，造成截面晶粒度不均匀。

3. 制造过程

(1) 工艺指标

1) 坯料制备：通过自由镦粗+整形或闭式镦粗获得锻坯，对锻坯进行表面机械加工，去除黑皮和缺陷，获得圆柱体锻坯，经机械加工处理过的锻坯表面光滑和规整，有利于生产表面质量较高的合金棒料。选择锻坯一端进行倒圆角，倒圆角半径为 $R25\sim R150$mm，整体粗糙度 $Ra6.3\mu m$，获得表面质量良好的圆柱体锻坯。将锻坯一端的倒圆角半径控制在 $R25\sim R150$mm 内，一方面能够保证锻坯顺利挤出，另一方面能够避免挤压过程中挤压力过大和挤压裂纹产生。

2) 加热：对机械加工后的坯料进行加热并保温，加热温度为 980~1060℃，锻坯热透后继续保温 60~90min，然后出炉进行热挤压，出炉至开始挤压前的时间控制在 5min 内，挤压前锻坯表面涂覆润滑剂，将所述润滑剂置于挤压模与锻坯间。

3) 挤压模具：热挤压时挤压模采用双锥模，模角组合为 40°~60°和 25°~45°，模角与模角之间采用圆弧过渡（$R5\sim R30$）mm，模角与定径带之间采用圆弧过渡（$R5\sim R100$）mm，挤压比设计为 3~6，挤压模示意图如图 3-144 所示。

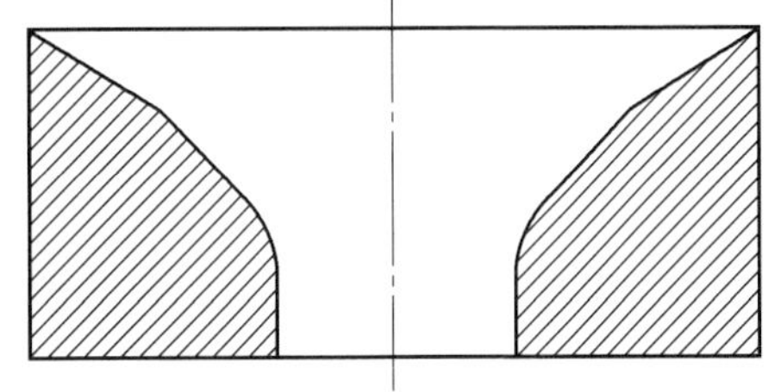

图 3-144 挤压模示意图

4) 挤压速度：热挤压时的挤压速度控制在 10~50mm/s。

5) 挤压后处理：挤压完成后水冷或空冷，随后对表面进行喷砂处理，去除残留的玻璃粉。

(2) 制造过程

1) 自由锻造：根据研究结果，首先对铸锭进行了均匀化处理，并进行了开坯锻造，具体过程如图 3-145 所示，开坯后锻件如图 3-146 所示。图 3-146 中大圆直径为 480mm、小圆直径为 350mm。

2) 挤压成形：开坯结束后，对坯料进行了挤压试制。挤压模选择为双锥模，并根据工艺设计了配套的挤压轴、挤压垫等，于中国一重内部开展了相关模具的制造（见图 3-147）。经过项目组成员的共同努力，最终顺利完成了试制，获得了 ϕ330mm 的大规格细晶棒料，图 3-148 和图 3-149 所示为制造过程的典型照片和挤压后的锻件情况。

a)

b)

c)

d)

图 3-145 开坯过程

a) 坯料出炉 b) 拔长一端 c) 拔长另一端 d) 成品锻件

图 3-146　开坯后的锻件

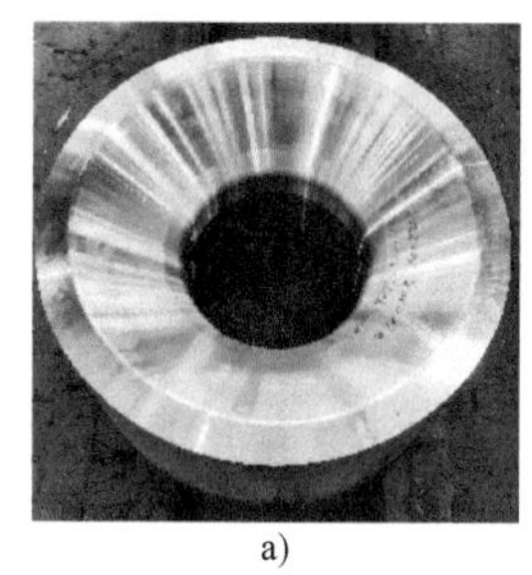

a)

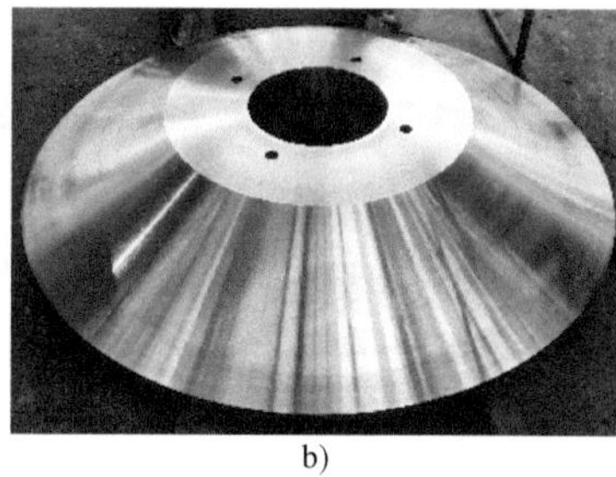

b)

c)

图 3-147　挤压相关模具

a）挤压模　b）挤压模衬垫　c）挤压垫

a)

b)

c)

图 3-148　挤压过程

a）坯料运输　b）上料　c）挤压结束

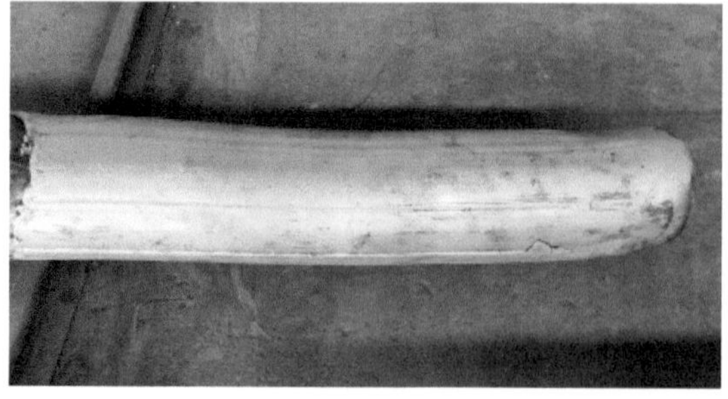

图 3-149　挤压锻件

3.3.4 检测结果

1. 晶粒度

对自由锻造的棒料切片进行晶粒度等的检测，图 3-150 所示为 ϕ350mm 部分截面的晶粒度情况，心部为 4 级，边缘部位由于锻造过程中存在严重的温降造成变形不均匀，难以发生完全的再结晶，存在较大范围的混晶。图 3-151 所示为 ϕ480mm 部分截面的晶粒度情况，规律类似于 ϕ350mm 部分，主要区域晶粒度为 3.54~5 级，呈现心部>$R/2$>边缘的规律，边缘混晶严重，为项链晶组织。均与锻造过程中表面温降造成变形量较小，温度与变形量综合作用下出现混晶现象有关。对不同部位的试样进行了 1040℃ 的固溶处理后，可以发现混晶消除，整体晶粒度为 3.5~4.5 级（见图 3-152），晶粒度均匀的同时未发生晶粒度的明显长大。

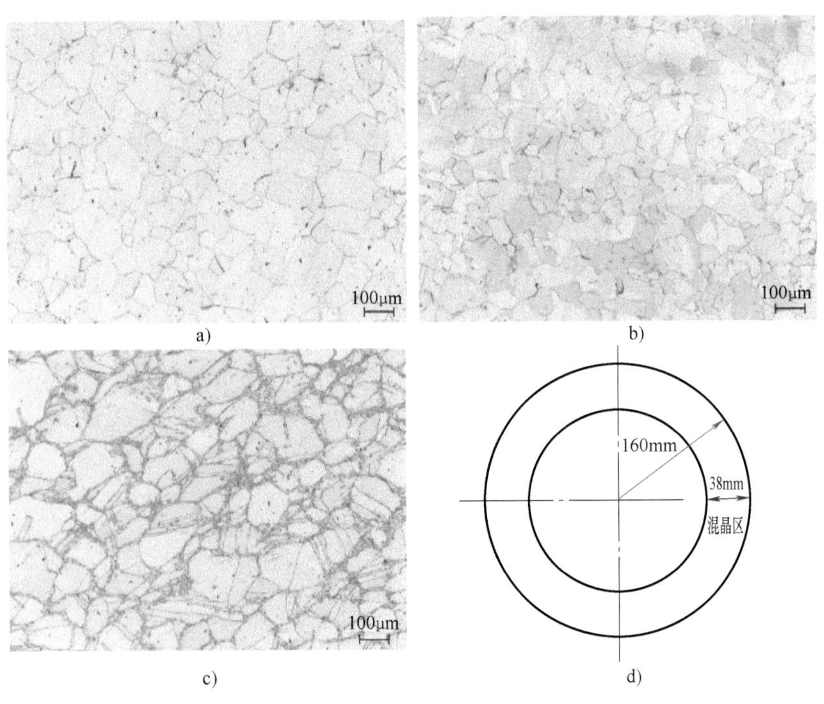

图 3-150 自由锻棒料 ϕ350mm 部分截面晶粒度结果

a）心部 b）$R/2$ c）边缘 d）混晶区比例

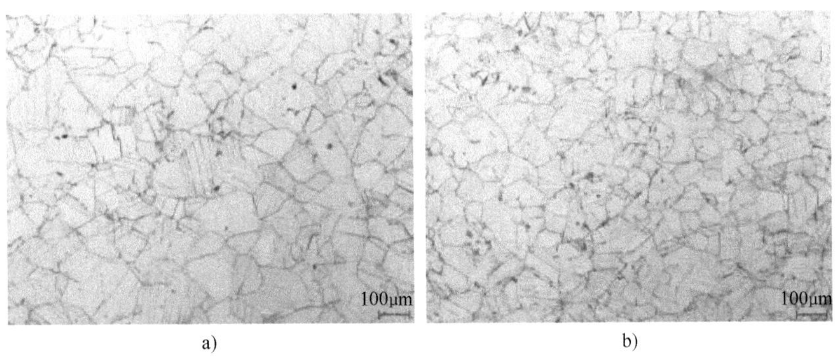

图 3-151 自由锻棒料 ϕ480mm 部分截面晶粒度结果

a）心部 b）$R/2$

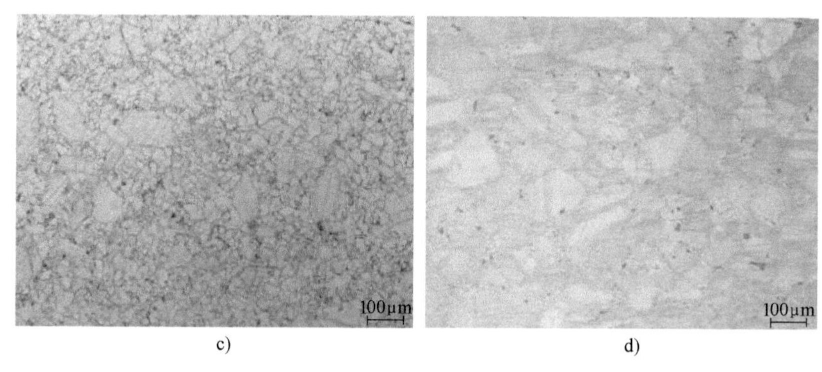

c)　　d)

图 3-151　自由锻棒料ϕ480mm 部分截面晶粒度结果（续）

c）次表面　d）边缘

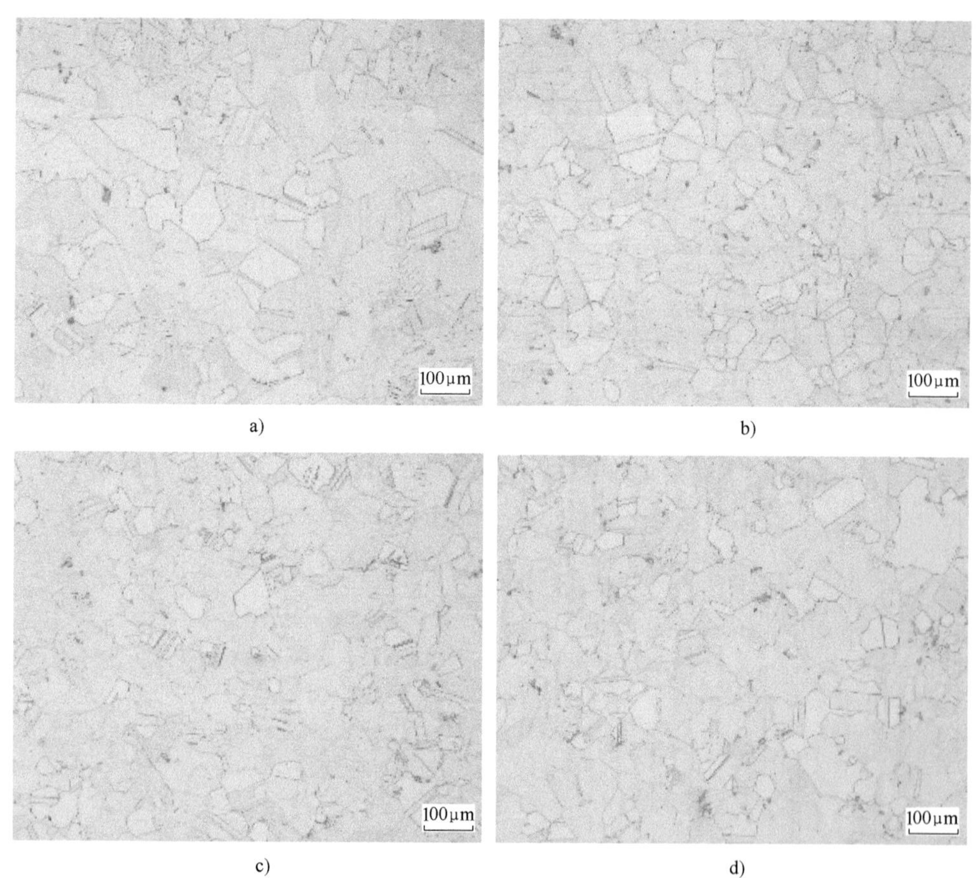

a)　　b)　　c)　　d)

图 3-152　自由锻棒料ϕ480mm 部分经 1040℃固溶处理后的晶粒度结果

a）心部　b）*R*/2　c）次表面　d）边缘

对镦挤成形后的锻件进行盘片切取，并进行组织与性能的评价。经过检测，锻件 *R*/2 部位晶粒度达到了 6 级，边缘为 7 级，级差小于 2 级。放大后观察，可知，锻件中 δ 相评级为 1 级，达到技术要求，结果如图 3-153 和图 3-154 所示。

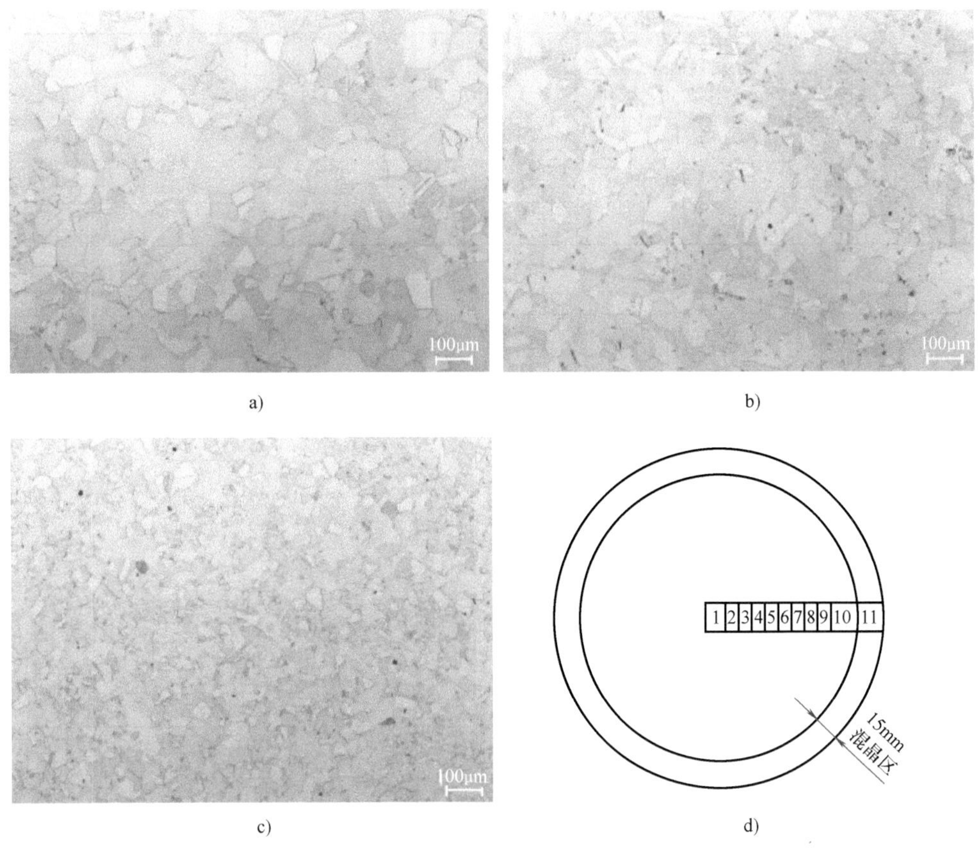

图 3-153 镦挤棒料截面晶粒度结果

a）$R/2$ b）次表面 c）边缘 d）混晶区比例

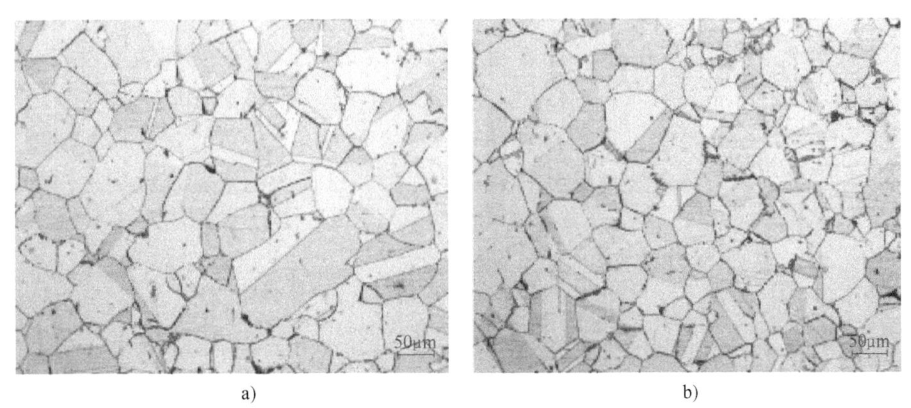

图 3-154 δ 相评级结果

a）心部 b）$R/2$

2. 拉伸与硬度

从挤压锻件上取料进行力学性能的测试，结果见表 3-17 和表 3-18。从表 3-17 和表 3-18 可以看出其拉伸性能与硬度均符合标准要求，且有较大的余量[33]。

表 3-17　拉伸性能检测结果

试样		抗拉强度/MPa	屈服强度/MPa	伸长率(%)	断面收缩率(%)
室温	标准	1230	1020	6	8
	锻件	1368	1183	16	24
650℃	标准	900	800	6	8
	锻件	1103	985	13	24

表 3-18　硬度（HBW）检测结果

标准	锻件
≥346	383~423

3. 持久性能

从挤压锻件上取料进行持久性能的测试，采用的是光滑与缺口组合试样，结果见表 3-19，由表 3-19 可知，本试制件不存在缺口敏感性。

表 3-19　锻件持久性能结果

试样	温度/℃	应力/MPa	时间/h	备　注
标准	650	690	>25	—
锻件	650	690	183	断光滑处(光滑、缺口组合试样)

3.3.5　知识产权

依托项目前期研究成果及试制情况，目前共申报专利 4 项，其中发明专利 3 项，已获得授权 2 项，其中发明专利 1 项。

3.3.6　推广前景

通过本次棒料塑性成形试制，证实可以通过镦挤成形方式实现直径大于 300mm 的 GH4169 合金棒料的高质量制造，整体晶粒度可高于 6 级，晶粒度级差控制在 2 级以内，整体力学性能均可满足标准要求，且镦挤成形制造过程人为因素较低，过程简单易控，对实现此类棒料的高均质化、高稳定性制造具有一定的优势，可作为国家实现此类棒料的高质量制造的一条优选工艺路线。

第4章 FGS锻造在空心锻件上的工程应用

为了对大型锻件的 FGS 锻造技术进行验证和工程应用，按照现有装备能力，选择了空心锻件的泵壳、主泵接管、裤型三通作为研究对象，对模锻成形进行了深入研究。

4.1 不锈钢泵壳

核主泵是核电站的重要动力设备，如同人体心脏一般，是冷却剂循环系统的动力源，推动冷却剂在核岛一回路的容器与管道中循环，将堆芯核裂变产生的热量带出，通过主管道流入蒸汽发生器（SG），将热能传递给二回路产生高温饱和蒸汽，再将冷却后的冷却剂送回压力容器（RPV），周而复始，连续不断地实现核反应热能向二回路的传递，同时冷却堆芯防止燃料元件的烧毁。

在核岛一回路系统中，主泵是唯一的旋转设备，主泵的可靠性直接影响到核反应堆的安全运行。按美国机械工程师协会（ASME）的安全等级分类标准，主泵属于核安全 I 级，质保 Q1 级，抗震 I 类。泵壳位于核电站的安全壳内，起着保护主泵的重要作用。高温、高压、强辐射等恶劣条件是泵壳的工作环境，甚至在瞬态过程中还要受到温度、压力交变载荷的影响，因此要求其具有较高的力学性能和致密均匀组织。图 4-1 所示为泵壳外形图，图 4-2 所示为主泵所在的安全壳内部结构。

目前，AP1000 堆型主泵泵壳为奥氏体不锈钢（SA-351）铸造泵壳，由于材质特殊，形状复杂，钢液流动性差，且对型腔内壁冲刷严重，常导致无损检测不合格等缺陷，从而延长了制造周期，增加了制造成本。为了避免此问题的发生，根本解决铸造泵壳产品质量差的问题，中国一重联合国内优势企业进行 AP1000 模锻泵壳的科研开发。形状如此复杂的大型不锈钢锻件在国际上属首次制造，锻件的高温性能、晶粒度和无损检测等方面都具有很高的技术指标，制造难度非常大。

4.1.1 工程背景

泵壳是主泵的机体，是主泵的安全边界部件，承受高频交变载荷、温度载荷，同时又要承受冷却剂流体冲刷、汽蚀载荷等，其工况苛刻，综合性能要求高。其结构完整性对于核主

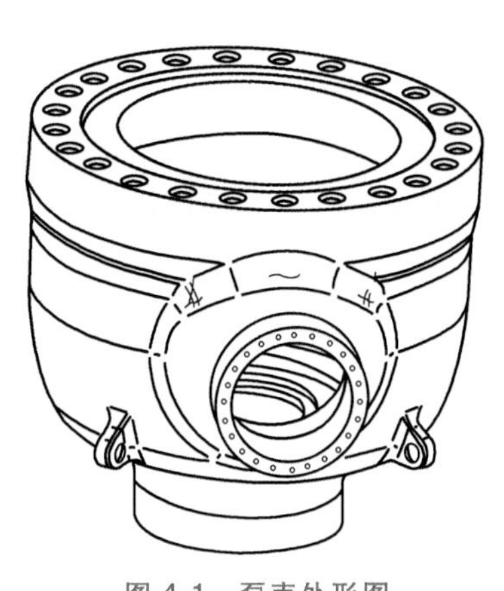

图 4-1 泵壳外形图

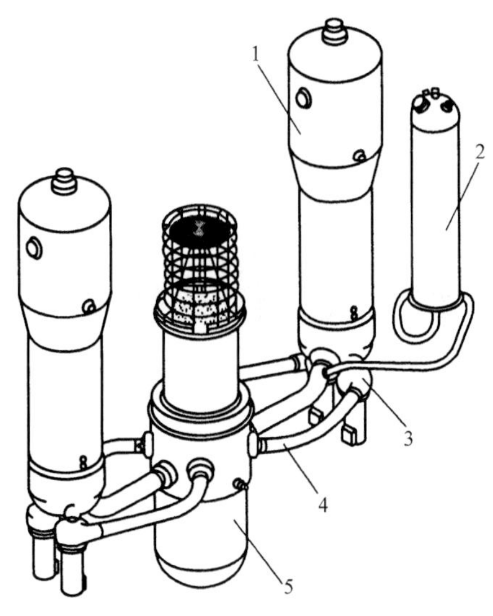

图 4-2 主泵所在的安全壳内部结构
1—蒸汽发生器 2—稳压器 3—主泵 4—主管道 5—压力容器

泵长期安全、可靠运行具有重要意义。

目前泵壳成形方法包括合金钢锻件内部堆焊奥氏体材料成形和奥氏体不锈钢铸造成形，AP 及 CAP 系列主泵泵壳采用奥氏体不锈钢砂型铸造成形，材料为 ASME SA-351M CF8A。泵壳形状复杂，壁厚不均匀，该材料含有 8%~20%铁素体，合金元素含量高。铸造过程中钢液流动性差，浇注温度高，气孔、砂眼、夹渣、疏松等铸造缺陷的发生概率非常大。虽然有 100%体积的射线检测为泵壳质量把关，但现实的质量仍旧令人担忧。目前，主泵制造厂所采购的铸造主泵泵壳在预留加工余量 5mm 的状态下入厂加工，仍旧能够发现重大的缺陷（见图 4-3）。不锈钢铸造泵壳的制造周期大约为 2 年，经历至少 10 次无损检测（NDE）（包括目视、液体渗透和射线检测），射线检验的射线胶片最多可达 1164 张，产生的重大缺陷多以夹渣和疏松为主（见图 4-4），最大缺陷的尺寸可达 450mm×150mm×125mm。泵壳在进行精加工时，仍然能够发现重大缺陷（见图 4-5），进行不符合项（NCR）处理，上报批准，焊补，无损检测等一系列的处理，耗费大量的人力物力，延长制造周期。

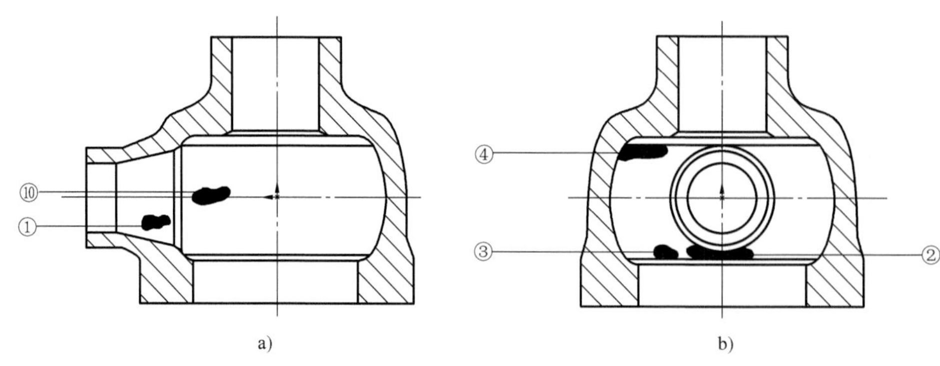

图 4-3 铸造泵壳的缺陷
a）①、⑩缺陷 b）②~④缺陷

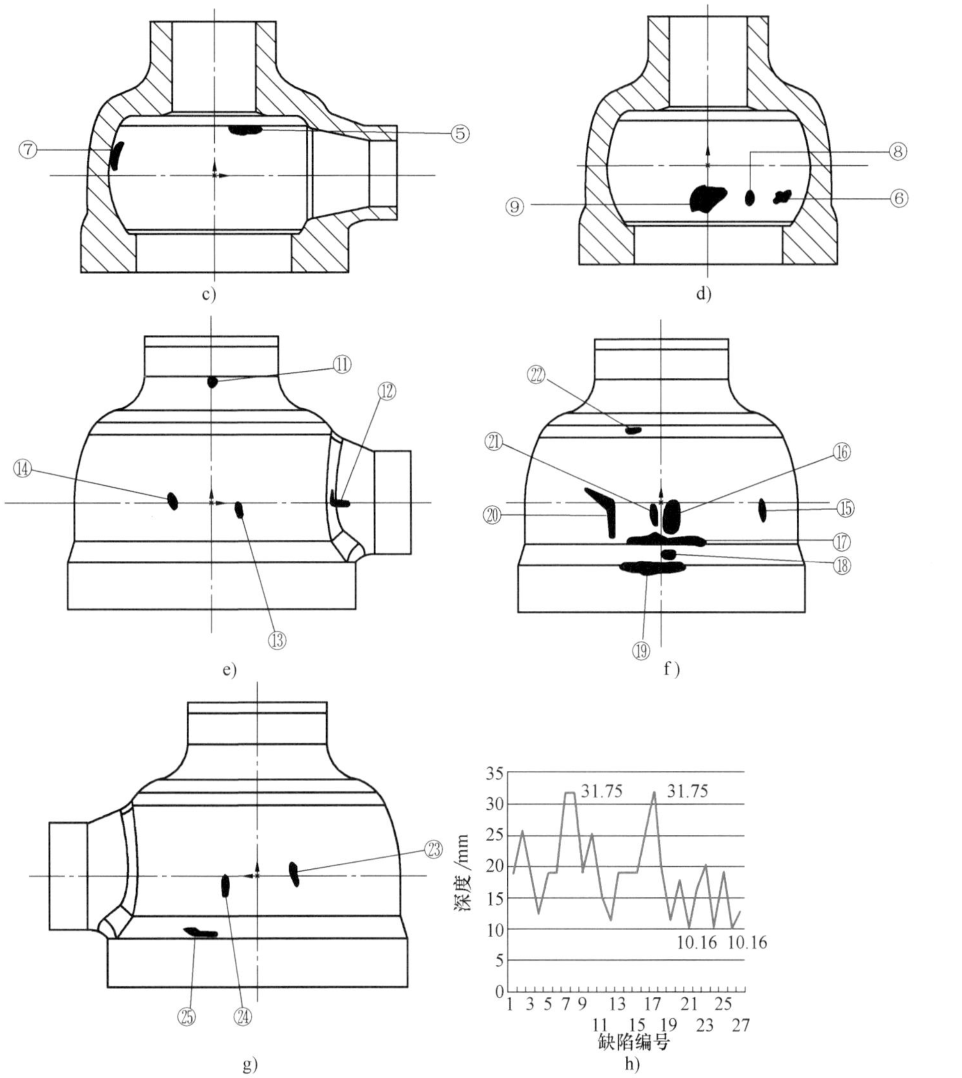

c) d)

e) f)

g) h)

图 4-3 铸造泵壳的缺陷（续）

c）⑤、⑦缺陷 d）⑥、⑧、⑨缺陷 e）⑪～⑭缺陷 f）⑮～㉒缺陷 g）㉓～㉕缺陷 h）不同编号的缺陷深度

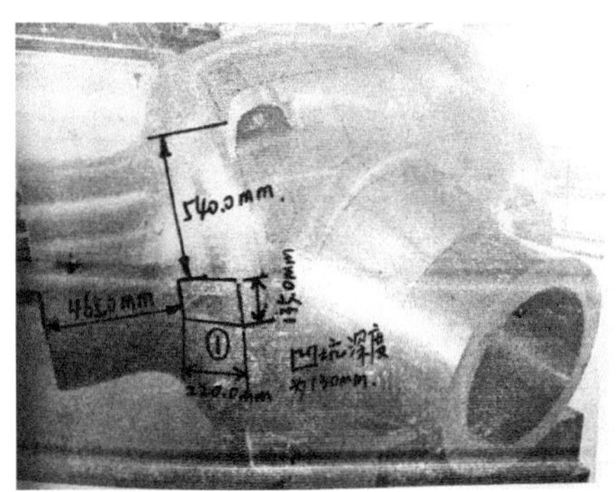

图 4-4 泵壳铸造缺陷

图 4-5 泵壳精加工时发现的缺陷

因此，工程总包公司→主设备厂→泵壳制造企业这一产业链条上的所有单位以及国家核安全监管部门都为此忙碌，审批流程、焊补耗材等制约着生产周期和成本，同时对质量的影响也不容忽视。

据预测，如果能用不锈钢模锻泵壳代替铸造泵壳，将会带来相当大的好处，AP/CAP 不锈钢泵壳制造方式对比见表 4-1。

表 4-1　AP/CAP 不锈钢泵壳制造方式对比

对比项目	锻造泵壳	铸造泵壳
质量	质量稳定性好，锻件表面或内部缺陷通过工艺人为可控	质量稳定性差，铸件表面或内部缺陷的不可预知性和不可控性较高，大量的缺陷可导致报废
进度	进度快，锻挤成形后影响进度的因素主要是机械加工周期。预估锻件泵壳制造周期 18 个月	进度慢，铸造泵壳影响进度的因素主要是铸造缺陷的清除，目前铸造泵壳的制造周期大约为 30 个月，此外，无损检测周期及 NCR 审批周期较长
成本	造价低，锻造成本主要集中在锻挤成形模具和加工费用	造价高，铸造成本主要集中在缺陷的反复检验、焊补以及重复热处理；此外，人力成本增加；总成本显著增加

鉴于以上原因，采用锻造泵壳替代原有铸造泵壳的制造技术创新得到了业内专家及相关设计院和制造厂的广泛关注。但若进行锻造泵壳的试制，还必须克服几个问题。首先，不锈钢可锻性差，变形抗力大，锻造过程中易开裂；此外，与普通合金钢材质相比，由于其材质本身的特性，即不锈钢晶粒度不能通过热处理来进行细化，因此泵壳在锻造成形过程中必须保证各位置的均匀及较大的变形量，实现完全动态再结晶，或积蓄充足畸变能来实现静态及亚动态再结晶，从而保证最终能够获得均匀细小的晶粒分布。在机械加工方面，由于奥氏体不锈钢韧性极好，且在加工过程中冷作硬化趋势强烈，加工过程中不易断屑，造成刀具表面剧烈升温等，导致不锈钢机械加工存在极大困难。鉴于以上原因，若实现经济、高效、高质量的不锈钢泵壳锻造成形，首先要通过合理的温度选择及变形量的匹配来实现均匀细小晶粒的分布，其次还要在锻造过程中保证表面的压应力状态，避免表面产生如图 4-6 所示的锻造裂纹。此外，还需要控制锻造余量，实现近净成形，减小机械加工切削量。综上所述，在超大型液压机上进行模锻成形的制造工艺，是最终实现不锈钢锻造泵壳制造的必然选择。

a)

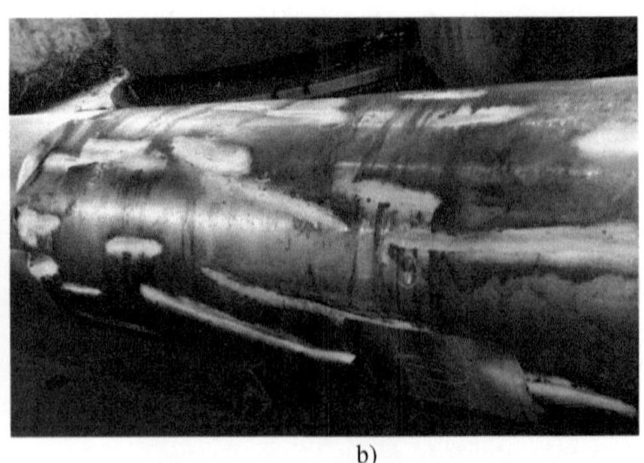
b)

图 4-6　不锈钢锻件的表面裂纹

a）端部　b）外圆

4.1.2 材料选择

根据反应堆冷却剂主泵设备规格书要求，主泵结构的设计压力为 17.3MPa，设计温度为 350℃，锻造泵壳的材料必须满足与铸造泵壳材料性质一致，选用奥氏体不锈钢材质，保证主泵整体性能。表 4-2 列出了 ASME SA-965M 标准中可以选择的几种奥氏体不锈钢材料的常温和 350℃ 力学性能对比情况，从表 4-2 中可以看出，室温性能中 F316N 与 F304N 两种材料的抗拉强度和屈服强度与 CF8A 铸造材质相当，高温性能方面仅 F316N 不锈钢材质的性能要求与 CF8A 铸造材质的性能要求相当。因此在性能方面相关标准中选择 F316N 作为锻造泵壳所用材质。

表 4-3 列出了铸造泵壳和锻造泵壳材料许用应力及相关热参数的对比情况，可以看出从设计角度，标准规定 F316N 的许用应力为 140MPa，略高于 CF8A 铸造材质，其他热参数，包括热膨胀系数，导热系数，热扩散系数等，二者基本一致。

表 4-2 ASME SA-965M 标准中可以选择的几种奥氏体不锈钢材料的常温和 350℃力学性能对比

零件种类	材料牌号	试验项目	抗拉强度 R_m/MPa	规定塑性延伸强度 $R_{p0.2}$/MPa	伸长率 A(%)	断面收缩率 Z(%)	硬度 HRB	试验项目	抗拉强度 R_m/MPa	规定塑性延伸强度 $R_{p0.2}$/MPa
			≥				≤		≥	
承压锻件	F316N	常温	550	240	25	45	92	350℃	512	156
	F304N	常温	550	240	30	50	—	350℃	476	134
	F316LN	常温	515	205	30	50		—	—	—
	F304LN	常温	515	205	30	50				
	F316	常温	515	205	30	50				
	F304	常温	515	205	30	50				
承压铸件	CF8A	常温	530	240	35			350℃	449	144

表 4-3 铸造泵壳和锻造泵壳材料相关性能对比

项目	锻造泵壳 F316N	铸造泵壳 CF8A	出处
350℃ 设计应力强度值 S_m	140MPa	130MPa	ASME 规范第Ⅱ卷 D 篇表 2A
350℃ 最大许用应力值 S	141MPa	—	ASME 规范第Ⅱ卷 D 篇表 5A
热膨胀系数 α	从 20℃ 到 350℃ 的平均热膨胀系数为 17.9×10^{-6}℃$^{-1}$， 从 20℃ 到 350℃ 的线性热膨胀系数为 5.9×10^{-6}℃$^{-1}$		ASME 规范第Ⅱ卷 D 篇表 TE-1
导热系数(TC)	20℃时，14.18W/(m·℃)	20℃时，14.8W/(m·℃)	ASME 规范第Ⅱ卷
	350℃时，19.0W/(m·℃)	350℃时，20.1W/(m·℃)	D 篇表 TCD【F316】
热扩散系数(TD)	20℃时，$3.57\times10^{-6}m^2/s$	20℃时，$3.9\times10^{-6}m^2/s$	ASME 规范第Ⅱ卷
	350℃时，$4.33\times10^{-6}m^2/s$	350℃时，$4.57\times10^{-6}m^2/s$	D 篇表 TCD【F316】
弹性模量 E	在 25℃时 E=195GPa，在 350℃时 E=172GPa		ASME 规范第Ⅱ卷 D 篇表 TM-1
比热容 c_p	502502.4J/(kg·℃)	502.4J/(kg·℃)	—

根据 ASME SA-965M 标准要求，F316N 化学成分指标见表 4-4，但考虑与主管道的焊接，以及力学性能等综合因素，最终限定 $w_C \leqslant 0.065\%$，实际制造中还需要考虑泵壳的耐腐蚀性

能，因此在满足性能要求的前提下，尽量将碳含量控制在较低的水平。

表 4-5 列出了锻件最终确定的力学性能要求，可以看出验收强度略高于核电主管道，但从制造经验来看，在保证 $w_N \geq 0.13\%$ 的前提下，将 w_C 控制在 0.02%～0.03% 可以满足泵壳锻件的性能要求。

表 4-4 ASME SA-965M F316N 化学成分（质量分数）要求 （%）

元素	C	Mn	Si	S	P	Cr	Ni	N
F316N	≤0.08	≤2.00	≤1.00	≤0.005	≤0.03	16.0～18.0	10.0～13.0	0.10～0.16
元素	Co	Mo	Cu	Pb	Sn	As	Sb	
F316N	≤0.05	2.0-3.0	≤0.10	≤0.005	≤0.005	≤0.005	≤0.005	

表 4-5 泵壳锻件设计力学性能要求

试验项目	温度	性能	要求值	目标值
拉伸试验	室温	$R_{p0.2}$/MPa	≥240	—
		R_m/MPa	≥550	
		A(4d)(%)	≥25	
		Z(%)	≥45	
	350℃	$R_{p0.2}$/MPa	≥156	≥156
		R_m/MPa	≥461	≥512
		A(4d)(%)	—	—
		Z(%)	—	
冲击试验	室温	冲击吸收能量(最小单个值)/J	≥42	
		冲击吸收能量(三个试样的平均值)/J	≥60	
硬度 HRB			≤92	

按 w_C 为 0.02%～0.03%，$w_N \geq 0.14\%$ 内控成分控制冶炼钢锭并锻造成试板（见图 4-7），经性能热处理后，实测性能均满足要求，且相比于技术要求性能余量较大。因此，设计成分合理，可以满足不锈钢泵壳锻件的服役条件。试验试板化学成分实测值见表 4-6，实测力学性能数据见表 4-7。

图 4-7 试验试板（尺寸 220mm×500mm×1600mm）

表 4-6 试验试板化学成分（质量分数）实测值 （%）

元素	C	Mn	Si	S	P	Cr	Ni	N
F316N	0.023	1.75	0.62	0.002	0.016	17.15	12.60	0.140
元素	Co	Mo	Cu	Pb	Sn	As	Sb	O
F316N	0.03	2.72	0.04	≤0.005	0.002	0.004	0.005	0.0030

表 4-7 试验试板实测力学性能数据

性能	$R_{p0.2}$ /MPa	R_m /MPa	A(%) (4d)	Z(%)
室温	335	645	53	80
350℃	210	517	49.5	77

4.1.3 试验方案

为满足不锈钢泵壳的服役工况以及设计性能要求，结合奥氏体不锈钢本身的材料特性以及国内现有成形设备的制造能力，最终选择冶炼超大型不锈钢电渣钢锭，经自由锻开坯后模锻成形的制造方案，具体如下所述。

试制件的制造流程：冶炼→自由锻→胎模预制→模锻→初粗加工（UT）→粗加工→固溶热处理→取样→性能检验→打磨→UT→硬度检验→精加工→渗透检测（PT）、尺寸检查（DT）、目视检查（VT）→水压试验→消应力热处理→管嘴坡口精加工→管嘴坡口 PT、DT、VT→标识、取样（评定部分）→性能检验（评定部分）→报告审查。

此外，为满足最终产品的超声检测及相关晶粒度要求，还需要进行不同变形参数下的热模拟试验，并结合有限元数值模拟结果确定模具设计及最终模锻成形方案。

4.1.3.1 坯料制备方案

1. 钢锭冶炼

电炉精选杂质元素含量低的优质原材料，冶炼低磷含量的粗炼钢液，粗炼钢液兑入精炼包后，调整成分，通过真空吹氧脱碳法（VOD）工艺降低碳含量，精炼钢液的成分和温度满足工艺要求后，利用下注法铸造生产电极后进行电渣重熔，电渣重熔钢锭质量为 70t。

2. 钢锭开坯

为保证泵壳后续无损检测质量，同时充分细化晶粒，破碎枝晶组织，钢锭首先在 150MN 水压机上进行开坯锻造。同时由于电渣锭头尾两端冶金质量不佳，因此需要有足够的切除量以保证只有优质金属保留在最终的锻件中。采用两次镦拔工艺，最终锻造出 2700mm×1100mm×2040mm 的扁方形状坯料，开坯总锻造比 $\gamma=6.8$。

由于泵壳锻件形状复杂，尤其是其管嘴超长，再加上不锈钢金属流动性较差，所以特殊轮廓需要进行两步成形，模锻前还需要进行胎模成形预制坯料，即将方坯放入圆形内腔上下胎模内，压制出侧管嘴轮廓。具体成形工艺见表 4-8。

表 4-8 电渣锭开坯过程

序号	锻造过程	锻造温度	锻造比	草图
1	拔长至 ϕ1650mm×4150mm，水口压钳口	1180℃/850℃	1.7	下料ϕ1650×650 冒口端 ϕ1650 ϕ1230 水口端 250(含刀口) 3250 1100

（续）

序号	锻造过程	锻造温度	锻造比	草图
2	镦粗至高 1300mm，直径 2580mm 拔长至直径 1800mm，长 2650mm	1210℃/ 850℃	2.0	—
3	镦粗至高 1250mm，直径 2600mm 拔扁方至 2700mm×1100mm×2040mm，气割钳口	1210℃/ 850℃	2.0	—
4	精整归方	1050℃/ 850℃	—	—
6	胎模预制	1200℃/ 850℃	1.6	上胎模 下胎模

4.1.3.2 模锻成形方案

要完成泵壳模锻成形方案设计，首先需要进行锻件图设计，随后再根据锻件图设计相关辅具，再根据材料本身特性及液压机载荷情况设计模锻成形工艺。

图 4-8 所示为泵壳模锻件的锻件图设计思路，根据锻件的粗加工尺寸，外轮廓预留三处锻造余块，分别位于侧管嘴上下以及下端管嘴与泵壳腔体相贯位置。内孔单边余量 75mm，补偿冲孔时金属继续向侧管嘴方向流动导致的内孔加大，侧管嘴内孔在模锻时无法成形，暂不考虑。图中红色为外轮廓余量，蓝色为内轮廓余量，空白位置为粗加工尺寸。其中外轮廓大部在模锻后不加工，打磨光滑具备无损检测条件。

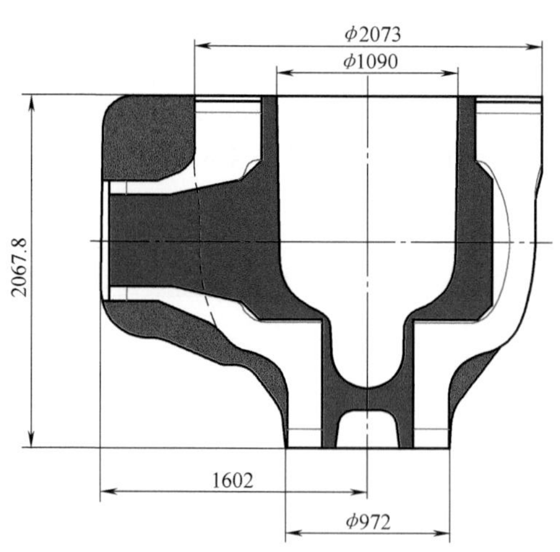

图 4-8　泵壳模锻件毛坯设计尺寸

在完成锻件图设计后，可根据锻件图尺寸设计模具内腔尺寸，并根据液压机功能设计模具连接模块。根据所设计锻件尺寸，充分考虑锻造圆角，冷缩量等因素对模具进行设计，并根据模具校核结果对局部位置进行补强，根据制造条件进行合理的分模。针对不锈钢锻件，冷缩量取0.98。由于泵壳直径较大，为防止背弧面拉应力过大，内模分为四瓣。下模设计结构如图4-9所示。

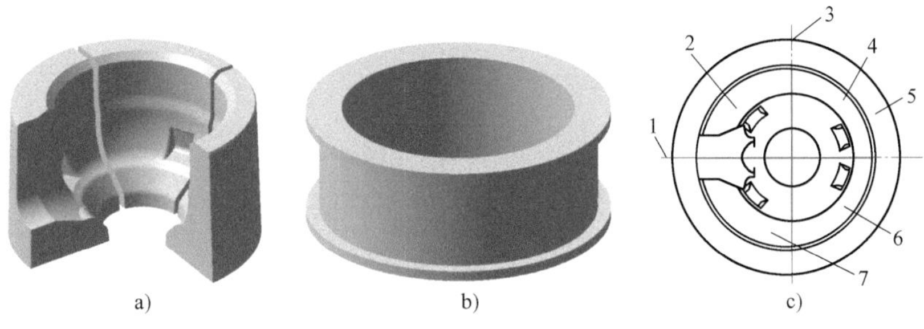

图4-9　下模设计结构

a）分瓣内模轮廓图　b）外模轮廓图　c）模具组装俯视示意图

1—分模面Ⅰ　2—内模Ⅰ　3—分模面Ⅱ　4—内模Ⅱ　5—外模　6—内模Ⅲ　7—内模Ⅳ

上模采用双工位设计，即第一工位实现模内镦粗，第二工位实现盲孔冲压成形。采用双工位设计可有效减小锻件成形载荷，将模锻成形所需成形力分解到两次压下过程中；同时，也更有利于金属流动，实现金属充满型腔；更重要的是，可以实现FGS锻造。两工位辅具均提前装配完成，通过强度校核，将辅具局部位置进行了补强。模具装配图如图4-10所示，上下均有滑道，上料后下模及坯料通过侧缸推至液压机中心开始第一工位镦粗，随后上横梁滑动至第二工位，冲头与坯料对中进行第二工位盲孔（挤压）成形。

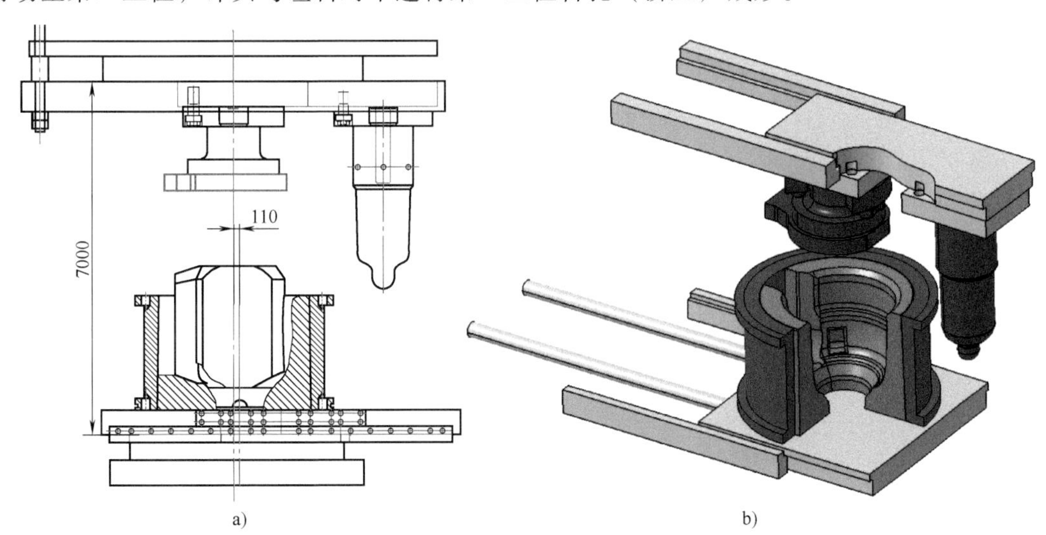

图4-10　不锈钢泵壳成形模具装配图

a）平面图　b）立体图

在完成上模模块组件以及下模模块组件设计后，即可进行模锻成形工艺的设计，采用500MN垂直挤压机进行模锻成形，具体成形过程如图4-11所示。坯料加热后用钳子立料（见图4-11a），随即迅速放入下模内，下模组件通过侧推拉缸推至于液压机中心对中（见

图 4-11b）并开始进行模内镦粗（见图 4-11c），压至工艺规定行程后退出镦粗辅具（见图 4-11d），上滑板将冲头移动至液压机中心（见图 4-11e）开始对坯料冲盲孔（见图 4-11f），在冲盲孔的同时，金属继续充满型腔，实现最终的模锻成形。

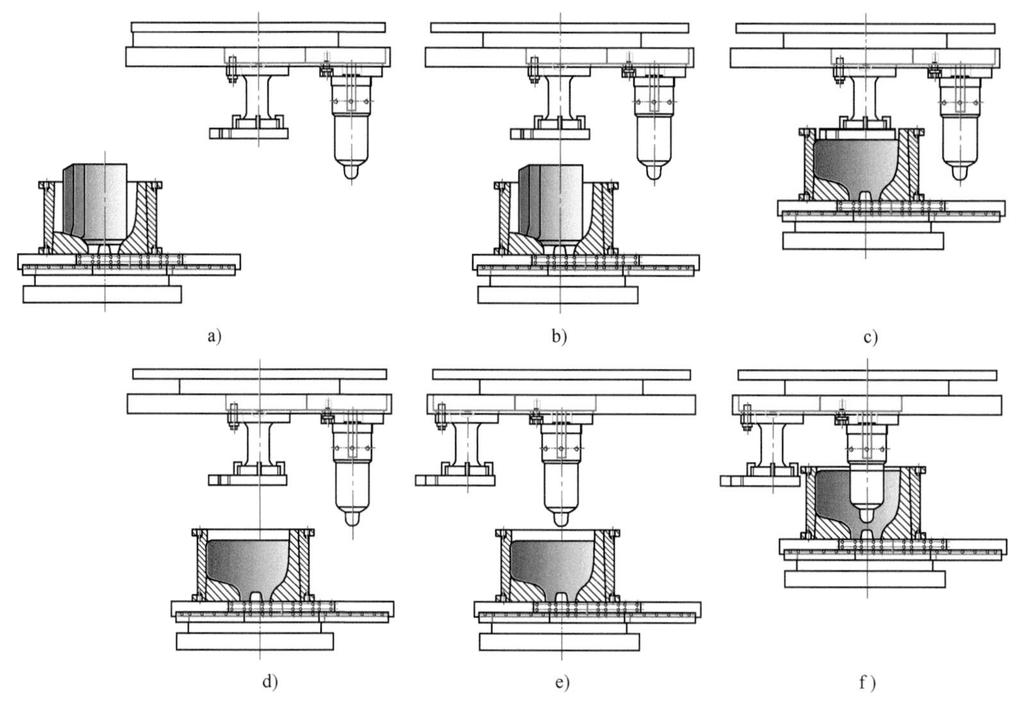

图 4-11　不锈钢泵壳模锻成形过程

a）坯料入模　b）镦粗辅具对中　c）模内镦粗　d）退出镦粗辅具　e）冲头对中　f）冲盲孔

4.1.3.3　模锻成形数值模拟

1. 胎模成形

为了保证侧管嘴成形质量，需要对坯料进行胎模锻预成形，并将坯料加工成图 4-12 所示的形状。

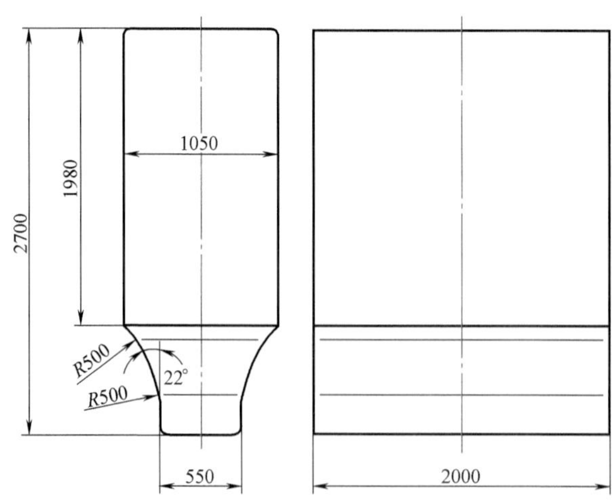

图 4-12　胎模成形坯料

首先将坯料预热 100℃后表面涂抹防氧化涂料，然后加热至始锻温度。胎模锻辅具预热 200~300℃，并在辅具工作表面涂抹润滑涂料；将坯料放入下胎模进行模内镦粗，胎模成形过程示意图如图 4-13 所示。

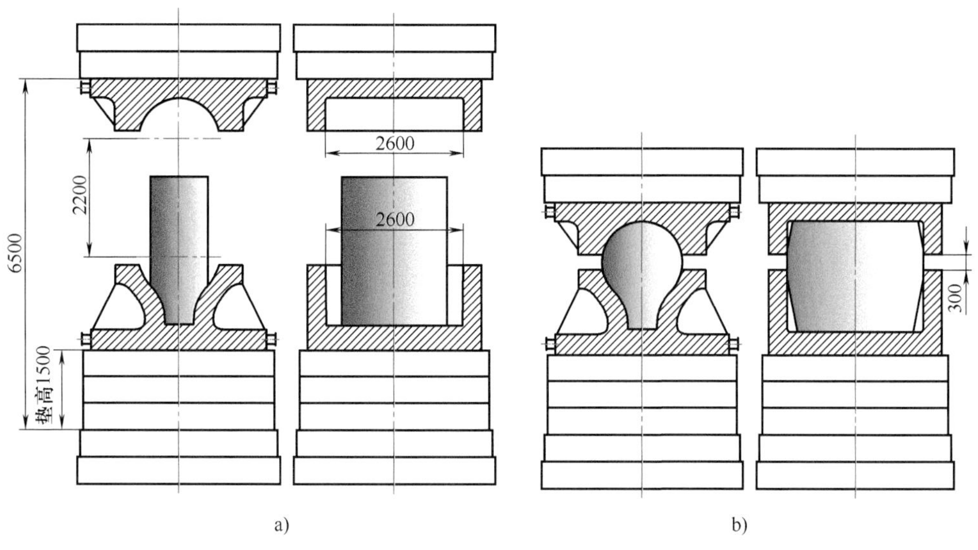

图 4-13　胎模成形过程示意图

a）成形初始位置　b）成形结束（压下行程 2200mm）位置

2. 模锻成形

模锻成形分为两个工步，首先进行模内镦粗，成形锻件整体外轮廓，随后用冲头冲盲孔，同时对锻件进行反挤压，使锻件高度增加，满足零件尺寸。成形时，与胎模成形过程相同，首先将坯料预热 100℃后表面涂抹防氧化涂料，然后加热至始锻温度。模锻辅具预热 200~300℃，并在辅具工作表面涂抹润滑涂料。图 4-14 所示为模锻成形工艺示意图。

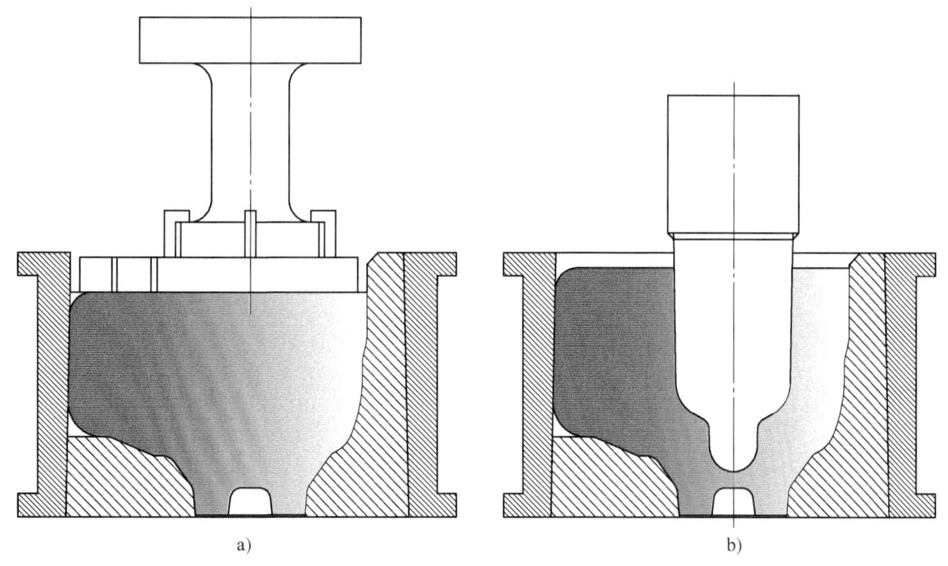

图 4-14　模锻成形工艺示意图

a）镦粗　b）冲盲孔

3. 胎模成形数值模拟

利用有限元模拟软件对胎模成形工序进行数值模拟，其中，辅具均设置为刚性体，模具与坯料之间传热系数按软件推荐值 1kW/(m^2·℃)，环境热交换系数 0.02kW/(m^2·℃)，环境温度 350℃。模具初始压下速度为 20mm/s，随载荷增大逐级降至 5mm/s、2mm/s 及 1mm/s，模具与坯料之间的摩擦类型选择剪切摩擦，摩擦系数为 0.5。模锻成形与胎模成形初始值及边界条件相同，下文不再赘述。模拟过程如图 4-15 所示，坯料在下模中立料，通过下端预制坡口定位，随后用上模将坯料压至工艺尺寸，完成预制坯胎模成形。图 4-16 所示为胎模成形后，锻件各处应变值，从图 4-16 可以看出，锻件仅顶端与上胎模接触位置应变较小，其余位置应变均超过 0.262，因此在胎模成形工序，各位置均能保证较大的变形量。

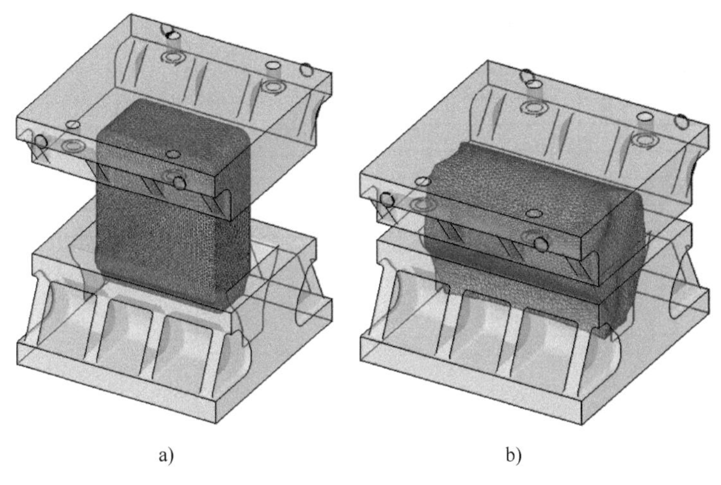

a) b)

图 4-15 数值模拟胎模预制坯过程

a）成形初始位置 b）成形结束位置

图 4-17 所示为三种始锻温度下数值模拟的胎模成形载荷情况，计算过程为恒定温度，不考虑热损失，初始压下速度为 20mm/s，当成形力达到 300MN 后压下速度降至 5mm/s，超过 350MN 后降低至 2mm/s。计算结果表明始锻温度 1150℃时成形载荷为 270MN，1100℃时成形载荷为 350MN，1050℃时成形载荷为 470MN。根据模拟结果，胎模成形工序始锻温度建议选择 1150℃。

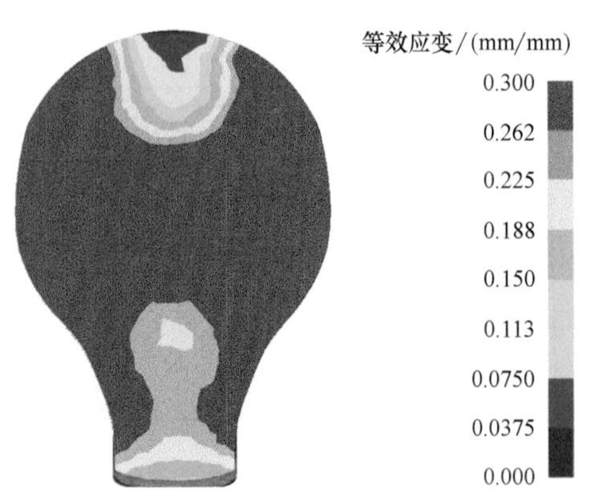

图 4-16 胎模成形后各位置变形量分布

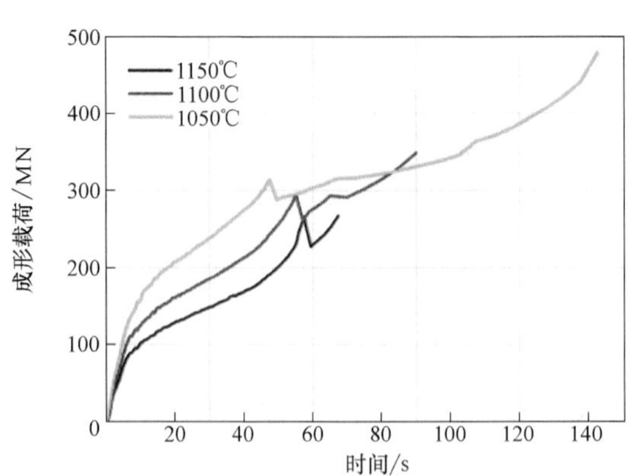

图 4-17 胎模预制坯始锻温度对载荷的影响

4. 模锻成形数值模拟

模锻成形数值模拟过程如图 4-18 所示，锻件首先进行模内镦粗，镦粗至工艺尺寸后，用冲头冲盲孔，同时对坯料进行反挤压，既能补偿锻件高度，又能将下端金属继续充满下模型腔，从而满足锻件尺寸要求。

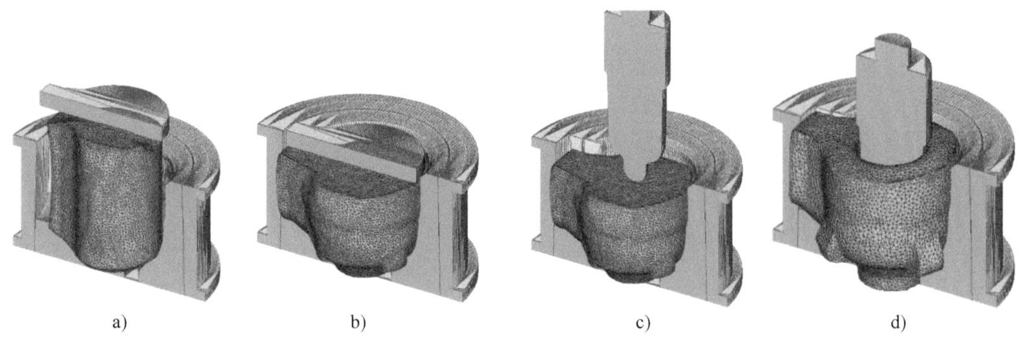

图 4-18　模锻成形数值模拟过程

a）模内镦粗开始　b）模内镦粗结束　c）冲孔开始　d）冲孔结束

图 4-19 所示为模锻成形过程中锻件各位置应变分布演变情况，从图 4-19 可以看出锻件经模内镦粗后，仅上端面和下垂直管嘴局部位置应变较小，其余位置应变均超过 0.5，经冲孔后，几乎所有位置应变均超过 0.5。从模拟结果看，模锻成形火次各位置应变均较大，但模锻成形后，锻件不能及时脱模，因此要考虑模锻后高温保持过程的晶粒长大，同时考虑变形潜热的产生而导致的锻件升温，建议始锻温度控制在 1150℃左右。

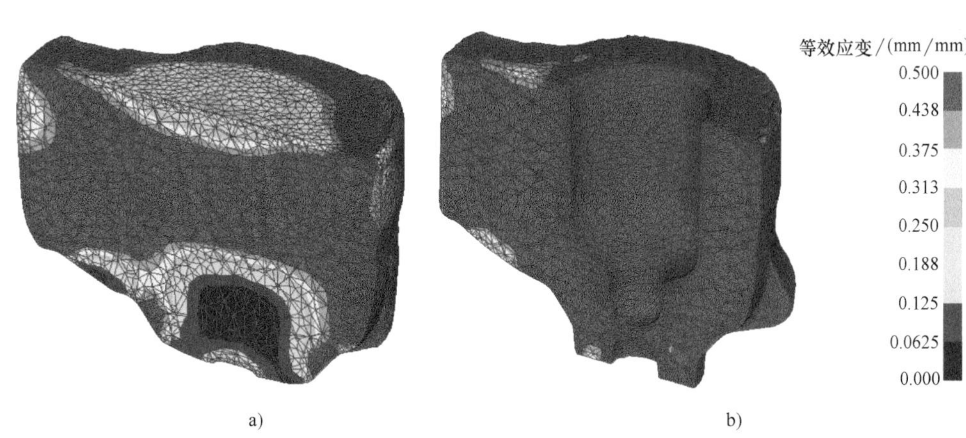

图 4-19　模锻成形过程中锻件各位置应变分布演变情况

a）镦粗　b）冲盲孔

图 4-20 所示为锻件 1150℃始锻温度下模锻成形的变形载荷，模拟过程中，整个压下过程的压下速度均设置在 20mm/s，过程近似为等温变形。从模拟结果看，两工位的最大成形力均为 370MN 左右，考虑整个过程持续时间较长，与模具接触位置温度降低将较为明显，且模锻成形必须一火次完成，因此将锻件始锻温度设置为 1150℃。泵壳模锻成形后的锻件与粗加工图的包络情况如图 4-21 所示。

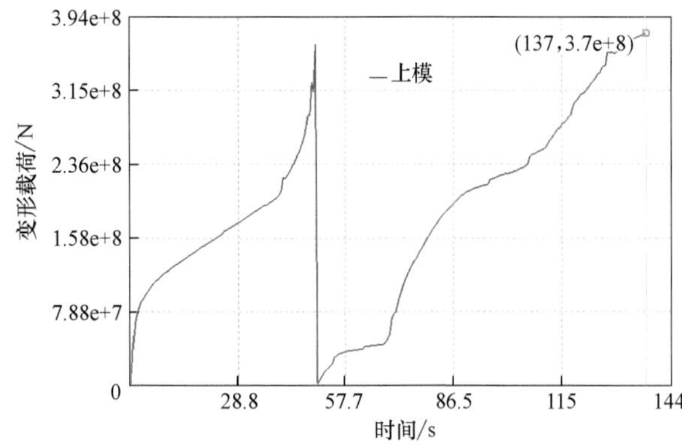

图 4-20　模锻成形变形载荷

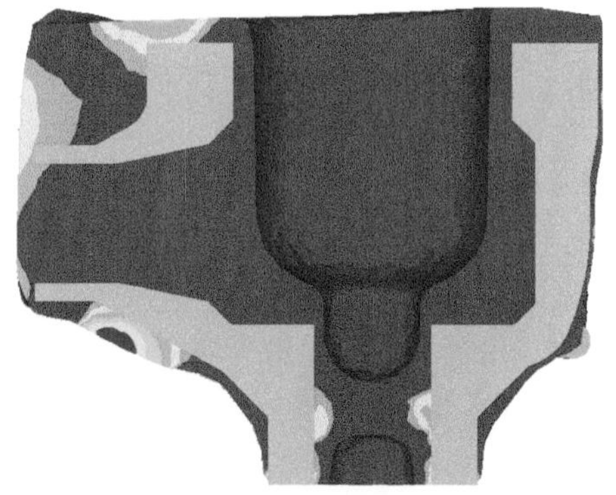

图 4-21　模锻件与粗加工图包络情况

4.1.3.4　热变形参数试验

1. 加热温度对晶粒度影响

测量原始晶粒尺寸。将金相试料加工成 15 个 ϕ8mm×15mm 圆柱试样，做不同时间不同加热温度条件下的保温试验。试样在室温下每 3 个 1 组入炉，功率升温至设定温度（1050℃、1100℃、1125℃、1150℃、1175℃），保温不同时间后水冷，将试样沿轴向纵剖观察心部晶粒大小。

晶粒度采用截点法测量，即用放大 100 倍的金相照片对角线各画 1 条直线，横向画 1 条直线后统计直线经过晶粒个数，用直线长度除以晶粒个数，并计算 3 条直线的平均值得到晶粒实际尺寸，其中，孪晶及细小晶粒不计算在内。按式（4-1）评级，其中 k 为晶粒度评级，d 为晶粒实际尺寸（单位为 μm）。

$$k=\frac{\lg\left(\frac{0.126}{d^2}\right)}{\lg 2} \tag{4-1}$$

表 4-9 列出了不同温度及保温时间加热后的晶粒大小，初始晶粒度为 6 级。从表 4-9 可以看出，经 5h 加热后，1050℃加热后晶粒尺寸不变；1100℃及 1125℃加热后，晶粒尺寸增大至 146μm（2.6 级）；1150℃加热后晶粒尺寸增大至 206μm（1.6 级）；1175℃加热后晶粒尺寸增大至 318μm（0.3 级）。表 4-10 列出了晶粒尺寸与晶粒度之间的对应关系，表 4-11 列出了采用比较法进行的晶粒度评级结果，与截点法结果基本一致。

根据表 4-9 中保温 300min 的检测结果，优先选择始锻温度 1100℃及 1125℃作为备选温度（长时间加热后晶粒度均不超过 2 级），因此在两温度下进行长时间保温试验（保温 12h），经检测，1100℃保温 12h 后晶粒尺寸为 159μm（2.3 级），1125℃为 166μm（2.2 级）。图 4-22 所示为不同温度下晶粒尺寸与保温时间的关系曲线。

表 4-9　不同温度及保温时间加热后的晶粒大小　（单位：μm）

保温时间	1050℃	1100℃	1125℃	1150℃	1175℃
5min	42	55	52	146	125
30min	44	135	135	206	219
300min	44	146	146	219	318
720min	—	159	166	—	—

表 4-10 晶粒尺寸与晶粒度之间的关系 （单位：μm）

0 级	1 级	2 级	3 级	4 级	5 级	6 级	7 级	8 级
359	254	179	127	90	63	45	32	22

表 4-11 比较法晶粒度评级结果 （单位：级）

保温时间	1050℃	1100℃	1125℃	1150℃	1175℃
5min	6	6（部分 4）	6	2~3	2~3
30min	6	2~3	2~3	2	2
300min	6	2~3	2~3	2	1
720min	—	2	2	—	—

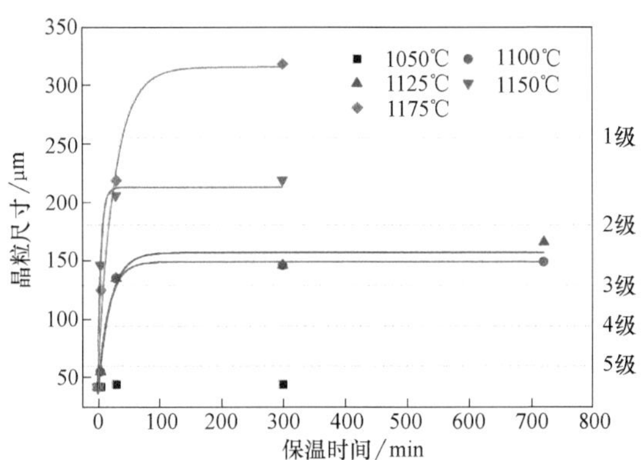

图 4-22 不同温度下晶粒尺寸-保温时间曲线

注：1050℃曲线未拟合，以点代替。

结论：在 1125℃以内加热 5h，晶粒尺寸可控制在 2~3 级，从锻前加热的角度，坯料加热炉温可控制在（1120±5）℃。从模拟结果看，设备能力可以满足成形力要求。为确定继续延长保温时间后材料晶粒尺寸是否继续增大，将试样保温时间在 1100℃和 1125℃下延长至 12h，从试验结果来看，1100℃及 1125℃保温 12h 后晶粒长大趋势较小，长时间保温后晶粒度仍大于 2 级。两温度保温不同时间的金相组织照片如图 4-23 所示。

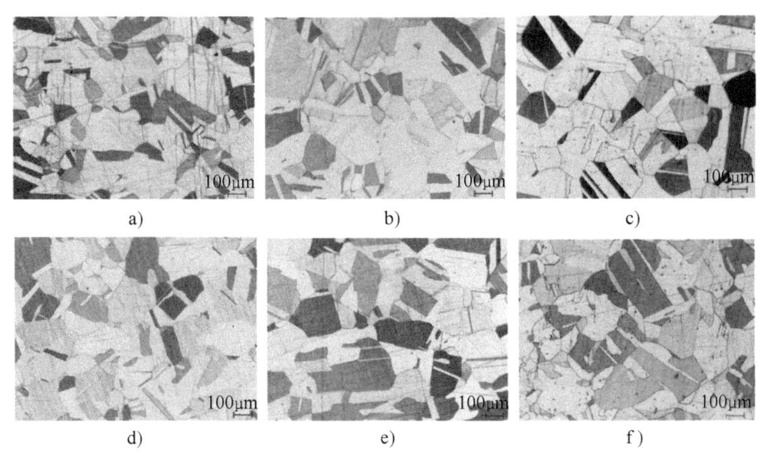

图 4-23 1100℃及 1125℃保温不同时间的金相组织照片

a）1100℃，30min b）1100℃，300min c）1100℃，720min d）1125℃，30min e）1125℃，300min f）1125℃，720min

2. 变形温度及变形量对晶粒度的影响

将试样加热至变形温度（1100℃、1125℃、1150℃、1175℃），保温 5min 后以恒温恒应变速率（$0.1s^{-1}$、$0.01s^{-1}$）进行等温压缩试验，变形量分别为 15%、30%、45%（对应真应变 0.16、0.34、0.58），然后立即水冷至室温。式（4-2）中的 h_0 为变形前的原始高度，h 为变形后高度。从金相结果来看，应变速率对试样变形后的晶粒尺寸没有影响，而 15%变形量下仅晶界位置发生再结晶，再结晶比例很小，随着变形量的继续增大，再结晶晶粒所占比例逐渐增大，45%变形量下各成形温度的动态再结晶比例已接近 100%。表 4-12 列出了不同温度 30%变形后的晶粒度等级；表 4-13 列出了不同温度 45%变形后的晶粒度等级。

$$\varepsilon = \ln \frac{h_0}{h} \tag{4-2}$$

表 4-12 不同温度 30%变形后的晶粒度等级

项　目	1100℃	1125℃	1150℃	1175℃
应变速率为 $0.01s^{-1}$	6(50%)	6(30%)	3(20%)	3(20%)
	8(50%)	7(70%)	4~6(80%)	4~6(80%)

表 4-13 不同温度 45%变形后的晶粒度等级

项　目	1100℃	1125℃	1150℃	1175℃
应变速率为 $0.01s^{-1}$	6(20%)	7	4~6	5
	8(80%)			

3. 固溶热处理对晶粒尺寸的影响

将变形温度分别为 1100℃、1125℃、1150℃，变形量分别为 30%和 45%的试样加热至 1050℃保温 12h 后空冷，观察晶粒尺寸变化，具体见表 4-14。比较法评级结果与截点法基本一致。从试验结果来看，经固溶热处理后，30%以及 45%变形量下晶粒尺寸均发生明显均匀化，且晶粒较细，说明变形量≥30%的条件下，经固溶热处理后组织均发生了充分的再结晶（动态+亚动态+静态），在现有初始晶粒尺寸下（5~6 级），1100℃及 1125℃变形后经固溶热处理均达到 5 级左右，1150℃变形后经固溶热处理也可达到 3.7 级。不同变形条件下经固溶热处理后的金相组织如图 4-24 所示。

表 4-14 不同温度及变形量下固溶热处理后晶粒尺寸

项　目	1100℃	1125℃	1150℃
变形量为 30%	67μm(4.8 级)	56μm(5.3 级)	97μm(3.7 级)
变形量为 45%	56μm(5.3 级)	56μm(5.3 级)	97μm(3.7 级)

4. 初始晶粒度对最终晶粒尺寸的影响

由于先期试验原始态组织初始晶粒尺寸较小，且未经历长时间加热，为充分模拟锻件整个制造流程工艺曲线及变形条件下晶粒尺寸的变化，补充长时间保温后模拟实际变形条件变形后晶粒尺寸的变化以及固溶热处理后的晶粒尺寸，分别进行 1100℃及 1125℃两个试验温度，30%及 45%两个变形量的变形，观察变形后以及变形+固溶热处理后的晶粒尺寸，其中

30%对应胎模成形等效应变最小位置变形量，45%对应模锻成形等效应变最小位置变形量，变形前加热保温时间 12h，固溶热处理温度 1050℃，保温时间 12h。具体试验方案及试验结果见表 4-15。

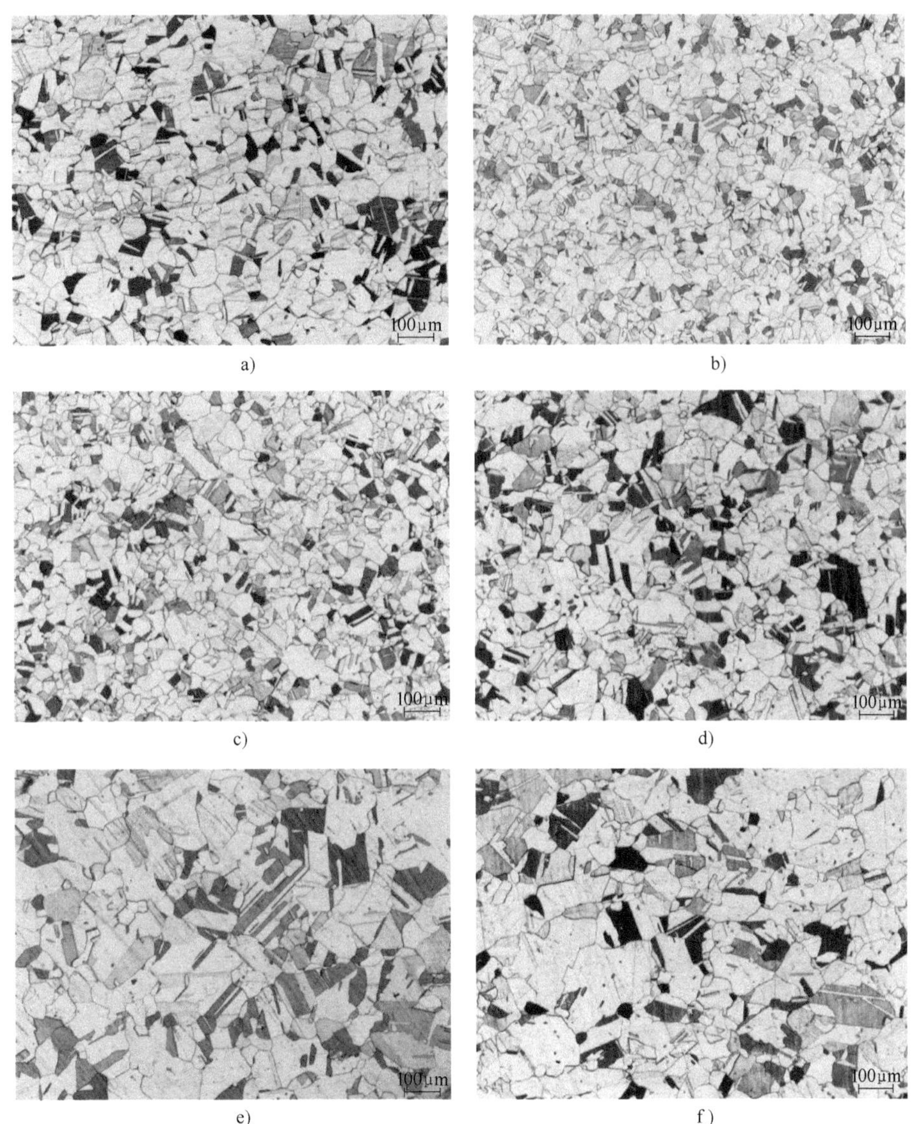

图 4-24 不同变形条件下经固溶热处理后的金相组织

a）1100℃，30% b）1100℃，45% c）1125℃，30% d）1125℃，45% e）1150℃，30% f）1150℃，45%

表 4-15 初始晶粒度对最终晶粒尺寸的影响

编号	GLEEBLE 模拟前	GLEEBLE 模拟变形条件（温度-变形量-应变速率）	固溶处理	晶粒尺寸
1	1100℃，保温 12h	1100℃-30%-0.01s^{-1}	未处理	3 级（70%） 7 级（30%）
2	1100℃，保温 12h	1100℃-30%-0.01s^{-1}	1050℃保温 12h	93μm（3.8 级）
3	1100℃，保温 12h	1100℃-45%-0.01s^{-1}	未处理	3 级（30%） 7 级（70%）

（续）

编号	GLEEBLE 模拟前	GLEEBLE 模拟变形条件（温度-变形量-应变速率）	固溶处理	晶粒尺寸
4	1100℃，保温 12h	1100℃-45%-0.01s^{-1}	1050℃保温 12h	86μm（4.1 级）
5	1125℃，保温 12h	1125℃-30%-0.01s^{-1}	未处理	3 级（80%） 7 级（20%）
6	1125℃，保温 12h	1125℃-30%-0.01s^{-1}	1050℃保温 12h	93μm（3.8 级）
7	1125℃，保温 12h	1125℃-45%-0.01s^{-1}	未处理	4 级（30%） 6 级（70%）
8	1125℃，保温 12h	1125℃-45%-0.01s^{-1}	1050℃保温 12h	78μm（4.4 级）

根据表 4-15 中试验结果，结合初始状态（不同温度加热 12h 后空冷）晶粒尺寸检测结果可以看出，经 1100℃或 1125℃加热 12h 后，晶粒度均增大至 2~3 级；经 30%及 45%变形后晶粒发生部分动态再结晶，变形量越大动态再结晶晶粒比例越多，45%变形后再结晶晶粒可占 70%以上。随后经固溶热处理，晶粒进一步均匀化，4 种参数固溶后晶粒度均可达到 4 级左右。在 1100℃及 1125℃两种始锻温度下，各热加工过程中的晶粒尺寸变化趋势如图 4-25 和图 4-26 所示，模拟各工艺节点执行后锻件金相组织如图 4-27 和图 4-28 所示。

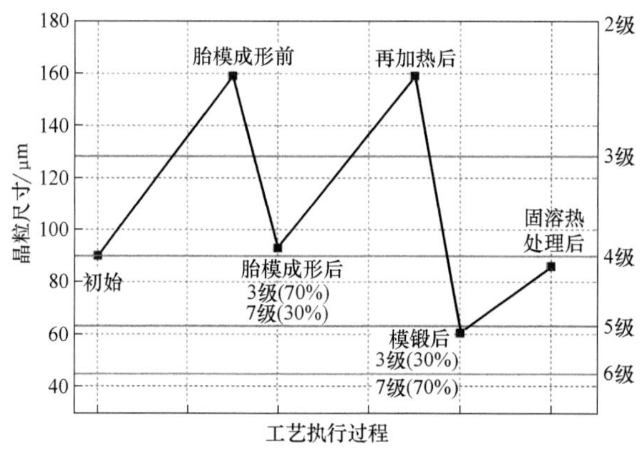

图 4-25 两火次均 1100℃始锻温度各工艺过程执行后的晶粒尺寸演变

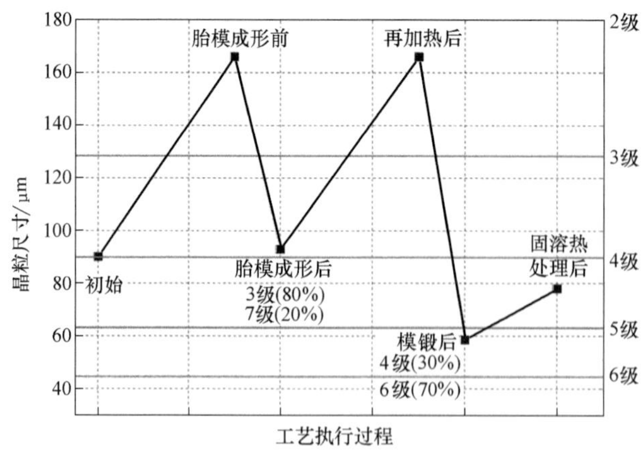

图 4-26 两火次均 1125℃始锻温度各工艺过程执行后的晶粒尺寸演变

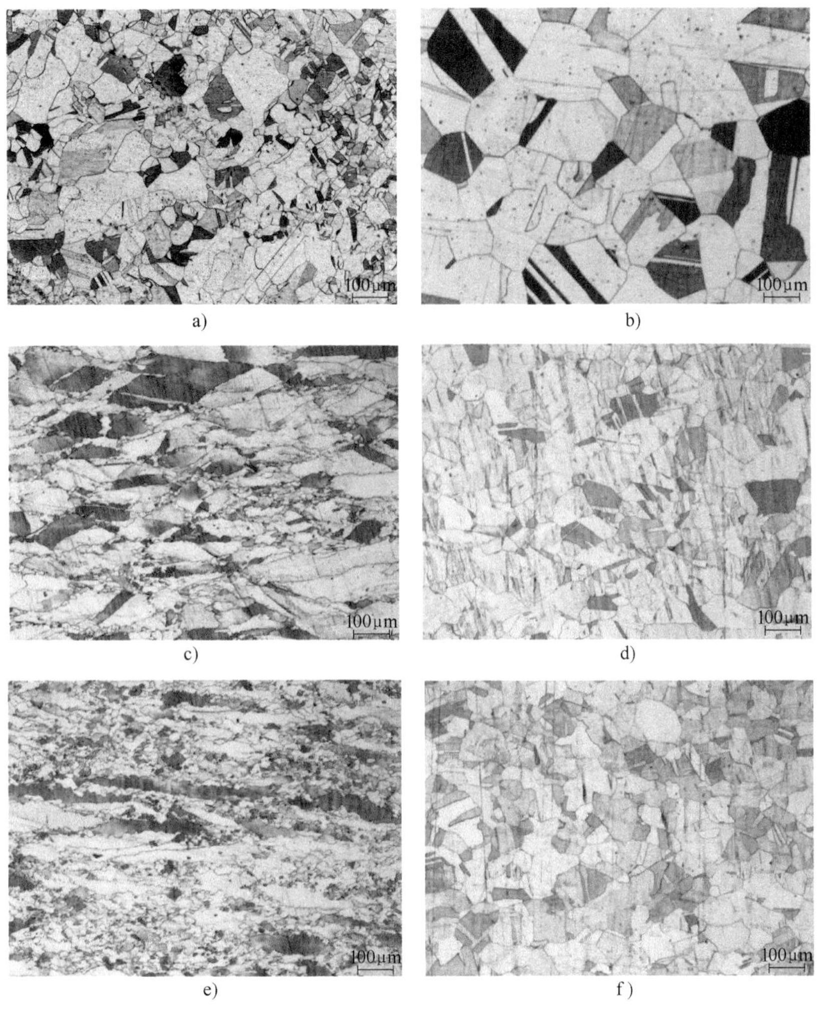

a) b) c) d) e) f)

图 4-27 两火次均 1100℃始锻温度各工艺过程执行后的金相组织

a）原始态（4 级） b）胎模成形前加热 12h（2 级） c）胎模成形 30%后 3 级（30%）7 级（70%）
d）胎模成形 30%后 1050℃固溶 e）模锻成形 45%后 3 级（30%）7 级（70%） f）模锻成形 45%后 1050℃固溶

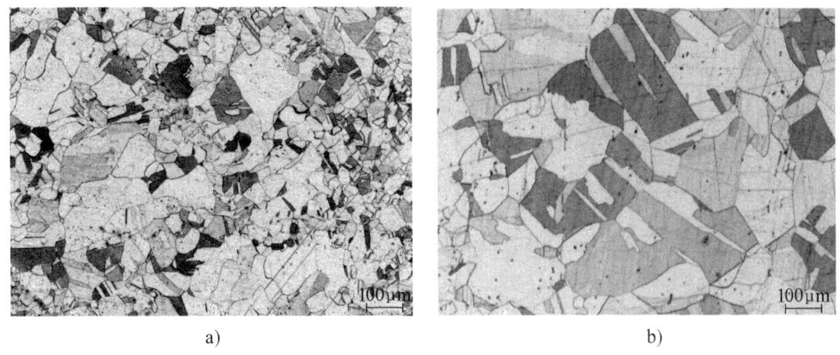

a) b)

图 4-28 两火次均 1125℃始锻温度各工艺过程执行后的金相组织

a）原始态（4 级） b）胎模成形前加热 12h（2 级）

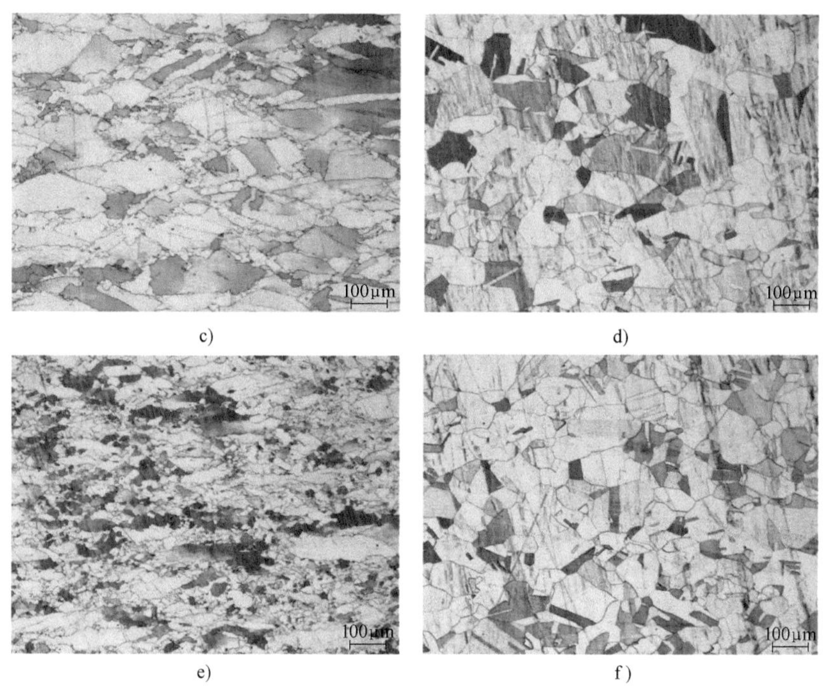

c) d)

e) f)

图 4-28　两火次均 1125℃始锻温度各工艺过程执行后的金相组织（续）

c）胎模成形 30%后 3 级（30%）7 级（70%）　d）胎模成形 30%后 1050℃ 固溶

e）模锻成形 45%后 3 级（30%）7 级（70%）　f）模锻成形 45%后 1050℃ 固溶

综合考虑胎模成形及模锻成形过程液压机载荷，以及加热、热变形、热变形后固溶处理后的晶粒尺寸，两火次建议选择炉温（1120±5）℃作为始锻温度。从试验结果来看，1120℃长时间保温后晶粒度仍能保证 2 级以上，胎模成形火次可采取一定的保温措施，避免降温层可能出现的晶粒粗大现象，从而在本火次实现整体晶粒尺寸的均匀化，随后在模锻成形火次将锻件再加热进行两工序的变形，由于各位置均能实现较大变形量（大部分位置应变超过 0.5，部分位置应变在 0.3~0.5），从而可实现充分再结晶。但由于坯料在模锻成形后不能及时脱模，导致此工序锻件心部晶粒可能继续增大，但从加热试验结果来看，1100~1125℃长时间保温也能将晶粒控制在 2 级以上。此外，模锻后坯料整体也是降温过程，因此按（1120±5）℃始锻温度控制，锻件可保证晶粒度≥2 级的技术要求。

4.1.3.5　性能热处理方案

1. 热处理工艺

固溶热处理加热采用燃气炉或电炉，时间和温度应通过设置在工件上的热电偶进行测定，应至少敷两支热电偶，一支在泵壳锻件最大壁厚处，一支在泵壳锻件最小壁厚处。固溶热处理方案如图 4-29 所示。

1040～1149℃
水冷
每25mm至少
保温1h

图 4-29　泵壳的固溶热处理方案

针对目前泵壳的固溶热处理方案进行计算，确定泵壳内外壁水流的速度场云图，并计算泵壳各特征时间的温度场云图及各特征点的温度-时间曲线。

2. 模拟方案

在锻件的冒口端按图 4-30 所示的方式焊接吊耳，以便锻件水口端向下入水冷却。

锻件在 ϕ9000mm×4342mm 冷却装置中的浸水方案如图 4-31 所示。

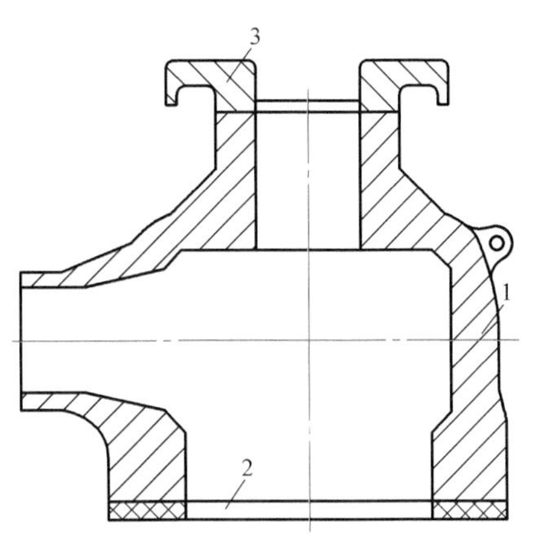

图 4-30 吊耳焊接方式

1—锻件本体 2—隔热环 3—吊耳

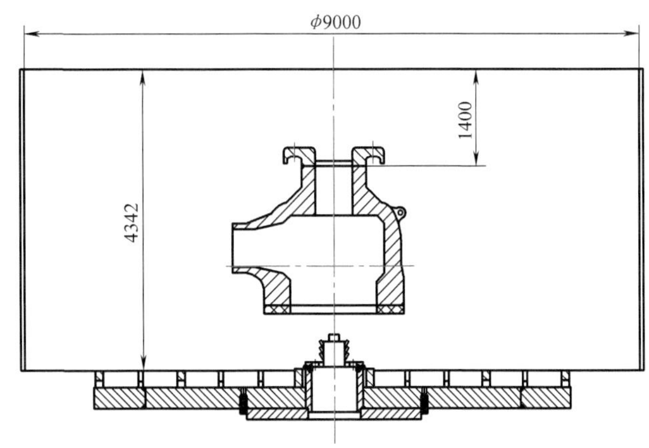

图 4-31 浸水方案示意图

建立浸水方案示意图的三维几何模型及有限元模型如图 4-32 所示。采用四面体网格，工件最大网格为 100mm，并在工件附近流体域加密网格，流体入口细管处网格最大尺寸为 5mm，流体域内网格最大尺寸为 400mm，共计网格数量 1788432 个。入口流速为 9.93m/s，出口为自由出流。

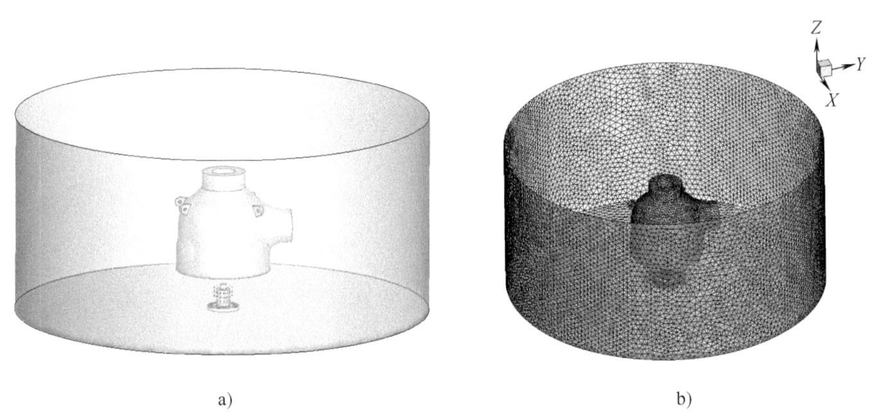

图 4-32 水口朝下浸水冷却方案的三维几何模型及有限元模型

a）三维几何模型 b）有限元模型

模拟结果如图 4-33~图 4-35 所示，分别为工件中心 XZ、YZ 和 XY 截面上的介质流速，由图 4-33 可见，水口朝下的工件其内壁起了一定的导流作用。工件各位置处的流速大致可依工件形状分为三个部分：大法兰及中部，吸入口和吐出口。整个工件外壁介质流速均很低，为 0~1m/s。吸入口段内壁流速为 3~5m/s；大法兰及中部段内壁流速为 1~3 m/s；吐出口部分内壁上部（Z 方向）流速为 1~3m/s，下部流速为 0~1m/s。

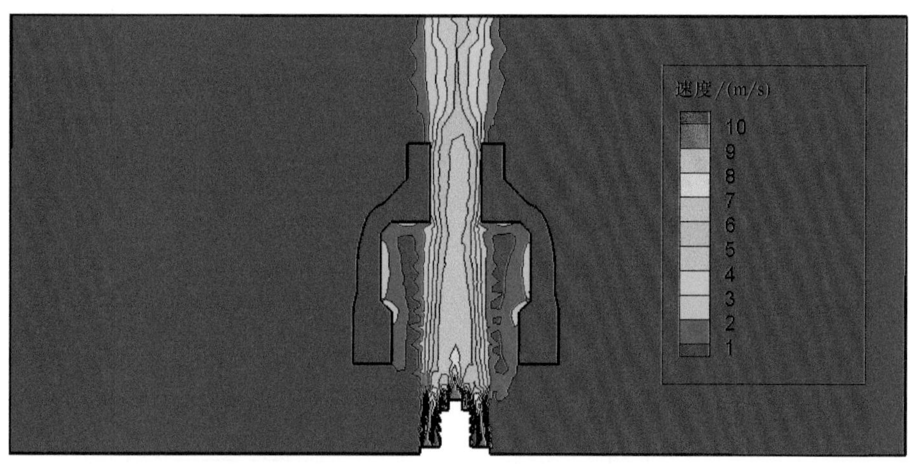

图 4-33　工件中心 *XZ* 截面流速图

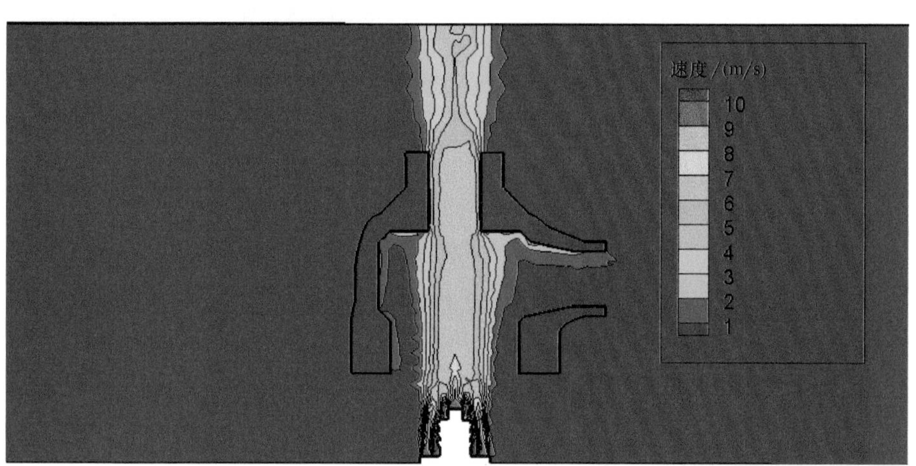

图 4-34　工件中心 *YZ* 截面流速图

通过流场模拟可以看出小头朝上的入水方式，吸入口段内壁流速较快，其他位置流速在1~2m/s，关键在于吐出口下部（*Z* 向）内外壁流速均为1~2m/s，是淬火过程的介质流动性最差的位置。

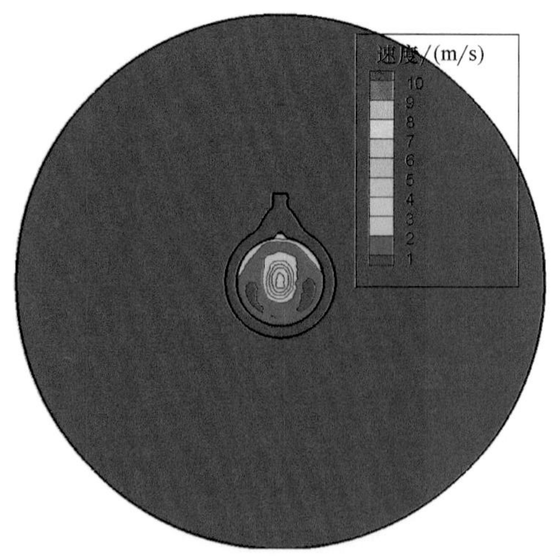

图 4-35　工件中心 *XY* 截面流速图

3. 温度场分析

有限元模型如图 4-36 所示，采用六面体单元，单元数量 60734 个，单元类型为 DC3D8。材料为 F316N，成分参见表 4-4。材料参数采用 JMatPro 软件进行计算。

一般而言，大型铸锻件水淬时的换热系数处于 1000~3000W/(m^2·K)。由于无法确定准确的换热系数值，因此有必要考察不同换热系数对各特征点冷却速度的影响。为此研究了不同恒定换热系数［1000W/(m^2·K)、2000W/(m^2·K)、

12000W/(m^2·K)]、随温度变化的换热系数对各特征点冷却速度的影响。图 4-37 所示为泵壳试验锻件上 16 个特征点选取示意图。

图 4-36 有限元模型

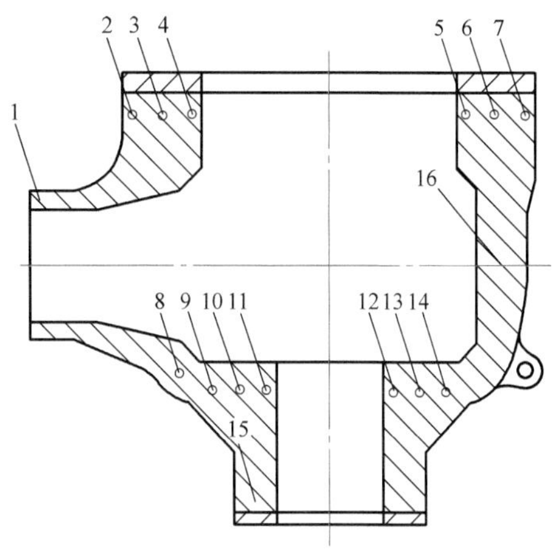

图 4-37 泵壳试验锻件 16 个特征点选取示意图

图 4-38 所示为不同换热系数对部分特征点冷却曲线的影响。由图 4-38 可见，换热系数随温度变化的曲线，2000W/(m^2·K)、12000W/(m^2·K)、1000W/(m^2·K) 这三种情况

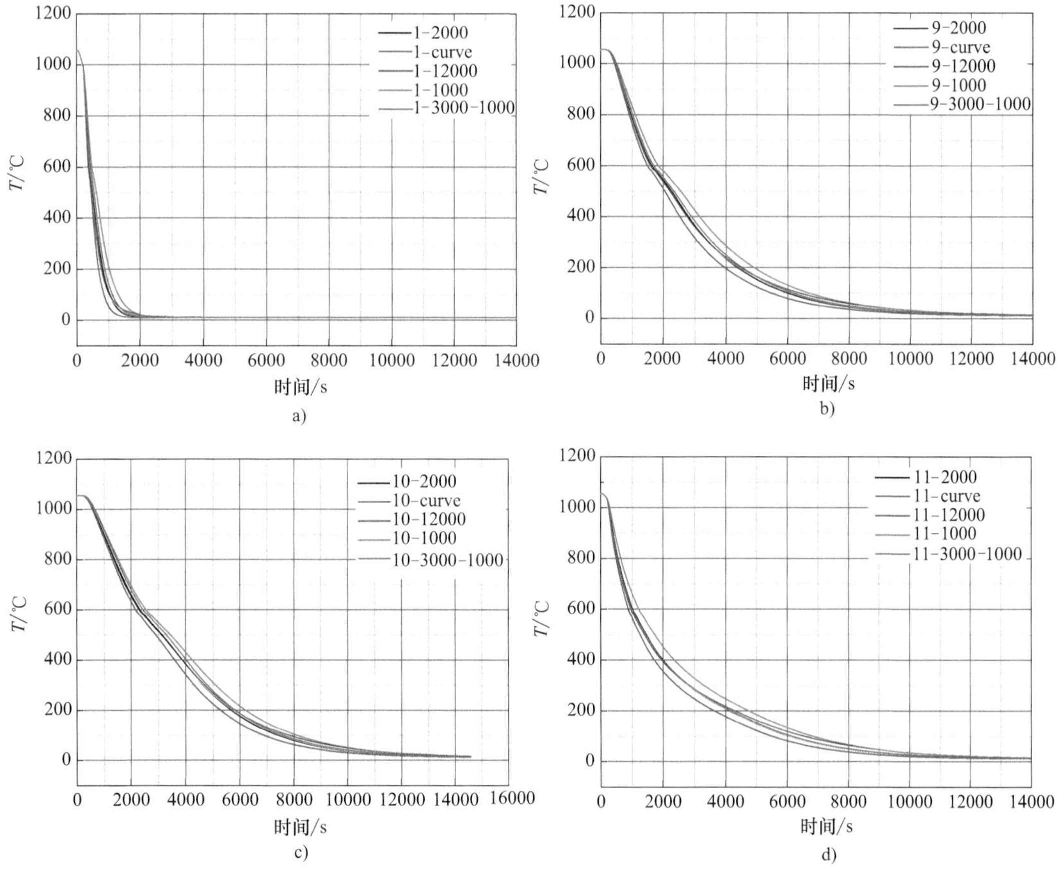

图 4-38 部分特征点换热系数对冷却速度的影响

a) 1 号 b) 9 号 c) 10 号 d) 11 号

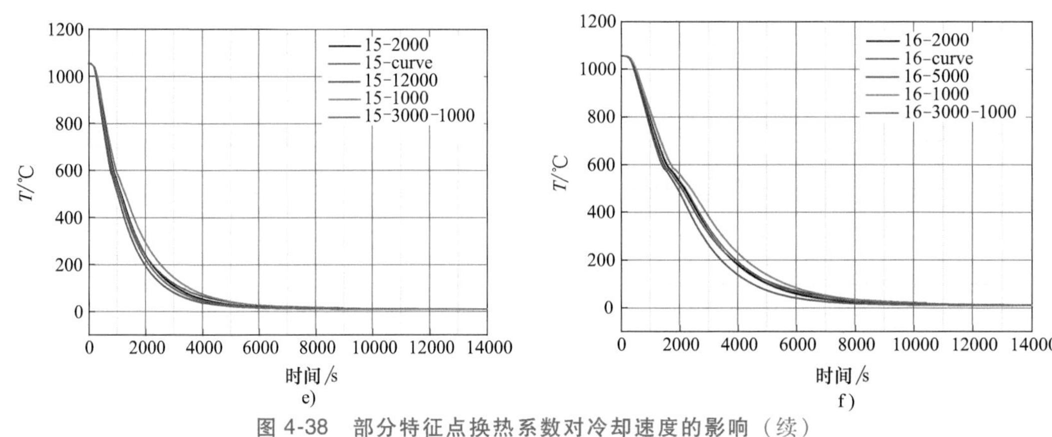

图 4-38 部分特征点换热系数对冷却速度的影响（续）

e) 15 号 f) 16 号

注：图中“curve”指换热系数随温度变化的曲线，而非其他的恒定换热系数。“3000-1000”指内外换热系数不同时计算的曲线，“3000”指外轮廓换热系数，“1000”指内轮廓换热系数。

对各特征点的冷却速度影响均不大，距表面越近的位置点影响越大。

计算各特征点在 425~850℃温度范围内的平均冷却速度，结果见表 4-16。1 号换热系数对冷却速度的影响很大，但是该点冷却速度很快，最低也能够达到 61.8℃/min，因此该点冷却速度误差对材料性能的影响不大（一般而言 316N 材料在大约 5℃/min 冷却速度以下，冷却速度对碳化物的析出影响较为严重）；15 号离端部较近，因此冷却速度也较快，各换热系数对其影响误差最大为 10℃/min，同样地该点冷却速度最低达 24℃/min，因此对材料性能的影响不大；11 号靠近吞入口内壁（内壁以下 57mm），换热系数对其引起的冷却速度误差最大为 7℃/min；其他各点换热系数引起的误差最大不超过 4℃/min；冷却速度最慢的为 10 号，换热系数对其冷却速度影响很小，但其最低冷却速度也能够达到 9.6℃/min。

表 4-16 各特征点在 425~850℃区间内平均冷却速度 （单位：℃/min）

序号	换热系数/[W/(m^2·K)]				
	1000	2000	3000-1000	12000	curve
1	61.8	82.2	75.6	105.6	96
2	15	16.8	17.4	18.6	16.8
3	11.4	12.6	12	13.2	12
4	13.2	15.6	15	16.8	15.6
8	17.4	20.4	19.2	22.8	21
9	12	13.8	13.2	15.6	13.8
10	9.6	10.2	10.2	11.4	10.2
11	15.6	18.6	18.6	22.2	19.2
15	25.8	30	31.2	34.2	30
16	13.8	15.6	15	17.4	16.2

图 4-39 所示为外侧 3000W/(m^2·K)、内侧 1000W/(m^2·K) 计算条件下得到的各特征点的冷却曲线，可见 2 号与 7 号、3 号与 6 号、4 号与 5 号曲线基本是重合的，9 号与 14 号、10 号与 13 号、11 号与 12 号曲线基本是重合的。1 号、15 号、8 号的冷却速度最快，10 号（13 号）的冷却速度最慢。其他特征点冷却速度较为接近。经 3.1h 冷却后，冷却速度最慢处达到 40℃。

YZ 截面入水前，入水后 30s、1min、5min、30min、60min、120min、240min 时的温度场云图如图 4-40 所示。*XZ* 截面与 *YZ* 截面无吐出口部位云图接近，这里不再截取。

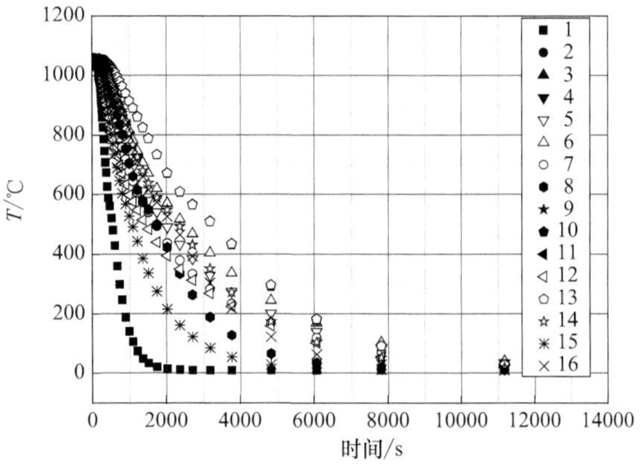

图 4-39　各特征点换热系数对冷却速度的影响

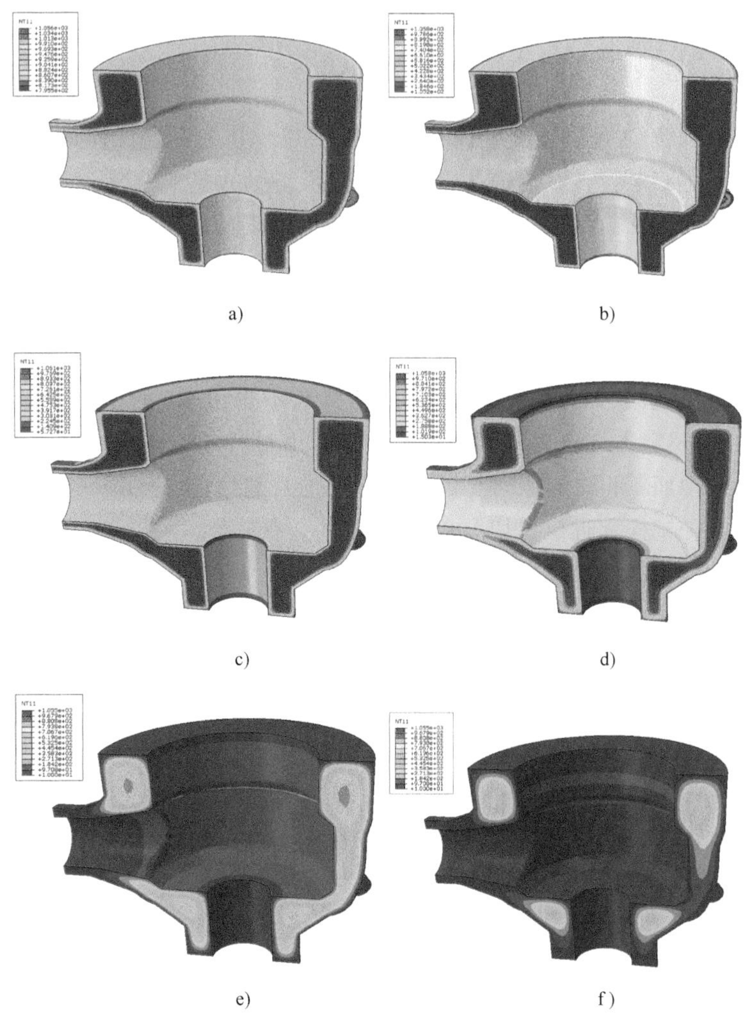

图 4-40　*YZ* 截面不同浸水时间的温度场云图

a）入水前　b）入水 30s　c）入水 1min　d）入水 5min　e）入水 30min　f）入水 60min

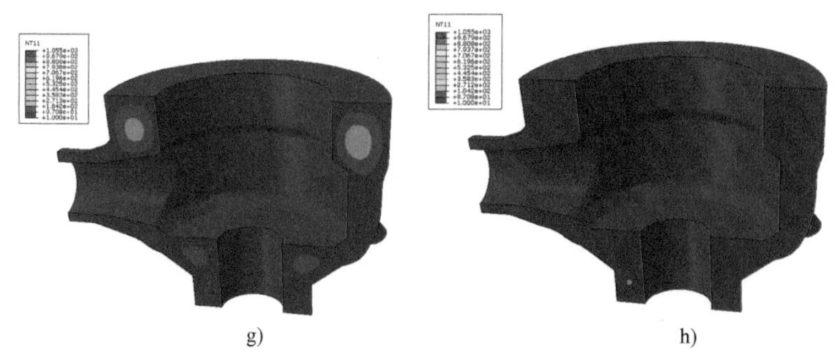

图 4-40　*YZ* 截面不同浸水时间的温度场云图（续）

g）入水 120min　h）入水 240min

4.1.3.6　取样方案

试验方法、取样位置及方向详见图 4-41 与表 4-17，其中室温拉伸试验按 ASME SA-370 最新版的要求进行，高温拉伸试验应按 ASTM E21 最新版的要求进行。

半精加工后，在大法兰端面、吸入口端面和吐出口端面，沿圆周方向相距约 90°的四处按 ASME SA-370 测量洛氏硬度，要求硬度≤92HRB。

晶间腐蚀试样取自拉伸试样附近，每个取样位置至少取 2 个试样，试样尺寸为 80mm×25mm×5mm。晶间腐蚀试验应按照 ASME A262 E 法进行检验。

在泵壳锻件大法兰面、吐出端、吸入端周向弧长不少于 20°的径向全厚度尺寸范围内，按照 ASTM E340 的规定进行宏观浸蚀检验。应显示出材料的宏观组织，并拍摄被检截面的宏观组织照片。浸蚀面不得有肉眼可见的缩孔、气泡及裂纹。

在泵壳锻件拉伸试样邻近位置切取金相检验试样，或采用破断的拉伸试样端部进行显微组织检验并拍摄 100 倍的金相组织照片。金相照片（包括标识符、放大倍数和浸蚀剂）应列入材料质量证明文件。

按 ASTM E112 的方法检查泵壳锻件晶粒度。测定的平均晶粒度为 2 级或更细。

按 ASTM E45 的方法 A 检查泵壳锻件的非金属夹杂物含量，并应满足下列要求：A 类夹杂物（粗系或细系）≤1.5 级；B 类夹杂物（粗系或细系）≤1.5 级；C 类夹杂物（粗系或细系）≤1.5 级；D 类夹杂物（粗系或细系）≤1.5 级。泵壳的取样位置示意图如图 4-41 所示，取样数量见表 4-17。

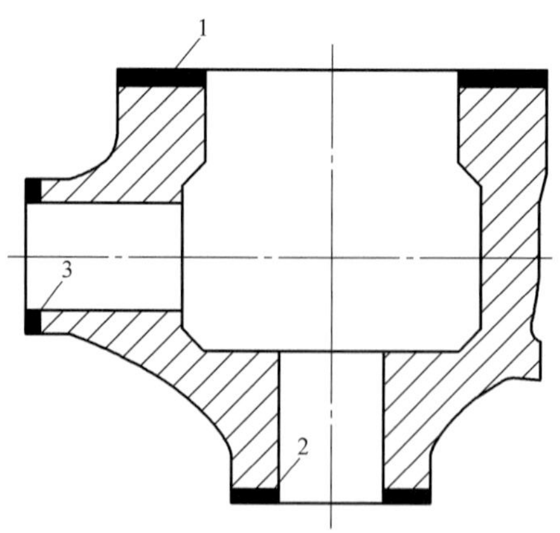

图 4-41　泵壳取样位置示意图

1—法兰端试样　2—垂直管嘴端试样

3—水平管嘴端试样

表 4-17　泵壳试验项目及取样数量

试验项目	温度/℃	方向	试样编号			试验方法	试样标准
			A1～A2	C1～C2	E1～E2		
拉伸	室温	切向	＊01	＊01	＊01	ASTM A370	ASTM A370 图 4
	350	切向	＊02	＊02	＊02	ASTM E21	
晶间腐蚀	—	切向	＊03～＊04	＊03～＊04	＊03～＊04	ASTM A262	
显微观察晶粒度	—	—	＊05	＊05	＊05	晶粒度：ASTM E112	
非金属夹杂物	—	—				ASTM E45	
化学分析	—	—	＊06	＊06	＊06	ASTM A751	

试验项目	温度/℃	方向	试样编号					试验方法	试样标准
			F1-1～F1-4	F2-1～F2-4	F3-1～F3-4	G1～G3	H1～H3		
拉伸	室温	轴向	＊01	＊01	＊01	＊01	＊01	ASTM A370	ASTM A370 图 4
	350	轴向	＊02	＊02	＊02	＊02	＊02	ASTM E21	
晶间腐蚀	—	轴向	＊03～＊04	＊03～＊04	＊03～＊04	＊03～＊04	＊03～＊04	ASTM A262	
显微观察晶粒度	—	—	＊05	＊05	＊05	＊05	＊05	晶粒度：ASTM E112	
非金属夹杂物	—	—						ASTM E45	
化学分析	—	—	＊06	＊06	＊06	＊06	＊06	ASTM A751	

4.1.4　工程试验

4.1.4.1　坯料制备

1. 钢锭制造

不锈钢泵壳材质为 ASME SA965 F316N，属高氮高合金钢，两相区较宽，钢锭偏析和孔洞类缺陷严重，且电渣重熔表面质量难以控制。为冶炼化学成分合格，钢锭内、外部质量优异的电渣钢锭，对电极制造、电渣重熔等过程采取了一系列措施。该锻件所用钢锭采用的工艺路线为电炉→钢包精炼炉（LF）→VOD→下注电极→电渣重熔。

（1）电极制造　自耗电极采用模铸电极，一盘浇注 8 支。钢液采用 VOD 方式冶炼，为控制铅、锡、砷、锑等残余元素含量，采用优质废钢及合金。此外，为保证较低的氢含量，合金加热烘烤，VOD 充分脱碳后采用高真空，尽最大可能脱出钢中气体。同时，大气下注时为减少钢液吸氢吸氧，钢包底部紧贴在氩气保护罩上防止钢流吸气。此次电极共投三炉，为降低制造成本，采用氮气和氮化合金共同进行氮的调整，低硅微铬进行铬的调整。具体措施为真空碳脱氧破真空后立即切换为氮气搅拌 30min，并开始测温、取样（包括气体样），加入铌铁，硅铁。氮气搅拌 30min 后再切换为氩气搅拌并测温取样（包括气体样），用氮化金属锰将锰元素调整至内控成分；如氮达不到目标值要求，用氮化铬将氮调至内控成分。之后，方可调整碳、铬等成分，并可加入适量铝粉、硅化铁（FeSi）粉扩散脱氧。经汤道和电极棒取料测试，氮的质量分数均控制在 0.14%~0.15%，达到目标值要求。

（2）电渣重熔　F316N 材质由于合金含量高，钢液流动性差，因此所铸的自耗电极表面质量较差。浇铸时一盘浇注 8 支，共浇注 3 盘 24 支电极棒料。图 4-42 所示为电极局部外观形貌和电极打磨照片。

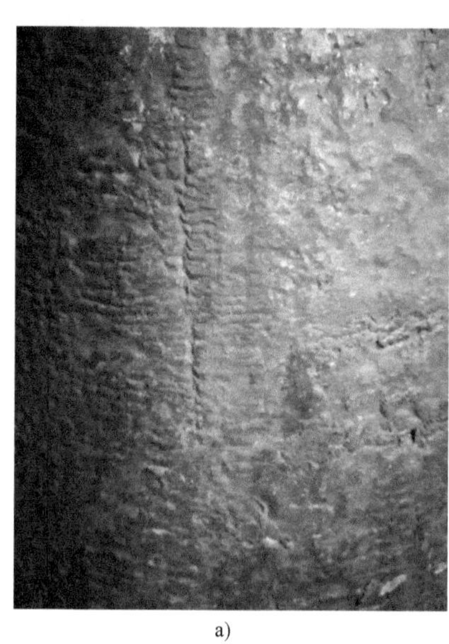

a)

b)

图 4-42　铸造电极

a）电极坯料局部表面状态　b）电极坯料打磨

该材料电渣重熔的难点在于合金含量和氮含量要求高，残余元素要求严格，并且提出了铝的质量分数不能大于 0.03%的要求。另外，由于该材料液相线温度较低，同样渣系和供电制度条件下，熔速很快，熔池形状深，钢锭内部冶金质量难以保证。如要降低熔速，则钢锭的表面易出现渣沟，对后期产生很大影响。因此，在工艺上须采取措施，既要保证内部质量也要保证表面质量。

1）化学成分控制。从母材入手，要求控制 w_N0.14%~0.15%，$w_{Al} \leqslant 0.02\%$，$w_O \leqslant 0.005\%$，同时保证其他合金元素在内控范围之内，易烧损元素硅、锰控制在中上线。由于电渣重熔过程无气体保护，因此冶炼过程中氢、氧含量不可避免的增加。为保证较低的氢含量，要求电极必须烘烤，渣料烘烤到 700℃ 并保温 12h，吊到平台后立即开始使用。为保证较低的氧含量和防止易氧化元素的大量烧损，重熔过程中采用铝粒进行脱氧，每 5min 加入一次。经检测，钢锭水口氧的质量分数为 0.0017%，冒口氧的质量分数为 0.003%，且铝的质量分数均小于 0.03%，完全满足内控值要求，证明采取的工艺措施合理。

2）熔化速度控制。采用 120t 电渣炉冶炼。120t 结晶器内径为 ϕ2150mm，熔池形状较深，钢锭凝固组织及成分分布不如小直径结晶器均匀，因此在冶炼该 70t 电渣重熔钢锭时熔化速度的选择原则为在不影响表面质量的前提下尽量采取较低熔速。此次为了保证钢锭内、外部冶金质量，熔速控制在 2.2t/h 左右。冶炼过程中，渣池与结晶器接触两相区局部出现黑边，将冷却水流量压力由 0.4MPa 调整到 0.35MPa 后情况有所好转。脱模后，钢锭表面质量良好。

3）冶炼过程。电极焊接和打磨完毕后开始电渣重熔，图 4-43 所示为主要冶炼过程。在冶炼过程中，由于电网不平衡问题，多次出现了电极长短不齐现象，因此，采取了将电极提起重新对齐端面后再重熔的方式，虽然重熔过程没有一气呵成，但有效避免了由于电极长短不齐严重造成质量的进一步恶化和安全事故的发生。

图 4-43　泵壳用 ESR 钢锭制备过程

a）铺引弧剂　b）重熔　c）电极长短不齐　d）脱锭　e）准备罩冷

表 4-18 列出了 F316N 泵壳用 ESR 钢锭化学成分。从表 4-17 可以看出，ESR 钢锭中碳的质量分数完全满足内控要求，且与电极成分相比，水、冒口均未出现增碳现象，成分非常均匀。合金元素锰、铬、镍、钼的水、冒口成分非常接近，成分均匀度很高。虽然采用了低硅微铬调整了铬的质量分数，但砷、锡、铅、锑均满足规格要求，有效降低了生产成本。此外，气体的质量分数也满足要求，尤其氢的质量分数小于 0.0002%，远低于其他厂家生产的该类材质电渣钢锭中氢的质量分数。

表 4-18　F316N 泵壳用 ESR 钢锭化学成分（质量分数）　（%）

项目	C	Mn	P	S	Si	Cr	Mo	Ni	Cu	Al
要求	≤0.065	≤2.00	≤0.030	≤0.005	≤1.00	16.0~18.0	2.0~3.0	10.0~13.0	≤0.10	
内控	0.02~0.03	1.65~1.75	≤0.010	≤0.005	0.55~0.65	17.00~17.50	2.70~2.90	12.50~13.00	≤0.10	0.030
冒口	0.024	1.75	0.017	0.002	0.57	17.20	2.75	12.54	0.04	0.012
水口	0.023	1.75	0.016	0.002	0.62	17.15	2.72	12.60	0.04	0.030
项目	As	Sn	Sb	Nb	Co	Pb	H	O	N	V
要求	≤0.005	≤0.005	≤0.005		≤0.05	≤0.005			0.10~0.16	
内控	≤0.005	≤0.005	≤0.005	0.04~0.06	≤0.05	≤0.005			0.14~0.16	
冒口	0.004	0.002	0.004	0.050	0.033	<0.005	0.00018	0.0017	0.145	0.05
水口	0.004	0.002	0.005	0.057	0.03	<0.005	0.00015	0.0030	0.140	0.05

2. 坯料锻造

（1）预拔长　ESR 钢锭第一火均匀化曲线如图 4-44 所示。

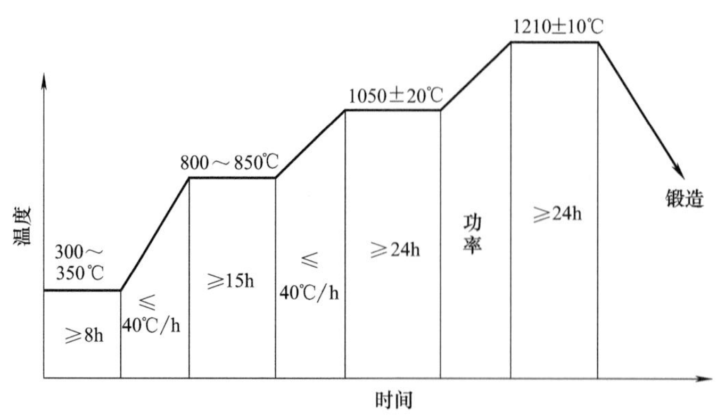

图 4-44　ESR 钢锭加热曲线

注：图中“功率”指加热炉在装载加热时可以达到的最大加热速率。

钢锭出炉，操作机夹持水口端，第一锤压冒口端第一条渣沟前端，压下量为 50mm，到量后，钢锭伸长 220mm，将第一及第二条渣沟中间位置金属压平，然后按此方式继续进给，避免锤头覆盖整条渣沟而产生折伤。遇中间深坑时也按此方式进行，将所有渣沟展平后，视钢锭温度确定是否进行第二道次变形。

钢锭预拔长分五火次完成，其中在第三火次完成后钢锭表面出现横纹伤，利用热烧剥的方式进行清理，最终将钢锭预拔长至 ϕ1650mm。但由于锻造火次多以及每火次锻造压下量又较小，导致钢锭冒口端出现较大凹心。预拔长过程如图 4-45 所示。

图 4-45　泵壳坯料预拔长

a）操作机夹持钢锭　b）开始锻造　c）第一道次结束　d）清理裂纹　e）尺寸测量　f）冒口端凹心

（2）镦拔　镦拔分两火次进行，始锻温度提高至 1250℃，由于预拔长后出现凹心，因此冒口端缩孔并未完全切净，KD 拔长后将钢锭突出部分切掉。镦拔过程分别如

图 4-46～图 4-48 所示。图 4-46 所示为镦拔压实；图 4-47 所示为第二次镦粗；图 4-48 所示为拔长滚压外圆。

a)

b)

图 4-46 镦拔压实

a）镦粗 b）拔长

a) b)

图 4-47 第二次镦粗

a）镦粗开始 b）镦粗结束

（3）归方　大变形量拔长火次的始锻温度为1200℃，辅具选用1500mm上下平砧，首先将2700mm方向压至2400mm，然后将1750mm方向压至1100mm，整个变形过程持续20min，锻造结束后的形状如图4-49所示。依据截面尺寸变化计算，总锻造比为1.73。锻造完成后由于表面裂纹较严重，将钢锭冷却至室温进行气刨打磨清伤。

图4-48　拔长滚压外圆

图4-49　归方

（4）精整与胎模锻造　经大变形量拔长后，由于锻件鼓肚占料较大，坯料始锻温度降低至1050℃精整，将钳口切掉，利用上平砧下平台经两火次精整出成品。精整后进行胎模锻造。精整与胎模锻造过程如图4-50和图4-51所示。

a)

b)

图4-50　精整

a）精整过程中　b）精整结束后

4.1.4.2　模锻成形

1. 坯料冷试

模锻前，坯料预热、表面涂抹防氧化涂料，随后进行冷试对中。试吊装冷态坯料，坯料放置情况与实际装炉情况相似，坯料放置于下模内，其中管嘴已对正，左右相差小于20mm，前后间隙相差50mm，移动走台时坯料平稳，未见晃动。吊钳左侧由于间隙较大，钳臂可深入模具内腔，右侧钳臂下端贴住下模上端面，顶针向下仍距离右侧吊点正中20mm（吊点为距坯料上端面550mm位置）。坯料冷试如图4-52所示。

a)

b)

图 4-51 胎模成形预制管嘴

a）成形开始 b）成形后脱模状态

a)

b)

图 4-52 坯料冷试

a）坯料入模 b）调整间隙

2. 坯料加热

坯料与台车之间放置 20mm×2000mm×3500mm 的一块钢板隔开，防止出炉时坯料下部粘连耐火砖，坯料与铁板接触的两侧分别放置两块斜铁支撑坯料，斜铁与铁板焊接固定；在坯料的尾端两侧放置两个 ϕ800mm×1500mm 的钢锭作为挡块，与坯料间隙为 30~50mm，防止坯料在起吊竖起的过程中旋转，出现吊装问题。此两个钢锭与下面铁板焊接固定。坯料加热前装炉情况如图 4-53 所示。

坯料装炉后按图 4-54 所示曲线进行加热。为防止坯料出炉后立料时间长，坯料在 1150℃保温 22h 后，升温至 1220℃下保温 1.5h，从而平衡出炉后坯料表面的温度降低。

图 4-53 坯料加热前装炉情况

3. 模锻成形

完成模具对中找正（见图 4-55），坯料出炉后立料并放入模腔内，首先进行预镦粗，成形力为 210MN，成形力略小于模拟值，随后换第二工位冲盲孔，冲盲孔成形力为 190MN，与数值模拟结果相当。整个过程（见图 4-56）平稳运行，尤其是开始认为难度最大的立料工序，采用 75t 天车在台车上直接立料的过程非常顺畅。模锻成形后，对锻件进行喷水冷却，从而抑制内部晶粒长大。

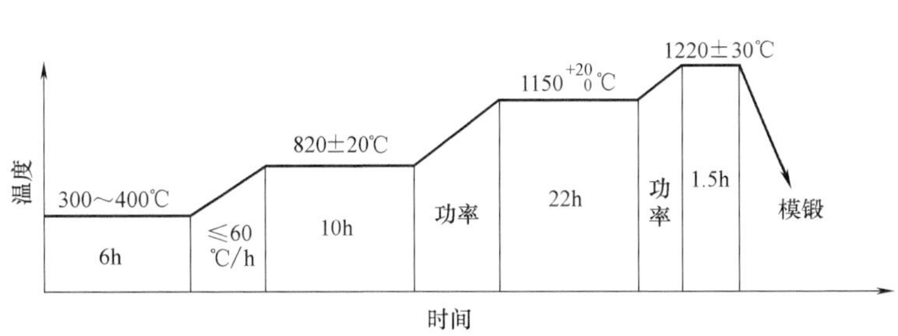

图 4-54 坯料加热曲线

图 4-55 泵壳模锻用模具安装对中情况

a)

b)

c)

d)

图 4-56 模锻成形过程

a）坯料出炉立料 b）坯料入模 c）模内镦粗 d）冲盲孔

模锻完成后喷水冷却约 10h 后脱模，锻件表面质量较好（见图 4-57），打磨后（见图 4-58）即可进行无损检测，表面金相局部位置晶粒度超过 2 级，毛坯无损检测结果显示，锻件可探性较好，可判断内部晶粒尺寸较为均匀。从图 4-58 可以看出，在成形泵壳侧管嘴的同时，在内模下端垂直管嘴位置放置一堵头，实现了锻件下端管嘴的盲孔锻造，在充分发挥液压机能力的基础上实现了锻件的近净成形，最大限度地节约了材料，更重要的是真正实现了锻件的 FGS 锻造。

图 4-57　脱模后坯料

图 4-58　打磨后锻件

4.1.4.3　性能热处理

锻件经粗加工后焊接热缓冲环及吊耳，随后入炉进行固溶热处理，炉温 1040℃，整个固溶热处理过程约 5h，表面温度冷却至 150℃以下后出水，随后进行画线取样，如图 4-59 所示。

a)

b)

图 4-59　性能热处理及画线取样

a）喷水处理　b）画线

4.1.5　检测结果

检测结果分别见表 4-19~表 4-21。表 4-19 列出了泵壳化学成分检测结果；表 4-20 列出了泵壳力学性能检测结果；表 4-21 列出了泵壳金相检测结果。泵壳经国家核安全部门、用户及参研单位的联合超声检测，未发现记录缺陷。

表 4-19　泵壳化学成分（质量分数）检测结果　（%）

取样位置	C	Mn	P	S	Si	Cr	Mo	Ni	Cu	Al
大法兰 90°	0.025	1.71	0.015	0.002	0.57	17.50	2.61	12.52	0.05	—
大法兰 270°	0.025	1.70	0.016	0.002	0.58	17.52	2.63	12.59	0.05	—

（续）

取样位置	C	Mn	P	S	Si	Cr	Mo	Ni	Cu	Al
吸入端 0°	0.026	1.70	0.016	0.002	0.57	17.46	2.63	12.50	0.05	—
吸入端 180°	0.025	1.69	0.015	0.002	0.57	17.48	2.65	12.51	0.05	—
吐出端 0°	0.024	1.68	0.015	0.002	0.56	17.50	2.62	12.36	0.05	—
吐出端 180°	0.026	1.68	0.015	0.002	0.56	17.41	2.61	12.49	0.05	—
取样位置	As	Sn	Sb	Nb	Co	Pb	H	O	N	V
大法兰 90°	0.004	<0.002	<0.0007	—	0.30	<0.002	—	—	0.14	—
大法兰 270°	0.004	<0.002	<0.0007	—	0.30	<0.002	—	—	0.10	—
吸入端 0°	0.004	<0.002	<0.0007	—	0.30	<0.002	—	—	0.14	—
吸入端 180°	0.004	<0.002	<0.0007	—	0.30	<0.002	—	—	0.14	—
吐出端 0°	0.004	<0.002	<0.0007	—	0.30	<0.002	—	—	0.11	—
吐出端 180°	0.004	<0.002	<0.0007	—	0.30	<0.002	—	—	0.11	—

表 4-20　泵壳力学性能检测结果

取样位置		方向	试验温度	$R_{p0.2}$/MPa	R_m/MPa	A(%)	Z(%)
大法兰	90°	切向	室温	288	595	60	78
			350℃	175	472.5	49.5	68.5
	270°		室温	299	600	56	79
			350℃	192.5	476	49	74.5
吸入端	0°	切向	室温	297	600	57	76
			350℃	192.5	486.5	47	74.5
	180°		室温	295	585	59	78
			350℃	182	469	43	72
吐出端	0°	切向	室温	302	565	58	77
			350℃	182	465.5	42.5	63.5
	180°		室温	293	560	62	78
			350℃	182	469	46	71

表 4-21　泵壳金相检测结果

取样位置		晶粒度等级	非金属夹杂物级别			
			A	B	C	D
大法兰	90°	3	0.5 细	0.5 细	0.5 粗	0.5 细
	270°	3	0.5 细	0.5 细	0.5 粗	0.5 细
吸入端	0°	3	0.5 细	0.5 细	0.5 粗	0.5 细
	180°	3	0.5 细	0.5 细	0.5 粗	0.5 细
吐出端	0°	2	0.5 细	0.5 细	0.5 粗	0.5 细
	180°	2	0.5 细	0.5 细	0.5 粗	0.5 细

4.1.6　推广应用

自引进 AP1000 堆型以来，冷却剂屏蔽主泵的制造就成为国内各主泵制造商常年未能攻克的技术难关，其中一部分原因是不锈钢铸造泵壳的质量问题导致的。由于不锈钢钢液流动性差，导致铸件凝固过程中极易出现缩孔、夹杂等冶金缺陷，既严重影响了项目工期，也影响着在役核电站的运行安全。采用不锈钢锻造泵壳，尤其是应用“FGS”锻造成形的模锻不锈钢泵壳，从技术路线上根本避免了泵壳的质量问题，同时兼顾低成本、短流程等特点。近年来，由于超大型锻造设备制造技术的飞跃式发展，使超大型不锈钢整锻泵壳的制造成为可能，因此采用锻造形式替代原有铸造泵壳必然是今后核电发展的趋势。但由于不锈钢材质变形抗力大，且晶粒度难以保证，因此在现有超大型锻造设备的基础上，如何合理的设计锻造成形工艺及模锻成形工辅具，从而实现锻件全截面的均匀变形，以及在充分减小锻造余量的同时实现较为饱满的充型效果是模锻泵壳制造的首要问题。通过实验室研究结合有限元数值模拟、物理模拟等方式对不锈钢泵壳的制造方案进行深入研究，通过合理的工辅具设计、坯料设计及制造路线优化，实现超大型整锻不锈钢泵壳锻件的工程化试制，突破传统思维，实现国内核岛奥氏体不锈钢锻件制造的技术飞跃，甚至可称之为世界首创。研制过程中所取得的科研成果，尤其是超大型奥氏体钢锻造成形工艺及工辅具设计的创新思路，也必将推广到国内在建核电、火电、石化以及国防等领域超大型项目用超大型锻件的制造中。

以华龙一号泵壳为依托，设计出泵壳整体模锻成形方案，材质为SA508 Gr. 3 Cl. 1或奥氏体不锈钢。

（1）制造方案　由于不锈钢变形抗力远大于SA508 Gr. 3 Cl. 1，故选择材料316LN进行工艺方案分析。

华龙一号泵壳的零件图及粗加工取样图参照图2-18和图2-20。

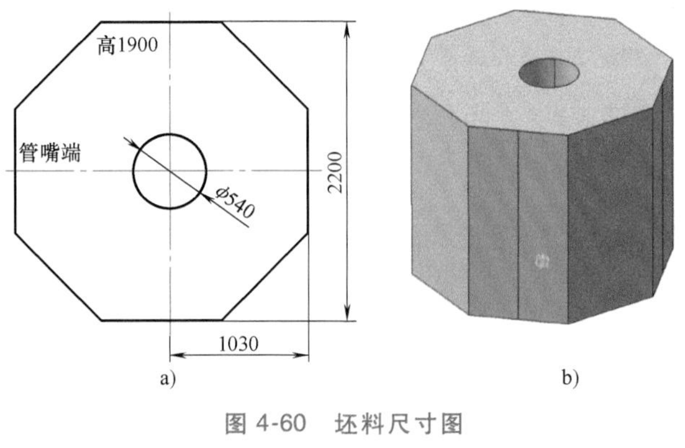

图4-60　坯料尺寸图
a）俯视图　b）立体图

（2）成形工艺　采用空心坯料，坯料尺寸如图4-60所示，下料质量为56.3t。

华龙一号泵壳的FGS锻造与AP1000泵壳一样采用两步成形，成形方案示意图如图4-61所示。

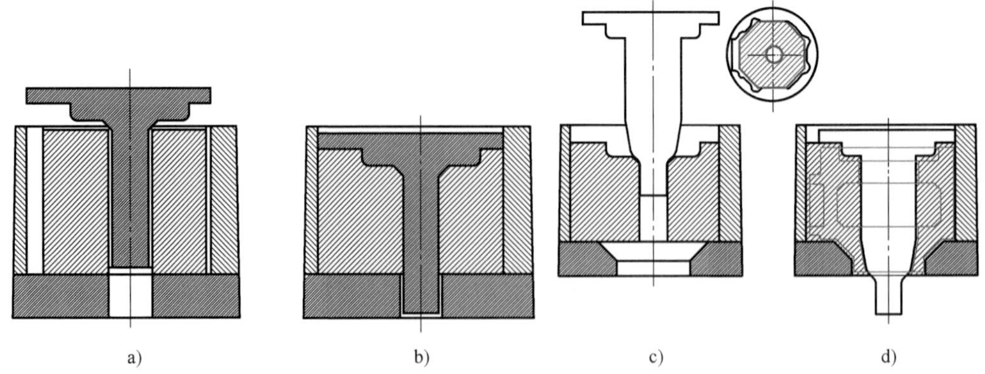

图4-61　华龙一号泵壳FGS锻造成形方案示意图
a）镦粗开始　b）镦粗结束　c）冲孔开始　d）冲孔结束

（3）数值模拟　华龙一号泵壳 FGS 锻造成形数值模拟如图 4-62 所示。

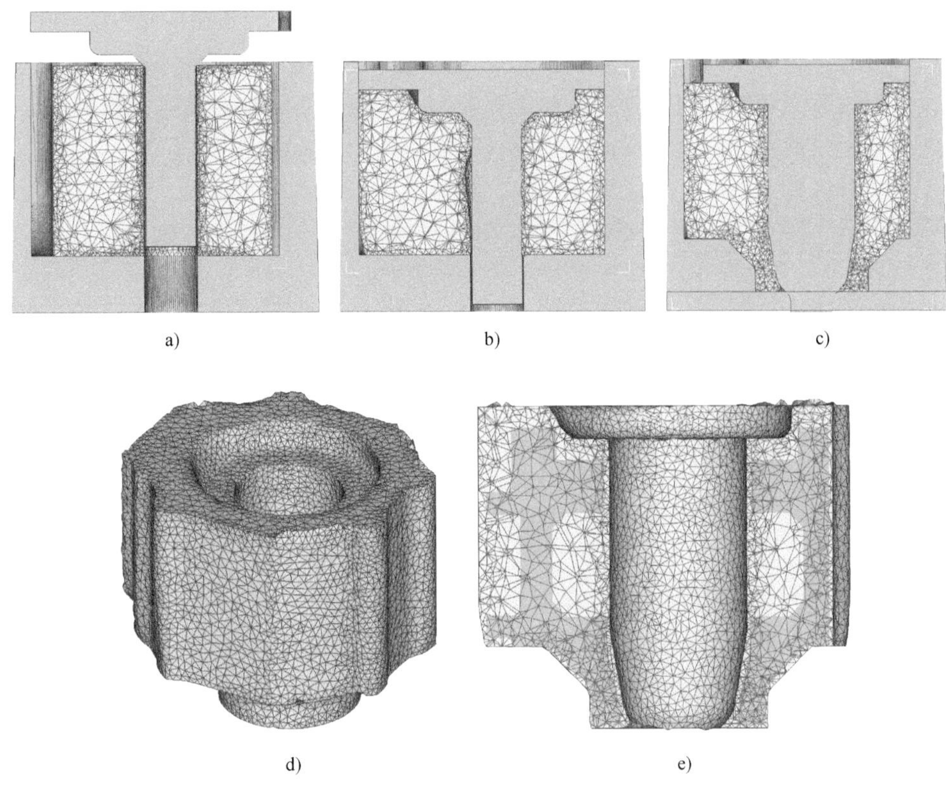

图 4-62　华龙一号泵壳 FGS 锻造成形数值模拟

a）成形前　b）镦粗结束　c）冲孔结束　d）成形后锻件实体图　e）成形后锻件纵剖面

图 4-63 所示为成形载荷情况，模拟材质选用 316LN，坯料温度设为 1180℃，冲头初始压下速率为 20mm/s，成形载荷升高至 400MN 后降低至 2mm/s。从图 4-63 可以看出，成形载荷在 500MN 左右。

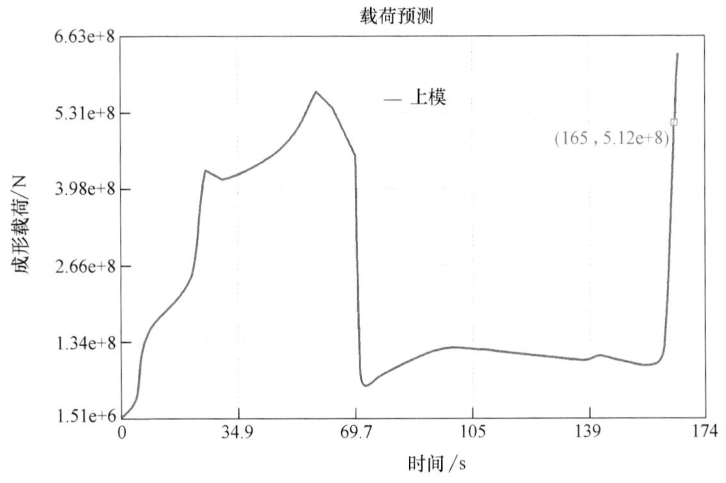

图 4-63　泵壳模锻成形载荷示意图

4.1.7 不锈钢锻造泵壳的其他制造方法

采用本节所述方式，即利用电渣钢锭经开坯锻造后镦挤成形的制造方式可以制造晶粒度均匀细小的奥氏体不锈钢整锻泵壳，除此之外，也可利用空心钢锭对泵壳进行制造。结合自由锻开坯后采用模锻复合翻边管嘴的方式进行核电冷却剂主泵泵壳的成形，不仅可以提高材料利用率，还可以最大限度上保留锻造流线，从而提高了力学性能指标。此外，利用空心钢锭进行泵壳锻造，避免了因钢锭心部缩孔及偏析对锻件质量的影响。

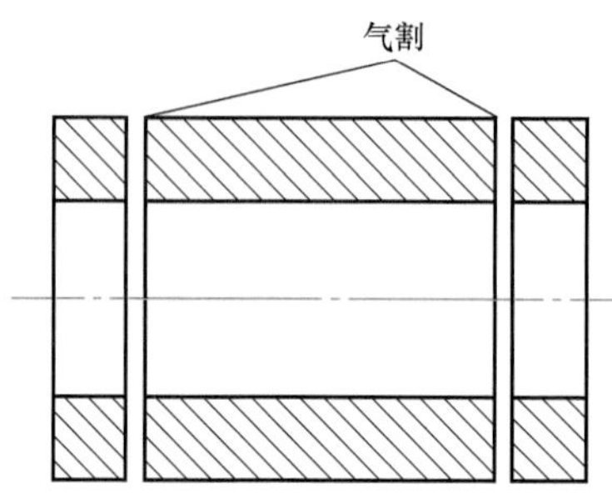

图 4-64 空心钢锭气割水冒口弃料

泵壳锻件图参照图 4-8，根据最终锻件图尺寸确定下料重量。

冶炼不锈钢空心钢锭并切除空心钢锭水冒口弃料（见图 4-64），切除钢锭水冒口弃料时，钢锭的头、尾两端应有足够的切除量以保证只有优质金属保留在最终的锻件中。两端切除后，对钢锭进行开坯锻造。

下料后对钢锭进行镦粗，镦粗比≥2.0；然后进行芯棒拔长及马杠扩孔，实现空心钢锭开坯。镦粗及芯棒拔长温度选择 1200℃，马杠扩孔温度为 1050℃。开坯过程须保证充分的变形量使其内部达到完全动态再结晶，并得到均匀细小晶粒。开坯后的坯料尺寸为外径 2115mm，内径 1150mm，高度 2050mm，坯料质量为 39.8t。空心钢锭开坯过程具体如图 4-65 所示。

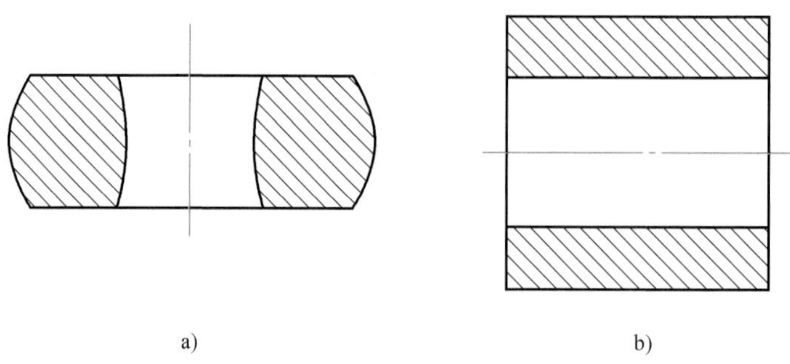

图 4-65 空心钢锭开坯

a）空心钢锭镦粗 b）拔长并扩孔后

利用专用芯棒及上平下 V 型砧对开坯后的坯料进行一端收口锻造，完成模锻成形前的坯料制备，专用芯棒为阶梯结构，此火次始锻温度设置为 1050℃。成形示意图如图 4-66 所示。

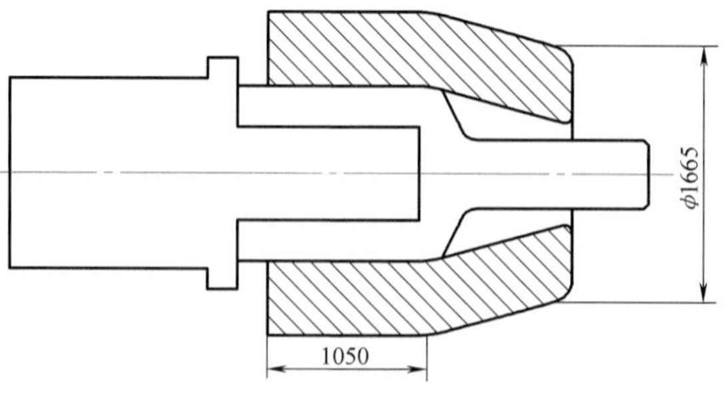

图 4-66 专用芯棒收口

将收口后的坯料放置于下模内进行模锻成形，如图 4-67 所示。下模为组合结构，分为内套和外套，其中，内套为纵向分模的两瓣结构，侧面预制圆形凹槽用于成形锻件侧接管位置凸台，凸台的作用是在翻边冲压成形时进行定位，下模分模面沿凹槽径向分开，内套下端设置凸台用于定位专用芯棒。外套用于紧固内套，是模锻时主要的承力部件。内套外壁与外套内壁分别预制 2°拔模斜度，便于装配，外套高度与内套一致。模锻时，将专用芯棒作为内芯预置于下模中间，随后将坯料放入下模，用内部带斜度的上模压下坯料收口端，将坯料继续进行收口，同时成形内侧台阶，与此同时，上部接管座以反挤压的形式成形。

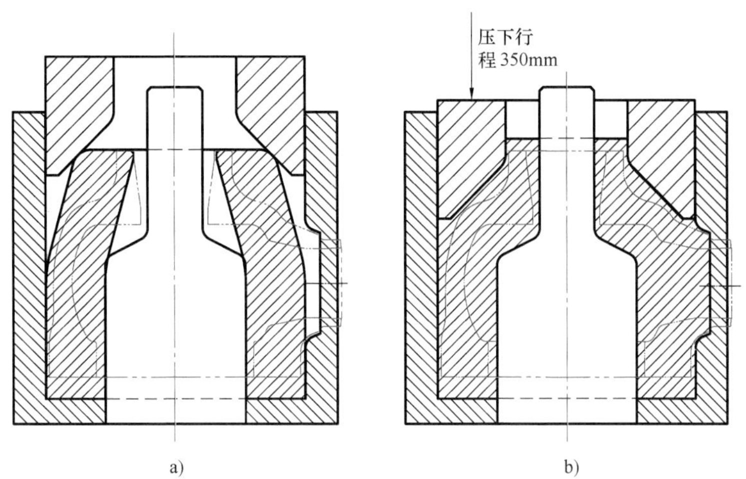

图 4-67　收口后模锻成形示意图

a）模锻开始　b）模锻结束

将模锻后坯料进行侧管嘴翻边，完成核电冷却剂主泵泵壳的锻造成形。由于泵壳垂直管嘴的内径较小，因此翻边时通过下拉式进行管嘴翻边，具体如图 4-68 所示，预置翻边下模与冲头，其中下模轮廓需要与坯料外轮廓贴合，下端预制翻边孔，下端设置凸台与拉杆连接。翻边后完成核电主泵泵壳锻件的成形。

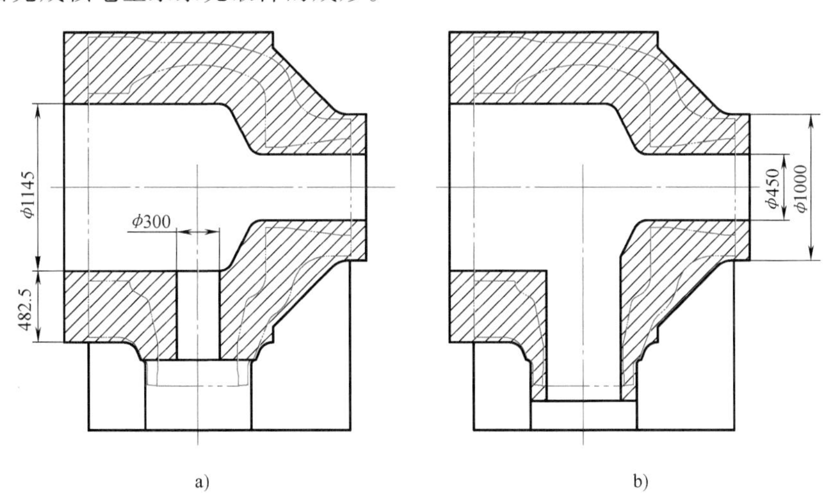

图 4-68　管嘴翻边示意图

a）管嘴翻边前　b）管嘴翻边后

根据以上方案进行有限元数值模拟，材料模型选用 316 奥氏体不锈钢，为防止晶粒长大，模锻及翻边过程选取温度均为 1050℃。

图 4-69 所示为坯料模锻成形火次数值模拟过程，首先将收口后坯料放入下模内，随后用上模将坯料垂直管嘴位置收口。成形后坯料与精加工尺寸包络情况如图 4-69c 所示，此工序成形后，仅侧管嘴位置需要局部翻边即可完成整个成形过程。

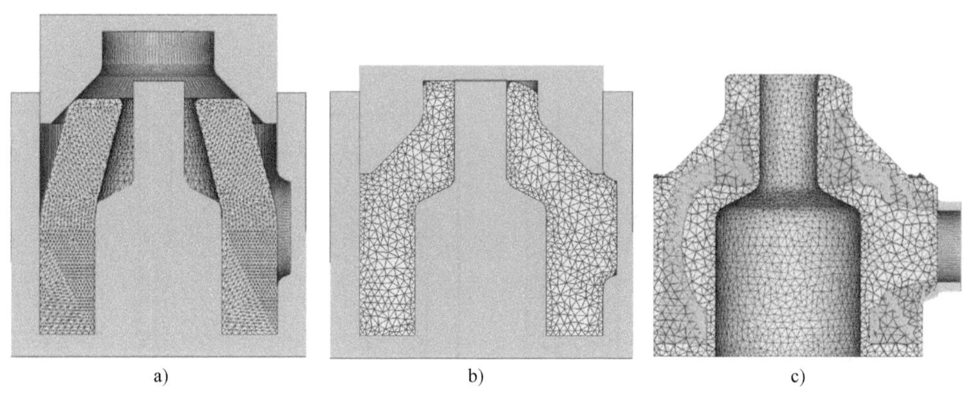

图 4-69　模锻成形数值模拟过程

a）模锻开始　b）模锻结束　c）模锻后坯料与精加工尺寸包络情况

图 4-70 所示为侧管嘴翻边过程数值模拟结果，成形温度仍选用 1050℃，将开孔后坯料放置于下模上，并将冲头与翻边预制孔对中，采用下拉式操作进行翻边冲压成形。

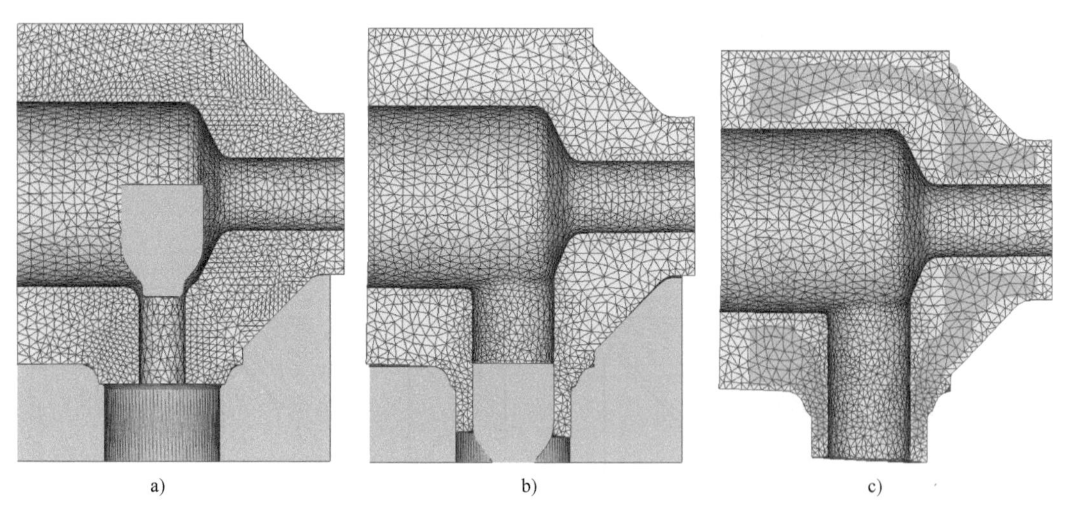

图 4-70　模锻成形数值模拟过程

a）翻边开始　b）翻边结束　c）翻边后坯料与精加工图包络情况

利用空心钢锭对主泵泵壳锻造的方法获得了发明专利授权，如图 4-71 所示。

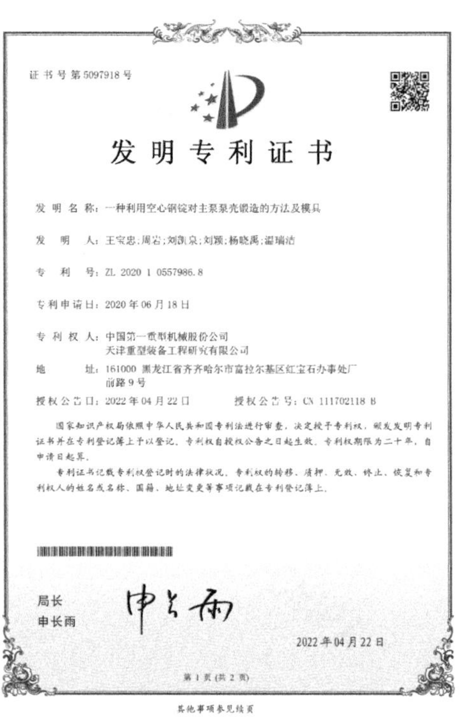

证书号第5097918号

发明专利证书

发明名称：一种利用空心钢锭对主泵泵壳锻造的方法及模具

发明人：王宝忠;周岩;刘凯泉;刘颖;杨晓禹;温瑞洁

专利号：ZL 2020 1 0557986.8

专利申请日：2020年06月18日

专利权人：中国第一重型机械股份公司
天津重型装备工程研究有限公司

地址：161000 黑龙江省齐齐哈尔市富拉尔基区红宝石办事处厂前路9号

授权公告日：2022年04月22日　　授权公告号：CN 111702118 B

国家知识产权局依照中华人民共和国专利法进行审查，决定授予专利权，颁发发明专利证书并在专利登记簿上予以登记。专利权自授权公告之日起生效。专利权期限为二十年，自申请日起算。

专利证书记载专利权登记时的法律状况。专利权的转移、质押、无效、终止、恢复和专利权人的姓名或名称、国籍、地址变更等事项记载在专利登记簿上。

局长
申长雨

2022年04月22日

第1页(共2页)

其他事项参见续页

图 4-71　利用空心钢锭对主泵泵壳锻造的方法发明专利证书

4.2 主泵接管

4.2.1 工程背景

目前，全球核工业领域正掀起小型核电机组的开发热潮，发展小型堆不仅使核电建造及运行成本大大降低，同时也满足了小型电网对核电机组的需求。ACP100 示范工程小堆是由中国核工业集团有限公司下属中国核动力研究设计院自主设计研制，模块式小型堆 ACP100 的特点主要是更高的安全性、良好的经济性和广泛的适用性。生态环境部核与辐射安全中心评估后认为，模块式小型堆设计方案充分考虑了日本福岛核事故的经验反馈，满足最新核安全法规要求，达到国际第三代核能技术水平，可在示范工程后予以推广。此外，ACP100 已完成国际原子能机构（IAEA）组织的反应堆通用核安全审评（GRSR），成为全世界第一个通过审评的小型堆堆型，将极大地促进模块式小堆“走出去”。中国核工业集团有限公司（简称：中核）近年来已与福建、浙江、江西、湖南、黑龙江和吉林等地签署了小堆的开发协议。另外，“玲龙一号”（即 ACP100）国外市场开拓也取得了积极进展，已经与多个国家签订了合作意向。

海南昌江小堆项目为全球首个“玲龙一号”堆型建造项目，其中连接压力容器与核主泵的主泵接管为一“L”型空心接管锻件，锻件形状复杂（见图 4-72），制造难度较大，采用自由锻的方式制造产品材料收得率较低，同时由于加工量较大使锻件生产周期较长。本节针对ACP100小堆主泵接管锻件的FGS锻造成形工艺的研发过程进行详细介绍，研制过程中依托中国一重在大型锻件制造方面的技术积累、人才储备、质保与质控成效以及特殊领域锻件制造资质，与国内优势企业合作，发挥各自优势，针对主泵接管的产品特点，借助超大型液压机的设备能力，对锻件进行模锻成形工艺的科研开发，着力解决主泵接管材料利用率低的问题，以最经济的方式制造出符合技术条件的ACP100主泵接管锻件，此外，不仅降低了锻件生产成本，而且缩短了生产周期，同时利用多向挤压成形的方式，使锻件内部形成三向压应力，有利于锻件的心部压实，提高产品质量。

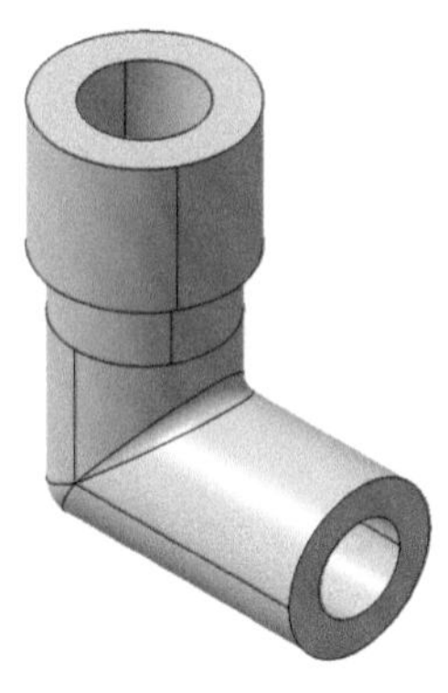

图4-72　主泵接管形状

4.2.2　试验方案

结合主泵接管的形状特点，综合考虑产品的无损检测质量等，最终选择冶炼双真空钢锭锻一取二，经自由锻开坯后模锻成形的制造方案，根据有限元数值模拟结果确定模具设计及最终模锻成形方案。

1. 试制工艺流程

试制件的制造流程：冶炼、铸锭—锻造毛坯—锻后热处理—毛坯加工、UT—热模锻成形—锻后热处理—粗加工—淬火、回火—局部加工、无损检测—标识、取样—性能检验—半精加工—UT、磁粉检测（Magnetic Particle Testing，MT）、PT—标识、解剖取样—性能检验—评定报告。

2. 炼钢

钢液在电炉内冶炼，钢包内精炼。在浇注前和浇注钢锭的过程中进行真空处理，以便得到纯净的钢液。通过在钢液中加入铝来达到去除氧的目的，冶炼钢锭质量为88t，一支钢锭锻造两件主泵接管模锻用毛坯。

3. 钢锭开坯

采用150MN水压机进行锻造开坯，具体开坯工艺见表4-22，钢锭开坯的主要目的是破碎枝晶组织，同时使各位置变形量均达到技术条件要求的锻造比最小值。由于模锻成形过程锻件变形量较大，因此开坯仅需要1次镦粗即满足锻造比要求。

表4-22　主泵接管开坯锻造工艺

火次	锻造工序	锻造比	草图
1	1）压钳口，切肩，倒棱，气割下料	—	130　200　2559　220(含刀口)

（续）

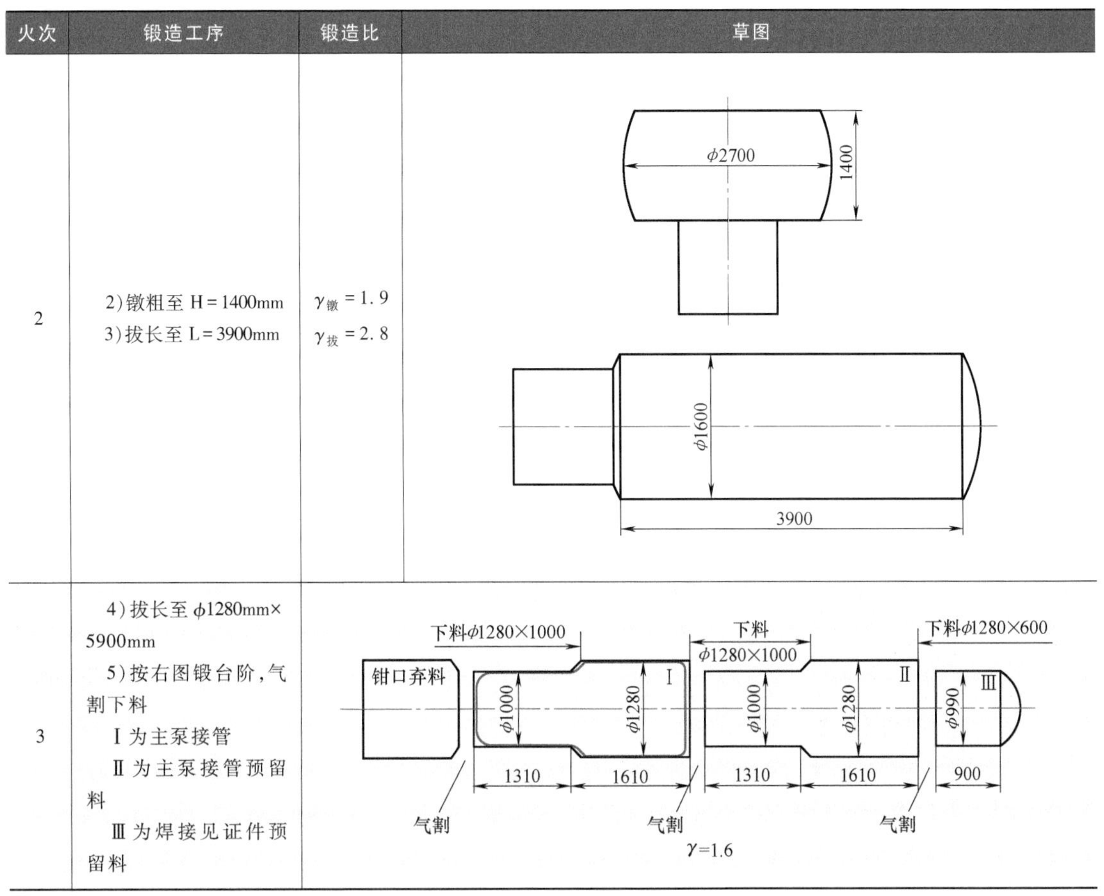

火次	锻造工序	锻造比	草图
2	2）镦粗至 H=1400mm 3）拔长至 L=3900mm	$\gamma_{镦}=1.9$ $\gamma_{拔}=2.8$	
3	4）拔长至 ϕ1280mm×5900mm 5）按右图锻台阶，气割下料 Ⅰ为主泵接管 Ⅱ为主泵接管预留料 Ⅲ为焊接见证件预留料		

4. 模锻成形方案

为了在模锻时能够顺利入模，在自由锻开坯后对坯料进行机械加工，相对于下模单边预留15mm 间隙补偿热膨胀。锻件的模锻成形示意图如图 4-73 所示，锻挤成形锻造比$\gamma_{局部}=1.4$。

对于锻件的模锻成形，需要考虑以下几个重要参数。

（1）等效应变　由数值模拟结果确定主泵接管热模锻成形后的等效应变区分布如图 4-74 所示，其中Ⅰ为最大应变区，等效应变在 1.5 左右，Ⅱ为较大应变区，等效应变在 1.0 左右，Ⅲ区等效应变最小，主要分布于两端接管前端及内外拐角位置，区域内位置等效应变均在 1.0 以下。

（2）始锻温度/终锻温度/模锻降温速率　主泵接管的热模锻成形始锻温度为 1250℃（炉温），由于坯料成形在模具内完成，模具在成形前预热至 200~300℃，且成形过程时间较短（镦粗+反挤压共耗时 2~3min），因此可将成形过程近似看成等温变形，即终锻温度≈始锻温度，整个过程不降温。

（3）挤压方式/挤压速率　主泵接管采用 500MN 垂直压力机进行热模锻成形，首先将坯料加热至始锻温度，出炉入模后利用镦粗杆进行模内镦粗成形水平管嘴，然后用冲杆冲盲孔进行反挤压，使垂直端增长，整个过程模具压下速率为 10~20mm/s，具体成形过程如图 4-75 所示。

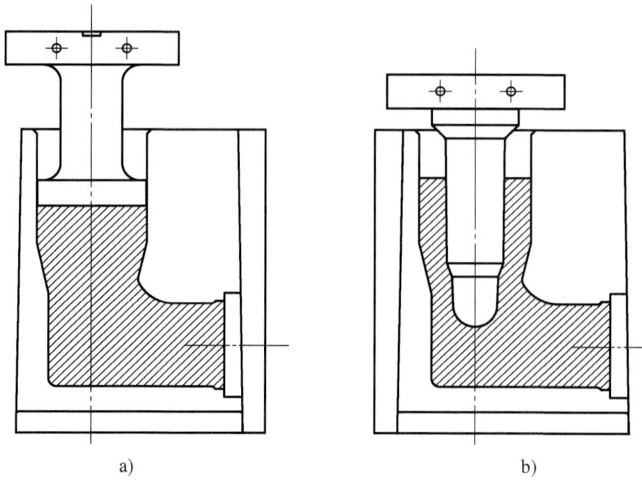

图 4-73 主泵接管模锻示意图

a）模内镦粗 b）冲盲孔（挤压）

模具设计要充分考虑金属流动，内弧预留 R400mm 圆角，斜台，其余位置未留余量，打磨后进行无损检测，内轮廓加工。模膛尺寸：按锻件图尺寸×1.02（热膨胀系数），以模膛尺寸计算锻件质量为 21.3t，以此质量×1.015（火耗）得到所需坯料质量为 21.6t。

图 4-76 所示为主泵接管的锻件余量设计示意图，根据锻件的粗加工尺寸，外轮廓预留三处锻造余块，分别位于上下端面及内圆角位置。内孔单边余量 15mm，补偿冲孔时冲杆冲偏或对中不到位，外轮廓单边余量也为 15mm，补偿模锻成形后的冷缩量。图 4-76 中浅色为外轮廓余量，深色为内轮廓余量，空白位置为粗加工尺寸。由于液压机为单向挤压机，因此水平方向管嘴内腔无法锻出，暂不考虑。外轮廓大部在模锻后不加工，打磨光滑具备无损检测条件。

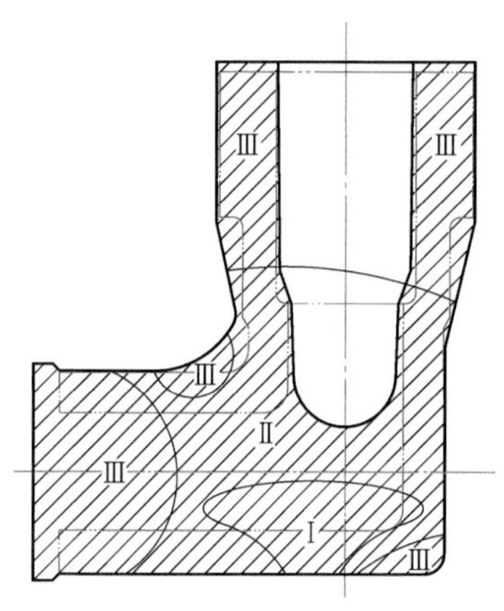

图 4-74 模锻成形各位置应变分布情况

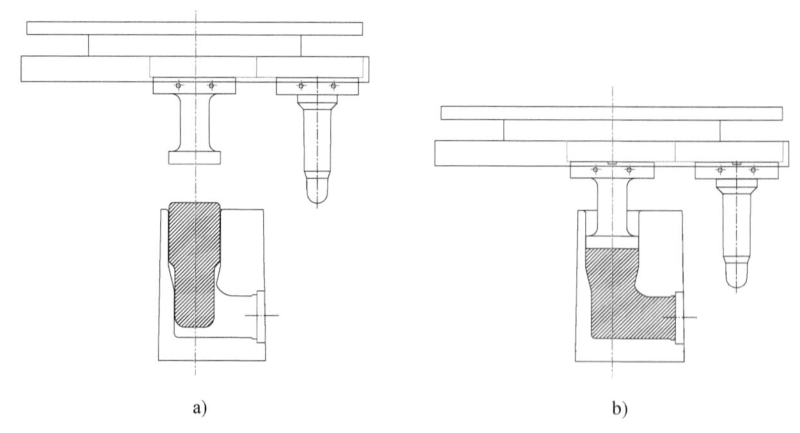

图 4-75 模锻成形过程示意图

a）镦粗开始 b）镦粗结束

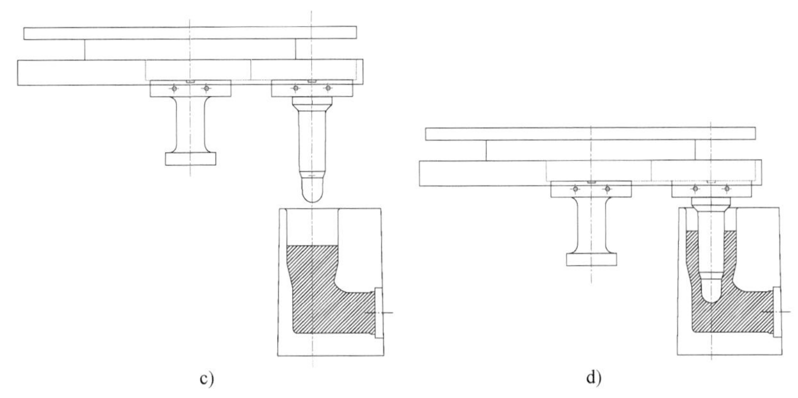

图 4-75 模锻成形过程示意图（续）

c）冲孔开始 d）冲孔结束

在完成锻件图设计后，可根据锻件图尺寸着手设计模具内腔尺寸，并根据液压机功能设计模具连接模块。根据所设计的锻件尺寸，充分考虑锻造圆角，冷缩量等因素对模具进行设计，并根据模具校核结果对局部位置进行补强，根据制造条件进行合理的分模。主泵接管直径较小，下模背弧面受拉应力较小，因此下模分为两瓣即可，成形后锻件法兰端直径为 1240mm，考虑冷缩量，设计冷缩的系数为 0.98，故模腔直径为 1265mm，上模与下模之间单边间隙 7.5mm，坯料考虑热胀后可入模，设计直径为 1230mm。图 4-77 所示为主泵接管锻件图；图 4-78 所示为主泵接管模锻成形分瓣下模。

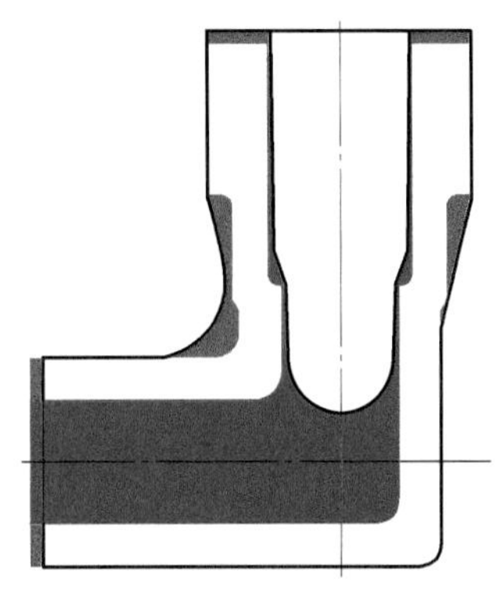

图 4-76 主泵接管锻件余量设计示意图

为了实现 FGS 锻造，与本章 4.1 节所描述的泵壳锻件设

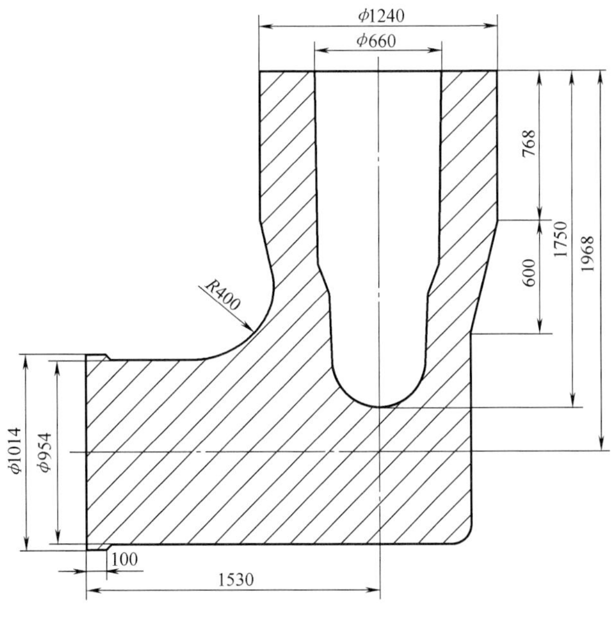

图 4-77 主泵接管锻件图

图 4-78　主泵接管模锻成形分瓣下模

计相同，上模采用双工位设计，即第一工位实现模内镦粗，第二工位实现冲头冲盲孔。一方面可有效减小锻件成形载荷，将模锻成形所需成形力分解到两次压下过程中，同时，也更有利于金属流动，实现金属充满型腔。主泵接管模锻成形双工位上模如图 4-79 所示。

图 4-79　主泵接管模锻成形双工位上模

模具装配图如图 4-80 所示，上下均有滑道，上料后下模及坯料通过侧缸推至液压机中心，开始第一工位镦粗，随后上横梁滑动至第二工位，冲头与坯料对中进行第二工位冲盲孔挤压成形。模具装配及位移尺寸如图 4-81 所示。

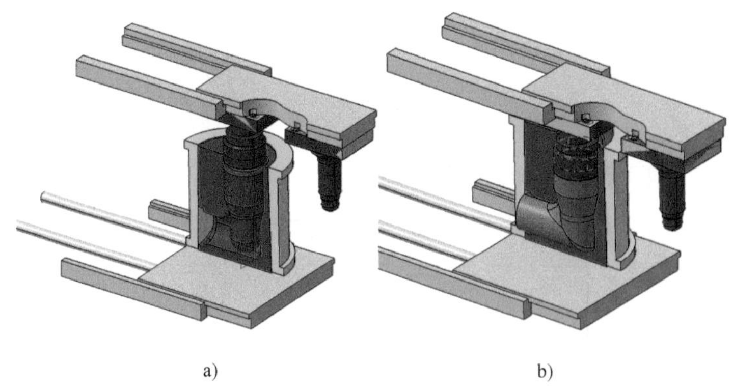

a)　　　　b)

图 4-80　主泵接管镦挤成形模具装配图

a）模内镦粗开始位置　b）模内镦粗结束位置

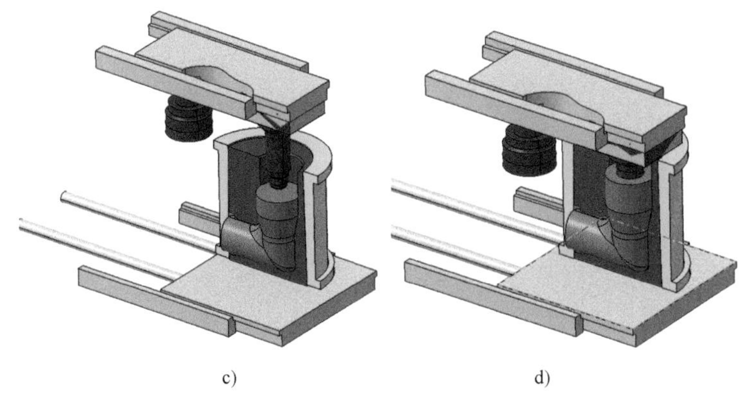
c)　　d)

图 4-80　主泵接管镦挤成形模具装配图（续）
c）冲盲孔开始位置　d）冲盲孔结束位置

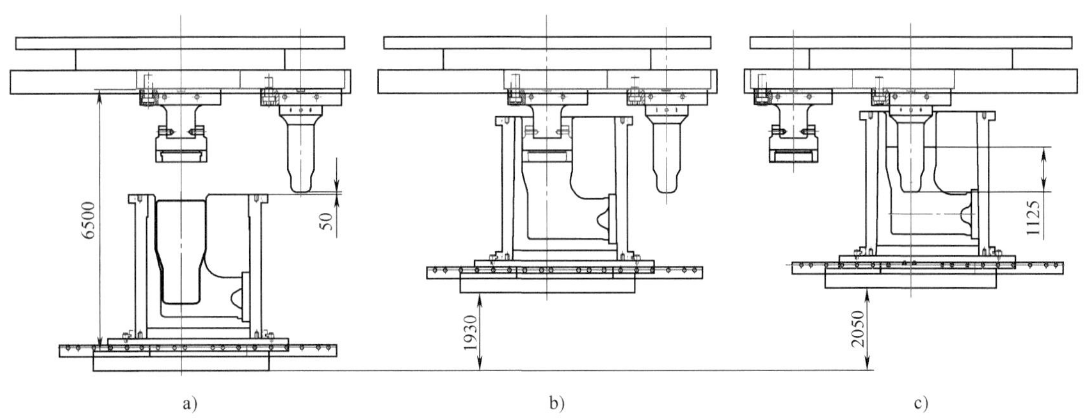

图 4-81　主泵接管模锻成形模具装配及位移示意图
a）最小净空尺寸　b）镦粗结束位置　c）冲盲孔结束位置

5. 模锻成形数值模拟

图 4-82 所示为主泵接管模锻成形过程的数值模拟，从模拟结果可以看出，镦粗力为 180MN，冲孔力为 54MN。始锻温度为（1250±10）℃。

根据以上模拟结果，镦粗和冲孔时可能会产生侧向力，实际镦粗挤压时须注意。

镦粗至行程时，下模受水平力为 15.6MN，侧堵水平力 19MN，压下过程中下模外套是否发生移动须进行观察，以便确定调整冲孔位置。主泵接管模锻成形过程中的水平力如图 4-83 所示。

6. 性能热处理方案

主泵接管锻件性能热处理曲线如图 4-84 所示，在实际生产中由于设备容量原因可采用配炉生产，如有需要，可在性能热处理前加正火处理。温度和时间须在经过检定的电子自动平衡的温度计和热电偶上进行记录。

7. 取样方案

取样分为三个位置，分别位于水平管嘴及垂直管嘴延长段，以及拐角处内外圆弧，每处

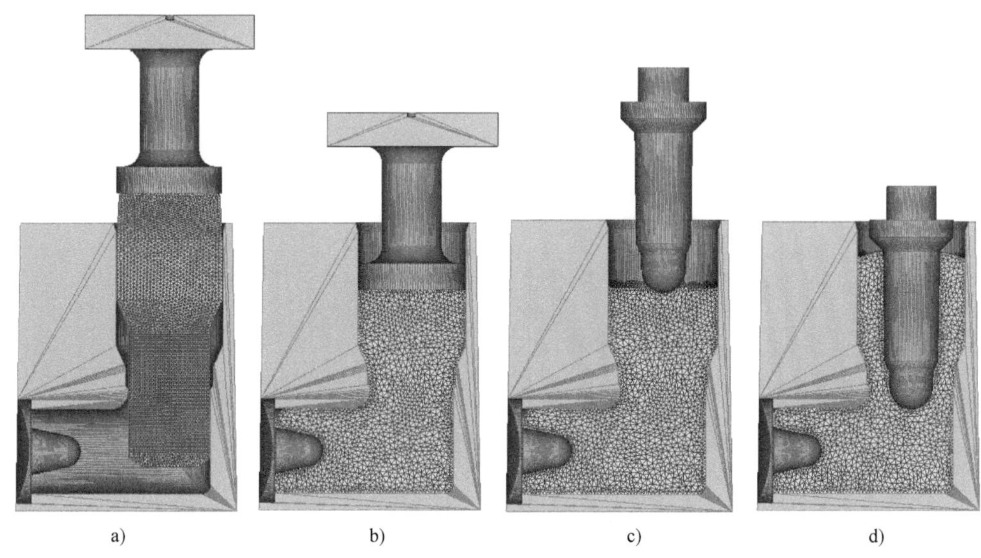

图 4-82　主泵接管模锻成形数值模拟过程

a）镦粗开始　b）镦粗结束　c）冲盲孔开始　d）冲盲孔结束

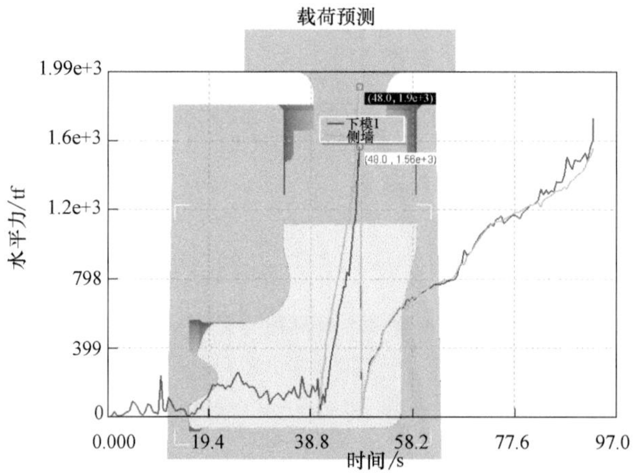

图 4-83　主泵接管模锻成形过程中的水平力

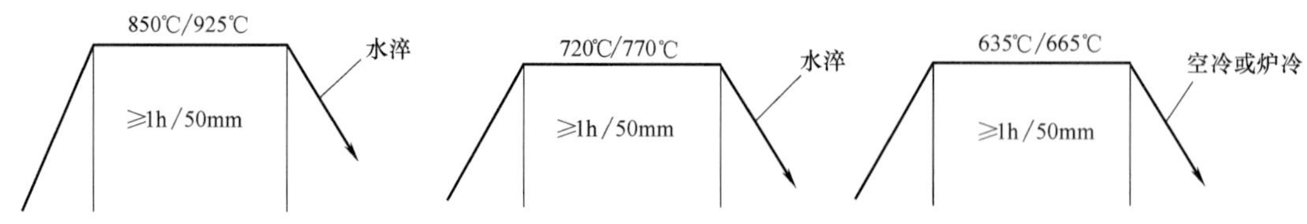

图 4-84　主泵接管锻件性能热处理曲线

取样位置均取内外 $T/4$ 及 $T/2$ 三个深度（注：T 指取样处的锻件壁厚），进行室温及高温拉伸、冲击、落锤等性能试验。锻件粗加工取样图如图 4-85 所示。

锻件的力学性能要求见表 4-23，取样要求及取样数量见表 4-24。

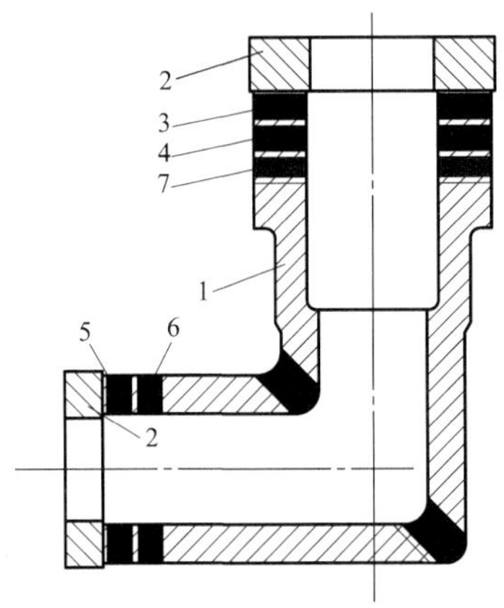

图 4-85 锻件粗加工取样图

1—锻件本体 2—热缓冲环 3—性能试料 A 4—性能试料 a 5—性能试料 B 6—性能试料 b 7—母材见证件

表 4-23 主泵接管评定性能要求

试验项目	试验温度/℃	力学性能	数值	
拉伸试验	室温	$R_{p0.2}$/MPa	≥400(周向)	
		R_m/MPa	552~670(周向)	
		A(%)(5d)	≥20(周向)	
		Z(%)	≥45(周向)	
	350	$R_{p0.2}$/MPa	≥300(周向)	
		R_m/MPa	≥510(周向)	
		A(%)(5d)	提供数据①	
		Z(%)	提供数据	
KV 冲击试验	0	最小平均值/J	80(横向②)	80(纵向②)
		个别最小值③/J	60(横向)	60(纵向)
	-20	最小平均值/J	40(横向)	56(纵向)
		个别最小值/J	28(横向)	40(纵向)
	20	个别最小值/J	72(横向)	88(纵向)
落锤试验+*KV* 冲击试验		RT_{NDT}/℃	≤-20	
KV-T℃曲线试验	-60~80(推荐试验温度范围)	*KV-T*℃曲线	提供曲线④	
上平台能量试验	-60~80(推荐试验温度范围)	*KV-T*℃曲线	提供曲线	
		上平台能量/J	≥130	

① 提供数据是指无具体的验收标准，只提供实测数据。

② 横向、纵向是指试样相对锻件主加工方向的取向（横向垂直于主加工方向，纵向平行于主加工方向）。

③ 每组三个试样中只允许一个结果低于最小平均值。

④ 提供曲线是指该试验没有实际要求，仅提供数据即可。

表 4-24　力学性能试样的取样方向、部位和数量

试验项目	试样状态	取样方向[1]	试验温度/℃	取样部位	取样数量[2]
拉伸试验	HTMP	C	室温	每个试环径向相对的两个位置	2,2,1,1
	HTMP	C	350		2,2,1,1
KV 冲击试验	HTMP	L	0		6,6,3,3
	HTMP	L	-20		6,6,3,3
	HTMP	L	20		6,6,3,3
	HTMP	T	0		6,6,3,3
	HTMP	T	-20		6,6,3,3
	HTMP	T	20		6,6,3,3
KV-T℃ 曲线试验	HTMP	T	-60~80（推荐试验温度范围）	每个试环的一个位置	3×8[3]
拉伸试验	HTMP+SSRHT[4]	C	室温	每个试环径向相对的两个位置	2,2,1,1
	HTMP+SSRHT	C	350		2,2,1,1
KV 冲击试验	HTMP+SSRHT	L	0		6,6,3,3
	HTMP+SSRHT	T	0		6,6,3,3
KV-T℃ 曲线试验	HTMP+SSRHT	T	-60~80（推荐试验温度范围）	每个试环径向相对的两个位置	24[5]
上平台能量试验	HTMP+SSRHT	T	-60~80（推荐试验温度范围）	每个试环径向相对的两个位置	24[5]
RT_{NDT} 落锤试验	HTMP+SSRHT	C	由工厂根据经验确定	每个试环径向相对的两个位置	16,16,8,8
RT_{NDT} *KV* 冲击试验		T			18,18,9,9

① C—周向，L—纵向，T—横向。

② 试样数量的含义为，第一位数字表示上部试环的取样数量，第二位数字表示下部试环的取样数量，第三位数字表示接管内拐角试料的取样数量，第四位数字表示接管外拐角试料的取样数量。

③ 第一位数字表示每个试验温度下、每个取样位置的取样数量；第二位数字表示试验温度的数量。接管拐角处试料不强制要求进行 *KV-T*℃ 曲线试验。

④ HTMP—性能热处理，SSRHT—模拟消除应力热处理。

⑤ 8 个试验温度，每个温度取一组（3 个）试样，共 24 个试样，每个取样位置各取一半。接管拐角处试料不强制要求进行 *KV-T*℃ 曲线试验和上平台能量试验。

4.2.3　工程试验

1. 坯料制备

采用 88t 双真空钢锭开坯，开坯过程如图 4-86～图 4-88 所示。图 4-86 所示为钢锭压钳口；图 4-87 所示为镦粗拔长压实；图 4-88 所示为自由锻造出坯料成品。

图 4-86　钢锭压钳口

a)

b)

图 4-87　镦粗拔长压实

a）镦粗　b）拔长

为确保评定工序顺利完成，坯料在模锻前增加了粗加工无损检测工序，将坯料制成台阶坯料，从而满足液压机行程及净空距要求，如图 4-89 所示。

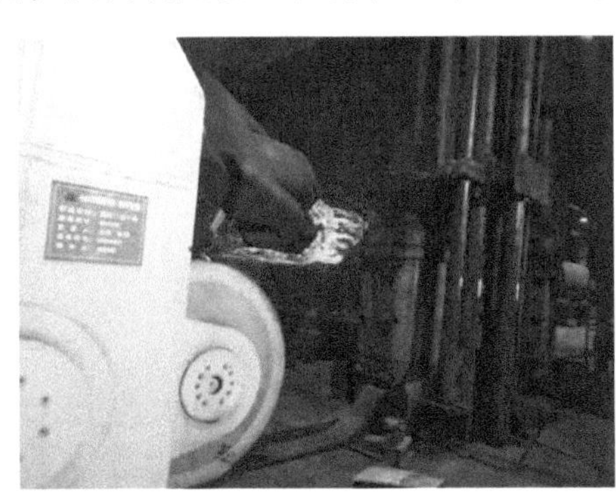

图 4-88　自由锻造出坯料成品

图 4-89　粗加工后等待无损检测

2. FGS 锻造成形

采用整体模块式设计思路，主泵接管除了镦粗和冲孔模具外，为了实现 FGS 锻造，增加了侧堵、冲杆连接板、内套等辅具。冲杆及侧堵选用 H13 材料；冲杆连接板选用 5CrNiMo 材料；内套形状较为复杂，根据相关制造经验，选用 ZG35CrMo 材料。新增辅具如图 4-90 所示；辅具制造过程如图 4-91 所示。

由于主泵接管内套直接和坯料接触，金属在内套中流动，与内套发生激烈摩擦，因此内套表面需要较高的耐磨性，但考虑铸件制造难度，内套材质选择 ZG35CrMo，使用状态为正回火，但回火温度已降低至 400℃。在韧性指标严重不足的情况下，内表面硬度也仅为 170HBC（锤击式布氏硬度），因此如何合理的确定模具材质及技术要求也是模锻成形面临的关键问题。

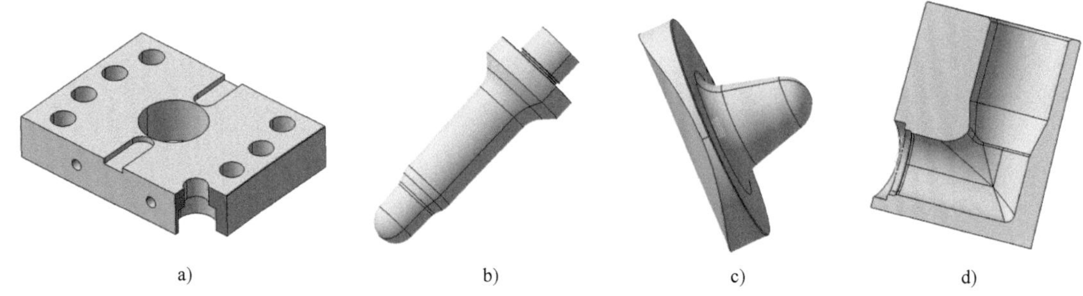

图 4-90　新增辅具

a）冲杆连接板　b）冲杆　c）侧堵　d）内套

图 4-91　辅具制造过程

a）冲杆坯料　b）侧堵成品锻件　c）内套坯料　d）冲杆连接件粗加工件

模具与压力机完成装配后即可进行模锻试制，采用双工位设置，同时完成模具对中及行程定位，由于模具各间隙相对较小，因此模锻开始前的模具对中工作极为重要。装配好的模具状态如图 4-92 所示。模具提前 12h 进行预热，采用燃气预热方式（见图 4-93），坯料第一次除鳞后将燃气管道去除，待补温结束后开始模锻。

图 4-92　双工位模具装配

图 4-93　下模预热

坯料按图 4-94 所示的加热曲线加热后出炉除鳞。

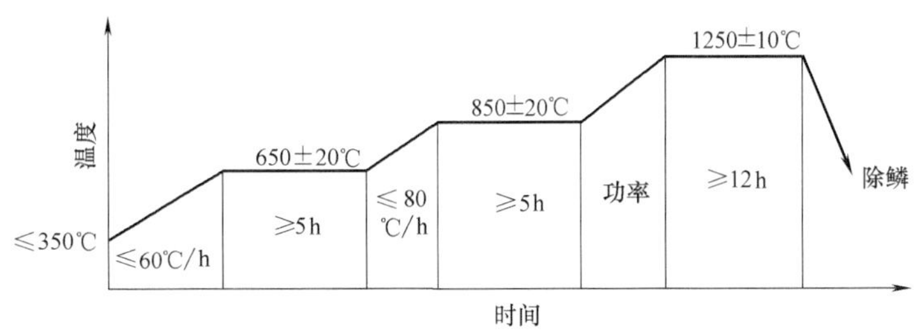

图 4-94　坯料加热曲线

坯料出炉后进行多次除鳞，可以看出核电 16MND5 材质的除鳞过程较为困难，主要取决于材料的化学成分。第一次为机械除鳞，随后又进行多次水冷除鳞才将坯料大部分氧化皮去除。随后入炉保温 1.5h 后进行模锻成形。

坯料的除鳞过程如图 4-95 所示。

a)　　b)

图 4-95　坯料除鳞过程

a）第一次出炉　b）机械除鳞

c)

d)

图 4-95　坯料除鳞过程（续）

c）第二次出炉　d）水淬除鳞

坯料出炉后，经 7min 入模，整个模锻过程经历 25min，其中镦粗预设行程为 1860mm，成形力为 180MN，冲孔行程为 2030mm，最终成形力为 69MN，有限元数值模拟计算值为 54MN。由于冲孔过程中多次放入气化剂，因此模锻后冲头退模较顺利，未发生抱死现象。模锻过程及模锻锻件如图 4-96 所示。

a)　b)　c)　d)

图 4-96　模锻过程及模锻锻件

a）坯料出炉　b）入模　c）脱模后　d）打磨精整后

为实现主泵接管的 FGS 锻造，在下模模腔水平管嘴端部放置了侧堵头，从而在成形过程中，水平端面形成压应力状态，并使其内腔部位形成盲孔，在节省材料的同时，也避免了端部自由状态而形成的拉应力，确保了锻件各位置的均匀变形。更重要的是，在锻件端部形成了更为有利于管道服役的纤维流线，从而提高了锻件的使用寿命。

将外套取下后分开下模并取出坯料，由于坯料表面形貌较好，因此仅进行打磨即可满足无损检测要求。坯料打磨后的状态如图 4-97 所示。

4.2.4 检测结果

锻件经粗加工无损检测及性能热处理后进行取样，取样分为产品要求位置取样以及本体解剖位置取样两部分，具体结果如下。

图 4-97 模锻坯料打磨后状态

表 4-25 和表 4-26 列出了主泵接管模锻件产品取样位置的室温及高温强度实测值，由表 4-25 和表 4-26 数据可看出，整体上锻件强度检验数据较为离散，不同取样位置和深度、取样角度方位与室温及高温拉伸试验数据之间没有明显规律，强度指标较为均匀。

室温拉伸试验，抗拉强度（R_m）要求为 552～670MPa，实测值范围：调质态为 601～614MPa，模拟态为 587～614MPa；规定塑性延伸强度（$R_{p0.2}$）要求≥400MPa，实测值范围：调质态为 417～443MPa，模拟态为 403～436MPa；断后伸长率（A）要求≥20%，实测值范围：27.0%～30.0%；断面收缩率（Z）要求≥45%，实测值范围：70.5%～74.5%。

高温拉伸试验，抗拉强度（R_m）要求≥510MPa，实测值范围：调质态为 573～589MPa，模拟态为 554～578MPa；规定塑性延伸强度（$R_{p0.2}$）要求≥300MPa，实测值范围：调质态为 386～423MPa，模拟态为 376～395MPa。

表 4-25 主泵接管锻件试样室温强度检验结果

取样位置		方向	热处理状态	$R_{p0.2}$/MPa ≥400	R_m/MPa 552～670	A(%) ≥20	Z(%) ≥45
水口端内 $T/4$	0°	周向	HTMP	427	602	28.0	73.0
			HTMP+SSRHT	432	608	27.5	73.0
	180°		HTMP	429	603	28.0	71.0
			HTMP+SSRHT	421	603	28.5	71.0
冒口端内 $T/4$	90°	周向	HTMP	432	612	29.0	73.5
			HTMP+SSRHT	435	614	29.0	73.5
	270°		HTMP	437	608	28.5	73.5
			HTMP+SSRHT	436	610	29.0	73.0
水口端内 $T/2$	0°	周向	HTMP	437	612	27.0	73.5
			HTMP+SSRHT	428	608	28.5	70.5
	180°		HTMP	417	601	29.5	71.5
			HTMP+SSRHT	403	587	29.0	71.5
冒口端内 $T/2$	90°	周向	HTMP	436	613	28.5	73.0
			HTMP+SSRHT	430	611	27.0	72.5
	270°		HTMP	435	605	29.0	73.5
			HTMP+SSRHT	430	605	29.0	74.0

（续）

取样位置		方向	热处理状态	$R_{p0.2}$/MPa ≥400	R_m/MPa 552~670	A(%) ≥20	Z(%) ≥45
水口端外 T/4	0°	周向	HTMP	435	610	28.0	74.5
			HTMP+SSRHT	427	608	28.5	73.5
	180°		HTMP	428	610	28.5	72.0
			HTMP+SSRHT	428	609	28.0	71.5
冒口端外 T/4	90°	周向	HTMP	443	614	30.0	74.5
			HTMP+SSRHT	439	616	28.5	73.5
	270°		HTMP	439	610	28.0	74.5
			HTMP+SSRHT	429	603	28.5	74.0

注：表中取样位置中的 T 指取样处的锻件壁厚。

表 4-26　主泵接管锻件试样 350℃强度检验结果

取样位置		方向	热处理状态	$R_{p0.2}$/MPa ≥300	R_m/MPa ≥510	A(%) 提供数据	Z(%) 提供数据
水口端内 T/4	0°	周向	HTMP	387	581	27.5	73.0
			HTMP+SSRHT	379	554	26.5	73.5
	180°		HTMP	389	579	27.5	72.5
			HTMP+SSRHT	382	570	26.0	69.5
冒口端内 T/4	90°	周向	HTMP	380	587	26.5	76.5
			HTMP+SSRHT	395	577	26.0	75.5
	270°		HTMP	388	589	27.0	75.5
			HTMP+SSRHT	380	574	27.0	75.5
水口端内 T/2	0°	周向	HTMP	386	573	25.5	71.0
			HTMP+SSRHT	387	572	27.5	74.5
	180°		HTMP	401	581	26.0	69.0
			HTMP+SSRHT	384	569	26.5	72.0
冒口端内 T/2	90°	周向	HTMP	389	584	26.0	74.5
			HTMP+SSRHT	376	576	26.0	72.5
	270°		HTMP	390	588	26.0	73.0
			HTMP+SSRHT	384	576	26.0	74.5
水口端外 T/4	0°	周向	HTMP	382	589	26.5	72.0
			HTMP+SSRHT	388	578	26.5	73.0
	180°		HTMP	423	582	25.5	69.5
			HTMP+SSRHT	389	574	24.5	73.0
冒口端外 T/4	90°	周向	HTMP	392	587	26.0	68.0
			HTMP+SSRHT	392	576	24.5	70.0
	270°		HTMP	388	583	26.0	75.0
			HTMP+SSRHT	382	570	26.5	71.5

注：表中取样位置中的 T 指取样处的锻件壁厚。

表 4-27 列出了锻件试样冲击检验结果，由表 4-27 可看出，主泵接管锻件的冲击检验数据较为离散，纵向取样的冲击试验数据表现为水口侧略优于对应的冒口侧数据，水口侧的冲击试验数据表现为纵向取样略优于横向取样，另外，水、冒口侧冲击试验数据均表现为内 1/4 壁厚位置（即内 $T/4$）略低于内 1/2 壁厚（即内 $T/2$）和外 1/4 壁厚位置（即外 $T/4$）。

除此之外，不同取样位置、取样方向与冲击试验数据之间没有明显规律，锻件韧性指标较为均匀，具有良好的均质性。

20℃ 冲击试验，横向检验要求个别最小值≥72J，实测单个冲击值范围为 189~234J；纵向检验要求个别最小值≥88J，实测单个冲击值范围为 192~222J。

0℃ 冲击试验，横向检验要求最小平均值≥80J，个别最小值≥60J，实测平均值范围为 170~239J，单个冲击值范围为 162~248J；纵向检验要求最小平均值≥80J，个别最小值≥60J，实测平均值范围为 181~245J，单个冲击值范围为 166~263J。

表 4-27　主泵接管锻件试样冲击检验结果（平均值）

取样位置		方向	试验温度/℃	冲击吸收能量/J	取样位置		方向	试验温度/℃	冲击吸收能量/J
水口端	0° 内 $T/4$	纵向	20	212	水口端	0° 外 $T/4$	纵向	20	213
			0	213				0	216
			-20	187				-20	188
		横向	20	212			横向	20	200
			0	195				0	206
			-20	174				-20	173
	180° 内 $T/4$	纵向	20	217		180° 外 $T/4$	纵向	20	211
			0	223				0	213
			-20	191				-20	182
		横向	20	205			横向	20	207
			0	202				0	202
			-20	178				-20	194
	0° 内 $T/2$	纵向	20	211	冒口端	90° 内 $T/4$	纵向	20	196
			0	225				0	200
			-20	197				-20	192
		横向	20	206			横向	20	206
			0	195				0	201
			-20	183				-20	189
	180° 内 $T/2$	纵向	20	213		270° 内 $T/4$	纵向	20	209
			0	226				0	202
			-20	186				-20	177
		横向	20	207			横向	20	214
			0	220				0	201
			-20	189				-20	199

（续）

取样位置		方向	试验温度/℃	冲击吸收能量/J	取样位置		方向	试验温度/℃	冲击吸收能量/J
冒口端	90° 内 $T/2$	纵向	20	198	冒口端	90° 外 $T/4$	纵向	20	208
			0	198				0	215
			-20	171				-20	219
		横向	20	198			横向	20	209
			0	204				0	198
			-20	182				-20	224
	270° 内 $T/2$	纵向	20	209		270° 外 $T/4$	纵向	20	209
			0	209				0	194
			-20	217				-20	188
		横向	20	223			横向	20	220
			0	204				0	211
			-20	205				-20	205

-20℃冲击试验，横向检验要求最小平均值≥40J，个别最小值≥28J，实测平均值范围为173~224J，单个冲击值范围为166~239J；纵向检验要求最小平均值≥56J，个别最小值≥40J，实测平均值范围为171~219J，单个冲击值范围为139~262J。

表4-28列出了主泵接管锻件试样上平台能量试验结果，从表4-28可以看出，不仅实际结果远高于要求指标，而且均匀性也非常好。

表 4-28　主泵接管锻件试样上平台能量试验结果

取样位置		方向	试验温度范围	试验结果/J（规定值≥130J）
水口侧	内 $T/4$	横向	-60~80℃	228
	内 $T/2$			224
	外 $T/4$			215
冒口侧	内 $T/4$	横向	-60~80℃	210
	内 $T/2$			210
	外 $T/4$			205

表4-29列出了主泵接管锻件 RT_{NDT} 检验结果，由表4-29可以看出，主泵接管锻件冒口侧的落锤试验结果略优于水口侧，不同取样深度与落锤试验结果之间没有明显规律，要求 $RT_{NDT}\leqslant-20$℃，实测值均低于-45℃，大幅优于要求值。

表 4-29　主泵接管锻件试样 RT_{NDT} 检验结果

取样位置		方向	RT_{NDT}/℃（要求≤-20）	取样位置		方向	RT_{NDT}/℃（要求≤-20）
水口侧 0°	内 $T/4$	周向	-45	水口侧 180°	内 $T/4$	周向	-50
	内 $T/2$		-45		内 $T/2$		-50
	外 $T/4$		-50		外 $T/4$		-45

（续）

取样位置		方向	RT_{NDT}/℃（要求≤-20）	取样位置		方向	RT_{NDT}/℃（要求≤-20）
冒口侧 90°	内 T/4	周向	-50	冒口侧 270°	内 T/4	周向	-50
	内 T/2		-50		内 T/2		-50
	外 T/4		-50		外 T/4		-50

表 4-30 及表 4-31 列出了解剖位置试料强度检测结果，从表 4-30 和表 4-31 数据可看出，主泵接管锻件的外拐角解剖评定料的强度数据整体略优于对应的内拐角位置，取样方位、取样深度与强度数据之间没有明显规律。

室温拉伸试验，抗拉强度（R_m）要求为 552～670MPa，实测值范围：调质态为 608～616MPa，模拟态为 609～614MPa；规定塑性延伸强度（$R_{p0.2}$）要求≥400MPa，实测值范围：调质态为 427～437MPa，模拟态为 422～428MPa；断后伸长率（A）要求≥20%，实测值范围：25.5%～31.5%；断面收缩率（Z）要求≥45%，实测值范围：68.5%～73.5%；

高温拉伸试验，抗拉强度（R_m）要求≥510MPa，实测值范围：调质态为 582～595MPa，模拟态为 570～584MPa；规定塑性延伸强度（$R_{p0.2}$）要求≥300MPa，实测值范围：调质态为 370～400MPa，模拟态为 376～395MPa。

表 4-30　解剖评定试料室温强度检验结果

取样位置	方向	热处理状态	$R_{p0.2}$/MPa	R_m/MPa	A(%)	Z(%)
			≥400	552～670	≥20	≥45
内拐角 内 T/4	周向	HTMP	429	612	28.5	73.5
		HTMP+SSRHT	428	612	28.0	72.0
外拐角 内 T/4	周向	HTMP	437	616	28.0	72.5
		HTMP+SSRHT	427	610	25.5	72.0
内拐角 内 T/2	周向	HTMP	429	608	25.5	69.5
		HTMP+SSRHT	422	609	29.5	71.0
外拐角 内 T/2	周向	HTMP	432	612	28.0	71.0
		HTMP+SSRHT	427	611	31.5	72.5
内拐角 外 T/4	周向	HTMP	427	610	27.5	68.5
		HTMP+SSRHT	423	611	28.0	72.0
外拐角 外 T/4	周向	HTMP	432	613	28.0	72.0
		HTMP+SSRHT	428	614	28.5	72.0

表 4-31　主泵接管锻件试样 350℃强度检验结果

取样位置	方向	热处理状态	$R_{p0.2}$/MPa	R_m/MPa	A(%)	Z(%)
			≥300	≥510	提供数据	提供数据
内拐角 内 T/4	周向	HTMP	391	590	26.5	72.0
		HTMP+SSRHT	395	584	26.0	74.0
外拐角 内 T/4	周向	HTMP	400	595	26.0	69.5
		HTMP+SSRHT	395	583	25.5	71.5

（续）

取样位置	方向	热处理状态	$R_{p0.2}$/MPa	R_m/MPa	A(%)	Z(%)
			≥300	≥510	提供数据	提供数据
内拐角 内 T/2	周向	HTMP	393	582	23.5	70.5
		HTMP+SSRHT	384	570	24.5	70.0
外拐角 内 T/2	周向	HTMP	399	593	27.0	73.5
		HTMP+SSRHT	390	582	24.5	71.0
内拐角 外 T/4	周向	HTMP	370	589	26.0	75.5
		HTMP+SSRHT	389	580	26.0	75.0
外拐角 外 T/4	周向	HTMP	396	587	29.5	75.0
		HTMP+SSRHT	376	584	24.5	74.5

表 4-32 列出了解剖评定试样冲击检验结果，由表 4-32 可看出，主泵接管锻件的冲击检验数据较为离散，仅在内拐角的冲击试验数据上表现出纵向取样数据略优于横向取样，除此之外，取样方位、取样深度同冲击试验数据之间没有明显规律，锻件韧性指标较为均匀，具有良好的均质性。

表 4-32 解剖评定试样冲击检验结果（平均值）

取样位置		方向	试验温度/℃	冲击吸收能量/J	取样位置		方向	试验温度/℃	冲击吸收能量/J
内拐角	内 T/4	纵向	20	221	外拐角	内 T/2	纵向	20	201
			0	214				0	204
			-20	178				-20	177
		横向	20	206			横向	20	196
			0	200				0	187
			-20	184				-20	188
外拐角	内 T/4	纵向	20	205	内拐角	外 T/4	纵向	20	202
			0	202				0	216
			-20	184				-20	172
		横向	20	208			横向	20	194
			0	199				0	202
			-20	193				-20	169
内拐角	内 T/2	纵向	20	206	外拐角	外 T/4	纵向	20	202
			0	203				0	200
			-20	188				-20	181
		横向	20	203			横向	20	203
			0	200				0	200
			-20	169				-20	198

20℃冲击试验，横向检验要求个别最小值≥72J，实测单个冲击值范围为 192~211J；纵向检验要求个别最小值≥88J，实测单个冲击值范围为 198~226J。

0℃冲击试验，横向检验要求最小平均值≥80J，个别最小值≥60J，实测平均值范围为 183~216J，单个冲击值范围为 169~250J；纵向检验要求最小平均值≥80J，个别最小值≥60J，实测平均值范围为 190~221J，单个冲击值范围为 177~235J。

-20℃冲击试验，横向检验要求最小平均值≥40J，个别最小值≥28J，实测平均值范围为 169~198J，单个冲击值范围为 159~221J；纵向检验要求最小平均值≥56J，个别最小值≥40J，实测平均值范围为 172~188J，单个冲击值范围为 165~226J。

表 4-33 列出了解剖评定试样 RT_{NDT} 检验结果，由表 4-32 可看出，主泵接管锻件内拐角位置的落锤试验结果略优于外拐角，不同取样深度与落锤试验结果之间没有明显规律，要求 RT_{NDT}≤-20℃，实测值均低于-45℃，大幅优于要求值。

表 4-33 解剖评定试样 RT_{NDT} 检验结果

取样位置		方向	RT_{NDT}/℃（要求≤-20）	取样位置		方向	RT_{NDT}/℃（要求≤-20）
内拐角	内 $T/4$	周向	-50	外拐角	内 $T/4$	周向	-45
	内 $T/2$		-50		内 $T/2$		-50
	外 $T/4$		-45		外 $T/4$		-45

通过对锻件各部位力学性能的检验，结果均满足评定要求。对检验结果进行分析，表明锻件各部位的力学性能均匀，产品取样位置具有代表性，可以表征锻件内部质量。

4.2.5 对比分析

对于 ACP100 模块式小堆压力容器主泵接管锻件，分别采用自由锻及模锻（FGS 锻造）两种工艺路线进行了评定。相比于自由锻成形，模锻成形具有产品质量高、生产周期短、环境污染少等优势，经过一定时间的工艺尝试，两种方案均顺利完成科研试制。以下分别从多个方面对两种工艺方案进行对比。

1. 成形工艺对比

自由锻采用 83t 双真空钢锭成形，锻件质量为 47.6t。模锻成形采用 88t 钢锭制造 1 件评定锻件和 1 件产品锻件，锻件质量仅为 21.7t。两种成形方式的锻件尺寸对比如图 4-98 所示。对于锻件质量及材料利用率而言，模锻成形无疑存在绝对优势。

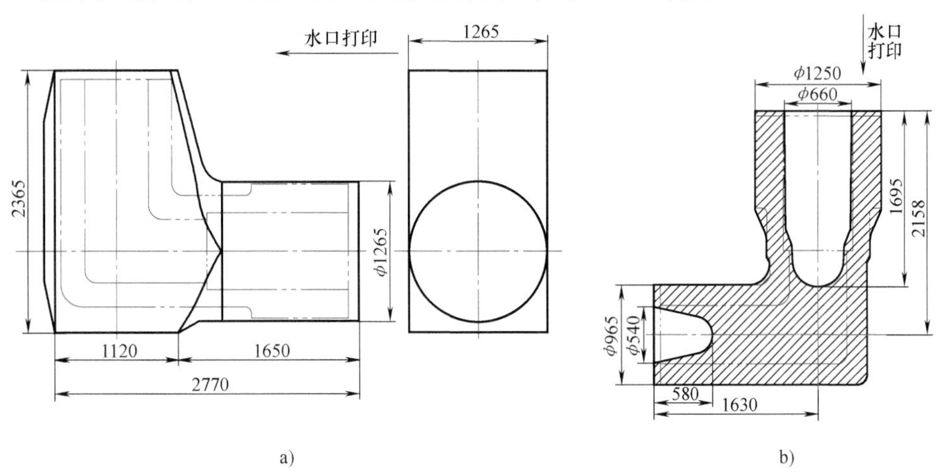

图 4-98 锻件尺寸对比

a）自由锻造锻件尺寸 b）FGS 锻造锻件尺寸

2. 锻造过程对比

采用自由锻造方式成形，需要经压钳口、镦拔压实、归方、方下料归圆四个步骤，实际操作使用 100MN 液压机 5 火次完成一件主泵接管的锻造成形，最后一火次冒口端无锻造比（指加热后无塑性变形）。模锻方案预计采用 100MN 液压机 3 火次完成两件坯料的制备，采用 500MN 挤压机借助改造后的双工位，1 火次完成模锻，因此采用模锻成形工艺平均仅需要 2.5 火次即可完成一件主泵接管模锻件的制造。

自由锻造最后一火次成形数值模拟结果如图 4-99 所示，用镦拔压实并归方的坯料归圆后成形，从图 4-99 可以看出，冒口端锻造余量较大，归圆后，前端有明显长短面，须气割去除，因此，进一步降低了材料收得率。

模锻成形最后一火次成形数值模拟过程见 4.2.2 节，在此不再赘述。

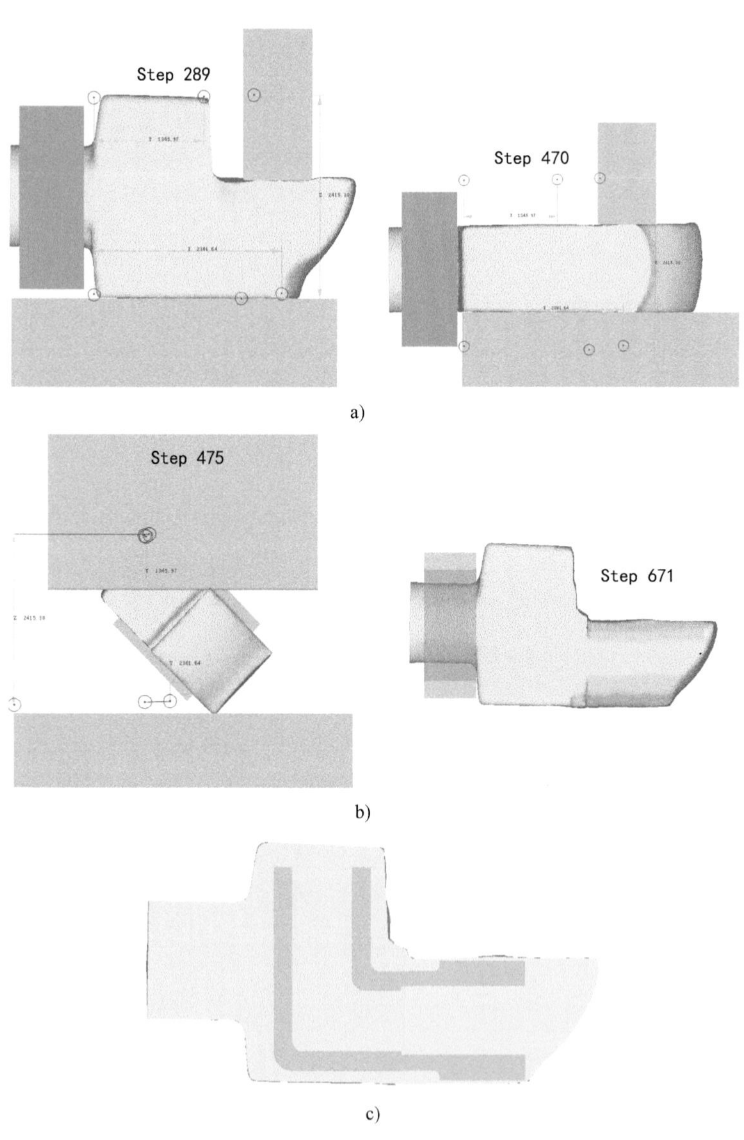

图 4-99　自由锻有限元数值模拟过程

a）下料　b）归圆　c）与粗加工图包络情况

3. 成本对比

由于目前分析测试，场内物流等没有可参考的计算依据，因此仅从产品的制造成本进行对比。除了通用模具外，制造模锻主泵接管所需专用模具共计约 110t，其中内套材质为 ZG35Cr1Mo，冲杆为 H13 锻件，模具制造费用总计约 220 万元，若按 4 套模块式小堆共计 16 件主泵接管进行模具摊销，单件模具摊销成本为 13.75 万元。其他费用对比情况见表 4-34，从表 4-34 可以看出，模锻件单件节约制造成本 51.81 万元，单套小堆 4 件共计节约 207.24 万元，制造单套小堆 4 件主泵接管锻件即可基本收回模具制造成本。

表 4-34 自由锻方案与模锻方案制造成本对比 （单位：万元）

工序	自由锻方案	模锻方案	备注
炼钢	62.25	33	炼钢按 0.75 万元/t 计算 自由锻方案钢锭质量为 83t；模锻方案钢锭质量为 44t
锻造	28.56	34.95	模锻：毛坯 16.2 万元(27t)，挤压 5 万元，新投辅具总价 220 万元，按 4 套共计 16 件进行摊销，每件摊销成本 13.75 万元
热处理	4	4	热处理 2500 元/t，粗加工后质量为 16t
冷加工	54	25.8	按机械加工工时计算
总计	148.81	97	—

从以上对比可以看出，采用模锻成形主泵接管从制造成本、锻件质量上均具有明显优势，采用模锻成形制造工艺，单件主泵接管可节省钢液量近 40t，锻件减少机械加工余量近 30t，制造成本节约 51.81 万元，单台设备可节约共计 207.24 万元。采用模锻成形工艺，可大幅减少锻造火次，从而实现锻件的短流程制造，模锻后锻件的外轮廓表面质量极佳，仅需打磨即可具备性能热处理条件，在成批量制造的前提下，可大幅缩短锻件的制造周期。更重要的是，从质量考虑，由于自由锻工艺锻件最后一火次冒口端无锻造比，因此易造成锻件韧性指标不合格，锻件在拔长时，前端自由表面的拉应力状态也不利于锻件的力学性能提升。若采用模锻成形方案，最后一火次各位置应变均较大，同时由于模锻成形锻件整体受三向压应力状态，各处性能必将优于自由锻成形方案。

4.2.6 推广应用

目前，主泵接管 FGS 锻造技术已在国内其他核电项目用锻件制造上得到了成功应用，如图 4-100 及图 4-101 所示。采用模锻成形工艺已成功试制主泵接管锻件，技术成熟度高，

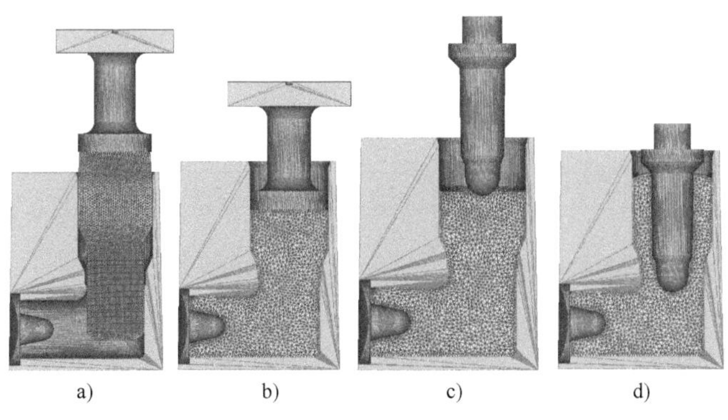

a) b) c) d)

图 4-100 某项目小堆套管壳外管锻件数值模拟过程

a）镦粗开始 b）镦粗结束 c）冲盲孔开始 d）冲盲孔结束

后续还将应用于各类小堆及水下、水面舰艇舰载核反应堆主设备用锻件的制造中，从而大幅降低制造成本，提高制造效率，最重要的是提高锻件质量，并进一步提高主设备的运行稳定性。

a)

b)

图 4-101　某项目小堆套管壳外管锻件模锻成形后脱模及模锻件
a）脱模过程中　b）模锻件

4.3 裤型三通

4.3.1 工程背景

快堆即“快中子反应堆”，属于世界上最新的第四代核电技术。与其他核反应堆不同，快堆是当今唯一现实的增殖堆型，可以直接利用现在被废弃的铀同位素，甚至是只经过简单转化的核电站废弃燃料。快中子反应堆可将天然铀资源的利用率从目前的约 1% 提高至 60%；并实现放射性废物的最小化。

CFR600 快堆示范工程为我国自主设计的最新一代反应堆。依托中国试验快堆建设及运行经验，并伴随多年来国家重型装备制造行业的发展，快堆建设所急需的超大型复杂零部件，均已实现自主设计、自主制造，体现出国家装备制造的雄厚实力。

主管道压力管（见图 4-102）是第四代快堆核电工程的核心部件之一，被喻为“心脏的主动脉血管”，快堆在正常功率下运行，运行温度为 425℃，停堆之后为保持液态金属钠的正常流动，需要保持一定的温度，因此，热停堆时一回路管道的内部温度要保持在 360℃。钠冷快堆启动和停堆产生的温差会在管道内部产生极大的热应力，在冷热循环载荷的作用下，管道内部极易产生热疲劳损伤，从而导致裂纹萌生和扩展。因此产品的技术要求极高。

为保证管道的高温力学性能及耐腐蚀性能，裤型三通锻件采用 316H 奥氏体不锈钢材质，这种材质的特点是锻造温度区间窄，可锻性差，锻造过程中极易发生开裂，此外奥氏体不锈钢高温下变形抗力大，且由于没有相变，因此不能如碳钢或合金钢一样通过热处理来调整晶粒尺寸。对于奥氏体不锈钢，只能通过高温大变形下的动态再结晶来细化晶粒，因此既要确保高温下的大变形从而细化晶粒，又要克服其极易开裂的倾向，这成为奥氏体不锈钢锻件制造的一大难点。而解决这一难题的最好途径，就是利用超大型压力机，结合合理的锻造成形工艺以及模具设计进行 FGS 锻造，从而使锻件表面在整个变形过程中一直处于压应力状态，在实现锻件各位置均有较大变形的状态下，抑制表面裂纹的产生。

裤型三通在压力管中的位置如图 4-103 所示，形状复杂（立体图见图 4-104），成形难度极大。

经过多年的自主开发，目前，国内某核电锻件制造企业已成功研发出超大型不锈钢裤型三通模锻成形技术，从模具设计出发进行工艺优化，利用超大型压力机的强劲制造能力，创新性的采用一镦一冲的 FGS 锻造成形工艺，不仅保证了奥氏体不锈钢裤型三通各位置的充分变形，同时也有效保证了锻件具有完整的金属流线，该流线走向与冷却剂走向一致，确保了锻件在恶劣工况下的服役稳定性。此外由于采用模锻成形，各位置尺寸精准，实现了近净成形。该技术不仅节约了制造成本，缩短了制造周期，同时也提高了我国核电锻件的整体制造水平。

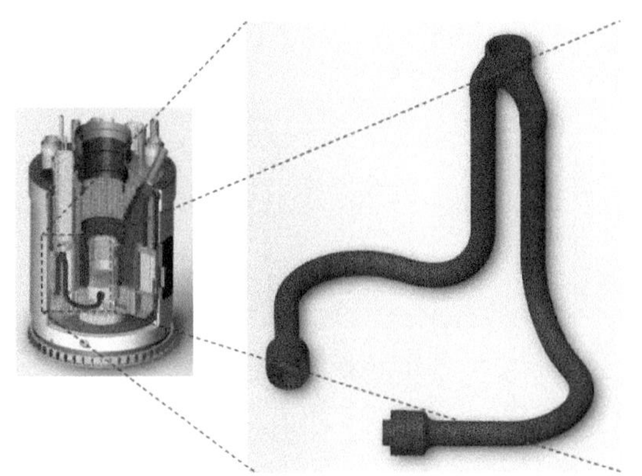

图 4-102　CFR600 快堆示范工程主管道压力管

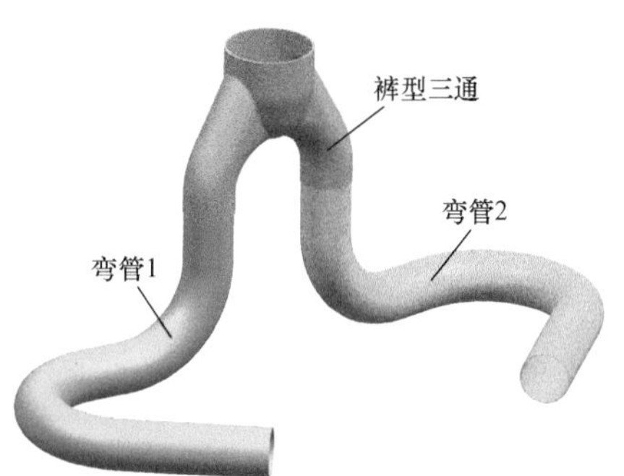

图 4-103　裤型三通在压力管中的位置

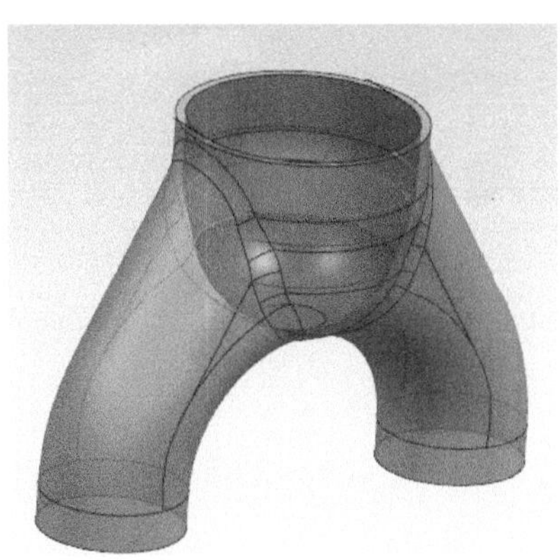

图 4-104　裤型三通立体图

4.3.2　试验方案

为保证奥氏体钢锭的纯净性，采用电渣钢锭对裤型三通进行制造，钢锭经 2 次镦粗、拔长、镦粗精整的工艺方案进行开坯，从而实现内部铸态组织致密化，同时也可使钢锭内部疏松充分压实。模锻成形工艺设计则需要根据有限元数值模拟结果确定模具设计及最终模锻成形方案。

1. 试制工艺流程

试制件的制造流程包括：冶炼、铸锭—锻造毛坯—毛坯加工—FGS锻造成形—固溶热处理—取样性能检验—半精加工—UT、MT、PT—标识、解剖取样—性能检验—评定报告。

2. 坯料制备

采用100MN水压机对电渣钢锭进行锻造开坯，具体开坯锻造工艺见表4-35。

表4-35 裤型三通开坯锻造工艺

序号	锻造过程	草图	设备规格
1	预拔长至 ϕ1200mm×2750mm	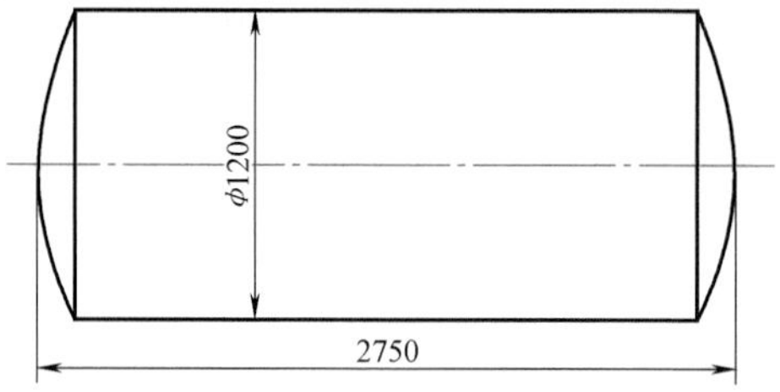 ϕ1200 2750	60MN
2	镦粗至 约ϕ1700mm×1350mm， 拔长至 ϕ1200mm×2700mm	1350 ~ϕ1700 ϕ1200 ~2700	100MN
3	镦粗至 约ϕ1550mm×1600mm， 拔长出成品	1600 ~ϕ1550 ϕ1300 2150	100MN

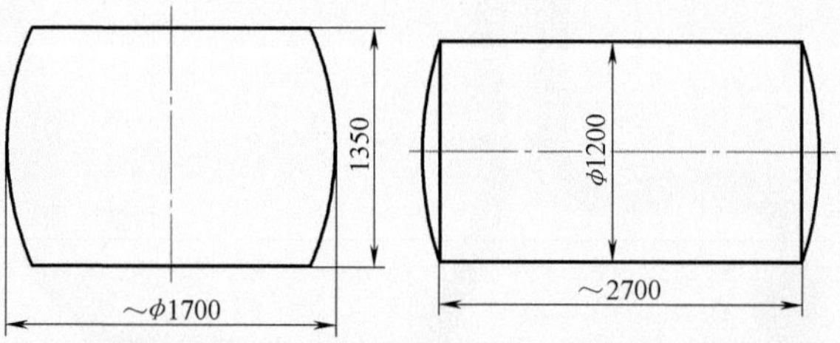

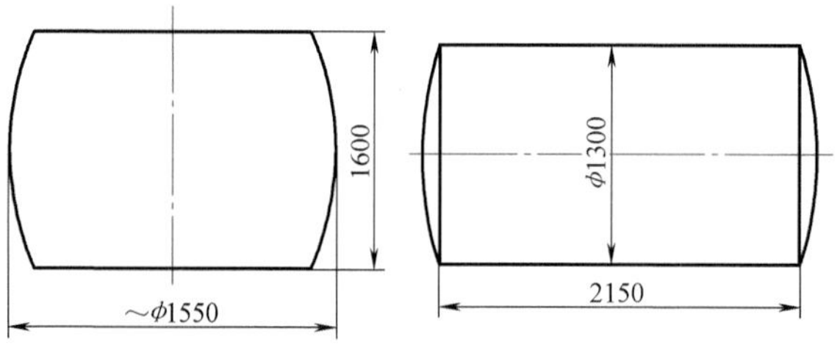

3. FGS锻造成形方案

锻件的FGS锻造成形过程如图4-105所示，为了在模锻时能够顺利入模，需要在自由锻开坯后对坯料进行机械加工，下模单边预留15mm间隙补偿热膨胀，即下模直径为1250mm，坯料直径为1220mm，镦粗杆与下模之间单边间隙为7.5mm。一方面，间隙预留过小在成形过程中镦粗杆下端会因热膨胀与下模模腔抱死；另一方面，若间隙过大，则在成形过程中可能出现翻料，不仅影响坯料成形，而且还会进一步将下模、冲头及坯料抱死，导致模内镦粗后无法退模，从而不能进行第二工序成形。因此间隙的预留对于模锻成形过程显得尤为重要。

为了使锻件实现FGS锻造成形，将500MN垂直挤压机改造成双工位，以便在同一火次内完成一镦一冲的制造工艺，从而在成形过程中使锻件表面各位置均能处于压应力状态。首先进行模内镦粗，为防止成形载荷过大导致上部翻料，镦粗时不必将下模模腔全部充满，在冲盲孔时，由于冲头直径相对较粗，因此在冲盲孔过程中不仅可将坯料向上反挤压，同时下端金属也可继续充满模腔。具体成形过程见下文的数值模拟结果。考虑三通锻件在终锻成形后各位置变形量均较大，为确保模锻工艺顺利完成，将锻件始锻温度设置为炉温1200℃。

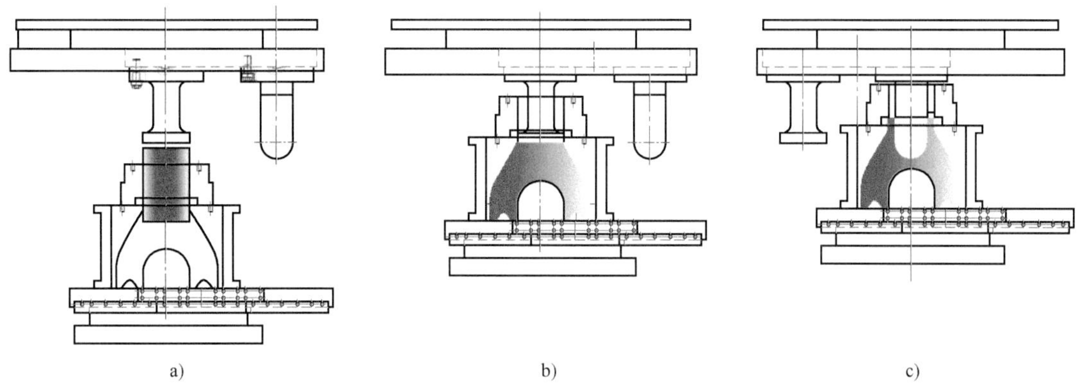

图 4-105 裤型三通 FGS 锻造成形过程

a）坯料入模 b）模内镦粗 c）冲盲孔反挤压

4. FGS 锻造成形数值模拟

图 4-106 所示为裤型三通模锻成形过程数值模拟结果，模锻成形经模内镦粗、冲盲孔两道工序完成。成形温度 1200℃（炉温），模拟模内镦粗最大成形力为 220MN，冲盲孔成形力为 200MN。从模拟结果可以看出，锻件各处充型效果完好，从计算成形力角度看，500MN 垂直挤压机完全有能力制造不锈钢裤型三通模锻件。

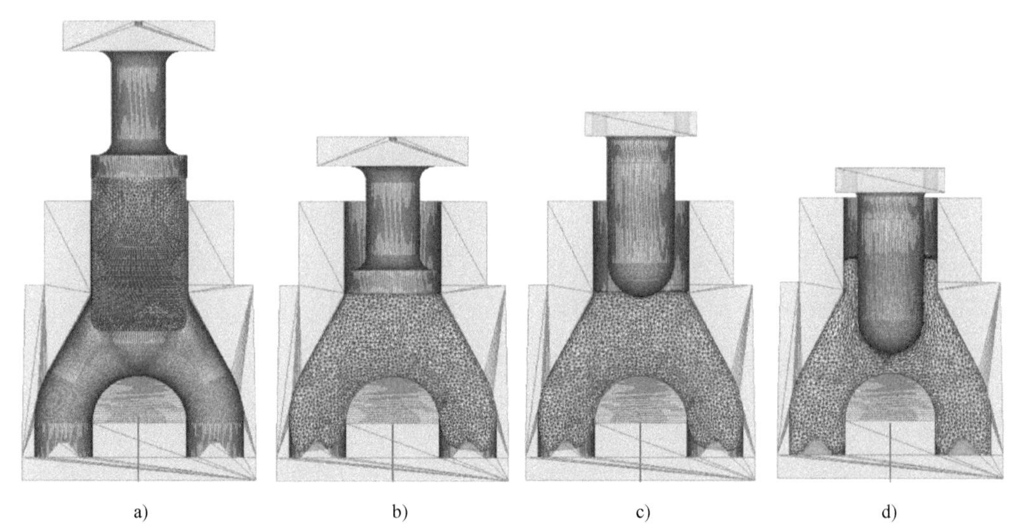

图 4-106 裤型三通模锻成形数值模拟过程

a）镦粗开始 b）镦粗结束 c）冲盲孔开始 d）冲盲孔结束

图 4-107 所示为两工位变形过程中各位置等效应变分布情况，从图 4-107 可以看出，经第一工位模内镦粗后，三通内侧发生较大变形，但裤腿位置及上端面变形较小，尤其是上端面，该位置与模具接触出现一定面积的变形死区，在冲盲孔阶段，裤腿位置继续向下充满型腔，但变形程度不明显，而上端面变形死区位置发生明显变形，等效应变明显增大。整个模锻成形完成后，除裤腿局部位置变形较小外，其余位置均发生了较充分的变形，该变形量可有效保证奥氏体不锈钢的晶粒细化。

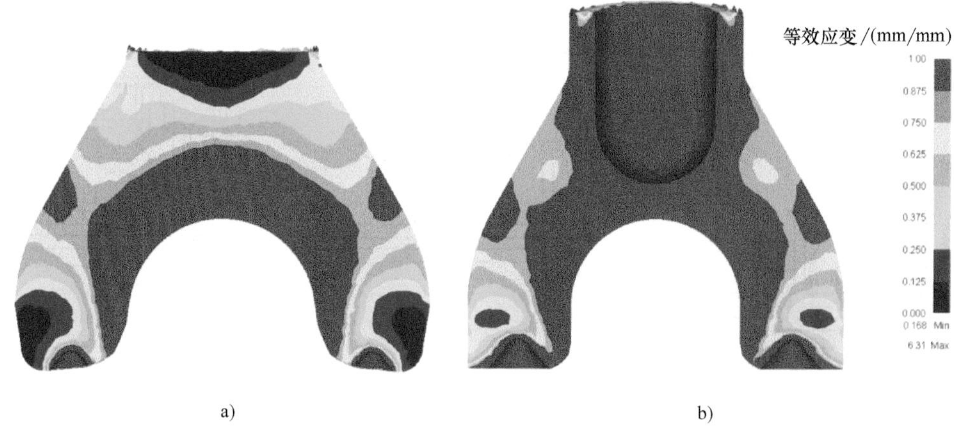

图 4-107　模锻成形过程应变分布变化情况

a）镦粗　b）冲盲孔

4.3.3　工程试验

1. 坯料制备

采用电渣重熔工艺进行钢锭冶炼，按表 4-35 中的工艺进行坯料锻造，机械加工后，模锻前坯料如图 4-108 所示。

图 4-108　模锻前坯料

2. 模锻成形过程

由于坯料直径较小，因此模锻成形用下模仅需分两瓣即可，采用 ZG35Cr1Mo 材质制造下模，镦粗杆及冲头均选用热作模具钢 5CrNiMo 材质。裤型三通模锻用模具如图 4-109 及图 4-110 所示。模锻前下模内腔涂抹润滑涂料，在减小摩擦力的同时，起到保护模腔内表面的作用。

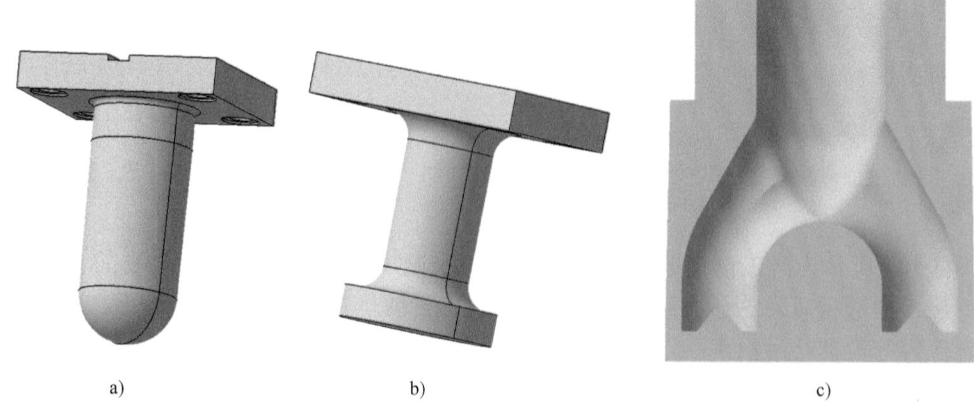

图 4-109　模锻用模具设计三维模型

a）冲头　b）镦粗杆　c）分瓣内模

a)

b)

图 4-110 模锻用模具

a）镦粗杆 b）分瓣内模

与泵壳成形方案相同，将下模模腔两侧支管底部放置两个堵头，一方面可部分成形内腔结构，另一方面可使两端面有效形成压应力状态，并充分改善两处位置应变，提高端部原有变形死区的晶粒度，更重要的是其形成的压应力状态可充分提高此位置的力学性能，从而真正实现 FGS 锻造。

坯料按图 4-111 所示的加热曲线进行加热，加热前先对坯料进行预热，随后进行防氧化涂料的喷涂，目前针对不锈钢的高温防氧化涂料技术已相对成熟，喷涂防氧化涂料后的不锈钢坯料在一定时间范围内可有效抑制材料的氧化行为。坯料喷涂防氧化涂料后状态如图 4-112 所示。

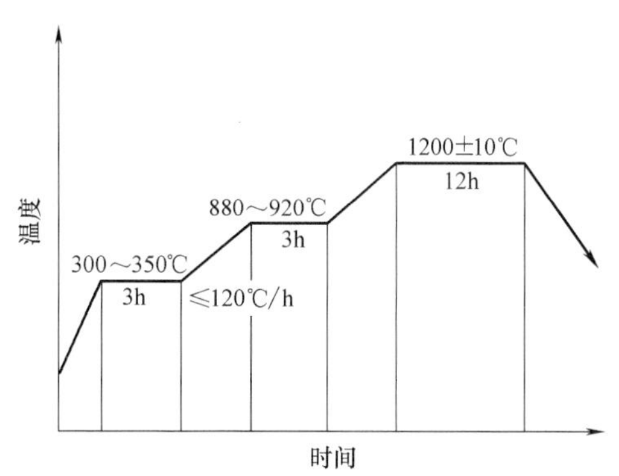

图 4-111 模锻成形前加热曲线

图 4-112 坯料喷涂防氧化涂料后状态

坯料采用台车式炉加热，加热到温后出炉，6min 后入模，入模时坯料表面温度降低至 1100℃，由于已喷涂防氧化涂料，因此出炉后直接入模进行模锻，不需要再进行除鳞。利用 500MN 垂直挤压机的双工位模块，第一工位为镦粗工位，坯料放入模具后先将下模移动至压力机中心进行模内镦粗，随后上移动滑板滑动，使第二工位的冲头移动至与下模中心线重合的位置，进行第二工位的成形。整个成形过程如图 4-113 所示。经试验表明，实际镦粗成形力为 210MN，冲孔成形力为 190MN，小于理论计算值，脱模后锻件充型效果较好，且表面质量极佳，经打磨即可具备固溶热处理条件。锻件固溶热处理过程如图 4-114 所示，固溶热处理温度为 1050℃。

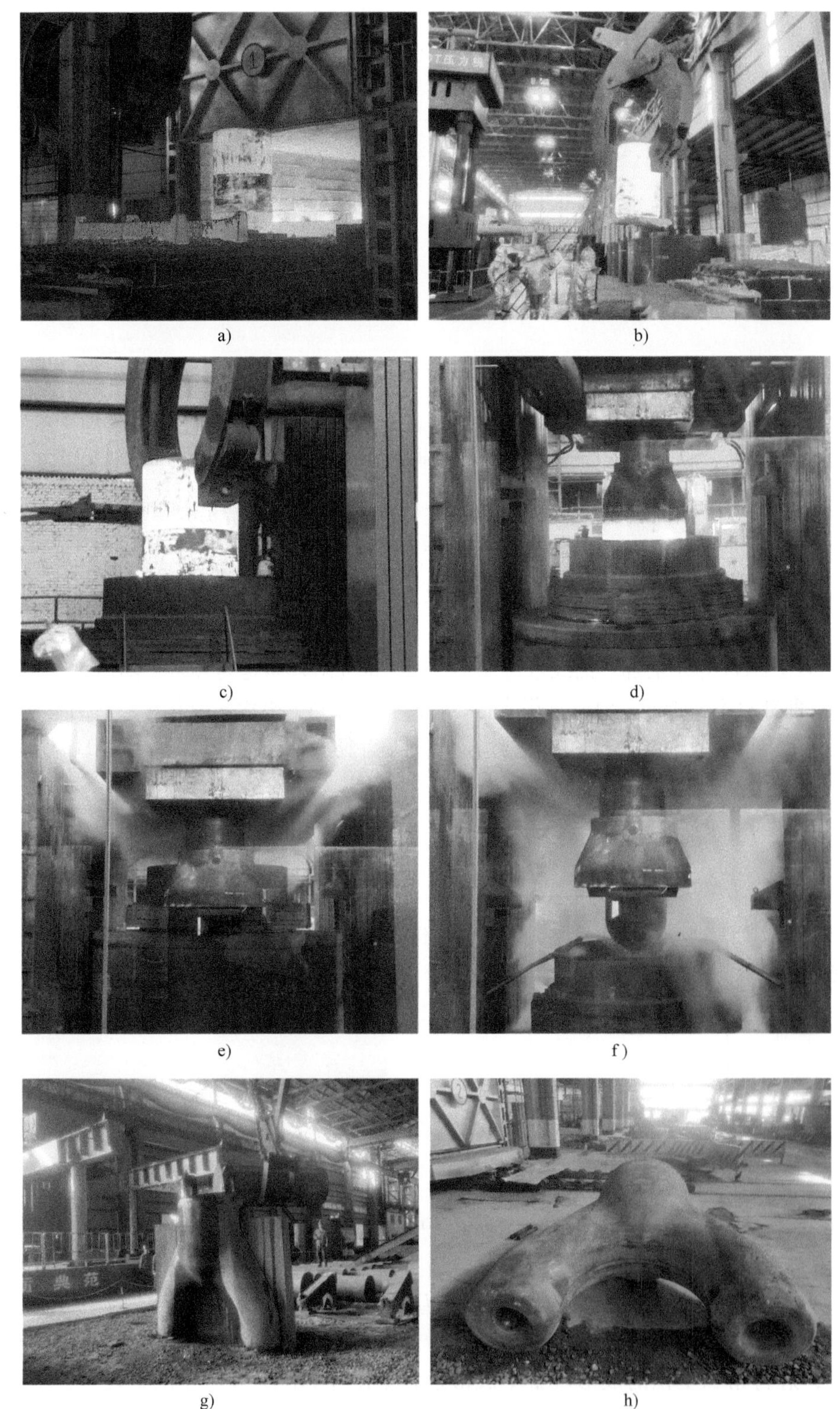

图 4-113　裤型三通模锻成形过程

a）坯料出炉　b）坯料吊运　c）坯料入模　d）模内镦粗　e）冲盲孔　f）模锻后水冷　g）脱模　h）脱模后锻件

a) b)

图 4-114 裤型三通固溶热处理过程

a）锻件出炉 b）锻件入水

采用 FGS 锻造成形不锈钢裤型三通锻件，既可以保证产品质量，同时也能减少锻造火次，更重要的是能够实现各位置的均匀变形。由于锻件在模锻成形过程中模具的约束，因此可保证心部及表面均处于三相压应力状态，抑制锻造开裂。采用两工位锻造，可以充分分散成形力，同时也使整个模锻成形过程的金属流动更为合理。最重要的是节约了材料，经计算，采用模锻成形制造的裤型三通，单件产品仅需要 20t 电渣钢锭，而自由锻则需要 50t 的电渣钢锭，相比于自由锻制造，可节省材料达 30t，同时省去大量机械加工工时，这对于不锈钢这种难加工金属尤为重要。

4.3.4 检测结果

锻件固溶热处理后，对各位置进行了表面金相检验，检验结果如图 4-115 所示。从图 4-115 可以看出除锻件“裤腿”外侧位置晶粒度为 2 级以外，其余位置均达到 2.5 级及以上，锻件晶粒度分布与模锻成形过程的应变云图分布相关性较强，变形量越大，其晶粒尺寸越细小，这一结论为今后不锈钢锻件模锻工艺编制提供了宝贵经验。锻件尺寸检测及表面渗透检验（见图 4-116）均满足技术条件要求。

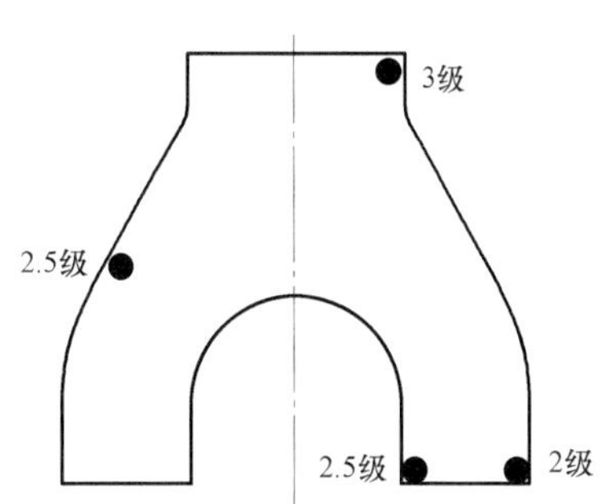

图 4-115 锻件表面晶粒度分布

a) b)

图 4-116 锻件尺寸检测及表面渗透检验

a）尺寸检测 b）表面渗透检验

4.3.5 推广应用

裤型三通的FGS锻造技术已在示范快堆1号和2号工程上得到推广应用。

对于奥氏体不锈钢这种难变形材质超大异形锻件的锻造成形，一直是困扰大型锻件从业人员的共性难题，其难点在于锻件的成形工艺既要考虑其变形易导致裂纹的特性，又要确保锻件各位置具有较大变形量从而有效细化晶粒，均匀组织，更重要的是由于冷加工困难，必须要充分考虑锻造余量，从而降低后续制造难度。裤型三通的锻造成形工艺设计思路巧妙，既充分考虑了材料特性，同时其精妙的模具设计思路也兼顾了材料的流动规律，通过一镦一冲的模锻成形方案，锻件各位置表面均处于压应力状态，有效控制了锻造开裂，同时也分散了成形载荷，两道工序的成形力均处于200MN左右，既保证了锻件的充型效果，也提高了锻件的表面质量，其锻造成形方案必将推广到其他核电、火电、专项产品管件的制造中。

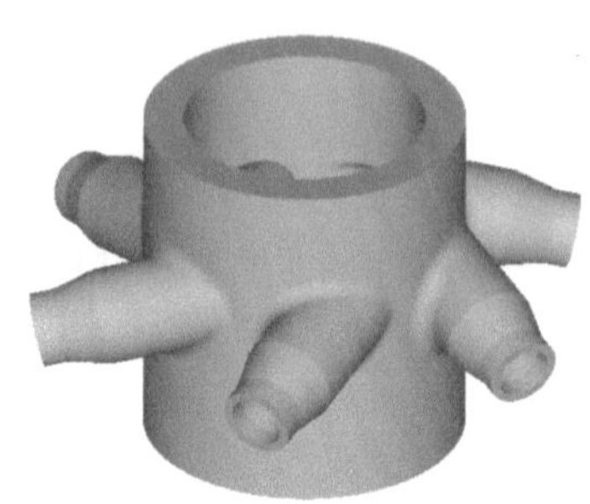

图4-117　六通锻件立体图

某火电项目六通锻件，其特点是直径较大，主管周向带有6个倾斜一定角度的侧管嘴，立体图如图4-117所示。采用镦挤工艺可实现该锻件的一火次模锻成形，锻件各位置均能保证足够的变形量，从而有效解决由自由锻工艺管嘴位置终成形无锻造比导致的混晶问题，成形过程如图4-118所示。脱模后锻件如图4-119所示。

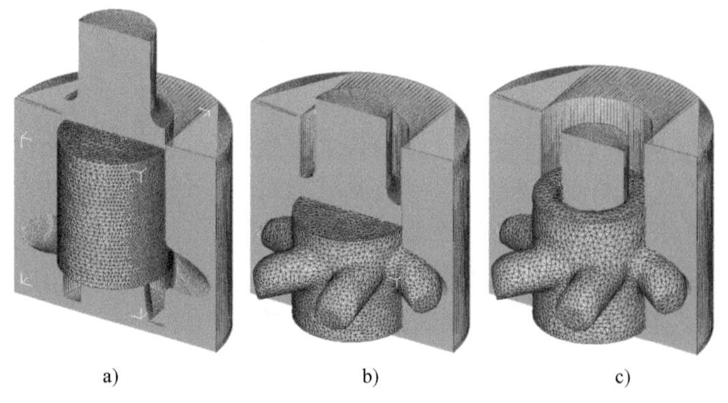

a)　　b)　　c)

图4-118　六通锻件成形过程

a）镦粗　b）挤压成形管嘴　c）冲盲孔

此外，某专项产品阀壳锻件，其材质为TC4双相钛合金，对于具有密排六方结构的钛基合金来说，其可锻性差，且由于蓄热量小，锻造温度范围极窄，不适用于自由锻成形。采用真空熔炼钛合金钢锭，经开坯锻造后进行FGS锻造成形，也可采用一镦一冲的模锻工艺，从而解决钛合金塑性成形的工艺性难题。TC4阀壳锻件FGS锻造数值模拟如图4-120所示。

图4-119　脱模后六通锻件

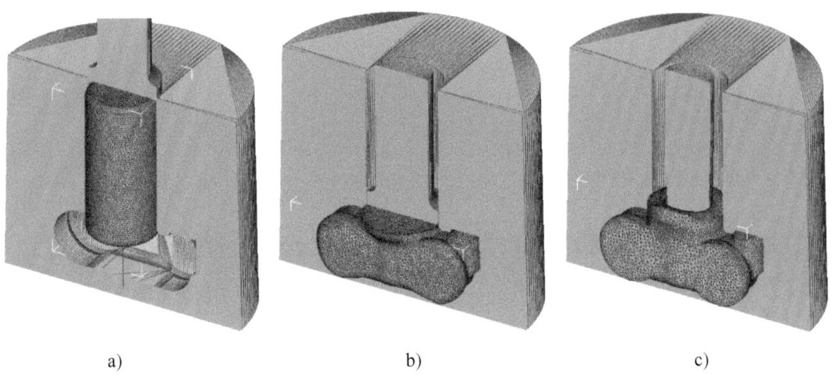

a)　　　　b)　　　　c)

图 4-120　TC4 阀壳锻件 FGS 锻造数值模拟

a）镦粗　b）挤压　c）冲盲孔

第5章 FGS锻造在异形锻件上的工程应用

为了对大型锻件的FGS锻造技术进行验证和工程应用，按照现有装备能力，选择了异形锻件的快堆支承环和大型船用曲柄作为研究对象，对模锻成形进行了深入研究。

5.1 快堆支承环

快堆中的支承环属于重型高端复杂锻件。在表2-1中，将支承环列入“空心”及其他异形锻件，其成形方式为复合成形。

5.1.1 工程背景

第四代核电快堆的主容器和保护容器下起支撑作用的支承环（见图5-1），材料为

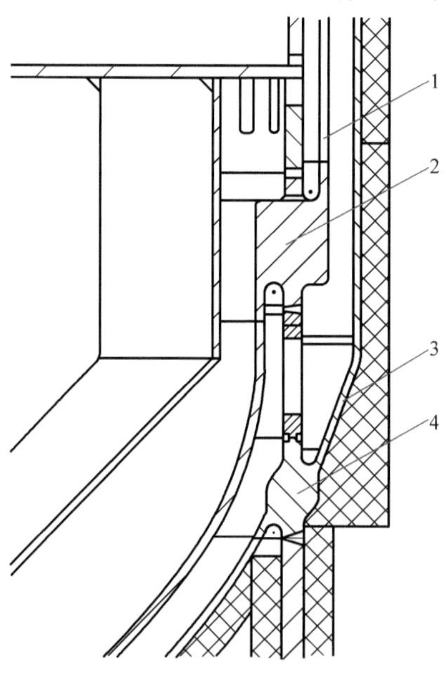

图5-1 支承环在堆容器中所在位置（局部放大）示意图

1—主容器 2—主容器支承环 3—保护容器 4—保护容器支承环

F316H。在已投入运行的实验快堆中，支承环采用锻焊方式制造。由于缺乏大断面 F316H 的性能数据，需要进行相关的前期试验研究。经过综合考虑，制定了创新的整体成形和传统的锻焊结构（实验快堆采用的形式）两条研制路线。整体成形采用无痕构筑制坯（变革性制造技术）+轧制；锻焊结构采用分体异形锻件复合成形（变革性制造技术）+焊接。本节重点介绍锻焊结构的锻件研制过程及结果，并与采用复合制坯+整体轧制成形的变革性制造方式的相应重要指标进行对比。

主容器支承环外径 15450mm，内径 14880mm，壁厚 285mm，高 643mm（见图 5-2）；保护容器支承环外径 15450mm，内径 14878.4mm，壁厚 285.8mm，高 393mm（见图 5-3）。

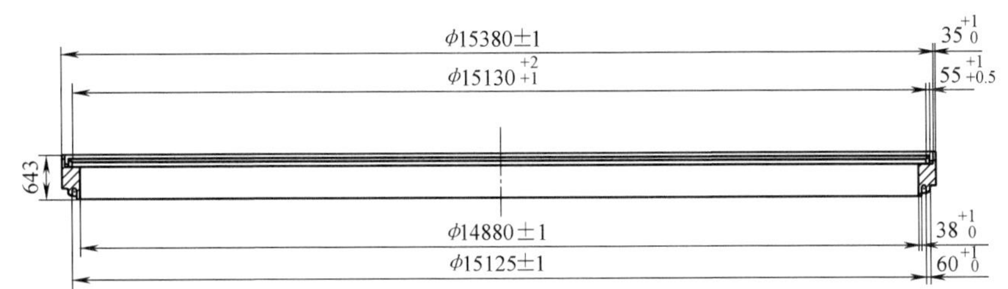

图 5-2 主容器支承环结构示意图

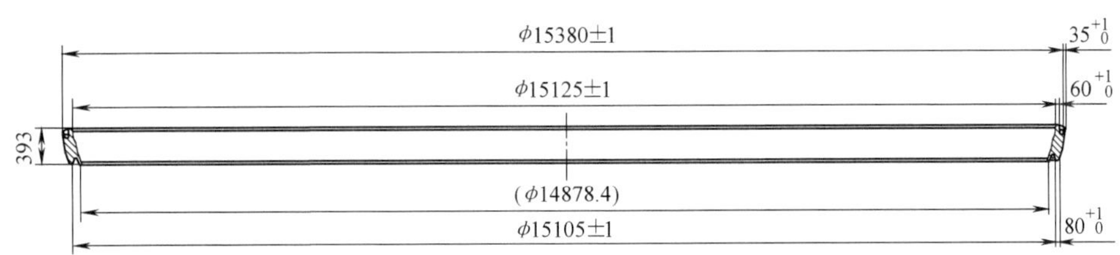

图 5-3 保护容器支承环结构示意图

支承环的技术要求是基于组成大构件的小单元成分、组织均匀，集成后也一定可以获得优异性能的美好臆断，对常规和特殊性能提出了较高的要求，尤其是对规定塑性延伸强度 $R_{p0.2}$、冲击吸收能量、晶粒度等指标的均匀性做出了严格规定，而不是依据载荷分析、失效模式等切合实际地提出各项性能指标要求（见图 5-4）。

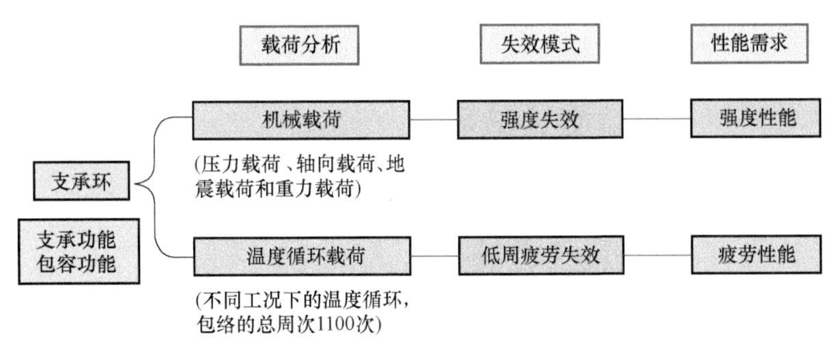

图 5-4 支承环的功能及相关性能

支承环的两条研制路线如图 5-5 所示。整环研制方案由原始设计部门牵头，联合特定院所和企业立项；锻焊结构由容器分包设计及设备制造企业立项。

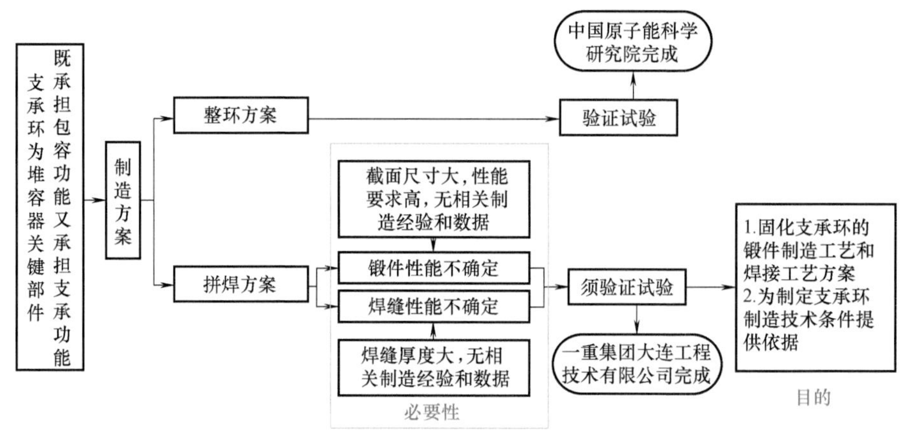

图 5-5 支承环的研制路线

分段支承环锻件的研制技术要求与整环的相同，主要技术指标如下：

1）室温力学性能要求见表 5-1。此外，规定每个锻件之间及单个锻件头、尾的相同取样方向的规定塑性延伸强度 $R_{p0.2}$ 波动范围不超过 30MPa，不同取样方向的规定塑性延伸强度 $R_{p0.2}$ 波动范围不超过 40MPa，不同取样方向的冲击吸收能量波动范围不超过 50J。

表 5-1 室温力学性能要求

牌号	室温					硬度
	R_m/MPa，≥	$R_{p0.2}$/MPa，≥	A(%)，≥	Z(%)，≥	KV_2/J，≥	HBW ≤
F316H	485	205	45	60	225	190

2）高温力学性能要求见表 5-2，要求检验 5 种不同温度下的力学性能。

表 5-2 高温力学性能要求 （单位：MPa）

性能参数	350℃	400℃	450℃	550℃	650℃
R_m ≥	420	419	410	396	316
$R_{p0.2}$ ≥	127	123	121	116	110

3）晶粒度 2~5 级。

4）疲劳性能应符合 ASME 规范中的相关曲线要求，试验温度为 400℃，按照应变幅为 ±0.3%，应变速率为 $0.003s^{-1}$ 进行疲劳试验，疲劳试验的循环次数不低于 24000 次。

持久性能采用参数法对锻件的持久强度进行性能评定，锻件在 650℃下 3000h 的平均断裂应力不小于 134MPa。

5.1.2 试验方案

锻焊结构支承环验证试验通过分段支承环锻件的炼钢、锻造、热处理、性能检测、锻件焊接、稳定化热处理、焊缝无损检测、焊缝性能检测等试验及验收，固化支承环的锻件制造工艺、焊接工艺方案，为制定支承环制造技术条件提供依据。

支承环验证试验的主要内容如下：

1）通过同产品 1∶1 尺寸 1/6 段圆弧锻件锻造、热处理、无损检验、破坏性检验，验证锻件制造方案可行性。

2）通过记录验证件焊接过程中的焊接工艺参数，固化可靠焊接规范。

3）通过测量验证件焊接过程中、焊接完成后的变形情况，掌握焊接变形规律、焊接变形量，为产品焊接控制提供依据。

4）通过验证件稳定化热处理，固化产品焊接后稳定化热处理工艺参数。

5）通过对验证件的无损检测，验证产品焊接过程中、焊接完成后无损检测的可达性。

6）通过对验证件焊缝破坏性检验，验证焊接工艺方案的合理性。

7）为制定支承环制造技术条件提供依据。

支承环验证件制造包括锻件坯料制备、坯料挤压成形、锻件弯曲成形、固溶热处理、锻件性能检验，焊接接头试件制作，焊接接头性能检验。

采用6拼1组焊方式制造。组焊阶段锻件周边保留20mm焊后加工余量。

按支承环相关试验要求开展锻件制造工艺验证试验及焊接工艺验证试验。支承环采用自由锻开坯+挤压与胎模锻制坯+弯曲成形的制造工艺，具体流程如下：

冶炼（电渣重熔熔炼分析）→预制坯料锻造→预制坯料粗加工→PT、UT→性能与金相检验→坯料热挤压→坯料胎模锻造成形→验证件弯曲成形→打磨→UT→固溶处理→打磨→DT、VT、UT→取样→锻件理化检验。

5.1.3 锻件试验

5.1.3.1 成形模拟

分段支承环锻件所用坯料3种复合成形的数值模拟分别如图5-6~图5-8所示。其中图5-6所示为挤压成形数值模拟；图5-7所示为压菱形数值模拟；图5-8所示为压齿形数值模拟。

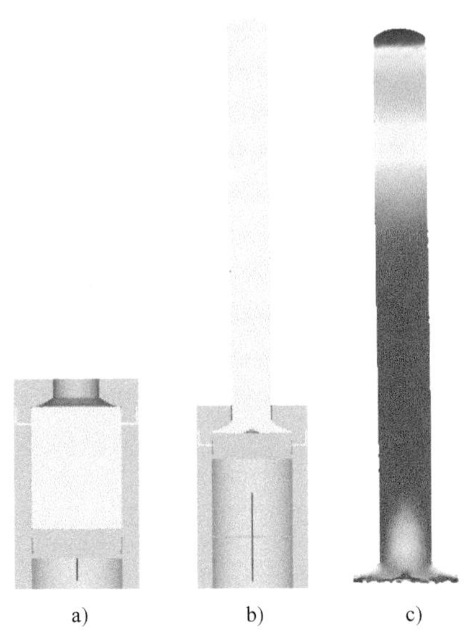

图5-6 支承环验证件坯料挤压成形模拟结果

a）挤压成形开始 b）挤压成形结束 c）挤压过程坯料温度变化

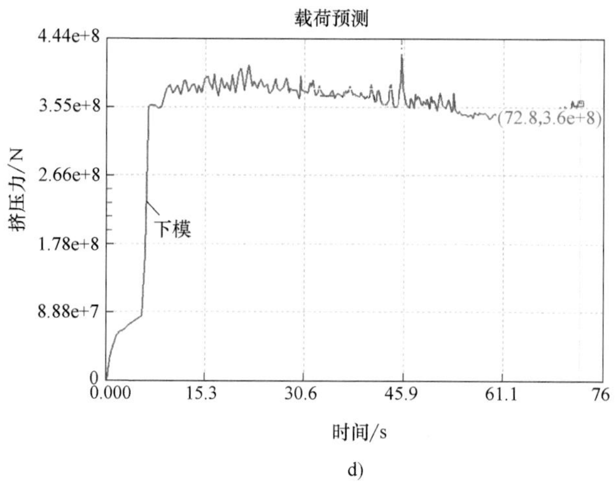

d)

图 5-6　支承环验证件坯料挤压成形模拟结果（续）
d）挤压成形力

采用 500MN 垂直挤压机进行坯料热挤压成形，挤压比为 4.1，采用实测 316 奥氏体不锈钢材料模型进行热挤压成形数值模拟，模拟结果表明其挤压力在挤压前期迅速攀升，随着端头破壳的结束，热挤压进入稳态变形过程，挤压力维持在 350MN 左右，直至热挤压成形结束。

热挤压成形后进行胎模成形，首先将坯料压扁至跑道圆状截面，随后压菱形截面，数值模拟过程如图 5-7 所示，采用仿形模具对坯料进行分步整形，使其逐步接近最终齿形截面尺寸。由于工序变形量较小，为有效控制晶粒度，抑制晶粒长大，胎模成形过程的加热温度均

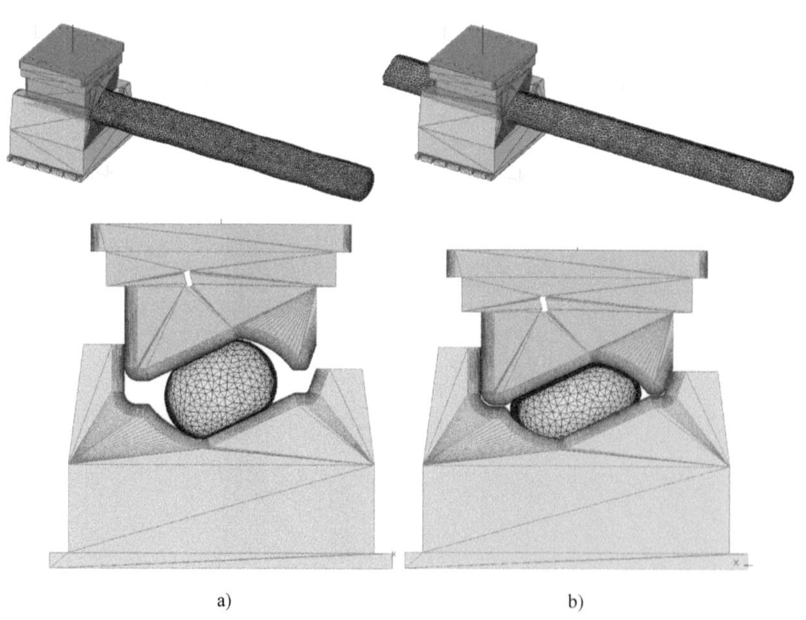
a)　b)

图 5-7　支承环验证件坯料压菱形模拟结果
a）压菱形开始　b）压菱形结束

控制在二次再结晶温度以下，出炉后采用石棉包裹进行保温。数值模拟表明压菱形道次成形力为 130MN，采用 160MN 液压机即可完成此道次变形。

菱形截面压至规定尺寸后，即进行下一道工序压齿形的胎模成形，数值模拟表明，压齿形工序完成后，坯料截面充型饱满，为防止抱模，在齿形槽内放置滑块。此工序模拟成形力为 80MN。

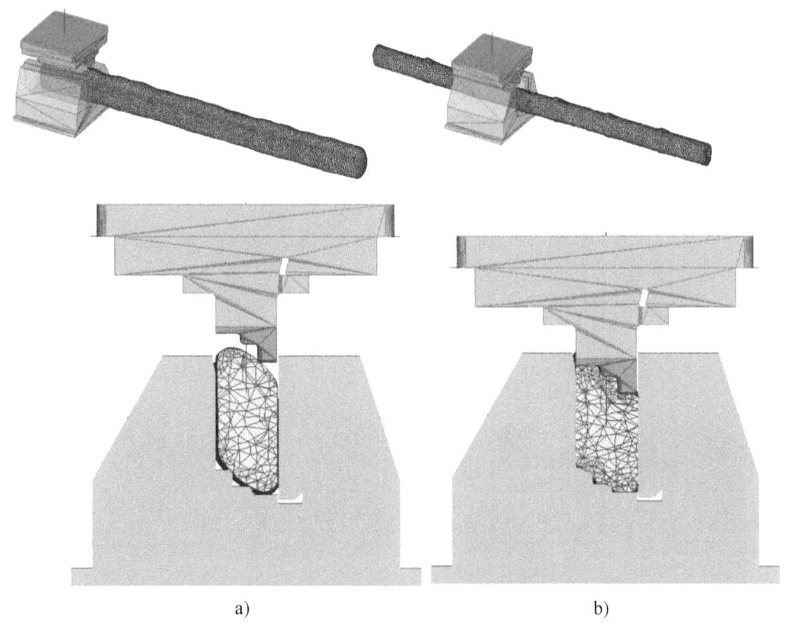

a)　　b)

图 5-8　支承环验证件坯料压齿形模拟结果

a）压齿形开始　b）压齿形结束

5.1.3.2　模具设计与制造

依据上述数值模拟，对不同成形方式所需的模具进行了设计与制造。模具结构示意图及实物分别如图 5-9～图 5-11 所示。其中图 5-9 所示为挤压成形模具；图 5-10 所示为压菱形模具；图 5-11 所示为压齿形模具。

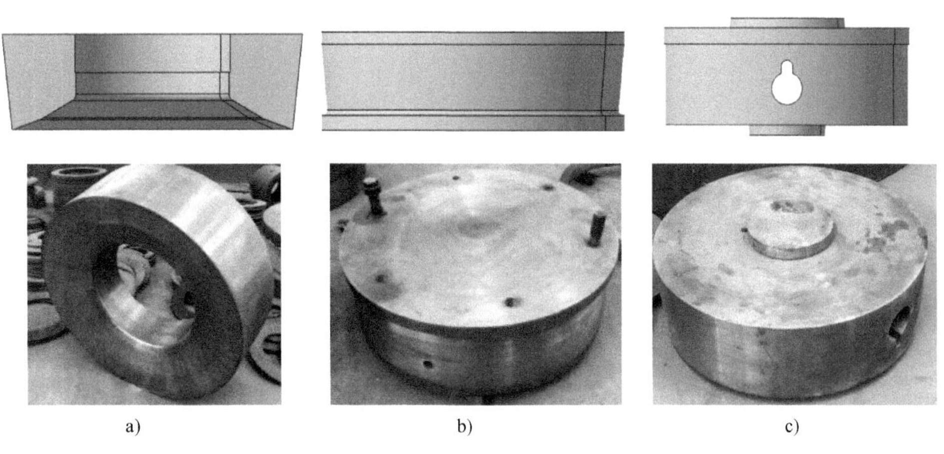

a)　　b)　　c)

图 5-9　挤压成形模具

a）挤压模　b）挤压垫　c）剁刀

挤压成形专用模具如图 5-9 所示，主要包括挤压模、挤压垫及剁刀。挤压过程中，将挤压模约束液在液压机上横梁及挤压筒之间，坯料放入挤压筒后，液压机主缸推动挤压轴向上运动，将成形载荷通过挤压垫施加于坯料下端，坯料从挤压模腔内挤出。成形后将剁刀放置在挤压垫上，将挤压后下端压余切断，从而使挤压完成的棒材从液压机上口取出，完成整个挤压过程。

采用 160MN 油压机进行随后的胎模成形工序，压菱形的上模及下模如图 5-10 所示，压齿形的上模及下模如图 5-11 所示。

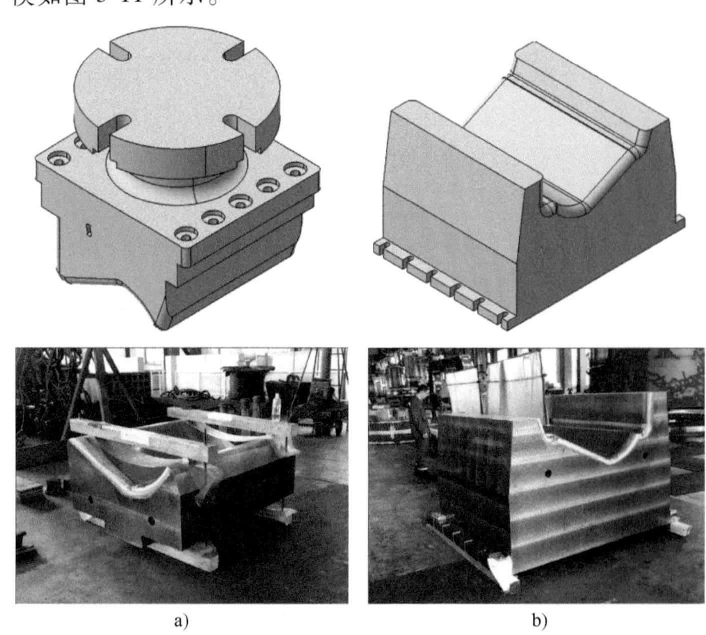

a)　　b)

图 5-10　压菱形模具

a）上模　b）下模

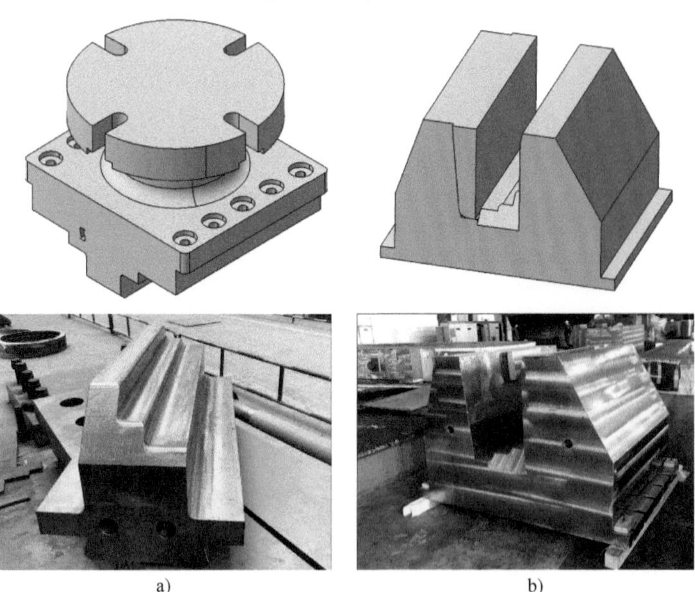

a)　　b)

图 5-11　压齿形模具

a）上模　b）下模

5.1.3.3 坯料制备

采用电弧炉+LF+VOD+ESR（氩气保护）方式冶炼钢锭。

钢锭切除水、冒口后，在 60MN 液压机上进行锻造，水口切除量 7.2%，冒口切除量 8.5%，总锻造比为 4.2。坯料两端按图 5-12 取料，检验化学成分及晶粒度、夹杂物；坯料加工至图 5-13 所示尺寸后进行超声检测；各项检测合格后的坯料如图 5-14 所示。

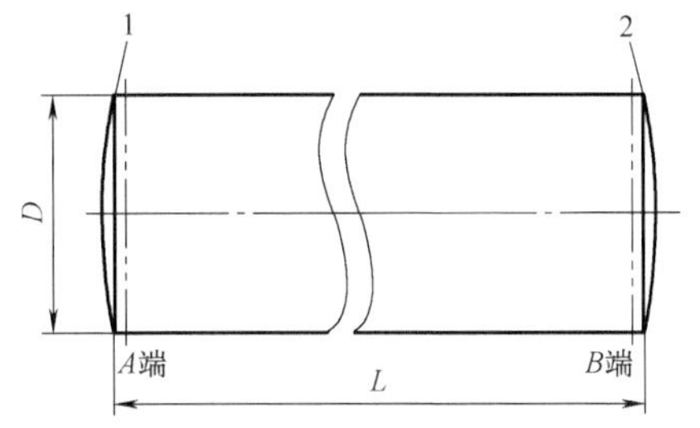

图 5-12 支承环验证件坯料取样图

1—试料 A 2—试料 B

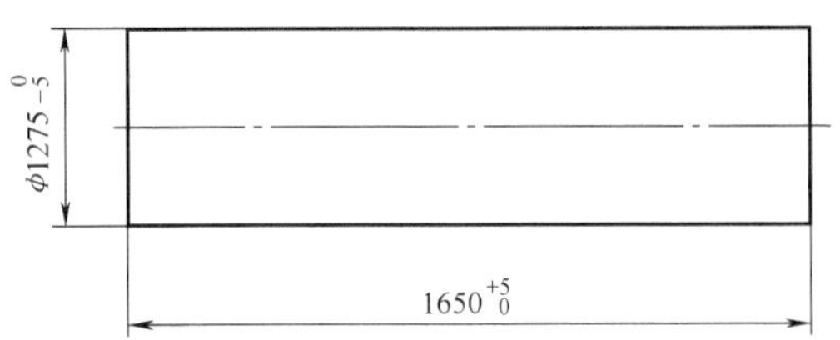

图 5-13 支承环验证件坯料粗加工图

图 5-14 支承环验证件坯料

5.1.3.4 复合成形

1. 热挤压成形

热挤压成形在 500MN 挤压机上进行，挤压原理如图 5-15 所示。加热温度为（1200±20）℃，挤压速度为 10~30mm/s、挤压比为 4.1。挤压后尺寸为 ϕ630mm×6100mm，坯料表面质量非常好，打磨后（见图 5-16）即可进行 UT 及表面金相检测，晶粒度检测结果如图 5-17 所示。

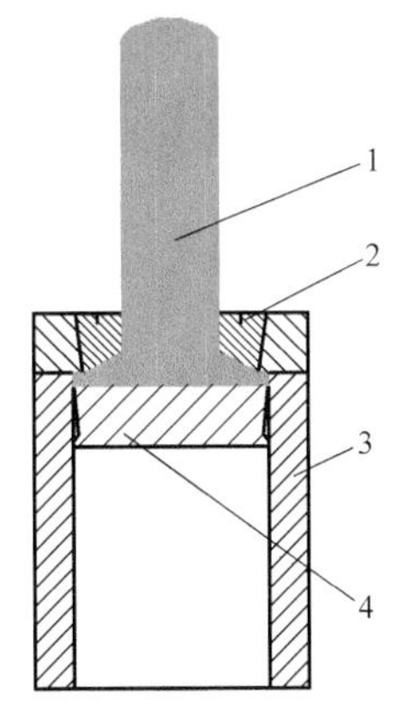

图 5-15 热挤压成形原理

1—坯料 2—挤压模

3—挤压筒 4—挤压垫

图 5-16 热挤压成形坯料打磨后的状态

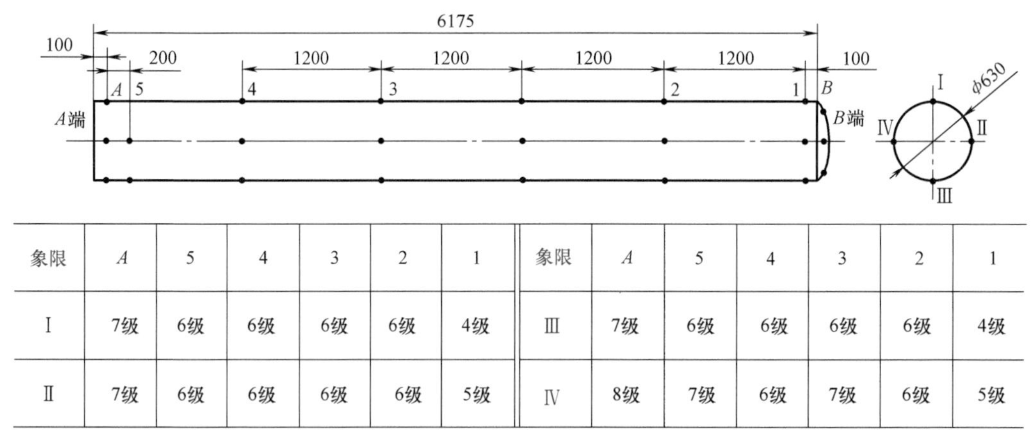

象限	A	5	4	3	2	1	象限	A	5	4	3	2	1
Ⅰ	7级	6级	6级	6级	6级	4级	Ⅲ	7级	6级	6级	6级	6级	4级
Ⅱ	7级	6级	6级	6级	6级	5级	Ⅳ	8级	7级	6级	7级	6级	5级

图 5-17　热挤压成形后表面晶粒度检验位置及结果

2. 胎模成形

热挤压成形后，坯料在 160MN 液压机上按图 5-18 所示的方式进行胎模成形，温度为(1040±20)℃，锻造比为 1.5。最终尺寸为 685mm×325mm×9200mm。支承环坯料胎模成形过程如图 5-19 所示。

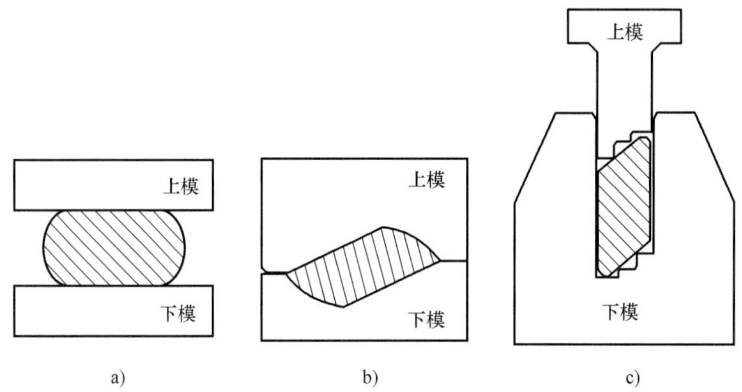

图 5-18　支承环坯料胎模成形示意图

a）压扁　b）压菱形　c）压齿形

图 5-19　支承环坯料胎模成形过程

a）压扁　b）压菱形

c)

图 5-19 支承环坯料胎模成形过程（续）

c）压齿形

3. 弯曲成形

支承环验证件胎模成形后采用中国一重 60MN 水压机进行弯曲成形，弯曲前对坯料进行预热处理，弯制过程中采用样板进行比对，弯制过程如图 5-20 所示。

5.1.3.5 固溶及检测

1. 固溶处理

弯曲成形后，对支承环验证件进行固溶处理，采用中国一重 ϕ14000mm 水槽进行水冷。支承环验证件固溶处理入水前如图 5-21 所示。

固溶加热温度为 1050℃，浸水冷却（水循环）。

图 5-20 支承环验证件弯制过程

图 5-21 支承环验证件固溶处理入水前

2. 相关检测

固溶处理后，对支承环验证件进行尺寸检查、无损检测（VT、UT、PT），结果均满足要求。现场无损检测如图 5-22 所示。

无损检测合格后，按支承环相关试验要求对验证件进行解剖检验。

为充分验证钢锭和锻件的均匀性，在验证件锻件弧长的首尾（相当于钢锭两端）、1/2 长度处、距其中一端 1/4 长度处共 4 个位置进行取样（见图 5-23）；每个位置各切取 5 块试料，试料取在锻件矩形截面对角线顶点、顶点到中心的1/2处及中心部位（共5个部位），共计切取20块试料，每块试料均进行周向、轴向、径向三个方向的硬度、拉伸、冲击、金相、化学、晶间腐蚀力学性能检验（见图5-24）。20块试料均进行化学成分和微观金相检验（组织、晶粒度、夹杂物），见表5-3。在验证件锻件中心位置试料上取样进行一组持久强度试验和疲劳试验（见图5-25）。

图5-22　支承环验证件无损检测

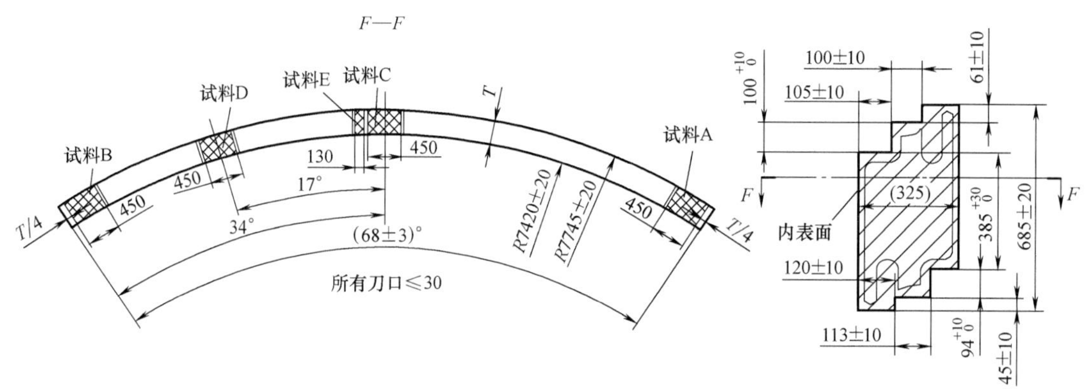

图5-23　取样位置图

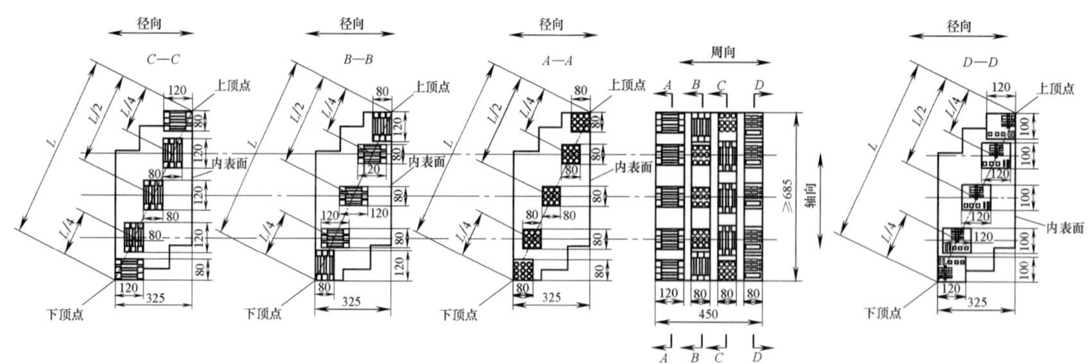

图5-24　硬度、拉伸、冲击、金相、化学、晶间腐蚀试样分布图

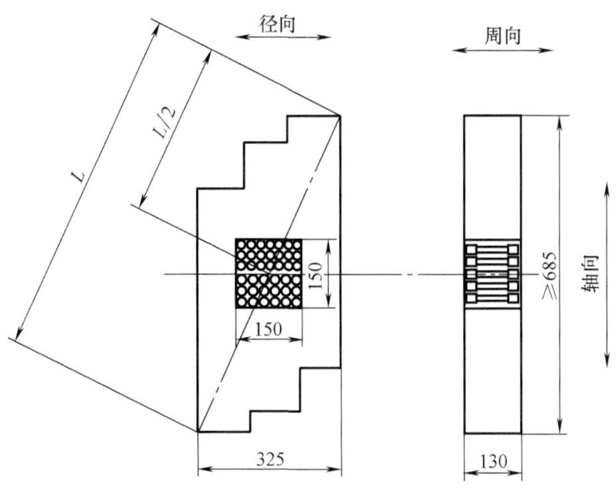

图 5-25　持久、疲劳试样分布图

表 5-3　锻件试样明细表

序号	试验项目	试验温度/℃	试样数量	试样尺寸	试料编号	取样部位	取样方向	检验项目	试验方法
1	室温拉伸	室温	每块试料每个部位每个方向各2个，共120个	试样标距40mm，直径ϕ12.5mm	验证件：头部(A料)、尾部(B料)、长度1/2位置(C料)长度3/4位置(D料)	矩形截面：顶点(2个)、顶点到中心1/2处(2个)、中心	周向、轴向、径向	R_m、$R_{p0.2}$、A、Z、应力应变曲线[②]	GB/T 228.1—2021
2	高温拉伸[②]	350、400、450、550、650	每块试料每个部位每个方向每个温度各1个，共300个	试样标距40mm，直径ϕ12.5mm	A料、B料、C料、D料	矩形截面：顶点(2个)、顶点到中心1/2处(2个)、中心	周向、轴向、径向	R_m、$R_{p0.2}$、A、应力应变曲线[②]	GB/T 228.2—2015
3	冲击	室温	每块试料每个部位每个方向各3个，共180个	10mm×10mm×55mm	A料、B料、C料、D料	矩形截面：顶点(2个)、顶点到中心1/2处(2个)、中心	周向、轴向、径向	KV_2 冲击吸收能量	GB/T 229—2020
4	化学分析	室温	4	—	A料、B料、C料、D料	中心	—	化学成分[①]	GB/T 223.×
5	硬度	室温	每块试料每个部位每个方向各1个，共60个	—	A料、B料、C料、D料	矩形截面：顶点(2个)、顶点到中心1/2处(2个)、中心	周向、轴向、径向	HBW	GB/T 231.1—2018

（续）

序号	试验项目	试验温度/℃	试样数量	试样尺寸	试料编号	取样部位	取样方向	检验项目	试验方法
6	晶间腐蚀	室温	4	3mm ×20mm ×80mm	A 料、B 料、C 料、D 料	中心	周向	④	GB/T 4334—2020 E 法
7	晶粒度、非金属夹杂物	室温	每块试料每个方向各1个，共12个	—	A 料、B 料、C 料、D 料	中心	周向、轴向、径向	晶粒度、非金属夹杂物	晶粒度：GB/T 6394—2017 夹杂物：GB/T 10561—2005
8	铁素体含量④	室温	每块试料每个部位每个方向各1个，共60个	—	A 料、B 料、C 料、D 料	矩形截面：顶点（2个）、顶点到中心 1/2 处（2个）、中心	周向、轴向、径向	③	GB/T 13298—2015 或 GB/T 18876.1—2002
9	疲劳试验	400	12	$\phi 6$	C 料	中心	周向	⑤	GB/T 15248—2008
10	持久试验	650	12	$\phi 8$	C 料	中心	周向	⑥	GB/T 2039—2012

① 化学分析元素：C、Si、Mn、P、S、Cr、Ni、Mo、Cu、N、B、O、H、Al、Se、Zn、V、Co、As、Sn、Sb、Pb，包含五害元素（As+ Sb+Bi+ Sn+Pb）。

② 高温拉伸试验从试验开始至屈服期间，试样的应力速率应不超过 80MPa/min。高温拉伸试验的断后伸长率应作为资料记录。

③ 铁素体含量检验面积不小于 70mm^2，选取检测面上铁素体面积含量最严重的视场，在显微镜放大倍率 280~320 倍下进行评定。

④ 晶间腐蚀试样敏化处理要求为 650℃×2h。

⑤ 疲劳性能应符合 ASME BPVC Ⅲ 第一册附录Ⅲ-1300 和图 Ⅰ-9.2M 的规定。试验温度 400℃，按照应变幅±0.3%、应变速率为 0.003s^{-1} 进行疲劳试验，疲劳试验循环次数不低于 24000 次。

⑥ 采用参数法对锻件的持久强度进行评定，锻件在 650℃下 3000h 的平均断裂应力不小于 134MPa。

5.1.3.6 结果分析

1. 室温拉伸检验结果

试验结果表明，单个室温拉伸均满足技术要求，但波动值超出规定，具体结果见表 5-4。周向 $R_{p0.2}$ 最大值为 273MPa，最小值为 227MPa，性能波动范围为 46MPa；轴向最大值为 268MPa，最小值为 230MPa，波动范围为 38MPa；径向最大值为 275MPa，最小值为 225MPa，波动范围为 50MPa。

整体室温 $R_{p0.2}$ 最大值为 275MPa，最小值为 225MPa，波动范围为 50MPa（研制技术条件要求波动范围≤40MPa）。

表 5-4 室温拉伸试验结果

试料	位置	周向				轴向				径向			
		$R_{p0.2}$/MPa	R_m/MPa	A(%)	Z(%)	$R_{p0.2}$/MPa	R_m/MPa	A(%)	Z(%)	$R_{p0.2}$/MPa	R_m/MPa	A(%)	Z(%)
参考值		≥205	≥485	≥45	≥60	≥205	≥485	≥45	≥60	≥205	≥485	≥45	≥60
A	上顶点	234	536	59.0	83.0	243	542	60.5	81.0	249	535	63.0	86.0
		234	542	61.0	86.0	253	544	61.0	84.0	236	531	52.5	81.0
	上 L/4	235	547	60.0	85.0	233	537	63.0	83.0	225	534	62.5	83.0
		235	544	61.0	86.0	235	536	59.0	82.0	232	534	61.0	84.0
	中心	248	550	59.0	83.0	230	532	65.0	81.0	227	526	58.5	85.0
		248	549	59.5	84.0	239	537	60.5	83.0	231	529	59.5	83.0
	下 L/4	237	539	62.0	82.0	247	539	60.0	85.0	226	539	60.0	84.0
		232	531	60.5	81.0	248	541	58.5	82.0	230	540	60.0	83.0
	下顶点	255	535	61.5	84.0	240	536	58.0	83.0	246	541	61.0	82.0
		244	529	61.5	82.0	247	533	60.0	83.0	239	538	59.0	83.0
B	上顶点	242	550	60.5	82.0	250	547	57.0	81.0	243	547	60.0	82.0
		266	558	57.0	81.0	246	550	60.5	82.0	226	543	61.5	83.0
	上 L/4	230	546	61.0	83.0	235	548	61.0	82.0	248	549	56.0	82.0
		237	549	62.5	82.0	234	544	58.5	80.0	229	549	60.5	82.0
	中心	264	569	58.0	84.0	268	565	57.5	85.0	238	553	55.5	80.0
		260	562	59.0	85.0	246	550	61.0	84.0	237	553	56.0	81.0
	下 L/4	227	549	62.0	83.0	231	548	61.0	81.0	231	553	62.5	83.0
		229	549	62.5	81.0	241	553	59.5	83.0	231	549	60.0	81.0
	下顶点	242	548	59.5	82.0	246	555	61.0	82.0	273	556	58.5	80.0
		246	549	59.5	82.0	252	552	60.5	83.0	264	561	60.0	82.0
C	上顶点	256	545	57.5	83.0	262	536	60.5	82.0	251	539	60.5	81.0
		246	540	59.5	83.0	242	539	60.0	82.0	274	543	58.0	81.0
	上 L/4	235	544	61.5	83.0	234	539	61.5	80.0	228	545	62.0	82.0
		238	547	61.5	85.0	232	531	63.5	81.0	229	542	63.5	84.0
	中心	272	564	59.5	84.0	234	542	61.5	85.0	244	556	60.5	83.0
		273	564	59.5	85.0	234	540	61.5	85.0	234	550	61.0	81.0
	下 L/4	236	547	63.0	85.0	249	547	63.5	83.0	227	542	61.0	82.0
		267	562	59.5	82.0	257	552	60.0	80.0	225	541	61.0	83.0
	下顶点	239	542	59.5	83.0	252	534	62.0	84.0	269	540	58.5	80.0
		254	537	59.0	80.0	241	534	64.0	77.0	263	537	57.5	81.0
D	上顶点	254	555	58.0	81.0	263	554	61.5	80.0	256	560	58.5	78.0
		257	558	60.0	76.0	263	550	57.5	79.0	258	557	59.0	82.0
	上 L/4	245	557	58.5	81.0	250	551	62.5	78.0	242	559	59.5	82.0
		246	558	60.0	84.0	250	553	59.5	78.0	236	554	60.5	81.0

（续）

试料	位置	周向				轴向				径向			
		$R_{p0.2}$ /MPa	R_m /MPa	A (%)	Z (%)	$R_{p0.2}$ /MPa	R_m /MPa	A (%)	Z (%)	$R_{p0.2}$ /MPa	R_m /MPa	A (%)	Z (%)
D	中心	272	566	57.0	81.0	256	560	59.5	82.0	258	559	63.0	82.0
		272	567	59.5	81.0	258	564	58.0	75.0	254	558	59.0	81.0
	下 L/4	255	551	61.0	83.0	256	557	60.5	78.0	248	555	61.5	80.0
		256	556	61.0	80.0	267	553	61.0	82.0	251	555	59.0	79.0
	下顶点	252	573	58.0	81.0	262	562	58.0	80.0	275	562	56.5	79.0
		253	565	57.0	81.0	261	562	59.0	82.0	271	554	60.0	75.0

图 5-26 所示为室温强度最低限值及波动范围。图 5-27～图 5-29 所示为不同取样方向、

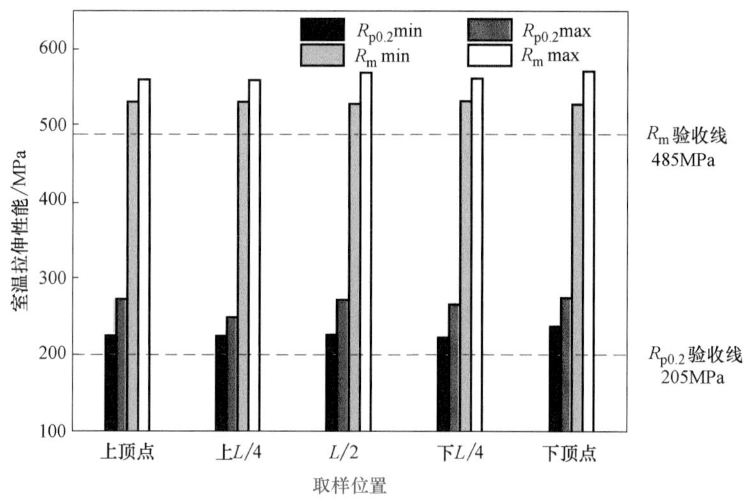

图 5-26　室温强度最低限值及波动范围

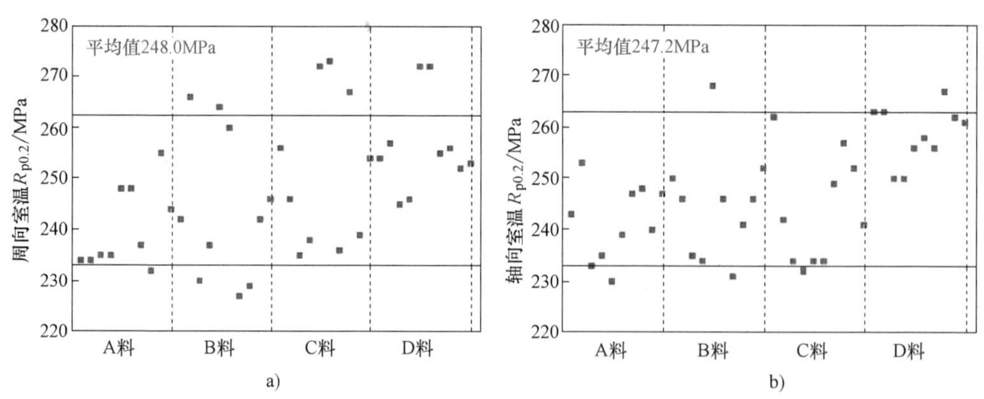

图 5-27　不同取样方向的室温 $R_{p0.2}$ 对比（图中细实线为 30MPa 区间）

a）周向　b）轴向

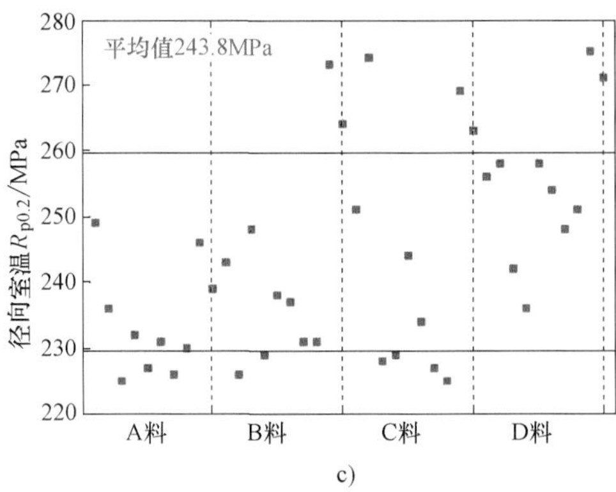

图 5-27 不同取样方向的室温 $R_{p0.2}$ 对比（图中细实线为 30MPa 区间）（续）

c）径向

取样位置、取样深度的室温 $R_{p0.2}$ 性能对比。从图 5-27 可以看出，其室温 $R_{p0.2}$ 平均值中周向及轴向基本一致，径向最低，三个方向均有一定波动性。其中，周向室温 $R_{p0.2}$ 波动范围为 46MPa，轴向室温 $R_{p0.2}$ 波动范围为 38MPa，径向室温 $R_{p0.2}$ 波动范围为 50MPa。

图 5-28 所示为不同取样位置的室温 $R_{p0.2}$ 统计结果。从图 5-28 中可以看出，A 料性能最差，D 料性能最好，A、B、C、D 四块料不同方向以及不同深度试验结果均有一定波动性，其中 A 料不同取样方向的波动值为 30MPa，B 料不同取样方向的波动值为 37MPa，C 料不同取样方向的波动值为 41MPa，D 料不同取样方向的波动值为 39MPa。

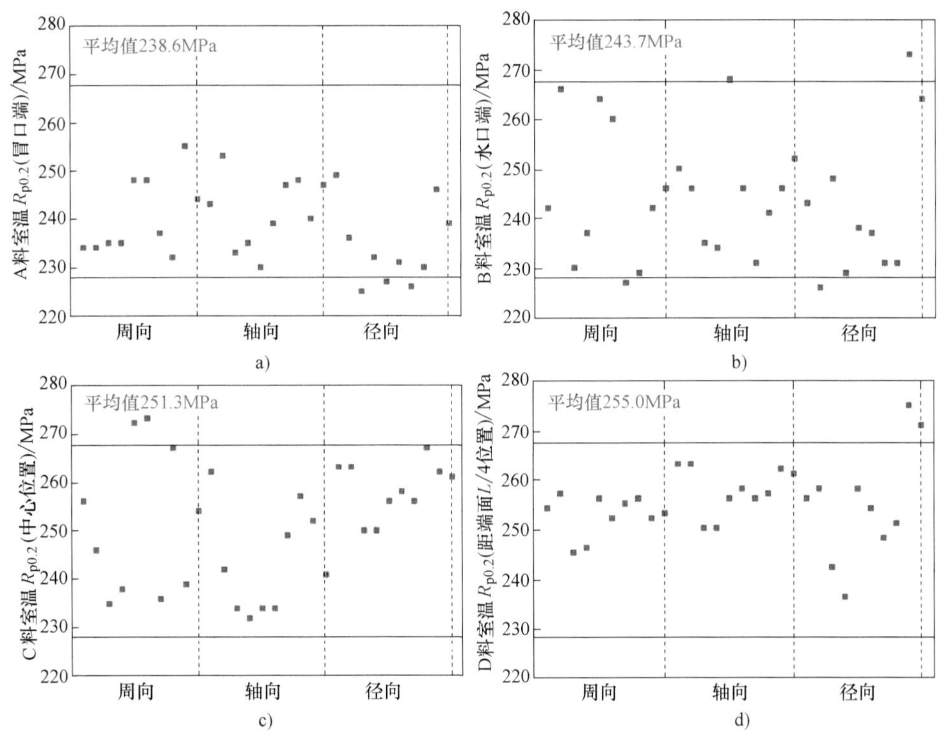

图 5-28 不同取样位置的室温 $R_{p0.2}$ 对比（图中细实线为 40MPa 区间）

a）A 料 b）B 料 c）C 料 d）D 料

图 5-29 所示为相同深度不同取样位置的性能对比。从图 5-29 可以看出，顶点及心部屈服强度较好，$L/4$ 位置相对较差，5 个深度的 $R_{p0.2}$ 均存在一定波动性，但并无明显规律。

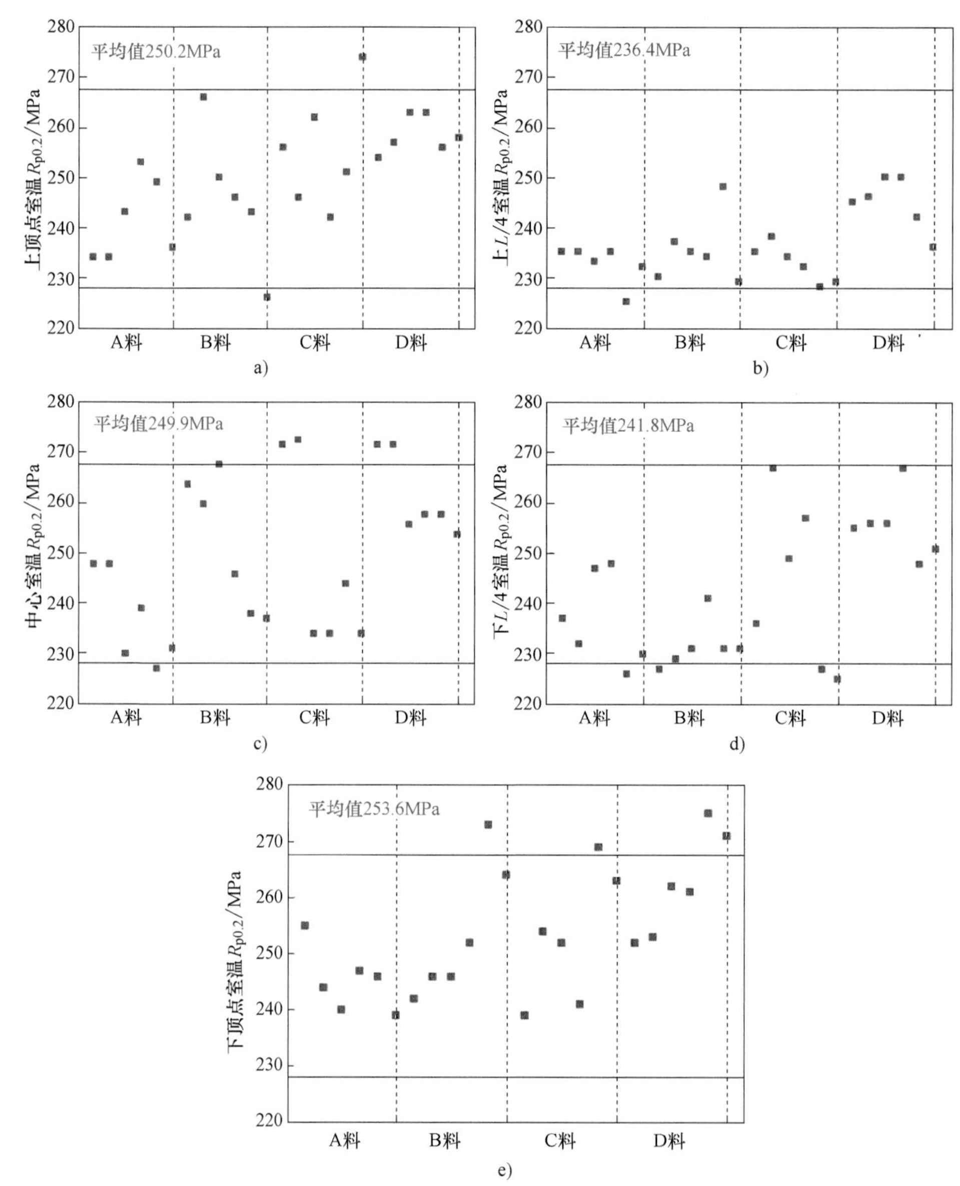

图 5-29　相同深度不同取样位置的室温 $R_{p0.2}$ 对比（图中细实线为 40MPa 区间）

a）上顶点　b）上 $L/4$　c）中心　d）下 $L/4$　e）下顶点

图 5-30～图 5-32 所示为不同取样方向、取样位置、取样深度的室温 R_m 对比。图 5-30 所示为不同方向的室温 R_m 对比，$\Delta_{平均值}$<45MPa；图 5-31 所示为不同位置的 R_m 对比，其中 A 料性能最差；图 5-32 所示为相同深度不同位置的 R_m 对比，$\Delta_{平均值}$<44MPa 。

因技术条件中对锻件室温抗拉强度的均匀性未作出具体规定，故不做详细介绍。

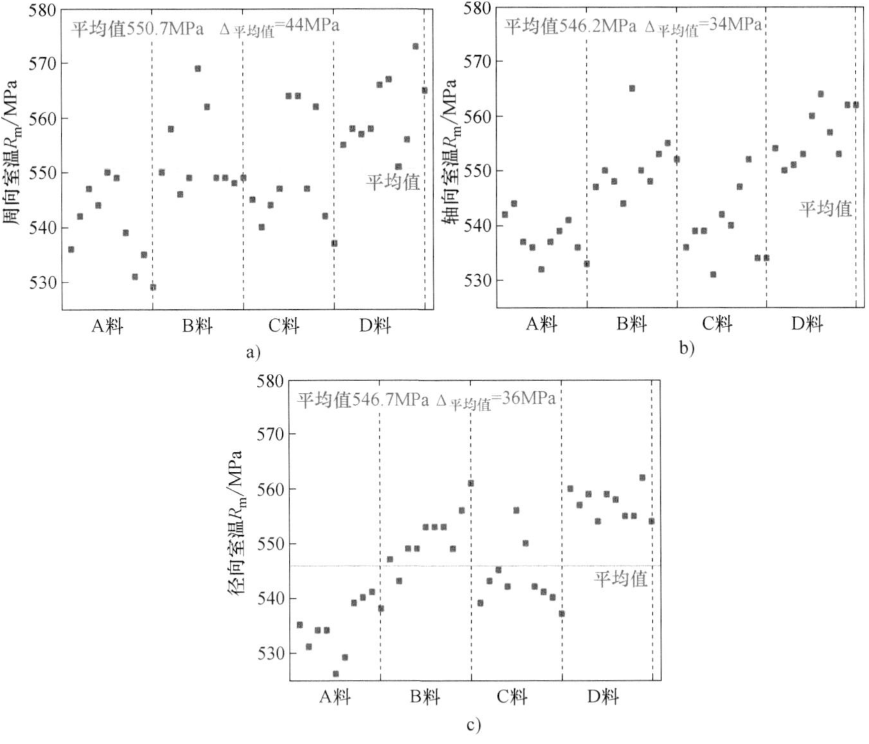

图 5-30　不同取样方向的室温 R_m 对比

a）周向　b）轴向　c）径向

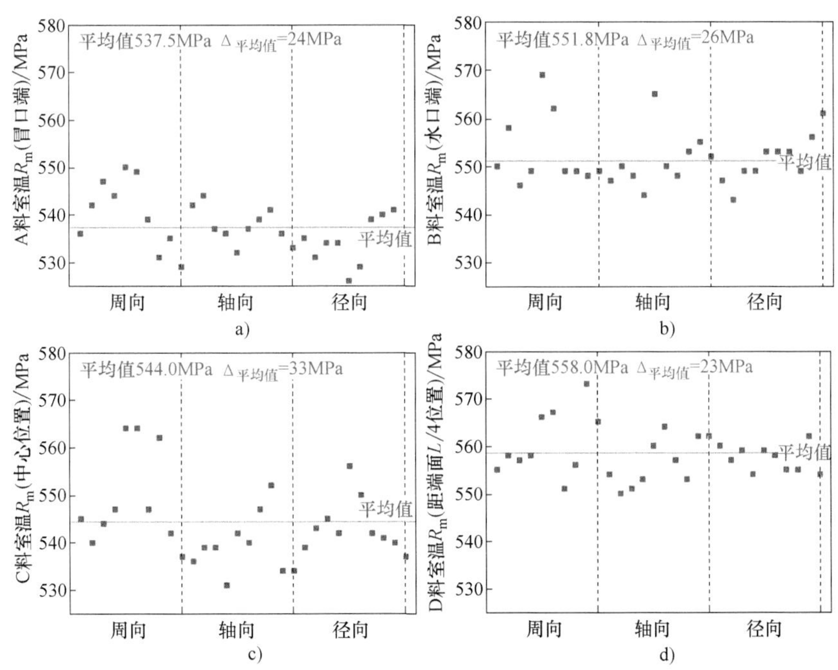

图 5-31　不同取样位置的室温 R_m 对比

a）A 料　b）B 料　c）C 料　d）D 料

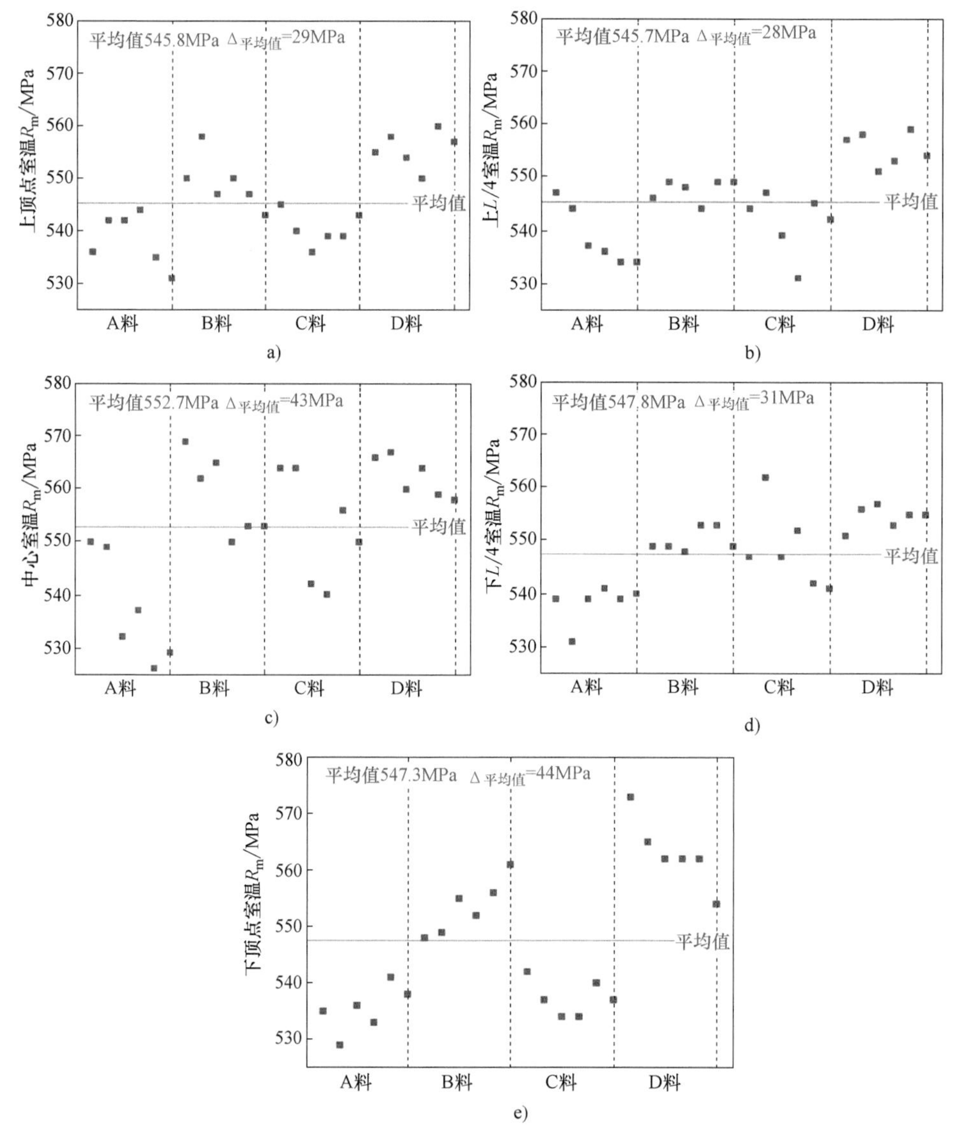

图 5-32 相同深度不同取样位置的室温 R_m 对比

a）上顶点 b）上 $L/4$ c）中心 d）下 $L/4$ e）下顶点

2. 高温拉伸检验结果

高温拉伸试验数据见表 5-5，性能全部满足要求。

表 5-5 高温拉伸试验结果

试料	位置	温度/℃	周向				轴向				径向			
			$R_{p0.2}$/MPa	R_m/MPa	A(%)	Z(%)	$R_{p0.2}$/MPa	R_m/MPa	A(%)	Z(%)	$R_{p0.2}$/MPa	R_m/MPa	A(%)	Z(%)
A	上顶点	350	148	441	49.5	79.0	183	451	47.0	77.0	160	447	47.5	79.0
		400	141	438	50.0	80.0	151	440	50.0	79.0	157	441	51.0	77.0

（续）

试料	位置	温度/℃	周向				轴向				径向			
			$R_{p0.2}$/MPa	R_m/MPa	A(%)	Z(%)	$R_{p0.2}$/MPa	R_m/MPa	A(%)	Z(%)	$R_{p0.2}$/MPa	R_m/MPa	A(%)	Z(%)
A	上顶点	450	138	445	51.5	80.0	157	443	49.0	79.0	134	435	48.0	74.0
		550	130	406	51.5	77.0	141	417	51.0	77.0	131	411	43.0	73.0
		650	119	352	46.5	76.0	143	359	41.0	74.0	128	353	49.0	77.0
	上 L/4	350	156	451	48.5	78.0	161	455	51.5	79.0	143	447	60.0	76.0
		400	152	454	50.0	79.0	151	446	53.0	81.0	138	443	52.0	75.0
		450	142	449	52.0	81.0	150	443	47.5	75.0	134	435	48.0	74.0
		550	128	428	51.5	71.0	136	421	50.5	70.0	121	421	51.0	80.0
		650	124	360	52.5	77.0	116	352	45.0	79.0	117	354	43.0	82.0
	中心	350	161	457	51.0	79.0	164	457	51.0	78.0	149	435	47.5	80.0
		400	152	447	49.5	79.0	160	455	51.0	76.0	148	437	50.0	77.0
		450	150	441	49.5	79.0	150	440	50.0	77.0	144	431	48.0	80.0
		550	136	414	50.5	72.0	142	417	51.5	70.0	133	406	46.5	82.0
		650	126	359	45.5	78.0	138	357	43.0	76.0	127	351	51.5	82.0
	下 L/4	350	152	445	54.0	79.0	166	457	56.5	83.0	151	450	49.0	80.0
		400	139	431	49.0	80.0	167	446	49.0	79.0	148	448	49.0	79.0
		450	157	450	49.5	82.0	162	434	49.0	83.0	145	439	47.0	79.0
		550	125	415	50.5	75.0	141	427	51.5	79.0	129	418	48.0	75.0
		650	124	355	56.5	77.0	140	353	43.5	81.0	123	359	47.5	73.0
	下顶点	350	173	448	50.5	79.0	159	440	44.5	75.0	161	450	46.0	76.0
		400	170	446	44.5	78.0	166	446	51.5	78.0	150	444	50.5	77.0
		450	141	428	53.0	80.0	153	437	46.5	77.0	146	433	48.0	81.0
		550	147	411	50.5	75.0	133	406	38.5	76.0	138	415	46.5	76.0
		650	143	358	40.0	78.0	132	353	45.0	81.0	138	355	38.0	78.0
B	上顶点	350	163	464	49.0	79.0	166	455	45.5	78.0	145	449	48.5	76.0
		400	172	468	48.5	81.0	160	450	45.0	78.0	157	447	43.0	75.0
		450	154	452	47.5	75.0	147	451	47.0	76.0	136	444	49.5	76.0
		550	148	429	48.0	78.0	141	419	44.5	74.0	147	414	45.5	73.0
		650	148	369	57.5	79.0	132	350	42.0	78.0	126	347	44.0	78.0
	上 L/4	350	154	455	49.0	79.0	145	455	47.5	73.0	144	450	46.5	78.0
		400	136	454	48.0	77.0	139	453	49.0	77.0	143	450	43.0	75.0
		450	135	447	46.5	77.0	132	445	47.5	73.0	141	441	47.0	76.0
		550	139	417	46.0	77.0	116	420	46.5	76.0	118	410	48.5	79.0
		650	127	364	47.0	80.0	110	351	44.5	81.0	117	348	45.5	80.0
	中心	350	181	479	49.5	78.0	172	465	50.5	79.0	160	454	46.5	81.0

（续）

试料	位置	温度/℃	周向				轴向				径向			
			$R_{p0.2}$/MPa	R_m/MPa	A(%)	Z(%)	$R_{p0.2}$/MPa	R_m/MPa	A(%)	Z(%)	$R_{p0.2}$/MPa	R_m/MPa	A(%)	Z(%)
B	中心	400	175	478	46.5	82.0	160	458	48.5	77.0	161	455	45.5	75.0
		450	158	454	48.0	76.0	169	471	49.0	81.0	142	450	46.0	77.0
		550	152	435	46.5	83.0	141	421	49.5	76.0	135	419	44.0	77.0
		650	146	373	45.0	77.0	142	358	44.0	79.0	132	352	44.0	78.0
	下 $L/4$	350	160	461	50.0	79.0	144	452	48.5	78.0	143	448	43.5	78.0
		400	134	451	46.5	80.0	135	450	47.5	77.0	141	454	49.5	77.0
		450	132	455	53.0	77.0	137	450	47.0	77.0	129	446	49.0	78.0
		550	122	418	47.5	78.0	118	410	49.5	77.0	121	416	49.5	74.0
		650	110	355	43.0	78.0	110	351	44.5	78.0	111	351	46.5	78.0
	下顶点	350	149	452	48.0	79.0	151	454	46.0	78.0	171	465	49.0	77.0
		400	143	447	46.5	74.0	153	453	48.5	77.0	155	456	49.0	78.0
		450	136	451	48.5	78.0	143	449	47.0	78.0	149	449	49.0	77.0
		550	131	417	47.0	77.0	123	415	44.5	77.0	159	419	43.5	75.0
		650	129	356	44.5	76.0	120	353	45.5	80.0	141	360	45.5	79.0
C	上顶点	350	169	447	50.5	77.0	167	449	49.5	80.0	171	447	47.5	78.0
		400	151	451	53.5	77.0	165	451	50.0	79.0	179	449	50.0	77.0
		450	153	435	45.0	72.0	148	443	48.0	77.0	149	443	50.0	76.0
		550	124	410	46.0	77.0	153	415	47.0	73.0	145	414	50.0	74.0
		650	137	352	51.5	80.0	125	361	50.5	76.0	128	352	49.0	73.0
	上 $L/4$	350	139	449	49.0	79.0	150	447	50.0	78.0	151	454	46.5	78.0
		400	157	456	53.0	77.0	141	445	49.5	75.0	137	451	50.0	80.0
		450	132	446	48.0	77.0	144	454	49.5	76.0	136	449	48.5	77.0
		550	117	416	46.5	74.0	125	415	45.5	72.0	116	424	49.5	77.0
		650	110	357	49.5	80.0	116	359	48.5	78.0	115	356	54.5	80.0
	中心	350	179	467	49.0	80.0	146	451	48.0	79.0	154	461	48.5	80.0
		400	163	461	53.0	81.0	144	452	51.0	75.0	154	458	51.0	77.0
		450	168	464	49.5	77.0	144	453	52.5	79.0	148	459	48.5	77.0
		550	118	416	45.5	69.0	125	418	49.5	78.0	134	421	45.5	78.0
		650	144	371	52.5	81.0	120	360	46.0	78.0	138	364	44.5	78.0
	下 $L/4$	350	151	453	48.0	79.0	162	456	50.5	80.0	139	451	50.0	79.0
		400	156	463	48.0	79.0	157	453	49.5	79.0	140	446	48.0	79.0
		450	150	455	48.0	77.0	162	455	50.0	80.0	133	444	48.5	78.0
		550	133	419	48.5	73.0	148	434	47.5	78.0	119	413	46.5	80.0
		650	123	368	47.5	78.0	144	371	47.5	75.0	110	353	46.0	79.0

（续）

试料	位置	温度/℃	周向				轴向				径向			
			$R_{p0.2}$/MPa	R_m/MPa	A(%)	Z(%)	$R_{p0.2}$/MPa	R_m/MPa	A(%)	Z(%)	$R_{p0.2}$/MPa	R_m/MPa	A(%)	Z(%)
C	下顶点	350	160	446	50.0	79.0	145	442	48.5	80.0	170	451	47.0	74.0
		400	153	437	51.5	77.0	139	440	50.5	74.0	173	448	48.5	73.0
		450	138	435	49.0	77.0	144	437	48.0	74.0	153	450	47.0	74.0
		550	129	409	47.0	73.0	135	413	53.0	73.0	136	408	46.0	75.0
		650	114	355	49.0	76.0	134	351	57.0	75.0	138	360	44.0	77.0
D	上顶点	350	197	459	48.5	79.0	174	447	46.5	77.0	188	458	50.5	78.0
		400	183	463	49.0	77.0	169	460	51.0	79.0	168	459	48.5	78.0
		450	183	471	47.5	75.0	175	452	45.5	74.0	159	453	48.5	74.0
		550	151	428	48.5	77.0	141	422	48.0	74.0	145	426	49.0	75.0
		650	162	410	49.5	78.0	145	363	49.0	81.0	151	366	55.0	79.0
	上 $L/4$	350	168	452	49.0	83.0	159	458	51.0	80.0	155	461	48.0	75.0
		400	159	461	48.5	80.0	154	466	48.5	76.0	160	466	50.0	79.0
		450	154	459	48.5	79.0	153	454	49.0	76.0	149	456	49.0	74.0
		550	133	430	51.5	78.0	139	424	48.5	76.0	133	427	51.5	78.0
		650	125	365	56.0	82.0	125	367	48.0	79.0	127	362	39.0	76.0
	中心	350	178	463	49.0	82.0	188	467	47.5	77.0	167	458	47.5	80.0
		400	182	463	48.5	80.0	185	458	48.5	77.0	171	462	48.0	77.0
		450	176	462	47.0	76.0	183	465	50.0	78.0	163	457	49.0	75.0
		550	152	442	45.5	79.0	162	433	49.5	80.0	143	422	46.0	75.0
		650	148	371	48.0	75.0	158	361	41.0	80.0	146	366	51.5	79.0
	下 $L/4$	350	166	453	46.0	81.0	153	459	46.0	76.0	161	457	48.5	82.0
		400	164	461	47.5	78.0	150	458	48.0	77.0	177	465	48.0	76.0
		450	153	447	48.0	77.0	154	454	49.5	78.0	164	459	48.0	79.0
		550	139	427	48.5	79.0	138	420	46.0	76.0	150	431	50.5	77.0
		650	134	362	48.0	82.0	134	363	53.5	79.0	143	363	45.0	80.0
	下顶点	350	200	456	46.5	80.0	165	460	45.5	76.0	178	460	47.5	76.0
		400	181	463	48.5	77.0	185	464	48.5	78.0	186	456	47.5	75.0
		450	191	456	48.5	78.0	166	453	48.0	78.0	181	458	47.0	69.0
		550	166	430	51.0	76.0	146	428	48.0	75.0	167	423	47.5	75.0
		650	156	357	41.0	82.0	140	370	52.5	80.0	147	370	52.5	79.0

不同试验温度下的高温强度最低限值及屈服强度波动范围如图 5-33 所示。图 5-34～图 5-36 所示为 400℃下取样方向、取样位置、取样深度不同的高温屈服强度性能对比。其中图 5-34 所示为不同方向的 $R_{p0.2}$ 对比，$\Delta_{平均值} \leqslant$50MPa；图 5-35 所示为不同位置的 $R_{p0.2}$ 对比，D 料较其余三块试料高约 17MPa；图 5-36 所示为相同深度不同位置的 $R_{p0.2}$ 对比，$\Delta_{平均值}<$50MPa。

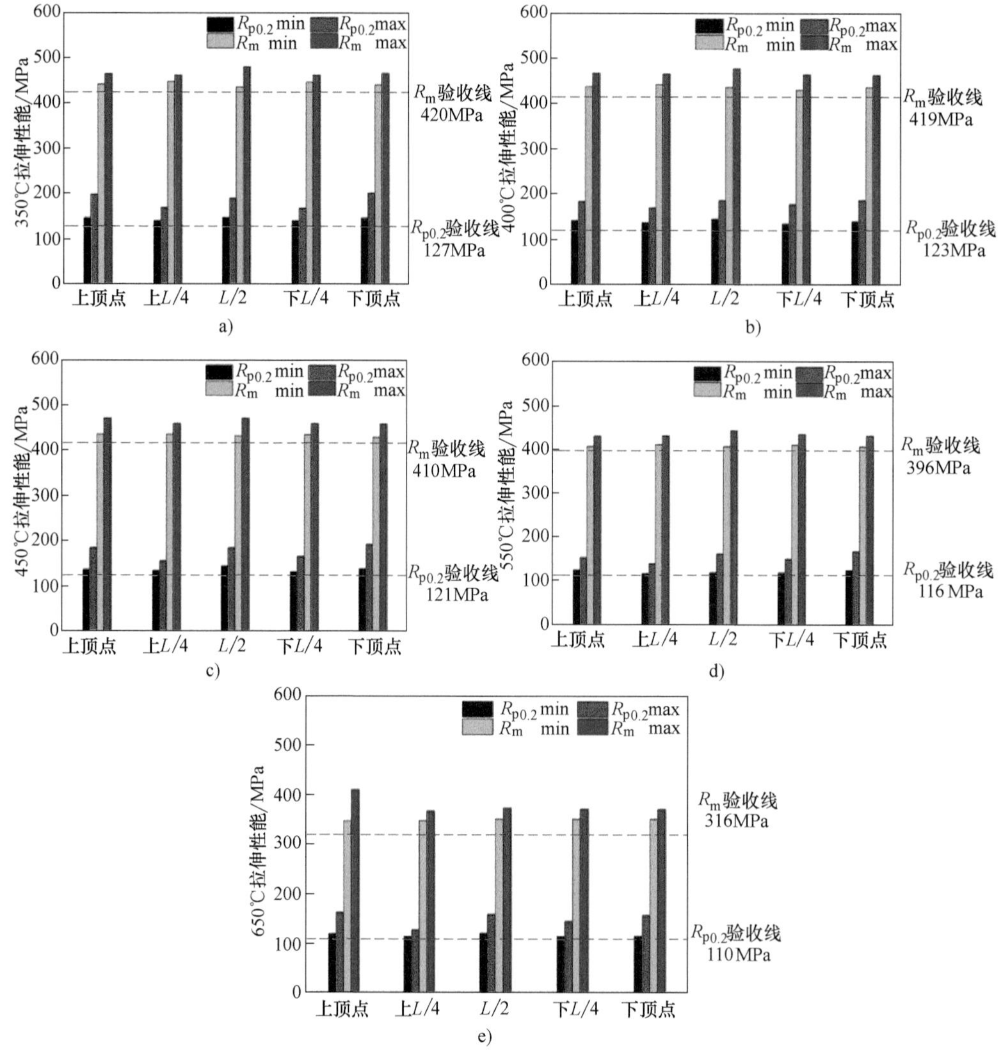

图 5-33　不同试验温度下的高温强度最低限值及屈服强度波动范围

a）350℃　b）400℃　c）450℃　d）550℃　e）650℃

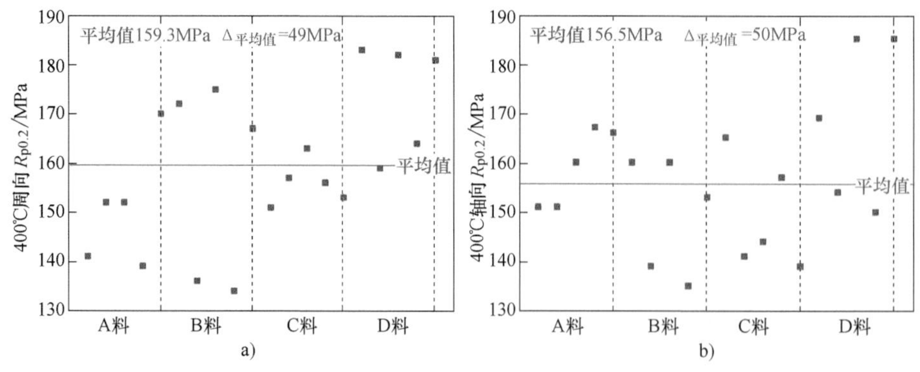

图 5-34　不同取样方向的 $R_{p0.2}$ 对比

a）周向　b）轴向

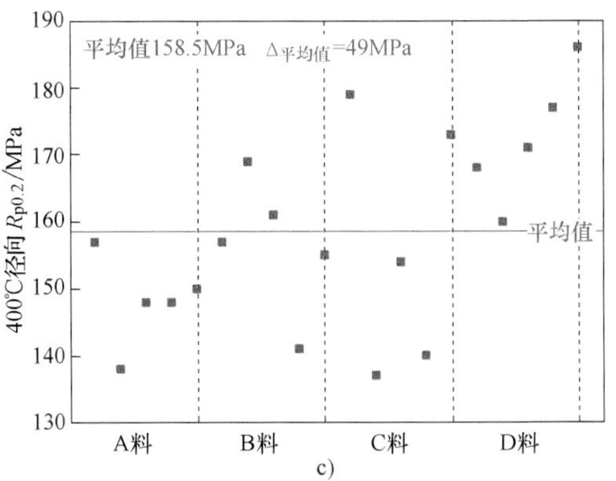

图 5-34 不同取样方向的 $R_{p0.2}$ 对比（续）

c）径向

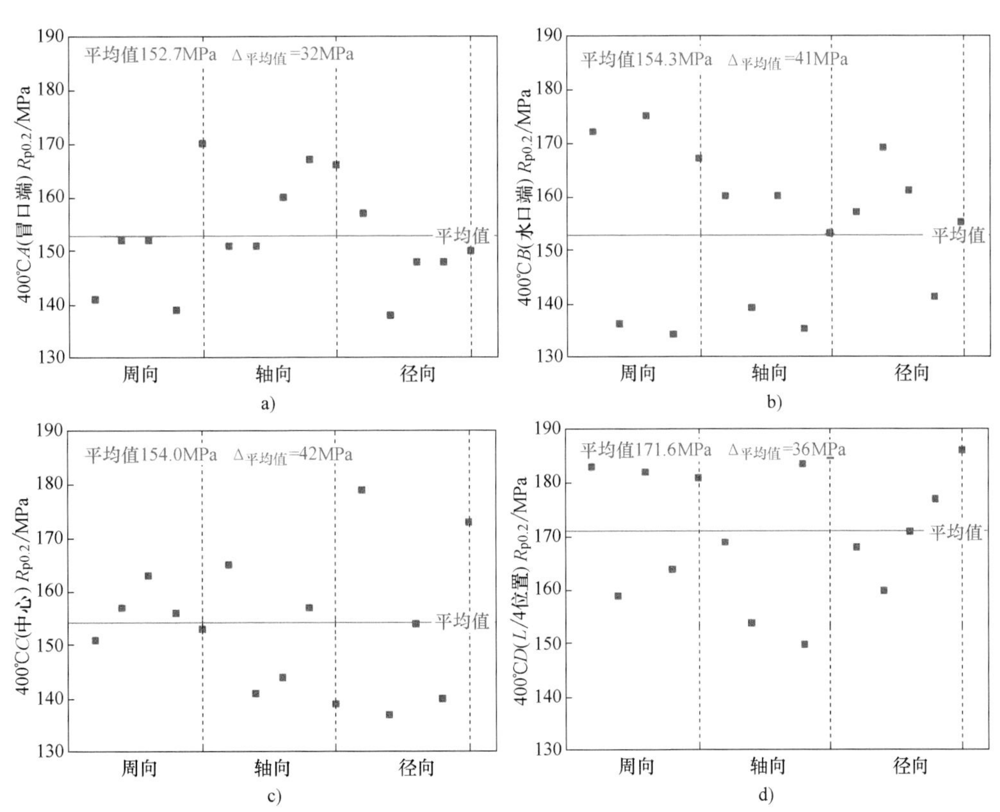

图 5-35 不同取样位置的 $R_{p0.2}$ 对比

a）A 料 b）B 料 c）C 料 d）D 料

3. 冲击吸收能量检验结果

冲击吸收能量单个值及波动性全部满足要求，其中最大值为 407J，最小值为 366J，平

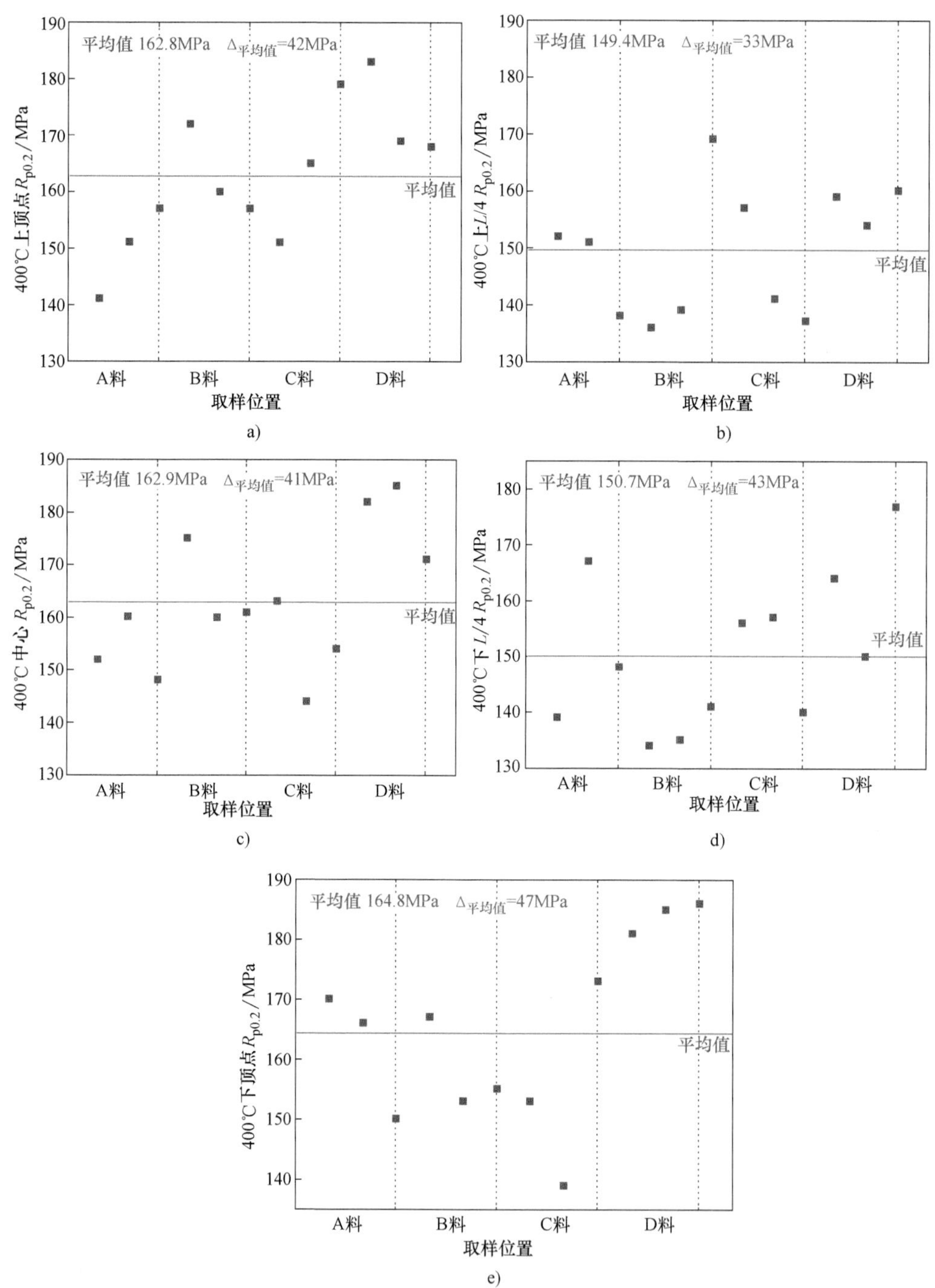

图 5-36 相同深度不同取样位置的 $R_{p0.2}$ 对比

a）上顶点 b）上 $L/4$ c）中心 d）下 $L/4$ e）下顶点

均值为 384.3J，其中周向平均值为 382.3J，轴向平均值为 387.3J，径向平均值为 383.3J，三个方向无明显差别，整体波动范围为 41J（研制技术条件要求波动范围≤50J）。冲击检验结果见表 5-6。

表 5-6　冲击检验结果　　（单位：J）

试料	位置	周向				轴向				径向			
		冲击吸收能量			平均	冲击吸收能量			平均	冲击吸收能量			平均
A	上顶点	393	375	388	385.3	387	394	389	390.0	388	393	387	389.3
	上 $L/4$	384	359	383	375.3	393	387	395	391.7	390	391	392	391.0
	$L/2$	381	393	392	388.7	392	393	396	393.7	376	379	379	378.0
	下 $L/4$	390	392	397	393.0	384	386	390	386.7	379	383	374	378.7
	下顶点	382	387	379	382.7	385	393	393	390.3	391	383	389	387.7
B	上顶点	395	379	373	382.3	384	381	384	383.0	381	387	384	384.0
	上 $L/4$	369	383	372	374.7	392	390	391	391.0	379	375	382	378.7
	$L/2$	378	391	378	382.3	366	402	387	385.0	379	383	378	380.0
	下 $L/4$	387	366	373	375.3	382	373	369	374.7	384	386	385	385.0
	下顶点	381	381	379	380.3	376	368	379	374.3	382	386	387	385.0
C	上顶点	381	377	373	377.0	380	394	389	387.7	391	387	388	388.7
	上 $L/4$	380	384	388	384.0	386	387	386	386.3	390	383	382	385.0
	$L/2$	384	380	379	381.0	397	402	407	402.0	391	389	372	384.0
	下 $L/4$	379	379	375	377.7	391	386	388	388.3	382	386	368	378.7
	下顶点	378	387	372	379.0	383	383	377	381.0	372	379	376	375.7
D	上顶点	385	405	400	396.7	389	383	383	385.0	397	386	388	390.3
	上 $L/4$	399	390	402	397.0	392	394	380	388.7	392	382	373	382.3
	$L/2$	383	370	376	376.3	396	402	402	400.0	392	390	398	393.3
	下 $L/4$	374	400	379	384.3	387	391	390	389.3	369	371	376	372.0
	下顶点	375	370	374	373.0	378	386	369	377.7	388	379	366	377.7

不同深度下不同位置的 KV_2 统计如图 5-37 所示。从图 5-37 可见，冲击吸收能量较要求值余量较大，且偏差较小。

4. 硬度检验结果

硬度要求 HBW≤192，经检测各位置硬度值全部满足要求。

5. 金相检验结果

所有位置 B 类夹杂物（细系）≤0.5 级，C 类夹杂物（粗系）≤0.5 级，D 类夹杂物（细系）≤0.5 级，总和≤1.5 级，细系总和≤1.0 级，满足技术要求。

晶粒度检测结果（见表 5-7）全部满足要求（技术要求为 2~5 级），级差 2 级，相同位置不同方向极差 1 级以内，晶粒度并无明显方向性。

6. 晶间腐蚀检验结果

晶间腐蚀要求按 GB/T 4334—2020 E 法，经过 650℃×2h 敏化处理，各位置晶间腐蚀性能全部满足要求。

7. 化学成分检验结果

化学成分全部满足技术要求，检验结果见表 5-8。不同位置的化学成分对比如图 5-38 所示，部分元素锻件头尾化学成分存在一定偏析，但各面的边角及心部偏析不明显。

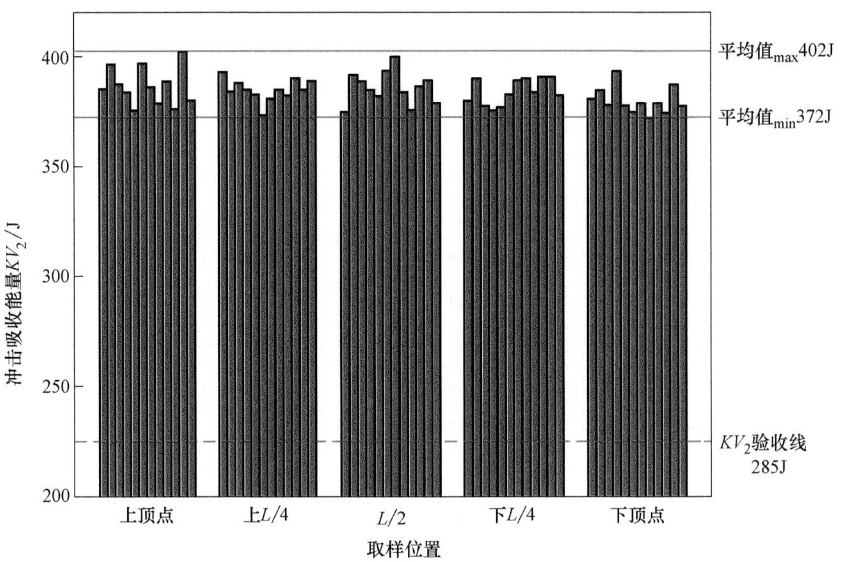

图 5-37　不同深度下不同位置的 KV_2 统计

表 5-7　晶粒度检测结果　（单位：级）

位置	A 料		B 料		C 料		D 料	
上顶点	周向	2	周向	3	周向	2	周向	3
上 $L/4$		2		3		2		3
$L/2$		2		2		3		3
下 $L/4$		2		2		2		3
下顶点		2		3		2		3
上顶点	轴向	2	轴向	4	轴向	2	轴向	4
上 $L/4$		2		3		3		3
$L/2$		3		3		3		3
下 $L/4$		3		3		3		3
下顶点		3		4		2		3
上顶点	径向	3	径向	3	径向	2	径向	4
上 $L/4$		2		3		3		4
$L/2$		3		3		3		4
下 $L/4$		2		3		3		3
下顶点		2		3		2		4

表 5-8 化学成分（质量分数）检验结果

（%）

位置		C	Si	Mn	P	S	Cr	Ni	Mo	V	Al	As	Sn	Sb	N	O	H	Pb	Bi	As+Sb+Bi+Sn+Pb
A 料	上顶点	0.047	0.47	1.67	0.013	0.002	17.86	12.49	2.67	0.04	0.02	0.003	0.003	< 0.0007	0.061	0.0026	0.00021	< 0.001	< 0.002	< 0.0107
	上 *L*/4	0.047	0.47	1.68	0.013	0.002	17.87	12.50	2.68	0.04	0.02				0.061	0.0026	0.00021			
	L/2	0.047	0.47	1.67	0.013	0.002	17.86	12.49	2.67	0.04	0.02				0.062	0.0025	0.00045			
	下 *L*/4	0.047	0.46	1.66	0.013	0.002	17.89	12.50	2.68	0.04	0.02				0.061	0.0026	0.00025			
	下顶点	0.046	0.46	1.68	0.013	0.002	17.90	12.49	2.69	0.04	0.02				0.060	0.0024	0.00005			
B 料	上顶点	0.044	0.44	1.68	0.014	0.002	17.90	12.45	2.69	0.04	0.02				0.062	0.0023	0.00008			
	上 *L*/4	0.043	0.42	1.64	0.012	0.002	17.82	12.30	2.65	0.04	0.02				0.058	0.0028	0.00018			
	L/2	0.044	0.42	1.65	0.012	0.002	17.85	12.38	2.67	0.04	0.02				0.060	0.0028	0.00034			
	下 *L*/4	0.044	0.44	1.68	0.013	0.002	17.90	12.50	2.70	0.04	0.02				0.060	0.0028	0.00022			
	下顶点	0.043	0.45	1.65	0.011	0.002	17.90	12.31	2.66	0.04	0.02				0.055	0.0030	0.00007			
C 料	上顶点	0.045	0.45	1.68	0.013	0.002	17.92	12.49	2.68	0.04	0.02				0.062	0.0028	0.00032			
	上 *L*/4	0.044	0.47	1.67	0.012	0.0025	17.92	12.50	2.68	0.04	0.02				0.061	0.0029	0.00017			
	L/2	0.045	0.45	1.67	0.013	0.002	17.92	12.49	2.68	0.04	0.02				0.061	0.0030	0.00041			
	下 *L*/4	0.044	0.47	1.68	0.013	0.002	17.94	12.50	2.70	0.04	0.02				0.058	0.0030	0.00018			
	下顶点	0.045	0.45	1.68	0.013	0.002	17.94	12.49	2.70	0.04	0.02				0.061	0.0029	0.00018			
D 料	上顶点	0.045	0.46	1.67	0.013	0.002	17.92	12.50	2.69	0.04	0.03				0.061	0.0030	0.00007			
	上 *L*/4	0.047	0.45	1.67	0.013	0.002	17.91	12.49	2.70	0.04	0.03				0.063	0.0028	0.00015			
	L/2	0.047	0.45	1.69	0.014	0.002	17.90	12.49	2.70	0.04	0.03				0.063	0.0028	0.00041			
	下 *L*/4	0.045	0.45	1.65	0.012	0.002	17.90	12.50	2.69	0.04	0.03				0.059	0.0029	0.00016			
	下顶点	0.047	0.46	1.68	0.014	0.002	17.90	12.47	2.69	0.04	0.03				0.064	0.0030	0.00005			

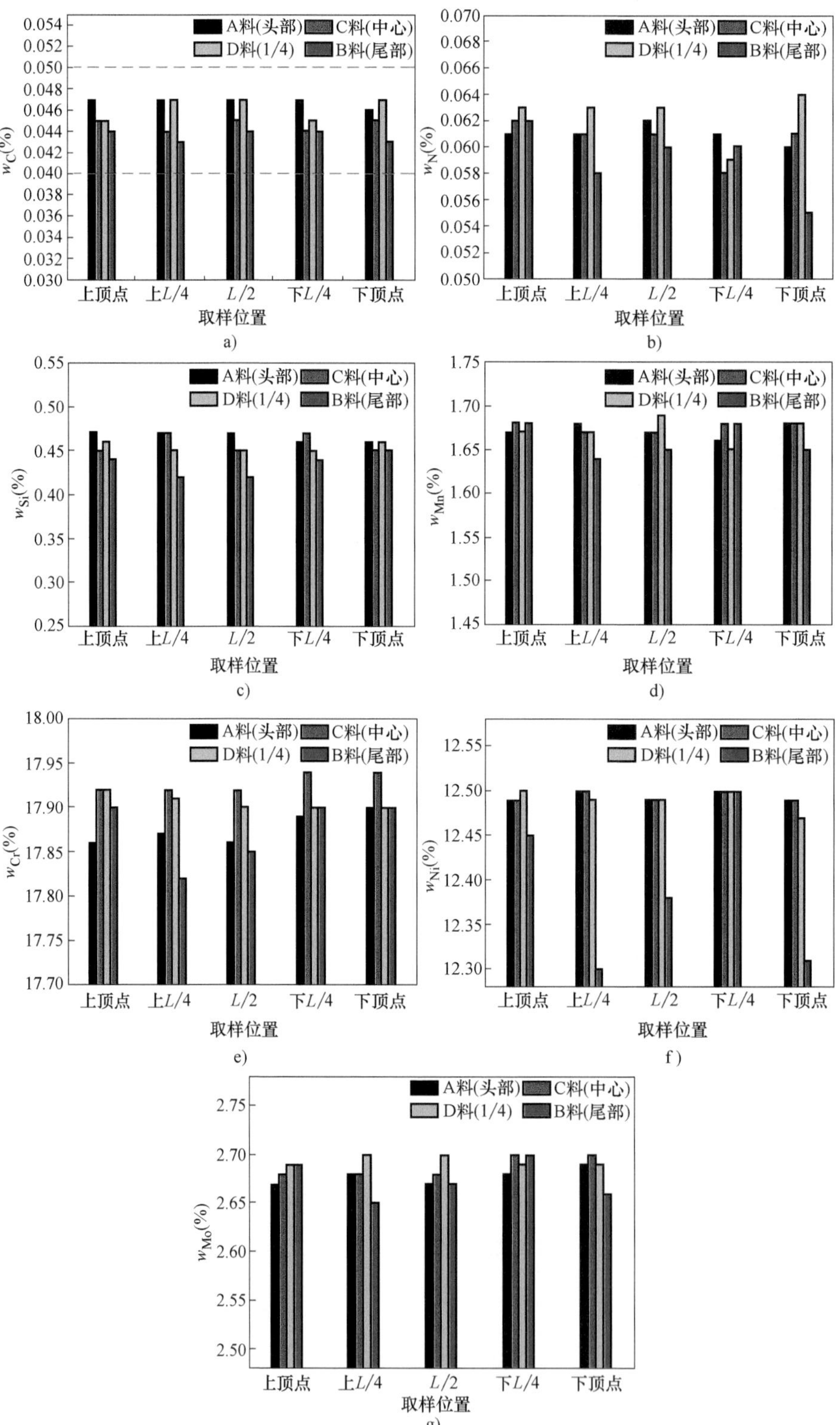

图 5-38 不同位置的化学成分（质量分数）对比

a）w_C b）w_N c）w_{Si} d）w_{Mn} e）w_{Cr} f）w_{Ni} g）w_{Mo}

8. 持久试验结果

持久强度试验温度为650℃，加载应力为134MPa，高温持久试验结果满足技术要求。高温持久试验结果见表5-9。

表5-9 高温持久试验结果

序号	规定温度/℃	初始应力/MPa	蠕变断裂时间/h（技术要求≥3000）	断后伸长率（%）	断面收缩率（%）	断裂位置
1	650	134	3100	85	82	$L/4$处
2			3690	71	71	$L/4$处
3			3157	84	83	$L/4$处

9. 疲劳试验

疲劳试验温度为400℃，应变速率为0.003s^{-1}，循环次数不低于24000次。选取最大循环峰值拉伸应力σ_{max}下降到20%时的循环周次作为失效循环数N_f，具体试验结果见表5-10。

表5-10 疲劳试验结果

序号	温度/℃	总应变幅 $\Delta\varepsilon/2$/(mm/mm)	应力幅 $\Delta\sigma/2$/MPa	失效反向数 $2N_f$	失效循环数 N_f
1	400	0.0030	222	33706	16853
2	400	0.0030	211	37248	18624
3	400	0.0030	226	36272	18136
4	400	0.0030	213	34290	17145
5	400	0.0060	272	8016	4008
6	400	0.0025	203	58268	29134
7	400	0.0100	346	1442	721
8	400	0.0100	338	1450	725
9	400	0.0100	348	1058	529
10	400	0.0040	240	20474	10237
11	400	0.0025	209	59326	29663
12	400	0.0040	230	22284	11142
13	400	0.0025	202	59498	29749
14	400	0.0040	239	20694	10347
15	400	0.0060	277	8254	4127
16	400	0.0060	269	8604	4302
17	400	0.0022	203	96422	48211
18	400	0.0022	198	76146	38073

图 5-39 所示为不同应变幅下 316H 钢在 400℃时的循环应力响应曲线。由图 5-39 可知，循环硬化、循环软化和循环稳定性行为在 316H 钢的低周疲劳过程中都存在。在各总应变幅下，随着循环次数的增加，循环应力幅逐渐增加，表现为循环硬化行为。随着循环次数的继续增加，循环应力幅保持平衡（称为循环饱和阶段），或者循环应力幅逐渐减小，表现为循环软化行为。进一步观察发现，由于外加应变幅的不同，循环变形过程中表现出两种不同的循环应力响应行为：在低总应变幅下，经初始阶段循环硬化到最大循环应力后，保持一个相对较长的循环稳定阶段，然后缓慢循环软化直到失效。随着总应变幅的增加，初始阶段循环硬化之后的循环饱和阶段逐渐变短。在高总应变幅下，循环饱和阶段趋于消失，因此经初始阶段较弱的循环硬化、并达到最大循环应力幅后快速循环软化直至失效。

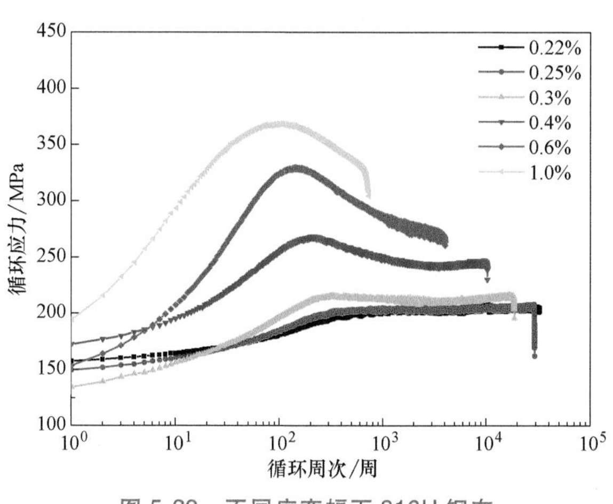

图 5-39　不同应变幅下 316H 钢在 400℃时的循环应力响应曲线

将试验所得虚拟应力幅和标准 ASME 规范曲线比较，形成图 5-40 所示的支承环验证件低周疲劳虚拟应力幅与标准曲线的对比图。由图 5-40 可见，不同总应变幅下的虚拟应力幅均在 ASME 规范曲线上侧，结果符合要求。

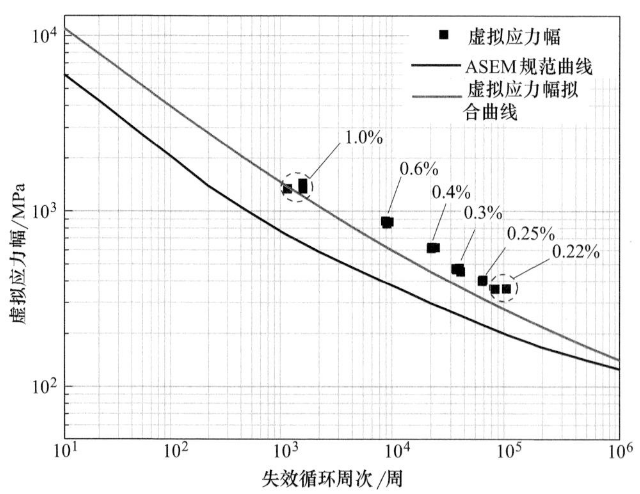

图 5-40　支承环验证件低周疲劳虚拟应力幅与标准曲线对比

针对以上试验结果，研制单位与相关院所进行了试样的金相检验及断口形貌分析（见图 5-41）。金相结果及断口上均发现较多的细小夹杂物，这一点与夹杂物评级结果一致，能谱分析为氧化铝及氧化钙等金属氧化物，且扫描断口分析表明，部分夹杂物位于裂纹萌生位置。

除此之外，锻件心部及表面位置金相结果（见图 5-42）显示，金相尺寸存在一定差异性，且孪晶较多，仍存在明显锻态组织特征，但是否削弱材料的疲劳极限尚不得而知。

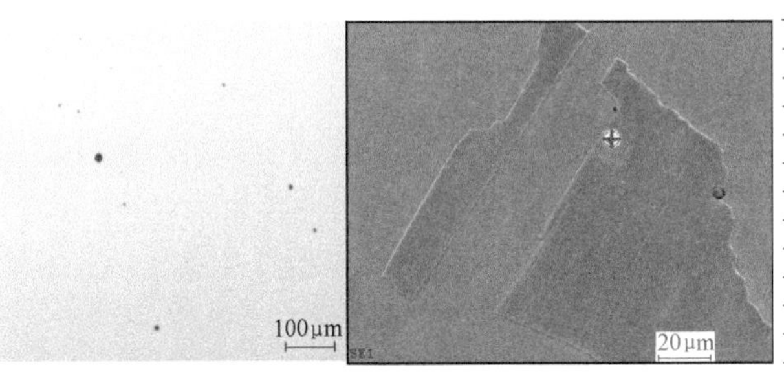

元素	质量分数(%)	原子百分数(%)
C	3.32	7.53
O	20.70	35.30
Mg	1.73	1.95
Al	28.79	29.12
Si	0.43	0.42
Mo	0.96	0.27
Ca	19.43	13.23
Cr	5.63	2.95
Mn	0.49	0.24
Fe	15.65	7.65
Ni	2.88	1.34

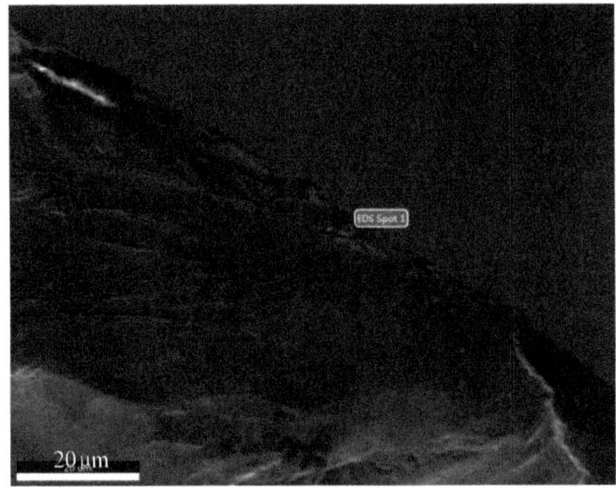

智能量化结果

元素	质量分数(%)	原子百分数(%)	误差(%)
O	20.9	47.4	9.3
Mg	1	1.5	9.4
Al	0.5	0.6	12.9
Si	0.5	0.6	13.7
Cl	0.7	0.7	14.7
K	0.4	0.4	17.4
Ca	34.2	30.9	2.5
Te	18.3	5.2	6.2
Cr	5.5	3.8	6.1
Mn	0.5	0.4	37
Fe	10.3	6.7	5.3
Dy	6.6	1.5	27.8
Co	0.8	0.5	34.4

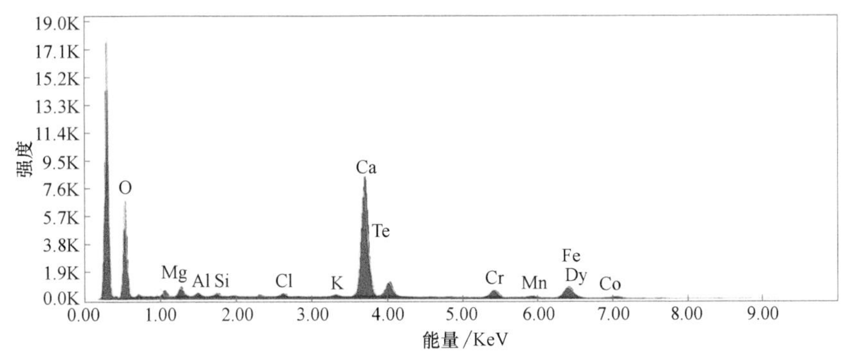

图 5-41　夹杂物及疲劳断口分析结果

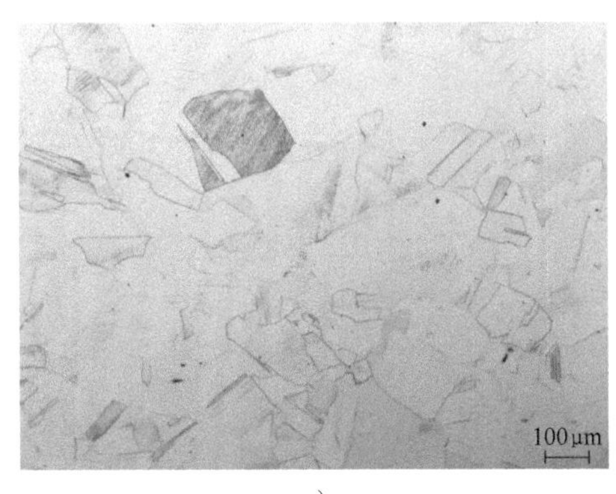

a)

b)

图 5-42　锻件心部及表面位置金相结果

a）心部　b）表面

从锻件不同深度的固溶效果对比，不论是心部还是表面，晶界位置均未发现析出相，说明固溶效果较好，从室温及高温性能分布来看，也未发现表面与芯部有明显差异，因此不同深度的疲劳性能可能也不会有较大差异。

快堆支承环验证件（1/6 段）按照支承环相关试验要求完成全部制造和检验、检测，质保过程有效。

试验结果表明，验证件各项常规力学性能均满足研制技术条件要求，仅常温拉伸最大波动范围为 50MPa（研制技术条件要求波动范围≤40MPa）。晶粒度完全满足均匀、细小的要求。

验证件高温持久性能满足要求；疲劳试验结果略低于技术要求，但不同总应变幅下的虚拟应力幅均在 ASME 规范曲线以上，且结果均匀性较好。

锻件 0.3%应变幅下的疲劳循环次数要求≥24000 次，实测值为 16853～18624 次。根据实测的不同总应变幅下数据拟合的虚拟应力幅曲线均在 ASME 规范疲劳曲线以上。疲劳性能优于 ASME 规范的要求，且结果均匀性较好。根据 ASME 标准规范疲劳曲线的拟合方法，考虑 12 倍的影响系数，支承环的工作疲劳周次为 1100 次（实际）× 12 = 13200 次 < 16853 次（实测最低次数）。根据上述分析结果，锻件疲劳性能完全可以满足示范快堆的工程需求，而且性能数据又优于已有条件使用的整体成形支承环的对应指标，故原始设计单位已同意现状让步接收。

5.1.4 焊接试验

1. 焊接工艺验证方案

支承环焊接工艺验证件按照主容器支承环产品焊接接头 1∶1 制作，母材选用经验收合格的支承环 F316H 锻件，焊材选用经验收合格的 F316H 不锈钢焊条，工艺验证件焊接完成后进行焊缝无损检验、尺寸稳定化热处理，合格后进行破坏性试验，以验证焊缝焊接质量及性能。具体流程如下：

加工坡口、PT→焊接→稳定化热处理→PT、RT→取样→焊接接头理化检验。

焊接工艺验证件用母材取自锻件余料，按图 5-43 所示尺寸进行组焊坡口加工。

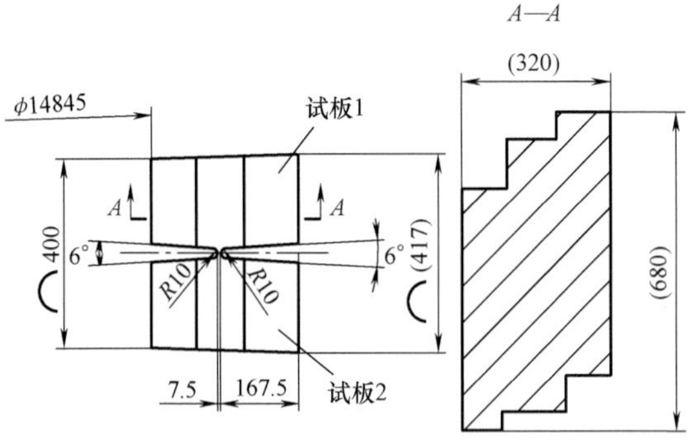

名称	图号	数量	备注
试板1	HJHD160100100101	4	坡口加工，粗糙度 $Ra6.3\mu m$，其余保留原始表面 坡口加工后进行VT、PT检测
试板2	HJHD160100100102	4	

图 5-43　坡口加工尺寸

2. 验证件焊接

焊接验证件由4件试板1（HJHD160100100101）及4件试板2（HJHD160100100102）形成4对焊接试板，4对焊接试板依次编号HJHD160100100100-A、B、C、D。装配控制根部间隙≤4mm，母材表面错边量≤2mm（目标值1mm）。

4对焊接试板首件采用手工打磨清根，其余3对采用机械加工清根。支承环焊接验证件见图5-44。

图5-44　支承环焊接验证件

3. 解剖检测

无损检测合格后，按照支承环相关试验要求对验证件进行解剖检验。4件试板按A、B、C、D区分，取样位置及试样分布方式如图5-45～图5-48所示。其中图5-45所示为金相、晶间腐蚀、冲击、侧弯、化学、拉伸试样分布方式；图5-46所示为持久、晶间腐蚀、侧弯、拉伸试样分布方式；图5-47所示为疲劳、侧弯、拉伸试样分布方式；图5-48所示为余料，以备后续试验使用（注：图5-45～图5-48中相同序号的试样所做检测一致）。

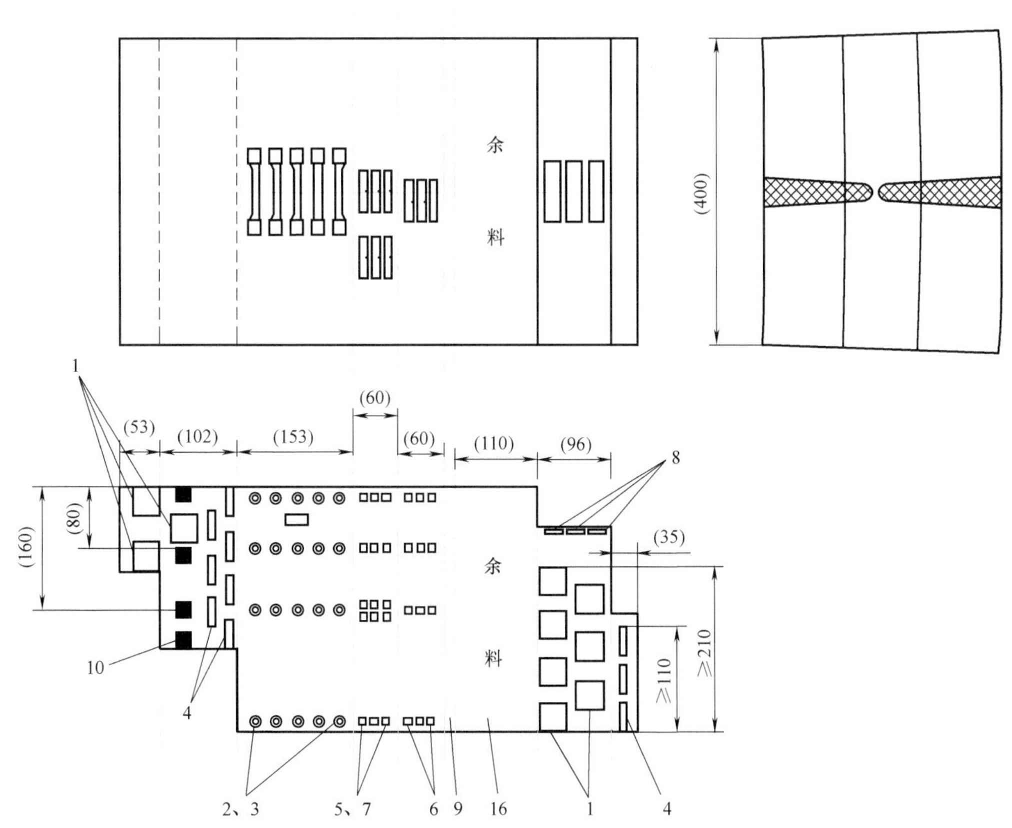

图5-45　HJHD160100100100-A 解剖图

16	100-16	余料					
10	100-10	微观金相×200	RT	/	1个	20mm×20mm×20mm	GB/T 13298—2015
9	100-09	宏观金相	RT	全截面	1个	10mm×150mm×320mm	GB/T 226—2015
8	100-08	接头晶间腐蚀	RT	上表层	焊态2个、对比1个	3mm×20mm×80mm	GB/T 4334—2020E法
7	100-07	母材*KV*冲击	RT	上表层、下表层、*T*/4、根部(*T*/2)	4组12个	10mm×10mm×55mm	GB/T 2650—2022
6	100-06	热区*KV*冲击	RT	内表层、外表层、*T*/4、根部(*T*/2)	4组12个	10mm×10mm×55mm	GB/T 2650—2022
5	100-05	焊缝*KV*冲击(加速时效)	RT	根部(*T*/2)	1组3个	10mm×10mm×55mm	GB/T 2650—2022
5	100-05	焊缝*KV*冲击	RT	内表层、外表层、*T*/4、根部(*T*/2)	4组12个	10mm×10mm×55mm	GB/T 2650—2022
4	100-04	横向侧弯	RT	全厚度	1组(10个)	10mm×38mm×200mm	GB/T 2653—2008
3	100-03	化学分析	RT	焊道	1个	/	GB/T 223.×
2	100-02	接头拉伸	350、400、450、550、650℃	内表面、外表面、*T*/4、根部(*T*/2)	每处各5个，共20个(每处每个温度1个)	ϕ10mm×50mm	GB/T 228.2—2015
1	100-01	接头拉伸	RT	全截面	1组(10个)	37mm×38mm×400mm	GB/T 2651—2008
序号	图号	名称	试验温度	取样位置	数量	取样尺寸	执行标准

图 5-45　HJHD160100100100-A 解剖图（续）

注：RT 指室温。

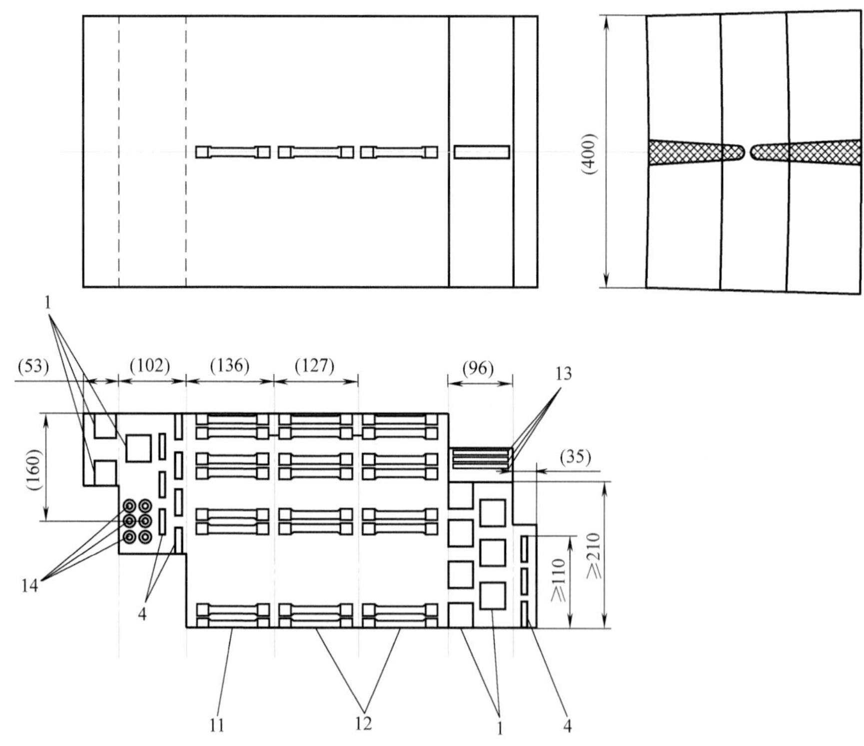

图 5-46　HJHD160100100100-B 解剖图

序号	图号	名称	试验温度	取样位置	数量	取样尺寸	执行标准
14	100-14	持久强度	RT	根部(T/2)	3个试样+3个备样	ϕ10mm×50mm	GB/T 2039—2012
13	100-13	熔敷金属晶间腐蚀	RT	上表层	基准态、软化态、对比态各1个	3mm×20mm×80mm	GB/T 4334—2020 E法
12	100-12	熔敷金属拉伸	350、400、450、550、650℃	上表层、下表层、T/4、根部(T/2)	每处各4个，共16个(每处每个温度1个)	ϕ10mm×50mm	GB/T 228.2—2015
11	100-11	熔敷金属拉伸	RT	内表层、外表层、T/4、根部(T/2)	每个位置各2件，共8件	ϕ10mm×50mm	GB/T 2652—2022
4	100-04	横向侧弯	RT	全厚度	1组(10个)	10mm×38mm×200mm	GB/T 2653—2008
1	100-01	接头拉伸	RT	全截面	1组(10个)	37mm×38mm×400mm	GB/T 2651—2008

图 5-46 HJHD160100100100-B 解剖图（续）

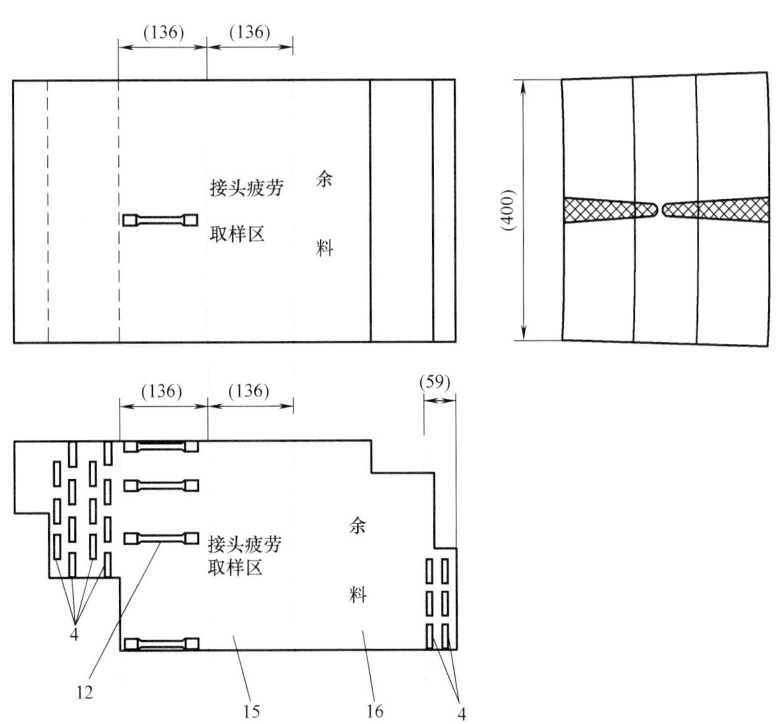

序号	图号	名称	试验温度	取样位置	数量	取样尺寸	执行标准
16	100-16	余料					
15	100-15	接头疲劳取样区	/	/	/	136mm×400mm×320mm	/
12	100-12	熔敷金属拉伸	350、400、450、550、650℃	上表层、下表层、T/4、根部(T/2)	每处各1个，共4个(每处每个温度1个)	ϕ10mm×50mm	GB/T 228.2—2015
4	100-04	横向侧弯	RT	全厚度	2组(20个)	10mm×38mm×200mm	GB/T 2653—2008

图 5-47 HJHD160100100100-C 解剖图

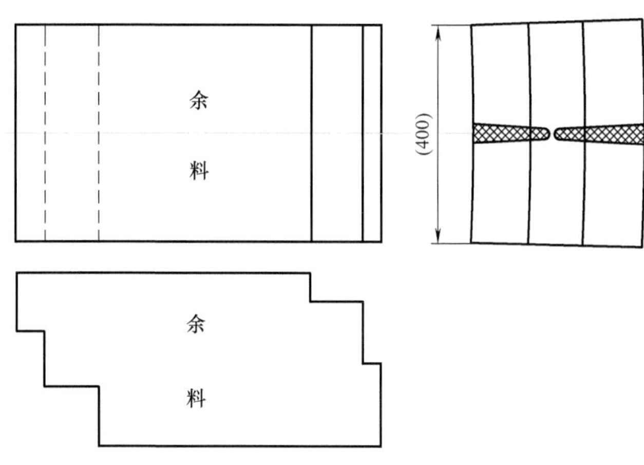

图 5-48 HJHD160100100100-D 解剖图

试验项目、温度、试样数量、试样尺寸、取样位置及试验要求汇总见表 5-11。

表 5-11 支承环焊接工艺验证件性能检验要求

序号	试验项目	试验温度/℃	试样数量	试样尺寸/mm	取样位置	检验项目	试验方法
1	接头室温拉伸	室温	2	37×38×450	接头全厚度	R_m、$R_{p0.2}$、A、Z	GB/T 2651—2008
2	接头高温拉伸⑤	350、400、450、550、650	每处每个实验温度各 1 件	ϕ10	内外表层、$T/4$、根部	R_m、$R_{p0.2}$	GB/T 228.2—2015
3	化学分析	室温	1	15~20g	熔敷金属	①	GB/T 223.×
4	侧弯	室温	4	10×38×200	接头全厚度	—	GB/T 2653—2008
5	冲击试验	室温	5 组 15 件②	10×10×55	焊缝:内外表层、$T/4$、根部	KV_2	GB/T 2650—2022
			4 组 12 件		热区:内外表层、$T/4$、根部		
			4 组 12 件		母材:内外表层、$T/4$、根部		GB/T 229—2020
6	铁素体含量③	室温	1	—	焊道表面	铁素体数	GB/T 1954—2008
7	接头晶间腐蚀	室温	3	3×20×80	接头外表面	2 件基准态,1 件对比试样	GB/T 4334—2020 E 法
8	宏观检验	室温	1	10×38×200	接头全截面	—	GB/T 226—2015
9	微观检验	室温	内外表层、$T/4$、根部各 1 件	15×15×15	焊缝、熔合线、热影响区、母材	—	GB/T 13298—2015
10	熔敷金属室温拉伸	室温	每个位置各 2 件	ϕ10	内外表层、$T/4$、根部	R_m、$R_{p0.2}$、A、Z	GB/T 2652—2022
11	熔敷金属高温拉伸⑤	350、400、450、550、650	每处每个实验温度各 1 件	ϕ10	内外表层、$T/4$、根部	R_m、$R_{p0.2}$	GB/T 228.2—2015

（续）

序号	试验项目	试验温度/℃	试样数量	试样尺寸/mm	取样位置	检验项目	试验方法
12	熔敷金属晶间腐蚀④	室温	3	3×20×80	熔敷金属外表面	1件基准态，1件敏化态，1件对比试样	GB/T 4334—2020 E法
13	持久强度	650℃	3	ϕ10	T/2（根部）	—	GB/T 2039—2012
14	接头疲劳⑥	400℃	3	ϕD	T/2（根部）	—	GB/T 15248—2008

① 化学分析元素：C、Si、Mn、P、S、Cr、Ni、Mo、Cu、N、B、O、H、Al、V、Co、Nb、Ca、As、Sn、Sb、Pb，五害元素（As+Sb+Bi+Sn+Pb）。

② 焊缝冲击试验4组为焊态试样，取样部位为内外表层、T/4、根部；1组为加速时效试样，取样部位为邻近根部T/2位置，时效条件为750℃×100h。

③ 铁素体含量在打磨后焊道表面沿焊道长度分析，不同的位置至少测取6个读数，6个测量位置的平均值作为该试样的测量结果。

④ 晶间腐蚀试样敏化处理要求为650℃×2h。

⑤ 焊接接头和熔敷金属的高温拉伸试验从试验开始至屈服强度期间，试样的应力速率应不超过80MPa/min。高温拉伸试验的断后伸长率应作为资料记录。

⑥ 按照应变幅为±0.3%、应变速率为0.003s^{-1}进行疲劳试验，循环次数不低于12000次。

4. 检测结果分析

焊接接头主要力学性能检测结果如图5-49所示。其中图5-49a所示为室温抗拉强度，Δ≤20MPa；图5-49b所示为350℃下的强度，$R_{p0.2平均值}$ = 234MPa，$R_{m平均值}$ = 462.3MPa，$\Delta R_{p0.2}$ < 70MPa，ΔR_m < 5MPa；图5-49c所示为400℃下的强度，$R_{p0.2平均值}$ = 245MPa，$R_{m平均值}$ = 458.5MPa，$\Delta R_{p0.2}$ < 87MPa，ΔR_m < 3MPa；图5-49d所示为450℃下的强度，

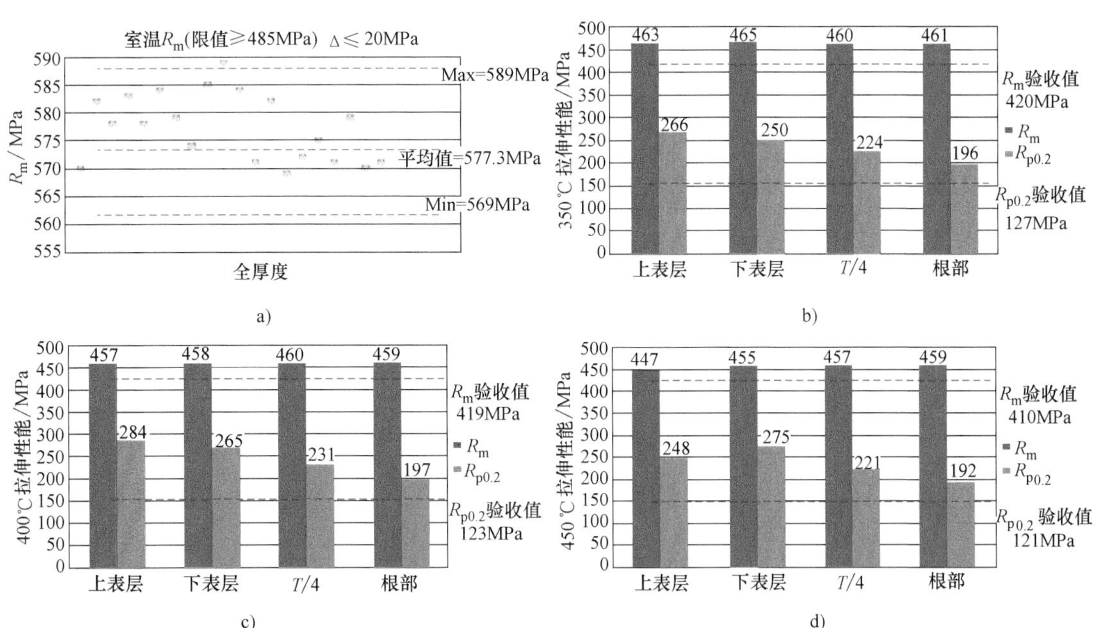

图5-49 焊接接头主要力学性能检测结果

a）室温 b）350℃ c）400℃ d）450℃

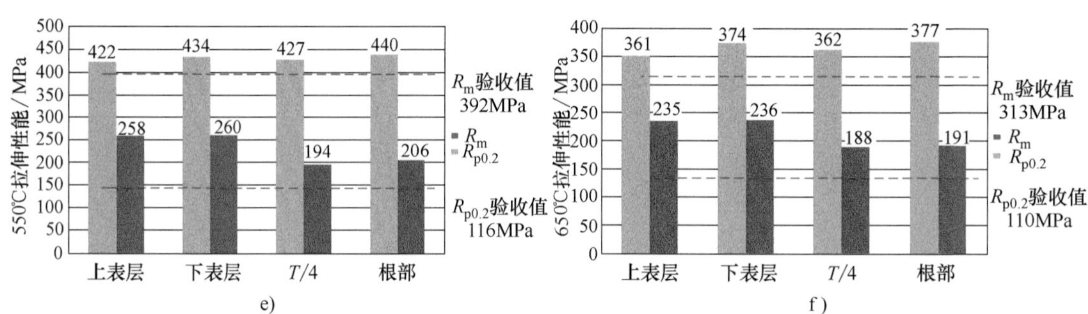

图 5-49　焊接接头主要力学性能检测结果（续）

e）550℃　f）650℃

$R_{p0.2平均值}$ = 234MPa，$R_{m平均值}$ = 454.5MPa，$\Delta R_{p0.2}$ < 83MPa，ΔR_m < 12MPa；图 5-49e 所示为550℃下的强度，$R_{p0.2平均值}$ = 229.3MPa，$R_{m平均值}$ = 430.8MPa，$\Delta R_{p0.2}$<66MPa，ΔR_m<18MPa；图 5-49f 所示为 650℃下的强度，$R_{p0.2平均值}$ = 212.5MPa，$R_{m平均值}$ = 366MPa，$\Delta R_{p0.2}$<48MPa，ΔR_m<26MPa。

从图 5-49 可见，焊接接头的室温 R_m 和高温 R_m、$R_{p0.2}$ 的检测结果均满足要求，其中高温 $R_{p0.2}$ 的性能与验收值相比余量比较大，焊接接头上表层的性能优于根部。

按 GB/T 2650—2022 检测的冲击吸收能量结果见表 5-12。从表 5-12 可以看出，焊缝、热影响区和母材的冲击吸收能量均远优于验收值。

表 5-12　冲击吸收能量检测结果

试样编号	试样规格/mm（长×宽×高）	缺口形式	取样位置	试验温度/℃	冲击吸收能量/J	剪切端面率（%）	侧向膨胀/mm
20DHK105 13-1～3	10×10×55	V 型	焊缝 上表层	27	153/158/156	75/75/75	2.39/2.13/2.27
20DHK105 14-1～3		V 型	焊缝 下表层	27	161/167/150	75/75/60	2.37/2.38/2.22
20DHK105 15-1～3		V 型	焊缝 T/4	27	147/163/149	60/70/60	2.31/2.59/2.18
20DHK105 16-1～3		V 型	焊缝 根部(T/2)	27	141/148/136	55/55/50	2.19/2.11/1.83
20DHK105 17-1～3		V 型	焊缝(750℃×2h)根部(T/2)	27	32/33/34	10/10/10	0.69/0.69/0.69
20DHK105 18-1～3		V 型	热区(0.8mm)上表层	27	383/381/372	100/100/100	2.70/2.46/2.53
20DHK105 19-1～3		V 型	热区(0.8mm)下表层	27	343/372/356	100/100/100	2.66/2.61/2.54
20DHK105 20-1～3		V 型	热区(0.8mm)T/4	27	413/427/416	100/100/100	2.81/2.61/2.63
20DHK105 21-1～3		V 型	热区(0.8mm)根部(T/2)	27	408/403/400	100/100/100	2.82/2.65/2.81
20DHK105 22-1～3		V 型	母材 上表层	27	404/401/375	100/100/100	2.86/2.85/2.94

（续）

试样编号	试样规格/mm（长×宽×高）	缺口形式	取样位置	试验温度/℃	冲击吸收能量/J	剪切端面率（%）	侧向膨胀/mm
20DHK105 23-1～3	10×10×55	V 型	母材 下表层	27	389/411/416	100/100/100	2.76/2.71/2.72
20DHK105 24-1～3		V 型	母材 $T/4$	27	358/375/378	100/100/100	2.99/2.98/2.92
20DHK105 25-1～3		V 型	母材 根部（$T/2$）	27	388/379/386	100/100/100	3.01/3.04/3.02
验收值			焊缝 上、下表层、$T/4$、根部	室温	单个最小≥90J	—	—
			热区 上、下表层、$T/4$、根部		单个最小≥158J		
			母材 上、下表层、$T/4$、根部		单个最小≥225J		
			焊缝（加速时效）根部		单个最小≥25J		

注：横向取样，缺口底线垂直于焊道表面。

冲击吸收能量波动值如图 5-50 所示；其中图 5-50a 所示为焊缝室温冲击吸收能量，$\Delta<31\mathrm{J}$；图 5-50b 所示为目标室温冲击吸收能量，$\Delta<58\mathrm{J}$；图 5-50c 所示为热影响区室温冲击吸收能量，$\Delta<84\mathrm{J}$。从图 5-50 可以看出，焊缝的冲击吸收能量波动值最小，热影响区最大。

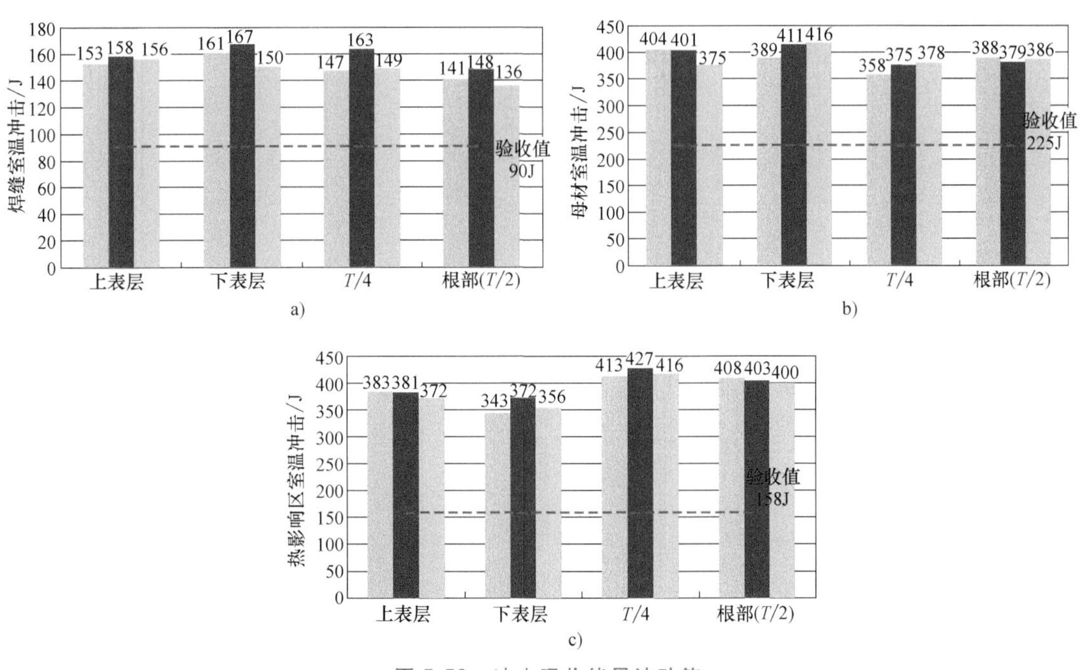

图 5-50 冲击吸收能量波动值

a）焊缝 b）母材 c）热影响区

熔敷金属主要力学性能检测结果如图 5-51 所示。其中图 5-51a 所示为室温强度，$R_{\mathrm{p0.2}\text{平均值}}=492\mathrm{MPa}$，$R_{\mathrm{m}\text{平均值}}=611\mathrm{MPa}$，$\Delta R_{\mathrm{p0.2}}<63\mathrm{MPa}$；$\Delta R_{\mathrm{m}}<19\mathrm{MPa}$；图 5-51b 所示为 350℃下的强度，$R_{\mathrm{p0.2}\text{平均值}}=391\mathrm{MPa}$，$R_{\mathrm{m}\text{平均值}}=486\mathrm{MPa}$，$\Delta R_{\mathrm{p0.2}}<75\mathrm{MPa}$，$\Delta R_{\mathrm{m}}<30\mathrm{MPa}$；图 5-51c 所示为 400℃下的强度，$R_{\mathrm{p0.2}\text{平均值}}=374\mathrm{MPa}$；$R_{\mathrm{m}\text{平均值}}=478\mathrm{MPa}$，$\Delta R_{\mathrm{p0.2}}<37\mathrm{MPa}$，$\Delta R_{\mathrm{m}}<8\mathrm{MPa}$；图 5-51d 所示为 450℃下的强度，$R_{\mathrm{p0.2}\text{平均值}}=374\mathrm{MPa}$，$R_{\mathrm{m}\text{平均值}}=473\mathrm{MPa}$，

$\Delta R_{p0.2}<83\text{MPa}$，$\Delta R_m<35\text{MPa}$；图 5-51e 所示为 550℃ 下的强度，$R_{p0.2平均值}=336\text{MPa}$，$R_{m平均值}=426\text{MPa}$，$\Delta R_{p0.2}<28\text{MPa}$，$\Delta R_m<19\text{MPa}$；图 5-51f 所示为 650℃ 下的强度，$R_{p0.2平均值}=269\text{MPa}$，$R_{m平均值}=349\text{MPa}$，$\Delta R_{p0.2}<14\text{MPa}$，$\Delta R_m<20\text{MPa}$。

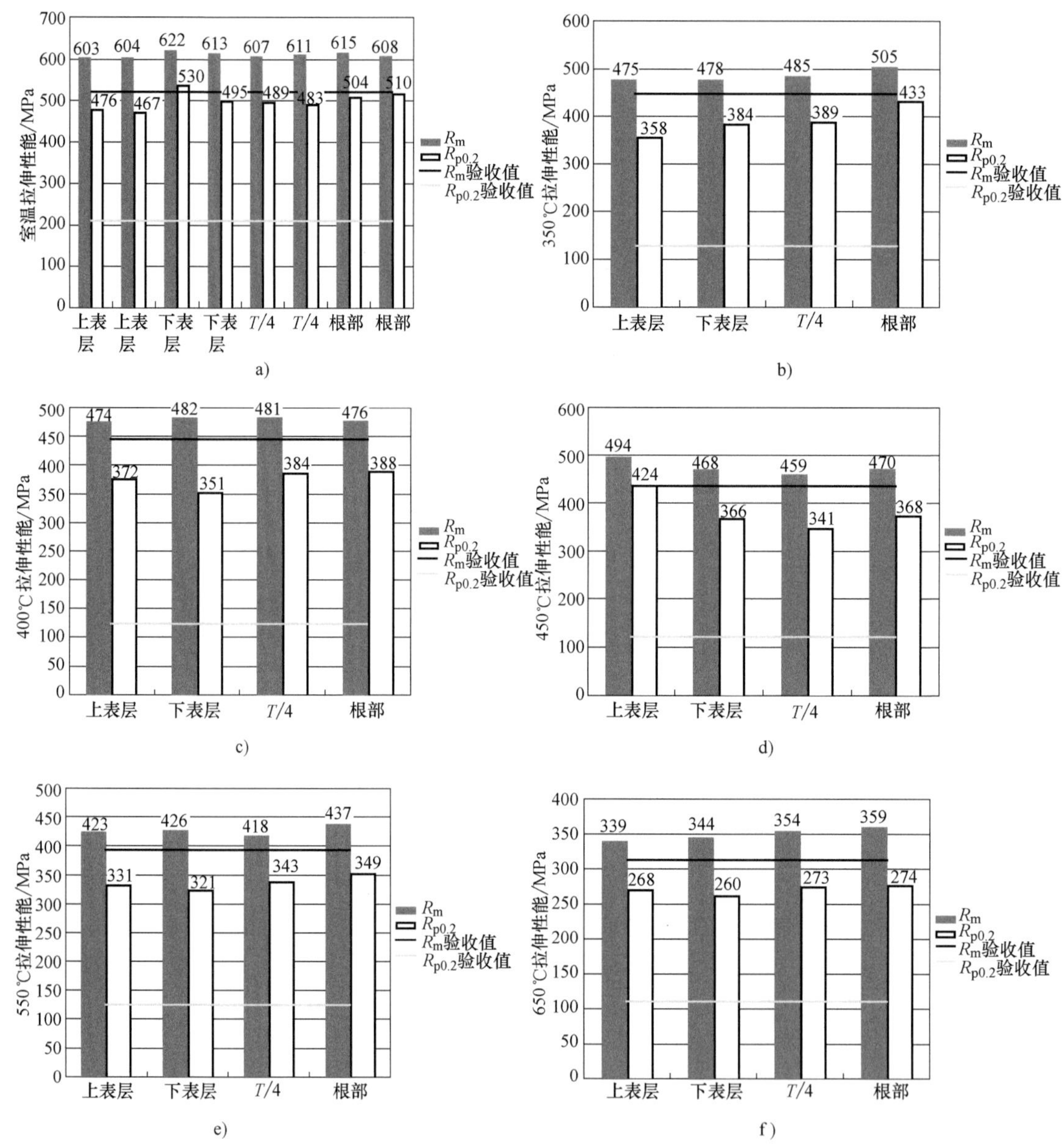

图 5-51　熔敷金属主要力学性能检测结果

a）室温　b）350℃　c）400℃　d）450℃　e）550℃　f）650℃

从图 5-51 可以看出，熔敷金属的 R_m、$R_{p0.2}$ 的检测结果均满足要求，其中 $R_{p0.2}$ 的检测结果远高于验收值。

按 GB/T 15248—2008 检测的熔敷金属疲劳试验检测结果见表 5-13。从表 5-13 中的循环周次数据可以看出，远远高于>1200 次的研制要求。

表 5-13 熔敷金属疲劳试验检测结果

样品号	试样规格/mm	试验温度/℃	应变幅(%)	应变速率/s^{-1}	循环周次/次	备注
1	ϕ6.35	400	±0.3	0.003	29844	试样出现裂纹
2	ϕ6.35	400	±0.3	0.003	24469	试样出现裂纹
3	ϕ6.35	400	±0.3	0.003	24207	试样出现裂纹
4	ϕ6.35	400	±0.3	0.003	16449	试样出现裂纹

按 GB/T 15248—2008 检测的焊接接头的疲劳性能未能满足>12000 次的研制要求。这一现象同样存在于断面更小的堆容器焊接接头。究其原因，GB/T 15248—2008《金属材料轴向等幅低循环疲劳试验方法》只适用于单一材料，不适用于熔敷金属与母材（本项目中的分段支承环锻件）组成的焊接接头疲劳性能检测，尤其是当熔敷金属与母材的强度差较大时，按 GB/T 15248—2008 检测的焊接接头疲劳性能试样就会在强度低的部位发生断裂。本试验的疲劳性能试样均在强度较低的母材处发生断裂，而且断裂部位均处于标点之外（见图 5-52），按照 GB/T 15248—2008 规定，属于无效试验。既然疲劳性能试样断裂在母材处，而母材（锻件）的疲劳性能又被认定满足使用要求，并且熔覆金属的疲劳性能又优于母材（锻件），那么就可以推断焊接性能完全可以满足使用要求。

a)

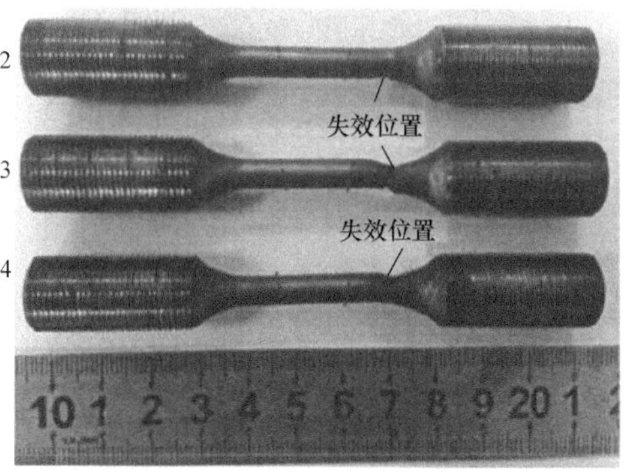

b)

图 5-52 焊接接头试样疲劳检测及断裂试样

a）试验中 b）断裂试样

焊接接头疲劳性能检测研讨会的专家意见为“疲劳试验中不均匀变形导致疲劳性能试验结果难以客观评价支承环验证件焊接接头疲劳性能优劣”，建议补充全焊缝金属试样疲劳试验。经过反复研究及测试，堆容器及支承环焊接接头均满足疲劳循环周次>12000 次的要求。支承环焊接接头补充疲劳试验的检测结果见表 5-14。

表 5-14 焊接接头补充疲劳试验检测结果

样品编号	波形	试验温度/℃	应变比(%)	应变幅(%)	应变速率/s^{-1}	循环周次/次	结果
001-1	三角波	400	-1	0.30	0.003	23596	断裂
001-2	三角波	400	-1	0.30	0.003	19030	断裂
001-3	三角波	400	-1	0.30	0.003	199023	断裂
001-4	三角波	400	-1	0.30	0.003	28619	断裂

按 GB/T 2039—2012 检测的持久性能结果见表 5-15。从表 5-9 和表 5-15 的对比来看，焊接接头的持久性能远强于母材（验证锻件）。此外，与整体成形不合格的持久性能（2476h、2766h、2923h）对比，焊接接头持久时间是整体成形的 2 倍以上。

表 5-15 焊接接头持久性能检测结果

样品编号	试验温度/℃	试验恒应力/MPa	断裂时间/h	断裂位置	取样位置
20DHK10489-1	650	117	5724	母材	根部($T/2$) 焊态(稳定化热处理)
20DHK10489-2			5905		
20DHK10489-3			5608		

焊接验证件按照支承环相关的试验要求完成全部制造和检验、检测，质保过程有效。

焊接接头常规力学性能、化学、金相、晶间腐蚀等各项检测均合格。

支承环验证件焊接接头 650℃/3000h 持久试验结果满足累计试验时间>3000h，完全满足研制技术条件要求。

焊接验证件全熔敷金属试样低周疲劳试验结果及接头补充低周疲劳试验结果均远高于技术条件对接头的疲劳性能要求，且优于整体成形支承环的低周疲劳试验数据。

5.1.5 对比分析

为了对支承环的制造方式及部分制造/评定结果进行充分的对比，将不同技术条件中的晶粒度、疲劳性能、高温屈服强度、冲击吸收能量、持久强度列表，见表 5-16。

表 5-16 不同制造方式及部分制造/评定结果对比

项目	晶粒度	疲劳性能/次(循环次数)	高温 $R_{p0.2}$/MPa(400℃)	冲击吸收能量 KV_2/J	高温持久/h
锻件评定技术条件	2~5 级	≥24000	≥123	≥225 (不同取样方向的冲击吸收功波动范围不超过 50J)	锻件在 650℃ 下 3000h 的平均断裂应力不小于 134MPa
锻件评定结果	2~4 级	16853~18624	134~186	366~407 (波动范围 41J)	3100、3157、3690
焊接评定技术条件	—	接头≥12000	≥123	焊缝≥90 热区≥158 母材≥225	650℃下 3000h 的平均断裂应力不小于 134MPa
焊接评定结果	—	焊接接头:2359、19030、19023、28619 熔敷金属:29844、24469、24207、16449	接头:197~284 熔敷金属:351~381	焊缝 136~167 热区 343~416 母材 358~416	5725、5905、5608

（续）

项目	晶粒度	疲劳性能/次（循环次数）	高温 $R_{p0.2}$/MPa（400℃）	冲击吸收能量 KV_2/J	高温持久/h
1 号堆-整体锻轧件技术条件	2~5 级	≥24000	≥123	≥225 0 版要求：不同取样方向的冲击吸收功波动范围不超过 50J 升版后：不同取样方向的冲击吸收功波动范围不超过 80J	初版技术文件要求：锻件在 650℃ 下 3000h 的平均断裂应力不小于 134MPa 升版后：试验温度为 650℃，试验应力为 134MPa，应记录试样的实际断裂时间（提供数据）
1 号堆-整体锻轧支承环检测结果	主容器支承环：0.74~2.19 级 保护容器支承环：0.11 ~ 4.32 级	主容器支承环：11792~24506 保护容器支承环：11889~25933	主容器支承环：185~218	主容器支承环：347~419 Δ = 72 > 50（要求值）	主容器支承环：2476、2766h、2923 均<3000h（要求值）
2 号堆-整体锻轧支承环技术条件	1 级或更细	循环次数不低于 24000 次，至少 4 个有效数据	≥123（波动值无要求）	≥225（波动值无要求）	试验温度为 650℃，试验应力为 134 MPa，应记录试样的实际断裂时间（提供数据），至少 3 个有效数据
2 号堆锻焊技术条件（中国一重）	2~5 级	锻件及熔敷金属疲劳试验的循环次数不低于 16500 次（计算值 13200）	≥123	≥225（不同取样方向的冲击吸收能量波动范围不超过 50J）	在 650℃ 下 3000h 的平均断裂应力不小于 134MPa

从表 5-16 的对比数据可以看出，锻焊结构的晶粒度、400℃高温屈服强度、冲击吸收能量以及高温持久均满足原始技术要求；虽然锻件疲劳循环次数低于原始技术要求，但高于计算值；熔敷金属及焊接接头疲劳循环次数均高于原始技术要求。此外，锻件及焊接评定的晶粒度、疲劳循环次数、冲击吸收能量、高温持久的对比指标均优于整体锻-轧支承环实际检测结果及拟修订的技术条件。研制单位结合锻焊结构的工艺验证固化参数特制定了《锻焊结构支承环制造技术条件》。

表 5-16 所示的整体锻轧支承环晶粒度、疲劳循环次数、持久时间、冲击吸收能量均匀性等均未满足要求的原因有待进一步分析。但从中间用户对 1 号机组整体锻轧支承环试板的低倍检验（见图 5-53）可以看出，微观组织的不均匀应该是罪魁祸首。由于整锻支承环是用 4 组 16 块（合计 64 块）厚度为 200mm 的不锈钢板真空封焊组坯而成的，氧化膜面积累计≥$260m^2$。氧化膜在扩散连接过程中分解成氧原子并向结合面两侧扩散，与基体中的合金元素结合成纳米级的氧化物，造成了微观组织的不均匀。微观组织的不均匀导致晶粒度不均匀，最终体现在疲劳性能和持久性能的不均匀。

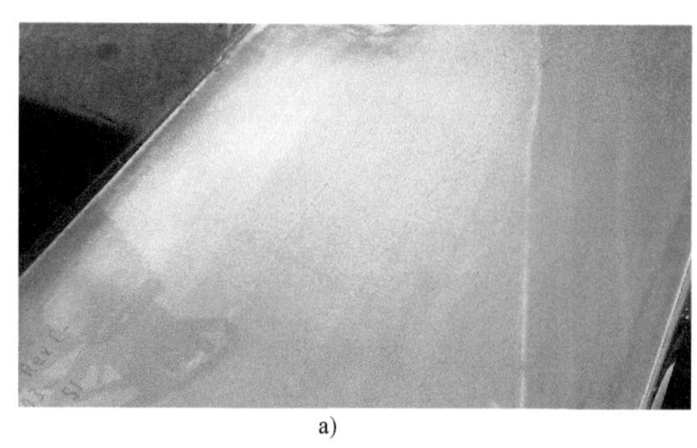
a)

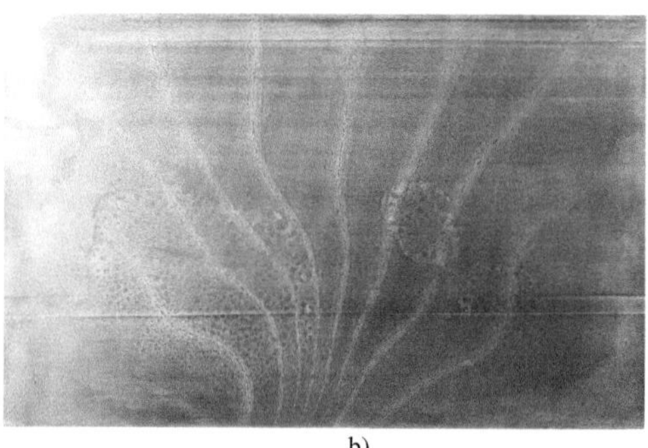
b)

图 5-53　1 号机组整体锻轧支承环试板低倍检验
a）试板正面　b）a 图的垂直面

主容器和保护容器支承环两种制造方式所需的制造周期及制造/采购费用的对比分别见表 5-17 和表 5-18。从表 5-17 可以看出，锻焊结构方案主容器支承环及保护容器支承环的总制造周期为 302 天，整体轧制方案两环的制造周期为 322 天，相比之下，两种制造方案所需制造周期相当，锻焊支承环可以适当缩短制造周期。从表 5-18 可以看出，锻焊结构主容器支承环及保护容器支承环的总制造费用为 4679 万元；整体轧制方案两环的采购费用为 9820 万元（1 号堆）/9570 万元（2 号堆报价），相比之下，锻焊结构支承环方案可以大幅度降低制造成本。

表 5-17　支承环不同制造方式所需的制造周期对比　（单位：天）

制造方式	供货形式	制造工序及周期			合计
锻焊结构	自制	锻件制造 155	焊接 102	机械加工 45	302
整体结构	采购	采购周期 270	运输 7	机械加工 45	322

表 5-18　支承环不同制造方式所需的制造/采购费用对比　（单位：万元）

制造方式	供货形式	费用构成			合计
锻焊结构	自制	锻件制造 2832	焊接 310 无损检测 1417	机械加工 120	4679
整体结构	采购	1 号堆/2 号堆主容器、保护容器支承环（毛坯粗加工交货）合同额：9300/9050	1 号堆主容器、保护容器支承环运输 400	机械加工 120	9820/9570

科学需要求真，技术需要务实。我们常说坚持真理、修正错误。两条研制路线的实际检测结果均与原始技术要求有不同程度的偏差，其中整体成形方式的结果偏差更大，而且疲劳循环次数的最低值甚至低于计算值。虽然在一些不得已的情况下，对 1 号机组的整体成形支承环进行了有条件使用的处理，但不应继续坚持采用成本高、制造周期无明显优势，而且制造技术不够成熟的制造方式，在既增加设备制造费用而又有可能影响长周期设备安全运行的道路上渐行渐远。

针对 F316H 材料在快堆项目上应用尚有需要深入验证及优化之处，国家发展改革委在发改产业〔2021〕389号《国家发展改革委关于印发〈制造业核心竞争力提升五年行动计划（2021—2025年）〉及重点领域关键技术产业化实施要点的通知》中将核电F316H材料作为重点研究对象。期待设计及制造部门通力合作，对F316H材料在更大规格的快堆项目上应用进行深入研究。

5.1.6 应用前景

从图5-17及表5-17关于锻焊结构的锻件验证件晶粒度数据可以看出，坯料分段锻件若采用待研制的超大型多功能液压机一次挤压成形（见图5-54），可提高晶粒度，从而相应提高疲劳强度。整锻支承环尺寸已接近公路运输极限（见图5-55）。1000MW快堆支承环直径将更大，锻焊结构更有利。焊缝RT检测除按图5-56所示进行外，还可以尝试采用已在快堆项目堆内构件部件焊缝无损检测使用的相控阵检测（见图5-57和图5-58）技术进行替代。

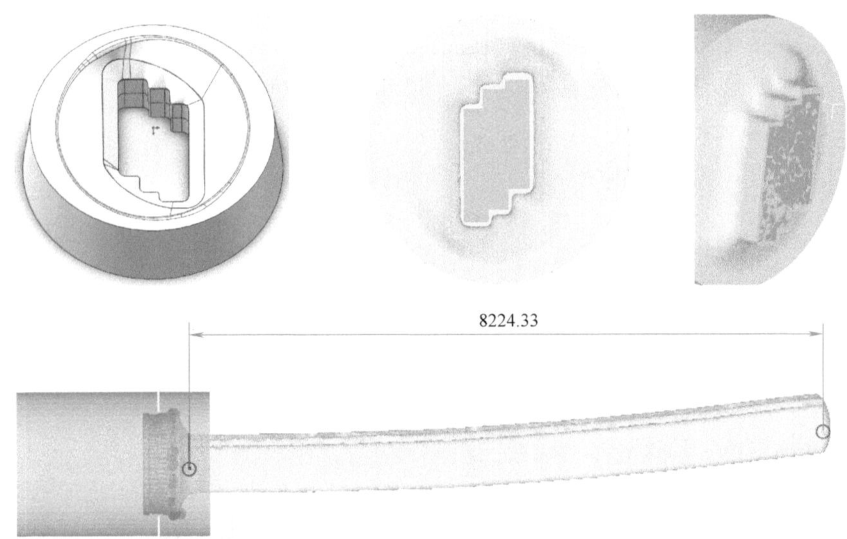

图5-54 锻焊结构支承环锻件坯料一次挤压成形数值模拟

图5-55 600MW快堆整锻支承环运输中

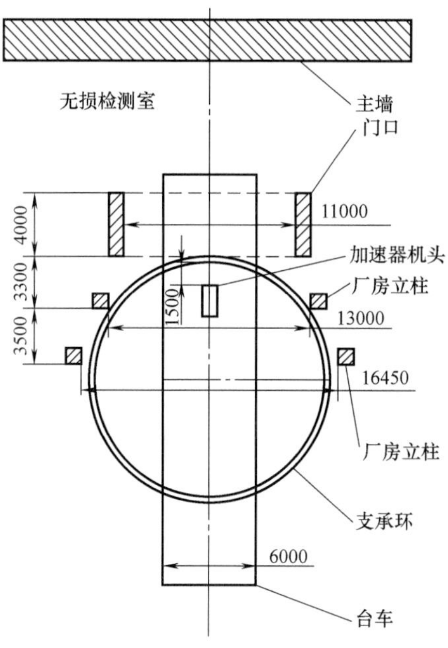

图 5-56　锻焊结构支承环焊缝 RT 检测示意图

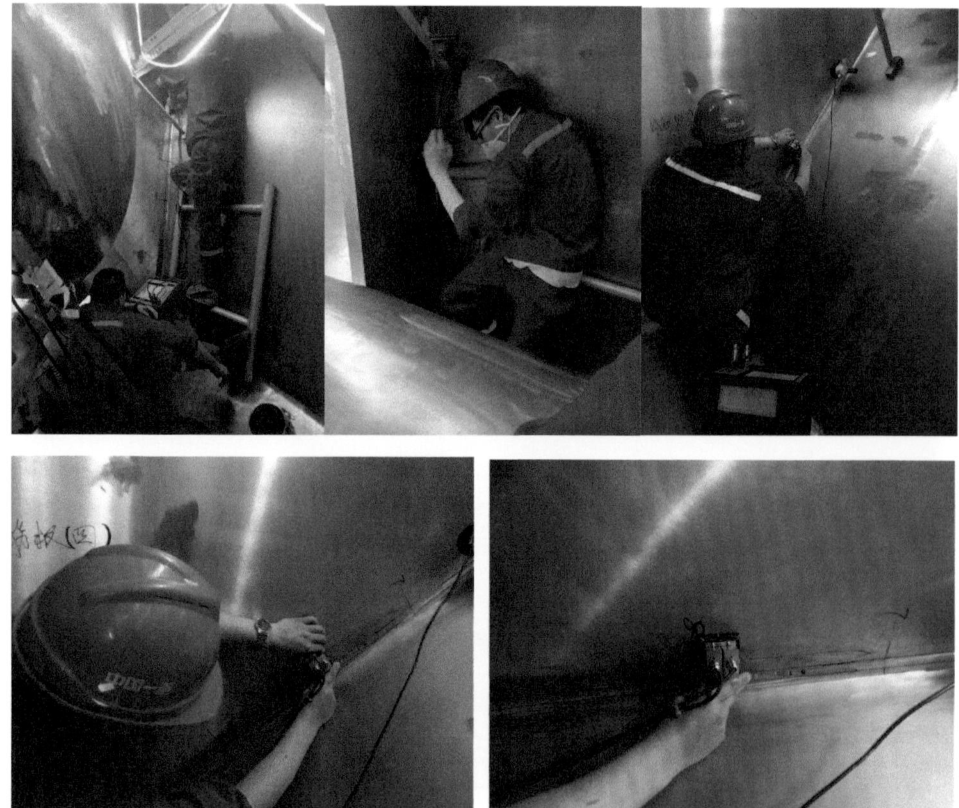

图 5-57　支承环相控阵检测过程

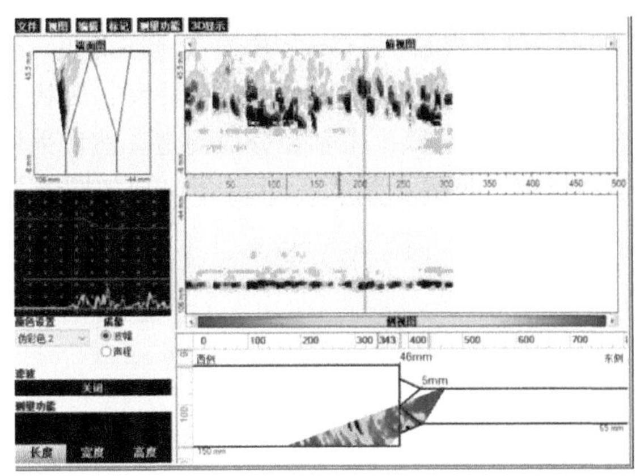

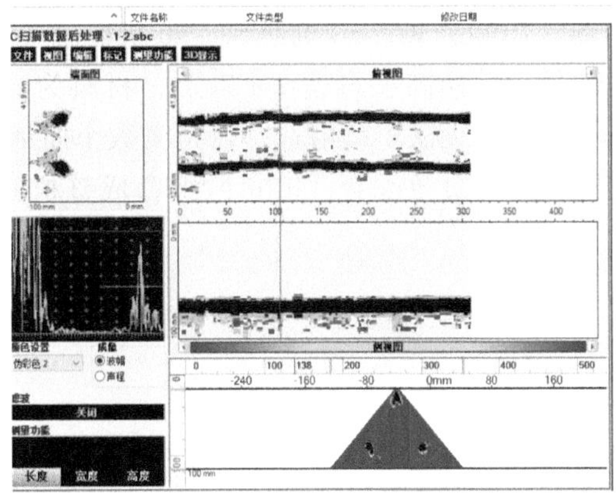

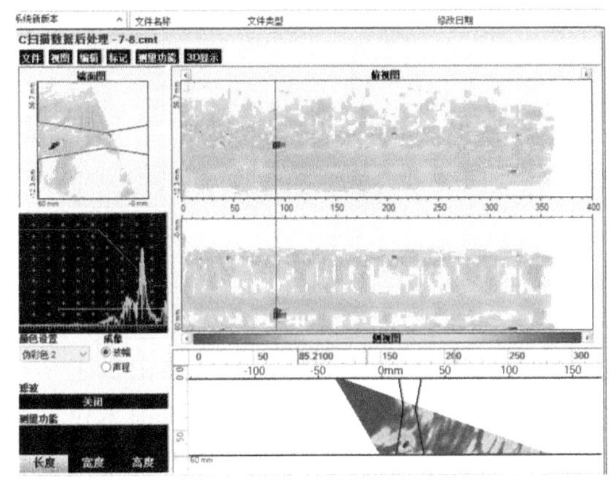

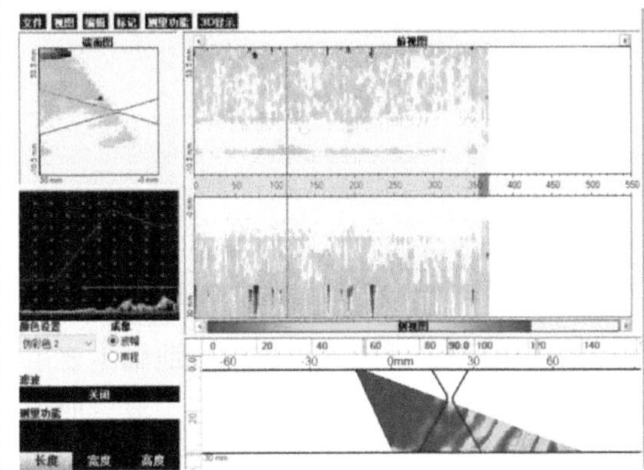

图 5-58　支承环相控阵检测过程分析图像

5.2　船用曲柄

5.2.1　工程背景

曲轴作为船用柴油机的关键部件，被誉为船用柴油机的“心脏”。它是将柴油机各气缸发出的能量汇集起来，再以回转运动的形式传递给螺旋桨，从而推动船舶前进。曲轴的形状复杂，重量大、加工精度要求高、制造技术要求非常严格，所以从某种程度上讲，曲轴的制造能力反映了一个国家的造船工业水平。

在柴油机运转中，曲轴将受到大载荷且周期性变化的扭转、弯曲和压缩等各种应力的作用。在这些载荷的作用下，曲轴可能发生扭转和弯曲变形，以及疲劳裂纹和折断等损坏事故。曲轴的寿命直接关系到柴油机总的使用时间，一旦损坏往往会造成十分严重的后果，使船舶丧失推动力。由于曲轴对船舶的安全起着至关重要的作用，在设计大型船用曲轴时就要求与船舶寿命相等，终身免维护，使用期限一般在二三十年以上。如今，在船舶不断大型化、采用超长冲程的趋势下，柴油机性能参数不断提高，对曲轴的服役提出了更高的性能要求。

船用大功率柴油机曲轴，是与柴油机缸径尺寸配套设计的，呈大小系列品种，如 60 机曲轴、70 机曲轴、80 机曲轴、90 机曲轴等。曲轴一般单根长 5～15m，质量为 30～200t。组成曲轴的曲柄高度可达 2m 以上，材料为高碳钢锻件。由于曲轴尺寸大、质量大、形状复杂，其毛坯无法整体锻造，而是将数个曲柄、两端的轴径、数个主轴径分段制造，然后采用套合技术，过盈配合，把它们组合成整根曲轴。目前，世界上最大的半组合曲轴如图 5-59 所示。

图 5-59　S90ME-C 半组合曲轴

过去，船用低速大功率柴油机曲轴主要由日本神户制钢、韩国现代、韩国斗山重工、捷克维特科维策公司、西班牙曲轴厂、波兰曲轴厂等几家国外公司垄断。现今，我国不仅已拥有中国船舶工业股份有限公司、大连船用柴油机公司、宜昌船舶柴油机公司等大功率柴油机制造企业，还拥有上海船用曲轴有限公司、大连华锐船用曲轴有限公司、中船重工青岛海西重工有限责任公司等批量生产船用低速大功率柴油机曲轴的企业，生产能力逐渐强大。但是国内曲柄锻件不能满足曲轴生产需要，依赖进口供货。

目前国内外船用曲轴锻件市场竞争十分激烈，价格较低，而依靠目前的生产技术，制造成本较高，特别是曲柄锻件，很难产生利润，因此，需要进行曲柄锻件制造工艺研究，降低生产成本。

船用曲柄 FGS 成形技术对于降低曲轴加工制造成本、保证性能参数起到关键作用。

近几年，我国虽然已在造船数量上居世界第一，但韩国造船业依然具有较强的“质量”领先优势，我国要稳固世界第一造船大国的地位，依赖于我国造船业加快由“量”到“质”的提升。我国发展成为世界造船强国不可能是一蹴而就的。但得天独厚的地理条件（广阔的海岸线）和维护国家主权的决心，必将激励我国成为世界造船强国。

按毛坯制造方法分类，柴油机曲轴可分为铸造式曲轴和锻造式曲轴。铸造式曲轴主要采用铸钢制成，可以铸造比较复杂的外观形状。但是，铸钢材质的曲轴韧性差，内应力大，内部组织松散，在很多场合铸钢件曲轴已经不能满足产品性能的要求。锻造式曲轴采用锻钢材料，经过锻压等热加工的方法，改善了材料的组织结构并且消除了铸造孔隙、粗大柱状晶等内部缺陷，使材料内部的组织更加致密、均匀，从而在很大限度上提高了材料的强度和韧性。随着柴油机性能对曲轴质量要求的不断提高，锻造式曲轴越来越受到青睐。曲轴的制造方法还因柴油机缸径尺寸的不同而分为整体式曲轴、组合曲轴和半组合曲轴，并且都可通过铸造和锻造的工艺获得。以锻造方式的尺寸分布为例，传统的柴油机曲轴可以使用模锻法将整根曲轴锻出，也可通过自由锻造法和特殊锻造法做成半组合曲轴，缸径大的曲轴受到锻造工艺和设备的限制一般需要使用组合锻造法锻出。

结合国内多年曲柄锻件的制造经验，以及近年来国内超大型成形设备建设力度的逐渐加大，中国一重联合河北宏润，以目前世界最大的 S90ME-C 型曲柄（见图 5-60）为研究对象，共同合作开发出超大型曲柄锻件 FGS 锻造技术，大幅提高了曲柄锻件的制造效率和材料利用率，同时也提高了锻件的各项力学性能及疲劳性能，为国内船用大型半组合曲轴的制造提供了实践经验，拓展了曲柄的制造思路。

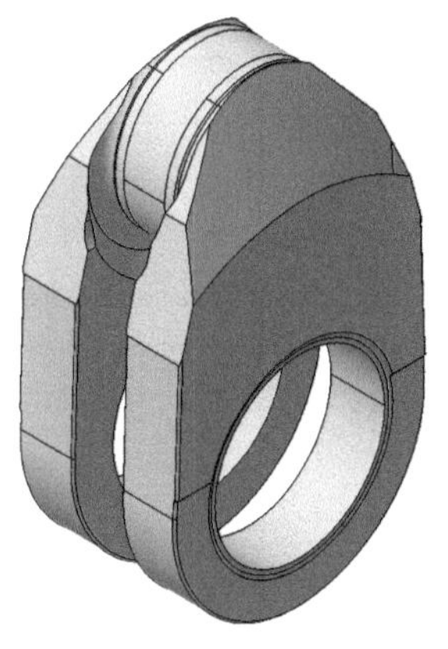

图 5-60　S90ME-C 半组合曲柄立体图

5.2.2　试验方案

曲柄是柴油机的重要部件，其工况恶劣，且受反复交变载荷作用，因此质量要求较高，分区无损检测局部要求缺陷当量≤ϕ1.5mm。为此，选用双真空钢锭，并在模锻成形前进行开坯处理，压实疏松，破碎铸态组织及冶金缺陷，经两次镦拔后再进行模锻成形。具体试验方案如下所述。

1. 试制工艺流程

试制件的制造流程包括：炼钢、铸锭—锻造（自由锻制坯、模内挤压成形）—锻后热处理—性能热处理—半精加工—UT 自检—精加工—UT、MT、PT—解剖—各项检验—报告审查。

钢液在电炉内冶炼，钢包内精炼。通过真空处理获得纯净的钢液，以便得到纯净的钢液。在钢液中加入合适的脱氧剂达到去除氧的目的。钢液温度及化学成分达到要求后，在保护气氛下进行浇注，钢锭完全凝固后，运送到锻造厂进行锻造。

2. 毛坯制备工艺

曲柄评定锻件图如图 5-61 所示，锻件质量为 37.5t，选用 67t 钢锭进行锻造，其中锻造制坯在 60MN 水压机上完成，在 500MN 挤压机上 FGS 锻造成形曲柄锻件，其锻造工艺流程见表 5-19。

表 5-19　曲柄锻造工艺流程

序号	工序	简图	设备规格
1	压钳口、倒棱、切水口弃料	气割 ϕ1600 3060 220(含刀口)	60MN 或 100MN

（续）

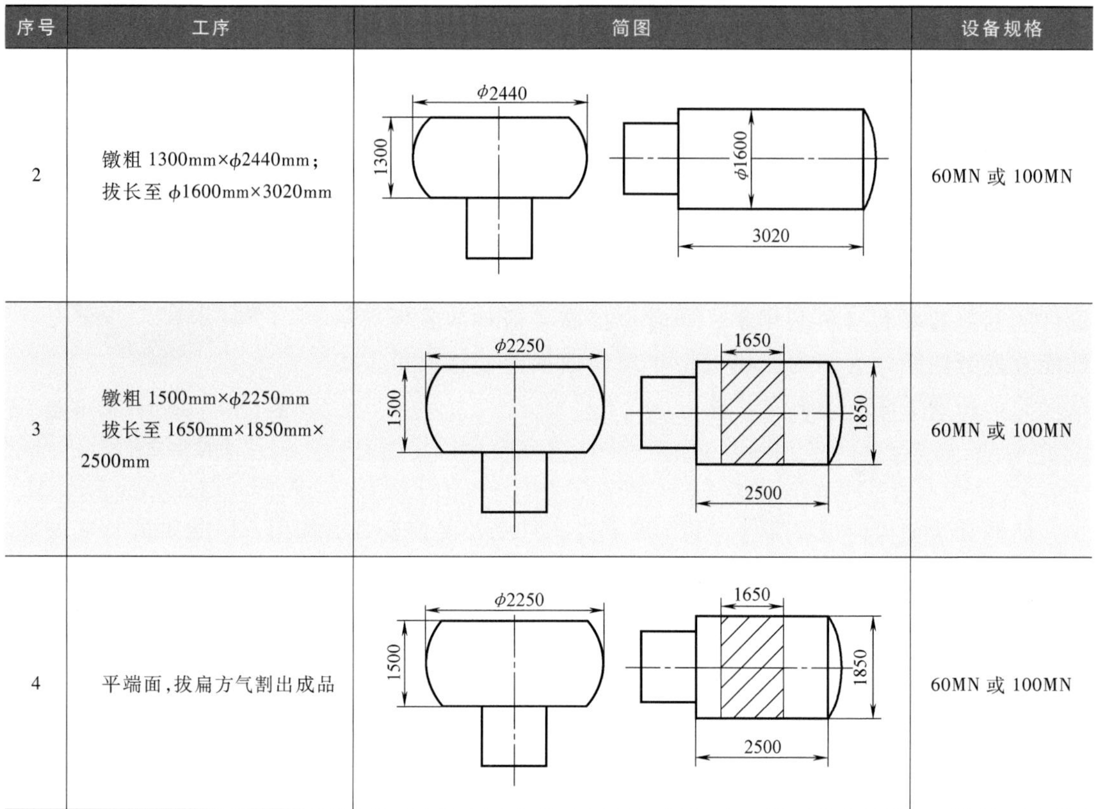

序号	工序	简图	设备规格
2	镦粗 1300mm×ϕ2440mm； 拔长至 ϕ1600mm×3020mm	ϕ2440，1300；ϕ1600，3020	60MN 或 100MN
3	镦粗 1500mm×ϕ2250mm 拔长至 1650mm×1850mm×2500mm	ϕ2250，1500；1650，1850，2500	60MN 或 100MN
4	平端面，拔扁方气割出成品	ϕ2250，1500；1650，1850，2500	60MN 或 100MN

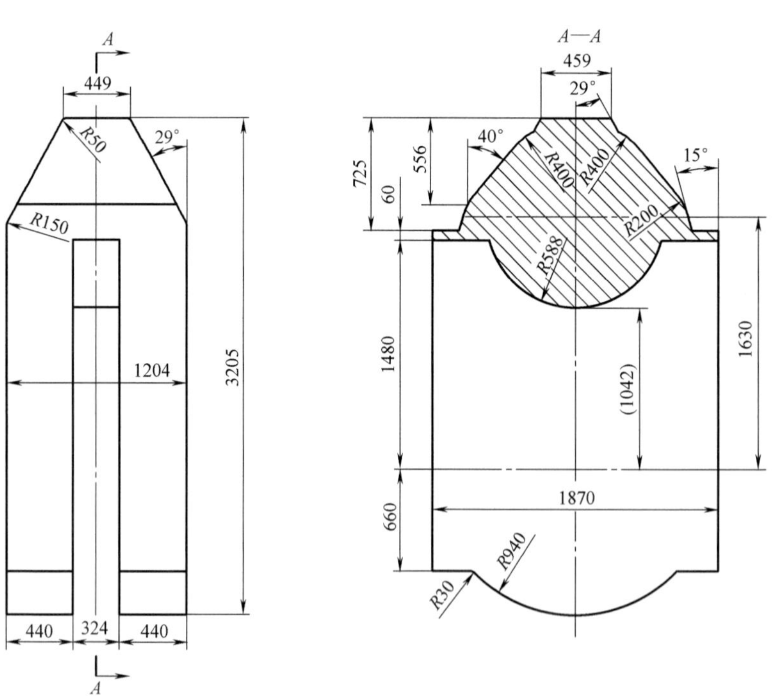

图 5-61　曲柄评定锻件图

3. 模锻成形方案

锻件的模锻成形过程见图 5-62，曲柄锻件从形状上看近似于一方形截面锻件，因此坯料也应设计成方形截面，更有利于模腔充型。为了实现 FGS 锻造，采用双工位成形，即先进行模内镦粗，随后进行舌板冲压成形的工艺方案，使锻件模锻后不存在变形死区，且锻件表面均处于压应力状态，更有利于锻件疲劳性能的提升。

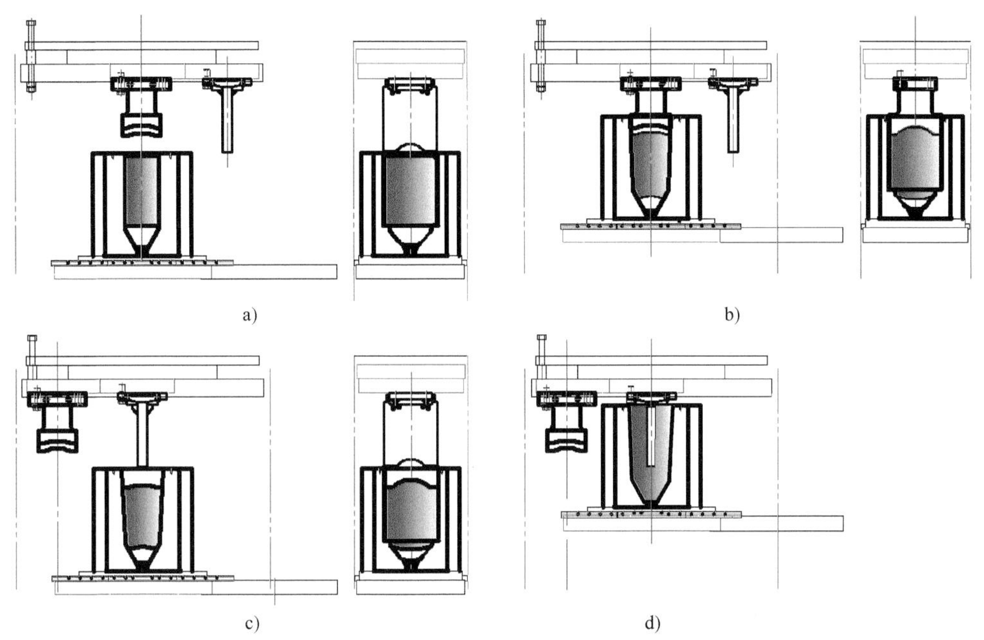

图 5-62　曲柄锻件模锻成形过程

a）模内镦粗前对中　b）模内镦粗结束　c）舌板冲压成形开始　d）舌板冲压成形结束

由于曲柄下模模腔截面为方形，其用于模内镦粗的镦粗杆也为一方形截面模具，这就为模锻前的对中制造了较大难度。舌板为一长方形扁方模具，为避免舌板冲压成形后抱死，一方面，舌板应预制一定的拔模斜度，因此下模模腔也需要随形预制拔模斜度，从而使锻件成形后两支臂上下厚度一致；另一方面，舌板的宽度方向与下模之间的间隙也需要进行合理设计，间隙过大则冲压成形后两侧不能完全成形，间隙过小，则冲压成形过程中可能会因为冲偏造成舌板与下模干涉，破坏下模模腔表面。对于 S90ME-C 型曲柄，设计间隙为单边 10mm。下模内腔下端预制一水平凸台，从而保证坯料放入模腔后能够保持垂直且不倾倒至一侧，另外坯料与下模之间的间隙也不宜过大，这样才能保证坯料对中。

模锻过程采用 500MN 液压机的双工位功能，即采用异形镦粗杆先进行模内镦粗曲柄支臂上端轮廓，随后再用舌板冲压成形，成形曲柄内裆。模内镦粗时不必将下端模腔充满，只需将上端轮廓成形即可，在舌板冲压成形时，由于成形深度较深，下模内腔会继续充型直至完全充满。成形后采用退料叉压住坯料将舌板拔出，随后用顶出缸将锻件顶出，从而可实现曲柄的连续制造。

4. 模锻成形数值模拟

图 5-63 所示为曲柄模锻成形过程数值模拟结果，模锻成形经模内镦粗、冲盲孔两道工序。成形温度为 1250℃（炉温），采用长方体坯料，放入下模后，坯料自动找正，然后用镦粗杆镦粗，上端轮廓成形后换第二工位进行舌板冲压成形，坯料反挤压的同时，下端继续充

型饱满。模拟模内镦粗最大成形力为 110MN，冲盲孔成形力为 170MN。从模拟结果可以看出，锻件各处充型效果完好，采用双工位功能，则进一步降低了整体成形载荷，相比于单工位的 390MN 载荷，采用双工位成形不仅使金属流动更为合理，同时也降低了设备及模具损耗。曲柄锻件模锻各工位的变形过程如图 5-64 所示。

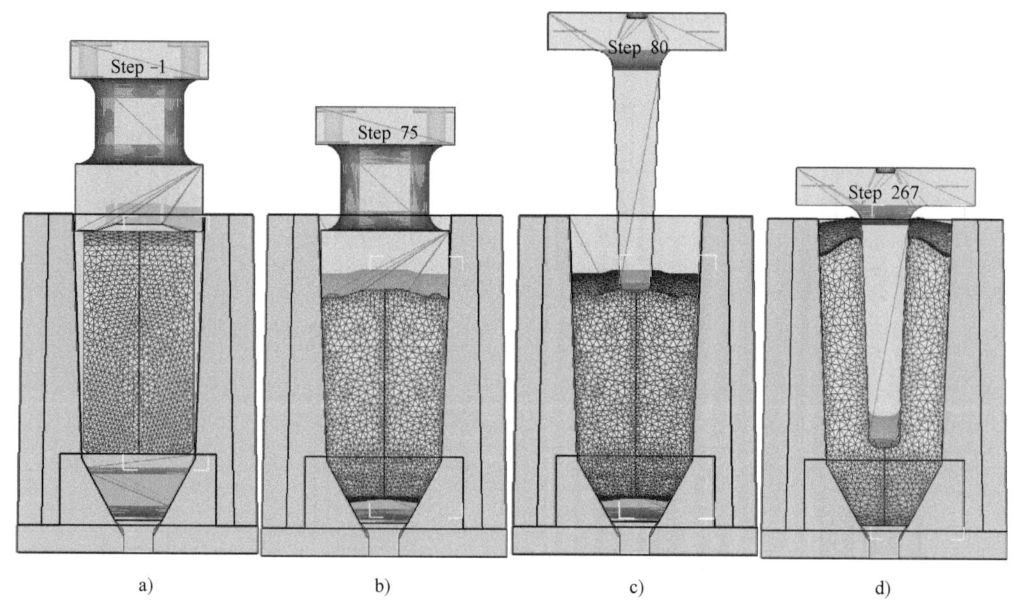

图 5-63　曲柄模锻成形过程数值模拟结果

a）模内镦粗开始　b）模内镦粗结束　c）舌板冲压成形开始　d）舌板冲压成形结束

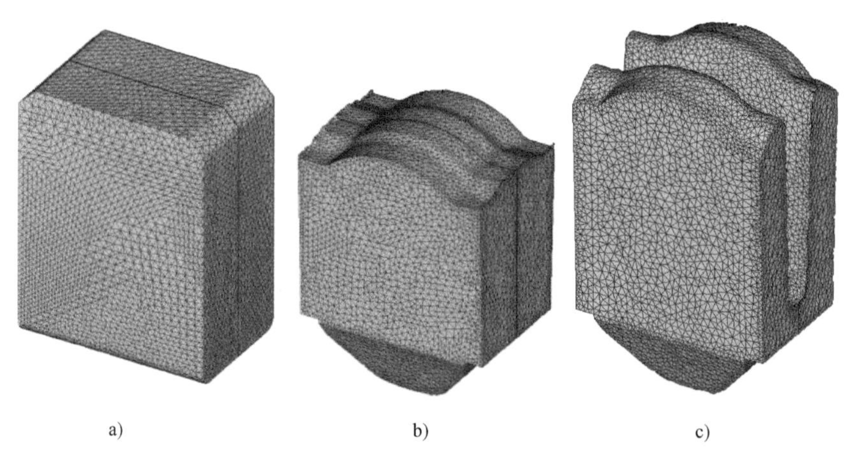

图 5-64　曲柄锻件模锻各工位变形过程

a）坯料制备　b）镦粗　c）舌板冲压成形

图 5-65 所示为曲柄双工位成形过程中各工序完成后的等效应变分布情况，从图 5-65 中可以看出，模内镦粗成形后，锻件心部位置变形量较小，且上部端面圆弧位置存在一定的变形死区，下端中心位置变形量较小，坯料四角位置由于其轮廓变化较大，因此变形量也较

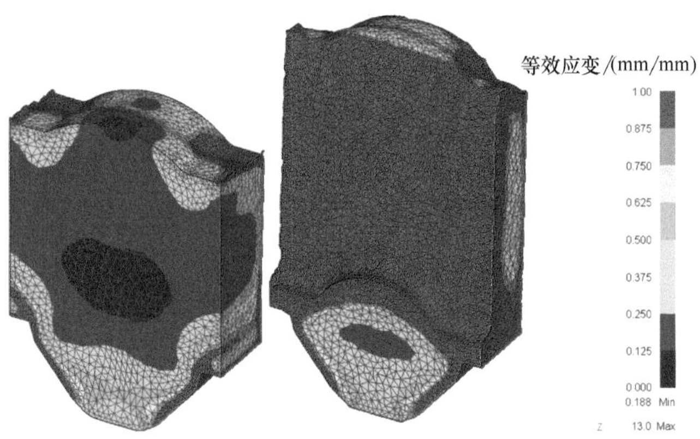

图 5-65 等效应变分布情况

大。舌板冲压成形后，各位置均发生了较大变形，其中，两支臂变形量最大，而曲柄下端轴径内部仍存在一定变形量较小的部位，最小应变为 0.2。

5. 热处理方案

锻件经模锻成形后进行性能热处理，由于锻件截面厚度较大，且截面变化大，锻件很难实现各位置冷却速率的均匀，在模锻过程中，即使保证各位置均能实现较大变形量的前提下，也无法实现各位置的性能均匀性。对于如此规格的曲柄锻件而言，采用一般的性能热处理方式，锻件性能尤其是解剖位置的韧性指标很难合格，因此，在锻件热处理前，有必要对曲柄所用材料 S34MnV 进行相关热处理试验。

采用 S34MnV 材料等壁厚等截面尺寸锻件进行性能热处理试验。采用两次正火细化晶粒，第二次正火采用鼓风喷雾处理的热处理方式，具体热处理曲线如图 5-66 所示，在不同深度取试样进行性能检验。

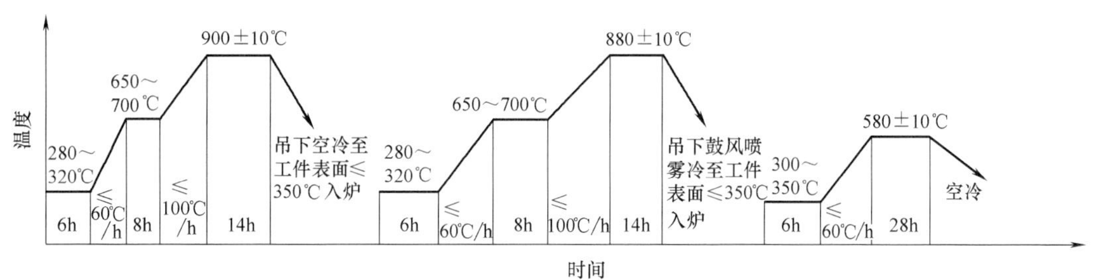

图 5-66 S34MnV 试验料性能热处理方案

试验料热处理后取样并分解成 A（壁厚 310mm）、B（壁厚 310mm）、C（壁厚 700mm）、D 共 4 块试料，每块试料不同深度检验化学、组织和力学性能。C 料性能检验结果见表 5-20。

表 5-20 S34MnV 试验料性能检验结果

位置	方向	室温				室温冲击				
		$R_{p0.2}$/MPa (≥350)	R_m/MPa (≥610)	A(50mm)(%) (≥18)	Z(%) (≥40)	KV/J L≥18J，T≥14J			均值	最小值
CW-L	纵向	636	807	21.5	57	21	19	12	17	12
CW-L	纵向	621	803	22	56	27	26	25	26	25

（续）

位置	方向	室温				室温冲击				
		$R_{p0.2}$/MPa (≥350)	R_m/MPa (≥610)	A(50mm)(%) (≥18)	Z(%) (≥40)	KV/J L≥18J，T≥14J			均值	最小值
CX-L	纵向	606	800	24.5	53	24	11	22	19	11
CX-L	纵向	603	803	21	54	12	8	17	12	8
CZ-L	纵向	605	798	20	54	26	14	20	20	14
CZ-L	纵向	602	799	19.5	52	13	22	14	16	13
CN-L	纵向	602	799	20	54	25	29	17	24	17
CN-L	纵向	595	797	20	56	17	24	16	19	16
CW-T	横向	632	818	19	55	26	22	15	21	15
CW-T	横向	640	818	23	54	24	30	26	27	24
CX-T	横向	614	802	18	52	26	14	26	22	14
CX-T	横向	617	801	25	50	28	25	31	28	25
CZ-T	横向	600	795	23.5	55	26	25	22	24	22
CZ-T	横向	612	796	19	54	27	26	18	24	18
CN-T	横向	606	795	20	56	19	27	26	24	19
CN-T	横向	606	797	19	56	25	26	12	21	12

注：C—试料 C，W—距外表面 20mm，X—距外表面 200mm，Z—距外表面 380mm，N—距内表面 80mm，L—纵向，T—横向。

从表 5-20 可以看出，强度高出标准要求约 250MPa，伸长率整体偏低，个别位置基本满足要求，冲击吸收能量整体偏低，大部分位置不满足要求，晶粒度为 5 级。

为降低强度，提高伸长率和冲击吸收能量。取 C 料位置余料分别在 620℃、660℃进行补充回火，结果见表 5-21。从表 5-21 中可以看出，经补充回火后，锻件强度下降，伸长率提高明显，可以满足要求，但冲击吸收能量未得到有效改善，部分位置仍不满足要求。

表 5-21　补充回火后的性能检验结果

补充回火	室温拉伸				室温冲击				
	$R_{p0.2}$/MPa (≥350)	R_m/MPa (≥610)	A(50mm)(%) (≥18)	Z(%) (≥40)	KV/J L≥18J，T≥14J			均值	最小值
620℃	445	708	23.5	60	28	15	23	22	15
660℃	410	629	24	62	17	27	29	24	17

重新取试验料 F（尺寸：300mm×300mm×700mm），并提高正火温度进行重新热处理，从而使锻件内部组织均匀化，具体工艺方案如图 5-67 所示。重新热处理后试验料 F 的性能

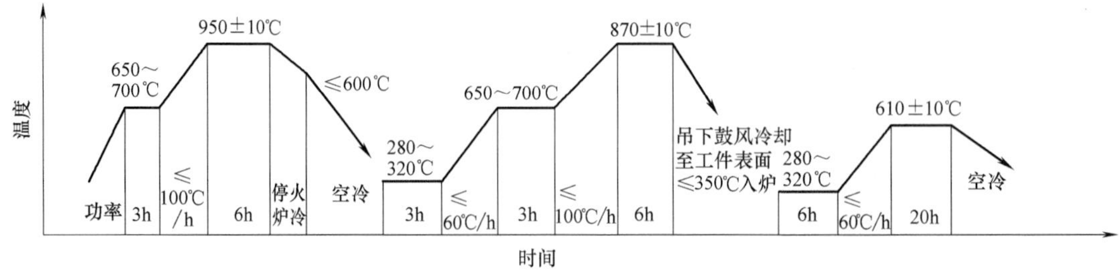

图 5-67　重新热处理曲线

见表 5-22，从表 5-22 可以看出，其强度偏高，伸长率偏低，个别位置不满足要求，但冲击吸收能量较均匀且全部合格，与前期数据相比，冲击吸收能量得到明显改善。从图 5-67 和表 5-22 中可以看出，提高第一次正火的温度从而实现锻件内部均匀化，可有效提高材料的冲击指标，而塑性指标还需要进行补充试验。

表 5-22　重新热处理后试验料 F 的性能检验结果

位置	方向	室温				室温冲击				
		$R_{p0.2}$/MPa (≥350)	R_m/MPa (≥610)	A(50mm)(%) (≥18)	Z(%) (≥40)	KV/J L≥18J, T≥14J			均值	最小值
F01	纵向	584	768	21.5	59	29	34	42	35	29
F02	纵向	578	762	19.5	58	38	52	34	41	34
F03	横向	584	775	19	56	26	29	34	30	26
F04	横向	590	776	17.5	53	25	31	28	28	25

在试验料 F 的余料处取样，在模拟炉中分别按不同热处理制度进行模拟试验。模拟炉采用 2℃/min 的冷却速度，模拟大锻件正火过程冷却速度。采用 830℃正火+580℃回火参数后，强度、伸长率和冲击吸收能量的匹配结果良好，有较大的余量，具体见表 5-23。

表 5-23　试验料 F 余料处取样经补充热处理试验后的性能检验结果

热处理制度	室温				室温冲击				
	$R_{p0.2}$/MPa (≥350)	R_m/MPa (≥610)	A(50mm)(%) (≥18)	Z(%) (≥40)	KV/J L≥18J, T≥14J			均值	最小值
870℃鼓风+660℃回火	487	658	25	64	50	54	66	57	50
880℃鼓风+580℃回火	451	747	22	53	27	29	28	28	27
830℃鼓风+580℃回火	421	676	24	61	78	94	88	87	78
780℃鼓风+580℃回火	403	652	27.5	64	55	60	56	57	55

对各种热处理制度的金相组织进行对比，可以看出，采用喷雾（F 料鼓风）后，组织为贝氏体+珠光体+铁素体混合组织（见图 5-68），组织均匀性差。采用 950℃高温退火细化晶

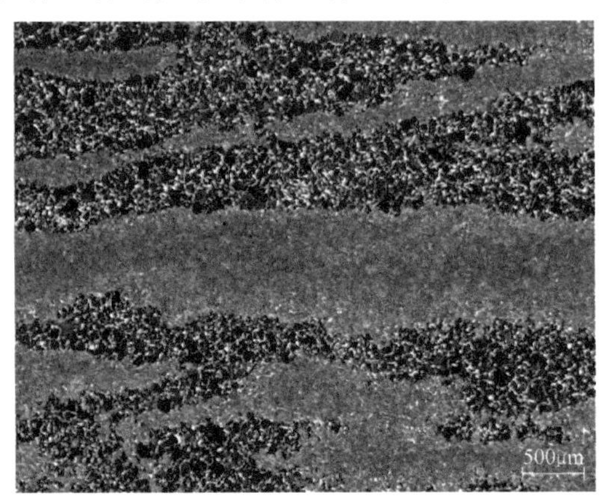

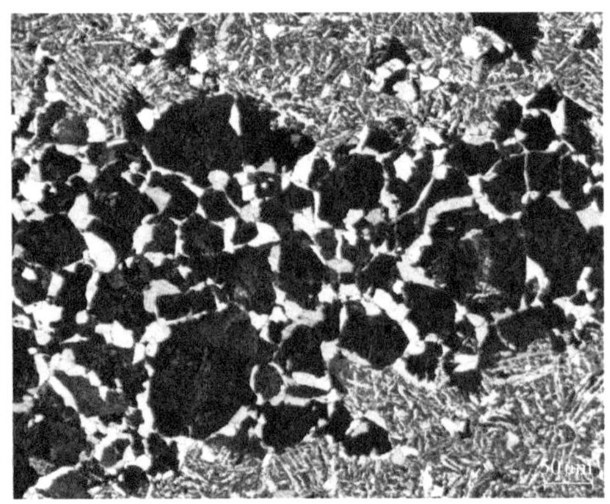

图 5-68　喷雾冷却后组织

粒+低温正火后，组织为珠光体+铁素体混合组织（见图 5-69），组织分布均匀，铁素体含量较高，韧性较好。正火喷雾冷却后，组织中有大量贝氏体，组织均匀性较差，冲击韧性难以得到改善。经过 950℃ 高温正火后，组织得到均匀化、晶粒得到细化，强度和韧性得到改善。

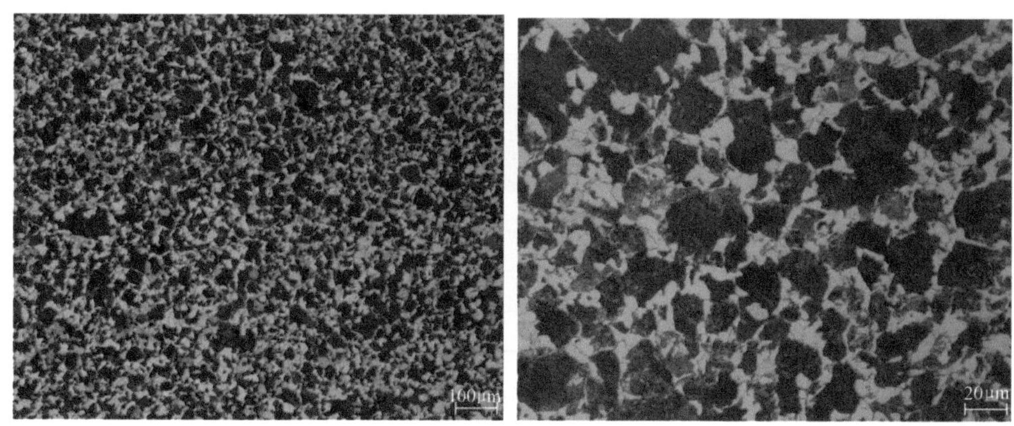

图 5-69　950℃细化晶粒+830℃正火（2℃/min 的冷却速度）后组织

试验结果表明，S34MnV 材料细化组织后，可采用两种强韧性较好的工艺方案：第一种方案为喷雾（鼓风）冷却+660℃高温回火，得到大量贝氏体+珠光体+铁素体组织。此方案不符合标准要求，金相组织也与国内其他厂家不一致。同时也存在冷却不均匀，各个位置性能差别较大的风险。第二种方案为空冷+580℃回火。得到珠光体+大量铁素体组织。此方案冷却速度较慢，全截面性能均匀性较好。综上所述，S90ME-C 型曲柄锻后热处理及性能热处理方案：首先进行高温退火处理（见图 5-70），从而有效调整和均匀化组织，细化晶粒。

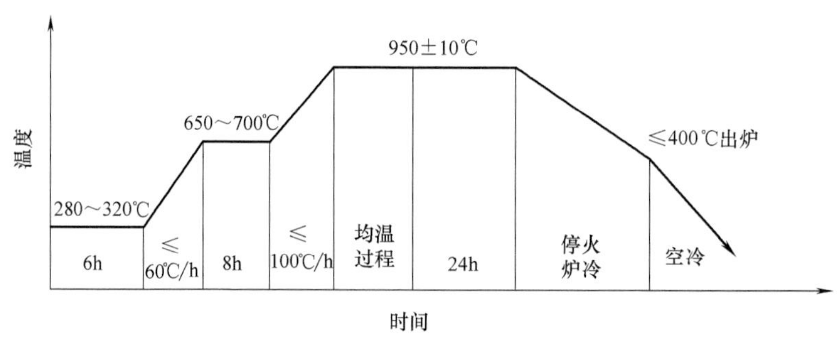

图 5-70　S90ME-C 型曲柄锻后热处理方案

性能热处理采用两次正火（见图 5-71），第二次低温正火在曲柄最厚部位鼓风，尽量保证各部位的冷却速度一致。随后采用 580℃ 回火工艺，最终在得到最优的强韧性匹配的同时，截面不同深度下的材料性能均趋于一致。

6. 取样方案

为满足曲柄锻件评定试验要求，需要进行两件曲柄锻件的制造，其中一件用于评定，锻

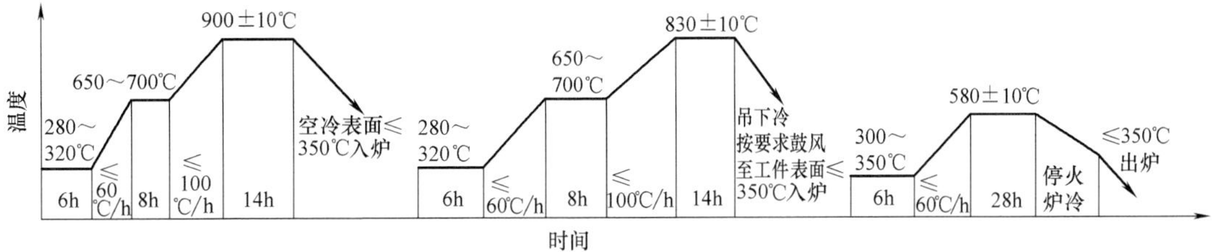

图 5-71　S90ME-C 型曲柄性能热处理方案

件在完成性能热处理后需要进行解剖检验，从而评定锻件各位置的力学性能。此外，还需要进行一件产品件的制造，验证工艺可重复性。产品件取样按相关标准中 A、B、C 三处位置根据自身制造过程自行确定取样位置。解剖件评定取样位置示意图如图 5-72 所示，取样数量及试验内容见表 5-24，性能要求见表 5-25。

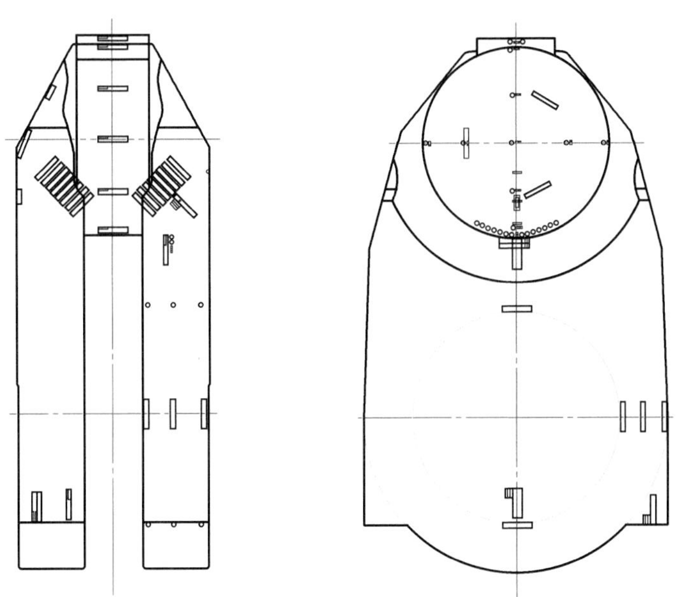

图 5-72　曲柄解剖件评定取样位置示意图

表 5-24　取样数量及试验内容

委托编号/试验编号	试验内容	规格方法
FT1～FT31	轴向载荷，疲劳试验，31 个	
TC1	ϕ14mm 试样拉伸试验，1 个，中心部位金相检验（100×、200×、500×），检验区域不能受拉力试验影响，铁素体晶粒度，夹杂物等级	拉力 GB/T 228.1—2021 硬度 GB/T 231.2—2012 金相可截掉断口 10mm 制取 力-变形曲线，加载速率报告
TC2	ϕ14mm 试样拉伸试验，1 个	

（续）

委托编号/试验编号	试验内容	规格方法
KVC1~KVC3 KVC43~KVC45	V 型冲击，6 个	GB/T 229—2020　脆性面积百分比，侧膨胀，可以一个料棒出三个冲击样，以下类同
TC3	ϕ14mm 试样拉伸试验，1 个，中心部位金相检验（100×、200×、500×），检验区域不能受拉力试验影响，铁素体晶粒度，夹杂物等级，化学分析（C、Si、Mn、P、S、Cr、Ni、Mo、Cu、V、Al、Nb、Ti、B、As、Sb、Sn、H、O、N）	拉力 GB/T 228.1—2021 硬度 GB/T 231.2—2012 金相可截掉断口 10mm 制取 力-变形曲线 加载速率报告
TC4	ϕ14mm 试样拉伸试验，1 个	硬度 GB/T 231.2—2012 金相可截掉断口 10mm 制取 力-变形曲线，加载速率报告
KVC4~KVC6	V 型冲击，3 个	
TC5	ϕ14mm 试样拉伸试验，1 个	
TC6	ϕ14mm 试样拉伸试验，1 个	
TC7	ϕ14mm 试样拉伸试验，1 个，中心部位金相检验（100×、200×、500×），检验区域不能受拉力试验影响，铁素体晶粒度，夹杂物等级，化学分析（C、Si、Mn、P、S、Cr、Ni、Mo、Cu、V、Al、Nb、Ti、B、As、Sb、Sn、H、O、N）	拉力 GB/T 228.1—2021
TC8	ϕ14mm 试样拉伸试验，1 个，	拉力 GB/T 228.1—2021
TC9	ϕ14mm 试样拉伸试验，1 个，中心部位金相检验（100×、200×、500×），检验区域不能受拉力试验影响，铁素体晶粒度，夹杂物等级，化学分析（C、Si、Mn、P、S、Cr、Ni、Mo、Cu、V、Al、Nb、Ti、B、As、Sb、Sn、H、O、N）	
TC10	ϕ14mm 试样拉伸试验，1 个，	
TC11	ϕ14mm 试样拉伸试验，1 个，中心部位金相检验（100×、200×、500×），检验区域不能受拉力试验影响，铁素体晶粒度，夹杂物等级，化学分析（C、Si、Mn、P、S、Cr、Ni、Mo、Cu、V、Al、Nb、Ti、B、As、Sb、Sn、H、O、N）	
TC12~TC16	ϕ14mm 试样拉伸试验，5 个	
KVC7~KVC42	V 型冲击　36 个	
TT1	ϕ14mm 试样拉伸试验，化学分析（C、Si、Mn、P、S、Cr、Cu、Ni、Mo、Al、Ti、N、V、As、Sb、Sn、B、Nb、H），中心部位金相照片（100×、200×、500×），铁素体晶粒度	H 样可在其他料棒上制取
TT2	ϕ14mm 试样拉伸试验，中心部位金相照片（100×、200×、500×），铁素体晶粒度	
TT3~TT6	ϕ14mm 试样拉伸试验，4 个	
KVT1~ KVT9	V 型冲击，9 个	
TT9~TT23	ϕ14mm 试样拉伸试验，15 个，	
MS	宏观组织，记录缺陷，偏析，1 个	

表 5-25　S90ME-C 型曲柄性能要求

试验项目	判定标准
力学性能 ($R_{p0.2}$、R_m、A、Z、KV)	$R_{p0.2}\geqslant 350MPa$
	$R_m\geqslant 610MPa$
	$A\geqslant 18\%$
	$Z\geqslant 40\%$
	纵向 $KV\geqslant 18J$
	横向 $KV\geqslant 14J$
低倍、金相	GB/T 10561—2005 GB/T 6394—2017 GB/T 13298—2015
UT	见 MAN B&W 公司文件 0743099-1 要求
MT	

5.2.3　工程试验

1. 坯料制备

冶炼两只 67t 双真空钢锭，经压钳口、镦拔、镦粗、归方后拔扁方出成品。为保证入模尺寸，坯料进行粗加工，依据内模敞口端尺寸及曲柄毛坯尺寸，两件曲柄粗加工尺寸分别为 1190mm×1860mm×2450mm 及 1194mm×1830mm×2480mm，下料质量均约为 40t。坯料制备过程如图 5-73 所示。

a)

b)

图 5-73　坯料制备过程

a）压钳口、镦拔　b）归方后拔扁方出成品

c)

图 5-73 坯料制备过程（续）

c）粗加工

2. FGS 锻造

（1）模具准备 曲柄 FGS 锻造成形所需的两件凸模组件立体图如图 5-74 所示，即用于模锻的镦粗锤头及用于反挤压成形的舌板。两种模具材料均选用优质热作模具钢 H13，两种试验模具均选用整体模具制造方案（锻件毛坯见图 5-75）。由于截面较大，导致网状碳化物析出严重，给性能热处理造成很大风险。此外，大截面的 H13 材料虽然采用电渣重熔制坯，也出现了较严重的无损检测缺陷等质量问题。因此，用于超大型模锻件的模具设计及制造是今后必须引起注意的问题，这也为组合式、轻量化模具的设计提供了经验积累。模具在调质热处理后，由于硬度较高，加工困难，因此模具的制造方法也是今后值得关注的主要问题。

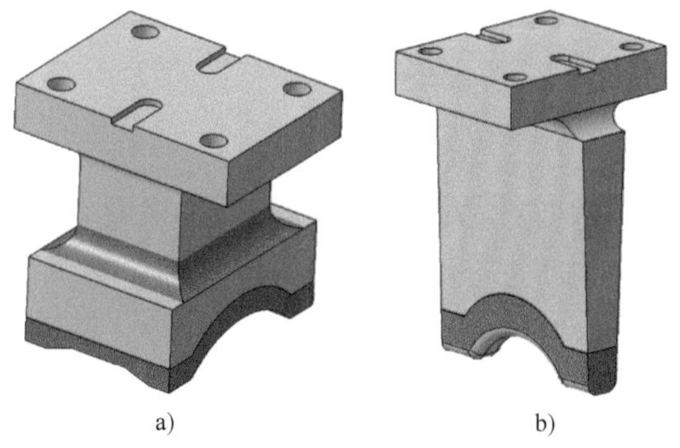

a) b)

图 5-74 凸模组件立体图

a）镦粗锤头 b）舌板

a)

b)

图 5-75 上模组件自由锻毛坯

a）镦粗锤头 b）舌板

锻件下模采用分体组合设计，一方面利于制造，从而降低制造成本，另一方面也避免了局部位置损坏导致整个下模报废的风险，具体装配示意如图 5-76 所示，组合内模分为五部分，模具装配后整体外部轮廓为圆柱形，与相应外套装配，内模由 4 块侧板以及 1 个底座构成，5 件模具共同构成曲柄方形模腔。其中，4 块侧板由于在成形过程中受摩擦力较大，为提高模具使用寿命，采用铬钼钢锻件；底座为普通碳素钢铸件。

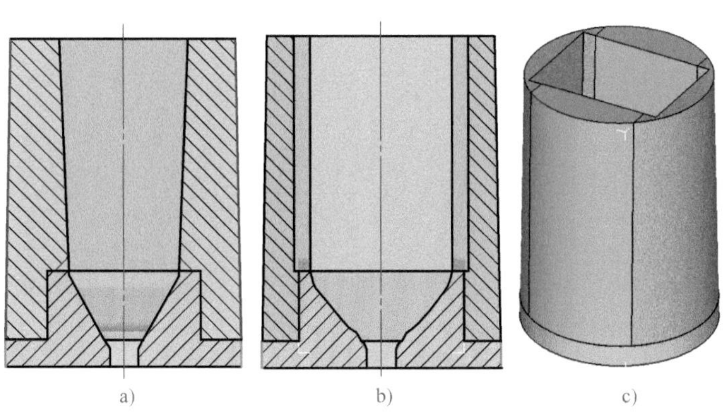

图 5-76　组合式下模装配示意

a）沿较短侧板纵剖图　b）沿较长侧板纵剖图　c）立体图

（2）上下模对中　由于曲柄模腔、上模组件以及坯料均为方形，这给上下模、坯料与下模之间的对中造成了较大困难，上模与下模之间理论间隙控制在 10mm 左右，但由于液压机自身存在误差，导致 4 处位置间隙很难实现一致。模锻前实测镦粗杆各处间隙如图 5-77 所示。此间隙在可接受误差范围内。

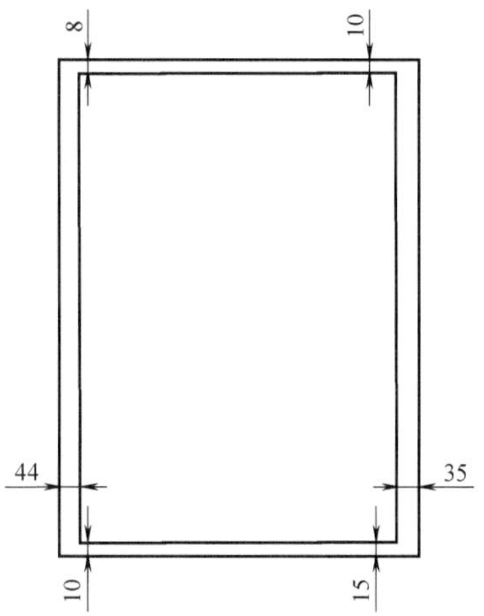

图 5-77　实测镦粗杆与下模型腔入口处间隙（单位：mm）

为防止镦粗时镦粗杆磕碰到下模边缘，在模锻伊始，人为观察镦粗杆是否可完全进入模具后再行锻造。模具对中后，可采取以下措施确保下模移动终止位置：

1）在液压机动梁下垫板焊接挡块作为机械限位。

2）调整行程开关位置以约束下滑板行程。

3）在动梁下垫板上画线，以确定行程是否到位。

上模镦粗杆位置为上移动台移动的极限，冲头定位好之后在上滑板框架焊接挡块，实现机械定位。

往复推拉上移动台并测量上下模间隙，确保模锻时上下模对中，具体如图 5-78 所示。

镦粗工序理论行程为 1800mm，冲孔工序理论行程为 2400mm，上模定位方式为动梁侧面焊接标尺，并在液压机框板上做行程标记，标尺与行程标记对正即到达行程。最终镦粗及冲孔行程，需要与压力和现场挤压实际情况相结合。

坯料表面上存在部分氧化铁皮以及铁皮坑，需要进行碳弧气刨并打磨圆滑过渡，经技术人员检验通过后方可装炉；入模端两边气割倒角方便将坯料放入模具，气割倒角尺寸为 100mm×100mm，随后气刨打磨圆滑。

图 5-78 上移动台调试

上端面按图 5-79 所示气割倒角，避免在镦粗过程中翻料，气割后同样将气割面打磨光滑；坯料上面焊接吊耳用于冷试，冷试后气割吊耳并将焊肉气刨清理干净。

冷试过程中，坯料放置于内模后的位置关系如图 5-80 所示，坯料全部落入模具，坯料上端面距内模上端面约 80mm，用于镦粗锤头导向，下端面紧贴在下底垫上面。坯料放入模具后，观察坯料是否放正，并反复推拉下滑板，观察滑移过程中坯料是否晃动或发生倾斜。冷试后坯料气割吊耳，然后装炉并准备升温。

图 5-79 处理后坯料状态

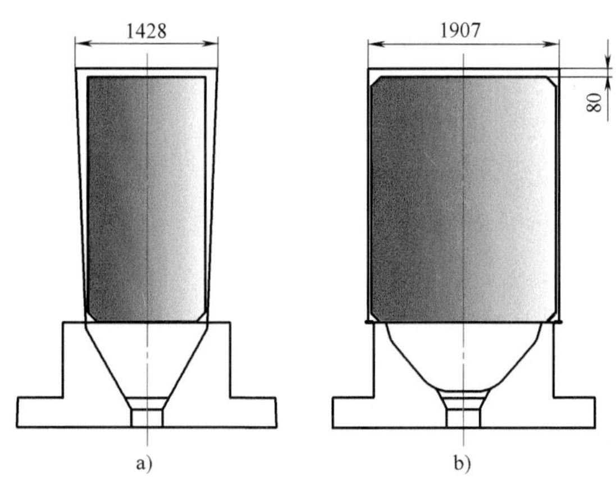

图 5-80 坯料在模具中位置

a）正视图 b）侧视图

此模锻法成形曲柄锻件的难点之一就是舌板的脱模问题。为防止舌板抱死，除利用退料叉进行退料以外，分别在动梁行程位置到达 1050mm、1700mm、2100mm 位置时添加三次气化剂（三位置舌板压入深度见图 5-81）。下动梁最终行程为 2400mm，参考成形载荷为 210MN。

坯料按图 5-82 所示炉位装炉，加热曲线如图 5-83 所示，坯料到温后出炉清理表面氧化皮，随后入炉补温 1h。

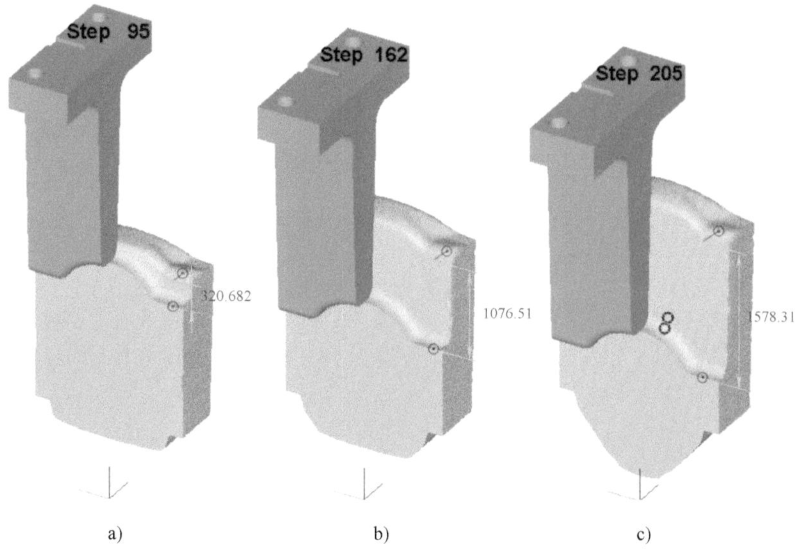

图 5-81 添加三次气化剂时的冲杆位置

a）第一次位置 b）第二次位置 c）第三次位置

图 5-82 坯料在炉中的位置

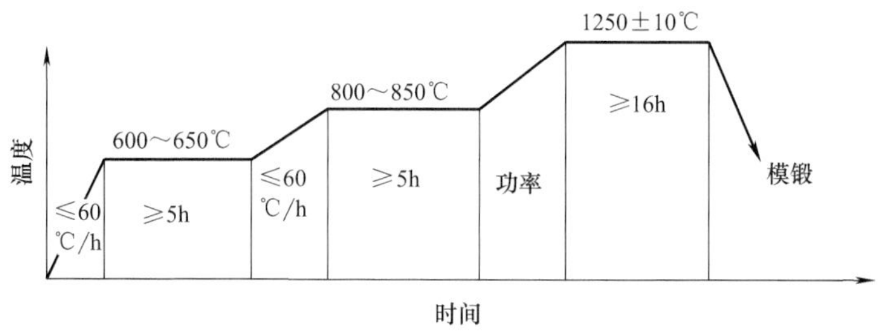

图 5-83 坯料加热曲线

（3）FGS 锻造 FGS 锻造前将下模内腔涂抹润滑涂料，并再次检查各工序对中找正情况，随后将下模预热 12h，一方面可以有效减小成形力，另一方面也有利于避免模腔内部的热应力，保护模腔在成形后不产生微裂纹。

坯料在炉中保温 22h 后出炉，清理氧化皮（见图 5-84）后返炉，补温 1h 后再次出炉模锻。吊装过程顺利，出炉后 6min 入模，坯料入模前表面状态如图 5-85 所示。坯料入模如图

5-86 所示。曲柄 FGS 锻造如图 5-87 所示。

图 5-84 清理氧化皮

图 5-85 坯料入模前表面状态

a)

b)

图 5-86 坯料入模

a）坯料入模过程中 b）坯料入模后状态

模锻行程按照锻造工艺执行，镦粗行程为 1800mm，成形力为 110MN，舌板冲形行程为 2250mm，成形力为 170MN。

舌板冲压成形行程达到 1050mm 时落下动梁，退出舌板，首次撒放气化剂，此时成形力为 70MN；行程为 1700mm 落下动梁时抱舌板，采用退料叉将舌板与下模分离，再次撒放气化剂。舌板最终行程为 2400mm，如图 5-88 所示。

a)

b)

图 5-87 曲柄 FGS 锻造

a）镦粗 b）舌板冲压成形

图 5-88 舌板冲压成形最终位置

FGS 锻造完成后，将退料叉压住坯料，液压机动梁落下，完成脱模动作，如图 5-89 所示。将下模外套拆除后，取出锻件，曲柄模锻后状态如图 5-90 所示，锻件整体充满型腔，且表面质量极佳。

a)

b)

图 5-89 退料

a）退料叉压住外模 b）推出舌板

（4）性能热处理 锻件按图 5-71 所示的曲线进行性能热处理，热处理过程中采用鼓风冷却，冷却至室温后完成整个热加工制造过程。

a)

b)

图 5-90　曲柄模锻后状态

a）侧视图　b）主视图

5.2.4　检测结果

经性能热处理后，首先对两件曲柄锻件肩部及根部进行取样（见图 5-91）进行性能自检，性能检验结果见表 5-26。从表 5-26 可以看出，锻件强度、塑性及韧性指标较技术要求均有一定富余量。

a)

b)

图 5-91　曲柄性能自检取样位置

a）端部切取试料　b）根部套取试料

表 5-26　S90ME-C 型曲柄性能检验结果

试验项目	判定标准	实测值
力学性能（$R_{p0.2}$、R_m、A、Z、KV）	$R_{p0.2}$≥350MPa	433MPa
	R_m≥610MPa	712MPa
	A≥18%	24.5%
	Z≥40%	58%
	纵向 KV≥18J	74J、61J、57J

5.2.5 推广应用

曲柄是组合曲轴的关键零件，其锻造成形具有极大的技术难度。我国是造船大国，但是这种大型曲柄却长期依靠进口，每年进口量达几万吨。目前，世界上只有日本的神户重工、韩国斗山重工等几个工业发达国家的企业能进行稳定生产供货。随着船舶制造吨位的不断增大、航速的不断提高和安全性的加强，对组合曲轴的技术要求也越来越高。本次试制的S90ME-C 型曲柄，其锻件规格是目前全球最大的船用柴油机曲柄，作为大型船舶传递动力与运动的核心部件，其制造质量直接影响着超大型船只的安全行驶。

为了改变曲柄锻件长期依赖进口的现状，使国内曲柄锻造技术提升一个台阶，赶超国外曲柄锻件制造优势企业，中国一重将 FGS 锻造技术成功应用于 S90ME-C 型曲柄的塑性成形。此次研制的曲柄为取证产品，经过五大船级社（中国船级社、挪威船级社、美国船级社、法国船级社、韩国船级社）的共同见证，为下一步批量生产、替代进口奠定基础。

项目试制成功则可将中国一重曲柄的制造资质一跃提升至 100in（1in = 25.4mm）缸径，几乎可覆盖目前国际所有曲柄锻件规格型号。采用镦挤结合的 FGS 锻造方式，不仅实现了锻件的近净成形，也使锻件各位置变形更为均匀，锻件表面的压应力状态可大幅提升锻件的疲劳性能。采用强韧性均匀化热处理工艺，使锻件截面内外均能达到很好的强韧性匹配，有效避免了锻件在服役过程中的局部应力集中，提高了锻件的服役稳定性。该型曲柄的成功研制，必将使其制造技术延伸至其他型号曲柄的制造中，模具与坯料设计思路也必将延伸至其他产品模锻工艺的研制中。

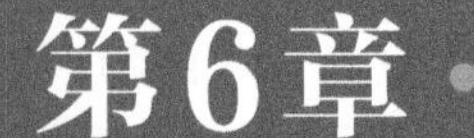

第6章 FGS锻造的推广应用展望

依据第3~5章的工程实践，本章将依据FGS锻造准则，对5类12个“重型高端复杂锻件”制定详细的实施方案。

6.1 轴类锻件

根据表2-1的划分，轴类锻件是指复合材料工作辊、转子、支承辊、水轮机轴、船用轴、细晶棒料等锻件。这类锻件的FGS锻造特点是镦挤成形。本节将对轴类锻件中的支承辊和转子的FGS锻造方案进行详细描述。

6.1.1 支承辊

一直以来，大型轧辊锻件都是采用自由锻成形工艺制造，锻件余量比较大、锻件形状不规则，特别是同轴度偏差较大，材料利用率不是很高；自由锻变形不充分不均匀，将会导致锻件心部质量下降。因此，研究大型轧辊锻件模锻成形工艺技术是提升其质量的有效方法。

轧辊模锻成形研究对象拟选取具有代表性的连轧机支承辊（2000~2300mm，指板宽尺寸），统计某公司2013—2018年涉及65条轧线的生产情况，共生产此类型轧辊301支，平均每年生产50支。

6.1.1.1 研究对象

本节中的研究对象是2050mm热连轧F1-F7精轧支承辊，材质为YB-75（中国一重支承辊牌号）。

1. 零件图

2050mm热连轧支承辊零件图如图6-1所示，零件质量为52.617t。

2. 粗加工图

2050mm热连轧支承辊粗加工图如图6-2所示，粗加工质量为53.392t。粗加工图与零件图外轮廓对比情况如图6-3所示，图中黑色实线为粗加工图，粉色实线为零件图。

3. 锻件图

由于采用镦挤成形，锻件表面质量较好，锻件形状比较规则，所以锻件余量可以适当减小，与粗加工图相比，本方案中锻件辊身直径余量设计为 15mm，辊颈直径余量设计为 10mm，长度余量设计为 20mm；锻件形状与尺寸如图 6-4 所示，锻件净重 55.988t。锻件图与粗加工图外轮廓的对比情况如图 6-5 所示，图中黑色实线为锻件图，粉色实线为粗加工图。

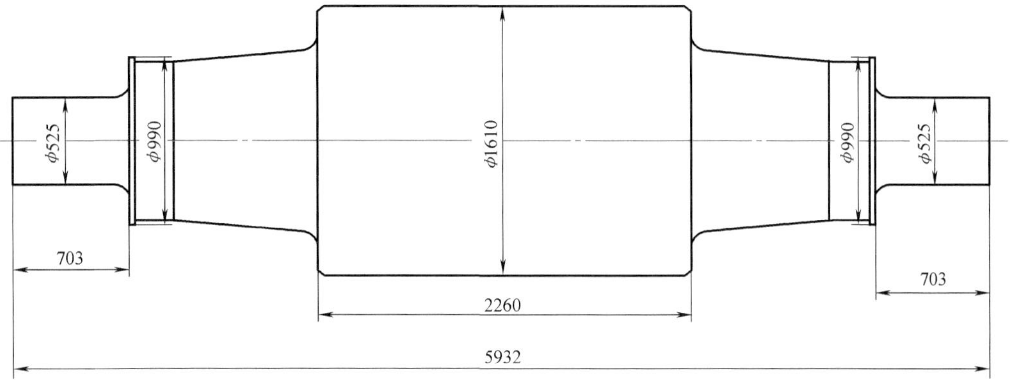

图 6-1　2050mm 热连轧支承辊零件图

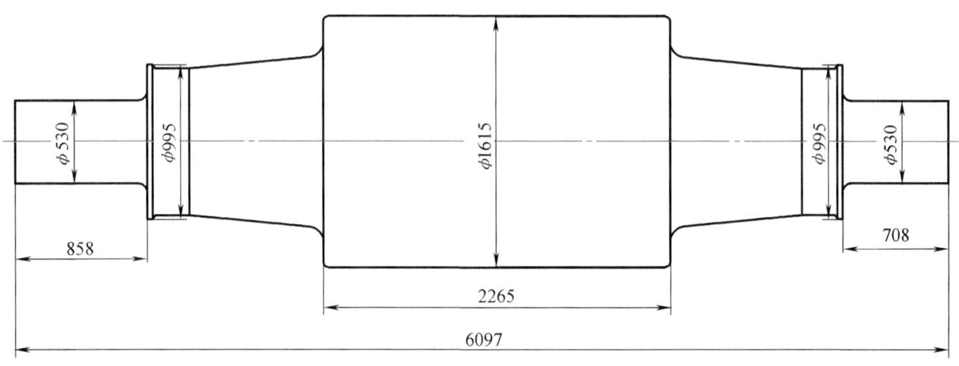

图 6-2　2050mm 热连轧支承辊粗加工图

图 6-3　2050mm 热连轧支承辊粗加工图与零件图外轮廓对比

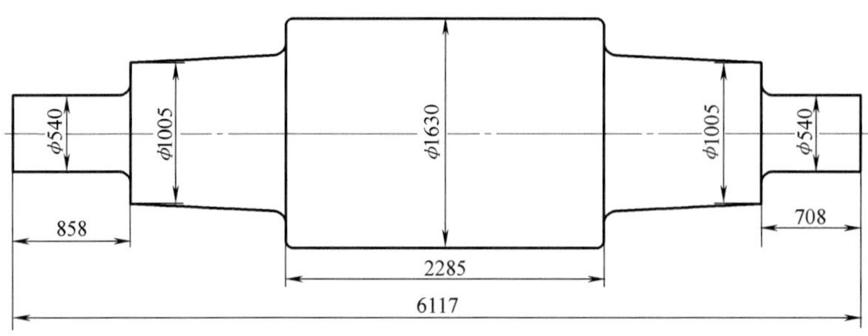

图 6-4 2050mm 热连轧支承辊锻件图

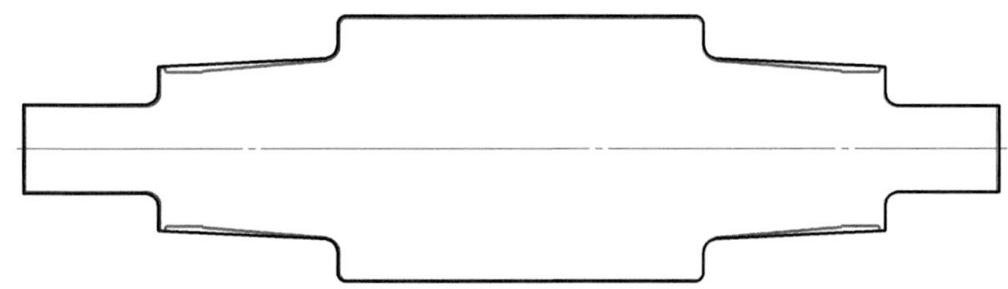

图 6-5 2050mm 热连轧支承辊锻件图与粗加工图外轮廓对比情况

6.1.1.2 FGS 锻造方案

为了方便计算机模拟镦挤成形，本节中坯料尺寸、凹模内腔尺寸、凸模内腔尺寸等均采用设计尺寸，不考虑实际生产时坯料在高温下的热胀冷缩现象。

按照 1600MN 液压机净空高度为 15000mm、最大成形力为 1800MN、模锻工作台尺寸为 9000mm×9000mm 等主要设计参数，设计上述支承辊模锻成形工艺方案如下：坯料尺寸为 ϕ1400mm×4800mm→模具内闭式模锻到锻件高度为 6117mm。

1. 镦挤成形工艺方案

支承辊镦挤成形的具体工艺方案为：外径为 1400mm，高度为 4800mm 的实心坯料→闭式镦挤到高度为 6117mm→得到图 6-4 所示支承辊模锻件。镦挤方案所用坯料质量为 58t。

支承辊镦挤成形工艺方案示意图如图 6-6 所示。

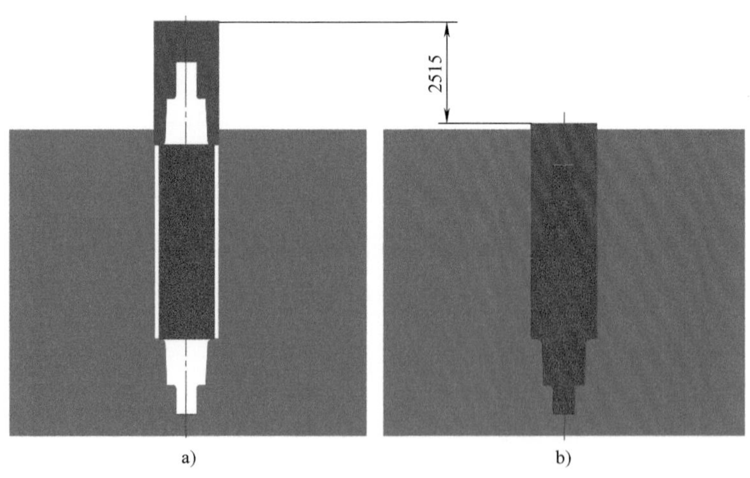

图 6-6 2050mm 热连轧支承辊镦挤成形工艺方案示意图

a）变形前 b）变形后

2. 模具三维图形

按照图 6-6 所示支承辊镦挤方案示意图，设计镦挤成形用凹模、凸模，模具三维图如图 6-7 所示。

凹模外径为 9000mm，内腔深度为 7017mm；由于下料质量大于锻件名义质量，所以凹模内腔下端最小轴径处的型腔深度较锻件尺寸稍大，其他所有内腔尺寸与锻件图保持一致。

凸模外径为 1630mm，内腔深度为 2033mm；由于下料质量大于锻件名义质量，所以凸模内腔上端最小轴径处的型腔深度较锻件尺寸稍大，其他所有内腔尺寸与锻件图保持一致。

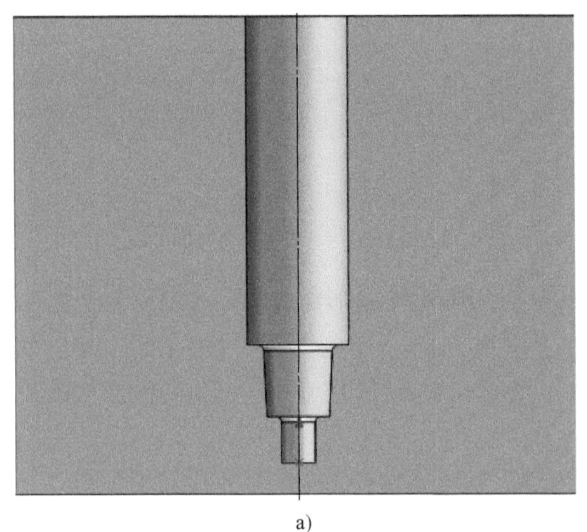

a)

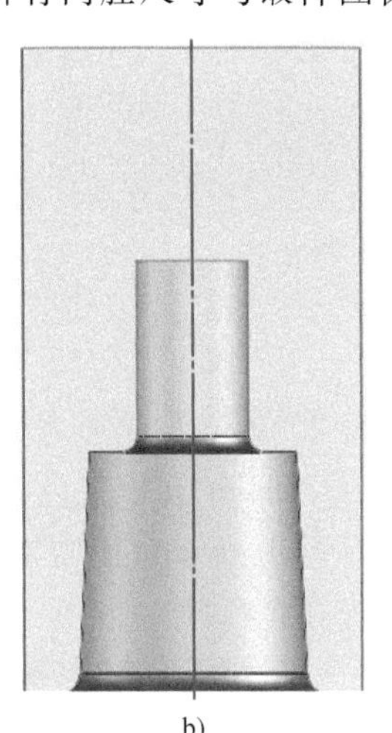

b)

图 6-7　坯料模锻方案模具三维图

a) 凹模　b) 凸模

6.1.1.3　数值模拟

1. 模拟参数设置

模拟参数设置如下：采用中国一重 YB50-W 实测材料模型；摩擦类型选择数值为 0.3 的剪切摩擦；凸模运动速度为 10mm/s；坯料温度为 1200℃；网格为 39004 个，最小单元边长为 47mm；步长为 15mm；凸模闭式镦粗行程为 2535mm。

2. 镦挤成形模拟结果

模拟结果显示，最大成形力出现在 Step197，即行程 2490mm 时（见图 6-8a），为 1740MN，之后成形力下降，当行程为 2500mm，即 Step203 时（见图 6-8b），成形力为 1550MN。

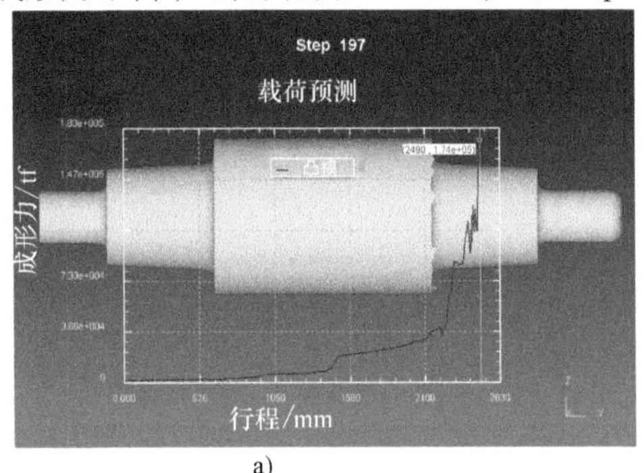

a)

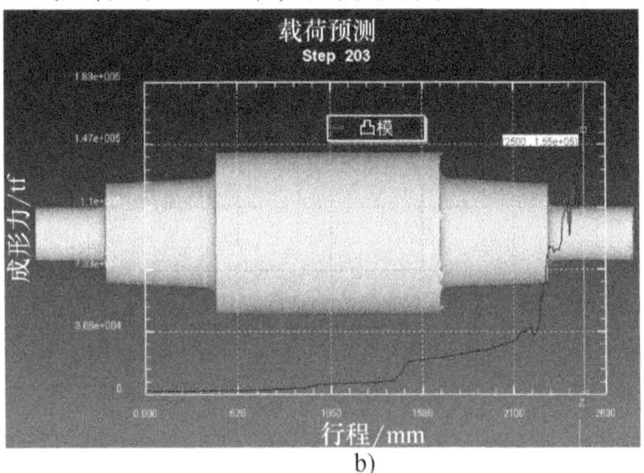

b)

图 6-8　坯料镦挤过程中成形力变化情况

a) 行程 2490mm　b) 2500mm

镦挤成形过程：当凸模行程为300mm，即Step20，成形力为13.7MN时两端斜面轴颈开始填充（见图6-9a）；当凸模行程为2220mm，即Step152，成形力为333MN时两端斜面轴颈填充结束（见图6-9b）；当凸模行程为2240mm，即Step154，成形力为406MN时两端最细轴颈开始填充（见图6-9c），之后一直到成形结束即Step203，行程为2500mm。

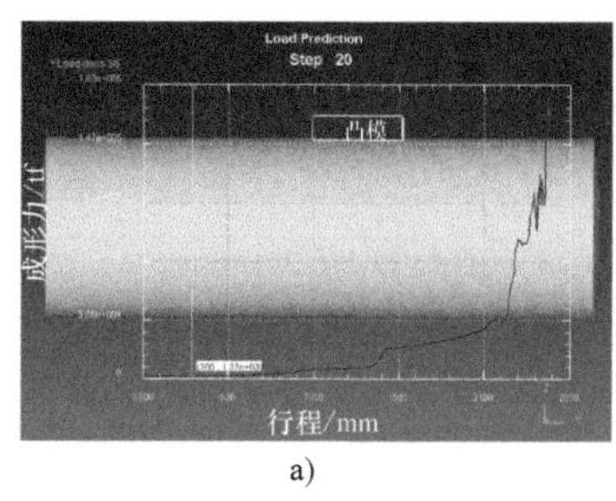

a)

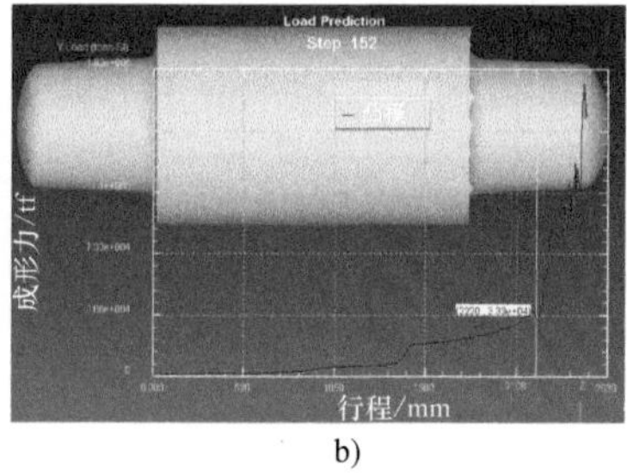

b)

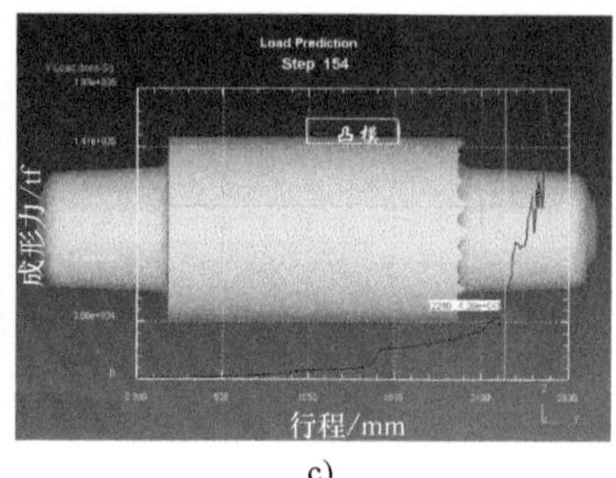

c)

图6-9　支承辊镦挤过程中轴颈变形情况

a）凸模行程300mm　b）凸模行程2220mm　c）凸模行程2240mm

当行程为2500mm、成形力为1740MN，即镦挤成形结束时，锻件与粗加工图对比结果如图6-10所示，图6-10中灰色为粗加工图纵剖面，黄色为锻件纵剖面，红色实线为锻件剖面轮廓线。图6-10所示对比结果表明，镦挤后的锻件尺寸完全覆盖粗加工图尺寸，满足加工要求，工艺方案可行。

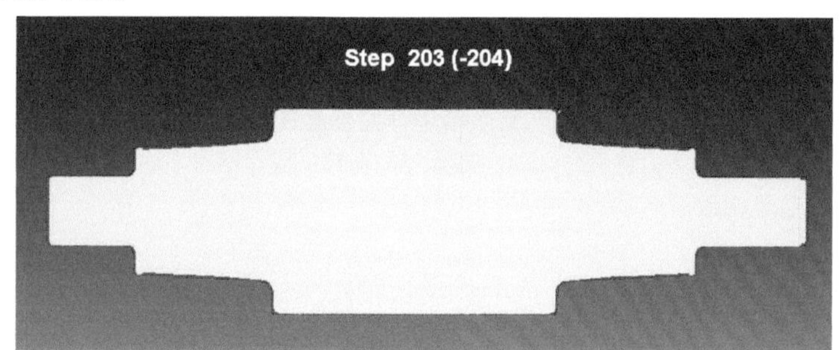

图6-10　支承辊镦挤成形后锻件与粗加工图对比

镦挤成形后锻件的等效应变、等效应力与最大主应力情况如图6-11～图6-13所示。图6-14所示为模锻件成形后的损伤情况。图6-15所示为锻件成形后纵剖面流线分布情况。

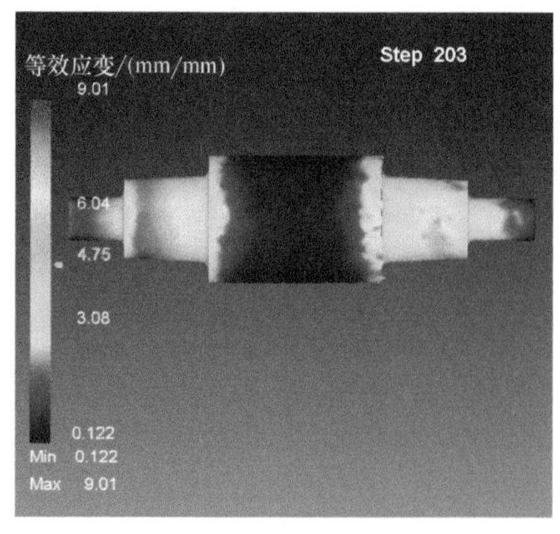

图6-11　锻件等效应变

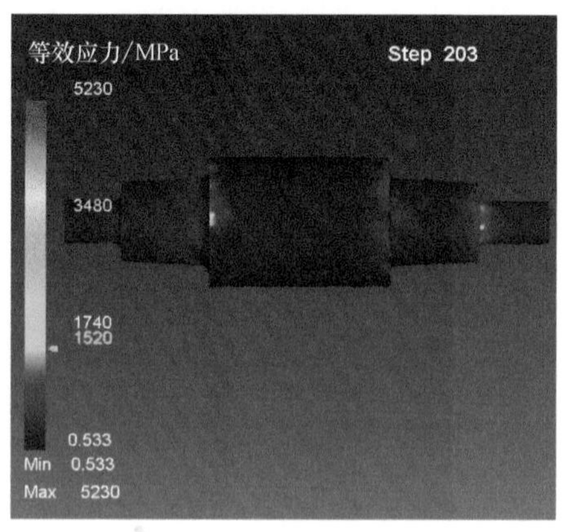

图6-12　锻件等效应力

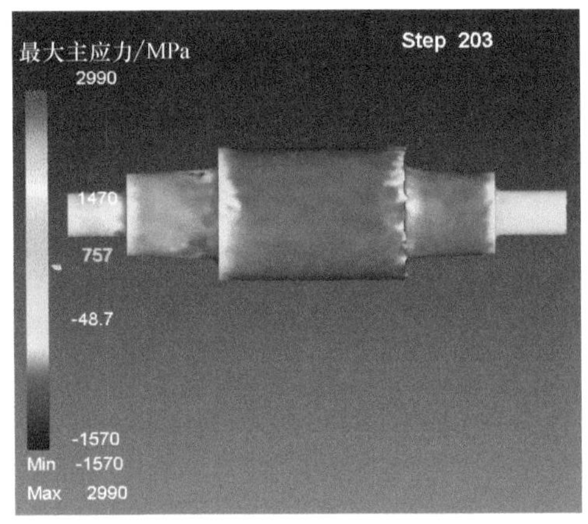

图 6-13　锻件最大主应力

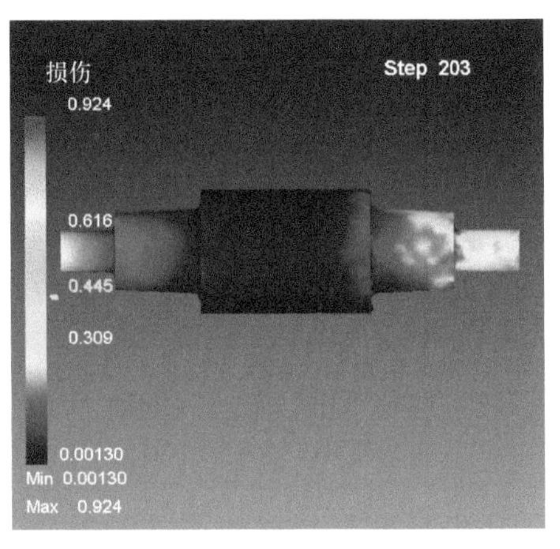

图 6-14　锻件损伤情况

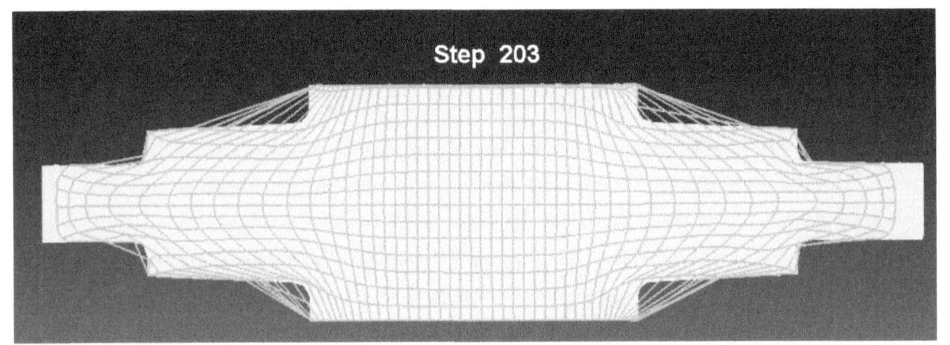

图 6-15　锻件成形后纵剖面流线分布

3. 镦挤成形模具应力

选择 Step203，即行程 2500mm 时的成形状态进行模具应力模拟，结果如图 6-16 与图 6-17 所示。

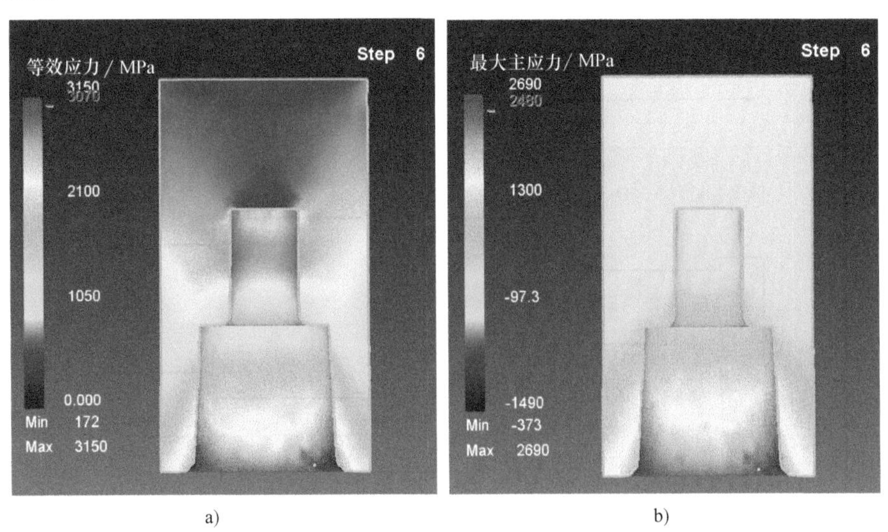

图 6-16　凸模应力

a）等效应力　b）最大主应力

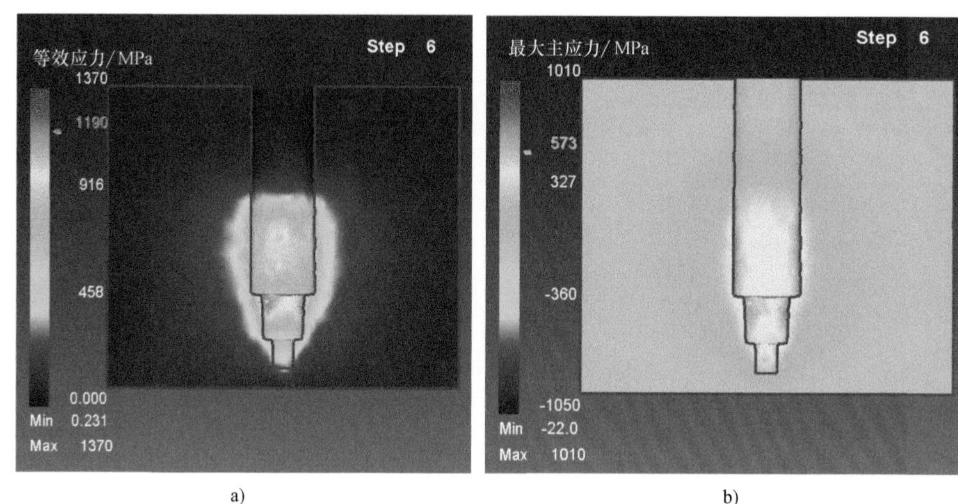

图 6-17 凹模应力

a）等效应力 b）最大主应力

6.1.2 转子

6.1.2.1 坯料设计

本节选择的转子锻件粗加工图如图 6-18 所示，粗加工后质量为 86.23t。镦挤成形的锻件图如图 6-19 所示，锻件质量为 89.94t。

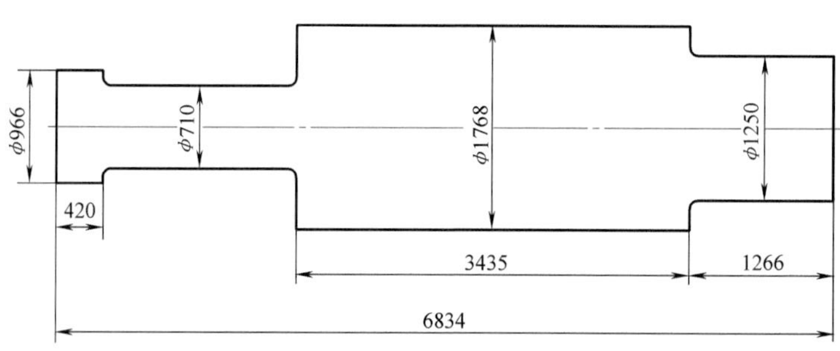

图 6-18 转子锻件粗加工图

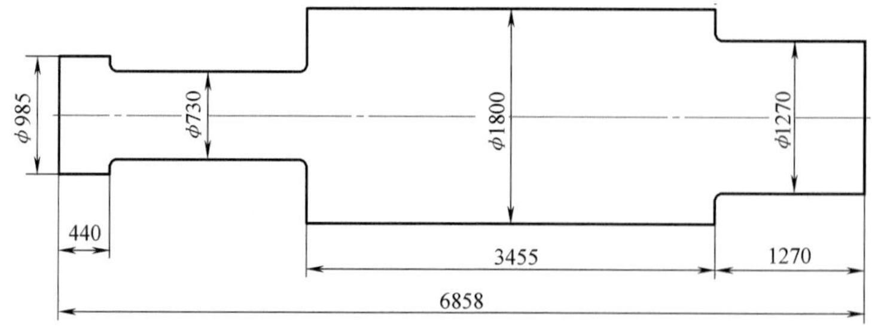

图 6-19 转子镦挤成形锻件图

按照图 6-19 所示转子镦挤成形锻件的形状与尺寸，设计坯料尺寸为 φ1600mm ×

5800mm，坯料质量为91.54t。

6.1.2.2 数值模拟

1. 模锻成形模拟结果

转子镦挤成形锻件为轴对称图形，故而采用DEFORM-2D进行成形模拟。凹模与凸模形状如图6-20与图6-21所示。凹模与凸模型腔未注尺寸与锻件图保持一致。

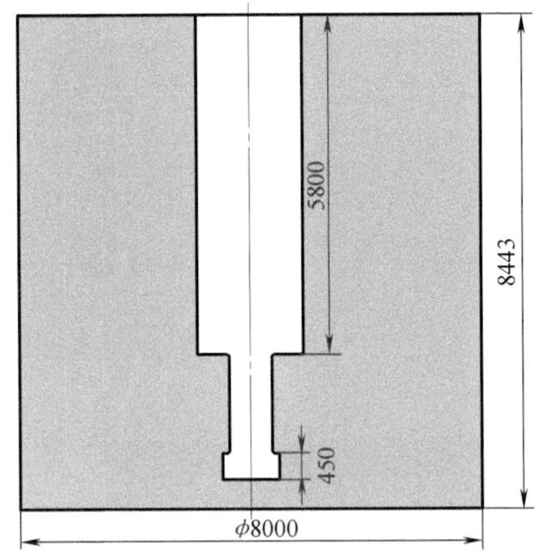

图6-20 转子镦挤成形凹模

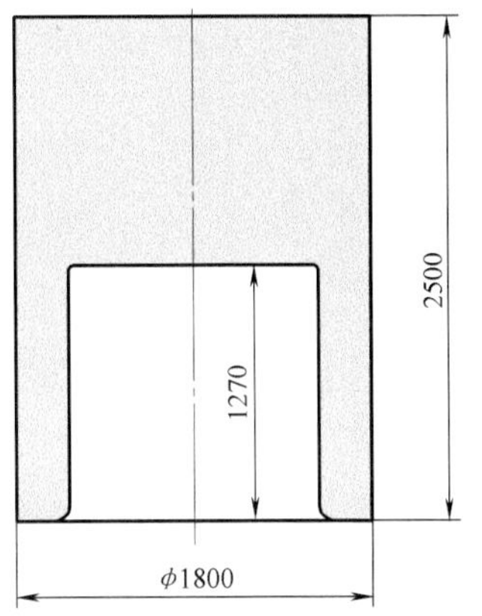

图6-21 转子镦挤成形凸模

模拟基本参数设置：坯料温度为1200℃，材料模型选用中国一重实测YB50-W，摩擦系数取0.3，凸模运动速度为10mm/s。

模拟结果：行程为2290mm（Step123）时的成形力为971MN（见图6-22），此时镦挤成形锻件的等效应变、等效应力与最大主应力分布如图6-23～图6-25所示，镦挤成形锻件尺寸与粗加工图对比结果如图6-26所示，图中红色实线为粗加工图轮廓线。镦挤成形锻件尺寸完全满足取样图要求。

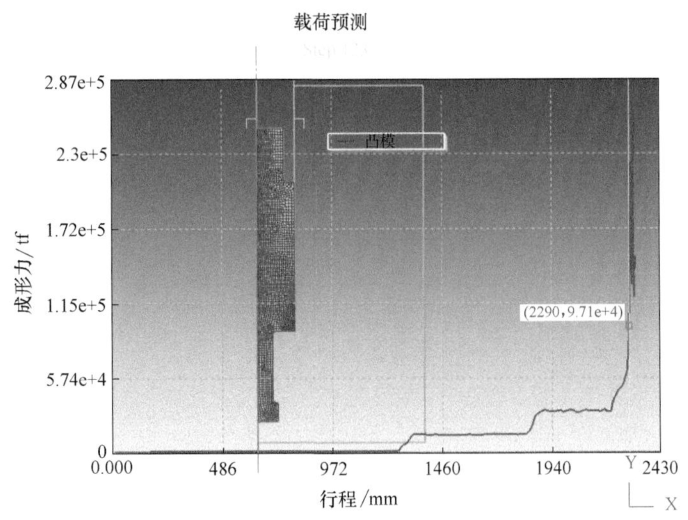

图6-22 转子镦挤成形力

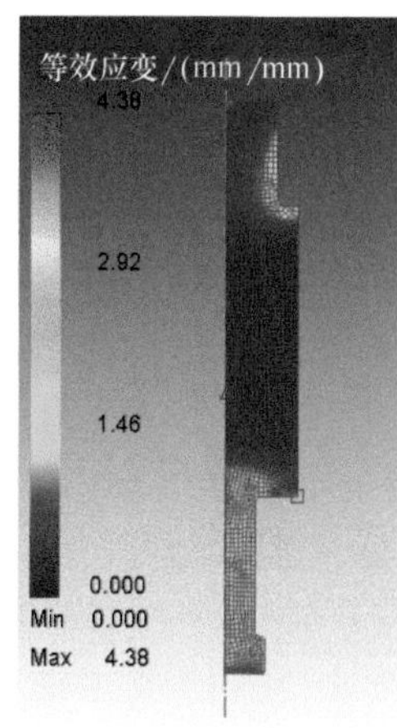

图 6-23 转子等效应变

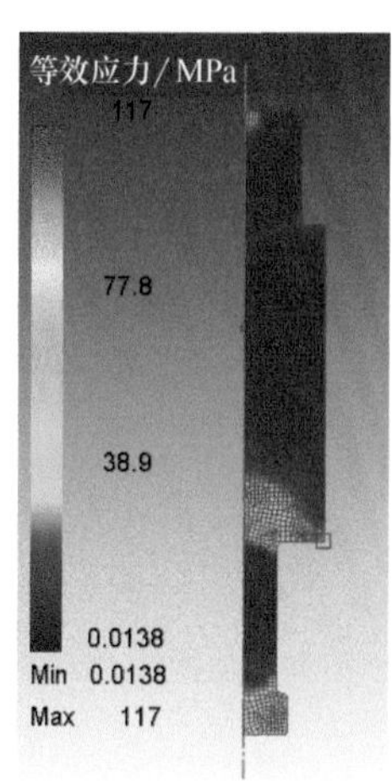

图 6-24 转子等效应力

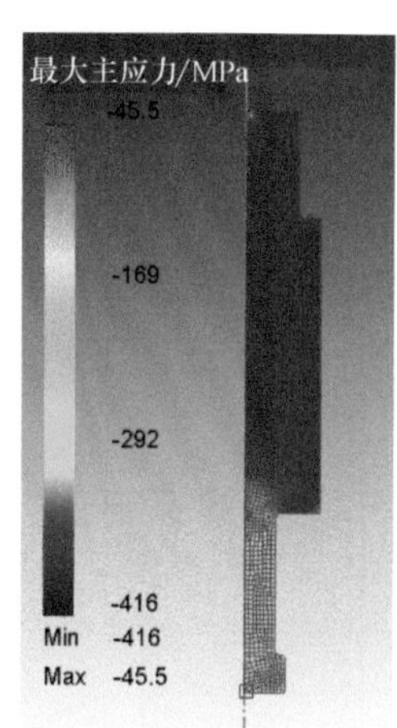

图 6-25 转子最大主应力

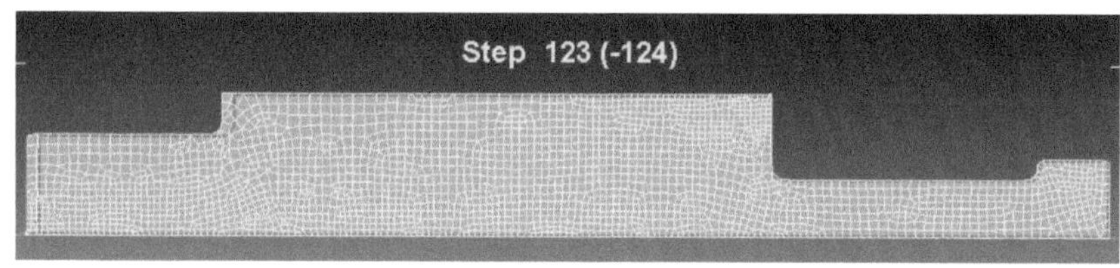

图 6-26 转子镦挤成形锻件尺寸与粗加工图对比情况

2. 镦挤成形模具应力模拟结果

模具应力模拟结果如图 6-27 与图 6-28 所示。

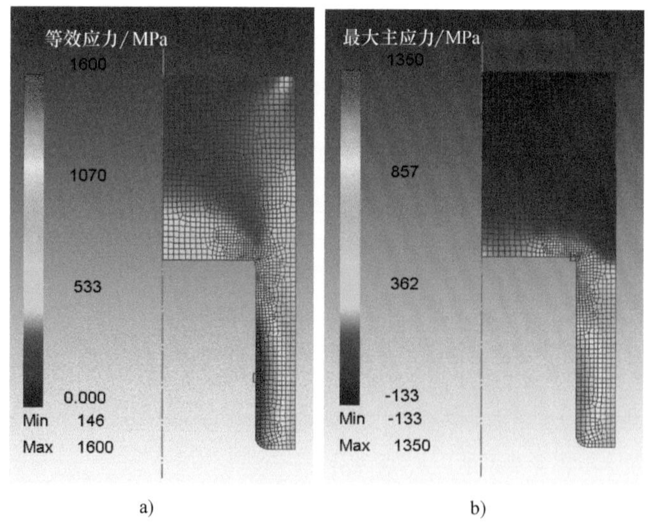

图 6-27 转子镦挤成形凸模应力

a）等效应力 b）最大主应力

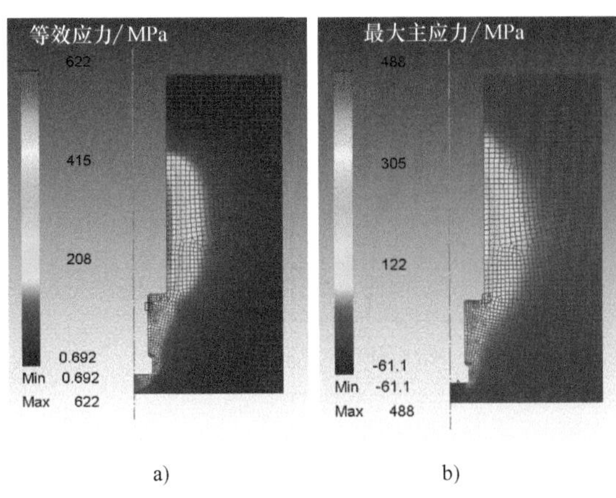

a)　　b)

图 6-28　转子镦挤成形凹模应力

a）等效应力　b）最大主应力

对于两端均带有法兰的转子锻件，可以采用上述方法成形一端法兰，然后在亚高温下自由锻造成形另一端转子轴颈。

6.2　“头上长角”的封头类锻件

根据表 2-1 的划分，“头上长角”的封头类锻件是指带超长向心/非向心管嘴的各类容器的上、下封头锻件等，这类锻件的 FGS 锻造特点是模锻成形。本节选择国和一号压力容器一体化上封头、蒸汽发生器整体下封头为研究对象，对其 FGS 锻造方案进行详细描述。

6.2.1　一体化上封头

6.2.1.1　研究对象

选择 CAP1400 压力容器中的一体化上封头为研究对象，其粗加工取样图如图 6-29 所示，粗加工质量为 104.444t。模锻成形的锻件图形状与主要尺寸如图 6-30 所示，锻件质量为 132t。

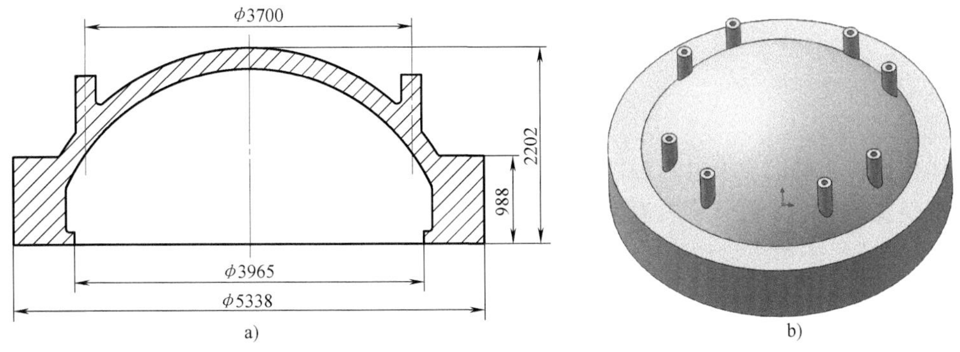

a)　　b)

图 6-29　一体化上封头粗加工取样图

a）轮廓尺寸图　b）立体图

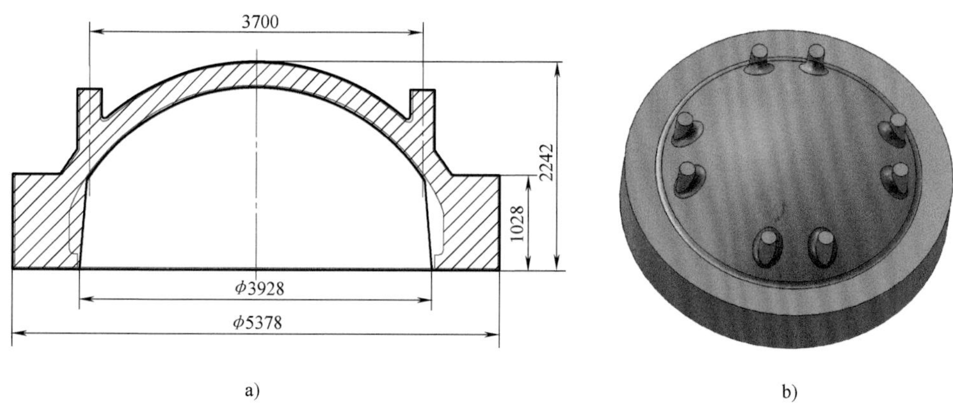

图 6-30　一体化上封头模锻件图

a）轮廓尺寸图　b）立体图

6.2.1.2　模具设计

一体化上封头模锻成形采用球形凸模镦粗后再经环形平锤头平整端面的方案，为此设计的凹模、凸模、平整锤头如图 6-31 所示。图 6-31a 所示为凹模；图 6-31b 所示为凸模；图 6-31c 所示为平整锤头。采用平整锤头是为了实现 FGS 锻造。

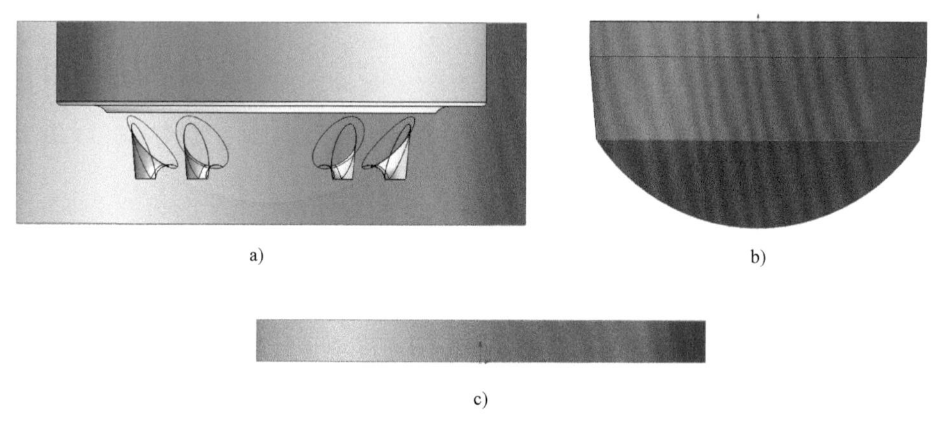

图 6-31　一体化上封头 FGS 锻造模具

a）凹模　b）凸模　c）平整锤头

6.2.1.3　数值模拟

1. 模锻成形模拟结果

一体化上封头模锻成形过程如图 6-32 所示，坯料尺寸为 ϕ3950mm×1690mm。

模拟设置的主要参数：坯料温度为 1200℃，材料模型为中国一重 SA508Gr. 3，摩擦系数取 0. 3，凸模或平整锤头运动速度为 10mm/s。球形凸模镦粗行程为 2000mm，平整锤头压下行程为 226mm。

模拟结果：球形凸模镦粗力为 1180MN，平整锤头成形力为 1050MN，两步模锻成形力如图 6-33 所示。经过上述两步模锻成形后的一体化上封头模锻件与粗加工取样图的对比情况如图 6-34 所示，尺寸完全满足粗加工要求。

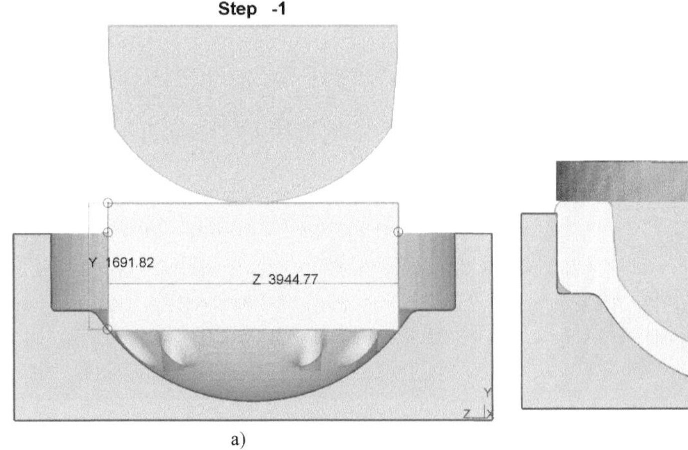

a)

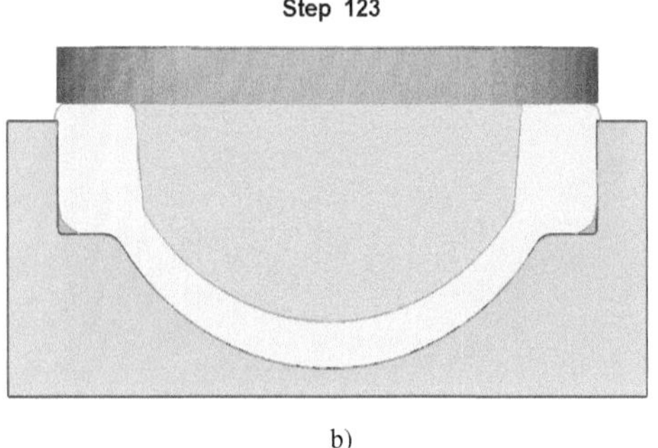

b)

图 6-32 一体化上封头模锻成形过程

a）模锻开始 b）模锻结束

模锻成形后的一体化上封头等效应变、等效应力、最大主应力模拟结果如图 6-35～图 6-37 所示。

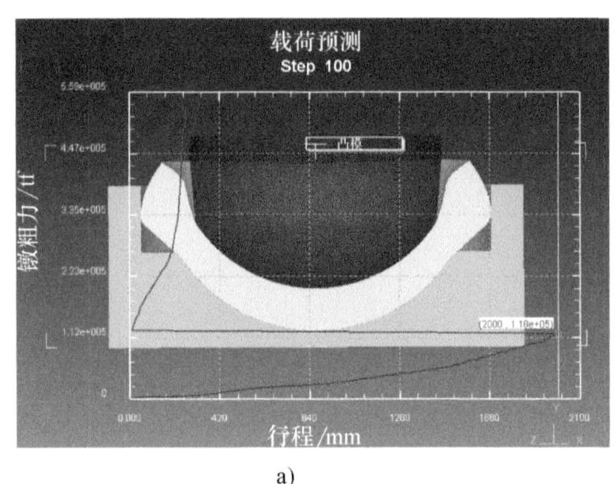

a)

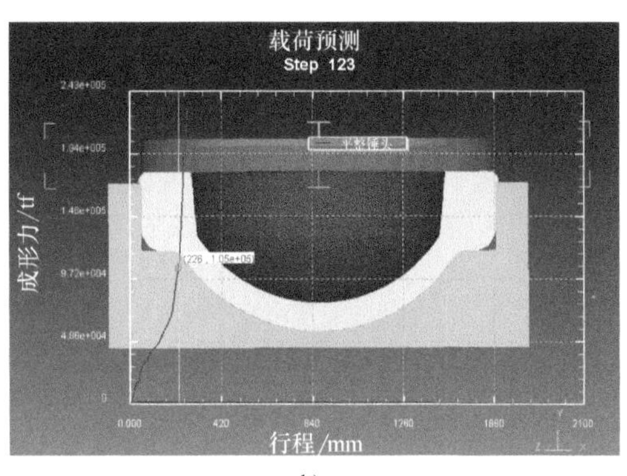

b)

图 6-33 一体化上封头模锻成形力

a）球形凸模镦粗力 b）平整锤头成形力

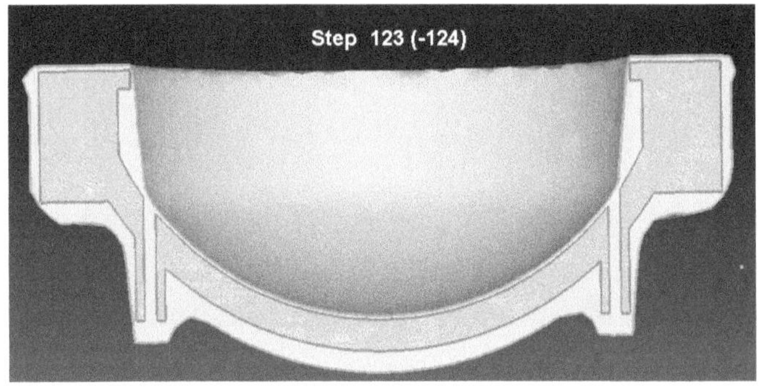

图 6-34 一体化上封头模锻件与粗加工取样图对比

（灰色为粗加工图，黄色为模锻件）

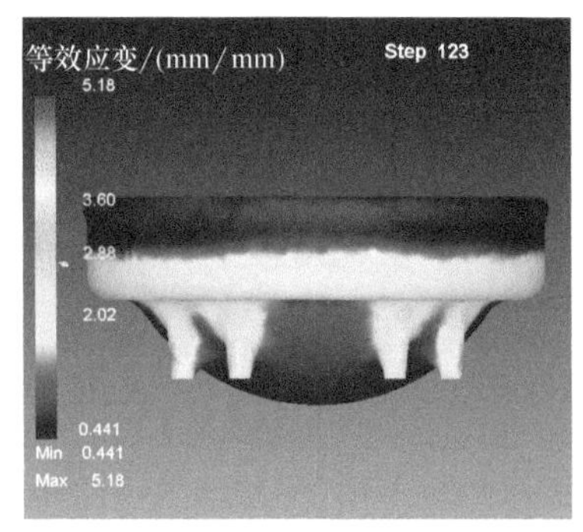

图 6-35 一体化上封头模锻件等效应变

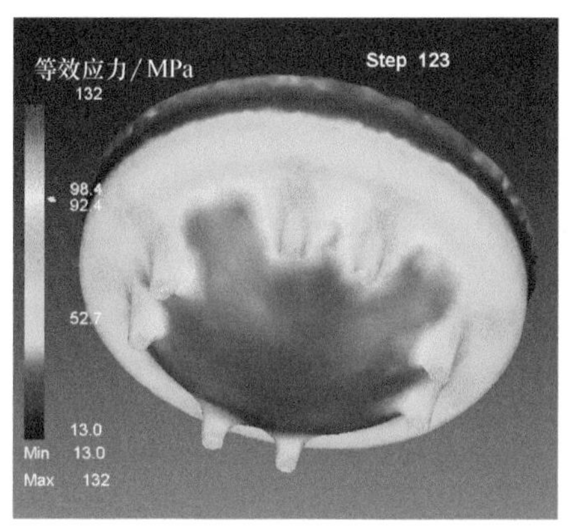

图 6-36 一体化上封头模锻件等效应力

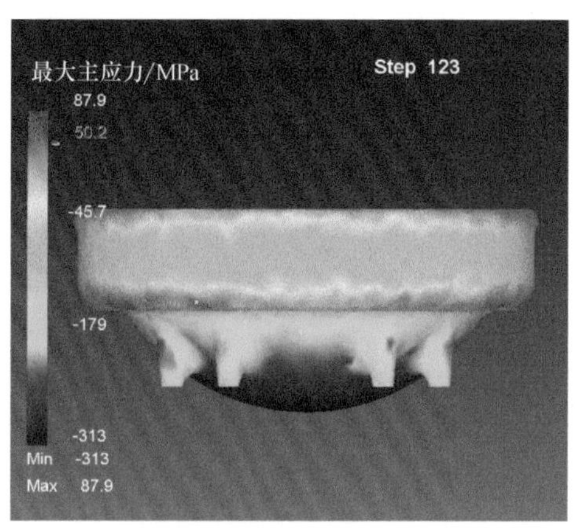

图 6-37 一体化上封头模锻件最大主应力

2. 模锻成形模具应力模拟结果

球形凸模镦粗 2000mm（Step100）时的模具应力模拟结果如图 6-38 与图 6-39 所示。

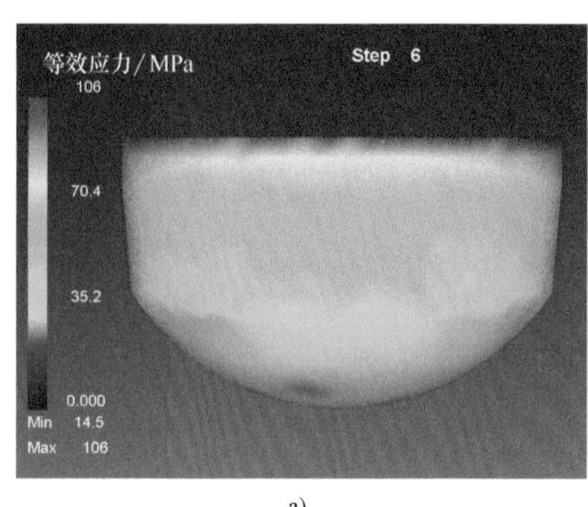

a)

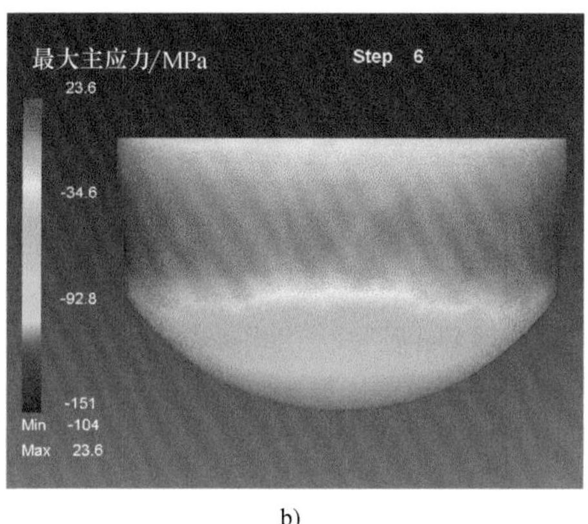

b)

图 6-38 球形凸模镦粗 2000mm 时的凸模应力模拟结果

a）等效应力 b）最大主应力

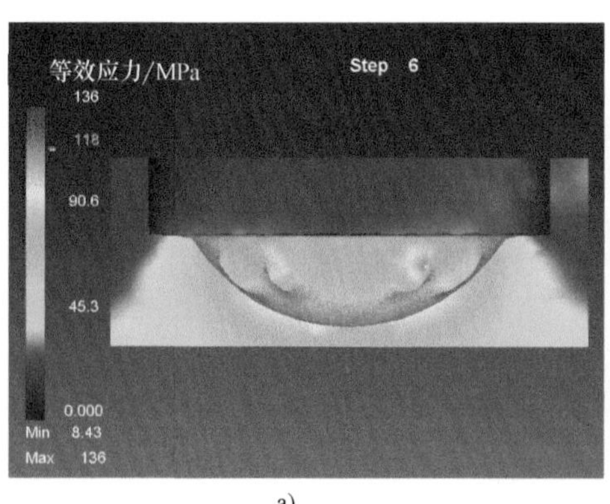

a)

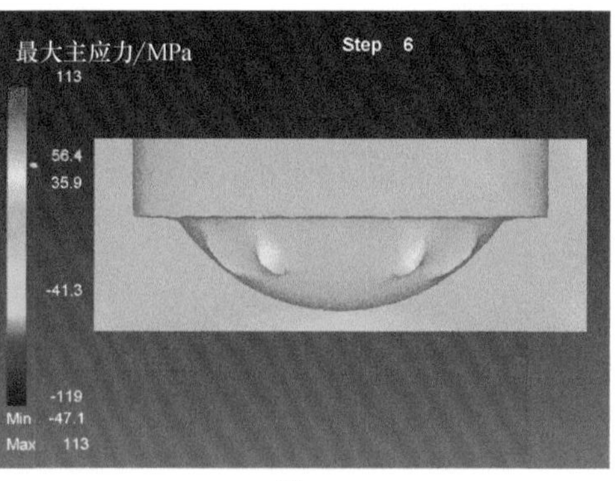

b)

图 6-39 球形凸模镦粗 2000mm 时的凹模应力模拟结果

a）等效应力 b）最大主应力

平整上端面 226mm（Step123）时的模具应力模拟结果如图 6-40~图 6-42 所示。

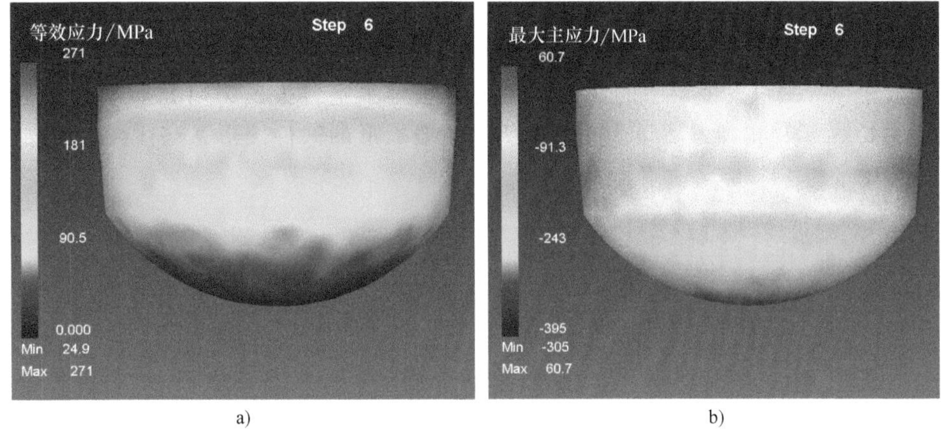

图 6-40　平整上端面 226mm 时的凸模应力模拟结果

a）等效应力　b）最大主应力

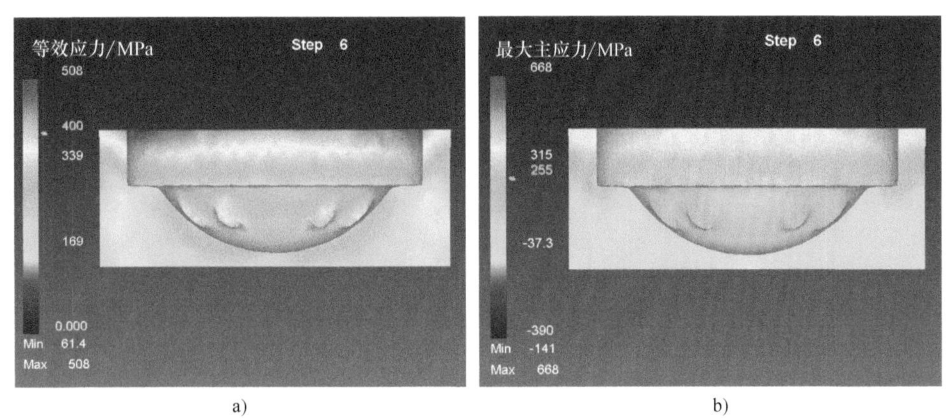

图 6-41　平整上端面 226mm 时的凹模应力模拟结果

a）等效应力　b）最大主应力

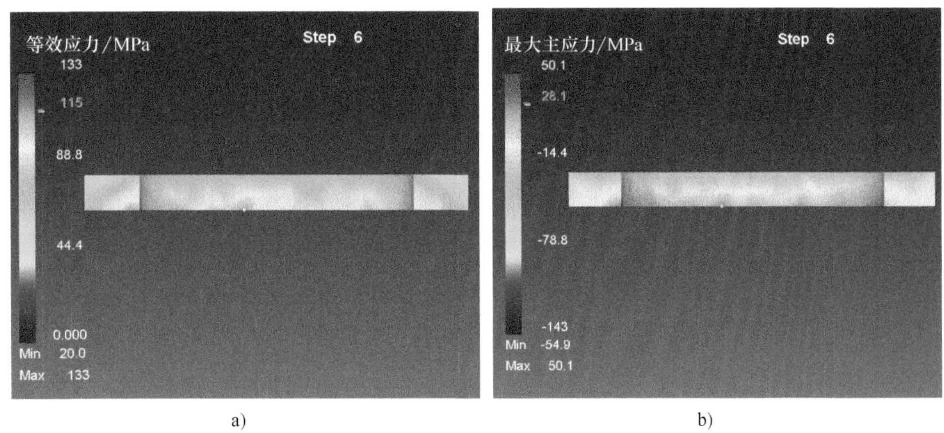

图 6-42　平整上端面 226mm 时的平整锤头应力模拟结果

a）等效应力　b）最大主应力

6.2.2 整体下封头

6.2.2.1 研究对象

选择国和一号蒸汽发生器中的整体下封头（也称水室封头）为研究对象，其粗加工取样图如图 6-43 所示，粗加工质量为 108.112t。模锻成形的锻件图形状与主要尺寸如图 6-44 所示，锻件质量为 143.6t。

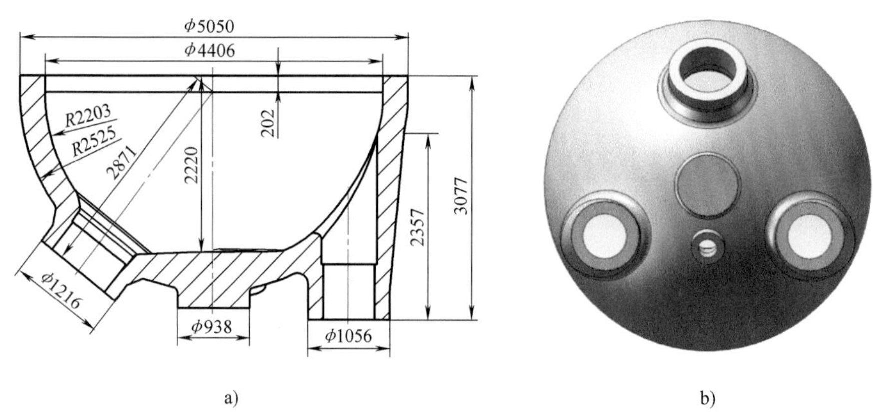

图 6-43 整体下封头粗加工取样图

a）轮廓尺寸图 b）立体图

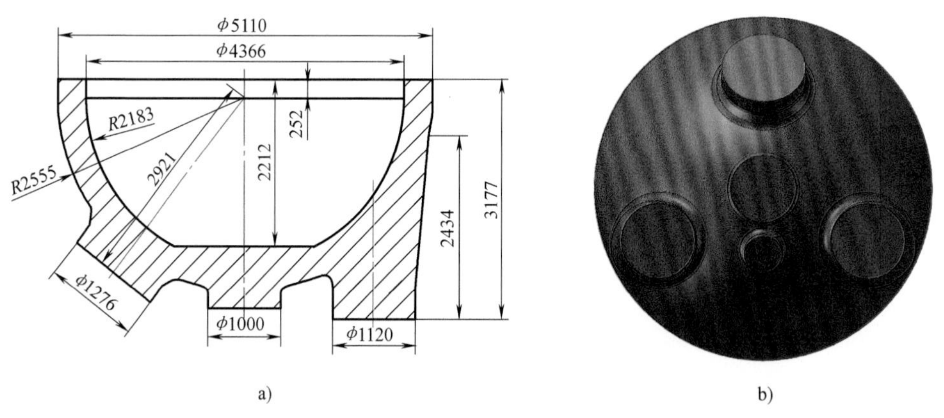

图 6-44 整体下封头模锻件图

a）轮廓尺寸图 b）立体图

6.2.2.2 模具设计

整体下封头模锻成形采用球形凸模镦粗后再经环形平锤头平整端面的方案，为此设计的凹模、凸模、平整锤头如图 6-45 所示。

6.2.2.3 数值模拟

1. 模锻成形模拟结果

整体下封头模锻成形过程如图 6-46 所示，坯料尺寸为 ϕ4500mm×1300mm。

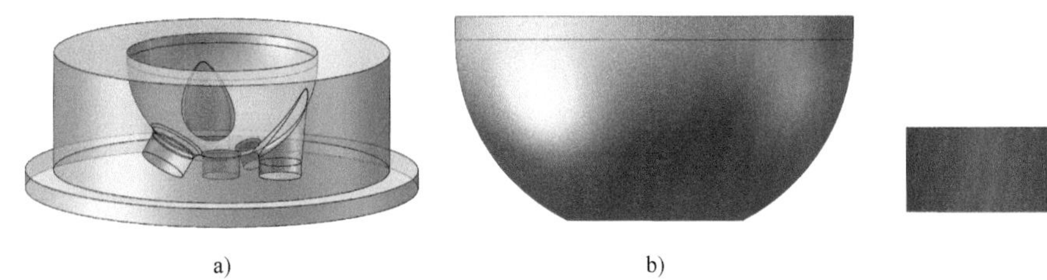

a) b) c)

图 6-45 整体下封头模锻成形模具

a) 凹模 b) 凸模 c) 平整锤头

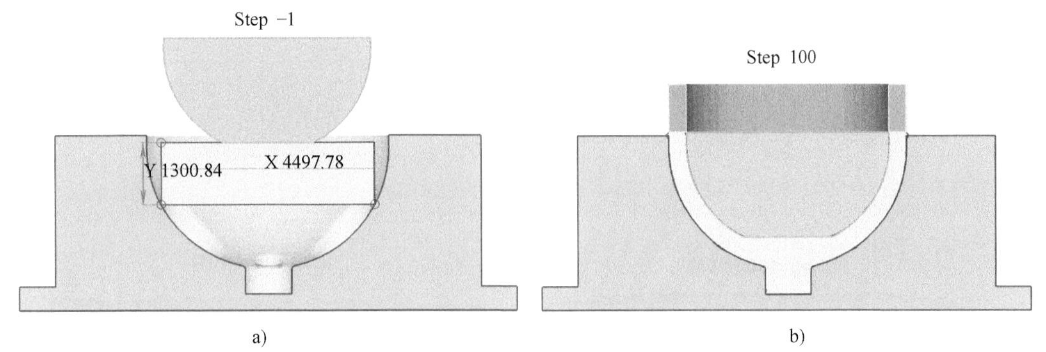

a) b)

图 6-46 整体下封头模锻成形过程

a) 模锻开始 b) 模锻结束

模拟设置的主要参数：坯料温度为1200℃，材料模型为中国一重SA508Gr. 3，摩擦系数取0.3，凸模或平整锤头运动速度为10mm/s。球形凸模镦粗行程为1860mm，平整锤头压下行程为130mm。

模拟结果：球形凸模镦粗力为1720MN，平整锤头成形力为534MN，两步模锻成形力如图6-47所示。经过上述两步模锻成形后的整体下封头模锻件与粗加工取样图的对比情况如图6-48所示，尺寸完全满足粗加工要求。

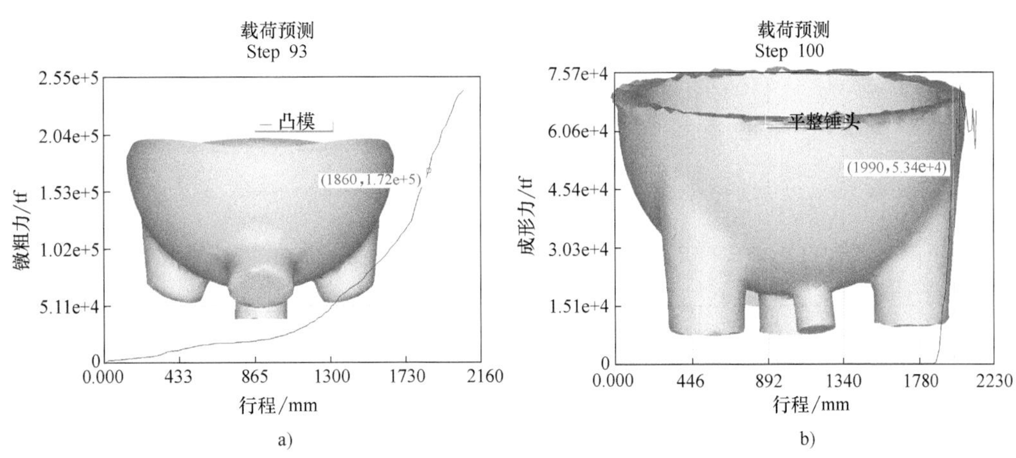

a) b)

图 6-47 一体化下封头模锻成形力

a) 球形凸模镦粗力 b) 平整锤头成形力

模锻成形后的整体下封头等效应变、等效应力、最大主应力模拟结果如图 6-49 ~ 图 6-51 所示。

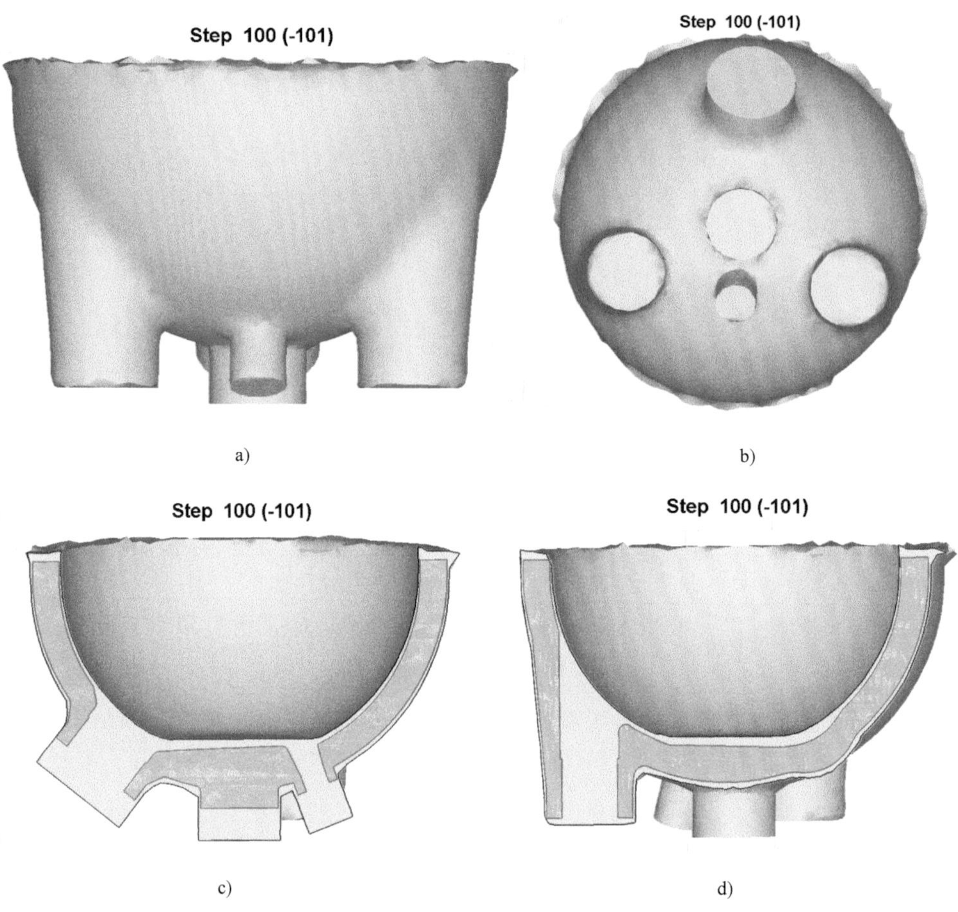

图 6-48 整体下封头模锻件与粗加工取样图对比（灰色为粗加工图，黄色为模锻件）

a）主视图 b）仰视图 c）斜管嘴剖面图 d）直管嘴剖面图

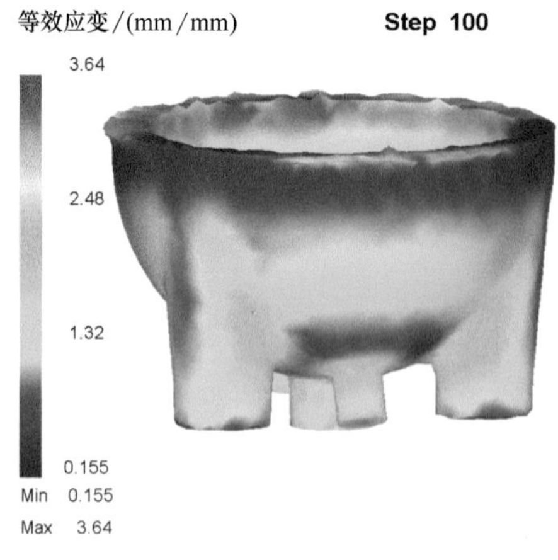

图 6-49 整体下封头模锻件等效应变

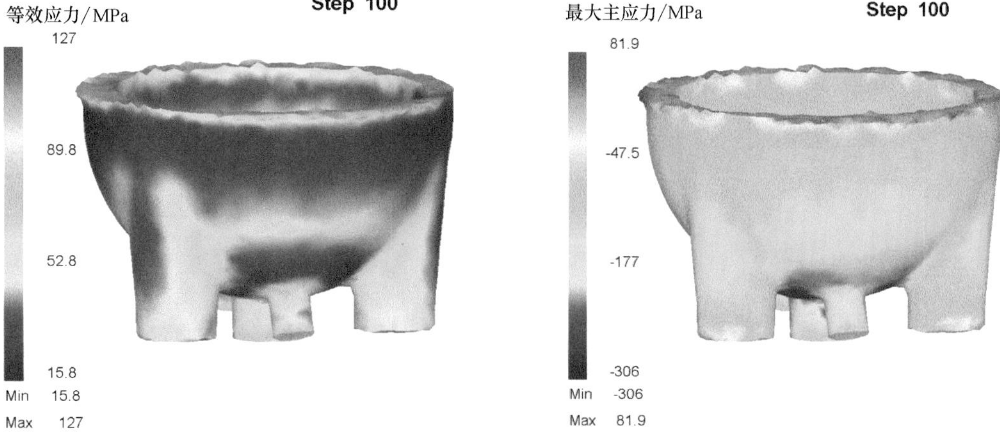

图 6-50 整体下封头模锻件等效应力

图 6-51 整体下封头模锻件最大主应力

2. 模锻成形模具应力模拟结果

球形凸模镦粗 1860mm（Step93）时的模具应力模拟结果如图 6-52 与图 6-53 所示。

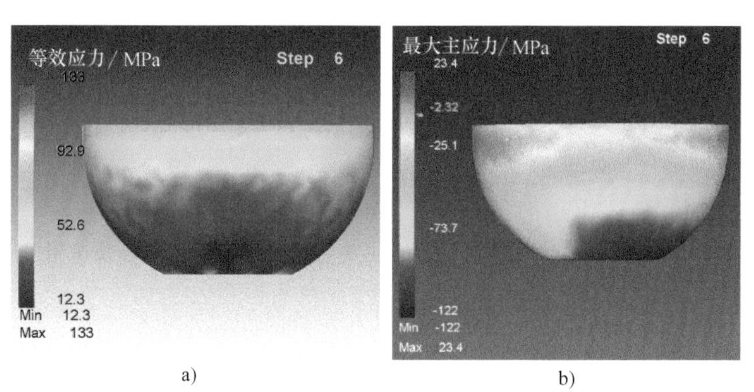

a)　　b)

图 6-52 球形凸模镦粗 1860mm 时的凸模应力模拟结果

a）等效应力 b）最大主应力

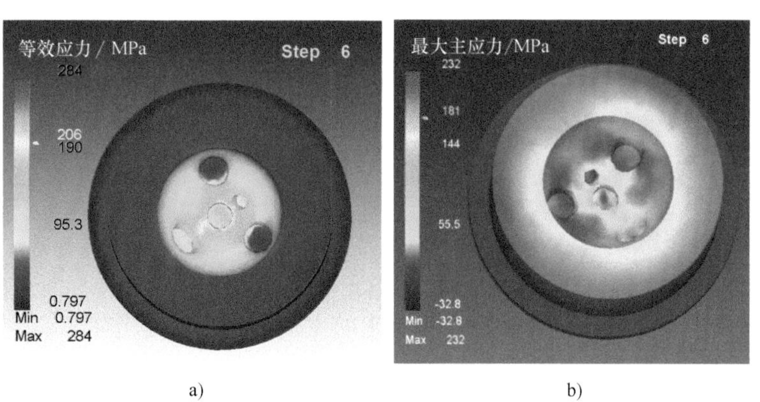

a)　　b)

图 6-53 球形凸模镦粗 1860mm 时的凹模应力模拟结果

a）等效应力 b）最大主应力

平整上端面 130mm（Step100）时的模具应力模拟结果如图 6-54 及图 6-55 所示。

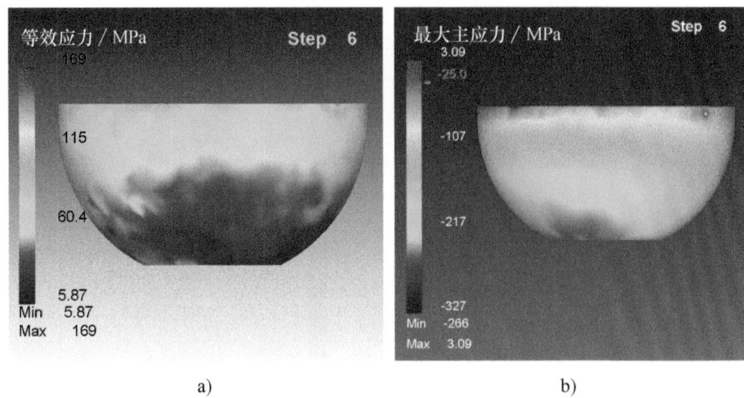

a)　　　　b)

图 6-54　平整上端面 130mm 时凸模应力模拟结果

a）等效应力　b）最大主应力

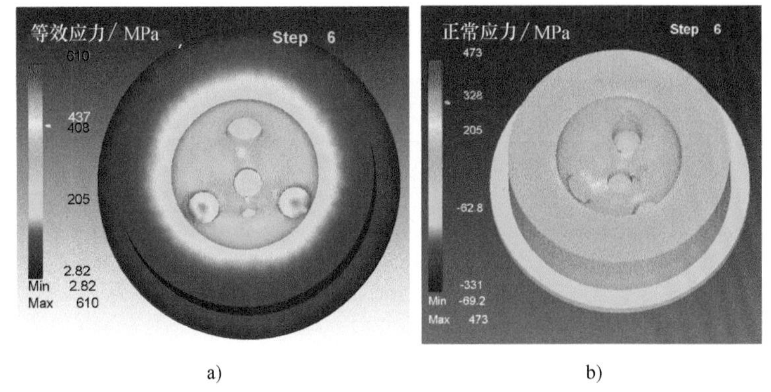

a)　　　　b)

图 6-55　平整上端面 130mm 时凹模应力模拟结果

a）等效应力　b）最大主应力

6.3 “身上长刺”的筒/管类锻件

根据表 2-1 的划分，“身上长刺”的筒/管类锻件是指以核反应堆压力容器（RPV）一体化接管段和主管道热段 A 为代表的筒体/管道外圆带有多个超长、非对称管嘴的重型高端复杂锻件。本节将对这类锻件的 FGS 锻造方案进行深入研究。

6.3.1 一体化接管段

大型先进压水堆 RPV 接管段的一体化一直是全球核电装备设计者和锻件供应商的一个梦想，随着塑性成形设备的超大型化和成形技术的变革性创新，这个梦想一定会变为现实。

6.3.1.1 项目背景

在压水堆 RPV 锻件中，接管段是截面最大、形状最复杂的筒体锻件。传统的接管段由接管筒体、接管法兰、进出口接管组焊而成（见图 6-56）；AP/CAP 核电 RPV 接管段筒身外表面除了需要焊接进出口接管外，还要焊接安注接管和密封围板，而且进出口接管不在同一水平线上，因此其形状更加复杂（参见图 2-81）。随着装备的大型化及制造水平的不断提高，接管段锻件已经从分体制造发展为整体制造和半一体化制造，下一步的发展趋势必将是接管段的一体化锻造，从而取消接管段全部同材质焊缝。

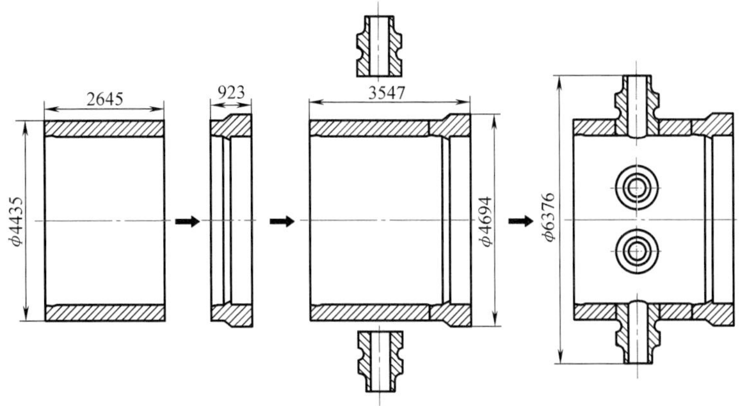

图 6-56　传统的接管段组焊顺序

1. 分体式

受设备制造能力等限制，20 世纪建成的二代及二代加核电 RPV 接管段大部分采用分体方法制造，接管段由接管筒体及接管法兰分别制造，然后组焊为一体（见图 6-57）。

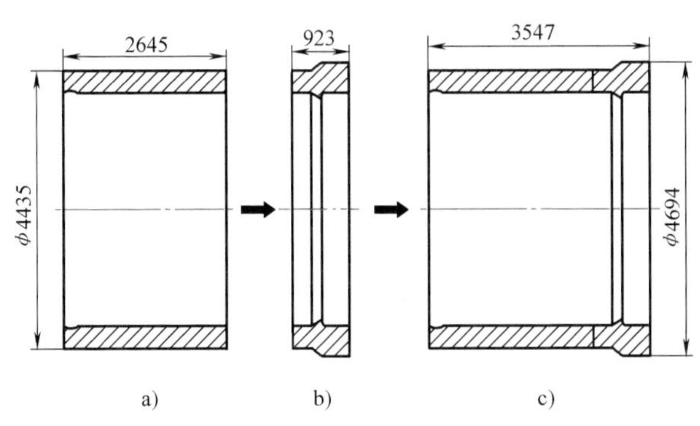

图 6-57　分体接管段的制造方式

a）接管筒体　b）接管法兰　c）组焊后锻件

2. 整体式

在引进的三代核电装备中，RPV 接管段采用了整体结构，锻件的制造方式从“覆盖式”到仿形式，再到近净成形。从仿形锻造到近净成形参见 2.1.2.2 小节。

3. 半一体化

目前 RPV 筒体组件的制造大都采取接管段与接管组焊，组焊焊缝的风险系数较高，一次性合格率较低，返修工作复杂烦琐，将大大增加制造周期，同时由于接管组焊焊缝较多，AP/CAP 系列组焊焊缝 8 道，受组焊焊缝应力影响，接管段变形较大。接管段防变形组焊如图 6-58 所示。图 6-58a 所示为接管段增加内部支撑；图 6-58b 所示为接管和接管段对称组焊。工程经验表明，即使采取防变形组焊，变形量仍然超过 5mm，需要增加校形工序。此外水压试验使得接管筒体局部应力不均匀。为了避开马鞍形焊接，国外已有一些锻件供应商制造出带有局部接管的半一体化接管段。

（1）局部接管覆盖式半一体化接管段　局部接管覆盖式半一体化接管段的代表产品是由法国 ARAVA 和日本 JSW 联合开发的先进压力堆（Evolutionary Power Reactor，EPR）接管段，锻件是在整体接管段的筒身上增加一条环带，在环带上加工出局部接管。

中国一重与中广核共同开展了 EPR 压力容器接管段的评定工作，但由于后续依托项目等原因，评定锻件仅进展到粗加工及 UT 阶段（见图 6-59）。

a)

b)

图 6-58　接管段防变形组焊

a）安装内部支撑　b）对称组焊

a)

b)

图 6-59　中国 EPR 压力容器接管段评定锻件

a）锻件出成品锻造　b）锻件粗加工

（2）局部接管翻边式半一体化接管筒体　局部接管翻边式接管筒体是在分体接管段的筒身上翻边成形局部接管管嘴，是目前比较先进的半一体化接管段制造方式。俄罗斯核电系统从设计、制造、检验、安装、运行、维护等方面自成体系，所以他们生产制造的百万千瓦核电设备与美国和法国的有很大区别，其百万千瓦核电站的使用寿命为 40 年。俄罗斯没有生产制造整体顶盖、锥形筒体、水室封头等异形锻件的业绩，但他们在压力容器接管筒体上采用了管嘴翻边技术，而且已生产了 100 多个带接管嘴的半一体化接管筒体。代表性的产品是由俄罗斯生产的田湾 1 号机组 RPV 半一体化接管筒体锻件。这种带有 4 个接管嘴的半一体化接管筒体零件质量为 91t，钢锭质量为 290t。翻边时的料温是 1050~1100℃，操作时间为 30min，每火次只翻边成形一个接管嘴，目前做的半一体化接管筒体最多带 4 个接管嘴，如接管嘴数量大于 4 个，则需要到莫斯科国家实验研究院进行计算，以确定是否可行。

半一体化接管筒体管嘴翻边时与下模采用焊接凸台的定位方式，在接管筒体上面有 4 个焊接凸台，分别与 4 个接管嘴对应，翻边时卡入下模中。半一体化接管筒体管嘴翻边前后的尺寸如图 6-60 所示；接管嘴翻边原理简图如图 6-61 所示；管嘴实际翻边过程及效果如图 6-62 所示。

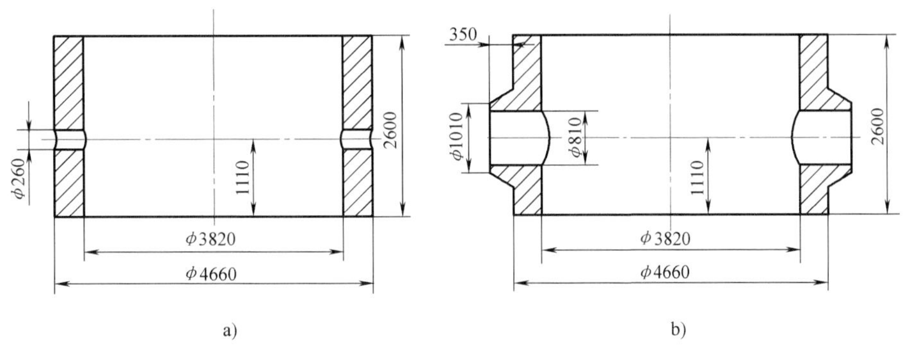

图 6-60　半一体化接管筒体管嘴翻边前后的尺寸

a）管嘴翻边前尺寸　b）管嘴翻边后尺寸

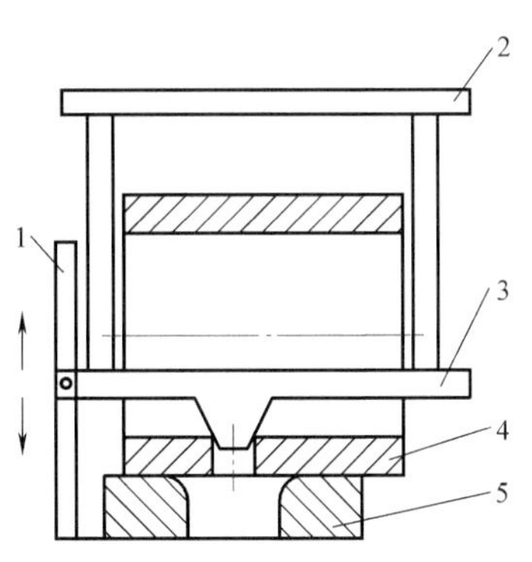

图 6-61　接管嘴翻边原理简图

1—导向柱　2—锤头连接架　3—冲头
4—接管段坯料　5—下模

图 6-62　半一体化接管筒体管嘴翻边

4. 小型接管段一体化

中国一重采用自由锻造的方式研制了小型堆一体化接管段，如图 6-63 和图 6-64 所示。图 6-63 所示为某专项产品压力容器一体化接管段；图 6-64 所示为某小型堆压力容器一体化接管段。

由于自由锻造的一体化接管段余量大，材料利用率低；尤其是专项产品压力容器一体化接管段成形火次非常多，导致筒体多次无锻造比加热，给后续的热处理带来很大麻烦。中国一重从 2014 年开始策划采用 FGS 锻造方式研制大型先进压水堆一体化接管段。

a)

b)

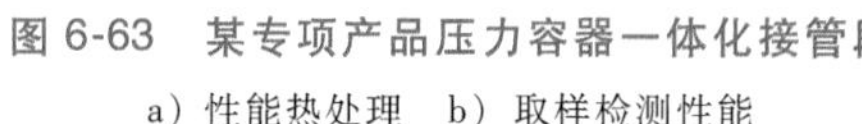

图 6-63　某专项产品压力容器一体化接管段

a）性能热处理　b）取样检测性能

图 6-64　某小型堆压力容器一体化接管段

6.3.1.2　研究对象及坯料设计

1. 研究对象

本节的研究对象是 CAP1400 一体化接管段，该一体化接管段的设计并非出自 RPV 设备设计单位，而是由首台 CAP1400 接管段（分体结构）、进口接管、出口接管、安注管等锻件制造商按照上述分体结构零件图堆砌而成，所以不代表未来一体化接管段设计结构与尺寸。一体化接管段材质为 SA508Gr. 3Cl. 1。

（1）零件图　CAP1400 一体化接管段形状与尺寸如图 6-65 所示，零件质量为 160. 075t。

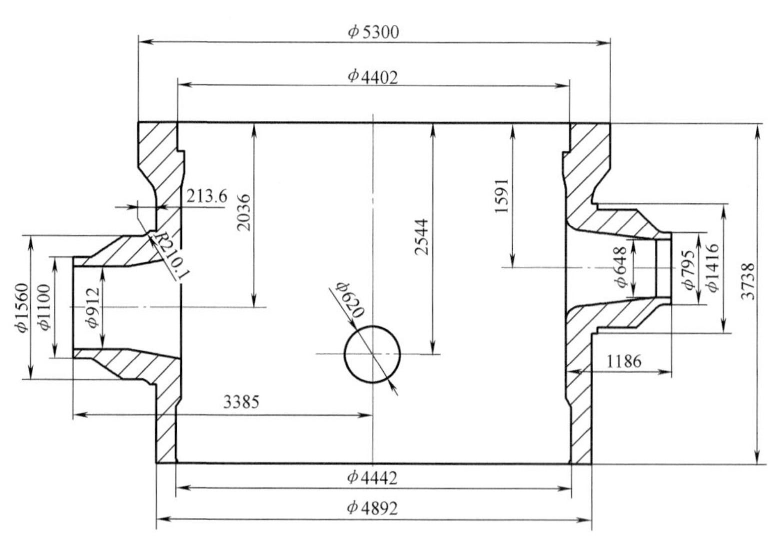

a)

图 6-65　CAP1400 一体化接管段零件图

a）尺寸图

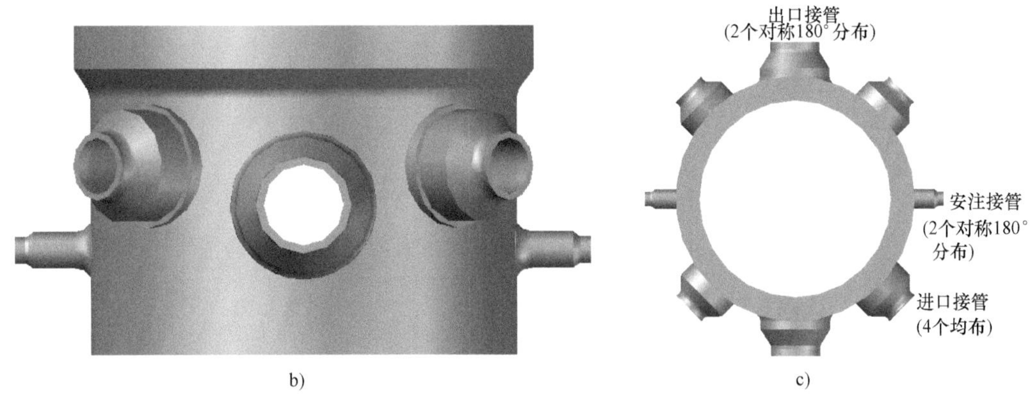

图 6-65 CAP1400 一体化接管段零件图（续）
b）立体图 c）管嘴分布图

从图 6-65 可以看出，CAP1400 一体化接管段主体部分是一个上端部带法兰的筒形零件；0°（图 6-65c 中正下方）与 180°（图 6-65c 中正上方）对称分布二个较大接管，称之为出口接管；与出口接管呈 45°方向上分布 4 个较小接管，称之为进口接管；与出口接管呈 90°方向上分布 2 个安注接管，所有接管中 4 个进口接管的中心线最高最接近筒体法兰端，其次为 2 个出口接管，其中心线居中，中心线位置最低、最靠近筒体下端的是安注接管。

（2）取样图 针对图 6-65 所示 CAP1400 一体化接管段零件图形状和尺寸，按照分体结构中的筒体法兰段和各个接管的取样要求，设计其粗加工取样图形状与尺寸如图 6-66 所示，粗加工取样图质量为 225.3t。粗加工取样图与零件图对比如图 6-67 所示，图中黑色实线为锻件图，粉色实线为粗加工图，蓝色为试料区。

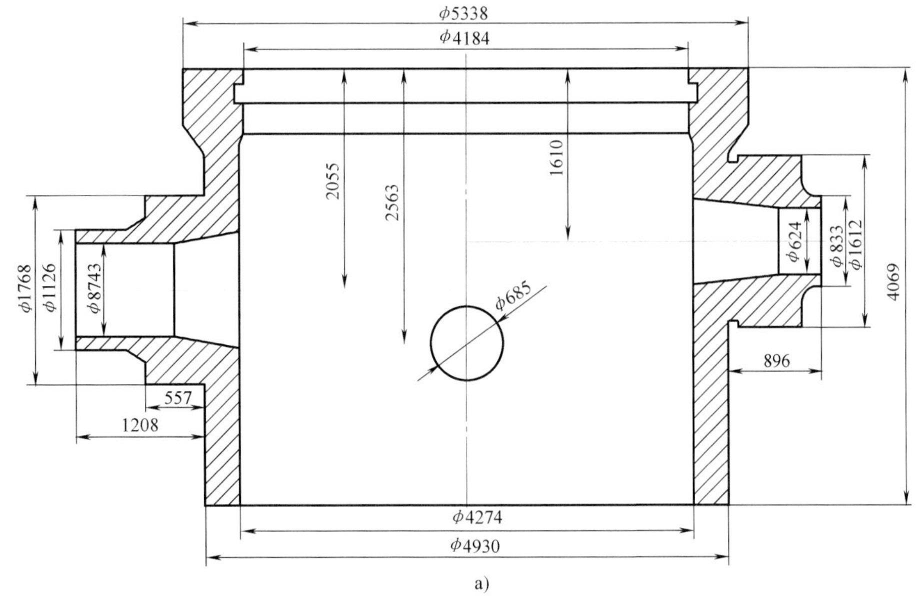

图 6-66 CAP1400 一体化接管段粗加工取样图
a）尺寸图

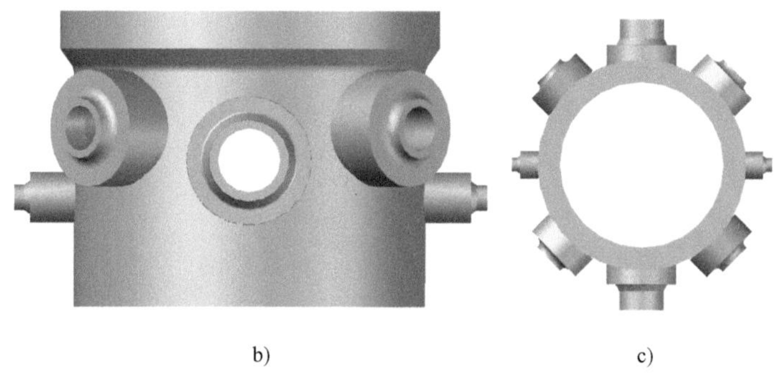

b)　　c)

图 6-66　CAP1400 一体化接管段粗加工取样图（续）

b）立体图　c）管嘴分布图

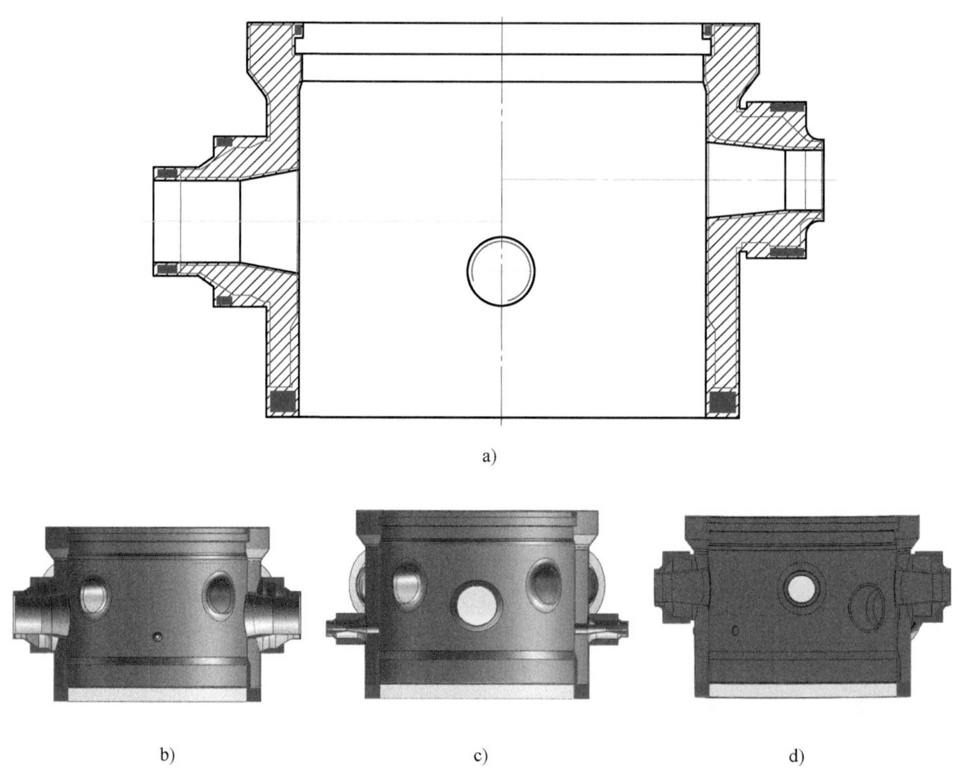

a)

b)　　c)　　d)

图 6-67　CAP1400 一体化接管段粗加工取样图与零件图对比

a）剖面图　b）出口管嘴　c）安注管嘴　d）进口管嘴

（3）锻件图　由于采用模锻成形，锻件表面质量较好，锻件形状比较规范，所以锻件余量可以适当减小，本方案中与取样图相比较锻件外形单边余量设计为 40mm；经过模拟优化，锻件内孔为 ϕ3800mm，各个接管采用实心方案，锻件形状与尺寸如图 6-68 所示，锻件质量为 396t。锻件图与取样图的对比情况如图 6-69 所示，图中黑色实线为锻件图，粉色实线为粗加工图。

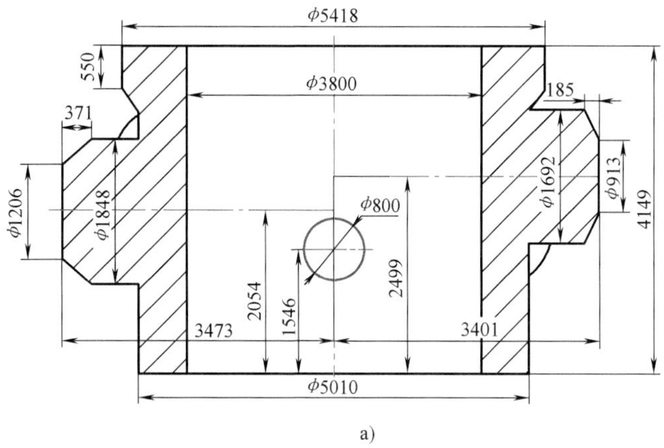

a)

b)

图 6-68 CAP1400 一体化接管段锻件图

a）剖面图 b）管嘴分布图

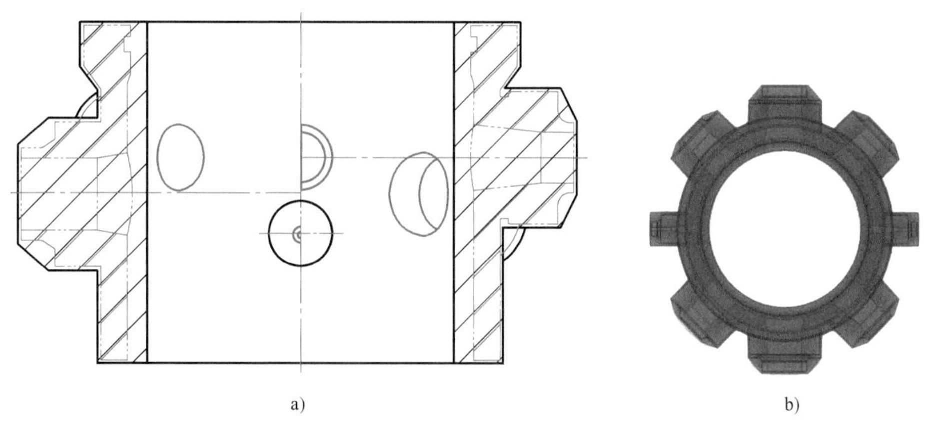

a) b)

图 6-69 CAP1400 一体化接管段锻件图与取样图对比情况

a）剖面图 b）管嘴分布图

2. 工艺方案

为了方便计算机模拟模锻成形，本节中坯料外径、凹模内径、冲头内/外径、芯子外径等均采用设计尺寸，不考虑实际生产时坯料在高温下的热胀冷缩现象。

按照 1600MN 液压机初步确定的主要设计参数：净空高度为 15000mm，最大成形力为 1800MN，模锻工作台尺寸为 9000mm×9000mm 等。设计上述一体化接管段模锻成形全流程工艺方案如下：来料尺寸 ϕ4800mm×3600mm→模具内闭式冲孔预制坯 ϕ5050mm/ϕ3750mm×6200mm→机械加工到 ϕ5010mm/ϕ3800mm×6090mm→模锻成形。

3. 坯料制备

由于模锻用坯料尺寸重量均比较大，而且坯料内孔为 ϕ3800mm，长度为 6090mm，如果采用自由锻制坯，那么无论是扩孔成形工艺还是芯棒拔长工艺，都存在较大困难，原因是扩孔成形时坯料长度、壁厚较大，马杠承受较大弯矩；芯棒拔长成形时内孔尺寸较大，芯棒重量较大，对操作机或桥式起重机的承载要求很高，存在很大困难。为此选择模锻预制坯工艺。

经过模拟优化，模锻预制坯工艺方案如下：采用 ϕ4800mm×3600mm 实心坯料在模具内闭式冲盲孔成形。为减少冲孔力，将冲头工作面结构优化设计为球形，非工作部分为圆柱形且其直径小于球面水平投影直径。为了减少盲孔底部厚度，并防止冲孔后期坯料底端上翘，将凹模结构优化设计为底部带部分球形空腔的形式。模锻预制坯冲头与凹模结构如图 6-70 与图 6-71 所示。

闭式冲孔预制坯工艺方案计算机模拟结果如图 6-72 所示，冲孔力约为 2050MN，冲孔后的尺寸满足模锻成形用坯料的加工要求。

图 6-70　预制坯冲头

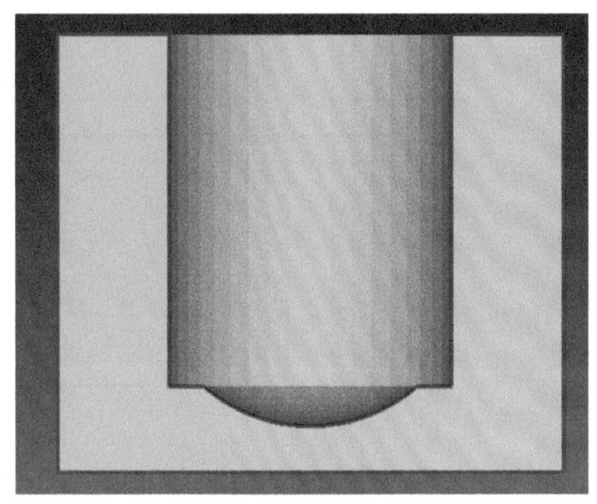

图 6-71　预制坯凹模

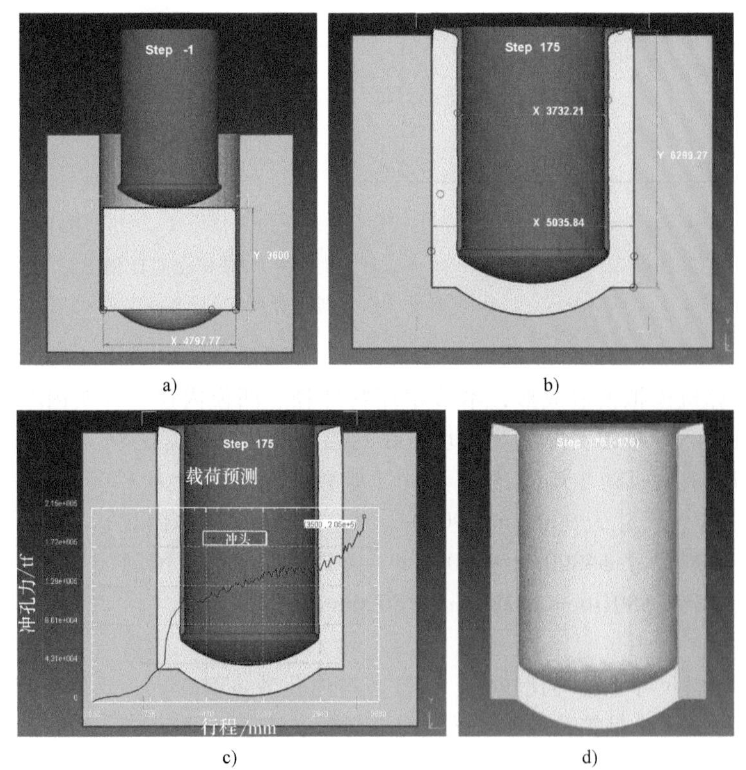

图 6-72　CAP1400 一体化接管段制坯工艺模拟结果

a）冲孔开始　b）冲孔结束　c）冲孔力　d）冲孔后与模锻成形用坯料（灰色）对比

6.3.1.3 FGS 锻造方案

研究设计一体化接管段模锻成形的具体工艺方案为：外径为 5010mm，内径为 3800mm，高度为 6090mm 的实心坯料→闭式镦粗至高度为 4149mm→得到如图 6-68 所示的一体化接管段模锻件。模锻方案所用坯料质量为 400.23t。

一体化接管段模锻成形工艺方案示意图如图 6-73 所示。

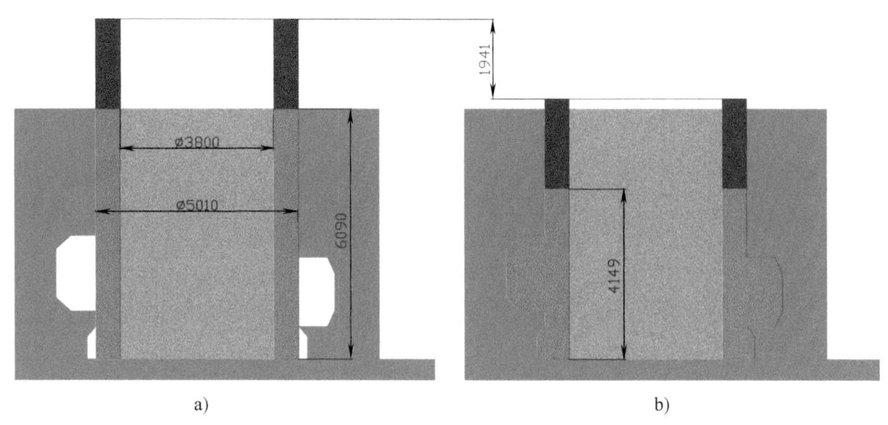

a)　　b)

图 6-73　CAP1400 一体化接管段模锻成形工艺方案示意图

a）成形开始　b）成形结束

6.3.1.4 数值模拟

1. 模具三维图形

按照图 6-73 所示的一体化接管段模锻成形工艺方案示意图，设计模锻成形用凹模、凸模、芯子见图 6-74。

凹模外径为 9000mm，内径为 5010mm，深度为 8800mm。管嘴型腔尺寸与锻件图保持一致。

凸模外径为 5010mm，内径为 3800mm，高度为 2200mm。

芯子外径为 3800mm，高度为 6090mm。

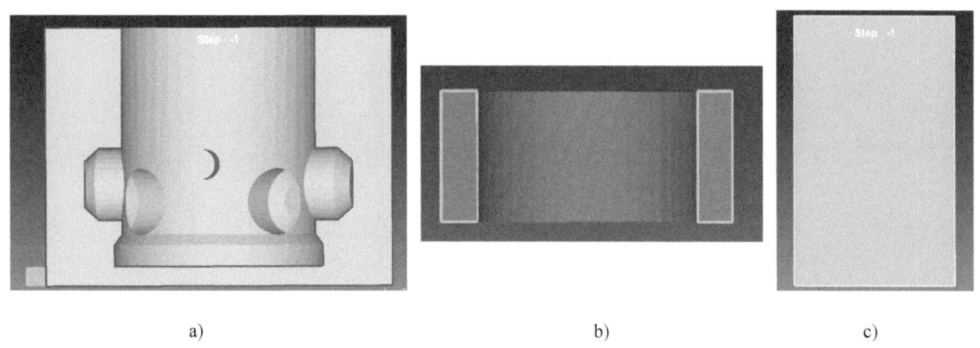

a)　　b)　　c)

图 6-74　一体化接管段模锻方案模具三维图

a）凹模　b）凸模　c）芯子

2. 模拟参数设置

模拟参数设置如下：采用中国一重实测材料模型 SA508Gr. 3（750~1250℃）；摩擦类型选择数值为 0. 3 的剪切摩擦；凸模运动速度为 10mm/s；坯料温度为 1200℃；网格为 86820 个，最小单元边长为 89mm；步长为 20mm；凸模闭式镦粗行程为 1960mm。

3. 闭式镦粗成形模拟结果

模拟结果显示，镦粗开始不久即在坯料加载端出现折伤，随着镦粗行程的增加，坯料端面折伤也越来越严重；当镦粗行程达到 1870mm（Step112）时一侧出口管嘴内壁开始出现折伤；当镦粗行程达到 1900mm（Step115）时一侧进口管嘴内壁开始出现折伤。上述折伤情况如图 6-75 中的粉色圆点所示。

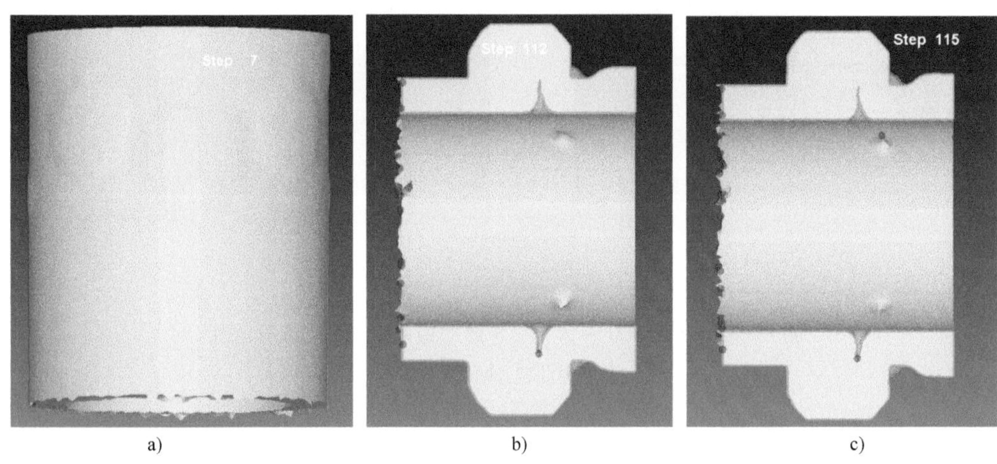

a) b) c)

图 6-75 一体化接管段模锻过程中折伤产生时机与位置情况

a）Step7 端部开始出现折伤 b）Step112 一侧出口管嘴开始出现折伤 c）Step115 一侧进口管嘴开始出现折伤

模锻成形工艺方案设计行程为 1941mm，模拟时预定镦粗行程为 1960mm。实际模拟结果：当凸模行程达到 1880mm（Step113）时，成形力为 1580MN；当凸模行程达到 1900mm 时，成形力为 1670MN（见图 6-76）；当凸模行程达到 1910mm 时，成形力为 1880MN。

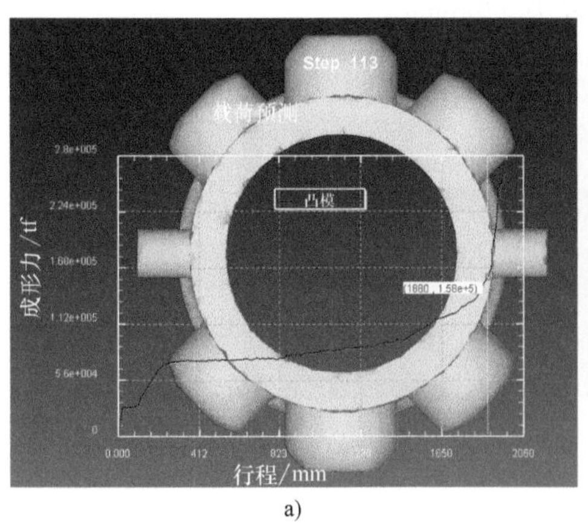

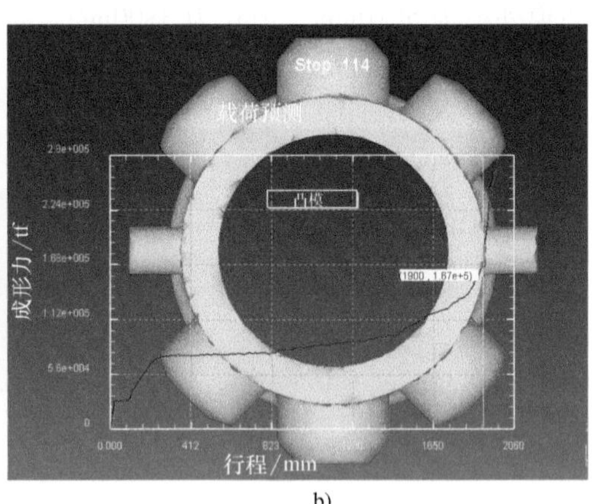

a) b)

图 6-76 凸模行程与成形力

a）1880mm b）1900mm

凸模行程为 1880mm 及 1900mm 时，模锻件与粗加工取样图的对比情况如图 6-77 所示。从图 6-77 可以看出，当镦粗行程为 1880mm 时，4 个进口管嘴靠近凸模一侧约有半圈边缘缺肉，露出灰色的取样图了；当镦粗行程达到 1900mm 时，缺肉情况好转，几乎覆盖取样图。2 个出口管嘴和 2 个安注管嘴在行程为 1880mm 时已完全覆盖取样图。

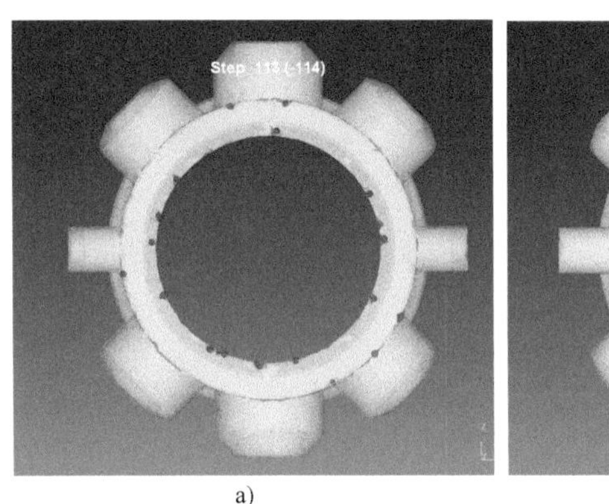

a)

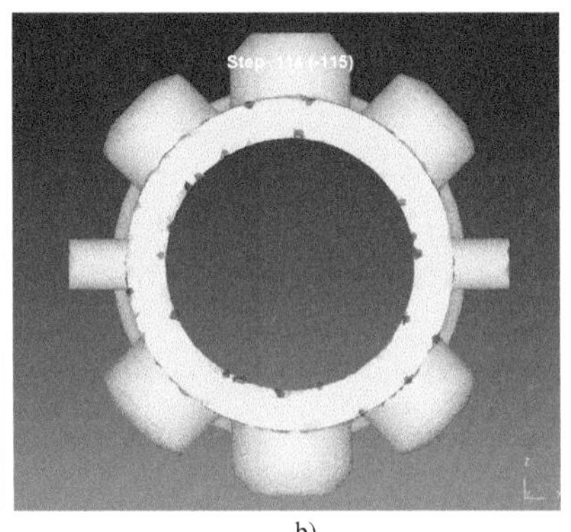

b)

图 6-77 凸模不同行程时模锻件与粗加工取样图对比

a）1880mm b）1900mm

镦粗行程为 1880mm 时进口管嘴边缘处与取样图相比缺肉最严重，达 13mm×58mm（见图 6-78a）；镦粗行程为 1900mm 时，进口管嘴与取样图对比最大缺肉 6mm×6mm（见图 6-78b）。

模拟结果显示，当镦粗行程达到 1910mm（Step116），成形力为 1880MN 时，锻件完全覆盖取样图（见图 6-79）。

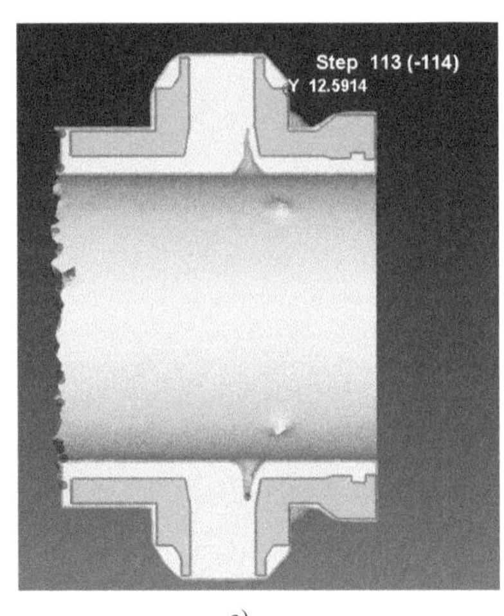

a)

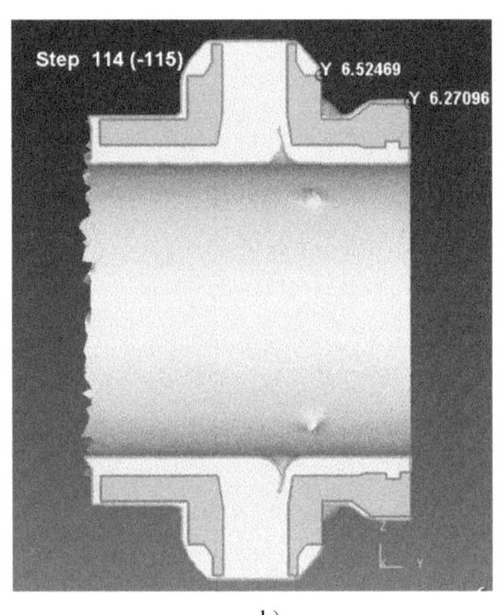

b)

图 6-78 凸模不同行程时进口管嘴剖面与取样图对比

a）1880mm b）1900mm

由于 CAP1400 一体化接管段取样图与零件图相比单边留有 19mm 加工余量，所以从图 6-78 和图 6-79 所示结果可以看出，无论镦粗行程选择 1880mm、1900mm，还是 1910mm，模锻成形后的一体化接管段均可以既满足取样图要求又满足零件图要求。此外，工程压力 1600MN 液压机最大可提供 1800MN 压力，所以通过工艺方案优化后，CAP1400 一体化接管段在 1600MN 液压机上可以实现一次模锻成形。

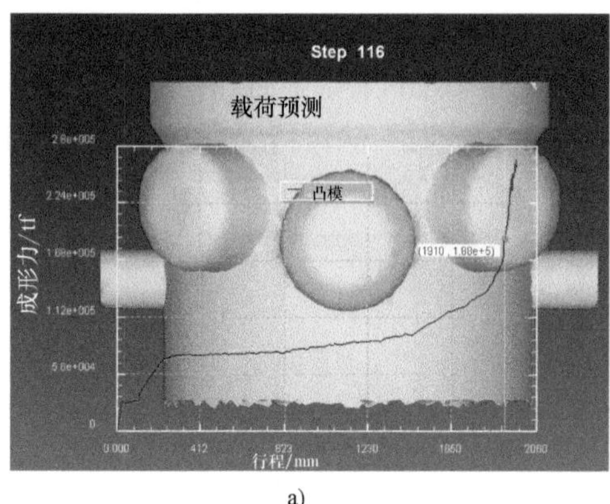

a)

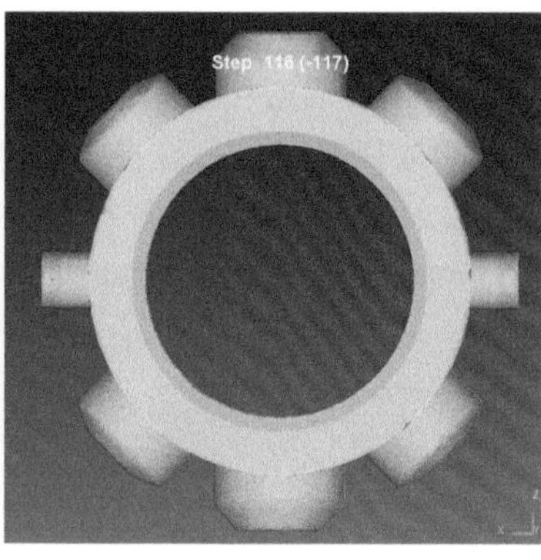

b)

图 6-79　锻件完全覆盖取样图

a）主视图　b）俯视图

由于模锻成形的锻件变形充分且均匀，所以选择镦粗行程为 1910mm，即成形力最大的状态分析锻件的等效应变、等效应力与最大主应力模拟结果，以便用于模具应力模拟与分析。图 6-80、图 6-81 和图 6-82 所示分别为锻件在镦粗行程为 1910mm，即成形力为 1880MN 时的等效应变、等效应力与最大主应力模拟结果，图 6-83 所示为出口管嘴变形后的流线分布情况。

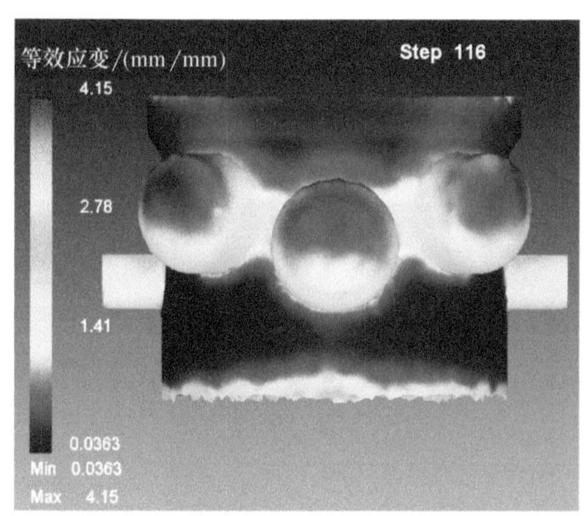

图 6-80　行程 1910mm 时锻件等效应变

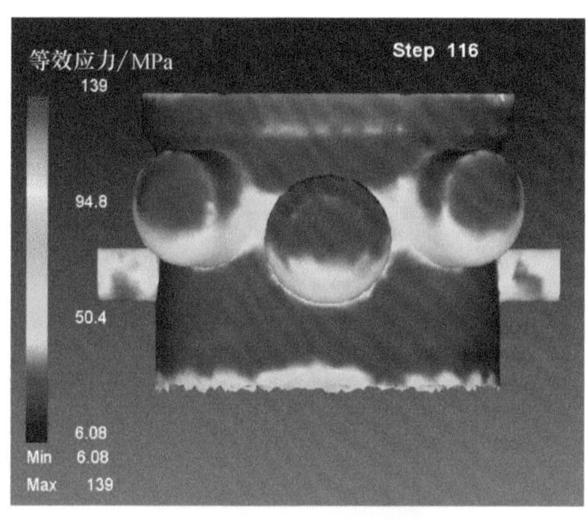

图 6-81　行程 1910mm 时锻件等效应力

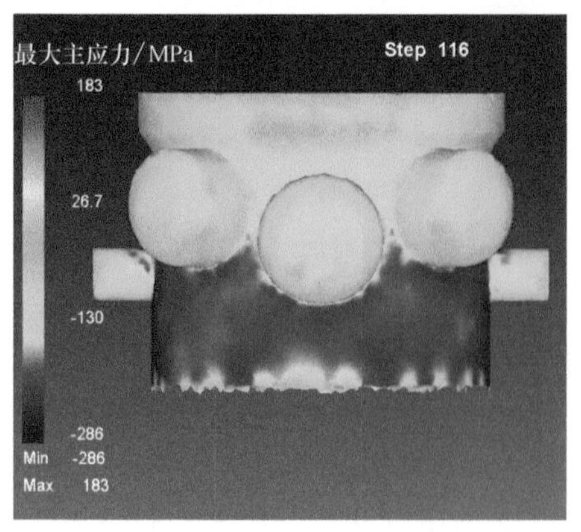

图 6-82　行程 1910mm 时锻件最大主应力

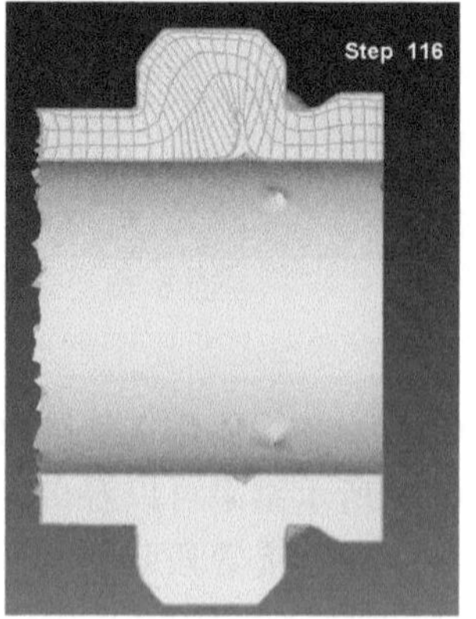

图 6-83　行程 1910mm 时出口管嘴流线分布

4. 模具应力分析

选择镦粗行程为 1910mm，成形力为 1880MN 时的状态进行模具应力模拟，结果如图 6-84~图 6-86 所示。

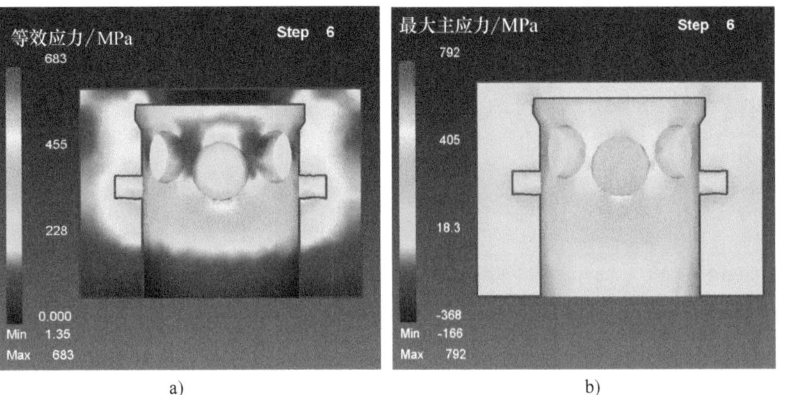

a) b)

图 6-84 凹模应力

a）等效应力 b）最大主应力

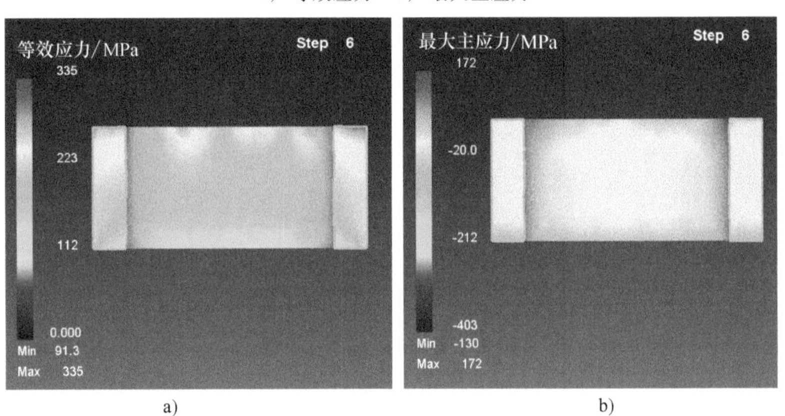

a) b)

图 6-85 凸模应力

a）等效应力 b）最大主应力

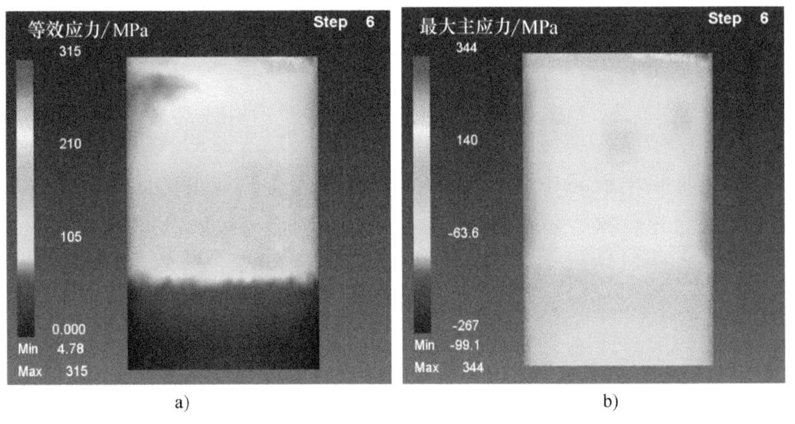

a) b)

图 6-86 芯子应力

a）等效应力 b）最大主应力

CAP1400一体化接管段可以采用空心坯料一次模锻成形，空心坯料模锻成形工艺方案为闭式镦粗。综合考虑成形力、变形均匀性、模具应力、成形风险等情况，空心坯料闭式镦粗工艺参数优化结论为：闭式镦粗行程为1880~1910mm；采用中国一重SA508Gr.3实测模型，摩擦类型为剪切摩擦且数值为0.3，凸模运动速度为10mm/s，坯料温度为1200℃；镦粗行程为1880mm时的成形力为1580MN；镦粗行程为1900mm时的成形力为1670MN；镦粗行程为1910mm时的成形力1880MN；模具应力一般，镦粗行程为1910mm，成形力为1880MN时，凹模等效应力最大值为683MPa，最大主应力最大值为782MPa；凸模等效应力最大值为335PMa，最大主应力最大值为172MPa；芯子等效应力最大值为315PMa，最大主应力最大值为344MPa。

CAP1400核电机组单机容量为153.4万千瓦，按2013年6月国家发展改革委对核电核定的每千瓦时0.43元的入网电价计算，每天创造效益1583万元；按一体化接管段的应用可以减少RPV在役检测5天计算，单台CAP1400核电机组（寿期60年内10次在役检测）节约制造成本、在役检测费用及减少停堆时间的增益达8亿元以上，见表6-1。

表6-1　分体与一体化接管段制造周期及全寿期间接费用对比

序号	项目内容	一体化接管段	分体式接管段
1	接管段不锈钢堆焊	55天	55天
2	接管堆焊	459天	单件完成
3	接管加工	72天	单件完成
4	接管组焊	不需要	340天
5	焊材成本	86.5万元	201.3万元
6	接管加工成本	172万元	28万元
7	中间热处理	1次10万元	8次共80万元
8	无损检测UT、RT	不需要	120万元
制造成本小计		268.5万元	429.3万元
9	在役检测	不需要	3500万元
10	停堆影响收益	无	79000万元
合计		268.5万元	82660.8万元

6.3.2　主管道

主管道是连接核电站反应堆压力容器、主泵和蒸汽发生器的大型承压管道，就像是人体输送血液的大动脉，是核电设备中的重要部件。随着装备制造业的不断发展，核电主管道由不锈钢分段铸件改进为超低碳控氮不锈钢整体锻件，制造难度为所有核电锻件之最。

目前，国内外锻造成形核电主管道的工艺流程大致相当，都是先采用自由锻工艺锻造实心或空心管坯，然后对管坯进行粗加工，最后将管坯弯曲成形。这一工艺方案的难点在于自由锻制造管坯，主要原因是大截面异形不锈钢管坯的自由锻造存在着锻造开裂、混晶、晶粒粗大等一系列现有设备与技术手段无法解决的难题，由此造成制坯火次繁多、材料利用率很低、制造周期特别长的困局，虽然从机理上可以找到解决办法，但这些办法都无法在现有条件下得以实现。

由于小型不锈钢锻件并不存在上述难题，所以为了突破困局，中国一重首先从装备入手，研发大型装备，进而再研究大型不锈钢主管道管坯模锻成形工艺，这样就可以彻底解决大型主管道管坯制坯问题。为此研发创新了两种模锻制坯技术，其中一种为空心坯料镦挤再拔长的成形技术，另一种为实心坯料镦粗再冲盲孔的成形技术。

主管道管坯空心坯料镦挤再拔长成形技术的工艺路线为：空心坯料在模具内镦挤（见图 6-87）→自由锻拔长两端获得所需管坯。该技术已获得授权发明专利（见图 6-88）。由于这一成形方法在模锻成形后还需要进行局部自由锻芯棒拔长，2 个管嘴之间部分因无锻造比加热而存在晶粒粗大与混晶风险，因而另一种实心坯料镦粗再冲盲孔的成形技术更具优势，为此下文针对目前推广前景较好的国和一号与华龙一号核电堆型用主管道热段，详细叙述这一创新技术。

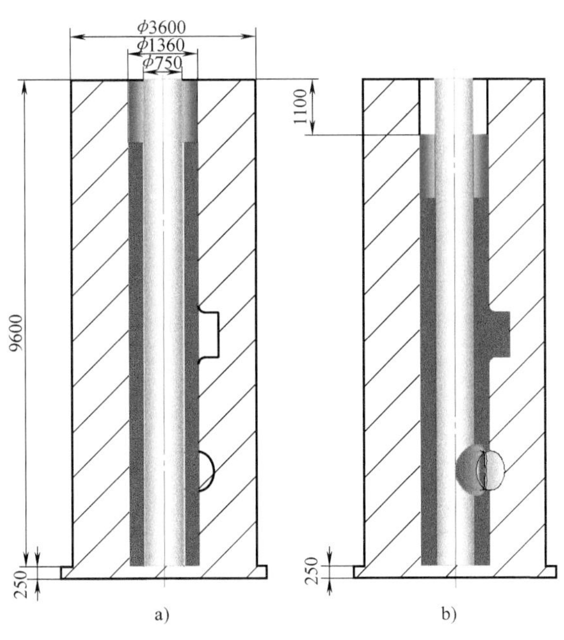

图 6-87　主管道管坯空心坯料镦挤成形

a）成形前　b）成形后

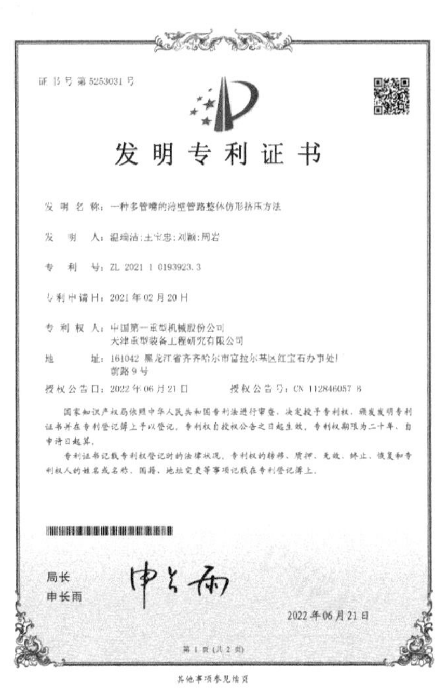

证书号第5253031号

发明专利证书

发明名称：一种多管嘴的薄壁管路整体仿形挤压方法

发明人：温瑞洁;王宝忠;刘颖;周岩

专利号：ZL 2021 1 0193923.3

专利申请日：2021年02月20日

专利权人：中国第一重型机械股份公司
天津重型装备工程研究有限公司

地址：161042 黑龙江省齐齐哈尔市富拉尔基区红宝石办事处厂前路9号

授权公告日：2022年06月21日　　授权公告号：CN 112846057 B

国家知识产权局依照中华人民共和国专利法进行审查，决定授予专利权，颁发发明专利证书并在专利登记簿上予以登记。专利权自授权公告之日起生效。专利权期限为二十年，自申请日起算。

专利证书记载专利权登记时的法律状况。专利权的转移、质押、无效、终止、恢复和专利权人的姓名或名称、国籍、地址变更等事项记载在专利登记簿上。

局长
申长雨

2022年06月21日

第1页(共2页)

其他事项参见续页

图 6-88　主管道镦挤成形发明专利

6.3.2.1　国和一号热段 A

1. 研制目标

在已完成的材料为 316LN 的 CAP1400 主管道热段 A（见图 2-82）研制过程中，相关企业采用自由锻造成形管坯，加工后内部硬支撑弯制成形。中国一重采用了仿形锻造主管道空心管坯，加工后利用柔性支撑整体模锻方式对管坯进行弯曲成形。经过多次工程实践证明，弯曲前的管坯粗加工尺寸是合理的，弯曲成形后尺寸检验结果满足技术条件要求。鉴于此，本研究目标是依托 1600MN 超大型多功能液压机，对弯制前的管坯锻件模锻成形工艺进行研究，以解决带管嘴的薄壁不锈钢管材自由锻开裂、混晶等质量问题，提高锻件质量，降低材料消耗。

不同阶段锻件尺寸设计分别如图 6-89～图 6-92 所示。其中，图 6-89 所示为研究对象（弯制前）的管坯图，质量为 40.653t；图 6-90 所示为制作管坯的粗加工图，坯料质量为 53.341t；图 6-91 所示为图 6-89 与图 6-90 的对比图；图 6-92 所示为粗加工前的模锻件图，由于采用模锻成形，锻件表面质量较好，锻件形状比较规范，所以锻件余量可以适当减小。另外由于奥氏体不锈钢在高温下的氧化皮比较薄，所以模锻件外形尺寸与图 6-90 所示的粗加工尺寸保持一致，坯料质量为 71.44t。

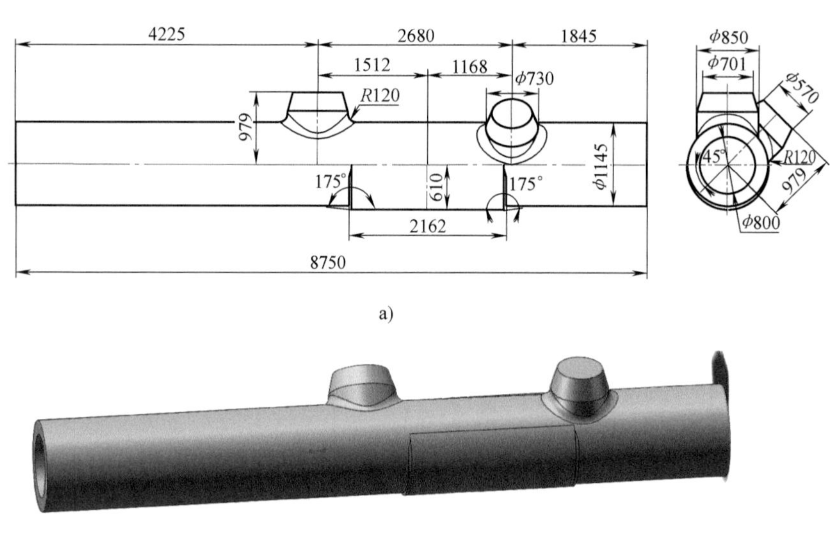

图 6-89　CAP1400 主管道热段 A 弯制前管坯图

a）尺寸图　b）立体图

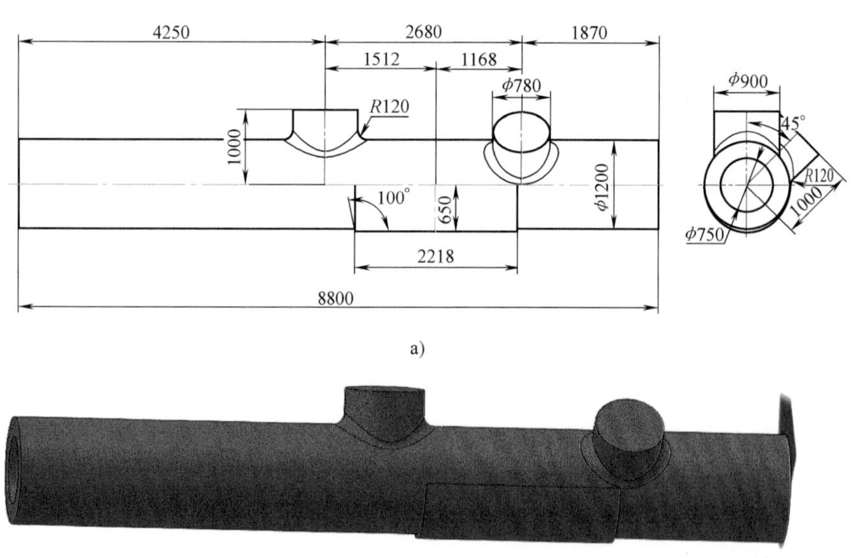

图 6-90　CAP1400 主管道热段 A 管坯粗加工图

a）尺寸图　b）立体图

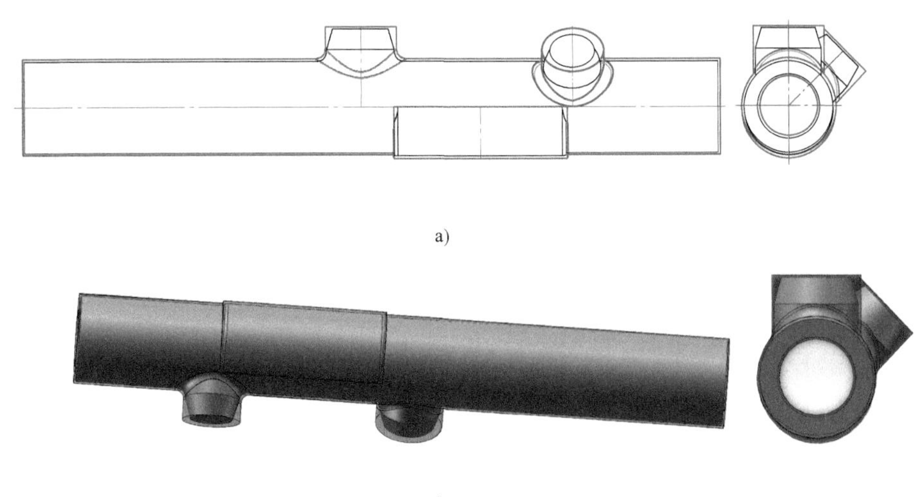

a)

b)

图 6-91 图 6-89 和图 6-90 的对比图

a）平面尺寸对比 b）三维图形对比

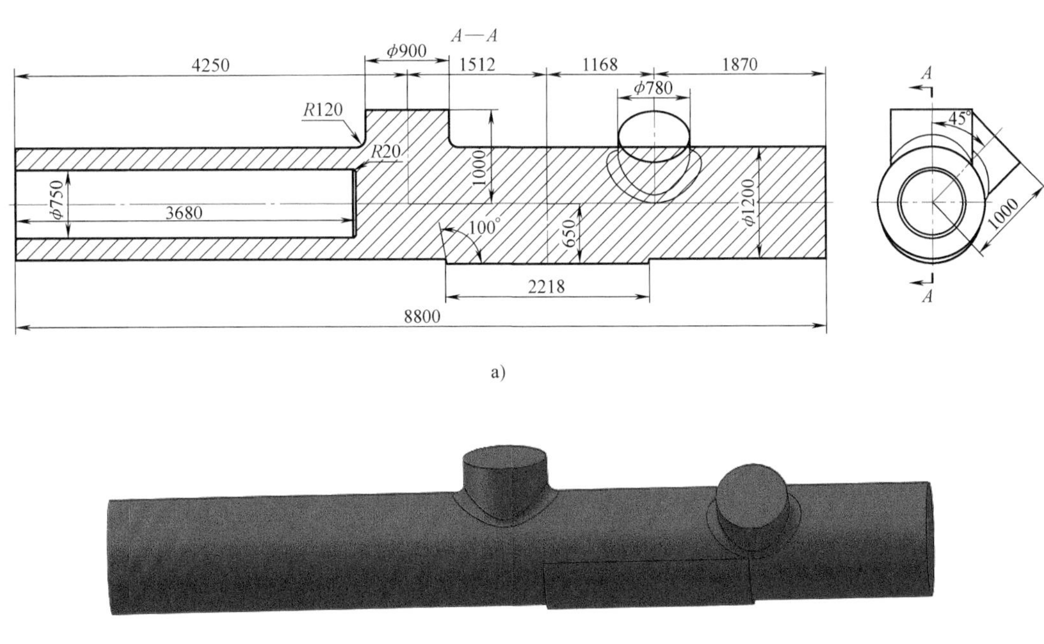

a)

b)

图 6-92 CAP1400 主管道热段 A 管坯模锻件图

a）尺寸图 b）立体图

2. 模锻成形工艺方案

按照 1600MN 超大型多功能液压机净空高度 15000mm、公称成形力 1600MN 等主要设计参数，设计上述主管道挤压成形全流程工艺方案如下：由 ϕ1350mm/ϕ1600mm 立式半连铸机提供 ϕ1600mm×5000mm 铸态坯料→自由锻预制出 ϕ1210mm×8700mm 锻坯→机械加工到 ϕ1160mm×8460mm→闭式镦挤→冲盲孔。

自由锻预制锻坯属于常规成形工艺，这里不再进行研究与计算机模拟，只对模锻成形工艺方案进行研究与模拟。

将尺寸为 ϕ1160mm×8460mm 的坯料闭式镦粗到 ϕ1200mm×7370mm，采用 ϕ750mm 冲头冲盲孔，得到图 6-92 所示主管道半空心管坯模锻件。半空心管坯模锻方案所用坯料质量为 71.49t。半空心管坯模锻成形工艺方案示意图如图 6-93 所示。

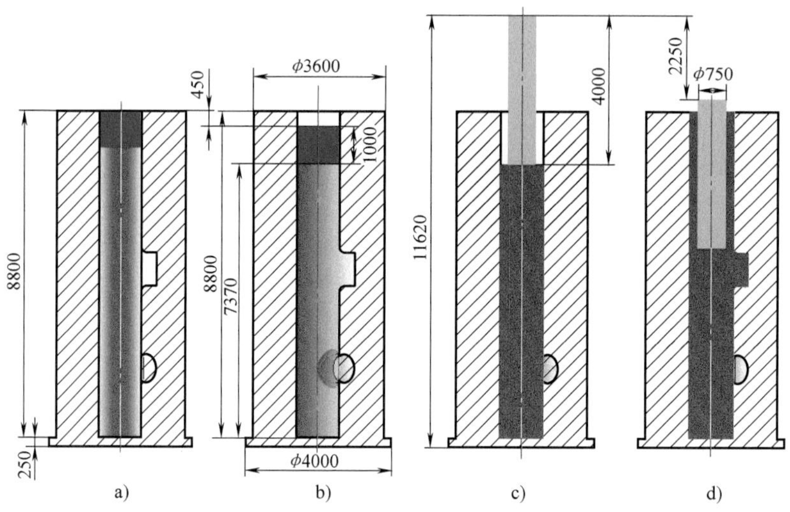

图 6-93　CAP1400 主管道热段 A 半空心管坯模锻成形工艺方案示意图

a）闭式镦粗开始　b）闭式镦粗结束　c）冲盲孔开始　d）冲盲孔结束

3. 模锻成形工艺模拟

（1）模具三维图形　按照图 6-93 所示主管道半空心管坯模锻方案示意图，设计模锻成形用模具如图 6-94 所示，其中图 6-94a 所示为凹模，图 6-94b 所示为凸模，图 6-94c 所示为冲头。凹模外径为 3600mm，底座法兰外径为 4000mm，法兰高度为 250mm，内径为 1200mm，深度为 8800mm；管嘴及补偿部分的型腔尺寸与锻件图一致。凸模外径为 1180mm，高度为 1700mm。冲头外径为 750mm，高度为 3800mm。

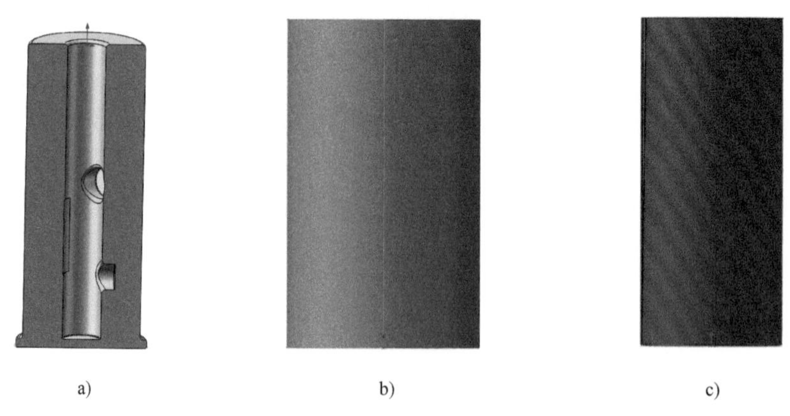

图 6-94　主管道半空心管坯模锻方案模具三维图

a）凹模　b）凸模　c）冲头

主管道半空心管坯模锻第一工步—闭式镦粗的模具三维装配图如图 6-95 所示；第二工步—冲盲孔的模具三维装配图如图 6-96 所示。

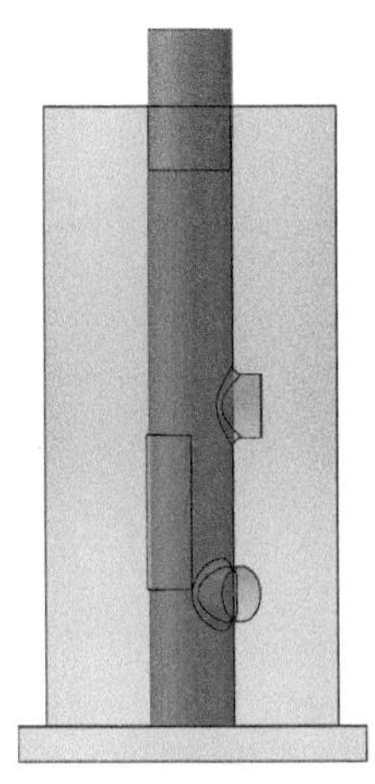

图 6-95　闭式镦粗模具三维装配图

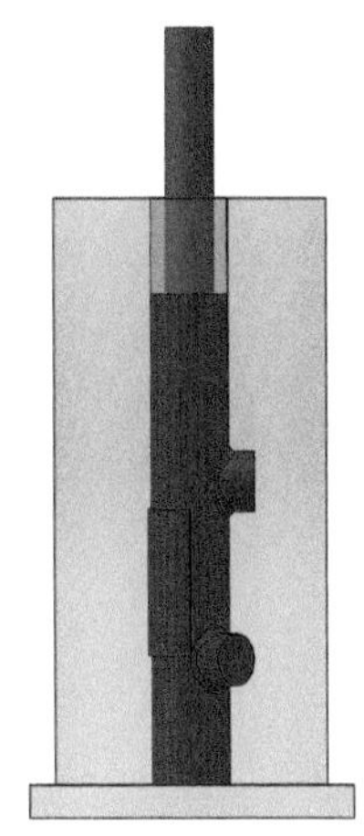

图 6-96　冲盲孔模具三维装配图

（2）模拟参数设置　模拟参数设置如下：材料模型采用中国一重奥氏体不锈钢 316LN 实测模型；摩擦类型为剪切摩擦，数值为 0.5，凸模及冲头运动速度为 5mm/s；坯料温度为 1100℃。网格为 95405 个，最小单元边长为 32mm，步长为 10mm；凸模闭式镦粗行程为 1200mm；冲头冲盲孔行程为 2300mm。

（3）闭式镦粗模拟结果　当凸模行程达到 1000mm、成形力为 425MN 时，在凸模与凹模间隙（10mm）处开始出现飞边（见图 6-97 中的粉色圆点）；当凸模行程达到 1060mm 时，

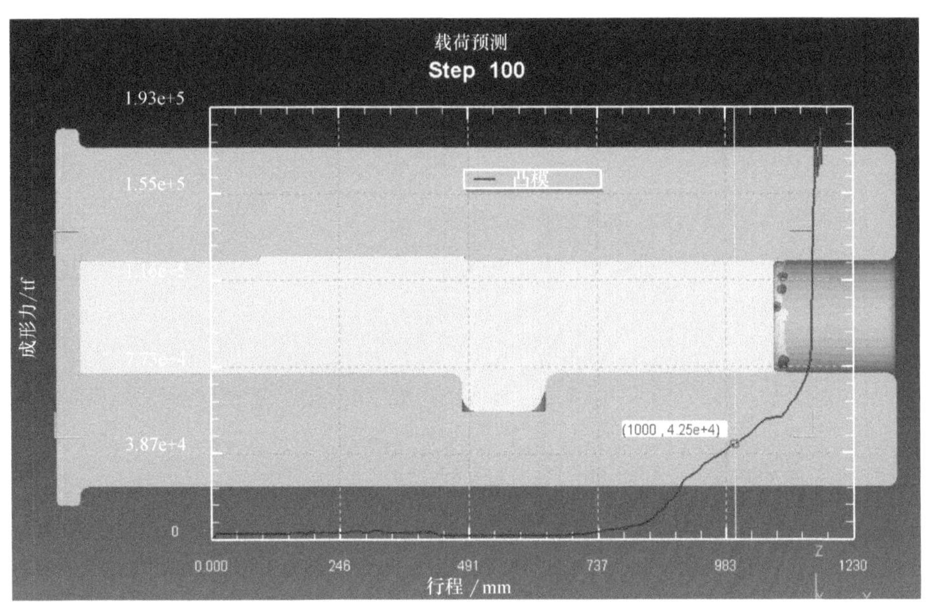

图 6-97　凸模行程 1000mm 时在凸模与凹模间隙处开始出现飞边（粉色圆点）

较大管嘴和补偿部分已完全充满，此时成形力为536MN（见图6-98），较小管嘴填充情况如图6-99所示。当凸模行程1150mm时，较小管嘴完全充满，成形力为1360MN（见图6-100）。

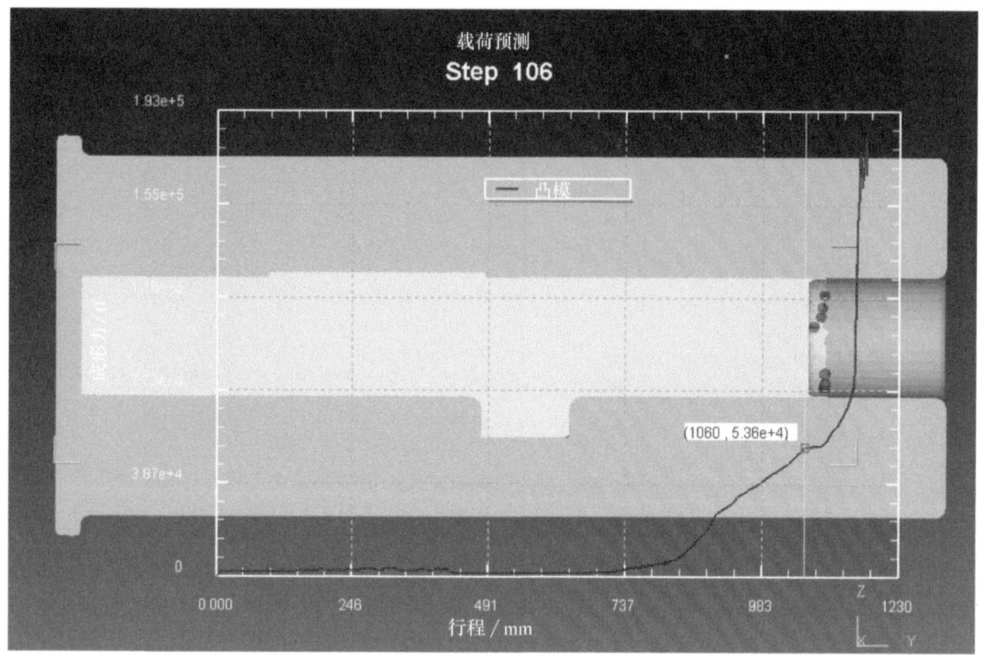

图6-98 凸模行程1060mm时较大管嘴完全充满（成形力536MN）

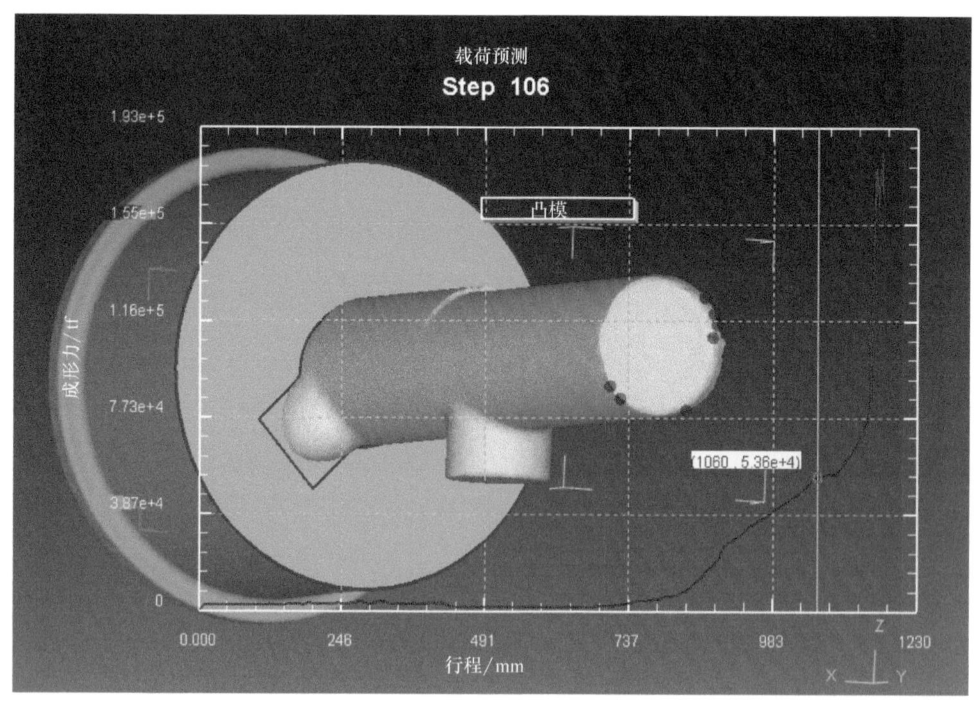

图6-99 凸模行程1060mm时较小管嘴填充情况

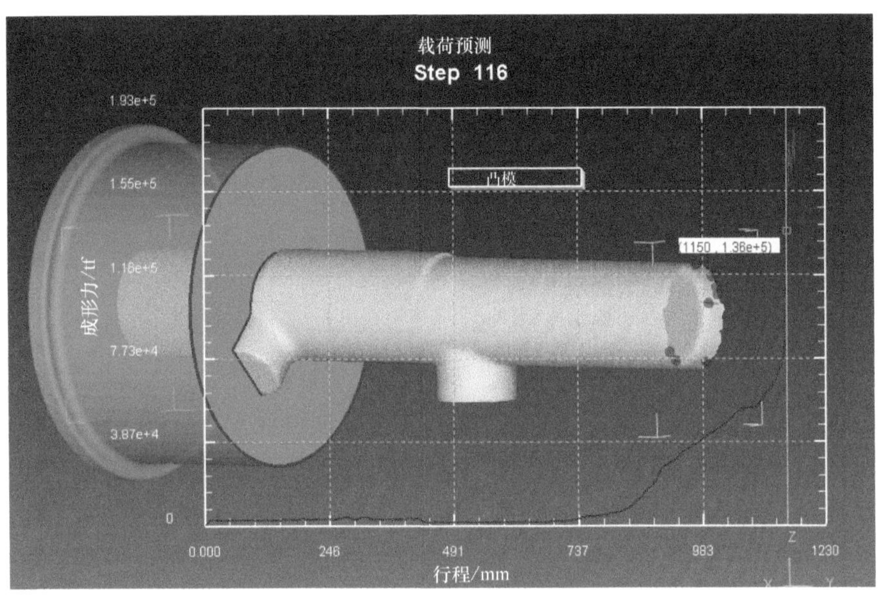

图 6-100　凸模行程 1150mm 时较小管嘴完全充满成形力 1360MN

镦粗行程 1060mm 时坯料的等效应力与最大主应力分别如图 6-101 与图 6-102 所示，等效应变如图 6-103 所示。

镦粗行程 1150mm 时坯料的等效应力与最大主应力分别如图 6-104 与图 6-105 所示，等效应变如图 6-106 所示。

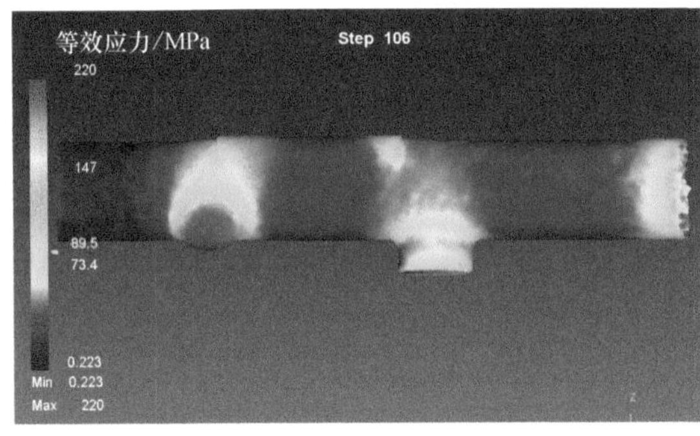

图 6-101　凸模行程 1060mm 时坯料等效应力

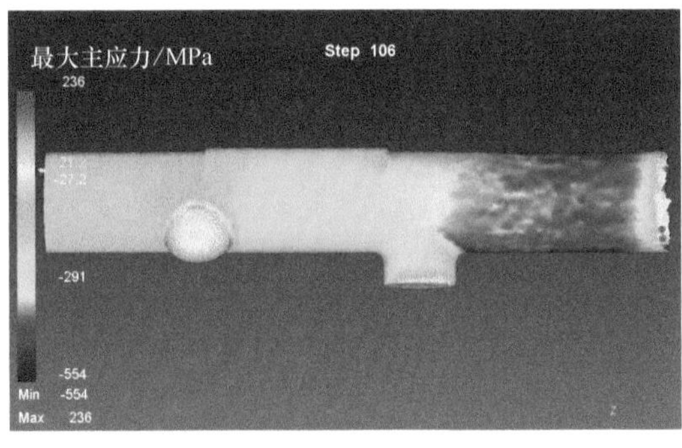

图 6-102　凸模行程 1060mm 时坯料最大主应力

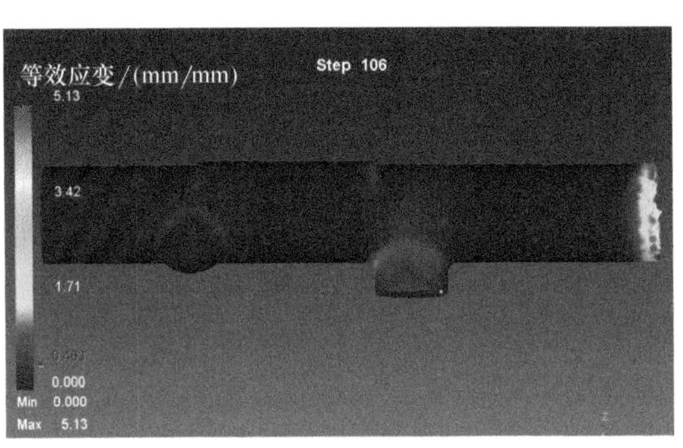

图 6-103　凸模行程 1060mm 时坯料等效应变

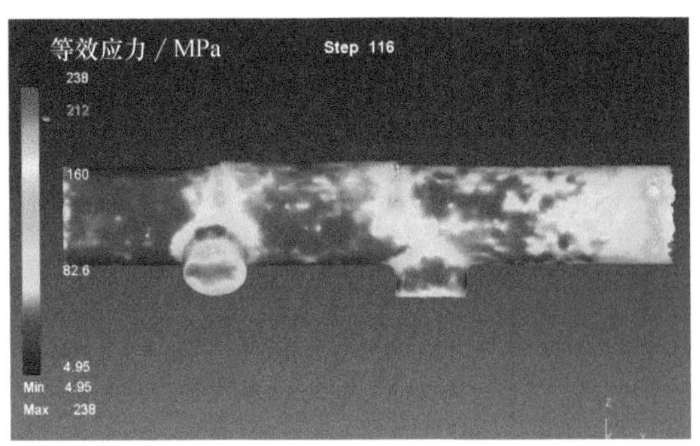

图 6-104　凸模行程 1150mm 时坯料等效应力

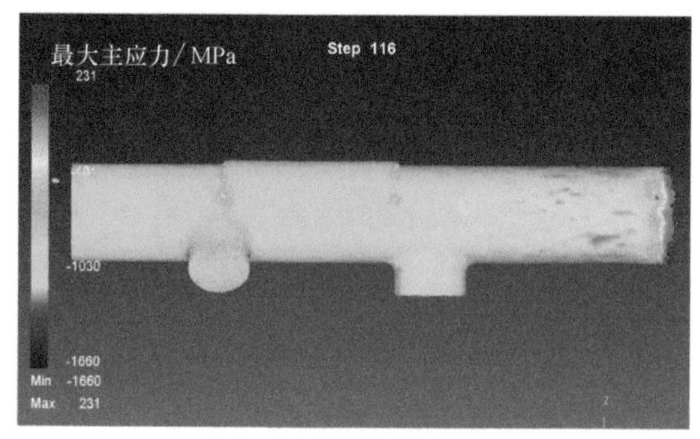

图 6-105　凸模行程 1150mm 时坯料最大主应力

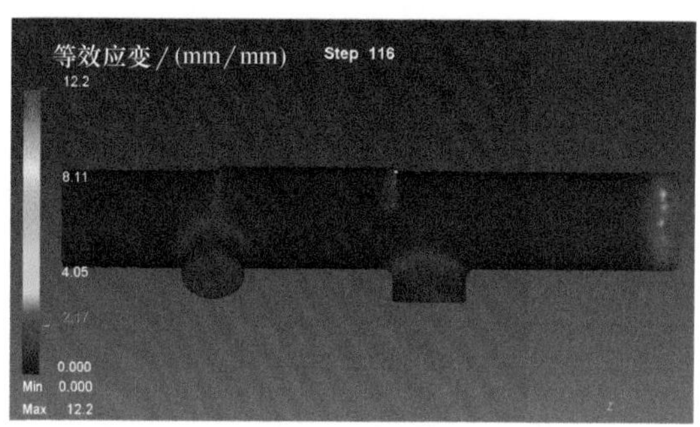

图 6-106　凸模行程 1150mm 时坯料等效应变

由于闭式镦粗后再冲盲孔时小管嘴还会继续填充，所以冲盲孔时机选择了两个：镦粗行程为 1060mm 与 1150mm，将两个结果分别导入数据进行冲盲孔的成形模拟。冲盲孔模拟边界条件：冲头压下速度为 5mm/s，剪切摩擦系数为 0.5，行程为 2300mm，坯料温度为 1100℃，坯料网格未重新划分。

（4）冲盲孔模拟结果

1）选择闭式镦粗行程为 1060mm 时冲盲孔的模拟结果：冲盲孔行程为 2300mm 时冲孔力为 250MN（见图 6-107）；大管嘴与补偿处形状没有改变，小管嘴继续填充，但仍存在圆角，具体情况如图 6-108 所示。锻件与粗加工图尺寸对比情况如图 6-109 所示。

从图 6-109 的对比情况可知，镦粗行程为 1060mm 再冲盲孔后，锻件（黄色）尺寸完全可以覆盖管坯粗加工尺寸（灰色）。所以这一工艺方案可行。锻件成形后的等效应力、最大主应力、等效应变如图 6-110～图 6-112 所示，损伤情况如图 6-113 所示。

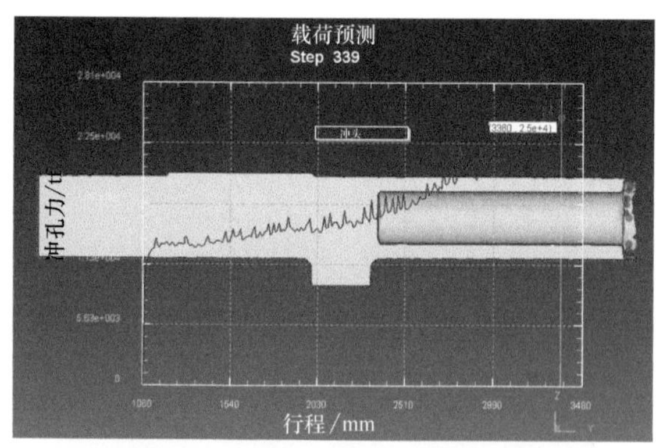

图 6-107　冲盲孔行程为 2300mm 时的冲孔力（250MN）

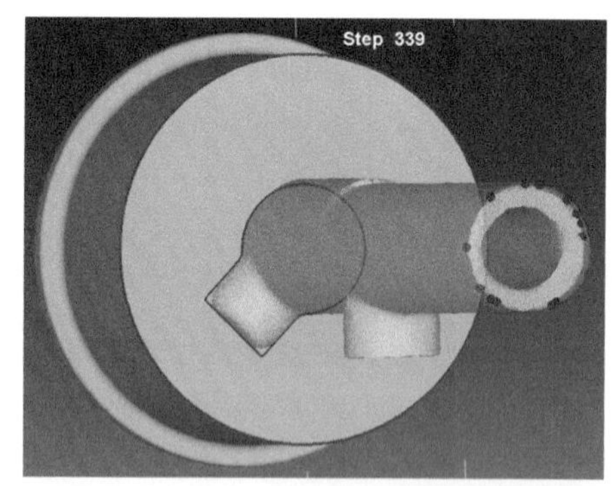

图 6-108　冲盲孔行程为 2300mm 时小管嘴与凹模型腔填充情况

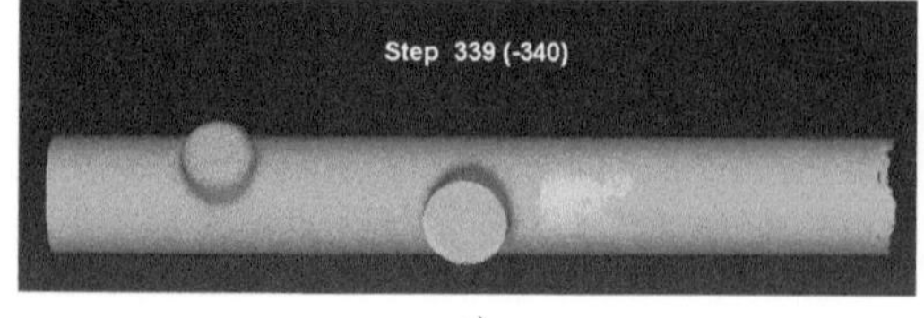

a)

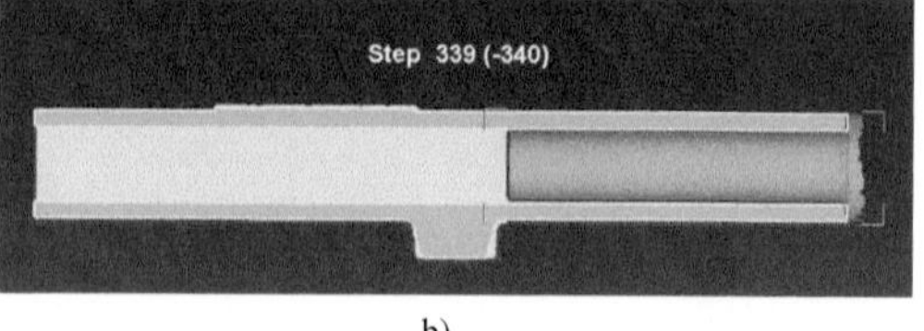

b)

图 6-109　镦粗 1060mm 再冲盲孔 2300mm 后锻件（黄色）与粗加工图（灰色）对比
a）三维实体　b）纵剖面

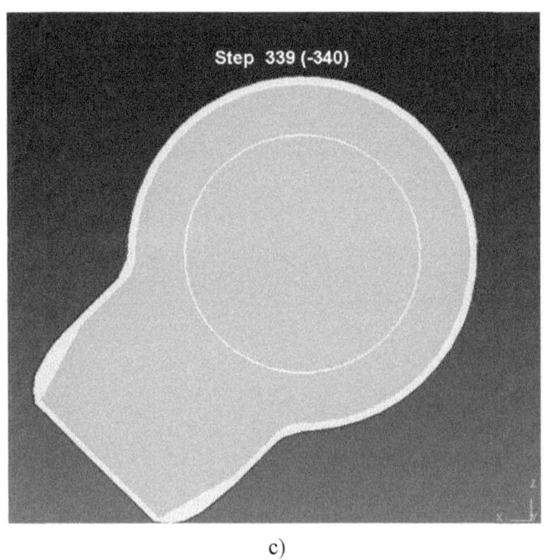

c)

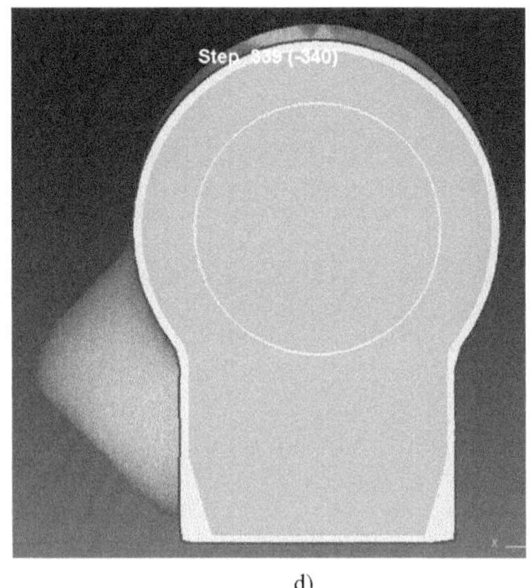

d)

图 6-109 镦粗 1060mm 再冲盲孔 2300mm 后锻件（黄色）与粗加工图（灰色）对比（续）

c）斜管嘴 d）直管嘴

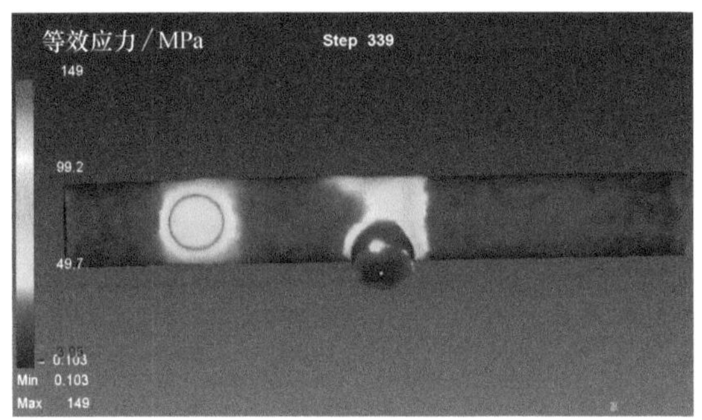

图 6-110 镦粗 1060mm 再冲盲孔 2300mm 后锻件等效应力

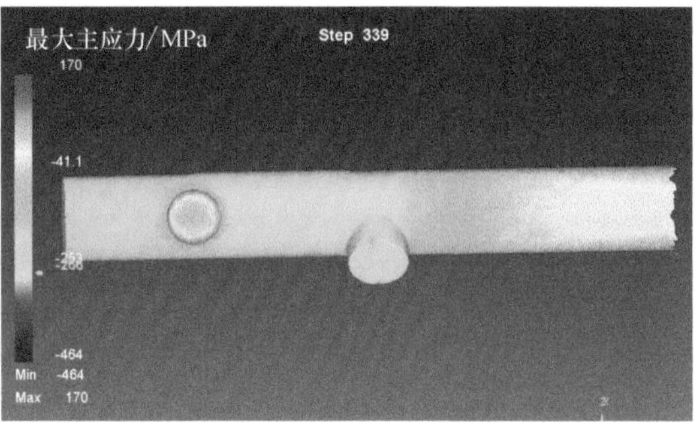

图 6-111 镦粗 1060mm 再冲盲孔 2300mm 后锻件最大主应力

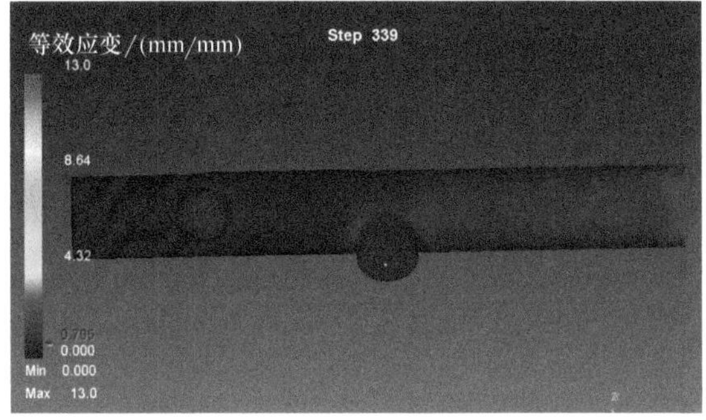

图 6-112 镦粗 1060mm 再冲盲孔 2300mm 后锻件等效应变

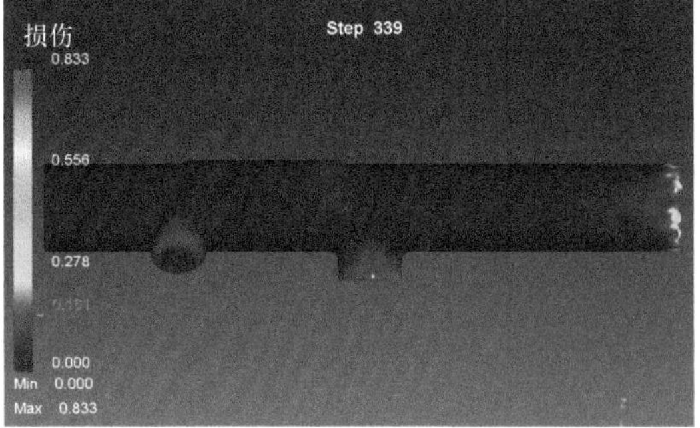

图 6-113 镦粗 1060mm 再冲盲孔 2300mm 后锻件损伤情况

2）选择闭式镦粗行程为 1150mm（Step116）时冲盲孔的模拟结果：冲盲孔行程为 2300mm 时冲孔力为 161MN（见图 6-114）；大管嘴、小管嘴与补偿处形状没有改变，锻件与粗加工图尺寸对比情况如图 6-115 所示。

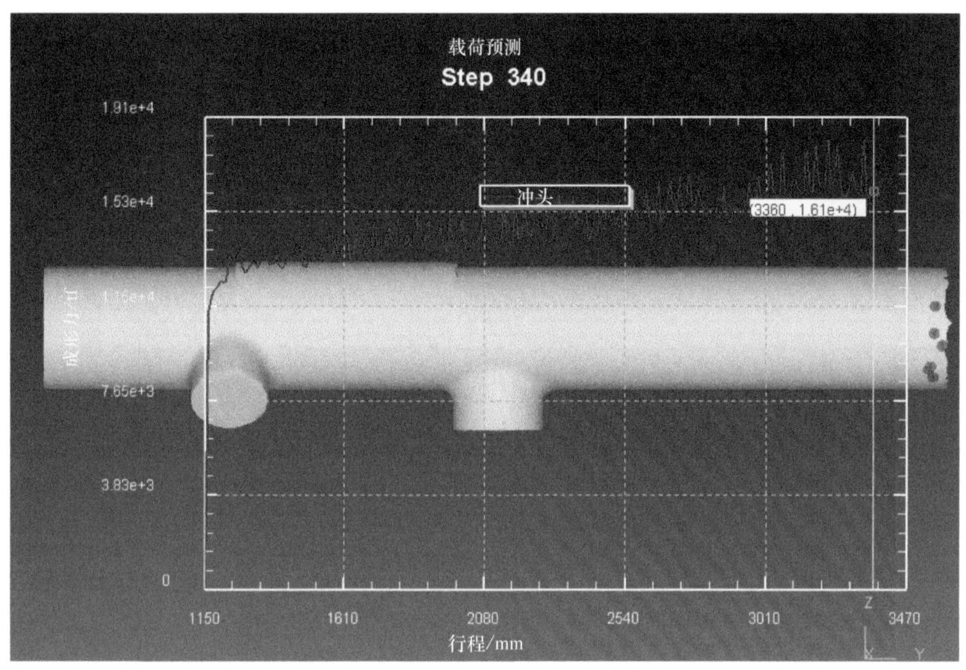

图 6-114 镦粗 1150mm 再冲盲孔 2300mm 后锻件成形力

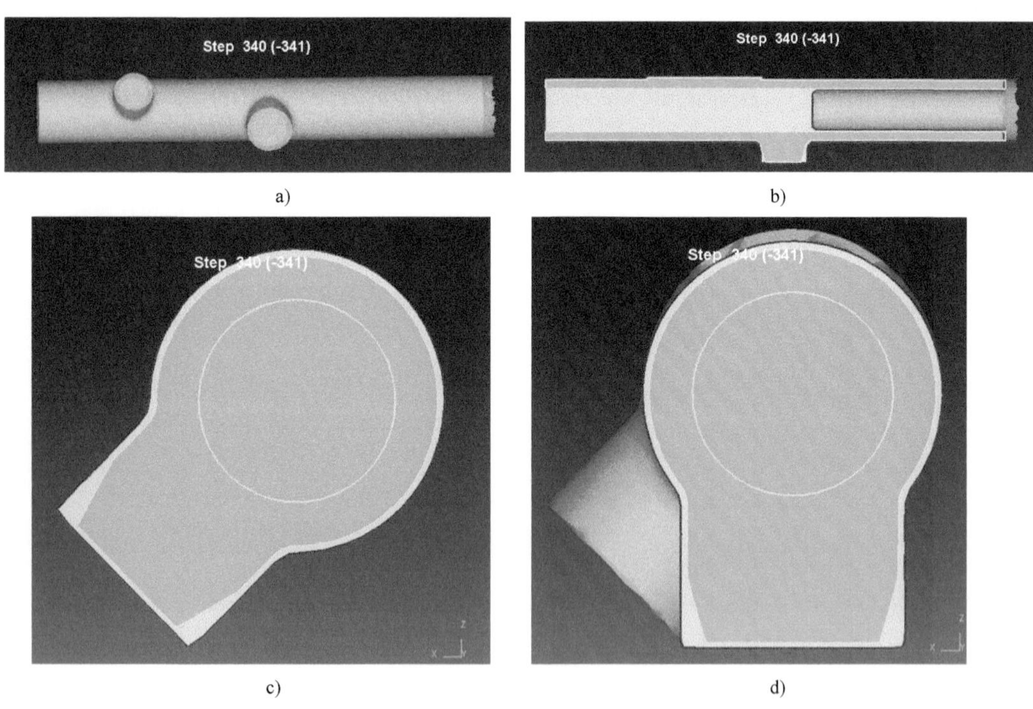

图 6-115 镦粗 1150mm 再冲盲孔 2300mm 后锻件与粗加工图尺寸对比情况

a）三维实体 b）纵剖面 c）斜管嘴 d）直管嘴

从图 6-115 所示的对比情况可知，镦粗行程为 1150mm 再冲盲孔后，锻件（黄色）尺寸完全可以覆盖管坯粗加工尺寸（灰色）。所以这一工艺方案也是可行的。锻件成形后的等效应力、最大主应力、等效应变分别如图 6-116~图 6-118 所示，损伤情况如图 6-119 所示。

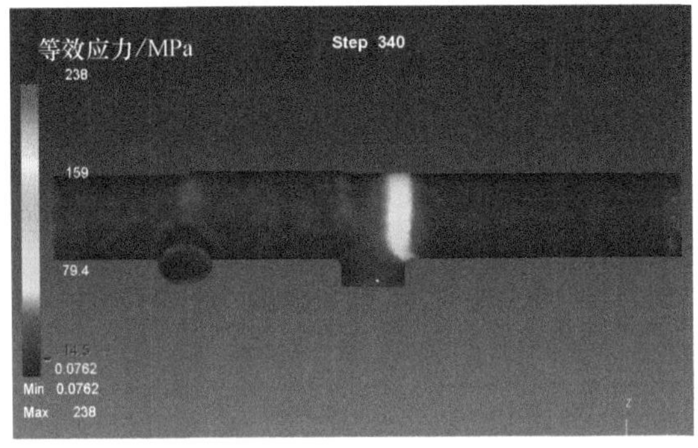

图 6-116　镦粗 1150mm 再冲盲孔 2300mm 后锻件等效应力

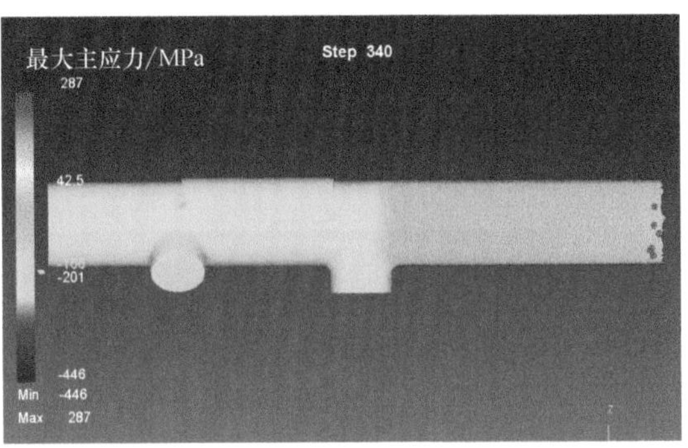

图 6-117　镦粗 1150mm 再冲盲孔 2300mm 后锻件最大主应力

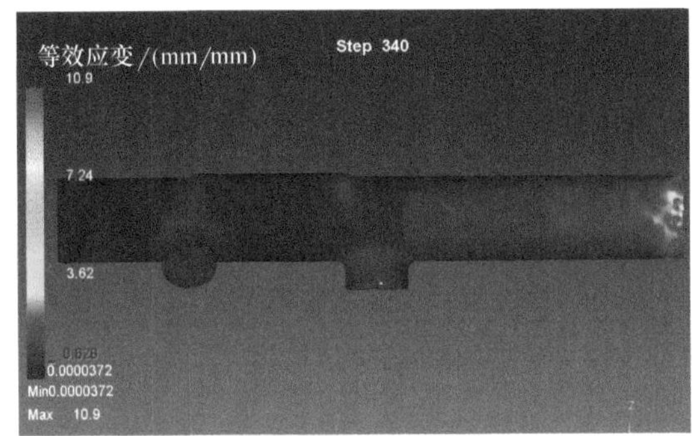

图 6-118　镦粗 1150mm 再冲盲孔 2300mm 后锻件等效应变

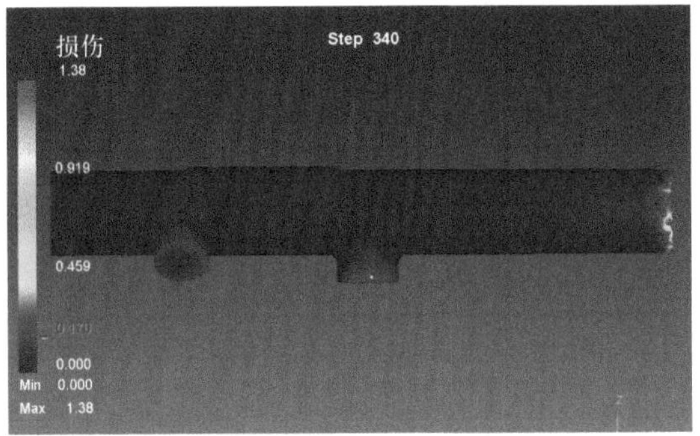

图 6-119　镦粗 1150mm 再冲盲孔 2300mm 后锻件损伤情况

4. 模锻成形工艺方案模拟结果分析

采用两种冲盲孔时机冲孔后，锻件尺寸均满足粗加工要求，所以两种工艺方案均可行，但成形力和变形程度及变形均匀性有所差别，为此对两种冲盲孔时机的模拟结果进行对比分析，结果见表 6-2。从表 6-2 的数据可以看出，除变形均匀性外，其他方面镦粗 1060mm 后冲盲孔的工艺方案优于镦粗 1150mm 后冲盲孔的工艺方案。

表 6-2　两种冲盲孔时机模拟结果对比分析

冲盲孔时机		成形力/MN	等效应力/MPa 最小值/最大值(定点值)	最大主应力/MPa 最小值/最大值(定点值)	等效应变	损伤
镦粗行程 1060mm 冲孔行程 2300mm	镦粗结果	536	0.223/220 (89.5)	-554/236 (21.2)	0/5.13 (0.463)	—
	冲孔结果	250	0.103/149 (3.95)	-464/170 (-253)	0/13 (0.705)	0/0.833 (0.161)
镦粗行程 1150mm 冲孔行程 2300mm	镦粗结果	1360	4.95/238 (212)	-1660/231 (-401)	0/12.2 (2.17)	—
	冲孔结果	161	0.0762/238 (14.5)	-446/287 (-166)	0/10.9 (-0.628)	0/1.38 (0.17)

5. 模具应力分析

针对两种模锻成形工艺方案分别进行模具应力分析。

(1) 镦粗 1060mm 后冲盲孔方案的模具应力分析

1) 镦粗成形模具应力分析。按照镦粗行程为 1060mm 时模拟的工艺数据，计算得出凹模与凸模的应力结果如图 6-120 所示。由于镦粗行程为 1060mm 时小管嘴未完全充满型腔，大管嘴完全充满型腔，所以大管嘴型腔边缘应力最大，约为 859MPa。凸模施力端应力最大，约为 575MPa。

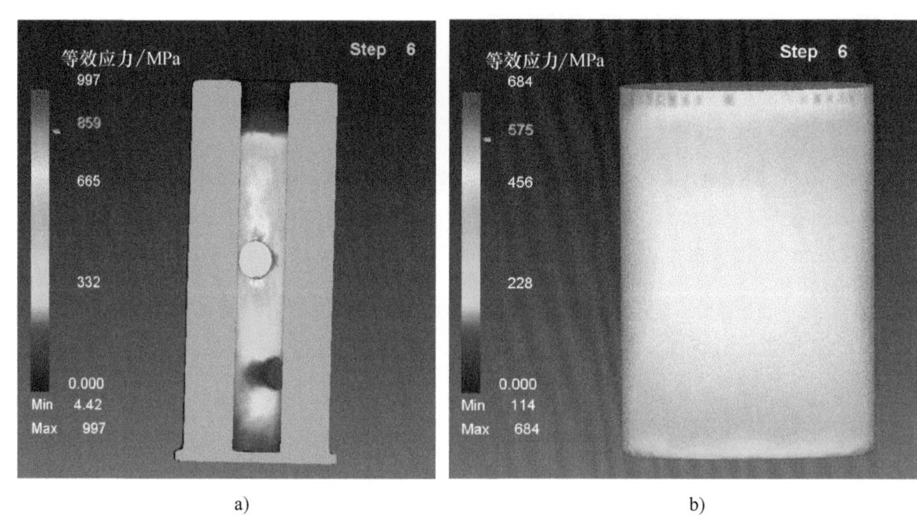

a) b)

图 6-120 镦粗 1060mm 后模具应力结果

a) 凹模 b) 凸模

2) 冲盲孔成形模具应力分析。按照冲孔行程为 2300mm 时模拟的工艺数据，计算得出凹模与冲头的应力结果如图 6-121 所示。凹模最大应力位于大管嘴型腔入口处，约为 699MPa；冲头应力较大，最大处位于上端面边缘，约为 1800MPa，较大面积浅蓝色区域应力约为 1010MPa。

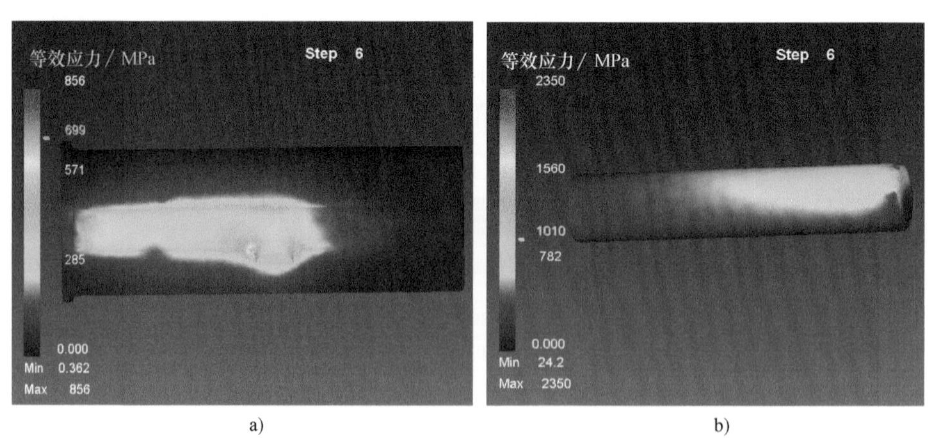

a) b)

图 6-121 镦粗 1060mm 再冲孔后模具应力结果

a) 凹模 b) 冲头

（2）镦粗 1150mm 后冲盲孔方案的模具应力分析

1）镦粗成形模具应力分析。按照镦粗行程为 1150mm 时模拟的工艺数据，计算得出凹模与凸模的应力结果如图 6-122 所示。凹模两个管嘴型腔入口处应力最大，约为 1720MPa；凸模加载端面边缘应力最大，约为 1060MPa（见图 6-122b 中红色部分），大部分应力为 848MPa（见图 6-122b 中黄色部分）。

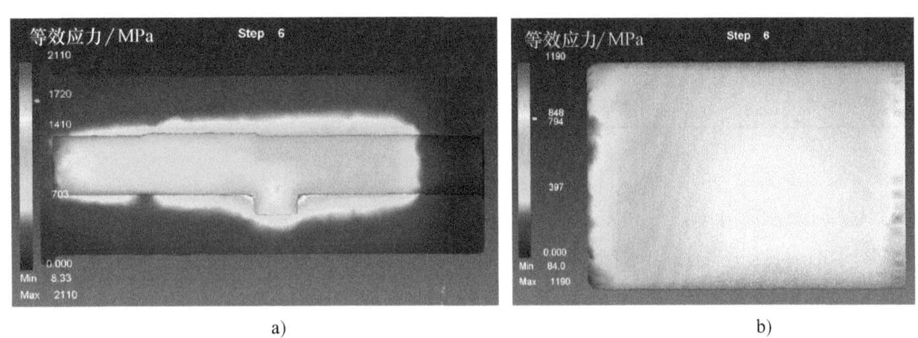

a) b)

图 6-122 镦粗 1150mm 后模具应力结果

a）凹模 b）凸模

2）冲盲孔成形模具应力分析。按照冲孔行程为 2300mm 时模拟的工艺数据，计算得出凹模与冲头的应力结果如图 6-123 所示。凹模最大应力位于大管嘴型腔入口处，约为 490MPa；冲头应力较大，最大处位于上端面边缘，约为 771MPa，较大面积绿色区域应力约为 504MPa。

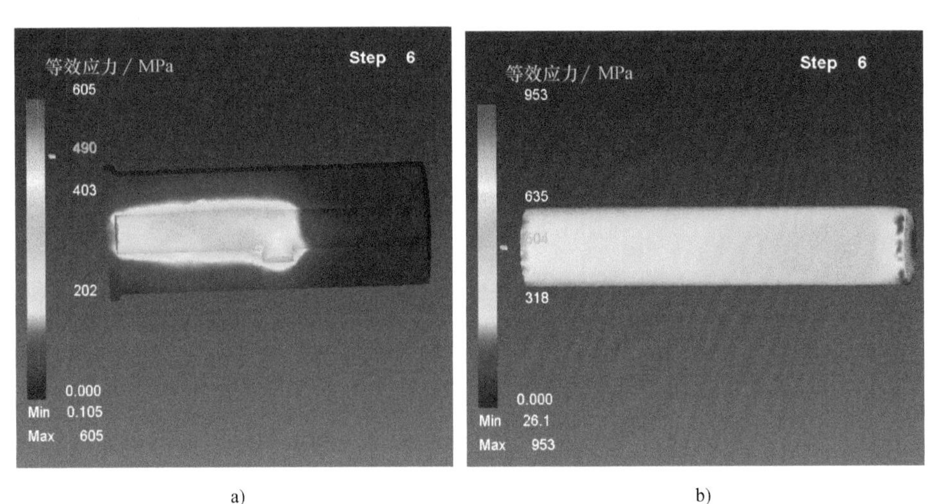

a) b)

图 6-123 镦粗 1150mm 再冲孔后模具应力结果

a）凹模 b）冲头

（3）两种工艺方案的模具应力对比分析 两种冲盲孔时机冲孔后，锻件尺寸均满足粗加工要求，所以两种工艺方案均可行，但由于成形力不同，故而模具应力也有所差别，为此对两种冲盲孔时机的模具应力模拟结果进行对比分析，结果见表 6-3。从表 6-3 数据可以看出，镦粗 1060mm 后冲盲孔的工艺方案，其模具应力在冲盲孔结束时存在危险，危险对象为冲头；镦粗 1150mm 后冲盲孔的工艺方案，在镦粗结束时存在危险，危险对象为凹模。所以，选择镦粗 1060mm 时冲盲孔的工艺方案较优。

表 6-3 两种工艺方案的模具应力模拟结果对比分析

工艺方案		凹模等效应力/MPa 最小值/最大值(定点值)	凸模等效应力/MPa 最小值/最大值(定点值)	冲头等效应力/MPa 最小值/最大值(定点值)
镦粗行程 1060mm 冲孔行程 2300mm	镦粗	4.42/997(859)	114/684(575)	—
	冲孔	0.362/856(699)	—	24.2/2350(1010)
镦粗行程 1150mm 冲孔行程 2300mm	镦粗	8.33/2110(1720)	84/1190(848)	—
	冲孔	0.105/605(490)	—	26.1/953(504)

6. 模锻成形工艺优化结论

通过以上模拟结果分析，可以得出以下结论：

1）CAP1400 主管道热段 A 管坯可以采用实心坯料模锻成形。

2）实心坯料模锻成形工艺方案为闭式镦粗+冲盲孔。

3）综合考虑成形力、变形均匀性、模具应力、成形风险及其出现的时机，实心坯料闭式镦粗再冲盲孔的模锻成形工艺参数的优化结论为闭式镦粗行程取 1060mm，冲盲孔行程取 2300mm。

4）采用中国一重奥氏体不锈钢 316LN 实测模型，摩擦类型为剪切摩擦，且摩擦系数为 0.5，凸模及冲头运动速度为 5mm/s，坯料温度为 1100℃，闭式镦粗行程为 1060mm 时的镦粗力为 536MN；冲盲孔行程为 2300mm 时的冲孔力为 250MN。

5）模具最大等效应力，其中凹模最大应力出现在闭式镦粗行程为 1060mm，即闭式镦粗结束时，最大等效应力为 859MPa，位于较大管嘴型腔入口边缘；闭式镦粗结束时凸模应力最大，约为 575MPa，位于加载端面边缘；冲盲孔结束（行程为 2300mm）时，冲头等效应力较大，最大处位于上端面边缘，约为 1800MPa，较大面积区域的等效应力约为 1010MPa。

6）由于模具应力较大，而且模具尺寸与重量也都比较大，所以模具选材与制造存在一定难度。

6.3.2.2 华龙一号热段

1. 研制目标

在已完成的材料为 X2CrNiMo18-12（控氮奥氏体不锈钢）的华龙一号三澳项目主管道热段研制过程中，中国一重采用了 109t 钢锭自由锻成形，之后对管坯进行粗加工，然后利用柔性支撑局部模锻方式对管坯进行弯曲成形。经过工程实践证明，弯曲前的管坯粗加工尺寸是合理的，弯曲成形后的尺寸检验结果满足技术条件要求。鉴于此，本研究目标是依托 1600MN 超大型多功能液压机，对弯制前的管坯锻件模锻成形工艺进行研究，以解决带管嘴的薄壁不锈钢管材自由锻开裂、混晶等质量问题，提高锻件质量，降低材料消耗。

不同阶段锻件尺寸设计分别如图 6-124～图 6-127 所示。

由于自由锻成形时两个管嘴只能锻造成方形，比较浪费材料，而模锻成形时可以是圆柱形管嘴，所以华龙一号三澳项目主管道热段管坯形状与尺寸如图 6-124 所示，零件质量为 17.198t。针对图 6-124 所示华龙一号三澳项目主管道热段管坯粗加工图形状和尺寸，设计其加工前的毛坯形状与尺寸如图 6-125 所示，毛坯质量为 23.665t。图 6-126 所示为图 6-124 与图 6-125 的对比情况，图 6-126a 中黑色实线为毛坯图，粉色实线为粗加工图。

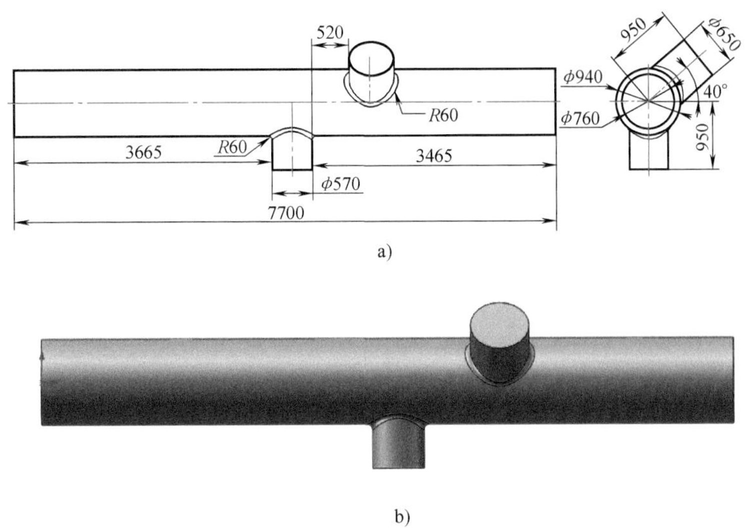

图 6-124　华龙一号三澳项目主管道热段管坯粗加工图
a）尺寸图　b）立体图

由于采用模锻成形，锻件表面质量较好，锻件形状比较规范，所以锻件余量可以适当减小。另外，由于奥氏体不锈钢在高温下的氧化皮比较薄，所以本方案中锻件外形尺寸与图 6-125 所示毛坯尺寸保持一致，考虑到工艺可行性与模具寿命等问题，设计锻件图如图 6-127 所示，锻件质量为 37.18t。

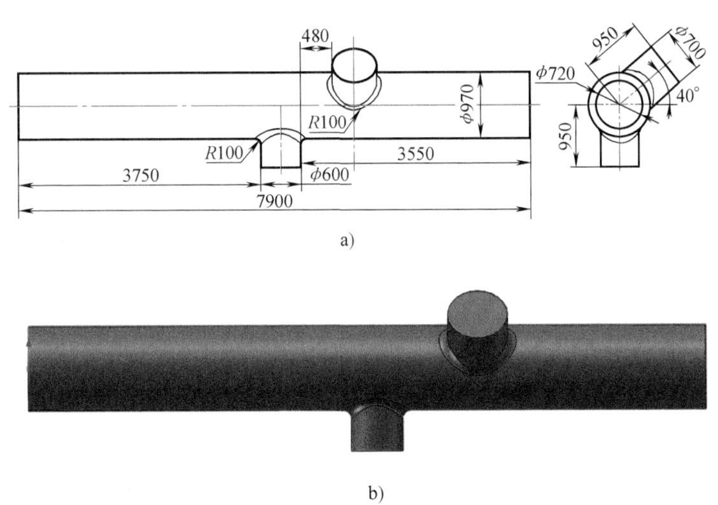

图 6-125　华龙一号三澳项目主管道热段管坯毛坯图
a）尺寸图　b）立体图

2. 模锻成形工艺方案

按照 1600MN 超大型多功能液压机净空高度 15000mm、公称成形力 1600MN 等主要设计参数，设计上述主管道挤压成形全流程工艺方案如下：ϕ1350mm/ϕ1600mm 立式半连铸机提供铸态坯料→自由锻预制出 ϕ1000mm×6800mm 锻坯→机械加工到 ϕ950mm×6620mm→闭式镦挤→冲盲孔。

自由锻预制坯属于常规成形工艺，这里不再进行研究与计算机模拟，只对模锻成形工艺方案进行研究与模拟。

尺寸为 ϕ950mm×6620mm 的实心坯料闭式镦粗至 ϕ970mm×5880mm，采用 ϕ720mm 冲头冲盲孔，得到图 6-127 所示的主管道半空心管坯模锻件。半空心管坯模锻方案所用坯料质量为 37.52t。半空心管坯模锻成形工艺方案示意图如图 6-128 所示。

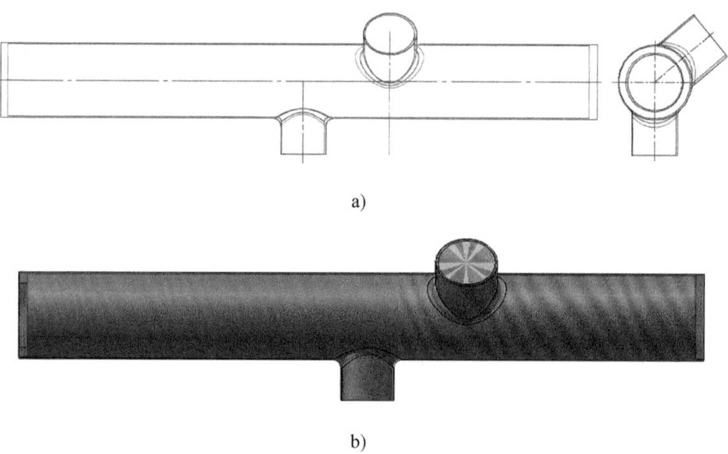

a)

b)

图 6-126　华龙一号三澳项目主管道热段管坯粗加工图与毛坯图对比

a）轮廓图　b）立体图

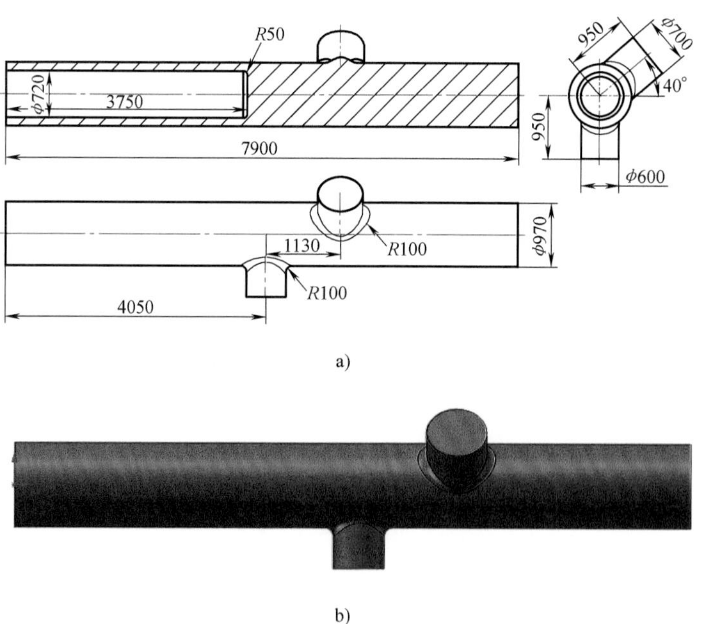

a)

b)

图 6-127　华龙一号三澳项目主管道热段管坯锻件图

a）尺寸图　b）立体图

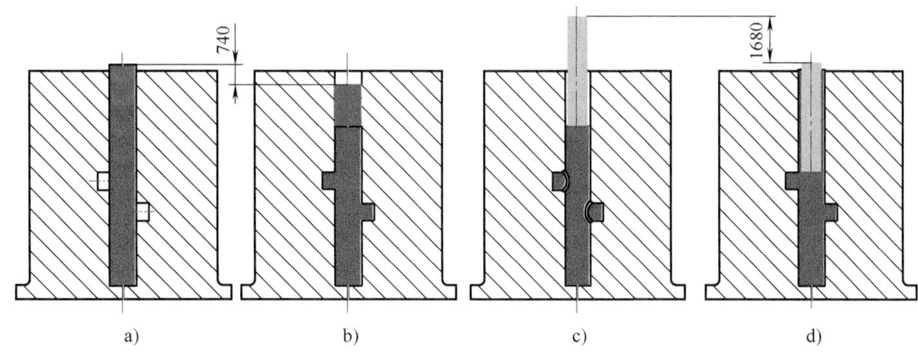

图 6-128　华龙一号三澳项目主管道热段半空心管坯模锻成形工艺方案示意图

a）闭式镦粗开始　b）闭式镦粗结束　c）冲盲孔开始　d）冲盲孔结束

3. 模锻成形工艺模拟

（1）模具三维图形　按照图 6-128 所示半空心管坯模锻方案示意图，设计的模锻成形用模具如图 6-129 所示，其中图 6-129a 所示为凹模，图 6-129b 所示为凸模，图 6-129c 所示为冲头。凹模外径为 7000mm，底座法兰外径为 8000mm，高度为 500mm，内径为 970mm，深度为 7900mm。管嘴的型腔尺寸与锻件图一致。凸模外径为 970mm，高度为 1500mm。冲头外径为 720mm，高度为 4000mm。

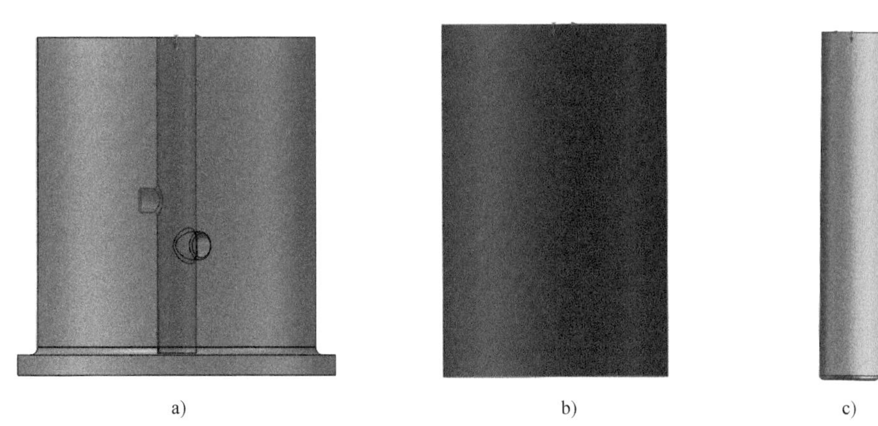

图 6-129　华龙一号主管道半空心管坯模锻方案模具三维图

a）凹模　b）凸模　c）冲头

半空心管坯模锻第一工步—闭式镦粗的模具三维装配图如图 6-130 所示；第二工步—冲盲孔的模具三维装配图如图 6-131 所示。

（2）模拟参数设置　模拟参数设置如下：材料模型采用中国一重奥氏体不锈钢 316LN（900~1200℃）实测模型；摩擦类型为剪切摩擦，摩擦系数为 0.3，凸模及冲头运动速度为 10mm/s；坯料温度为 1100℃。坯料网格为 59850 个，最小单元边长为 34mm，步长为 10mm；凸模闭式镦粗行程为 800mm；冲头冲盲孔行程为 1700mm。

（3）闭式镦粗模拟结果　当凸模行程达到 709mm、成形力为 299MN 时，左侧管嘴已完全充满，右侧管嘴未充满，存在较大圆角（见图 6-132），图 6-132 中浅蓝色背景为凹模管嘴

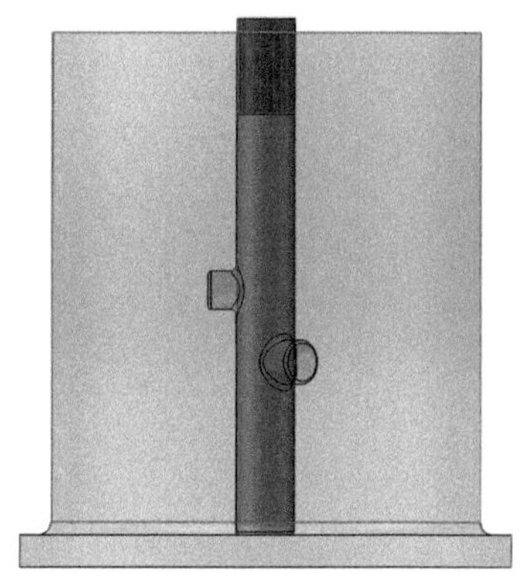

图 6-130　闭式镦粗模具三维装配图

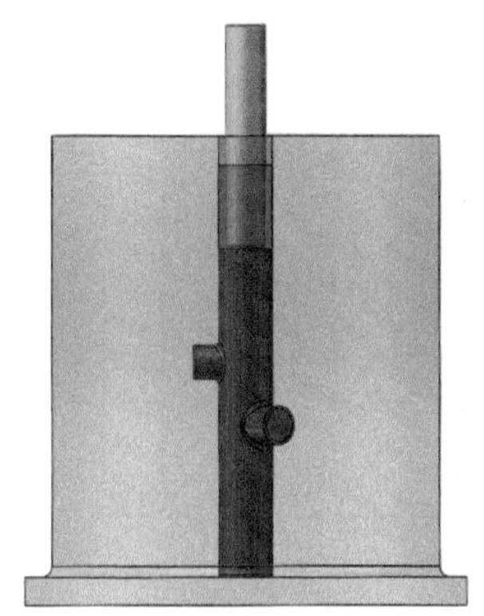

图 6-131　冲盲孔模具三维装配图

型腔。凸模继续压下，当行程达到 734mm 时，左右两个管嘴均已充满，此时成形力为 1440MN，如图 6-133 所示。

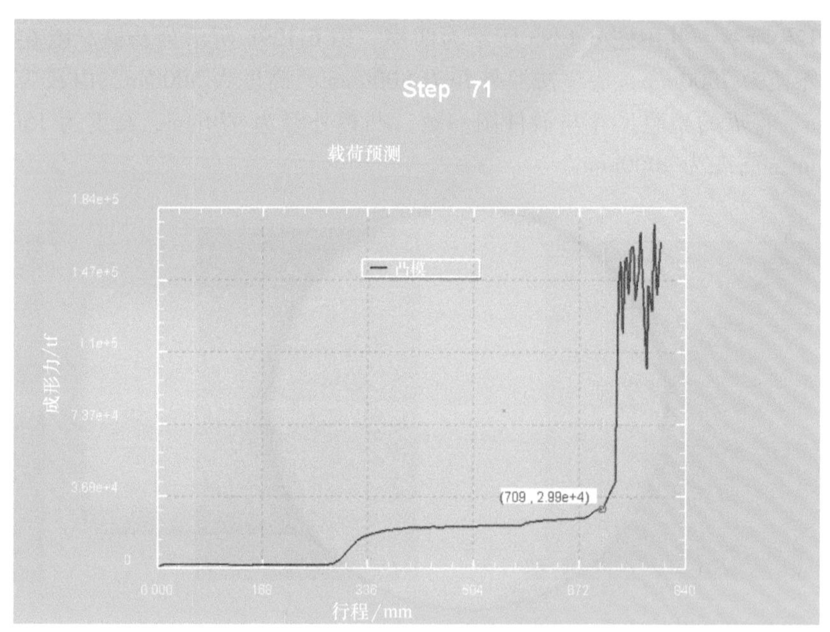

图 6-132　凸模行程 709mm 时管嘴填充情况与成形力（浅蓝色背景为凹模管嘴型腔）

由于镦粗后再冲盲孔时，管嘴会继续填充，特别是当成形力超过 1000MN 时，模具应力比较大，风险与制造难度都会增大，所以选择镦粗行程 709mm 为优化后的镦粗工艺参数，此时坯料的等效应变、等效应力如图 6-134 与图 6-135 所示，图 6-136 所示为坯料最大主应力。

（4）冲盲孔模拟结果　选择闭式镦粗行程为 709mm（Step71）时的模拟结果继续进行冲盲孔的数值模拟，基本模拟参数：冲盲孔行程为 1700mm，其他边界条件的设置与镦粗时保持一致。

镦粗 709mm 后再冲盲孔的数值模拟结果：冲盲孔行程为 1700mm 时的冲孔力为 219MN（见图 6-137）；冲盲孔过程中右侧管嘴继续填充，冲盲孔结束后该管嘴几乎已充满型腔。

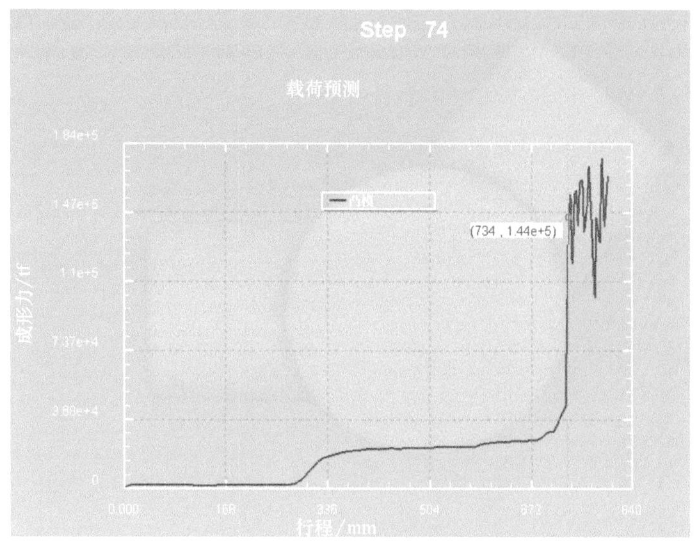

图 6-133　凸模行程 734mm 时管嘴填充情况与成形力（浅蓝色背景为凹模管嘴型腔）

冲盲孔后的锻件总长为 7964mm，满足图 6-124 所示的尺寸加工要求。

冲盲孔后两个管嘴填充的具体情况如图 6-138 所示。锻件与粗加工图尺寸对比情况如图 6-139 所示。

从图 6-139 所示的对比情况可知，镦粗行程 709mm 再冲盲孔 1700mm 后，锻件（黄色）尺寸完全可以覆盖管坯粗加工尺寸（灰色）。所以这一工艺方案可行。锻件成形后的等效应力、最大主应力、等效应变如图 6-140～图 6-142 所示，损伤情况如图 6-143 所示。

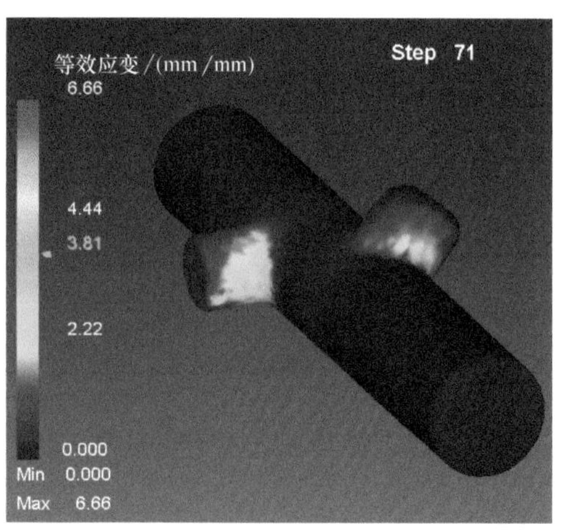

图 6-134　凸模行程 709mm 时坯料等效应变

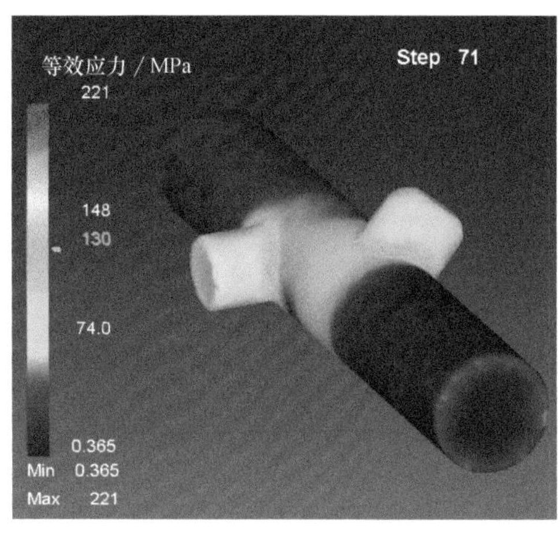

图 6-135　凸模行程 709mm 时坯料等效应力

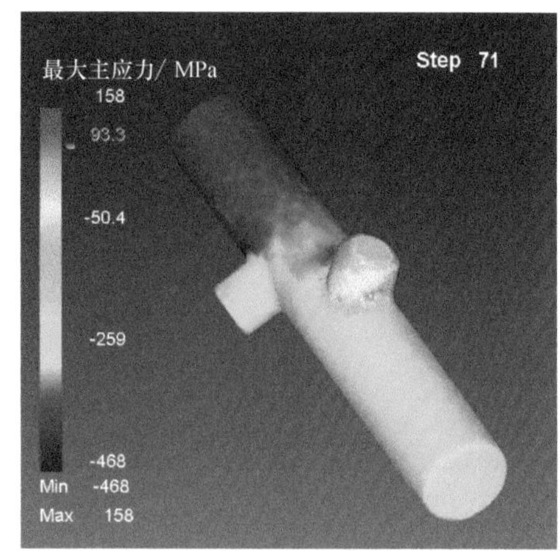

图 6-136　凸模行程 709mm 时坯料最大主应力

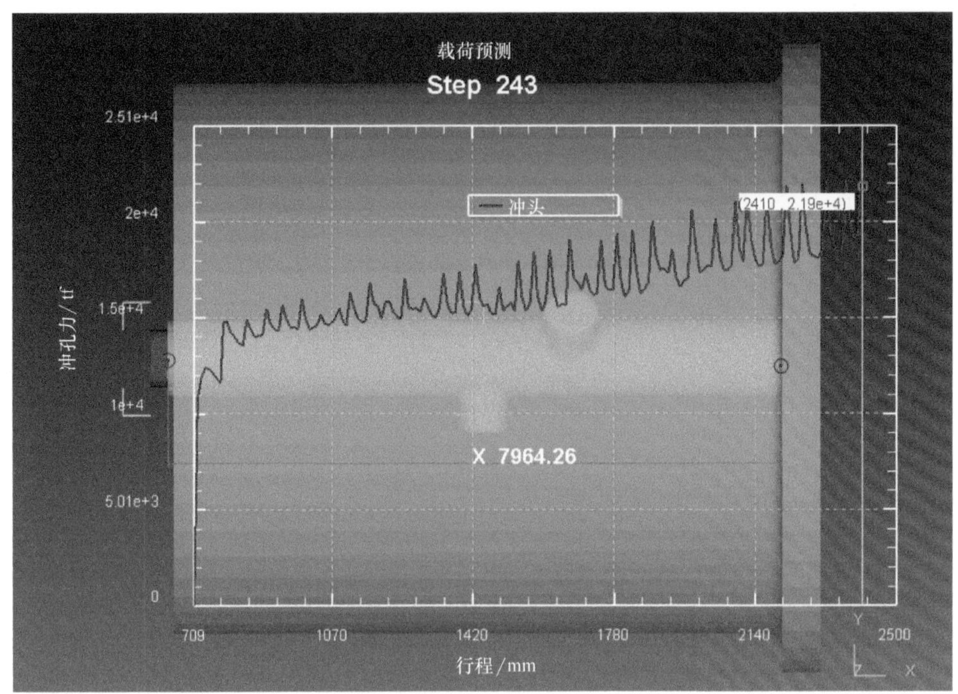

图 6-137　冲盲孔行程 1700mm 时的冲孔力（219MN）

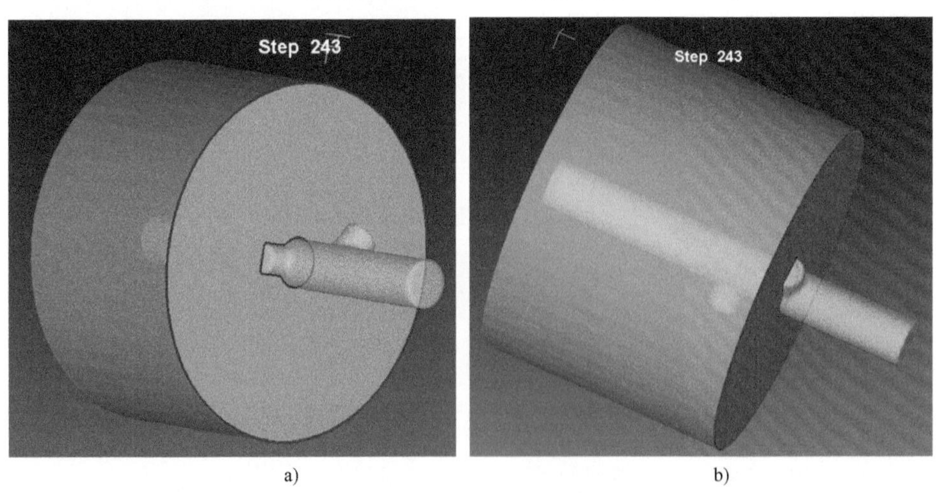

a)　　b)

图 6-138　冲盲孔后左右两个管嘴与凹模型腔填充情况

a）左管嘴　b）右管嘴

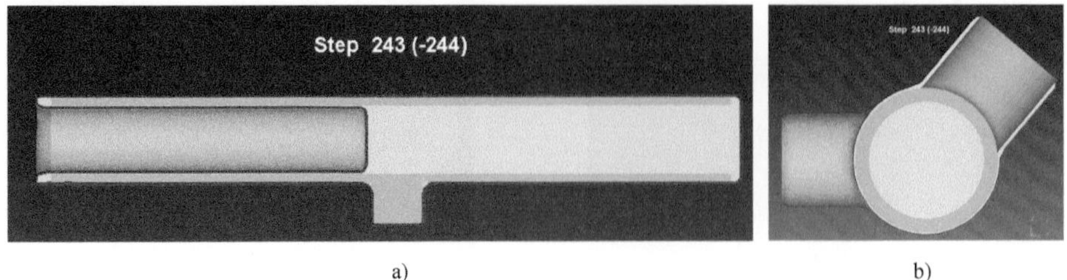

a)　　b)

图 6-139　镦粗 709mm 再冲盲孔 1700mm 后锻件（黄色）与粗加工图（灰色）尺寸对比

a）纵剖面　b）斜管嘴

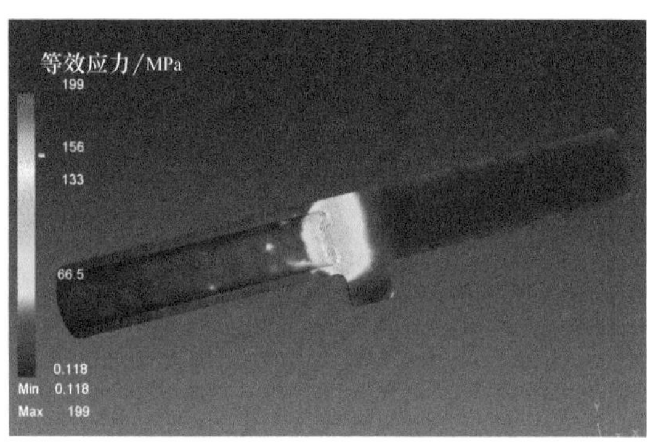

图 6-140 镦粗 709mm 再冲盲孔 1700mm 后锻件等效应力

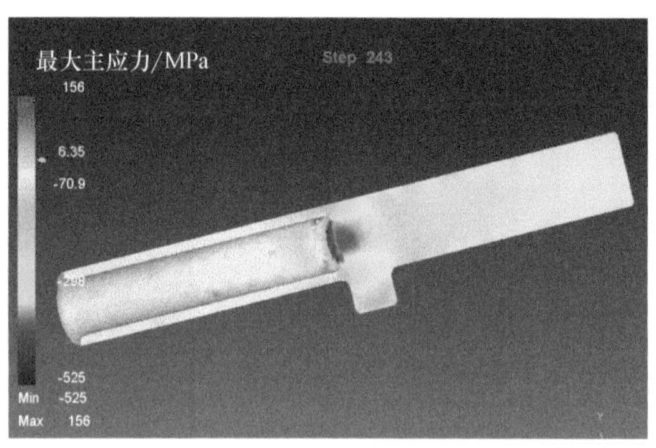

图 6-141 镦粗 709mm 再冲盲孔 1700mm 后锻件最大主应力

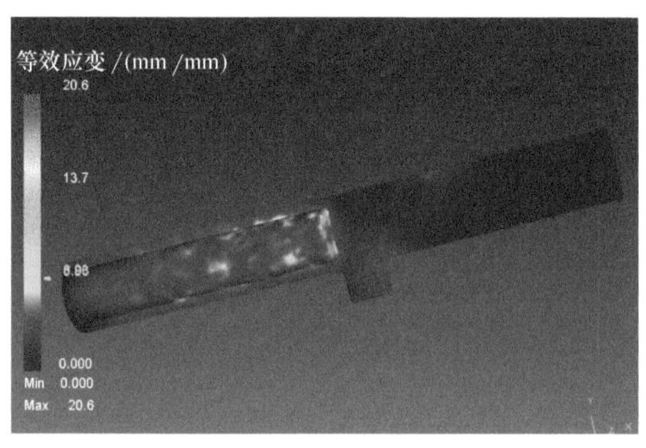

图 6-142 镦粗 709mm 再冲盲孔 1700mm 后锻件等效应变

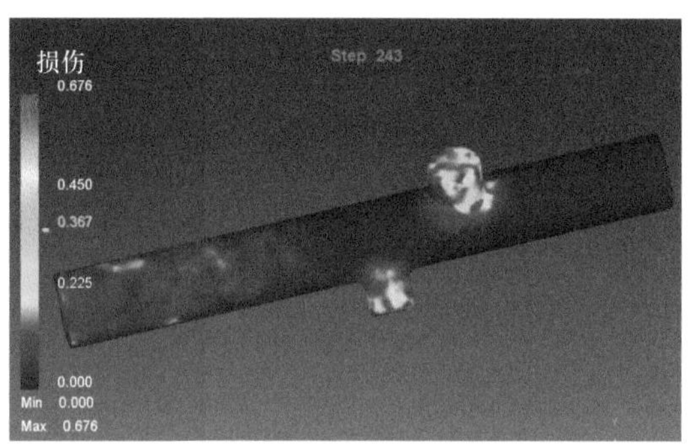

图 6-143 镦粗 709mm 再冲盲孔 1700mm 后锻件损伤情况

4. 模锻成形工艺方案模拟结果分析

上述模拟结果表明锻件尺寸满足图 6-124 的要求，所以镦粗 709mm 后再冲盲孔的工艺方案可行，对模拟结果进行整理分析见表 6-4。

表 6-4 华龙一号主管道热段管坯模锻成形模拟结果整理分析

成形工步	成形力/MN	等效应力/MPa 最小值/最大值(定点值)	最大主应力/MPa 最小值/最大值(定点值)	等效应变 最小值/最大值(定点值)	损伤 最小值/最大值(定点值)
镦粗 709mm	299	0.365/221 (130)	-468/158 (93.3)	0/6.66 (3.81)	—
冲盲孔 1700mm	219	0.118/199 (156)	-525/156 (6.35)	0/20.6 (6.88)	0/0.676 (0.367)

针对模锻成形工艺方案中的镦粗与冲盲孔两个工步分别进行模具应力分析。

1）镦粗工步的模具应力分析。按照镦粗行程为 709mm 时模拟的工艺数据，模拟计算得出凹模的应力结果如图 6-144 所示。由于镦粗行程为 709mm 时右侧斜管嘴未完全充满型腔，左侧直管嘴完全充满型腔，所以左侧直管嘴型腔边缘等效应力最大，约为 640MPa。凹模最大主应力的最大数值位置也是在左侧直管嘴型腔入口边缘，约为 489MPa。

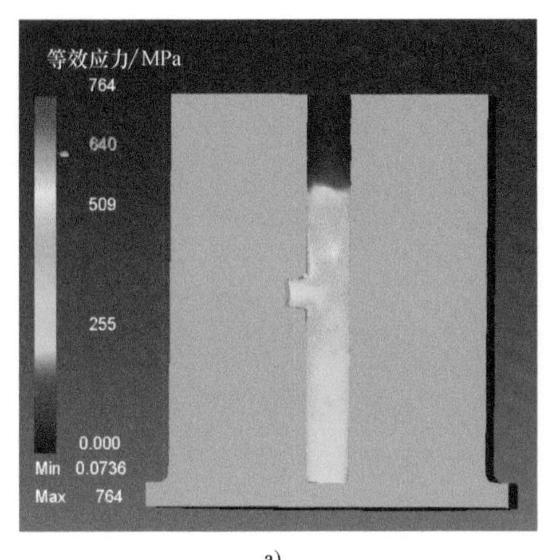

a)

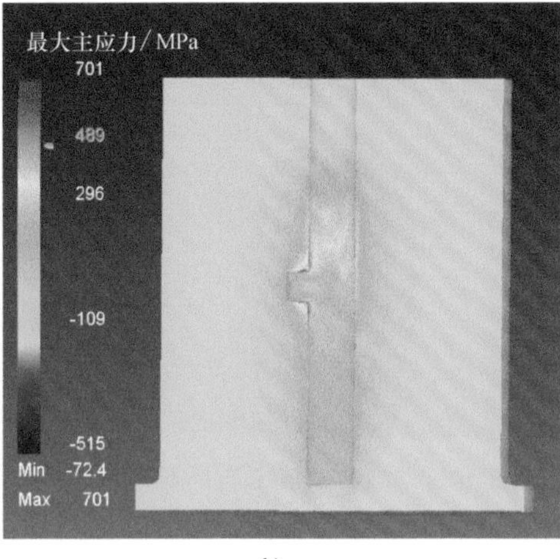

b)

图 6-144　镦粗 709mm 后凹模应力结果

a）等效应力　b）最大主应力

镦粗结束后凸模应力如图 6-145 所示。凸模等效应力最大处位于施力端，约为 766MPa，大部分区域（浅蓝色）等效应力为 391MPa。凸模最大主应力的位置也是在加载端面，约为 342MPa，大部分区域（黄绿色）最大主应力为 4.85MPa。

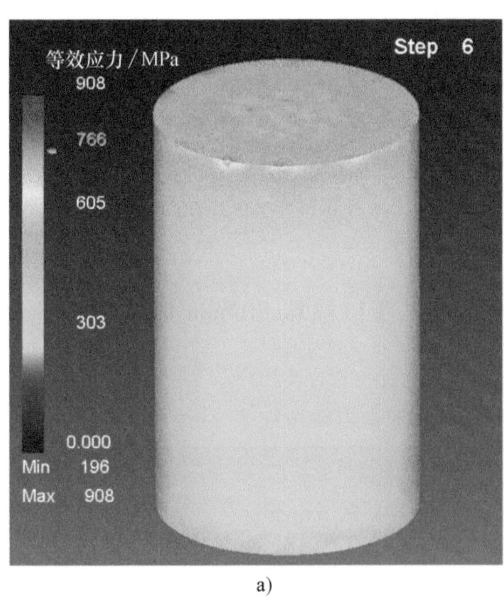

a)

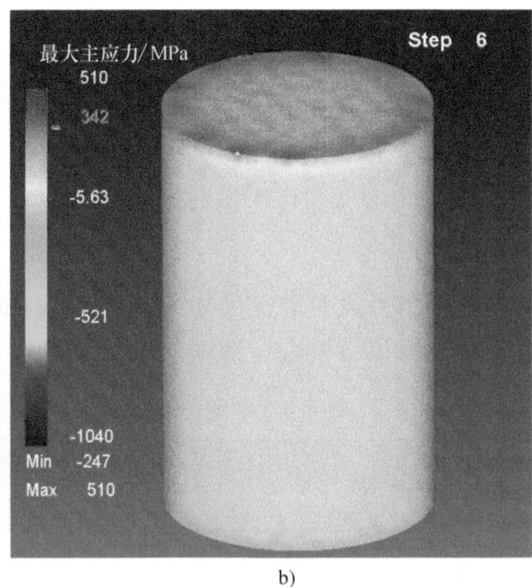

b)

图 6-145　镦粗 709mm 后凸模应力结果

a）等效应力　b）最大主应力

2）冲盲孔工步的模具应力分析。按照冲盲孔行程为 1700mm 时模拟的工艺数据，模拟计算得出凹模的应力结果如图 6-146 所示。凹模等效应力最大处位于左侧直管嘴型腔边缘，约为 696MPa。凹模最大主应力的最大数值位置也是在左侧直管嘴型腔入口边缘，约为 511MPa。

冲盲孔结束后冲头应力如图 6-147 所示。冲头等效应力最大处位于施力端的圆柱表面，约为 951MPa。冲头最大主应力分布比较均匀，外圆表面均为 13.4MPa。

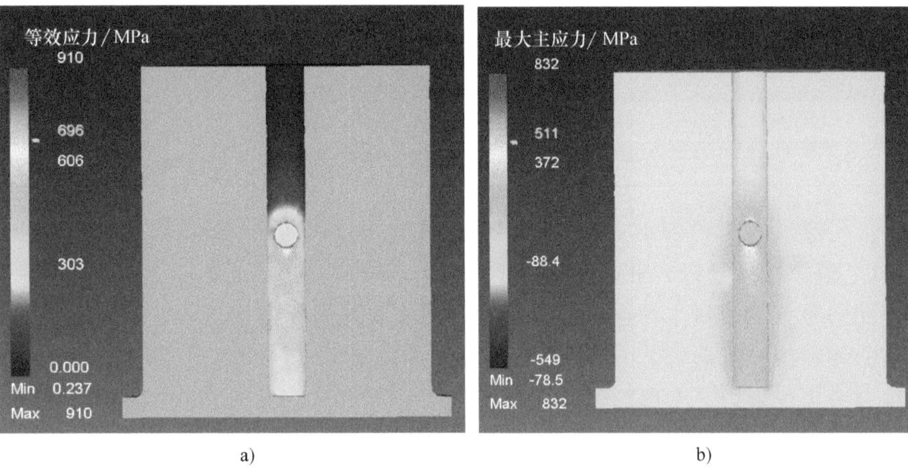

a)　　　　b)

图 6-146　冲盲孔 1700mm 后凹模应力结果

a）等效应力　b）最大主应力

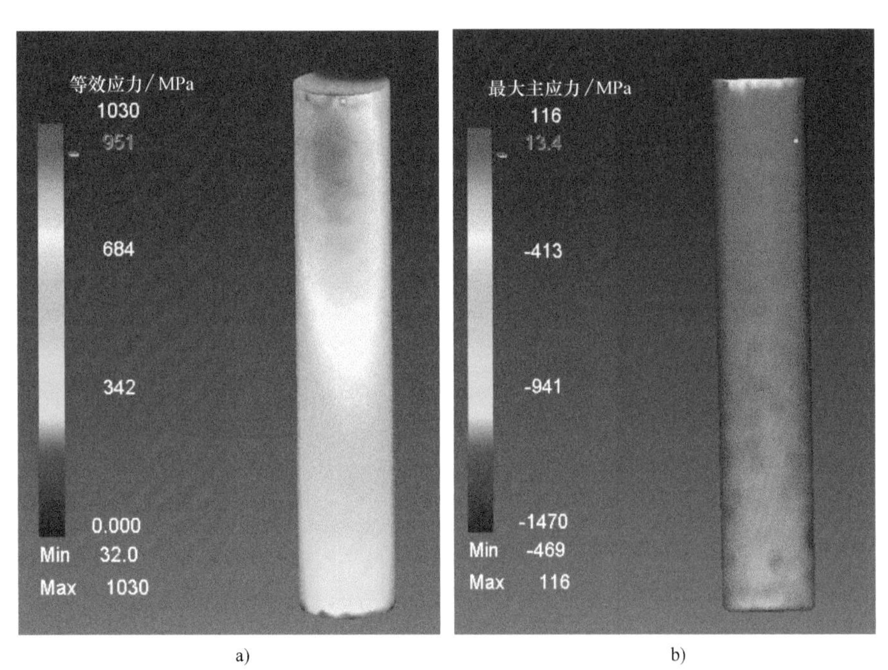

a)　　　　b)

图 6-147　冲盲孔 1700mm 后冲头应力结果

a）等效应力　b）最大主应力

3）模具应力整理分析。对镦粗与冲盲孔时模具应力模拟计算结果进行整理分析，结果见表 6-5。从表 6-5 中的数据可以看出，镦粗 709mm 后模具应力不是很大，可以选择 H13 等模具钢进行制造；镦粗后再冲盲孔 1700mm 时凹模应力比较正常，选择 H13 等模具钢均可以制造，但冲头应力较高，选材难度很大，一般模具钢的强度可能不满足使用要求，存在制造风险及使用危险。

表 6-5　华龙一号主管道热段镦粗与冲盲孔模具应力模拟结果整理

工步	凹模应力/MPa		凸模应力/MPa		冲头应力/MPa	
	等效应力	最大主应力	等效应力	最大主应力	等效应力	最大主应力
镦粗	640	489	766	342	—	—
冲盲孔	696	511	—	—	951	13.4

5. 模锻成形工艺优化结论

通过以上模拟结果分析，可以得出以下结论：

1）华龙一号三澳项目主管道热段管坯可采用实心坯料模锻成形。

2）实心坯料模锻成形工艺方案为闭式镦粗+冲盲孔。

3）综合考虑成形力、变形均匀性、模具应力、成形风险及其出现的时机，实心坯料闭式镦粗再冲盲孔的模锻成形工艺参数的优化结论为闭式镦粗行程取 709mm，冲盲孔行程取 1700mm。

4）采用中国一重奥氏体不锈钢 316LN 实测模型，摩擦类型为剪切摩擦，且摩擦系数为 0.3，凸模及冲头运动速度为 10mm/s，坯料温度为 1100℃，闭式镦粗行程为 709mm 时的镦粗力为 299MN；冲盲孔行程为 1700mm 时的冲孔力为 219MN。

5）模具应力较大，其中凹模最大应力出现在冲盲孔行程为 1700mm，即冲盲孔结束时，最大等效应力为 696MPa，位于直管嘴型腔入口边缘；冲盲孔结束（行程为 1700mm）时，冲头等效应力较大，最大区域靠近加载端的外圆表面，约为 951MPa。

6. 关于挤压制坯工艺可行性的补充说明

之所以采用自由锻工艺制造 ϕ1000mm×6800mm 坯料，主要原因是 1600MN 超大型多功能液压机集中载荷与净空高度等设计参数限制了挤压制坯，即在大液压机上不具备挤压制坯的可行性，具体分析如下。

（1）大液压机挤压制坯工艺方案　用 ϕ1350mm/ϕ1600mm 立式半连铸机提供的坯料制出 ϕ1300mm×4100mm 圆柱形锻坯（见图 6-148），由于挤压制坯表面质量好，所以采用 ϕ1300mm×4100mm 锻坯挤压后的坯料直径可以从 ϕ1000mm 减小到 ϕ980mm，按照体积不变的原则，挤压后坯料总长度约为 7054mm（见图 6-149）。

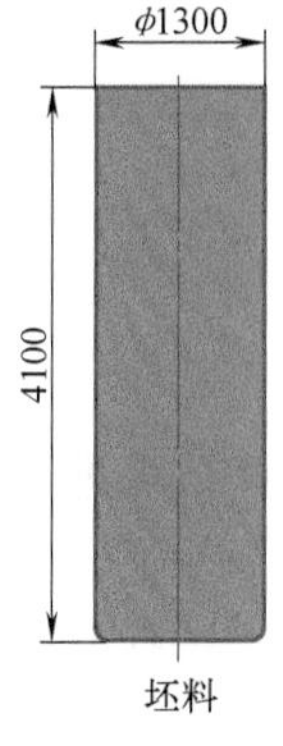

图 6-148　ϕ1300mm 铸坯

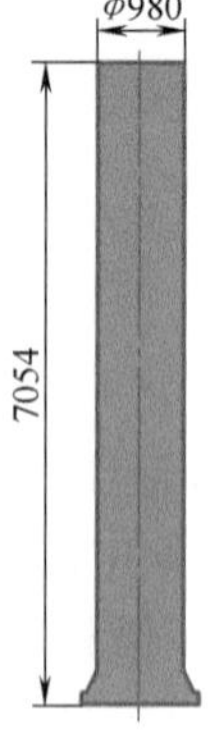

图 6-149　ϕ980mm 挤压成品

由于1600MN超大型多功能液压机挤压工作台中间顶出孔直径为1000mm，大于挤压成品外径，所以具备正挤压成形条件，也具备反挤压成形条件，因此针对两种挤压成形方案进行工艺可行性的分析。

1）反挤压成形可行性。反挤压成形所需主要模具有挤压筒、成形模、挤压杆，由于采用了反挤压工艺方案，所以挤压杆是空心结构。挤压筒、成形模、挤压杆的设计结构与主要尺寸如图6-150所示。

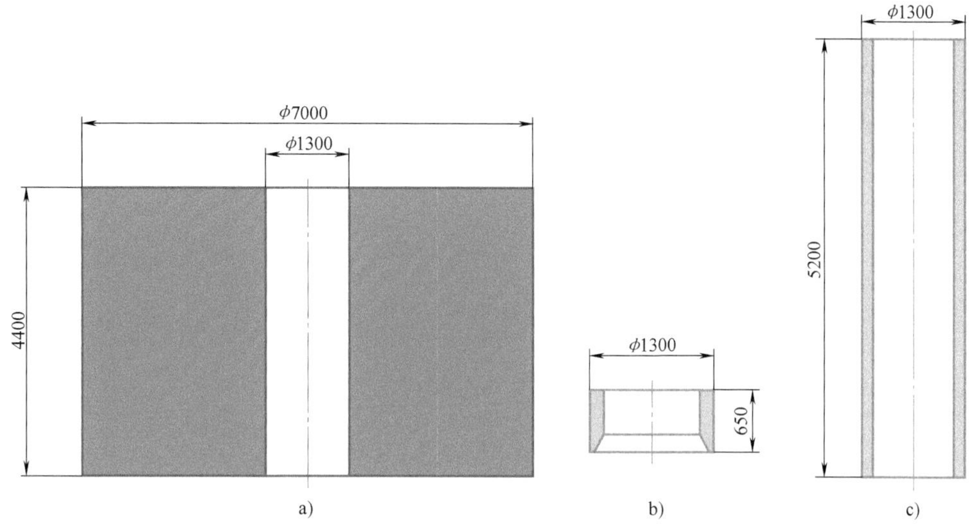

图6-150　φ980mm坯料反挤压所需主要模具

a）挤压筒　b）成形模　c）挤压杆

考虑1600MN超大型多功能液压机集中载荷分散原则，设计了截面尺寸均为7000mm×7000mm的上垫板与下垫板，高度均为4930mm（见图6-151）。垫板的高度可以根据实际制造能力进行拆分。

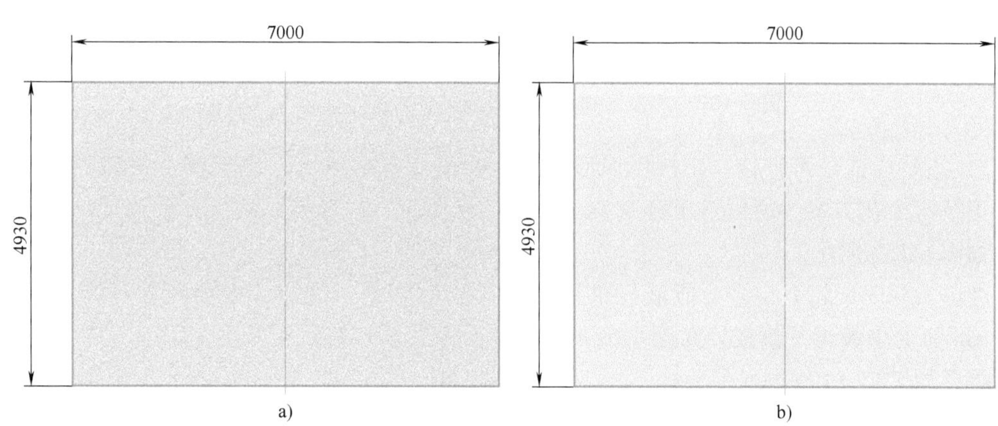

图6-151　反挤压制坯所需上下垫板

a）上垫板　b）下垫板

按照图6-150与图6-151所示的模具尺寸，设计了采用φ1300mm×4100mm锻坯反挤压

成形 ϕ980mm×7054mm 坯料的装配体（见图 6-152）。从图 6-152 可以看出，如果严格遵循1600MN 超大型多功能液压机集中载荷分散原则，那么反挤压成形所需净空高度至少为20409mm；如果不考虑大液压机集中载荷分散问题，即 ϕ1300mm 坯料直接与压机工作台接触，空心挤压杆直接与压机上垫板接触，那么至少需要 11604mm（10549+1055）的净空高度。此外，反挤压最小行程为 4250mm（4550−300），大液压机活动横梁行程为 4500mm，可以满足挤压需求。

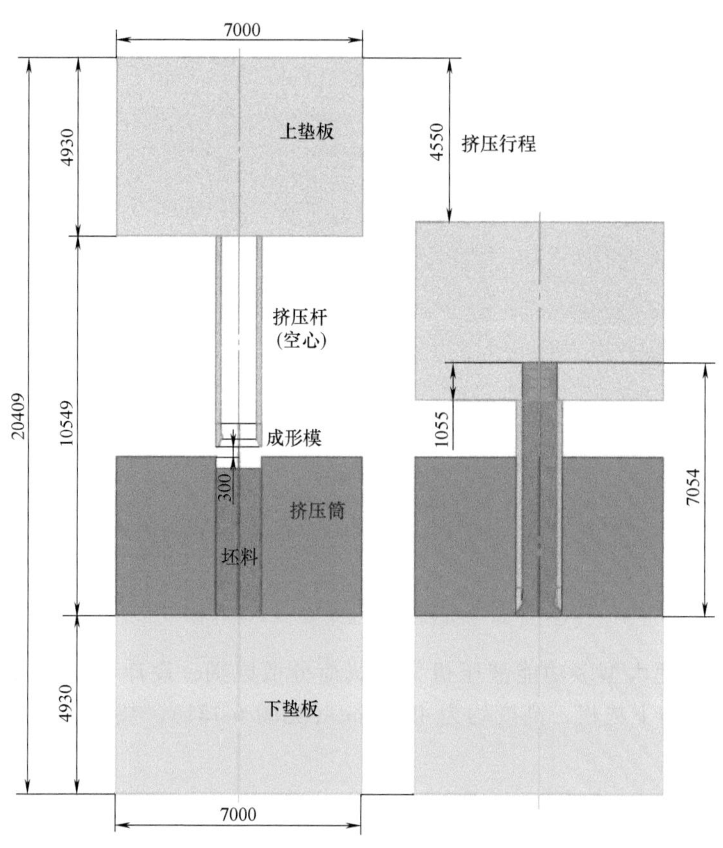

图 6-152　反挤压制坯所需净空高度与挤压行程示意图

2）正挤压成形可行性。正挤压成形所需主要模具有挤压筒、成形模、挤压杆，由于采用了正挤压工艺方案，所以挤压杆是实心结构。挤压筒、成形模、挤压杆的设计结构与主要尺寸如图 6-153 所示。

考虑 1600MN 超大型多功能液压机集中载荷分散原则，设计了截面尺寸均为 7000mm×7000mm 的上垫板与下垫板，高度均为 4930mm（见图 6-154）。由于是正挤压，所以下垫板中间需要加工出 ϕ1000mm 的通孔。

按照图 6-153 与图 6-154 所示的模具尺寸，设计了采用 ϕ1300mm×4100mm 锻坯正挤压成形 ϕ980mm×7054mm 坯料的装配体（见图 6-155）。从图 6-155 可以看出，如果严格遵循1600MN 超大型多功能液压机集中载荷分散原则，那么正挤压成形所需净空高度至少为19960mm；如果不考虑大液压机集中载荷分散问题，即 ϕ1300mm 成形模直接与液压机工作台接触，实心挤压杆直接与液压机上垫板接触，那么至少需要10100mm的净空高度。此外，正挤压最小行程为4100mm，大液压机活动横梁行程为4500mm，可以满足挤压需求。

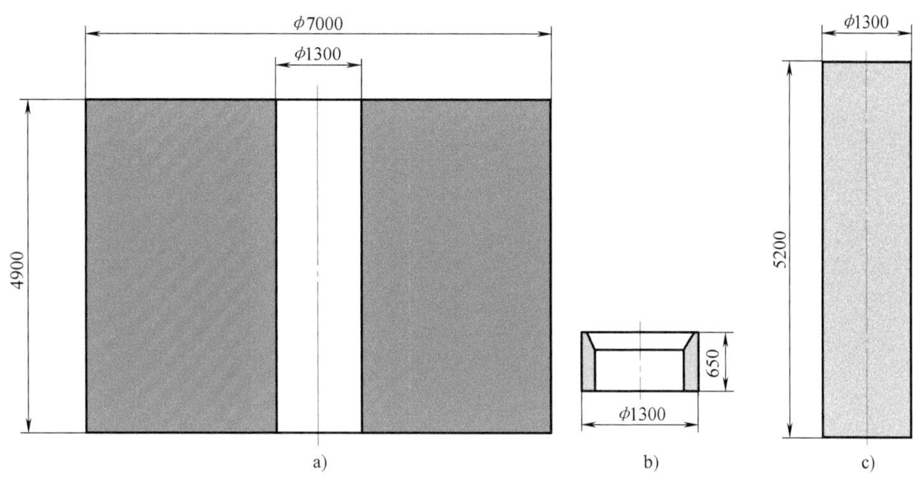

图6-153 ϕ980mm坯料正挤压所需主要模具

a）挤压筒 b）成形模 c）挤压杆

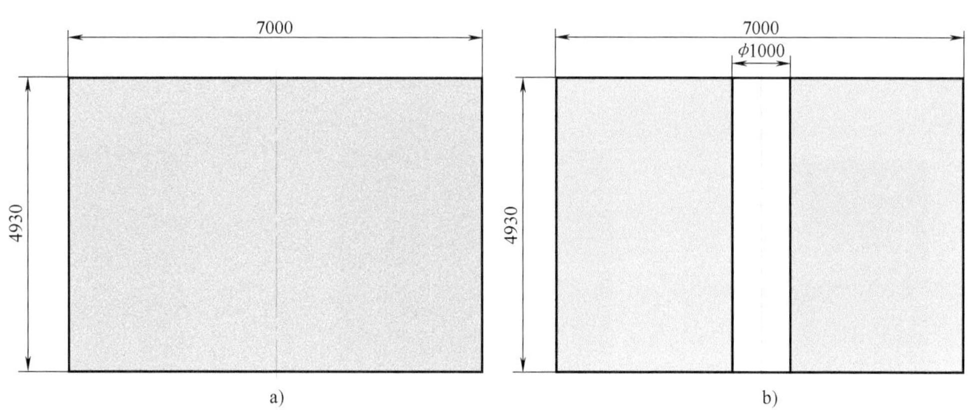

图6-154 ϕ980mm坯料正挤压所需上下垫板

a）上垫板 b）下垫板

（2）大液压机挤压制坯工艺方案模拟 为了分析大液压机挤压制坯坯料变形、成形力与模具应力等情况，分别对反挤压与正挤压制坯进行数值模拟，具体情况如下。

1）反挤压制坯模拟。按照图6-148所示挤压前坯料与图6-150所示反挤压成形模具，进行成形工艺模拟建模，为方便计算机模拟计算，将空心挤压杆与成形模设计为整体结构，图6-156所示为坯料三维实体模型，图6-157所示为挤压筒（即Bottom Die），图6-158所示为整体成形模（即Top Die）。

坯料材料模型采用中国一重实测的不锈钢316LN（900~1200℃）模型，剪切摩擦系数取0.3，整体成形模运动速度为10mm/s，坯料温度为1100℃。

按照上述参数进行反挤压成形模拟，结果为挤压后制品总长约为6783mm，最大反挤压成形力约为171MN（见图6-159）。

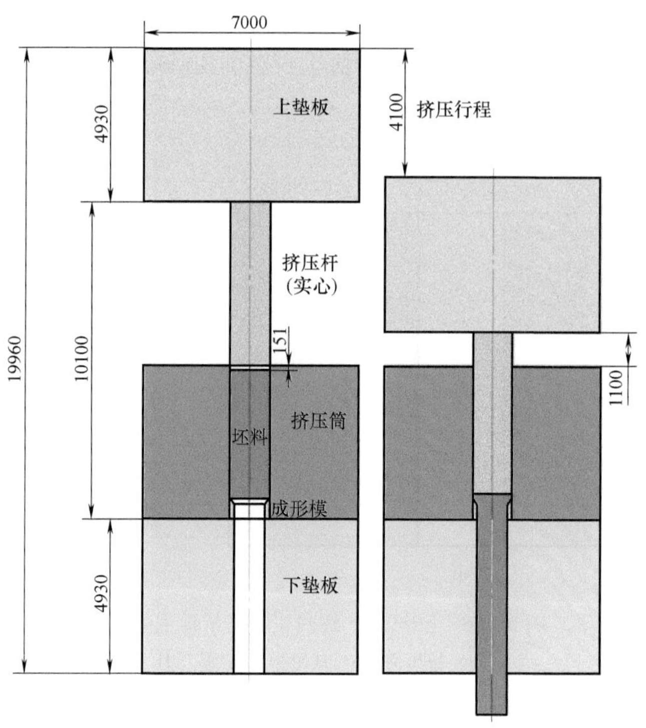

图 6-155 正挤压制坯所需净空高度与挤压行程示意图

图 6-156 坯料

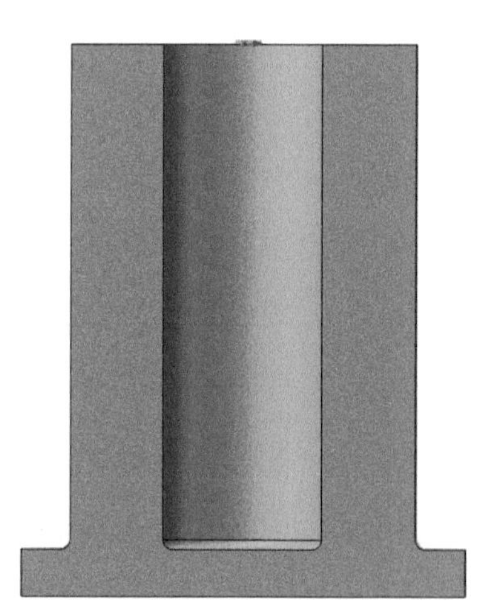

图 6-157 挤压筒

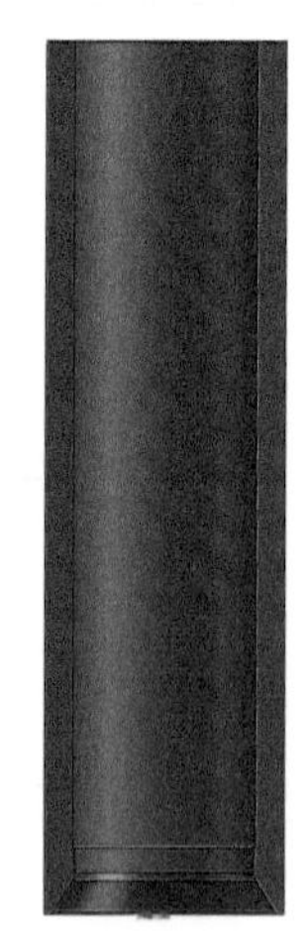

图 6-158 整体成形模

反挤压后坯料应变分布情况如图 6-160 所示，等效应力与最大主应力分布情况如图 6-161 与图 6-162 所示，坯料截面流线分布如图 6-163 所示。

2）正挤压制坯模拟。按照图 6-148 所示挤压前坯料与图 6-153 所示正挤压成形模具，进行成形工艺模拟建模，为方便计算机模拟计算，将挤压筒与成形模设计为整体结构，坯料三维实体模型如图 6-156 所示，图 6-164 所示为一体化挤压筒与成形模（即 Bottom Die），图 6-165 所示为挤压杆（即 Top Die）。

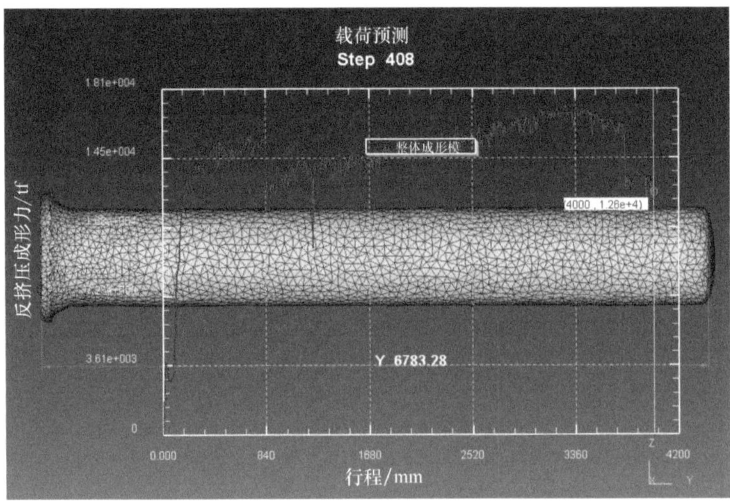

图 6-159 反挤压后坯料总长与反挤压成形力

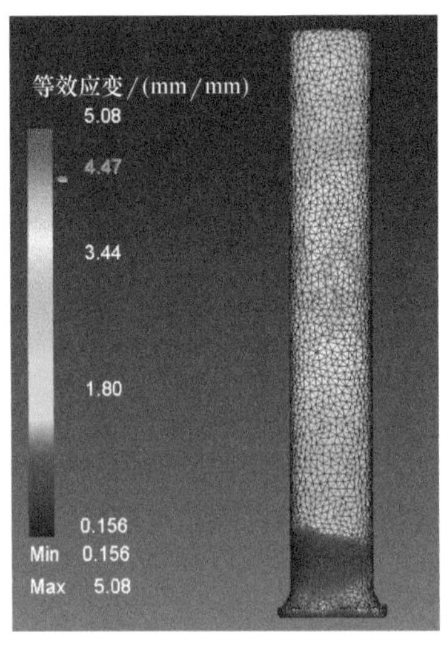

图 6-160 坯料等效应变

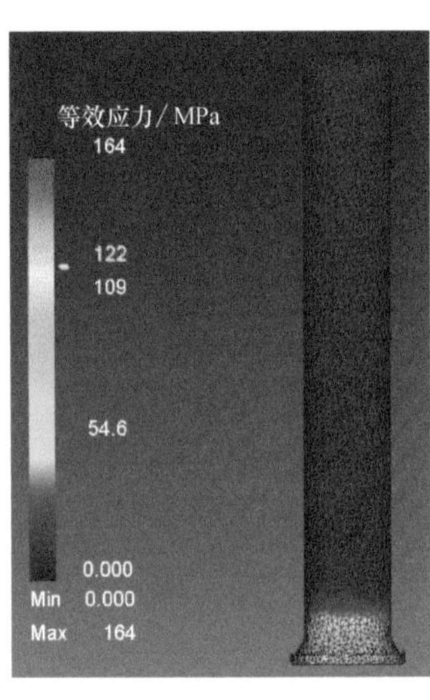

图 6-161 坯料等效应力

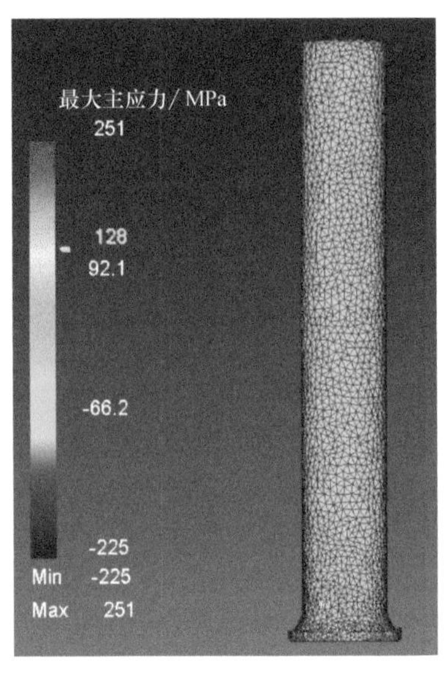

图 6-162 坯料最大主应力

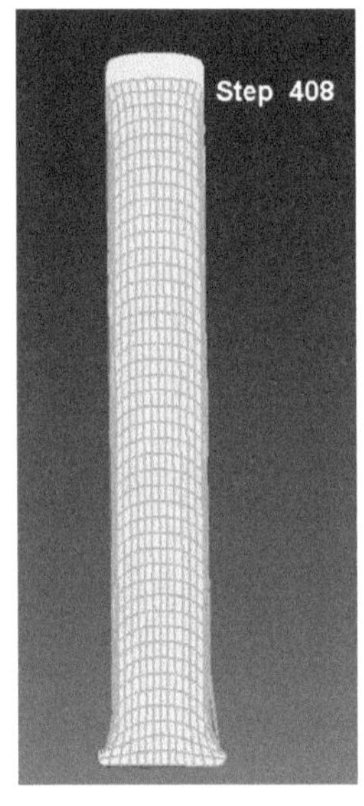

图 6-163 坯料截面流线分布

图 6-164 一体化挤压筒与成形模

图 6-165 挤压杆

坯料材料模型采用中国一重实测的不锈钢 316LN（900～1200℃）模型，剪切摩擦系数取 0.3，挤压杆运动速度为 10mm/s，坯料温度为 1100℃。

按照上述参数进行正挤压成形模拟，结果为挤压后制品总长约为 7116mm，最大挤压成形力约为 200MN（见图 6-166）。

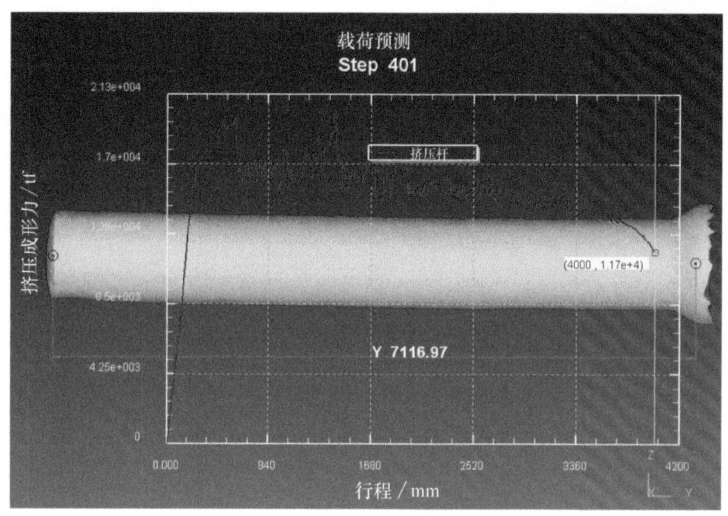

图 6-166　正挤压后坯料总长与挤压成形力

正挤压后坯料等效应变分布情况如图 6-167 所示，等效应力与最大主应力分布情况如图 6-168 与图 6-169 所示，坯料截面流线分布如图 6-170 所示。

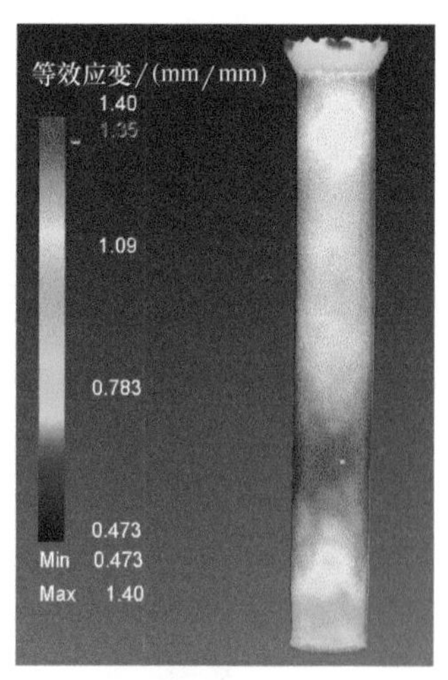

图 6-167　坯料等效应变

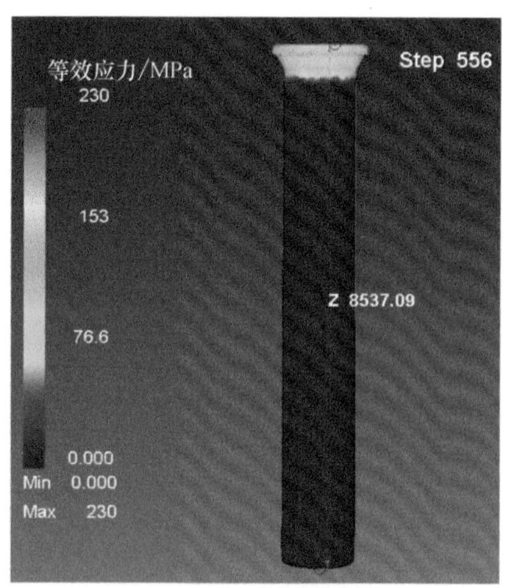

图 6-168　坯料等效应力

（3）大液压机挤压制坯模具应力分析

1）反挤压制坯模具应力。反挤压成形结束时，挤压筒的等效应力与最大主应力模拟结果如图 6-171 与图 6-172 所示，整体成形模的等效应力与最大主应力模拟结果如图 6-173 与图 6-174 所示。模拟结果表明，挤压筒应力比较小，选择 H13 钢制造是可行的，但整体成形模应力很大，主要原因是成形模截面厚度比较小（不足 200mm），而高度却很大（5850mm），所以成形模的选材与制造存在难度，不易实现。

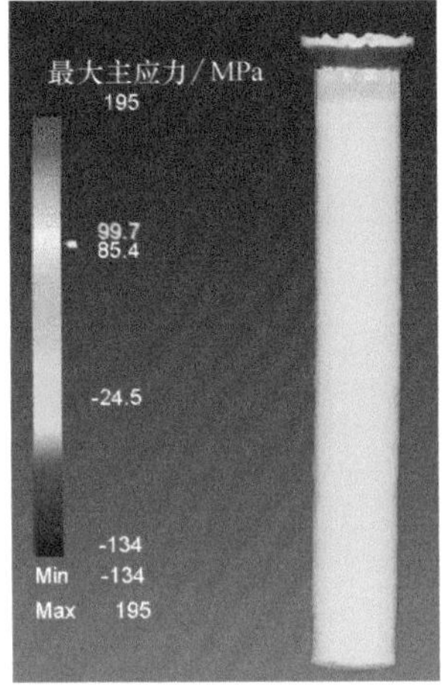

图 6-169 坯料最大主应力

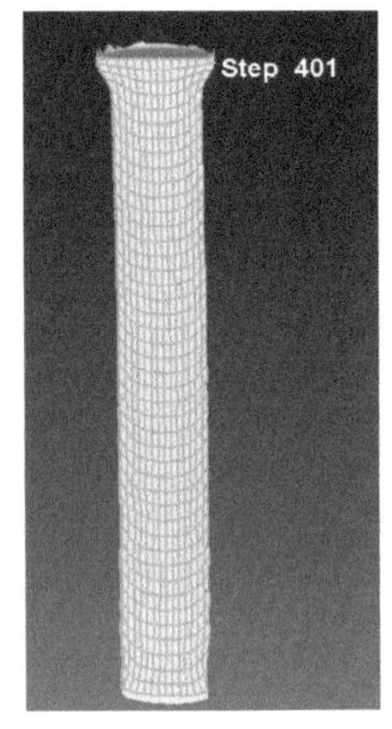

图 6-170 坯料截面流线分布

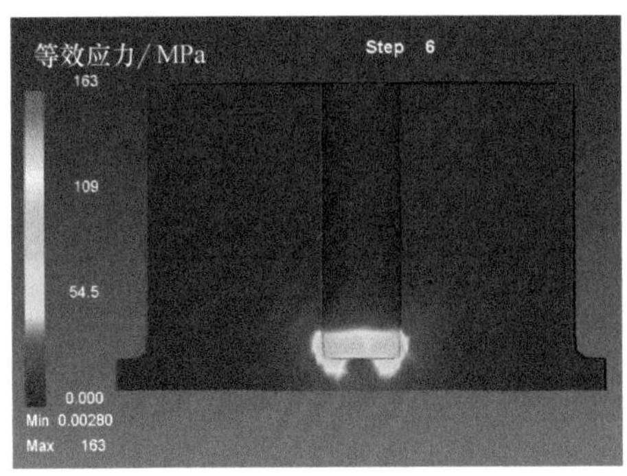

图 6-171 挤压筒等效应力

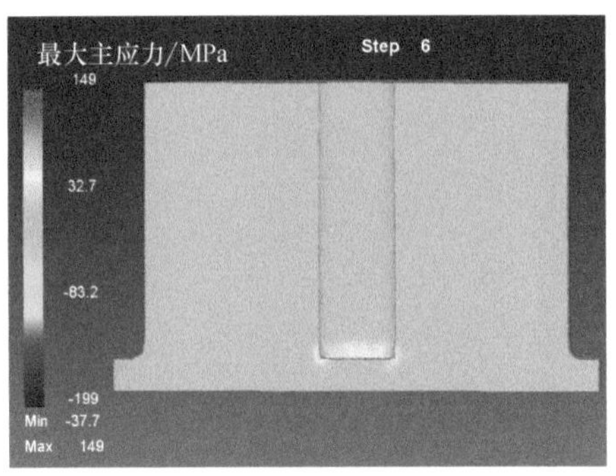

图 6-172 挤压筒最大主应力

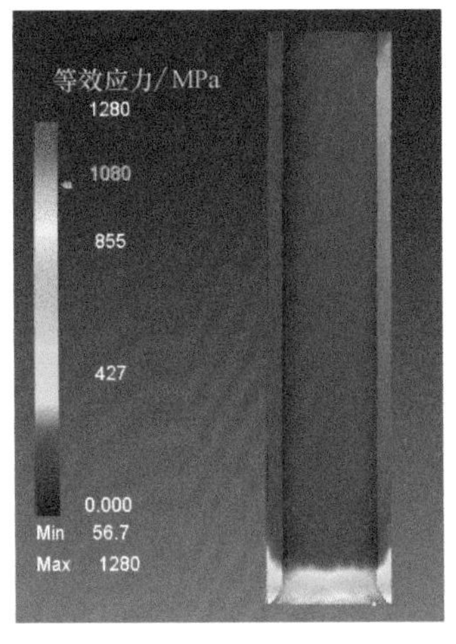

图 6-173 整体成形模等效应力

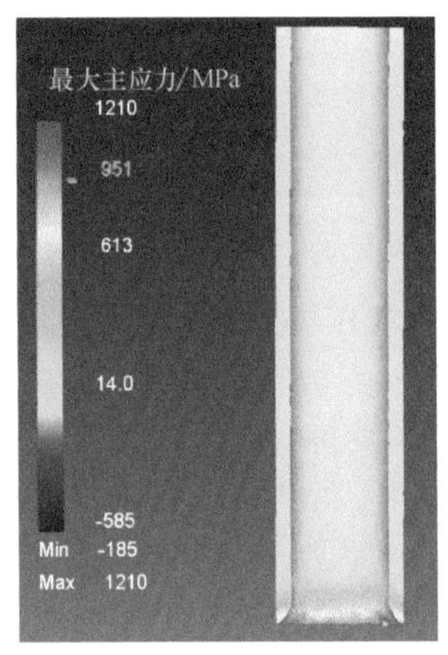

图 6-174 整体成形模最大主应力

2）正挤压制坯模具应力。正挤压成形结束时，一体化挤压筒的等效应力与最大主应力模拟结果如图 6-175 与图 6-176 所示，挤压杆的等效应力与最大主应力模拟结果如图 6-177 与图 6-178 所示。模拟结果表明，采用正挤压成形时，一体化挤压筒与挤压杆的应力均比较小，选择 H13 钢制造是可行的。

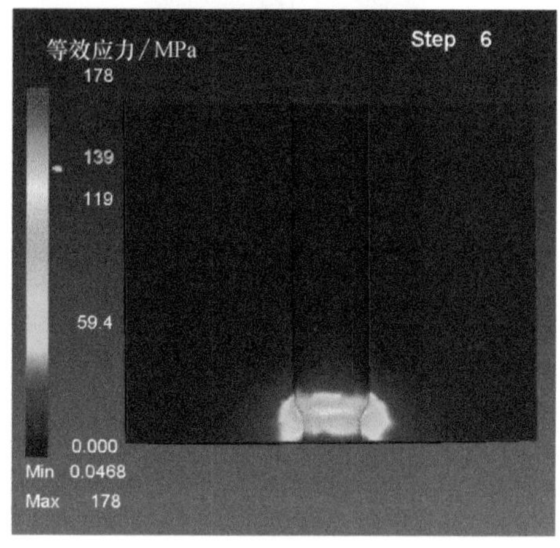

图 6-175　一体化挤压筒等效应力

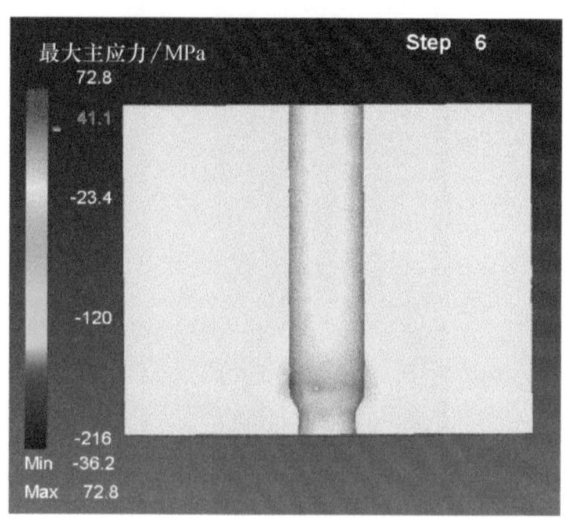

图 6-176　一体化挤压筒最大主应力

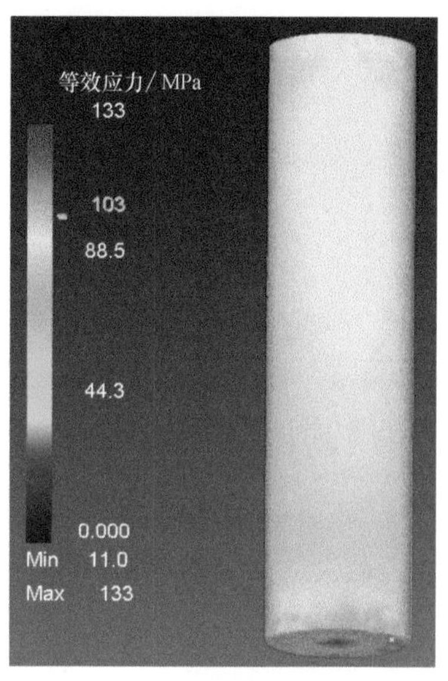

图 6-177　挤压杆等效应力

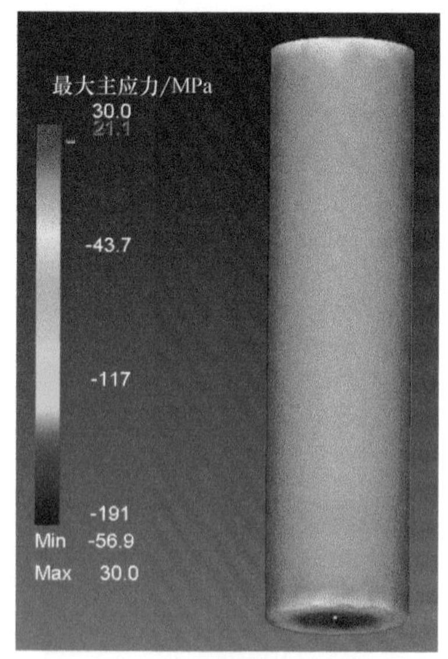

图 6-178　挤压杆最大主应力

（4）大液压机挤压制坯可行性分析　按照上述工艺方案与模拟结果，针对现有 1600MN 大液压机设计参数与集中载荷分散要求，利用 ϕ1300mm×4100mm 锻坯挤压成形 ϕ980mm×6800mm 坯料的可行性结论如下。

1）如果考虑集中载荷分散要求，反挤压与正挤压制坯所需液压机净空高度均超出 15000mm，均不具备可行性。

2）如果不考虑集中载荷分散要求，反挤压与正挤压制坯所需液压机净空高度均小于 15000mm，均具备可行性。

3）反挤压时，成形模的应力很大，选材与制造存在风险与难度。

6.4 “空心”及其他异形锻件

根据表 2-1 的划分，“空心”及其他异形锻件包括不锈钢泵壳锻件、不锈钢支承环锻件、船用曲柄锻件、乏燃料罐、风机轴、冲击转轮等。其中的不锈钢泵壳锻件、不锈钢支承环锻件、船用曲柄锻件的 FGS 锻造已在第 3 章进行叙述，本节对乏燃料罐、风机轴、冲击转轮的 FGS 锻造方案进行详细描述。

6.4.1 乏燃料罐

6.4.1.1 项目背景

乏燃料又称辐照核燃料，是经受过辐射照射、使用过的核燃料。经过核反应及辐照的乏燃料，铀含量降低，无法继续维持核反应，所以叫乏燃料。

乏燃料后处理目的：回收剩余的易裂变核素铀-235、新生成的钚-239 及可转换核素铀-233 或钍-232；提取有用的裂变产物，如锶-90、铯-137 和超铀元素［如镎、镅和锔（特殊用途）］；去除长寿命的放射性核素和中子吸收截面大的裂变产物，以便对只含短寿命核素的放射性废物进行处理和安全处置。

乏燃料后处理流程：卸出及堆内冷却贮存→离堆贮存→转运及中期贮存→机械处理-化学分离-萃取提纯。其中的离堆贮存、转运及中期贮存均需要专用容器。

乏燃料容器分类如图 6-179 所示，其中的金属容器分类如图 6-180 所示。

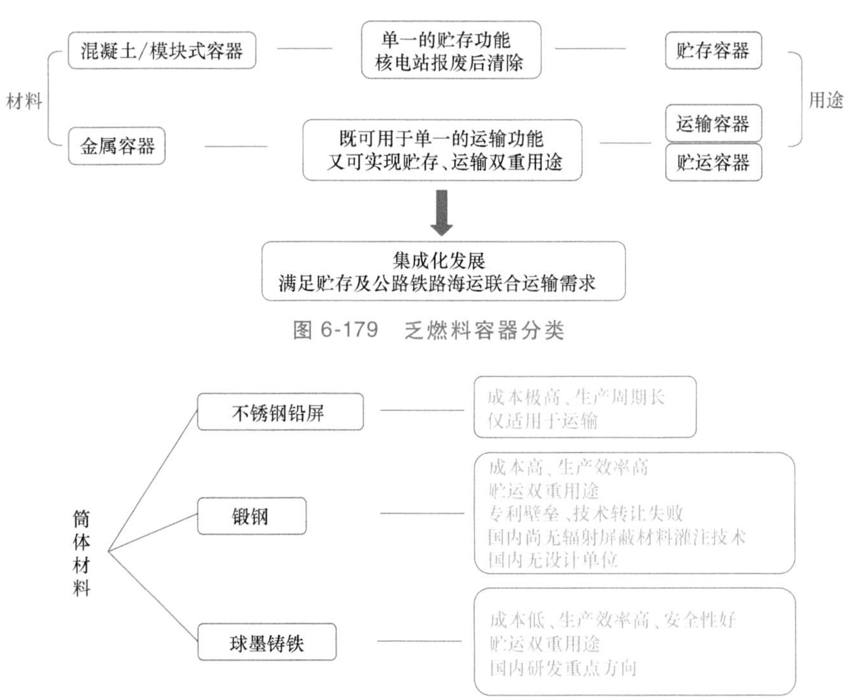

图 6-179 乏燃料容器分类

图 6-180 金属容器分类

目前，不锈钢铅屏容器主要有 HOLTEC 公司的 HI-STAR100 金属容器（见图 6-181）、ROB-

TEL 公司的 TN24 型运输容器（见图 6-182）及中核的龙舟 CNSC 乏燃料运输容器（见图 6-183）。

图 6-181　HI-STAR100 金属容器

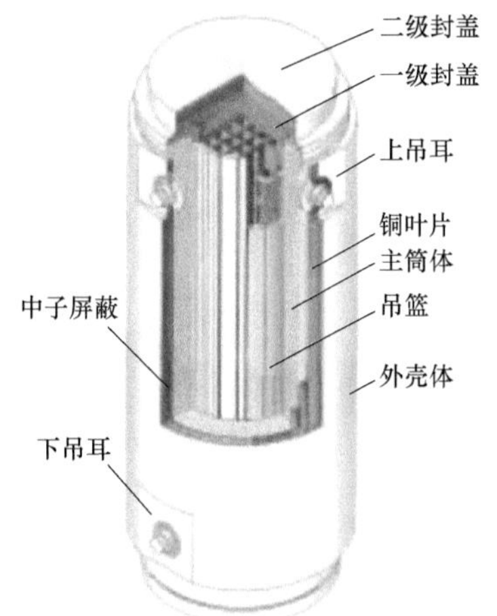

图 6-182　TN24 型运输容器

图 6-183　龙舟 CNSC 乏燃料运输容器

锻钢容器主要由日本三菱公司制造（见图 6-184）。

球墨铸铁容器主要有 GNS 公司的 CASTOR 容器（见图 6-185）和俄罗斯 Энерготекс 公司的 ТУК-141 型容器（见图 6-186）。俄罗斯为田湾核电站提供的球墨铸铁筒体容器由德国 Siempelkamp 公司制造。

在乏燃料容器制造方面，国际知名企业有法国 Transnuclear 公司、法国电力集团、法马通公司；美国 NAC、HOLTEC、通用、西屋电气（Westing house）；日本三菱重工（Mitsubishi）、东芝、日立造船（Hitachi Zosen）、JSW；俄罗斯原子能公司、Энерготекс 公司、伊若尔斯克厂、彼得扎沃茨克制造厂；德国 GNS 公司、Siempelkamp 公司。各厂家金属容器产品型号见表 6-6。

乏燃料后处理（燃料循环）是国家为满足自身需求及核电“走出去”战略所确定的路线，乏燃料的贮存及运输是其中必不可少的一环。我国核电装机及在建核电站数量已进入世界前三名，到 2025 年，有 18 台运输容器和 24 台贮运容器（13 台已采购，11 台待采购，其中已采购的包括中核 6 台、中广核 7 台）；到 2030 年，后处理线顺利达产，离堆贮存缺口 1604t，需要贮运容器 100 台左右；后处理线推迟达产，离堆贮存缺口 5904t，需要贮运容器

367 台；每台贮运容器的市场进口价格为 3000 万元。但从图 6-180 和表 6-6 可以看出，乏燃料金属容器的设计和制造严重滞后，需要重点开发相关技术。

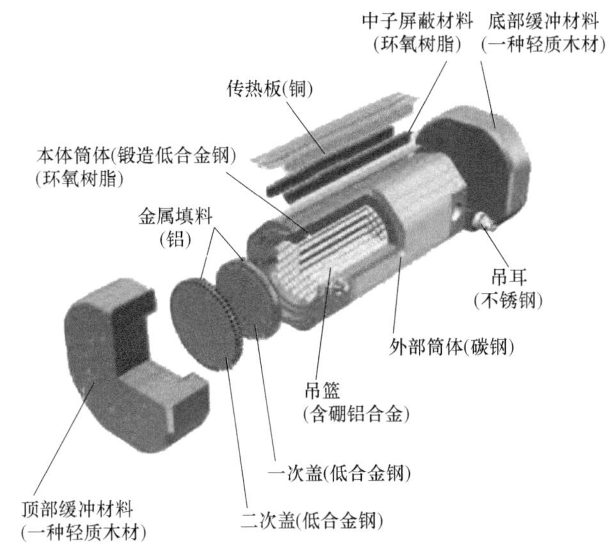

图 6-184　日本三菱公司 MSF 贮运容器

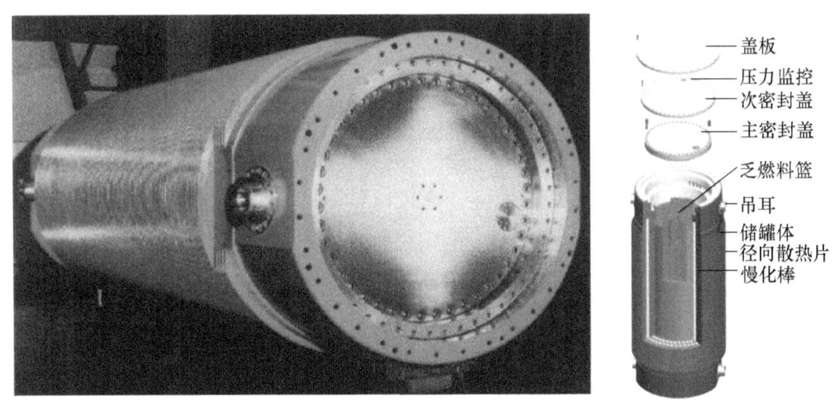

图 6-185　CASTOR 容器

图 6-186　TYK-141 型容器

表 6-6　各厂家金属容器产品型号

厂家名称	贮存容器型号	BWR 燃料装载量/t	PWR 燃料装载量/组	最大燃耗 GWd/tHM	最大热负荷/kW
NAC(美国)	S/T 系列	—	26~28	35	26
Transnuclear(法国)	TN24 系列	68~85	24~40	40	32.7
	NOVA	52~61	13~32	62	40.8
HOLTEC(美国)	HI-STAR 100	68	24	54	28.2
GNS(德国)	CSATOR 系列	16~74	21~33	60	34
Hitachi Zosen(日本)	Hitachi Zosen Storage cask	69	—	50	17
Westing house(美国)	MC-10	49	24	35	13.5
Mitsubishi(日本)	MSF-24P	—	24	48	21
	MSF-69B	69	—	40	19

目前，国内球墨铸铁贮运容器研发正在进行中。20 吨级 BQH-20 型容器由中核、齐齐哈尔第一机床厂有限公司和哈尔滨理工大学进行研制；中广核、中核正在开展百吨级容器设计；筒体研发单位有中国一重、邢台机械轧辊有限公司、山东龙马重工集团有限公司、江苏吉鑫风能科技股份有限公司、日月重工股份有限公司等。

中国一重球墨铸铁贮运容器筒体已完成 1∶1 试验件浇注、清理、热处理，排钻取试料等工作（见图 6-187）。铸态毛坯内径、外径及高度方向尺寸检查合格（见图 6-188），图 6-188 中红色标注为测量尺寸，蓝色标注为加工量。

a)　b)　c)　d)

图 6-187　球墨铸铁贮运容器筒体铸造、热处理及取样

a）浇注　b）铸件起吊　c）性能热处理　d）取样

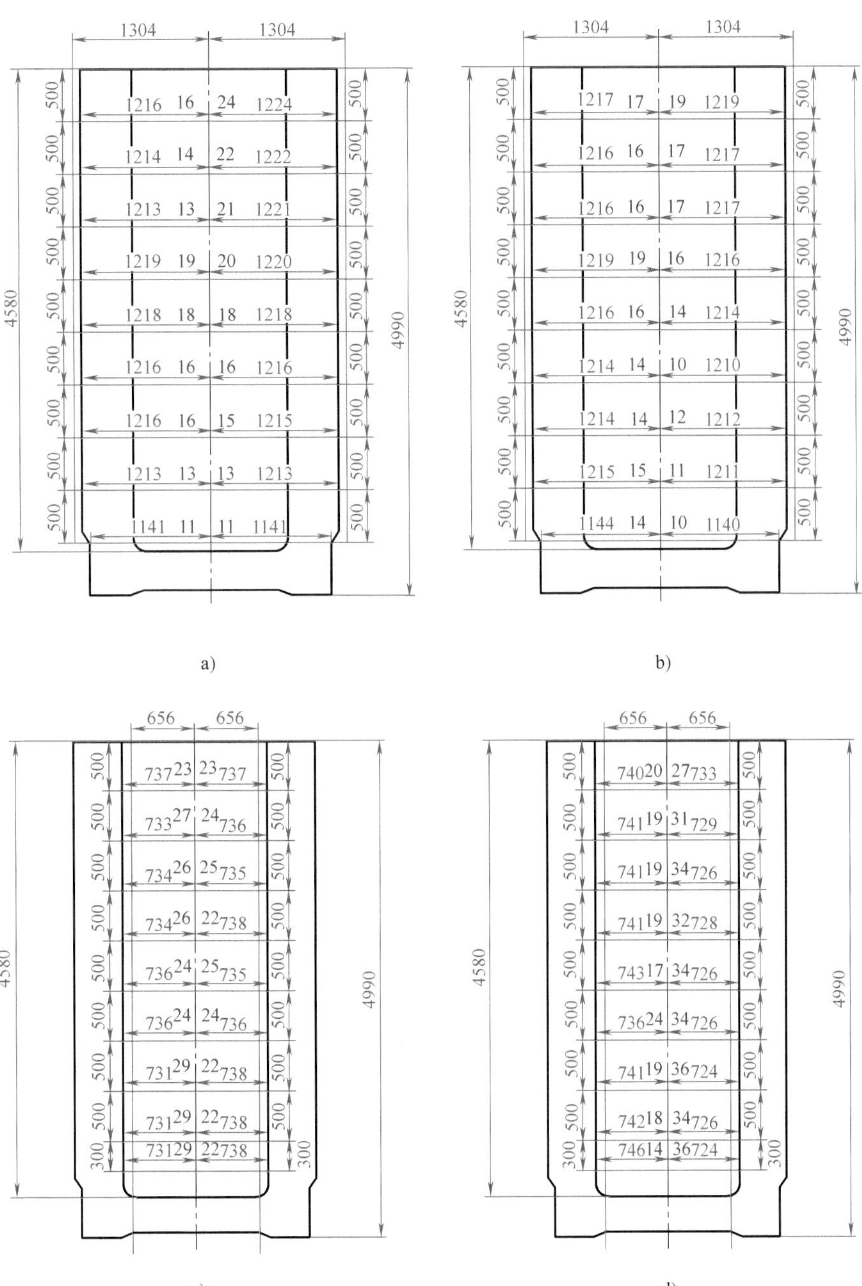

图 6-188 球墨铸铁贮运容器筒体

a）0°方向外形尺寸 b）90°方向外形尺寸 c）0°方向内腔尺寸 d）90°方向内腔尺寸

按质量计划，与中广核见证了取料及性能检测，化学成分、金相组织及力学性能合格。力学性能检测结果如图 6-189 所示；金相组织检测结果如图 6-190 所示；球墨铸铁贮运容器筒体加工如图 6-191 所示。

试验编号 Test No.	委托编号 Commis-sion No.	试验温度 Test Tempera-ture (℃)	屈服强度 Yield Strength (Rp0.2) N/mm2	抗拉强度 Tensile Strength N/mm2	延伸率 Elong-ation (%)	收缩率 Area Reduct-ion (%)	冲击功 Impact Energy NA (J)	纤维面积 Percent Shear Fracture (%)	侧膨胀 Lateral Expansion (mm)	硬度 Hardness (NA)	取样位置 Sampling Position
HK04141-1	H152100452-7	22	221	355	21	NA	NA	NA	NA	NA	S00-7 轴向 HTMP
							NA	NA	NA	NA	
							NA	NA	NA	NA	
HK04146-1	H152100453-7	22	224	357	24	NA	NA	NA	NA	NA	S090-7 轴向 HTMP
							NA	NA	NA	NA	
							NA	NA	NA	NA	
HK04150-1	H152100454-7	22	222	356	24	NA	NA	NA	NA	NA	S0180-7 轴向 HTMP
							NA	NA	NA	NA	
							NA	NA	NA	NA	
HK04155-1	H152100455-7	22	221	355	22	NA	NA	NA	NA	NA	S0270-7 轴向 HTMP
							NA	NA	NA	NA	
							NA	NA	NA	NA	
NA	NA	NA	NA	NA	NA	NA	NA	NA	NA	NA	NA
							NA	NA	NA	NA	
							NA	NA	NA	NA	
NA	NA	NA	NA	NA	NA	NA	NA	NA	NA	NA	NA
							NA	NA	NA	NA	
							NA	NA	NA	NA	

标准要求 Requirment		判定 Evaluate	判定人 Evaluated By
备注 Note		acceptable 合格	检验师 赵刚

实验员 Tester	校核 Check	签发 Sign and Issue	监造 Eyewitness 用户 Customer
	陈建	中试 张玉	

a)

试验编号 Test No.	委托编号 Commis-sion No.	试验温度 Test Temperature (℃)	屈服强度 Yield Strength (Rp0.2) N/mm2	抗拉强度 Tensile Strength N/mm2	延伸率 Elongation (%)	收缩率 Area Reduction (%)	取样位置 Sampling Position
HK04141-2	H152100452-8	200	196	331	15.5	NA	S00-8 轴向 HTMP
HK04146-2	H152100453-8	200	203	332	13.5	NA	S090 轴向 HTMP
HK04150-2	H152100454-8	200	204	334	18.0	NA	S0180 轴向 HTMP
HK04155-2	H152100455-8	200	200	333	17.0	NA	S0270 轴向 HTMP
NA	NA	NA	NA	NA	NA	NA	NA
NA	NA	NA	NA	NA	NA	NA	NA
NA	NA	NA	NA	NA	NA	NA	NA
NA	NA	NA	NA	NA	NA	NA	NA

标准要求 Requirment		判定 Evaluate	判定人 Evaluated By
备注 Note		acceptable 合格	检验师 赵刚

实验员 Tester	校核 Check	签发 Sign and Issue	监造 Eyewitness 用户 Customer
中试 陈建	中试 王宏亮	中试 张玉	

b)

图 6-189　球墨铸铁贮运容器筒体力学性能报告（节选）

a）室温性能　b）高温性能

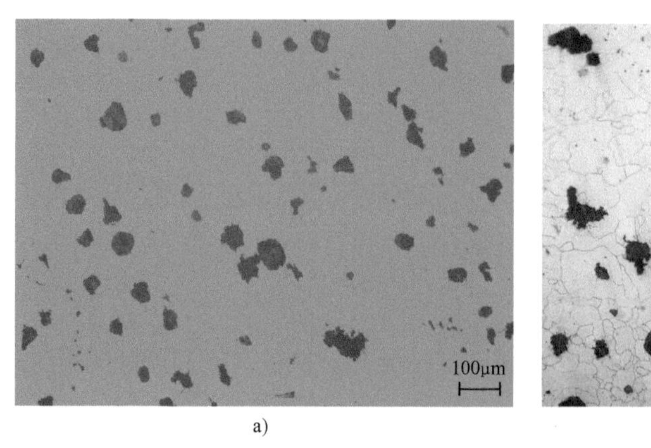

a)

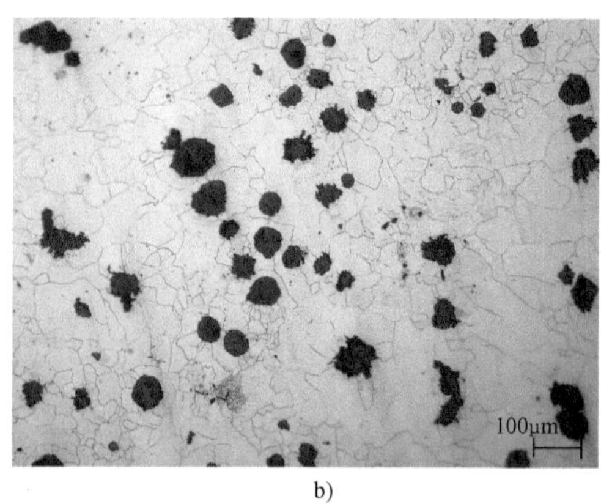

b)

图 6-190　球墨铸铁贮运容器筒体金相组织

a）未腐蚀状态 100 倍金相　b）腐蚀后 100 倍金相

国际范围内的核电站很多，而且大多数国家的核电站已经运行很长的时间，随着核电站运行时间的加长，必然会遇到这样一个问题，就是如何处理核电站的核废料。目前国际上通行的办法是将核废料放在专用的贮藏罐中运输到深海后沉没到海底，靠自然的衰变来降低核废料的辐射强度，从而消除核废料对人类的危害。目前核电发展较早的一些国家如法国、美国、日本等的核电站已经遇到这类问题，核废料需要大量可靠的贮藏容器。

我国乏燃料离堆贮存采用国际上广泛应用的干式中间贮存。目前我国商用乏燃料贮存、运输容器依赖进口，可以预见，一旦此类设备国产开发成功，市场前景广阔。当前，国际上已经应用的金属乏燃料贮存、运输容器材质主要是锻钢、不锈钢和球墨铸铁，而随着国内超大型成形设备的蓬勃发展，整锻盲孔乏燃料罐必将是今后储罐技术发展的主流。

目前，国际上对盲孔乏燃料罐的制造方案主要为锻造圆柱形坯料，冲盲孔后芯棒拔长出成品，如图 6-192 所示，该方案可锻造出一端带有盲孔的一体化乏燃料罐锻件，但在终成形火次，各位置变形条件不一致，且罐底位置存在多火次无锻造比加热，极易造成混晶及粗晶等缺陷，从而导致锻件性能不均匀，冲击性能不佳，降低了锻件的服役稳定性。

图 6-191　球墨铸铁贮运容器筒体加工

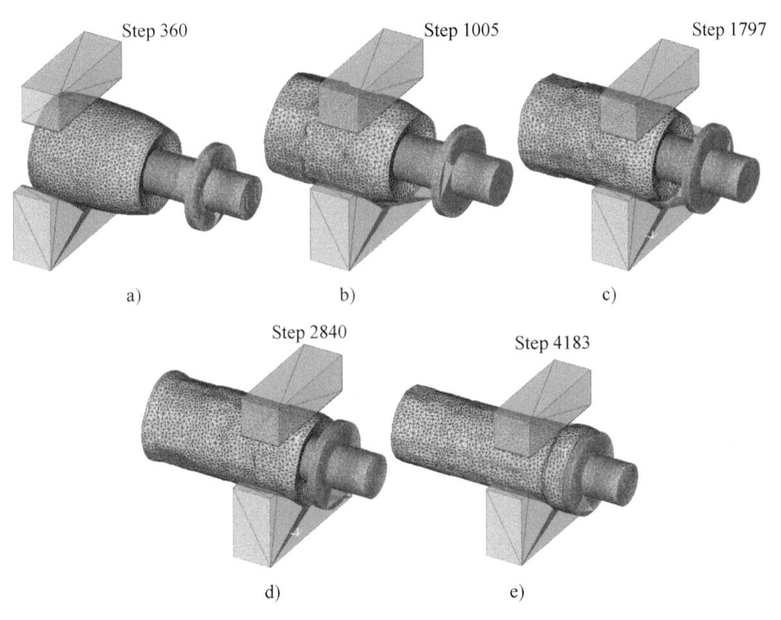

图 6-192　乏燃料罐自由锻拔长工艺

a）穿芯棒　b）第一道次　c）第二道次　d）第三道次　e）完成拔长

早在 2006 年，中国一重就对具有贮存和运输乏燃料功能的金属容器（乏燃料罐）进行了研究，并进行了 1∶2 缩比试验，如图 6-193 所示，乏燃料罐材质为 SA508 Gr. 4N Cl. 3，采用模内冲盲孔工艺制造，锻件各项性能均满足研制技术条件要求。如今，随着锻造成形设备制造能力的发展，开发大型乏燃料盲孔锻件 FGS 锻造技术，结合超大空间、超大行程的锻造成形设备，可实现乏燃料罐锻件的近净成形及一体化锻造。

图 6-193　盲孔形乏燃料罐比例试验锻件

6.4.1.2 研究对象

1. 合金钢锻件

该型乏燃料罐零件形状与尺寸如图 6-194 所示，材质选用 SA508 Gr. 4N Cl. 3，锻件精加工质量为 73t，锻件在敞口端延长段取样，并预留热处理余量，粗加工图如图 6-195 所示，粗加工质量为 91t。根据现有设备制造工况，结合锻件毛坯的模锻成形锻造工艺及工辅具，设计锻件毛坯图如图 6-196 所示，锻件质量为 135t。

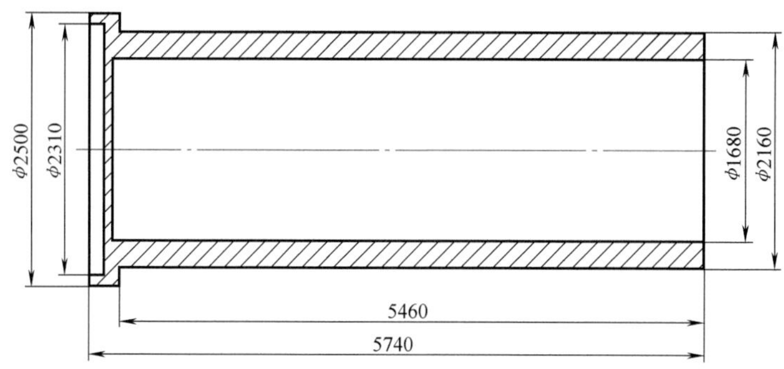

图 6-194　合金钢乏燃料罐零件图

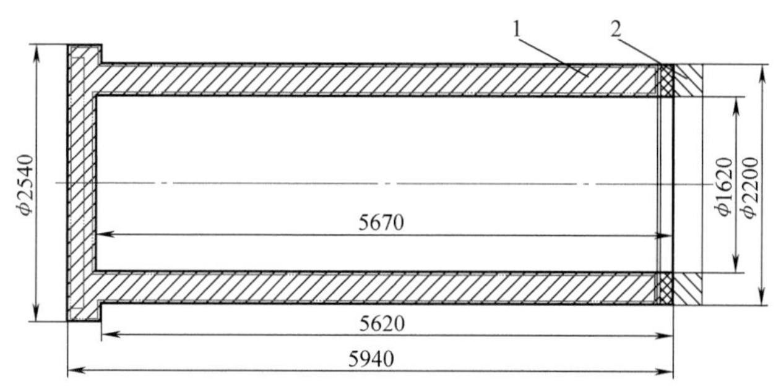

图 6-195　合金钢乏燃料罐粗加工图

1—锻件本体　2—热缓冲环

2. 不锈钢锻件

相比于 SA508 Gr. 4N Cl. 3 合金钢材质乏燃料罐，采用不锈钢整锻成形的一体化乏燃料罐的低温韧性更好，且兼具抗腐蚀的特点，但由于不锈钢变形抗力大，锻造过程中易开裂且后期固溶热处理没有相变，因此采用常规的制造方式很难制造出各项指标均能满足要求的不锈钢整锻乏燃料罐。尤其是罐底及敞口端延长段位置，根据 6.4.1.5 小节的数值模拟可以看出，两处位置在模锻成形后变形量均较小，若以相同方式进行不锈钢乏燃料罐的制造，则必将出现局部位置的晶粒粗大或混晶缺陷。而由于不锈钢变形抗力在高温下是合金钢的 3 倍，因此若将其模锻温度控制在二次再结晶温度以下，也必将存在现有液压机成形载荷无法满足要求，以及模具过载导致模具发生损坏或降低使用寿命的危害，因此还需要在制坯及模锻工艺上进行优化，确保不锈钢乏燃料罐在终成形火次中各处均能达到较大的变形量，从而实现各位置的晶粒细化。

某型号不锈钢乏燃料罐精加工尺寸如图 6-197 所示，该锻件外径为 2230mm，内径为 1500mm，材质为奥氏体不锈钢，与合金钢乏燃料罐相比，其内孔直径缩小了 180mm，长度缩短了 570mm，但壁厚增大至 275mm。该型号乏燃料罐精加工质量为 88t，且为不锈钢材质，制造难度极高。

锻件同样采取敞口端延长段取样，增加热处理余量后，其粗加工尺寸如图 6-198 所示，锻件毛坯尺寸如图 6-199 所示。其中，锻件粗加工质量为 107t，锻件质量为 145t。

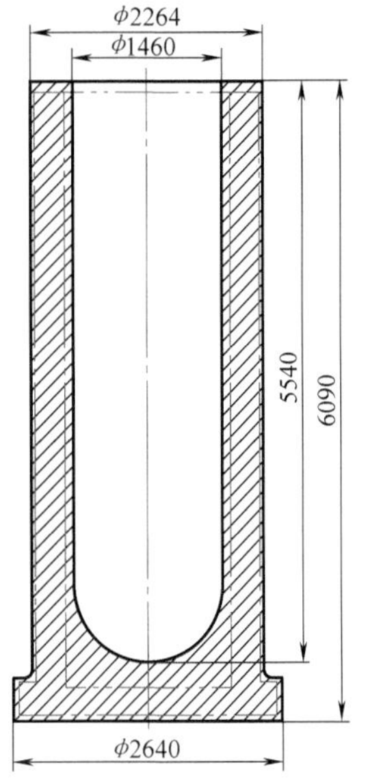

图 6-196　合金钢乏燃料罐锻件图

6.4.1.3　坯料设计

1. 合金钢锻件

坯料采用真空钢锭经自由锻完成制坯，所需坯料尺寸为 ϕ2200mm×4500mm，坯料质量为 135t。由于乏燃料罐罐底较厚，且冲盲孔完成后，罐底变形量相对较小，因此为保证锻件无损检测质量，提高锻件力学性能，采用两镦两拔的制坯锻造工艺，具体如下所述。

采用 217t 双真空 24 棱钢锭，锻造过程：压钳口，切水口弃料→镦粗，KD 拔长→镦粗，拔长精整下料，分别如图 6-200、图 6-201 及图 6-202 所示。

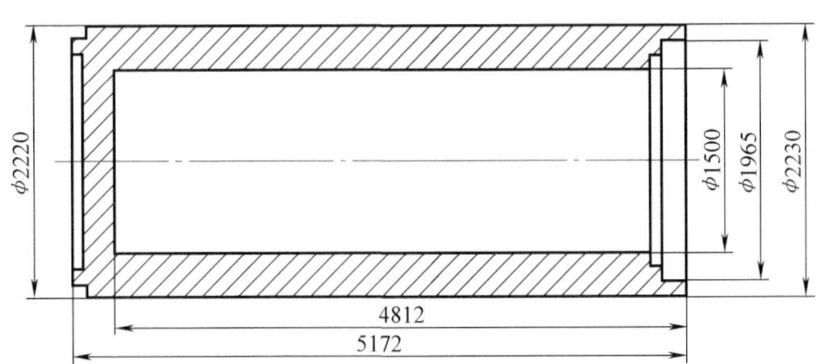

图 6-197　不锈钢乏燃料罐精加工尺寸

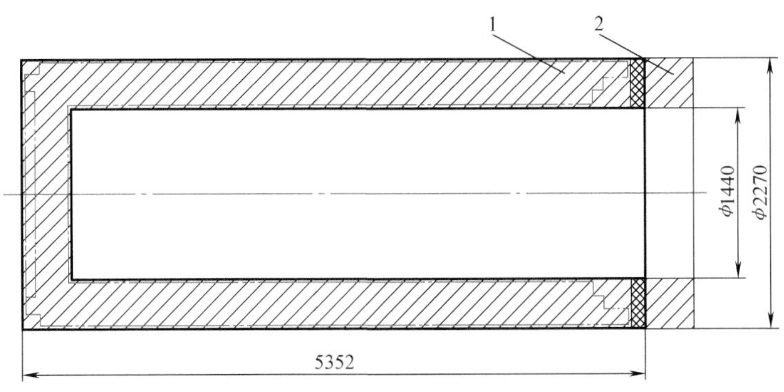

图 6-198　不锈钢乏燃料罐粗加工尺寸

1—锻件本体　2—热缓冲环

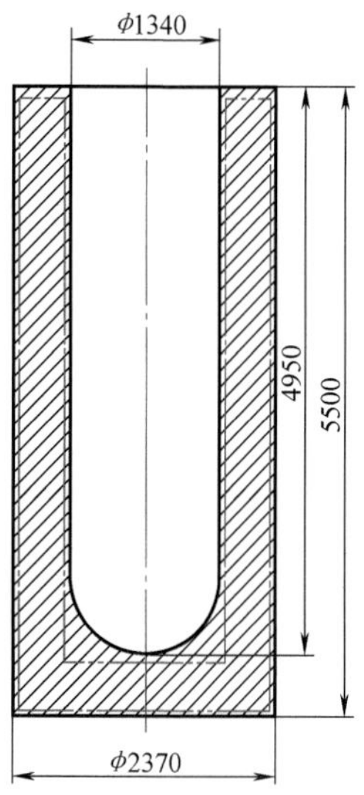

图 6-199 不锈钢乏燃料罐锻件毛坯尺寸

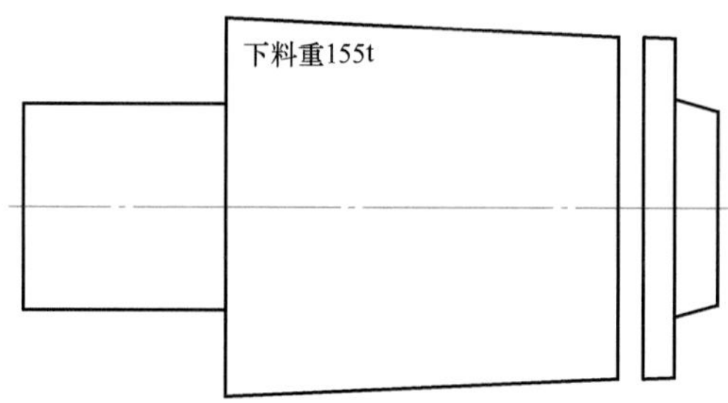

图 6-200 压钳口，切水口锭底

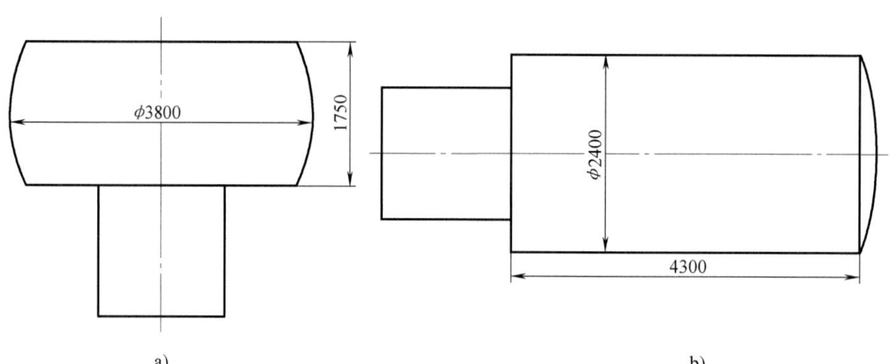

图 6-201 镦粗，拔长

a）镦粗 b）拔长

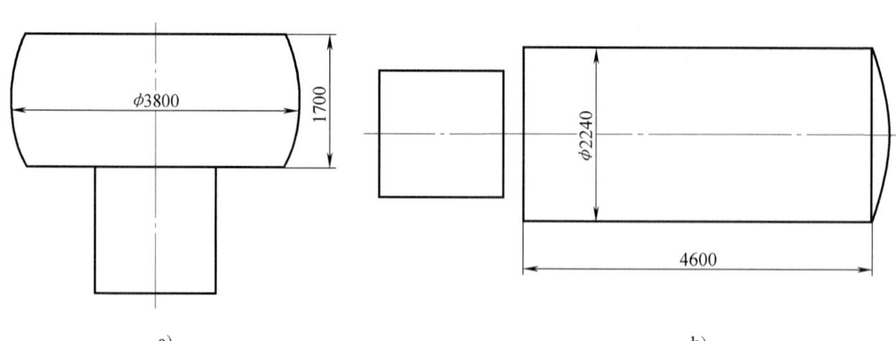

图 6-202 镦拔下料

a）镦粗 b）下料

坯料经自由锻后，为保证能够在终成形火次顺利放入模腔，需要对坯料外圆进行机械加工，机械加工尺寸如图 6-203 所示。同时将锻件上下端面周边加工出圆角，一方面抑制坯料出炉到锻造过程中边角位置降温导致的开裂，另一方面避免上端面在模内镦粗过程中发生翻料。

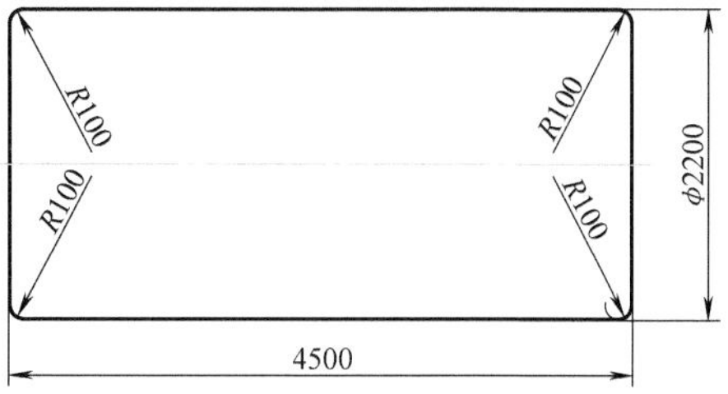

图 6-203 乏燃料罐成形用坯料

2. 不锈钢锻件

不锈钢乏燃料罐锻件尺寸超大、壁厚超厚，其质量达到 145t，若采用真空钢锭，则所需不锈钢钢锭将重达 250t，若仍采用模铸钢锭，其钢锭截面尺寸超大，很难避免心部 δ 铁素体等有害相的生成，必须通过长时间的加热进行高温扩散，配合多火次的反复镦拔来实现有害相的破碎使其充分弥散并被基体组织吸收，即使采用这种处理方式也很难解决钢锭的内部质量问题。因此，大截面超大型不锈钢坯料的制备也可采用固-液复合的增材制坯方式进行增径的制造工艺路线。

坯料冶炼完成后采用热挤压成形，挤压比控制在 3.5 左右，挤压前坯料尺寸为 ϕ4200mm×1600mm，挤压至 ϕ2250mm×5000mm，切除头部变形较小部位后进行模锻终成形。模锻用坯料在终成形前必须保证具有均匀的等轴晶粒，同时有害相含量及尺寸也要控制在较低的水平。不锈钢乏燃料罐所需坯料热挤压工艺如图 6-204 所示。

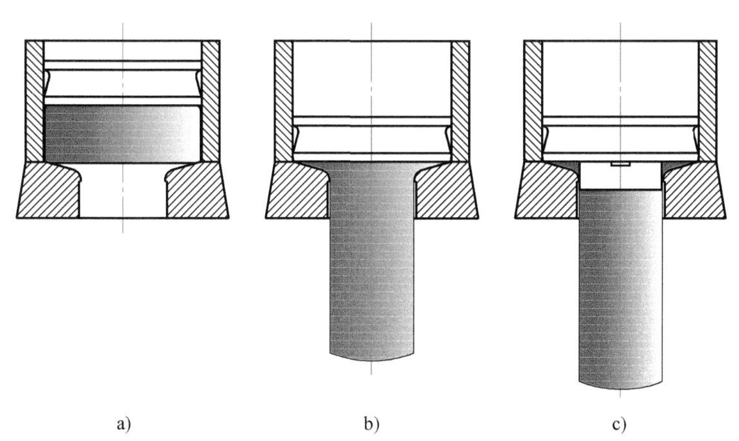

图 6-204 不锈钢乏燃料罐坯料热挤压工艺

a）挤压开始 b）挤压完成 c）剁刀切断

锻件终成形初始温度为 1050℃，根据第 6.4.1.5 节数值模拟结果，乏燃料罐锻件罐底及敞口端端面位置变形量相对较小，为确保两位置终成形同样具有一定的变形程度，从而使各位置的晶粒尺寸均能得到进一步的细化，将毛坯尺寸设计成图 6-205 所示形状，即两端进行减径处理，由于没有模具的束缚，毛坯在模内镦粗时，两端先发生变形，在坯料充满型腔后，再进行盲孔充型。

6.4.1.4 FGS 锻造方案

1. 合金钢锻件

根据液压机工况特点，该型号乏燃料罐锻件模锻成形工艺总流程：双真空冶炼超大型钢锭→水压机自由锻开坯→坯料锻后热处理→坯料机械加工→坯料加热→出炉除鳞→返炉补温→模锻成形→锻后热处理→锻件尺寸检查→内镗外车→调质热处理→取样，性能检验→半精加工→UT，PT，MT→精加工→包装发运。

不同于其他典型模锻件，乏燃料罐高度尺寸较大，因此所需液压机净空距及冲压行程尺寸均较大，在模锻成形方案设计时，既需要考虑方案的可操作性，也需要充分考虑液压机空间的限制。最重要的是在尽可能降低模锻成形力的同时，实现锻件的近净成形及全压应力锻造，也要考虑模锻后的退模及锻件的低成本批量化生产。针对乏燃料罐的成形方案，从制坯角度，在满足可放入模具内的前提下，需要尽量增大直径，从而降低坯料高度，结合冲头及下模设计思路兼顾脱模工艺性进行优化。

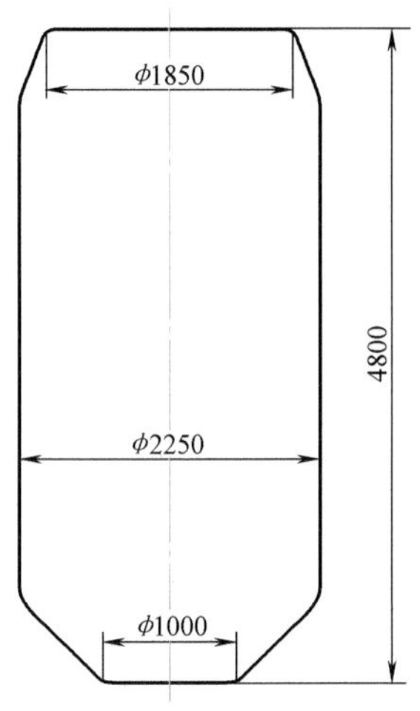

图 6-205　不锈钢乏燃料罐模锻成形坯料

图 6-206 所示为乏燃料罐 FGS 锻造成形工艺，此方案可将下模高度设计稍低于锻件总高，因此最大程度上减小了所需液压机净空距，并减小冲压行程。将坯料放入下模内，首先用盖板进行模内镦粗，随后采用冲头冲盲孔。此外，冲头可设计为前端球头，杆部直径小于球头直径的形式，从而有效减少冲头与坯料之间的接触面积，减小摩擦力。经模拟，用此方案制造不锈钢乏燃料罐，冲压成形力约为 210MN。冲压结束后，可仅将球头留在罐底，将杆抽出。

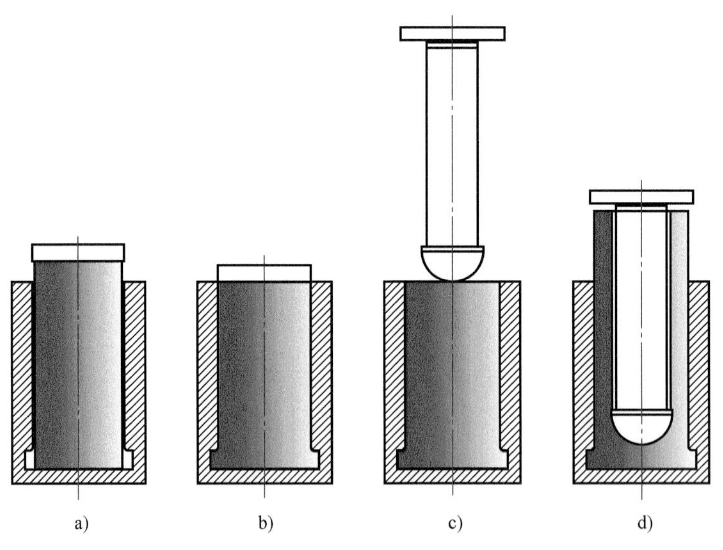

图 6-206　合金钢乏燃料罐 FGS 锻造成形工艺

a）模内镦粗开始　b）模内镦粗结束　c）冲盲孔开始　d）冲盲孔结束

2. 不锈钢锻件

不锈钢锻件的成形方案与合金钢乏燃料罐基本一致，即首先将坯料放入下模内，然后采用盖板进行镦粗，随后冲盲孔完成整个成形过程，具体如图 6-207 所示，与合金钢乏燃料罐型号相比，本节所述某型号不锈钢乏燃料罐其外圆为一直通圆筒锻件，不包含底板法兰，因此配合顶出机构及顶出孔的设置，可实现在不拆除模具的前提下将锻件毛坯顶出，从而能够实现连续制造。

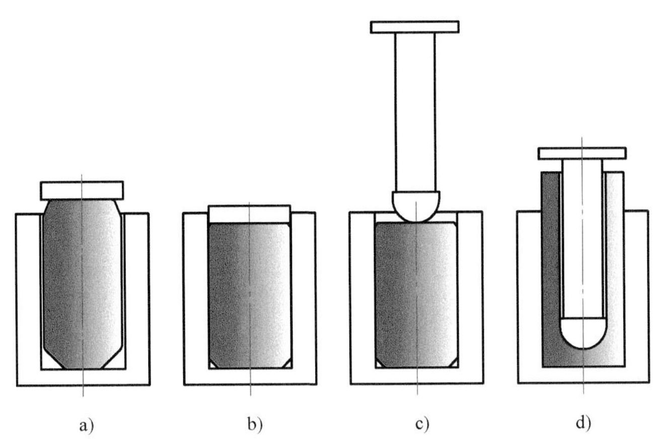

图 6-207　不锈钢乏燃料罐模锻成形工艺

a）模内镦粗开始　b）模内镦粗完成　c）冲盲孔开始　d）冲盲孔完成

6.4.1.5　成形模拟

1. 合金钢锻件

上述方案模拟结果如图 6-208 所示，模拟温度设置为 1230℃，恒温条件，摩擦系数选择 0.3，冲头压下速度为 20mm/s，选择近似材质材料模型。图 6-209 所示为模拟成形载荷情况，从图 6-209 可以看出，采用模内镦粗冲盲孔方式成形的 SA508 Gr. 4N Cl. 3 合金钢乏燃料罐，其冲孔成形力约为 208MN。

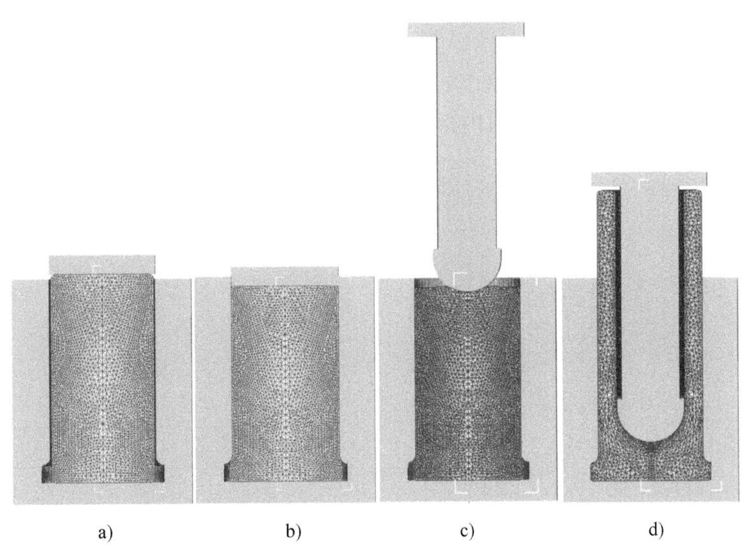

图 6-208　乏燃料罐有限元数值模拟过程

a）模内镦粗开始　b）模内镦粗完成　c）冲盲孔开始　d）冲盲孔完成

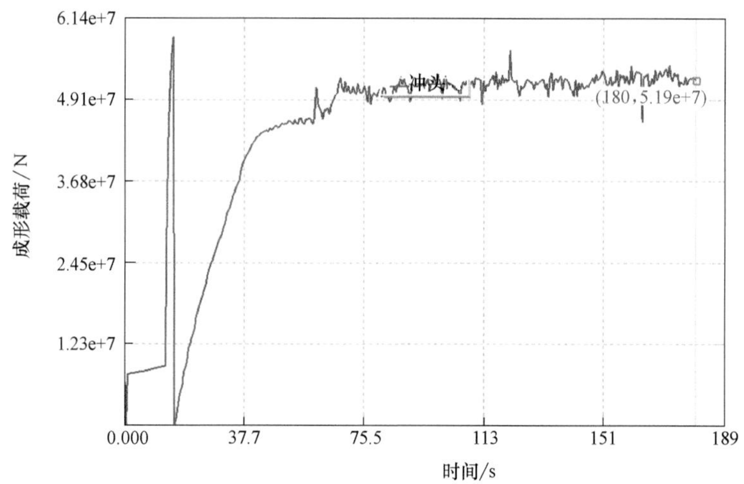

图 6-209　合金钢乏燃料罐模锻成形载荷

图 6-210 所示为锻件成形后不同位置的等效应变分布情况，从模拟结果可以看出，锻件内孔变形量较大，罐底以及上端面变形量相对较小。

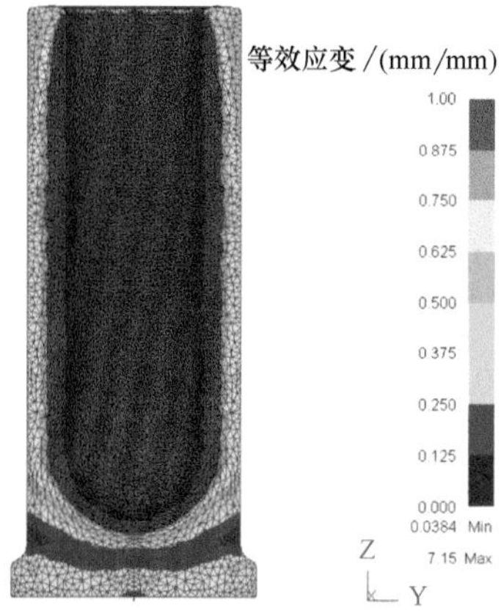

图 6-210　合金钢乏燃料罐模锻成形等效应变分布

2. 不锈钢锻件

图 6-211 所示为不锈钢乏燃料罐坯料热挤压成形数值模拟，计算中选择材料模型为 316LN 奥氏体不锈钢，挤压温度为 1220℃，坯料由 ϕ4200mm 挤压至 ϕ2250mm，挤压比为 3.5，选择 1/2 模型进行计算。从模拟结果看，热挤压成形载荷为 1600MN（见图 6-212）。

图 6-213 所示为热挤压后坯料应变分布情况，从图中可以看出，除端头先挤出位置应变较小外，其余位置均能实现较大应变，因此锻坯内部可实现充分的动态再结晶。热挤压完成后，坯料迅速浸水冷却，从而抑制内部晶粒长大。

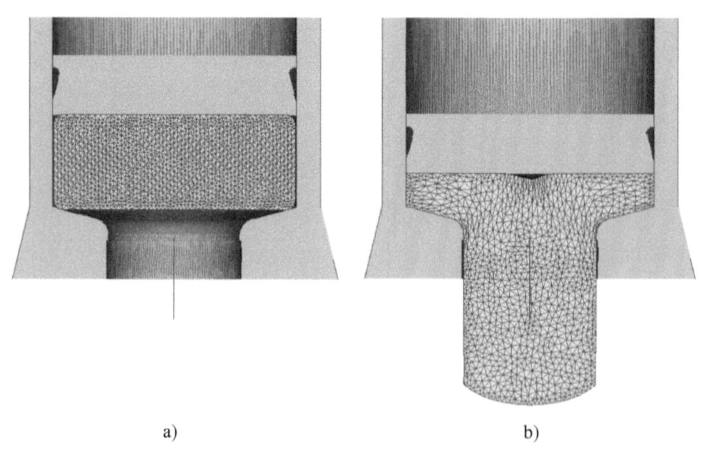

a)　　　　b)

图 6-211　不锈钢乏燃料罐坯料挤压成形数值模拟

a）挤压开始　b）挤压结束

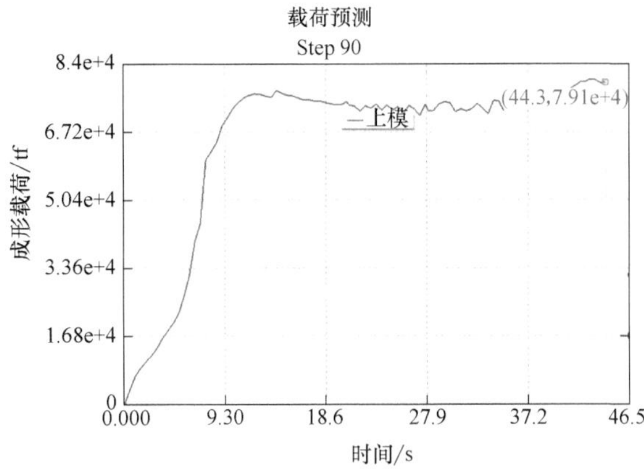

图 6-212　不锈钢乏燃料罐坯料挤压成形载荷

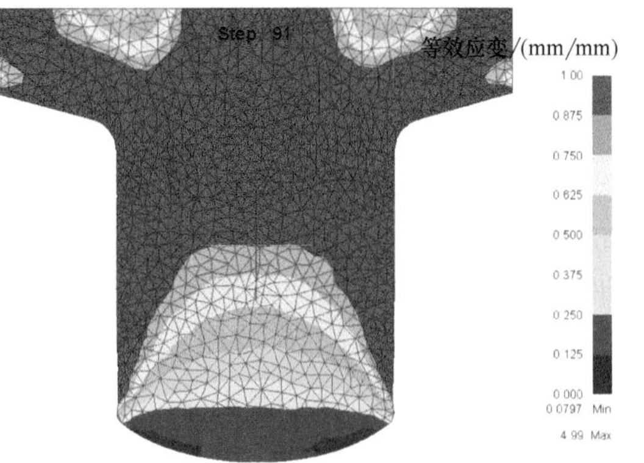

图 6-213　热挤压后应变分布云图

图 6-214 所示为不锈钢乏燃料罐数值模拟结果，成形温度为 1050℃，上模压下速度为 20mm/s，摩擦选择剪切摩擦，摩擦系数取 80.3。图 6-215 所示为成形载荷计算结果，由于采

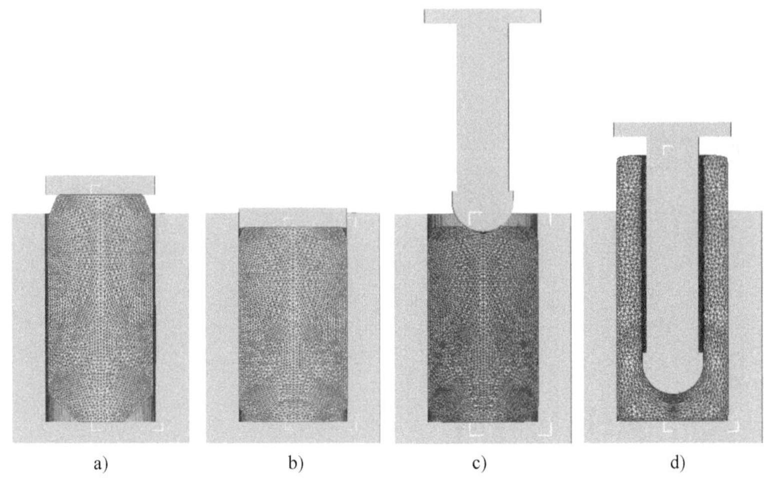

图 6-214　不锈钢乏燃料罐模锻成形数值模拟结果

a）模内镦粗开始　b）模内镦粗完成　c）冲盲孔开始　d）冲盲孔完成

Step 405
2.66e+8
2.13e+8
1.6e+8
1.07e+8
5.33e+7
0
成形载荷/N
—上模
(101,1.94e+8)
0.000
22.2
44.3
66.5
88.6
111
时间/s

图 6-215　不锈钢乏燃料罐模锻成形载荷计算结果

用 1/4 模型进行计算，因此实际成形载荷为计算载荷的 4 倍，从图 6-215 可以看出锻件模内镦粗成形力为 1000MN，冲盲孔成形力为 780MN。

图 6-216 所示为采用直圆柱坯料（ϕ2250mm×4800mm）及上下端面减径坯料（参见图 6-205）进行数值模拟后的应变分布情况对比，从图 6-216 可以看出，采用异形坯料进行模锻成形，各处均能实现 0.5 以上的应变，罐底应变不足的情况得以明显改善。该方案可确保锻件截面各位置的变形量及变形均匀性，使各处实现完全动态再结晶，从而实现奥氏体不锈钢晶粒的进一步细化。

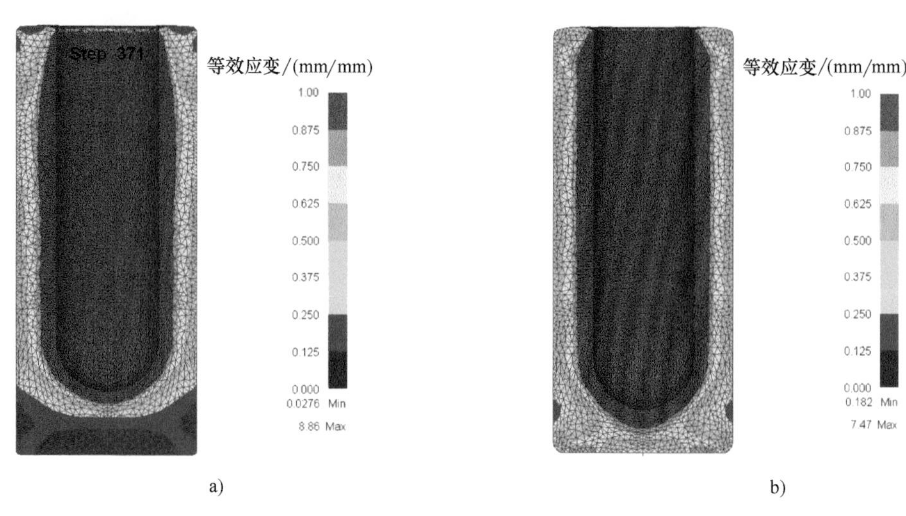

图 6-216　两种方案模锻成形后应变分布云图对比

a）圆柱坯料　b）上下端面减径坯料

6.4.2　风机轴

6.4.2.1　项目背景

风机轴为风电设备主轴，除直驱型风机（约占 40%）外，其他形式风机都装有风电主轴。目前陆上风电主力机型装机容量为 2～4MW，其中所使用的风电主轴平均质量为 7～15t。据统计，国内每年新增装机容量约为 18GW，大约为 8000 台机组，每年所需风机轴约 4800 根。海上风机主力机型以 4～5MW 估算，需求海上风机机组约 456 台，按海上风机直驱机型占比 50%（不设风机轴），未来三年海上风机轴的市场规模约 228 根，市场前景广阔。

目前，国内制造风机轴的主要成形方式为自由锻制带台阶坯料，采用组合漏盘半胎模锻造成形的制造方式。首先将带台阶坯料放置于漏盘中，随后进行局部镦粗使轴径增长，再将法兰局部成形，用平砧将法兰展宽。风机轴半胎模锻造成形如图 6-217 所示。采用该方案制造的风机轴锻件存在的主要问题是，由于法兰周向没有模具制约，因此成形后极易出现法兰与轴径不同心的情况，因此必须通过锻造余量进行借心加工，此外锻件内孔无法成形，需要通过机械加工的方式将内孔金属去除。除此之外，锻件在锻造最后一火次的过程中，锻件轴径不变形，存在无锻造比加热的情况，因此采用自由锻的制造方式无论从效率、成本还是质量上都存在严重不足。为此，需要开展 FGS 锻造成形研究。

a)

b)

图 6-217 风机轴半胎模锻造成形

a）锻造 b）锻件

本节以某型号大型号风电主轴为研究对象，介绍两种该型号风电主轴的 FGS 锻造成形方式，结合超大空间、超大行程、超强载荷成形设备的实际工况条件，实现风机轴锻件的近净成形及全压应力锻造。

产品尺寸如图 6-218 所示，精加工长度为 4195mm，法兰直径为 2600mm，法兰一侧的内孔孔径为 1510mm，另一端端口外径为 1380mm，内孔直径为 1020mm。锻件质量为 25. 483t，材质为 42CrMo/34CrNiMo6。该风机轴锻件为一件异形空心锻件，成形过程要充分考虑锻件的尺寸特点，在实现锻件的 FGS 成形，即近净成形及全压应力成形的同时，也要考虑锻件的成形载荷，以及模锻后的退模及批量化制造。

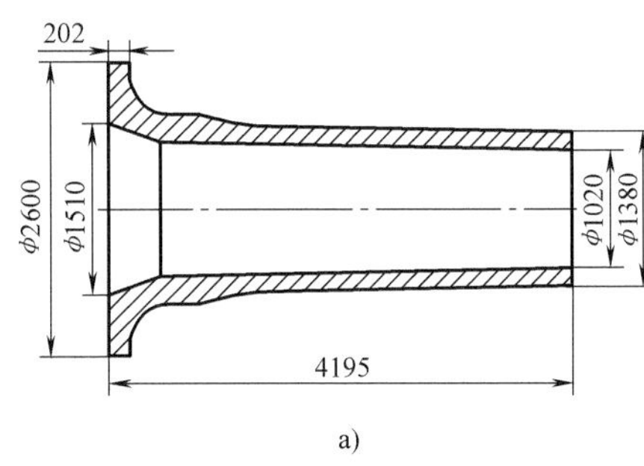

a)

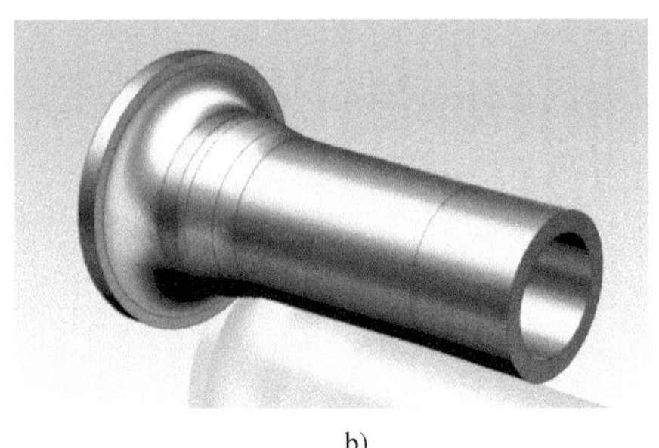

b)

图 6-218 风机轴零件尺寸

a）尺寸图 b）立体图

风机轴零件粗加工尺寸如图 6-219 所示，采用一端取样的形式，模锻后毛坯正回火，粗加工质量为 49t。

风机轴的轴向高度大，截面变化较大，因此所需液压机净空距及冲压行程尺寸均较大，且由于形状复杂，需要进行两道工序模锻成形。在模锻成形方案设计时，还需要考虑锻件模锻成形后的脱模，本节分别介绍两种方案，第一种为法兰放置于下端的反挤压方案，第二种为将法兰置于上端，通过反挤压后局部镦粗的方案。

风机轴锻件模锻成形工艺总流程：双真空冶炼钢锭→自由锻水压机开坯→坯料锻后热处理→机械加工→UT→模锻成形→锻后热处理→锻件表面清理→锻件尺寸检查→内镗外车→调质热处理→取样，性能检验→半精加工→UT，PT，MT→精加工→包装发运。

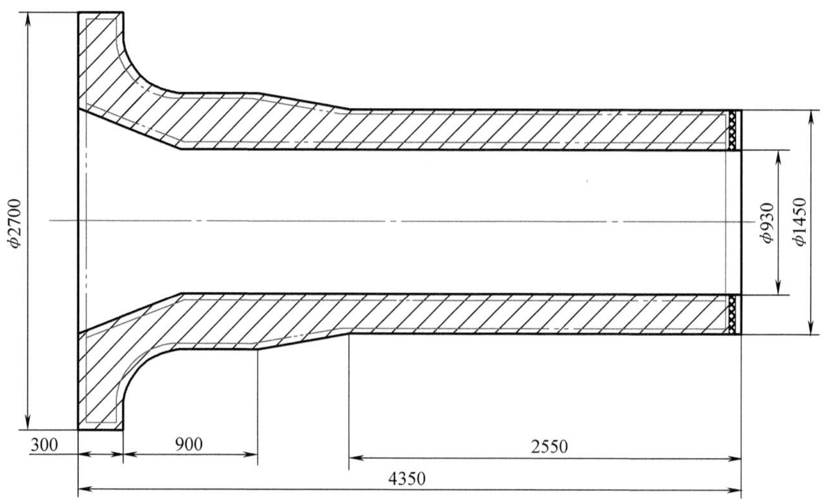

图 6-219　风机轴零件粗加工图

6.4.2.2　坯料设计

1. 方案Ⅰ

方案Ⅰ所用坯料为圆棒坯料，可采用真空钢锭制造，也可采用铸坯经自由锻制造。本方案制坯过程如下。

模锻前坯料质量为 52t，毛坯质量为 59t，使用双真空钢锭，钢锭质量为 91t。锻造过程：压钳口，切水口弃料→镦粗，KD 拔长→镦粗，拔长下料。制坯过程如图 6-220~图 6-222 所示。

（1）压钳口，切水口弃料

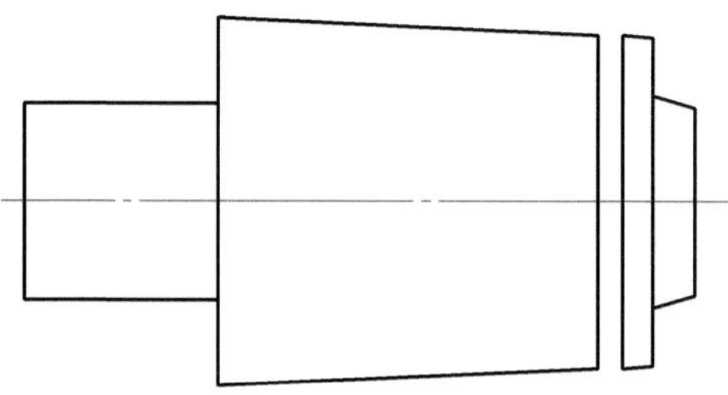
图 6-220　风机轴坯料压钳口

（2）镦粗，KD 拔长

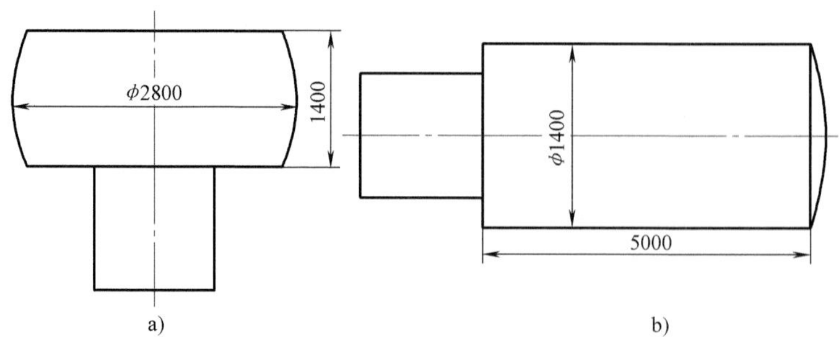

图 6-221　风机轴坯料镦粗，拔长

a）镦粗　b）拔长

（3）镦粗，拔长下料　下料尺寸为 ϕ1400mm×4900mm。

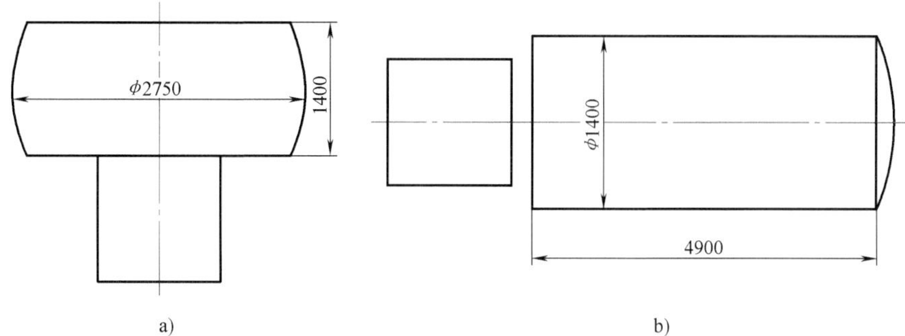

图 6-222　风机轴坯料镦拔下料

a）镦粗　b）下料

（4）机械加工　坯料经自由锻后，为保证能够在终成形火次顺利放入模腔，需要对坯料外圆进行机械加工，机械加工尺寸如图 6-223 所示，同时将锻件上下端面边缘加工出圆角，一方面抑制坯料出炉到锻造过程中边角位置降温导致的开裂，另一方面避免上端面在模内镦粗过程中发生翻料。

2. 方案Ⅱ

坯料按方案Ⅰ中制造工艺进行自由锻开坯，双真空钢锭经一次镦拔后下料，下料尺寸为 ϕ1400mm×4600mm，坯料质量为 55t，然后按图 6-224 所示进行模内镦粗制坯，完成坯料制备。

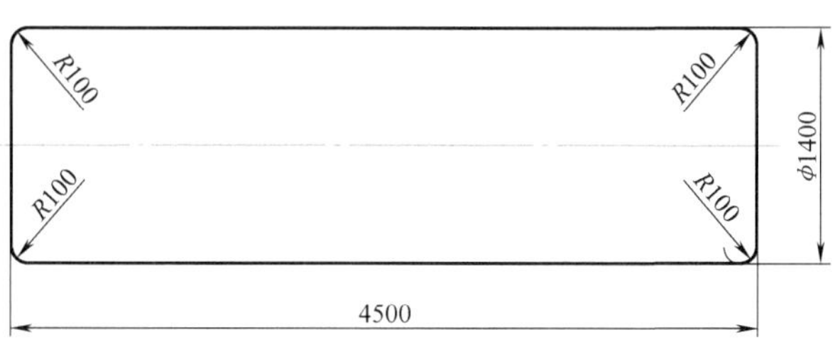

图 6-223　风机轴成形用坯料

坯料经自由锻后，为保证能够在终成形火次顺利放入模腔，对坯料外圆进行机械加工，机械加工尺寸如图 6-225 所示。

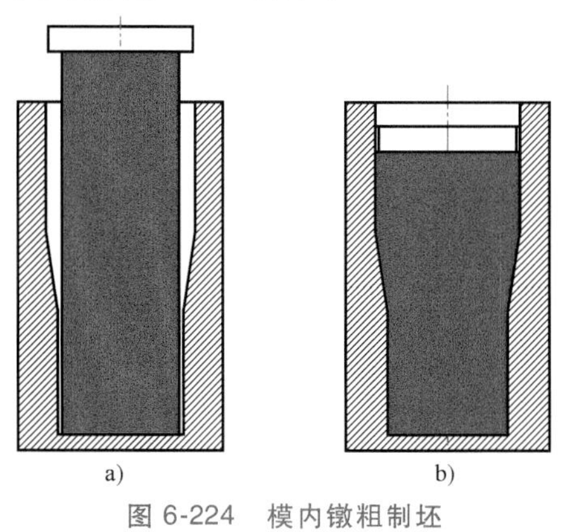

图 6-224　模内镦粗制坯

a）镦粗开始　b）镦粗结束

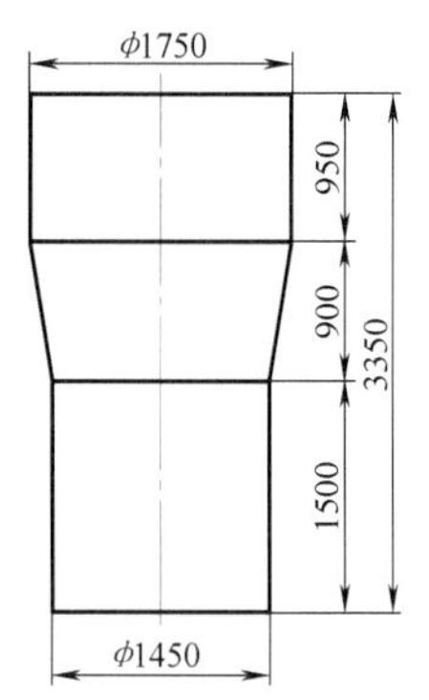

图 6-225　坯料加工尺寸

6.4.2.3 FGS 锻造方案

1. 方案Ⅰ

方案Ⅰ风机轴模锻用坯料尺寸为 ϕ1400mm×4500mm，坯料质量为 54t，模具所需空间为 9450mm，冲头行程为 4000mm。成形过程如图 6-226 所示，下模同样分为内模及外模，其中内模为分瓣结构，外侧用外模箍住。模具法兰端设置在下部，成形时将坯料直接放置于模具中，先采用镦粗盖板进行模内镦粗，使坯料上端面形成压应力区，随后撤掉盖板，用冲头直接冲盲孔。该方式成形过程简单，成形力小，且各位置变形量均较大，变形后锻件各处流线合理，有力保障了锻件的力学性能，提高了锻件的使用寿命。

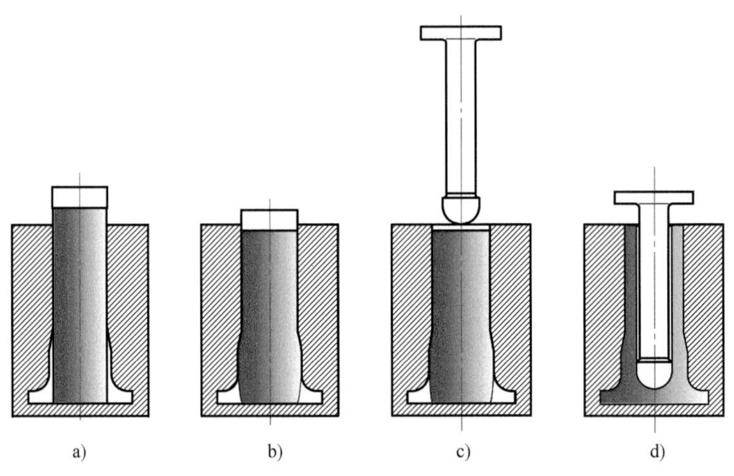

图 6-226 方案Ⅰ成形方案

a）模内镦粗开始 b）模内镦粗结束 c）冲盲孔开始 d）冲盲孔结束

风机轴方案Ⅰ中锻件成形过程与第 6.4.1 节中乏燃料罐的成形过程类似，首先将模具装配完成，模具反复对中后标记对中标识，随后通过下平台将下模移动至液压机外并进行预热。坯料出炉后先采用机械加工方法去除氧化皮，补温 0.5h 后出炉入模进行模锻成形，具体操作步骤如图 6-227 所示。

与乏燃料罐相同，由于冲压行程长，风机轴所用冲头也分为两部分，其中包括冲杆和球头，冲杆通过法兰与活动横梁垫板用立销相连接，球头与冲杆通过横销连接，冲盲孔过程中通过剪切力将横销切断，从而使冲杆与球头脱离，脱离后冲杆抬起，球头留在锻件中。随后拆除下模外模，将坯料从模具中取出。

2. 方案Ⅱ

方案Ⅱ所采用的坯料为台阶坯料，采用正冲方案，具体操作步骤如图 6-228 所示。首先将带台阶坯料放置于模具内冲盲孔，反挤压带底的盲孔坯料，随后将坯料上端直段进行局部镦粗。该方案的主要特点是可实现近净成形，相比于方案Ⅰ，锻件可在不拆除下模外模的条件下脱模，配合顶出机构，可大幅提高风机轴模锻的制造效率。

反挤压成形模具的设计参考乏燃料罐模锻成形模具，由上下两部分组成，上部组件为冲头组件，冲头分为两部分，冲杆和球头采用分体设计，并用横销连接，可有效避免冲头抱死，冲头抬起后与球头脱离，球头留在锻件中。下模分为内套及外套，外套下端预制法兰，并与工作台通过压板连接。内套与外套之间存在反斜度，从而使外套压住内套。内套下端预

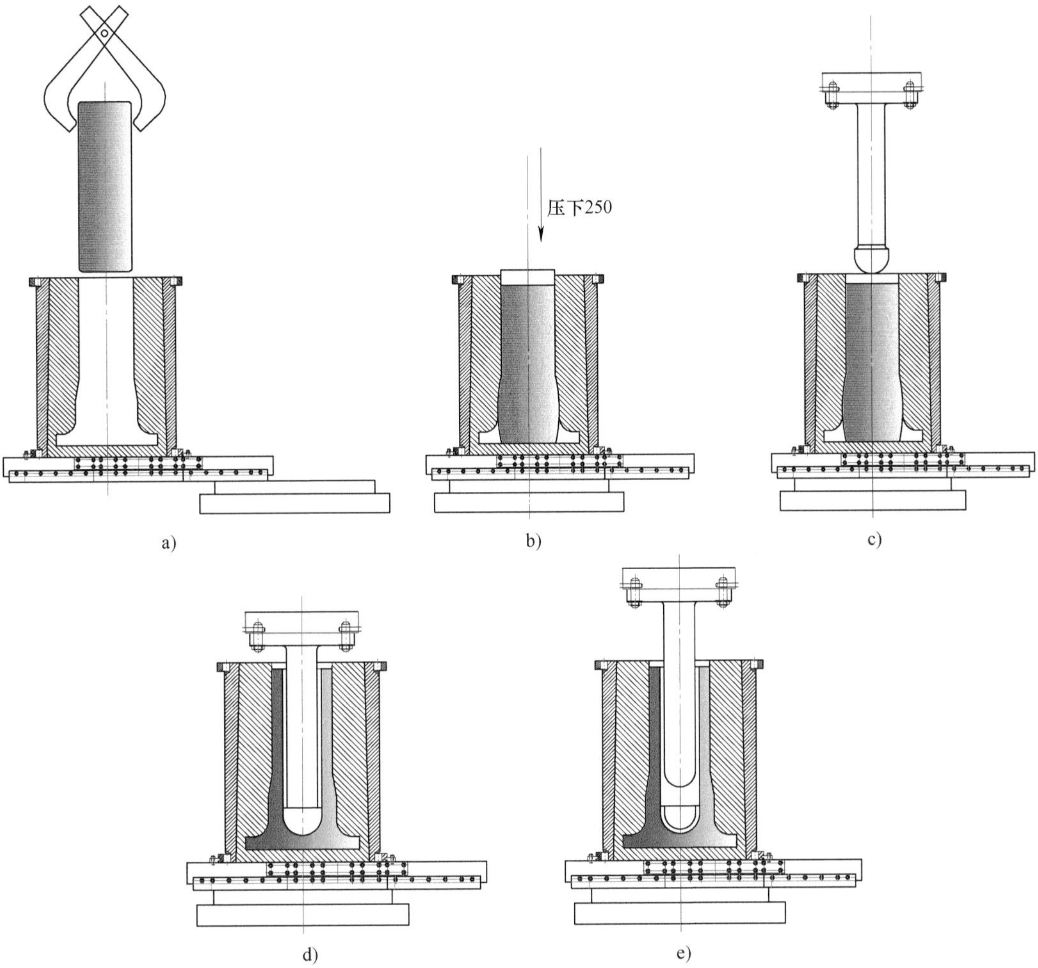

压下250

a)　　b)　　c)

d)　　e)

图 6-227　风机轴方案Ⅰ模锻成形工艺操作步骤

a）坯料入模　b）盖板镦粗　c）冲头对正　d）冲盲孔　e）退模

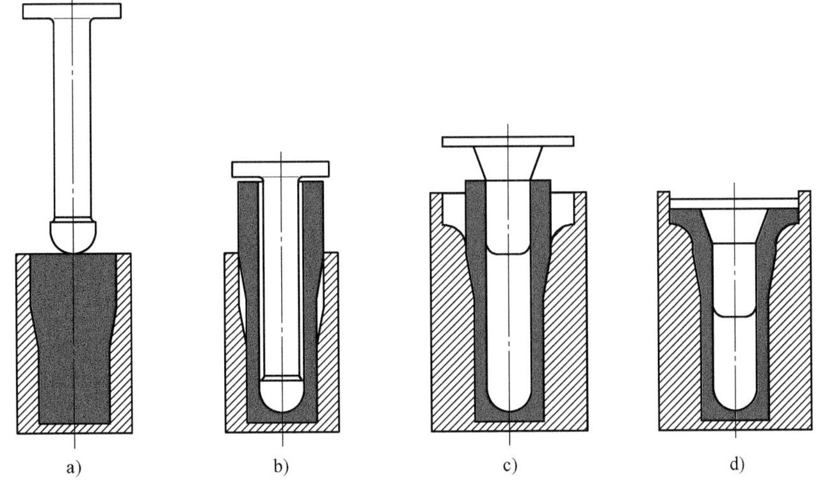

图 6-228　风机轴方案Ⅱ模锻成形工艺操作步骤

a）带台阶坯料入模　b）冲盲孔结束　c）局部镦粗法兰　d）成形工序完成

制顶出孔，且分为 4 瓣，此方案与乏燃料罐成形方案一致，在此不再赘述。方案Ⅱ模具装配图如图 6-229 所示。

完成模锻反挤压后，采用局部镦粗扩口的方式成形风机轴法兰，下模同样采用上述内外模装配设计形式，冲头采用整体形式，模具装配图如图 6-230 所示，其中外套与乏燃料罐外套通用。

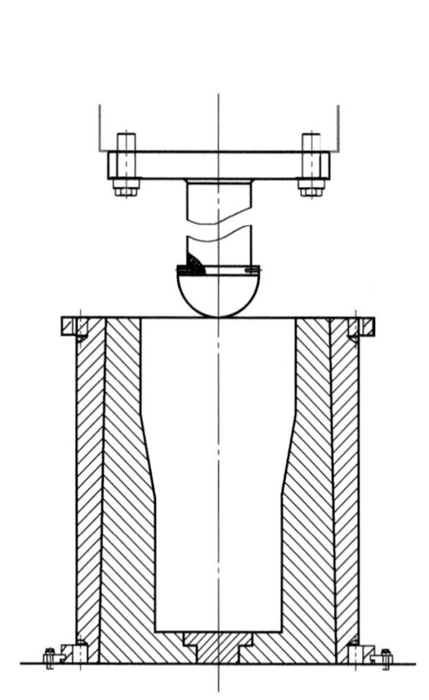

图 6-229　风机轴方案Ⅱ反挤压模具装配图

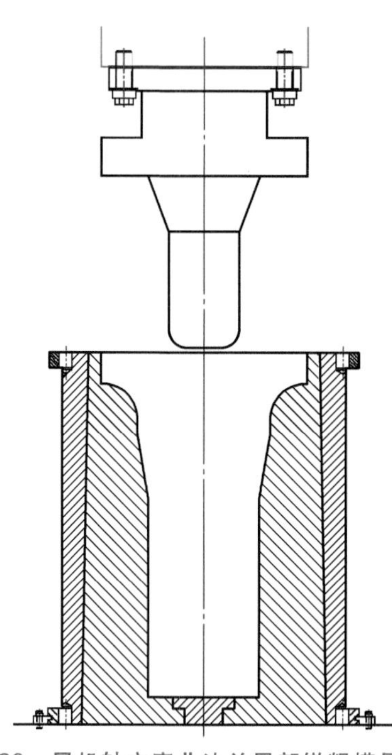

图 6-230　风机轴方案Ⅱ法兰局部镦粗模具装配图

方案Ⅱ所述风机轴反挤压成形步骤如图 6-231 所示，坯料立式装炉，出炉后采用桥式起

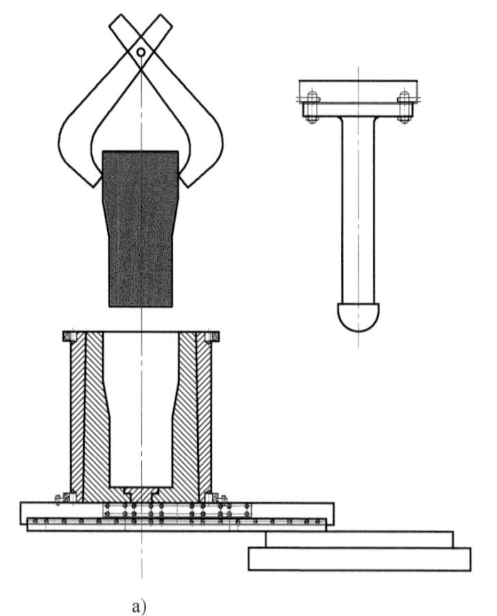

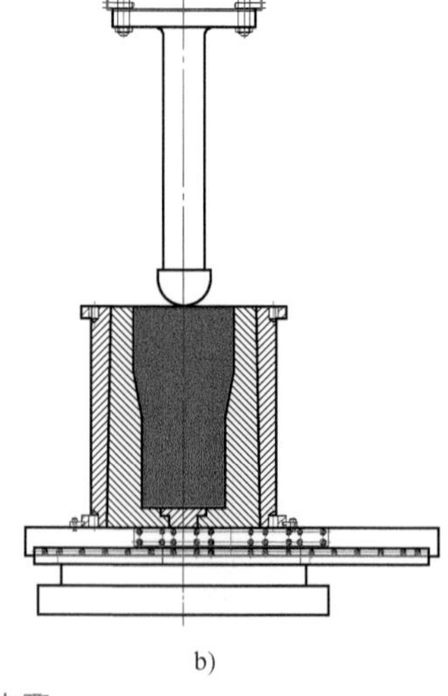

a)　　b)

图 6-231　风机轴反挤压成形步骤

a）坯料入模　b）冲头对中

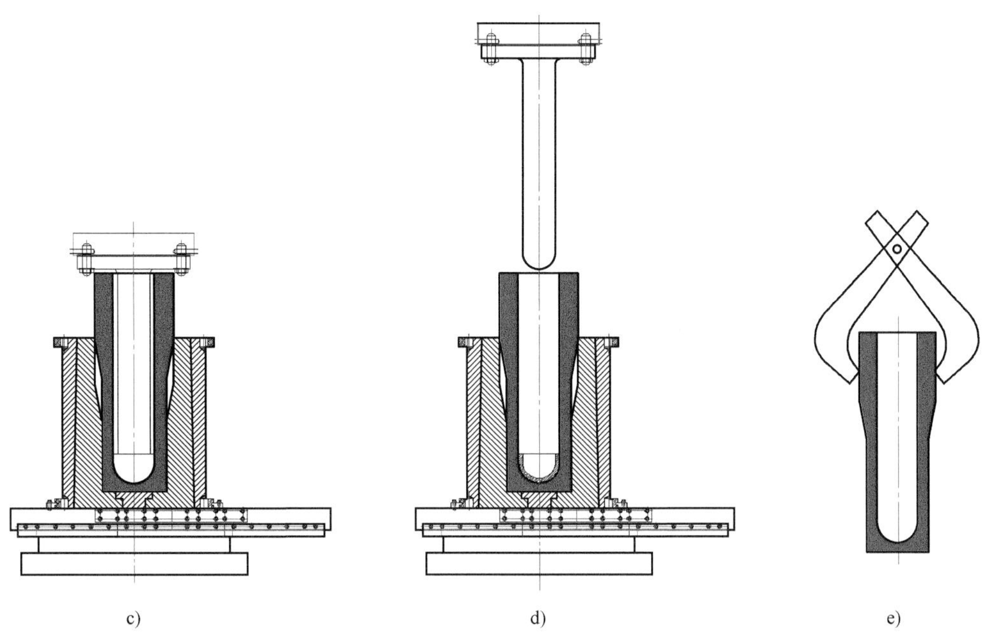

图 6-231　风机轴反挤压成形步骤（续）
c）反挤压　d）退模　e）坯料脱模

重机挂立料钳取料，对中后直接放入下模内，随后拉动走料台，将坯料及模具与冲头对中。冲头压下，压到行程后，回程提升，将冲杆与球头脱开，球头留在锻件内腔中，随后顶出缸将锻件顶出。

局部镦粗扩口过程如图 6-232 所示，将盲孔坯料放入模具内，对中找正后，冲头压下，行程为冲头下端面与坯料上端面平齐并压下 2800mm。随后顶出缸将坯料顶出，完成整个模锻过程。

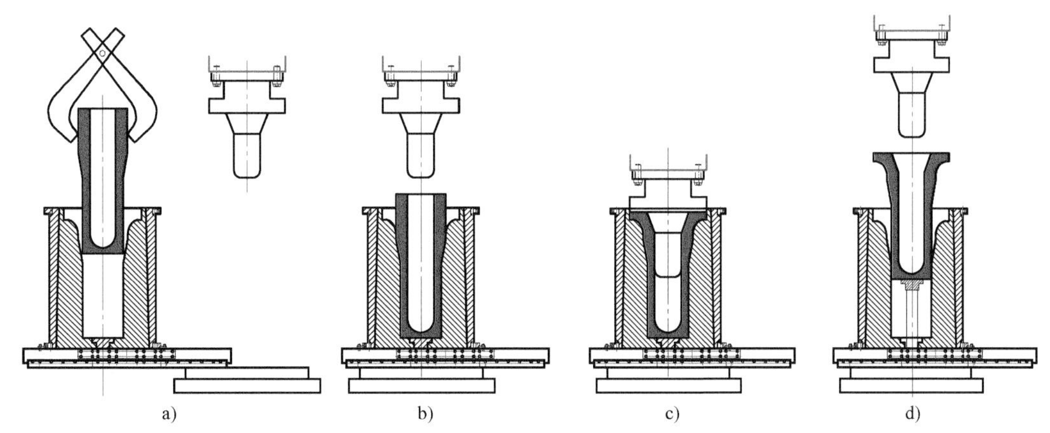

图 6-232　法兰局部镦粗扩口过程
a）坯料入模　b）坯料对中　c）法兰局部镦粗　d）坯料脱模

6.4.2.4　成形模拟

1. 方案 I

图 6-233 所示为风机轴方案 I 的成形数值模拟结果，首先采用模内镦粗，将坯料高度压

下 250mm，使坯料上端面形成压应力状态，随后撤掉镦粗盖板，再用冲杆成形风机轴盲孔，从模拟结果可以看出，冲盲孔后，法兰位置充型饱满。图 6-234 所示为此方案成形载荷计算结果，由于采用 1/4 模型，因此实际载荷为计算载荷的 4 倍。从图 6-234 可以看出，冲盲孔工序最大成形力仅为 130MN。

图 6-235 所示为成形后风机轴各位置应变分布云图，从图 6-235 中可以看出，风机轴锻件各部位均经历了较大变形，仅上端面外侧变形相对较小。该变形量可满足锻件终成形对变形量的需求，且金属流动规律合理，可形成较为理想的锻造纤维流线。结合模锻过程中所产生的三向压应力，可大幅提高锻件的力学性能。

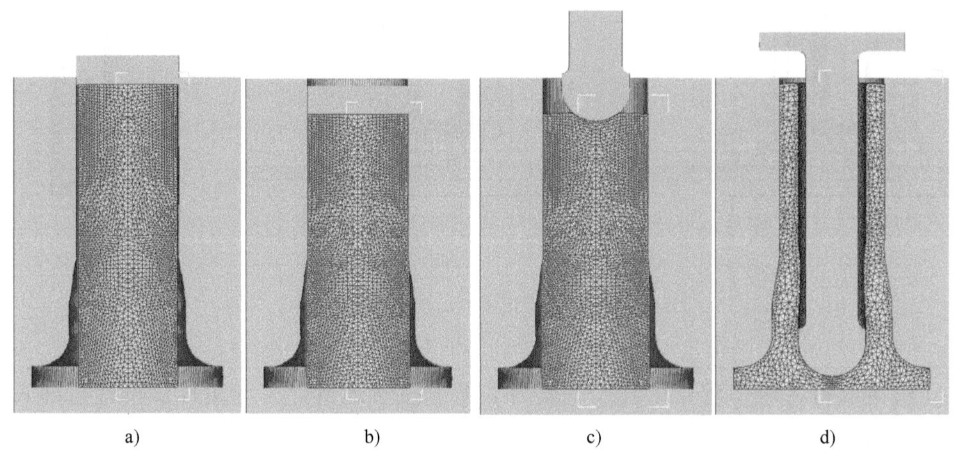

图 6-233 方案Ⅰ成形数值模拟过程

a）镦粗开始 b）镦粗结束 c）冲孔开始 d）冲孔结束

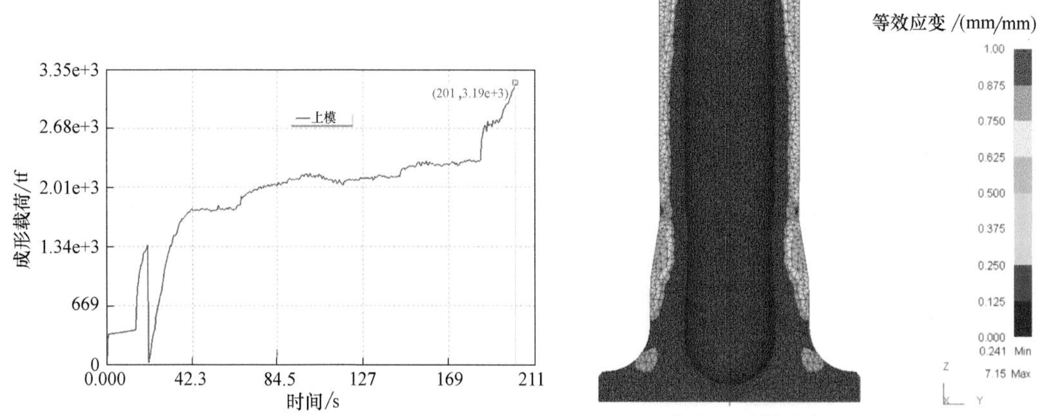

图 6-234 方案Ⅰ成形载荷计算结果

图 6-235 方案Ⅰ成形后风机轴锻件应变分布云图

2. 方案Ⅱ

方案Ⅱ的模拟结果如图 6-236 所示，模锻后坯料充满型腔，成形效果较好；本方案成形力较方案Ⅰ略大，冲盲孔最终成形力为 80MN，局部镦粗扩口成形力为 350MN，如图 6-237 所示。

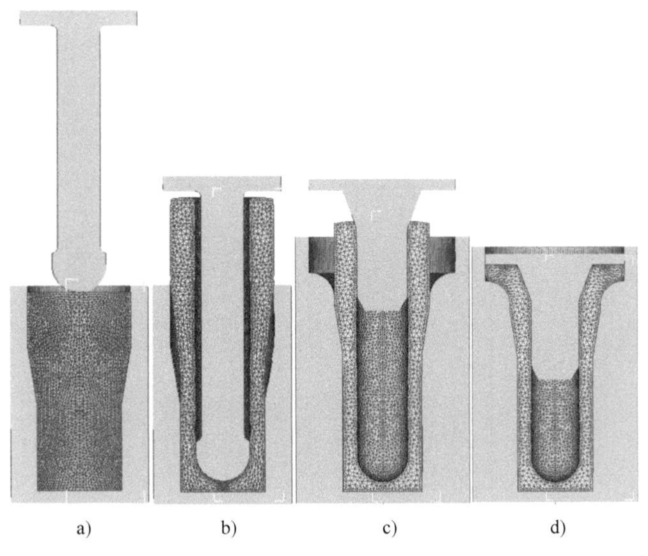

图 6-236 方案Ⅱ成形数值模拟过程

a）冲孔开始 b）冲孔结束 c）压法兰开始 d）压法兰结束

6.4.3 冲击转轮

冲击转轮是冲击式机组中的关键性零件，其形状与水车相似（参见图 2-86）。国内某电力集团从建国初期就开始研制冲击式机组，从卧式单喷嘴（东川）到卧式双喷嘴（百丈际），从合作生产（大发、吉牛、玛依纳）到技术深化（斐济、米纳斯、圣加旺、以礼河四级），技术水平及装机容量不断提升，其中的冲击转轮也经历了从铸件到锻焊件或锻件的发展历程，而且随着机组的大型化，冲击转轮的制造难度也越来越大。不同结构的冲击转轮如图 6-238 所示，单机容量的变化如图 6-239 所示。本节将对超大型冲击转轮整体锻件的 FGS 锻造研制方案进行详细介绍。

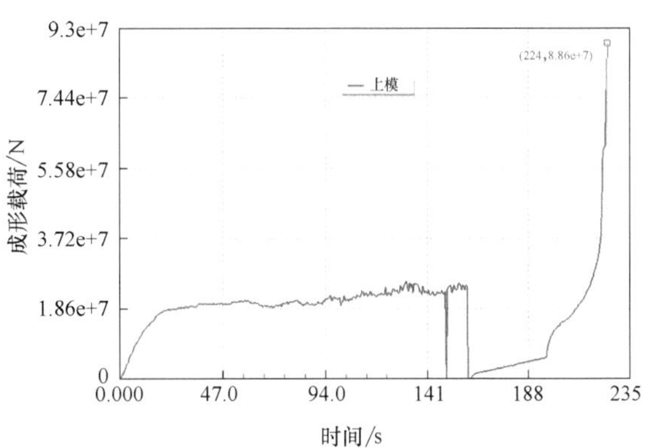

图 6-237 方案Ⅱ成形载荷计算情况

6.4.3.1 市场需求

水力发电是目前技术最成熟、最具市场竞争力、可以大规模开发的清洁可再生能源。开发水电，既可减少煤炭、石油等化石能源的消耗，减少对大气的污染，又兼具防洪、旅游等多种综合效益，对于推进清洁能源的开发利用和能源结构调整具有十分重要的作用。

截至 2020 年，我国全口径水电装机容量达 370160MW（含抽水蓄能 31490MW），同比增长 3.4%，占全部装机容量的 16.82%。未来，我国水电可开发资源主要集中在以西藏高原为主的雅鲁藏布江流域（见图 6-240）。西藏自治区一直是中国“西电东送”的能源基地，但在我国十大流域中，西藏地区目前开发程度较低，水电资源技术开发量仅为 1%左右。按照国家规划，雅鲁藏布江下游将成为我国新的水电基地，充分利用雅鲁藏布江下游的水电开发对西藏自治区的经济将起到重要的刺激作用，也有利于我国能源电力行业的发展。

图 6-238　不同结构的冲击转轮

a）铸件　b）锻焊件　c）锻件

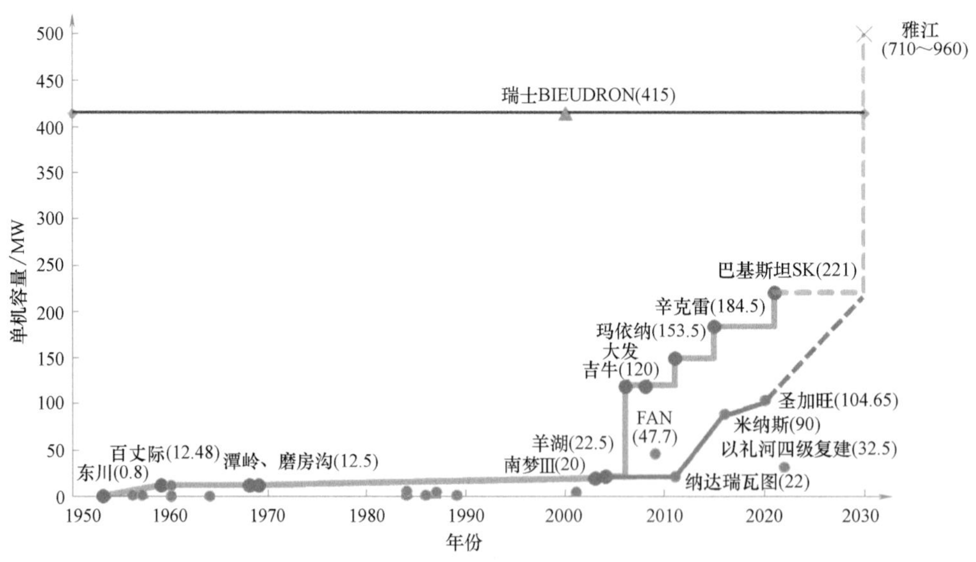

图 6-239　冲击式发电机组单机容量随年份增长

2020年，习近平总书记在第七十五届联合国大会提出“中国将提高国家自主贡献力度，采取更加有力的政策和措施，二氧化碳排放力争于2030年前达到峰值，努力争取2060年前实现碳中和”。在“十四五”乃至未来的很长一段时间，减排、降碳、低碳发展都将是我国环境治理甚至国家治理、社会治理的一个重要主题。

图 6-240 雅鲁藏布江流域

2021年，《中华人民共和国国民经济和社会发展第十四个五年规划和2035年远景目标纲要》第三篇第十一章第三节的“专栏6 现代能源体系建设工程”中“01 大型清洁能源基地”明确提出“建设雅鲁藏布江下游水电基地”。同时，《中国制造2025》（国发〔2015〕28号）中提出实施制造强国战略，力争通过三个十年的努力，到新中国成立一百年时，把我国建设成为引领世界制造业发展的制造强国，为实现中华民族伟大复兴的中国梦打下坚实基础。其中，在“大力推动重点领域突破发展”中明确要求“进一步提高超大容量水电机组制造水平”。

建设雅鲁藏布江下游水电基地，对于我国来说是一个利国利民的重要工程。开发雅鲁藏布江下游水电工程将投资上万亿元，能够有效促进我国形成以国内大循环为主体、国内国际双循环相互促进的新发展格局。

在民生方面，水电站项目每年能为当地带来200亿元以上的财政收入，同时带动附近的就业，提高民众的收入，对改善西藏一系列重大民生事业有重大拉动作用，将为推进西藏社会经济发展带来新机遇。

在生态方面，水电是目前技术最成熟、最具市场竞争力、可以大规模开发的清洁可再生能源。雅鲁藏布江下游水能资源丰富，理论蕴藏量近70000MW，项目完成后每年可供应近3000亿kW·h清洁、可再生、零碳的电力，相当于“再造3个三峡”，为推进我国清洁能源的开发利用和能源结构调整，实现“碳达峰”“碳中和”发挥巨大作用。

雅鲁藏布江下游开发是世界难题，其中发电机组设计制造难度远超过现有水平，达到了前所未有的高度，在国内外也均无工程先例。为了顺利完成国家规划任务，坚持独立自主、自力更生，集中我国的发电设备设计制造企业及上下游产业链的技术力量，开展“高水头大容量水轮发电机组关键技术研究”项目攻关和自主创新，研发前沿核心关键技术，满足雅鲁藏布江下游水电工程需要，助力我国实现雅鲁藏布江下游水电梯级之梦。

2022年6月10日，国家能源局召开了推进抽水蓄能项目开发建设视频会议，将抽水蓄能项目作为落实国务院稳经济部署、带动地方经济发展的重大任务，作为加强基础能源设施建设、促进新能源发展、实现双碳目标的重要工作，加快工作进度。

“十四五”期间将建设西藏扎拉水电项目，其机组是冲击式水电机型，2×500MW机组，项目业主方为中国大唐集团有限公司。目前哈尔滨电气集团有限公司和中国东方电气集团有限公司各承制一台大唐扎拉项目，各需要一件冲击转轮，金额约为1200万元/件。

西藏扎拉水电项目将是国家未来超级宏大水电项目——雅鲁藏布江下游水电项目（简称：雅江水电）的示范版，雅江水电项目整个建设和投产周期将跨越15~20年，全部建成后项目装机规模近60000MW，相当于再造近3个三峡。

雅江项目水电机组初步将分为三个梯级。

梯级 A：24×720MW 冲击式机组（一洞四机）；方案 A-1 的转轮转速为 187.5r/min，转轮节圆为 6m，转轮外径为 7.4m，水斗外宽为 1.52m；方案 A-2 的转轮转速为 200r/min，转轮节圆为 5.6m，转轮外径为 7.0m，水斗外宽为 1.52m。

梯级 B：30×710MW 冲击式机组；低容量方案 B1 的容量为 710MW（一洞五机），其中方案 B1-1 的转轮额定转速为 214.3r/min，转轮节圆为 5.8m，转轮外径为 6.98m，水斗外宽为 1.29m；方案 B1-2 的转轮额定转速为 250r/min，转轮节圆为 4.97m，转轮外径为 6.15m，水斗外宽为 1.29m。高容量方案 B2 的容量为 887.5MW（一洞四机），其中方案 B2-1 的转轮额定转速为 200r/min，转轮节圆为 6.2m，转轮外径为 7.52m，水斗外宽为 1.44m；方案 B2-2 的转轮额定转速为 214.3r/min，转轮节圆为 5.8m，转轮外径为 7.1m，水斗外宽为 1.44m。

梯级 C：梯级 C1-混流式的机组容量为 660MW（一洞三机），转轮直径为 5.7m；梯级 C2-冲击式的机组容量为 660MW（一洞三机），转轮节圆直径为 6.35m，最大外径为 8.1m，水斗外宽为 1.95m。

雅江项目水电机组相关信息分别见表 6-7~表 6-9。

表 6-7　机组单机容量选择输入条件

序号	项目	单位	梯级 A	梯级 B	梯级 C
1	装机容量	MW	17280	21300	11880
2	开发方式	—	引水式	引水式	引水式
3	引水隧洞	条	6	6	6
4	利用落差	m	795	950	530
5	最大水头	m	788	953	548
6	额定水头	m	750	929	509
7	最小水头	m	748	909	464

表 6-8　单条隧洞机组单机容量方案选择

	单条隧洞上的机组台数	单位	梯级 A-17280MW	梯级 B-21300MW	梯级 C-11880MW
机组单机容量	1	MW	2880.0	3550.0	1980.0
	2	MW	1440.0	1775.0	990.0
	3	MW	960.0	1183.3	660.0
	4	MW	720.0	887.5	495.0
	5	MW	576.0	710.0	396.0
	6	MW	480.0	591.7	330.0

表 6-9　梯级 A、B、C 水电站可能的装机方案

项目	A	B	B 更大容量	C1	C2
机组台数/台	24	30	24	18	18
水轮机形式	水斗式	水斗式	水斗式	混流式	水斗式
发电机额定容量/MW	720	710	制造厂自定	660	660
最大水头/m	788	953	953	548	548
额定水头/m	750	929	9929	506	506
最小水头/m	748	909	9099	464	464

6.4.3.2 研究对象

为了能涵盖未来冲击式机组所需的冲击转轮，本节选择梯级 C2 中规格最大的冲击转轮（节圆直径为 6.35m，最大外径为 8.1m，水斗外宽为 1.95m）为研究对象。外径为 6300mm 马氏体不锈钢冲击转轮的零件图如图 6-241 所示，零件质量为 240t。

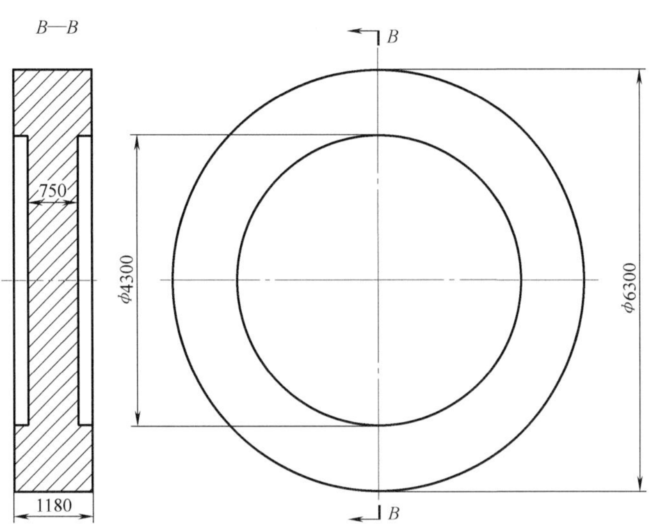

图 6-241 6300 冲击转轮零件图

1. 技术要求

冲击转轮材质为 04Cr13Ni5Mo，化学成分见表 6-10，允许的化学成分允许偏差见表 6-11，氢、氧和氮质量分数要求见表 6-12。

表 6-10 化学成分（质量分数） （%）

牌号	C	Si	Mn	P	S	Cr	Ni	Mo	残余元素				Ni_{eq}/Cr_{eq} ①
									Cu	W	V	总量	
04Cr13Ni5Mo	≤0.04	≤0.60	0.50~1.00	≤0.028	≤0.008	12.00~13.50	4.50~6.00	0.40~0.80	≤0.50	≤0.10	≤0.07	≤0.50	≥0.42

① Ni_{eq}（Ni 当量）和 Cr_{eq}（Cr 当量）计算公式：$Ni_{eq}=w_{Ni}+30(w_C+w_N)+0.5w_{Mn}$，$Cr_{eq}=w_{Cr}+w_{Mo}+1.5w_{Si}$。

表 6-11 化学成分允许偏差 （%）

C	Si	Mn	Cr	Ni	Mo
+0.002	+0.03	+0.03 -0.03	+0.10 -0.10	+0.07 -0.02	+0.05 -0.05

表 6-12 氢、氧和氮质量分数 （%）

H	O	N
≤0.0003	≤0.008	≤0.02

冲击转轮锻件经性能热处理后，其力学性能应符合表 6-13 的规定。

表 6-13 力学性能

材料牌号	$R_{p0.2}$ /MPa	R_m /MPa	A (%)	Z (%)	KV_2[1] /J(0℃)	HBW
04Cr13Ni5Mo	≥580	≥780	≥16	≥55	≥100	≤295

① 冲击吸收能量（KV_2）为一组三个试样的算术平均值，其中只允许有一个试样的试验结果低于规定值，但不应低于规定值的 70%。

2. 锻件设计

锻件取样示意图如图 6-242 所示。

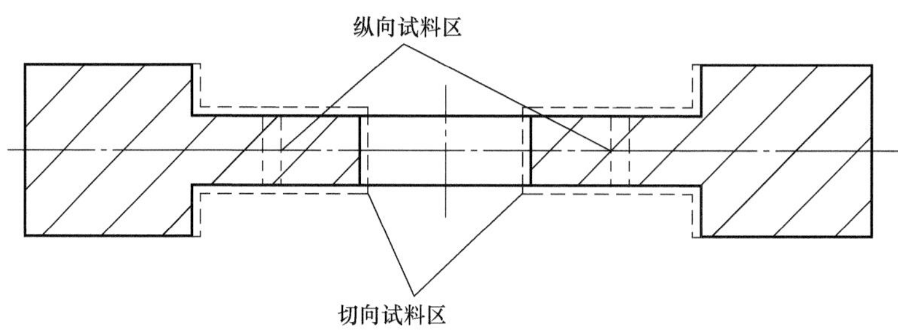

图 6-242 锻件取样示意图

锻件性能热处理前后，应进行超声检测，检测区域如图 6-243 所示。超声检测结果应符合以下要求：

1）所有大于或等于 ϕ3mm 当量直径的缺陷应予以记录。

2）区域Ⅰ的验收准则按 NB/T 47013.3-2015 表 11 中Ⅱ级评定。

3）区域Ⅱ的验收准则按 NB/T 47013.3-2015 表 11 中Ⅲ级评定。

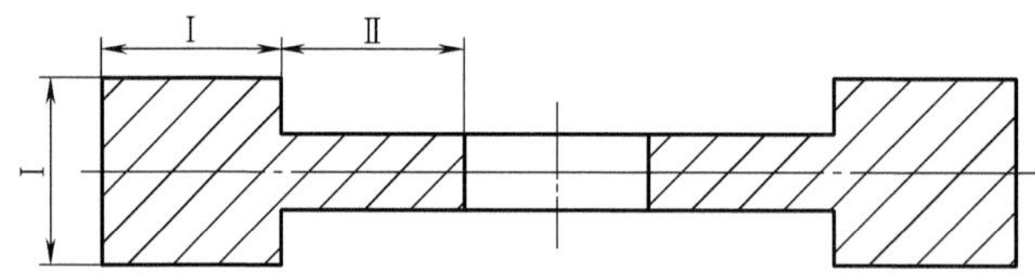

图 6-243 超声检测区域划分示意图

根据图 6-241 所示零件尺寸，设计锻件尺寸如图 6-244 所示，锻件质量为 280t。

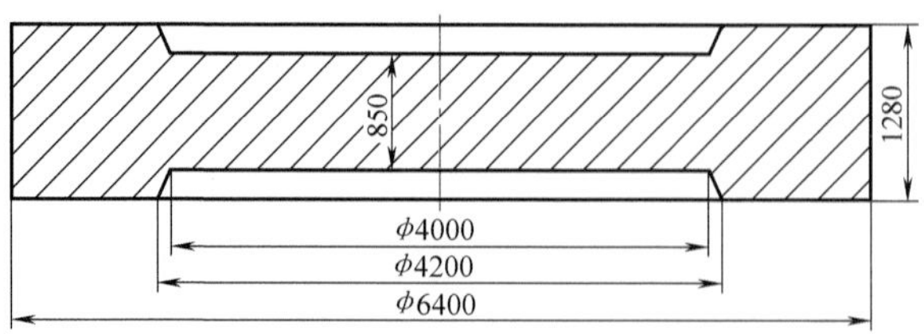

图 6-244 6300 冲击转轮锻件图

6.4.3.3 FGS 锻造方案

1. 一火次模锻成形方案

（1）坯料图　坯料尺寸如图 6-245 所示，坯料质量为 285t。

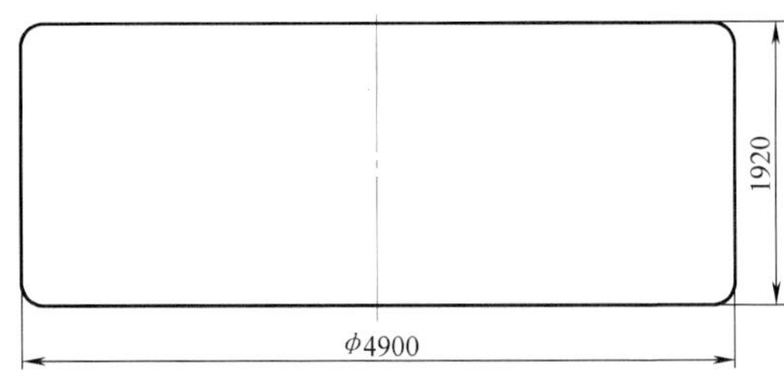

图 6-245　6300 冲击转轮坯料图

（2）模具图　凸模设计图如图 6-246 所示，凸模质量为 221t。凹模设计图如图 6-247 所示，凹模质量为 300t。

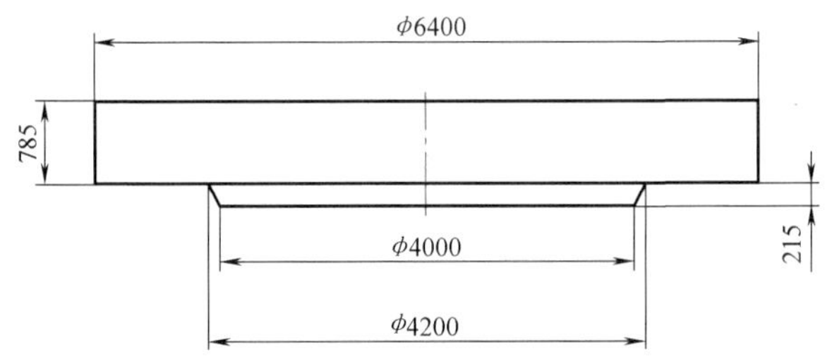

图 6-246　模锻成形方案凸模设计图

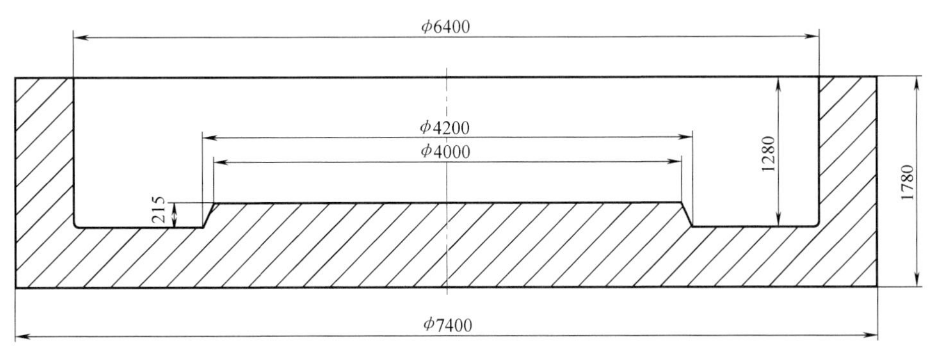

图 6-247　模锻成形方案凹模设计图

（3）成形过程　一火次模锻成形过程如图 6-248 所示。

2. 多火次模锻成形方案

采用多火次模锻成形方案时，坯料尺寸与形状不改变，仍然是 φ4900mm×1920mm，成形过程如图 6-249 所示。第一火次成形时下模不带凸台，上模带凸台，上模行程为 1000mm（见图 6-249a、b），第一火次成形后坯料翻转 180°返炉加热；第二火次成形时下模底部放置凸台，将坯料放入下模，上模压下 70mm（见图 6-249c、d）。

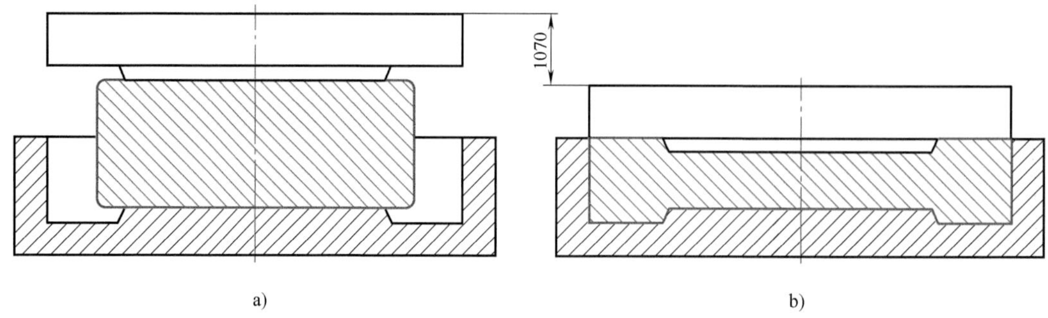

图 6-248　一火次模锻成形方案图

a）成形开始　b）成形结束

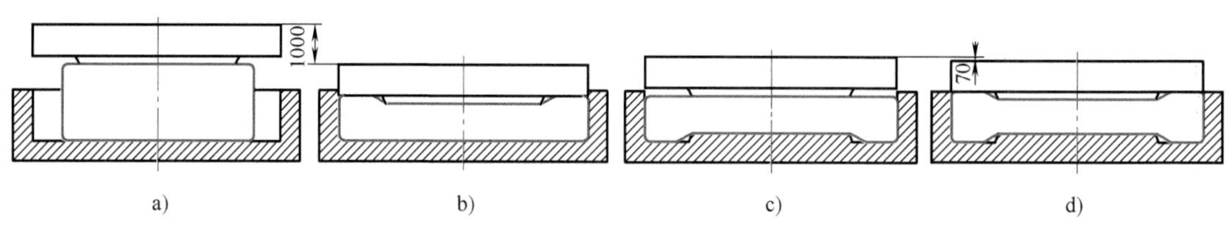

图 6-249　多火次模锻成形过程图

a）第一火次开始　b）第一火次结束　c）第二火次开始　d）第二火次结束

6.4.3.4　成形模拟

1. 一火次成形

模拟条件：坯料温度为 1200℃。摩擦系数为 0.3，材料模型选择核电主管道 316 不锈钢中国一重实测数据曲线，凸模压下速度为 10mm/s。成形力为 2290MN 时，坯料形状以及与零件图尺寸的对比情况如图 6-250 所示，从图 6-250a 中可以看出此时坯料局部存在缺肉现象。

采用上下带凸台的模具模锻成形时，成形力非常大。模拟结果显示，若想获得理想形状的锻件，即锻件轮廓全部包络零件时，成形力高达 10000MN（见图 6-251），所以即使在 1600MN 大液压机上也无法实现 6300 冲击转轮一火次模锻成形，若想在 1600MN 液压机成形 6300 冲击转轮，应该采用多火次模锻成形的工艺方案。

2. 多火次成形

对图 6-249 所示的多火次模锻成形进行模拟，模拟条件：坯料温度为 1200℃，摩擦系数为 0.3，材料模型采用主管道 316 不锈钢中国一重实测数据曲线，凸模压下速度为 5mm/s。第一火次模拟结果如图 6-252 所示，成形力为 1450MN；第二火次模拟结果如图 6-253 所示，成形力为 1660MN。

上述第二火次模锻成形后，坯料与零件尺寸对比情况如图 6-254 所示。由于第二火次模锻成形结束时的成形力（1660MN）还是比较小，所以坯料上下凹槽处仍然存在缺肉现象，但优化后可以满足零件实际使用时的形状和尺寸，故而在 1600MN 大液压机上采用二火次模锻成形 6300 冲击转轮的工艺方案是可行的。

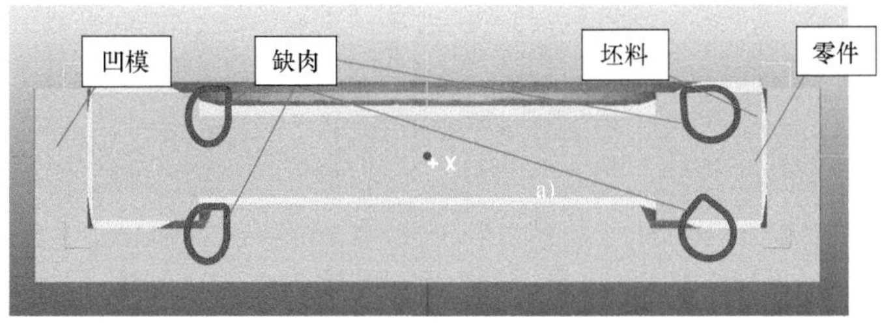

a)

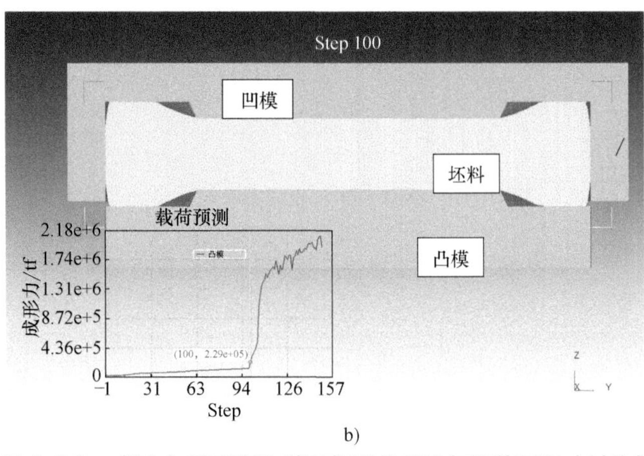

b)

图 6-250　成形力 2290MN 时坯料形状以及与零件图尺寸对比情况

a）坯料与零件对比情况　b）坯料形状

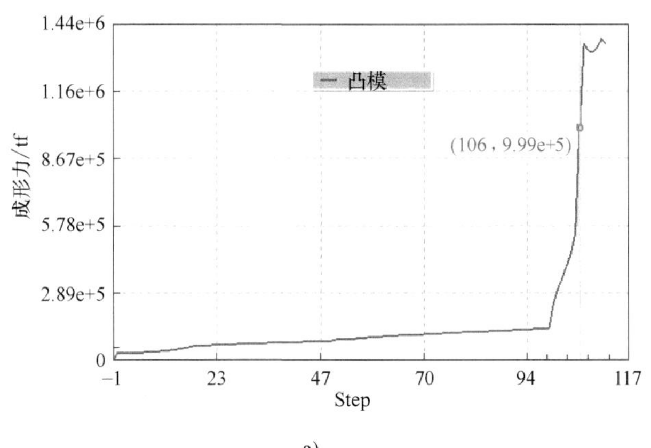

a)

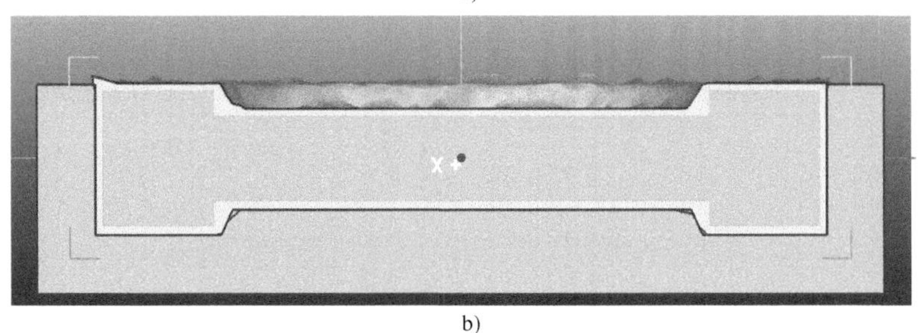

b)

图 6-251　成形力 10000MN 时坯料形状以及与零件对比情况

a）成形力　b）剖面轮廓对比

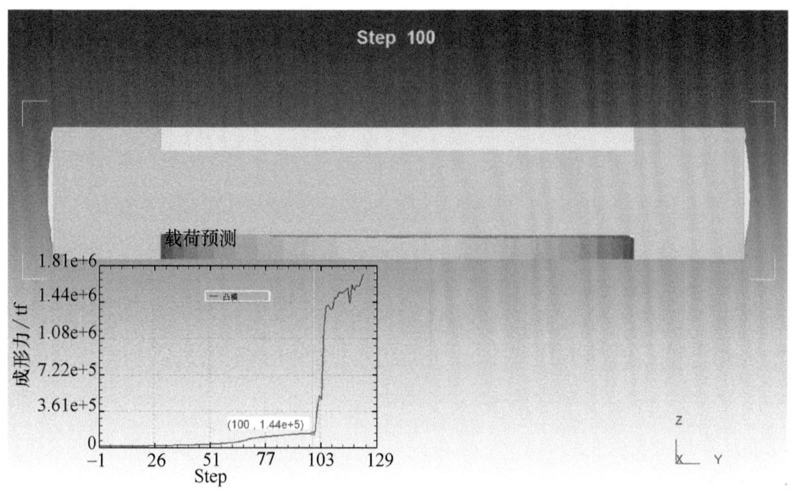

图 6-252　多火次模锻成形第一火次模拟结果

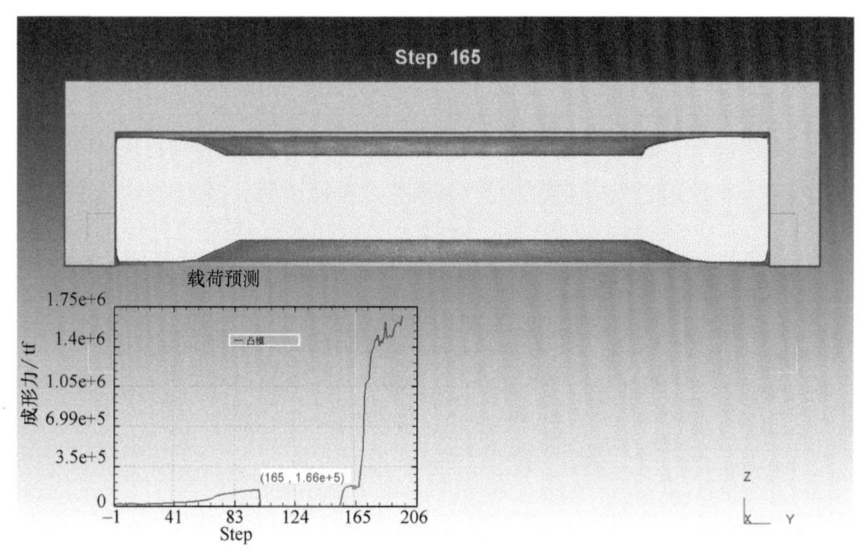

图 6-253　多火次模锻成形第二火次模拟结果

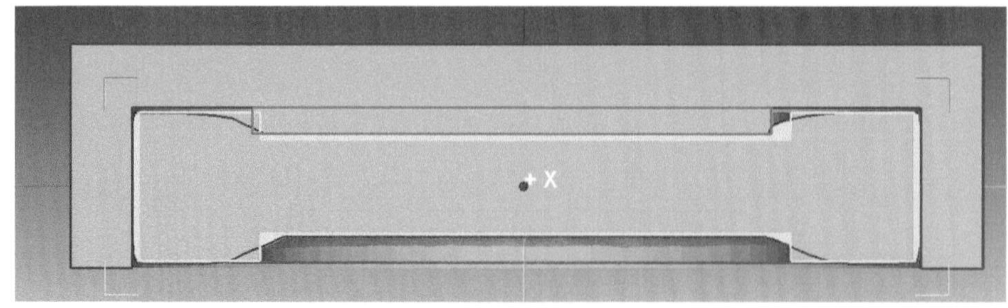

图 6-254　多火次模锻成形第二火次后坯料与零件尺寸对比结果

6.4.4 特厚高强钢板

航空母舰的作战指挥中心的钢板厚度为330mm，强度达1000MPa以上，这种特厚高强钢板的研制难度极大。如果采用普通模铸钢锭开坯，质量难以保证，且成本非常高。如采用板坯连铸制造，轧制比又达不到要求。本节拟采用半连铸生产的双超圆坯挤压出板坯，然后精轧出特厚高强钢板的方案。

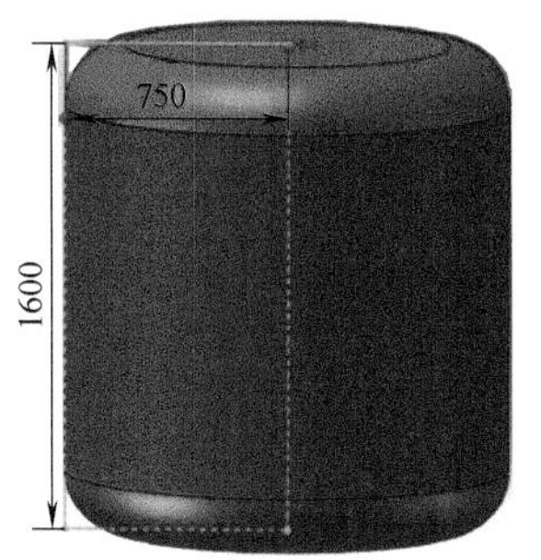

图 6-255 挤压用坯料

6.4.4.1 坯料设计

设计坯料尺寸为 ϕ1500mm×1600mm，上下端面倒圆角 R200mm，如图 6-255 所示。此坯料是采用 ϕ1600mm 圆坯制造而成。

6.4.4.2 模具设计

凸模如图 6-256 所示，尺寸为 ϕ1600mm×1000mm；凹模如图 6-257 所示，内腔直径为 1600mm。

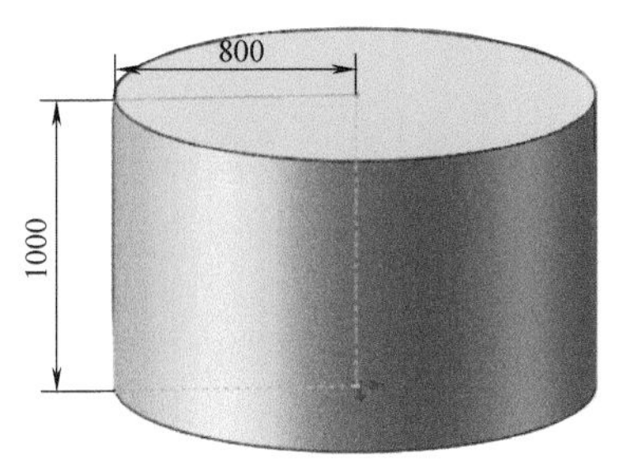

图 6-256 凸模

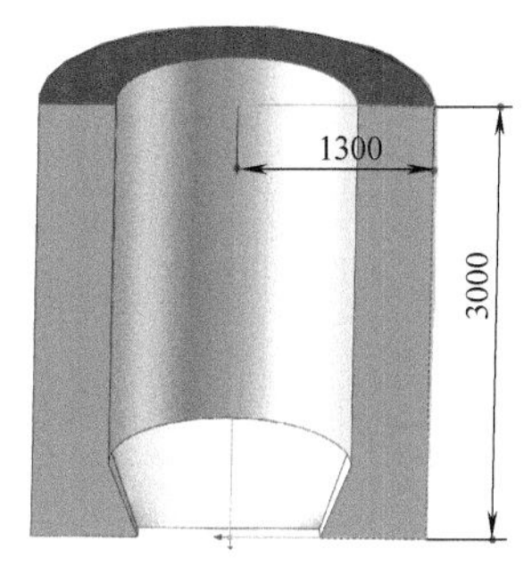

图 6-257 凹模

6.4.4.3 数值模拟

1. 挤压成形模拟条件设置

1）坯料温度为1100℃，材料模型为中国一重实测SA508-3（700~1200℃）应力-应变曲线；网格36555个，最小单元边长为30mm。

2）凸模压下速度为5mm/s，材质为H13，行程为1400mm。

3）凹模材质为H13。

4）摩擦为剪切摩擦，摩擦系数为0.3。

5）模拟步长为10mm。

2. 挤压成形模拟结果

1）成形力方面，比较稳定的挤压成形力为432MN（Step154），最大挤压力为486MN（Step103），如图 6-258 所示。

2）坯料等效应变如图 6-259 所示，挤压后形状如图 6-260 所示。

3）坯料应力如图 6-261 所示。

3. 模具应力模拟结果

由于Step103时的挤压力以及坯料与凹模的接触面积均是最大，说明此时凹模最危险，所以应用Step103的挤压模拟结果分析模具应力。模拟结果如图 6-262 与图 6-263 所示。

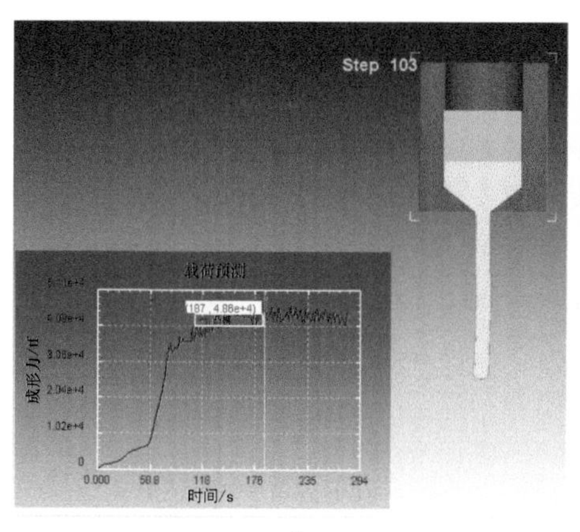

a)

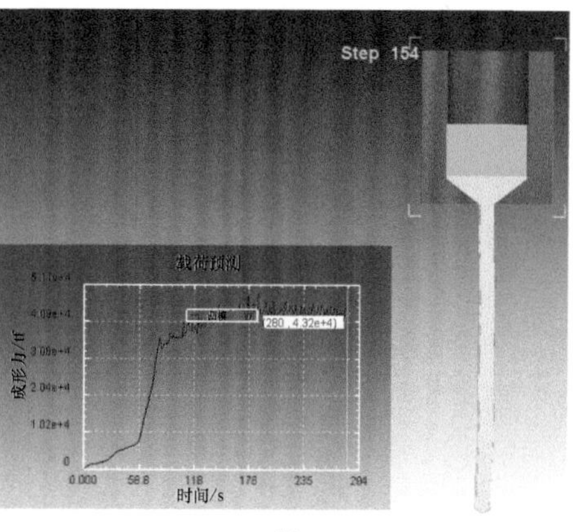

b)

图 6-258　挤压成形力

a）最大挤压成形力　b）挤压结束

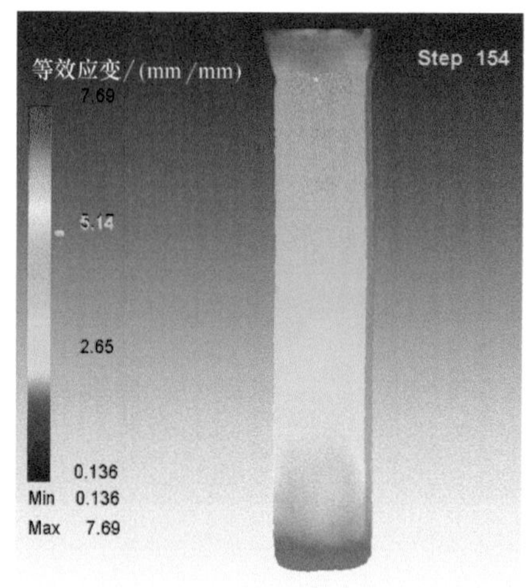

图 6-259　坯料等效应变

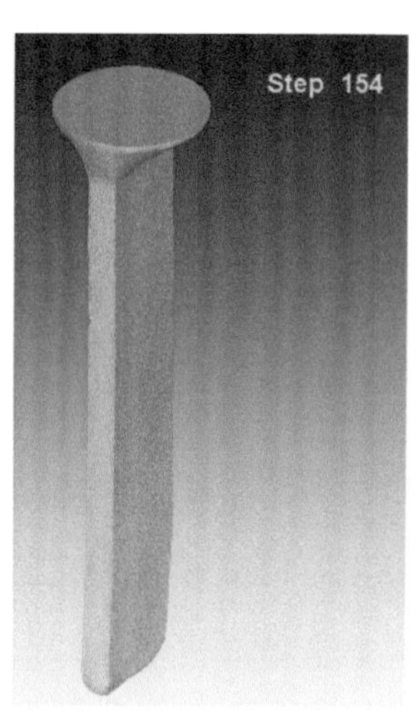

图 6-260　挤压后形状

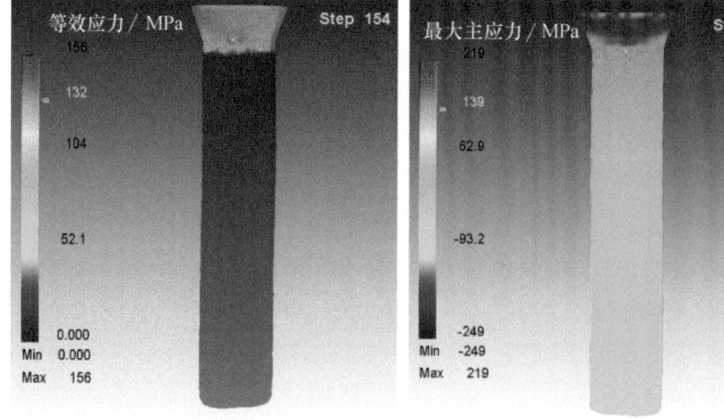

a)　　b)

图 6-261　坯料应力

a）等效应力　b）最大主应力

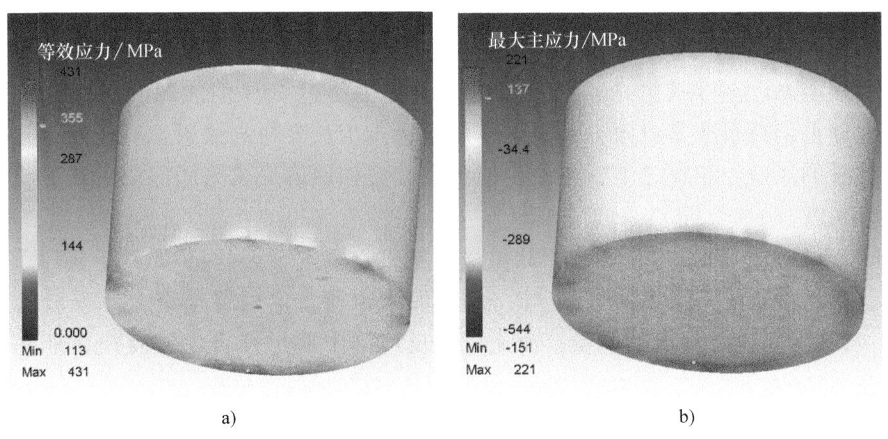

a) b)

图 6-262 Step103 的凸模应力

a）等效应力 b）最大主应力

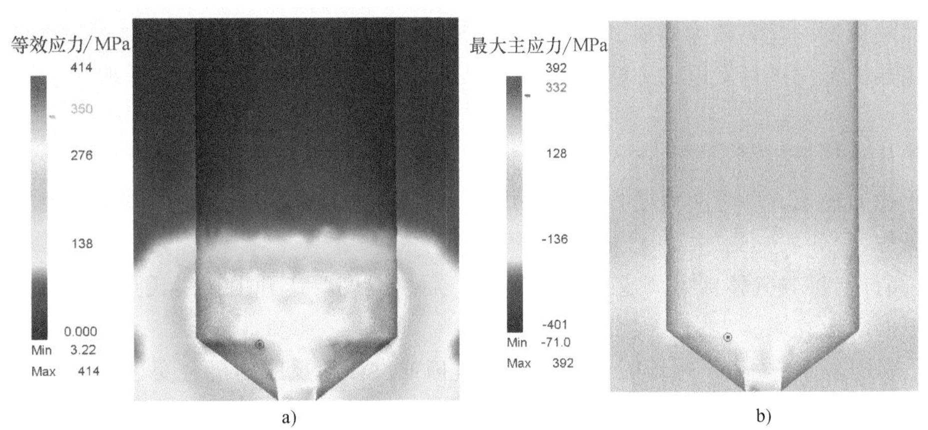

a) b)

图 6-263 Step103 的凹模应力

a）等效应力 b）最大主应力

从图 6-262 与图 6-263 的模具应力分析结果可以看出，宽厚比为 4 时，凹模应力与凸模应力均在材料许用应力范围内，但安全系数较小，若挤压成形，则模具选材与制造比较困难。

6.4.5 环向场线圈盒

6.4.5.1 工程背景

1. 核聚变工程

能源短缺和环境恶化是 21 世纪人类社会共同面临的两大难题。考虑到煤、石油、天然气等化石能源终将枯竭，而水力、太阳能、风能、潮汐和地热等能源受地域、环境和气候制约，难以成为化石燃料的替代能源，开发新的低碳清洁能源成为 21 世纪世界范围的重大课题。

核能是比较理想的清洁能源，分为核裂变能和核聚变能。重原子核（如铀和钚）分裂时释放的能量为核裂变能，几个轻原子核（如氘和氚）聚合成一个重核时所释放的能量为核聚变能。1945 年，世界上第一颗原子弹爆炸，十年后，人们找到了控制裂变反应的方法，并建成裂变核电站，至今核电站已经可以为人类提供超过 15%的能源。然而，核裂变能的燃料铀在地球上的储量非常有限，加上裂变反应会产生长寿命高放射性核废料，运行过程承担着难以估量的风险，相比之下，核聚变能更有希望彻底解决未来的能源危机，支撑人类文明走过岁月长河。

1）聚变反应的原料氘，在海水中储量极为丰富。海水中大约每 6500 个氢原子中就有一个氘原子，海水中氘的总量约 45 万亿吨。每升海水中所含的氘完全聚变所释放的聚变能相当于 300L 汽油燃料燃烧释放的能量。而氚可在反应堆中通过锂再生，而锂在地壳和海水中都大量存在。

2）氘氚反应方程式为

$$ {}_1^2H+{}_1^3H \rightarrow {}_2^4H_e+{}_0^1n+17.6\text{MeV} $$

氘氚反应几乎没有放射物，中子对堆结构材料的活化只产生易于处理的短寿命放射性物质[50]。

虽然核聚变的优势较为明显，但是距离氢弹爆炸已经过去了 70 年，科学家们仍然在寻找着利用热核反应进行发电的方法。受控核聚变已然成为 21 世纪十大科学难题之一。

2. 受控的核聚变

如能使热核反应在一定约束区域内，根据人们的意图控制反应的产生与进行，并使能量持续、平稳的输出，即可实现受控热核反应。实现受控的核聚变是极为困难的，需要具备以下三个条件。

1）高温。燃料气体被电离成“等离子体”后，温度要达到上亿摄氏度才能保证原子核拥有足够的动能克服斥力发生聚合反应。

2）高密度。因为过于稀薄时原子核之间碰撞或发生核反应的机会变小。

3）长时间能量约束。要将高温高密度等离子体的能量状态维持足够长的时间，以便核聚变反应能持续进行，也就是说，等离子体的能量损失率必须尽可能小。

有一衡量核聚变品质的参数，即劳逊判据。1957 年，劳逊指出，对于氘氚反应，当反应物处于 10KeV（108K）时，实现能量的收支平衡的条件是反应物的密度 n 和能量约束时间 τ 的乘积到达 $10^{20}\text{m}^{-3}\text{s}$ 以上[51]。应用更为广泛的劳逊判据形式为“三重积”，即温度、密度、约束时间的乘积——$Tn\tau$ 达到某阈值。

自然界中的太阳通过强大的引力及中心高温、高压区域约束着轻原子核，使其持续发生聚合反应，释放巨大的能量，维持几十亿年的发光发热。在地球上达到太阳内部的温度是可以实现的，但是难以形成与之相似的高压环境。经过半个多世纪的探索，磁约束成为了核聚变研究的主要方向，其中托卡马克以其优异的等离子体约束品质在众多的磁场位形实验装置中脱颖而出。

3. 托卡马克

托卡马克（Tokamak，源自俄语“环形（Toroidal）”“真空室（Kamera）”“磁（Magnit）”“线圈（Kotushka）”的组合）[52] 是一种环形强磁场装置，如图 6-264 所示，托卡马克的中央是一个环形的真空室，外面缠绕着线圈。在通电时，托卡马克内部会产生巨大的螺旋磁场，将其中的等离子体加热到很高的温度，以达到聚变反应的条件。但加热等离子体并不是托卡马克的唯一目的，使等离子体得到稳定的约束是同等重要且更为复杂的命题。

托卡马克最初由苏联库尔恰托夫等人在 20 世纪 50 年代发明，随后各个国家大型托卡马克先后建成，形成了以托卡马克为重点途径的磁约束聚变研究。

4. CFETR

我国自 20 世纪 90 年代开始托卡马克研究，先后建成并运行超环 HT-7，中国环流器 HL-2A，以及东方超环 EAST（俗称“人造小太阳”）等装置[53]。2006 年，中国正式加入国际热核聚变实验堆（ITER）项目，分享世界合作的聚变研究成果，并负责完成 ITER 部分超导导体、超导磁体、电源、馈线、包层等部件的制造。

EAST 装置于 2017 年创造了 100s 量级的高约束稳态运行等离子体的世界纪录。2021 年 12 月，EAST 实现 1056s 的长脉冲高参数等离子体运行。这是目前世界上托卡马克高温等离子体运行最长时间，标志着中国在稳态磁约束聚变研究方面走在国际前列。

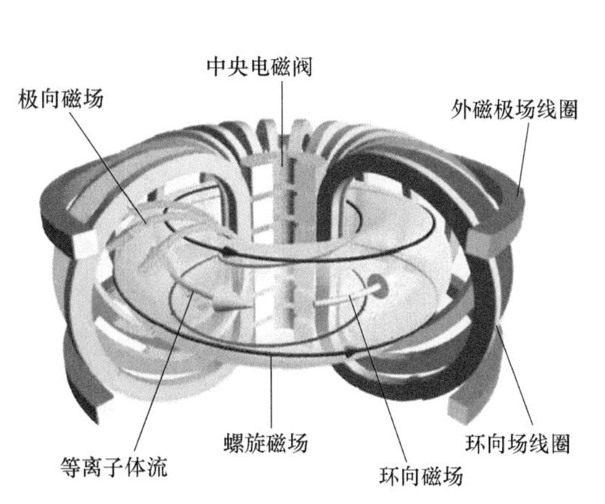

图 6-264　托卡马克装置原理示意图

图 6-265　CFETR 总体结构概念

EAST 的成功建设和运行使我们更有信心实现“中国聚变梦”。2018 年启动的中国聚变工程实验堆（CFETR），总体结构概念如图 6-265 所示，是我国下一个全超导托克马克项目[54]，它正在进行聚变堆的集成设计及关键技术研发，对于我国完全掌握设计和建造聚变装置有着重要的战略意义。按照中国磁约束聚变发展路线规划，CFETR 将于 2035 年建成，原型电站将于 2050 年建成[55]。

要实现高参数稳态等离子体放电这一未来托克马克作为聚变堆要求的基本运行模式，困难重重，这也是对国家工程技术理论、基础实验科学、制造能力等的巨大考验。所谓“道阻且长，行则将至”，相信无论面对多少困难，中国的学子们都将坚毅向前，为国家乃至世界的发展做出重大贡献！

6.4.5.2　项目简介

1. CFETR 系统和环向场线圈盒

CFETR 磁体系统如图 6-266 所示，其由 16 个环向场（Toroidal Field，TF）线圈、8 个中心螺线管（Central Solenoid，CS）线圈和 7 个极向场（Poloidal Field，PF）线圈组成。其中 16 个 TF 磁体主要由绕组、绕组外部的线圈盒以及线圈盒上的支撑部件构成。

由于TF线圈在运行过程中会受到巨大的向心力和倾覆力，因此需要将TF超导绕组装进结构材料为超低碳奥氏体不锈钢316LN的线圈盒中。TF线圈绕组入盒的装配过程如图6-267所示。根据绕组入盒的装配过程需求，TF线圈盒分为内侧U型盒AU与盖板AP、外侧U型盒BU与盖板BP四大部件，如图6-268所示。

图6-269所示的TF线圈盒总宽为12006m，总长度为17636m，带有翼板的BU部分为整个线圈最厚的部位，为5546mm，总质量为430t（不含支撑部件）。

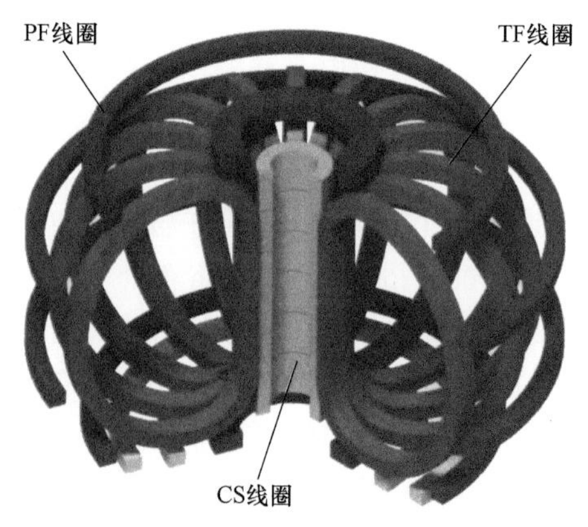

图6-266　CFETR磁体系统

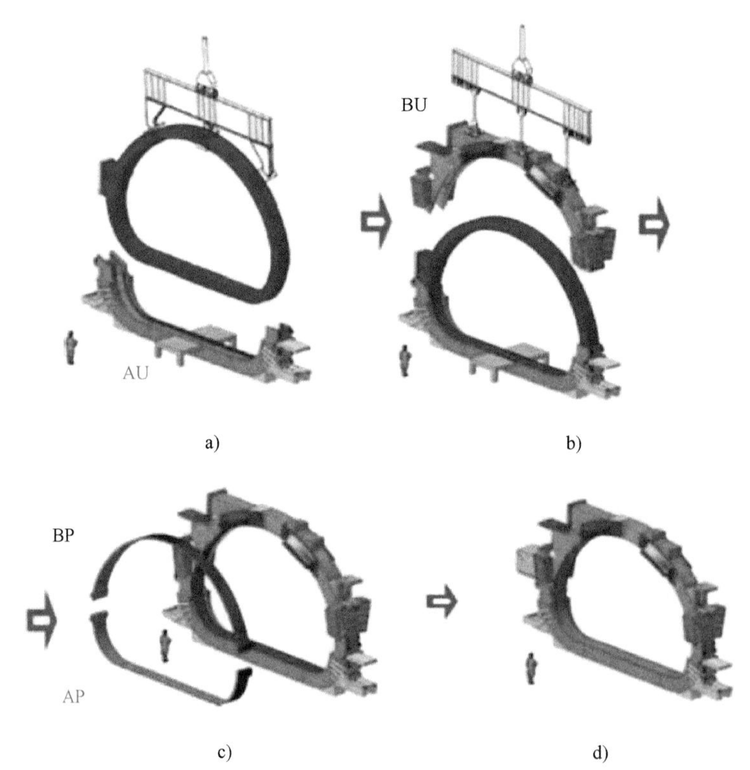

图6-267　绕组入盒的装配过程（示意图）

a）AU安装　b）BU安装　c）BP、AP安装　d）安装完成

2. 环向场线圈盒子部件

为便于制造，根据四大部件的结构特点，将AU分为AU1、AU2、AU3共3个子部件，AP分为AP1、AP2、AP3共3个子部件，BP分为BP1、BP2、BP3共3个子部件，BU分为BU1、BU2、BU3、BU4共4个子部件，如图6-270所示。

各子部件各自成形后拼焊为四大部件，在线圈绕组入盒后，四大部件进行最终封焊完成与绕组的装配。

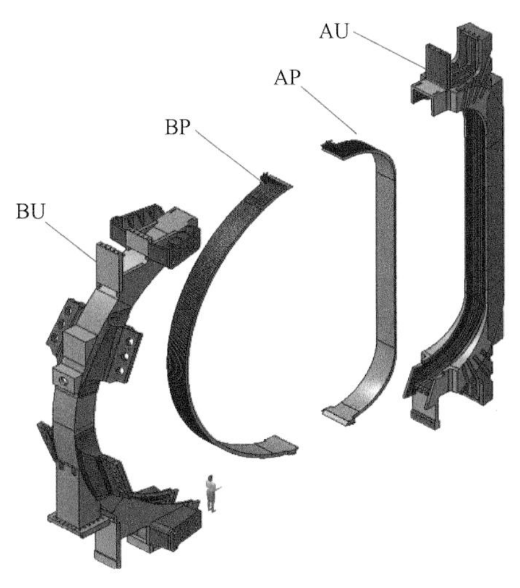

图 6-268 线圈盒内外拆分（示意图）

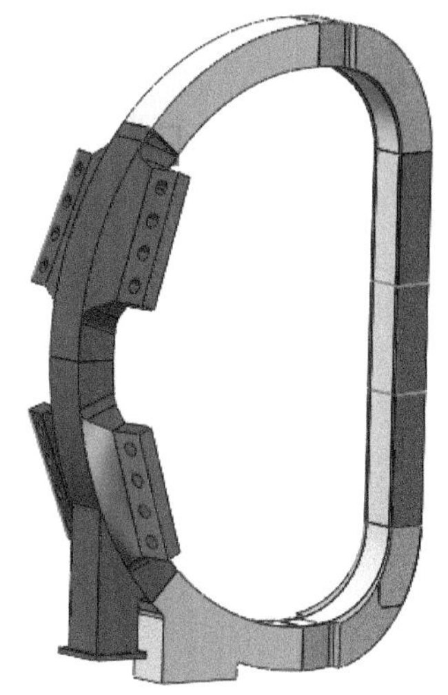

图 6-269 TF 线圈盒总装图（不含支撑部件）

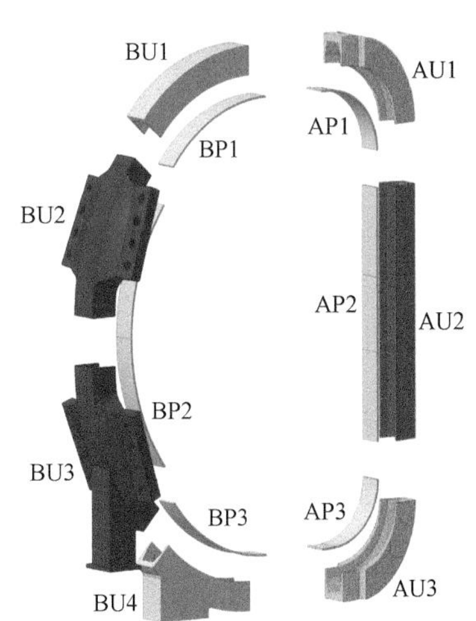

图 6-270 TF 线圈盒四大部件拆分图

TF 线圈盒整体采用 316LN 进行锻造，晶粒度的大小要求根据标准 ASTM E112 来确定，并要求在任何情况下测量其平均晶粒度都要大于等于 4 级，晶粒度级差大小在±1 范围内。

对于本线圈盒锻件制造难点在于：锻件截面尺寸大、形状复杂且多处为空心腔体、晶粒度要求高。

本节围绕自由锻造和 FGS 锻造两种成形方法对其中较难成形的 AU1（AU3）、AU2、BU1、BU2、BU3、BU4 进行分析。

6.4.5.3 自由锻造方案

对 AU 部分及 BU 部分进行分解，分解后全部采用电渣钢锭进行锻造。AU 部分及 BU 部分分解方案如图 6-271 所示。

1. AU1 成形方案

AU1-1 采用 55t 电渣锭进行锻造板坯后弯制成形的工艺方案，锻件如图 6-272 所示。

AU1-2 及 AU1-3 采用 45t 电渣锭进行锻造板坯后弯制成形的工艺方案，锻件如图 6-273 所示。

2. AU2 成形方案

（1）拆分方案　AU2-1 采用 45t 电渣锭进行锻造成形，锻件如图 6-274 所示。AU2-2 及 AU2-3 采用 20t 电渣锭进行锻造成形，锻件如图 6-275 所示。

（2）整锻方案　采用 108t 电渣钢锭进行锻造成形，锻件质量为 56.58t，锻件如图 6-276 所示。

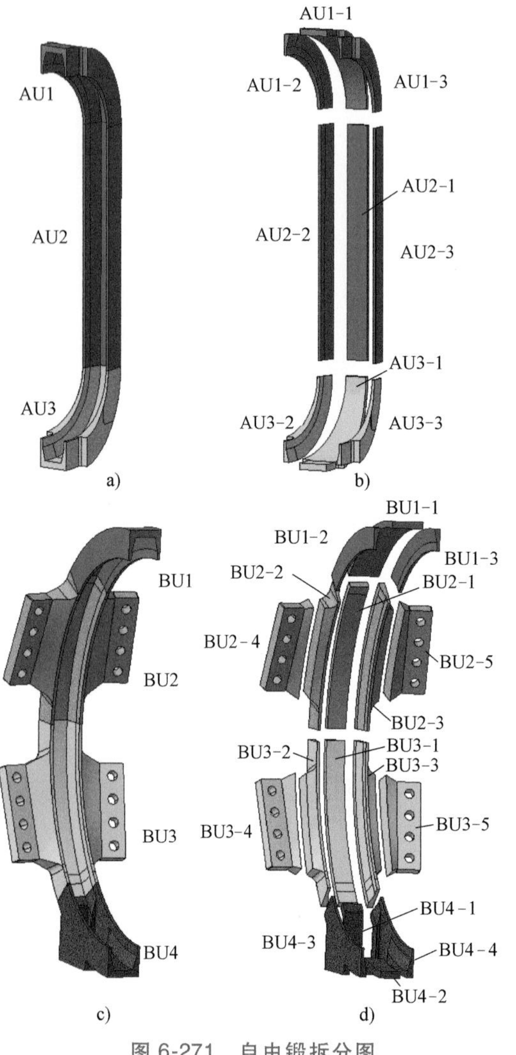

图 6-271　自由锻拆分图

a）AU 拆分前　b）AU 拆分后　c）BU 拆分前　d）BU 拆分后

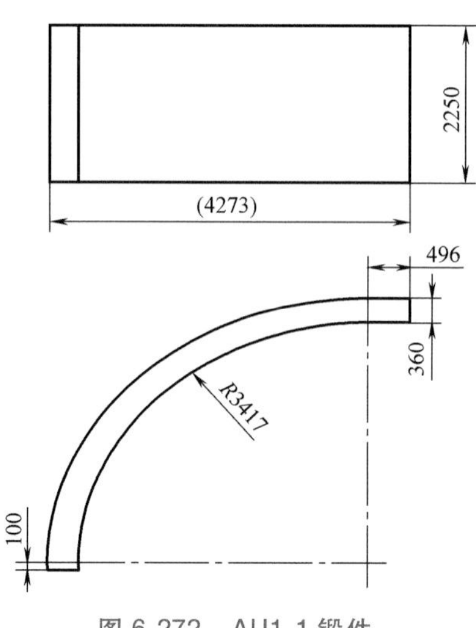

图 6-272　AU1-1 锻件

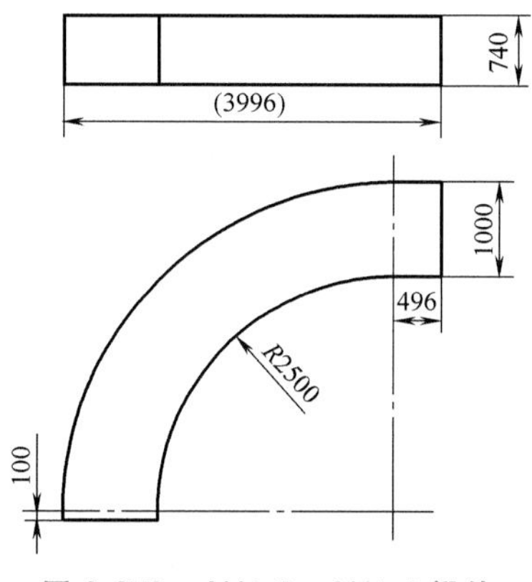

图 6-273　AU1-2、AU1-3 锻件

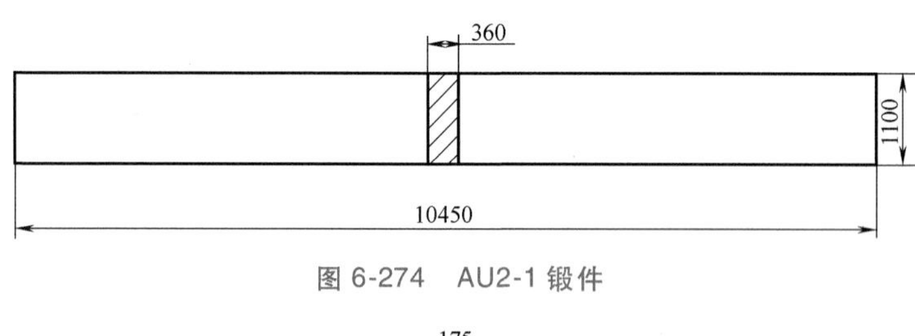

图 6-274　AU2-1 锻件

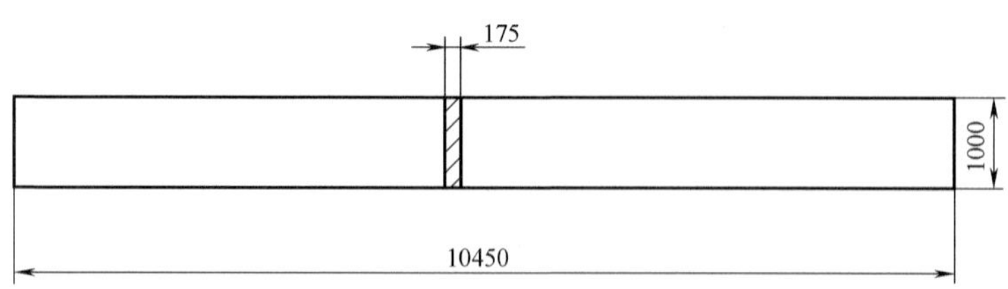

图 6-275　AU2-2、AU2-3 锻件

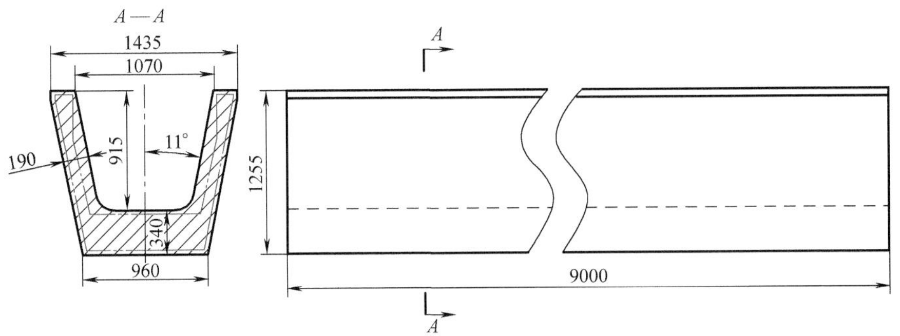

图 6-276　AU2 整锻锻件

整锻锻件的成形过程如下。

1）板坯锻造至图 6-277 所示的尺寸。

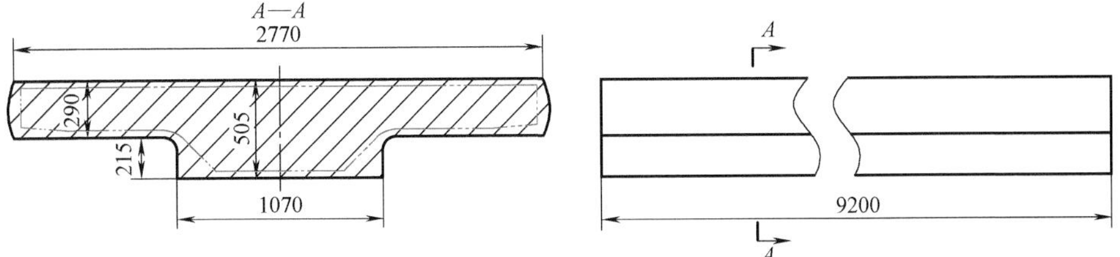

图 6-277　AU2 整锻板坯锻件

2）板坯按图 6-278 尺寸加工。

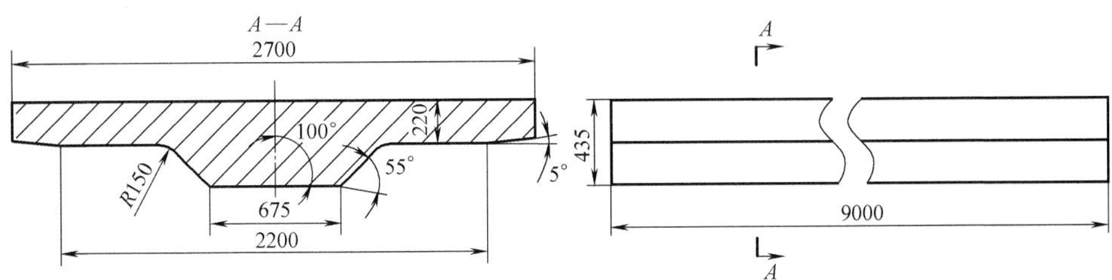

图 6-278　AU2 整锻板坯加工图

3）加工后的板坯按图 6-279 所示过程弯制成形。

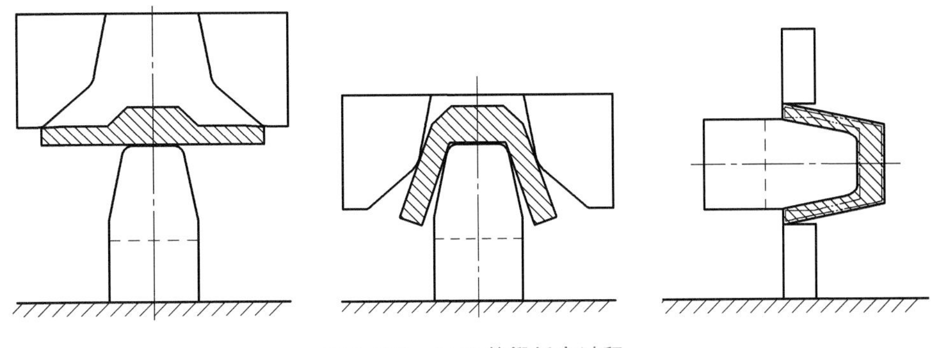

图 6-279　AU2 整锻折弯过程

3. AU3 成形方案

AU3-1 采用 55t 电渣锭进行锻造成形，采用锻造板坯后弯制成形的工艺方案，锻件如图 6-280 所示。

AU3-2 及 AU3-3 采用 40t 电渣锭进行锻造成形，采用锻造板坯后弯制成形的工艺方案，锻件如图 6-281 所示。

4. BU1 成形方案

（1）拆分方案　BU1-1 采用 35t 电渣锭进行锻造成形，采用锻造板坯后弯制成形的工艺方案，锻件如图 6-282 所示。BU1-2 及 BU1-3 采用 20t 电渣锭进行锻造成形，采用锻造板坯后弯制成形的工艺方案，锻件如图 6-283 所示。

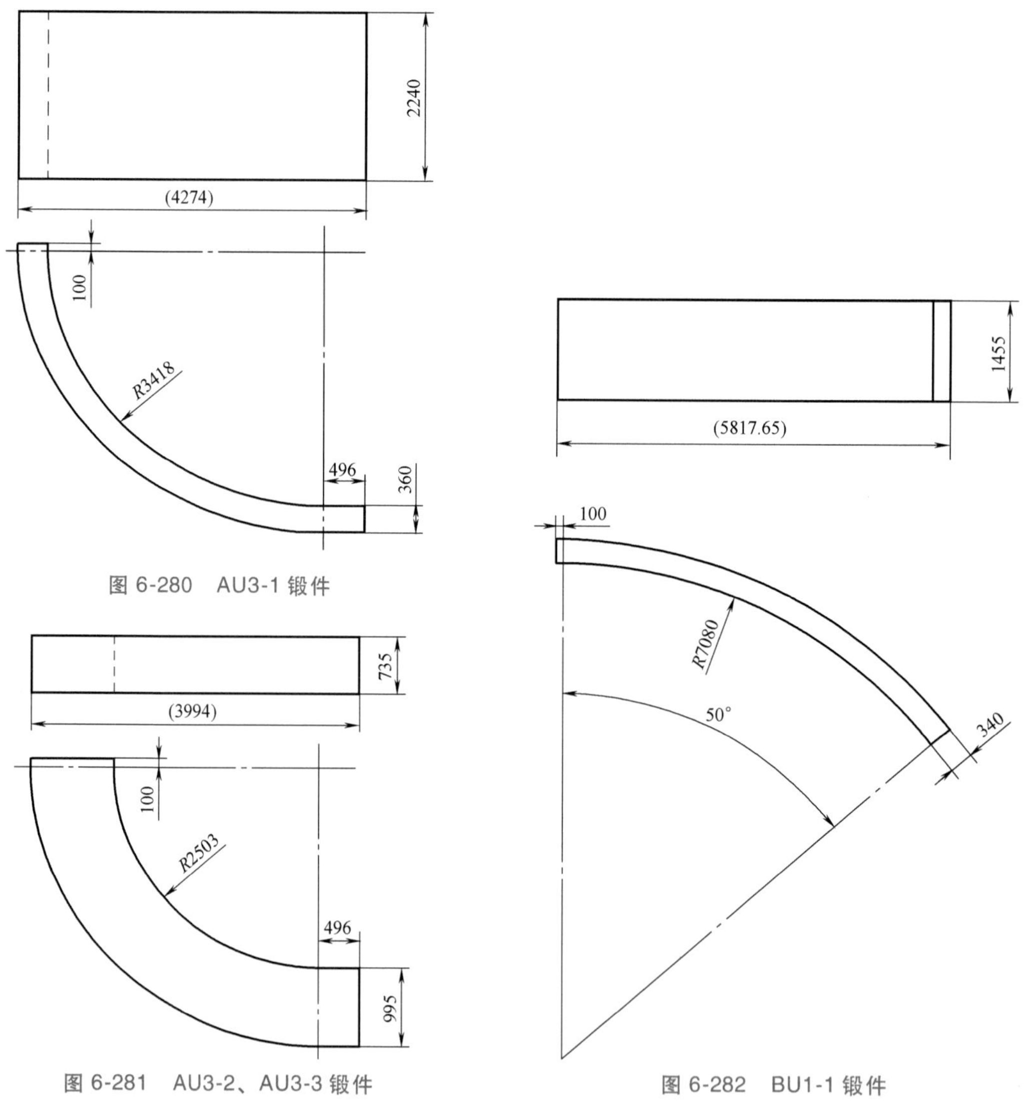

图 6-280　AU3-1 锻件

图 6-281　AU3-2、AU3-3 锻件

图 6-282　BU1-1 锻件

（2）整锻方案　采用 93t 电渣钢锭进行锻造成形，锻件质量为 47.8t，锻件如图 6-284 所示。整锻锻件的成形过程如下。

1）板坯锻造至图 6-285 所示的尺寸。

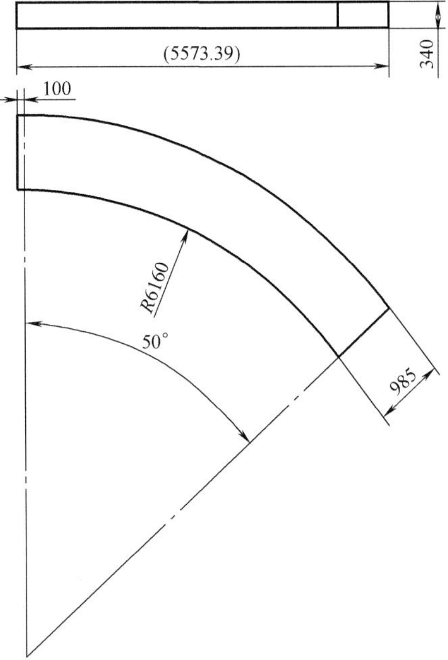

图 6-283 BU1-2、BU1-3 锻件

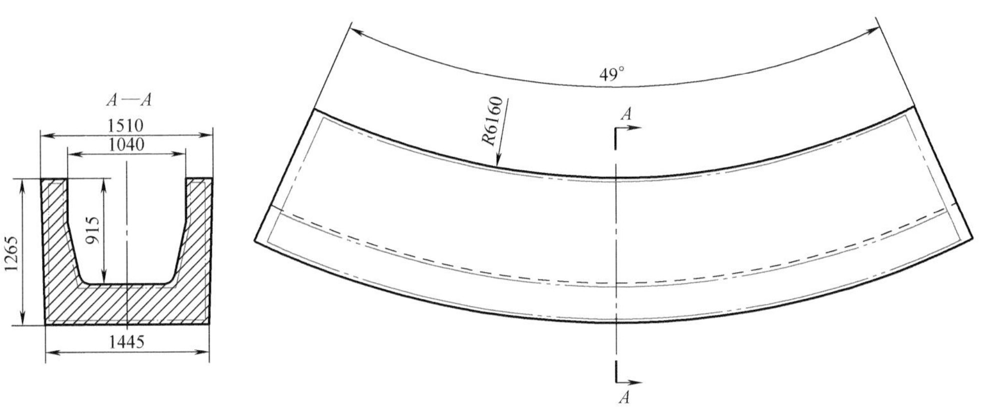

图 6-284 BU1 整锻锻件

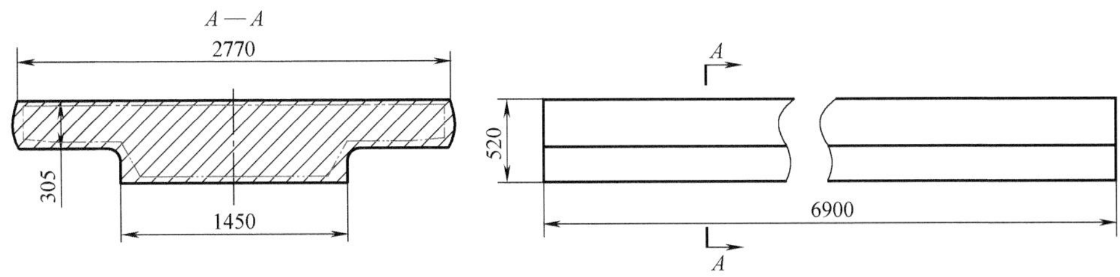

图 6-285 BU1 整锻板坯锻件

2）板坯按图 6-286 尺寸加工。

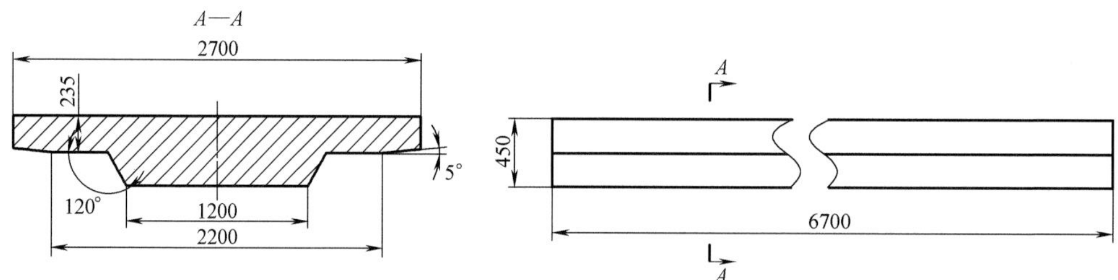

图 6-286　BU1 整锻板坯加工图

3）按图 6-287 所示过程弯制成形。

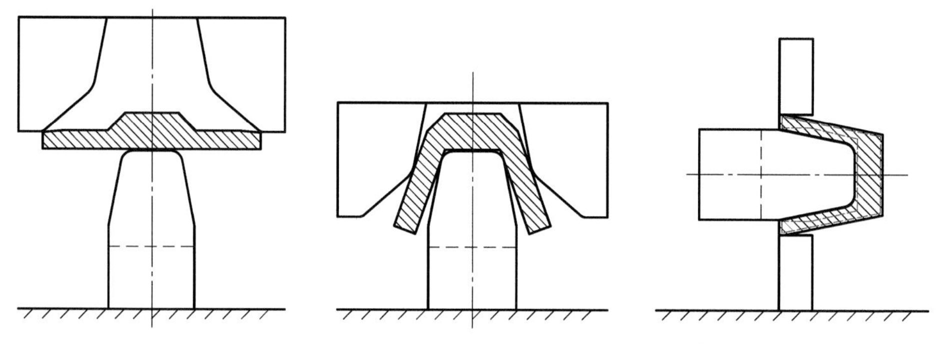

图 6-287　BU1 整锻折弯过程

4）按图 6-288 所示整体弯曲成形。

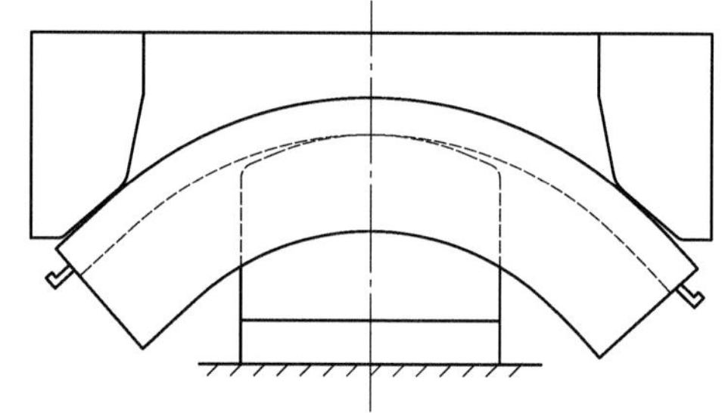

图 6-288　BU1 整锻弯曲示意图

5. BU2 成形方案

BU2-1 采用 25t 电渣锭进行锻造成形，采用锻造板坯后弯制成形的工艺方案，锻件如图 6-289 所示。

BU2-2 及 BU2-3 采用 65t 电渣锭进行锻造成形，采用锻造板坯后弯制成形的工艺方案，锻件如图 6-290 所示。

BU2-4 及 BU2-5 采用 90t 电渣锭进行锻造成形，采用锻造板坯的工艺方案，锻件如图 6-291 所示。

6. BU3 成形方案

BU3-1 采用 25t 电渣锭进行锻造成形，采用锻造板坯后弯制成形的工艺方案，锻件如图 6-292 所示。

BU3-2 及 BU3-3 采用 70t 电渣锭进行锻造成形，采用锻造板坯后弯制成形的工艺方案，锻件如图 6-293 所示。

BU3-4 及 BU3-5 采用 85t 电渣锭进行锻造成形，采用锻造板坯的工艺方案，锻件如图 6-294 所示。

7. BU4 成形方案

BU4-1 采用 12t 电渣锭进行锻造成形，采用锻造板坯的工艺方案，锻件如图 6-295 所示。

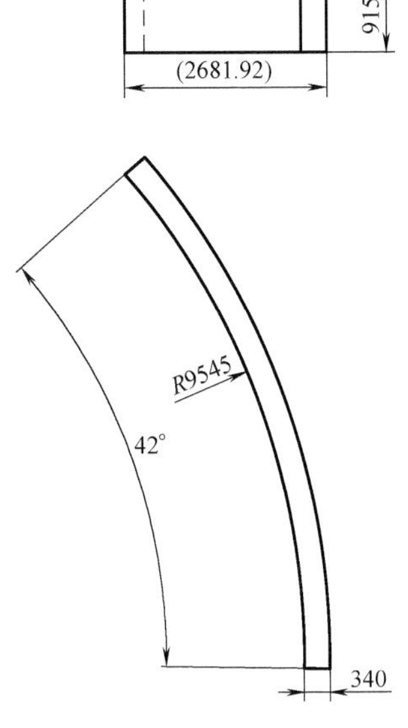

图 6-289　BU2-1 锻件

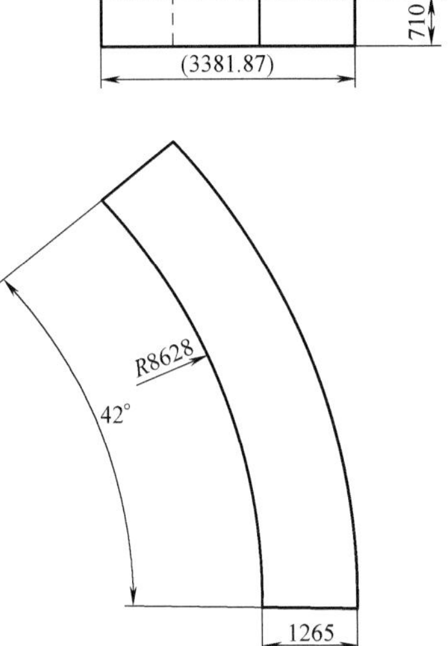

图 6-290　BU2-2、BU2-3 锻件

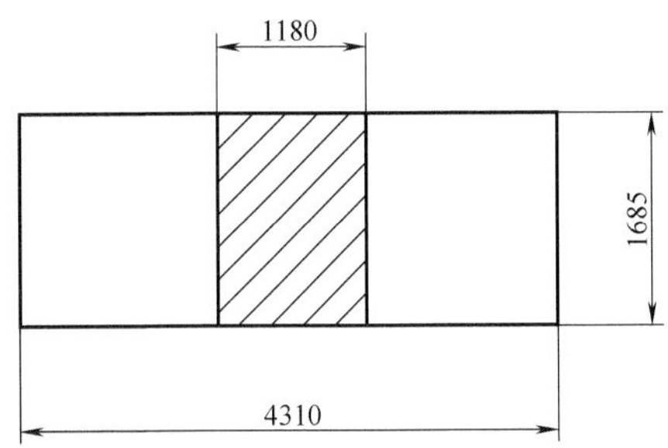

图 6-291　BU2-4、BU2-5 锻件

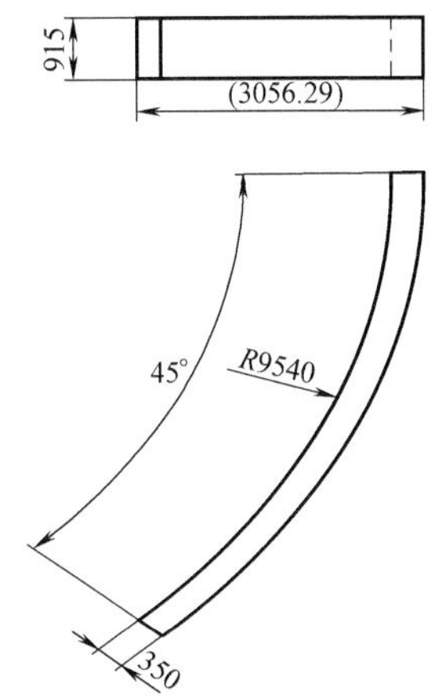

图 6-292　BU3-1 锻件

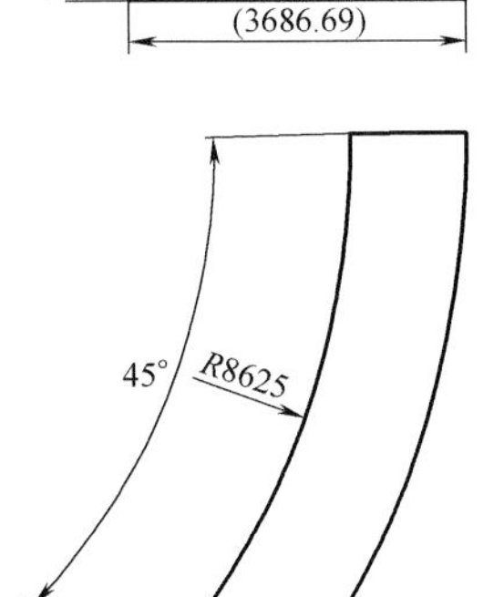

图 6-293　BU3-2、BU3-3 锻件

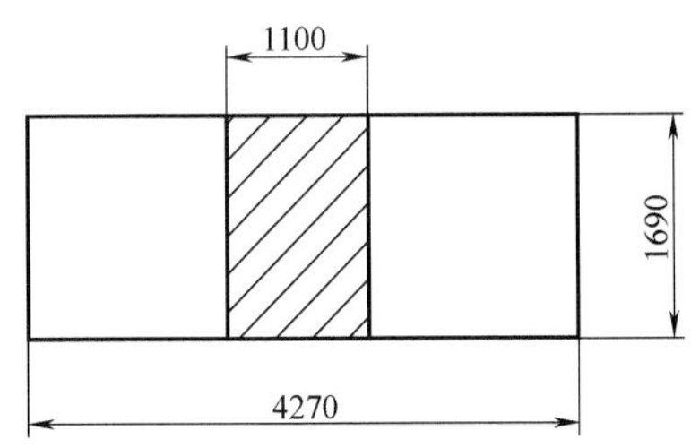

图 6-294　BU3-4、BU3-5 锻件

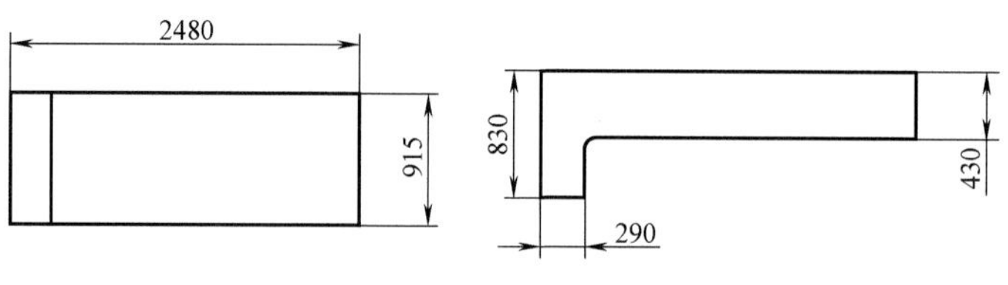

图 6-295 BU4-1 锻件

BU4-2 采用 6t 电渣锭进行锻造成形，采用锻造板坯后折弯的工艺方案，锻件如图 6-296 所示。

BU4-3 及 BU4-4 采用 55t 电渣锭进行锻造成形，采用锻造板坯的工艺方案，锻件如图 6-297 所示。

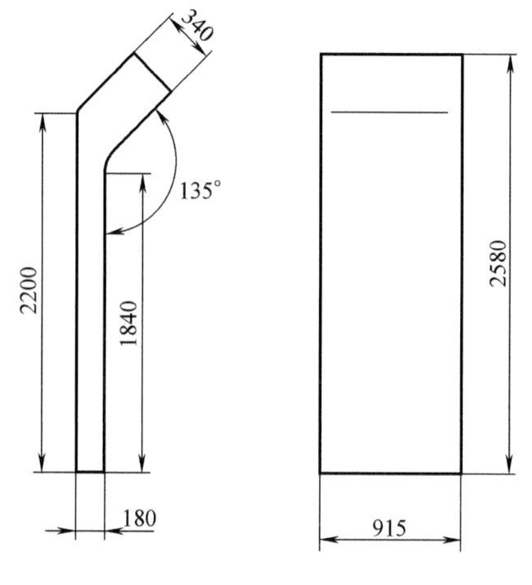

图 6-296 BU4-2 锻件

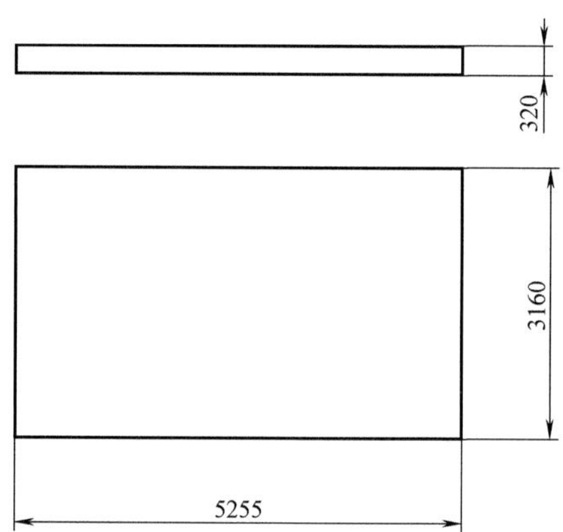

图 6-297 BU4-3、BU4-4 锻件

8. 锻件明细

最终锻件明细见表 6-14。锻件总质量 908. 9t，电渣钢锭总质量 1238t。若 AU2 和 BU1 采用整锻方案则可减少锻件质量达 12. 8t，电渣锭增加 41t。

表 6-14 自由锻造方案锻件明细

原名称	分解后	锻件质量/t	钢锭质量/t	备注
AU1	AU1-1	39. 7	55	—
	AU1-2	30. 8	45	
	AU1-3	30. 8	45	
AU2	AU2-1	32. 5	45	整锻方案锻件质量 56. 6t,钢锭质量 108t
	AU2-2	14. 2	20	
	AU2-3	14. 2	20	
AU3	AU3-1	39. 3	55	—
	AU3-2	30. 5	40	
	AU3-3	30. 5	40	

（续）

原名称	分解后	锻件质量/t	钢锭质量/t	备注
BU1	BU1-1	25.1	35	整锻方案锻件质量 47.8t,钢锭质量 93t
	BU1-2	15.6	20	
	BU1-3	15.6	20	
BU2	BU2-1	17.4	25	—
	BU2-2	47.9	65	
	BU2-3	47.9	65	
	BU2-4	67.3	90	
	BU2-5	67.3	90	
BU3	BU3-1	19.2	25	—
	BU3-2	51.4	70	
	BU3-3	51.4	70	
	BU3-4	62.1	85	
	BU3-5	62.1	85	
BU4	BU4-1	8.6	12	—
	BU4-2	4.1	6	
	BU4-3	41.7	55	
	BU4-4	41.7	55	
总计	—	908.9	1238	—

6.4.5.4 FGS 锻造方案

1. AU1 成形方案

AU1 精加工图如图 6-298 所示，质量为 36.08t。

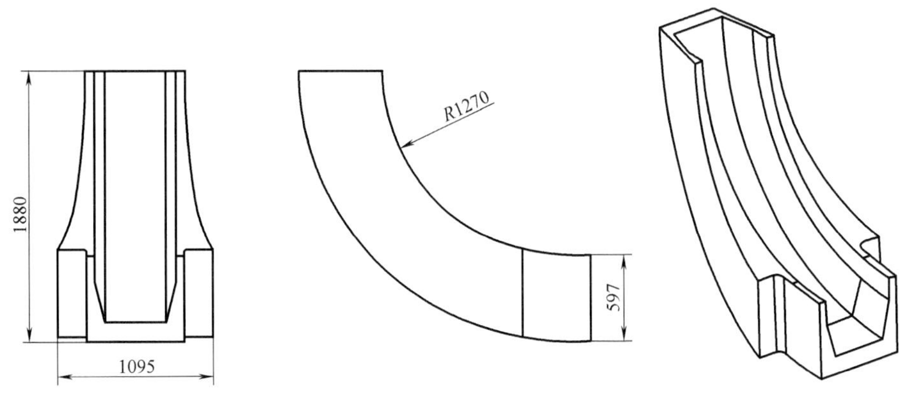

图 6-298 AU1 精加工图

（1）模锻过程设计 AU1 是整体带有凹槽的弧段形状，其质量分配在弧段上呈逐渐增加的趋势。为增大金属成形时内部的压应力，采用模内镦粗加局部整形的方式进行一火次成形。

模内镦粗过程使用与线圈盒凹槽尺寸相同宽度的条形锤头作为凸模（见图 6-299a）；使用侧面封闭的、与 AU1 外轮廓相同尺寸的腔体作为凹模（见图 6-299b）。成形初始装配后，模内镦粗前如图 6-300a 所示，此过程相当于预成形，此过程结束后，金属应被合理分配，模内镦粗后如图 6-300b 所示。整形时，模内镦粗过程的条形锤头作为内支撑留在凹模中，整形锤头（见图 6-299c）的目的是对整体镦粗时被反挤压的那部分坯料进行整形，使其符合盒体上端的弧形，整形过程如图 6-301 所示。

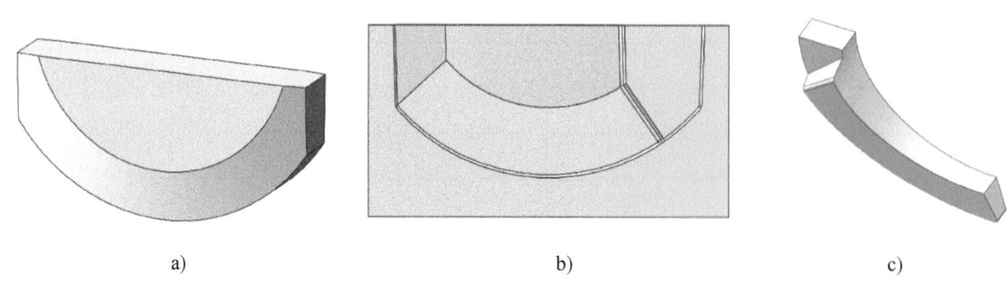

a)　　b)　　c)

图 6-299　主要模具示意图

a）整体镦粗凸模　b）凹模　c）整形锤头

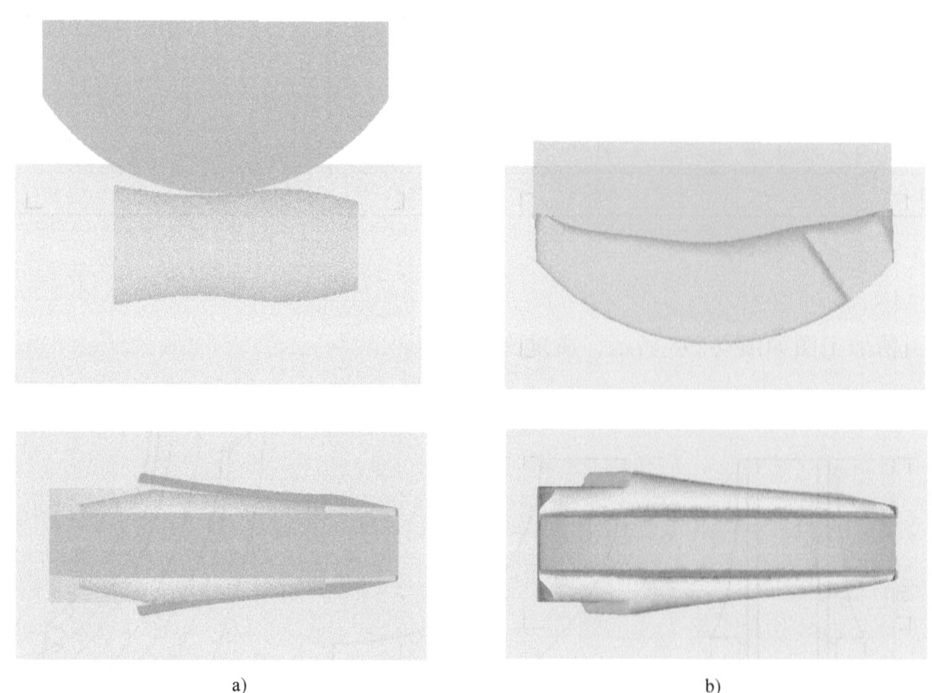

a)　　b)

图 6-300　模内镦粗

a）镦粗前　b）镦粗后

（2）锻件图设计　锻件图的设计原则为尽可能接近零件尺寸，根据锻造成形过程，对于成形时形状精度高的部位，只留有热收缩的空间，这里称为 A 类表面，如图 6-302a 中的弧面。

充分考虑液压机行程误差，与凸模接触的表面留有较大的余量，这里称为 B 类表面，

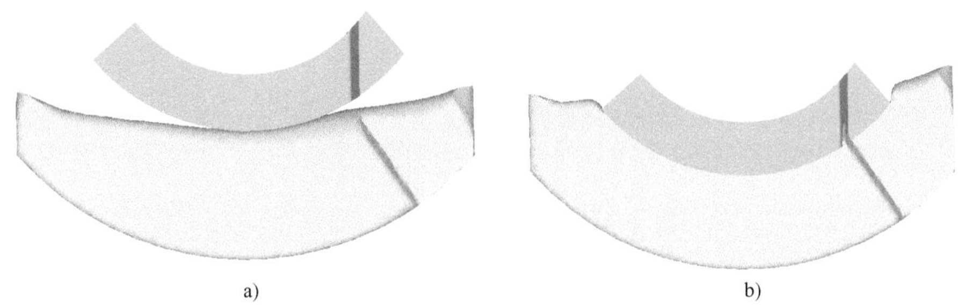

a) b)

图 6-301 整形过程

a）整形前 b）整形后

如图 6-302b 所示。

对于锻件侧面与凹模接触并在整体镦粗过程中由于反挤压而向上移动的一部分尺寸，考虑到坯料与模腔之间的摩擦可能带来的拉延等缺陷，这里称为 C 类表面（见图 6-302c），适当留有相应的余量。最终锻件质量为 44.72t。

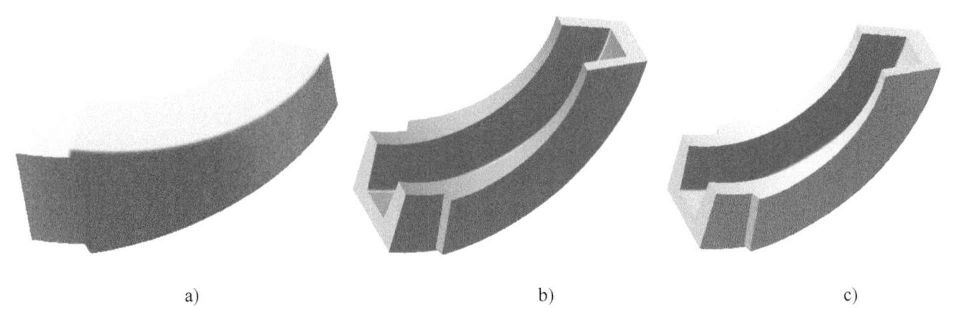

a) b) c)

图 6-302 锻件余量分配

a）A 类表面 b）B 类表面 c）C 类表面

（3）坯料形状选择 金属纤维方向对锻件性能有较大影响，合理的锻件设计应使最大载荷方向与金属纤维方向一致。考虑到线圈盒受力方向的复杂性，将其纤维流线控制在与形状相贴合的位置上是目前最理想的选择。

从图 6-303 所示的零件形状可以看出其质量中心偏左，所以选择截面为圆形、流线为轴向、与零件相似的坯料进行成形，坯料形状如图 6-304 所示。

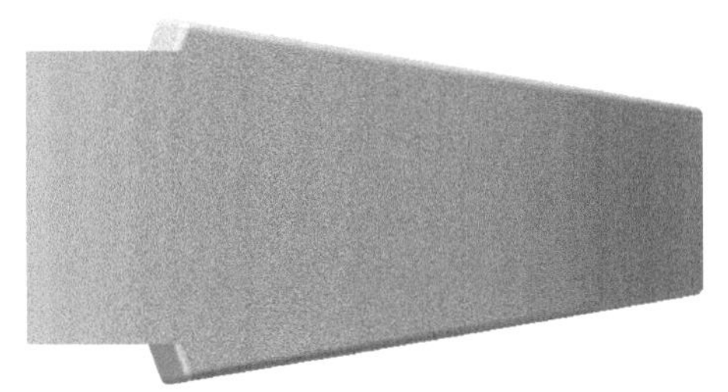

图 6-303 零件图

图 6-304 坯料形状图

最终成形的锻件图与零件图的包络情况如图 6-305 所示。本模具及坯料形状在成形自由端存在飞边。本方法仅为笔者一得之见，希望今后科研人员找到更加合理的坯料形状和更加完美的模具型腔。

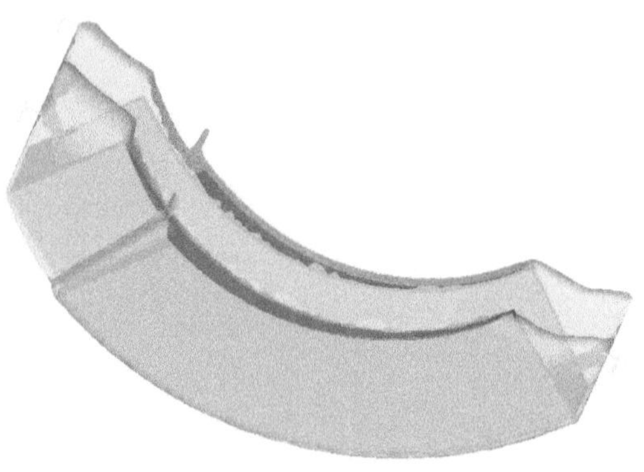

图 6-305 锻件图与零件图的包络情况

(4) 坯料的内应变及应力状态 图 6-306 所示为锻件成形时最终的等效应变场及应力场。由图 6-306 可知，锻件大部分区域等效应变>1，等效应力>56MPa。封闭的模膛使金属在终锻的最后阶段处于三向压应力状态，但是在整体镦粗阶段，由于反挤压而向上运动的那部分金属，在垂直方向受拉应力。因此对比整体镦粗阶段末，即整形阶段前和整形阶段末，锻件等效应力的分布情况如图 6-307 所示。由图 6-307 可知，最后的整形阶段使锻件整体等效应力提高，对于反挤压部分的金属尤为显著，等效应力提高约 20MPa。

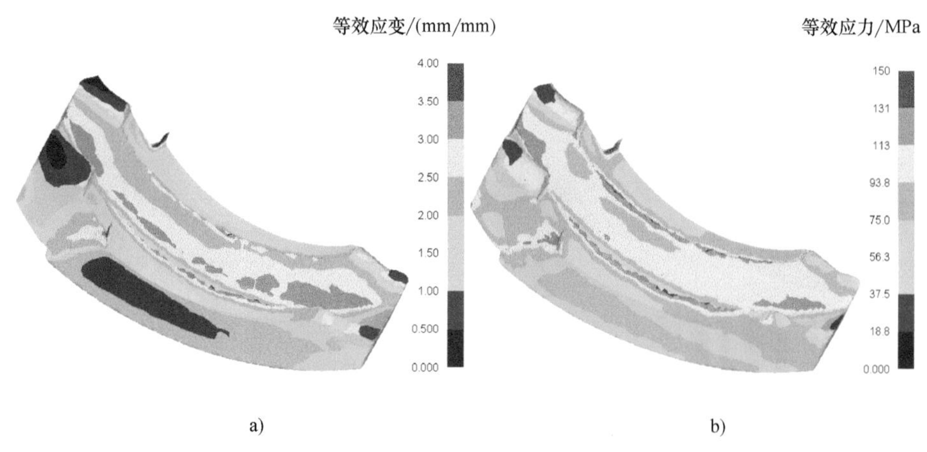

图 6-306 最终锻件

a) 应变场 b) 应力场

从塑性成形原理可知，应力张量可分为应力球张量和应力偏张量。应力球张量 σ_m 在任何方向都是主方向，且在任何斜微分面上都没有切应力。在塑性变形机理中，无论是滑移还是孪生或晶界滑移，都主要与切应力有关，而应力球张量不使物体产生形状变化，只能使物体产生体积变化。单元的球张量状态即静水压力状态是表征坯料受力状态好坏的重要因素。整形前部分金属仍处于拉应力状态，整形后锻件产生多向压应力，图 6-308 所示为整形前和整形后应力球张量场的对比。

由图 6-308 可知，经过最终压实阶段，锻件整体的静水压力状态有明显提升，上端面的应力球张量数值甚至从-60.4～-29.7MPa 变为-300～-210MPa。这对于锻件质量无疑大有裨益。

(5) 锻件金属流线 中心剖切后的金属流线如图 6-309 所示。成形后的金属流线完全贴合零件形状。

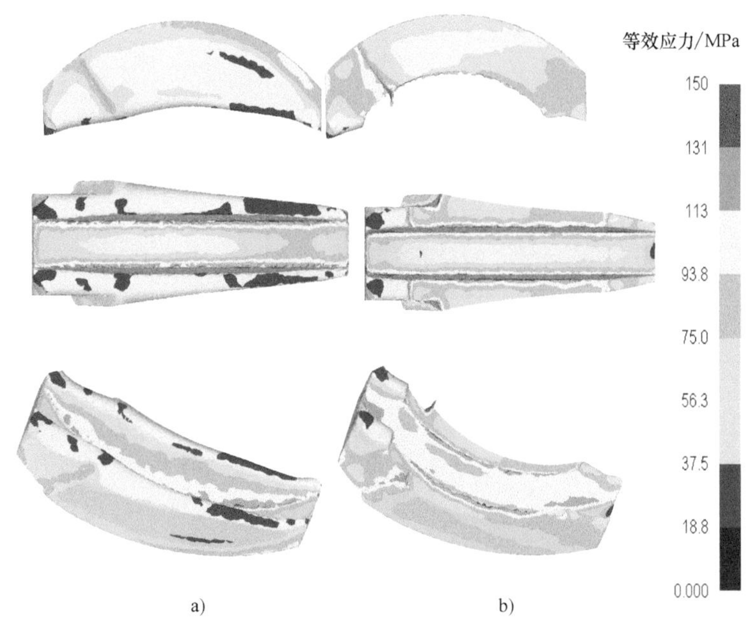

图 6-307　等效应力场对比

a）整形前的等效应力场　b）整形后的等效应力场

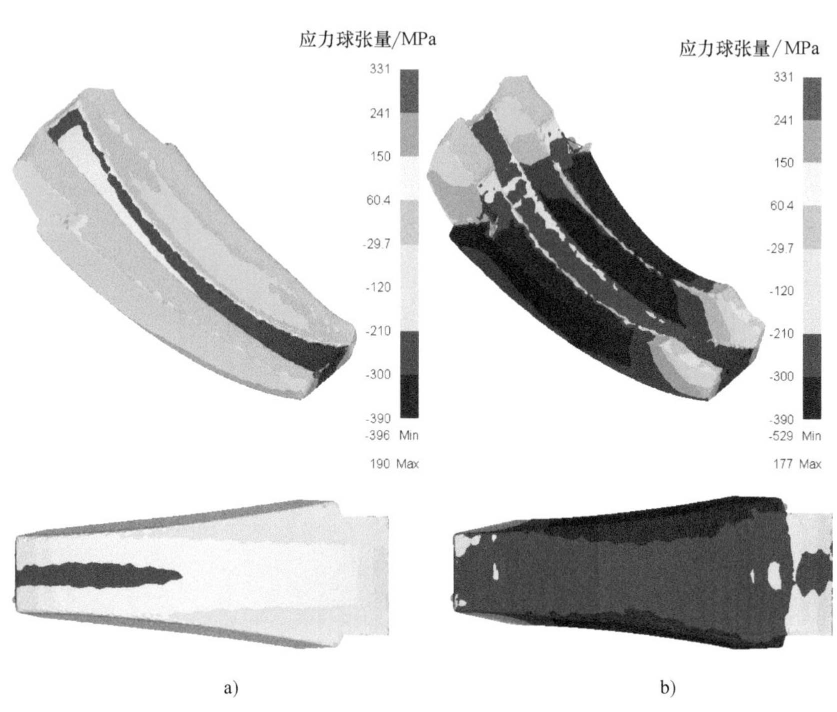

图 6-308　应力球张量场对比

a）整形前　b）整形后

2. AU2 成形方案

AU2 精加工图如图 6-310 所示。质量为 33.237t。AU2 为长槽结构，通长截面相等，为

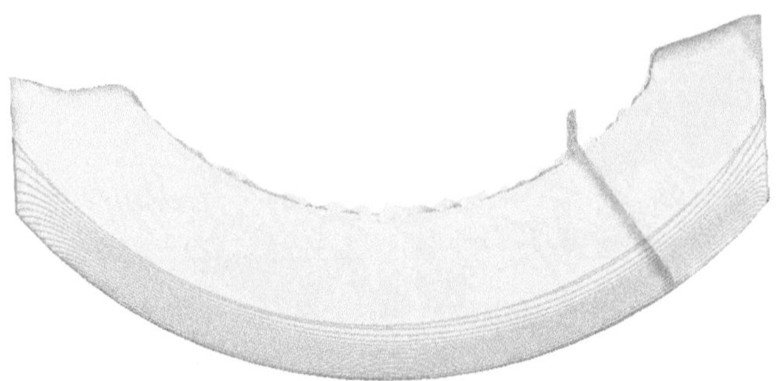

图 6-309 中心剖切后的金属流线

得到均匀致密的锻件材料，并结合其形状特点，这里拟采用挤压的方式成形。

（1）锻件图 为使金属在挤压过程中各部分流动均匀，将两件 AU2 合锻，中间留有切断余量，锻件截面尺寸如图 6-311 所示。考虑到挤压过程中有可能会出现的偏壁问题，将锻件长度增加至 11000mm。锻件质量为 95.385t。

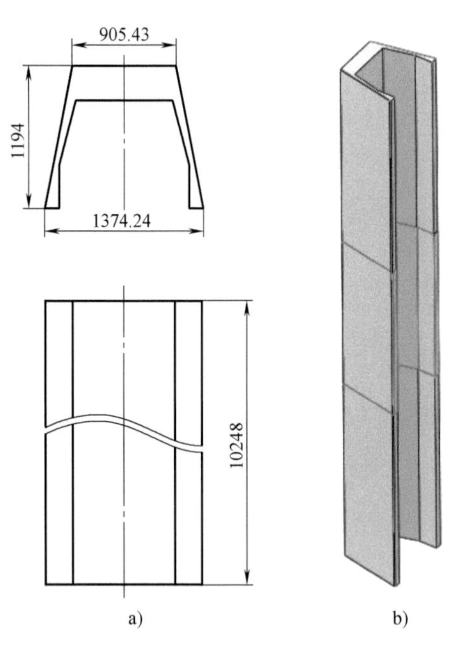

图 6-310 AU2 精加工图

a）二维示意图 b）三维示意图

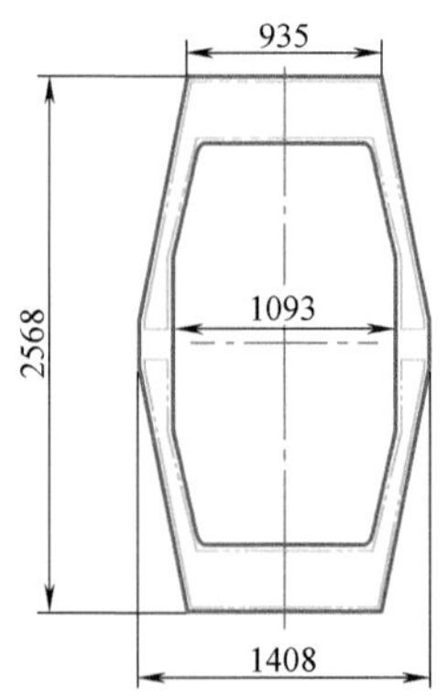

图 6-311 锻件截面尺寸

（2）模锻方案制定 本锻件属于大型等截面对称空心型材，拟采用热-正挤压的方式成形。用普通的圆形截面坯料进行挤压时，由于断面各部分厚度不一致，产生型材的扭拧、波浪、弯曲等缺陷的风险加大。为使金属的流动均匀，这里采用与锻件截面形状相同的异形坯料及异形分体组合挤压筒挤压成形，并采用专门的制坯模具进行制坯，过程如图 6-312 所示，共分两火次，第一火次进行圆坯模内镦粗和冲孔切边（见图 6-312a），第二火次进行挤压工序（见图 6-312b）。模锻过程中使用的凹模和凸模形状均与锻件截面形状相同。

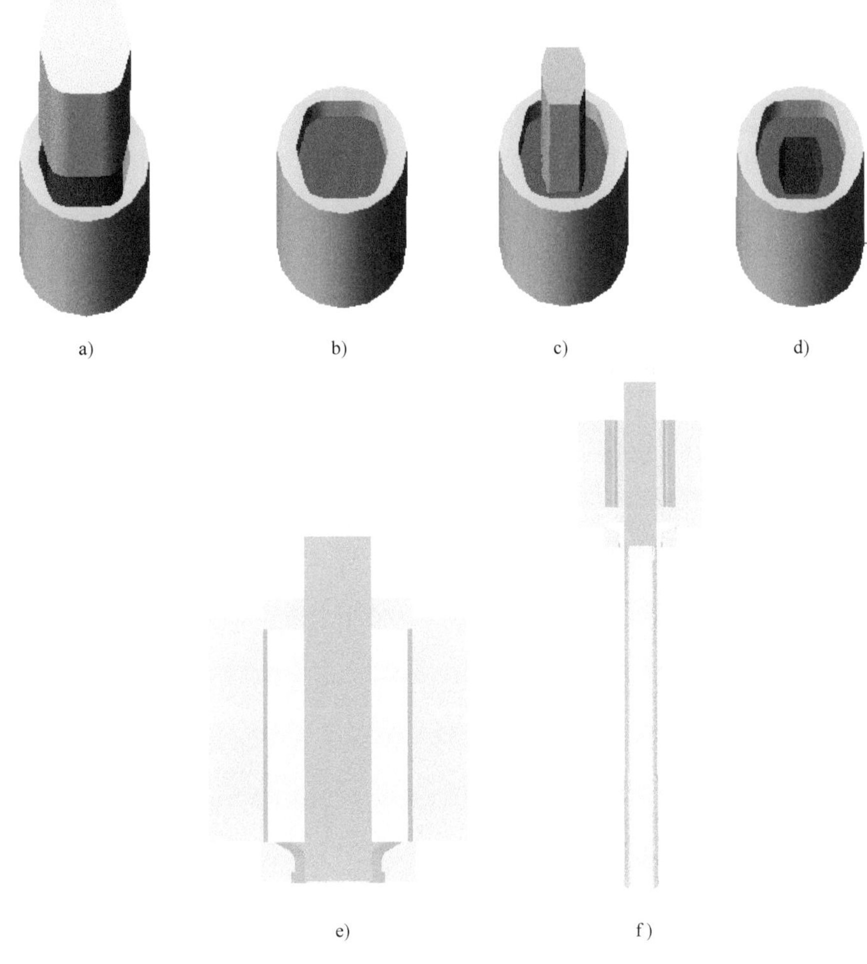

a) b) c) d)

e) f)

图 6-312 模锻方案示意图

a）镦粗开始 b）镦粗结束 c）冲孔开始 d）冲孔结束 e）挤压开始 f）挤压结束

（3）模锻过程设计

1）预制坯过程。为得到合适的挤压坯料，需要设计预制坯尺寸。受模具强度和寿命限制，挤压工序的变形程度不宜过大，挤压锻造比取 4.0，设计预制坯的尺寸如图 6-313 所示。

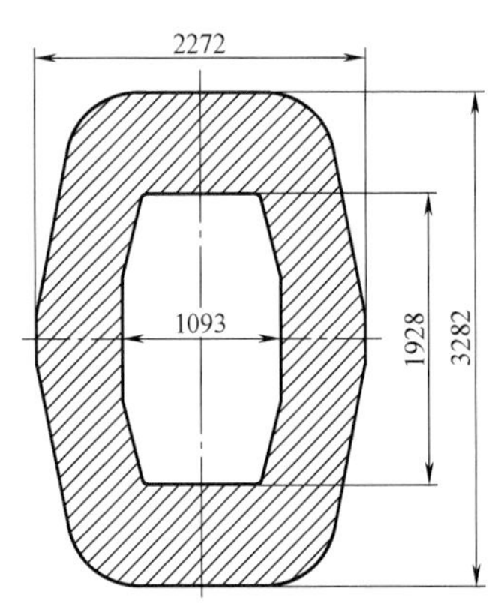

图 6-313 挤压坯料截面图

镦粗时上下模的工作面是平面，成形空间的截面与锻件截面形状相同。根据预制坯尺寸，增加锻件热缩量即可得到镦粗过程的凸凹模工作区域尺寸。具有通孔的零件，在模锻时一般不直接锻出通孔，而是在盲孔内留有一定厚度的金属层，即冲孔连皮，这里选择冲孔后留有 150mm 的冲孔连皮。注意：实际生产过程中的冲孔连皮厚度还要根据成形力及模具状态调整。

2）坯料尺寸。初始挤压端端面不平且此部分温降过快，易造成混晶问题。因此，此部分须切除。坯料质量为锻件质量+冲孔连皮的质量+挤压时压余的质量+端头切除的质量，确定坯料质量约为 110t。考虑不锈钢锻件模内镦粗时的高径比限制及凹模尺寸限制，确定坯料尺寸为 ϕ2050mm×4250mm。（注：需要根据坯料状态确定不致失稳的最大高径比）。

3）挤压过程。主要模具由成形模、挤压杆、挤压筒、挤压上模组成，挤压模具结构示意图如图 6-314 所示。模具的形状对凹模模腔内金属的变形有重要影响。尤其是成形模模腔口锥角（锥体与竖直方向夹角）大小直接影响金属变形流动的均匀性。这里选择锥角为 60°，其三维模型如图 6-315a 所示。凸模内部凹腔尺寸与锻件内孔尺寸相比仅增加锻件热缩量，其外壁尺寸与成形模外壁尺寸相同且根据预制坯外壁尺寸进行设定，如图 6-315b 所示。由于内腔尺寸的复杂性，挤压筒为分瓣式组合结构，如图 6-315c 所示，外侧需要再紧箍有预应力的外套。

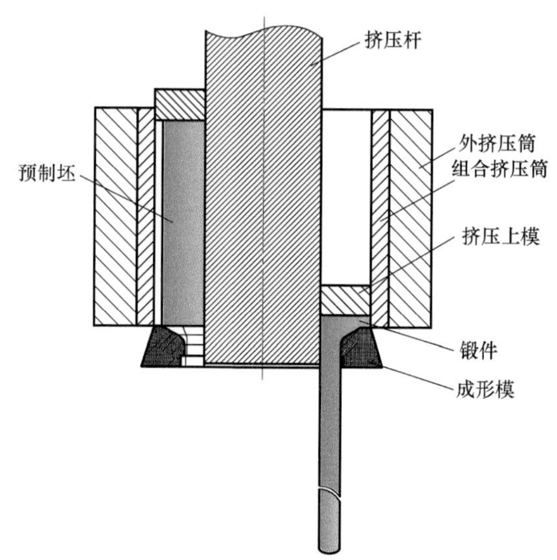

图 6-314　挤压模具结构示意图

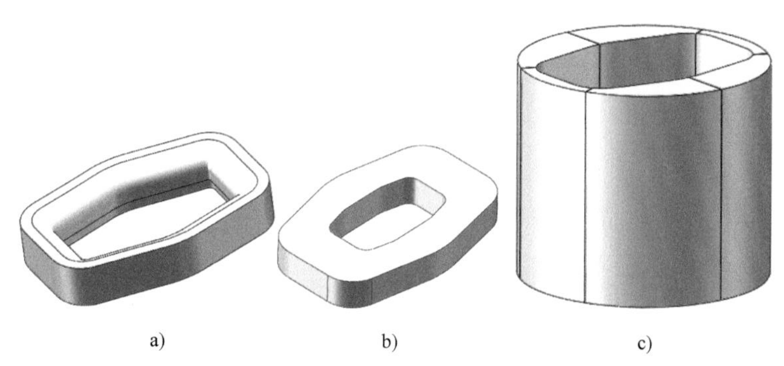

图 6-315　主要模具简图

a）成形模　b）凸模　c）组合挤压筒

（4）坯料的应变及应力状态　挤压是在局部加载的条件下，整体产生内应力。变形金属可分为 A、B 两区。A 区是在加载后直接产生应力的区域，B 区的应力主要是由 A 区的变形引起的。当坯料不太高时，A 区相当于一个外径受限制的环形件镦粗，B 区的变形犹如在圆形砧内拔长。两区的应力应变简图如图 6-316 所示。对于空心坯料，A、B 区分割如图 6-317 所示。

虽然 A、B 两区变形情况不同，但都处于三向压应力状态。变形过程中的应变场如图 6-318 所示。

从图 6-318 中可看出，变形集中在挤压工作带区域。大部分区域应变可达到 2. 63 以上。如前所述，挤压初始成形的锻件端头部位的变形程度不足，因此认为，此部分金属不纳入锻件图中。最终获得锻件图与精加工图的包络图如图 6-319 所示。

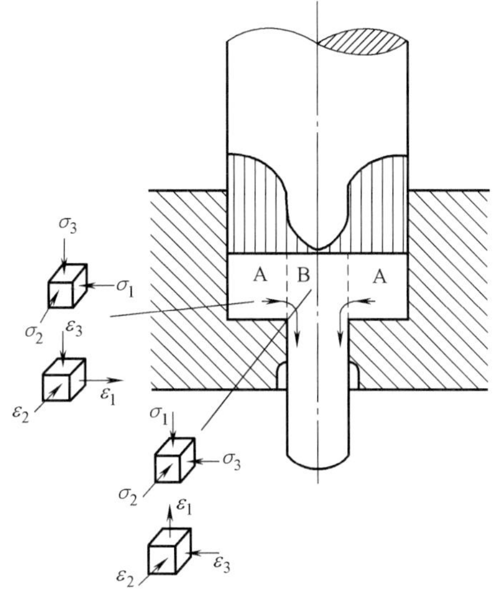

图 6-316　正挤压时各变形区的应力应变简图

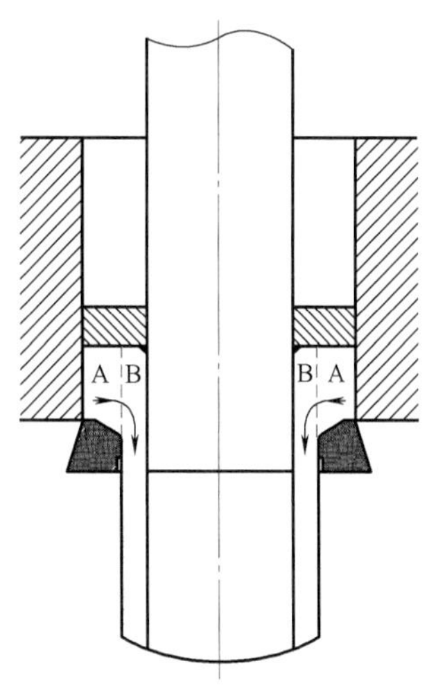

图 6-317　空心挤压

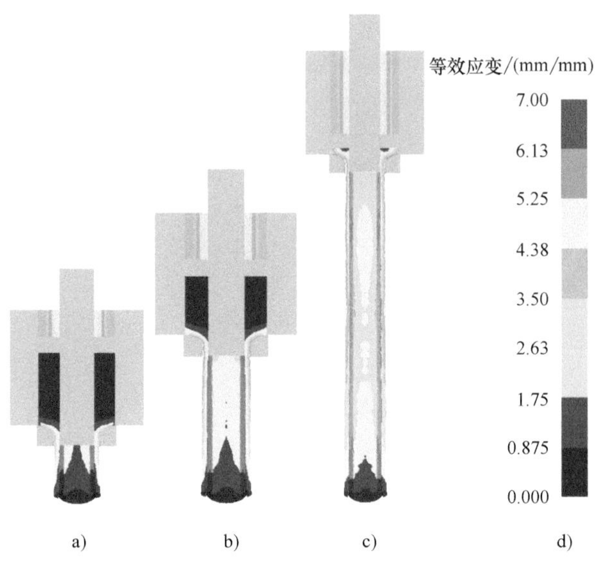

图 6-318　变形过程中的应变场

a）挤压初期　b）挤压中期　c）挤压末期　d）等效应变柱状图

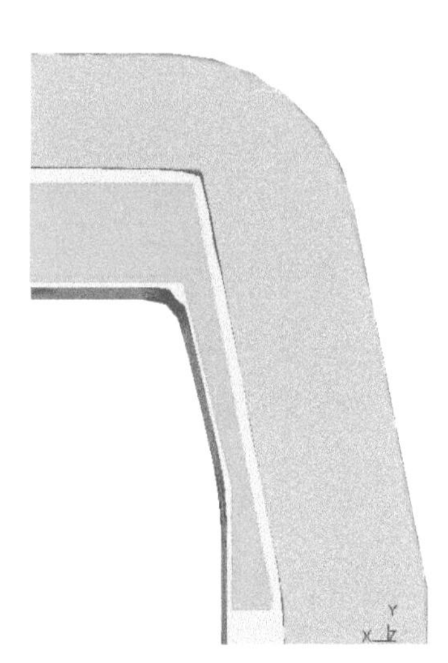

图 6-319　锻件图与精加工图的包络图

热挤压时，除了变形材料晶粒方向趋于一致、形成织构组织外，变形材料中的硅酸盐、碳化物等质硬而脆的物质，在变形时被破碎，沿着主变形方向呈链条状分布；而硫化物有较好的塑性，可随着晶粒一同变形，沿主变形方向拉长连续分布。这些呈方向性的链条状分布和连续分布的化合物和夹杂物，其分布在晶粒再结晶后也不会改变，使挤压件的金属组织具有一定方向性，金属性能出现各向异性，因此应尽量控制流向方向与零件使用时最大拉应力方向一致，与最大切应力方向垂直。变形后金属流线如图 6-320 所示，纤维方向为轴向。

AU2 截面应变分布图如图 6-321 所示，可见由外层至内层应变逐渐减小，与金属流线所得出的规律一致。

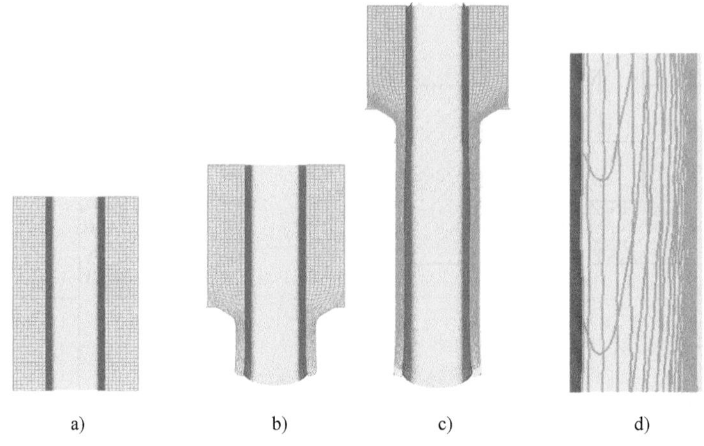

图 6-320 金属流线

a）挤压前 b）挤压开始阶段 c）挤压即将结束 d）c 图的局部放大

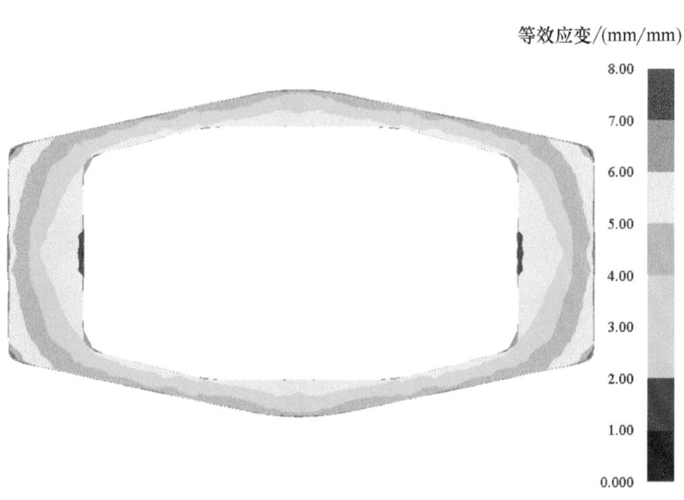

图 6-321 AU2 截面应变分布图

3. BU1 成形方案

BU1 形状尺寸如图 6-322 所示，质量为 33. 315t。因其截面尺寸在弧线方向相等，所以本设计采用与 AU2 相同的挤压成形方式先成形直锻件，然后对锻件进行弯曲成形。其弯曲角度为 49. 4°，外弧线长度为 6368mm，根据 1600MN 液压机挤压长度极限，可采用 2 个 BU1 合锻或 4 个 BU1 合锻的方法进行生产。这里介绍 2 个合锻的成形方式。

BU1 挤压锻件截面图如图 6-323 所示，中间留有 100mm 切断余量，考虑到偏壁问题，锻件长度按照 6600mm 控制。锻件质量为 86. 73t。

成形方案为镦粗冲孔切边→挤压→起弧弯曲。

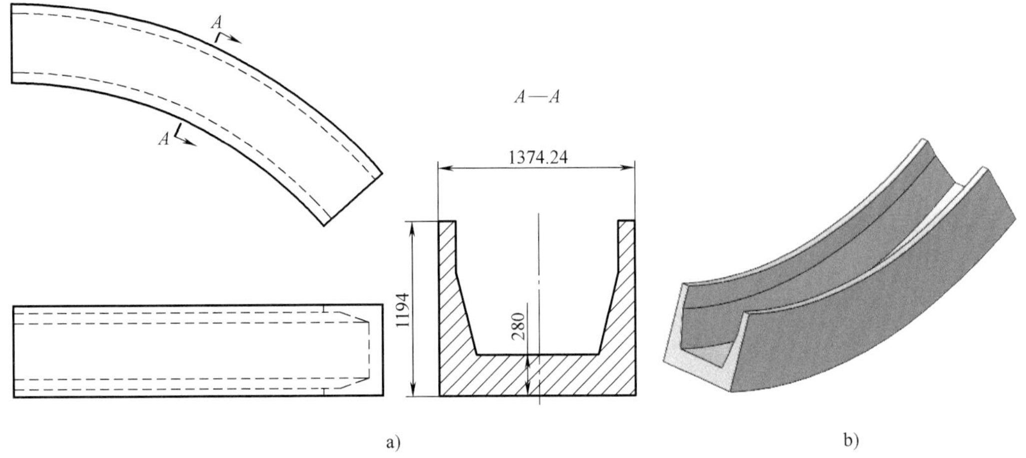

图 6-322　BU1 精加工图

a）平面图　b）立体图

坯料质量为锻件质量+冲孔连皮的质量+挤压时压余的质量+端头切除的质量，确定坯料质量约为 97t。由于其截面形状及成形方式与 AU2 相似，此处不再赘述。

弯曲过程如图 6-324 所示。等效应力分布如图 6-325 所示。X 方向应力分布如图 6-326 所示。

根据变形过程可知，在 *A* 点 X 方向拉应力最大，X 方向可视为变形主应力方向，根据模拟结果，*A* 点在 X 方向所受拉应力约 17MPa。如前所述，FGS 锻造方法原则之一为尽量使锻件处于多向压应力状态下。经过挤压的锻件变形均匀、组织致密，经过弯曲后局部受拉。若采取图 6-327 所示的模锻成形方法，则成形力如图 6-328 所示，最终锻件的等效应力分布如图 6-329 所示。

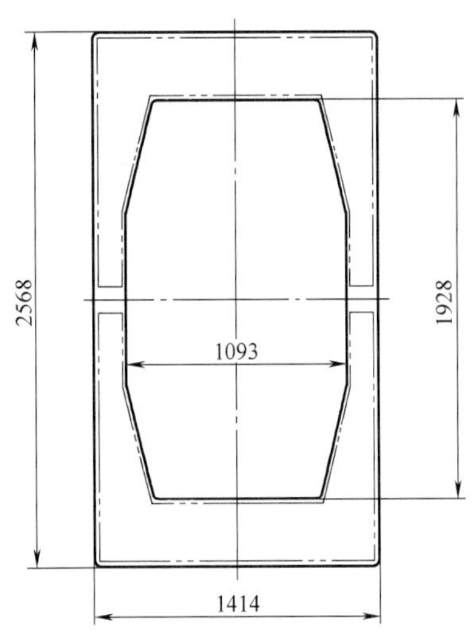

图 6-323　BU1 挤压锻件截面图

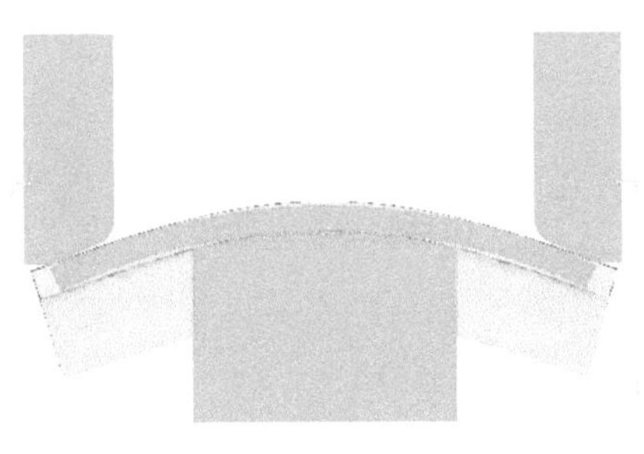

a)　b)

图 6-324　弯曲过程

a）弯曲前　b）弯曲后

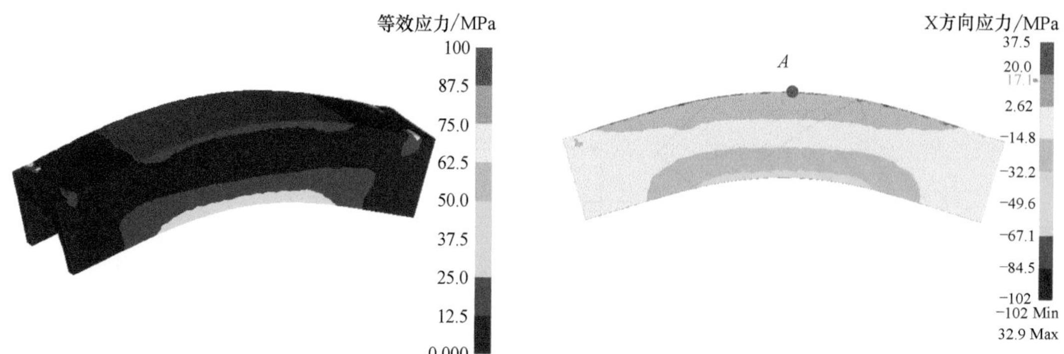

图 6-325　等效应力分布

图 6-326　X 方向应力分布

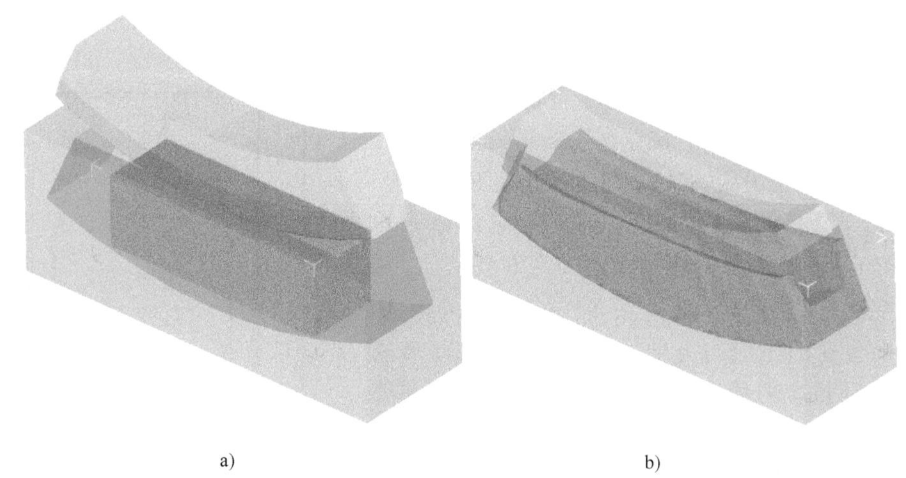

图 6-327　模锻成形过程

a）变形前　b）变形后

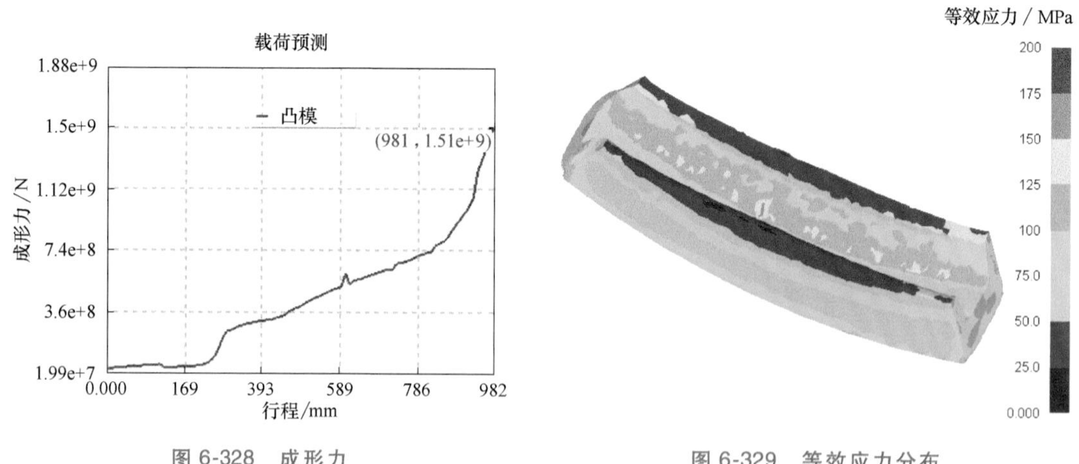

图 6-328　成形力

图 6-329　等效应力分布

由图 6-329 可知，模锻成形锻件多数部位的等效应力在 50~100MPa。而对比挤压过程变形区金属的等效应力为 75~100 MPa（见图 6-330）。挤压所产生的正影响是否能够抵消弯曲产生的拉应力的负影响还有待研究。

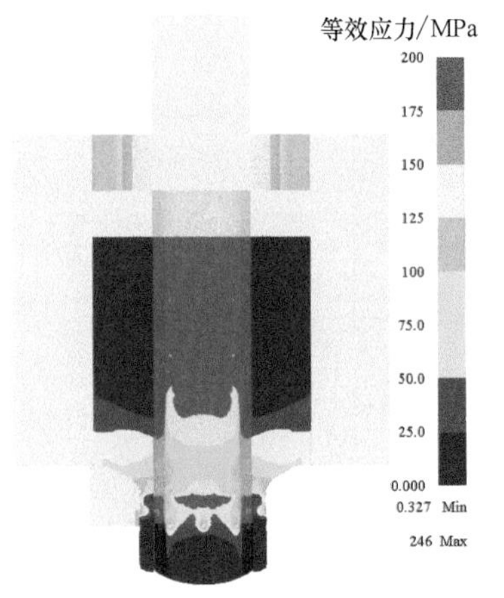

图 6-330 挤压变形区应力状态

4. BU2、BU3 成形方案

BU2 和 BU3 的精加工三维图分别如图 6-331 和图 6-332 所示。BU2 与 BU3 的截面尺寸相同，内外弧半径也相同。BU2 弯曲角度为 40.59°，外弧长为 6845.7mm，质量为 112.544t；BU3 弯曲角度为 45.45°，外弧长为 7447.7mm，质量为 113.18t（其中主体为 88.635t，侧翼为 122.725t×2＝245.45t）。现以成形难度较大的 BU3 为例进行说明。

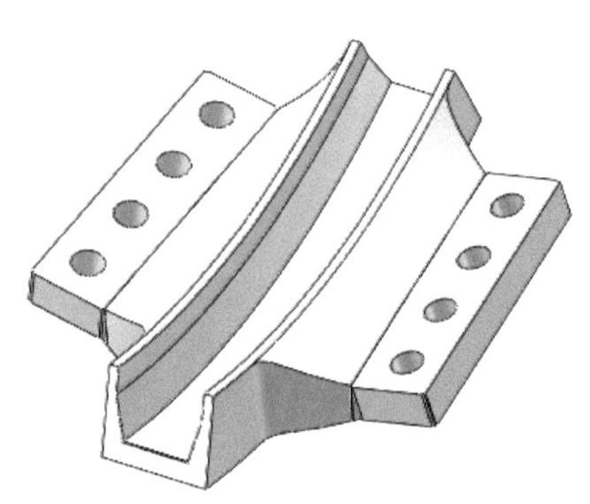

图 6-331 BU2 精加工三维图

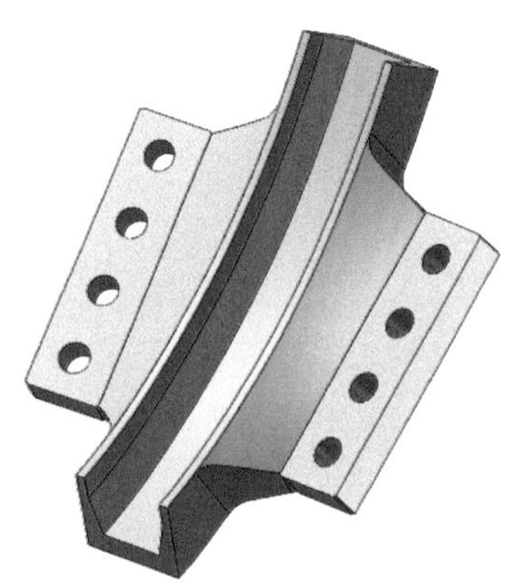

图 6-332 BU3 精加工三维图

由于 BU3 在 XY 面的面积过大，超出成形力极限，而两个带孔方形侧翼的作用是与相邻线圈连接，侧翼部分所受应力较小，因此考虑将 BU3 拆分。

三种拆分方案如图 6-333 所示。BU3 的圆角部位（见图 6-333a 所圈部位）应力集中。

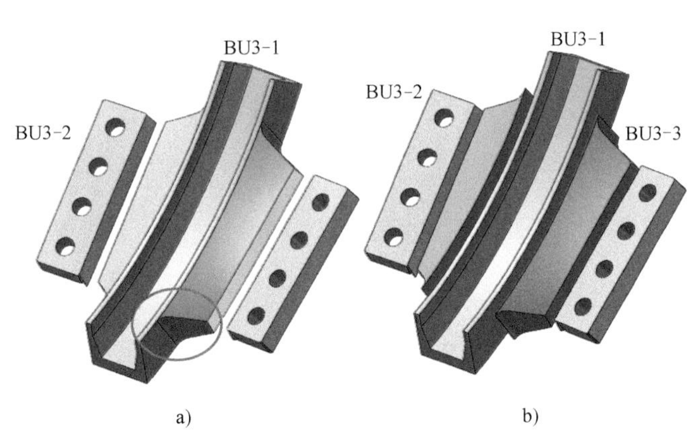

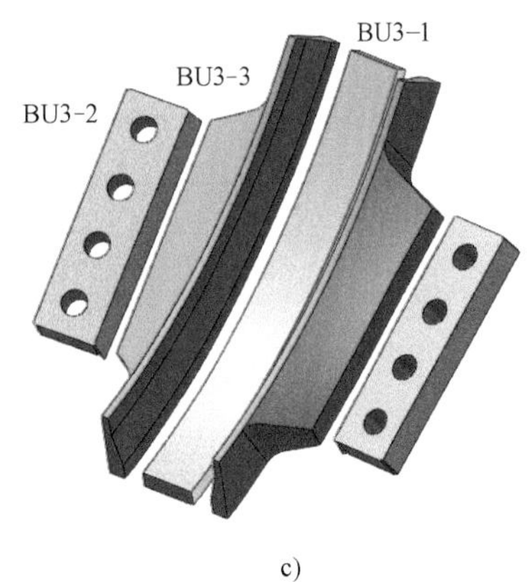

a) b) c)

图 6-333 BU3 拆分方案

a）方案 1 b）方案 2 c）方案 3

拆分的零件后期与本体组焊。拆分方案对比见表 6-15。

表 6-15　拆分方案对比

方案	1		2			3		
焊缝	2		4			4		
部件	BU3-1	BU3-2	BU3-1	BU3-2	BU3-3	BU3-1	BU3-2	BU3-3
成形方式	模锻	自由锻	挤压→弯曲	自由锻	自由锻	自由锻	自由锻(模锻)	自由锻
优点	焊缝少,质量好		中心部件 BU3-1 质量好			工艺更好实现		
缺点	BU3-1 成形难度大		焊缝多且厚,焊接工艺难度大,应力集中的圆角部位有焊缝			焊缝多		

普遍认为，相同条件下焊缝越少，零件所能承受的应力极限越高，但焊缝减小往往也会带来更加复杂的零件形状和更高的制造成本，尤其对于模锻件来说，模具的损耗、各种设施设备的大量投入，以及对大型锻件模锻成形欠缺经验的设计者都是增加零件制造风险的因素。决策者需要综合考虑制定合适的成形方案。现正在锻造的先行件采用的是近似拆分方案 3 的方式。这里就拆分方案 1 中锻造成形难度较大的 BU3-1 的模锻成形方法进行简单介绍。

BU3-1 精加工图如图 6-334 所示。BU3-1 属于中心带有凹槽的对称弧段结构。质量为 88.635t。

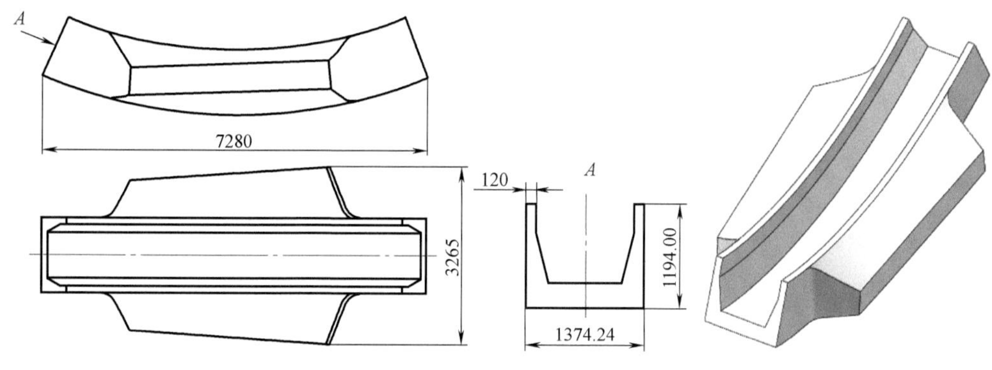

图 6-334　BU3-1 精加工图

根据 FGS 锻造方法中“形”的锻造原则，锻件形状应尽量接近零件形状，BU3-1 锻件图如图 6-335 所示，质量为 105.635t。观察其形状可知，其重量主要分配在两侧翼，为使坯料流动均匀并完全充型，BU3-1 坯料形状如图 6-336 所示，质量为 113.520t。

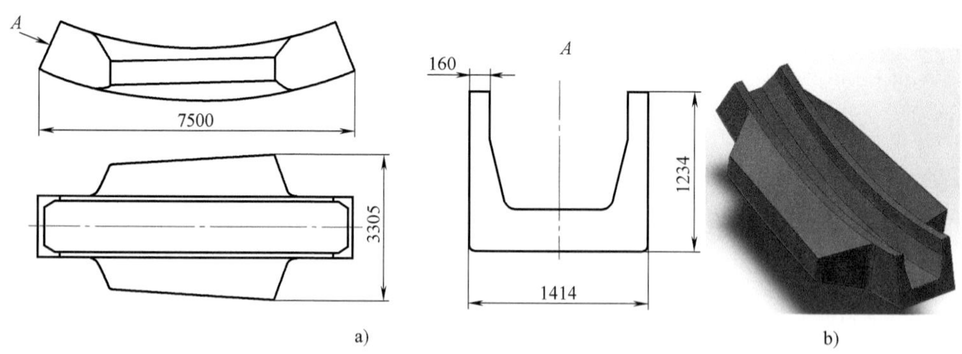

图 6-335　BU3-1 锻件图

a）平面图　b）立体图

图 6-336 BU3-1 坯料形状

初步设计其成形方法为模内镦粗→条形锤头成形中心凹槽→整形侧翼，如图 6-337 所示。

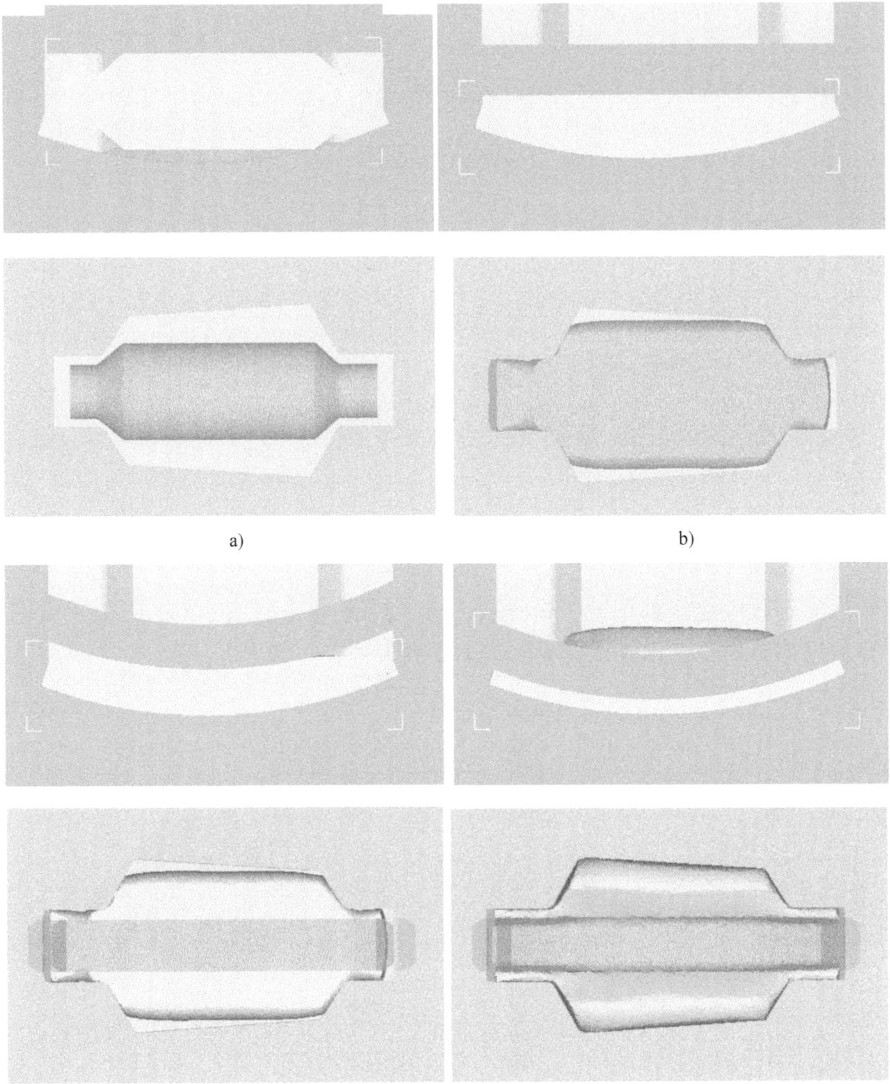

a)　　b)

c)　　d)

图 6-337 BU3-1 模锻过程

a）镦粗开始 b）镦粗结束 c）成形凹槽开始 d）成形凹槽结束

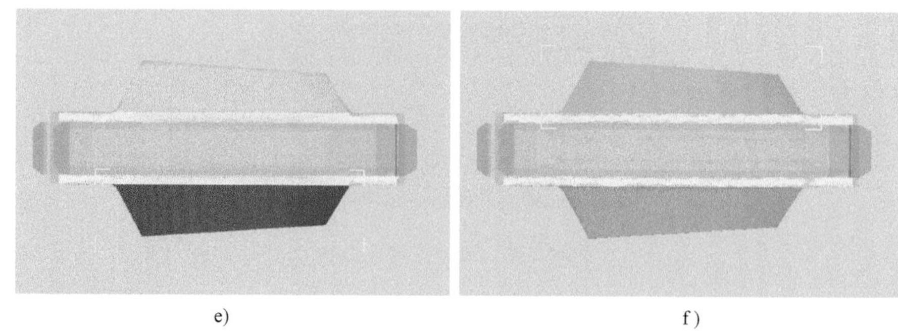

图 6-337 BU3-1 模锻过程（续）

e）整形开始 f）整形结束

BU3-1 最终锻件如图 6-338 所示；模锻过程成形力如图 6-339 所示。

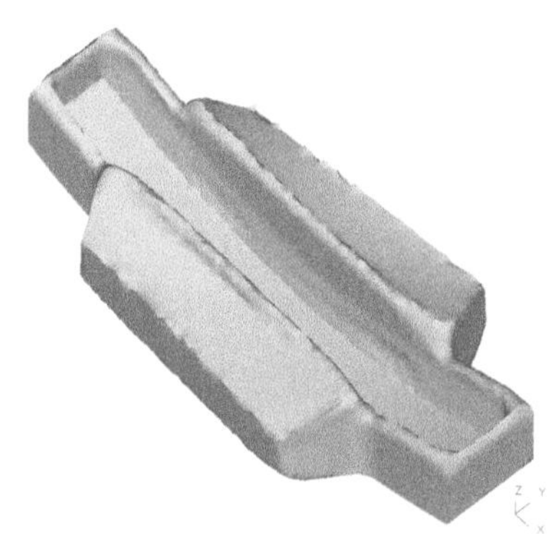

图 6-338 BU3-1 最终锻件

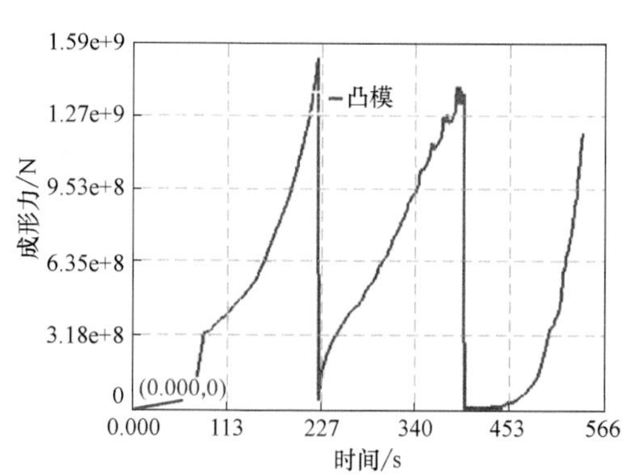

图 6-339 BU3-1 模锻过程成形力

锻件最终的等效应变场如图 6-340 所示，应力球张量场如图 6-341 所示。由图 6-341 可知，除开口端局部金属受拉以外，其余金属均为受压的应力状态。

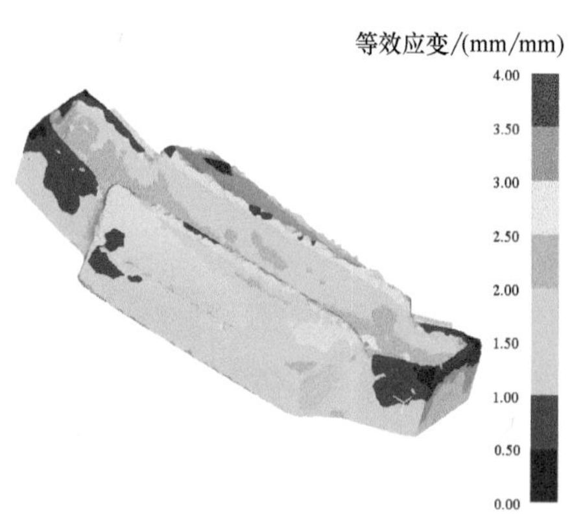

图 6-340 锻件等效应变场

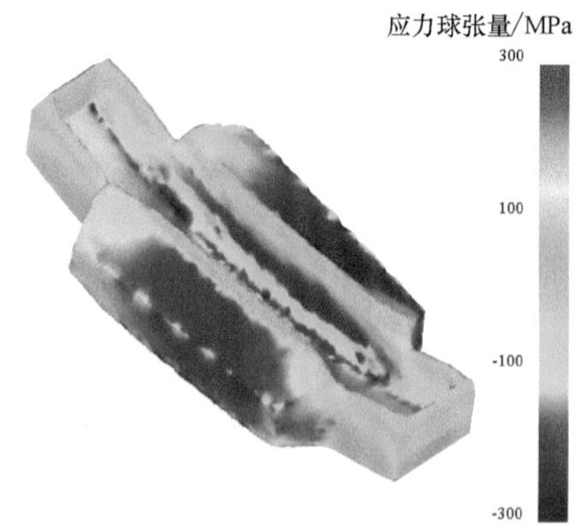

图 6-341 应力球张量场

5. BU4 成形方案

BU4 精加工图如图 6-342 所示，其质量为 32.288t。

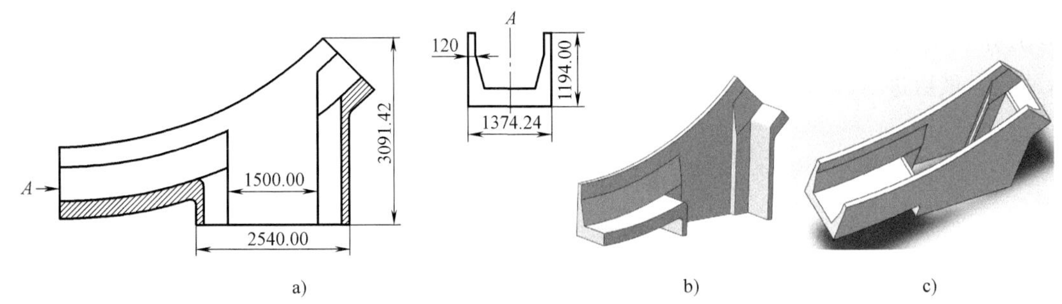

图 6-342　BU4 精加工图

a）平面图　b）立体剖切图　c）立体图

观察其形状尺寸，属于三侧有开口的弧段凹槽零件，有以下两种成形方式。

（1）分体制造　BU4 分体制造方案如图 6-343 所示。挤压成形 U 型凹槽，将其与支撑部位连接处加工内孔，然后将支撑部位与本体焊接。

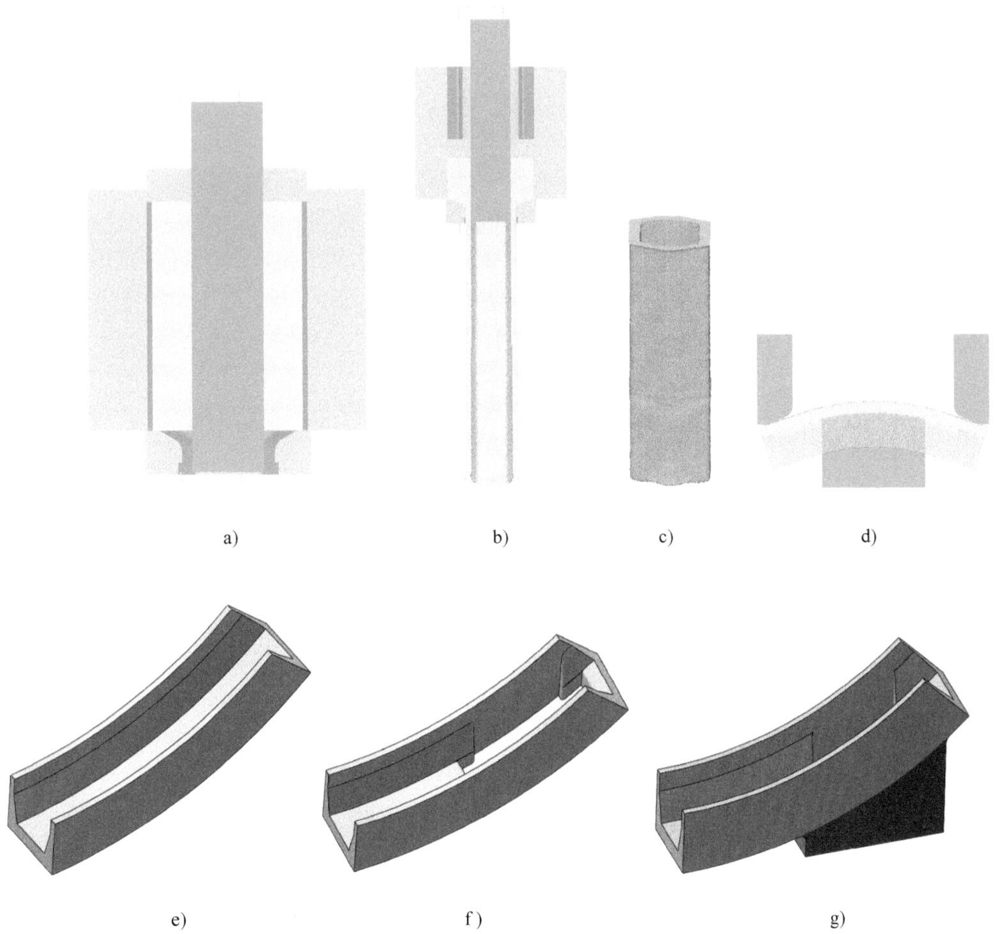

a)　b)　c)　d)

e)　f)　g)

图 6-343　BU4 分体制造方案

a）挤压前　b）挤压后　c）挤压后锻件　d）弯曲后　e）弯曲后锻件　f）加工支撑台内孔　g）焊接支撑台

（2）FGS锻造　锻件设计按照以上设计原则，BU4锻件图如图6-344所示，锻件质量为42.015t。BU4 FGS锻造方案如图6-345所示。首先进行模内镦粗，然后将模具倾斜一定角度后冲孔，最后进行整形。

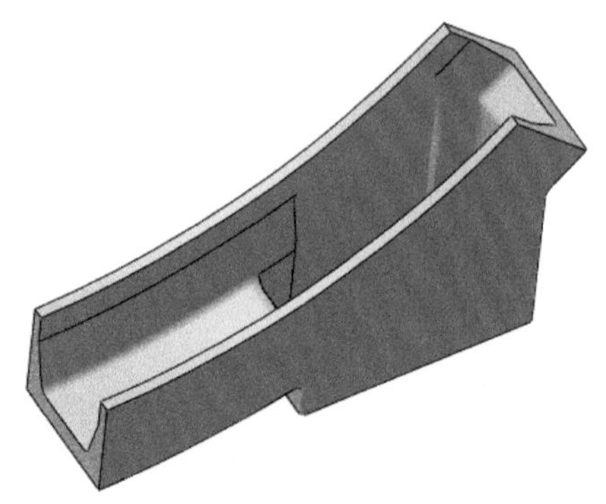

图6-344　BU4锻件图

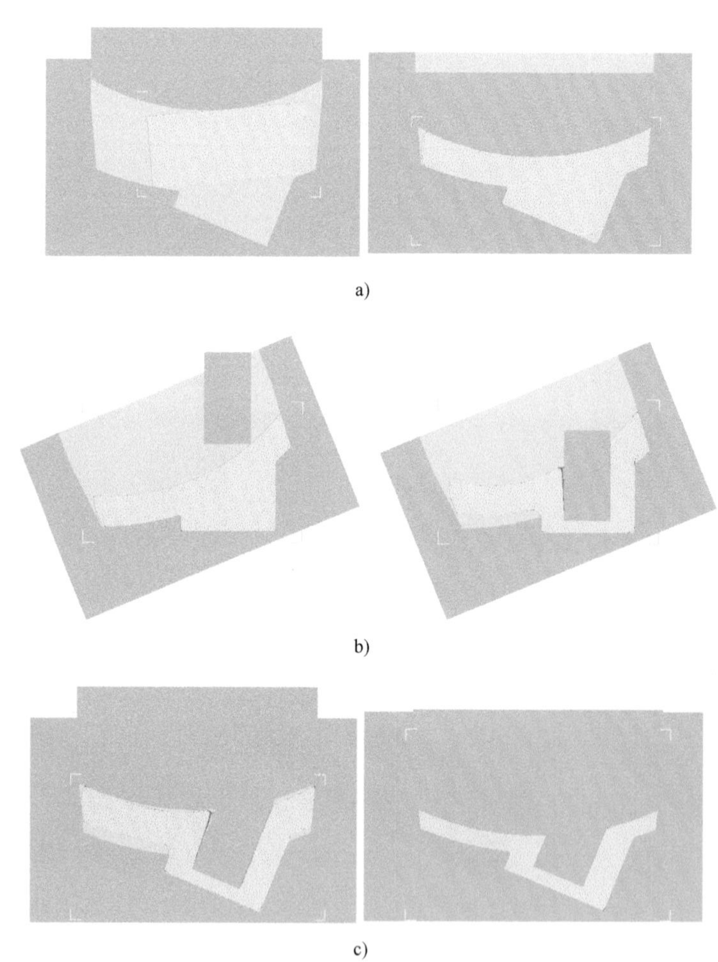

a)

b)

c)

图6-345　BU4 FGS锻造方案

a）模内镦粗　b）冲孔　c）整形

FGS 锻造成形力如图 6-346 所示。最终成形锻件如图 6-347 所示。锻件图与零件图的包络图如图 6-348 所示，图中黄色部分为锻件图，灰色部分为零件图。

最终锻件应力场及应变场分布如图 6-349 所示。由图 6-349a 可以看出，除上端外的其他部位等效应力可达到 50～125MPa；由图 6-349b 可以看出，支撑台外壁及锻件上端部变形较小；由图 6-349c 可以看出，整体大部分区域的应力球张量为负，即受压状态，只有上端少量部位处于受拉状态。由于 BU4 的两侧板在最终冲压成形工步时属于被反挤压而向上移动的金属，所以在 Z 方向有逐渐向受拉状态过渡的趋势。

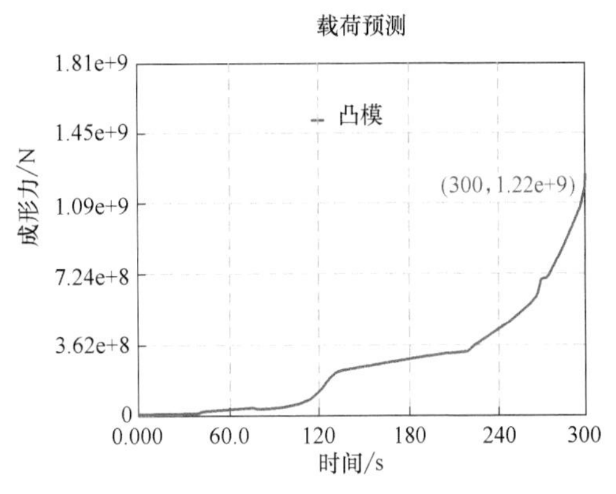

图 6-346　FGS 锻造成形力

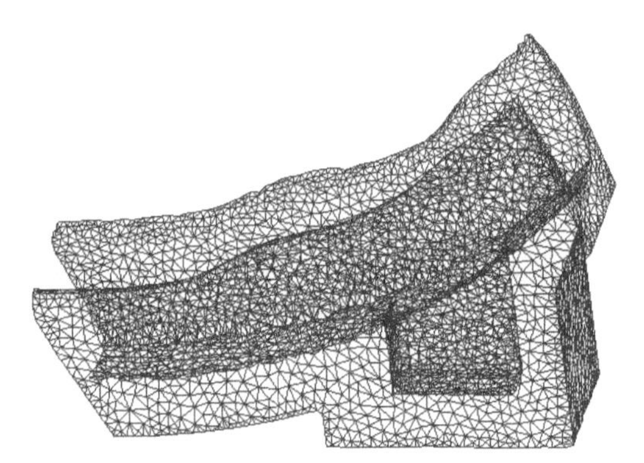

图 6-347　最终成形锻件

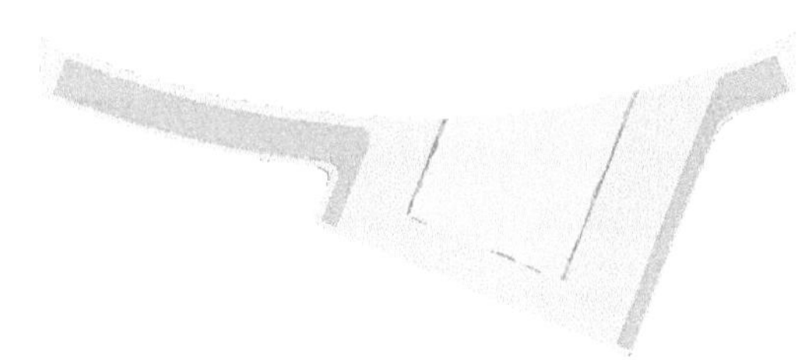

图 6-348　锻件图与零件图的包络图

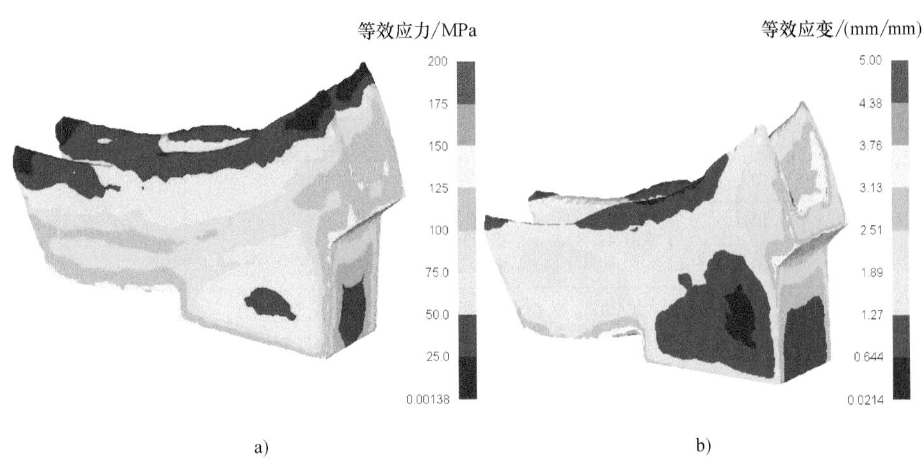

图 6-349　变形状态分析

a）等效应力分布　b）等效应变分布

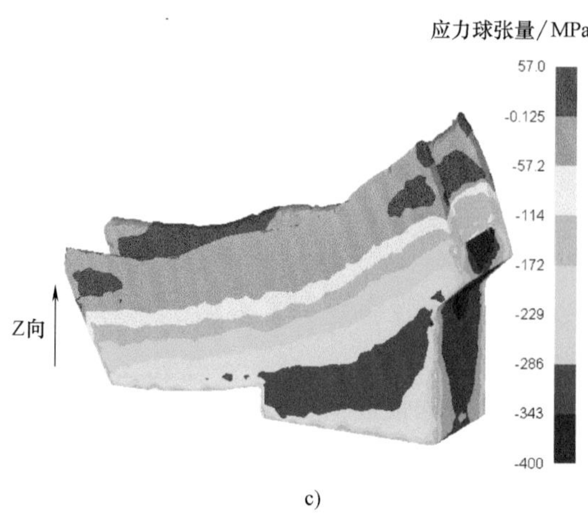

c)

图 6-349 变形状态分析（续）

c）应力球张量

6.4.5.5 效果对比

综上所述，FGS 锻造方法与自由锻造方法相比，对成形结果的益处颇多。两种成形方式的对比分别见表 6-16 和表 6-17，其中表 6-16 是 AU 部分的对比，表 6-17 是 BU 部分的对比。

表 6-16 AU 部分自由锻和 FGS 锻造两种制造方案的对比 （单位：t）

名称	零件质量	自由锻				模锻或挤压			
		焊缝	锻件质量	钢锭质量	模具质量	焊缝	锻件质量	钢锭质量	模具质量
AU1	36.08	2 纵	101.3	145	0	0	44.7	64	526
AU2	33.24	2 纵（或 0 焊缝）	60.9	108	400	0	96/2=48	146/2=73	348（不带通用挤压筒）
AU3	36.08	2 纵	101.3	145	0	0	44.7	64	0
合计	105.4	6（或 4）	263.5	398	400	0	137.4	201	874

表 6-17 BU 部分自由锻和 FGS 锻造两种制造方案的对比 （单位：t）

<table>
<tr><th rowspan="2">名称</th><th rowspan="2">零件质量</th><th colspan="4">自由锻</th><th colspan="3">模锻</th></tr>
<tr><th>分解后代号</th><th>锻件质量</th><th>钢锭质量</th><th>模具质量</th><th>锻件质量</th><th>钢锭质量</th><th>模具质量</th></tr>
<tr><td rowspan="3">BU1</td><td rowspan="3">33.3</td><td>BU1-1</td><td rowspan="3">56.3
（整锻 47.8）</td><td rowspan="3">75
（整锻 93）</td><td rowspan="3">500</td><td rowspan="3">43.3</td><td rowspan="3">62</td><td rowspan="3">216</td></tr>
<tr><td>BU1-2</td></tr>
<tr><td>BU1-3</td></tr>
<tr><td rowspan="6">BU2</td><td rowspan="6">112.6</td><td>BU2-1</td><td>17.4</td><td>25</td><td rowspan="3">借用 BU3 辅具</td><td rowspan="3">105.6
（同 BU3）</td><td rowspan="3">166
（同 BU3）</td><td rowspan="3">借用 BU3 辅具</td></tr>
<tr><td>BU2-2</td><td>47.9</td><td>65</td></tr>
<tr><td>BU2-3</td><td>47.9</td><td>65</td></tr>
<tr><td>BU2-4</td><td>67.3</td><td>90</td><td>0</td><td>24.8</td><td>35</td><td>0</td></tr>
<tr><td>BU2-5</td><td>67.3</td><td>90</td><td>0</td><td>24.8</td><td>35</td><td>0</td></tr>
<tr><td>合计</td><td>247.8</td><td>335</td><td>—</td><td>155.2</td><td>236</td><td>—</td></tr>
</table>

（续）

名称	零件质量	自由锻				模锻		
		分解后代号	锻件质量	钢锭质量	模具质量	锻件质量	钢锭质量	模具质量
BU3	113.2	BU3-1	19.2	25	800	105.6	166	1137
		BU3-2	51.4	70				
		BU3-3	51.4	70				
		BU3-4	62.1	85	0	24.8	35	0
		BU3-5	62.1	85	0	24.8	35	0
		合计	246.2	335	800	155.2	236	—
BU4	32.3	BU4-1	8.6	12	0	42	60	651
		BU4-2	4.1	6	0			
		BU4-3	41.7	55	0			
		BU4-4	41.7	55	0			
		合计	96.1	128	0			
合计	302.7	—	646.4（BU1整锻 637.9）	891（BU1整锻 909）	1300	395.7	594	2004

由于自由锻方案中介绍了 AU2 分体方案和整锻方案，而且两者锻件质量和钢锭质量差距很小，因此按照 AU2 分体锻造方式对比。

AU 部分采用模锻或挤压成形相比自由锻可节约锻件 126.1t，节约钢锭 197t，增加模具 474t。制造 16 个 AU 部分可节约锻件 2017t，节约钢锭 3152t。

由于自由锻方案中介绍了 BU1 分体方案和整锻方案，而且两者锻件质量和钢锭质量差距很小，因此按照 BU1 分体锻造方式对比。模锻方案也存在多种，按照 BU1 挤压后弯制、BU2 模锻、BU3 模锻、BU4 模锻的方式进行对比。

BU 部分采用模锻或挤压成形则节约锻件 250t，节约钢锭 297t，增加模具 704t。减少了纵焊缝 9 道（BU1 整锻则减少 7 道焊缝）。制造 16 个 BU 部分可节约锻件 4000t，节约钢锭 4752t。

对于此类超大截面、超复杂形状的不锈钢锻件模锻成形来说，成形力是限制其整锻的重要因素之一。由于 1600MN 液压机还在研制过程中，模锻方法暂时不能实施，正在制造的 TF 线圈盒先行件采用的是自由锻和自由锻加胎膜锻的方案。

这里意在介绍 FGS 锻造方法在线圈盒上的应用，着重强调了模锻设计理念在这一应用上的作用，希望为众多研究者提供一个提高锻件性能及锻件利用率的思路。作为高质量、高性能大锻件的发展趋势，FGS 锻造对成形设备、模具设计、制坯工艺、实践水平等提出了更高的要求。如何协调平衡锻件成本、质量及成形装备之间的关系，锤炼出“形神兼备”的高标准锻件是未来设计者及企业管理者共同面临的命题。

6.4.6 风洞“弯刀”

6.4.6.1 工程背景

中国跨声速风洞（China Transonic Windtunnel，CTW）试验段项目是支撑飞行器自主研发，促进航空航天等装备制造重点领域转型升级，引领空气动力学及其相关学科创新发展的战略性、基础性设施。主要用于大型客机重大基础设施建设项目，研究飞行雷诺数下的气动特性，准确预测问题。其中“弯刀”是 CTW 试验段中支撑模型的关键结构件，负责支撑整个模型，同时受到常温-超低温循环下交变应力作用，需要保证弯刀材料的安全性和尺寸的稳定性。现已选定 022Cr12Ni10MoTi 不锈钢作为生产此零件的材料，以满足其抗拉强度高，超低温（-196℃）冲击性能好，以及良好低温疲劳性能等严苛要求。CTW 试验段弯刀为半圆环形结构，平板处厚度为 140mm，圆柱段直径为 440mm，质量约 19t。风洞弯刀形状及粗加工取样图如图 6-350 所示。

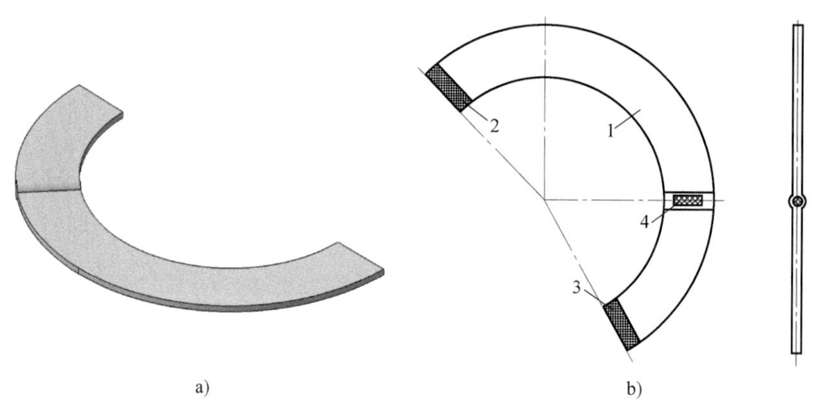

图 6-350　风洞弯刀形状及粗加工取样图

a）立体图　b）尺寸图

1—锻件本体　2~4—性能试料

风洞弯刀锻件其材质特殊，且工况条件恶劣，因此对锻件质量要求极高，在制造上也存在诸多难点。冶炼方面，该材质合金含量高，成分要求区间窄，且对残余元素含量要求极高，因此如何冶炼高品质 100 吨级不锈钢大型电渣钢锭是其制造的主要难点之一。锻造方面，目前的主流工艺路线为自由锻板坯弯制成形，自由锻过程中，由于弯刀锻件板坯壁厚较薄，在锻造过程后期局部降温较快，因材料高温塑性变形行为的差异性，或因表面微裂纹的存在，导致锻造过程中锻件局部出现较大裂纹。弯刀锻件在拔扁方出成品阶段，弯曲前成品板坯长度约 15m，坯料温度低时需要返炉重新加热，可能出现粗晶或混晶，影响热处理工艺等后续热加工工序。此外，弯刀锻件最大宽高比 $\lambda=5$，在板坯弯曲成形过程中可能出现板坯失稳的风险。热处理方面，如何保证锻件的超低温强韧性匹配以及热处理过程中的防变形手段也是该锻件制造的主要难点。

针对该锻件的制造工艺，中国一重在 2019 年结合自身液压机工况特点，进行了自由锻造比例件的试制，试制件材质为 30Cr2Ni4MoV，在等比例试验中得到了如自由锻板坯以及弯制成形过程中坯料的变形特点，并结合试验结果进行了方案优化，可以说该试验取得了预期效果，为该锻件的实际制造提供了宝贵经验，但也应该认识到，若进行相同材质的等比例试验，则必将出现如锻造开裂、混晶、尺寸不合等由自由锻变形原理导致的诸多问题。因此有必要寻求新的制坯及成形方案，替代原有自由锻方案，并成为今后制造风洞弯刀锻件的主流工艺。等比例试验过程如图 6-351 所示。

在 5.1 节介绍了支承环锻件热挤压复合胎模锻造工艺，该工艺成形效率及成材率高，更重要的是通过超大型液压机的热挤压成形，可有效解决特殊材质混晶、力学性能不均匀等自

a) b)

图 6-351 等比例试验过程

a）弯制前状态 b）弯制后状态

由锻造无法解决的问题，同时在挤压过程中所产生的表面压应力状态也有效避免了锻造开裂的问题，因此该技术也为弯刀锻件的制造提供了经验借鉴。

本节通过总结原有比例试验以及国内其他制造厂在试制此件产品中所取得的制造经验，并结合超大型液压机的设计参数及工况特点，基于该锻件的材质特性及尺寸，研究锻挤结合工艺以及感应加热局部镦粗后热推弯的制造工艺路线。

6.4.6.2 试验方案

采用“真空感应+真空自耗+电渣重熔”的冶炼路线制造电渣钢锭，用于弯刀锻件比例试验的生产，其中电渣重熔采用 120t 电渣炉，结晶器直径为 2100mm。钢锭质量为 80t，尺寸为 ϕ2100mm×3000mm。

钢锭首先进行锻造开坯，由于电渣钢锭直径较大，凝固时间较长，枝晶粗壮且存在较严重的成分偏析，因此钢锭首先进行 30h 的均匀化处理，随后进行压钳口，两镦两拔后下料，随后进行机械加工，挤压前坯料尺寸为 ϕ1800mm×3100mm，如图 6-352 所示。

锻坯经机械加工后进行热挤压，将圆坯直接挤压成板材，挤压温度为 1220℃，挤压板材毛坯尺寸为 1700mm×300mm×15000mm，毛坯质量为 60t。挤压后板坯经锻后热处理并校直，上下见平后进行局部镦粗圆柱部位，镦粗过程中采用中频感应加热，加热温度为 1050℃，中频加热线圈为矩形缠绕。圆柱部位局部成形完成后校直并打磨板坯，最终进行压弯成形，如图 6-353~图 6-355 所示。

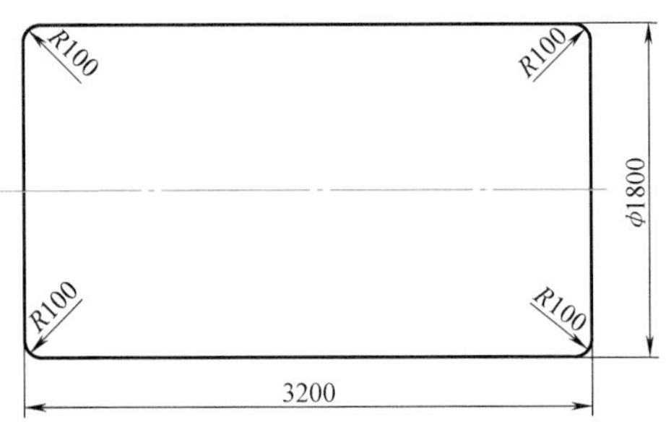

图 6-352 挤压前坯料

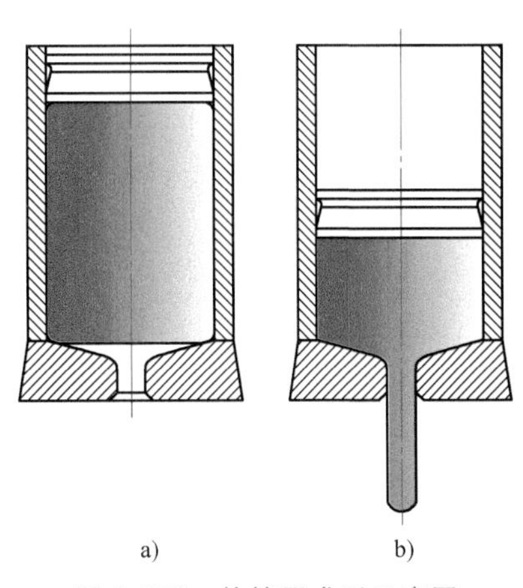

a) b)

图 6-353 热挤压成形示意图

a）挤压前 b）挤压后

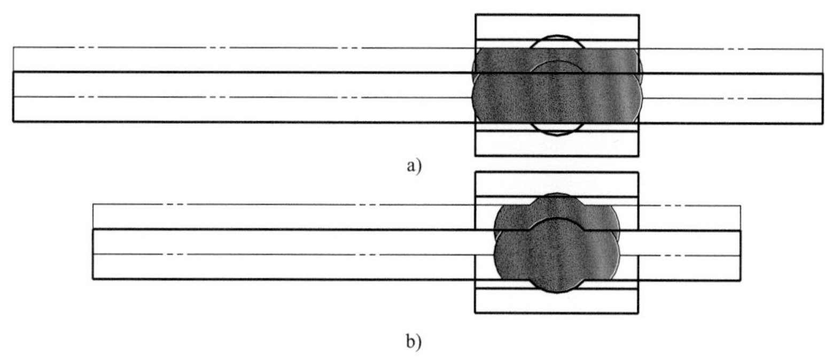

图 6-354　局部镦粗圆柱部位示意图

a）镦粗前　b）镦粗后

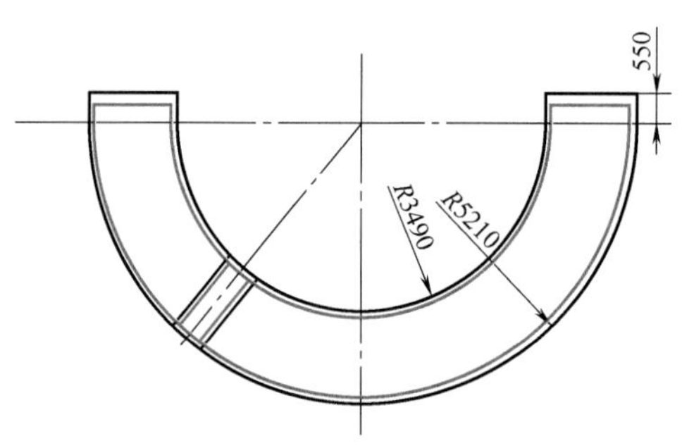

图 6-355　弯制成形

6.4.6.3　模具设计

热挤压成形模具包括挤压垫、挤压模及挤压筒，其中挤压筒为 5CrNiMo 整锻筒体锻件，外层加工有油槽，并用外套约束。挤压模模腔尺寸为 1700mm×300mm，入模角为 15°，挤压垫为一饼形锻件。挤压垫及挤压模均采用 H13 热作模具钢锻造，挤压垫与挤压筒之间单边间隙为 3.5mm。主要热挤压模具如图 6-356 所示。

中频感应加热局部成形模具如图 6-357 所示，分为上模和下模，二者对称布置，中间形成一直径为 450mm 的圆弧形型腔，成形圆柱部位过程中，板材充满型腔从而成形圆柱部位。

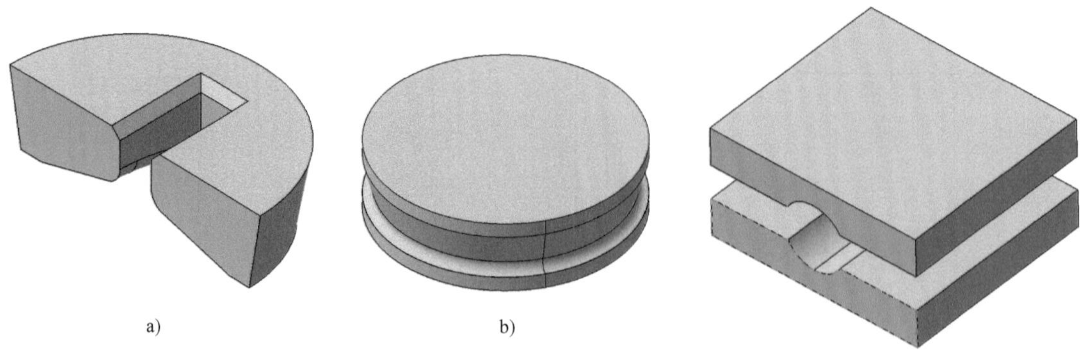

图 6-356　主要热挤压模具

a）挤压模剖切图　b）挤压垫

图 6-357　局部成形模具

弯制成形所用模具包括弯制上模和弯制下模，其中上模为一半圆弧形并带有一凹槽的模具，凹槽位置用于避让圆柱部位，避免与圆柱部位干涉；下模整体为一双面带直段、中间带槽的板形模具，该结构主要为避免弯刀锻件在弯制过程中发生失稳，具体如图 6-358 所示。下模设计相对简单，其主要结构为一带槽框架，其中槽宽与上模直段外侧宽度基本一致，并预留一定间隙，弯制过程中上模压下并与下模形成导向，这样从弯制辅具整体结构上避免了锻件以及模具在弯制过程中失稳的可能性。

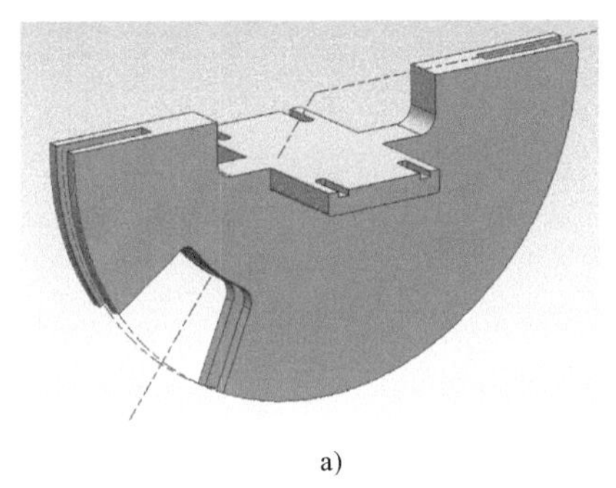

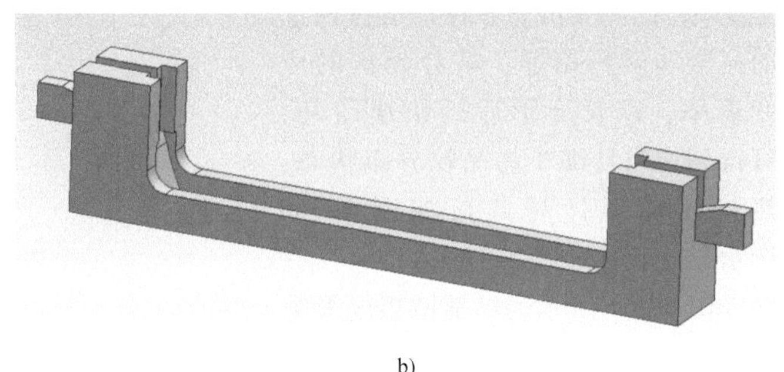

a)　　　　b)

图 6-358　弯制辅具

a）上模　b）下模

6.4.6.4　成形模拟

热挤压成形坯料尺寸为 ϕ1800mm × 3100mm，挤压坯料尺寸为 1700mm × 300mm × 15000mm，挤压比为 4.9，挤压温度为 1220℃。材料模型通过热力学软件计算得到，摩擦系数取 0.3，挤压垫移动速度为 20mm/s，采用 1/2 模型计算。热挤压成形数值模拟过程如

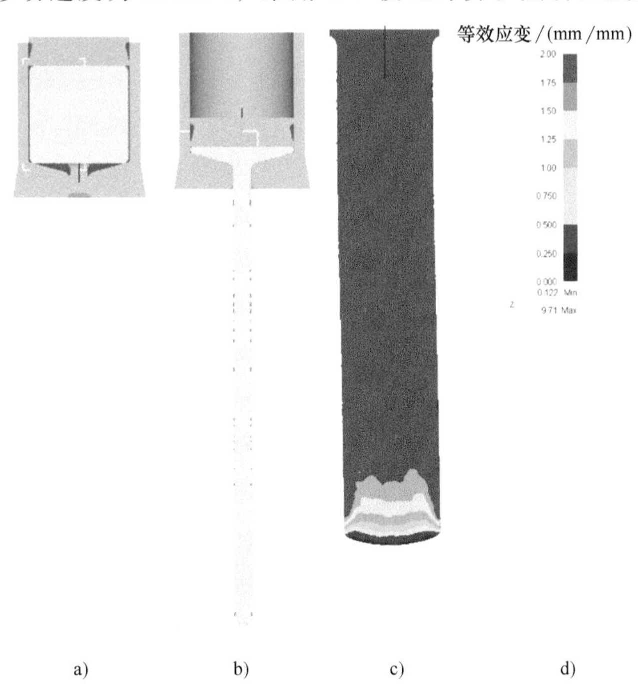

a)　　b)　　c)　　d)

图 6-359　热挤压成形数值模拟

a）挤压开始　b）挤压结束　c）等效应变场　d）等效应变柱状图

图 6-359 所示，由于采用 1/2 模型，因此实际成形载荷应为计算载荷的 2 倍，经计算，锻件热挤压成形力约为 1000MN。从挤压后的应变分布来看，锻件经挤压后，除破壳位置变形相对较小外，其余位置应变均大于 3.0，此应变可充分保证锻件内部的完全动态再结晶，结合较快的应变速率，以及变形后的快速冷却，可得到均匀且细小的晶粒分布状态。热挤压成形计算载荷如图 6-360 所示。

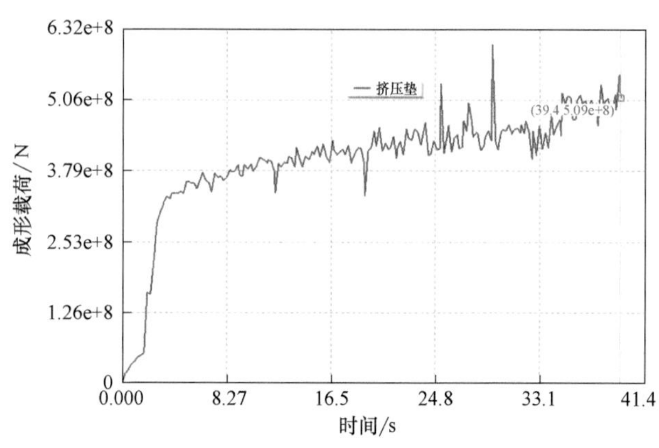

图 6-360　热挤压成形计算载荷

图 6-361 所示为局部镦粗成形数值模拟过程，首先采用局部加热将变形位置 1500mm 宽的区域加热至 1050℃，然后将局部成形上下模固定于圆柱部位，最后采用水平压力机在坯料两侧施压，两侧进给量分别为 400mm，完成局部成形过程（见图 6-354）。圆柱部位变形后的应变分布如图 6-362 所示。

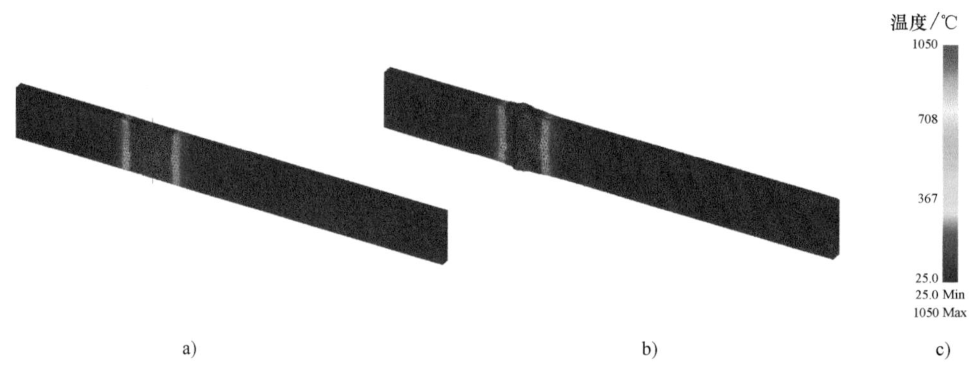

图 6-361　局部加热及局部成形圆柱部位温度场

a）局部加热后　b）局部变形后　c）温度场柱状图

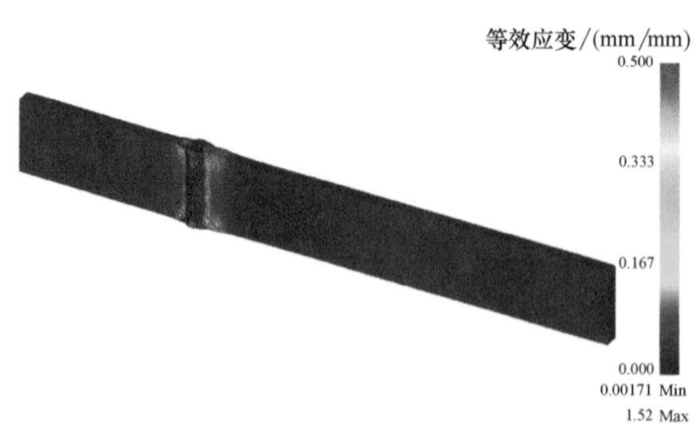

图 6-362　圆柱部位变形后的应变分布

弯制过程如图 6-363 所示，弯制温度为 1050℃，上模压下速率为 20mm/s，计算成形载荷为 85MN，如图 6-364 所示。

6.4.6.5 效果对比

采用锻挤结合的弯刀 FGS 锻造成形工艺，相比于自由锻制坯，从原理上即存在较大的先天优势，该技术对于锻造温度区间较窄，锻造过程易开裂的不锈钢锻件来说，采用超大型液压机进行热挤压，可有效抑制锻件的裂纹萌生，同时，针对不锈钢材质，热挤压成形近似为等温锻造，因此各位置变形条件趋于一致，从而确保了锻件各处的组织及性能均匀性。而采用自由锻制坯的方式，由于该锻件圆柱部位厚度较大，因此在终成形火次其变形量势必较小，这就极有可能导致圆柱部位的晶粒粗大或混晶缺陷。因此，借助超大型液压机进行热挤压成形，随后再使用水平压力机进行圆柱部位局部成形的工艺势必成为今后该锻件制造工艺的发展趋势。

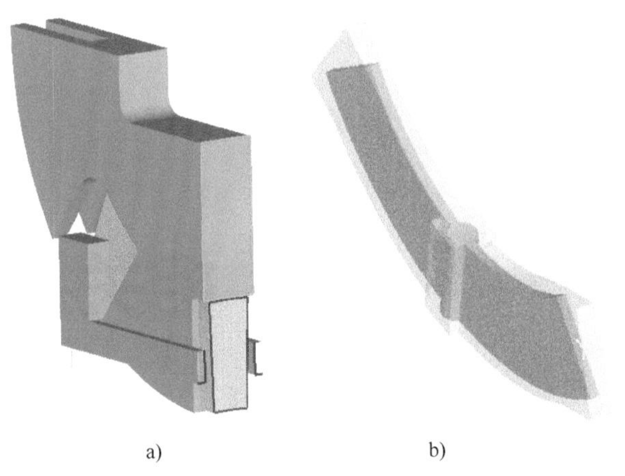

图 6-363 弯刀弯制成形过程模拟
a）弯制成形 b）变形后锻件与粗加工图对比

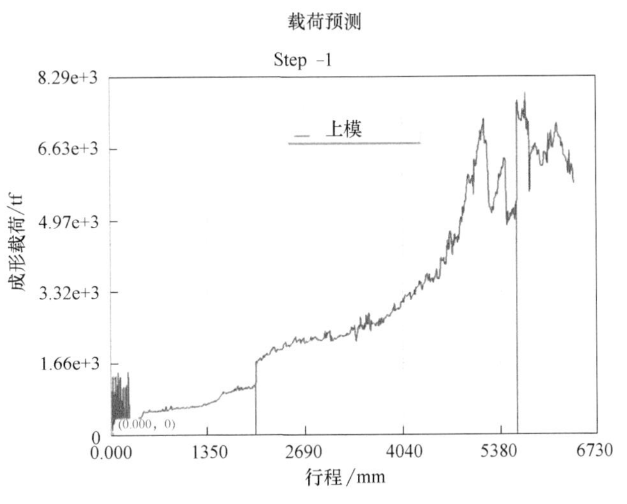

图 6-364 弯曲过程中所需载荷

经统计对比，采用此方案可大幅提高材料利用率，减少锻造成形火次，具体对比情况见表 6-18。其材料利用率可由 18%提高到 25%，锻造成形火次由原工艺的 8~10 火次减少至 5 火次。

表 6-18 两种方案成形参数对比

制造工艺	钢锭质量/t	锻件质量/t	利用率(%)	锻造火次
热挤压	80	60	25	5 火次
自由锻	108	80	18	8~10 火次

第7章 相关技术研究

大型锻件 FGS 锻造能够顺利实现的先决条件是合理、可靠、寿命期较长的成形模具设计与制造。模锻成形的锻件尺寸规格与质量之所以受限，主要原因除了液压机设备能力不足外，模具是另外一个重要因素，其中包括模具制造质量、模具使用寿命等。没有模具的保证，大型锻件 FGS 锻造只能是纸上谈兵，不能创造经济效益。为此，在开展大型锻件 FGS 锻造技术研究的同时，必须同时对大型模具的设计、制造、使用及维保开展研究与工程实践。

在研究大型锻件 FGS 锻造的过程中，除了重点考虑“形粒力”以外，还应关注锻件内部组织演变以及可视化等问题。

7.1 轻量化易拆装的大型组合模具研制

大型锻件 FGS 锻造成形力大，使得模具应力也特别大，无论是从强度方面考虑还是从刚度方面考虑，都需要在模具设计时留有一定的安全系数，因此模具尺寸与重量都会很大，所以需要研究如何降低模具重量实现轻量化，在保证模具制造质量的同时也方便使用与维保。此外，有些 FGS 锻造成形的锻件形状比较复杂，为了方便锻后脱模，成形模具需要设计成组合结构。组合模具的设计需要考虑现场拆装的安全性、快捷性以及简易性等问题。

下面以某公司研制大型船用曲柄模锻件为例，说明大型组合模具设计特点与设计原则。

7.1.1 模具特点

某公司针对大型船用曲柄锻件开展 FGS 锻造工程实践研究，设计了采用组合结构的下模，其具体设计结构如图 7-1 所示。

从图 7-1 可以看出，曲柄模锻用组合下模主要结构为：底板上安装整体凹模，整体凹模中安装凹模镶块，整体凹模的上端面摆放侧板，侧板与凹模的外面套上外套。

为了留有吊钳上料空间以及防止模内镦粗时坯料上部溢出下模，在外套和侧板的上端面设置了延长段。

为了防止舌板冲压成形时因锻件上涨而导致的延长段上移，在延长段与外套之间使用 10 个 C 型卡子将二者卡住。

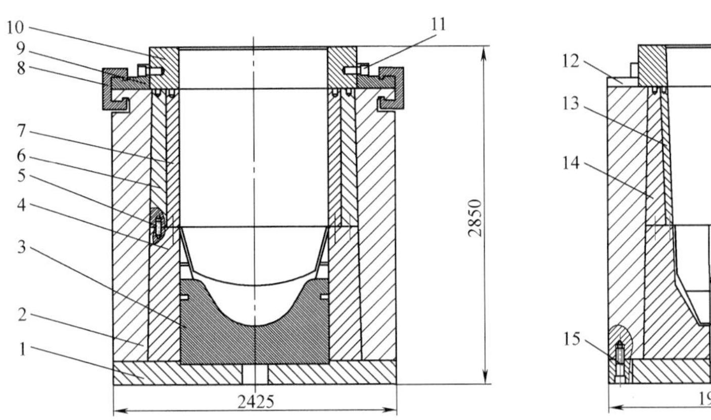

图 7-1 某型号船用曲柄模锻用组合下模设计结构

1—底盘 2—外套 3—凹模镶块 4—凹模 5—销 6、14—外侧板 7、13—内侧板 8—滑块 9—延长法兰 10—延长段 11—螺钉 12—定位块 15—螺栓

为了防止舌板冲压成形时因锻件上涨而导致的侧板上移，外套内壁设计成上端开口小下端开口大的锥形结构。为了实现这种结构的外套与内模的整体吊运，在底板上设计了沉头梯形孔结构，使用 8 个 M64 螺栓将外套与底板连接为一体。

通过上述组合下模设计结构分析可知，曲柄模锻用组合下模具有如下特点：

1）采用延长段结构可以满足大型吊钳夹持曲柄坯料实现平稳无冲击模式的上料要求，但在舌板冲压成形时会因锻件的上涨而上移，而且当坯料截面尺寸偏大时，在模内镦粗成形阶段存在因延长段上移而造成坯料外溢（即“露红”形成飞边）的风险。

2）外套内壁采用上小下大的锥形开口结构，既可以有效防止舌板冲压成形时内模侧板的上移，又可以实现下模的安全快速组装，但无法实现下模组合后的整体吊运。

3）外套与底板采用沉头螺栓连接，可以实现下模组合后的整体吊运，但同时也会使得外套在工作中因底部固定无法实现整体扩张而导致的受力状态恶化。

4）凹模底部中间部位采用镶块结构，可以实现锻件端部近净成形，减少锻件质量，保证锻件纤维流线完整不被切断，但因镶块较薄，也存在成形后镶块与锻件无法脱离的风险。

7.1.2 模具设计原则

通过分析上述组合模具特点，结合大型锻件 FGS 锻造技术，总结出以下几点模具设计原则供参考。

1）组合下模外套设计时一般优先考虑刚度原则。

2）组合下模深度既要方便坯料入模，又要减少上料后在线组装下模的频次。

3）防止内模浮动组件在锻件反挤压成形时因锻件上涨而上移。

4）下模组装要安全快捷。

5）下模组装后可实现整体吊运与对中。

在满足上述使用需求的同时，外套的设计除了要保证模具的强度，还应该做到质量最轻、制造成本最低。

7.1.2.1 通用模具

组合模具中的外套原则上是通用的，其设计结构一般为厚壁圆筒。为了减轻外套质量，通常在外套外表面缠绕钢丝，使其产生一定的预紧应力，提高其使用强度。但对于上述曲柄等非圆形截面模锻件而言，为适应外套圆形内表面，非圆形内模外表面将增加月牙形附加结构，因此质量增加较多。为了探索非圆形外套设计、制造与使用经验，某公司采用了图 7-1 所示非圆形外套进行船用曲柄模锻件的 FGS 锻造成形，使用过程中外套开裂，具体情况如下。

上述船用曲柄外套的显著设计特点是采用了等壁厚的矩形结构而非圆形结构，目的是减少外套质量的同时，也简化内模侧板形状并减轻其质量。对于上述船用曲柄模锻件而言，相同壁厚（300mm）的矩形外套与圆形外套，其组合下模质量的对比情况见表 7-1。

表 7-1　相同壁厚的矩形外套与圆形外套组合下模质量对比　（单位：t）

外套形状	外套质量	内模质量	组合下模质量
矩形	37.8	37.5	75.3
圆形	52.6	53.4	106

此外，矩形外套内壁采用了正锥形斜度，即外套上部端口尺寸小于下部端口尺寸。正锥形斜度的外套结构，其优点是可以防止锻件反挤压成形阶段浮动放置的内模组合衬板跟随锻件涨高而抬升，缺点是下模组装时外套需要从上而下套入已组合好的内模，桥式起重机起吊外套时比较危险，而且下模组装完毕后，单独起吊外套无法实现组合下模的整体吊运。由于外套采用了正锥形内壁斜度，所以为了整体吊运，在外套下端面设计了 8 个 M64 螺纹孔，以便使外套与底板连接。

由于采用了矩形结构，外套在圆角处存在应力集中现象，因此外套设计选材为 35CrMo 锻件。后经课题审查组提议，为降低制造成本，将外套从锻件改为铸件。最终，外套材质确定为 ZG35CrMo，材料标准中查询其正回火状态下的屈服、抗拉强度分别是 392MPa、588MPa。

1. 外套强度校核

外套的强度校核采用了三种方法同时进行：计算机模拟、经验公式与以往整体模具使用经验。

（1）计算机模拟方法校核外套强度　外套结构设计完成后，应用模拟软件对其强度进行了模拟分析，强度校核结果如图 7-2 所示。模拟结果显示，在最大成形力（180MN）下外套最大等效应力为 219MPa，安全系数 $n = 588/219 = 2.7$。

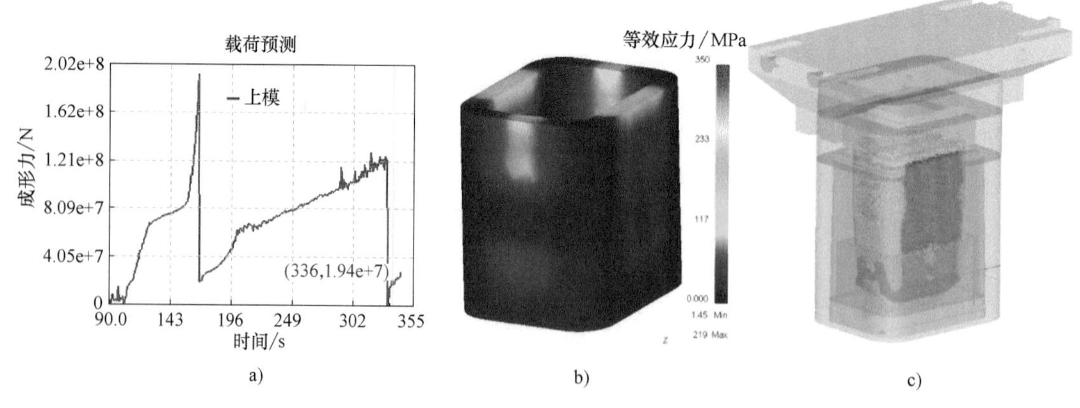

图 7-2　外套结构设计后强度校核结果（最大成形力下）

a）最大成形力　b）外套等效应力　c）最大成形力时坯料与模具接触点

曲柄模锻成形后，根据实际成形时采集的工艺参数（最大成形力 120MN），应用模拟软件对外套强度再次进行了模拟分析，结果如图 7-3 所示，危险截面在四个过渡圆角处，最大等效应力为 505MPa，安全系数 $n=588/505=1.2$。

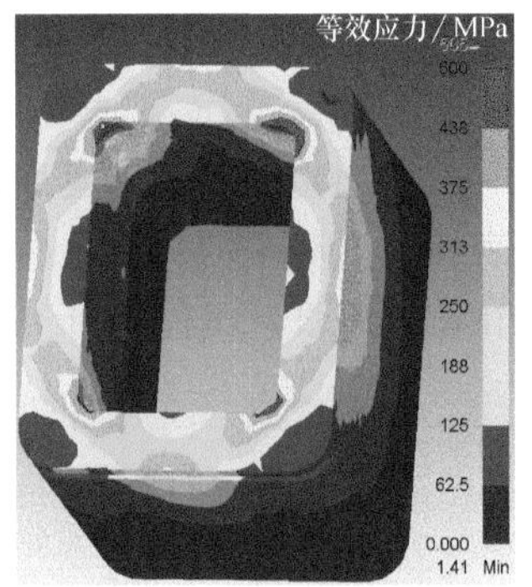

图 7-3 镦粗行程 640mm 时外套应力分布

计算机模拟软件计算出来的外套应力分布结果之所以差别很大，主要是因为采用了两种不同的计算方法，前者采用的是接触点应力导入法，即将最大成形力时坯料与模具接触点的应力分布结果导入外套，作为外套的外部载荷，将外套作为分析对象，计算其内部应力分析。根据模拟结果，最大成形力为 180MN 时，坯料在圆角处未充满（即未接触），坯料与模具接触点的最大应力为 63MPa，此时坯料与模具的接触点分布情况如图 7-2c 所示。由于外套四个过渡圆角处没有与坯料接触，所以该处没有外部载荷，计算的内应力也很小。

后者按照实际工艺参数模拟计算的外套应力结果，采用了全流程分析法，将坯料与外套均作为分析对象，对坯料施以外部载荷，在最大载荷时截取外套应力分布情况。对比两种模拟结果，后者比较接近实际情况。

（2）经验公式校核外套强度　利用经验公式对外套的壁厚和过渡圆角进行了校核。外套壁厚的校核采用了材料力学中受内压的厚壁圆筒的校核公式：$r_{外} \geqslant r_{内}\{[\sigma]/([\sigma]-2p_0)\}^{0.5}$，$[\sigma]$ 为许用应力，$r_{外}$ 为外半径，$r_{内}$ 为内半径，p_0 为压强，对于 ZG35CrMo 脆性材料而言，$[\sigma]=R_m/2=588/2=294\text{MPa}$，$p_0=F/A$(内侧板表面积)$=15000\times104\div(775\times1170\times2+1277\times1170\times2)=31.2\text{MPa}$，$F$ 为外力载荷计算得出 $r_{外}\geqslant1.13r_{内}$，壁厚 $\Delta t\geqslant0.13r_{内}$，对于矩形筒，由于没有公式可用，因此假定认为 $r_{内}=(a^2+b^2)^{0.5}/2=(12102+17352)^{0.5}\div2=1058$，$a$ 为矩形筒内壁短边长度的一半，b 为矩形筒内壁长边长度的一半，$\Delta t\geqslant0.13r_{内}=0.13\times1058=138\text{mm}$，即最小壁厚 138mm。若 p_0 按照模拟计算得出的最大成形力时坯料内应力 63MPa 计算，则最小壁厚为 342mm。

根据上述计算结果，确定矩形外套壁厚为 299~345mm，即上部壁厚为 345mm，下部壁厚为 299mm。

设计外套时由于没有校核过渡圆角的经验公式，因此过渡圆角 $R=104\sim150\text{mm}$ 的选择完全凭借工程实践经验。后期从相关资料中获得模具过渡圆角校核经验公式为

$$R\geqslant\frac{a+b}{4\times(2.75\sim4.75)}$$

式中　a、b——长方形内孔的边长；

R——过渡圆角。

对于上述曲柄锻件，$a=1277\text{mm}$，$b=1500\text{mm}$，计算得出过渡圆角 $R\geqslant146\sim252\text{mm}$。

由于外套内壁设计了 1∶50 的斜度，所以外套实际圆角 R 为 104~150mm，与计算得出的最小过渡圆角相比偏小。

（3）以往整体模具使用经验　核电小堆水室封头整体下模水平管嘴处的壁厚为 350mm，最小过渡圆角为 R100mm，条形锤头旋转压完球形凹腔后，更换整形锤头压水平管嘴时的成形力为 140MN，模具未开裂。

AP1000 与 CAP1400 水室封头整体成形模具最小壁厚为 230~370mm，模具未开裂。

2. 外套制造情况

（1）铸造质量　外套加工过程中，在上端面出现 50mm 深裂纹（见图 7-4a），该裂纹从外表面经上端面延伸到内表面，靠近吊耳处，即图 7-4c 中上侧红线所圈处。在该裂纹下面存在铸造砂眼（见图 7-4b），即图 7-4c 中下侧红线所圈处。处理方法是清除缺陷后焊补。

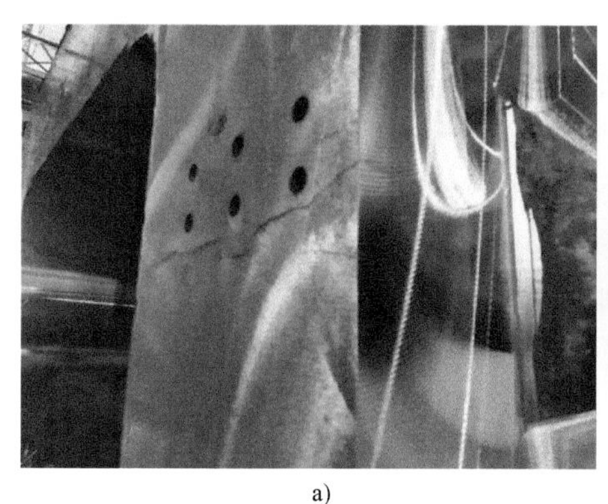

a)

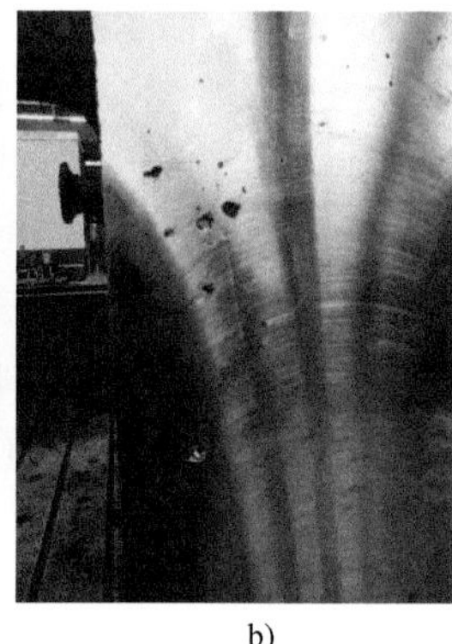

b)

c)

图 7-4　外套铸造缺陷

a）端面裂纹（50mm 深）　b）端面砂眼　c）端面缺陷位置

（2）加工质量　外套加工过程中，先加工外表面，加工范围是距离上下端面各 200mm 高二圈，然后以此为基准加工内表面，加工内表面过程中发现加工量不够了。重新以内表面为基准加工。最后外套壁厚 294mm（图样中设计尺寸为 300mm）。

3. 外套使用情况

采用万吨级液压机模锻成形上述船用曲柄锻件。第一步模内整体镦粗结束后，最大镦粗力为 120MN，外套正常，没有出现开裂情况；第二步舌板冲压成形过程中外套上端西北角的过渡圆角首先出现开裂，随着舌板继续下压，开裂情况不断加重，故舌板冲压成形只完成 1/3 行程而不得不中止。外套开裂情况如图 7-5 所示。

图 7-5　外套开裂情况

4. 外套开裂原因分析

根据外套设计结构、模具强度分析结果、模具制造质量、模锻过程等诸多环节，综合分析外套开裂原因如下：

1）等壁厚方形外套过渡圆角处的强度裕度不足。

2）模具吊耳处存在铸造裂纹与砂眼，清理焊补后使用。

3）模锻时坯料温度不均且偏低，成形力较大。

4）坯料体积偏大，镦粗时在上端面形成较大飞边，外套上端面受较大拉应力。

5. 外套结构设计优化建议

结合上述原因，外套结构设计优化建议如下：

1）优化外套结构，增加过渡圆角，或将等壁厚矩形优化为圆形，以减少应力集中。

2）外表面铸造吊耳尺寸尽量小以避免因热节而产生铸造裂纹。

3）坯料体积不宜过大，截面尺寸不宜过大，避免镦粗时出现飞边。

4）保证坯料温度以降低成形力。

7.1.2.2 专用模具

专用模具是指与产品形状及尺寸一一对应的模具，不具有通用性，当产品形状或尺寸发生改变时，模具也需要重新设计与制造。为了实现 FGS 锻造，专用模具形状设计一般与锻件形状保持一致；尺寸设计需要考虑热胀冷缩、坯料表面残存的氧化皮情况、润滑剂涂层厚度（较厚情况下）、加工制造工艺性特殊要求、脱模需要（即是否需要拔模斜度）等因素，适当予以放大或缩小；结构设计需要考虑锻件形状能否顺利脱模而采用整体或分体结构。由于 FGS 锻造针对的是大型和超大型锻件，锻件质量与投影面积已经远远超出传统闭式模锻的范围，所以闭式模锻使用的分模面选择原则与标准是否适用于 FGS 锻造，还有待实践检验。

7.1.3 模具制造

超大型锻件的 FGS 锻造旨在摒弃传统的大锻件制造手段，以求通过合理的工艺和模具设计来实现锻件的近净成形及全压应力成形，而实现其锻造工艺的前提，则是对模锻成形、热挤压成形以及胎模成形所用模具的合理设计和合格的模具质量，可以说模具的设计及制造质量是能否实现超大型锻件 FGS 锻造的重要前提。而如何在制造成本低廉、通用性强的前提下，制造出经久耐用的成形模具，则直接影响着锻件的制造成本及质量。本节通过分析在上文所述试制件制造过程中模具准备及使用中所出现的问题，阐述超大型锻件 FGS 锻造所需模具在制造和使用过程中应注意的突出问题，并结合所出现的问题，提出超大型模具的设计思路。

7.1.3.1 工程实践

中国一重与国内主流大型模锻件制造企业在生产及试验过程中，结合自身工况条件与液压机结构，对超大型锻件 FGS 锻造技术进行了大量探索及尝试，期间投制了大量工辅具以辅助实现锻件的制造工艺。这些工辅具，包括挤压模具、模锻用模具、胎模成形模具等。从料和制造方式上分类，包括模具钢整体锻造模具、铬钼钢整体铸造模具，以及组合模具等。项目运行前期，为保证模具的使用安全性，一般均将上模设计为整体模具，但由于所制造锻件规格超大，所制造的模具规格一般与所制锻件规格相当，甚至其尺寸及重量可能大于所制造的锻件。由于锻件结构一般较为复杂，若需要实现近净成形，并考虑与液压机之间的连接结构，那么，若制造整体模具，其结构相当复杂，这就为模具的制造增加了困难。

1. 机械加工余量大

前文所述，制造曲柄所使用的模具包含镦粗杆及舌板两件超大型模具，由于曲柄截面尺寸大，成形载荷也较大，为确保模具在使用过程中不发生过载而断裂，两件锻件均选用 H13 热作模具钢材质，选择超大型钢锭进行自由锻成形。由于模具材质特殊，且锻件形状相对复杂，因此采用自由锻的制造方案很难实现近净成形，锻造后机械加工余量过大。由于模具钢硬度极高，可加工性差，机械加工时对刀具磨损严重，因此给机械加工带来了极大的困难。其中，镦粗杆精加工后质量仅为 23t，舌板精加工后质量也仅为 19.5t，但两件模具毛坯质量均达到近 50t。两件模具的加工周期超过 4 个月，严重制约了产品的制造进度。因此，在今后的模锻成形用模具设计上，尤其是复杂形状模具，结构设计是首先需要考虑的问题。

镦粗杆整体模具设计结构如图 7-6 所示，镦粗杆整体模具制造过程如图 7-7 所示；舌板整体模具设计结构如图 7-8 所示，舌板整体模具制造过程如图 7-9 所示。

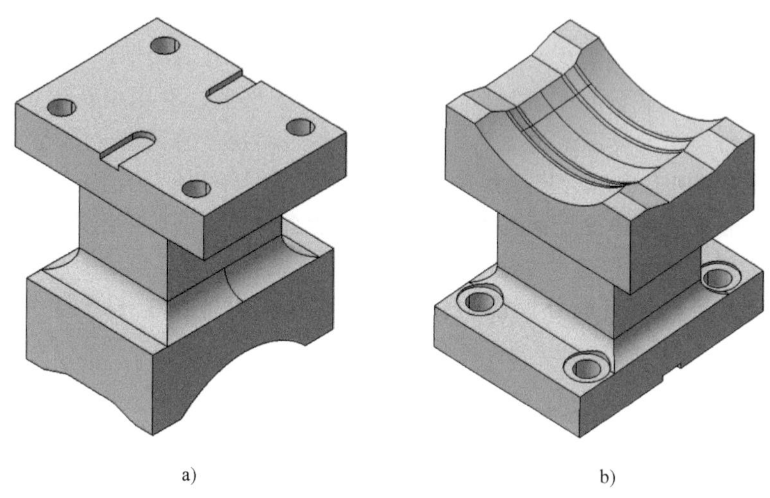

a)　　b)

图 7-6　镦粗杆整体模具设计结构

a）俯视图　b）仰视图

a)

b)

图 7-7　镦粗杆整体模具制造过程

a）毛坯　b）粗加工调质前状态

2. 无损检测质量不佳

超大型模具的制造难点还有一方面体现在锻件内部质量难以保证，这一点无论是在模具钢锻件上还是超大型铬钼钢铸造模具上均体现得较为明显。

锻件方面，制造超大型模具钢锻件，首先就要冶炼超大型模具钢钢锭，由于模具钢合金含量高，部分元素成分极易发生氧化，因此钢液纯净性就很难得到保证，钢锭凝固过程中，其树枝晶极为粗壮，导致出现很严重的枝晶偏析，若后期锻造成形工艺不能得到很好控制，则极易出现内部探伤问题。此外，由于模具钢强度极高，因此其氢脆敏感性相对其他材质也

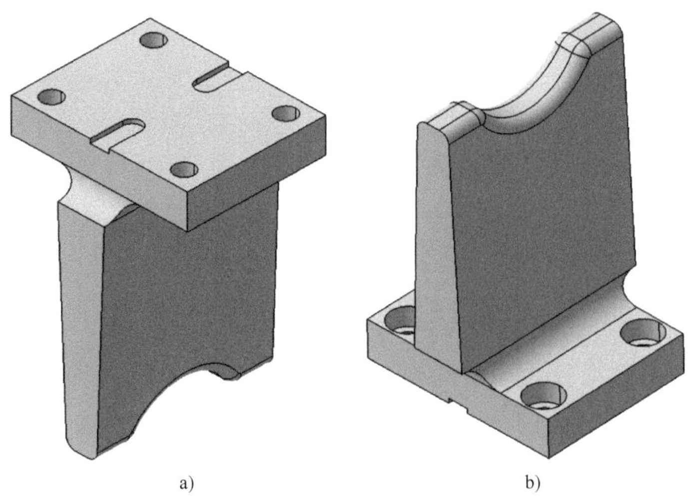

a) b)

图 7-8 舌板整体模具设计结构

a）俯视图 b）仰视图

a)

b)

图 7-9 舌板整体模具制造过程

a）毛坯 b）精加工后状态

略高，若不能很好地控制氢含量，则极易出现氢致开裂。锻造上，模具钢中合金元素含量较高，锻造时变形抗力较大，且材料的导热性能较差，共晶温度较低，稍不注意就会发生过烧。因此从锻造加热温度控制上，在800℃左右须进行保温，成形始锻温度应控制在 1180℃ 以下，且终锻温度不得低于850℃，避免因碳化物析出导致的可锻性下降而产生的锻造开裂。图 7-10 所示为超大型 H13 舌板锻件无损检测现场，经检测发现超标缺陷。

图 7-10 超大型 H13 舌板锻件无损检测现场

铸件制造上所遇到的问题也较多，特别是对于截面变化较大的铬钼钢铸件来说尤为明显。若在钢液冶炼过程中无法保证纯净性，或在铸造中由于钢液对砂型冲刷而污染钢液，凝固后将保留在铸件内，若出现较大夹杂物，只能通过碳弧气刨后焊补的方式进行修复，但对于铸造铬钼钢（见图 7-11）来说，其与焊材熔合性较差，且本身在较低温度下，导热系数较低，韧性较差，若不能合理地控制层间温度，则在补焊过程中还会继续发生开裂，这种情况只能继续气刨重新焊补，如此循环往复的修补，严重影响了铸件的制造周期。经笔者的长期使用经验来看，在铬钼钢铸件制造中，若出现局部无损检测不合格的位置，则建议首先进行强度校核，分析该位置的受力状态，若在加载过程中，该位置为压应力状态，则可不必进行气刨修补，但若经受主应力为拉应力，且所受拉应力已接近材料的许用应力，则可进行适当焊补，或采用焊接拉筋补强的方式进行局部优化。

图 7-11　超大型铬钼钢铸件

3. 热处理开裂

模具的性能热处理对于模具的材料改性起着关键作用，对于锻造模具钢来说，在锻件锻造成形后，首先须进行退火或正回火，从而得到等轴状的铁素体及珠光体平衡组织，部分模具如 H13 锻件还须进行球化退火来降低硬度，有利于切削加工。模具钢的性能热处理则是充分挖掘材料性能潜力，使其力学性能满足工况条件要求的必然手段，一般常用的为调质处理。由于材料导热性差，且韧性也相对较差，裂纹敏感性强，在调质过程中极易发生开裂导致模具报废。如出现局部热处理缺陷，则需要进行及时处理，图 7-12 所示为采用机械加工方式清除舌板淬火裂纹。对于 H13 钢，其最佳热处理工艺是 1020～1080℃ 加热后油冷淬火或分级淬火，然后进行 560～600℃ 两次回火，显微组织为回火托氏体+回火索氏体+剩余碳化物。对于要求热硬性高的模具（压铸模），可取上限加热温度淬火。对于要求韧性为主的模具（热锻模），可取下限加热温度淬火。经过多年的实践经验，笔者认为，对于超大型锻件用模锻成形模具来说，模具钢硬度不宜过高，可控制在 45HRC 以内。由于成形过程中，模具受力极为复杂，模具局部位置受反复拉压及剪切应力，因此，建议应确保具有一定的韧性储备，这在下文中还会提到。更重要的是，若一味追求模具硬度而贸然提高冷却速度，则极有可能产生开裂风险。例如在曲柄舌板制造中，由于模具截面变化大，上部连接法兰与下端舌板根部连接位置在第一次回火后发现局部开裂，后续只能通过机械加工后镶块的方式进行修复，但已严重影响到模具的使用寿命。

图 7-12　机械加工方式清除舌板淬火裂纹

此外，复杂截面形状的铬钼钢铸件，其性能热处理过程中若一味追求表面硬度而提高冷却速度并降低回火温度，也极易发生开裂。主泵接管内模为一圆柱形分两半的组合模具，由于型腔复杂，其截面尺寸变化也较大，铸件材质为ZG35Cr1Mo，模具要求工作内腔表面硬度达到220HBW，在第一次性能热处理后发现表面硬度过低，随后进行了重新热处理，在正火时采用喷雾冷却，且对型腔内进行加强喷雾，在铸件回火后发现型腔内出现贯穿性裂纹（见图7-13），只能进行焊补处理，与此同时，对铸件进行了U型缺口冲击性能检测，其冲击吸收能量仅能达到5~8J，韧性指标严重不足。

图 7-13　主泵接管内套热处理开裂

4. 表面脱碳

模具钢在性能热处理时，必然会经历加热过程，无论是电炉加热还是燃气炉加热，其表面必然发生脱碳，脱碳会使模具钢表面变软，强度和耐磨性降低，对模具质量有很大的危害。某项目制造过程中，对于模具钢表面硬度要求一般为40HRC以上，为加快模具制造进度，模具钢在调质热处理后仅进行喷砂打磨，并未进行机械加工。在模具装配后，经表面硬度检测，未加工位置硬度低于20HRC，从表面向下打磨3mm后，硬度提高至42HRC左右。因此，对与坯料接触表面及受力较大位置又进行了全面的打磨处理。曲柄用H13整体模具打磨后装配，如图7-14所示。

a)

b)

图 7-14　曲柄用 H13 整体模具打磨后装配

a）离线预装配　b）上机安装

5. 模具韧性指标过低

上文所述，对于超大型模具钢锻钢模具及超大型合金钢铸钢模具，在制造过程中，要避免韧性指标过低，不能片面追求表面的高硬度，这不仅在制造过程中存在风险，在使用中也同样存在隐患。在进行不锈钢裤型三通锻件的制造过程中，由国内某公司制造的H13一体化镦粗杆锻件在第一次使用并加载至190MN时，突然发生断裂，将镦粗杆拆下发现，其上部用于连接的长方形法兰出现多条贯穿性裂纹，将模具从腰部截断后，发现宏观断口无明显塑性变形，整个断口呈现银灰色，存在明显的小刻面特征，断口平直，呈现明显的脆性断裂特征，且裂纹源较为平坦，颜色较其他位置略浅。对该锻件取样并进行强度及冲击试验发现，该锻件屈服强度达 1100MPa 以上，但冲击吸收能量仅有 3~5J，韧性储备明显不足。裤型三通镦粗杆裂纹断口形貌如图 7-15 所示。

a)

b)

图 7-15　裤型三通镦粗杆裂纹断口形貌

a）法兰部位　b）剖切面

6. 使用后表面皲裂

模具钢在使用过程中，其表面受反复冷热载荷作用，受热时，模具发生热膨胀，表面受压应力，随后在冷却过程中，表面又受拉应力，在反复拉压作用下，模具表面极易出现疲劳裂纹。这种裂纹一般比较浅，出现后继续使用一般不会发生模具失效，但若不加以重视，裂纹还将继续向深度扩展，伴随一定的残余应力后，将大幅降低模具寿命。因此，若出现此类裂纹后，应尽量对模具进行消除应力处理，随后通过机械加工的方式将皲裂层去掉再继续使用。图 7-16 所示为主泵接管用冲杆在使用 2 次后头部位置外表面出现的微裂纹，这种裂纹若不仔细观察，很难通过肉眼发现，在模具钢使用过程中需要格外注意。

图 7-16　主泵接管用冲杆表面皲裂

7. 残余应力导致开裂

为实现超大型锻件 FGS 锻造，即锻件的近净成形及全压应力锻造，锻造成形模具在成形过程中必然经受极大的载荷，尤其是对于一些复杂锻件，其模具结构复杂，受力情况恶劣，且经常会出现局部应力集中的情况。在经历极端载荷作用后，模具内部将形成极高的残余应力，这种应力在继续使用时可能不会对辅具造成损害，但若一旦在使用后将辅具静置使其冷却，或者有外部作用诱导其应力释放，则此时极易由于残余应力过大导致模具断裂。支承环热挤压成形过程中，挤压垫类似于医用注射器中活塞顶端的密封垫，挤压开始后，挤压轴进给并推动挤压垫将坯料由挤压模中挤出。由于采用奥氏体不锈钢材料，支承环挤压成形载荷将近 400MN，挤压垫所受载荷极大。在科研项目的研发中，由于现有 ϕ1300mm 挤压轴均为空心挤压轴，在其对挤压垫进行作用时，挤压垫受强烈的弯曲载荷作用，导致心部应力极大，如图 7-17 所示。挤压垫使用后，在静止状态下由中部对称断裂，断口几乎平直（见图 7-18）。

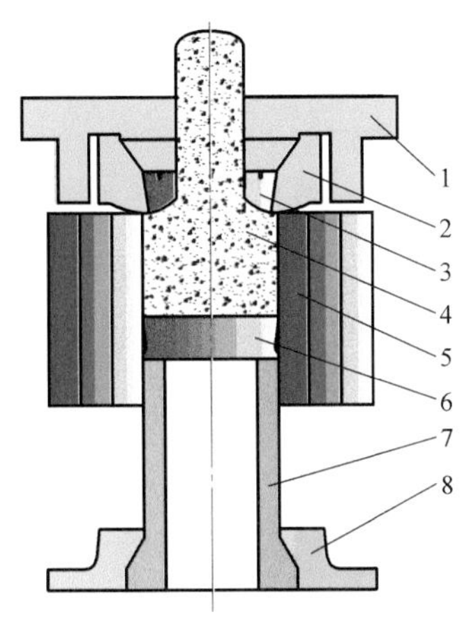

图 7-17　挤压垫承受载荷状态

1—挤压模座　2—挤压模外圈　3—挤压模　4—坯料
5—挤压筒　6—挤压垫　7—挤压轴　8—压板

图 7-18　挤压垫使用后置裂

8. 对中找正问题导致模具损坏

除以上几种模具在制造中和使用中常出现的问题外，因设备因素造成的模具损坏案例也极为常见，最常见的是镦粗杆对中不到位，或活动横梁抬升过程中两侧不同步而导致倾斜，造成上模与下模之间接触甚至发生碰撞。图 7-19 所示为对中系统破坏导致镦粗杆损坏的情况，从图 7-19a 可以看出，镦粗杆断裂是由于其下模局部撞击引起的。不同于以往传统的自由锻成形，对于超大型锻件模锻成形及挤压成形，在模具设计时，为保证锻件的全压应力状态，上模与下模模腔之间的间隙一般较小，因此对液压机对中精度控制，以及加载过程中各个液压缸之间的同步性提出更为严格的要求。此外，在上模接触坯料并加载的过程中，由于

a)

b)

图 7-19　对中系统破坏导致镦粗杆损坏

a）镦粗杆与下模局部撞击后断裂　b）镦粗杆残部脱离液压机后的状态

模具的不对称性，常会造成上模或下模经受侧向力的作用，若侧向力过大，则可能将原有对中系统破坏，导致工艺执行失败。尤其是对于上下模具组件采用轨道滑动的液压机来说，如何保证对中系统的稳定性显得格外重要。

本项目中采用的液压机为河北宏润的500MN垂直挤压机，其下模通过两侧推拉缸带动模具在轨道上滑动，上模具备双工位结构，同样采用轨道配合液压系统进行左右滑动，为保证对中系统的稳定，一般是将坯料整体沉入下模内，对中采用人为控制，随后将镦粗杆部分导入下模模腔内，从而在下模模腔内壁与镦粗杆外径之间形成导向（见图7-20），通过模具来保证在整个锻造过程都能对中找正，挤压则是通过挤压垫外径与挤压筒内壁之间的导向来实现稳定对中的作用。

a)

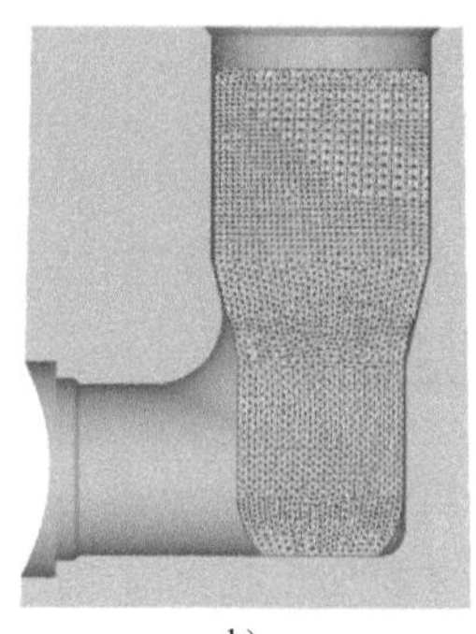

b)

图7-20 坯料沉入模腔内形成上下模对中导向

a）实物图 b）模拟图

综上所述，项目研制过程中，在模具方面出现了以上各类问题，有些问题在制造中体现，而更多的问题在使用过程中体现出来，这反映出超大型锻件模锻成形及挤压成形工辅具设计及使用经验的不足，而更重要的则是在问题中寻找解决思路，从而形成一套完整的超大型锻件FGS锻造用工辅具的设计方法，为FGS锻造原创性技术的广泛应用保驾护航。

7.1.3.2 创新思路

对于模具钢一体化模具设计方案，在模具制造上，由于其尺寸超大，所以采用传统自由锻的制造方式，其机械加工量大，且质量很难保证，主要体现在无损检测质量差，同时易出现开裂的情况，制造成本高；在使用上，模具经受强烈的不均匀载荷，极易出现应力集中，若采用整体模设计，则加载后应力无处释放，若模具质量无法保证，则很容易开裂造成模具报废。因此应用于超大型锻件FGS锻造上的超大型模具不能用传统的制造方式进行制造。

1. 组合模具设计思路

采用组合模具设计方案，除了可以大幅降低辅具的制造难度外，更重要的是，可提高模具的互换性，即在采用相似制造方案的不同产品的模具制造中，可共用辅具模块，从而大幅降低制造成本。以下通过几个案例对组合模具设计思路进行简要介绍。

（1）曲柄用舌板设计优化 在工程实践过程中，舌板使用中遇到的最大问题是由于冲压成形后舌板与坯料接触面积大，冲压深度达2000mm，因此退模极为困难，即使采用上下单边1∶25的拔模斜度，冲压过程中放3次气化剂也难以将坯料与舌板脱开，只能通过坯料的自然冷却并张开后才可将其拔出。在制造上，整体舌板由于其上端带有一方形法兰用于与液压机上梁连接，因此其截面变化极大，导致制造过程中自由锻的难度加大，且法兰位置在终成形时没有变形量，导致其冲击性能极差。

之所以采用整体模具设计，一方面是认为其冲压成形过程中舌板将经受一定的侧向力，易导致舌板被掰断，另一方面也考虑到退模的难度，因此将法兰与舌板制造成一体成形结构。从试验结果可以看出，舌板竖直向下冲压成形，其所受侧向力极小，这与数值模拟结果一致。采用分体模具设计结构，并利用高强螺栓连接，配合舌板下部工作带与舌板主体分开，即可解决目前舌板抱死的问题。图 7-21 所示为分体舌板的设计思路，其中蓝色部分为上部连接法兰，通过中间 4 个螺栓孔与下端绿色舌板相连，舌板下端橘黄色部分为冲压成形工作带，其截面尺寸比舌板尺寸略大，二者可通过焊接或销钉形式连接，冲压成形完成后，退模取出舌板，下端工作带留在工件内，待工件脱出下模后再将其取出。

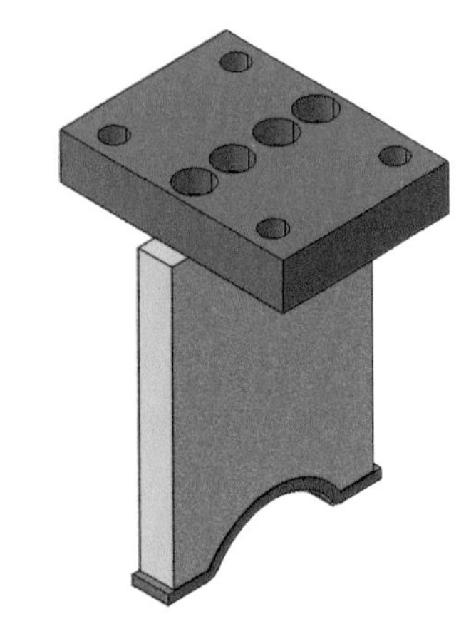

图 7-21 曲柄舌板分体模具设计示意图

（2）下模设计思路 超大型锻件模锻成形用下模一般采用模块式设计，分为内模及外模两部分，其中外模为一筒体锻件，并采用钢丝缠绕方式进行补强，此方式制造成本低、可靠性强，被广泛应用于模锻工辅具中受拉应力强烈的部件上，简易钢丝缠绕原理及外套制造如图 7-22 所示。内套则根据形状一般采用铸造分瓣的形式，一方面，分瓣进行制造大幅降低了铸件的制造难度，另一方面则在模锻过程中，可将全部载荷分散在外套上，且使用后残余应力小，使用过程中不易损坏，且一旦局部位置磨损严重，可进行单件更换，避免了制造模具的高投入。根据内腔形状及模锻件直径，内套可分为 4 瓣或者 2 瓣。除与内腔形状及制造工艺性相关外，分瓣数量与背弧面拉应力大小也有关，若在加载时背弧面拉应力过大，则可将辅具再进行分瓣。主泵接管 2 瓣内模加工现场如图 7-23 所示；曲柄分瓣内模加工过程如图 7-24 所示。

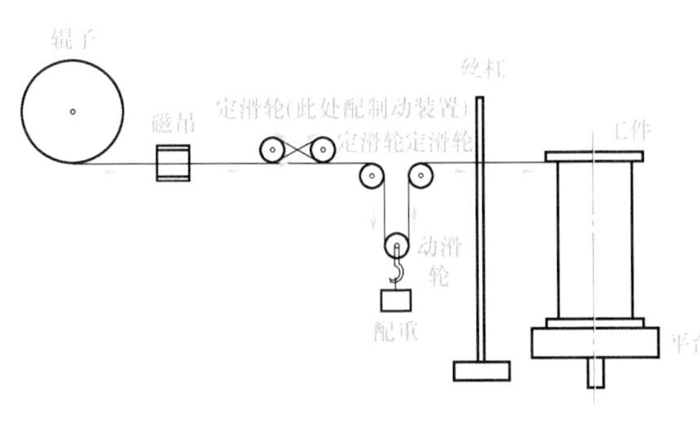

a)

b)

图 7-22 简易钢丝缠绕原理及外套制造

a）原理图 b）制造现场

图 7-23　主泵接管 2 瓣内模加工现场

a)

b)

图 7-24　曲柄分瓣内模加工过程

a）内模 1　b）内模 2

（3）组合冲头及镦粗杆设计思路　镦粗杆及冲头是双工位模锻成形中镦粗和冲盲孔的重要部件，若无特殊要求，也可通过分体结构进行制造，通过螺纹连接。泵壳模锻用组合镦粗杆如图 7-25 所示，其中，图 7-25a 所示为立体示意图，图 7-25b 所示为组合后的镦粗杆。主泵接管用组合冲杆如图 7-26 所示，其中，图 7-26a 所示为冲杆连接架，图 7-26b 所示为冲杆。

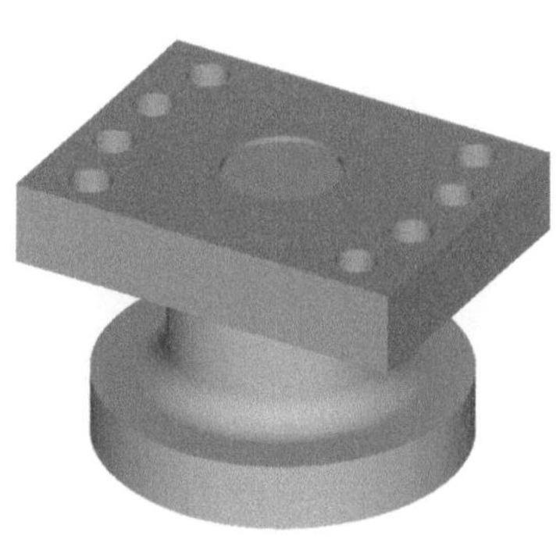

a)

b)

图 7-25　泵壳模锻用组合镦粗杆

a）立体示意图　b）组合后的镦粗杆

a)

b)

图 7-26 主泵接管用组合冲杆

a）冲杆连接架 b）冲杆

（4）铰链梁模具设计方案 上文介绍了超大型模锻件模具整体组合式设计思路，以下结合铰链梁模具设计方案介绍其附具设计思路。

850 铰链梁交货质量为 8.8t，采用模铸钢锭模锻成形工艺，钢锭质量为 13t，切除水冒口后全锭身下料，下料质量为 10.8t。模锻成形方案如图 7-27 所示。将钢锭放置在模具中，随后将下模及坯料拉至液压机中心进行模内镦粗，镦粗结束后镦粗杆退出，并将冲头移动至液压机中心，冲盲孔并精整，退模后利用顶出缸顶出，取走锻件，清除模具内腔氧化皮后进

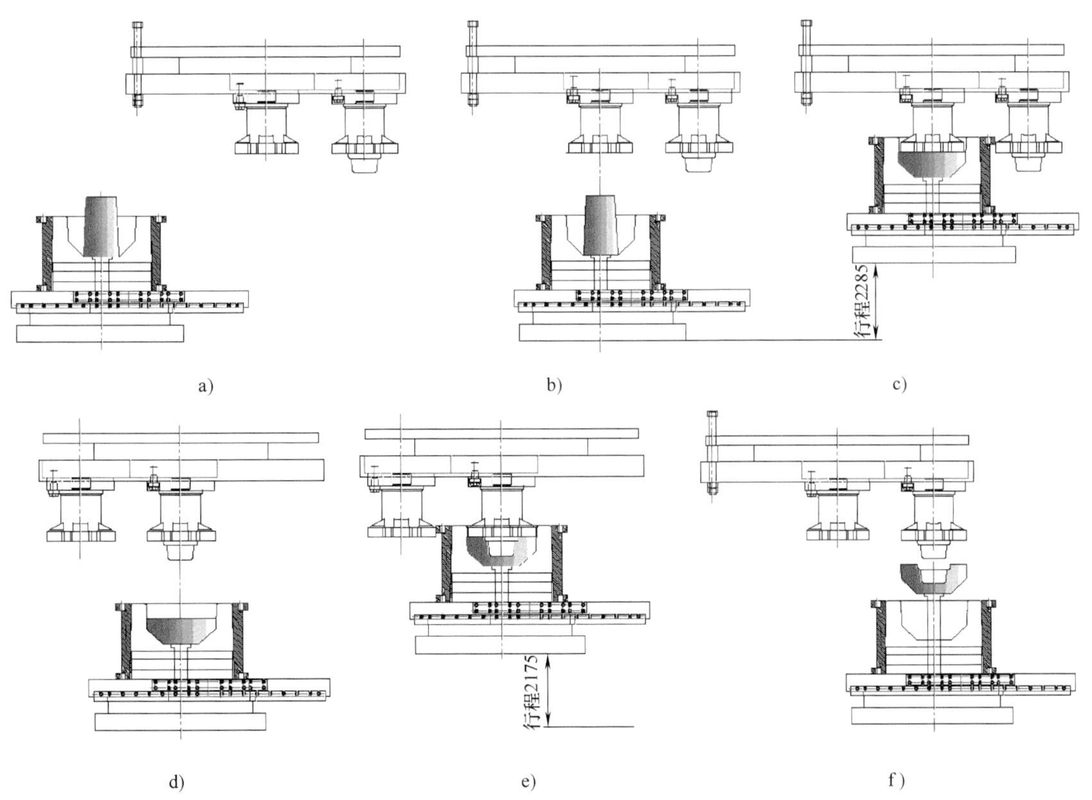

a) b) c) d) e) f)

图 7-27 铰链梁模锻成形方案

a）坯料入模 b）镦粗模具对中 c）镦粗结束 d）冲孔模具对中 e）冲孔结束 f）脱模

行下一件铰链梁制造。

铰链梁模锻成形数值模拟结果如图 7-28 所示，其中模内镦粗成形力为 100MN，冲孔精整成形力为 300MN（见图 7-29）。

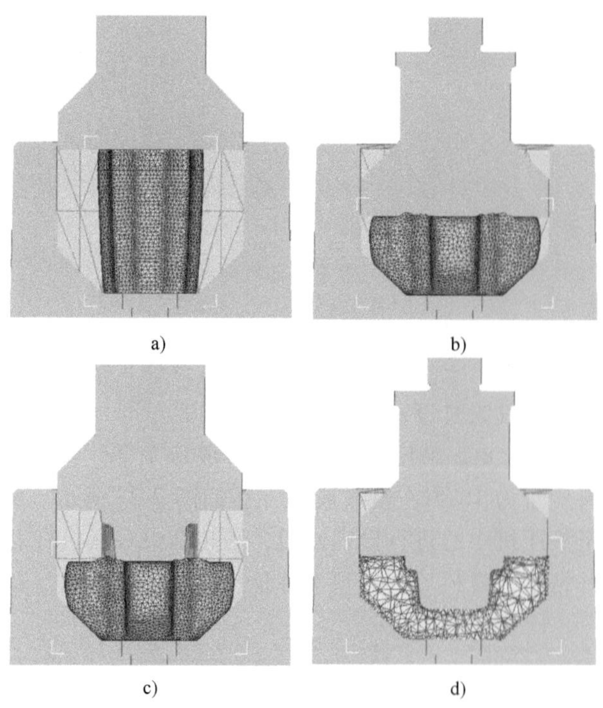

图 7-28　铰链梁模锻成形数值模拟

a）模内镦粗开始　b）模内镦粗结束　c）冲孔开始　d）冲孔结束

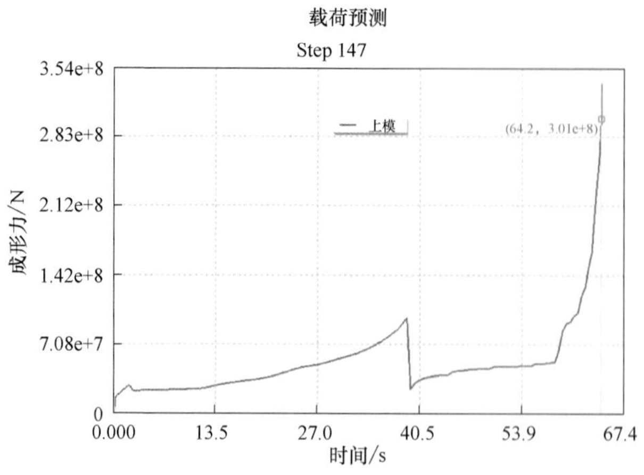

图 7-29　铰链梁模锻成形载荷

铰链梁模具由下模组件和上模组件组成。下模组件分为外套及内套，其中内套按图 7-30 所示结构制造，通过模块化设计，降低模具制造难度，缩短制造周期，降低制造成本。其中灰色部分为底座，因其模锻整个过程中受摩擦力较小，其载荷多为压应力，且结构复杂，因此选择 ZG35CrMo 材质铸件进行制造，橘红色部分为镶块，其在模锻中受力较为复杂，且与坯料之间摩擦力较大，该模块结构简单，因此选用 5CrNiMo 锻件进行制造。上模组件分为镦粗杆及冲杆，均采用分体结构，如图 7-31 所示，但由于所受载荷较大，因此均采用 5CrNiMo 模具钢进行锻造。

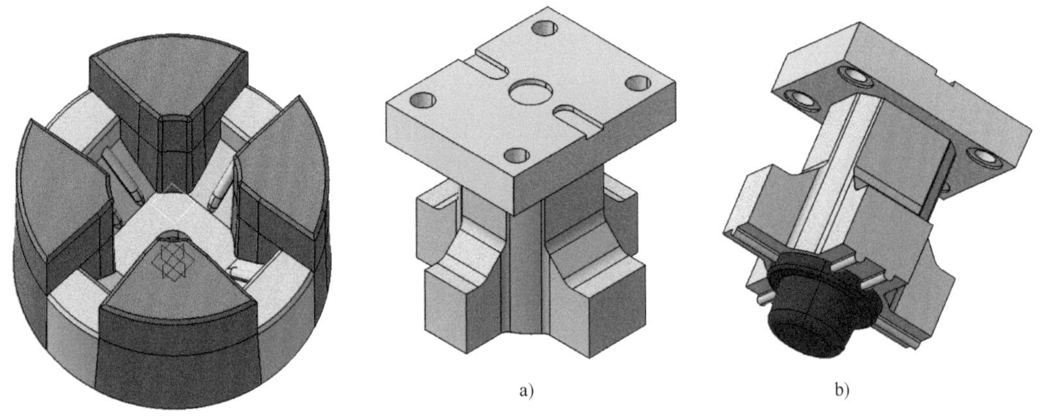

图 7-30　铰链梁内套组件

图 7-31　铰链梁上模组件

a）铰链梁镦粗杆　b）铰链梁冲头

图 7-32 所示为铰链梁上模组件应力分析结果，其中镦粗成形力预计为 120MN 左右，冲孔精整最终成形力为 310MN 左右，针对二者受力最大情况进行模具校核，结果表明冲孔精整成形力最大位置等效应力也仅为 349MPa，小于 5CrNiMo 材料的许用应力。

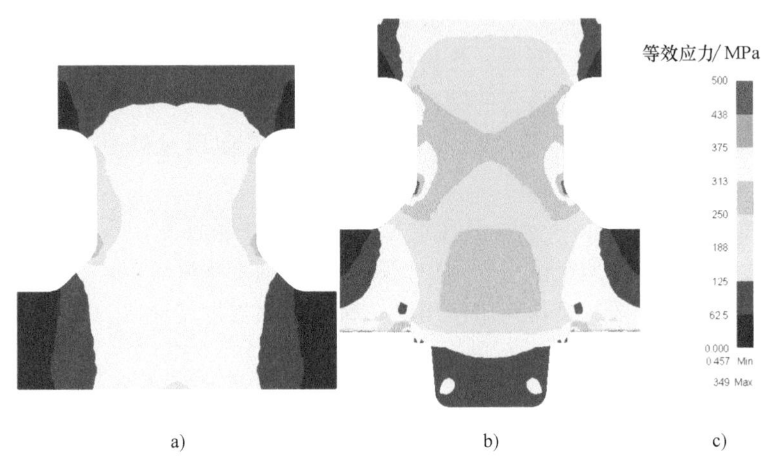

图 7-32　铰链梁上模组件应力分析

a）镦粗杆　b）冲头　c）等效应力柱状图

2. 其他制造工艺

除组合模具制造思路外，将模具易磨损部位进行表面处理，或采用增材制造扩散连接，将受力较大位置的模具钢材质与普通铬钼钢进行结合并组合成模具的制造方式同样是将来超大型模具制造的创新思路。

（1）表面堆焊　模具钢的表面堆焊在热挤压工艺中的挤压模上常有应用，当挤压模磨损较为严重，或者没有产品配套规格挤压模时，一般常采用现有挤压模内表面堆焊进行减径处理，堆焊层硬度一般不得低于基体硬度，对于 H13 热作模具钢堆焊，其堆焊层硬度应在 40~45HRC。模具钢在堆焊前必须进行预热，避免在堆焊时热应力导致开裂。此外，堆焊后必须进行消应力热处理后再进行内孔加工。

（2）表面喷涂　采用表面喷涂的方式在模具表面制备一层或多层复合的耐磨涂层是提高模具耐磨性的重要手段。该技术目前已广泛用于轧辊、耐磨辊套、轴承、齿轮等重要零部件上，在模具制造上的应用也比较广泛。喷涂方式主要包括等离子喷涂、超声速火焰喷涂、爆炸喷涂等。喷涂前首先须将模具表面氧化层去除，随后进行喷丸粗化从而使涂料容易黏附于模具表面，所用涂料包括 WC 合金、钴基合金、陶瓷涂层等，经喷涂处理的模具钢表面硬度可达到 50HRC 以上。采用喷涂工艺同样也可以修复已损坏的模具部件。

（3）激光表面处理　采用激光表面处理也可大幅提高模具钢的表面硬度，其原理类似于表面淬火，即激光照射位置的金属迅速升温至相变点以上，随后当激光停止照射后，由于基体尚未被加热，位于模具表层照射位置的热量迅速被传递走，从而迅速降温，最终获得均匀细小的马氏体组织。该方式不仅能应用于锻造模具，同样也可应用于铸造模具的表面处理。

（4）固-固复合　采用扩散连接的方式对异种材质进行固-固复合，或采用搅拌摩擦焊等方式将两块不同种材料进行接合的方式，也同样可以应用于模具的制造中，一方面可以降低模具制造难度及制造成本，另一方面，将强度及韧性较好的材料用于与坯料非接触位置，将热作模具钢材质用于与热坯料接触的位置，也更利于提高模具的使用寿命。

7.1.4　模具维保

大型模锻中所使用的热作模具钢，一般具有较高的热强度和硬度、高的耐磨性、较好的热疲劳性能，广泛用于制造各种锻模、热挤压模，以及铝、铜及其合金的压铸模。热作模具钢工作时承受很大的冲击载荷、强烈的摩擦、剧烈的冷热循环引起的热应力及高温氧化，常常出现崩裂、塌陷、磨损、龟裂等失效形式。因此在日常使用过程中必须应注意以下几个问题。

（1）模具的预热　模具钢合金元素含量较高，导热性能较差，因此模具在工作前应充分预热。预热温度过高，模具在使用过程中温度偏高，强度下降，易产生塑性变形，造成模具表面塌陷；预热温度过低，模具开始使用时，瞬间表面温度变化大，热应力大，易萌生裂纹。一般对于 H13 热作模具钢模具，其预热温度确定为 250~300℃，既可降低模具与锻件的温差以避免模具表面出现过大的热应力，又有效地减少了模具表面的塑性变形。此外，对于下模也应在使用前进行预热处理，一方面可缓解坯料入模后的表面温降，另一方面也可减小下模内表面的热应力。

（2）模具的冷却与润滑　为减轻模具的热负荷，避免模具温度过高，通常在模具工作的间歇对其进行强制性冷却，由此造成模具周期性的激热、激冷作用将会使其产生热疲劳裂纹。因此，模具使用结束后应缓慢冷却，否则将会出现热应力，从而引起模具的开裂失效。一般可采用石墨含量为 12% 的水基石墨进行润滑，降低成形力，保证金属在型腔中正常流动和锻件顺利脱模；此外，石墨润滑剂还具有散热作用，可降低模具的工作温度。

（3）消应力处理　由于在加载时，模具受力较大，使用后，模具内部将保留较大的残余应力，因此使用后的模具必须要进行消应力处理。同时，在处理后建议观察表面有无明显微裂纹等缺陷，如果有微裂纹需要进行打磨处理或机械加工，从而提高模具寿命，必要时须采用表面喷涂、喷丸及激光处理等方式对模具进行修复。

7.2 锻件组织演变及“可视化”模拟与验证

大型锻件成形影响因素多，材料微观组织演化机制非常复杂，采用传统的试错法不仅成本高、研发周期长，而且难以找到材料微观组织演化规律及其机制，从而使得工艺稳定性与再现性较差，合格率不高。因此，要通过热变形工艺及随后的冷却工艺来控制组织性能定向演化，满足锻件组织性能的设计要求，必须深入研究材料在各种不同工艺条件下的高温流变行为与高温静态行为，获得锻件内部晶粒组织演化规律及其热力学边界。

近年来，不断完善的热变形物理模拟设备与技术为材料热变形工艺研究提供了有效技术手段。运用模拟技术，可将复杂的工艺过程一一拆解，使之简单化，从而发现由热力学行为引发的各种物理现象，探明各因素对微观组织演化的作用，从而获得较为准确的晶粒组织演化模型。

国内学者和院校根据大型锻件热塑性成形过程复杂的组织演化机制、时变的宏观物理场等特征，研究了高强钢高温变形过程，细胞自动机（Cellular Automatom，CA）模型的参数辨识方法，提出了 CA 物理模型及改进算法，建立了基于位错驱动力的微观组织演化 CA 模型，并基于宏观有限元仿真平台，开发了微观组织可视化模拟 CA 软件，可实现任意变形条件下晶粒组织形貌、分布规律预测以及多轮次动态再结晶的晶粒组织动态演化。

7.2.1 数值模拟

利用可视化模拟 CA 软件，模拟分析了某材料牌号的高强钢在不同温度、不同应变速率下的晶粒组织形貌、分布、尺寸，并与试验结果对比，吻合度较好。在应变速率为 $0.001s^{-1}$ 的条件下，材料发生了充分的动态再结晶，其晶界呈锯齿状，随着温度降低，晶粒得到细化，同时晶粒分布更为均匀，在温度为 950℃、1000℃、1050℃、1100℃时，晶粒尺寸分别为 17.2μm、25.7μm、40.2μm、57.7μm。

在各种变形温度、应变速率条件下，晶粒组织统计结果的预测值与试验值对比，可知在 950~1100℃、应变速率为 $0.001 \sim 0.1s^{-1}$ 的条件下，模拟结果与试验结果的吻合度较好。

7.2.2 工程验证

应用可视化模拟软件，对大型起落架整体模锻工艺提供理论指导，提出锻件变形不充分、不连续变形引发的静态再结晶、晶粒长大是造成晶粒粗大及工艺稳定性差的主要原因。整体模锻成形时，低温、高速率、大变形条件有利于获得细小晶粒组织。据此提出了起落架成形新工艺，在热加工图中的稳定变形区进行整体模锻成形，微观组织演化机制为动态再结晶/亚动态再结晶，有利于细化晶粒，避免组织缺陷的产生。增大终锻变形程度至 33.7%，晶粒组织演化机制由静态再结晶转变为亚动态再结晶，晶粒显著细化，在变形温度为 1000℃、速度为 20mm/s、变形程度为 33.7%时，晶粒尺寸为 17.9μm（8.5 级）。

第8章

特种设备及工装简介

工欲善其事，必先利其器。为了实现第 6 章所述的 5 类 12 个重型高端复杂锻件的 FGS 锻造推广应用，需要有超大型多功能液压机、补温炉、锻坯除鳞机等特种装备，分述如下。

8.1 超大型多功能液压机

超大型多功能液压机的主要功能如图 8-1 所示。

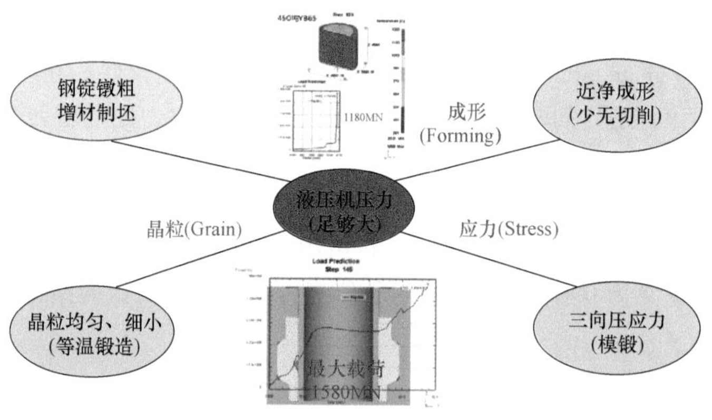

图 8-1 超大型多功能液压机的主要功能

8.1.1 参数选择

图 8-2 所示为 2050mm 连轧机支承辊的 FGS 锻造成形过程简图；图 8-3 所示为核电乏燃料罐的 FGS 锻造成形过程简图；图 8-4 所示为核电压力容器一体化接管段的 FGS 锻造成形过程简图。

表 8-1 列出了采用超大型多功能液压机生产的代表性产品及相关参数。从图 8-2～图 8-4 及表 8-1 可以总结出，超大型多功能液压机的主要参数：公称压力为 1600MN；净空高度为 15000mm；工作台宽度为 9000mm；行程为 5000mm。

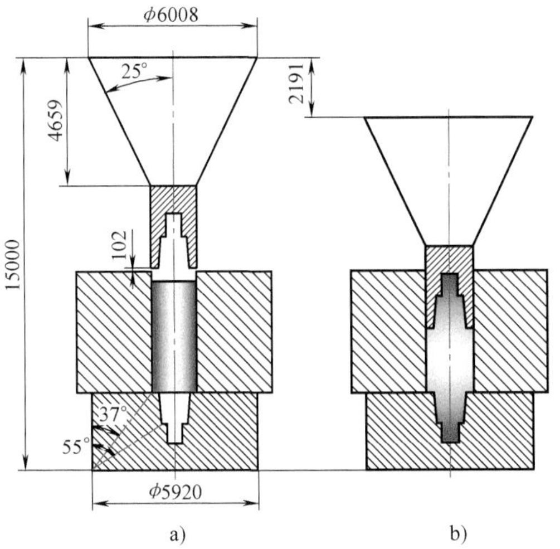

图 8-2 2050mm 连轧机支承辊的 FGS 锻造成形过程简图

a）成形开始位置 b）成形结束位置

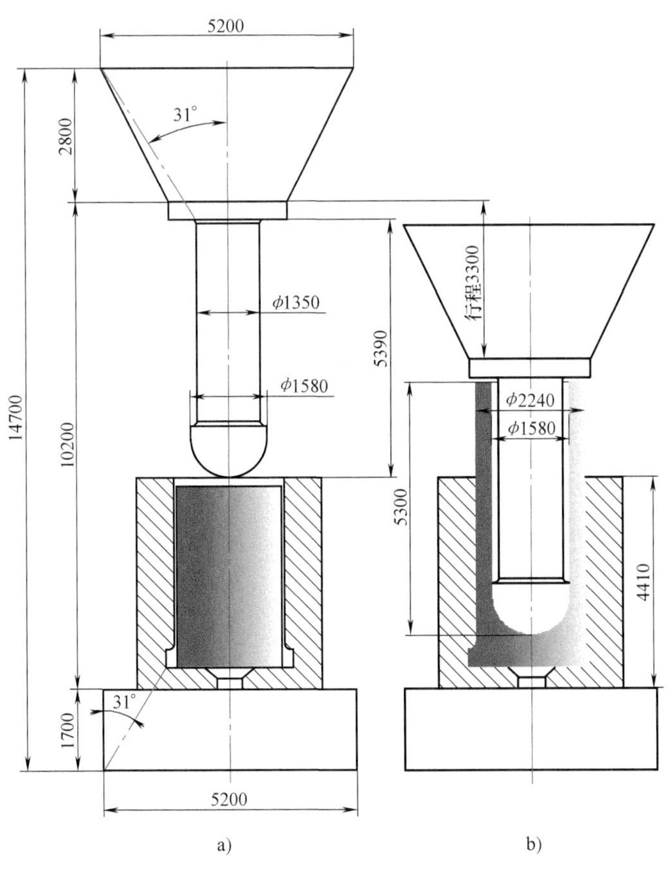

图 8-3 核电乏燃料罐的 FGS 锻造成形过程简图

a）成形开始位置 b）成形结束位置

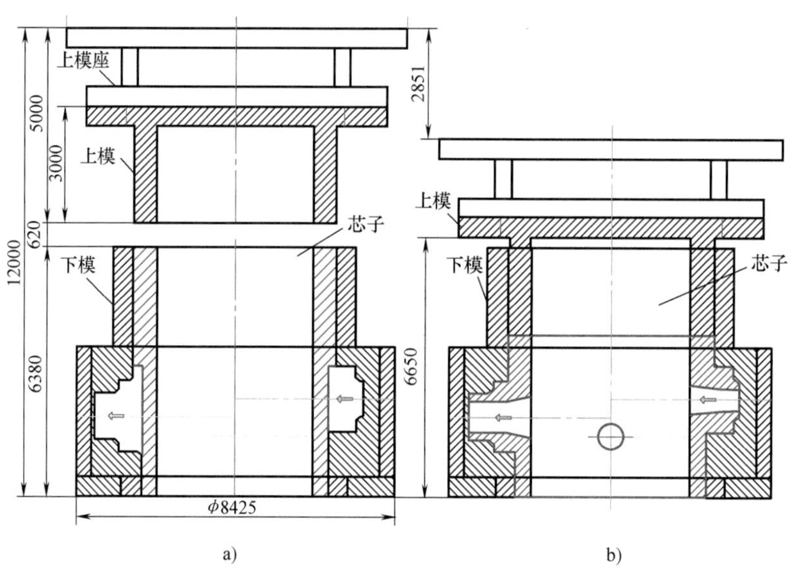

图 8-4　核电压力容器一体化接管段的 FGS 锻造成形过程简图

a）成形开始位置　b）成形结束位置

表 8-1　采用 1600MN 液压机生产的代表性产品及相关参数

序号	名称	型号	材料	锻件/t	钢锭/t	轮廓尺寸/mm	行程/mm	成形力/MN
1	支承辊	2050mm 连轧机	YB-75	55.988	58/圆坯	φ1630×6117	2515	1740
2	低压转子	600MW	26Cr2Ni4MoV	89.94	91.54(圆坯)	φ1800×6858	2290	971
3	一体化顶盖	国和一号	18MnMoNi	132	240(真空)	φ5378×2242	2000	1180
4	水室封头		20MnMoNi	143.6	260(真空)	φ5110×3177	1860	1720
5	一体化接管段		18MnMoNi	396	720(真空)	φ6874×4149	1910	1880
6	主管道热段 A		316LN	71.44	79(圆坯)	φ1200×8800	1150	1360
7	主管道热段	华龙一号	X2CrNiMo18.12	37.18	42(圆坯)	φ970×7900	1680	1440
8	乏燃料罐	合金钢	SA508Gr.4NCl.3	135	217(真空)	φ2640×6090	3300/5000	208
9		不锈钢	316LN	145	177(ESR)	φ2370×5500	2800	1600/1000
10	冲击转轮	水斗式 C2	04Cr13Ni5Mo	280	350(ESR)	φ6400×1280	1070	1450+1660
11	风洞弯刀	CTW	022Cr12Ni10MoTi	60	80(ESR)	1700×300×15000	2900	1000

8.1.2　结构选择

1. 梁柱式结构

梁柱式结构的代表设备如图 8-5 所示。该类设备的优点是预应力结构，机身结构成熟可靠；不足是横梁、立柱、拉杆等尺寸和质量已超出现有加工制造能力极限，且结构空间尺寸大，布置困难。

2. 钢丝缠绕式结构

钢丝缠绕式结构的代表设备如图 8-6 所示。该类设备的优点是预紧系数高，机身处于压应力状态，疲劳寿命高；不足是钢丝在缠绕过程中存在断丝重缠风险，在液压机使用过程中

a)

b)

c)

图 8-5　梁柱式结构液压机

a）540MN　b）500MN　c）150MN

存在钢丝蠕变导致的预紧力失效、机身失效等颠覆性风险。虽然采取卧式缠绕方式可以降低断丝重缠风险，但缠绕后机身重量极大，安装就位成本高、风险大。

a)　　b)　　c)

图 8-6　钢丝缠绕式结构液压机

a）360MN　b）400MN　c）680MN

3. C 形板式结构

C 形板式结构的代表设备如图 8-7 所示。该类设备的优点是加工制造安装难度较小；不足是在受力最危险区域采用了分体组合结构，受力特性差，连接环节多且复杂，可靠性差，与整体结构相比，力流传递性差。

4. 整体板框式结构

整体板框式结构的代表设备如图 8-8 所示。该类设备的优点是连接环节少，受力特性好，设计制造风险可控；不足是整体板框尺寸较大，需要专用加工、吊装设备，不适合远距离运输。

5. 候选方案

对典型的重型液压机机身方案进行了对比分析，初步选定钢丝缠绕式和整体板框式作为大型液压机机身候选方案。

a)

b)

图 8-7　C 形板式结构液压机

a）650MN　b）800MN

a)

b)

图 8-8　整体板框式结构液压机

a）30MN　b）500MN

中国一重团队与清华大学团队进行了卓有成效的合作研究，1600MN 大型液压机钢丝缠绕方案通过专家评审。

由于框架缠绕后，需要整体运输、安装，对于大型液压机存在较大难度，需要在安装现场就地进行缠绕施工。用在重型液压机中时，机架剖分坎合子件均为大型铸件，数量多，制造难度较大，制造周期较长，且内部质量不易保证；钢丝使用应力较高，在设备使用过程中存在蠕变可能性；钢丝用量巨大，其质量一致性难以保证，在缠绕过程和使用过程中存在断丝的风险。1600MN 液压机框架高达 50 多米，立式缠绕的风险太大。虽然卧式缠绕可以降低钢丝断裂带来的风险，但 2 万多吨的框架缠绕后立起安装（见图 8-9）投入巨大。最终选择整体板框式作为 1600MN 超大型多功能液压机的结构形式。

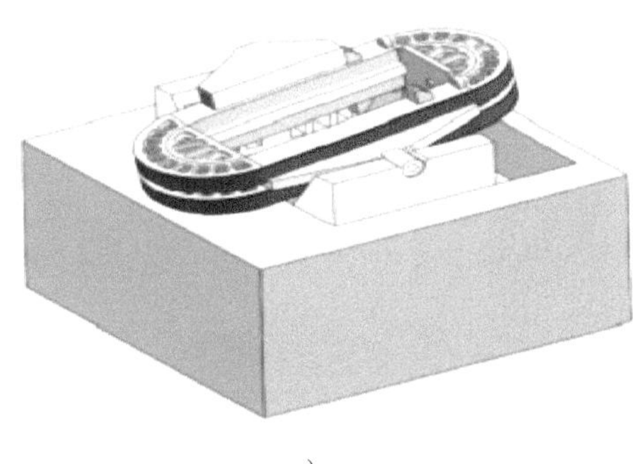

a) b)

图 8-9 1600MN 机架采用的中轴平衡式竖立过程示意图

a）卧式状态 b）立式状态

8.1.3 结构及控制形式

1. 主机结构

1600MN 超大型多功能液压机采用整体板框、上传下推式结构，其本体由上部横梁、活动横梁、下横梁、主工作缸组、回程缸组、调平缸组、移动工作台等部件组成。1600MN 液压机结构如图 8-10 所示。

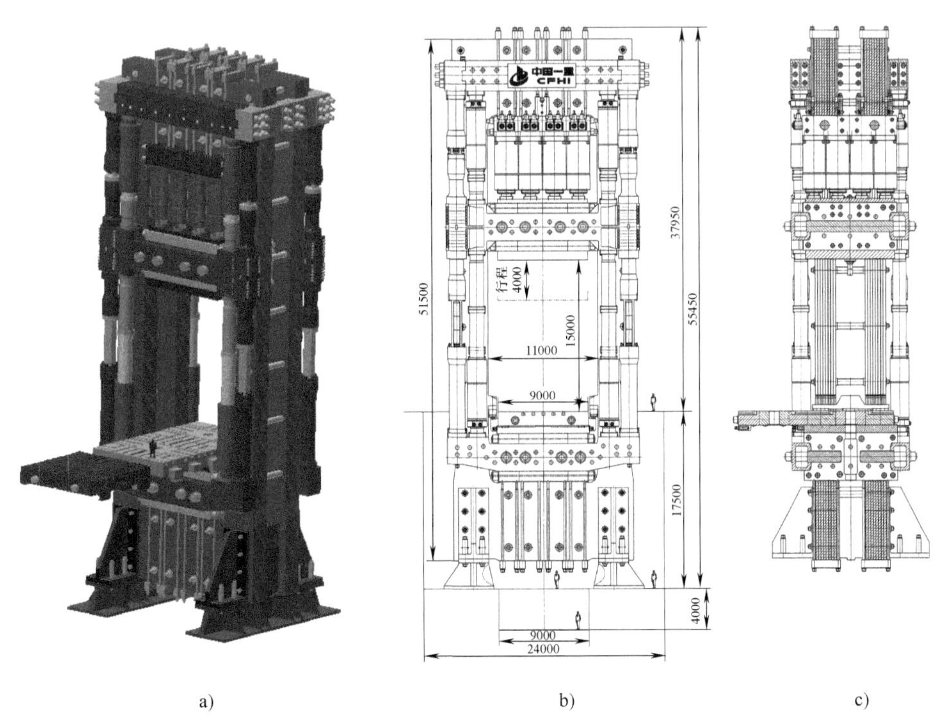

a) b) c)

图 8-10 1600MN 液压机结构

a）立体图 b）主视图 c）侧视图

2. 液压系统的布局

考虑噪声和安全，液压站采用地下设计方案，分为地下 2 层，地面 1 层。液压站分为 2

部分，对称布局于液压机两侧。每部分的尺寸（长×宽×深）为 100m×36m×15m。液压系统布局图如图 8-11 所示。

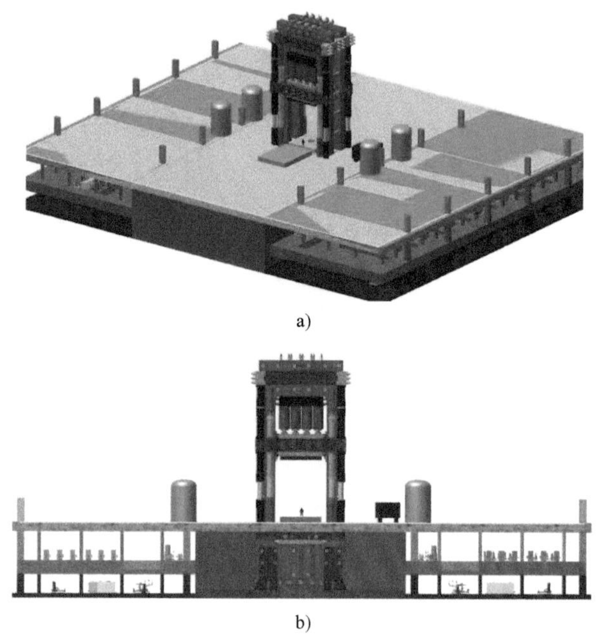

a)

b)

图 8-11　液压系统布局图
a）全貌图　b）主视剖切图

8.2　锻坯除鳞机

8.2.1　必要性

中国一重在以往的胎模锻造实践中，由于去除坯料入模前的氧化皮的手段有限，导致成品锻件表面质量较差。

图 8-12 所示为 CAP1400 压力容器一体化上封头胎模锻造过程，从图 8-12a、b 的预制坯可以看出，由于坯料镦粗前的氧化皮未做清理，使得镦粗过程中掉落的氧化皮被压入坯料的环带上；从图 8-12c~f 可以看出，坯料表面未清理的氧化皮又一次被压入锻件内、外表面。

图 8-13 所示为 CAP1400 蒸汽发生器整体下封头胎模锻造过程，由于图 8-13a 所示的坯料表面氧化皮未完全清理干净，使得图 8-13b、c 所示的锻件表面局部压入较多的氧化皮。

图 8-14 所示为 AP1000 稳压器下封头胎模锻造过程，由于图 8-14a 所示的坯料镦粗前的氧化皮未完全清理干净，使得图 8-14b 所示的锻件下部压入了较多的氧化皮。这种现象也发生在 CAP1400 稳压器上封头胎模锻造的锻件上，如图 8-15 所示。

图 8-16 所示为 CAP1400 蒸汽发生器管板锻件模锻过程，由于图 8-16a 所示的坯料表面氧化皮未做清理，导致图 8-16j 所示的分步成形的成品锻件表面压入的氧化皮较严重。

图 8-12 CAP1400 压力容器一体化上封头胎模锻造过程

a）坯料在下模上镦粗 b）镦粗后状态 c）坯料入外模前状态 d）条形锤头旋转锻造内腔

e）外模带着锻件一起与下模分离 f）胎模锻造后的锻件

超大型锻件的表面氧化皮是目前制约超大型锻件锻造精细化控制的重要因素，由于超大型锻件的形状多种多样，因此目前锻造过程中的除鳞设备的应用均具有局限性，而设计出适应并覆盖各种锻件形状、尺寸及各工序的锻造除鳞机对于锻件减余量，以及后续大液压机模锻成形前的氧化皮去除具有非常重要的意义，也是大锻件制造过程亟待解决的重要问题。

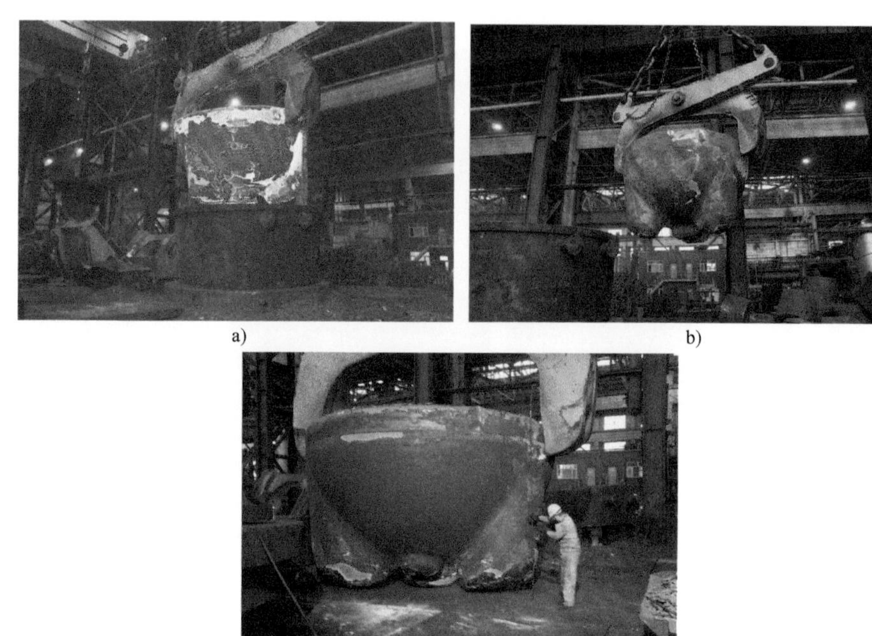

图 8-13　CAP1400 蒸汽发生器整体下封头胎模锻造过程

a）坯料入模前状态　b）锻件胎模锻造后状态　c）锻件尺寸检测

图 8-14　AP1000 稳压器下封头胎模锻造

a）坯料模内镦粗开始状态　b）锻件胎模锻造后状态

图 8-15　CAP1400 稳压器上封头胎模锻造锻件

a）正视图　b）侧视图

图 8-16 CAP1400 蒸汽发生器管板锻件模锻过程

a）坯料摆放在底座上 b）套上外模 c）模内整体镦粗开始 d）模内整体镦粗结束 e）条形锤头旋转镦粗 f）旋转镦粗后状态 g）外模带着锻件一起与底座分离 h）脱模准备

i)

j)

图 8-16　CAP1400 蒸汽发生器管板锻件模锻过程（续）
i）脱模中　j）脱模后锻件

8.2.2　工程实践

在大型锻件制造领域，锻件供应商根据坯料形状以及成形方法不同，采用的除鳞方式也多种多样。

1. 差温除鳞

差温除鳞是通过坯料表面自然冷却，使氧化皮与坯料之间膨胀系数发生变化，然后对坯料进行微变形以去除氧化皮的方法，如图 8-17 所示。这种除鳞方式还被扩展为坯料浸水除鳞（参见图 4-95）。

2. 人工除鳞

对于形状异常复杂，不易简单地采用机械除鳞的坯料，可以采用人工清理，如图 8-18 所示。对于用人工也无法清除氧化皮的部位，可以局部喷水使氧化皮“崩开”后再人工清理，如图 8-19 所示。

a)

b)

图 8-17　大型坯料差温除鳞过程
a）坯料摆放在镦粗盘上　b）等待表面降温

c)

d)

图 8-17　大型坯料差温除鳞过程（续）

c）轻压下　d）去除氧化皮

图 8-18　坯料锻造加热中间出炉人工清理氧化皮

a)

b)

图 8-19　坯料表面局部喷水使氧化皮“崩开”后人工清理

a）局部喷水　b）人工除鳞

3. 自动除鳞

（1）链条抽打　某企业链条抽打自动去除氧化皮的装置如图 8-20 所示，其工程应用案例如图 8-21 所示。

a)　　b)

图 8-20　链条除鳞装置

a）清理外圆　b）清理端面

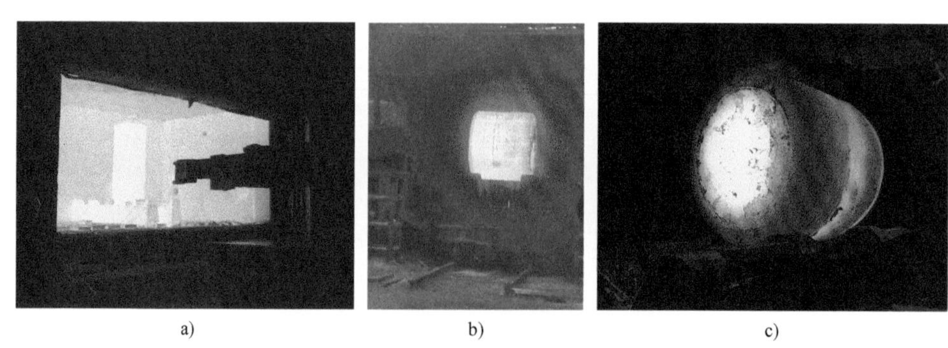

a)　　b)　　c)

图 8-21　Ni 基转子坯料镦挤前除鳞

a）坯料出炉　b）坯料外圆除鳞　c）坯料除鳞结束后状态

（2）高压水除鳞　中国一重为国内某制造火车轮对的企业研制了一台高压水除鳞设备，该设备被安装在加热炉附近，坯料由一台机械手从加热炉中取出后放置在转台上（见图 8-22c），高压水对旋转坯料的圆柱面及上端面进行除鳞，然后再由另一个机械手夹起坯料，以便高压水对坯料下端面除鳞。高压水除鳞设备及其应用如图 8-22 所示，其中图 8-22a 所示为车轮坯料自动化除鳞设备全貌；图 8-22b 所示为高压水除鳞室外貌；图 8-22c 所示为高压水除鳞室内部；图 8-22d 所示为车轮坯料自动化除鳞现场。

8.2.3　除鳞方式及参数选择

根据表 8-2 列出的需要对坯料表面氧化皮进行清理的代表性产品及相关参数，拟选择研制两种自动化除鳞设备。一种为参照图 8-20 研制的链条除鳞设备，其坯料适用范围是 ϕ2000mm×9000mm；另一种为参照图 8-22 研制的高压水除鳞设备，其坯料适用范围是 ϕ6000mm×4000mm。

图 8-22 高压水除鳞设备及其应用

a）除鳞设备全貌 b）除鳞室外貌 c）除鳞室内部 d）除鳞设备应用现场

表 8-2 拟采用自动化除鳞设备的代表性产品及相关参数

序号	名称	型号	材料	坯料尺寸/mm	坯料质量/t	除鳞的目的及适用设备
1	支承辊	连轧机	YB-75	ϕ1400×4800	58.05	为镦挤成形做准备;链条除鳞
2	低压转子	600MW	26Cr2Ni4MoV	ϕ1600×5800	91.54	
3	一体化顶盖	国和一号	18MnMoNi	ϕ3950×1690	162.69	为模锻创新做准备;高压水除鳞
4	水室封头		20MnMoNi	ϕ4500×1300	162.43	
5	一体化接管段		18MnMoNi	ϕ4800×3600 ϕ5010/ϕ3800×6090	511.76 399.56	为冲孔做准备;高压水除鳞 为模拟镦粗做准备;高压水除鳞
6	主管道热段 A		316LN	ϕ1160×8460	70.24	为镦挤成形做准备;链条除鳞
7	主管道热段	华龙一号	X2CrNiMo18.12	ϕ950×6620	36.86	
8	乏燃料罐	合金钢	SA508Gr.4NCl.3	ϕ4200×1600 ϕ2200×4500	174.14 134.38	为制坯做准备;高压水除鳞 为镦粗、冲孔做准备;链条除鳞
9		不锈钢	316LN	ϕ4200×1600 ϕ2250×4800	174.14 149.93	为制坯做准备;高压水除鳞 为镦粗、冲孔做准备;链条除鳞

（续）

序号	名称	型号	材料	坯料尺寸/mm	坯料质量/t	除鳞的目的及适用设备
10	冲击转轮	水斗式 C2	04Cr13Ni5Mo	ϕ4900×1920	285	为模锻创新做准备;高压水除鳞
11	风洞弯刀	CTW	022Cr12Ni10MoTi	ϕ1800×3100	61.97	为挤压做准备;链条除鳞

8.3 锻坯锻前补温炉

8.3.1 必要性

随着我国经济的迅猛发展，工业生产对能源需求急剧增加，环境污染问题日益严重。为了解决能源短缺和降低 CO_2 排放，国家近两年鼓励采用新能源发电。但是，我国目前 70%～80%的发电量是由煤炭供应的，未来的 30 年内很难改变这种能源结构。因此，大力发展先进超超临界燃煤发电技术对我国的电力供应具有重要意义。目前中国一重正在开展国内电力市场急需的 620℃超超临界机组汽轮机用 FB2 转子锻件研制及将来 700℃超超临界示范机组汽轮机用镍基合金转子锻件的研制工作。

另外，随着经济的迅速增长，急需进行新技术及新产品的开发与推广应用。在此背景下，核电、火电及石化等行业对大型不锈钢锻件的需求日益增大。但是目前国内主要生产核电、石化等领域大型锻件的重型机械厂家在大型不锈钢锻件方面的制造能力不足，缺乏材料技术基础的同时，设备急需进行必要的改造以满足生产条件。

与普通碳素钢锻件不同，奥氏体不锈钢和镍基合金等耐热合金的热加工塑性低、变形抗力大及热加工温度范围窄，所以极易产生裂纹等缺陷，这对锻件的加热要求很高，并且尺寸越大，锻件的锻造难度会成倍增加。锻造前钢锭的加热速度要适宜，尤其是对锭型尺寸大，对热裂敏感性大的合金，加热温度过高会引起晶粒粗大、低熔点相初熔等降低合金塑性；加热温度过低，终锻温度低，其结果会导致变形抗力大，使锻造成形困难，并且变形时易产生锻造裂纹和内部组织不均匀。因合金含量高的此类锻件的加工温度范围窄，必须经过几次加热后才能完成全部变形。此类锻件最大的难点在于锻件的晶粒细化及均匀性仅通过锻造过程的工艺控制实现，此类材料热处理过程无相变，不能通过热处理相变细化调整晶粒尺寸。这就需要精确地控制关键火次锻造过程工艺参数（如始锻温度等）以实现锻件各部位的晶粒尺寸均匀细小的目标。

锻造操作者和材料研究工作者都知道动态、亚动态和静态再结晶对变形材料结构控制的重要性。需要重点指出的是，只有所有材料的热加工工艺被正确运用于锻件的制造过程中，才能得到细小的再结晶晶粒，从而避免大小不均的混晶出现。虽然混晶组织或者粗晶组织并不完全导致锻件性能不合格，但是这样的组织结构却极大地影响了此类大型锻件的超声检测穿透能力，其限制了超声检测时检出小尺寸缺陷（如宏观夹杂物和微观裂纹）的能力，而这些缺陷只能使用高频率的探头才能发现。有时候即使采用相场法的超声检测系统或者高阻尼检测元件也不能解决以上问题，因为检测缺陷的能力主要依赖于超声波的波长 λ（单位：mm）。所以对奥氏体不锈钢，特别是镍基合金而言，锻件的晶粒细小、避免混晶组织是非常重要的。因此急需采取办法在关键火次提高可锻造的温度区间，防止或尽量减少锻件表面温降。

结合150MN水压机车间的现场工况，从打开炉门出炉、吊运、定位到开始锻造，整个过程至少需要10~15min。在此期间，钢锭或锻坯的表面温度降低较快。从便携式红外测温仪记录的数据得出，直径ϕ450mm、质量为3t的碳素钢锻件出炉时表面温度为1225℃，仅3min后表面温度降至1050℃。对于镍基合金而言，此温度已接近终锻温度，继续降温锻造会导致变形抗力急剧增加，锻件表面开裂严重。图8-23所示为1吨级钢锭锻造过程锻件坯料表面温度变化曲线，从图8-23a可以看出，坯料出炉后5min，表面温度降低至900℃，锻造出现鱼鳞纹；从图8-23b可以看出，坯料出炉3min，表面温度降低至980℃。

从国内某大学2013年申请的发明专利——镍基合金超塑性成形方法（等温锻造）中查阅到：在1040~1120℃进行等温锻造（模具温度为1150℃），控制应变速率在0.001~0.005s^{-1}，变形量大于50%。另有某文章介绍：C276合金当温度大于1150℃，应变速率在0.01~10s^{-1}时，变形量达到50%动态再结晶基本完成。这些参考资料说明，若在低的应变速率下变形，必须有等温锻造作为保障，即所有与坯料接触的工具都在1150℃，否则就需要采用快锻，最小应变速率为0.01s^{-1}。

1吨级钢锭从ϕ370mm×850mm镦粗到ϕ540mm（理论直径）×400mm时，实际用时为8.5min-6.1min=2.4min=144s，镦粗力约30MN，变形温度为914~1150℃，平均压下速度为（850mm-400mm）÷144s=3.125mm/s，说明在接近水压机负荷镦粗时，水压机运行速度很慢，与在150MN水压机镦粗时观察到的数显及实况一样，镦粗速度为2~5mm/s。镍基材料的变形温度区间很窄，5吨级的钢锭与1吨级的应该完全一样，所以变形抗力一样，那么镦粗时成形力之比=镦粗后直径之比的平方。5吨级钢锭尺寸ϕ660mm×1500mm，变形量与1吨级一样为50%，则镦粗后直径为933mm，镦粗成形力=$(933mm/539mm)^2$×3000MN=89.88MN，即使在100MN水压机上也是难以完成的。

而中国一重150MN水压机接近负荷镦粗时压下速度一般只有2~5mm/s，5吨级钢锭从1500mm镦粗到750mm，用时为150~375s，应变速率为0.001~0.0033s^{-1}，远小于0.01s^{-1}。为了减少出炉、吊运等过程时间长导致的锻件表面温降，需要在150MN水压机前配置一台补温炉，用操作机钳子直接从炉中取料进行锻造。

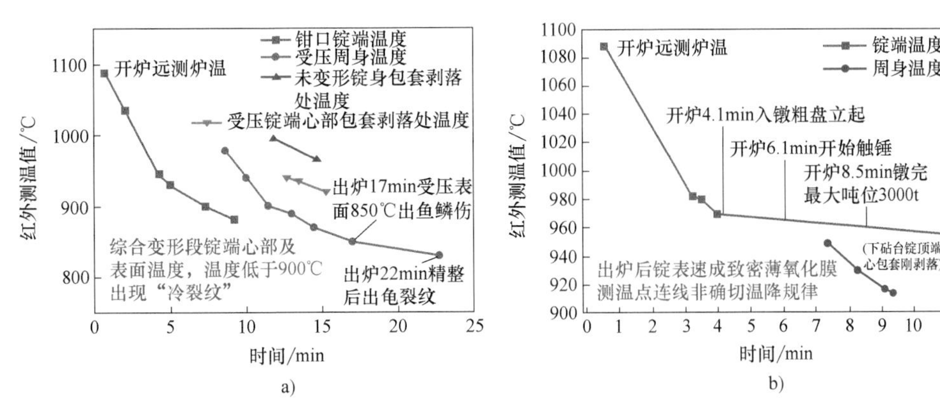

图8-23　1吨级镍基钢锭锻造过程锻件坯料表面温度变化曲线

a）第一火次拔长　b）镦粗

8.3.2 可行性

中国一重与电炉制造商共同开发了移动式燃气局部加热炉（见图 8-24），移动式燃气局部加热炉的参数如下。

1）加热钢种：各类黑色金属材料。

2）最大装炉量：20t。

3）燃料接点压力≥4kPa。

4）燃料种类及发热量：发生炉煤气 $1350kcal/m^3$（注：1kcal≈4.186kJ）。

5）瞬时最大燃料消耗量：$720m^3/h$。

6）平均燃料消耗量：$430m^3/h$。

7）平均空气消耗量：$700m^3/h$。

8）燃料/空气预热温度：室温。

9）排烟方式：自然排烟。

图 8-24 移动式燃气局部加热炉

移动式燃气局部加热炉主要用于主管道热弯的局部加热，如图 8-25 和图 8-26 所示。图 8-25 所示为 AP1000 主管道试验件装炉位置示意图，图 8-26 所示为 CAP1400 主管道热段 A 装炉位置示意图。

图 8-27 所示为 CAP1400 主管道热段 A 采用移动式燃气局部加热炉加热后弯制的生产过程。其中，图 8-27a 所示为吊走移动式燃气局部加热炉罩的主管道热段 A 坯料状态；图 8-27b 所示为主管道热段 A 坯料弯制前状态；图 8-27c 所示为主管道热段 A 坯料弯制结束状态；图 8-27d 所示为弯制后的主管道热段 A 锻件。采用移动式燃气局部加热炉加热 CAP1400 主管道热段 A 坯料，既可以使弯制部位处于高温状态，也可以保证弯制模具施力点位于主管道热段 A 坯料的非加热部位，从而控制主管道的尺寸精度。

图 8-28 所示为华龙一号主管道 50°弯头采用移动式燃气局部加热炉加热及吊运的生产过程。其中，图 8-28a、b 所示为主管道坯料一端加热时的状态；图 8-28c 所示为吊起移动式燃

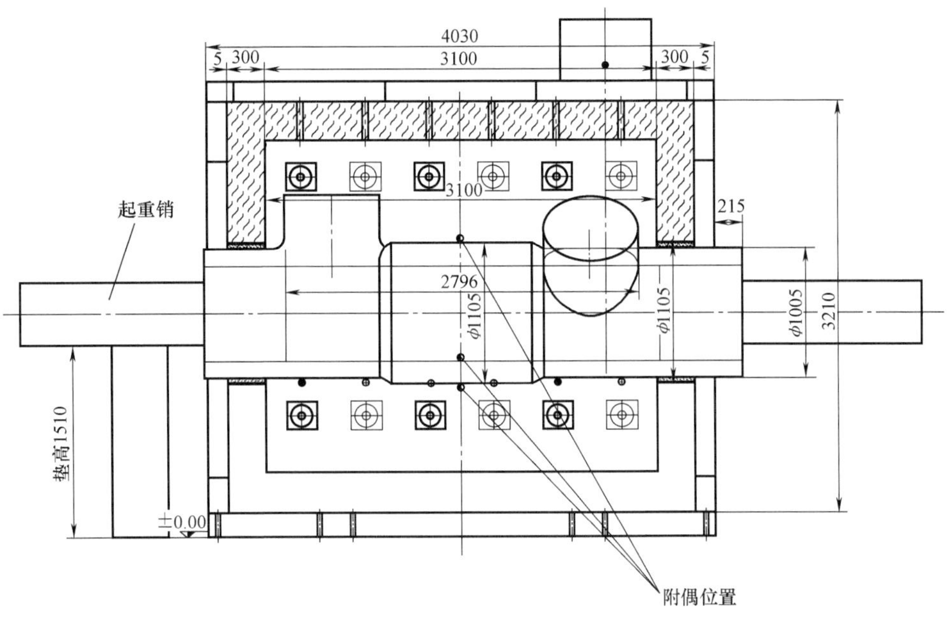

图 8-25　AP1000 主管道试验件装炉位置示意图

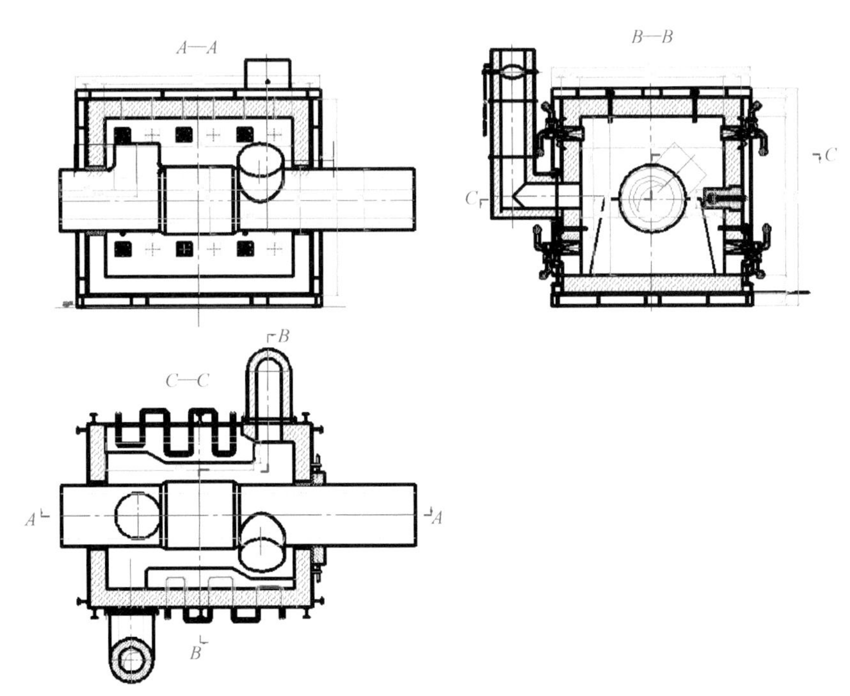

图 8-26　CAP1400 主管道热段 A 装炉位置示意图

气局部加热炉炉罩；图 8-28d 所示为主管道坯料吊运。

图 8-29 所示为华龙一号主管道 50°弯头弯制成形过程。

图 8-27　CAP1400 主管道热段 A 局部加热后弯制过程

a）局部加热后的主管道坯料　b）坯料弯制前　c）坯料弯制结束　d）弯制后的主管道锻件

图 8-28　华龙一号主管道 50°弯头坯料局部加热及吊运

a）加热炉外貌（坯料加热端）　b）加热炉外貌（坯料非加热端）　c）吊走炉罩　d）坯料吊运

图 8-29　华龙一号主管道 50°弯头弯制成形过程

a）局部加热后转运　b）锻件摆放在下模上　c）弯制（正面）　d）弯制（侧面）

由于移动式燃气局部加热炉的实用性非常强，除了用于主管道热弯的局部加热外，还被用于工作辊、不锈钢/高温合金坯料的锻前补温（见图 8-30）。

图 8-30　工作辊坯料锻前补温

a）吊走炉盖　b）吊起坯料

8.3.3　参数选择

拟采用补温炉加热的代表性产品及相关参数见表 8-3，坯料以圆柱形为主，坯料质量从几十吨到几百吨，加热温度也有差别，这些差异给补温炉的参数选择带来了难度。

表 8-3 拟采用补温炉加热的代表性产品及相关参数

序号	名称	型号	材料	坯料尺寸/mm	坯料质量/t	补温后的工艺内容	加热温度/℃
1	支承辊	连轧机	YB-75	ϕ1400×4800	58.05	模具内闭式模锻，到锻件高度 6117mm	1250
2	低压转子	600MW	26Cr2Ni4MoV	ϕ1600×5800	91.54	模具内镦挤出轮廓尺寸 ϕ1800mm×6858mm 的锻件	1250
3	一体化顶盖	国和一号	18MnMoNi	ϕ3950×1690	162.69	一火次两步模锻成形	1250
4	水室封头		20MnMoNi	ϕ4500×1300	162.43	一火次两步模锻成形	1250
5	一体化接管段		18MnMoNi	ϕ4800×3600 ϕ5010/ϕ3800×6090	511.76 399.56	模具内闭式冲孔，预制坯 ϕ5050mm/ϕ3750mm × 6200mm 模锻成形	1250
6	主管道热段 A		316LN	ϕ1160×8460	70.24	闭式镦粗到 ϕ1200mm×7370mm ϕ750mm 冲头冲盲孔	1050
7		华龙一号	X2CrNiMo18.12	ϕ950×6620	36.86	闭式镦粗到 ϕ970mm×5880mm ϕ720mm 冲头冲盲孔	1050
8	乏燃料罐	合金钢	SA508Gr.4NCl.3	ϕ4200×1600 ϕ2200×4500	174.14 134.38	挤压至 ϕ2250mm×5000mm 模内镦粗、冲孔成形	1250
9		不锈钢	316LN	ϕ4200×1600 ϕ2250×4800	174.14 149.93	挤压至 ϕ2250mm×5000mm 模内镦粗、冲孔成形	1250 1050
10	冲击转轮	水斗式 C2	04Cr13Ni5Mo	ϕ4900×1920	285	模内镦粗	1200
11	风洞弯刀	CTW	022Cr12Ni10MoTi	ϕ1800×3100	61.97	挤压出 1700mm × 300mm × 15000mm 的坯料	1200

为了能实现全覆盖，拟采用电加热方式，以保证设备的可移动性和温度均匀性，同时还减少补温过程中的氧化（相对于燃气炉而言）。补温炉主要技术参数如下。

1）额定功率：根据空炉升温时间确定（kW）。

2）额定温度：1300℃。

3）控温（仪表）精度≤±1℃。

4）有效加热区尺寸（长×宽×高）：10000mm×6000mm×7000mm。

5）有效温度场均匀性≤±5℃。

6）升温速率：在 800℃以下控制加热速率≤40℃/h。

补温电炉的结构要求如下：

1）电炉采用罩式炉体。

2）炉衬须采用具有优良隔热保温性能的陶瓷耐火纤维，要求耐温达 1300℃以上。

3）考虑到经常移动炉体，加热部件优先考虑电阻加热。若采用硅碳棒或硅钼棒，虽然加热温度高，但其脆性高，比较易碎，不适合经常移动炉体的场合。

4）根据高温电炉功率较大的特点，应在常用的液压机附近设计单独的配电柜（电源柜）给整个系统供电，该柜设置有抽屉式智能断路器、电压表、总电流表。确保系统工作的可靠性和操作便捷性。

8.4 模架

模架要实现模具与液压机之间的连接，包括模架本身与液压机的连接，模架与模具之间的连接。模架作为液压机与模具之间的过渡零件，除自身承载能力要大以外，还应减轻液压机截面与模具截面相差过大引起的弯矩，保证各连接部件的刚度。另外，模架要具有一定的通用性，并结合模锻或挤压过程实现机械化动作，如顶出、锁模、芯轴运动等操作。

1600MN 液压机前工作台尺寸为 12000mm×9000mm×1350mm，后工作台尺寸为 9000mm×9000mm×1350mm，用以模锻生产的前工作台上的上模板尺寸确定为 8600mm×8600mm×1000mm，用以挤管的后工作台上的上模板尺寸确定为 8600mm×8600mm×1000mm。

以 CAP1400 水室封头为例，设计模锻成形时的模具装配图如图 8-31 所示。CAP1400 水室封头模锻成形采用圆柱形坯料，经过整体镦粗及冲压成形内腔两步完成模锻成形。

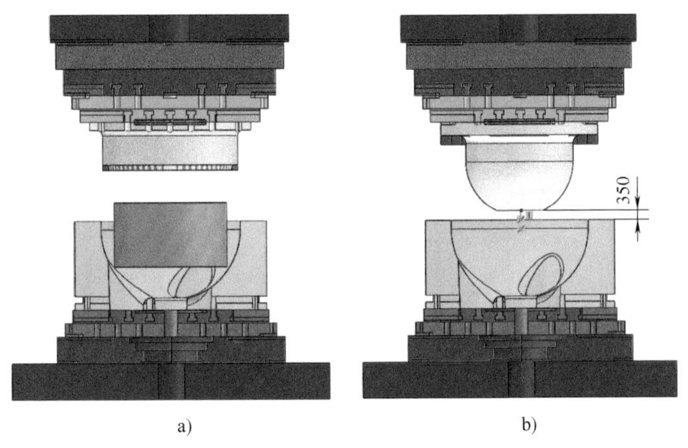

图 8-31 CAP1400 水室封头模锻成形模具装配图

a）整体镦粗 b）冲压成形内腔

由于液压机净空高度为 15000mm，液压机行程为 5000mm，模锻时还要将上下模座垫高，除存在上下模座以外，还应垫有中间垫板。工作台与下模座之间采用 T 形螺栓连接，下模座与下中间垫板之间采用 T 形螺栓连接。下中间垫板和凹模之间采用 T 形螺栓连接。上垫板与活动横梁采用自动夹紧装置连接，上垫板与上模座之间采用 T 形螺栓连接，上模座与上中间垫板采用 T 型螺栓连接，上中间垫板与凸模采用 T 形螺栓连接。

上模总质量为 1724t，未超出活动横梁设计承载能力（3000t）。工作台承重为 1934t，未超出工作台设计承载能力（<3500t）。

以大型管模为例设计的管材挤压模具装配图如图 8-32 所示。按照挤压筒是否运动分类，管材挤压模具装配方案有两种，一种是挤压筒可单独上下运动，另一种是挤压筒固定不动。

1）挤压筒可单独上下运动。这种模式要求芯轴能够独立上下移动。由于挤压筒单独运动已占用两个侧缸，因此芯轴运动只能由放置在活动横梁中心的单缸驱动。这种模式的管材挤压模具装配图如图 8-32a 所示。

2）挤压筒固定在下模座上。液压机两个侧缸带动芯轴实现单独的上下运动，模具装配图如图 8-32b 所示。

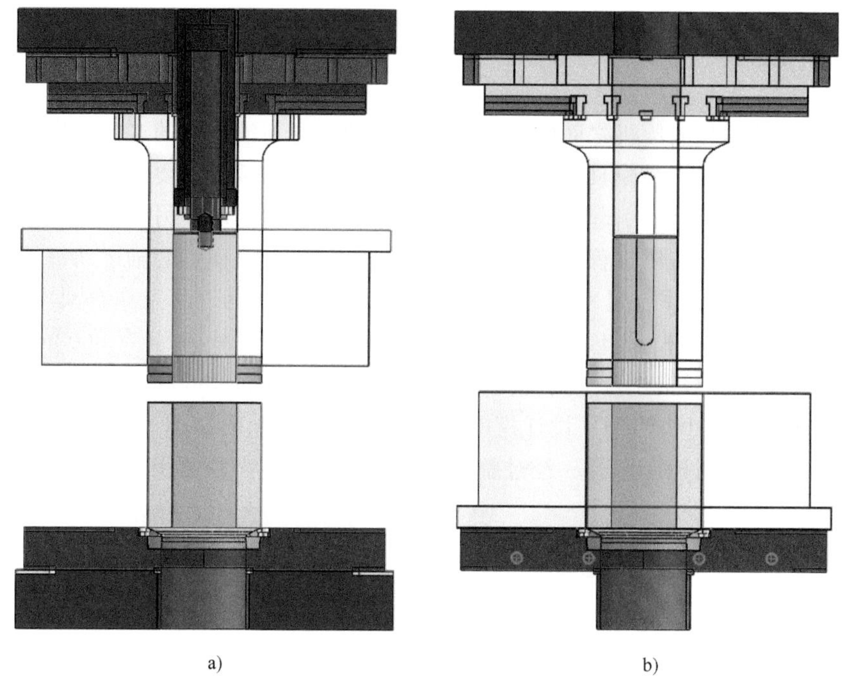

a)　　b)

图 8-32　两种模式的管材挤压模具装配图

a）挤压筒单独运动　b）挤压筒固定不动

对于上述第一种管材挤压模式，坯料高度不宜超过 3000mm，上垫板厚度为 1400mm 左右。初步设计芯轴驱动缸的尺寸：芯轴直径为 1510mm，缸体外径设计为 1350mm，缸体内部直径为 1000mm，可提供 2355t 力驱动芯轴。活塞杆与芯轴之间采用 M300 高强螺栓连接，按照安全系数为 2.0、屈服强度为 400MPa 计算，可承载 14.13MN 力。按照缸内有效面积 $[(1000^2-706^2)\times\pi/4]\mathrm{mm}^2$、压强为 30MPa 计算，可提供最大回程力 11.82MN。连接螺栓承载能力 14.13MN 大于缸体提供的回程力 11.82MN，缸体与芯轴的初步设计方案视为可行。但应注意，密封盖与活塞杆之间的连接螺栓强度应大于活塞杆与芯轴之间的连接螺栓强度，当拔模力超过可承受范围，应首先将活塞杆与芯轴之间的连接螺栓拉断，以防止高压油泄露外喷。密封盖与活塞杆之间的连接螺栓规格设计为 M100，至少应布置 9 个以上，可选取 12 个，如图 8-33 所示。

为增加通用性，挤压工序与模锻工序采用相同结构的上垫板，暂且称之为通用上垫板，其结构设计图如图 8-34 所示，通用上垫板的厚度为 1500mm。通用下垫板结构设计图如图 8-35 所示。

挤管时挤压杆所受的面压为 $8\times10^8\mathrm{N}\div(2705^2-1510^2)\mathrm{mm}^2=160\mathrm{MPa}$。挤管工序主要模具的受力分析如下。

（1）上垫板与挤压杆　受力分析模型简化为上垫板的上表面固定，挤压杆下端受力 800MN。挤压杆圆角处网格细化，网格单元的边长约 20mm。上垫板与挤压杆的受力分析模型及等效应力模拟结果如图 8-36 所示。上垫板最大等效应力 224MPa 左右。挤压杆在圆角处的等效应力最大为 381MPa。

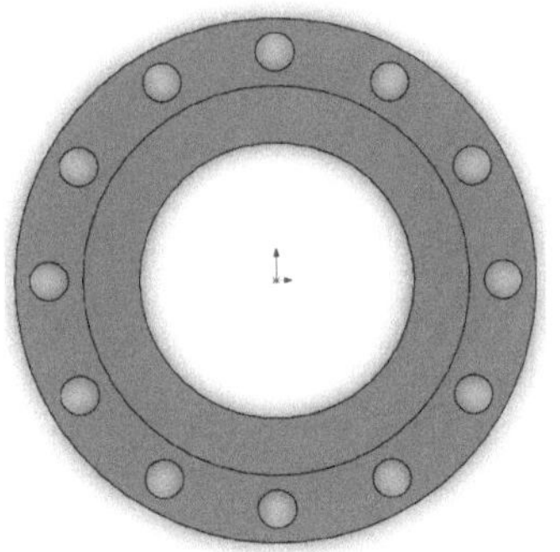

图 8-33 芯轴驱动缸密封盖

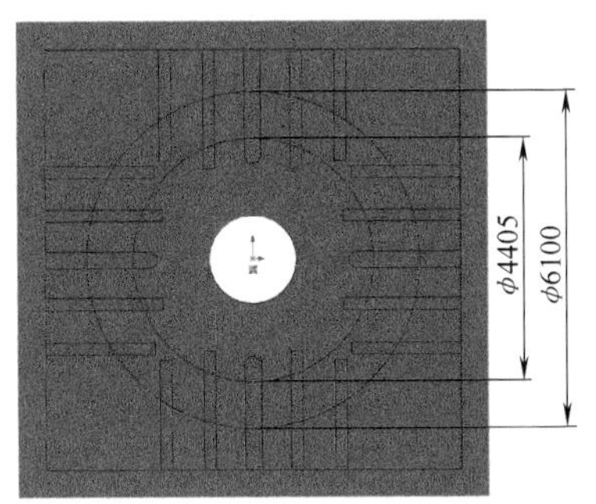

图 8-34 通用上垫板结构设计图

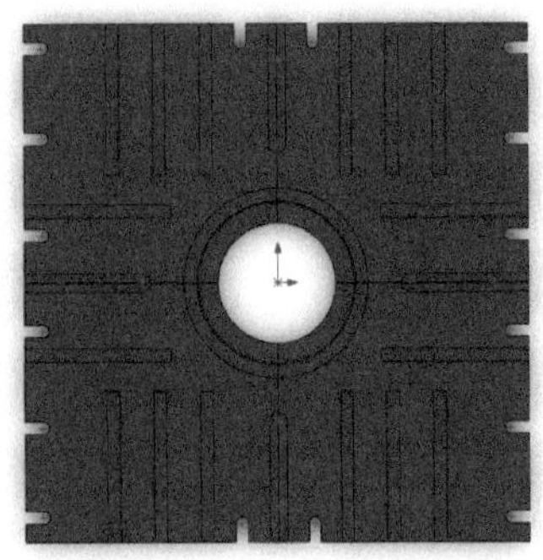

图 8-35 通用下垫板结构设计图

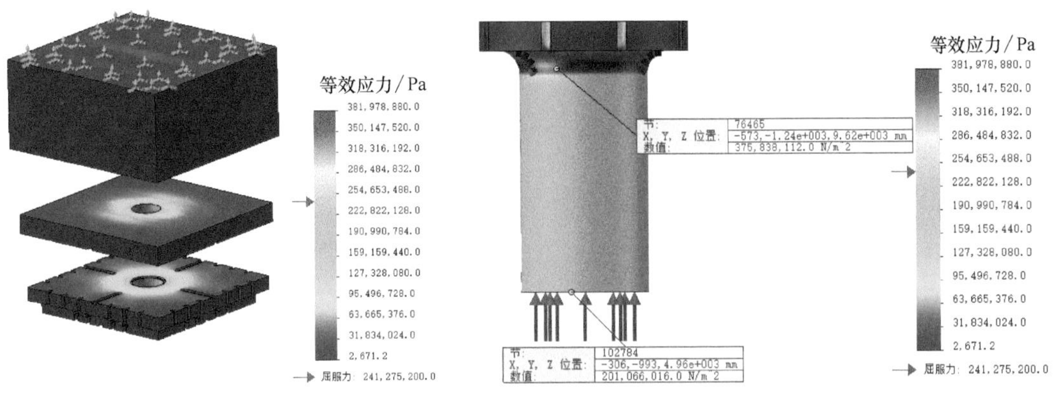

图 8-36 上垫板与挤压杆受力分析模型及等效应力模拟结果

a）上垫板 b）挤压杆

（2）挤压垫 挤压垫材料为 H13，最小厚度为 H。与挤压杆面压相等，均为 160MPa。抗剪强度计算如下。

$$\pi dH\tau K=8\times10^{8}$$

其中，$d=1510\text{mm}$；塑性材料 $\tau=0.6\sim0.8\ [\sigma]$，系数可取 0.6，$[\sigma]$ 取 1000MPa；安全系数 K 取 2.0。计算得出挤压垫最小厚度为 $H=562\text{mm}$，故挤压垫厚度可取 $H=600\text{mm}$ 。

挤压垫受力分析模型可简化为挤压垫上端面约束，下端面受力 800MN。挤压垫受力分析模型及等效应力模拟结果如图 8-37 所示。

（3）挤压筒 挤压时整体凹模型腔受到变形金属材料的径向压力，这种受力状况近似于厚壁圆筒承受径向内压的受力状态。根据厚壁圆筒理论的计算方法，按照第四强度理论校核挤压筒。挤压筒内半径 $a=1367.5\text{mm}$，外半径 $b=3900\text{mm}$，按照压力 800MN 计算径向压力 $P=136.24\text{MPa}$。内壁上的点为最先屈服点。设 σ_r 为径向主应力，σ_θ 为切向主应力，σ_z 为轴向主应力，σ_s 为屈服应力，$\bar{\sigma}$ 为等效应力。按照以下三种方法计算内壁危险点应力值（见表 8-4）。

1）平面应力模型，计算公式如下。

$$\sigma_r=-P \tag{8-1}$$

$$\sigma_\theta=\frac{b^2+a^2}{b^2-a^2}P \tag{8-2}$$

图 8-37 挤压垫受力分析模型及等效应力模拟结果

$$\sigma_z = 0 \tag{8-3}$$

$$\begin{aligned}\bar{\sigma} &= \frac{1}{\sqrt{2}}\sqrt{(\sigma_r-\sigma_z)^2+(\sigma_\theta-\sigma_z)^2+(\sigma_\theta-\sigma_r)^2} \\ &= \frac{1}{\sqrt{2}}\sqrt{\sigma_r^2+\sigma_\theta^2+(\sigma_\theta-\sigma_r)^2}\end{aligned} \tag{8-4}$$

将式（8-1）~式（8-3）带入式（8-4）后得到

$$\bar{\sigma} = \sigma_s = \frac{P}{b^2-a^2}\sqrt{3b^4+a^4} \tag{8-5}$$

2）平面应变模型，计算公式如下。

$$\sigma_r = -P \tag{8-6}$$

$$\sigma_\theta = \frac{b^2+a^2}{b^2-a^2}P \tag{8-7}$$

$$\sigma_z = \frac{1}{2}(\sigma_\theta+\sigma_r) \tag{8-8}$$

$$\bar{\sigma} = \frac{1}{\sqrt{2}}\sqrt{(\sigma_r-\sigma_z)^2+(\sigma_\theta-\sigma_z)^2+(\sigma_\theta-\sigma_r)^2} \tag{8-9}$$

将式（8-6）~式（8-8）带入式（8-9）后得到

$$\bar{\sigma} = \sigma_s = \frac{\sqrt{3}b^2}{b^2-a^2}P \tag{8-10}$$

3）第一强度理论，计算公式如下。

$$\sigma_s = \sigma_1-\sigma_2 = \sigma_\theta-\sigma_r = \frac{2b^2}{b^2-a^2}P \tag{8-11}$$

表 8-4 三种计算方法得到的内壁危险点应力值

面压 P	内半径 a	外半径 b	米塞斯(平面应力模型)	米塞斯(平面应变模型)	屈雷斯加(平面应力)
136.24MPa	1367.5mm	3900mm	269MPa	268MPa	310MPa

上述结论为单层厚壁筒计算结果。建议实际工程中使用预应力多层钢丝缠绕组合式挤压筒结构，以增强挤压筒的刚度与强度。

参考文献

［1］ 王宝忠，刘颖. 超大型核电锻件绿色制造技术［M］. 北京：机械工业出版社，2017.

［2］ 王宝忠. 大型锻件制造缺陷与对策［M］. 北京：机械工业出版社，2019.

［3］ TERHAARI J，JAROLIMECKI J，POPPENHAGERI J，et al. Heavy Forging for the Nuclear Primary Loop in SA-508Gr. 3 Cl. 2-Development and Manufacture at Saarschmiede［C］//JFA. 19th international forgemasters Meeting Tokyo：JFA，2014，370-375.

［4］ WANG B Z，LIU Y，GUO Y，et al. Research on the Near Net Shape Hollow Forging Technology for CAP 1400 Main Pipe［J］. International Journal of Mechanical Engineering and Applications，2018，6（2）：18-22.

［5］ WANG B Z，FU W T，LV Z Q，et al. Study on hot deformation behavior of 12%Cr ultra-super-critical rotor steel. Materials Science and Engineering. A487（2008）108-113.

［6］ Wang B Z，FU W T，LI Y，et al. Study of the phase diagram and continuous cooling transformation of 12%Cr ultra-super-critical rotor steel［J］. MATERIALS CHARACTERIZATION，2008，59（8）：1133-1136.

［7］ 毛为民，朱景川，郦剑，等. 金属材料结构与性能［M］. 北京：清华大学出版社，2008：194~199.

［8］ WANG B Z，GUO Y，ZHANG W H，et al. Development of Mono-block Forged Main Coolant Piping for AP1000［C］//FIA. 18th international forgemasters Meeting. Pittsburgh：FIA，2011，258-262.

［9］ CLILLIDA E，RUIZ B，ARROYO I，et al. THE ART OF FORGING AND THE FORGING OF ART［C］. 17th international forgemasters Meeting，2008，137-143.

［10］ 戴小河. 国家能源局：煤电仍将长时期承担保障电力安全的重要作用［EB/OL］.（2022-04-25）［2022-04-25］. http：//www. news. cn/power/2022-04/25/c_1211640632. htm.

［11］ 吴赟，王珏，董建新，等. 超超临界电站用 617 合金的组织特征及平衡相析出规律［J］. 稀有金属材料与工程，2013，42（9）：1826-1831.

［12］ 王珏，吴赟，董建新，等. 700℃超超临界锅炉材料 GH4700 合金铸态组织及均匀化工艺［J］. 稀有金属材料与工程，2013，42（9）：1908-1914.

［13］ 杨浩笛，周扬，赖宇，等. 718Plus 合金铸锭的元素偏析及均匀化工艺［J］. 材料热处理学报，2021，42（8）：69-75.

［14］ 李红梅，聂义宏，朱怀沈，等. 改型 IN617 合金大锭型的铸态组织及均匀化工艺［J］. 金属热处理，2019，44（10）：105-111.

［15］ 赵长虹，张玉春，杨玉军，等. 真空自耗锭生产工艺对 GH4169 合金组织和力学性能的影响［C］//中国金属学会高温材料分会. 动力与能源用高温结构材料——第十一届中国高温合金年会论文集. 北京：冶金工业出版社，2007：131-134.

［16］ 朱怀沈，聂义宏，白亚冠，等. 700℃先进超超临界汽轮机转子用 617 合金锻造工艺研究［J］. 锻压技术，2016，41（9）：7-12.

［17］ 白亚冠，聂义宏，吴赟，等. 固溶温度和冷却方式对转子用改型 IN617 合金晶粒尺寸及碳化物的影响［J］. 大型铸锻件，2018（4）：32-35.

［18］ 朱怀沈，聂义宏，赵帅，等. 700℃超超临界转子用镍基 617 合金的动态再结晶行为［J］. 金属热处理，2015，40（4）：35-39.

［19］ 朱怀沈，聂义宏，白亚冠，等. 基于热加工图的 700℃超超临界转子用 617 合金变形行为研究［J］. 大型铸锻件，2013（4）：9-13.

［20］ 朱怀沈，聂义宏，赵帅，等. 镍基 617 合金动态再结晶微观组织演变与预测［J］. 材料工程，2018，46（6）：80-87.

[21] 郭岩，侯淑芳，周荣灿. 晶界 M23C6 碳化物对 IN 617 合金力学性能的影响 [J]. 动力工程学报，2010，30（10）：804-808.

[22] 聂义宏，白亚冠，金嘉瑜，等. 时效温度对改进型 Inconel 617 合金的组织与性能的影响 [J]. 材料热处理学报，2021，42（2）：52-60.

[23] ELISABETTA G，MARCELLO C，STEFANO S，et al. Investigation on precipitation phenomena of Ni-22Cr-12Co-9Mo alloy aged and crept at high temperature [J]. Pressure Vessels and Piping，2008，85：63.

[24] MANKINS W L，HOSIER J C，BASSFORD T H. Microstructure and phase stability of INCONEL alloy 617 [J]. Metallurgical Transactions，1974，5：2579.

[25] WU Q Y，SONG Y，SWINDEMAN R W，et al. Microstructure of long-term aged IN617 Ni-base superalloy [J]. Metallurgical and Materials Transactions A. 2008，39A：2569.

[26] 江河，董建新，张麦仓，等. 700℃超超临界锅炉管用 617B 合金时效组织演变 [J]. 稀有金属材料与工程，2016，45（4）：982-989.

[27] FUJIO A. Reaearch and development of heat-resistant materials for advanced usc power plants with steam temperatures of 700℃ and above [J]. Engineering，2015，1（2）：211-224.

[28] 聂义宏，白亚冠，寇金凤，等. 700℃超超临界汽轮机用镍基合金转子锻件的试制 [J]. 稀有金属材料与工程，2021，50（10）：3814-3818.

[29] 张勇，李鑫旭，韦康，等. 三联熔炼 GH4169 合金大规格铸锭与棒材元素偏析行为 [J]. 金属学报，2020，56（8）：1123-1132.

[30] 杜金辉，邓群，曲敬龙，等. 我国航空发动机用 GH4169 合金现状与发展 [C] //中国金属学会. 第八届（2011）中国钢铁年会论文集. 北京：冶金工业出版社，2011：4340-4344.

[31] 张方，王林岐. 国内外 GH4169 棒材质量稳定性分析 [J]. 锻压技术，2016，41（9）：111-120.

[32] 寇金凤，聂义宏，白亚冠，等. GH4169 合金的铸态组织及均匀化工艺研究 [J]. 一重技术，2021（1）：23-27.

[33] 《中国航空材料手册》编辑委员会. 中国航空材料手册：第 2 卷　变形高温合金 [M]. 2 版. 北京：中国标准出版社，2001.

[34] 裴丙红. GH4169 合金锻造工艺对晶粒尺寸影响研究 [J]. 特钢技术，2015，21（2）：34-37.

[35] 王资兴，陈国胜，王庆增，等. IN718 合金快锻细晶大规格棒材的组织与性能 [C] //仲增墉. 第十三届中国高温合金年会论文集. 北京：冶金工业出版社，2015：107-111.

[36] 聂义宏，白亚冠，李红梅，等. 加热温度与保温时间对 GH4169 合金晶粒度的影响规律研究 [J]. 大型铸锻件，2021（3）：37-39，42.

[37] 董建新，谢锡善，王宓. GH4169 高温合金主要相分析 [J]. 兵器材料科学与工程，1993（2）：51-56.

[38] 王岩，林琳. 固溶处理对 GH4169 合金组织与性能的影响 [J]. 材料热处理学报，2007（28）：176-179.

[39] 王建国，汪波，刘东，等. GH4169 合金加热过程中 δ 相形态和晶粒尺寸的演化规律 [J]. 热加工工艺，2013，42（24）：114-116，120.

[40] 张鑫，白亚冠，聂义宏. 变形工艺参数对 GH4169 合金再结晶的影响 [J/OL]. 热加工工艺，2023（05）：51-56，60.

[41] 朱怀沈，聂义宏，赵帅，等. 700℃超超临界转子用镍基 617 合金的动态再结晶行为 [J]. 金属热处理，2015，40（4）：35-39.

[42] 王家文，王岩，陈前，等. GH4169 合金动态再结晶的有限元模拟与实验研究 [J]. 粉末冶金材料科学与工程，2014，19（4）：499-507.

[43] 常红英，张照发，陆关福. GH4169 合金的再结晶行为 [J]. 金属材料研究，2003，29（4）：

62-68.
[44] 赵立华，张艳姝，吴桂芳. GH4169高温合金的静态再结晶动力学［J］. 材料热处理学报，2015，36（5）：217-222.
[45] 张鑫，白亚冠，寇金凤，等. GH4169合金棒料挤压工艺模拟及实验研究［J］. 一重技术，2020（6）：42-47.
[46] 高帆，李臻熙. γ-TiAl金属间化合物细晶棒材挤压变形工艺［J］. 航空制造技术，2014，（10）：88-93.
[47] 张明，刘国权，胡本芙，等. 新型镍基粉末高温合金热挤压工艺有限元模拟与实验验证［J］. 粉末冶金技术，2018，36（3）：223-229.
[48] 蔡大勇，张伟红，刘文昌，等. Inconel718合金δ相的溶解动力学［J］. 中国有色金属学报，2006，16（8）：1349-1354.
[49] 刘永长，郭倩颖，李冲. Inconel718高温合金中析出相演变研究进展［J］. 金属学报，2016，52（10）：1259-1266.
[50] 潘传红. 国际热核实验反应堆（ITER）计划与未来核聚变能源［J］. 物理，2010（6）：4.
[51] 万宝年. 我国磁约束聚变研究进展和展望［J］. 中国科学基金，2008（1）：7.
[52] 万宝年，徐国盛. EAST全超导托卡马克高约束稳态运行实验研究进展［J］. 中国科学：物理学 力学 天文学，2019，49（4）：43-55.
[53] 高翔，万宝年，宋云涛，等. CFETR物理与工程研究进展［J］. 中国科学：物理学 力学 天文学，2019，49（4）：3-10.
[54] WU Y，LI J，SHEN G，et al. Preliminary Design of CFETR TF Prototype Coil［J］. Journal of Fusion Energy，2021，40（1）.
[55] 张继明. 典型托卡马克装置环向场线圈受力-结构分析［D］. 成都：电子科技大学，2009.